国家科学技术学术著作出版基金资助出版

NUTRIENT REQUIREMENTS OF SWINE IN CHINA

中 国 猪营养需要

李德发 等 ◎ 著

中国农业出版社
北 京

著作者（以姓氏笔画为序）

王　丽　王军军　车炼强　石宝明　朱伟云
刘　岭　刘作华　刘绪同　李德发　杨飞云
杨凤娟　吴　德　余　冰　余凯凡　张　帅
张宏福　陈　亮　陈代文　罗钧秋　郑　萍
单安山　黄金秀　蒋宗勇　曾祥芳　谯仕彦
熊本海

前言

营养需要和饲料养分含量及营养价值是饲料配制的基本依据，准确的营养需要和饲料养分含量及营养价值数据是现代饲料工业的基础，世界各国都非常重视。1986年，在我国动物营养学的奠基人之一许振英教授的领导下，我国发布了国家推荐标准《瘦肉型猪饲养标准》（GB 8471—1987）。时隔17年后，经过全国猪营养研究同行的努力，对《瘦肉型猪饲养标准》进行了较大幅度的修订，2004年以农业部行业标准发布了《猪饲养标准》（NY/T 65—2004）。从2004年到现在，16年过去了。在这16年中，我国养猪生产发生了巨大变化，无论是猪的遗传背景、饲养环境、饲养规模，还是饲养管理水平、从业人员的文化素质都有了本质的提升。在这一时期，随着对猪营养与饲料科学的研究，对能量转化和净能的认识更加深入，发现了精氨酸、苏氨酸、色氨酸等氨基酸新的营养生理功能；氨基酸平衡模式已深入人心，回肠标准可消化氨基酸已应用于饲料生产配方中；磷和植酸酶在实际饲粮中关系的研究更加深入；随着猪营养需要数据的积累，营养需要估测模型更加准确。特别值得一提的是，在公益性行业（农业）科研专项的支持下，全国同行在饲料营养价值的评价方面开展了全面的工作，积累了较为丰富的数据。这些变化使我们有必要、也有条件对2004年发布的农业行业标准《猪饲养标准》进行修订。

2013年开始，我组织全国猪营养研究的同行开始做修订的准备工作，经过近5年的努力，新一版的《猪营养需要量》国家推荐标准于2018年6月通过全国畜牧业标准化委员会组织的专家终审。与2004年版相比，新版《猪营养需要量》主要有以下几个方面大的变化：

（1）仔猪、生长肥育猪阶段划分更细，增加了100~120 kg育肥猪的营养需要量；

（2）有效能体系中，确定了净能的需要量，并在饲料原料成分和营养价值表中列出了多数饲料原料的净能含量；

（3）列出了每个生理阶段猪的标准回肠可消化氨基酸和表观回肠可消化氨

基酸以及总氨基酸需要量；

（4）适应于减少氮排放的社会需求，较大幅度地降低了粗蛋白质的需要量，更多地考虑了氨基酸的需要和氨基酸平衡；

（5）增加了瘦肉型后备母猪和后备公猪的营养需要量；

（6）为方便应用，将肉脂型猪的Ⅰ、Ⅱ、Ⅲ营养需要量修改成脂肪型猪和肉脂型猪的营养需要量，前者代表我国地方猪种，后者代表地方改良猪种；

（7）增加了 7 种饲料原料的概略养分、营养成分和营养价值；

（8）以每个饲料原料一张表格的形式，列出了 89 种饲料原料的概略养分和营养价值指标，并详细列出了主要饲料原料的有关碳水化合物组成；

（9）列出了主要饲料原料的消化能、代谢能和净能预测方程；

（10）增加了主要油脂饲料和氨基酸饲料的有关成分和营养价值；

（11）增加了有机微量元素的生物学利用率。

为了使行业能深入理解新版《猪营养需要量》（国家推荐标准）数据来源和内容，也为了总结 2000 年以来我国猪营养与饲料科学领域的研究成果，我们组织全国同行编写了本书。除了用有关章节对《猪营养需要量》的数据进行解释和说明外，我们特别邀请有关专家对适应时代发展的新的研究成果，如营养与健康、营养与减排、营养与肠道微生物、营养与环境、营养与肉品质、饲料抗生素促生长剂替代技术等的研究进展进行了综述，以增加研究者和生产者对新的研究成果的了解。

本书各章节的主要内容如下：

第一章阐述了猪有效能及评价方法的研究进展，重点论述了有效能评价体系的发展，能量转化以及维持、生长、妊娠、泌乳等不同生理状态的能量需要，特别介绍了体外酶法测定猪饲料有效能的最新发展。

第二章是关于蛋白质和氨基酸。从蛋白质的消化吸收和周转代谢、氨基酸及其生理功能、氨基酸和小肽的吸收和转运开始讨论，然后深入到氨基酸需要量、能量与氨基酸平衡、氨基酸相互平衡。本章还综述了低蛋白质饲粮的研究进展。

第三章为脂类。在介绍油脂的分类、脂肪酸组成及能值的基础上，着重论述了油脂的质量与安全性评价体系、油脂的氧化与稳定，然后讨论了饲粮中油脂用量及种类对猪生产性能的影响。

第四章论述碳水化合物。虽然猪对饲粮碳水化合物和纤维没有特殊需要，但是猪饲粮中大多数能量产自植物源的碳水化合物。本章主要综述了碳水化合物分析方法、碳水化合物可消化性及抗消化性营养代谢过程的新进展。

第五章论述矿物质。在介绍常量和微量矿物质营养作用的基础上，着重论述了猪磷需要量预测模型、有机微量元素及其生物利用率、育肥猪饲料中微量元素添加的新进展。

第六章在介绍维生素营养生理功能的基础上，着重论述了维生素营养生理功能的新发现和营养需要量研究新进展。

第七章论述了猪对水的需要量及其影响因素。

第八章论述了能量、氨基酸、矿物质、维生素及非营养性添加剂与繁殖的关系。

第九章论述了饲粮营养结构对碳氮和有害气体排放的影响，阐述了减少碳、氮和矿物质微量元素排放的营养措施。

第十章关于营养与健康。着重综述了猪的营养与免疫、营养与应激、营养与疾病、营养与霉菌毒素的互作规律及其机制，提出了猪抗病营养需求参数。

第十一章关于营养与肉品质。在讨论 PSE 肉形成因素的基础上，着重论述了营养供给如何影响肉的食用品质和加工品质（如肉的 pH、肉色、肉质地坚实度、系水力等）。

第十二章论述了营养与环境的互作。在简要介绍影响猪营养与健康的常见环境因子及其对猪相关生理活动影响的基础上，论述了不同环境因子对猪营养物质消化、代谢及营养物质需要量的影响。

第十三章关于营养代谢与肠道微生物。主要探讨了猪肠道微生物与营养物质代谢的关系，阐述了肠道微生物与肠上皮组织间的互作机制及肠道微生物对猪营养需求的影响。

第十四章论述了脂肪型猪和肉脂型猪的营养需要。重点综述了 2000 年以来我国脂肪型猪和肉脂型猪营养需要研究的最新进展，并分析了我国脂肪型猪及肉脂型猪营养需要的特点，解释了第二十二章中的脂肪型猪和肉脂型猪营养需要量列表中的数据。

第十五章论述了饲料营养价值评定方法新进展，主要包括猪饲料概略养分及碳水化合物和猪饲料有效能值评价进展。同时综述了猪饲料氨基酸生物利用率测定以及磷、钙生物学效价评定和近红外分析技术新进展。

第十六章关于饲料抗营养因子与污染物。讨论了主要饲料抗营养因子和污染物的产生、对猪的危害和防控措施。

第十七章阐述了饲料加工工艺技术。着重阐述了饲料原料预处理工艺技术、热敏感物质保真工艺技术和饲料生产过程质量控制技术研究新进展。

第十八章介绍了非营养性饲料添加剂。主要综述了酶制剂、微生物制剂、寡糖、酸度调节剂、调味和诱食物质、植物提取物、抗氧化剂等的研究新进展。

第十九章介绍了饲料抗生素促生长剂及替代技术。在介绍饲料抗生素促生

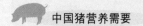

长剂的作用、世界各国对饲料抗生素促生长剂的态度和措施的基础上，对饲料抗生素促生长剂的替代技术和产品的研发现状进行了综述。

第二十章论述了猪能量和氨基酸需要量估测模型。阐述了瘦肉型、脂肪型和肉脂型生长育肥猪的能量和氨基酸需要量估测模型的建立依据，并据此解释了第二十二章营养需要量列表中有关数据的来源。

第二十一章阐述了猪营养需要研究的未来发展重点。

第二十二章列出了瘦肉型猪、脂肪型猪和肉脂型猪的营养需要量列表。

第二十三章是饲料组成与营养价值表。

本书力求充分展示我国过去十多年的研究成果，为养猪生产和猪营养与饲料研究提供数据和指南，但尚有许多不足，衷心希望读者批评指正。

李德发

2019年6月

目 录

前言

01 第一章　能量 … 1

第一节　猪饲料有效能及评价方法 … 1
　一、总能 … 1
　二、消化能 … 2
　三、代谢能 … 4
　四、净能 … 5
　五、体外有效能评价体系 … 7

第二节　能量需要 … 9
　一、维持能量需要 … 9
　二、生长能量需要 … 10
　三、妊娠能量需要 … 10
　四、泌乳能量需要 … 11
　五、体温调节能量需要 … 11
　六、生理活动所需能量 … 12

参考文献 … 12

02 第二章　蛋白质和氨基酸 … 19

第一节　蛋白质的消化吸收和周转代谢 … 19
　一、蛋白质的消化吸收 … 19
　二、蛋白质的周转代谢 … 20
　三、营养物质代谢动态测定技术 … 21

第二节　氨基酸及其生理功能 … 22
　一、必需氨基酸、非必需氨基酸、条件性必需氨基酸和功能性氨基酸 … 22

二、氨基酸营养生理功能研究新进展 ………………………………………… 25
三、氨基酸的来源及分析测定 …………………………………………………… 32
第三节 氨基酸和小肽的吸收与转运 …………………………………………………… 35
一、氨基酸吸收与转运 …………………………………………………………… 35
二、小肽的吸收与转运 …………………………………………………………… 37
第四节 能量与氨基酸平衡 ………………………………………………………… 38
一、能量蛋白质比 ………………………………………………………………… 38
二、氨基酸平衡 …………………………………………………………………… 39
第五节 氨基酸需要量 ……………………………………………………………… 45
一、氨基酸需要量的表示方法 ……………………………………………………… 45
二、氨基酸需要量评估 …………………………………………………………… 45
三、阉公猪和小母猪对氨基酸需要量的差异 ……………………………………… 51
四、如何做到氨基酸平衡 …………………………………………………………… 51
第六节 猪低蛋白质饲粮研究进展 ………………………………………………… 52
一、低蛋白质饲粮对猪生长性能的影响 …………………………………………… 53
二、低蛋白质饲粮对猪肠道健康的影响 …………………………………………… 53
三、低蛋白质饲粮对猪肉胴体品质和肉品质的影响 ……………………………… 54
四、低蛋白质饲粮下能量需要量 …………………………………………………… 54
五、低蛋白质饲粮对氮排放的影响 ………………………………………………… 55
六、低蛋白质饲粮研究展望 ………………………………………………………… 55
参考文献 ………………………………………………………………………………… 55

03 第三章 脂类 ……………………………………………………………………… 71

第一节 油脂的质量与安全性评价 ………………………………………………… 71
一、油脂的分类、脂肪酸组成及能值 ……………………………………………… 71
二、油脂质量与评价体系 ………………………………………………………… 73
三、常用质量评价指标与检测方法 ………………………………………………… 73
四、安全性指标 …………………………………………………………………… 74
第二节 油脂的氧化与稳定性 ……………………………………………………… 74
一、油脂氧化的涵义 ……………………………………………………………… 74
二、贮存对油脂氧化稳定性的影响 ………………………………………………… 75
三、保质期的预测模型 …………………………………………………………… 76
四、氧化对油脂消化能和代谢能的影响 …………………………………………… 77
五、防止脂质过氧化的措施 ……………………………………………………… 77
第三节 油脂的消化吸收 …………………………………………………………… 77
一、消化吸收过程及影响因素 ……………………………………………………… 77
二、不同日龄仔猪对油脂的消化吸收率 …………………………………………… 78
三、加工对油脂消化吸收的影响 …………………………………………………… 79

第四节　油脂对猪生产性能的影响 ·································· 79
一、仔猪 ·· 79
二、生长育肥猪 ·· 79
三、妊娠后期-哺乳期母猪 ·· 80

第五节　脂肪酸对猪的生物学作用 ·· 81
一、必需脂肪酸和多不饱和脂肪酸的一般作用 ······················ 81
二、PUFA对脂肪代谢和沉积的调节 ·· 82
三、对脂类代谢有调节作用的活性成分 ·································· 82

第六节　油脂对肉质和乳品质的影响 ···································· 83
一、对猪肉品质的影响 ·· 83
二、对母猪乳腺脂肪酸代谢及乳脂品质的影响 ······················ 83

第七节　脂类质量对动物生理及生产性能的影响 ················ 85
一、氧化油脂对猪生产性能的影响 ·· 85
二、氧化油脂对小肠上皮细胞及其功能的影响 ······················ 85
三、氧化油脂对猪氧化应激和免疫功能的影响 ······················ 86
四、结语 ·· 86

参考文献 ·· 86

04　第四章　碳水化合物 ·· 97

第一节　碳水化合物的分类和特性 ·· 97
一、碳水化合物的分类 ·· 97
二、碳水化合物的可消化性及抗消化性 ·································· 99

第二节　碳水化合物的营养代谢 ·· 101
一、碳水化合物的体外消失率与体内消化率的关系 ·············· 101
二、碳水化合物的消化率和消化速率及其生理学意义 ·········· 103
三、抗性淀粉对猪的营养及生理学意义 ·································· 104
四、非淀粉多糖对猪的营养及生理功能 ·································· 106
五、问题及展望 ·· 107

参考文献 ·· 107

05　第五章　矿物质 ·· 111

第一节　常量元素 ·· 111
一、钙和磷 ·· 111
二、钠和氯 ·· 116
三、钾 ·· 117
四、镁 ·· 117
五、硫 ·· 118

第二节　微量元素 ·· 118
　　　　一、铬 ·· 118
　　　　二、钴 ·· 120
　　　　三、铜 ·· 120
　　　　四、碘 ·· 122
　　　　五、铁 ·· 123
　　　　六、锰 ·· 125
　　　　七、硒 ·· 126
　　　　八、锌 ·· 128
　　第三节　微量元素的应用 ·· 131
　　　　一、有机微量元素及其生物利用率 ······································ 131
　　　　二、微量元素在育肥猪饲料中应用的研究进展 ························· 133
　　参考文献 ·· 133

06 第六章　维生素 ·· 148
　　第一节　脂溶性维生素 ··· 148
　　　　一、维生素 A ·· 148
　　　　二、维生素 D ·· 149
　　　　三、维生素 E ·· 151
　　　　四、维生素 K ·· 152
　　第二节　水溶性维生素 ··· 152
　　　　一、生物素 ·· 152
　　　　二、胆碱 ·· 153
　　　　三、叶酸 ·· 155
　　　　四、烟酸 ·· 156
　　　　五、泛酸 ·· 157
　　　　六、核黄素（维生素 B_2） ··· 158
　　　　七、硫胺素（维生素 B_1） ··· 158
　　　　八、维生素 B_6 ·· 159
　　　　九、维生素 B_{12} ·· 160
　　　　十、维生素 C ·· 161
　　参考文献 ·· 162

07 第七章　水 ··· 166
　　第一节　水的营养代谢 ··· 166
　　　　一、水的生理功能 ·· 166
　　　　二、水的摄入与排泄途径 ·· 167

第二节　水的需要 …… 168
　　一、猪对水的需要量 …… 168
　　二、水的质量对猪的影响 …… 169
参考文献 …… 171

08 第八章　营养与繁殖 …… 173

第一节　能量与繁殖 …… 173
　　一、能量对后备母猪的影响 …… 173
　　二、能量对妊娠母猪的影响 …… 178
　　三、能量对泌乳母猪的影响 …… 185
　　四、能量对种公猪的影响 …… 189

第二节　氨基酸与繁殖 …… 192
　　一、氨基酸对后备母猪的影响 …… 192
　　二、氨基酸对妊娠母猪的影响 …… 194
　　三、氨基酸对泌乳母猪的影响 …… 199
　　四、氨基酸对种公猪的影响 …… 203

第三节　矿物质与繁殖 …… 205
　　一、常量元素对繁殖的影响 …… 205
　　二、微量元素对繁殖的影响 …… 209

第四节　维生素与繁殖 …… 214
　　一、脂溶性维生素对繁殖的影响 …… 214
　　二、B族维生素对繁殖的影响 …… 217
　　三、维生素C对繁殖的影响 …… 220

第五节　非营养性添加剂与繁殖 …… 222
　　一、酸化剂对繁殖的影响 …… 222
　　二、微生态制剂对繁殖的影响 …… 222
　　三、肉碱对繁殖的影响 …… 223
　　四、甜菜碱对繁殖的影响 …… 224
　　五、寡糖对繁殖的影响 …… 224
　　六、植物提取物和中草药对繁殖的影响 …… 224
　　七、N-氨甲酰谷氨酸对繁殖的影响 …… 225

参考文献 …… 225

09 第九章　营养与减排 …… 243

第一节　营养与碳排放 …… 243
第二节　营养与氮排放 …… 244

一、能氮平衡、能量赖氨酸比对氮排放的影响 …………………………………… 244
二、氨基酸平衡对氮排放的影响 …………………………………………………… 245
三、蛋白质源组合对氮排放的影响 ………………………………………………… 245
第三节 营养与有害气体排放 …………………………………………………………… 246
一、营养与氨气排放 ………………………………………………………………… 246
二、营养与温室气体排放 …………………………………………………………… 247
三、营养与挥发性脂肪酸排放 ……………………………………………………… 249
第四节 矿物质元素营养与排泄 ………………………………………………………… 249
一、钙、磷、硫和钾的吸收与排泄 ………………………………………………… 250
二、无机和有机来源微量元素的利用效率与排泄 ………………………………… 251
三、减少矿物质元素排泄的营养措施 ……………………………………………… 253
参考文献 …………………………………………………………………………………… 253

10 第十章 营养与健康 …………………………………………………………………… 260

第一节 营养与免疫 ……………………………………………………………………… 260
一、氨基酸与免疫 …………………………………………………………………… 260
二、必需脂肪酸与免疫 ……………………………………………………………… 262
三、碳水化合物与免疫 ……………………………………………………………… 263
四、微量元素与免疫 ………………………………………………………………… 265
五、维生素与免疫 …………………………………………………………………… 267
第二节 营养与肠道健康 ………………………………………………………………… 269
一、营养对断奶仔猪肠道全基因表达谱的影响 …………………………………… 270
二、宫内发育迟缓与新生期营养 …………………………………………………… 270
三、饲粮养分与肠道健康 …………………………………………………………… 270
四、非营养性添加剂与肠道健康 …………………………………………………… 271
五、饲料加工调制与肠道健康 ……………………………………………………… 271
第三节 营养与应激 ……………………………………………………………………… 272
一、营养与热应激 …………………………………………………………………… 272
二、营养与免疫应激 ………………………………………………………………… 274
三、营养与氧化应激 ………………………………………………………………… 277
第四节 营养与疾病 ……………………………………………………………………… 279
一、疾病对营养代谢的影响 ………………………………………………………… 279
二、缓解疾病危害的营养需要特点 ………………………………………………… 279
第五节 营养与霉菌毒素 ………………………………………………………………… 280
一、霉菌毒素毒性及其机制 ………………………………………………………… 280
二、缓解霉菌毒素中毒的营养需要特点 …………………………………………… 284
第六节 抗病营养需求参数 ……………………………………………………………… 285
参考文献 …………………………………………………………………………………… 287

11 第十一章 营养与肉品质 … 301

第一节 营养因素对肌肉代谢与 PSE 肉发生率的影响 … 301
一、宰前管理和营养调节与 PSE 肉的发生 … 302
二、降低宰后肌肉糖原含量的饲粮 … 302
三、调节宰后胴体代谢的营养素 … 303

第二节 肌内脂肪的营养调控 … 306
一、能量水平与来源对猪肌内脂肪的影响 … 306
二、蛋白质和氨基酸对肌内脂肪含量的影响 … 307
三、维生素 A 对肌内脂肪的影响 … 307

第三节 脂肪品质的营养调控 … 308
一、油脂来源对脂肪品质的影响 … 308
二、玉米干酒糟及其可溶物对脂肪品质的影响 … 309
三、共轭亚油酸对脂肪品质的影响 … 309
四、脂肪品质的其他营养调控措施 … 309

第四节 脂肪和肉色稳定性的营养调控 … 310
一、维生素 E 对脂肪和肉色稳定性的影响 … 310
二、维生素 C 对脂肪和肉色稳定性的影响 … 311
三、微量元素对脂肪和肉色稳定性的影响 … 311

第五节 熟猪肉口感的营养调节 … 311
一、谷物来源对熟肉口感的影响 … 311
二、粗蛋白质及赖氨酸对熟肉口感的影响 … 312
三、能量水平对熟肉口感的影响 … 312
四、维生素 D_3 对熟肉口感的影响 … 313

参考文献 … 313

12 第十二章 营养与环境的互作 … 324

第一节 常见环境因子 … 324
一、温热环境 … 325
二、有害气体 … 327
三、光照和噪声 … 328
四、尘埃和微生物 … 328

第二节 环境对猪生理活动的影响 … 328
一、环境对采食量的影响 … 328
二、环境对内分泌的影响 … 332
三、环境对繁殖性能的影响 … 333

第三节 温热环境对猪养分利用和需要量的影响 … 336
一、温热环境对养分利用的影响 … 336
二、温热环境对营养需要量的影响 … 340

参考文献 … 341

13 第十三章 营养代谢与肠道微生物 ... 347
第一节 肠道微生物组成与功能 ... 347
一、猪的肠道微生物组成 ... 347
二、肠道微生物的生理功能 ... 348
第二节 小肠微生物与氮营养素代谢 ... 348
一、小肠微生物与氨基酸首过代谢 ... 348
二、小肠微生物对氮营养素的代谢去向 ... 350
三、小肠微生物与肠黏膜细胞对氮营养素代谢的互作 ... 351
第三节 大肠微生物与碳水化合物和蛋白质的营养代谢 ... 352
一、大肠微生物对碳水化合物利用的影响 ... 352
二、大肠微生物对蛋白质利用的影响 ... 352
三、蛋白质和碳水化合物结构对大肠微生物的影响 ... 354
第四节 肠道微生物与猪整体代谢 ... 355
一、肠道微生物与营养代谢互作对猪生理功能的调节 ... 355
二、肠道营养素感应与能量代谢稳态 ... 356
三、"微生物-肠-脑"轴与猪整体代谢 ... 359
第五节 肠道微生物与营养代谢紊乱 ... 360
一、肠道微生物介导的碳水化合物代谢对机体健康的影响 ... 360
二、肠道微生物介导的蛋白质代谢对机体健康的影响 ... 361
三、肠道微生物介导的脂类代谢对机体健康的影响 ... 362
参考文献 ... 363

14 第十四章 脂肪型猪和肉脂型猪的营养需要 ... 371
第一节 能量需要 ... 371
一、仔猪 ... 373
二、生长育肥猪 ... 373
三、种猪 ... 374
第二节 蛋白质和氨基酸需要 ... 375
一、蛋白质需要 ... 377
二、氨基酸需要 ... 378
第三节 粗纤维 ... 382
一、仔猪 ... 383
二、生长育肥猪 ... 383
三、种猪 ... 384
第四节 矿物质 ... 384
参考文献 ... 386

15 第十五章 猪饲料营养价值评定方法新进展 ……………………………… 390
第一节 猪饲料营养价值评定研究进展 …………………………………… 390
一、概略养分及碳水化合物评定进展 …………………………………… 390
二、有效能值评价进展 …………………………………………………… 392
第二节 猪饲料氨基酸生物利用率测定 …………………………………… 394
一、氨基酸回肠消化率的不同概念和内源氨基酸排泄量 ……………… 395
二、回肠内源氨基酸流量的测定 ………………………………………… 396
三、饲料氨基酸标准回肠消化率的评定进展 …………………………… 397
第三节 猪饲料磷、钙生物学效价评定 …………………………………… 398
一、磷的效价评定指标及评定进展 ……………………………………… 398
二、钙元素的生物利用率 ………………………………………………… 400
第四节 近红外分析技术研究进展 ………………………………………… 400
一、有效能的预测 ………………………………………………………… 401
二、氨基酸和可消化氨基酸的预测 ……………………………………… 401
三、脂肪酸的预测 ………………………………………………………… 402
四、特殊营养物质的预测 ………………………………………………… 402
五、饲料安全风险评估 …………………………………………………… 403
六、动物排泄物化学成分的预测 ………………………………………… 403
参考文献 …………………………………………………………………… 404

16 第十六章 饲料抗营养因子与污染物 …………………………………… 409
第一节 饲料抗营养因子 …………………………………………………… 409
一、饲料中抗营养因子种类和性质 ……………………………………… 409
二、主要抗营养因子的危害及作用机理 ………………………………… 410
三、抗营养因子检测技术 ………………………………………………… 412
四、抗营养因子钝化降解技术 …………………………………………… 414
第二节 饲料污染物 ………………………………………………………… 416
一、饲料中污染物种类和分布 …………………………………………… 416
二、饲料常见细菌的污染及控制 ………………………………………… 417
三、常见霉菌及霉菌毒素的污染及控制 ………………………………… 418
四、常见有毒有害元素的污染及控制 …………………………………… 420
五、农药残留的污染及控制 ……………………………………………… 421
六、其他污染物的污染及控制 …………………………………………… 422
参考文献 …………………………………………………………………… 427

17 第十七章　饲料加工工艺技术 ……………………………………………… 431
第一节　猪营养对饲料加工的需求 …………………………………………… 431
一、淀粉糊化度 ………………………………………………………………… 432
二、脂肪乳化 …………………………………………………………………… 432
三、蛋白质降解 ………………………………………………………………… 433
第二节　饲料加工工艺对猪营养的影响 ……………………………………… 434
一、原料加工 …………………………………………………………………… 434
二、配合饲料产品加工 ………………………………………………………… 442
第三节　饲料加工工艺进展 …………………………………………………… 447
一、添加剂后处理新工艺 ……………………………………………………… 447
二、教槽料生产工艺 …………………………………………………………… 448
参考文献 ………………………………………………………………………… 450

18 第十八章　非营养性饲料添加剂 …………………………………………… 454
第一节　酶制剂 ………………………………………………………………… 454
一、补充内源消化酶 …………………………………………………………… 454
二、消除饲料抗营养因子或毒素 ……………………………………………… 454
三、脱氧和杀菌 ………………………………………………………………… 455
第二节　微生物制剂 …………………………………………………………… 456
一、乳杆菌 ……………………………………………………………………… 456
二、双歧杆菌 …………………………………………………………………… 456
三、芽孢杆菌 …………………………………………………………………… 456
四、肠球菌 ……………………………………………………………………… 457
五、酵母菌 ……………………………………………………………………… 457
第三节　寡糖 …………………………………………………………………… 457
第四节　酸度调节剂 …………………………………………………………… 458
一、有机酸 ……………………………………………………………………… 458
二、有机酸盐 …………………………………………………………………… 458
三、复合酸化剂 ………………………………………………………………… 459
四、碳酸氢钠 …………………………………………………………………… 459
第五节　调味和诱食物质 ……………………………………………………… 459
一、香味物质 …………………………………………………………………… 459
二、甜味物质 …………………………………………………………………… 460
三、鲜味物质 …………………………………………………………………… 460
第六节　植物提取物 …………………………………………………………… 460
第七节　抗氧化剂 ……………………………………………………………… 461
参考文献 ………………………………………………………………………… 462

第十九章 饲料抗生素促生长剂及替代技术 …… 474

第一节 饲料抗生素促生长剂的作用和问题 …… 474
 一、饲料抗生素促生长剂的作用及其机制 …… 474
 二、应用饲料抗生素促生长剂存在的问题 …… 475

第二节 饲料抗生素促生长剂应用现状 …… 476
 一、世界各地对饲料抗生素促生长剂的态度和措施 …… 476
 二、欧盟禁止使用饲料抗生素促生长剂后的状况 …… 478

第三节 饲料抗生素促生长剂替代技术 …… 479
 一、有机酸 …… 479
 二、寡糖 …… 480
 三、益生菌与微生物制剂 …… 480
 四、溶菌酶 …… 482
 五、抗菌肽 …… 483
 六、噬菌体 …… 484
 七、植物提取物和植物精油 …… 485
 八、发酵生物饲料与液体饲喂技术 …… 486

参考文献 …… 487

第二十章 猪能量和氨基酸需要量估测模型 …… 493

第一节 瘦肉型猪能量和氨基酸需要量估测模型 …… 493
 一、数据来源 …… 493
 二、瘦肉型生长育肥猪的能量需要量估测模型 …… 494
 三、瘦肉型生长育肥猪的体蛋白质和体脂肪沉积估测模型 …… 498
 四、瘦肉型生长育肥猪的氨基酸需要量估测模型 …… 500
 五、瘦肉型仔猪的氨基酸需要量估测模型 …… 503

第二节 脂肪型和肉脂型生长育肥猪能量和氨基酸需要量估测模型 …… 504
 一、数据来源 …… 504
 二、脂肪型和肉脂型生长育肥猪的能量需要量估测模型 …… 505
 三、脂肪型和肉脂型生长育肥猪的氨基酸需要量估测模型 …… 506
 四、赖氨酸需要量估测模型的验证 …… 507

参考文献 …… 510

第二十一章 未来发展 …… 520

 一、饲料原料有效营养成分评估 …… 520
 二、营养需要量的准确评估 …… 521
 三、饲料营养源头减排和改善肉品质的营养调控 …… 522

四、其他领域和重点 ……………………………………………………… 522

22 第二十二章　营养需要量列表 ……………………………………… 523

23 第二十三章　饲料组成与营养价值表 ………………………………… 589

第一章 能 量

客观、准确评价饲料有效能是建立猪营养需要量标准、优化饲料配方的基础。能量的研究最早可溯及法国化学家拉瓦锡（Lavaisier Antoine Laurent，1743—1794）创建的小型动物呼吸代谢热量测定装置，他否定了"燃素说"，命名氧元素为"oxygen"，阐明了燃烧作用的氧化学说，再一次证实了"质量守恒定律"。目前，动物营养学家们在猪饲料有效能评价体系的测试手段、数学模型等方面取得了明显进展，已建立了简单、较准确预测猪能量需要量的数学模型，但由于动物能量代谢过程的复杂性、饲粮组成和原料来源的多样性，猪饲料有效能评价仍然存在很多不足。因此，本章的主要内容是以有效能体系阐述能量在猪体内的分配来对饲料能量进行评价，分析体外有效能评价方法的发展和最新进展；用析因法解析猪生长、妊娠、繁殖、泌乳和体温调节过程的能量需要。有关饲料营养价值评定方法新进展的讨论见本书第十五章，有关能量需要量的预测模型及有效能之间转化系数的讨论见本书第二十章。农业农村部饲料工业中心近年来在饲料有效能（包括消化能、代谢能、净能）的测定方面开展了大量工作，并建立了常用饲料原料的有效能预测模型，本书第二十三章给出了常用饲料原料的消化能和代谢能有效能值预测模型，供读者参考使用。

第一节 猪饲料有效能及评价方法

猪饲料有效能评价体系是随着对饲料总能（gross energy，GE）在猪体内分配研究的不断深入而不断发展的，包括摄取的饲料总能扣减动物粪能后的消化能（digestible energy，DE）体系，消化能扣减尿能和气体能后的代谢能（metabolizable energy，ME）体系，代谢能扣减热增耗后的净能（net energy，NE）体系。猪饲料有效能的测定受到猪的生理状态和饲料的理化特性，以及饲喂管理和加工工艺的影响，目前已建立了一些基于概略养分的简单有效的估测模型。

一、总能

（一）总能的测定和预测

总能（GE）又称燃烧热，是饲料最基本的能量表述形式，指物质完全氧化时所产生的全部能量，主要为碳水化合物、蛋白质和脂肪能量的总和。通过测定饲粮和饲料原料、粪便、尿液、气体和各种动物产品中的 GE 含量可估算出饲料中 DE、ME 和 NE 的含量。

GE 含量可直接使用氧弹式测热器测定，即将一定量的样品完全氧化，测定其所释放的热量。不同饲料养分的 GE 含量不同。碳水化合物中葡萄糖和单糖 GE 含量为 15.7 kJ/g，淀粉和纤维素为 17.4 kJ/g（Wenk 等，2000）。蛋白质和脂肪分别为 23.4 kJ/g 和 39.3 kJ/g（Wenk 等，2000）。不同饲料原料间 GE 含量变化范围也较大，如从蔗糖蜜到油/脂肪的 GE 含量为 15～39 kJ/g（干物质基础；Sauvant 等，2004）。除了用氧弹式测热器直接测定 GE 含量以外，GE 也可以通过饲料原料的化学组成估测，估测方程有：

$$GE = 17.3 + 0.061\ 7\ CP + 0.219\ 3\ EE + 0.038\ 7\ CF - 0.186\ 7\ Ash$$

（Sauvant 等，2004；式 1-1）

式中，EE、CP、CF 和 Ash 分别指乙醚浸出物（ether extract, EE）、粗蛋白质（crude protein, CP）、粗纤维（crude fiber, CF）和粗灰分（crude ash）（以干物质百分比表示），GE 单位为 MJ/kg。

$$GE = 23\ CP + 38.9\ EE + 17.4\ ST + 16.5\ Sugars + 18.8\ NDF + 17.7\ Residue$$

（Noblet 和 van Milgen，2004；式 1-2）

式中，CP、EE、ST、$Sugars$ 和 NDF 分别指乙醚浸出物、粗蛋白质、淀粉、糖类和中性洗涤纤维（neutral detergent fiber, NDF）（g）；$Residue$ 指残渣物（g），是有机物与方程中其他营养成分间的差值；GE 单位为 MJ/kg。

（二）影响因素

GE 受饲料原料中营养成分组成的影响。由式 1-2 可知，脂类物质能值最高，蛋白质居中，碳水化合物最低。即使结构不同，但只要碳水化合物、脂肪或蛋白质元素组成相同，则其 GE 含量相近。通过测定总能来比较饲料原料或饲粮能量价值的意义不大，饲料 GE 也极少在饲料配方中使用（NRC，2012）。饲粮氨基酸的组成影响 GE 的含量，天门冬氨酸的 GE 为 14.0 kJ/g，而亮氨酸、异亮氨酸和苯丙氨酸的 GE 为 31.6 kJ/g（van Milgen，2001）。

二、消化能

（一）消化能的测定和预测

消化能（DE）是采食的饲料 GE 与粪能之差，可以直接用消化试验测定（Adeola，2001）。常将试验猪置于代谢笼内，在猪适应环境 7 d 后，采用全收粪法收集至少 5 d 的全部排粪计算出饲料 DE 含量；或者通过使用内源或外源指示剂法来测定饲料 DE 含量。对于适口性较好的饲料原料（如谷物）或者全价饲粮可直接测定其 DE 含量。但对于饲粮中用量有限或适口性较差的饲料原料，可采用套算法或回归法测定其 DE 含量。将饲粮分为对照饲粮和试验饲粮，对照饲粮是试验饲粮的主要组分部分，试验饲粮以对照饲粮为基础，含有一定量的待测原料，分别测定对照饲粮和试验饲粮的 DE 含量，再用公式计划待测原料的 DE 含量（Noblet 和 van Milgen，2013；尹靖东，2015）。经典的套算法是假定饲料间的组合效应为零（赵峰，2006），有两个前提条件：一是测定的对照饲粮和试验饲粮 DE 含量的不同仅仅是由待测原料不同而引起的；二是尽管饲粮中灰分含量会影响饲粮能量消化率，但饲粮中矿物质和维生素不提供能量（Noblet 和 van Milgen，2013）。因此，对照饲粮和试验饲粮中矿物质和维生素成分需要保持一致，待测饲料原料的 DE 计算公式为：

$$DE\text{test}=[DE\text{exp}-DE\text{crtl}\times\text{\textperthousand}\text{crtl}/(1-MV_0)]/[GE\text{exp}-GE\text{crtl}\times\text{\textperthousand}\text{crtl}/(1-MV_0)]\times GE\text{test} \quad (\text{式 }1-3)$$

式中，$DE\text{test}$、$DE\text{exp}$ 和 $DE\text{crtl}$ 分别是指待测饲料原料、试验组饲粮和对照组饲粮的消化能（干物质基础，MJ/kg），$GE\text{test}$、$GE\text{exp}$ 和 $GE\text{crtl}$ 分别是指待测饲料原料、试验组饲粮和对照组饲粮的总能（MJ/kg DM），MV_0 是指对照组饲粮中矿物质和维生素含量（干物质基础，‰），‰crtl 是指扣除矿物质和维生素（即 MV_0）后的对照组饲粮占试验组饲粮的比例。

Noblet 和 van Milgen（2013）认为对照组饲粮既可作为多种待测饲料原料的 DE 估测试验的对照组，也可作为相同待测原料不同含量水平试验的对照组。

另外，也可通过饲料化学组成估算 DE 含量，早期的预测方程有：

$$DE=4\,858+0.749\,GE-18\,Ash-17.2\,NDF$$

（Noblet 和 Perez，1993；式 1-4）

$$DE=17\,439-38.1\,Ash+7.9\,CP+16.3\,EE-15.1\,NDF$$

（Noblet 和 Perez，1993；式 1-5）

式 1-4 和式 1-5 中，DE 单位为 kJ/kg（干物质基础），NDF 是指中性洗涤纤维，所有化学组成均用 g/kg 干物质来表示。该预测方程是用配合饲粮拟合得到的，单一饲料原料的 DE 预测时要注意其可行性，本书第十五章将详细讨论。由于无法直接区分来源于饲料的总能和粪便中内源排泄，因此未经特别说明，大多文献报道的 DE 值指的是表观 DE 值（NRC，2012）。

（二）影响因素

1. 饲粮化学组成　饲料原料的消化率变异较大，范围为 10%～100%（Sauvant 等，2004），大多数猪饲粮养分消化率变异为 70%～90%（Noblet 和 van Milgen，2013；尹靖东，2015）。猪饲粮消化率与纤维含量和类型密切相关。饲粮纤维含量每增加 1 个百分点，能量消化率降低 1 个百分点（le Goff 和 Noblet，2001）。饲粮纤维类型影响养分和能量的消化率，低黏性、高发酵性纤维可降低养分回肠消化，提高后肠发酵；高黏性、低发酵纤维可增加回肠氨基酸消化，降低后肠发酵（Hooda 等，2011；Gao 等，2015）。可溶与不可溶纤维组分影响饲粮养分和能量的消化率，并可阐释消化能的主要变异（Chen 等，2013，2014a，2014b，2015，2017）。饲料灰分也影响能量消化，饲粮灰分每增加 1 个百分点，能量消化率降低 0.5 个百分点，部分原因是饲粮灰分与纤维结合在一起，碳酸钙和磷酸盐类矿物质可能造成肠道磨损，从而降低能量消化率（Noblet 和 van Milgen，2013）。

2. 猪生理阶段　生长猪能量消化率随着猪体重（body weight，BW）增加而提高

(Noblet，2006)。这主要因为体重大的猪后肠纤维消化增强，饲料在消化道内的流通速度降低。随着生长猪逐步发育成熟，饲粮脂肪和纤维消化率会逐渐提高。将接近自由采食的生长猪和采食量高于维持水平的成年母猪相比，体重会影响能量消化率，生长猪DE会高4%（Noblet和Shi，1993；le Goff和Noblet，2001）。对于同一饲料，母猪的能量消化率高于生长猪（Noblet和Bach Knudsen，1997）。正因为生长猪和母猪对饲料能量的表观消化率存在差异，所以理论上推荐生长猪和母猪应该采用不同的DE、ME和NE值（Noblet和van Milgen，2004）。

3. 饲养方式 单个饲喂方式和群体饲喂方式会产生不同的猪采食量（Bakker和Jongbloed，1994），但饲料采食量本身对能量消化率的影响很小（Moter和Stein，2004）。Bakker和Jongbloed（1994）认为，在群养条件下，排空速率的增加会降低猪对能量的消化。

4. 饲料加工工艺 饲料加工和热处理也可影响饲料能量的消化率。制粒可将饲料能量消化率提高1个百分点（Skiba等，2002；le Gall等，2009），可使高油玉米（脂肪含量7.5%）的DE含量提高0.45 MJ/kg（Noblet和Champion，2003）。粉碎或制粒使粗磨全脂油菜籽DE分别提高10.0 MJ/kg和23.5 MJ/kg（Skiba等，2002）。在酒糟蛋白饲料（distillers dried grains with solubles，DDGS）干燥过程中过度加热可产生美拉德反应，降低能量消化率（Cozannet等，2010）。然而，目前研究制粒或其他加工工艺改善猪饲粮养分消化率的报道较少，而且加工工艺对饲料养分在猪不同消化部位消解规律的影响还不清楚。

三、代谢能

代谢能（ME）是DE减去尿能和消化道发酵气体能后剩余的能量。猪产生的甲烷量可在呼吸舱内直接测定，也可根据发酵纤维的含量进行估计（Rijnen，2003），发酵气体能量损失占DE的比例是很低的。生长育肥猪采食典型饲粮时产生的发酵气体通常很低，由此产生的能量损失仅占DE的0.5%左右（Noblet等，1994），仔猪和生长猪由于甲烷损失的能量很少，很多情况下常忽略不计。维持水平下的母猪损失的甲烷能约占DE的1.5%，采食高纤维饲粮的母猪气体能量损失可达DE的3%（Ramonet等，1999），因此在估测成年猪的ME时需要考虑甲烷量。生长猪和成年母猪发酵1 g饲粮纤维产生的甲烷能分别为0.67 kJ和1.33 kJ（Noblet和van Milgen，2013）。

尿能是影响DE转化为ME效率的主要因素。尿中能量的损失主要来源于尿排泄的氮（主要是尿素），是超过沉积所需的氨基酸脱氨基生成的。因而，在假定摄入的可消化粗蛋白质有固定的比例用于尿氮排放的条件下，ME/DE可以通过可消化粗蛋白的含量来预测：

$$ME/DE = 100.3 - 0.021\,CP$$

(le Goff和Noblet，2001；式1-6)

式中，CP用g/kg干物质表示。

当然，猪摄入可消化粗蛋白质中转变成尿氮的比例是可变的，这取决于饲粮氨基酸平衡状况（蛋白质含量）和猪对蛋白质的存留效率。

ME（kJ/kg）也可以直接用饲料营养成分来进行预测：
$$ME = 17\,548 - 38.5\,Ash + 4.2\,CP + 17.2\,EE - 14.6\,NDF$$
（Noblet 和 Perez，1993；式 1-7）

或
$$ME = 1.00\,DE - 2.85\,CP$$
（Noblet 和 Perez，1993；式 1-8）

式中，营养成分用 g/kg 干物质表示，DE 用 kJ/kg 表示。

四、净能

净能（NE）是 ME 扣除热增耗的能量，按照净能的用途可分为维持净能（NE_m）和生产净能（NE_p）两部分。维持净能是动物用于维持生命活动的净能。生产目的不同的动物，生产净能表述不同。生长猪用于增重的净能为增重净能，育肥猪用于生产脂肪的净能为产脂净能，泌乳母猪用于产乳的净能为产乳净能（李德发，2003）。

猪 NE 体系可通过比较屠宰试验或间接测热试验（Noblet 等，1994）建立。NE 受饲粮理化属性、代谢能的摄入量和动物生理阶段等因素的影响，因此测定猪 NE 时前提条件为：在一个特定生理状态下，饲粮蛋白质和氨基酸能满足动物的营养需要，体增重部分组成维持恒定。Kil 等（2011）采用比较屠宰试验测定大豆油和精选白油的 NE 值，该方法在北美得到了不断发展和推广应用。间接测热试验促进了以可消化养分建立 NE 预测模型的发展（Noblet 等，1994），并已被应用于补充氨基酸的低蛋白质饲粮配方设计中（le Bellego 等，2001）。比较屠宰试验法测定的 NE 值常常低于间接测热法的测定值。Ayoade 等（2012）用比较屠宰试验法测定的玉米-豆粕型基础饲粮中添加 0%、15% 和 30% DDGS 的 NE 值比用间接测热法的测定值低 4.6%。NE（kJ/kg）的预测方程有：

$$NE = 0.726\,ME + 5.56\,EE + 1.63\,ST - 2.59\,CP - 3.47\,ADF$$
（Noblet 等，1994；式 1-9）

$$NE = 0.72\,DE + 6.74\,EE + 2.01\,ST - 3.81\,CP - 3.64\,ADF$$
（Noblet 等，1994；式 1-10）

式中，ADF 是酸性洗涤纤维（acid detergent fiber，ADF），所有的养分和可消化养分均以 g/kg 表示，ME 和 DE 用 kJ/kg 表示，均为干物质基础。

$$NE = 11.42\,DCP + 35.02\,DEE + 14.39\,ST + 12.09\,DRES$$
（Noblet 等，1994；式 1-11）

式中，$DRES = DOM - (DCP + DEE + ST + DADF)$；DCP 为可消化 CP；DEE 为可消化 EE；DRES 为可消化残渣；DOM 为可消化有机物；DADF 为可消化 ADF，均以 g/kg 表示，均为干物质基础。

目前预测 NE 的方程大都来源于全价饲粮的测定值。表 1-1 总结了近几年用不同方法测定的几个单一饲料原料的 NE 值。因此，NE 预测方程用于单一原料时必须要注意其适用性，并进行适当校正（NRC，2012）。由于难以准确的测定绝食产热（FHP），预测维持净能（NE_m）时误差较大（Birkett 和 de Lange，2001b）。对 NE 的预测应尽可能使用饲料养分的实测值和现有的饲料原料营养成分数据库，而 NRC 饲料原料数据库的建立和发展几乎完全依赖于已发表文献的数据，缺少针对 NE 预测方程建立的特殊参数值。

表 1-1 猪饲料原料净能测定值（mJ/kg）

饲料原料	测定方法			资料来源
	比较屠宰法	间接测热法	估测方程	
玉米	8.65			Kil 等（2011）
玉米			10.17	Rojas 和 Stein（2013）
玉米*		13.45		Liu 等（2014）
传统豆粕*		10.32		Liu 等（2014）
发酵豆粕			11.10	Rojas 和 Stein（2013）
干压榨豆粕		10.79	10.59	Velayudhan 等（2013）
来源 B. napus yellow 菜粕*		8.80	8.10	Heo 等（2014）
来源 B. juncea yellow 菜粕*		9.80	9.40	Heo 等（2014）
小麦 DDGS			8.92	Cozannet 等（2010）
玉米-小麦 DDGS*	10.08	10.06	9.90	Ayoade（2011）
羽毛粉			9.40	Rojas 和 Stein（2013）
大米			11.14	Kim 等（2007）
大豆皮	2.52			Stewart 等（2013）
大豆油	20.40			Kil 等（2011）
次粉	4.13			Stewart 等（2013）
动物油脂	24.68			Kil 等（2011）

注：*以干物质为基础。

目前猪的 NE 体系是假设 ME 在维持和沉积效率相近的前提下，结合 ME 在维持和生长（Noblet 等，1994）或育肥等方面的利用效率而发布的。法国 NE 体系应用较多（Noblet，2000），该体系是利用 45 kg 的生长大白猪对 61 种饲粮测定值回归分析得出的，最适用于预测猪全价配合饲料 NE 值和生产性能（Noblet 等，1994）。荷兰建立的 NE 体系（CVB，1994）是根据 1972 年相关报道提出的方程和文献数据改编而来的。NRC（2012）采用的 NE 体系则是结合了模型动物（仔猪）的 NE 直接测定值和原料 NE 测定值（非平衡饲粮）得到的。Emmans（1994）基于对 ME 含量的校正，提出了一个通用模型。Boisen 和 Verstegen（1998）将体外消化法估测的可消化养分能值与养分潜在生成 ATP 的生化系数结合，提出猪饲料 NE 应称为"生理能量"的建议。而 NRC（2012）的 NE 体系与其他 NE 体系差异较大（Noblet 和 van Milgen，2013；尹靖东，2015）。

Noblet 和 van Milgen（2013）认为，饲料的有效能值首先取决于其化学性质。在消化能水平上，饲料能值主要由纤维和脂肪含量决定；在代谢能水平上，能值变化主要与饲粮粗蛋白质含量相关，饲粮粗蛋白质含量可影响尿氮含量和能量损失；在净能水平上，能值差异主要是由于粗蛋白质不同产生的（尹靖东，2015）。

五、体外有效能评价体系

自20世纪50年代以来,各国学者试图通过体外法(in vitro)探索快捷、易于标准化、可反映饲料养分在畜禽体内消化吸收规律的评定方法(张子仪,1995;张宏福等,2010)。经过半个多世纪的发展,大致经历了早期的简单模拟胃酶消化过程到中期的模拟胃、肠道多步消化,最后向近期全消化道仿生酶谱的建立,再到电脑仿生程控的方向发展(张宏福等,2010;陈亮等,2011;陈亮和张宏福,2012)。

(一)基于"摇瓶"的体外评价方法

1. 胃蛋白酶-胰酶-纤维素酶法 van der Meer等(1992)利用胃蛋白酶-胰酶-纤维素酶分析89种饲料样品。虽然体内外有机物消化率相关性很好($r=0.92$,$RSD=2.0$),但是粗纤维作为一个额外变量能提高预测水平($r=0.95$,$RSD=1.7$),这说明体外消化还未完全模拟猪的纤维消化,对后肠模拟的酶制剂种类和来源等方面还应进一步探索。Huang等(2003)以三角瓶为反应容器,用纤维素酶模拟猪大肠的消化过程。随后Regmi等(2008)依据此法选取了21个大麦样本,其ADF和CP含量变异分别为4.5%~11.4%和10.0%~16.4%;同时,测定了生长猪大麦样本能量的表观全消化道消化率,在体外模拟的能量利用率为63.7%~82.2%,相对误差为0.1%~2.6%的情况下,与体内法能量利用率得到良好的相关性($R^2=0.81$)。其测定的一式四份7种大麦样本体外与体内法测定的能量利用率呈强相关($R^2=0.97$),其中体外消化代谢能与体内能量利用率完全相关($R^2=1.00$)。

2. 胃蛋白酶-胰酶-Viscozyme酶法 由于饲料成分复杂多变,仅采用单一酶(如纤维素酶)模拟后肠消化显得过于简单(Coles等,2005)。Boisen和Fernández(1997)利用Viscozyme酶代替纤维素酶模拟猪大肠消化。Viscozyme是一种来源于曲霉菌(*Aspergillus*)的复合酶,含有多种碳水化合物水解酶,包括纤维素酶、半纤维素酶、阿拉伯聚糖酶、木聚糖酶、β-葡聚糖酶和果胶酶等。结果显示,有机物体外消化率和能量利用率呈一般相关。在估测干物质和能量的消化率时,胃蛋白酶-胰酶-Viscozyme与胃蛋白酶-胰酶-瘤胃液法所测结果表现出较强的一致性。Boisen和Fernández(1997)利用胃蛋白酶-胰酶-Viscozyme法将测定饲料范围进一步扩大,模拟了30种配合饲料共90个饲料样本的体外消化,并系统详细地探讨了样品粒度、重量、搅拌以及纤维素酶和乙二胺四乙酸(EDTA)添加等体外消化条件对测定值的影响,客观地分析了不同酶(胃蛋白酶、胰酶和Viscozyme)不同消化时长的两种不同饲料样品(大麦和豆粕)的消化形态。结果表明,有机物体外酶消化率和体内消化的代谢能呈很好的线性相关($R^2=0.94$),饲料体内能量利用率和体外能量利用率呈很好的线性相关($R^2=0.87$)。该方法已经被丹麦饲料能量常规评定体系采纳,并为后续的全消化道体外模拟法的实践运用奠定了基础。然而采用此法的残余标准差和变异系数较大,最大值分别达到了7.8和10.1。

随着对单胃动物消化生理研究的不断深入,除了研究生长猪的饲料体外消化率外,利用胃蛋白酶-胰酶-Viscozyme法对17种泌乳和妊娠母猪饲料,以及23种仔猪及生长育肥猪饲料的可行性与可靠性研究均得到了验证（Spangheor 和 Vlaepli，1999）。Noblet 和 Jaguelin-Peyraud（2007）用此法分析了 113 种配合饲料和 66 种饲料成分，结果表明，用胃蛋白酶-胰酶-Viscozyme 法可以准确评价生长猪饲料中的有机物以及代谢能和净能的生物学效价，而且结果具有可重复性，但是仅能模拟粒状饲料的体外消化。

Regmi 等（2009）比较了 Viscozyme 和纤维素酶模拟猪对小麦的消化效果，结果发现，体外模拟的能量利用率变化范围为 73.3%～84.5%，使用 Viscozyme 得到的体外干物质和能量利用率具有良好的相关性（$R^2=0.82$ 和 0.73）；而利用纤维素酶得到的体外 DM 和能量利用率相关性较差（$R^2=0.55$ 和 0.54）。Viscozyme 的体外 DM 利用率与谷物特性（如 ADF）的相关性好于纤维素酶（$R^2=0.89$ 和 0.70）。总之，胃蛋白酶-胰酶-Viscozyme 法预测生长猪的小麦能量全肠道表观消化率（apparent total tract digestibility，ATTD）比胃蛋白酶-胰酶-纤维素酶法好。具体采用何种碳水化合物酶，因饲料原料而变。例如，预测小麦这类非淀粉多糖（NSP）含量高的饲料原料时，Viscozyme 酶比纤维素酶模拟更贴近猪大肠的消化生理过程，体外模拟效果更好。但也有研究发现，也有利用此法得到的体外干物质与体内表观能量消化率的相关性很差的报道（Chen，1997）。

因此，虽然采用不同的消化酶模拟猪的体外消化的很多研究测定了单一饲料或者配合饲料的体外能量消化率，且大都与体内消化率取得了很好的相关性，可用体外法测定的能量消化率来预测体内消化率，但目前国外报道的全消化道体外模拟法存在以下缺陷：

（1）参数和反应条件的选择缺乏理论解释　尽管不同的体外方法存在一些差异，但是很少对特定参数的选择进行解释，如针对模拟不同消化阶段选用的消化酶种类、酶的浓度和酶量，模拟消化缓冲液的 pH，三步酶法中过滤残渣的滤器孔径等的选择等。因此，缺少对这些方法的可信度阐释，参数的选取也具有一定的变异性。

（2）测试方法及标准化缺少实验室间的差异研究　为了获得可比的结果，不管何种体外法都应考虑可重复性，不同实验室能产生相同或相似的结果，否则这种方法难以成为全球性的标准方法。基于摇瓶的体外酶法缺乏实验室间的验证。

（3）缺少适合饲料评定的可程控的技术　国内外研究者探索全消化道体外消化模拟技术基本停留在以三角瓶、透析管、摇床等为组件的手工操作阶段，每一步消化过程中 pH 的改变、消化液的加入、产物的分离等都会不可避免地引入人为误差。虽有可程控的胃肠仿生消化系统，如荷兰应用科学研究院（TNO）研制的猪全消化道仿生系统（Larsson 等，1997；Minekus 等，1999），但不能满足养分生物学效价评定中的"全进全出"的理念。因此，基于摇瓶的体外酶法主要用于胃肠道微生物生长、药理代谢、有害物残留等方面的研究（Marteau 等，1997；Krul 等，2000；Meunier 等，2008）。

（二）基于程控分析仪的仿生消化方法研究进展

20 世纪 80 年代初期开始研究用猪小肠液法评定猪、禽的消化能以来，在鸭、猪、鸡仿生消化方法的生理基础研究等方面开展了长期的持续研究（赵峰和张子仪，2006；Zhao 等，2007；胡光源等，2010；Ren 等，2012），显示了发展体外仿生消化方法对于动物营养学研究和在优化饲料配方实践上的意义和作用。在积累了大量工作的基础上，中国农业科学院北京畜牧兽医研究所研制装配了 SDS-Ⅰ型和 SDS-Ⅱ型仿生消化仪，并对消化装置的定型、饲料样品的制备、透析膜的规格、消化酶的酶谱和用量、缓冲液的配制（离子浓度、缓冲体系和 pH 等）、反应温度和消化时间等因素逐一确定，以资建立实验室间公认的标准化手段和方法（胡光源等，2010；赵峰等，2012；陈亮等，2013）。使用胃蛋白酶、自主研发的标准化酶粉和纤维素酶在体外模拟生长猪胃、小肠和大肠消化，并评定猪饲料干物质和能量消化率，确定胃期、小肠期和大肠期的最佳消化时间，为猪饲料体外消化参数的完善和标准化积累资料（钟永兴等，2009；钟永兴，2010；赵峰等，2011；王钰明等，2015）。在对猪饲料消化能进行评定时，仿生消化法测试精度、变异系数和重复性均优于传统的套算法，证明仿生消化法评定猪饲料消化能的可行性（Chen 等，2014a，2014b）。仿生法与其他体外消化法相比，主要优势在于：消化容器用仿生消化管代替三角瓶，可通过直接更换系统的缓冲液而避免了调节反应体系 pH 的繁琐操作，反应体系的体积也保持相对稳定，使用的消化酶浓度及用量、缓冲液组成、pH 和反应温度都有动物体内数据佐证，从而在一定范围内克服了其他体外法中相关参数获取的随意性。

第二节 能量需要

一、维持能量需要

维持代谢能需要（metabolizable energy requirement for maintenance，ME_m）由绝食产热（fasting heat production，FHP）和热增耗（heat increment，HI）两部分构成：

$$ME_m = FHP + HI（维持） \quad (式 1-12)$$

由于 ME_m 与代谢体重呈比例关系，因此 ME_m 常以代谢体重为基础的数学模型 BW^b 表示，但至今对于方程中的幂值 b 没有达成共识。

生长猪的 ME_m 以往多使用 $BW^{0.75}$ 为基础表示，如 0.443 MJ ME/kg $BW^{0.75}$（NRC，1998）、0.456 MJ ME/kg $BW^{0.75}$（ARC，1981）。有很多研究表明，b 值可在 0.54～0.75 内变动。对处于热中性区、生理活动较少的生长猪，ME_m 可表述为 1 MJ/kg $BW^{0.60}$/d；对于常规猪舍、生理活动较多的生长猪 ME_m 可表述为 1.05 MJ/kg $BW^{0.60}$/d（Noblet 等，1999）。

繁殖母猪 ME_m 建议用 $BW^{0.75}$ 为基础表示，泌乳母猪的 ME_m 值推荐为 0.46 MJ/kg $BW^{0.75}$。而对妊娠母猪的 ME_m 推荐数学模型尚未达成共识，Dourmad 等（2008）推荐 ME_m 值为 0.397 MJ/kg $BW^{0.75}$，NRC（2012）建议妊娠母猪的 ME_m 值为 0.418 MJ/kg $BW^{0.75}$，Noblet 和 van Milgen（2013）建议妊娠母猪的 ME_m 值为 0.440 MJ/kg $BW^{0.75}$。目前没有数据显示阉公猪、小母猪和公猪的 FHP 或 ME_m 有差异（NRC，1998；Noblet 等，1999），然而不同瘦肉生长率的群体之间却存在 FHP 和 ME_m 的差异（Noblet 等，1999）。因而如果基于瘦肉增重（潜力）来估计维持能量需要，由于小母猪和公猪更多的蛋白质沉积，可能会武断地认为它们比阉公猪的维持需要高。

FHP是维持能量需要中的最大组成部分。推荐的FHP估测方程有0.573 MJ ME/kg $BW^{0.60}$等（van Milgen等，1998）。一般认为，$NE_m = FHP +$用于体力活动的能量（van Milgen等，2001）。很多因素影响FHP（Baldwin，1995；Birkett和de Lange，2001b）。例如，测定试验之前的能量和营养（蛋白质）摄入会影响FHP。其中，由于胃肠道或肝脏绝食产热均可占总FHP的30%左右（Baldwin，1995），因此增加能量和蛋白质摄入会增加肠道和肝脏重量（Critser等，1995），进而会增加FHP。

二、生长能量需要

猪的生长主要表现为蛋白质、脂肪、矿物质和水分的沉积，并伴随着蛋白质和脂肪沉积的代谢能需要。用于生长（维持以上部分）的能量利用效率（ME）是一个代谢能转化为蛋白质（k_p）和脂肪（k_f）沉积效率的函数。对于谷物-豆粕型饲粮，k_p和k_f值分别为60%和80%（Noblet等，1999）。代谢能用于蛋白质沉积的效率为0.36~0.57，用于脂肪沉积的效率为0.57~0.81，或者每克蛋白质和脂肪沉积需要消耗的代谢能分别为44 kJ/g和52 kJ/g（NRC，1998）。合成蛋白质底物的组成和蛋白质的沉积量及其速率都影响k_p值（Whittemore等，2001）；而沉积脂肪的组成、脂肪组织的周转、脂肪前体物质的组成决定k_f（Birkett和de Lange，2001a；Whittemore等，2001）。k值的范围为0.70~0.78（van Milgen等，2001；Noblet和van Milgen，2004）。

体组织的生长是非常重要的，胴体瘦肉组织增加伴随着脂肪组织的降低。对体增重部分瘦肉和脂肪组织化学组成的测定及相关饲料能量成本的计算表明，脂肪增重的饲料成本是蛋白质增重的饲料成本的3.5倍。生长猪在其能量含量和组织生长所需能量方面存在较大差异，结果导致体增重代谢能需要直接取决于增重部分瘦肉与脂肪比率或脂类含量。在大多数实际养猪生产中，增重部分的蛋白质含量是相对恒定的，其值为16%~17%（Noblet和van Milgen，2013；尹靖东，2015）。

三、妊娠能量需要

妊娠母猪能量需要包括维持、子宫生长和机体贮备重建等方面的能量需要。妊娠前2/3阶段子宫组织能量需要量较低，而妊娠后1/3阶段能量需要量不断增加，此时增加能量的摄入对胎儿生长及母体增重都有正面影响，但妊娠期过量的能量摄入反而会对泌乳期的性能造成负面影响（Noblet和van Milgen，2013；尹靖东，2015）。妊娠期采食量增加会造成母猪在泌乳期能量采食量减少和失重加大。妊娠期最大胎儿生长和母体增重所需要的代谢能采食量（metabolizable energy intake，MEI）为27.196 MJ/d，但需根据产仔数、平均初生重、泌乳阶段及母猪胎次进行校正（NRC，2012）。

妊娠期的母体蛋白质、脂肪沉积和脂肪增重决定了母猪的体增重，其中每部分每个组成所需要的ME都可以通过ME用于体增重和胎儿生长（k_c）的效率进行测定。同时，母体也可以动用自身蛋白质和脂肪用以支持胎儿及其相关组织发育（Noblet等，1990；Dourmad等，2008）。胎儿生长相关的组织包括胎儿、胎盘、羊水和子宫四个部分，但通常估测胎儿生长效率时只考虑其与孕体（胎儿+胎盘+羊水）的关系（NRC，

2012)。基于对孕体的剖析计算出的胚胎生长 k_c 值大约为 0.5；但如果子宫维持能量消耗没有划归到母猪的维持需要，则 k_c 的估测值会降低至 0.030（Dourmad 等，1999）。

四、泌乳能量需要

泌乳能量需要包括维持能量需要与产乳能量需要，产乳量是影响泌乳母猪能量需要的主要因素。产乳量取决于母猪的遗传潜力、窝仔猪数和泌乳天数。产乳的遗传潜力主要通过仔猪的生长速度来体现，这也是最先测定泌乳母猪产乳能量需要的方法。与产乳量相关的能量含量可以通过仔猪生长速度和窝产仔数来估计（NRC，1998）。

泌乳母猪自由采食非常重要。限制采食量对年轻泌乳母猪的代谢、繁殖及相应组织动用的影响要比对老年母猪更大（Boyd 等，2000）。饲喂高能饲粮（通过降低饲粮纤维和增加饲粮脂肪含量）可增加泌乳母猪能量摄入量。当能量摄入经常不足以支持产乳需要时，导致母猪需要动用贮存的体脂和蛋白质去支持泌乳，因此期望泌乳母猪能有最大的采食量。

泌乳母猪 ME 转化为产乳的效率为 0.67～0.72（NRC，1998；Dourmad 等，2008）。NRC（2012）推荐为 0.70。泌乳母猪饲粮的 ME 很少能满足产乳的能量需要，母猪体组织因此被分解用于产乳的能量需要，体组织能量转化为产乳的效率范围为 0.84～0.89（NRC，1998）。

五、体温调节能量需要

实际生产中经常存在低于下限临界温度（lower critical temperature，LCT）或高于上限临界温度（upper critical temperature，UCT）的异常环境温度状况，这些异常环境温度会影响猪的能量代谢。动物采食量对环境温度的反应还与其他环境因素相互影响（如空气温度、风速、栏舍材料和饲养密度等）。此外，能量浓度也影响猪的自由采食量，而且能量浓度和冷热应激条件下动物采食量的互作与热增耗有关。

（一）生长育肥猪

BW（Meisinger，2010）和 MEI（Whittemore 等，2001）会影响 LCT 和 UCT。采食量从维持增加到 3 倍维持时，60 kg 以上生长猪的 LCT 降低 6～10 ℃。猪在生长阶段，温度在 LCT 以下时，每降低 1 ℃，25～60 kg 生长猪需要增加采食饲料 25 g/d（0.335 MJ ME/d）；而 60～100 kg 育肥猪则需要增加采食饲料 39 g/d（0.523 MJ ME/d）。当环境温度从 19 ℃左右上升至 31 ℃时，动物平均 MEI 会降低 10%～30%（le Bellego 等，2002；Renaudeau 等，2007）。此外，环境温度对采食量的影响与体重存在交互作用（Quiniou 等，2000）。

（二）妊娠母猪

单栏饲养妊娠母猪的 LCT 为 20～23 ℃，而群养母猪的 LCT 可能比单栏饲养的低 6 ℃。当温度低于 LCT 时，增加 MEI 有利于促进维持体温，且额外增加的 ME 为

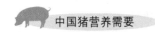

10.5～18.0 kJ/(kg$^{0.75}$·℃)（Noblet 等，1997）。由于妊娠母猪一般都采取限制饲喂，因此通常无须考虑环境温度高于 UCT 时对 ME$_m$ 或 MEI 的影响。

（三）泌乳母猪

泌乳母猪的 UCT 为 18～22 ℃（Black 等，1993）。通常情况下，由于产房多采取保温措施，因此泌乳母猪不存在温度低于 LCT 时的采食应激问题。在环境温度高于 UCT 时，泌乳母猪代谢能的摄入量会因热应激而降低，而且 MEI 的降低程度会随着环境温度的升高幅度发生变化。Quiniou 和 Noblet（1999）研究表明，MEI 的降低量取决于环境温度，18～25 ℃时，泌乳母猪每天的 MEI 为 1.38 MJ ME/℃；25～27 ℃时，每天为 3.18 MJ ME/℃。

六、生理活动所需能量

生理活动也影响产热，所消耗的能量无法精确估测。通过研究在跑步机上的产热发现，运动的猪产热比对照组猪高 20%（Petley 和 Bayley，1998）。生长猪步行每千米需额外消耗 0.007 MJ ME/kg BW（Close 和 Poorman，1993）。母猪每站立 100 min 增加的产热为 0.027 MJ/kg BW$^{0.75}$，每消费 1 kg 饲料需消耗 0.100～0.146 MJ 的代谢能（Noblet 等，1993）。

综上所述，经过近两个世纪对能量的科研实践，迄今消化能和代谢能测定值仍然是"净能体系"赖以成立的关键性决策依据。但是经过实践，许多学者从不同角度对净能体系提出了质疑，认为净能值太敏感不适合实际应用。美国 NRC 的专家们认为净能的测定太困难、不精确，且受影响的因素更多（NRC，1998）。Emmans（1999）总结指出，能量用于维持和脂肪沉积、蛋白质沉积的效率是不一样的，因此不能用"净能"来简单描述。Whittemore（1993）认为，净能指标并不比消化能和代谢能指标为优化饲料配方或预测生产成绩提供更为精确的信息。因此，当前对饲料能量生物学效价评定的一个共识仍然是像 Fuller（1997）指出的那样："一个体系越是追求生产过程中的实际情况，则其测定值更易受动物的影响，变异就更大，因此也相应更不精确。"通过对猪整个消化道的体外模拟，研究饲料养分的消化率和消化能值仿生法，不断完善仿生法评定饲料消化率的操作规程。随着该项仿生消化方法研究的推进和完善，将为揭示饲料养分本身的生物学效价提供客观、精确的"度量衡"方法。这也可为生产企业开展饲料有效能以及其他主要养分生物学效价快速、实时检测，诊断配方和某些添加剂的效果评价提供新方法，推动我国乃至国际动物营养学理论的全面创新提供参考手段（张宏福等，2012）。

参考文献

陈亮，张宏福，2012.猪饲料能量消化率全消化道体外仿生评定法评述［M］.北京：中国农业科学技术出版社：263-269.

陈亮，张宏福，高理想，等，2013. 仿生法评定饲料干物质消化率的影响因素研究 [J]. 中国农业科学，46（15）：3199-3205.

陈亮，张宏福，赵峰，2011. 论猪饲料主要养分生物学效价仿生评定研究及应用 [C]//第六届全国猪营养学术研讨会论文集. 珠海：中国畜牧兽医学会动物营养学分会.

胡光源，赵峰，张宏福，等，2010. 饲粮蛋白质来源水平对生长猪空肠液组成的影响 [J]. 动物营养学报，22（5）：1220-1225.

李德发，2003. 猪的营养 [M]. 2版. 北京：中国农业科学技术出版社.

王钰明，赵峰，廖睿，等，2015. 生长猪空肠液中主要消化酶活性与饲粮养分消化率的相关性研究 [J]. 动物营养学报，27（10）：3033-3040.

尹靖东，2015. 猪的可持续需要 [M]. 北京：中国农业出版社.

张宏福，赵峰，张子仪，2010. 仿生消化法评定猪饲料生物学效价的研究进展 [C]//第六次全国饲料营养学术研讨会论文集. 杨凌：中国畜牧兽医学会动物营养学分会.

张子仪，1995. 动物营养代谢研究. 动物营养代谢农业部重点开放实验室1990—1994论文集 [C]. 北京：中国农业科学院北京畜牧兽医研究所动物营养学国家重点实验室.

赵峰，2006. 用酶法评定鸭饲料代谢能的方法学研究 [D]. 北京：中国农业科学院.

赵峰，李辉，张宏，2012. 仿生消化系统测定玉米和大豆粕酶水解物能值影响因素的研究 [J]. 动物营养学报，24（5）：870-876.

赵峰，张子仪，2006. 对家禽饲料代谢能值评定方法中若干误区的探讨 [J]. 动物营养学报，18（1）：1-5.

钟永兴，2010. 猪饲料消化能值测定的仿生消化法研究 [D]. 广州：华南农业大学.

钟永兴，梁展雯，胡光源，等，2009. 猪大肠消化生理的研究进展 [J]. 中国畜牧杂志，45（13）：63-66.

Adeola O, 2001. Digestion and balance techniques in pigs [M]//Lewis A J, Southern L L, ed. Swine Nutrition, 2nd ed. Boca Ration, FL: CRC Press: 903-916.

ARC, 1981. The nutrient requirements of pigs: technical review [S]. Slough: Commonwealth Agricultural Bureaux.

Ayoade D, 2011. Net energy of wheat-corn distillers dried grains with solubles for growing pigs as determined by the comparative slaughter, indirect calorimetry, and chemical composition methods [D]. Winnipeg, MB: University of Manitoba.

Ayoade D I, Kiarie E, Trinidade Neto M A, et al, 2012. Net energy of diets containing wheat-corn distillers dried grains with solubles as determined by indirect calorimetry, comparative slaughter, and chemical composition methods [J]. Journal of Animal Science, 90: 4373-4379.

Bakker G, Jongbloed A W, 1994. The effect of housing system on apparent digestibility in pigs, using the classical and marker (chromic oxide, aci-insoluble ash) techniques, in relation to dietary composition [J]. Journal of the Science of Food and Agriculture, 64 (1): 107-115.

Baldwin R L, 1995. Modeling ruminant digestion and metabolism [M]. New York: Chapman & Hall.

Birkett S, de Lange K, 2001a. Calibration of a nutrient flow model of energy utilization by growing pigs [J]. British Journal of Nutrition, 86 (6): 675-689.

Birkett S, de Lange K, 2001b. Limitations of conventional models and a conceptual framework for a nutrient flow representative of energy utilization by animals [J]. British Journal of Nutrition, 86: 647-659.

Black J L, Mullan B P, Lorschy M L, et al, 1993. Lactation in the sow during heat stress [J]. Livestock Production Science, 35 (1): 153-170.

Boisen S, Fernández J A, 1997. Prediction of the total tract digestibility of energy in feedstuffs and pig diets by *in vitro* analyses [J]. Animal Feed Science and Technology, 68: 277-286.

Boisen S, Verstegen M W A, 1998. Evaluation of feedstuffs and pig diets. Energy or nutrient-based evaluation systems? II. Proposal for a new nutrient-based evaluation system [J]. Acta Agriculture Scandinavica Section A-Animal Science, 40: 86-94.

Boyd R D, Touchette K J, Castro G C, et al, 2000. Recent advances in amino acid and energy nutrition of prolific sows [J]. Asian-Australasian Journal of Animal Science, 13 (11): 1638-1652.

Chen J, 1997. Prediction of the *in vivo* digestible energy value of barley for the growing pig on the basis of physical and chemical characteristics and *in vitro* digestible energy [D]. Palmerston North: Massey University.

Chen L, Gao L X, Huang Q, et al, 2014b. Prediction of digestible energy of feed ingredients for growing pigs using a computer-controlled simulated digestion system [J]. Journal of Animal Science, 92: 3876-3883.

Chen L, Gao L X, Huang Q H, et al, 2017. Viscous and fermentable nonstarch polysaccharides affect intestinal nutrient and energy flow and hindgut fermentation in growing pigs [J]. Journal of Animal Science. doi: 10.2527/jas2017.1662.

Chen L, Gao L X, Liu L, et al, 2015. Effect of graded levels of fiber from alfalfa on apparent and standardized ileal digestibility of amino acids of growing pigs [J]. Journal of Integrative Agriculture, 14 (12): 2598-2604.

Chen L, Gao L X, Zhang H F, 2014a. Effect of graded levels of fiber from alfalfa on nutrient digestibility and flow of fattening pigs [J]. Journal of Integrative Agriculture, 13: 1746-1752.

Chen L, Zhang H F, Gao L X, et al, 2013. Effect of graded levels of fiber from alfalfa meal on intestinal nutrient and energy flow, and hindgut fermentation in growing pig [J]. Journal of Animal Science, 91: 4757-4764.

Close W H, Poorman P K, 1993. Outdoor pigs-their nutrient requirement, appetite and environmental responses [C]//Recent Advances in Animal Nutrition. Nottingham: Nottingham University Press, 175-196.

Coles L T, Moughan P J, Darragh A J, 2005. *In vitro* digestion and fermentation methods, including gas production techniques, as applied to nutritive evaluation of foods in the hindgut of humans and other simple-stomached animals [J]. Animal Feed Science and Technology, 123-124: 421-444.

Cozannet P, Primot Y, Gady C, et al, 2010. Energy value of wheat distillers grains with solubles for growing pigs and adult sows [J]. Journal of Animal Science, 88: 2382-2392.

Critser D J, Miller P S, Lewis A J, 1995. The effects of dietary protein concentration on compensatory growth in barrows and gilts [J]. Journal of Animal Science, 73 (11): 3376-3383.

Curtis S E, 1993. Enviromental management in animal agriculture [M]. Ames: Iowa State University Press.

CVB, 1994. Veevoedertabel [M]. Centraal veevoederbureau in nederland, Lelystad, The Netherlands.

Dourmad J Y, Etienne M, Valancogne A, et al, 2008. INRAPorc: a model and decision support tool for the nutrition of sows [J]. Animal Feed Science and Technology, 143: 372-386.

Dourmad J Y, Noblet J, Pere M C, et al, 1999. Mating, pregnancy and pre-natal growth [M]. In: Kyriazakis I, ed. A Quantitative Biology of the Pig. Wallingford, UK: CAB International: 129-153.

Emmans G, 1994. C Effective energy: a concept of energy utilization applied across species [J]. British Journal of Nutrition, 71: 801-821.

Emmans G C, 1999. Energy flows [M]//Kyriazakis I, ed. A quantitative biology of the pig. Wallingford, UK: CAB International: 363-379.

Fuller M F, 1997. Principles in energy evaluation [M]//Jørgensen H, Fernandez J A, ed. Energy and protein evaluation for pigs in the nordic countries. Foulum, Denmark: Proceedings of NJF-seminar No. 274: 4-8.

Gao L X, Chen L, Huang Q H, et al, 2015. Effect of dietary fiber type on intestinal nutrient digestibility and hindgut fermentation of diets fed to finishing pigs [J]. Livestock Science, 174: 53-58.

Heo J M, Ayoade D, Nyachoti C M, 2014. Determination of the net energy content of canola meal from *Brassica napus* yellow and *Brassica juncea* yellow fed to growing pigs using indirect calorimetry [J]. Animal Science Journal, 85: 751-756.

Hooda S, Metzler-Zebeli B U, Vasanthan T, et al, 2011. Effects of viscosity and fermentability of dietary fibre on nutrient digestibility and digesta characteristics in ileal-cannulated grower pigs [J]. British Journal of Nutrition, 106: 664-674.

Huang G, Sauer W S, He J, et al, 2003. The nutritive value of hulled and hulless barley for growing pigs. 1. Determination of energy and protein digestibility with the *in vivo* and *in vitro* method [J]. Journal of Animal and Feed Sciences, 12 (4): 759-769.

Kil D Y, Ji F, Stewart L L, et al, 2011. Net energy of soybean oil and choice white grease in diets fed to growing and finishing pigs [J]. Journal of Animal Science, 89 (2): 448-459.

Kim J C, Mullan B P, Hampson D J, et al, 2007. The digestible energy and net energy content of two varieties of processed rice in pigs of different body weight [J]. Animal Feed Science and Technology, 134: 316-325.

Krul C, Luiten-schuite A, Baandagger R, et al, 2000. Application of a dynamic *in vitro* gastrointestinal tract model to study the availability of food mutagens, using heterocyclic aromatic amines as model compounds [J]. Food and Chemical Toxicology, 38: 783-792.

Larsson M, Minekus M, Havenaar R, 1997. Estimation of the bioavailability of iron and phosphorus in cereals using a dynamic *in vitro* gastrointestinal model [J]. Journal of Science Food Agriculture, 74: 99-106.

le Bellego L, van Milgen J, Noblet J, 2001. Energy utilization of low protein diets in growing pigs [J]. Journal of Animal Science, 79: 1259-1271.

le Bellego L, van Milgen J, Noblet J, 2002. Effect of high temperature and low protein diets on performance of growing-finishing pigs [J]. Journal of Animal Science, 80: 691-701.

le Gall M, Eybye K, Bach Knudsen K E, 2009. Molecular weight changes of arabinoxylans incurred by the digestion processes in the upper gastrointestinal tract of pigs [J]. Livestock Science, 134: 72-75.

le Goff G, Noblet J, 2001. Comparative digestibility of dietary energy and nutrients in growing pigs and adult sows [J]. Journal of Animal Science, 79: 2418-2427.

Liu D, Jaworski N W, Zhang G, et al, 2014. Effect of experimental methodology on fasting heat production and the net energy content of corn and soybean meal fed to growing pigs [J]. Archives of Animal Nutrition, 68: 281-295.

Marteau P, Minekus M, Havenaar R, Huis J H, 1997. Survival of lactic acid bacteria in a dynamic model of the stomach and small intestine: validation and the effects of bile [J]. Journal of Dariry Science, 80: 1031-1037.

Meisinger D J, 2010. National swine nutrition guide [M]. Des Moines, IA: US Pork Center of Excellence.

Meunier J P, Manzanilla E G, Anguita M, et al, 2008. Evaluation of a dynamic *in vitro* model to simulate the porcine ileal digestion of diets differing in carbohydrate [J]. Journal of Animal Science, 86: 1156-1163.

Minekus M, Smeets-Peeters M, Bernalier A, et al, 1999. A computer-controlled system to simulate conditions of the large intestine with peristaltic mixing, water absorption and absorption of fermentation products [J]. Applied Microbiology and Biotechnology, 53: 108-114.

Moter V, Stein H, 2004. Effect of feed intake on endogenous losses and amino acid and energy digestibility by growing pigs [J]. Journal of Animal Science, 82 (12): 3518-3525.

Noblet J, 2000. Digestive and metabolic utilization of feed energy in swine: application to energy evaluation systems [J]. Journal of Applied Animal Research, 17: 113-132.

Noblet J, 2006. Recent advances in energy evaluation of feeds for pigs [C]//Recent Advances in Animal Nutrition 2005. Nottingham, UK: Nottingham University Press: 1-26.

Noblet J, Bach Knudsen K E, 1997. Comparative digestibility of wheat, maize and sugar beet pulp non-starch polysaccharides in adult sows and growing pigs [C]//Digestive Physiology in Pigs. INRA: 571-574.

Noblet J, Champion M, 2003. Effect of pelleting and body weight on digestibility of energy and fat of two corns in pigs [J]. Journal of Animal Science, 81 (1): 140.

Noblet J, Dourmad J Y, Etienne M, 1990. Energy utilization in pregnant and lactating sows: modelling of energy requirements [J]. Journal of Animal Science, 68: 562-572.

Noblet J, Dourmad J Y, Etienne M, et al, 1997. Energy metabolism in pregnant sows and newborn pigs [J]. Journal of Animal Science, 75: 2708-2714.

Noblet J, Fortune H, Shi X S, et al, 1994. Prediction of net energy value of feeds for growing pigs [J]. Journal of Animal Science, 72: 344-354.

Noblet J, Jaguelin-Peyraud Y, 2007. Prediction of digestibility of organic matter and energy in the growing pig from an *in vitro* method [J]. Animal Feed Science and Technology, 134: 211-222.

Noblet J, Karege C, Dubois S, et al, 1999. Metabolic utilization of energy and maintenance requirements in growing pigs: Effect of sex and genotype [J]. Journal of Animal Science, 77: 1208-1216.

Noblet J, Perez J M, 1993. Prediction of digestibility of nutrients and energy values of pig diets from chemical analysis [J]. Journal of Animal Science, 71: 3389-3398.

Noblet J, Shi X S, 1993. Comparative digestibility of energy and nutrients in growing pigs fed ad libitum and adult sows fed at maintenance [J]. Livestock Production Science, 34: 137-152.

Noblet J, Shi X S, Dubois S, 1993. Energy cost of standing activity in sows [J]. Livestock Production Science, 34: 127-136.

Noblet J, van Milgen J, 2013. Energy and energy metabolism in swine [C]//Sustainable swine nutrition. New Delhi, India: Wiley-Blackwell, 903-916.

Noblet J, van Milgen J, 2004. Energy value of pig feeds: Effect of pig body weight and energy evaluation system [J]. Journal of Animal Science, 82 (Suppl.): 229-238.

NRC, 1998. Nutrient requirements of swine [S]. 10 th ed. Washington, DC: National Academies Press.

NRC, 2012. Nutrient requirements of swine [S]. 11 th ed. Washington, DC: National Academies Press.

Quiniou N, Noblet J, 1999. Influence of high ambient temperatures on performance of multiparous lactating sows [J]. Journal of Animal Science, 77: 2124-2134.

Quiniou N, Noblet J, Dubois S, 2000. Voluntary feed intake and feeding behaviour of group-housed growing pigs are affected by ambient temperature and body weight [J]. Livestock Production Science, 63: 245-253.

Ramonet Y, Meunier-Salaün M C, Dourmad J Y, 1999. High-fiber diets in pregnant sows: digestive utilization and effects on the behavior of the animals [J]. Journal of Animal Science, 77 (3): 591-599.

Regmi P R, Ferguson N S, Zijlstra R T, 2009. *In vitro* digestibility techniques to predict apparent total tract energy digestibility of wheat in grower pigs [J]. Journal of Animal Science, 87: 3620-3629.

Regmi P R, Sauer W C, Zijlstra R T, 2008. Predication of *in vivo* apparent total tract energy digestibility of barley in grower pigs using an *in vitro* digestibility technique [J]. Journal of Animal Science, 86: 2616-2626.

Ren L Q, Zhao F, Tan H Z, et al, 2012. Effects of dietary protein source on the digestive enzyme activities and electrolyte composition in the small intestinal fluid of chickens [J]. Poultry Science, 91: 1641-1646.

Renaudeau D, Huc E, Noblet J, 2007. Acclimation to high ambient temperature in Large White and Caribbean Creole growing pigs [J]. Journal of Animal Science, 85: 779-790.

Rijnen M M J A, 2003. Energetic utilization of dietary fiber in pigs [D]. Wageningen: Wageningen Institute of Animal Sciences, Wageningen University.

Rojas O J, Stein H H, 2013. Concentration of digestible, metabolizable, and net energy and digestibility of energy and nutrients in fermented soybean meal, conventional soybean meal, and fish meal fed to weanling pigs [J]. Journal of Animal Science, 91: 4397-4405.

Sauvant D, Perez J M, Tran G, 2004. Tables of composition and nutritional value of feed materials: pigs, poultry, cattle, sheep, goats, rabbits, horses, fish [M]. Wageningen, The Netherlands: Wageningen Academic Publishers.

Skiba F, Noblet J, Callu P, et al, 2000. Influence du type de broyage et de la granulation sur la valeur'energ'etique de la graine de colza chez le porc en croissance [J]. Journ'ees Rech. Porcine en France, 34: 67-74.

Spangheor M, Vlaepli L A, 1999. Nutritional evaluation of pig feedstuffs. 2. Utilisation of an *in vitro* method to predict ileal crude portein digestibility [J]. Rivsita di Suinicohura, 40 (6): 62-66.

Stewart L L, Kil D Y, Ji F, et al, 2013. Effects of dietary soybean hulls and wheat middlings on body composition, nutrient and energy retention, and the net energy of diets and ingredients fed to growing and finishing pigs [J]. Journal of Animal Science, 91: 2756-2765.

van der Meer J M, Perez J M, 1992. *In vitro* evaluation of European diets for pigs. Prediction of the organic matter digestibility by an enzymic method or by chemical analysis [J]. Journal of Agricultural and Food Chemistry, 59: 359-363.

van Milgen J, Bernier J F, le Cozler Y, et al, 1998. Major determinants of fasting heat production and energetic cost of activity in growing pigs of different body weight and breed/castration combination [J]. British Journal of Nutrition, 79: 509-517.

van Milgen J, Noblet J, Dubois S, 2001. Energetic efficiency of starch, protein, and lipid utilization in growing pigs [J]. Journal of Nutrition, 131: 1309-1318.

Velayudhan D E, Heo J M, Nyachoti C M, 2013. Net energy content of dry extruded-expelled soybean meal fed to growing pigs using indirect calorimetry [M]. Oltjen J W, Kebreab E, Lapierre H, ed. Energy and Protein Metabolism and Nutrition in Sustainable Animal Production-EAAP134. Wageningen, The Netherlands: Wageningen Academic Publishers: 187.

Wenk C, Colombani P C, van Milgen J, et al, 2000. Glossary: terminology in animal and human energy metabolism [M]. Energy Metabolism in Animals. Wageningen, The Netherlands: Wageningen Academic Publishers: 409-421.

Wittemore C T, 1993. The Science and Practice of Pig Production. Essex [M]. UK: Longman Scientific and Technical: 661.

Whittemore C T, Green D M, Knap P W, 2001. Technique review of the energy and protein requirement of pigs: energy [J]. Animal Science, 73: 199-215.

Zhao F, Hou S S, Zhang H F, et al, 2007. Effects of dietary metabolizable energy and crude protein content on the activities of digestive enzymes in jejunal fluid of Peking ducks [J]. Poultry Science, 86: 1690-1695.

第二章
蛋白质和氨基酸

养猪生产的目的是让其沉积尽可能多的蛋白质,蛋白质和氨基酸则是猪构建、更新和修补机体组织的主要原料。本章在简要叙述蛋白质、氨基酸和小肽的消化、吸收、转运等代谢过程的基础上,以 2000 年以来国内外蛋白质氨基酸研究文献为主,阐述了氨基酸新的营养生理功能,综述了各生理阶段猪的蛋白质氨基酸需要量、理想蛋白质的氨基酸模式以及低氮饲粮的研究新进展。有关氨基酸生物利用率的测定方法见本书第十五章。针对近 10 年来国内公开发表的数据,建立了各生理阶段猪氨基酸需要量预测模型,详见本书第二十章。

第一节 蛋白质的消化吸收和周转代谢

一、蛋白质的消化吸收

猪对饲料中蛋白质的消化在胃和小肠上部进行,通过以酶解的化学性消化为主体、并伴随部分物理性消化和微生物消化后,降解为游离氨基酸和以二肽、三肽为主体的小肽,其中小肽和游离氨基酸之间的比例主要取决于猪的生理阶段和饲料蛋白质品质。未消化的蛋白质进入大肠,在微生物作用下分解为氨基酸、氨及其他含氮物,这些物质大部分不能被利用。近年来,国内学者就猪肠道微生物对氨基酸代谢的影响进行了系列研究,发现小肠微生物可能广泛参与氨基酸的代谢(Dai 等,2011)。张京(2009)和 Dai 等(2010)通过体外厌氧培养发现,猪十二指肠、空肠和回肠微生物均能大量代谢必需氨基酸,微生物对赖氨酸、苏氨酸、精氨酸、谷氨酸和亮氨酸的代谢率较高,24 h 的消失率在 90% 以上;异亮氨酸、缬氨酸和组氨酸属于中等代谢,24 h 的消失率在 50%~80%;而脯氨酸、蛋氨酸、苯丙氨酸和色氨酸的消失率低于 35%,不同氨基酸的代谢优势菌群见表 2-1。小肠细菌代谢氨基酸的主要去路包括蛋白质合成、脱羧代谢、脱氨基、转氨基代谢、生成短链脂肪酸等。通过体外同位素标记技术测定发现,回肠细菌对氨基酸脱羧代谢所占氨基酸净利用的比率普遍较低,而在蛋白质合成方面,50%~70%的亮氨酸,50%的苯丙氨酸,25%的苏氨酸、脯氨酸和蛋氨酸,15%的赖氨酸和精氨酸,10%的谷氨酸被用于合成菌体蛋白质(Dai 等,2012)。

表 2-1 猪小肠微生物体外发酵不同氨基酸（继代培养 30 代）的优势菌群

最相似已知菌	赖氨酸	苏氨酸	精氨酸	谷氨酸	组氨酸
Klebsiella sp.	+	+	−	−	+
Succinivibrio dextrinosolvens	−	+	−	−	+
Escherichia coli	−	−	+	+	+
Streptococcus sp.	+	+	+	+	+
Megasphaera elsdenii	−	−	+	+	+
Mitsuokella sp.	+	+	−	+	+
Anaerovibrio lipolytica	+	+	−	−	−
Acidaminococcus fermentans	−	−	+	+	+

注：根据变性梯度凝胶电泳条带的亮度分为优势菌（+）和非优势菌（−）。
资料来源：Dai 等（2010）。

猪对氨基酸的吸收主要是钠参与的主动性转运过程，在小肠上部 2/3 处进行。吸收过程所需能量由小肠黏膜细胞的氧化代谢过程提供。在小肠黏膜细胞膜上，存在着转运氨基酸的载体，氨基酸通过与氨基酸转运载体和钠形成三联复合体后，转运入细胞膜内。氨基酸的结构不同，其转运载体也不同。目前认为，上皮细胞刷状缘上存在着 3 类转运氨基酸的载体，分别运载中性、酸性和碱性氨基酸（何庆华等，2007；Bröer，2008）。有试验提示，小肠上皮细胞刷状缘上可能还存在着第 4 种转运载体，可将肠腔中的二肽和三肽转运到细胞内，其吸收效率比氨基酸还高。这类转运系统也是继发性主动转运，动力来自 H^+ 的跨膜转运（Gilbert 等，2008）。进入细胞内的二肽和三肽可被胞内的二肽酶和三肽酶进一步分解为氨基酸，再扩散进入血液循环。因此，二肽和三肽也可能是蛋白质吸收的一种形式。

二、蛋白质的周转代谢

蛋白质周转代谢是动物表现生命活力的重要动力学过程。蛋白质代谢包括合成和降解两个基本过程，蛋白质合成与降解之差即为蛋白质净沉积。蛋白质在机体内的沉积是动物生长与生产的重要内容。动物体内蛋白质合成与降解处于相互联系的动态变化之中，即动物在合成机体组织新的蛋白质的同时，原有的组织蛋白可被降解成氨基酸，降解形成的氨基酸又可用于组织蛋白的合成，从而实现组织蛋白的不断更新、替换。这一动态过程就是"蛋白质周转"（protein turnover）。蛋白质在体内的动态变化是指在特定的代谢库内蛋白质被更新或者被替代的过程。这一过程既可能是蛋白质合成或者降解的结果，也有可能是同一蛋白质在不同空间分布的转换。因此，蛋白质周转代谢是氨基酸连续进出前体代谢池（游离氨基酸代谢池）和目标代谢池（蛋白质代谢池），使整个代谢池中的蛋白质和游离氨基酸都不断发生变化更新的过程。

近年来，关于机体蛋白质合成机理的研究主要集中于细胞内最重要的转录后通路之一哺乳动物雷帕霉素靶蛋白（mammalian target of rapamycin，mTOR）通路的研究。mTOR 是哺乳动物细胞内感受细胞外营养、能量水平以及生长因子等信号变化的一种丝/苏氨酸蛋白激酶。它能通过整合营养、激素和运动的刺激，在介导蛋白质合成调控过程中起关键作用。研究表明，mTOR 作为调控机体蛋白质合成的重要靶蛋白，主要受三条信号通路调控：①IGF-1/胰岛素介导的 mTOR 通路；②氨基酸介导的 mTOR 通路；③AMPK 介导的 mTOR 通路（Polak 和 Hall，2009）。

参与蛋白质降解的途径有多种，包括溶酶体、钙依赖蛋白酶体、泛素蛋白酶体等。近年来的研究表明，泛素-蛋白酶体（ubiquitin-proteasome）在机体组织蛋白质降解过程中发挥着主要作用。泛素是一个广泛分布在真核细胞中的小分子球状蛋白质，由76个氨基酸所组成，在序列上高度保守，它在依赖 ATP 的多种酶的作用下，与将被蛋白酶体降解的蛋白质结合，从而对靶蛋白进行标记。研究表明，IGF-1/胰岛素、氨基酸以及能量感受器 AMPK 除了能参与机体蛋白质合成调节外，也能参与调节机体蛋白质降解的泛素-蛋白酶体通路（Glickman 和 Ciechanover，2002）。

三、营养物质代谢动态测定技术

动物机体的营养代谢调节是一个动态过程，传统的研究方法往往只能测定某一时间点或生理状态下的营养代谢特征。血液是营养物质、代谢产物、激素及内分泌因子的转运媒介，通过测定血液成分和血液流量变化可以准确评价饲粮营养物质的消化吸收效果以及组织器官的营养代谢状态（李铁军等，2003）。血管插管技术是指在动物体内某个或某些部位的血管内安置永久性插管，从而方便地连续采血和/或输入代谢干预物，从而研究机体营养代谢动态过程的技术。因为血管插管技术可防止常规方法采血引起的动物应激反应，其在研究动物营养代谢动态调节过程中具有传统研究方法无法比拟的优势（徐海军等，2009）。目前常用的血管插管类型有单一的静脉插管和动脉插管以及动-静脉组合插管等，用于准确、定期地采取有代表性的动、静脉血液样品，以方便研究营养物质的利用效率（Hooda 等，2009）。

在猪的体循环中，与营养物质运输直接相关的循环为门脉循环，动脉血由主动脉的腹腔部经腹动脉及肠系膜动脉而到达门脉器官。门脉器官的静脉血先汇集于门静脉，门静脉又逐渐分支在肝脏内与肝动脉血相会合。由消化道吸收的葡萄糖和氨基酸首先经过内脏组织的代谢，然后再由门静脉进入肝脏代谢，最后随动脉血流分布至全身组织。可见，内脏组织对营养物质的消化、吸收和代谢发挥着重要作用。为了研究营养物质在动物内脏组织的代谢规律，需要测定门静脉的血流速度和营养物质浓度。目前，可通过安装流量计直接测定，或通过示踪剂稀释法间接测定门静脉的血流速度。李铁军等（2003）利用向回肠肠系膜静脉灌注对氨基马尿酸（para-aminohippuric acid，PAH）的方法，研究发现饲粮不影响猪的血液红细胞压容积和门静脉流率，提示血液营养物质浓度受血流量的影响不大。另外，在研究内脏组织对营养物质的净吸收时，还要扣除动脉血中的营养物质供给。若假定除肺脏外所有动脉血的营养物质浓度是相等的，根据实验需要可为试验猪安装门静脉-肠系膜静脉-颈动脉血管插管系统和门静脉-颈动脉流量计系统（Huang 等，2003；Hooda 等，2009）。肝脏是所有实质性器官中唯一一个由静脉和动脉双重供血的器官，流入的血液 1/4 来自肝动脉，主要供给肝脏所需的氧气；另外 3/4 来自门静脉，将消化道吸收的各种营养物质和有害物质输入肝脏（Vollmar 和 Menger，2009）。郑培培等（2014）建立了仔猪肝静脉-门静脉-肠系膜静脉-颈动脉血管插管系统,可保证血管疏通性良好的平均时间为16 d,为研究猪肝脏营养物质代谢提供了有力的技术支持。

在血管插管技术的实际应用方面,黄瑞林等(2006)利用肠系膜静脉-门静脉-颈动脉血管插管技术,研究了不同来源淀粉对生长猪门静脉营养物质净吸收量的影响;王彬等(2006)通过肠系膜静脉-门静脉-颈动脉血管插管技术并结合回肠肠系膜静脉灌注PAH技术,研究了饲粮中添加半乳甘露寡糖对生长猪门静脉血液流率、氨基酸和葡萄糖的净吸收量及耗氧量的影响;Yen等(2004)利用门静脉-主动脉-回肠静脉血管插管技术,研究了低蛋白质氨基酸平衡饲粮对生长猪门静脉氨基酸净吸收量的影响;刘建高等(2007)利用颈静脉插管技术,研究了不同来源淀粉对断奶仔猪血糖和胰岛素水平的影响。可见,血管插管技术对于深入了解机体复杂的代谢过程是非常有用的。

总之,自1938年Quin等首先提出在动物机体上安装永久性插管技术以来,血管插管技术已被用于胃肠道、肝脏、胎儿、乳腺、肌肉、皮下脂肪组织和头部等组织器官中营养物质代谢的研究(张军民和王艳玲,2000)。为了研究动物机体或器官对营养物质的利用情况,可在机体不同部位的动、静脉中安装插管,借助动、静脉血液营养物质浓度差来测定葡萄糖、氨基酸、短链脂肪酸和微量元素等营养物质的净吸收。门静脉是回流消化道器官的静脉血管,如果结合同位素示踪技术,则可更加准确地研究营养物质的吸收和代谢特性(张军民和王艳玲,2000);若结合消化道瘘管技术,则可系统研究动物消化代谢的生理生化特点,探索营养因子的调节机制,进而研发多种营养调控技术(朱晓华等,2001)。另外,由于猪与人体的营养代谢特点具有很大的相似性,因此可以借助猪的血管插管模型来研究人体在生理状态下和疾病状态(如糖尿病、肥胖、代谢综合征等)下的营养代谢过程及其调控机理,这对于深入阐明这些营养代谢疾病的发生机制具有重要意义,并且有助于发现合适的干预靶点来防治这些代谢疾病。

第二节 氨基酸及其生理功能

一、必需氨基酸、非必需氨基酸、条件性必需氨基酸和功能性氨基酸

与其他动物一样,构成猪机体蛋白质的氨基酸有20多种。按照常规分类方法,将猪饲料中的氨基酸分为必需氨基酸、非必需氨基酸和条件性必需氨基酸。近年来,人们对氨基酸在物质代谢和免疫功能调节中所起的作用越来越感兴趣,并提出了功能性氨基酸的概念。

必需氨基酸是指在动物体内不能合成或合成速度及数量不能满足正常生长的需要,必须由饲料供给的氨基酸。猪的必需氨基酸包括赖氨酸、蛋氨酸、苏氨酸、色氨酸、异亮氨酸、缬氨酸、苯丙氨酸、亮氨酸、组氨酸和精氨酸(仔猪)(伍国耀等,2013)。必需氨基酸与非必需氨基酸是针对是否需要由饲料提供而言的,对于动物的生命活动,他们都是必需的。饲料蛋白质的营养价值主要取决于饲料必需氨基酸的组成和含量。其中,各种必需氨基酸含量比例越接近猪的需求,其生物学价值就越高。值得注意的是,某些蛋白质经消化后得到的小肽具有特殊的生理功能。因此,饲料中蛋白质的作用不完

全在于其本身所含的氨基酸种类，结构亦具有重要意义。

非必需氨基酸并不是猪营养上不需要，而是猪体内可由其他的氨基酸或氮源合成而满足需要，不需要从饲料中提供（陈代文，2005）。一般来说，饲料是否能提供足够的必需氨基酸，决定了饲料蛋白质的质量。配制饲粮时，几种蛋白质饲料的合理搭配，可发挥氨基酸的互补作用，提高饲料蛋白质的利用效率；添加合成氨基酸可提高饲料蛋白质的生物学价值。近年研究发现，非必需氨基酸在机体中发挥着重要的作用，如谷氨酰胺、谷氨酸、脯氨酸、甘氨酸和精氨酸在调节基因表达、细胞信号、抗氧化反应、神经传导和免疫方面扮演重要的角色。谷氨酸、谷氨酰胺和天门冬氨酸是确保小肠消化功能和保护其黏膜完整性的重要代谢原料（表2-2）。

表2-2 非必需氨基酸在营养和代谢上的主要代谢产物和功能

指标	代谢产物或直接作用	主要功能
非必需氨基酸	蛋白质	机体结构组成，细胞生长、发育和功能
	肽	激素、抗菌功能和抗氧化剂
丙氨酸	直接作用	抑制丙酮酸激酶和肝细胞自噬、糖异生、转氨作用、葡萄糖-丙氨酸循环、器官间碳/氮的代谢和运输
精氨酸	直接作用	激活mTOR信号、抗氧化、调节激素分泌、N-乙酰谷氨酸合酶的变构激活、氨解毒作用、调节基因表达、免疫功能、激活四氢-生物嘌呤合成、贮藏N、蛋白质甲基化
	氧化亚氮	信号分子、调节营养物质代谢、血管紧张度、血管生成、精子的产生、胚胎发育、繁殖力、免疫功能、激素分泌、伤口愈合、神经传递、肿瘤的生长、线粒体的生物合成和功能
	鸟氨酸	氨解毒、脯氨酸/谷氨酸和多胺的合成、线粒体完整性、伤口愈合
天门冬酰胺	直接作用	细胞代谢、调节基因表达和免疫功能、氨解毒、神经系统功能
天冬氨酸	直接作用	嘌呤/嘧啶/天门冬酰胺和精氨酸的合成、转氨作用、尿素循环、激活NMDA受体、肌醇和β-丙氨酸的合成
	D-天冬氨酸	激活大脑中的NMDA受体
半胱氨酸	直接作用	蛋白质中的二硫键、硫的运输
	牛磺酸	抗氧化剂、调节细胞的氧化还原状态、渗透物
	H_2S_2	调节血液流量、免疫和神经功能的信号分子
谷氨酸	直接作用	合成谷氨酰胺/瓜氨酸和精氨酸、尿素循环与Krebs循环的桥梁、转氨作用、氨同化、增味剂、激活NMDA受体、合成N-乙酰谷氨酸
	GABA	抑制性神经递质、调节整个神经系统神经元的兴奋性、调节肌肉张力、抑制T-细胞应答和炎症
谷氨酰胺	直接作用	通过mTOR信号调节蛋白质周转、基因表达和免疫功能，细胞快速增殖的重要燃料，抑制细胞凋亡，合成嘌呤、嘧啶、鸟氨酸、瓜氨酸、精氨酸、脯氨酸和天门冬酰胺，贮藏N，合成NAD（P）
	谷氨酸和天冬氨酸	兴奋性神经递质、苹果酸循环途径成分、细胞代谢、氨解毒、重要燃料
	GlcN6P	合成氨基糖和糖蛋白、抑制氧化亚氮的合成、抗炎症、血管生成
	氨气	调节肾脏酸碱平衡、合成谷氨酸和氨基甲酰基磷酸盐

（续）

指　标	代谢产物或直接作用	主要功能
甘氨酸	直接作用	通过甘氨酸门通道控制细胞膜中的钙流量、合成嘌呤和丝氨酸、合成卟啉类化合物、抑制中枢神经系统的神经递质、与谷氨酸一起作为 NMDA 受体的共同受体激动剂、抗氧化剂、抗炎症、一碳代谢
	亚铁血红素	血红素蛋白质（如血红蛋白、肌红蛋白、过氧化氢酶、细胞色素等）、产生一氧化碳（一种信号分子）
脯氨酸	直接作用	胶原蛋白的结构和功能、神经功能、渗透保护剂、激活 mTOR、细胞能量状态的传感器、抗氧化剂、细胞分化调节器（包括胚胎肝细胞）
	H_2O_2	杀死病原体、肠道完整性、信号分子、免疫细胞
	P5C	细胞氧化还原状态、DNA 合成、淋巴细胞增殖、合成鸟氨酸和瓜氨酸，精氨酸和多胺、基因表达、应激反应
	OH-脯氨酸	胶原蛋白的结构和功能
丝氨酸	直接作用	一碳代谢，合成半胱氨酸、嘌呤、嘧啶、神经酰胺和磷脂酰丝氨酸（尤其是反刍动物），蛋白质磷酸化
	甘氨酸	许多代谢和调节功能
	胆碱	乙酰胆碱的组成成分（一种神经递质）、磷脂酰胆碱（膜中的一种结构性脂质）、甜菜碱（一碳代谢途径中的甲基供体）
	D-丝氨酸	激活大脑中的 NMDA 受体
酪氨酸	直接作用	蛋白质的磷酸化、亚硝酸化和硫酸化
	多巴胺	神经递质、调节免疫反应
	EPN 和 NEPN	神经递质、细胞代谢
	黑色素	抗氧化、抑制炎症因子产生和过氧化、免疫、能量平衡、性能力、应激反应
	T3 和 T4	调节能量和蛋白质代谢
胱氨酸、谷氨酸和甘氨酸	谷胱甘肽	清除自由基、抗氧化、细胞代谢（如形成白三烯，含硫化合物、谷胱甘肽、精胺、谷胱甘肽-氧化亚氮加合物和谷胱甘肽蛋白质）、信号转导、基因表达、细胞凋亡、细胞氧化还原、免疫反应
谷氨酰胺、天冬氨酸、甘氨酸	核酸	遗传信息编码、基因表达、细胞循环和功能、蛋白质和尿酸合成、淋巴细胞增殖

注：EPN，肾上腺素；GABA，γ-氨基丁酸；GlcN6P，6-磷酸氨基葡萄糖；HMB，β-羟基-β-甲基丁酸乙酯；mTOR，雷帕霉素靶蛋白；NEPN，去甲基肾上腺素；NOS，氧化亚氮合酶；T3，三碘甲状腺氨酸；T4，甲状腺素。

资料来源：伍国耀等（2013）。

条件性必需氨基酸则是指在特定的条件下，必须由饲料提供的氨基酸。如猪能合成部分精氨酸，可满足其维持需要；但在生长早期，合成的量不能满足需要。猪整个生命周期的许多阶段都不需要饲粮提供脯氨酸，但 1~5 kg 的幼年仔猪却需要饲粮提供。在早期断奶、肠道疾病和应激等条件下，许多动物对谷氨酰胺的需求增加，依赖体内的转化合成不能满足其需要，也需要从饲料中补充谷氨酰胺或其前提物质。

近年来，国内外学者提出了功能性氨基酸的概念。功能性氨基酸是指除了合成蛋白质外还具有其他特殊功能的氨基酸，其不仅对动物的正常生长和维持是必需的，而且对多种生物活性物质的合成也是必需的。目前认为精氨酸、谷氨酰胺、支链氨基酸、色氨酸、甘氨酸和脯氨酸等是猪的功能性氨基酸。在大多数哺乳动物体内，精氨酸、谷氨酰胺、瓜氨酸和脯氨酸之间可通过复杂的器官内代谢作用相互转化，这些氨基酸又被称为精氨酸家族氨基酸（孔祥峰等，2009）。一些条件性必需氨基酸和非必需氨基酸由于在调节代谢和生理过程中具有多种独特的功能而逐渐被人们所关注。例如，某些氨基酸能够调节细胞内蛋白质的周转，还是合成 NO、多胺、谷胱甘肽、核酸、激素和神经递质等生物活性物质的底物（Kim 等，2007）。这些物质代谢异常可降低采食量，扰乱机体的动态平衡，阻滞动物的生长和发育，甚至导致死亡。

二、氨基酸营养生理功能研究新进展

（一）赖氨酸

赖氨酸（Lys）为碱性氨基酸。由于谷物饲料中的赖氨酸含量甚低，且在加工过程中易被破坏而缺乏，故称为猪的第一限制性氨基酸，是构建理想蛋白质模型的参比氨基酸（陈代文，2005）。赖氨酸除了作为底物参与蛋白质的合成之外，还可能通过 3 条途径调节蛋白质代谢：①通过调节生长激素、胰岛素和类胰岛素样生长因子等内分泌激素，间接影响蛋白质代谢；②赖氨酸本身作为信号分子直接调节翻译起始因子的活性，影响蛋白质生物合成；③通过调节与氮代谢相关基因的表达影响蛋白质代谢（罗均秋和陈代文，2006）。饲料中添加少量的赖氨酸，可以刺激胃蛋白酶与胃酸的分泌，提高胃液分泌功效，起到增进食欲、促进仔猪生长与发育的作用。赖氨酸还能提高钙的吸收及其在体内的积累，加速骨骼生长。如缺乏赖氨酸，会造成胃液分泌不足而出现厌食、营养性贫血，致使中枢神经受阻、发育不良。此外，赖氨酸还有助于酶、激素抗体等的形成，增强机体免疫力（Yang 等，2009）。饲粮中添加赖氨酸可以改善猪的生长性能、胴体品质、免疫功能、血清学参数以及营养物质消化率等（Kim 等，2011）。高天增（2004）试验表明，提高赖氨酸与粗蛋白质比例可改善妊娠母猪体增重、背膘厚、仔猪窝增重，从而使母猪繁殖性能得到改善；妊娠后期饲粮中增加赖氨酸水平会影响仔猪初生重和窝重。Yang 等（2009）发现，母猪妊娠后期饲粮中总赖氨酸浓度从 0.62% 增加到 0.82%，不仅增加了母猪体重和背膘厚，而且还增加了仔猪初生窝重。Zhang 等（2011）通过设计几种不同赖氨酸水平的饲粮来确定妊娠期母猪总的赖氨酸需要量发现，饲粮中总赖氨酸浓度达到 0.65% 会使母猪体重、背膘厚和仔猪初生窝重增加。赖氨酸可以提高仔猪空肠黏膜氨基酸转运载体 b^{0+}、$^-$AT、y^+LAT1 和 CAT1 的基因表达，有利于营养物质的吸收和转运（He 等，2013）。Suárez-Belloch 等（2015）报道，育肥猪饲粮中标准回肠可消化（standardized ileal digestibility，SID）赖氨酸水平从 0.63% 降到 0.32%，显著降低了猪增重、饲料转化效率和蛋白质沉积效率，同时增加了肌内脂肪的含量。

(二) 色氨酸

色氨酸 (Trp) 为芳香族氨基酸, 通常是仔猪饲粮中的第二或第三限制性氨基酸, 是成年猪饲粮中的第四限制性氨基酸 (刘德辉等, 2009)。玉米、大麦、小麦和米糠等谷物籽实及其副产品中的色氨酸含量较低, 富含色氨酸的饲料原料主要是一些高蛋白质饲料原料, 如血粉、大豆、花生和鱼粉等 (李华伟等, 2016)。在低蛋白质饲粮中补充色氨酸可以显著改善仔猪的生长性能 (苏有健等, 2005)。提高饲粮中色氨酸水平对生长猪的氮沉积具有显著影响 (丁玉华, 2003; 任建波等, 2007)。色氨酸的特殊结构使得它的代谢途径以及功能比较复杂, 其代谢产物参与体内多种生理代谢过程, 也参与体蛋白质合成的调节。色氨酸除了作为底物参与蛋白质的合成外, 可通过分解代谢产生很多重要的中间产物, 其中最重要的中间代谢产物是 5-羟色胺 (沈俊等, 2014)。色氨酸通过四氢生物蝶呤依赖的色氨酸羟化酶途径分解产生 5-羟色胺、N-乙酰血清素、褪黑色素和维生素 L, 这些物质可抑制超氧化物和肿瘤坏死因子 α (tumor necrosis factor - α, TNF - α) 的产生, 增强自由基清除能力而增强机体免疫功能 (Wu 等, 2004a)。在中枢神经系统, 5-羟色胺主要调节动物的食欲、睡眠、体温、血压及内分泌等多种生理功能; 在外周组织, 5-羟色胺作为具有广泛生理活性的体液因子, 主要参与胃肠运动、心血管运动及凝血功能的调节 (张华伟, 2006)。色氨酸代谢的中间产物 3-羟邻氨基苯甲酸是烟酸生物合成的前体, 烟酸则是合成烟酰胺腺嘌呤二核苷酸 (nicotinamide adenine dinucleotide, NAD) 和烟酰胺腺嘌呤二核苷酸磷酸 (nicotinamide adenine dinucleotide phosphate, NADP) 的前体, NAD 和 NADP 是不需氧脱氢酶的辅酶, 参与体内氧化还原反应。因此, 当动物缺乏烟酸时, 色氨酸可转化成烟酸, 满足机体的部分需要。

(三) 苏氨酸

苏氨酸 (Thr) 是高粱、大麦和小麦中的第二限制性氨基酸, 是玉米中的第三限制性氨基酸 (李德发, 2003), 因其结构与苏糖相似, 因此取名苏氨酸。同赖氨酸和色氨酸一样, 苏氨酸也是理想蛋白质氨基酸模式的研究重点。在猪体内, 苏氨酸不需要脱氨基和转氨基作用分解代谢, 而是通过琥珀酰 CoA、甘氨酸和丝氨酸参与猪体内代谢。苏氨酸不仅参与体蛋白质的合成, 还在黏液蛋白质合成中发挥重要作用。肠黏液蛋白质是肠黏膜蛋白质的主要组分, 是动物肠道机械屏障的重要组成部分。肠黏液蛋白质中含有大量苏氨酸, 约占其总氨基酸组成的 30% (Schaart 等, 2005; 王旭等, 2006; Puiman 等, 2011)。饲粮苏氨酸不足或过量可以下调猪肠道黏液蛋白质基因的表达, 并导致肠黏膜上皮屏障功能紊乱 (包括绒毛萎缩, 增加细胞凋亡, 并降低黏液蛋白质的浓度) (王旭等, 2006)。给断奶仔猪饲粮提供 0.89% 的真可消化苏氨酸, 可获得最佳肠道屏障功能 (Wang 等, 2010)。在猪的免疫功能方面, 苏氨酸主要体现在对体液免疫的调节, 它可以调节免疫球蛋白的合成。苏氨酸对感染伪狂犬病毒的 IPEC - J2 细胞的先天性免疫功能具有调节作用, 总体上能够抑制 IL - 1β 和 TNF - α 等促炎性因子的基因表达 (韩国全等, 2012; 赖翔等, 2012)。苏氨酸可促进骨髓 T 淋巴细胞前体分化和发育成为成熟 T 淋巴细胞 (张思聪等, 2012)。

(四)含硫氨基酸

含硫氨基酸包括蛋氨酸(Met)、胱氨酸(Cys/c)和半胱氨酸(Cys)。蛋氨酸在动物组织中的代谢途径主要有两种,即活性蛋氨酸依赖代谢途径(转甲基和转硫途径)和不依赖代谢途径(转氨途径)。蛋氨酸的主要代谢途径是合成新的蛋白质和非蛋白质含氮物以及脱氨基后形成糖(胡金杰等,2015)。含硫氨基酸缺乏会引起动物机体一系列的异常变化,如生产性能降低、脂质过氧化损伤、生长发育不良、体重减轻、肝脏和肾脏损伤、肌肉萎缩、被毛变质、贫血及囊肿变性和胰腺纤维变性等。在饲粮中蛋氨酸缺乏的情况下,肝脏脂肪浸润特别快且明显,肝内脂肪沉积量可达到50%,肝脏肿大,且呈黏土色彩(冯晓友等,2011)。适宜的蛋氨酸水平可提高外周血中$CD4^+/CD8^+$的比例(程传峰等,2012)。Chen等(2014)报道,将饲粮中蛋氨酸水平从0.24%提高到0.35%,可显著提高仔猪平均日增重,提高血浆中谷胱甘肽和胱氨酸的浓度和空肠黏膜的跨膜电阻,改善仔猪肠道形态。

半胱氨酸作为一种含硫氨基酸参与体内蛋白质合成,且也是谷胱甘肽及硫化氢的重要前体物。在动物机体内谷胱甘肽与各种亲和电子和外源性化学物质形成共轭化合物,可消除体内自由基和其他活性氧分子等,从而减少机体中有毒物质含量(Wu,2009)。半胱氨酸与其他氨基酸及其代谢产物在动物机体中也发挥着重要的生理功能,其代谢产物牛磺酸与甘氨酸能共同促进脂肪消化与吸收,而气体分子(如一氧化碳和硫化氢)发出细胞信号,参与信号转导。半胱氨酸与谷氨酸及甘氨酸一起参与自由基清除、抗氧化、细胞氧化反应、免疫反应、细胞代谢、细胞凋亡信号转导和基因表达等。研究发现,猪卵母细胞培养液中添加0.1 mg/mL的半胱氨酸可明显改善猪卵母细胞体外成熟和体外受精的效果,经测定,猪卵母细胞内谷胱甘肽(glutathione,GSH)浓度随着半胱氨酸浓度提高与培养时间的延长而逐渐升高(王晓明等,2011)。半胱氨酸可促进卵母细胞受精和发育(孙爽等,2010),促进猪孤雌胚发育(任子利等,2009)。半胱氨酸还可以作为精液的保护剂(覃永长等,2010)。Liu等(2008,2009)报道,外源添加半胱胺可调节育肥猪生长激素(growth hormone,GH)受体、胰岛素样1号生长因子(insulin-like growth factors-1,IGF-1)、IGF-1受体和胰岛素样生长因子结合蛋白-3 (insulin-like growth factor-binding protein-3,IGFBP-3)的mRNA水平,且具有明显的组织特异性,并呈显著剂量效应关系。半胱胺促进育肥猪生长与GH-IGF轴的生理作用有关。

(五)支链氨基酸

支链氨基酸包括缬氨酸(Val)、亮氨酸(Leu)和异亮氨酸(Ile)。缬氨酸对泌乳母猪有非常重要的作用。支链氨基酸含量约占参与生长育肥猪肌肉蛋白质合成的必需氨基酸含量的35%,在哺乳母猪中此值为40%。饲粮中的缬氨酸经动物消化吸收后,除了作为氨基酸结构单元组装蛋白质外,还可以运送到靶器官和组织中进行氧化降解。缬氨酸是主要生糖氨基酸之一,在氨基转移酶的催化下进行可逆的转氨基生成酮酸,然后进入三羧酸循环按葡萄糖途径实现机体内三大营养物质(蛋白质、糖和脂肪)的互相转化(李根等,2015)。近年来缬氨酸的研究主要集中于母猪。Kim等(2009)研究了泌乳母猪玉米-豆粕型饲粮的氨基酸限制性顺序，结果发现，当体组织动员率小于20%时，赖氨酸为第一限制性氨基酸，缬氨酸为第二限制性氨基酸；当体组织动员率大于20%时，赖氨酸限制性顺序不变，苏氨酸为第二限制性氨基酸，缬氨酸成为第三限制性氨基酸。缬氨酸对泌乳母猪具有重要的营养生理作用，它能促进母猪乳腺发育、改善泌乳能力、提高哺乳仔猪增重，是影响母猪泌乳性能的重要必需氨基酸（黄红英等，2008；陈熠等，2009；王勇，2010）。李方方等（2013）报道，饲粮中添加缬氨酸（Val/Lys=120%）可降低初产母猪血清尿素氮含量，增加血清总蛋白含量，从而有利于机体的蛋白质合成与利用。饲粮中缬氨酸不足会导致母猪不能发挥最大的泌乳潜力。李根等（2015）报道，在妊娠后期和泌乳期母猪饲料中添加0.28%的缬氨酸，仔猪初生个体重、泌乳期采食量及相关生殖激素水平显著提高。Soltwedel等（2006）以血浆尿素氮作为评价指标，所得到的氨基酸限制性顺序与 Kim 等（2009）的结论基本一致。

亮氨酸在机体蛋白质合成、氧化供能、调节机体免疫功能和骨骼肌蛋白质代谢中发挥重要作用（毛湘冰等，2011）。亮氨酸在体内可用于合成蛋白质，但在特殊生理时期（如饥饿、泌乳、应激和运动等）也能作为能量来源。亮氨酸通过调节细胞内 mTOR 依赖与非依赖两条信号途径促进骨骼肌蛋白质合成（毛湘冰等，2011，Li 等，2011）。Yin 等（2010）研究发现，给21日龄仔猪饲喂添加0.55%亮氨酸的低蛋白质饲粮，肌肉中 S6K1 和 4E-BP1 的磷酸化水平提高，肝脏、骨骼肌、肾脏和脾脏中蛋白质的合成增加。孙玉丽（2015）结合体外细胞培养试验和体内饲养试验，探讨了 L-亮氨酸对正常初生体重（NBW）新生仔猪和宫内生长受限（IUGR）新生仔猪生长、肠道发育以及氨基酸转运的影响，结果表明，L-亮氨酸显著提高 NBW 新生仔猪的生长、肠道发育，但对 IUGR 新生哺乳仔猪有负面影响。苏国旗（2014）研究了母猪妊娠期营养水平与亮氨酸添加对仔猪生长性能及肌肉发育的影响，结果发现，饲粮中添加亮氨酸显著改善试验后期饲料转化率，但对肌纤维发育无显著影响。刘炀等（2016）报道，高浓度的亮氨酸会阻碍正常细胞周期，从而抑制猪胎盘滋养层细胞的增殖活力。

常规原料配合而成的正常推荐营养水平的实用饲粮一般不会出现异亮氨酸的缺乏。当配制低蛋白质饲粮尤其是大量使用某些非常规饲料如血粉时极易出现异亮氨酸缺乏（郑春田等，2001a）。高血球粉低蛋白质饲粮中补充异亮氨酸，可显著提高仔猪全身蛋白质合成速度、日增重和平均日采食量，显著降低血清尿素氮、氨和游离异亮氨酸含量（郑春田，2000a；郑春田等，2001；郑春田和杨立彬，2001）。L-异亮氨酸和 Zn^{2+} 处理可以显著提高仔猪肠上皮细胞内 β-防御素1、β-防御素2和 β-防御素3的 mRNA 和蛋白质水平的表达量（Mao 等，2013）。通过体内和体外试验研究异亮氨酸处理对肠上皮细胞抵御微生物感染的作用，发现异亮氨酸处理仔猪肠上皮细胞24 h 后可显著降低共培养中沙门氏菌和大肠杆菌的增殖，饲粮添加异亮氨酸显著降低大肠杆菌攻毒后进入到血浆的内毒素浓度（Ren 等，2016a，2016b）。

（六）精氨酸

精氨酸（Arg）为碱性氨基酸，是猪的条件性必需氨基酸，一般生产条件下不需要饲料来源的精氨酸，但在幼年仔猪和妊娠母猪阶段，精氨酸的自身合成不能满足其生理需要。给 7 日龄断奶仔猪饲粮中补充 0.6% 精氨酸，肌肉中 mTOR 磷酸化水平显著提高，进而通过蛋白质起始翻译因子的调节，提高动物机体的蛋白质合成（Tan 等，2008）。有报道指出，通过人工乳形式补充 0.6% 及 0.8% 精氨酸饲喂 7 日龄初生仔猪 1 周后，体重可增加 60%（Tan 等，2008）。在幼年仔猪饲粮中添加精氨酸可显著改善仔猪的肠道屏障功能和生产性能。许多研究表明饲粮添加精氨酸可显著改善仔猪肠道形态（黄晶晶，2007；王远孝，2011；Huang 等，2011；朱惠玲等，2012）。精氨酸作为生物活性物质可促进猪肠道上皮细胞增殖（聂新志等，2012）。精氨酸在动物机体的一些重要中间代谢中起着重要作用，如精氨酸可作为 N-乙酰谷氨酸合成酶的变构激活因子，维持尿素循环处于活跃状态，也可通过调节一些关键蛋白质和酶的表达，减少动物体脂沉积。有研究发现，精氨酸能够促进猪小肠分解代谢，有效抑制病毒感染和营养不良。另外，精氨酸还可促进胰岛素、生长激素、泌乳素和胰岛素样生长因子的分泌，参与机体免疫调节（Newsholme 等，2005）。精氨酸是机体合成氧化亚氮（NO）的重要前体物，可通过调节许多重要细胞中 NO 的合成来调控动物机体中葡萄糖、脂肪酸及氨基酸代谢。在育肥猪营养方面，精氨酸可改变育肥猪相关血液代谢物和内分泌激素水平，影响机体脂肪代谢。精氨酸通过对皮下脂肪和肌肉组织中脂肪代谢相关酶活性和基因表达水平的不同调节作用，可在减少皮下脂肪沉积的同时，适度增加肌内脂肪含量，从而发挥降低和重新分配体脂的作用（Tan 等，2009，2011）。许多研究发现，育肥猪饲粮中添加精氨酸可提高猪肉品质（Ma 等，2010，2015d；周招洪等，2013）。精氨酸除参与体蛋白质合成外，还通过多种酶、激素及其代谢产物（如 NO 和多胺）在猪体内发挥着多种营养生理效应（Perez 等，2006；Mateo 等，2007）。在母猪营养方面，精氨酸通过参与调控细胞内蛋白质周转和细胞增殖，促进母猪早期胚胎发育及着床、血管生成、胎盘及胎儿生长发育，从而提高母猪产活仔数。有研究证实，在妊娠 14～29 d 及 30～114 d 的怀孕母猪饲粮中，添加 1.0% L-精氨酸可提高活仔数约 1 头。精氨酸可促进母猪乳腺发育，提高母猪繁殖性能（晋超等，2010；高开国，2011；江雪梅，2011）。郭长义（2009）报道，在泌乳母猪饲粮中添加精氨酸可显著促进仔猪肠道黏膜发育，增加抗氧化酶活性。精氨酸还可通过激活动物肠上皮细胞及肌肉组织中 mTOR 信号通路促进机体蛋白质合成、抑制其降解（Wu 等，2004b）。

N-氨甲酰谷氨酸（N-carbamoylglutamate，NCG）是 N-乙酰谷氨酸（N-acetylglutamate，NAG）的结构类似物。NAG 是内源性精氨酸合成的必要辅助因子和主要限制因素之一。NCG 和 NAG 具有相似的结构和性质，二者均能激活氨甲酰磷酸合成酶-Ⅰ（carbamoyl phosphate synthetase-Ⅰ，CPS-Ⅰ）及二氢吡咯-5-羧酸合成酶（pyrroline-5-carboxylate synthetase，P5CS），从而促进内源性精氨酸的合成（彭瑛等，2013）。作为条件性必需氨基酸，在幼龄仔猪阶段或应激条件下，猪通过肠道吸收及体内合成的精氨酸远不能满足其需要，而饲粮中精氨酸添加过多会与赖氨酸、组氨酸等必需氨基酸发生颉颃而影响这些氨基酸的吸收。补充 NCG 不仅可以避免颉颃作用的发生，而且能有效地促进体内精氨酸的合成（Wu 等，2008）。教槽料中补充 0.04% NCG 可以提高仔猪 10～28 d 平均日增重，而为新生仔猪直接灌服 NCG 可以提高 0～2 周龄仔猪的平均日增重，增大试验第 7 天小肠绒毛表面积（黄志敏，2012）。进一步研究表明，正常生理状态下灌服 50 mg/kg NCG 可以提高哺乳仔猪血清中 IgA 与 IgG 水平；而在大肠杆菌攻毒情况下，代乳粉中补充50 mg/kg NCG能够通过促进仔猪肠道黏膜免疫，提高仔猪生长性能并减少仔猪腹泻情况（张锋瑞，2013）。岳隆耀等（2010）在断奶阉公猪的饲粮中添加0.05% NCG或1.00%精氨酸发现，与对照组相比，NCG和精氨酸均能显著增加仔猪的平均日增重和饲料利用率，NCG组和精氨酸组血浆精氨酸和生长激素浓度以及空肠绒毛高度显著高于对照组。周笑犁等（2014）报道，饲粮添加NCG可显著下调肝脏和背最长肌中LPL mRNA表达，提高肝脏中FAS/LPL值，表明NCG可能有抑制甘油三酯水解，调节脂肪代谢的作用。最新研究表明，育肥猪低氮饲粮添加NCG可以显著增加眼肌面积，降低背膘厚，增加肌肉亮氨酸含量，且对肌肉脂肪酸组成无负面影响（Ye等，2017）。

近年来，研究发现，NCG在改善母猪繁殖性能方面具有重要作用。经产母猪整个妊娠期饲粮添加0.1% NCG（纯度50%），窝产活仔数增加0.55头，仔猪初生窝重提高1.38 kg，初生个体重提高70 g。血液中精氨酸、鸟氨酸及脯氨酸等精氨酸家族氨基酸浓度显著升高，氨和尿素浓度显著降低（江雪梅，2011）。妊娠30～90 d猪繁殖与呼吸综合征病毒阳性的经产母猪，饲粮添加0.1%的NCG（纯度50%）可增加窝产活仔数0.33头（杨平等，2011）。此外，给妊娠80 d至分娩的经产母猪饲喂添加含0.08% NCG（纯度未知）的饲粮，可使窝产活仔数增加约1.1头（刘星达等，2011b）。母猪妊娠后期饲粮添加0.10% NCG（纯度未知）增加了脐带血管内皮生长因子的表达，从而为胎儿提供了更充足的营养，提高了窝产活仔数（Liu等，2012）。Zhang等（2014a）研究了初产母猪妊娠全期添加不同剂量的NCG对母猪繁殖性能的影响，发现添加0.05% NCG可增加窝产活仔数1.11头，同时仔猪初生重显著提高。在大鼠饲粮添加NCG可显著增加子宫内膜白血病抑制因子、p-Stat3、p-Akt1/2/3及p-p70S6K的表达。且当子宫角注射白血病抑制因子的抗体时，饲粮添加NCG也可显著增加子宫白血病抑制因子、p-Stat3、p-Akt1/2/3及p-p70S6K的表达（Zeng等，2012）。其可能的作用机制是：NCG可增加母体血液及子宫内液中的精氨酸及其家族氨基酸的浓度，激活PI3K/Akt/mTOR信号通路，上调p-Stat3及白血病抑制因子的表达，从而促进胚胎着床，增加窝产仔数（Zeng等，2012）。在初产母猪上的研究进一步发现，与对照组相比，妊娠0～28 d母猪饲粮中添加0.05%的NCG（纯度98%），能使窝产仔数及窝产活仔数分别提高1.06及1.09头（Zhu等，2015）。妊娠第28天通过屠宰试验发现，添加0.05%的NCG（纯度98%）组窝总胎儿数和活胎儿数分别增加了1.32头和1.29头，胚胎死亡率降低了11.8%（Zhu等，2015）。通过同位素标记的相对和绝对定量技术（iTRAQ）对妊娠14 d和28 d的母猪子宫内膜进行蛋白质组分析，发现了52个上调蛋白质和7个下调蛋白质。通过对子宫内膜差异蛋白质进行生物信息学分析，发现NCG可能通过调控与三大营养物质代谢相关的蛋白质的表达，促进子宫内膜营养物质的转运和代谢，从而提供一个养分充足的子宫内膜环境，促进早期胚胎的发育（Zhu等，2015）。妊娠14 d子宫内膜差异蛋白质中，与早期胚胎着床和发育密切相关的几个蛋白质，包括整合素αv亚基、整合素β3亚基、踝蛋白和氧化亚氮合酶，在NCG组母猪的子宫内膜中表达量显著增加（分别上调3.7、4.1、2.4和5.4倍），表明NCG可能通过整合素介导的细胞黏附通路促进了早期胚胎黏附到子宫内膜，从而提高了早期胚胎着床的成功率，降低了早期胚胎的死亡率（Zhu等，2015）。添加NCG对公猪血清激素水平也有调控作用，提升性欲，提高精浆蛋白质含量和抗氧化能力，从而提高精液品质（白小龙等，2011；朱宇旌等，2015）。

（七）组氨酸

组氨酸（His）为碱性氨基酸，是仔猪的必需氨基酸。组氨酸的咪唑基能与Fe^{2+}或其他金属离子形成配位化合物，促进铁的吸收，因而可用于防治缺铁性贫血。组氨酸在组氨酸脱羧酶催化作用下生成组胺，后者可通过激活靶细胞上的不同组胺受体调节各种生理和免疫功能。在骨髓和外周造血细胞、嗜酸性粒细胞、嗜碱性粒细胞、肥大细胞、T淋巴细胞和树状突细胞上均表达组胺 4 受体，提示组胺可能在炎症、造血过程和免疫功能中起作用。组胺还可介导血小板凝集，通过降低 IL-12、增加 IL-10 的产生提高Th2 淋巴细胞的活性（孔祥峰等，2009）。

（八）脯氨酸

脯氨酸（Pro）占胶原蛋白中氨基酸总量的 1/3，除对免疫细胞参与创伤及外伤愈合具有关键作用外，还直接参与机体胶原蛋白结构功能、神经系统功能及体内渗透压的维持，是功能氨基酸之一。Kim 等（2007）报道，在早期快速生长时期，脯氨酸可能是必需氨基酸。小猪肠道发育不可缺少精氨酸和脯氨酸，而 1~5 kg 仔猪体内合成的脯氨酸不能满足其需要，需要由饲粮补充。脯氨酸氧化酶对机体免疫功能具有极其重要的作用，因为肠道中脯氨酸氧化酶不足导致脯氨酸分解代谢缺乏，从而降低肠道免疫功能。因此，在胚胎猪和新生仔猪生长发育关键时期，高活性的脯氨酸氧化酶在维持胎盘和仔猪肠道等器官的免疫功能中起着关键作用（Wu 等，2005）。研究发现，摄入非母乳饲粮的仔猪比哺乳仔猪更易发生肠道功能障碍，这也与母乳中存在脯氨酸氧化酶有关（Wu 等，2008）。查伟等（2016）报道，饲粮添加 1% 的脯氨酸可能通过改善机体氮利用和脂肪代谢，促进妊娠环江香猪胎儿的生长发育。

（九）谷氨酸

谷氨酸（Glu）为酸性氨基酸，是猪肠道上皮细胞的主要氧化供能物质。饲粮中的大部分谷氨酸在第一次通过小肠时被吸收代谢（Meister 和 Windmueller，2006）。谷氨酸是与肠黏膜生长和代谢相关的重要氨基酸之一，对于处于肠道快速发育的仔猪尤为重要（Stoll 等，1999）。吴苗苗等（2013）研究表明，断奶仔猪饲粮中添加 2% 的谷氨酸可显著提高平均日增重和饲料转化效率。陈罡（2013）报道，使用低剂量谷氨酸钠能够改善哺乳仔猪机体的蛋白质代谢状况，促进蛋白质在机体内的沉积，但高剂量谷氨酸钠反而会对机体产生副作用，抑制正常生长。彭彰智（2012）报道，饲粮中添加 1% 的谷氨酸能促进断奶仔猪的健康生长，降低应激反应，保护肠道神经系统的神经元。Zhang等（2013）也报道，谷氨酸盐可促进胃肠道中营养物质的运输。

谷氨酸参与机体内许多重要代谢，对动物最佳生长和健康来说是必需的。谷氨酸作为合成嘌呤和嘧啶核苷酸的底物，参与谷氨酰胺、瓜氨酸和精氨酸等的合成。谷氨酸通过参与免疫细胞（如粒细胞及巨噬细胞）代谢，调节机体免疫功能。除了在机体代谢中是底物能源物质外，谷氨酸也是一些中枢和外周神经系统的兴奋性神经递质。谷氨酸还是形成肉香味所必需的前体氨基酸，在肉鲜味及缓冲咸与酸中起到重要作用（Spanier 等，1993）。谷氨酸、谷氨酰胺和天冬氨酸是哺乳动物肠道细胞代谢的主要能源底物（Rezaei 等，2013），参与小肠黏膜代谢。越来越多的证据表明，谷氨酸在胃肠道化学感应中扮演着重要角色的同时，在其他组织中也可能起到重要作用。同时谷氨酸与谷氨酰胺、甘氨酸、色氨酸、酪氨酸、丙氨酸、天冬氨酸和丝氨酸一起调节神经系统的发育与功能。

（十）谷氨酰胺

谷氨酰胺（Gln）能够维护动物肠道屏障的完整性，在肠道黏膜代谢中起着重要作用。仔猪饲粮中补充1%谷氨酰胺能有效预防断奶后 7 d 引起的空肠萎缩症，且降低料重比 25%（Wu，1998）。谷氨酰胺可通过激活 mTOR 的下游信号蛋白质 4EBP1 和 S6K1，促进猪肠上皮细胞蛋白质合成，抑制蛋白质降解，从而增加细胞增殖（Xi 等，2012）。聂新志等（2012）报道，谷氨酰胺可以在猪小肠上皮细胞中转化为精氨酸，有效提高细胞中精氨酸量，促进细胞增殖。亮氨酸、异亮氨酸以及缬氨酸是参与合成谷氨酰胺的底物，适宜浓度的谷氨酰胺能促进泌乳母猪乳腺发育，能提高乳蛋白质的合成量（秦江帆等，2011）。谷氨酰胺作为淋巴细胞的主要底物能源物质参与淋巴细胞的增殖，增强巨噬细胞活性，促进细胞因子、T 淋巴细胞、B 淋巴细胞以及抗体产生（Field 等，2002）。饲粮中添加谷氨酰胺可以显著促进断奶仔猪 T 淋巴细胞分化，提高肠系膜淋巴结的 DNA 含量，以及血清 IgA、IgG 和 IgM 水平，调节 $GSH-Px$、SOD 和 $IL-6$ 基因 mRNA 的表达量，进而影响仔猪机体免疫相关指标，增强断奶仔猪免疫力（邹晓庭，2007）。在早期断奶仔猪饲粮中补充谷氨酰胺，可提高断奶后仔猪的日增重，降低腹泻率（邹晓庭，2007；李宁宁等，2012）。

（十一）甘氨酸

甘氨酸（Gly）是结构最简单的氨基酸，但却具有重要的生理功能。除参与蛋白质合成和体内多种代谢活性物质的生成外，还是中枢神经系统的抑制性神经递质。在过去，人们通常认为甘氨酸在非神经组织中的生物功能较少，因此，在研究氨基酸功能的试验中，甘氨酸常常被用来作为等氮对照。但近来的研究表明，甘氨酸具有抗氧化、抗炎症、免疫调节和细胞保护剂等重要生理作用。王薇薇（2014）分别在细胞、新生仔猪、断奶仔猪上研究了甘氨酸的生理功能，发现甘氨酸可降低由 4-羟基壬烯醛（4-HNE）诱发的氧化损伤，增加细胞存活率，降低 IPEC-1 细胞凋亡，并降低细胞乳酸脱氢酶释放量；饲粮添加甘氨酸显著提高新生和断奶仔猪的生长性能，促进肠道发育与健康。吴欢昕（2015）研究发现，甘氨酸可通过调节 TLR4 和 NOD 信号通路，抑制炎性细胞因子的过量产生，缓解炎症反应造成的肌肉蛋白质降解。

三、氨基酸的来源及分析测定

（一）氨基酸的来源

氨基酸的来源主要可以分成两类：一是饲料来源，二是非氨基酸物质的转化。饲料来源包括饲料原料中的氨基酸和添加的工业生产的氨基酸。非氨基酸物质的转化则是将体内的糖类或脂肪经过一系列的转化，最终转化成氨基酸，这种途径只能够得到非必需氨基酸。

虽然组成蛋白质的氨基酸有 20 种，但只有氨基连在 α 碳原子上的氨基酸或保持游离氨基的氨基酸才有营养价值。除甘氨酸外，其他氨基酸都有 L 型或 D 型旋光异构体。植物或动物蛋白质中的氨基酸大部分是 L 型。用化学合成法或微生物发酵法生产的氨基酸，多数为 L 型，也有 D 型或 DL 型。由于 D-赖氨酸、D-苏氨酸不能发生转氨基反应，其生成的 α-酮酸也无法转换成 L 型，所以不能被任何动物所利用。D-色氨酸的生物活性可能取决于饲料中 D-色氨酸和 L-色氨酸的比例。关于猪对 DL-蛋氨酸和 L-蛋氨酸的利用效果，目前还有争议。其他必需氨基酸的 D 型形式与 L 型形式对猪的效果目前还没有报道。

L-赖氨酸、DL-蛋氨酸、蛋氨酸羟基类似物、L-苏氨酸和 L-色氨酸是目前饲料生产和养殖业常用的氨基酸（蔡辉益和王晓红，2016），随着猪低氮饲粮越来越多的使用，工业氨基酸的用量快速增加，目前 L-缬氨酸已呈广泛应用之势。

L-赖氨酸是养猪生产中使用最多的氨基酸，目前饲料级商品赖氨酸有 L-赖氨酸盐酸盐和 L-赖氨酸硫酸盐两种形式。其中 L-赖氨酸盐酸盐开发较早，赖氨酸含量为 78%，而 L-赖氨酸硫酸盐应用较晚。20 世纪 90 年代，德国 Degussa 公司率先完成赖氨酸硫酸盐工业化生产，推出含赖氨酸硫酸盐的产品 Biolys 60（赖氨酸含量为 46.8%）。随后中国长春大成实业集团成功实现 65% 赖氨酸硫酸盐的产业化生产（赖氨酸含量为 51%），目前已开发出 70%、80% 赖氨酸硫酸盐系列产品。由于赖氨酸硫酸盐生产工艺的污水排放只有赖氨酸盐酸盐的 10%，且生产成本低，为养猪生产赖氨酸的使用提供了更多的选择（冯占雨和乔家运，2012）。许多研究报道了赖氨酸硫酸盐相对于赖氨酸盐酸盐的生物学效价。Liu（2007）采用 T-瘘管法测定了赖氨酸硫酸盐的真消化率和表观消化率分别为 98.1% 和 94.4%，以日增重、饲料转化效率、血浆尿素氮和氮沉积为平价指标，赖氨酸硫酸盐相对于赖氨酸盐酸盐的生物学效价分别为 101%、105%、104% 和 95%。朱进龙等（2014）比较研究了 80% 赖氨酸硫酸盐、70% 赖氨酸硫酸盐和 98% 赖氨酸盐酸盐对猪生长性能和血液生化指标的影响，结果表明，不同来源的赖氨酸对于生长育肥猪生长性能、血液生化指标和血清尿素氮含量的影响差异不显著。赵文艳等（2007）和曹利军等（2008）也报道，赖氨酸硫酸盐和盐酸盐对猪生长性能没有显著影响。

近年来，我国对工业生产蛋氨酸的需求快速上升。2011—2015 年我国蛋氨酸的进口总量平均每年增长 19.43%，2015 年进口总量 158 067 t，比 2014 年增加 20.66%（于会颖，2016）。目前，国际市场上的工业蛋氨酸主要有 DL-蛋氨酸、液态蛋氨酸羟基类似物游离酸和固体羟基蛋氨酸盐，最近又出现了 L-蛋氨酸。目前蛋氨酸的工业化生产主要为化学合成法。近年来开发出生物酶拆分法和微生物发酵法相结合生产 L-蛋氨酸的技术（韩振亚等，2015）。近年来，不同形式蛋氨酸的生物学效价和使用效果研究报道较多。许多报道认为，DL-蛋氨酸能代替 L-蛋氨酸满足猪对蛋氨酸的需求。但也有研究认为，L-蛋氨酸对仔猪的效果要好于 DL-蛋氨酸（Shen 等，2014）。Kong 等（2016）研究发现，添加 DL-蛋氨酸和 L-蛋氨酸均可提高仔猪的生长性能，DL-蛋氨酸的生物学效价相当于L-蛋氨酸的88%。关于液态羟基蛋氨酸和固态羟基蛋氨酸盐的生物学效价仍然有许多争议，多数研究认为，DL-蛋氨酸的生物学效价要高于羟基蛋氨酸（陈代文等，2004；冯占雨，2006；张青青等，2011）。

色氨酸的生产方法有3种：发酵法、天然蛋白质水解法和化学合成+酶催化消旋法。发酵法以葡萄糖为原料，利用基因重组技术提高色氨酸发酵用酶的活力。化学合成法利用吲哚或邻硝基乙苯为起始原料合成得到DL-色氨酸，再经消旋酶消旋后制得L-色氨酸。随着蛋白质重组和微生物法工程技术的不断深入，微生物发酵法和酶解法生产色氨酸的工业化进程不断加快，生产成本也在不断降低。

L-苏氨酸的生产方法有蛋白质水解法、化学合成法和直接发酵法（黄金等，2007）。目前微生物发酵法已成为工业生产L-苏氨酸的主流，且产量在不断提升，生产成本不断降低。

生物工程技术的发展为低成本工业氨基酸的生产带来了前所未有的前景，也为低蛋白质的氨基酸平衡饲粮的配制展现了美好的未来。

（二）氨基酸的测定分析

氨基酸的准确测定是蛋白质氨基酸营养研究与应用的基础。随着仪器分析的不断发展，饲料、动物组织和排泄物中氨基酸的分析更加快速、准确。目前常用氨基酸分析方法有化学分析法、光谱分析法、电化学分析法和色谱分析法等。

化学法主要包括甲醛滴定法和凯氏定氮法。甲醛滴定法的原理是在中性或弱碱性水溶液中，α-氨基酸与甲醛反应生成亚甲基亚氨基衍生物，后者用碱滴定，即得到样品中总氨基酸的含量。凯氏定氮法原理是通过测定样品中总氮的含量，然后根据蛋白质和氨基酸中的氮含量，得知含氮的氨基酸、蛋白质的总量。常见的方法有常量法、微量法、自动定氮法、半微量法及改良凯氏法等多种。

分光光度法是基于物质对光的选择性吸收而建立起来的分析方法。大部分氨基酸在紫外区无吸收，只有小部分在紫外区有吸收，而且吸收光谱严重重叠。因此，对大部分氨基酸不经分离而用紫外分光光度法同时测定。

液相色谱法原理：由于样品溶液中的各组分在流动相和固定相中具有不同的分配系数，在两相中做相对运动时，经过反复多次的吸附-解吸附的分配过程进行分离检测。目前，普遍采用液相色谱法测定氨基酸含量。由于大多数氨基酸无紫外吸收和荧光发射特征，为提高分析检测灵敏度和分离选择特性，通常将氨基酸进行衍生化。氨基酸的液相色谱分析方法主要有柱后衍生法和柱前衍生法。在测蛋白质中氨基酸的组成时，必须先将蛋白质水解成游离氨基酸才能检测，目前常用的有酸水解和碱水解两种方法。酸水解不容易引起水解产物的消旋化，但是色氨酸被沸酸完全破坏；含有羟基的氨基酸如丝氨酸或苏氨酸有一小部分被分解；天门冬酰胺和谷氨酰胺侧链的酰胺基被水解成了羧基。而碱性水解色氨酸不受破坏，但是其他氨基酸都不同程度地受到破坏。

电化学法原是建立在物质在溶液中的电化学性质基础上的一类仪器分析方法，采用适用于不同氨基酸的选择电极对各种氨基酸进行测定，氨基酸的电化学分析可分为直接电化学分析和间接电化学分析。对于胱氨酸、半胱氨酸、酪氨酸等电活性的氨基酸一般采用直接电分析法。

第三节　氨基酸和小肽的吸收与转运

一、氨基酸吸收与转运

氨基酸的吸收速度取决于主动转运过程的不同转运系统，不同酸碱性的氨基酸借助不同的转运系统吸收（表2-3）。例如，中性转运系统对中性氨基酸具有高度的亲和力，可转运芳香族氨基酸、脂肪族氨基酸、含硫氨基酸以及组氨酸和谷氨酰胺等，转运速度最快；碱性转运系统主要转运赖氨酸和精氨酸，转运速度较慢，仅为中性氨基酸载体转运速率的10%；酸性转运系统转运天门冬氨酸、甘氨酸和谷氨酸，转运速度是最慢的。吸收入肠黏膜细胞中的氨基酸，进入肠黏膜下的中心静脉而入流血，经由门静脉入肝脏。然而，在肝静脉血液中的氨基酸组成并不完全相当于整个蛋白质的氨基酸组成。这些相关部分的缺少，可能是由于吸收速率不同造成。也有部分原因可能是，在吸收时某些氨基酸已转化成其他形式，特别是大部分天冬氨酸和谷氨酸转化成了丙氨酸，部分谷氨酰胺被黏膜细胞氧化产能。因此，天冬氨酸和谷氨酸在血中的浓度通常是很低的。近年来国内对氨基酸转运载体的研究也很多，大致结果如表2-3所示。

表2-3　哺乳动物肠道上皮细胞表达的氨基酸转运系统分类

转运系统	转运载体	HUGO命名	定位	底物特异性	底物偶联
酸性氨基酸转运系统					
X_{AG}^-	EAAT2	SLC1A2	顶端膜	L-Glu、L/D-Asp	Na^+、K^+
	EAAT3	SLC1A3	顶端膜	L-Glu、L/D-Asp	Na^+、K^+
X_c^-	xCT	SLC7A11	基底膜	CssC、L-Glu、L-Asp	CssC/Glu交换
碱性氨基酸转运系统					
y^+	CAT1	SLC7A1	顶端膜、基底膜	Lys、Arg、Orn、His	无
中性氨基酸转运系统					
A	ATA2	SLC38A2	基底膜	Ala、Gly、Ser、Pro、Met、His、Asn、Gln	Na^+
ASC	ASCT2	SLC1A5	顶端膜	L/D-Ala、L/D-Gln、L/D-Ser、L/D-Cys、L-Thr、L-Trp、L/D-Asn、L/D-Leu、L/D-Met、L/D-Val、L/D-Ile、L/D-Phe、L-Gly、D-His	Na^+
B^0	B^0AT1	SLC6A19	顶端膜	大部分中性氨基酸	Na^+
Asc	Asc-1	SLC7A10	基底膜	Ala、Gly、Ser、Thr、Cys、Val、Met、Ile、Leu、His、Asn、Gln、Met、Phe	交换

（续）

转运系统	转运载体	HUGO 命名	定位	底物特异性	底物偶联
L	LAT2	SLC7A8	基底膜	Phe、Leu、Ala、Gln、His	交换
N	SN2	SLC38A5	顶端膜、基底膜	His、Asn、Ser、Gln、Ala、Gly	Na^+
IMNO	SIT	SLC6A20	顶端膜	Pro	Na^+
PAT	PAT1	SLC36A1	顶端膜	Pro	H^+
T	TAT1	SLC16A10	基底膜	L-Tyr、L/D-Trp、L/D-Phe	无
碱性和中性氨基酸转运系统					
$B^{0,+}$	$ATB^{0,+}$	SLC16A14	顶端膜	Ile、Leu、Trp、Met、Val、Ser、His、Tyr、Ala、Lys、Arg、Cys、Gly、Asn、Thr、Gln、Pro	Na^+、Cl^-
y^+L	y^+LAT1	SLC7A7	基底膜	Leu、Arg、Lys、Gln、His	Na^+
	y^+LAT2	SLC7A6	基底膜	Arg、Leu	Na^+
$b^{0,+}$	$b^{0,+}AT$	SLC7A9	顶端膜	Arg、Leu、Lys、Phe、Tyr、His、CssC、Ile、Val、Trp、Ala、Met、Gln、Asn、Thr、Cys、Ser	碱性和中性氨基酸交换
$b^{0,+}$	4F2-1c6	SLC7A9	顶端膜	Leu、Trp、Phe、Met、Ala、Ser、Cys、Thr、Gln、Asn、Gly、CssC、BCH	碱性和中性氨基酸交换

资料来源：Bröer（2008）。

（一）肠道

目前，对肠道氨基酸转运载体影响的研究主要有精氨酸、亮氨酸等。饲粮添加精氨酸可提高肠道中转运载体 $b^{0,+}AT$（王文策，2012）和 $y^+LAT1 \cdot 4F2hc$ 的基因表达。曾黎明（2012）报道，精氨酸可提高 IPEC-J1 细胞转运载体 y^+LAT1 和 CAT1 的表达，y^+LAT1 的调节受 NO 代谢途径的调控。亮氨酸通过 mTOR/Akt/ERK 信号通路提高 IPEC-J2 细胞中 ASCT2 和 4F2hc 的表达（Zhang 等，2014b；张世海，2016），促进 IPEC-J2 细胞中 $ATB^{0,+}$ 的表达（孙玉丽，2015）。正常哺乳仔猪补充亮氨酸可提高空肠 $ATB^{0,+}$、$b^{0,+}AT$ 和 B^0AT1 表达，降低 y^+LAT1 表达（孙玉丽，2015）。色氨酸（江敏，2015）、谷氨酰胺（Li 等，2015）、谷氨酸（Lin 等，2014）、蛋白质水平（石常友等，2008；Wu 等，2015a）和蛋白质来源（罗钧秋，2011；亓宏伟，2011）对肠道氨基酸转运载体有显著影响。

（二）乳腺组织

饲粮蛋白质水平和不同的哺乳期可调节母猪乳腺组织中 CAT2B、ASCT1 和 $ATB^{0,+}$ 的表达，但对 CAT1 的表达无显著影响（Laspiur 等，2009）。保持氨基酸比相同的情况下，泌乳母猪饲粮蛋白质水平从 17.5% 降至 13.5% 对乳腺氨基酸转运载体 SLC7A9、SLC7A6、SLC6A14、SLC7A1、SLC7A2、CSN2 和 LALBA 没有显著影响，但增加了乳腺的氨基酸转运效率。

（三）肾脏

正常哺乳仔猪补充亮氨酸可提高肾脏 rBAT 蛋白的表达，降低 LAT2 以及 PAT1 蛋白的表达，但对肾脏 B^0AT1、GLUT2 以及 Na^+/K^+ ATP 酶的蛋白表达无显著影响；宫内发育迟缓哺乳仔猪补充亮氨酸可显著提高 xCT 蛋白的表达量，但 $ATB^{0,+}$、LAT2、PATH、rBAT 和 SNAT2 蛋白的表达量均无显著变化（孙玉丽，2015）。

（四）脂肪

低蛋白质饲粮中补充支链氨基酸会下调生长猪背部皮下脂肪中 LAT1 和 SNAT2 的表达，但可上调腹部皮下脂肪中 LAT4 的表达（Li 等，2016）。

二、小肽的吸收与转运

小肽是动物降解蛋白质过程中的中间产物，是由 2 个或 2 个以上的氨基酸以肽键相连的化合物。两个氨基酸分子缩合而成的肽称为二肽，依次类推。根据肽在动物机体中所发挥的作用分为结构肽和功能肽。前者又叫营养肽，只参与蛋白质的合成。后者是指具有生理活性的肽，包括免疫调节肽、抗微生物肽和神经活性肽等（贺光祖等，2015）。

与游离氨基酸吸收系统相比，小肽转运系统具有转运速度快、耗能低、不易饱和的特点。小肽与游离氨基酸的转运是两个完全相互独立的系统（代建国等，2007）。根据序列相似性和机制，将肽转运载体分成三大类，即 ATP 结合转运载体 ABC、质子依赖的寡肽转运载体 POT 和肽转运载体 PTR、寡肽转运载体 OPT。相关的研究表明，动物（尤其是哺乳动物）体内肽转运载体主要属于第二类，即 POT；而 ABC 和 OPT 是在非动物体内表达和发挥功能的。POT 转运载体包含了 PepT1（SLC15A1）、PepT2（SLC15A2）等。PepT1 是肠肽转运载体，主要在小肠表达（十二指肠和空肠较多，回肠较低，结肠少量或没有），位于小肠上皮细胞刷状缘膜囊，吸收蛋白质降解的小肽；PepT2 是肾肽转运载体，且在大脑、乳腺、肺和胰腺中也有分布。近年的研究表明，PepT1 可在不同猪种（藏猪、长白猪和蓝塘猪等）的脏器组织（尤其是肠道）内表达，且受品种、生理阶段和肠道部位的影响（石常友，2008；Wang 等，2009；邹仕庚等，2009；Nosworthy 等，2013）。作为肽转运载体的重要组成，PepT1 在小肽（尤其是二肽和三肽）的转运和吸收方面发挥着重要的作用。β- 或 γ- 二肽或三肽也是 $PepT1$ 的可能转运底物（Hubatsch 等，2007）。$PepT2$ 基因敲除鼠肠道神经系统对小肽的转运受到严重影响（Rühl 等，2005）。

蛋白质消化产物主要以二肽和三肽的形式通过肠上皮细胞顶膜上的 PepT1 被吸收进入肠上皮细胞（Daniel，2004），将完全或部分被肠上皮细胞中的二肽酶和三肽酶水解，后以小肽或游离氨基酸的形式进入血液循环。但是，在消化这一过程中，二肽和三肽被释放到什么程度以及以何种数量和比例吸收进入循环，目前尚不完全清楚。正常生理情况下，绝大多数进入小肠的小肽离开浆膜前，已被迅速水解为游离氨基酸。肠黏膜上皮细胞胞质内和胞膜上均有二肽酶，胞质内二肽酶活性高于胞膜上。尽管刷状缘膜二肽酶的活性有限，但二肽和三肽正常的细胞腔水解发生得非常迅速。在体外培养的肠上皮细胞也会迅速将细胞质内的肽酶释放到培养液中（Dalmasso等，2011），从而迅速降解培养液中的小肽。一些生理和药理试验研究发现，某些完整的小肽能进入血液循环。进入血液循环的小肽量因肽的氨基酸组成、构型及肽腱抗肽酶水解能力不同而异（Vermeirssen等，2002）。水解过程中释放的某些游离氨基酸可能成为二肽酶的抑制剂，因此，大量的二肽和三肽可能绕开酶的水解到达肽转运载体（Daniel，2004）。研究发现，甘氨酰亮氨酸二肽（Gly‐Leu）和组氨酰亮氨酸二肽（His‐Leu）在断奶仔猪小肠刷状缘膜囊体系中不水解，推断可能因为 Gly‐Leu 和 His‐Leu 具有抗水解性或者此体系中不含有水解这两种二肽的肽酶（代建国等，2005）。

第四节 能量与氨基酸平衡

一、能量蛋白质比

饲粮能量蛋白质比在动物营养中是一个重要的概念，简称"能蛋比"，即：能量蛋白质比＝消化能或代谢能或净能（MJ/kg）/粗蛋白质（g/kg）。饲粮中的能量和粗蛋白水平应保持适当的比例。配制合理能量蛋白质比的饲粮，一方面能充分发挥动物的生产潜能，另一方面能提高饲料养分利用率，有利于减少代谢废物的排出，节省生产成本，减少环境污染。饲粮粗蛋白质含量过高时，会产生三个方面的问题：一是由于蛋白质的热增耗较高，在环境温度较高的情况下会影响能量利用率；二是过多的蛋白质会氧化产生能量，但其转化效率比淀粉、脂肪等要低，造成蛋白质资源的浪费；三是过量的蛋白质除增加肝脏、肾脏负担和热增耗外，还会在动物肠道中引起腐败，产生大量的胺类物质，影响动物健康。蛋白质供给过低时，动物则出现生产性能下降，胴体偏肥。长期的饲粮蛋白质缺乏则会产生贫血、抗病力减弱、繁殖机能异常、受胎率降低、胎儿畸形、弱胎或死胎等缺乏症。

猪对蛋白质的需要实际上是对氨基酸的需要，赖氨酸又是大多数猪饲粮中的第一限制性氨基酸，因此现在主要是关注能量赖氨酸比。28～60 日龄和 60～70 日龄生长猪获得最佳生产性能的饲粮能量水平分别为 15.9 MJ/kg 和 14.1 MJ/kg，赖氨酸能量比分别为 0.96 g∶1 MJ 和 1.1 g∶1 MJ，赖氨酸水平分别为 1.52% 与 1.54%。75～100 kg PIC 育肥猪饲粮最适宜的可消化赖氨酸和代谢能水平分别为 0.85% 和 12.76 MJ/kg。武英等（2005）认为，生长育肥猪适宜的消化能和赖氨酸浓度分别为 12.98～13.40 MJ/kg 和 0.9%～1.1%。唐燕军等（2009）报道，育成猪低蛋白质饲粮适宜净能水平为 10.3 MJ/kg，赖氨酸净能比在 60～80 kg 和 80～100 kg 阶段分别为 0.9 g/MJ 和 0.6 g/MJ 较合适。钟正泽等（2009）报道，妊娠母猪前期饲粮中真可消化赖氨酸和消化能的适宜浓度分别为 0.65% 和 12.35 MJ/kg。杜萍等（2011）认为，初产母猪妊娠前期（0～84 d）的适宜消化能和真可消化赖氨酸水平分别为 12.51 MJ/kg 和 0.69%。妊娠母猪饲粮中适宜赖氨酸与代谢能比为 0.55 g/MJ，苏氨酸与代谢能比为 0.38 g/MJ。泌乳母猪总赖氨酸和消化能浓度为 0.75% 和 13.6 MJ/kg。Goncalves 等（2015）则认为，泌乳母猪后期每日摄入 10.7 g 的 SID 赖氨酸和 14.3 MJ 的净能即可满足其需要量。

二、氨基酸平衡

（一）理想蛋白质的概念

理想蛋白质（ideal protein，IP）或理想氨基酸平衡（ideal amino acid pattern，IAAP）概念的雏形是 Mitchell 和 Block 于 1946 提出的蛋白质化学比分（chemical score，CS）。以全卵蛋白质的必需氨基酸含量为参比标准，将待评定的其他蛋白质与其相比，从各个氨基酸所占蛋白质的百分数中找出相差最悬殊的待测蛋白质的氨基酸百分数，其百分比值即该蛋白质的化学比分。利用鸡蛋中的必需氨基酸组成作为评定饲粮蛋白质的标准，揭示了蛋白质的营养实质是氨基酸营养这一原理，至此，对蛋白质营养价值的认识历经了从粗蛋白质、可消化蛋白质、可利用蛋白质、蛋白质生物学效价过渡到氨基酸组成与比例的营养发展历史。到 1958 年，由 Howard 最早提出理想蛋白质的概念。ARC（1981）对这一概念的采纳标志着理想蛋白质概念在生产中的应用，而正式在生产中应用 IP 的是 ARC（1981）。随后，美国 NRC（1998）、法国 AEC（1993）、加拿大 PSCI（1995）等在制定猪氨基酸需要量时，都相继采纳了理想蛋白质概念。

（二）理想蛋白质氨基酸平衡模式

理想蛋白质氨基酸平衡模式，是指与氨基酸需要比例相吻合的饲粮可消化氨基酸组成比例。它是以一种氨基酸作为参考氨基酸，其他各种氨基酸的量都表示为参考氨基酸的比率。目前，包括猪在内的畜禽理想蛋白质氨基酸平衡模式都以可消化赖氨酸（digestible lysine，DLys）作为参考氨基酸，其理由是：赖氨酸是以谷实类及其加工副产品为基础的饲粮第一限制性氨基酸，它不能在组织中合成，只能由饲粮摄入；添加赖氨酸可以提高饲粮粗蛋白质的利用率；赖氨酸几乎全部用于合成机体蛋白质，不会产生具有生物学意义的次级代谢物。

1. 仔猪理想蛋白质氨基酸模式 目前接受度较高的仔猪理想蛋白质氨基酸模式（ideal protein amino acid pattern，IPAAP）有：英国 Rowett 研究所 Wang 和 Fuller 模式（Wang 和 Fuller，1990）、美国 Ilinois 大学 Chung 和 Baker 模式（Chung 和 Baker，1992）及美国 NRC 模式（NRC，1998，2012）。

表 2-4 仔猪理想蛋白质氨基酸平衡模式（总氨基酸）

指 标	Chung 和 Baker (1992) 10~20 kg	日本 (1998) 5~10 kg	日本 (1998) 10~30 kg	NRC (1998) 5~20 kg	NRC (2012) 5~25 kg	丹麦（2016）		
						6~9 kg	9~15 kg	15~30 kg
赖氨酸	100	100	100	100	100	100	100	100
蛋氨酸＋胱氨酸	60	61	62	56	56	54	56	57
苏氨酸	65	65	65	60	62	63	63	65

(续)

指标	Chung 和 Baker (1992) 10～20 kg	日本 (1998) 5～10 kg	日本 (1998) 10～30 kg	NRC (1998) 5～20 kg	NRC (2012) 5～25 kg	丹麦 (2016)		
						6～9 kg	9～15 kg	15～30 kg
色氨酸	18	20	19	17	16	20	21	21
苯丙氨酸+酪氨酸	95	94	95	95	94	114	121	122
亮氨酸	100	100	100	100	101	107	113	115
异亮氨酸	60	61	60	55	52	58	59	60
缬氨酸	68	69	68	68	65	69	70	70
精氨酸	42	33	33	41	44	—	—	—
组氨酸	32	31	32	33	34	33	36	37

国内学者也对仔猪理想氨基酸模式作了一些研究。李建文等（2006）采用氨基酸部分扣除法研究了人工诱导免疫应激条件下 9 kg 仔猪可消化赖氨酸、蛋氨酸、色氨酸和苏氨酸之间的平衡比例。结果表明，仔猪正常和免疫应激条件下的理想氨基酸模式存在差异，应激和正常条件下，可消化赖氨酸、蛋氨酸、色氨酸和苏氨酸平衡模式分别为 100∶27∶29∶59 和 100∶30∶21∶61。侯永清（2001b）通过两个动物试验发现，6.6 kg 断奶仔猪最适宜的饲粮蛋白质、赖氨酸、蛋氨酸及苏氨酸水平分别为 18%、1.3%、0.39% 和 0.68%，氨基酸模式为赖氨酸 100∶蛋氨酸 30∶苏氨酸 52。林映才（2001c）发现，3～8 kg 断奶仔猪饲粮适宜赖氨酸、蛋氨酸、蛋氨酸+胱氨酸、苏氨酸和色氨酸的比例为 100∶30∶54.5∶68∶19，而适宜的真可消化赖氨酸、蛋氨酸、苏氨酸和色氨酸的比例为 100∶30∶65∶18。郭秀兰（2004）研究表明，9.7～22.2 kg 仔猪的最佳真可消化苏氨酸与真可消化色氨酸的比例为（62～63）∶20。胡新旭（2006）通过 4 个饲养试验的研究表明，6～14 kg 杜长大三元杂交断奶仔猪饲粮中苏氨酸（Thr）与蛋白质的最佳比例为 4∶100，苏氨酸与能量的最佳比例为 0.579 g Thr/MJ DE，赖氨酸、蛋氨酸、蛋氨酸+胱氨酸、苏氨酸最佳比例为 100∶29.2∶53.1∶63.1。

2. 生长育肥猪理想蛋白质氨基酸模式 表 2-5 和表 2-6 比较了不同国家和组织提出的生长育肥猪的理想蛋白质氨基酸模式。从表中可以看出，这些模式之间的差别还是很大的。丹麦（2016）给出的各种氨基酸与赖氨酸的比例最高，体现了丹系猪营养需求高的特点。NRC 不同年代给出的数据也有差异。

近年来，我国对生长育肥猪 IPAAP 开展了许多研究，吴世林和蒋宗勇（1995）根据文献总结和综合计算得到杜长大生长育肥猪的 IPAAP 为：20～50 kg 阶段赖氨酸与蛋氨酸+胱氨酸、苏氨酸和色氨酸的比例为 100∶59∶64∶17；50～110 kg 阶段赖氨酸与蛋氨酸+胱氨酸、苏氨酸和色氨酸的比例为 100∶63∶63∶18。董志岩等（2010）用生产性能、血清尿素氮和血清游离氨基酸水平等指标综合评价了 NRC（1998）、美国 Ilinois 大学 Chung 和 Baker（1992）和国内学者提出的 3 种生长猪 IPAAP，结果发现，Chung 和 Baker 的 IPAAP 优于 NRC（1998）和国内学者建议的 IPAAP。王建明等（2000）用氮平衡试验研究表明，长大猪 35～60 kg 阶段的可消化赖氨酸与可消化含硫

表 2-5 生长猪理想蛋白质氨基酸平衡模式（总氨基酸）

指 标	Chung 和 Baker (1992) 20~50 kg	ARC (2003) 10~120 kg	日本 (1998) 30~115 kg	NRC (1998) 20~50 kg	NRC (2012) 25~50 kg	丹麦 (2016) 30~45 kg
赖氨酸	100	100	100	100	100	100
蛋氨酸＋胱氨酸	60	59	61	57	56	63
苏氨酸	65	65	65	63	60	70
色氨酸	18	19	19	18	20	21
苯丙氨酸＋酪氨酸	95	100	95	94	94	122
亮氨酸	100	100	100	100	101	119
异亮氨酸	60	58	60	54	52	59
缬氨酸	68	70	68	67	65	76
精氨酸	42	—	33	40	46	—
组氨酸	32	34	32	31	35	40

表 2-6 育肥猪理想蛋白质氨基酸平衡模式（总氨基酸）

指 标	NRC (1998) 50~80 kg	NRC (1998) 80~120 kg	NRC (2012) 50~100 kg	丹麦 (2016) 65~105 kg
赖氨酸	100	100	100	100
蛋氨酸＋胱氨酸	59	58	56	63
苏氨酸	68	68	61	70
色氨酸	19	18	18	21
苯丙氨酸＋酪氨酸	93	92	94	122
亮氨酸	95	90	100	119
异亮氨酸	56	55	53	59
缬氨酸	69	67	65	76
精氨酸	36	32	46	—
组氨酸	32	32	34	40

氨基酸、苏氨酸和色氨酸的平衡比例为 100∶49∶72∶19；60~90 kg 阶段为 100∶34∶64∶23。唐茂妍等（2008）用二次回归正交组合试验研究发现，30~60 kg 生长猪低蛋白质饲粮中可消化赖氨酸与可消化蛋氨酸＋胱氨酸、苏氨酸和色氨酸水平最佳比例为 100∶(57~61)∶64∶(18~21)。张克英等（2001a）通过氨基酸部分扣除氮沉积比较法，研究发现，(33.64±1.2) kg 的大白×长白生长猪与平均体重（32.5±0.8）kg 的雅南猪可消化赖氨酸与可消化蛋氨酸＋胱氨酸、苏氨酸和色氨酸平衡比例分别为 100∶49∶72∶19 和 100∶78∶76∶21。谢春元（2013）研究了低蛋白质饲粮中 66~91 kg 育

肥猪回肠标准可消化苏氨酸、含硫氨基酸和色氨酸与赖氨酸的适宜比例，研究发现，低蛋白质饲喂条件下回肠标准可消化苏氨酸与赖氨酸的最佳比例与传统模型差异不大，低蛋白质饲喂条件下去势公猪的最佳标准回肠可消化苏氨酸、含硫氨基酸、色氨酸与赖氨酸的最佳比值为 0.67∶1、0.60∶1 和 0.20∶1。

3. 妊娠母猪理想蛋白质氨基酸模式 妊娠母猪氨基酸的需要量和理想蛋白质氨基酸模式主要是由析因法分析得到的。近年来对母猪氨基酸及其平衡模式的研究体现了两大特点，一是对析因法中因素的考虑更加仔细，二是更加重视妊娠前期和后期母猪营养需求的差异。表 2-7 和表 2-8 列出了妊娠前期、后期胎儿和乳腺发育对氨基酸需求的差异。

表 2-7 母猪妊娠前期和后期胎儿对蛋白质和氨基酸的需要量

项 目	CP	Lys	Thr	Trp	Met	Val	Leu	Ile	Arg
妊娠 0~70 d									
不同氨基酸占每个胎儿体蛋白质的量（%）	—	7.79	4.04	1.22	2.23	5.30	8.12	3.56	6.45
每头胎儿每天需要量（g）	0.25	0.02	0.01	0.003	0.006	0.013	0.02	0.009	0.016
妊娠 71~114 d									
不同氨基酸占每个胎儿体蛋白质的量（%）	—	6.11	3.51	1.20	1.99	4.55	7.16	3.07	6.84
每头胎儿每天需要量（g）	4.63	0.28	0.16	0.056	0.09	0.21	0.33	0.14	0.32

与胎儿发育对氨基酸的需求相似，妊娠前期、后期乳腺发育对氨基酸需求的差异也很大。母猪妊娠的 1~80 d，每个乳腺需要蛋白质 11.2 g，平均 0.14 g/d；81~114 d，每个乳腺需要蛋白质 115.9 g，平均 3.41 g/d。如果一头母猪有 16 个乳腺，则妊娠前期、后期每天分别需要蛋白质 2.2 g 和 54.6 g，后期是前期的 24.4 倍（Ji 等，2006）。Kim 等（1999）测定了妊娠母猪和哺乳母猪乳腺实质组织的氨基酸组成，结果表明，两者氨基酸的总量差异很大（表 2-8），但组成模式较一致，即赖氨酸、苏氨酸、色氨酸、蛋氨酸、缬氨酸、亮氨酸、异亮氨酸和精氨酸分别占乳腺实质组织蛋白质总量的 7.5%、4.25%、1.17%、1.98%、5.7%、8.37%、4.13%和 6.13%。由表 2-8 可以看出，妊娠前期、后期母猪对蛋白质和氨基酸需求的差异是巨大的，分阶段配制妊娠母猪饲粮的依据是十分充足的。

表 2-8 母猪妊娠前期和后期每个乳腺每天需要氨基酸的量

阶 段	粗蛋白质（g）	赖氨酸（g）	苏氨酸（g）	色氨酸（g）	蛋氨酸（g）	缬氨酸（g）	亮氨酸（g）	异亮氨酸（g）	精氨酸（g）
0~70 d	0.14	0.011	0.006	0.002	0.003	0.008	0.012	0.006	0.009
71~114 d	3.41	0.256	0.145	0.040	0.068	0.194	0.286	0.141	0.209

NRC（1998）推荐妊娠母猪饲粮中理想蛋白质氨基酸模式是以生长育肥猪的研究数据为基础，且整个妊娠期一致（Mahan 和 Shields，1998）。然而，随着猪胚胎氨基酸代谢动力学的深入研究，发现 NRC（1998）的推荐量不能满足妊娠母猪对氨基酸的需

要。McPherson 等（2004）和 Wu 等（2005）报道，包括胎盘在内的母体组织氮沉积率与妊娠时间呈正比，综合考虑胎儿体蛋白质氨基酸组成和量的变化，整个妊娠期用同样的氨基酸模式配制饲粮是不合理的。NRC（2012）充分考虑了6个蛋白质库的存留及其氨基酸模型：胎儿、乳腺组织、胎盘、子宫以及能量摄入量和时间依赖性的母猪体蛋白质沉积。其中不同怀孕日龄母猪4个蛋白质库（胎儿、乳腺组织、胎盘、子宫）的蛋白质量通过参考文献计算出来。新版 NRC（2012）与旧版 NRC（1998）比较，其中一个重要的区别就是，对妊娠母猪实行分阶段饲养，不同阶段其营养推荐量不同。妊娠期总蛋白质沉积和胎儿蛋白质沉积在妊娠 90 d 之后明显要高于 90 d 之前的数据，故 NRC（2012）将母猪妊娠期划分为 1~90 d 和 91 d 至分娩两个阶段。综合考虑胎儿的生长和乳汁的合成等，妊娠后期提高营养水平的时间建议适当推迟至妊娠第 90 天。表 2-9 列出了妊娠母猪理想蛋白质氨基酸平衡模式。

表 2-9 妊娠母猪理想蛋白质氨基酸平衡模式（总氨基酸）

指标	AEC (1993)	NRC (1998)	日本 (1998)	丹麦 (2007)	NRC (2012) <90 d	NRC (2012) >90 d
赖氨酸	100	100	100	100	100	100
蛋氨酸+胱氨酸	67	63~69	67	97	65~72	52~54
苏氨酸	84	75~85	84	91	71~84	70~75
色氨酸	18	19	16	30	17~22	19~21
苯丙氨酸+酪氨酸	78	94	76	109	96~100	95~98
亮氨酸	73	80~86	75	79	90~95	93~98
异亮氨酸	87	57	86	91	57~59	50~52
缬氨酸	107	66	105	106	71~78	70~75
精氨酸	31				51~54	52~54
组氨酸	29	31~33	29	36	31~34	29~32

4. 泌乳母猪理想蛋白质氨基酸模式 饲粮氨基酸平衡模式影响泌乳母猪必需氨基酸在体内的利用率，母猪摄入适宜比例的必需氨基酸饲粮才能使其生产潜能最大化（Kerr 和 Easter，1995）。泌乳母猪摄入的必需氨基酸超过 90% 被乳腺细胞摄取用于合成乳蛋白质和维持乳腺的正常功能（NRC，1998）。赖氨酸、蛋氨酸和组氨酸主要参与乳蛋白质的合成（Trottier 等，1997），而缬氨酸、亮氨酸、异亮氨酸和苏氨酸等除了参与乳蛋白质合成外，还参与乳腺的发育及维持乳腺细胞正常等功能（Guan 等，2004）。20 世纪 90 年代初期建立泌乳母猪理想氨基酸模式，主要是以乳中各种必需氨基酸比例为依据建立的。随着研究方法和技术的不断改进，通过乳腺动静脉插管技术，研究者发现乳汁氨基酸比例不能准确代表乳腺氨基酸摄取比例，尤其是支链氨基酸和精氨酸，其摄取量超出乳中含量的 20%~50%（Trottier 等，1997）。同时，在建立理想蛋白质氨基酸模式时应把母猪在泌乳期间的体重损失考虑其中（Kim 等，2009）。Dourmad 等（2008）在近 20 年的相关研究成果的基础上，结合大量数学回归公式，采用 InraPorc 数学模型建立了泌乳母猪氨基酸平衡模式，该模式考虑了乳腺氨基酸摄入、母猪体动员等多种影响因素。与 NRC（1998）相比，可能更加符合母猪真实的氨基酸

需要。经过动物营养学家的大量研究，目前已建立了多个泌乳母猪理想蛋白质氨基酸模式，表2-10列出了比较经典的泌乳母猪理想蛋白质氨基酸模式。

表2-10 泌乳母猪理想蛋白质氨基酸模型（总氨基酸）

指　标	AEC（1993）	NRC（1998）	ARC（2003）	InraPorc模型	NRC（2012）
赖氨酸	100	100	100	100	100
蛋氨酸+胱氨酸	56	49	55		52
苏氨酸	70	64	66	66	67
色氨酸	20	18	18		19
苯丙氨酸+酪氨酸	114	110	114	115	115
亮氨酸	114	107	112	115	113
异亮氨酸	70	55	60	60	56
缬氨酸	70	85	76	85	87
精氨酸	30	51		67	54
组氨酸	39	39	40	42	40

5. 公猪理想蛋白质氨基酸模式　蛋白质对公猪具有十分重要的营养作用，过低的蛋白质摄入导致公猪精液品质下降。饲粮中蛋白质和氨基酸含量对公猪的精液品质有显著影响。O'Shea等（2010）的研究表明，在赖氨酸含量相同的条件下，不同的蛋氨酸、苏氨酸、色氨酸与赖氨酸的比例对公猪的精液品质有不同的影响。Kiefer等（2012）在研究中指出，不同的氨基酸模式影响精液品质，保持良好精液品质的种公猪饲粮中赖氨酸与蛋氨酸、苏氨酸、色氨酸的最佳比例为100∶60∶65∶19。公猪对蛋白质数量要求不高，但对蛋白质质量要求很高，特别是赖氨酸、蛋氨酸、色氨酸、苏氨酸和异亮氨酸的供给。任波（2015）研究了在低蛋白质（13%）条件下不同氨基酸模式对公猪繁殖性能的影响，结果表明，0.84%的赖氨酸水平时公猪最适合的赖氨酸与苏氨酸、色氨酸和精氨酸的比例100∶76∶40∶120。

表2-11 公猪理想蛋白质氨基酸模型（总氨基酸）

指　标	NRC（1998）	NRC（2012）	Kiefer等（2012）	任波（2015）
赖氨酸	100	100	100	100
蛋氨酸+胱氨酸	70	50	60	
苏氨酸	83	43	65	76
色氨酸	20	39	19	40
苯丙氨酸+酪氨酸	95	114		
亮氨酸	85	65		
异亮氨酸	58	61		
缬氨酸	67	53		
精氨酸		39		120
组氨酸	32	25		

第五节 氨基酸需要量

一、氨基酸需要量的表示方法

猪的氨基酸需要量可以通过饲粮中氨基酸浓度、氨基酸每日需要量、单位代谢体重需要量、单位蛋白质沉积需要量、单位能量需要量等形式表示。当氨基酸需要量以饲粮中浓度表示时,它们随着饲粮能量浓度提高而增加。因此,相对谷物-豆粕型饲粮,氨基酸需要量可能需要随着饲粮能量浓度的变化而变化,这就需要在确定氨基酸需要量时必须考虑氨基酸能量比值,在能量实际摄入量低于猪发挥最大遗传潜力的能量需要量时尤其如此。

二、氨基酸需要量评估

传统上,营养物质需要量完全建立在对试验研究资料的总结和经验性数据总结的基础上。然而,这种方法存在很多限制因素,涉及经验性研究的特定试验条件,包括瘦肉和脂肪沉积速率、采食量、健康和环境条件等,这些特定的经验性研究可能还存在时间阶段的依赖性。因此,人们越来越重视对氨基酸需要量的析因估测,析因估测可以建立氨基酸需要量的动态模型。到目前为止,对于仔猪和生长育肥猪,氨基酸需要量的确定是建立在多个饲粮氨基酸水平范围内"能获得最佳平均日增重生产成绩的氨基酸水平"这一标准基础上的;而怀孕和哺乳母猪则需要考虑更多的参数。表2-12列出了近年来中文刊物发表的关于猪氨基酸需要量的研究文献。

表2-12 仔猪、生长育肥猪氨基酸需要量研究文献总结

品 种	体重(kg)			氨基酸含量(%)				DE (MJ/kg)	资料来源
	平均值	初始重	末重	AID	TID	T-aa	SID		
赖氨酸(Lys)									
杜×(大×长)	3.1	1.9	4.3			1.57		20.30	黄坤等(2010)
杜×(大×长)	5.9	3.8	8.0	1.38	1.30			13.81	林映才等(2001b)
杜×(大×长)	12.9	8.8	17.0	1.20				13.81	袁中彪等(2008)
长×大	27.5	20.0	35.0			0.95		13.69	曾佩玲等(2009)
杜×(大×长)	29.0	20.0	38.0		0.95				陈永丰(2003)
大×长	30.0	25.0	35.0	0.90				13.72	罗献梅等(2001)
杜×(大×长)	30.0	20.0	40.0		0.95			14.23	张宇喆等(2007)
长×大	30.0	20.0	40.0		0.83	0.94		13.60	董志岩等(2015)
杜×(大×长)	35.0	21.0	49.0	0.78	0.72			13.39	林映才等(2000a)
杜×(大×长)	35.0	20.0	50.0			0.93		14.24	周晓容等(2005)
杜×(大×长)	35.5	21.0	50.0		0.92				陈柳(2009)

(续)

品种	体重（kg）			氨基酸含量（%）				DE (MJ/kg)	资料来源
	平均值	初始重	末重	AID	TID	T-aa	SID		
赖氨酸（Lys）									
大×长	47.5	35.0	60.0	0.65				13.64	罗献梅等（2002）
杜×(大×长)	54.0	38.0	70.0		0.92				陈永丰（2003）
杜×(大×长)	54.5	44.0	65.0			0.80		13.23	杨烨等（2004）
杜×(大×长)	55.0	40.0	70.0	0.75		0.84		14.21	杨峰等（2008）
长×大	55.0	40.0	70.0		0.73	0.86		13.60	董志岩等（2015）
杜×(大×长)	57.5	44.0	70.9	0.80				13.29	董志岩等（2011）
杜×(大×长)	65.0	50.0	80.0			0.75		14.24	周晓容（2005）
杜×(大×长)	65.0	50.0	80.0	0.68					朱立鑫等（2009）
杜×(大×长)	72.0	51.0	93.0	0.64	0.59			13.39	林映才等（2000b）
杜×(大×长)	100.0	80.0	120.0			0.52		14.24	周晓容（2005）
甲硫氨酸（Met）									
杜×(大×长)	6.3	3.6	9.0	0.41	0.41	0.44		13.81	林映才等（2000c）
杜×(大×长)	7.4	6.7	8.1			0.39		13.40	侯永清等（2001a）
杜×(大×长)	8.0	6.0	10.0			0.42		13.40	付畅国等（2006）
杜×(大×长)	11.0	6.0	16.0			0.38			付畅国等（2006）
杜×(大×长)	11.2	8.3	14.0			0.29			侯永清等（2001a）
杜×(大×长)	12.9	7.8	18.0				0.35	13.98	陈颖等（2013）
杜×(大×长)	30.2	22.6	37.9			0.30		14.25	许雪魁等（2012）
苏氨酸（Thr）									
杜×(大×长)	6.3	3.6	9.0	0.83	0.89	0.99		13.81	林映才等（2001c）
杜×(大×长)	7.4	6.7	8.1			0.68		13.40	侯永清等（2001a）
杜×(大×长)	13.8	7.1	20.6		0.65	0.98		14.43	胡新旭（2006）
杜×(大×长)	11.2	8.3	14.0			0.68		13.40	侯永清等（2001a）
杜×(大×长)	13.0	10.0	16.0		0.62			14.23	郭秀兰（2004）
	17.0	11.3	22.6		0.79			14.03	乔岩瑞（2005）
杜×(大×长)	19.6	16.0	23.2		0.55			14.18	郭秀兰（2004）
长×大	30.0	20.0	40.0		0.54			13.60	董志岩等（2015）
杜×(大×长)	29.6	21.2	38.1	0.63				13.38	郑春田等（2000b）
	39.5	22.0	57.0	0.41	0.46	0.51		13.81	林映才等（2001a）
杜×(大×长)	30.0	25.0	35.0	0.56				13.71	张克英等（2001b）
杜×(大×长)	44.0	28.0	60.0			0.67		13.02	冯杰和许梓荣（2003）
	45.0	30.0	60.0			0.67		12.03	胡倡华（2001）
长×大	55.0	40.0	70.0			0.48		13.60	董志岩等（2015）
杜×(大×长)	72.5	48.0	97.0	0.34	0.37	0.42		13.72	林映才等（2001a）

(续)

品种	体重（kg）			氨基酸含量（%）				DE (MJ/kg)	资料来源
	平均值	初始重	末重	AID	TID	T-aa	SID		
苏氨酸（Thr）									
杜×（大×长）	70.0	60.0	80.0			0.55		12.87	冯杰和许梓荣（2003）
杜×（大×长）	75.0	60.0	90.0			0.55		12.87	胡倡华（2001）
色氨酸（Trp）									
杜×（大×长）	6.3	3.6	9.0	0.23	0.25	0.28		13.81	林映才等（2001c）
杜×（大×长）	13.0	10.0	16.0		0.20			14.23	郭秀兰（2004）
杜×（大×长）	19.6	16.0	23.2		0.18			14.18	郭秀兰（2004）
长×大	30.0	20.0	40.0		0.15			13.60	董志岩等（2015）
杜×（大×长）	39.0	24.0	54.0	0.14	0.14	0.15		13.81	林映才等（2002）
杜×（大×长）	36.2	24.4	48.0		0.15			13.82	王荣发等（2011）
长×大	55.0	40.0	70.0		0.14			13.60	董志岩等（2015）
杜×（大×长）	80.0	60.0	100.0	0.11	0.11	0.13		13.81	林映才等（2002）
缬氨酸（Val）									
杜×（大×长）	36.8	24.2	49.5				0.68	14.27	易孟霞等（2014）

注：AID，表观回肠消化率；TID，真回肠消化率；T-aa，总氨基酸；SID，标准回肠消化率。

（一）生长育肥猪

在确定适宜氨基酸需要量时，所参考的文献需要提供能够用于计算饲粮中总氨基酸和消化能、代谢能的饲粮组成，足够的重复数，比较长的试验时间，猪的体重（包括初始体重、结束体重、平均体重），氨基酸的梯度应包括不足和过量多个待测氨基酸水平，以及相关生产性能指标（平均日增重、平均日采食量、料重比）。NRC（2012）在确定生长育肥猪氨基酸需要量时采用析因法进行预测。必需氨基酸的需要量主要包括三部分：维持消化道损失的氨基酸、维持皮肤与毛损失的氨基酸、用于蛋白质沉积的氨基酸，用这三个部分的数量除以摄入标准可消化氨基酸用于三种功能的利用效率，即可得到各个部分的标准回肠可消化氨基酸需要量。

① 与采食量相关的基础内源消化道损失 (g/d)＝$ADFI \times 0.000\,417 \times 0.88 \times 1.1$
（式 2-1）

② 以代谢体重表示的表皮损失 (g/d)＝$0.004\,5BW^{0.75}$ （式 2-2）

③ 肠道和表皮损失的氨基酸＝(式 2-1＋式 2-2)/[0.75＋0.002 (Pd 最大值 −147.7)] （式 2-3）

④ 用于蛋白质沉积 (Pd) 的氨基酸 (g/d)＝{Pd 中赖氨酸的沉积量/[0.75＋0.002 (Pd 最大值−147.70)]}×(1＋0.054 7＋0.002 215 BW) （式 2-4）

⑤ 总的 SID 赖氨酸需要量 (g/d)＝肠道和表皮损失赖氨酸量＋Pd 赖氨酸量
（式 2-5）

其他氨基酸需要量采用相同的方法进行推导，维持消化道的损失、维持皮肤与毛的氨基酸损失、用于蛋白质沉积的氨基酸需要量可以根据各部分中该氨基酸与赖氨酸的比率计算求得。

本书第二章建议的 SID 赖氨酸的需要量参照 NRC（2012）的计算方法分三部分分别估测，其中维持消化道损失氨基酸量、维持皮肤与毛损失的氨基酸量参照式 2-1 和式 2-2 计算，蛋白质沉积的需要量参照国内文献计算求得：

⑥ 用于蛋白质沉积（Pd）的氨基酸需要量（g/d）=（32.28+3.53 BW+0.039 BW^2+0.000 132 BW^3)×0.071/0.596 （式 2-6）

其他必需氨基酸需要量参照农业农村部饲料工业中心建立的理想蛋白质氨基酸模式确定。

（二）仔猪

由于缺乏足够的生物学信息，生长育肥猪模型不能用于预测体重低于 20 kg 仔猪的营养需要量。NRC（2012）在估测仔猪 SID 赖氨酸需要量时参照了大量的实测试验，得到体重与 SID 赖氨酸需要量的最佳拟合曲线：

SID 赖氨酸需要量（%）=1.871−0.22 ln BW （式 2-7）

其他氨基酸的需要量，通过析因法倒推求得。主要步骤如下：将每日赖氨酸的需要量分为机体维持需要（式 2-1 和式 2-2）和生长需要（总赖氨酸需要减去机体维持需要）。根据各部分中其他氨基酸与赖氨酸的比率求得各个部分氨基酸的需要量。各部分相加即得到其他氨基酸的需要量。

本书中仔猪氨基酸需要量的析因估测方法为：
① 根据参考文献计算各阶段仔猪饲粮中代谢能浓度与赖氨酸浓度的最佳比值 K。
② 根据本书第二十章推荐的代谢能浓度与比值 K 计算求得赖氨酸需要量。
③ 其他氨基酸需要量参考 NRC（2012）中其他氨基酸与赖氨酸的比例计算。

（三）妊娠母猪

确定母猪的氨基酸营养需要必须考虑其自身的特点：①妊娠母猪氨基酸的营养需要包括母体和胎儿的需要。②与采食量相关的内源肠道氨基酸损失量，母猪不同于生长猪。目前，人们越来越重视氨基酸需要量的析因估测。用析因法估测氨基酸需要量时首先要确定维持需要量，而决定维持氨基酸需要量的其中一个因素就是与采食量相关的内源性肠道氨基酸损失。③饲料原料回肠氨基酸消化率的数据几乎都是用生长育肥猪研究得到的。有研究表明，与生长猪相比，母猪对玉米赖氨酸和苏氨酸有更高的真回肠消化率，但生长猪和母猪对小麦、大麦和菜籽粕苏氨酸的真回肠消化率没有显著差异。这就表明，与生长猪相比，母猪回肠氨基酸消化率的不确定性更大。④由于母猪个体大，屠宰采样成本高，而且试验重复有限，这无疑给试验的实施带来难度。

NRC（2012）以 Dourmad（2008）提出的妊娠母猪氨基酸需要量预测模型为基础，考虑下列因素：①与饲料采食量相关的基础内源性消化道氨基酸损失；②表皮和毛发细胞脱落损失；③6 个不同蛋白质库中蛋白质的沉积量；④摄入的 SID 氨基酸用于上述功能的利用效率，其中基础内源性消化道损失、表皮细胞脱落损失及 SID 氨基酸的利用效率是根据生长育肥猪模型调整得到的。

基础内源性消化道损失＝$ADFI×0.0005053×0.88×1.1$ （式2-8）

表皮细胞脱落损失参照式2-2。

肠道和表皮损失＝(式2-8＋式2-2)/[0.75＋0.002（Pd最大值－147.7）］

（式2-9）

用于蛋白质沉积的SID赖氨酸需要量反映了6个蛋白质库的赖氨酸沉积（t，妊娠天数；1s，预期窝产仔猪数）：

胎儿蛋白质沉积＝$\exp[8.729-12.5435\exp(-0.0145t)+0.0867\cdot 1s]$

（式2-10）

胎盘和羊水蛋白质沉积＝$[38.54(t/54.966)^{7.5036}]/[1+(t/54.969)^{7.5036}]$

（式2-11）

子宫蛋白质沉积＝$\exp[6.6361-2.4132\exp(-0.0101t)]$ （式2-12）

乳腺组织蛋白质沉积＝$\exp\{8.4827-7.1786\exp[-0.0153(t-29.18)]\}$

（式2-13）

时间依赖性母体蛋白质沉积＝$[1522.48(56-t)/36]^{-2.2}/\{1+[(56-t)/36]^{-2.2}\}$

（式2-14）

依赖能量蛋白质沉积：$Y=a×$(摄入代谢能－母猪妊娠第1天维持代谢能需要量，kJ/d)×校正值 （式2-15）

用于蛋白质沉积的SID赖氨酸需要量＝[(式2-10)+(式2-11)+(式2-12)+(式2-13)+(式2-14)+(式2-15)/0.75]×1.589 （式2-16）

总SID赖氨酸需要量＝(式2-9)+(式2-16) （式2-17）

其他氨基酸需要量同样采取以上方法计算，其依据是他们与赖氨酸的比例。

本书所采用模型计算方法参照NRC（2012），其中肠道和表皮损失需要量参照式2-7和式2-8，6个蛋白质库中胎儿蛋白质库和乳腺蛋白质库根据国内研究进行调整，其他4个蛋白质库模型参照式2-11、式2-12、式2-14和式2-15计算。

目前有关母猪氨基酸需要量的研究，大都集中在赖氨酸和苏氨酸上。钟正泽等（2009）的研究表明，渝荣一号CB系初产母猪日采食量2.5 kg时，妊娠前期饲粮中DE和真可消化赖氨酸需要量分别为12.50 MJ/kg和0.69%。时梦等（2012）研究初产母猪妊娠中后期标准回肠可消化赖氨酸对生产性能及繁殖性能的影响，试验分为5个处理，各组标准回肠可消化赖氨酸水平分别为0.43%、0.51%、0.60%、0.70%和0.80%，蛋白质水平设计为13.0%，代谢能水平为3.02 MJ/kg，试验从母猪妊娠30 d开始，妊娠30~60 d每天饲喂2 kg，妊娠60 d后每天饲喂2.8 kg，结果表明，初产母猪适宜标准回肠可消化赖氨酸需要量为0.65%。杨鹏（2013）报道，配种体重为150 kg的初产二元杂交母猪，妊娠期消化能摄入量为33.43 MJ/d，可消化赖氨酸摄入量为15.9 g/d时可获得最佳繁殖性能以及乳品质。初产母猪妊娠期营养摄入过多（DE 40.14 MJ/d，SID Lys 19.18 g/d）可降低母猪分娩性能，导致泌乳期采食量不足、体组织损失过多而影响母猪泌乳性能。

近年来对母猪有特殊生理意义的氨基酸如精氨酸、脯氨酸和一些支链氨基酸的研究也成为热点。研究表明，精氨酸对妊娠母猪来说是一种特殊的营养物质，不仅发挥一般的营养作用，更重要的是作为氧化亚氮合成的前体物质发挥调控作用，保证充足的营养输送至胎盘，而且精氨酸还可减少子宫发育不良现象（Boo 等，2005）。Gao 等（2012）报道，在妊娠母猪饲粮中补充 1%的精氨酸盐酸盐可显著提高母猪的窝产活仔数和窝重。晋超等（2010）、刘星达等（2011a）、江雪梅（2011）和杨慧等（2012）也有类似报道。脯氨酸虽是一种条件性必需氨基酸，但对母猪十分重要，因为脯氨酸是合成多胺的前体物质，多胺对调节基因表达、信号转导、DNA 和蛋白质合成、胎盘和胎儿生长发挥重要作用。另外，一些支链氨基酸在母猪妊娠期和哺乳期也发挥着重要作用。

（四）泌乳母猪

哺乳期母猪乳腺良好发育和充足产乳量是保证仔猪快速增长的前提。哺乳期特别是初产母猪的哺乳期，一定要使母体蛋白质损失最小，否则会影响以后的繁殖性能（蒋亚东等，2015）。体组织损失过多是降低母猪繁殖性能的重要原因，会使母猪的利用年限缩短。NRC（2012）对泌乳母猪氨基酸需要量的估测主要考虑两个效率，一是饲粮摄入 SID 赖氨酸的利用效率，二是动用体蛋白质用于产乳的效率。析因法预测泌乳母猪 SID 赖氨酸需要量的主要因素包括：①与采食量相关的基础内源性消化道损失；②表皮细胞脱落损失；③用于产乳的 SID 赖氨酸。NRC（2012）模型计算方法如下：

基础内源性消化道损失 $=ADFI \times 0.000\ 282\ 7 \times 0.88 \times 1.1$ （式 2-18）

表皮细胞脱落损失参照式 2-2。

用于产乳的 SID 赖氨酸 $=[$（每日奶氮产出量 $\times 6.387 \times 0.070\ 1-$ 母体蛋白质动员量 $\times 0.067\ 4/0.868)/0.75] \times 1.119\ 7$ （式 2-19）

奶氮产出量 $=0.025\ 7 \times$ 平均窝增重（g/d）$+0.42 \times$ 带仔数 （式 2-20）

母体蛋白质动员量 $=$ 母猪泌乳期蛋白质损失 $\times 10\%/$ 泌乳天数 （式 2-21）

泌乳母猪 SID 赖氨酸需要量 $=$（式 2-18）$+$（式 2-2）$+$（式 2-19） （式 2-22）

其他氨基酸需要量同样采取以上方法进行计算，依据是其与赖氨酸的比例。本书泌乳母猪氨基酸需要量计算方法参照 NRC（2012）。

近年来国内外学者也对泌乳母猪氨基酸需要量进行了一些研究。Huang 等（2013）发现，与饲喂 0.95%总赖氨酸的饲粮相比，饲喂 1.10%总赖氨酸的饲粮可减少初产哺乳母猪体重损失，而且有缩短断奶至发情时间间隔的趋势。赵世明等（2001）报道，在生产条件下，大长二元母猪泌乳期饲粮赖氨酸水平以 0.80%～1.00%为宜，每日赖氨酸的摄入量为 42 g/d。董志岩等（2013）报道，在低蛋白质（15.05%）氨基酸平衡饲粮的条件下，泌乳母猪赖氨酸适宜摄入量为 50.05 g/d，饲粮赖氨酸浓度为 0.95%时获得较好的生产性能。陈熠等（2009）研究了饲粮中添加缬氨酸对泌乳母猪生产性能的影响，结果表明，泌乳母猪饲粮缬氨酸含量为 1.09%，日采食 59 g 缬氨酸时仔猪可获得最大断奶窝重和断奶窝增重。李方方等（2013）报道，饲粮中添加缬氨酸提高了乳脂、乳蛋白质和非脂固形物的含量，降低了乳糖含量，当缬氨酸与赖氨酸的比例为 120%时效果最好。杜敏清等（2010）研究表明，在饲粮可消化赖氨酸与可消化缬氨酸、苏氨酸、含硫氨基酸和色氨酸比例为 100∶85∶66∶60∶19，泌乳母猪赖氨酸摄入量为 59 g/d 时，泌乳母猪获得最高的氨基酸利用率和最好的生产性能。

三、阉公猪和小母猪对氨基酸需要量的差异

阉公猪与小母猪在育成阶段（8~30 kg）的增重速度和饲料转化率基本无差异。生长育肥阶段（30~90 kg）因阉公猪对能量需要高，采食量最多，则增重速度明显加快，在相同日龄和相同饲料条件下，比小母猪可提早出栏（祝军等，2000）。刘玉兰和冯定远（2005）研究了20~35 kg、35~50 kg、50~80 kg和80~100 kg阉公猪和小母猪生长性能的差异，结果表明，在各生长阶段阉公猪的日增重和日采食量均大于小母猪，但只在80~100 kg和全期的日增重差异显著；在50~80 kg和全期，阉公猪与小母猪的日采食量差异显著；阉公猪、母猪各生长阶段的料重比差异不显著；小母猪的瘦肉率略高于阉公猪，但无统计上的显著差异。张力和邵良平（2005）也报道，阉公猪后期生长速度显著高于小母猪。

由于阉公猪与小母猪生长速度和发育状况的不同，氨基酸需要也存在差异。在相同的赖氨酸水平下，阉公猪的生长速度要高于小母猪（张树敏，2001）。育肥期阉公猪对能量的需求量要高于小母猪，对粗蛋白质和氨基酸的需要低于小母猪（祝军等，2000）。NRC（2012）给出的模型（图2-1）也表明，阉公猪与小母猪仔猪阶段SID赖氨酸需要量相近，而育肥猪阶段小母猪要高于阉公猪。刘明江（2002）报道，小母猪相对于阉公猪需要更多的赖氨酸，因为小母猪通常具有较快的瘦肉增长速度。小母猪对蛋白质的沉积能力要高于阉公猪（张光圣等，2002）。

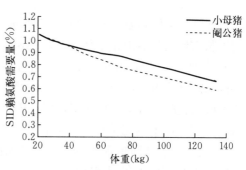

图2-1 小母猪和阉公猪（20~120 kg）的模拟SID赖氨酸需要量（%）
（资料来源：NRC，2012）

四、如何做到氨基酸平衡

如何做到饲料氨基酸平衡是目前饲料生产商所关注的问题，氨基酸平衡要从两方面入手，首先要正确合理地评估猪对各种氨基酸的需要量；其次，饲料原料氨基酸消化率的准确测定。

（一）氨基酸需要量的准确评估

氨基酸需要量的估测目前主要有析因法和综合法。析因法，首先建立动态的数学模型，设置参数使整个模型更加灵活，从而适应不同生产条件下不同基因型猪氨基酸需要量的评估。NRC（2012）提供了一个可供参考的数学模型，使用者可以通过输入体重范围、性别和瘦肉沉积速度等，来评估各种遗传类型猪的氨基酸需要量。它以标准回肠可消化氨基酸为基础，将营养需要量表述为每日的动态需要。在不断发展和完善动态模型的过程中，需要大量的试验性数据进行验证，才能对观察值和预测值进行拟合，使其

不断丰富和发展，提高模型的准确性。

综合法，是通过梯度试验来研究确定氨基酸需要量。综合法待测氨基酸的浓度梯度要设计合理，除待测氨基酸外其他氨基酸要满足需要，至少设置5~6个梯度，包含待测氨基酸缺乏与过量的剂量范围；选择适度的试验周期，过短的周期不一定能得到生长性能上的差异，以是否能达到试验效果为评价标准。选择适当的效应指标是评估氨基酸需要量的重要因素。开展大群试验探讨氨基酸需要量时，最常见的评价指标包括猪的生长性能、血液指标和胴体性状（Ma等，2015a，2015b，2015c）。对于生长性能而言，猪的增重最为直观，它是评价氨基酸需要量最常用的指标。数学模型的选择也会影响氨基酸需要量的评估。其中，折线模型和二次曲线模型是最常用的两个数学模型。在剂量效应评估试验中，单斜率折线模型的评估值被认为是最低需要量，二次曲线模型的评估值一般会高于单斜率折线模型的分析结果。

（二）饲料原料氨基酸消化率的准确测定

目前常用猪饲料氨基酸消化率评价方法包括全肠道氨基酸消化率体系（ATTD）、表观回肠末端氨基酸消化率体系（apparent ileal digestibility，AID）、真回肠末端氨基酸消化率体系（true ileal digestibility，TID）、标准回肠末端氨基酸消化率体系（standardized ileal digestibility，SID）。AID的测定最为简便，它主要通过回肠末端瘘管技术或回直肠吻合术进行测定，但是由于其没有考虑猪体内所产生的内源性氨基酸对饲料氨基酸消化率测定值的影响，因此不能准确评定饲料的氨基酸消化率（李德发，2003）。此外，表观回肠氨基酸消化率可加性也较差（Stein等，2005）。内源氨基酸损失可以分为基础内源氨基酸损失和特定内源氨基酸损失两个部分。标准回肠消化率（SID）是用氨基酸表观回肠消化率扣除基础内源氨基酸损失得到的。与表观回肠氨基酸消化率相比，标准回肠氨基酸消化率不受饲粮氨基酸浓度的影响，具有可加性好和结果重复性强等优点。真回肠氨基酸消化率扣除了基础内源氨基酸损失和特定内源氨基酸损失（Sève等，2001），代表了真正可利用的氨基酸，但由于没有测定特定内源氨基酸损失的方法，所以目前仍然普遍采用标准回肠氨基酸消化率来评估氨基酸的利用状况。为了降低操作中的误差，在公益性行业（农业）科研专项的支持下，中国农业大学农业农村部饲料工业中心牵头，结合多个高等院校及科研院所的动物营养科学工作者研究成果，已制定出我国猪标准回肠可消化氨基酸测定技术规程，对饲料标准可消化氨基酸测定技术的试验设计、试验动物、试验饲粮、猪舍要求、测试程序、食糜的收集与处理、样品分析指标及方法和数据统计等进行了规范，以提高我国不同单位、不同实验室测定数据的可参考性。

第六节 猪低蛋白质饲粮研究进展

低蛋白质饲粮是指以满足动物对氨基酸的需要量为前提，将饲粮粗蛋白质水平按NRC（1998）推荐标准降低2~4个百分点，通过补充人工合成氨基酸从而达到氨基酸平衡的饲粮。低蛋白质饲粮的研究让人们更深刻地认识动物的营养代谢需求，推动了动物营养科学的发展进程（伍树松和杨强，2009）。在养猪生产过程中，仔猪（特别是断奶仔猪）肠道消化功能低下、免疫功能容易紊乱，饲粮蛋白质水平过高易引发仔猪腹泻；同时，育肥猪饲料消耗量大，且育肥后期的营养利用率较低，饲粮中粗蛋白质含量高容易引起过量氮排放，造成饲料资源浪费，加剧环境污染（Ma 等，2015a，2015b，2015c）。因此，在维持猪正常生长性能和胴体品质的前提下，通过添加人工合成的氨基酸配制理想蛋白质氨基酸模式的低蛋白质饲粮，提高氮的利用率，对节约饲料成本，减少养猪生产过程中氮的排放，对实现生猪养殖业的节能减排具有重要意义。

一、低蛋白质饲粮对猪生长性能的影响

使用低蛋白质饲粮首先要保证饲粮中氨基酸的平衡，多年来国内外在应用合成氨基酸配制低蛋白质饲粮方面开展了很多工作，为低蛋白质饲粮技术体系的构建奠定了基础。郑春田（2000）、苏有健（2004）、Yi 等（2010）、唐燕军等（2009）、岳隆耀和谯仕彦（2009）、Zhang 等（2011，2012，2013b）、Xie 等（2013，2014）和 Ma 等（2015a，2015b，2015c）相继研究了降低饲粮蛋白质水平、补充合成氨基酸（赖氨酸、蛋氨酸、苏氨酸、色氨酸、缬氨酸和异亮氨酸）对猪生长性能的影响，结果表明，适当降低饲粮蛋白质水平，补充合适的氨基酸，并不影响猪的生长性能。彭䓨等（2014）发现，当仔猪饲粮中蛋白质水平从 19% 降低到 14%，补充 5～9 种必需氨基酸时不会对仔猪生长性能造成明显影响，且显著降低仔猪腹泻指数，但仔猪细胞免疫可能受到抑制。刘尧君等（2014）研究发现，断奶仔猪的饲粮粗蛋白质水平降低至 17% 时只补充赖氨酸、蛋氨酸、苏氨酸和色氨酸时不能满足断奶仔猪的生长需要，此时还需要补充 3 种支链氨基酸（亮氨酸、异亮氨酸和缬氨酸）。吴信等（2006）研究表明，将饲粮中粗蛋白质水平降低 1.5 个百分点，通过添加赖氨酸，20～40 kg 和 40～70 kg 生长育肥猪的日增重无明显变化，同时 70～100 kg 育肥猪的日增重提高了 2.4%。马文峰（2015）研究表明，90～120 kg 生长育肥猪饲喂 10.5% CP 的低蛋白质饲粮时，补充适宜水平的赖氨酸、苏氨酸、色氨酸、蛋氨酸和缬氨酸，与 13.6% CP 组育肥猪的生长性能和无脂瘦肉增重相近。因此，通过合理氨基酸配比，饲喂低蛋白质饲粮，能够保持生长育肥猪的生长性能。

二、低蛋白质饲粮对猪肠道健康的影响

仔猪生长速度快，对氨基酸的需求量高，人们往往通过配制高蛋白水平的饲粮来满足仔猪对氨基酸的需求。但早期断奶仔猪蛋白酶分泌量不足、活性不高，不能充分消化饲粮中的蛋白质。若饲粮中蛋白质水平过高，大量未消化的蛋白质进入大肠，被微生物利用后，会引起微生物的大量繁殖并导致病原性腹泻。同时，进入大肠的蛋白质腐败酸解产生尸胺、腐胺等毒性物质，损坏肠黏膜，降低结肠对水分的吸收能力，致使粪便中含水量增加而引起仔猪腹泻（董国忠等，1996）。此外，仔猪断奶前后饲喂含量过高的大豆蛋白质饲粮会引起特异的迟发型小肠过敏反应，造成仔猪小肠绒毛受损，导致消化吸收障碍、生长受阻甚至腹泻（孙鹏，2008）。Wu 等（2015b）报道，在无抗饲粮中降低饲粮中粗蛋白质水平，仔猪的生长性能、肠道形态、腹泻频率显著改善，肠道免疫因

子表达量显著增加，仔猪结肠腹泻相关离子通道的囊性纤维化跨膜转运调节体（cystic fibrosis transmembrane conductance regulator，CFTR）的表达量也显著增加。低蛋白质饲粮可以降低仔猪肠道的pH，减少大肠内有害代谢产物的含量，改善肠道微生物菌群（郝瑞荣等，2009；Lubbs等，2009；Bhandari等，2010）。范沛昕（2016）报道，当育肥猪饲粮粗蛋白质水平从16%降至13%时，其回肠菌群丰度和多样性提高，有益菌乳杆菌属比例提高，回肠紧密连接蛋白质Occludin和Claudin-1的表达量显著提高，结肠有益菌巨型球菌属比例明显提高。研究表明，饲粮中苏氨酸能够调控断奶仔猪肠道黏液蛋白质合成，缓解大肠杆菌感染引起的肠道损伤（王旭和谯仕彦，2006；Ren等，2014）。Ren等（2015，2016b）研究表明，断奶仔猪饲喂17% CP的低蛋白质饲粮时，通过添加支链氨基酸，可以提高肠道免疫球蛋白和防御素的表达，改善肠道免疫屏障功能。目前，多数研究者认为，适量降低饲粮蛋白质水平并补充适宜水平的晶体氨基酸，能够保证仔猪（特别是断奶仔猪）的生长性能，同时提高仔猪肠道健康水平，缓解仔猪腹泻。

三、低蛋白质饲粮对猪肉胴体品质和肉品质的影响

适当降低饲粮粗蛋白质，保证氨基酸的平衡供应，对生长育肥猪生长性能无不良影响，目前已经基本达到共识。早期的研究认为，降低饲粮蛋白质水平会使胴体变肥。邓敦等（2006）研究了低蛋白质添加合成氨基酸对猪胴体品质的影响，发现猪背膘厚度随饲粮蛋白质水平降低有上升的趋势。Kerr等（2006）研究发现，将育肥猪的饲粮蛋白质由14%降低到11%，猪的胴体品质呈下降趋势。赢创Digussa的研究首先注意到用净能配制低蛋白质饲粮不会影响猪的胴体品质。易学武（2009）研究发现，给25~90 kg生长育肥猪配制NE 9.88~10.13 MJ/kg的饲粮，不影响猪的胴体品质。张桂杰（2011）研究表明，给20~50 kg生长猪配制NE 10.13 MJ/kg的饲粮，将饲粮粗蛋白质水平降低4%时，胴体瘦肉率略有提高。楚丽翠（2012）研究表明，育肥猪饲喂低蛋白质饲粮（10% CP）时，补充0.4%的亮氨酸可以有效抑制育肥猪胴体增肥，提高育肥猪的眼肌面积。马文峰（2015）研究发现，与13.6% CP的饲粮相比，采食10.5% CP的低氮饲粮对育肥猪（90~120 kg）背最长肌氨基酸和脂肪酸含量无显著影响。因此，配制合理净能水平的氨基酸平衡饲粮，可以使低蛋白质饲粮的使用达到不影响猪胴体品质和肉品质的效果。

四、低蛋白质饲粮下能量需要量

饲粮能量浓度与蛋白质水平密切相关，蛋白质和能量平衡对低蛋白质饲粮的配制至为重要。杨强等（2008）研究表明，育肥猪饲粮蛋白质水平从15.5%降到11.5%时，消化能水平也要从14.27 MJ/kg降到13.26 MJ/kg，随着能量水平的降低，日增重显著上升，料重比有下降的趋势，胴体无脂瘦肉率显著提高，而脂肪率显著下降。唐锦辉（2008）报道，断奶仔猪粗蛋白质水平从21%降到18%时，饲粮净能水平也要随之从10.13 MJ/kg降到9.72 MJ/kg才能获得最好的生长性能。尹慧红（2008）研究了低蛋白质饲粮中不同净能水平对生长猪生长性能、养分表观消化率和血清指标的影响，结果表明，在NRC（1998）推荐水平上将粗蛋白质水平降低4个百分点，净能水平从10.28 MJ/kg降到

9.45 MJ/kg。唐燕军等（2009）研究了低蛋白质饲粮下净能水平和赖氨酸的需要量，结果表明，将60～80 kg和80～100 kg的育肥猪饲粮蛋白质水平分别降低到13.5%和11.2%时，适宜净能水平均为10.3 MJ/kg，赖氨酸浓度分别为0.93%和0.62%。由此可见，在使用低蛋白质饲粮时，应使用净能体系配制饲粮，且要保持能量和蛋白质的平衡，才能保证生长育肥猪的胴体品质。

五、低蛋白质饲粮对氮排放的影响

几乎迄今为止的所有试验研究都表明，在一定范围内，生长育肥猪的饲粮蛋白质每降低1个百分点，氮排放量减少8%～10%，这是低蛋白质饲粮的最大优点之一（谯仕彦，2007）。冯定远（2001）研究表明，育肥猪饲粮蛋白质水平从18%降到16%，其氮排放量减少15%。张敏等（2002）报道，补充限制性氨基酸的低蛋白质饲粮，氮排放量降低41%。郑春田等（2000a）研究发现，育肥猪采食补充异亮氨基酸的低蛋白质饲粮（11% CP），氮排放量降低了11%～18%。楚丽翠（2012）研究表明，育肥猪饲喂低蛋白质饲粮（10%CP）时，排放氮比14.5%CP组降低了42%。张桂杰（2011）研究认为，生长猪饲粮的粗蛋白质水平降低4个百分点时，其氮的排放量下降了37%。Otto等（2003）和Kerr等（2006）研究也表明，利用理想蛋白质模式降低生长育肥猪饲粮蛋白质水平，其氮排放量大幅降低。吴信等（2006）研究发现，低蛋白质低磷饲粮的使用不仅可以降低生长育肥猪氮排放量8%～13%，而且还能降低生长育肥猪增重成本0.1～0.38元/kg。

六、低蛋白质饲粮研究展望

氮和矿物质微量元素排放已成为限制我国养猪业可持续发展的最重要的因素。大量研究表明，配制能氮平衡和氨基酸平衡的低蛋白质饲粮是减少养猪业氮排放的主要措施。过去10多年来，全世界尤其是我国开展了大量关于低蛋白质饲粮的研究工作，基本清楚了生长育肥猪饲粮蛋白质水平在既往推荐量的基础上降低2～4个百分点情况下的净能需要和限制性氨基酸平衡模式。氮仍然还有许多问题需要研究，主要是：①进一步降低饲粮蛋白质水平，现有的能氮平衡原则是否适合；除了要补充赖氨酸、含硫氨基酸苏氨酸、色氨酸、缬氨酸、异亮氨酸外，其他必需和非必需氨基酸的营养需求；②进一步降低饲粮蛋白质水平时，必需和非必需氨基酸在猪体内的营养代谢规律；③进一步降低饲粮蛋白质水平的净能需要量；④低氮饲粮情况下蛋白质氨基酸代谢与能量代谢的关系；⑤饲料原料净能值的准确评估。

▶ 参考文献

白小龙，吴德，林燕，等，2011. 添加不同植物油和 L-肉碱对公猪精液品质和性欲的影响 [J]. 动物营养学报，23（8）：1361-1369.

蔡辉益，王晓红，2015. 饲料添加剂研究与应用新技术 [M]. 北京：中国农业出版社.

曹利军，田凤玉，张宝荣，2008.65% L-赖氨酸硫酸盐饲喂育肥猪效果的试验报告 [J]. 养殖技术顾问 (11)：32-32.

陈代文，2005. 动物营养与饲料学 [M].2 版. 北京：中国农业出版社.

陈代文，张克英，龙定彪，等，2004. 羟基蛋氨酸作为仔猪饲粮酸化剂的效果研究 [C]//2004 年中国畜牧科技论坛论文集. 重庆：中国农学会，中国畜牧兽医学会.

陈罡，2013. 谷氨酸钠对哺乳仔猪蛋白质和脂肪代谢影响的研究 [D]. 长沙：湖南农业大学.

陈柳，2009.21~50 kg 生长猪净能需要量及真可消化赖氨酸与净能适宜比值的研究 [D]. 雅安：四川农业大学.

陈熠，彭艺，贺建华，等，2009. 日粮中添加缬氨酸对泌乳母猪生产性能及其仔猪生长性能的影响 [J]. 动物营养学报，21 (5)：727-733.

陈颖，朴香淑，赵泮峰，等，2013. 评估 L-蛋氨酸的有效性及标准回肠可消化蛋氨酸水平对断奶仔猪生长性能、营养物质表观消化率及血浆参数的影响 [J]. 动物营养学报，25 (10)：2430-2439.

陈永丰，2003. 生长猪净能和真可消化赖氨酸需要量的研究 [D]. 长沙：中国科学院亚热带农业生态研究所.

程传锋，孙会，秦贵信，等，2012. 蛋氨酸对仔猪脾脏指数及脾脏 IL-2 mRNA 表达量的影响 [J]. 饲料工业，33 (21)：26-29.

楚丽翠，2012. 低蛋白饲粮添加亮氨酸对成年大鼠和育肥猪生长性能及蛋白周转的影响 [D]. 北京：中国农业大学.

代建国，李德发，朴香淑，等，2005. 二肽在断奶仔猪小肠刷状缘膜囊中水解状况的研究 [J]. 畜牧兽医学报，36 (2)：133-136.

代建国，李德发，朴香淑，等，2007. 二肽在仔猪小肠刷状缘膜囊中跨膜转运的动力学特点研究 [J]. 畜牧兽医学报，38 (5)：471-475.

邓敦，李铁军，黄瑞林，等，2006. 不同蛋白质水平对育肥猪氮排放量和生产性能的影响 [J]. 华北农学报，21 (1)：166-171.

丁玉华，2003. 色氨酸对仔猪类胰岛素生长因子系统基因表达的调控 [D]. 北京：中国农业大学.

董国忠，周安国，杨凤，等，1996. 饲粮蛋白质水平对早期断奶仔猪大肠蛋白质腐败作用和腹泻的影响 [J]. 畜牧兽医学报，27 (4)：293-302.

董志岩，方桂友，刘亚轩，等，2015. 不同饲粮氨基酸水平对生长期后备母猪生长性能、血清生化指标和氨基酸浓度的影响 [J]. 动物营养学报，27 (5)：1361-1369.

董志岩，林长光，刘亚轩，等，2013. 不同赖氨酸水平的低蛋白质日粮对泌乳母猪生产性能和氮排泄量的影响 [J]. 家畜生态学报，34 (9)：32-37.

董志岩，刘景，方桂友，等，2011. 日粮蛋白质、赖氨酸水平对生长猪生产性能及蛋白质、氨基酸消化率的影响 [J]. 家畜生态学报，32 (2)：69-74.

董志岩，叶鼎承，李忠荣，等，2010. 理想蛋白质氨基酸模式对生长猪生产性能、血清尿素氮及游离氨基酸的影响 [J]. 家畜生态学报，31 (5)：30-34.

杜敏清，吴德，方正峰，等，2010. 不同饲粮氨基酸水平对泌乳母猪生产性能、血液指标及乳汁中氨基酸浓度的影响 [J]. 动物营养学报，22 (4)：863-869.

杜萍，昝启斌，禚真，等，2011. 能量和赖氨酸对初产母猪妊娠前期胚胎数与窝重的影响 [J]. 现代农业科技 (15)：310-311.

范沛昕，2016. 低蛋白日粮对断奶仔猪和育肥猪肠道微生物区系的影响 [D]. 北京：中国农业大学.

冯定远，2001. 降低养猪生产所造成环境污染的营养措施 [J]. 饲料广角（20）：1-3.

冯杰，许梓荣，2003. 苏氨酸与赖氨酸不同比例对猪生长性能和胴体组成的影响 [J]. 浙江大学学报，29（1）：14-17.

冯晓友，雷东风，彭峰，等，2011. 蛋氨酸在猪营养中的应用研究进展 [J]. 猪业科学，28（6）：80-81.

冯占雨，2006. 以 MHA-FA 为蛋氨酸源对生长猪最佳蛋氨酸与蛋加胱氨酸比的研究 [D]. 北京：中国农业大学.

冯占雨，乔家运，2012. L-赖氨酸硫酸盐在养猪生产中的应用 [J]. 今日养猪业（3）：42-44.

付畅国，汪嘉燮，冯定远，等，2006. 6~16 kg 断奶仔猪蛋氨酸的需要量 [C]//动物营养与饲料研究：第五届全国饲料营养学术研讨会论文集. 珠海：中国畜牧兽医学会动物营养学分会.

高开国，2011. 母猪饲粮添加精氨酸对其繁殖性能及后代肌肉发育的影响 [D]. 广州：华南农业大学.

高天增，2004. 赖氨酸与粗蛋白质比例对猪生产性能及氮利用率的影响 [D]. 北京：中国农业大学.

郭长义，2009. 日粮精氨酸水平对泌乳母猪生产性能的影响及其机理研究 [D]. 广州：华南农业大学.

郭秀兰，2004. 断奶仔猪低蛋白日粮中苏、色氨酸的适宜比例研究 [D]. 雅安：四川农业大学.

韩国全，余冰，陈代文，等，2012. 苏氨酸对体外培养感染伪狂犬病毒猪空肠上皮细胞免疫相关基因表达的影响 [J]. 动物营养学报，24（3）：487-496.

韩振亚，苏焕斌，张燕，等，2015. 蛋氨酸生产现状分析 [J]. 广东化工，42（19）：101-102.

郝瑞荣，岳文斌，范志勇，等，2009. 日粮蛋白质水平对断奶仔猪肠道发育的影响 [J]. 激光生物学报，18（3）：383-388.

贺光祖，谭碧娥，肖昊，等，2015. 肠道小肽吸收利用机制及其营养功能 [J]. 动物营养学报，27（4）：1047-1054.

何庆华，孔祥峰，吴永宁，等，2007. 氨基酸转运载体研究进展 [J]. 氨基酸和生物资源，29（2）：42-45.

侯永清，呙于明，周毓平，等，2001a. 早期断奶仔猪日粮蛋氨酸和苏氨酸水平的研究 [J]. 粮食与饲料工业（4）：39-40.

侯永清，呙于明，周毓平，等，2001b. 日粮蛋白质、赖氨酸、蛋氨酸及苏氨酸水平对早期断奶仔猪免疫机能的影响 [J]. 中国畜牧杂志，37（4）：18-20.

胡倡华，2001. 苏氨酸与赖氨酸不同比例对生长育肥猪生长性能、胴体组成的影响及其作用机理探讨 [D]. 杭州：浙江大学.

胡金杰，肖凯，贾志伟，2015. 含硫氨基酸在猪营养中的研究进展 [J]. 饲料广角（6）：31-33.

胡新旭，2006. 杜长大三元杂交断奶仔猪营养需要参数的研究 [D]. 北京：中国农业大学.

黄红英，贺建华，范志勇，等，2008. 添加缬氨酸和异亮氨酸对哺乳母猪及其仔猪生产性能的影响 [J]. 动物营养学报，20（3）：281-287.

黄金，徐庆阳，陈宁，2007. L-苏氨酸的生产方法及研究进展 [J]. 河南工业大学学报（自然科学版），28（5）：88-92.

黄晶晶，刘玉兰，朱惠玲，等，2007. L-精氨酸对断奶仔猪肠道损伤的修复作用 [C]//猪营养与饲料研究进展：第五届全国猪营养学术研讨会论文集. 哈尔滨：中国畜牧兽医学会.

黄坤，蒋宗勇，林映才，等，2010. 新生仔猪赖氨酸的需要量研究 [J]. 动物营养学报，22（2）：272-277.

黄瑞林，印遇龙，戴求仲，等，2006. 采食不同来源淀粉对生长猪门静脉养分吸收和增重的影响 [J]. 畜牧兽医学报，37（3）：262-269.

黄志敏，2012. N-氨基酰谷氨酸对新生仔猪生长性能和小肠形态的影响 [D]. 北京：中国农业大学．
江敏，2015. 色氨酸对肠道抗氧化能力和氨基酸转运载体的影响 [D]. 南昌：南昌大学．
江雪梅，2011. 饲粮添加 L-精氨酸或 N-氨甲酰谷氨酸对母猪繁殖性能及血液参数的影响 [D]. 雅安：四川农业大学．
蒋亚东，王瑞生，刘作华，等，2015. 母猪赖氨酸需要量的研究进展 [J]. 动物营养学报，27(9)：2654-2666.
晋超，吴德，方正峰，等，2010. 精氨酸对妊娠母猪繁殖性能的调节作用 [J]. 动物营养学报，22(6)：1495-1500.
孔祥峰，印遇龙，伍国耀，2009. 猪功能性氨基酸营养研究进展 [J]. 动物营养学报，21(1)：1-7.
赖翔，毛湘冰，余冰，等，2012. 饲粮添加苏氨酸对伪狂犬病毒诱导的免疫应激仔猪生长性能和肠道健康的影响 [J]. 动物营养学报，24(9)：1647-1655.
李德发，2003. 猪的营养 [M].2 版. 北京：中国农业科技出版社．
李方方，王军，林燕，等，2013. 饲粮缬氨酸与赖氨酸比对初产母猪繁殖性能及血清生化指标的影响 [J]. 动物营养学报，25(4)：720-728.
李根，高开国，胡友军，等，2015. 缬氨酸在泌乳母猪中的研究与应用 [J]. 养猪 (6)：43-46.
李华伟，祝倩，吴灵英，等，2016. 色氨酸的生理功能及其在畜禽饲粮中的应用 [J]. 动物营养学报，28(3)：659-664.
李建文，陈代文，张克英，等，2006. 免疫应激对仔猪理想氨基酸平衡模式影响的研究 [J]. 畜牧兽医学报，37(1)：34-37.
李宁宁，李同洲，张志强，等，2012. 谷氨酰胺在不同蛋白水平日粮下对断奶仔猪生产性能和血液指标的影响 [J]. 饲料工业，33(9)：20-24.
李铁军，印遇龙，黄瑞林，等，2003. 用于营养物质代谢的猪动静脉插管技术的研究.Ⅱ. 门静脉营养物质净流量测定方法 [J]. 中国畜牧杂志，39(2)：28-29.
林映才，蒋宗勇，丁发源，等，2001a. 生长育肥猪可消化苏氨酸需求参数研究 [C]. 中国畜牧兽医学会养猪学分会学术讨论会论文集：15-17.
林映才，蒋宗勇，刘炎和，等，2000a. 生长猪可消化赖氨酸需求参数研究 [C]//第六届全国会员代表大会暨第八届学术研讨会论文集（上）. 哈尔滨：中国畜牧兽医学会动物营养学分会：2-4.
林映才，蒋宗勇，肖静英，等，2001b. 3.8～8 kg 断奶仔猪可消化赖氨酸需要量的研究 [J]. 动物营养学报，13(1)：14-18.
林映才，蒋宗勇，杨晓建，等，2000b. 育肥猪可消化赖氨酸需求参数研究 [C]//第六届全国会员代表大会暨第八届学术研讨会论文集（上）. 哈尔滨：中国畜牧兽医学会动物营养学分会：60-67.
林映才，蒋宗勇，余德谦，等，2001c. 超早期断奶仔猪可消化蛋氨酸、苏氨酸、色氨酸需求参数研究 [J]. 动物营养学报，13(3)：30-39.
林映才，蒋宗勇，张振斌，等，2000c. 3.6～9 kg 超早期断奶仔猪可消化蛋氨酸需求参数研究 [C]//第六届全国会员代表大会暨第八届学术研讨会论文集（上）. 哈尔滨：中国畜牧兽医学会动物营养学分会：32-38.
林映才，刘炎和，蒋宗勇，等，2002. 生长育肥猪可消化色氨酸需求参数研究 [J]. 中国饲料 (11)：15-17.
刘德辉，黄毓茂，徐蕙，2009. 猪限制性氨基酸需要量研究进展 [J]. 畜禽业 (5)：20-21.
刘建高，张平，宾石玉，等，2007. 不同来源淀粉对断奶仔猪血浆葡萄糖和胰岛素水平的影响 [J]. 食品科学，28(3)：315-319.

刘明江，2002. 肥育期小母猪的赖氨酸需要量 [J]. 江西饲料 (3)：5-9.

刘星达，彭瑛，吴信，等，2011a. 精氨酸和精氨酸生素对母猪泌乳性能及哺乳仔猪生长性能的影响 [J]. 饲料工业，32 (8)：14-16.

刘星达，吴信，印遇龙，等，2011b. 妊娠后期日粮中添加不同水平 N-氨甲酰谷氨酸对母猪繁殖性能的影响 [J]. 畜牧兽医学报，42 (11)：1550-1555.

刘炀，王旭贞，管武太，等，2016. 亮氨酸对猪胎盘滋养层细胞增殖和周期的影响 [J]. 中国畜牧杂志，52 (7)：35-40.

刘尧君，任曼，曾祥芳，等，2014. 低氮日粮补充支链氨基酸提高断奶仔猪生长性能和氮的利用效率 [J]. 中国畜牧杂志，50 (7)：44-47.

刘玉兰，冯定远，2005. 性别对生长育肥猪生长性能、胴体品质和肌肉营养成分的影响 [J]. 粮食与饲料工业 (3)：39-41.

罗钧秋，2011. 猪饲粮不同来源蛋白质营养代谢效应的比较研究 [D]. 雅安：四川农业大学.

罗钧秋，陈代文，2006. 赖氨酸对蛋白质代谢的影响及其可能调控机制 [J]. 饲料工业，27 (16)：40-43.

罗献梅，陈代文，张克英，2001. 25～35 kg 生长猪可消化氨基酸的需要量 [J]. 中国畜牧杂志，37 (2)：26-27.

罗献梅，陈代文，张克英，2002. 35～60 kg 生长猪可消化氨基酸需要量研究 [J]. 中国畜牧杂志，38 (1)：9-10.

马文锋，2015. 猪肥育后期低氮饲粮限制性氨基酸平衡模式的研究 [D]. 北京：中国农业大学.

毛湘冰，黄志清，陈小玲，等，2011. 亮氨酸调节哺乳动物骨骼肌蛋白质合成的研究进展 [J]. 动物营养学报，23 (5)：709-714.

聂新志，蒋宗勇，林映才，等，2012. 精氨酸和谷氨酰胺对猪小肠上皮细胞增殖的影响及机理探讨 [J]. 中国农学通报，28 (2)：1-5.

彭燮，胡亮，石常友，等，2014. 低蛋白日粮添加合成氨基酸对仔猪生长性能、氮平衡和免疫机能的影响 [C] //第七届中国饲料营养学术研讨会. 郑州：中国畜牧兽医学会动物营养学分会.

彭瑛，杨焕胜，吴信，等，2013. N-氨甲酰谷氨酸在猪营养中应用的研究进展 [J]. 动物营养学报，25 (6)：1131-1136.

彭彰，2012. 谷氨酸对断奶仔猪的营养及肠道神经系统的影响 [D]. 南昌：南昌大学.

亓宏伟，2011. 不同来源蛋白对断奶仔猪肠道微生态环境及肠道健康的影响 [D]. 雅安：四川农业大学.

谯仕彦，2017. 环保型日粮配制技术研究进展 [J]. 饲料与畜牧 (19)：16-20.

乔岩瑞，2005. 同时测定保育后期仔猪赖氨酸和苏氨酸需要量的试验 [J]. 养猪 (3)：1-2.

秦江帆，蒋宗勇，李守军，2011. 谷氨酰胺对离体培养的泌乳母猪乳腺上皮细胞增殖及 β-酪蛋白基因表达的影响 [J]. 中国畜牧杂志，47 (15)：30-34.

覃永长，张家庆，朱旋，等，2010. 不同类型半胱氨酸对猪精液保存的影响 [J]. 养猪 (2)：20-22.

任波，2015. 低蛋白水平下不同氨基酸模式对公猪繁殖能力的影响 [D]. 雅安：四川农业大学.

任建波，赵广永，李元晓，等，2007. 日粮色氨酸水平对生长猪的氮利用效率、血浆类胰岛素生长因子-Ⅰ、生长激素及胰岛素的影响 [J]. 动物营养学报，19 (3)：264-268.

任子利，赵彦玲，田加运，等，2009. 胰岛素和半胱氨酸对猪孤雌胚早期体外发育的影响 [J]. 华南农业大学学报，30 (4)：82-85.

沈俊，肖凯，胡金杰，等，2014. 猪对色氨酸需要量的研究 [J]. 饲料博览 (11)：16-20.

石常友, 2008. 哺乳藏猪肠道小肽及氨基酸转运载体 mRNA 表达的组织特异性和发育性变化的研究 [D]. 南宁: 广西师范大学.

石常友, 王文策, 耿梅梅, 等, 2008. 不同蛋白质水平日粮对育肥猪肠道氨基酸转运载体 CAT1 mRNA 表达量的影响 [J]. 动物营养学报, 20 (6): 692-698.

时梦, 范子娟, 张荣飞, 等, 2012. 日粮标准回肠可消化赖氨酸水平对初产母猪妊娠中后期 (30～110 天) 生产性能与乳成分的影响 [C]//第十一次全国动物营养学术研讨会论文集. 杭州: 中国畜牧兽医学会动物营养学分会.

苏国旗, 2014. 母猪妊娠期营养水平与生后亮氨酸添加对仔猪生长性能和肌肉发育的影响 [D]. 雅安: 四川农业大学.

苏有健, 2004. 在低蛋白日粮中添加色氨酸对仔猪生产性能和下丘脑 5-羟色胺水平的影响 [D]. 北京: 中国农业大学.

苏有健, 李德发, 邢建军, 等, 2005. 在低蛋白日粮中添加色氨酸对仔猪生产性能及血清游离氨基酸和尿素氮的影响 [J]. 中国畜牧杂志, 41 (1): 26-28.

孙鹏, 2008. 大豆中主要抗原蛋白致敏机理的研究进展 [J]. 饲料与畜牧 (5): 32-34.

孙爽, 王媛, 刘仲凤, 等, 2010. 不同激活条件及半胱氨酸处理对猪 ICSI 胚胎发育影响研究 [J]. 畜牧与兽医, 42 (2): 1-5.

孙玉丽, 2015. L-亮氨酸对新生哺乳仔猪肠道发育及氨基酸转运影响的研究 [D]. 北京: 中国农业大学.

唐锦辉, 2008. 低蛋白日粮中能量水平对仔猪生长和血液生化指标的影响 [D]. 广州: 华南农业大学.

唐茂妍, 陈旭东, 梁富广, 等, 2008. 生长猪低蛋白质日粮可消化赖氨酸、蛋氨酸+胱氨酸、苏氨酸、色氨酸平衡模式的研究 [J]. 动物营养学报, 20 (4): 397-403.

唐燕军, 张石蕊, 贺喜, 等, 2009. 低蛋白质日粮中净能水平和赖氨酸净能比对育肥猪生长性能和胴体品质的影响 [J]. 动物营养学报, 21 (6): 822-828.

王彬, 黄瑞林, 李铁军, 等, 2006. 半乳甘露寡糖对猪门静脉血流速率、氨基酸和葡萄糖的净吸收量及耗氧量的影响 [J]. 养猪 (3): 1-4.

王建明, 陈代文, 张克英, 2000. 不同阶段生长肥育猪可消化赖、蛋+胱、苏、色氨酸平衡模式研究 [J]. 动物营养学报, 32 (4): 202-205.

王荣发, 李敏, 贺喜, 等, 2011. 低蛋白质饲粮条件下生长猪对色氨酸需要量的研究 [J]. 动物营养学报, 23 (10): 1669-1676.

王薇薇, 2014. 甘氨酸对仔猪生长及肠道功能影响的研究 [D]. 北京: 中国农业大学.

王文策, 2012. 仔猪氨基酸转运载体 $b^{0,+}$AT 表达规律及营养调控研究 [D]. 长沙: 中国科学院.

王晓明, 崔成哲, 具龙哲, 等, 2011. 半胱氨酸对猪卵母细胞体外发育潜力及谷胱甘肽水平的影响 [J]. 畜牧与兽医, 43 (4): 54-56.

王旭, 谯仕彦, 印遇龙, 等, 2006. 苏氨酸对断奶仔猪小肠黏膜和黏液蛋白合成的影响 [C]//中国畜牧兽医学会 2006 年学术会论文集 (上册). 北京: 中国畜牧兽医学会.

王勇, 2010. 缬氨酸对高产哺乳母猪生产性能、免疫机能及氮利用率的影响研究 [D]. 杭州: 浙江大学.

王远孝, 2011. IUGR 猪的生长与肠道发育及 L-精氨酸和大豆卵磷脂的营养调控研究 [D]. 南京: 南京农业大学.

伍国耀, 武振龙, 戴兆来, 等, 2013. 猪对"非必需氨基酸"的营养需要 [J]. 饲料工业 (16): 60-64.

吴欢昕, 2015. 甘氨酸对脂多糖刺激的仔猪肠道损伤及肌肉蛋白质合成和降解的调控作用 [D]. 武汉: 武汉轻工大学.

吴苗苗, 肖昊, 印遇龙, 等, 2013. 谷氨酰胺对脱氧雪腐镰刀菌烯醇刺激下的断奶仔猪生长性能、血常规及血清生化指标变化的干预作用 [J]. 动物营养学报, 25 (7): 1587-1594.

吴世林, 蒋宗勇, 1995. 5-110 kg 猪可消化氨基酸需要量与平衡 [J]. 动物营养学报, 7 (1): 50-63.

吴信, 黄瑞林, 印遇龙, 等, 2006. 低蛋白日粮对生长育肥猪生产性能和猪肉品质的影响 [J]. 安徽农业科学, 34 (23): 6198-6200.

伍树松, 杨强, 2009. 近期猪低蛋白日粮研究进展 [J]. 饲料工业, 30 (17): 11-12.

武英, 戴更芸, 呼红梅, 等, 2005. 能量、粗蛋白和赖氨酸水平对猪生长及肉品质的影响 [J]. 山东农业科学 (6): 55-57.

谢春元, 2013. 育肥猪低蛋白日粮标准回肠可消化苏氨酸、含硫氨基酸和色氨酸与赖氨酸适宜比例的研究 [D]. 北京: 中国农业大学.

徐海军, 印遇龙, 黄瑞林, 等, 2009. 血插管技术在动物机体营养代谢研究中的应用 [J]. 现代生物医学进展, 9 (10): 1970-1972.

许雪魁, 程传锋, 王晓宇, 等, 2012. 15-30 kg 瘦肉型仔猪蛋氨酸需要量的研究 [J]. 饲料工业, 33 (19): 23-26.

燕富永, 孔祥峰, 印遇龙, 2007. 猪赖氨酸营养研究进展 [J]. 饲料工业, 28 (17): 16-18.

杨峰, 2008. 理想氨基酸模式下生长育肥猪可消化赖氨酸需要量研究 [D]. 武汉: 华中农业大学.

杨峰, 孔祥峰, 燕富永, 等, 2008. 生长育肥猪可消化赖氨酸需要量研究 [J]. 畜牧与兽医, 40 (7): 5-8.

杨慧, 林登峰, 林伯全, 等, 2012. 饲粮添加不同水平 L-精氨酸对泌乳母猪生产性能、血清氨基酸浓度和免疫生化指标的影响 [J]. 动物营养学报, 24 (11): 2103-2109.

杨鹏, 2013. 妊娠期营养水平对初产母猪繁殖性能、营养代谢和乳成分的影响 [J]. 动物营养学报, 25 (9): 1954-1962.

杨平, 吴德, 车炼强, 等, 2011. 饲粮添加 L-精氨酸或 N-氨甲酰谷氨酸对感染 PRRSV 妊娠母猪繁殖性能及免疫功能的影响 [J]. 动物营养学报, 23 (8): 1351-1360.

杨强, 张石蕊, 贺喜, 等, 2008. 低蛋白质日粮不同能量水平对育肥猪生长性能和胴体性状的影响 [J]. 动物营养学报, 20 (4): 371-376.

杨烨, 冯玉兰, 董志岩, 等, 2004. 日粮能量和赖氨酸浓度对持续高温期生长育肥猪生产性能与生化指标的影响 [J]. 福建农业学报, 19 (4): 219-223.

易孟霞, 易学武, 贺喜, 等, 2014. 标准回肠可消化缬氨酸水平对生长猪生长性能、血浆氨基酸和尿素氮含量的影响 [J]. 动物营养学报, 26 (8): 2085-2092.

易学武, 2009. 生长育肥猪低蛋白日粮净能需要量的研究 [D]. 北京: 中国农业大学.

尹慧红, 2008. 低蛋白日粮不同净能水平及色氨酸水平对猪生长影响的研究 [D]. 长沙: 湖南农业大学.

于会颖, 2016. 供需基本面失衡 蛋氨酸价格开启熊市——2015 年蛋氨酸市场回顾及展望 [J]. 饲料广角 (3): 35-38.

袁中彪, 李俊波, 杨飞来, 等, 2008. 不同赖氨酸水平饲粮对断奶仔猪生长性能和营养物质消化率的影响 [J]. 养猪 (6): 3-4.

岳隆耀, 谯仕彦, 2009. 低蛋白日粮补充合成氨基酸对仔猪氮排泄的影响 [C]//中国畜牧兽医学会 2009 年学术年会论文集 (下册). 石家庄: 中国畜牧兽医学会.

岳隆耀, 王春平, 谯仕彦, 2010. 日粮中添加 N-氨甲酰谷氨酸 (NCG) 对断奶仔猪生长的影响 [J].

饲料与畜牧：新饲料（1）：15-17.

曾黎明，2012. 精氨酸对猪肠道上皮细胞 IPEC-1 精氨酸转运、细胞增殖及基因表达水平影响的研究 [D]. 长沙：湖南农业大学.

曾佩玲，张常明，王修启，等，2009. 日粮不同赖氨酸水平对生长猪养分表观消化率、血清氨基酸含量和生化指标的影响 [J]. 华北农学报，24（2）：116-120.

查伟，孔祥峰，谭敏捷，等，2016. 饲粮添加脯氨酸对妊娠环江香猪繁殖性能和血浆生化参数的影响 [J]. 动物营养学报，28（2）：579-584.

张峰瑞，2013. N-氨基酰谷氨酸调控新生仔猪肠道黏膜免疫的研究 [D]. 北京：中国农业大学.

张光圣，高宏伟，周虚，等，2002. 不同饲粮蛋白质水平对生长育肥猪生产性能的影响 [J]. 中国饲料（11）：24-25.

张桂杰，2011. 生长猪色氨酸、苏氨酸及含硫氨基酸与赖氨酸最佳比例的研究 [D]. 北京：中国农业大学.

张华伟，2006. 色氨酸对仔猪胃肠道采食相关激素基因表达的调控 [D]. 北京：中国农业大学.

张京，2009. 猪小肠氨基酸代谢菌的分离和鉴定 [D]. 南京：南京农业大学.

张军民，王艳玲，2000. 动静脉养分浓度差测定山羊营养物质净吸收方法的建立 [J]. 中国草食动物，2（5）：15-17.

张克英，陈代文，王建明，2001a. 不同基因型生长肥育猪可消化赖、蛋+胱、苏、色氨酸模式研究 [J]. 动物营养学报，11（1）：31-35.

张克英，罗献梅，陈代文，2001b. 25～35 kg 生长猪可消化氨基酸的需要量 [J]. 中国畜牧杂志，37（2）：26-27.

张力，邵良平，2005. 杜长大杂交猪生长发育性能的性别差异性研究 [J]. 家畜生态学报，26（2）：49-50.

张敏，孟繁艳，2002. 猪低污染饲粮技术的研究进展 [J]. 延边大学农学学报，24（4）：296-299.

张敏，孟繁艳，李香子，等，2002. 猪低污染日粮技术的研究进展 [J]. 延边大学农学学报，24（4）：296-299.

张青青，郭长旺，高明作，等，2011. 蛋氨酸羟基类似物（LMA）添加水平对仔猪生产性能的影响 [C]//第二届禽病学术研讨会. 潍坊：山东畜牧兽医学会禽病学专业委员会.

张世海，2016. 支链氨基酸调节仔猪肠道和肌肉中氨基酸及葡萄糖转运的研究 [D]. 北京：中国农业大学.

张树敏，2001. 不同赖氨酸水平对生产育肥猪生产性能及胴体品质的影响 [D]. 武汉：湖北中医药大学.

张思聪，张艳蕾，李福昌，2012. 苏氨酸的代谢及其营养生理作用 [J]. 饲料研究（7）：14-16.

张宇喆，杨峰，燕富永，等，2007. 基于协方差分析对 20～40 kg 生长猪真可消化赖氨酸需要量研究 [J]. 中国饲料（22）：16-18.

赵世明，高振川，姜云侠，等，2001. 泌乳母猪饲粮适宜赖氨酸水平的初步研究 [J]. 畜牧兽医学报，32（3）：206-212.

赵文艳，蔡亚军，杜克铸，等，2007. L-赖氨酸硫酸盐对断奶仔猪生长和蛋白质利用的影响 [J]. 粮食与饲料工业（5）：41-42.

郑春田，2000. 低蛋白质日粮补充异亮氨酸对猪蛋白质周转代谢和免疫机能的影响 [D]. 北京：中国农业大学.

郑春田，李德发，谯仕彦，等，2000a. 补充异亮氨酸改善血球粉对仔猪饲用价值的研究 [J]. 中国畜牧杂志，36（3）：22-24.

郑春田，李德发，谯仕彦，等，2000b.生长猪苏氨酸需要量研究［J］.畜牧与兽医，32（1）：9-13.

郑春田，李德发，谯仕彦，等，2001.高血球粉低蛋白质日粮补充异亮氨酸对仔猪生产性能和血液生化指标的影响［J］.动物营养学报，13（2）：20-25.

郑春田，杨立彬，2001.低蛋白质日粮补充异亮氨酸对仔猪全身蛋白质周转代谢的影响［J］.中国农业科技导报，3（1）：38-42.

郑培培，包正喜，李鲁鲁，等，2014.肝脏营养物质代谢的仔猪肝-门静脉血插管技术的建立［J］.动物营养学报，26（6）：1624-1631.

钟正泽，江山，肖融，等，2009.初产母猪妊娠前期能量和赖氨酸的适宜需要量［J］.动物营养学报，21（5）：625-633.

周晓容，刘作华，杨飞云，等，2005.杜×长×大生长育肥猪体蛋白沉积模型及氨基酸需要量预测的研究［J］.中国饲料（12）：11-14.

周笑犁，刘俊锋，吴琛，等，2014 精氨酸和N-氨甲酰谷氨酸对环江香猪脂质代谢的影响［J］.动物营养学报，26（4）：1055-1060.

周招洪，陈代文，郑萍，等，2013.饲粮能量和精氨酸水平对育肥猪生长性能、胴体性状和肉品质的影响［J］.中国畜牧杂志，49（15）：40-44.

朱惠玲，韩杰，谢小利，等，2012.L-精氨酸对脂多糖刺激断奶仔猪肠黏膜免疫屏障的影响［J］.中国畜牧杂志，48（1）：27-32.

朱进龙，臧建军，曾祥芳，等，2014.80 赖氨酸与 70 赖氨酸和 98 赖氨酸对生长育肥猪饲喂效果的比较研究［J］.中国畜牧杂志，50（21）：27-31.

朱立鑫，谯仕彦，2009.50～80 kg 育肥猪在低蛋白日粮条件下的赖氨酸需要量研究［C］//中国畜牧兽医学会 2009 学术年会论文集（下册）.石家庄：中国畜牧兽医学会.

朱晓华，王志跃，赵万里，2001.禽跖底内侧静脉连续采血-血瘘管技术［J］.中国家禽，23（7）：12-13.

朱宇旌，朱广楠，李方方，等，2015.N-氨甲酰谷氨酸与牛磺酸对公猪精液品质、血清激素指标及精浆抗氧化能力的影响［J］.动物营养学报，27（10）：3125-3133.

祝军，赵长青，孙小舟，等，2000.阉公猪与母猪育成育肥试验报告［J］.现代畜牧兽医（6）：10-11.

邹仕庚，冯定远，黄志毅，等，2009.猪肠道寡肽转运载体 1（PepT1）mRNA 表达的肠段特异性和发育性变化［J］.农业生物技术学报，17（2）：229-236.

邹晓庭，2007.谷氨酰胺对断奶仔猪生长、免疫的影响及其机理研究［D］.杭州：浙江大学.

ARC，1981. The nutrient requirements of pigs［S］. Slough：Commonwealth Agricultural Bureaux.

ARC，2003. The nutrient requirements of pigs［S］. Slough：Common wealth Agricultural Bureaux.

Bhandari S K, Opapeju F O, Krause D O, et al, 2010. Dietary protein level and probiotic supplementation effects on piglet response to *Escherichia coli* K88 challenge: Performance and gut microbial population［J］. Livestock Science, 133（1）：185-188.

Boo H A, van Zijl P L, Smith D E, et al, 2005. Arginine and mixed amino acids increase protein accretion in the growth-restricted and normal ovine fetus by different mechanisms［J］. Pediatric Research, 58（2）：270-277.

Bröer S, 2008. Amino acid transport across mammalian intestinal and renal epithelia［J］. Physiological Review, 88：249-286.

Chen Y, Li D, Dai Z, et al, 2014. L-methionine supplementation maintains the integrity and barrier function of the small-intestinal mucosa in post-weaning piglets［J］. Amino Acids, 46（4）：1131-42.

Chung T K, Baker D H, 1992. Maximal portion of the young pig's sulfur amino acid requirement that can be furnished by cysteine [J]. Journal of Animal Science, 70 (4): 1182-7.

Dai Z L, Li X L, Xi P B, et al, 2012. Metabolism of select amino acids in bacteria from the pig small intestine [J]. Amino Acids, 42 (5): 1597-1608.

Dai Z L, Wu G, Zhu W Y, 2011. Amino acid metabolism in intestinal bacteria: links between gut ecology and host health [J]. Frontiers in Bioscience, 16: 1768-1786.

Dai Z L, Zhang J, Wu G Y, et al, 2010. Utilization of amino acids by bacteria from the pig small intestine [J]. Amino Acids, 39 (5): 1201-1215.

Dalmasso G, Nguyen H T, Yan Y, et al, 2011. MicroRNA-92b regulates expression of the oligopeptide transporter PepT1 in intestinal epithelial cells [J]. American Journal of Physiology Gastrointestinal & Liver Physiology, 300 (1): G52-G59.

Daniel H, 2004. Molecular and integrative physiology of intestinal peptide transport [J]. Annual Review of Physiology, 66 (1): 361-384.

Dourmad J Y, Étienne M, Valancogne A, et al, 2008. InraPorc: a model and decision support tool for the nutrition of sows [J]. Animal Feed Science and Technology, 143 (1): 372-386.

Field C J, Johnson I R, Schley P D, 2002. Nutrients and their role in host resistance to infection [J]. Journal of Leukocyte Biology, 71 (1): 16-32.

Gao K G, Jiang Z Y, Lin Y C, et al, 2012. Dietary l-arginine supplementation enhances placental growth and reproductive performance in sows [J]. Amino Acids, 42 (6): 2207-2214.

Gilbert E R, Wong E A, Webb K E, 2008. Board-invited review: peptide absorption and utilization: implications for animal nutrition and health [J]. Journal of Animal Science, 86 (9): 2135-2155.

Glickman M H, Ciechanover A, 2002. The ubiquitin-proteasome proteolytic pathway: destruction for the sake of construction [J]. Physiological Reviews, 82: 373-428.

Goncalves M A, 2015. Effects of lysine and energy intake during late gestation on weight gain and reproductive performance of gilts and sows under commercial conditions [R]. Des Moines: American Society of Animal Science.

Guan X, Pettigrew J E, Ku P K, et al, 2004. Dietary protein concentration affects plasma arteriovenous difference of amino acids across the porcine mammary gland [J]. Journal of Animal Science, 82 (10): 2953-2963.

He L, Yang H, Hou Y, et al, 2013. Effects of dietary L-lysine intake on the intestinal mucosa and expression of CAT genes in weaned piglets [J]. Amino Acids, 45 (2): 383-391.

Hooda S, Matte J J, Wilkinson C W, et al, 2009. Technical note: an improved surgical model for the long-term studies of kinetics and quantification of nutrient absorption in swine [J]. Journal of Animal Science, 87 (6): 2013-2019.

Huang F R, Liu H B, Sun H Q, et al, 2013. Effects of lysine and protein intake over two consecutive lactations on lactation and subsequent reproductive performance in multiparous sows [J]. Livestock Science, 157 (2/3): 482-489.

Huang L, Jiang Z Y, Lin Y C, et al, 2011. Effects of L-arginine on intestinal development and endogenous arginine-synthesizing enzymes in neonatal pigs [J]. African Journal of Biotechnology, 10 (40): 7915-7925.

Huang R L, Yin Y L, Li T J, 2003. Techniques for implanting a chronic hepatic portal vein transonic flow and catheters in the hepatic portal vein, ileal mesenteric vein and carotid artery in swine

[J]. Acta Zoonutrimenta Sinic, 15: 10-20.

Hubatsch I, Arvidsson P I, Seebach D, et al, 2007. Beta-and gamma-di-and tripeptides as potential substrates for the oligopeptide transporter hPepT1 [J]. Journal of Medicinal Chemistry, 50 (21): 5238-5242.

Ji F, Hurley W L, Kim S W, 2006. Characterization of mammary gland development in pregnant gilts [J]. Journal of Animal Science, 84 (3): 579-587.

Kerr B J, Easter R A, 1995. Effect of feeding reduced protein, amino acid-supplemented diets on nitrogen and energy balance in grower pigs [J]. Journal of Animal Science, 73 (10): 3000-3008.

Kerr B J, Ziemer C J, Trabue S L, et al, 2006. Manure composition of swine as affected by dietary protein and cellulose concentrations [J]. Journal of Animal Science, 84 (6): 1584-1592.

Kiefer C, Donzele J L, de Oliveira R F M, et al, 2012. Nutritional plans for boars [J]. Revista Brasileira de Zootecnia, 41 (6): 1448-1453.

Kim S W, Hurley W L, Han I K, et al, 1999. Changes in tissue composition associated with mammary gland growth during lactation in sows [J]. Journal of Animal Science, 77 (9): 2510-2516.

Kim S W, Hurley W L, Wu G, et al, 2009. Ideal amino acid balance for sows during gestation and lactation [J]. Journal of Animal Science, 87 (14): 123-132.

Kim S W, Mateo R D, Yin Y L, et al, 2007. Functional amino acids and fatty acids for enhancing production performance of sows and piglets [J]. Asian Australasian Journal of Animal Sciences, 20 (2): 295-306.

Kim Y W, Ingale S L, Kim J S, et al, 2011. Effects of dietary lysine and energy levels on growth performance and apparent total tract digestibility of nutrients in weanling pigs [J]. Asian Australasian Journal of Animal Sciences, 24 (9): 1256-1267.

Kong C, Park C S, Ahn J Y, et al, 2016. Relative bioavailability of DL-methionine compared with L-methionine fed to nursery pigs [J]. Animal Feed Science & Technology, 215: 181-185.

Laspiur J P, Burton J L, Weber P S D, et al, 2009. Dietary protein intake and stage of lactation differentially modulate amino acid transporter mRNA abundance in porcine mammary tissue [J]. Journal of Nutrition, 139: 1677-1684.

Li F, Yin Y, Tan B, Kong X, et al, 2011. Leucine nutrition in animals and humans: mTOR signaling and beyond [J]. Amino Acids, 41 (5): 1185-1193.

Li G, Li J, Tan B, Wang J, et al, 2015. Characterization and regulation of the amino acid transporter SNAT2 in the small intestine of piglets [J]. PLoS One, 10 (6): e0128207.

Li Y, Wei H, Li F, et al, 2016. Supplementation of branched-chain amino acids in protein-restricted diets modulates the expression levels of amino acid transporters and energy metabolism associated regulators in the adipose tissue of growing pigs [J]. Animal Nutrition, 2: 24-32.

Lin M, Zhang B, Yu C, et al, 2014. L-glutamate supplementation improves small intestinal architecture and enhances the expressions of jejunal mucosa amino acid receptors and transporters in weaning piglets [J]. PLoS One, 9 (11): e111950.

Liu G, Wang Z, Wu D, et al, 2009. Effects of dietary cysteamine supplementation on growth performance and whole-body protein turnover in finishing pigs [J]. Livestock Science, 122 (1): 86-89.

Meister A, Windmueller H G, 2006. Glutamine utilization by the small intestine [M]//Meister A, ed. Advances in Enzymology and Related Areas of Molecular Biology: 201-237.

Liu G, Wei Y, Wang Z, et al, 2008. Effects of dietary supplementation with cysteamine on growth hormone receptor and insulin-like growth factor system in finishing pigs [J]. Journal of Agricultural & Food Chemistry, 56 (13): 5422-5427.

Liu M, Qiao S Y, Wang X, et al, 2007. Bioefficacy of lysine from L-lysine sulfate and L-lysine. HCl for 10 to 20 kg pigs [J]. Asian Australasian Journal of Animal Sciences, 20 (10): 1580-1586.

Lubbs D C, Vester B M, Fastinger N, et al, 2009. Dietary protein concentration affects intestinal microbiota of adult cats: a study using DGGE and qPCR to evaluate differences in microbial populations in the feline gastrointestinal tract [J]. Journal of Animal Physiology and Animal Nutrition, 93 (1): 113-121.

Ma W F, Zeng X F, Liu X T, et al, 2015. Estimation of the standardized ileal digestible lysine requirement and the ideal ratio of threonine to lysine for late finishing gilts fed low crude protein diets supplemented with crystalline amino acids [J]. Animal Feed Science & Technology, 201: 46-56.

Ma W F, Zhang S H, Zeng X F, et al, 2015. The appropriate standardized ileal digestible tryptophan to lysine ratio improves pig performance and regulates hormones and muscular amino acid transporters in late finishing gilts fed low-protein diets [J]. Journal of Animal Science, 93 (3): 1052-1060.

Ma X, Zheng C, Hu Y, et al, 2015. Dietary L-arginine supplementation affects the skeletal longissimus muscle proteome in finishing pigs [J]. PLoS One, 10 (1): e0117294.

Ma W, Zhu J, Zeng X, et al, 2015. Estimation of the optimum standardized ileal digestible total sulfur amino acid to lysine ratio in late finishing gilts fed low protein diets supplemented with crystalline amino acids [J]. Animal Science Journal, 87 (1): 76-83.

Ma X, Lin Y, Jiang Z, et al, 2010. Dietary arginine supplementation enhances antioxidative capacity and improves meat quality of finishing pigs [J]. Amino Acids, 38 (1): 95-102.

Mahan D C, Shields R G, 1998. Essential and nonessential amino acid composition of pigs from birth to 145 kilograms of body weight, and comparison to other studies [J]. Journal of Animal Science, 76 (2): 513-521.

Mao X, Qi S, Yu B, et al, 2013. Zn (2+) and L-isoleucine induce the expressions of porcine β-defensins in IPEC-J2 cells [J]. Molecular Biology Reports, 40 (2): 1547-1552.

Mateo R D, Wu G, Bazer F W, et al, 2007. Dietary L-arginine supplementation enhances the reproductive performance of gilts [J]. Journal of Nutrition, 137 (3): 652-656.

Mcpherson R L, Ji F, Wu G, et al, 2004. Growth and compositional changes of fetal tissues in pigs [J]. Journal of Animal Science, 82 (9): 2534-2540.

Newsholme P, Brennan L, Rubi B, et al, 2005. New insights into amino acid metabolism, β-cell function and diabetes [J]. Clinical Science, 108 (3): 185-194.

Nosworthy M G, Bertolo R F, Brunton J A, 2013. Ontogeny of dipeptide uptake and peptide transporter 1 (PepT1) expression along the gastrointestinal tract in the neonatal Yucatan miniature pig [J]. British Journal of Nutrition, 110: 275-281.

NRC, 1998. Nutrient requirements of swine [S]. Washington, D C: National Academies Press.

NRC, 2012. Nutrient requirements of swine [S]. Washington, D C: National Academies Press.

O'Shea C J, Lynch M B, Callan J J, et al, 2010. Dietary supplementation with chitosan at high and low crude protein concentrations promotes *Enterobacteriaceae* in the caecum and colon and increases manure odour emissions from finisher boars [J]. Livestock Science, 134 (1/2/3): 198 - 201.

Otto E R, Yokoyama M, Ku P K, et al, 2003. Nitrogen balance and ileal amino acid digestibility in growing pigs fed diets reduced in protein concentration [J]. Journal of Animal Science, 81 (7): 1743 - 1753.

Perez L J, Farmer C, Kerr B J, et al, 2006. Hormonal response to dietary L - arginine supplementation in heat - stressed sows [J]. Canadian Veterinary Journal La Revue Veterinaire Canadienne, 86 (3): 373 - 381.

Polak P, Hall M N, 2009. mTOR and the control of whole body metabolism [J]. Current Opinion in Cell Biology, 21: 209 - 212.

Puiman P J, Jensen M, Stoll B, et al, 2011. Intestinal threonine utilization for protein and mucin synthesis is decreased in formula - fed preterm pigs [J]. Journal of Nutrition, 141 (7): 1306 - 1311.

Ren M, Gong B, Jin E, et al, 2016b. Effects of nutrition *Escherichia coli* and amino acids on expression of antimicrobial peptide and signaling pathway protein in porcine intestinal epithelial cells [J]. Chinese Journal of Animal Nutrition, 28 (5): 1489 - 1495.

Ren M, Liu X T, Wang X, et al, 2014. Increased levels of standardized ileal digestible threonine attenuate intestinal damage and immune responses in *Escherichia coli* K88$^+$ challenged weaned piglets [J]. Animal Feed Science & Technology, 195 (9): 67 - 75.

Ren M, Zhang S H, Liu X T, et al, 2016a. Different lipopolysaccharide branchd - chain amino acids modulate porcine intestinal endogenous β - defensin expression through the Sirt1/ERK/90RSK pathway [J]. Journal of Agricultural & Food Chemistry, 64: 3371.

Ren M, Zhang S H, Zeng X F, et al, 2015. Branched - chain amino acids are beneficial to maintain growth performance and intestinal immune - related function in weaned piglets fed protein restricted diet [J]. Asian Australasian Journal of Animal Sciences, 28 (12): 1742 - 1750.

Rezaei R, Wang W, Wu Z, 2013. Biochemical and physiological bases for utilization of dietary amino acids by young pigs [J]. Journal of Animal Science and Biotechnology, 4 (2): 90 - 101.

Rühl A, Hoppe S, Frey I, et al, 2005. Functional expression of the peptide transporter PEPT2 in the mammalian enteric nervous system [J]. Journal of Comparative Neurology, 490 (1): 1 - 11.

Schaart M W, Schierbeek H, van der Schoor S R, et al, 2005. Threonine utilization is high in the intestine of piglets [J]. Journal of Nutrition, 135 (4): 765 - 770.

Shen Y B, Weaver A C, Kim S W, 2014. Effect of feed grade l - methionine on growth performance and gut health in nursery pigs compared with conventional dl - methionine [J]. Journal of Animal Science, 92 (12): 5530 - 5539.

Soltwedel K T, Easter R A, Pettigrew J E, 2006. Evaluation of the order of limitation of lysine, threonine, and valine, as determined by plasma urea nitrogen, in corn - soybean meal diets of lactating sows with high body weight loss [J]. Journal of Anim Science, 84 (7): 1734 - 1741.

Spanier A M, Miller J A, 1993. Role of proteins and peptides in meat flavor [M]//Spanier A M, Okai H, Tamura M, ed. Food Flavor and Safety: Molecular Analysis and Design. American Chemical Society: Acs Symposium Series, 78 - 97.

Stein H H, Pedersen C, Wirt A R, et al, 2005. Additivity of values for apparent and standardized ileal digestibility of amino acids in mixed diets fed to growing pigs [J]. Journal of Anim Science, 83: 2387-2395.

Stoll B, Burrin D G, Henry J, et al, 1999. Dietary and systemic phenylanine utilization for mucosal and hepatic constitutive protein synthesis in pigs [J]. American Journal of Physiology, 276: 49-57.

Suárez-Belloch J, Guada J A, Latorre M A, 2015. Effects of sex and dietary lysine on performances and serum and meat traits in finisher pigs [J]. Animal, 9 (10): 1731-1739.

Tan B, Li X G, Kong X, et al, 2008. Dietary L-arginine supplementation enhances the immune status in early-weaned piglets [J]. Amino Acids, 37 (2): 323-331.

Tan B, Yin Y, Liu Z, 2009. Dietary l-arginine supplementation increases muscle gain and reduces body fat mass in growing-finishing pigs [J]. Amino Acids, 37 (1): 169-175.

Tan B, Yin Y, Liu Z, et al, 2011. Dietary L-arginine supplementation differentially regulates expression of lipid-metabolic genes in porcine adipose tissue and skeletal muscle [J]. Journal of Nutritional Biochemistry, 22 (5): 441-445.

Trottier N L, Shipley C F, Easter R A, 1997. Plasma amino acid uptake by the mammary gland of the lactating sow [J]. Journal of Animal Science, 75 (5): 1266-1278.

Vermeirssen V, Deplancke B, Tappenden K A, 2002. Intestinal transport of the lactokinin Ala-Leu-Pro-Met-His-Ile-Arg through a Caco-2 bbe monolayer [J]. Journal of Peptide Science, 8 (3): 95-100.

Vollmar B, Menger M D, 2009. The hepatic microcirculation: mechanistic contributions and therapeutic targets in liver injury and repair [J]. Physiological Reviews, 89 (4): 1269-1339.

Wang T C, Fuller M F, 1990. The of the plane of nutrition on the optimum dietary aminmo acid pattern for growing pigs [J]. Animal Production, 50: 155-164.

Wang W, Shi C, Zhang J, et al, 2009. Molecular cloning, distribution and ontogenetic expression of the oligopeptide transporter PepT1 mRNA in Tibetan suckling piglets [J]. Amino Acids, 37: 593-601.

Wang W W, Zeng X F, Mao X B, et al, 2010. Optimal dietary true ileal digestible threonine for supporting the mucosal barrier in small intestine of weanling pigs [J]. Journal of Nutrition, 140 (5): 981-986.

Wu G, 2009. Amino acids: metabolism, functions, and nutrition [J]. Amino Acids, 37 (1): 1-17.

Wu G, Bazer F W, Hu J, et al, 2005. Polyamine synthesis from proline in the developing porcine placenta [J]. Biology of Reproduction, 72 (4): 842-850.

Wu G, Bazer F W, Datta S, 2008. Proline metabolism in the conceptus: implications for fetal growth and development [J]. Amino Acids, 35 (4): 691-702.

Wu G, Fang Y Z, Yang S, et al, 2004a. Glutathione metabolism and its implications for health [J]. Journal of Nutrition, 134 (3): 489-492.

Wu G, Knabe D A, Kim S W, 2004b. Arginine nutrition in neonatal pigs [J]. Journal of Nutrition, 134 (10): 2783-2790.

Wu G, Ott T L, Knabe D A, et al, 1999. Amino acid composition of the fetal pig [J]. Journal of Nutrition, 129 (5): 1031-1038.

Wu L, He L, Cui Z, et al, 2015a. Effects of reducing dietary protein on the expression of nutrition sensing genes (amino acid transporters) in weaned piglets [J]. Journal of Zhejiang University-Science B, 16 (6): 496-502.

Wu Y, Jiang Z, Zheng C, 2015b. Effects of protein sources and levels in antibiotic-free diets on diarrhea, intestinal morphology, and expression of tight junctions in weaned piglets [J]. Animal Nutrition, 1 (3): 170-176.

Xi P, Jiang Z, Dai Z, et al, 2012. Regulation of protein turnover by L-glutamine in porcine intestinal epithelial cells [J]. Journal of Nutritional Biochemistry, 23 (8): 1012-1017.

Xie C Y, Zhang G F, Zhang F R, et al, 2014. Estimation of the optimal ratio of standardized ileal digestible tryptophan to lysine for finishing barrows fed low protein diets supplemented with crystalline amino acids [J]. Czech Journal of Animal Science, 59 (1): 26-34.

Xie C Y, Zhang S H, Zhang G J, et al, 2013. Estimation of the optimal ratio of standardized ileal digestible threonine to lysine for finishing barrows fed low crude protein diets [J]. Asian-Australasian Journal of Animal Science, 26 (8): 1172-1180.

Yang Y X, Heo S, Jin Z, et al, 2009. Effects of lysine intake during late gestation and lactation on blood metabolites, hormones, milk composition and reproductive performance in primiparous and multiparous sows [J]. Animal Reproduction Science, 112 (3/4): 199-214.

Yang Y X, Jin Z, Yoon S Y, et al, 2008. Lysine restriction during grower phase on growth performance, blood metabolites, carcass traits and pork quality in grower finisher pigs [J]. Acta Agriculturae Scandinavica, 58 (1): 14-22.

Ye C C, Zeng X Z, Zhu J L, et al, 2017. Dietary N-carbamylglutamate supplementation in a reduced protein diet affects carcass traits and the profile of muscle amino acids and fatty acids in finishing pigs [J]. Journal of Agricultural and Food Chemistry, 65: 5751-5758.

Yen J T, Kerr B J, Easter R A, 2004. Difference in rates of net portal absorption between crystalline and protein-bound lysine and threonine in growing pigs fed once daily [J]. Journal of Animal Science, 82: 1079-1090.

Yi X W, Zhang S R, Yang Q, et al, 2010. Influence of dietary net energy contents on performance of growing pigs fed low crude protein diets supplemented with crystalline amino acids [J]. Journal of Swine Health and Production, 18 (6): 294-300.

Yin Y, Kang Y, Liu Z, 2010. Supplementing L-leucine to a low-protein diet increases tissue protein synthesis in weanling pigs [J]. Amino Acids, 39 (5): 1477-1486.

Zhang B, Che L, Lin Y, et al, 2014a. Effect of dietary N-carbamylglutamate levels on reproductive performance of gilts [J]. Reproduciton in Domestic Animals, 49: 740-745.

Zhang G J, Song Q L, Xie C Y, et al, 2012. Estimation of the ideal standardized ileal digestible tryptophan to lysine ratio for growing pigs fed low crude protein diets supplemented with crystalline amino acids [J]. Livestock Science, 149 (3): 260-266.

Zhang J, Yin Y, Shu X G, et al, 2013a. Oral administration of MSG increases expression of glutamate receptors and transporters in the gastrointestinal tract of young piglets [J]. Amino Acids, 45 (5): 1169-1177.

Zhang R F, Hu Q, Li P F, et al, 2011. Effects of lysine intake during middle to late gestation (Day 30 to 110) on reproductive performance, colostrum composition, blood metabolites and hormones of multiparous sows [J]. Asian Australasian Journal of Animal Sciences, 24 (8): 1142-1147.

Zhang S, Qiao S, Ren M, et al, 2013b. Supplementation with branched-chain amino acids to a low-protein diet regulates intestinal expression of amino acid and peptide transporters in weanling pigs [J]. Amino Acids, 45 (5): 1191-1205.

Zhang S H, Ren M, Zeng X F, et al, 2014b. Leucine stimulates ASCT2 amino acid transporter expression in porcine jejunal epithelial cell line (IPEC-J2) through PI3K/Akt/mTOR and ERK signaling pathways [J]. Amino Acids, 46: 2633-2642.

Zhu J L, Zeng X F, Peng Q, et al, 2015. Maternal N-carbamylglutamate supplementation during early pregnancy enhances embryonic survival and development through modulation of the endometrial proteome in gilts [J]. Journal of Nutrition, 145: 2212-2220.

Zeng X F, Huang Z M, Mao X B, et al, 2012. N-carbamylglutamate enhances pregnancy outcome in rats through activation of the PI3K/PKB/mTOR signaling pathway [J]. PLoS One, 7 (7): e41192.

第三章 脂　类

猪饲粮中添加的绝大多数脂类，其主要成分为甘油三酯，液态的甘油三酯称为油，固态的甘油三酯称为脂肪，二者统称为油脂。运用化学分析方法测得的粗脂肪，是指所有可溶于脂溶性溶剂的物质，包括甘油三酯、甘油一酯、甘油二酯、糖脂、卵磷脂、脑磷脂、固醇类、蜡酯、长链醛和醇类、游离脂肪酸及脂溶性维生素等，这类物质统称为脂类。本章重点讨论油脂。

油脂在饲粮及其加工中具有重要的作用。油脂是能量和必需脂肪酸的重要来源，可以减少热增耗，促进脂溶性维生素的吸收。在饲料加工过程中油脂可以减少粉尘，具有润滑作用。

猪典型饲粮中油脂的添加量不超过6%，但如果采用制粒后喷涂工艺，油脂的添加量可提高（NRC，2012）。饲粮中添加油脂在提高饲粮能量浓度的同时，可能会造成动物采食量的下降，但能改善饲料转化效率（Engel等，2001；张晓峰，2015）。最新研究发现，味蕾可以识别"脂肪味"，从而形成第六种基础味觉（Running等，2015），显示油脂有助于改善饲料适口性，增加动物采食量。在实际生产中，饲粮中添加油脂后猪的采食量是增加还是降低需要根据动物生理阶段、油脂添加量及油脂质量等综合分析。在设计饲粮配方时，应当设置一个适宜的养分与有效能值的比例，才能满足猪对不同营养素的需求，同时添加抗氧化剂和乳化剂以最大限度地发挥油脂的生物学作用。

二噁英是化学工业、冶金工业、垃圾焚烧、造纸及生产杀虫剂等过程中产生的一类剧毒污染物，被二噁英污染的油脂引起的动物食品安全事件已经发生多起。地沟油有明显的酸腐气味，含有环境污染物如多氯联苯、二噁英、重金属等，对饲料品质及动物性食品质量安全危害巨大，因此，饲料生产者要避免使用存在安全风险的油脂产品。

第一节　油脂的质量与安全性评价

一、油脂的分类、脂肪酸组成及能值

根据来源，饲用油脂可分为植物油（如大豆油、玉米油、棕榈油、椰子油和葵花籽油等）、动物油（如牛油、猪油、鸡油和鱼油等）和少量动植物混合油。根据形态可分为液态、固态和油粉。油脂为动物提供多种脂肪酸和能量。一般情况下，植物油和鱼油

的不饱和度比其他动物油脂高,因为植物油和鱼油中含有丰富的 C18:1、C18:2 和 C18:3,且鱼油中 C20 和 C22 不饱和脂肪酸含量也较高,可以满足动物对必需脂肪酸的需求。相反,动物油脂中不饱和脂肪酸含量低,饱和脂肪酸含量高,如 C16:0 和 C18:0。此外,动物油脂中还含有少量的 C12:0 和 C14:0。大多数植物油中主要的脂肪酸是 C18:1、C18:2 和 C18:3,但椰子油中主要的脂肪酸是 C12:0(管武太,2014)。

猪的生理阶段、饲粮组成、油脂添加比例、油脂中不饱和脂肪酸与饱和脂肪酸的比例、脂肪酸的碳链长度及是否添加乳化剂均会影响油脂的消化利用。不同来源的油脂由于其脂肪酸组成存在差异,其有效能值也不同。常见动植物油脂的脂肪酸组成及其对猪的有效能值见表 3-1。

表 3-1 常见动植物油脂的脂肪酸组成及其对猪的有效能值

指标	椰子油	玉米油	棉籽油	棕榈油	大豆油	葵花籽油	牛油	精选白脂膏	鸡油	猪油	鲱鱼油	土步鱼油	鲑鱼油	沙丁鱼油	动植物混合油
脂肪酸组成(%)															
C≤10	5.6	0	0	3.7	0	0	0	0.2	0	0.1	0	0	0	0	0
C12:0	43.8	0	0	47.0	0	0	0.9	0.1	0.2	0.2	0	0	0	0.1	0.3
C14:0	16.8	0	0.8	16.4	0.1	0	3.7	1.9	0.9	1.3	7.2	8.0	3.3	6.5	1.5
C16:0	8.4	10.6	22.7	8.1	10.3	5.4	24.9	21.5	21.6	23.8	11.7	15.2	9.8	16.7	20.2
C16:1	0	0.1	0.8	0	0.2	0	4.2	5.7	5.7	2.7	9.6	10.5	4.8	7.5	3.2
C18:0	2.5	1.9	2.3	2.8	3.8	3.5	18.9	14.9	6.0	13.5	3.8	4.3	3.9	0	10.1
C18:1	5.9	27.3	17.0	11.4	22.8	45.3	36.0	41.1	37.4	41.2	12.0	14.5	17.0	14.8	35.5
C18:2	1.7	53.5	51.5	1.6	51.0	39.8	3.1	11.6	19.5	10.2	1.2	2.2	1.5	2.0	21.6
C18:3	0	1.2	0	0	6.8	0.2	0.6	0.7	0	0	1.5	1.1	1.3	0	0.9
C20:1	0	0	0	0	0.2	0	0.3	1.8	1.1	1.0	13.6	1.3	3.9	6.0	0.6
C20:4	0	0	0.3	0	0	0	0	0	0.3	1.2	0.7	1.8	0	0	0
C20:5	0	0	0	0	0	0	0	0	0	0	6.3	13.2	13.0	10.1	0
C22:1	0	0	0	0	0	0	0	0	0	0	20.6	0.4	3.4	5.6	0
C22:5	0	0	0	0	0	0	0	0	0	0	0.6	4.9	3.0	2.0	0
C22:6	0	0	0	0	0	0	0	0	0	0	4.2	8.6	18.2	10.7	0
能值(MJ/kg)															
消化能	30.00	36.63	36.02	30.40	36.61	36.65	33.45	34.69	35.71	34.68	36.37	35.71	36.46	35.81	35.12
代谢能	29.39	35.89	35.30	29.79	35.87	35.92	32.78	33.99	34.99	33.99	35.64	35.00	35.72	35.09	34.41
净能	25.87	31.59	31.06	26.21	31.57	31.61	28.85	29.91	30.80	29.91	31.36	30.80	31.44	30.88	30.28

注:动植物混合油组成为 25%猪油、25%鸡油、25%牛油和 25%玉米油。

资料来源:NRC(2012)。

二、油脂质量与评价体系

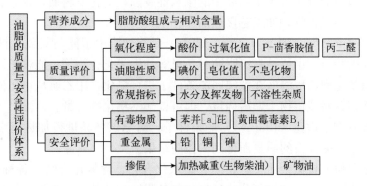

图 3-1　油脂的质量与安全性评价体系

三、常用质量评价指标与检测方法

油脂在贮藏过程中随着时间的延长会发生自动氧化，分解成游离脂肪酸等产物，游离脂肪酸会进一步氧化产生次级产物，这种变化通常称为氧化酸败。用单一指标反映油脂氧化酸败状态和评价油脂品质不够准确，需要运用多个指标对油脂的状态和质量进行综合评价。

酸价（acid value，AV）通常用来表示油脂中游离脂肪酸的含量，即中和 1 g 油脂中游离脂肪酸所需氢氧化钾的毫克数，单位用 mg/g 表示。

过氧化值（peroxide value，POV）是衡量油脂初始氧化程度的指标，氢过氧化物是油脂氧化的主要初级产物。通过将测试油脂溶解在乙酸和异辛烷溶液中，与碘化钾溶液反应，用硫代硫酸钠标准溶液滴定，即氧化碘化钾的物质的量，常以每千克油脂中活性氧的毫摩尔数来表示。

P-茴香胺值（P-anisidine value，PAV）反映了油脂中醛、酮、醌等次级氧化产物的含量，是指溶解于 100 mL 混合溶剂或试剂中的 1 g 油样在 350 nm（1 cm 比色皿）吸光度的 100 倍。主要用于测定动植物油脂中 α,β-不饱和醛，特别是 2-烯醛和 2,4-二烯醛的含量，是评价油脂二次氧化的指标。

丙二醛（malonic dialdehyde，MDA）是衡量脂质氧化终产物的指标，它能与硫代巴比妥酸（TBA）作用生成粉红色化合物，在 538 nm 波长处有吸收高峰，利用此性质即能测出丙二醛含量，主要运用于猪油酸败的检测。

碘价（iodine value，IV）即碘值，是用来衡量油脂中不饱和脂肪酸含量的指标。在溶剂中溶解测试油脂，加入韦氏（Wijs）试剂反应一定时间后，加入碘化钾和水，用硫代硫酸钠溶液滴定析出的碘。碘价越高，说明油脂中双键越多，不饱和程度越高。碘价下降，说明油脂发生了氧化，碘价的变化还可以间接反映油脂中脂肪酸的稳定性情况。

皂化值（saponification value，SV）是反映组成油脂的脂肪酸碳链长度的指标，其高低表示油脂中脂肪酸分子量的大小（即脂肪酸碳原子数的多少）。在回流条件下将样品和氢氧化钾-乙醇溶液一起煮沸，然后用标定的盐酸溶液滴定过量的氢氧化钾。皂化值越高，说明脂肪酸分子量越小，油脂的亲水性越强；皂化值越低，则脂肪酸分子量越大或含有较多的不皂化物，油脂越接近固体。

不皂化物（unsaponifiable matter，USM）是指油脂中不能与氢氧化钠或氢氧化钾发生皂化反应的物质，主要是高级脂肪醇、甾醇和碳氢化合物等，能溶于乙醚等有机溶剂。油脂与氢氧化钾乙醇溶液在煮沸回流条件下进行皂化，用乙醚从皂化液中提取不皂化物，蒸发溶剂并对残留物干燥后称量，即可得知不皂化物含量。

水分及挥发物是指在（103±2）℃的条件下，对测试样品进行加热至水分及挥发物完全散尽时测定样品损失的质量而得到的检测结果。

不溶性杂质包括机械杂质、矿物质、碳水化合物、含氮化合物、各种树脂、钙皂、氧化脂肪酸、脂肪酸内酯和（部分）碱皂、羟基脂肪酸及其甘油酯等。用过量正己烷或石油醚溶解试样，对所得试液进行过滤，再用同样的溶剂冲洗残留物和滤纸，使其在103 ℃下干燥至恒质计算的不溶性杂质的含量。

四、安全性指标

影响饲用油脂安全性的因素主要有几个方面：一是来自生产油脂产品时所用原料的安全隐患；二是加工工艺对油脂质量安全的影响；三是非法添加物的安全隐患。油脂在经过高温烹炒煎炸后，其脂肪酸发生聚合反应可生成多环芳烃类物质（Tyagi 等，1996）。苯并[a]芘（benzoapyrene，BaP）是多环芳烃中污染最广、致癌性最强的物质。多种动物试验证实，吸入或经口、皮肤接触 BaP 均可引发动物患胃癌、肺癌、食道癌和皮肤癌等多种癌症。BaP 对试验动物的半数致癌剂量为 80 μg，最小致癌剂量为 0.4～2 μg。此外，油脂在其原料回收及加工过程中因受到污染，或接触金属器皿后会引入砷、铅、铜、铬等重金属，其中砷对动物健康的危害是多方面的，摄入体内后可经血液迅速分布至全身，引发多器官的组织学和功能的异常改变，严重者还可导致癌变（Vahter，2002）。铅可与动物体内一系列蛋白质、酶和氨基酸内的官能团结合，干扰机体正常的生理生化过程。非法添加物，如矿物油在动物肠道内不易被消化吸收，同时影响水分的吸收，且含有大量有毒、有害成分，对动物健康产生不利影响。利用矿物油不溶于碱而油脂溶于碱的性质可鉴别矿物油掺假。除此以外，还可用有害微生物、二噁英、黄曲霉毒素、生物柴油、多氯联苯和农药残余量等指标来评估饲用油脂的安全性。

第二节 油脂的氧化与稳定性

一、油脂氧化的涵义

油脂氧化是油脂品质劣化的主要原因之一。在加工和贮藏期间，油脂因温度的变化及空气中氧气、光照、微生物、酶、金属离子等的作用产生异味和一些有毒性的化合物，这些变化统称为酸败。油脂氧化的主要途径是自动氧化，即活化的不饱和脂肪与基态氧发生的自由基链式反应，包括链引发、链传递、链终止3个阶段。氧化过程主要从相对于双键的α位的H原子分裂出来的均裂原子团开始。在链引发阶段，不饱和脂肪酸及其甘油酸（RH）在金属催化或光、热、酶的作用下易使与双键相邻的α-亚甲基脱氢引发烷基自由基（R·）的产生；在链传递阶段，R·与空气中的氧结合，形成过氧自由基（ROO·），ROO·又夺取另一分子RH中的α-亚甲基氢，生成氢过氧化物（ROOH），同时产生新的R·，如此循环下去；在链终止阶段，自由基之间反应形成非自由基化合物。

油脂氧化的初级产物为氢过氧化物，氢过氧化物不稳定，容易分解为短链的醛、酮、酸等小分子化合物（王兴国，2012）。氢过氧化物的分解主要涉及烷氧自由基的生成及进一步分解。烷氧自由基的主要分解产物包括醛、酮、醇、酸化合物，除这4类产物外还可以生成环氧化合物、碳氢化合物等。生成的醛、酮类化合物主要有壬醛、2-癸烯醛、2-十一烯醛、己醛、顺-4-庚烯醛、2,3-戊二酮、2,4-戊二烯醛、2,4-癸二烯醛和2,4,7-癸三烯醛；生成的环氧化合物主要是呋喃同系物。这些由油脂氧化生成的产物会对油脂的性状、风味、色泽等产生不良影响，氧化后期甚至会伴随产生强烈的刺激性气味。

油脂的氧化稳定性（oil stability index，OSI）是用油脂自动氧化诱导期到氧化期之间时间的长短来表示油脂抵抗自动氧化的能力（谢守华，1998）。通过测定诱导时间的长短便可以了解油脂氧化稳定性的大小，诱导期越长表明油脂的氧化稳定性越好。在正常状态下，油脂自动氧化由诱导期到氧化期的时间比较长（Jebe等，1993）。油脂的氧化稳定性的测定是在人工加速氧化的条件下，测定油脂的诱导时间，测定方法包括烘箱法（schaal oven test）、活性氧法（active oxygen method）、氧化酸败仪法（Rancimat）等（Dunn，2005）。

二、贮存对油脂氧化稳定性的影响

油脂在贮藏过程中易发生氧化酸败。油脂的氧化酸败不仅与其自身的脂肪酸组成有关，也与油脂所处的空气、光照、温度、水分以及金属离子外界条件有关。贮运油脂所选择的材料必须有足够的机械强度以及具有高的遮光性、阻氧性和阻油性。铁质容器贮藏油脂的效果要优于各种类型的塑料容器（Nkpa等，1990；Mendez等，2007；王亚萍等，2011；Dabbou，2011；Shafqatullah等，2011）。用铁罐和高密度聚乙烯（high density polyethylene，HDPE）材质的塑料瓶贮藏豆油和混合油进行对比发现，塑料瓶装的两种油脂在6个月内其过氧化值和丙二醛值均明显增加，而铁罐装的油脂几乎没有变化（吴智强，2013）。用塑料瓶装的饲用猪油过氧化值的增加速度明显快于铁罐，塑料材质容器的透氧性、透湿性和透光性强于铁质材料容器（张成，2013）。塑料容器具有质轻、成本相对低廉，易生产制造等优势（Kiritsakis等，2003），但长期使用HDPE材料贮藏油脂，会溶解出塑料中的乙烯单体和其他杂质，使容器内贮藏的油脂污染、变质、产生异味，乙烯单体和杂质进入动物体循环，对健康危害很大（Huber等，

2002），仅适用于短期贮存，长期贮藏则应选择铁质容器。

油脂受空气中氧气作用而发生的自动氧化是影响其贮藏品质的主要因素。降低贮藏容器内的氧气分压，将油罐内的氧气浓度控制在1%～2%，能将氧化作用降到较弱的程度。采用氮气等惰性气体保护是比较实用的贮藏方法（张来林等，2010）。氮气充入油罐后覆盖在油面将空气隔开，减少油脂吸收的氧气，同时氮气以细小的气泡充入油中，将油中的空气带出油面，从而减少油中氧的溶解量。在充氮绝氧的条件下，油脂无论处于低温、常温或高温，酸价和过氧化值均无显著变化。将充氮气和添加抗氧化剂的方法相结合，油脂的贮藏时间可延长至2年以上。

温度是影响油脂贮藏过程中化学反应速度的重要因素。在20～60℃范围内，温度每升高15℃，油脂氧化速度增加1倍，温度的升高明显加快化学反应速度（程建华等，2004）。因此应根据环境温度变化做好油脂采购及贮藏计划。另外一个不可忽略的因素是光照，把装满橄榄油的玻璃瓶分别放在正常散射光的室内、有太阳直射光的室外（每天4 h）和加箔遮光三个条件下贮存5个月，测得这3个处理的过氧化值分别为32.5 mmol/kg、37.5 mmol/kg 和 7.5～10 mmol/kg。有光照比在黑暗的情况下贮藏油脂劣变更快（Nkpa等，1990；Kucuk等，2005）。

油脂在使用过程中每次取出，剩余的部分经常要与空气中的氧气接触，随着使用次数的增多，进入的空气也会增多，导致剩余油脂的过氧化值快速增长（程静等，2010；Pristouri等，2010；袁建等，2012）。模拟使用期为5个月，贮存容器多次开启时豆油、混合油的过氧化值分别是密闭贮藏的4.0倍和7.8倍（吴智强，2013）。因此，油脂在使用过程中应尽量减少使用频率和使用时间以及根据需要确定包装容量。

三、保质期的预测模型

脂质氧化，特别是自动氧化，是影响油脂保质期的重要因素。根据Arrhenius提出的温度对反应速度的经验公式，对于一般化学反应，反应温度每升高10℃，反应速度升高1倍。

$$\frac{K(T+10℃)}{K(T)}=2$$

式中，K 为反应速度常数；T 为温度，单位为℃。

反应速度常数与油脂保质期成反比，即反应速度常数越大，保质期越短。通过加速稳定性试验（Schaal烘箱法），将油脂样品加热到60℃，通过过氧化值（POV）来确定氧化的终点，可以对油脂的保质期进行预测。温度与油脂保质期之间的关系如表3-2所示。

表3-2 温度与保质期系数的关系

温度（℃）	60	50	40	30	20	10
保质期系数	1	2	4	8	16	32

由表3-2可知，Schaal烘箱试验的1 d相当于20℃下贮藏16 d（吴雪辉等，2008）。

以油脂相关标准要求的过氧化值为上限值,得出油脂在 Schaal 烘箱试验条件下过氧化值达到上限值的时间,外推即可得出 20 ℃下油脂的预期保质期。

四、氧化对油脂消化能和代谢能的影响

饲粮中油脂氧化酸败可引起畜禽氧化应激(Liu 等,1998;Eder 等,2000),导致机体免疫功能下降(Deng 等,2010)、组织细胞膜结构受损(Hayam 等,1997)、抗氧化功能降低、肠道结构遭到破坏,从而引起饲料养分消化吸收障碍。饲喂氧化鱼油可使仔猪氮表观消化率和表观利用率分别下降 21.91% 和 30.55%,干物质和脂肪消化率分别下降 13.05% 和 35.18%(袁施彬等,2007)。动物对含氧化油脂饲料中养分的消化吸收能力下降,氧化后油脂本身的有效能值也会降低。用生长猪测定的结果表明,与新鲜猪油(POV 为 0.44 mmol/kg)的消化能(DE,36.83 MJ/kg)和代谢能(ME,35.83 MJ/kg)相比,POV 为 29.64 mmol/kg 和 55.79 mmol/kg 的氧化猪油,其 DE 分别下降了 4.84% 和 10.43%,ME 分别下降了 3.95% 和 10.65%(张成,2013)。控制饲粮中油脂的氧化酸败非常重要,在生产过程中,应注意油脂的贮存及饲粮中抗氧化剂的使用。

五、防止脂质过氧化的措施

防止脂质过氧化的技术措施主要包括:①改善油脂贮藏条件,包括降低贮藏环境温度、隔绝空气、避光等;②对油脂进行精炼处理,降低油脂中的水分和杂质含量,减少油脂中微生物的含量并破坏微生物生长繁殖的必要条件;③在贮藏容器内充入氮气或二氧化碳等惰性气体;④添加抗氧化剂和除氧剂等。

第三节 油脂的消化吸收

一、消化吸收过程及影响因素

油脂的消化需要经过乳化、酶解过程。油脂进入小肠后刺激肠道胆囊收缩素(cholecystokinin,CCK)的分泌,CCK 促进胆囊释放胆汁进入小肠。胆汁将甘油三酯乳化形成小的颗粒,以提供胰脂肪酶的作用场所,脂肪酶将甘油三酯水解为游离脂肪酸、甘油单酯及甘油二酯(Gu 等,2003)。在胆汁酸的作用下,游离脂肪酸、甘油单酯及其他脂类的水解产物在小肠内形成微胶粒(Bauer 等,2005)。水溶性的微胶粒通过被动扩散或脂肪酸转运载体进入肠上皮细胞内,吸收部位从十二指肠末端一直到回肠末端(Gurr 等,2008)。在肠上皮细胞内,油脂水解产物被脂肪酸结合蛋白质运送到内质网后重新酯化组合,与载脂蛋白结合后形成乳糜微粒。最后这些乳糜微粒通过肠绒毛上的乳糜管进入胃肠道的淋巴系统或门静脉(Phan 等,2001)。

甘油三酯中脂肪酸碳链的长度会影响油脂的消化率。含中短链脂肪酸较多的油脂,如椰子油,一般具有较高的消化率(Li 等,1990;Lauridsen 等,2007a)。由于中链脂

肪酸（mediumchainfattyacids，MCFAs）的酯化程度较低，因此大部分 MCFAs 可以直接被吸收而不需要经过脂肪酶水解（Odle，1999）。MCFAs 进入肠上皮细胞后，直接通过门静脉进入肝脏进行代谢，且通过线粒体双层膜时不需要肉碱的作用，通过速度很快，更易被氧化分解利用（Gu 等，2003）。而长链脂肪酸（long chain fatty acids，LCFAs）需要经历完整的乳化和水解过程，在肠道上皮细胞内再次酯化为乳糜微粒，进入血液及淋巴系统分散到各脂肪组织，并在肉碱的协助下才能进入线粒体内进行 β-氧化。

油脂中不饱和脂肪酸（unsaturated fatty acid，UFA）与饱和脂肪酸（saturated fatty acid，SFA）的比率即 U∶S 影响油脂的消化率。U∶S 较高的油脂有更高的消化率，因为 UFA 的消化率要高于 SFA（Wiseman 等，1990；Powles 等，1993）。但 U∶S 的比率对油脂消化率的影响并不是线性的，U∶S 比率为 4 时油脂的消化率最大，并且幼龄动物和成年动物之间以及家禽和猪之间对油脂的消化能力是有差别的（Wiseman 等，1998）。

脂肪酸在甘油三酯分子中的空间分布也影响畜禽对油脂的利用率。在消化道内，脂肪酶优先分解 sn-1 或 sn-3 位脂肪酸，只剩下 sn-2 位脂肪酸的甘油单酯，其无论是结合饱和脂肪酸还是不饱和脂肪酸，都具有较高的消化率（Renaud 等，1995；Ramírez 等，2001）。75%～85% 的 sn-2 位甘油单酯能直接被动物肠道吸收，比水解后的游离脂肪酸（free fatty acid，FFA）的吸收更有效（Bracco，1994）。猪油、牛油及棕榈油具有比较接近的 U∶S 比率，但生长猪对猪油的消化率一般要高于牛油和棕榈油，而棕榈油和牛油消化率则比较接近（Jørgensen 等，2000）。这主要是由于猪油中消化率低的饱和脂肪酸大部分位于甘油三酯的 sn-2 位，提高了饱和脂肪酸的消化率。

油脂中的 FFA 含量与其消化率有密切关系。随着 FFA 浓度的升高，猪对大豆油、精炼白脂和牛油的消化率均逐渐降低（Powles 等，1993；Mendoza 等，2014）。当 FFA 含量达到 50% 时，猪在每个 U∶S 比率处的油脂能值都降低；在油脂 U∶S 为 3.5 时，猪对脂肪的最大消化率下降到 88.5%，减少了 3.5%；在油脂 U∶S 为 2.25 时，猪对脂肪的消化率下降到 86%，减少了 6%（Wiseman 等，1998）。由 FFA 导致油脂消化率下降的效应，在 U∶S 比率低或消化能力较弱的动物上的表现最为突出（Wiseman 等，1998；Jørgensen 等，2000），但此结论尚不一致，断奶仔猪和生长猪对棕榈油、猪油和禽油的脂肪酸消化率不受 FFA 含量的影响（Derouchey 等，2004；Lauridsen 等，2007a；Mendoza 等，2014）。

二、不同日龄仔猪对油脂的消化吸收率

动物在不同生长阶段对油脂的消化率存在一定的差异。随断奶日龄的增加，仔猪对不同来源油脂的消化率逐渐升高。21 日龄断奶仔猪断奶后第 1 周饲粮中玉米油、猪油和牛油的表观消化率分别为 78.96%、68.12% 和 64.82%，至断奶后第 4 周提高到 88.79%、84.9% 和 82.48%；在断奶后第 3 周时到达平台期，第 3 周的脂肪表观消化率与第 4 周没有明显差异。椰子油的表观消化率也有同样的趋势。随着仔猪消化系统发育逐步完善，油脂的表观消化率随日龄的变化逐渐减小。对于 22 kg 和 84 kg 的猪而言，两者对大豆油的消化率基本一致，84 kg 的猪对猪油消化率略高于 22 kg 的猪（Kil 等，2011）。

三、加工对油脂消化吸收的影响

均质加工或喷雾干燥处理可将液体状态的油脂转变为流动性的粉末，易于添加和混合到饲料中（Price 等，2013）。Xing 等（2004）研究表明，喷雾干燥处理的猪油可以显著改善 36~49 日龄仔猪的日增重和饲料转化效率，但不能提高 49~56 日龄仔猪的粗脂肪消化率（Xing 等，2004）。棕榈油经乳化、均质、喷雾干燥处理后，仔猪对其消化吸收效率大幅提高（任春晓，2016）。仔猪断奶后对饲料中油脂的消化率随日龄增长逐渐提高。饲粮添加油脂时，同时添加乳化剂（包括大豆磷脂等）可以提高油脂的消化利用。在喷雾干燥处理的油脂中添加乳化剂可提高低断奶仔猪的油脂消化率。在喷雾干燥处理的精炼白脂中添加 15% Tween 80 作为乳化剂，可以提高 20~34 日龄仔猪对长链甘油三酯的利用率（Price 等，2013）。

第四节 油脂对猪生产性能的影响

一、仔猪

断奶仔猪饲粮中的油脂相比于其他营养物质能够提供更多的能量，可以有效改善断奶仔猪的能量供给（Gu 等，2003）。由于断奶应激和消化道未发育完善的影响，仔猪在 4 周龄时，胰脂肪酶的活性只相当于出生时的 18 倍，而 8 周龄时其活性是 4 周龄时的 300 倍（Jensen 等，1997）。仔猪的日龄和断奶体重影响饲料中油脂的应用效果，21 d 断奶体重未达到 6.5 kg 的仔猪，断奶后前 2 周在饲粮中添加单一种类的油脂对生长性能没有显著影响（Cera 等，1990；Li 等，1990；Jones 等，1992；朴香淑等，2001；Moreira 等，2002；Jung 等，2003；Adeola 等，2013），而混合油脂（50%豆油＋50%椰子油或中链甘油三酯）可以提高断奶仔猪日增重和饲料转化效率（Li 等，1990，2015）。当断奶体重超过 6.5 kg 时，在断奶后前 2 周饲粮中添加油脂可以改善饲料转化效率（Moreira 等，2002；Mendoza 等，2014；Li 等，2015）。断奶后 3~5 周，仔猪消化系统发育逐步完善，对油脂和其他营养物质的利用率增加，在饲粮中添加 2.5%~7.5%的油脂可以提高日增重并改善饲料转化率（Cera 等，1990；Li 等，1990；Jones 等，1992；Moreira 等，2002；Jung 等，2003）；并且随着油脂用量的增加，生长性能呈线性增长（Adeola 等，2013；Mendoza 等，2014）；其中含有椰子油或中链甘油三酯的混合油脂应用效果优于椰子油和豆油（Cera 等，1990；Li 等，1990，2015）；植物来源油脂的应用效果优于动物油脂（Jones 等，1992；Jung 等，2003）。

二、生长育肥猪

生长育肥猪（25~135 kg）饲粮中添加油脂能提高日增重和饲料转化效率，同时增加育肥猪的背膘厚（Llata 等，2007；Linneen 等，2008；Stephenson 等，2014），随着油脂添加量（0~6%）的增加，生产性能持续改善（Tokach 等，2003；Linneen 等，2008；Salyer 等，2012）。饲粮赖氨酸水平影响油脂的添加效果。27~45 kg、45~75 kg、75~100 kg 和 100~120 kg 的生长育肥猪饲粮中添加 6% 的精炼白脂，当赖氨酸与代谢能（Lys：MJ ME）的比值分别为 0.85：0.66：0.49：0.36 时可以获得最佳的生产性能（Llata 等，2007）。动物圈舍的环境温度会影响油脂的营养价值。当猪所处的环境温度为 22.5 ℃或 35 ℃时，饲粮中添加 5% 的牛油可以显著提高生长速度，改善能量利用率，提高胴体背膘厚和体脂率；当环境温度为 10 ℃时则有相反的效果。猪处于温度适中的环境中时，在饲粮中添加油脂作为能量来源有助于提高其生长性能，同时降低单位体增重所需的代谢能。圈舍环境温度较高时，用油脂代替碳水化合物提供能量，可以减少热增耗，增加动物自由采食的能量摄入（Spencer 等，2005）。随着油脂在生长育肥猪饲粮中添加时间的延长，对日增重和饲料转化效率的改善程度显著提升（Benz 等，2007；Stephenson 等，2014）。不同类型油脂对生长育肥猪生长性能的影响没有显著差异（Realini 等，2010；Hallenstvedt 等，2012；Park 等，2012；Morel 等，2013；Kim 等，2014；Stephenson 等，2014）。

三、妊娠后期-哺乳期母猪

母猪饲料中添加油脂具有重要的营养和生理作用。在母猪妊娠后期，其胎儿的生长发育和养分沉积明显加快，胎儿重量的 3/4 通常是在妊娠的最后 1/4 的时间内完成，同时母猪乳腺组织也开始快速发育并经历显著的功能和代谢变化（管武太，2014）。妊娠后期饲粮中添加油脂对母猪总产仔数、产活仔数、仔猪初生平均个体重和初生窝重等无显著性影响（Weeden 等，1994；Averette 等，2002；Lauridsen 等，2004；van der Peet-Schwering 等，2004；Quiniou 等，2008；Rosero 等，2012a，2012b；Smits 等，2011；张红菊，2012），但显著改善了仔猪断奶窝重（Quiniou 等，2008；Rosero 等，2012a）、断奶平均个体重（Averette 等，2002；Quiniou 等，2008）、断奶头数（Quiniou 等，2008）、仔猪平均日增重（Averette 等，2002）、窝增重（Lauridsen 等，2004；Quiniou 等，2008；Rosero 等，2012a）等泌乳性能指标。

在母猪泌乳期饲粮中添加油脂，能提高其能量和必需脂肪酸的摄入量，产乳量和乳脂含量显著提高，同时降低母猪泌乳期体重和背膘损失，为下一个繁殖周期做准备（管武太，2014）。在饲粮能量水平相同的条件下，添加油脂不会影响母猪泌乳期的采食量（Kemp 等，1995；Tilton 等，1999）。添加油脂有利于提高泌乳母猪饲粮中能量的利用效率。在高温条件下，母猪采食量急剧下降，随着油脂水平的升高，母猪平均日能量摄入量呈线性增加（Rosero 等，2012a，2012b）。

母猪在泌乳期产生大量乳汁，若以单位体重来计算产乳量，1 头母猪 1 d 的产乳量为 60 g/kg BW，而 1 头奶牛 1 d 的产乳量仅为 50 g/kg BW。但母猪泌乳期营养物质摄入量有限，大多数母猪都处于严重的分解代谢状况，从而导致母猪泌乳期体重和背膘损失（Kim 等，2013）。在饲粮中添加油脂有利于降低母猪泌乳期体重和背膘损失（Tilton 等，1999；Roser 等，2012b），但在饲粮有效能值水平相同的条件下，添加不同来源的油脂对母猪泌乳期体重和背膘损失没有显著影响（Kemp 等，1995；Gatlin 等，

2002a；Park 等，2010；Rosero 等，2012b）。而在相同的油脂添加水平条件下，高能量饲粮显著降低了母猪泌乳期体重和背膘损失（Park 等，2010）。

泌乳期体重和背膘损失是影响母猪下一个繁殖周期繁殖性能的重要因素之一（Tummaruk，2013）。在泌乳期饲粮中分别添加动植物混合油和精炼白脂，对下一个繁殖周期繁殖性能有改善作用；与不添加油脂组相比，添加油脂组断奶后 8 d 配种率、受孕率和分娩率显著提高，而淘汰率显著降低；随着母猪饲粮中添加油脂水平（0、2%、4%和 6%）的升高，下一个繁殖周期总产仔数和产活仔数呈线性升高（Rosero 等，2012b）。在母猪泌乳期饲粮中添加鱼油也有类似的结果（Smits 等，2011）。由于母猪个体差异和饲养环境的差异，饲粮中添加油脂对母猪下一个繁殖周期产仔性能的影响，还需要更多的试验研究（管武太，2014）。

第五节 脂肪酸对猪的生物学作用

一、必需脂肪酸和多不饱和脂肪酸的一般作用

脂肪除了供能以外，某些脂肪酸还是动物必需的、具有生物活性的成分。必需脂肪酸（essential fatty acid，EFA）是体内不能合成，必须通过饲料供给的脂肪酸。多不饱和脂肪酸（polyunsaturated fatty acid，PUFA）主要包括两类脂肪酸：n-3 系列和 n-6 系列脂肪酸，包括亚油酸（LA）、花生四烯酸（ARA）、α-亚麻酸（LNA）、二十碳五烯酸（EPA）、二十二碳六烯酸（DHA）等，在免疫和神经系统中起着重要的调控作用（Palmquist，2009）。一般认为，LA、ARA 和 α-亚麻酸 LNA 属于必需脂肪酸。LA 和 ARA 属于 n-6 必需脂肪酸，LNA 属于 n-3 必需脂肪酸，其中 ARA 在体内可以通过对 LA 进行碳链加长和脱氢形成双键而生成。LA 和 LNA 是体内合成 PUFA 的必不可少的前体物。

PUFA 的生理功能主要体现在必需脂肪酸对重要生理过程的影响上。EFA 参与磷脂的合成，并以磷脂形式作为细胞膜、线粒体膜、细胞核膜的组成成分，是合成前列腺素、类二十烷物质的前体物。类二十烷对动物的胚胎发育、骨骼生长及繁殖机能、免疫功能等均有重要作用。胆固醇必须与 EFA 结合才能在体内转运，进行正常代谢。EFA 在动物体内可代谢转化为一系列长链多不饱和脂肪酸，n-6 必需脂肪酸还具有维持皮肤等组织对水的不通透性的作用。

EFA 如同蛋白质、氨基酸、维生素、矿物质一样，是动物生长发育、繁殖等必需的营养素和限制性因素。有研究表明，饲粮中添加 ARA 和 DHA 可以促进仔猪视觉和神经系统发育，降低患坏死性肠炎的风险（Mathews 等，2002），增加体组织（肝脏和心脏）中 ARA 和 DHA 的沉积（Huang 等，2002）。n-3 不饱和脂肪酸还可能对仔猪的免疫反应有有益的影响，但未发现对仔猪生长性能的显著影响（Carroll 等，2003；Lauridsen 等，2007b；Binter 等，2008）。通过在母猪饲粮中添加鱼油提供 EPA 和 DHA，可以影响后代哺乳仔猪的胃肠道环境（Leonard 等，2011）；增加空肠组织中

n-3多不饱和脂肪酸的含量,将其吸收葡萄糖的能力提高2倍以上(Gabler等,2009);增加仔猪断奶体重,提高母猪下一个繁殖周期的总产仔数和产活仔数(Laws等,2007;Mateo等,2008;Smits等,2011)。公猪饲粮中添加富含n-3多不饱和脂肪酸的鱼油可以增加精子数量、延长射精时间(Estienne等,2008),饲喂5~6周后可增加精子中DHA含量(Rooke等,2001;Castellano等,2010),增强精子活力,降低精子畸形率(Rooke等,2001)。

二、PUFA对脂肪代谢和沉积的调节

多不饱和脂肪酸(PUFA)易于在机体组织中富集,同时对脂肪代谢和沉积具有调节作用。脂肪的代谢主要发生在猪的肝脏和脂肪组织中,饲粮中添加PUFA能抑制动物体内一些与脂肪合成相关酶的活性,减少体脂沉积。动物体脂的合成是通过一系列酶促反应完成的,任何影响其酶促反应的因素如酶的活性、含量或相关的转运蛋白质对脂肪的合成都会产生影响。饲粮中添加富含PUFA的油脂,肝脏中脂肪酸合成酶(FAS)和乙酰CoA羧化酶(ACC)的酶活和酶的含量降低,提供能量还原性辅酶Ⅱ(NADPH)的葡萄糖-6-磷酸脱氢酶(G-6PD)和6-磷酸葡萄糖酸脱氢酶(6-PGD)的酶活和酶的合成下降,从而抑制脂肪酸的合成。PUFA对FAS的影响程度受其不饱和程度及双键位置的影响(Clarke,1993)。不同脂肪酸对FAS的抑制作用不一样,n-3或n-6系列PUFA是这些基因的强抑制剂(Blake等,1990)。饱和脂肪酸和n-9系列不饱和脂肪酸对编码合成脂肪酸的基因没有抑制作用(Clarke,1993;Ikeda等,1994),n-3系列PUFA对脂肪酸合成酶基因的转录抑制作用比n-6系列PUFA的强(Clarke等,1990)。PUFA在抑制脂肪合成的同时,对体内脂肪氧化代谢有促进作用。当饲粮中添加PUFA时,心脏和骨骼肌中脂蛋白酯酶(LPL)活性升高(Shimomura等,1990),肝脏中肉碱棕榈酸转移酶活性增加,过氧化物酶体β-氧化率提高(Takada等,1994),进而降低了胴体脂肪沉积。在这些研究结果中,均能观察到PUFA对机体脂肪代谢的影响,但缺乏适宜剂量的反应数据,对动物脂肪代谢及沉积具有调节作用的共轭亚油酸也有较多研究。

三、对脂类代谢有调节作用的活性成分

L-肉碱是机体将长链脂肪酸跨膜转运到线粒体进行β氧化的条件性必需养分。猪和其他哺乳动物可以通过赖氨酸合成L-肉碱,但也有证据表明,幼龄仔猪未必总是能够合成足够量的L-肉碱(van Kempen和Odle,1993;Owen等,1996;Heo等,2000a,2000b;Lyvers-Peffer等,2007),因此可以在其饲粮中添加一定量的L-肉碱。在断奶仔猪饲粮中添加L-肉碱有可能提高其生长性能(Owen等,1996),但并非总是如此(Hoffman等,1993;Owen等,2001)。L-肉碱不能提高生长育肥猪的生长性能(Owen等,2001)。母猪饲粮中添加L-肉碱可改善胎儿的代谢(Xi等,2008)及大小(Brown等,2008),并增加初生活仔数(Musser等,1999b;Ramanau等,2002;Eder,2010)。但也有研究表明,L-肉碱并不是总有这种效果(Musser等,

1999a)。母猪采食添加 L-肉碱的饲粮后，仔猪断奶重得到改善（Ramanau 等，2004）。进一步研究表明，在母猪饲粮中全程添加 L-肉碱，可提高母猪的总产仔数、产活仔数、断奶后发情率、配种受胎率，并缩短断奶至再发情的时间间隔。L-肉碱主要通过如下方式发挥作用：L-肉碱可增加妊娠期母猪血浆中 IGF-1 和 IGF-2 水平，提高胎盘绒毛膜中 GLUT-1 和 IGF 系统的 mRNA 和蛋白质表达水平，促进胎盘发育，增强胎盘的葡萄糖转运功能（张玉山，2012）。

第六节 油脂对肉质和乳品质的影响

一、对猪肉品质的影响

饲粮中的脂肪酸组成与猪胴体脂肪组织中的脂肪酸含量密切相关（Gatlin 等，2002b；Wiecek 等，2004；Hallenstvedt 等，2012；Browne 等，2013），并呈现出剂量依赖关系（Gatlin 等，2002b；Hallenstvedt 等，2010，2012）。生长育肥猪饲粮中添加植物油可提高胴体脂肪组织中多不饱和脂肪酸（PUFA）的含量（Apple 等，2009a；Wiecek 等，2010；Park 等，2012）。添加 5% 的亚麻籽油，脂肪组织中 PUFA 如亚油酸和亚麻酸的含量显著增加（Kim 等，2014）。当饲喂富含饱和脂肪酸的油脂（牛油、猪油、棕榈油）时，脂肪组织中饱和脂肪酸如棕榈酸、棕榈油酸和硬脂酸的含量增加（Tikk 等，2007；Apple 等，2009c；Kim 等，2014）。饲粮中添加鱼油则使皮下脂肪中 n-3 不饱和脂肪酸二十碳五烯酸（EPA）、二十二碳五烯酸（DPA）和二十二碳六烯酸（DHA）含量增加（Morel 等，2013；Kim 等，2014）。相比于其他脂肪酸，长链 n-3 不饱和脂肪酸更容易沉积到脂肪组织中（Hallenstvedt 等，2012）。母猪哺乳期饲粮中添加 8% 的玉米油，会显著增加后代仔猪背最长肌中 C18：2 的含量，并显著影响育肥猪背最长肌中 C18：2 的含量以及 n-6/n-3 的比例（Ci 等，2014）。油脂的种类会影响饲粮的碘值（IV），饲喂高碘值饲粮显著提高胴体脂肪组织的碘值（Hallenstvedt 等，2012；Salyer 等，2012），富含不饱和脂肪酸的植物性油脂影响较为明显（Apple 等，2009b；Kim 等，2014；Stephenson 等，2014）。在屠宰前 6~8 周降低饲粮中 PUFA 含量可以显著降低胴体脂肪组织的碘值（Gatlin 等，2002）。

二、对母猪乳腺脂肪酸代谢及乳脂品质的影响

母猪乳腺是乳脂合成与分泌的组织器官，乳腺上皮细胞中乳脂合成主要在内质网。母猪初乳中乳脂含量显著低于常乳（舒丹平，2012）。常乳中从头合成脂肪酸（DNS-FAs）、饱和脂肪酸（SFAs）、单不饱和脂肪酸（MUFAs）显著高于初乳（Lü 等，2015）。乳腺细胞中脂肪酸来源于从头合成、外源获取及脂肪组织动员三个部分。乳脂的合成与分泌需要多个途径共同协调完成，主要涉及脂肪酸摄取、活化和细胞内转运，脂肪酸从头合成、延长、脱饱和、甘油三酯（TAG）合成、脂滴形成、转录调控等。许多功能基因参与了乳腺脂肪酸的从头合成，主要包括：①脂肪酸摄取，如极低密度脂

蛋白受体（VLDLR）、脂蛋白脂肪酶（LPL）、脂肪酸转位酶（CD36）、溶质转运家族27（SLC27A）；②脂肪酸的活化和细胞内转运，如短链脂酰CoA合成酶（ACSS）、长链脂酰CoA合成酶（ACSL）、脂肪酸结合蛋白（FABP）、乙酰CoA结合蛋白（ACBP）；③脂肪酸合成，如乙酰CoA羧化酶α（ACACA）、脂肪酸合成酶（FASN）、去饱和硬脂酰CoA脱饱和酶（SCD）及脂肪酸脱饱和酶（FADS）、超长链脂肪酸延伸酶（ELOVL）；④TAG合成，如甘油-3-磷酸乙酰转移酶（GPAM）、1-酰基甘油-3-磷酸酰基转移酶（AGPAT）、脂素（LPIN）、二酰基甘油酰基转移酶（DGAT）；⑤脂滴的合成，如嗜乳脂蛋白（BTN）、黄嘌呤脱氢酶（XDH）、脂滴包被蛋白（PLIN）；⑥转录调节因子，如固醇调节元件结合蛋白（SREBP）、胰岛素诱导基因（INSIG）、甲状腺激素应答蛋白（THRSP）、过氧化物酶体增殖物激活受体（PPAR）、肝脏X受体（LXR）（Bionaz和Loor，2008；Kadegowda等，2009；McFadden和Corl，2010；Ma和Corl，2012；Mohammad和Haymond，2013；Oppi-Williams等，2013）。上述每个环节均有不同的基因家族参与，为了确定每个家族中哪一个基因为关键基因，吕艳涛（2016）测定了各基因家族中不同成员的表达水平，根据妊娠后期、泌乳初期和泌乳高峰期乳腺组织中基因表达量较高且表达丰度上调幅度大，筛选出参与泌乳期母猪乳脂合成与分泌的关键基因，主要包括脂肪酸摄取（*VLDLR*、*LPL*、*CD36*）、脂肪酸活化（*ACSS2*、*ACSL3*、*ACSL6*）、细胞内转运（*FABP3*）、脂肪酸从头合成（*ACACA*、*FASN*）、脂肪酸延长（*ELOVL1*）、脂肪酸脱饱和（*SCD*、*FADS1*）、甘油三酯合成（*GPAM*、*AGPAT1*、*LPIN1*、*DGAT1*）、脂滴形成（*BTN2A1*、*XDH*、*PLIN2*）、转录调控因子（*SREBP1*、*SCAP*、*INSIG1/2*、*PPARα*）。基于该研究结果，可构建出母猪乳腺上皮细胞中乳脂合成和分泌的基因网络。

母猪乳中脂肪、蛋白质和乳糖所提供的能量分别占乳总能的60%、22%和18%（Jackson等，1995）。妊娠后期和泌乳期饲粮中添加油脂有利于提高母猪的能量供应和脂肪代谢，可以提高初乳、常乳中乳脂含量（Jackson等，1995；Averette等，1999；Tilton等，1999；Gu等，2003），不同来源的油脂其改善效果不一致（Lauridsen等，2004；Luo等，2009；Vicente等，2013；Ci等，2014）。添加动物油、椰子油、棕榈油、菜籽油和玉米油能显著提高母猪每天的乳脂产量及乳中总脂肪酸含量，而添加鱼油和葵花籽油效果不明显（Lauridsen等，2004）。

母猪乳中脂肪酸组成与母猪妊娠后期和泌乳期饲粮中油脂来源或脂肪酸组成密切相关（管武太，2014）。不同油脂其脂肪酸组成存在差异，从而导致泌乳母猪乳中脂肪酸含量也随之改变（Tilton等，1999）。当母猪妊娠后期和泌乳期饲粮中添加3.5%～10%的油脂时，添加椰子油的常乳中C10：0、C12：0、C14：0含量最高（Lauridsen等，2004；Wei等，2013），添加棕榈油的常乳中C12：0和C16：0含量比其他组显著提高（Lauridsen等，2004），而葵花籽油和菜籽油使常乳中C18：2含量显著提高（Lauridsen等，2004；Vicente等，2013；Wei等，2013），鱼油则使常乳中C20：5、C22：5和C22：6含量显著高于其他组（Lauridsen等，2004；Luo等，2009；Wei等，2013），n-6与n-3 PUFA比值也有显著差异（Rooke等，1998；Lauridsen等，2004；Yao等，2012），饲粮中n-6/n-3的比值与母猪乳中n-6/n-3的比值呈线性相关（Schmid等，2008），其他油脂也有相同的研究结果（Amusquivar等，2010；Ci等，2014）。

第七节　脂类质量对动物生理及生产性能的影响

油脂在加工和贮存过程中容易被氧化而形成对动物机体有害的氧化产物。油脂氧化过程复杂、产物繁多，初级产物为氢过氧化物。初级产物稳定性差进一步分解成次级产物，后者主要为氧自由基烷、醛、酮、酸、醇及这些小分子化合物进一步发生聚合反应，生成的二聚体或多聚体。油脂氧化产物使动物机体处于氧化应激状态（Ringseis 等，2007；Roser 等，2015），破坏动物机体细胞膜的完整性（Bernotti 等，2003），降低饲料养分利用效率和猪的生产性能（Yuan 等，2007；Liu 等，2014）。

一、氧化油脂对猪生产性能的影响

氧化油脂会导致饲粮适口性变差，影响断奶仔猪的生长性能，饲喂时间越长影响越明显（Derouchey 等，2004；Rosero 等，2015）。氧化油脂中的脂肪酸羟基和过氧化基可以激活 PPARα 通路，降低脂肪和蛋白质的沉积（Andrea 等，2004；Ringseis 等，2007；Liu 等，2014b）。Yuan 等（2007）研究发现，饲喂氧化油脂极显著降低断奶后 0~14 d 仔猪的日增重和采食量，0~26 d 的耗料增重比显著升高。添加氧化油脂会降低仔猪空肠消化酶的活性，导致断奶仔猪对饲料中油脂和能量的利用率降低（Rosero 等，2015），粗蛋白质消化率降低（Yuan 等，2007）。但也有研究发现，饲喂氧化油脂对仔猪饲料养分利用率没有影响（Derouchey 等，2004；Liu 等，2014b），这可能与研究所用油脂的氧化程度有关。饲喂经热处理（80 ℃、6 h）豆油（PV：46 mEq O_2/kg）的断奶仔猪，其生长性能与饲喂未处理豆油的仔猪没有明显差异（Rosero 等，2015）。氧化油脂热处理的方式和油脂来源不同，对仔猪生产性能的影响也会有差异。饲喂快速高温氧化油脂（185 ℃处理 7 h）的仔猪，日增重和采食量降低，但饲喂慢速低温氧化处理的油脂（95 ℃处理 72 h）没有显著影响；不饱和脂肪酸含量高的菜籽油氧化后对仔猪耗料增重比的影响高于饲喂氧化牛油、禽油和玉米油（Liu 等，2014a）。

二、氧化油脂对小肠上皮细胞及其功能的影响

油脂氧化产物能使断奶仔猪小肠上皮细胞处于氧化应激状态，一般表现为细胞中硫代巴比妥酸反应物（thiobarbituric acid reactive substance，TBARS）含量升高，α-生育酚的浓度降低，过氧化氢酶、谷胱甘肽过氧化物酶（glutathione peroxidase，GSH-Px）及超氧化物歧化酶（superoxide dismutase，SOD）活性降低（Ringseis 等，2007）。研究发现，饲喂氧化油脂降低了仔猪空肠近段小肠黏膜中每克蛋白质的总抗氧化能力，但每克蛋白质的丙二醛含量（MDA）没有升高（Rosero 等，2015）。

饲喂氧化油脂能够降低肠上皮细胞半衰期，诱导其结构的改变，从而降低对营养物质的吸收（Dibner 等，1996）。饲喂氧化油脂的仔猪其小肠吸收功能在断奶后 14 d 并没有受到影响，但是在断奶后 30 d 随着油脂氧化程度的提高，小肠的吸收能力下降（Rosero 等，2015）。饲喂一定氧化程度的油脂，仔猪小肠中并不会发生炎症反应，对黏膜中每毫克蛋白质的肿瘤坏死因子的含量没有影响（Rosero 等，2015），也不会诱导 NF-κB 介导的炎症的发生（Ringseis 等，2007）。用小肠上皮细胞旁通透性能力来评价小肠的屏障功能，饲喂氧化油脂并没有损伤仔猪小肠的屏障功能（Liu 等，2014c）。

三、氧化油脂对猪氧化应激和免疫功能的影响

用来反映动物机体处于氧化应激状态的指标有血液及肝脏中的 MDA-含量以及 TBARS 含量、SOD 活性、总抗羟自由基（CIHR）能力、GSH-Px 活性、α-生育酚的含量等。饲喂氧化油脂极显著降低断奶仔猪血浆及肝脏中 SOD、CIHR、GSH-Px 活性，增加 MDA 含量（Yuan 等，2007），增加仔猪血清 TBARS 值（Liu 等，2014a）。不饱和脂肪酸含量高的油脂更加容易被氧化而形成氧自由基，相同氧化处理条件下，对机体的氧化状态影响更大。饲喂氧化玉米油、菜籽油的仔猪血清中 TBARS 值高于氧化禽油和牛油。与饲喂新鲜油脂相比，氧化菜籽油、玉米油能降低仔猪血清中 α-生育酚含量，而氧化禽油和牛油仔猪血清中 α-生育酚含量没有明显变化（Liu 等，2014a）。在油脂氧化指标与血清中 TBARS 含量的相关性分析中，油脂的 TBARS 值与仔猪的氧化应激程度呈正相关，油脂的 TBARS 值能预测饲喂油脂后仔猪的氧化状态（Liu，2012）。

饲喂氧化油脂能降低猪肠道固有层淋巴结中淋巴细胞的增殖，降低猪的免疫抵抗性（Dibner 等，1996），但如果以血清中结合珠蛋白（haptoglobin，HPT）含量反映机体免疫体系是否被激活，以血清中 IgA 和 IgF 反映机体的免疫状态，饲喂氧化油脂对仔猪血清中的 HPT、IgA 和 IgF 含量没有明显影响，脾脏的质量也没有显著变化（Liu 等，2014a）。

四、结语

过去十多年来，人们对脂类营养，尤其是多不饱和脂肪酸的生物学功能开展了大量研究。我国研究人员也广泛研究了不同类型油脂对母猪和仔猪生产性能的影响。随着对脂类营养研究的深入，猪饲粮中脂肪酸的合理比例、脂肪酸的新的生物学生理功能以及对脂类代谢具有调节作用的活性成分的生物学功能及作用途径将进一步被解析，这些成果将会丰富脂类营养理论，同时对生产中如何科学合理地应用油脂将产生促进作用。

参考文献

程建华，杨卫民，张凤枰，等，2004. 油样短期存放条件对过氧化值测定的影响 [J]. 中国油脂，29（2）：55-58.

程静，马文红，2010. 浅谈油脂储藏过程中影响过氧化值变化的因素 [J]. 粮食与食品工业（6）：18-19.

管武太，2014. 油脂在母猪饲粮中的应用研究进展 [J]. 动物营养学报，26（10）：3071-3081.

吕艳涛，2016. 母猪乳脂合成关键基因筛选及长链脂肪酸对乳脂合成的调控研究 [D]. 广州：华南农业大学.

朴香淑，李德发，代建国，等，2001. 不同脂肪来源对早期断奶仔猪生产性能的影响 [J]. 动物营养学报，13（4）：34-39.

任春晓，2016. 不同油脂对仔猪饲粮养分利用率、生长性能及血清生化指标的影响 [D]. 广州：华南农业大学.

舒丹平，2012. 母猪泌乳功能基因的筛选及乳腺氨基酸转运的机理研究 [D]. 广州：华南农业大学.

王兴国，2012. 油脂化学 [M]. 北京：科学出版社.

王亚萍，姚小华，丛玲美，等，2011. 不同条件对油茶籽油储藏稳定性的影响 [J]. 中国油脂，38（12）：50-53.

吴雪，周薇，李昌宝，等，2008. 茶油的氧化稳定性研究 [J]. 中国粮油学报，23（3）：96-99.

吴智强，2013. 饲料级混合油贮藏品质及其在猪饲料中有效能值的测定 [D]. 广州：华南农业大学.

谢守华，1998. 油脂的自动氧化和氧化稳定性及检测方法 [J]. 四川粮油科技（4）：53-55.

袁建，何海艳，何荣，等，2012. 大豆油食用期氧化稳定性的研究 [J]. 中国粮油学报，27（8）：36-38.

袁施彬，陈代文，余冰，韩飞，2007. 氧化应激对断奶仔猪生产性能和养分利用率的影响 [J]. 中国饲料（8）：19-22.

张成，2013. 饲用猪油质量与安全性评定及其氧化后对猪有效能值的影响 [D]. 广州：华南农业大学.

张红菊，2012. 中链甘油三酯对母猪繁殖性能的影响 [D]. 广州：华南农业大学.

张来林，金文，周杰生，等，2010. 充氮气调对大豆制油品质的影响 [J]. 河南工业大学学报（自然科学版），31（6）：11-14.

张晓峰，2015. 不同水平油脂和脂肪酶对断奶仔猪生长性能、血清生化指标及盲肠微生物的影响 [D]. 广州：华南农业大学.

张玉山，2012. L-肉碱对母猪繁殖性能的影响及其机理研究 [D]. 广州：华南农业大学.

Adeola O，Mahan D C，Azain M J，et al，2013. Dietary lipid sources and levels for weanling pigs [J]. Journal of Animal Science，91（9）：4216-4225.

Amusquivar E，Laws J，Clarke L，et al，2010. Fatty acid composition of the maternal diet during the first or the second half of gestation influences the fatty acid composition of sows' milk and plasma, and plasma of their piglets [J]. Lipids，45（5）：409-418.

Andrea S，Frank H，Klaus E，2004. Thermally oxidized dietary fat upregulates the expression of target genes of PPAR alpha in rat liver [J]. Journal of Nutrition，134（6）：1375-1383.

Apple J K，Maxwell C V，Galloway D L，et al，2009a. Interactive effects of dietary fat source and slaughter weight in growing-finishing swine：I. Growth performance and longissimus muscle fatty acid composition [J]. Journal of Animal Science，87（4）：1407-1422.

Apple J K，Maxwell C V，Galloway D L，et al，2009b. Interactive effects of dietary fat source and slaughter weight in growing-finishing swine：II. Fatty acid composition of subcutaneous fat [J]. Journal of Animal Science，87（4）：1423-1440.

Apple J K, Maxwell C V, Galloway D L, et al, 2009c. Interactive effects of dietary fat source and slaughter weight in growing-finishing swine: III. Carcass and fatty acid compositions [J]. Journal of Animal Science, 87 (4): 1441-1454.

Averette L A, Odle J, Monaco M H, et al, 1999. Dietary fat during pregnancy and lactation increases milk fat and insulin-like growth factor I concentrations and improves neonatal growth rates in swine [J]. Journal of Nutrition, 129 (12): 2123-2129.

Bauer E, Jakob S, Mosenthin R, 2005. Principles of physiology of lipid digestion [J]. Asian Australasian Journal of Animal Sciences, 18 (2): 282-295.

Benz J M, Tokach M D, Dritz S S, et al, 2007. Effects of choice white grease or soybean oil on growth performance and carcass characteristics of grow-finish pigs [J]. Report of Progress, 1 (2): 18-25.

Bernotti S, Seidman E, Sinnett D, et al, 2003. Inflammatory reaction without endogenous antioxidant response in Caco-2 cells exposed to iron/ascorbate-mediated lipid peroxidation [J]. Ajp Gastrointestinal & Liver Physiology, 285 (5): 898-906.

Binter C, Khol-Parisini A H P, Gerner W, et al, 2008. Phenotypic and functional aspects of the neonatal immune system as related to the maternal dietary fatty acid supply of sows [J]. Archives of Animal Nutrition, 62 (6): 439-453.

Bionaz M, Loor J J, 2008. ACSL1, AGPAT6, FABP3, LPIN1, and SLC27A6 are the most abundant isoforms in bovine mammary tissue and their expression is affected by stage of lactation [J]. Journal of Nutrition, 138: 1019-1024.

Blake W L, Clarke S D, 1990. Suppression of rat hepatic fatty acid synthase and S14 gene transcription by dietary polyunsaturated fat [J]. Journal of Nutrition, 120 (12): 1727-1729.

Bracco U, 1994. Effect of triglyceride structure on fat absorption [J]. American Journal of Clinical Nutrition, 60 (6): 180-188.

Brown K R, Goodband R D, Tokach M D, et al, 2008. Effects of feeding L-carnitine to gilts through day 70 of gestation on litter traits and the expression of insulin-like growth factor system components and L-carnitine concentration in foetal tissues [J]. Journal of Animal Physiology and Animal Nutrition, 92: 660-667.

Browne N A, Apple J K, Bass B E, et al, 2013. Alternating dietary fat sources for growing-finishing pigs fed dried distillers grains with solubles: I. Growth performance, pork carcass characteristics, and fatty acid composition of subcutaneous fat depots [J]. Journal of Animal Science, 91 (3): 238-245.

Carroll J A, Gaines A M, Spencer J D, 2003. Effect of menhaden fish oil supplementation and lipopolysaccharide exposure on nursery pigs: I. Effects on the immune axis when fed diets containing spray-dried plasma [J]. Domestic Animal Endocrinology, 24 (4): 341-351.

Castellano C A, Audet I, Bailey J L, et al, 2010. Effect of dietary n-3 fatty acids (fish oils) on boarreproduction and semen quality [J]. Journal of Animal Science, 88 (7): 2346-2355.

Cera K R, Mahan D C, Reinhart G A, 1990. Evaluation of various extracted vegetable oils, roasted soybeans, medium-chain triglyceride and an animal-vegetable fat blend for postweaning swine [J]. Journal of Animal Science, 68 (9): 2756-2765.

Ci L, Sun H, Huang Y, et al, 2014. Maternal dietary fat affects the LT muscle fatty acid composition of progeny at weaning and finishing stages in pigs [J]. Meat Science, 96 (3): 1141-1146.

Clarke S D, 1993. Regulation of fatty acid synthase gene expression: an approach for reducing fat accumulation [J]. Journal of Animal Science, 71 (7): 1957-1965.

Clarke S D, Armstrong M K, Jump D B, 1990. Dietary polyunsaturated fats uniquely suppress rat liver fatty acid synthase and S14 mRNA content [J]. Journal of Nutrition, 120 (2): 225-231.

Dabbou S, 2011. Impact of packaging material and storage time on olive oil quality [J]. African Journal of Biotechnology, 10 (74): 16937-16947.

Deng Q L, Xu J, Yu B, et al, 2010. Effect of dietary tea polyphenols on growth performance and cell-mediated immune response of post-weaning piglets under oxidative stress [J]. Archives of Animal Nutrition, 64 (1): 12-21.

Derouchey J M, Hancock J D, Hines R H, et al, 2004. Effects of rancidity and free fatty acids in choice white grease on growth performance and nutrient digestibility in weanling pigs [J]. Journal of Animal Science, 82 (10): 2937-2944.

Dibner J J, Atwell C A, Kitchell M L, et al, 1996. Feeding of oxidized fats to broilers and swine: Effects on enterocyte turnover, hepatocyte proliferation and the gut associated lymphoid tissue [J]. Animal Feed Science Technology, 62 (1): 1-3.

Dunn R O, 2005. Oxidative stability of soybean oil fatty acid methyl esters by oil stability index (OSI) [J]. Journal of the American Oil Chemists Society, 82 (5): 381-387.

Eder K, 2010. Influence of L-carnitine on metabolism and performance of sows [J]. British Journal of Nutrition, 102: 645-654.

Eder K, Stangl G I, 2000. Plasma thyroxine and cholesterol concentrations of miniature pigs are influenced by thermally oxidized dietary lipids [J]. Journal of Nutrition, 130 (1): 116-121.

Engel J J, Smith J W, Unruh J A, et al, 2001. Effects of choice white grease or poultry fat on growth performance, carcass leanness, and meat quality characteristics of growing-finishing pigs [J]. Journal of Animal Science, 79: 1491-1501.

Estienne M J, Harper A R J, 2008. Dietary supplementation with a source of omega-3 fatty acids increases sperm number and the duration of ejaculation in boars [J]. Theriogenology, 70 (1): 70-76.

Gabler N K, Radcliffe J S, Spencer J D, 2009. Feeding long-chain n-3 polyunsaturated fatty acids during gestation increases intestinal glucose absorption potentially via the acute activation of AMPK [J]. Journal of Nutritional Biochemistry, 20 (1): 17-25.

Gatlin L A, Odle J, Soede J, et al, 2002. Dietary medium- or long-chain triglycerides improve body condition of lean-genotype sows and increase suckling pig growth [J]. Journal of Animal Science, 80 (1): 38-44.

Gatlin L A, See M T, Hansen J A, 2002b. The effects of dietary fat sources, levels, and feeding intervals on pork fatty acid composition [J]. Journal of Animal Science, 80 (6): 1606-1615.

Gu X, Li D, 2003. Fat nutrition and metabolism in piglets: a review [J]. Animal Feed Science and Technology, 109 (1-4): 151-170.

Gurr M I, Harwood J L, Frayn K N, 2008. Lipid transport [M]. Blackwell Science Ltd.

Hallenstvedt E, Kjos N P, Rehnberg A C, et al, 2010. Fish oil in feeds for entire male and female pigs: changes in muscle fatty acid composition and stability of sensory quality [J]. Meat Science, 85 (1): 182-190.

Hallenstvedt E, Kjos N P, Verland M, 2012. Changes in texture, colour and fatty acid composition of male and female pig shoulder fat due to different dietary fat sources [J]. Meat Science, 90 (3): 519-527.

Hayam I, Cogan U, Mokady S, et al, 1997. Enhanced peroxidation of proteins of the erythrocyte membrane and of muscle tissue by dietary oxidized oil [J]. Bioscience Biotechnology & Biochemistry, 61 (6): 1011-1012.

Heo K, Lin X, Odle J, et al, 2000a. Kinetics of carnitine palmitolytransferase-I are altered by dietary variables and suggest a metabolic need for supplemental carnitine in young pigs [J]. Journal of Nutrition, 130: 2467-2470.

Heo K, Odle J, Han I K, et al, 2000b. Dietary L-carnitine improves nitrogen utilization in growing pigs fed low energy, fat-containing diets [J]. Journal of Nutrition, 130: 1809-1814.

Hoffman L A, Ivers D J, Ellersieck M R, et al, 1993. The effect of L-carnitine and soybean oil on performance and nitrogen and energy utilization by neonatal and young pigs [J]. Journal of Animal Science, 71 (1): 132-138.

Huang M C, Chao A, Kirwan R, et al, 2002. Negligible changes in piglet serum clinical indicators or organ weights due to dietary single-cell long-chain polyunsaturated oils [J]. Food & Chemical Toxicology, 40 (4): 453-460.

Huber M, Ruiz J, Chastellain F, 2002. Off-flavour release from packaging materials and its prevention: A foods company's approach [J]. Food Additives & Contaminants, 19 (11): 221-228.

Ikeda I, Wakamatsu K, Inayoshi A, 1994. Alpha-linolenic, eicosapentaenoic and docosahexaenoic acids affect lipid metabolism differently in rats [J]. Journal of Nutrition, 124 (10): 1898-1906.

Jackson J R, Hurley W L, Easter R A, et al, 1995. Effects of induced or delayed parturition and supplemental dietary fat on colostrum and milk composition in sows [J]. Journal of Animal Science, 73 (7): 1906-1913.

Jebe T A, Matlock M G, Sleeter R T, 1993. Collaborative study of the oil stability index analysis [J]. Journal of Oil & Fat Industries, 70 (11): 1055-1061.

Jensen M S, Jensen S K, Jakobsen K, 1997. Development of digestive enzymes in pigs with emphasis on lipolytic activity in the stomach and pancreas [J]. Journal of Animal Science, 75 (2): 437-445.

Jones D B, Hancock J D, Harmon D L, 1992. Effects of exogenous emulsifiers and fat sources on nutrient digestibility, serum lipids, and growth performance in weanling pigs [J]. Journal of Animal Science, 70 (11): 3473-3482.

Jørgensen H, Fernández J A, 2000. Chemical composition and energy value of different fat sources for growing pigs [J]. Acta Agriculturae Scandinavica, 50 (3): 129-136.

Jung H J, Kim Y Y, Han I K, et al, 2003. Effects of fat sources on growth performance, nutrient digestibility, serum traits and intestinal morphology in weaning pigs [J]. Asian Australasian Journal of Animal Sciences, 16 (7): 1035-1040.

Kadegowda A K, Bionaz M, Piperova L S, et al, 2009. Peroxisome proliferator-activated receptor-gamma activation and long-chain fatty acids alter lipogenic gene networks in bovine mammary epithelial cells to various extents [J]. Journal of Dairy Science, 92: 4276-4289.

Kemp B, Soede N M, Helmond F A, et al, 1995. Effects of energy source in the diet on reproductive hormones and insulin during lactation and subsequent estrus in multiparous sows [J]. Journal of Animal Science, 73 (10): 3022-3029.

Kil D Y, Ji F, Stewart L L, 2011. Net energy of soybean oil and choice white grease in diets fed to growing and finishing pigs [J]. Journal of Animal Science, 89 (2): 448-459.

Kim J S, Ingale S L, Lee S H, et al, 2014. Impact of dietary fat sources and feeding level on adipose tissue fatty acids composition and lipid metabolism related gene expression in finisher pigs [J]. Animal Feed Science and Technology, 196 (0): 60-67.

Kim S W, Weaver A C, Shen Y B, et al, 2013. Improving efficiency of sow productivity: nutrition and health [J]. Journal of Animal Science and Biotechnogy, 4 (1): 26-32.

Kiritsakis A, Kanavouras A, Kiritsakis K, et al, 2003. Chemical analysis, quality control and packaging issues of olive oil [J]. Cheminform, 34 (7): 628-638.

Kucuk M, Caner C, 2005. Effect of packaging materials and storage conditions on sunflower oil quality [J]. Journal of Food Lipids, 12 (3): 222-231.

Lauridsen C, Christensen T B, Halekoh U, et al, 2007a. Alternative fat sources to animal fat for pigs [J]. Lipid Technology, 19 (7): 156-159.

Lauridsen C, Danielsen V, 2004. Lactational dietary fat levels and sources influence milk composition and performance of sows and their progeny [J]. Livestock Production Science, 91 (1/2): 95-105.

Lauridsen C, Stagsted J, Jensen S K, 2007b. N-6 and n-3 fatty acids ratio and vitamin E in porcine maternal diet influence the antioxidant status and immune cell eicosanoid response in the progeny [J]. Prostaglandins & Other Lipid Mediators, 84 (1): 66-78.

Laws J, Laws A, Lean I J, et al, 2007. Growth and development of offspring following supplementation of sow diets with oil during early to mid gestation [J]. Animal, 1 (10): 1482-1489.

Leonard S G, Sweeney T, Bahar B, 2011. Effect of dietary seaweed extracts and fish oil supplementation in sows on performance, intestinal microflora, intestinal morphology, volatile fatty acid concentrations and immune status of weaned pigs [J]. British Journal of Nutrition, 105 (4): 549-560.

Li D F, Thaler R C, Nelssen J L, 1990. Effect of fat sources and combinations on starter pig performance, nutrient digestibility and intestinal morphology [J]. Journal of Animal Science, 68 (11): 3694-3704.

Li Y, Zhang H, Yang L, et al, 2015. Effect of medium-chain triglycerides on growth performance, nutrient digestibility, plasma metabolites and antioxidant capacity in weanling pigs [J]. Animal Nutrition, 1 (1): 12-18.

Linneen S K, Derouchey J M, Goodband R D, et al, 2008. Evaluation of NutriDense low-phytate corn and added fat in growing and finishing swine diets [J]. Journal of Animal Science, 86 (7): 1556-1561.

Liu P, 2012. Biological assessment and methods to evaluate lipid peroxidation when feeding thermally-oxidized lipids to young pigs [D]. Minnesota: University of Minnesota.

Liu P, Chen C, Kerr B J, et al, 2014a. Influence of thermally oxidized vegetable oils and animal fats on growth performance, liver gene expression, and liver and serum cholesterol and triglycerides in young pigs [J]. Journal of Animal Science, 92 (7): 2960-2970.

Liu P, Kerr B J, Chen C, et al, 2014b. Influence of thermally oxidized vegetable oils and animal fats on energy and nutrient digestibility in young pigs [J]. Journal of Animal Science, 92 (7): 2980-2986.

Liu P, Kerr B J, Weber T E, 2014c. Influence of thermally oxidized vegetable oils and animal fats on intestinal barrier function and immune variables in young pigs [J]. Journal of Animal Science, 92 (7): 2971-2979.

Liu Y W, Liu J F, Lee Y W, et al, 1998. Vitamin C supplementation restores the impaired vitamin E status of guinea pigs fed oxidized frying oil [J]. Journal of Nutrition, 128 (1): 116-122.

Llata M D L, Tz S S, Tokach M D, 2007. Effects of increasing lysine to calorie ratio and added fat for Growing-Finishing pigs reared in a commercial environment: I. Growth performance and carcass characteristics [J]. The Professional Animal Scientist, 23 (4): 417-428.

Luo J, Huang F R, Xiao C L, et al, 2009. Effect of dietary supplementation of fish oil for lactating sows and weaned piglets on piglet Th polarization [J]. Livestock Science, 126 (1/2/3): 286-291.

Lü Y, Guan W, Qiao H, et al, 2015. Veterinary medicine and omics (veterinomics): metabolic transition of milk triacylglycerol synthesis in sows from late pregnancy to lactation [J]. OMICS, 19: 602-616.

Lyvers-Peffer P A, Lin X, Jacobi S, et al, 2007. Ontogeny of carnitine palmitolytransferase I activity, carnitine-Km, and mRNA abundance in pigs throughout growth and development [J]. Journal of Nutrition, 137: 898-903.

Ma L, Corl B A, 2012. Transcriptional regulation of lipid synthesis in bovine mammary epithelial cells by sterol regulatory element binding protein-1 [J]. Journal of Dairy Science, 95: 3743-3755.

Mateo R D, Carroll J A, Hyun Y, 2008. Effect of dietary supplementation of n-3 fatty acids and elevated concentrations of dietary protein on the performance of sows [J]. Journal of Animal Science, 87 (3): 948-959.

Mathews S A, Oliver W T, Phillips O T, 2002. Comparison of triglycerides and phospholipids as supplemental sources of dietary long-chain polyunsaturated fatty acids in piglets [J]. Journal of Nutrition, 132 (10): 3081-3089.

McFadden J W, Corl B A, 2010. Activation of liver X receptor (LXR) enhances de novo fatty acid synthesis in bovine mammary epithelial cells [J]. Journal Dairy Science, 93: 4651-4658.

Mendez A I, Falque E, 2007. Effect of storage time and container type on the quality of extra-virgin olive oil [J]. Food Control, 18 (5): 521-529.

Mendoza S M, van Heugten E, 2014. Effects of dietary lipid sources on performance and apparent total tract digestibility of lipids and energy when fed to nursery pigs [J]. Journal of Animal Science, 92 (2): 627-636.

Mohammad M A, Haymond M W, 2013. Regulation of lipid synthesis genes and milk fat production in human mammary epithelial cells during secretory activation [J]. American Journal of Physiology Endocrinology and Metabolism, 305: 700-716.

Moreira I, Mahan D C, 2002. Effect of dietary levels of vitamin E (all-rac-tocopheryl acetate) with or without added fat on weanling pig performance and tissue alpha-tocopherol concentration [J]. Journal of Animal Science, 80 (3): 663-669.

Morel P C H, Leong J, Nuijten W G M, 2013. Effect of lipid type on growth performance, meat quality and the content of long chain n-3 fatty acids in pork meat [J]. Meat Science, 95 (2): 151-159.

Musser R E, Goodband R D, Tokach M D, et al, 1999a. Effects of L-carnitine fed during lactation on sow and litter performance [J]. Journal of Animal Science, 77: 3296-3303.

Musser R E, Goodband R D, Tokach M D, et al, 1999b. Effects of L-carnitine fed during gestation and lactation on sow and litter performance [J]. Journal of Animal Science, 77: 3289-3295.

Nkpa N N, Osanu F C, Arowolo T A, 1990. Effects of packaging materials on storage stability of crude palm oil [J]. Journal of Oil & Fat Industries, 67 (4): 259-263.

NRC, 2012. Nutrient requirements of swine [S]. 11 th ed. Washington, D C: National Academy Press, 4 (8): 22-28.

Oppi-Williams C, Suagee J K, Corl B A, et al, 2013. Regulation of lipid synthesis by liver X receptor α and sterol regulatory element-binding protein 1 in mammary epithelial cells [J]. Journal of Dairy Science, 96: 112-121.

Owen K Q, Nelsen J L, Goodband R D, et al, 1996. Effect of L-carnitine and soybean oil on growth performance and body composition of early weaned pigs [J]. Journal of Animal Science, 74: 1612-1619.

Owen K Q, Nelsen J L, Goodband R D, et al, 2001. Effect of dietary L-carnitine on growth performance and body composition in nursery and growing-finishing pigs [J]. Journal of Animal Science, 79: 1509-1515.

Palmquist D L, 2009. Omega-3 fatty acids in metabolism, health, and nutrition and for modified animal product foods [J]. The Professional Animal Scientist, 2 (6): 93-112.

Park J C, Kim S C, Lee S D, 2012. Effects of dietary fat types on growth performance, pork quality, and gene expression in growing-finishing pigs [J]. Asian-Australasian Journal of Animal Sciences, 25 (12): 1759-1767.

Park M S, Shinde P L, Yang Y X, et al, 2010. Reproductive performance, milk composition, blood metabolites and hormone profiles of lactating sows fed diets with different cereal and fat sources [J]. Asian Australasian Journal of Animal Sciences, 23 (2): 226-233.

Park M S, Yang Y X, Choi J Y, et al, 2008. Effects of dietary fat inclusion at two energy levels on reproductive performance, milk compositions and blood profiles in lactating sows [J]. Acta Agriculturae Scandinavica, 58 (3): 121-128.

Phan C T, Tso P, 2001. Intestinal lipid absorption and transport [J]. Frontiers in Bioscience A Journal & Virtual Library, 6 (2): 299-319.

Powles J, Wiseman J, Cole D J A, et al, 1993. Effect of chemical structure of fats upon their apparent digestible energy value when given to growing/finishing pigs [J]. Animal Science, 57 (1): 137-146.

Powles J, Wiseman J, Cole D J A, 1995. Prediction of the apparent digestible energy value of fats given to pigs [J]. Animal Science, 61 (1): 149-154.

Price K L, Lin X, Heugten E V, 2013. Diet physical form, fatty acid chain length, and emulsification alter fat utilization and growth of newly weaned pigs [J]. Journal of Animal Science, 91 (2): 783-792.

Pristouri G, Badeka A, Kontominas M G, et al, 2010. Effect of packaging material headspace, oxygen and light transmission, temperature and storage time on quality characteristics of extra virgin olive oil [J]. Food Control, 21 (4): 412-418.

Quiniou N, Richard S, Mourot J, 2008. Effect of dietary fat or starch supply during gestation and/or lactation on the performance of sows, piglets' survival and on the performance of progeny after weaning [J]. Animal, 2 (11): 1633-1644.

Ramanau A, Kluge H, Spilke J, et al, 2002. Reproductive performance of sows supplemented with L-carnitine over three reproductive cycles [J]. Archives of Animal Nutrition, 56: 287-296.

Ramanau A, Kluge H, Spilke J, et al, 2004. Supplementation of sows with L‑carnitine during pregnancy and lactation improves growth of piglets during the suckling period through milk production [J]. Journal of Nutrition, 134: 86-92.

Ramírez M, Amate L, Gil A, 2001. Absorption and distribution of dietary fatty acids from different sources [J]. Early Human Development, 65 (11): 95-101.

Realini C E, Duran-Montge P, Lizardo R, et al, 2010. Effect of source of dietary fat on pig performance, carcass characteristics and carcass fat content, distribution and fatty acid composition [J]. Meat Science, 85 (4): 606-612.

Renaud S C, Ruf J C, Petithory D, et al, 1995. The positional distribution of fatty acids in palm oil and lard influences their biologic effects in rats [J]. Journal of Nutrition, 125 (2): 229-237.

Ringseis R, Piwek N, Eder K, et al, 2007. Oxidized fat induces oxidative stress but has no effect on NF-κB-mediated proinflammatory gene transcription in porcine intestinal epithelial cells [J]. Inflammation Research, 56 (3): 118-125.

Rooke J A, Bland I M, Edwards S A, et al, 1998. Effect of feeding tuna oil or soyabean oil as supplements to sows in late pregnancy on piglet tissue composition and viability [J]. British Journal of Nutrition, 80 (3): 273-280.

Rooke J A, Shao C C, Speake B K, 2001. Effects of feeding tuna oil on the lipid composition of pig spermatozoa and *in vitro* characteristics of semen [J]. Reproduction, 121 (2): 315-322.

Rosero D S, Odle J, Moeser A J, 2015. Peroxidised dietary lipids impair intestinal function and morphology of the small intestine villi of nursery pigs in a dose-dependent manner [J]. British Journal of Nutrition, 114 (12): 1985-1992.

Rosero D S, van Heugten E, Odle J, et al, 2012a. Sow and litter response to supplemental dietary fat in lactation diets during high ambient temperatures [J]. Journal of Animal Science, 90 (2): 550-559.

Rosero D S, van Heugten E, Odle J, et al, 2012b. Response of the modern lactating sow and progeny to source and level of supplemental dietary fat during high ambient temperatures [J]. Journal of Animal Science, 90 (8): 2609-2619.

Running C A, Craig B A, Mattes R D, 2015. Oleogustus: the unique taste of fat [J]. Chemical Senses, 12 (3): 12-19.

Salyer J A, Derouchey J M, M D T, et al, 2012. Effects of dietary wheat middlings, distillers dried grains with solubles, and choice white grease on growth performance, carcass characteristics, and carcass fat quality of finishing pigs [J]. Journal of Animal Science, 90 (8): 2620-2630.

Schmid A, Collomb M, Bee G, 2008. Effect of dietary alpine butter rich in conjugated linoleic acid on milk fat composition of lactating sows [J]. British Journal of Nutrition, 100 (1): 54-60.

Shafqatullah, Hussain A, Sohail M, 2011. Effect of packing materials on storage stability of sunflower oil [J]. Pakistan Journal of Biochemistry & Molecular Biology, 2 (11): 30-34.

Shimomura Y, Tamura T, Suzuki M, et al, 1990. Less body fat accumulation in rats fed a safflower oil diet than in rats fed a beef tallow diet [J]. Journal of Nutrition, 120 (11): 1291-1296.

Smits R J, Luxford B G, Mitchell M, 2011. Sow litter size is increased in the subsequent parity when lactating sows are fed diets containing n-3 fatty acids from fish oil [J]. Journal of Animal Science, 89 (9): 2731-2738.

Spencer J D, Gaines A M, Berg E P, 2005. Diet modifications to improve finishing pig growth performance and pork quality attributes during periods of heat stress [J]. Journal of Animal Science, 83 (1): 113-120.

Stephenson E W, Vaughn M A, Burnett D D, 2014. Influence of dietary fat source and feeding duration on pig growth performance, carcass composition, and fat quality [J]. Kansas State University Swine Day Report of Progress Manhattan Kansas Usa November, 11 (1): 21-25.

Takada R, Saitoh M, Mori T, et al, 1994. Dietary gamma - linolenic acid - enriched oil reduces body fat content and induces liver enzyme activities relating to fatty acid beta - oxidation in rats [J]. Journal of Nutrition, 124 (4): 469-474.

Tikk K, Tikk M, Aaslyng M D, et al, 2007. Significance of fat supplemented diets on pork quality - Connections between specific fatty acids and sensory attributes of pork [J]. Meat Science, 77 (2): 275-286.

Tilton S L, Miller P S, Lewis A J, et al, 1999. Addition of fat to the diets of lactating sows: I. Effects on milk production and composition and carcass composition of the litter at weaning [J]. Journal of Animal Science, 77 (9): 2491-2500.

Tokach M D, Main R G, Dritz S S, 2003. Effects of increasing crystalline lysine and dietary fat on finishing pig growth performance [J]. Kansas State University Swine Day Report of Progress, 10 (1): 5-10.

Tummaruk P, 2013. Post - parturient disorders and backfat loss in tropical sows in relation to backfat thickness before farrowing and postpartum intravenous supportive treatment [J]. Asian - Australas Journal of Animal Science, 26 (2): 171-177.

Tyagi V K, Vasishtha A K, 1996. Changes in the characteristics and composition of oils during deep - fat frying [J]. Journal of Oil & Fat Industries, 73 (4): 499-506.

Vahter M, 2002. Mechanisms of arsenic biotransformation [J]. Toxicology, 181: 211-217.

van der Peet - Schwering C M, Kemp B, Binnendijk G P, 2004. Effects of additional starch or fat in late - gestating high nonstarch polysaccharide diets on litter performance and glucose tolerance in sows [J]. Journal of Animal Science, 82 (10): 2964-2971.

van Kempen T A T G, Odle J, 1993. Medium - chain fatty acid oxidation in colostrum - deprived newborn piglets: Stimulatory effect of L - carnitine supplementation [J]. Journal of Nutrition, 123: 1531-1537.

Vicente J G, Isabel B, Cordero G, et al, 2013. Fatty acid profile of the sow diet alters fat metabolism and fatty acid composition in weanling pigs [J]. Animal Feed Science and Technology, 181 (14): 45-53.

Weeden T L, Nelssen J L, Thaler R C, 1994. Effect of dietary protein and supplemental soyabean oil fed during lactation on sow and litter performance through two parities [J]. Animal Feed Science & Technology, 45 (2): 211-226.

Wei Y, Jie L, Junjun W, et al, 2013. Effects of dietary ratio of n-6 to n-3 polyunsaturated fatty acids on immunoglobulins, cytokines, fatty acid composition, and performance of lactating sows and suckling piglets [J]. Journal of Animal Science and Biotechnology, 3 (2): 137-144.

Wiecek J, Rekiel A, Skomia J, et al, 2010. Effect of feeding level and linseed oil on some metabolic and hormonal parameters and on fatty acid profile of meat and fat in growing pigs [J]. Archiv Fur Tierzucht Archives of Animal Breeding, 53 (1): 37-49.

Wiecek J, Skomial J, 2004. Restricted feeding and linseed oil as modifiers of the fatty acid profile in pork [J]. Journal of Animal & Feed Science, 13 (1): 43-46.

Wiseman J, Cole D J A, Hardy B, 1990. The dietary energy values of soya – bean oil, tallow and their blends for growing/finishing pigs [J]. Animal Science, 50 (3): 513 – 518.

Wiseman J, Powles J, Salvador F, et al, 1998. Comparison between pigs and poultry in the prediction of the dietary energy value of fats [J]. Animal Feed Science & Technology, 71 (1): 1 – 9.

Xi L, Brown K, Woodworth J, et al, 2008. Maternal dietary L – carnitine supplementation influences fetal carnitine status and stimulates carnitine palmitolytransferase and pyruvate dehydrogenase complex activities in swine [J]. Journal of Nutrition, 138: 2356 – 2362.

Xing J J, van Heugten E, Lit D F, 2004. Effects of emulsification, fat encapsulation, and pelleting on weanling pig performance and nutrient digestibility [J]. Journal of Animal Science, 82 (9): 2601 – 2609.

Yao W, Li J, Wang J J, 2012. Effects of dietary ratio of n – 6 to n – 3 polyunsaturated fatty acids on immunoglobulins, cytokines, fatty acid composition, and performance of lactating sows and suckling piglets [J]. Journal of Animal Science and Biotechnology, 3 (1): 43 – 50.

Yuan S B, Chen D W, Zhang K Y, et al, 2007. Effects of oxidative stress on growth performance, nutrient digestibilities and activities of antioxidative enzymes of weanling pigs [J]. Asian Australasian Journal of Animal Sciences, 20 (10): 1600 – 1605.

第四章 碳水化合物

碳水化合物是多羟基的醛、酮或其简单衍生物，以及能水解产生上述产物的化合物的总称。从动物营养学的角度而言，碳水化合物的分类与其化学结构和营养功能密切相关。根据碳水化合物的可消化性和消化的速率，可将其分为营养性碳水化合物和功能性碳水化合物。由于来源不同，饲料原料中碳水化合物的营养性组分与功能性组分的含量和相对比例存在很大差异，从而影响猪胃肠道消化酶的活性、肠道形态结构和肠道微生物区系等，进而影响猪的能量平衡以及对其他营养素的吸收和利用。本文依据最新营养学分类，以碳水化合物在动物消化道内能否被消化为主线，阐述猪碳水化合物营养研究进展。

第一节 碳水化合物的分类和特性

一、碳水化合物的分类

由于分类依据不同，例如糖链的聚合程度、糖苷键的类型等，饲料碳水化合物可分为多种类型。目前有营养学意义的分类方法是参考 Englyst 和 Hudson（1996）提出的"食物碳水化合物的分类"，并结合其在动物小肠中的状态进行的（表 4-1）。

表 4-1 食物碳水化合物及其分类

类 型	常见成分	能否在小肠内被消化
单糖	葡萄糖、果糖、半乳糖、阿拉伯糖、木糖和甘露糖	是
二糖	蔗糖、乳糖、麦芽糖	是
糖醇	山梨糖醇、木糖醇、乳糖醇、麦芽糖醇等	部分
短链碳水化合物	低聚果糖、低聚半乳糖、焦糊精、多聚葡萄糖	否
	麦芽糖糊精	是
淀粉	可消化淀粉	是
	抗性淀粉	否
非淀粉多糖（NSP）	膳食纤维（植物细胞壁）	否
	其他 NSP（如树胶、胶浆等）	否

资料来源：Englyst 和 Hudson（1996）。

糖类主要包括单糖和二糖。植物性饲料原料中含量最多的单糖是葡萄糖，果糖、半乳糖、阿拉伯糖、木糖和甘露糖的含量也较高。二糖是由两个单糖通过糖苷键连接而成。植物性饲料原料中的二糖主要是蔗糖，乳糖主要来源于乳制品。蔗糖和乳糖是猪饲料中两种主要的二糖。葡萄糖和果糖通过 α-1,2-糖苷键连接形成蔗糖，葡萄糖和半乳糖则通过 β-1,4-糖苷键连接形成乳糖。麦芽糖是由两个葡萄糖单位通过 α-1,4-糖苷键连接形成，是淀粉消化过程中的产物。除了蔗糖、麦芽糖和乳糖外，自然界中还有其他二糖，如纤维二糖、龙胆二糖和海藻糖等。这些二糖是由两个葡萄糖单位通过 β-1,4-糖苷键（纤维二糖）、β-1,6-糖苷键（龙胆二糖）或 β-1,1-糖苷键（海藻糖）连接而成的。

猪饲料中的糖醇主要来自外源添加物，只有部分能被吸收，吸收后未被利用的部分通过尿液排出。短链碳水化合物在食物碳水化合物分类中被列为新类别，通常是作为功能性组分添加到饲料中。此外，传统的分类法将多糖定义为不溶于80%乙醇的碳水化合物；新的分类体系依据糖链中糖基的数量将碳水化合物分为寡糖与多糖，两者的分界点约10个单糖基。

淀粉是以葡萄糖作为基本单位连接而成的长链大分子物质，是植物贮存能量的一种普遍形式。植物直接调控淀粉分子形成淀粉体，并进一步聚集形成淀粉团粒。淀粉团粒是由两种化学结构不同的淀粉分子，即线形螺旋状的直链淀粉和分支的支链淀粉组成的混合物。直链淀粉由250～300个葡萄糖分子以 α-D-1,4-糖苷键脱水缩合而成（图4-1）；支链淀粉每隔8～9个葡萄糖单位出现一个分支，分支点以 α-1,6-糖苷键相连，分支内仍以 α-1,4-糖苷键相连，结构呈一种不规则的树枝状（图4-2）（Heijnen，1997；Oates，1997）。大多数天然淀粉中直链淀粉的平均含量约为总淀粉含量的20%～30%（Jenkins和Donald，1995）。某些淀粉，如糯性玉米淀粉只含有支链淀粉，而某些淀粉可能只含有直链淀粉。一般而言，当直链淀粉与支链淀粉的比例很低时（<0.15），淀粉糯性很强；当直链淀粉与支链淀粉比例为0.16～0.35，甚至超过0.36而呈高度直链时，淀粉易于凝胶化（Knudsen等，2006）。由于直链淀粉和支链淀粉分子大小及结构存在差异，因而两者的性质存在明显不同，直链淀粉易溶于温水，溶解后黏度较低；支链淀粉要加热后才开始溶解，形成的溶液黏度较大。

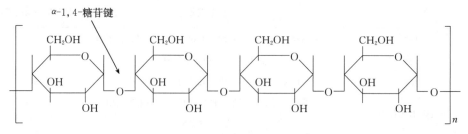

图4-1 直链淀粉的分子结构

非淀粉多糖（non-starch polysaccharide，NSP），例如纤维素、半纤维素和果胶是广泛存在于饲料中的碳水化合物。饲料原料来源不同，其NSP的含量和组成也不同，例如阿拉伯木聚糖是小麦和黑麦中最重要的NSP；β-葡聚糖是大麦中最主要的NSP（Annison等，1991；Smits和Annison，1996；Yin等，2000，2001）。阿拉伯木聚糖主要由戊糖（阿拉伯糖和木糖）组成，因此又常称为戊聚糖，由 β-1,4-D-呋喃木糖基主链与一个或多个 α-L-阿拉伯糖基取代而成（Annison，1992）。阿拉伯木聚糖分子中还含有少量其他侧链残基，如六碳糖、葡萄糖醛酸和阿魏酸等。β-葡聚糖是一类由 D-葡萄糖连接而成的聚合物。谷物中含有两种主要的 β-葡聚糖，一种仅含 β-1,4-糖苷键，即纤维素；另一种含有 β-1,4 和 β-1,3 两种糖苷键，通常称为混合交联 β-葡聚糖（简称 β-葡聚糖）。β-葡聚糖分子中 β-1,3-糖苷键与 β-1,4-糖苷键的比例为 1：(2～3)。果胶主要包括鼠李半乳糖醛酸聚糖 I 型和 II 型、同型半乳糖醛酸聚糖、阿拉伯聚糖、半乳聚糖和阿拉伯半乳聚糖等。鼠李半乳糖醛酸聚糖的主链由半乳糖醛酸和鼠李糖残基构成，侧链上有阿拉伯糖、半乳糖等，侧链一般连接到鼠李糖的 C-4 键上。阿拉伯聚糖主链为 α-1,5-糖苷键连接的阿拉伯糖，侧链为单个阿拉伯糖残基通过 α-1,2-糖苷键或 α-1,3-糖苷键与主链相连。半乳聚糖存在于某些植物的初生细胞壁中，由半乳糖残基以 β-1,4-糖苷键相连而成。阿拉伯半乳聚糖的主链为 d-1,4-糖苷键连接的半乳聚糖，侧链为 α-1,5-糖苷键连接的单个阿拉伯糖残基在主链上通过半乳糖残基的 C_3 连接。非淀粉多糖不能被动物分泌的内源酶降解，并且对肠道内营养物质的消化吸收过程以及动物的生长性能均有一定的不良反应，因此又被称为抗营养因子（Partridge 和 Bedford，2001）。

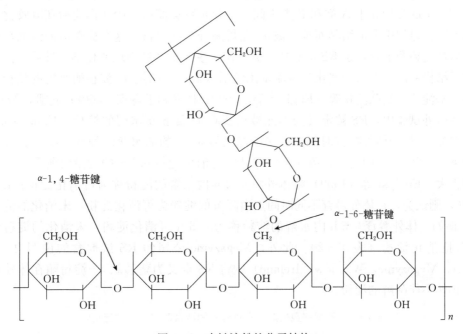

图 4-2　支链淀粉的分子结构

二、碳水化合物的可消化性及抗消化性

淀粉被动物小肠分泌的 α-淀粉酶水解为葡萄糖的特性称为淀粉的可消化性。因此，能够被 α-淀粉酶水解的淀粉被称为可消化淀粉。研究发现，可消化淀粉在哺乳动物的小肠内具有快消化和慢消化的特性（Englyst 等，1992，1999；Sharavathy 等，2000）。

快消化淀粉在小肠内被快速而完全地消化吸收，并且可以迅速提高餐后血液中葡萄糖和胰岛素的水平（Englyst等，1999）；慢消化淀粉则在小肠内被缓慢而彻底地消化吸收，并使餐后血液胰岛素和葡萄糖维持在适中且平稳的水平（Englyst等，1999）。

参考人对淀粉的消化特点：谷物类淀粉中有一类淀粉不能被人小肠中的α-淀粉酶消化，并初步将这种淀粉定义为抗性淀粉（resistant starch，RS）。1992年，联合国粮食与农业组织（Food and Agriculture Organization of the United Natio，FAO）将RS定义为："健康者小肠中不吸收的淀粉及其降解产物。"1993年，欧洲抗性淀粉协会（EuRESTA）正式将RS定义为："不被健康人体小肠所消化吸收的淀粉及其分解物之总称。"目前一般将RS分为四类：物理包埋淀粉（RS1）、抗性淀粉颗粒（RS2）、回生淀粉（RS3）和化学改性淀粉（RS4）。RS1是指因细胞壁的屏障作用或蛋白质的隔离作用而不能被α-淀粉酶接近而水解的淀粉，在采用物理法磨碎或者咀嚼之后可以消化。RS2指天然具有抗消化性的淀粉，主要存在于生的马铃薯、香蕉和高直链玉米淀粉中，其抗消化的原因是具有致密的结构和部分结晶结构，其抗性随着凝胶化的完成而消失。根据X射线衍射图像的类型，RS2又可分为三类。A类：这类淀粉即使未经加热处理也能消化，但在小肠中只能部分被消化，主要包括小麦、玉米等谷物类淀粉；B类：这类淀粉即使经加热处理也难以消化，包括未成熟的香蕉、芋类和高直链玉米淀粉；C类：其衍生的类型介于A类和B类之间，主要是豆类淀粉。RS3指淀粉在凝胶化后的冷却或贮存过程中形成结晶而难以被α-淀粉酶分解的淀粉。这类淀粉即使经加热处理也难以被淀粉酶消化，是RS的重要成分。RS4主要指经过物理或化学变性后，由于淀粉分子结构的改变以及一些化学官能基团的引入而产生的抗α-淀粉酶水解的淀粉，例如羧甲基淀粉、交联淀粉等（Englyst等，1992；杨光和丁霄霖，2002；赵凯，2004）。

在体外试验中，RS被定义为不能被猪胰腺α-淀粉酶水解的淀粉（Vatanasuchart等，2009）。由于体外孵育时间显著影响淀粉被α-淀粉酶水解的程度（Liu等，2006；谭碧娥等，2008），因此，目前在测定样品中可消化淀粉和RS的含量时所采用的方法差异很大。Englyst等（1999）将体外孵育2 h内水解的淀粉称为可消化淀粉；Liu等（2006）则认为，在体外孵育不同时间点内降解的淀粉为可消化淀粉，未消化的淀粉为RS。例如，体外孵育0.5 h内水解的淀粉称为0.5 h可消化淀粉，未消化的淀粉称为0.5 h抗消化淀粉（表4-2）。此外，Megazyme公司的RS试剂盒的说明书（K-TSTA，Megazyme，Wicklow，Ireland）则将RS定义为猪胰腺α-淀粉酶在体外孵育16 h仍然不能降解的淀粉。

表4-2 不同来源的淀粉在体外不同孵育时间点抗性淀粉和可消化淀粉的含量（以干物质为基础，%）

淀粉来源	体外孵育0.5 h		体外孵育2 h		体外孵育16 h	
	抗性淀粉	可消化淀粉	抗性淀粉	可消化淀粉	抗性淀粉	可消化淀粉
玉米	47.20±1.60	8.50±0.80	29.80±2.50	23.10±0.30	6.40±0.10	58.80±0.90
小米	49.80±0.10	13.20±0.20	17.20±0.50	32.30±0.40	0.20±0.02	75.70±1.10
燕麦	3.10±0.10	17.30±0.60	0.60±0.10	30.50±0.41	0.40±0.10	56.90±0.70

(续)

淀粉来源	体外孵育 0.5 h		体外孵育 2 h		体外孵育 16 h	
	抗性淀粉	可消化淀粉	抗性淀粉	可消化淀粉	抗性淀粉	可消化淀粉
大米	59.50±0.40	11.40±0.80	40.30±1.00	28.90±1.10	0.60±0.30	80.80±0.60
小麦	58.8±1.70	7.60±0.01	52.10±0.02	16.50±0.30	0.60±0.10	70.90±0.10
荞麦	50.30±2.00	12.60±1.00	15.10±1.90	37.90±2.70	0.80±0.10	64.20±0.40
马铃薯	54.30±2.70	3.90±0.80	50.70±0.90	5.90±0.40	49.30±0.40	11.30±0.20
甘薯	42.00±1.50	9.20±0.40	31.30±4.60	20.30±1.50	3.40±0.01	57.00±0.40
芋头	51.50±6.50	5.30±0.80	50.40±1.20	9.10±0.60	42.10±1.70	14.50±1.40
绿豆	21.90±2.70	8.00±0.20	14.4±1.00	17.60±1.30	3.80±1.50	33.50±0.80
扁豆	30.10±0.60	3.60±0.90	22.60±0.70	10.80±0.60	4.00±0.70	30.80±0.80

资料来源：Liu 等（2006）。

第二节 碳水化合物的营养代谢

一、碳水化合物的体外消失率与体内消化率的关系

目前已有大量的研究系统报道了淀粉在体外不同孵育时间点的消化特征。Englyst 等（1999）和 Sharavathy 等（2001）为评定淀粉中快消化淀粉和慢消化淀粉的含量，测定了淀粉在体外孵育 20 min 和 2 h 的消失率。Liu 等（2006）测定了淀粉在体外孵育 20 min、2 h 和 16 h 的消失率。虽然饲料中快消化淀粉的含量与机体餐后的生糖指数呈极显著的正相关性（Englyst 等，1996），但是仅仅通过测定淀粉在体外 3 个孵育时间点的消失率来评定淀粉中快消化淀粉、慢消化淀粉和 RS 的含量并不足以揭示淀粉对机体的营养学价值。淀粉在体外的消化速率与大鼠餐后血浆葡萄糖和胰岛素反应有很强的正相关性。Weurding 等（2001a，2001b）研究了不同来源的淀粉在体外不同孵育时间点的消失率（表 4-3），发现淀粉在体外的消化速率与其在肉鸡小肠内的消化速率和消化程度有很强的正相关性。由于猪饲料中淀粉的来源不同，其支链淀粉和直连淀粉的含量和比例也不同，这不但影响淀粉的体外消化特性（表 4-3），而且还可能影响淀粉在仔猪小肠不同肠段的消化率。宾石玉（2005）和谭碧娥等（2008）研究了玉米、糙米和籼米淀粉在体外不同孵育时间点的消失率（表 4-3），发现这三种谷物淀粉在体外孵育 2 h 和 4 h 的消失率与其在断奶仔猪空肠后段和回肠后段的消化率有很强的正相关性（r 分别等于 0.98 和 0.99）。宾石玉和赵霞（2007）研究发现，支链淀粉含量最高的糯米淀粉在仔猪空肠前段、空肠后段、回肠前段和回肠后段的消化率显著高于糙米淀粉、玉米淀粉和抗性淀粉（表 4-4）。通过以直链淀粉含量（$X1$）和支链淀粉含量（$X2$）为自变量，小肠不同部位淀粉消化率（Y）为因变量进行回归分析，发现小肠淀粉消化率与直链淀粉、支链淀粉食入量之间有显著的相关性，支链淀粉量越多，对淀粉消化率的贡献就越大。回归公式如下：

空肠前段消化率 $Y1=0.351\ X1+0.799\ X2\ (n=20,\ R^2=0.947,\ P<0.001)$

(式 4-1)

空肠后段消化率 $Y2=0.665\ X1+1.053\ X2\ (n=20,\ R^2=0.990,\ P<0.001)$

(式 4-2)

回肠前段消化率 $Y3=0.899\ X1+1.138\ X2\ (n=20,\ R^2=0.988,\ P<0.001)$

(式 4-3)

回肠后段消化率 $Y4=1.013\ X1+1.199\ X2\ (n=20,\ R^2=0.991,\ P<0.001)$

(式 4-4)

表 4-3 不同来源淀粉在体外不同孵育时间点的消失率（%）

淀粉来源	体外孵育时间（h）								
	0.25	0.50	0.75	1.00	2.00	3.00	4.00	5.00	6.00
食物样品[1]									
小麦	28.80	51.80	71.00	84.10	97.80	98.30	99.30	98.90	98.80
玉米（磨碎）	28.40	47.10	61.20	71.70	91.30	96.60	98.60	99.00	99.60
玉米（压碎）	29.70	48.80	63.60	74.60	95.30	100.50	102.70	103.00	104.20
糯性玉米	26.70	44.30	57.80	67.60	88.10	94.00	96.20	98.70	99.10
普通大豆	24.60	37.40	45.90	51.80	69.50	81.00	86.20	92.20	96.70
大麦	25.50	44.30	60.80	73.20	92.80	99.30	99.70	100.40	101.60
高粱	19.40	38.10	55.70	69.40	95.00	99.50	102.30	102.80	103.70
豌豆	15.70	27.80	37.60	45.80	67.00	77.10	85.10	91.90	94.60
蚕豆	13.20	19.20	35.00	38.40	58.00	70.40	77.70	83.40	85.90
木薯淀粉	72.80	85.70	89.90	92.10	96.00	96.90	97.40	97.50	97.50
马铃薯淀粉	11.80	15.70	19.20	22.40	33.90	44.10	53.80	60.80	66.50
糙米	27.30	46.90	62.30	72.20	91.50	96.50	98.70	98.90	99.00
饲料样品[2]									
玉米	21.96	26.53	34.84	43.91	74.30	87.28	90.95	93.22	95.56
糙米	21.57	25.95	35.15	47.91	79.36	90.00	94.62	97.80	98.46
糯米	29.31	40.61	49.14	57.11	91.62	96.94	99.92	101.02	103.81

资料来源：1. Weurding 等（2001）；2. 宾石玉（2005）；谭碧娥等（2008）。

表 4-4 不同来源淀粉在仔猪小肠不同部位的消化率（%）

部位	处理			
小肠部位	玉米淀粉	糙米淀粉	糯米淀粉	抗性淀粉
空肠前段	47.17±0.59[b]	48.65±2.43[b]	81.90±1.72[a]	34.14±1.79[c]
空肠后段	74.21±1.51[b]	79.64±2.52[b]	91.98±0.10[a]	56.30±1.47[d]
回肠前段	83.81±2.14[c]	92.22±2.73[b]	96.04±0.83[a]	73.74±2.34[d]
回肠后段	93.08±0.54[c]	96.14±1.49[b]	99.81±0.43[a]	82.28±1.05[d]

注：同行上标不同小写字母表示差异显著（$P<0.05$）。

资料来源：宾石玉和赵霞（2007）；谭碧娥等（2008）；Yin 等（2010，2011）。

二、碳水化合物的消化率和消化速率及其生理学意义

消化率是指食物或者饲料中的碳水化合物被消化的比例。消化速率则是指单位时间内饲料碳水化合物被消化的量。两者从不同的角度论述其对机体的营养调控及贡献，我们最终强调淀粉消化后生成葡萄糖的速率与蛋白质消化后生成氨基酸的速率以及两者在餐后被吸收的总量的匹配程度对机体能量和蛋白质沉积的影响，即希望饲料中碳水化合物与蛋白质的消化吸收的时空协调。

采用胰岛素-氨基酸-葡萄糖钳制技术，发现葡萄糖、胰岛素和氨基酸可以单独或协同促进仔猪骨骼肌蛋白质合成（O'Connor 等，2003；Jeyapalan 等，2007）。单独提高血液葡萄糖的含量可促进快速收缩的糖原降解型肌肉以及肝脏、肠道、胰腺、脾脏、肾脏和肺等组织或者器官的蛋白质合成（Jeyapalan 等，2007）；单独提高血液胰岛素或氨基酸的含量可促进大多数组织尤其是骨骼肌中蛋白质的合成（Davis 等，2001；O'Connor 等，2003）；同时提高血液中胰岛素和氨基酸或葡萄糖、胰岛素和氨基酸的含量至餐后水平，可提高胰脏、肾脏、脾脏和肝脏等大多数内脏组织以及骨骼肌中蛋白质的合成（Davis 等，2000）。由于餐后循环血液中葡萄糖、氨基酸和胰岛素到达峰值的时间并不同步，因此餐后蛋白质合成的最优时间段是当营养物质和胰岛素的含量维持在适中的水平而不是在它们各自的峰值时间点。提高餐后循环血液中葡萄糖和胰岛素的水平可以显著提高猪对碳水化合物和蛋白质（氨基酸），以及其他营养物质的沉积效率（Tremblay 等，2001；Jeyapalan 等，2007）。Yin 等（2010，2011）发现，淀粉的消化速率显著影响仔猪餐后血液中葡萄糖和胰岛素到达峰值时的含量和维持较高浓度范围的时间。一般而言，仔猪采食高消化速率的淀粉后，血液葡萄糖的含量迅速升高并且在餐后 1.5 h 达到峰值；采食中消化速率或者低消化速率的淀粉后，血液葡萄糖的含量均是在餐后 2.5 h 达到峰值（图 4-3）。此外，不管采食哪种消化速率的淀粉，仔猪血液胰岛素的浓度均在餐后 0.5 h 迅速升高至峰值，然后迅速降低；但采食高消化速率淀粉的仔猪血液胰岛素的浓度在餐后 2.5 h 内显著高于采食中和低消化速率的淀粉的仔猪（图 4-4）。

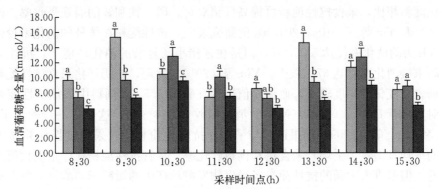

图 4-3 淀粉消化速率对断奶仔猪餐后血清葡萄糖含量的影响

注：同一采样时间点内不同小写字母表示差异显著（$P<0.05$，$n=8$）；"▨"指高淀粉消化率组；"▦"指中淀粉消化率组；"■"指低淀粉消化率组。图 4-4 注释与此同。

（资料来源：Yin 等，2010；尹富贵，2010）

淀粉消化后释放葡萄糖的速度能够调节氨基酸的吸收，以及其在门静脉回流内脏（portal‐drained viscera，PDV）组织中的代谢程度，从而影响门静脉氨基酸吸收的量和组成模式（宾石玉，2005；戴求仲，2005）。Yin 等（2010）发现，仔猪采食高消化速率的淀粉后，血液中精氨酸、半胱氨酸、亮氨酸、赖氨酸、苏氨酸和色氨酸等大部分必需氨基酸和非必需氨基酸的含量，在餐后 2.5 h 内均高于采食中消化速率和低消化速率淀粉的试验猪。血液中葡萄糖、胰岛素和氨基酸的浓度主要在餐后 4 h 内发生大幅度变化，该变化不受每日饲喂次数的影响，如 4 h/次、8 h/次或者 12 h/次；但是在餐后 4 h 以后会持续下降并维持在相对较低的水平（戴求仲，2005；戴求仲等，2009；Regmi 等，2010；Yin 等，2010，2011）。因此，采食高消化速率的淀粉后，在餐后 4 h 内葡萄糖、胰岛素和氨基酸浓度均处于较高水平并且同步程度最高，机体蛋白质的合成效率也最高。

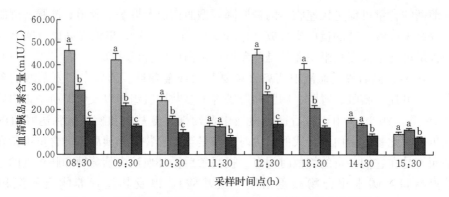

图 4-4 淀粉消化速率对断奶仔猪餐后血清胰岛素含量的影响

三、抗性淀粉对猪的营养及生理学意义

自 20 世纪 90 年代初以来，抗性淀粉一直是人类营养学和动物营养学研究的热点之一，但是关于抗性淀粉对猪的营养研究一直比较薄弱，相关的报道也很少。Morais（1996）报道，10 日龄仔猪对抗性淀粉的表观回肠末端消化率为 49.2%±10.3%；与采食可消化淀粉相比，采食抗性淀粉可提高仔猪对钙、磷、铁和锌的表观吸收率。谭碧娥等（2008）和 Yin 等（2010a，2010b）的研究表明，抗性淀粉在体外的消化率较低，例如孵育 6 h 后的消化率仅达 53.23%，但是在仔猪小肠复杂的消化环境下，抗性淀粉的表观回肠末端消化率可达 67% 以上。Yin 等（2010）发现，断奶仔猪采食抗性淀粉后血液葡萄糖含量变化的幅度较小，血糖峰值出现在餐后 1.5 h。饲料中添加抗性淀粉影响了仔猪对其他营养物质（如氨基酸）的消化吸收（表 4-5），这也进一步验证了 Li 等（2007）和 Deng 等（2009）的报道，与采食非抗性淀粉相比，采食抗性淀粉显著降低了仔猪的平均日增重、平均日采食量和饲料转化率。尽管抗性淀粉在仔猪消化道前段消化率很低，但是进入大肠的抗性淀粉经微生物发酵后产生的短链脂肪酸是后肠上皮细胞的能量来源，其发酵产物尤其是乳酸和丁酸对增强仔猪免疫机能、维持机体健康具有重要作用。Hedemann 和 Knudsen（2007）报道，断奶仔猪采食抗性淀粉后，其结肠的重量和隐窝深度均显著增加，大肠中短链脂肪酸的含量及发酵产物中丁酸的比例随饲料中抗性淀粉含量的增加而增加，而乙酸比例则随抗性淀粉含量的增加而降低。

表 4-5 采食不同消化速率淀粉的仔猪餐后不同时间点血液氨基酸的含量 (mmol/L)

指标	餐后采样时间 (h)												混合标准误均方
	0.5			1.5			2.5			3.5			
	高消化速率淀粉组	中等消化速率淀粉组	低消化速率淀粉组	高消化速率淀粉组	中等消化速率淀粉组	低消化速率淀粉组	高消化速率淀粉组	中等消化速率淀粉组	低消化速率淀粉组	高消化速率淀粉组	中等消化速率淀粉组	低消化速率淀粉组	
营养性必需氨基酸													
精氨酸 (Arg)	0.089	0.087	0.083	0.179[a]	0.128[b]	0.094[b]	0.163[a]	0.107[b]	0.084[c]	0.070	0.068	0.064	0.004
半胱氨酸 (Cys)	0.055[a]	0.045[ab]	0.038[b]	0.086[b]	0.064[b]	0.068[b]	0.059	0.045	0.046	0.037	0.034	0.034	0.001
组氨酸 (His)	0.038	0.036	0.032	0.062[a]	0.041[b]	0.045[b]	0.038	0.032	0.044	0.032	0.028	0.040	0.001
异亮氨酸 (Ile)	0.050	0.047	0.048	0.090[a]	0.055[b]	0.060[b]	0.061[a]	0.050[ab]	0.048[b]	0.049[a]	0.034[b]	0.038[ab]	0.001
亮氨酸 (Leu)	0.205[a]	0.215[a]	0.173[b]	0.310[a]	0.260[b]	0.245[b]	0.271[a]	0.254[b]	0.204[b]	0.148	0.154	0.142	0.004
赖氨酸 (Lys)	0.287[a]	0.261[ab]	0.233[b]	0.583[b]	0.574[a]	0.297[b]	0.320[a]	0.233[b]	0.227[b]	0.242[a]	0.220[b]	0.158[b]	0.009
蛋氨酸 (Met)	0.037	0.031	0.031	0.055[a]	0.038[b]	0.033[b]	0.061[a]	0.034[b]	0.036[b]	0.040[a]	0.029[b]	0.028[b]	0.002
苯丙氨酸 (Phe)	0.085	0.089	0.083	0.137[a]	0.116[c]	0.102[b]	0.120[a]	0.100[b]	0.103[b]	0.082	0.071	0.074	0.002
苏氨酸 (Thr)	0.452[a]	0.380[b]	0.375[b]	0.525[a]	0.422[b]	0.460[b]	0.384[a]	0.342[ab]	0.308[b]	0.285[a]	0.294[a]	0.247[b]	0.010
色氨酸 (Trp)	0.235[a]	0.197[b]	0.183[b]	0.288[a]	0.237[b]	0.223[b]	0.246[a]	0.213[ab]	0.200[b]	0.200[a]	0.166[b]	0.143[b]	0.007
酪氨酸 (Tyr)	0.104[a]	0.093[ab]	0.084[b]	0.164[a]	0.118[b]	0.117[b]	0.152[a]	0.114[b]	0.093[b]	0.101[a]	0.076[ab]	0.068[b]	0.002
缬氨酸 (Valine)	0.112	0.094	0.100	0.166[a]	0.098[c]	0.129[b]	0.138[a]	0.101[b]	0.100[b]	0.121[a]	0.074[b]	0.087[b]	0.002
营养性非必需氨基酸													
丙氨酸 (Ala)	0.387[a]	0.334[b]	0.350[ab]	0.450[a]	0.389[b]	0.384[b]	0.476[a]	0.465[ab]	0.414[ab]	0.406[a]	0.390[a]	0.366[b]	0.011
天门冬氨酸 (Asp)	0.025	0.022	0.028	0.030	0.032	0.030	0.049	0.042	0.042	0.034[a]	0.026[b]	0.022[b]	0.001
谷氨酸 (Glu)	0.241	0.227	0.226	0.248[a]	0.278[ab]	0.298[b]	0.324[a]	0.318[ab]	0.279[b]	0.310[a]	0.205[c]	0.260[b]	0.007
甘氨酸 (Gly)	0.463[a]	0.432[ab]	0.410[b]	0.541[a]	0.520[ab]	0.487[b]	0.549[a]	0.545[a]	0.522[b]	0.471[a]	0.473[a]	0.427[b]	0.015
脯氨酸 (Pro)	0.337[a]	0.359[a]	0.256[b]	0.623[a]	0.577[b]	0.555[b]	0.541[a]	0.492[b]	0.435[c]	0.205	0.232	0.233	0.012
丝氨酸 (Ser)	0.105[a]	0.095[ab]	0.084[b]	0.117	0.124	0.122	0.089[ab]	0.095[a]	0.080[b]	0.088	0.084	0.071	0.001

注：同行上标不同小写字母表示差异显著 ($P<0.05$)。

资料来源：Yin 等 (2010); 尹富贵 (2010)。

四、非淀粉多糖对猪的营养及生理功能

植物性 NSP 包括多种具有不同理化性质的多聚物,因而它们对单胃动物的营养价值也不相同。在不同来源的非淀粉碳水化合物中,NSP 的含量、水溶性、分子大小及结构都存在很大差异（表4-6）,它们不同程度地影响着胃肠道的蠕动、食糜的流速、消化和吸收过程,从而影响营养物质的吸收。

表4-6 几种常见饲料原料中非淀粉多糖的含量和组成（以干物质为基础,g/kg）

饲料原料	总 NSP	阿拉伯糖	葡萄糖	半乳糖	甘露糖	木糖	糖醛酸	可溶性 NSP	不溶性 NSP
玉米	90	18	30	5	15	25	—	13	71
小麦	114	33	28	3	—	48	2	24	94
小麦麸	416	98	110	7	1	188	12	32	384
黑麦	132	35	35	3	3	54	2	46	86
燕麦	71	9	45	2	1	12	2	40	30
燕麦麸	137	17	94	2	—	21	3	84	53
大麦	167	28	82	2	2	51	2	45	122
大米	22	4	8	1	—	5	1	2	20
大豆	156	20	42	43	10	11	26	—	—
豌豆	148	41	61	8	—	14	22	41	107

资料来源：Liu 等（2013）。

部分植物来源的 NSP 以氢键和水形成共价键,可溶于水,称为可溶性 NSP;有的 NSP 以稳定的离子键结合,不溶于水,称为不溶性 NSP。NSP 的水溶性影响其在猪体内的消化率。饲料中水溶性 NSP 的含量（50 g/kg、100 g/kg 和 150 g/kg）对仔猪盲肠和结肠的 pH 没有影响,但延长了食糜在消化道内流通的时间。Baidoo 和 Liu（1998）报道,不脱壳大麦中 β-葡聚糖的含量远远高于脱壳大麦和小麦,有 20%~37% 的 NSP 在小肠中被消化。不可发酵的可溶性 NSP（如羧化纤维素）可提高回肠食糜的黏度和粪便的含水量,也促进了回肠黏液蛋白的分泌,但对干物质、有机物、氮元素和微量元素的表观消化率没有影响（Piel 等,2005）。总体而言,水溶性 NSP 比非水溶性 NSP 更容易被消化,其消化率可达 100%;而非水溶性 NSP（如纤维素）的消化率为 34%~60%（Bach 和 Hansen,1991）。此外,水溶性 NSP 可增加消化道食糜的黏度,引起消化道发生生理学变化,也改变了消化道微生态系统,这可能与消化道食糜流速降低有关,因为小肠内食糜流速变慢并伴随着氧张力的降低可为微生物发酵提供稳定的环境。NSP 主要是在结肠发酵,可增加大肠的重量。仔猪采食含水溶性 NSP 饲料后大肠总挥发性脂肪酸,主要包括乙酸、丙酸和丁酸的含量升高并且 pH 显著降低,但是当采食含非水溶性 NSP 饲料后,仔猪大肠总挥发性脂肪酸的含量显著降低。尽管如此,目前的研究也尚未很好地揭示 NSP 的类型与其发酵产物的关系。例如水溶性果胶的发酵

产物中80%为乙酸，丁酸只占很小的比例；长角豆胶的发酵产物中乙酸的含量很低，丁酸的含量则较高。Carneiro等（2008）报道，在饲料中等量添加麦麸和玉米芯（0.15 g/kg），对仔猪小肠内挥发性脂肪酸的含量没有影响，但是用玉米芯取代小麦麸后，仔猪盲肠中丙酸的含量增加，丁酸的含量显著降低。此外，NSP具有一定的抗营养作用。水溶性NSP增加了肠道食糜的黏度，降低了食糜中的营养物质与肠道消化酶接触的机会，从而降低了营养物质的消化率（Choct，1997）。水溶性非淀粉多糖与食糜中的水结合后，可在食糜与肠道黏膜之间形成相对稳定的不动水层，阻碍了肠道黏膜刷状缘与食糜中的营养物质接触的机会，从而降低黏膜上皮细胞对食糜养分的吸收（Choct和Annison，1992；Iji，2001）。

五、问题及展望

碳水化合物的营养研究是一项系统的基础性工作，需要大量的投入和深入的研究。综合当前对碳水化合物的研究，不难发现仍然存在许多不足，尤其是目前尚难以协调碳水化合物和蛋白质营养之间的相互关系，例如蛋白质合成过程中葡萄糖和氨基酸供给的同步匹配，这在某些情况下将造成体内葡萄糖过量供给而造成能量损失，或葡萄糖供给不足而加速氨基酸降解供能，从而降低蛋白质的利用效率和动物的生产性能。总之，通过动物碳水化合物营养机制的研究，对于研究人类营养，预防和控制糖尿病、心血管疾病和结肠癌等疾病具有一定的指导作用；对指导动物生产，合理、经济、有效地开发饲料资源和提高蛋白质利用率有重要意义。

参考文献

宾石玉，2005. 日粮淀粉来源对断奶仔猪生产性能、小肠淀粉消化和内脏组织蛋白质合成的影响[D]. 雅安：四川农业大学.

宾石玉，赵霞，2007. 日粮淀粉来源对断奶仔猪小肠淀粉消化率的影响[J]. 贺州学院学报，23：141-144.

戴求仲，2005. 日粮淀粉来源对生长猪氨基酸消化率、门静脉净吸收量和组成模式的影响[D]. 雅安：四川农业大学.

戴求仲，王康宁，胡艳，等，2009. 不同淀粉来源对生长猪氮代谢及血液部分生化指标的影响[J]. 动物营养学报，1：617-624.

谭碧娥，宾石玉，孔祥峰，等，2008. 不同日粮来源淀粉在断奶仔猪小肠不同部位的消化及体外降解研究[J]. 中国农业科学，41：1172-1178.

杨光，丁霄霖，2002. 抗性淀粉定量测定方法的研究[J]. 中国粮油学报，17：59-62.

尹富贵，2010. 淀粉硝化速率调控断奶仔猪营养代谢的机制研究[D]. 北京：中国科学院研究生院.

赵凯，2004. 抗性淀粉形成机理及对面团流变学特性影响研究[D]. 哈尔滨：东北林业大学.

Annison G, 1991. Relationship between the levels of soluble nonstarch polysaccharides and the apparent metabolizable energy of wheats assayed in broiler chickens [J]. Journal of Agricultural and Food Chemistry, 39: 1252-1256.

Annison G, 1992. Commercial enzyme supplementation of wheat－based diets raises ileal glycanase activites and improves apparent metabolisable energy, starch and pentosan digestibilities in broiler chickens [J]. Animal Feed Science and Technology, 38: 105－121.

Bach Knudsen K E, Hansen I, 1991. Gastrointestinal implications in pigs of wheat and oat fractions. Digestibility and bulking properties of polysaccharides and other major constituents [J]. British Journal of Nutrition, 65: 217－232.

Baidoo S K, Liu Y, 1998. Hull－less barley for swine: ileal and faecal digestibility of proximate nutrients, amino acids and non－starch polysaccharides [J]. Journal of the Science of Food and Agriculture, 76: 397－403.

Carneiro M S C, Lordelo M M, Cunha L F, 2008. Effects of dietary fibre source and enzyme supplementation on faecal apparent digestibility, short chain fatty acid production and activity of bacterial enzymes in the gut of piglets [J]. Animal Feed Science and Technology, 146: 124－136.

Choct M, Annison G, 1992. The inhibition of nutrient digestion by wheat pentosans [J]. British Journal of Nutrtion, 67: 123－132.

Davis T A, Nguyen H V, Suryawan A, et al, 2000. Developmental changes in the feeding－induced stimulation of translation initiation in muscle of neonatal pigs [J]. American Journal Physiology Endocrinology and Metabolism, 279: 1226－1234.

Deng J, Wu X, Bin S, et al, 2010. Dietary amylose and amylopectin ratio and resistant starch content affects plasma glucose, lactic acid, hormone levels and protein synthesis in splanchnic tissues [J]. Journal of Animal Physiology and Animal Nutrition (Berl), 94: 220－226.

Englyst H N, Hudson G J, 1996. The classification and measurement of dietary carbohydrates [J]. Food Chemistry, 57: 15－21.

Englyst H N, Kingman S M, Cummings J H, et al, 1992. Classification and measurement of nutritionally important starch fractions [J]. European Journal of Clinical Nutrition, 46: 223－250.

Englyst H N, Veenstra J, Hudson G J, 1996. Measurement of rapidly available glucose (RAG) in plant foods: a potential *in vitro* predictor of the glycaemic responses [J]. British Journal of Nutrtion, 75: 327－337.

Englyst K N, Englyst H N, Hudson G J, 1999. Rapidly available glucose in foods: an *in vitro* measurement that reflects the glycemic response [J]. American Journal of Clinical Nutrition, 69: 448－454.

Hedemann M S, Knudsen K E B, 2007. Resistant starch for weaning pigs－Effect on concentration of short chain fatty acids in digesta and intestinal morphology [J]. Livestock Science, 108: 175－177.

Heijnen M L A, 1997. Physiological effects of consumption of resistant starch [D]. The Netherland: Wageningen Agricultural University.

Iji P A, Saki A A, Tivey D R, et al, 2001. Intestinal development and body growth of broiler chicks on diets supplemented with non－starch polysaccharides [J]. Animal Feed Science and Technology, 89: 175－188.

Jenkins P J, Donald A M, 1995. The influence of amylose on starch granule structure [J]. International Journal of Biological Macromolecules, 17: 315－321.

Jeyapalan A S, Orellana R A, Suryawan A, et al, 2007. Glucose stimulates protein synthesis in skeletal muscle of neonatal pigs through an AMPK－and mTOR－independent process [J]. American Journal of Physiology Endocrinology and Metabolism, 293: 595－603.

Knudsen K E B, Lærke H N, Steenfeldt S, 2006. *In vivo* methods to study the digestion of starch in pigs and poultry [J]. Animal Feed Science and Technology, 130: 114-135.

Li T J, Yin Y L, Bin S Y, et al, 2007. Growth performance and nitrogen metabolism in weaned pigs fed diets containing different sources of starch [J]. Livestock Science, 109: 73-76.

Liu Q, Donner E, Yin Y, et al, 2006. The physicochemical properties and *in vitro* digestibility of selected cereal, legume and tuber grown in China [J]. Food Chemistry, 99: 470-477.

Liu Z, Li T, Yin F, et al, 2013. Selecting the optimal levels of non-starch polysaccharides (NSP) degrading enzymes for NSP degradation in selected feed ingredient [J]. Journal of Food Agriculture and Environment, 11 (1): 428-435.

Morais M, Feste A, Miller R, et al, 1996. Effect of resistant and digestible starch on intestinal absorption of calcium, iron, and zinc in infant pigs [J]. Pediatric Research, 39: 872-876.

Oates C G, 1997. Towards an understanding of starch granule structure and hydrolysis [J]. Trends in Food Science and Technology, 8: 375-382.

O'Connor P M, Kimball S R, Suryawan A, et al, 2003. Regulation of translation initiation by insulin and amino acids in skeletal muscle of neonatal pigs [J]. American Journal of Physiology Endocrinology and Metabolism, 285: 40-53.

Partridge G, Bedford M, 2001. The role and efficacy of carbohydrase enzymes in pig nutrition [M]. In Bedford MR and Gary GG (eds). Enzymes in Farm Animal Nutrition. CAB International, Wallingford, UK.

Piel C, Montagne L, Seve B, et al, 2005. Increasing digesta viscosity using carboxymethylcellulose in weaned piglets stimulates ileal goblet cell numbers and maturation [J]. Journal of Nutrition, 135: 86-91.

Regmi P R, Matte J J, van Kempen T A T G, 2010. Starch chemistry affects kinetics of glucose absorption and insulin response in swine [J]. Livestock Science, 134: 44-46.

Sharavathy M K, Urooj A, Puttaraj S, et al, 2001. Nutritionally important starch fractions in cereal based Indian food preparations [J]. Food Chemistry, 75: 241-247.

Smits C H M, Annison G, 1996. Non-starch plant polysaccharides in broiler nutrition-towards a physiologically valid approach to their determination [J]. World Poultry Science Journal, 52: 203-222.

Tremblay F, Marette A, 2001. Amino acid and insulin signaling via the mTOR/p70 S6 kinase pathway [J]. Journal of Biological Chemistry, 276: 38052-38060.

Vatanasuchart N, Niyomwit B, Wongkrajang K, et al, 2009. Resistant starch contents and the *in vitro* starch digestibility of Thai starchy foods [J]. Kasetsart Journal-Natural Science, 43: 178-186.

Weurding R E, Veldman A, Veen W A G, et al, 2001a. Starch digestion rate in the small intestine of broiler chickens differs among feedstuffs [J]. Journal of Nutrition, 131: 2329-2335.

Weurding R E, Veldman A, Veen W A G, 2001b. *In vitro* starch digestion correlates well with rate and extent of starch digestion in broiler chickens [J]. Journal of Nutrition, 131: 2336-2342.

Yin Y L, Baidoo S K, Schulze H, et al, 2001. Effect of supplementing diets containing hulless barley varieties having different levels of non-starch polysaccharides with β-glucanase and xylanase on the physiological status of gastrointestinal tract and nutrient digestibility of weaned pigs [J]. Livestock Production Science, 71: 97-107.

Yin Y L, McEvoy J, Souffrant W B, et al, 2000. Apparent digestibility (ileal and overall) of nutrients and endogenous nitrogen losses in growing pigs fed wheat or wheat byproducts without or with xylanase supplementation [J]. Livestock Production Science, 62: 119–132.

Yin F, Yin Y, Zhang Z, 2011. Digestion rate of dietary starch affects the systemic circulation of lipid profiles and lipid metabolism-related gene expression in weaned pig [J]. British Journal of Nutrition, 106: 369–377.

Yin F, Zhang Z, Huang J, 2010. Digestion rate of dietary starch affects systemic circulation of amino acids in weaned pigs [J]. British Journal of Nutrition, 103: 1404–1412.

第五章 矿物质

矿物质元素对猪具有重要的生理功能。本章总结归纳了 2000 年以来我国学者在国内外发表有关矿物质元素的试验性论文 273 篇，综述性论文 32 篇，著作 1 部，并参考了 NRC（1998，2012）的资料。论述的元素包括常量元素钙、磷、钠、氯、镁、钾、硫，微量元素铬、钴、铜、碘、铁、锰、硒、锌。除此之外还有多种元素在动物体内具有重要的生理功能，如氟、砷也属于必需矿物质元素，但这些元素的需要量极低，目前饲粮中的需要量没有确定，因此本章不做论述。

第一节 常量元素

一、钙和磷

钙（Ca）和磷（P）是构成骨骼和牙齿的主要结构物质，不仅对骨骼系统的发育和维持有重要作用，还对能量代谢及维持组织细胞正常状态等具有重要的生理功能（旷昶等，2005）。饲粮中的钙磷水平、钙磷比、维生素 D 水平均会直接影响猪的钙磷代谢（张振斌等，2001）。蒋宗勇（1999）报道，饲粮有效磷水平低于 0.21% 时，仔猪出现轻度的跛行，四肢关节肿大，左侧后肢内拐，体格较短。钙磷过量也会影响猪的生长性能，导致前脚站立无力、震颤、呈"八"字脚、关节肿大等症状（林映才和蒋宗勇，2002）。过量的钙会抑制其他矿质元素吸收，高钙会导致猪对锌的需要量增加，使皮肤角质化，同时影响磷的利用率（邹磊，2014）。

蒋宗勇等（1999）、林映才等（2001）、林映才和蒋宗勇（2002）、张永刚等（2006）、苏月娟等（2012）对仔猪和生长育肥猪的磷需要量进行了研究，表 5-1 列出了这些试验的生长性能及磷水平。这些试验包括 5 个或 5 个以上磷水平，根据这些磷需要量研究建立回归模型，如有效磷（available phosphorus，AP）需要量与体重（X）的回归方程见式 5-1（图 5-1），以及总磷（total phosphorus，TP）需要量与体重（X）的回归方程见式 5-2（图 5-2）。

$$AP\% = 1.122\,9\,X^{-0.394} \qquad (式\,5-1)$$

$$TP\% = -0.114\ln(X) + 0.941\,5 \qquad (式\,5-2)$$

表5-1 仔猪及生长育肥猪磷需要量研究

体重（kg）		生长性能（kg）		磷水平（%）		资料来源
始重	末重	ADG	ADFI	总磷	有效磷	
4.0	9.0	0.257	0.309	0.75	0.55	林映才等（2001）
8.0	20.0	0.418	0.738	0.58	0.36	蒋宗勇等（1999）
21.4	39.3	0.782	0.837	0.57	0.27	张永刚等（2006）
20.0	50.0	0.597	1.500	0.58	0.33	林映才和蒋宗勇（2002）
32.1	49.5	0.666	1.979	0.53	0.28	苏月鹃等（2012）
50.0	90.0	0.608	2.109	0.43	0.19	林映才和蒋宗勇（2002）

注：ADG，平均日增重；ADFI，平均日采食量。

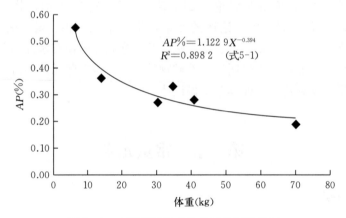

$$AP\% = 1.1229 X^{-0.394}$$
$$R^2 = 0.8982 \quad （式5-1）$$

图5-1 有效磷需要量和体重的回归关系

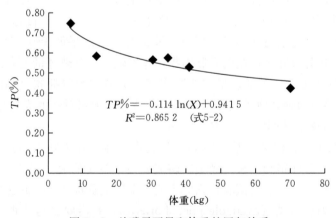

$$TP\% = -0.114 \ln(X) + 0.9415$$
$$R^2 = 0.8652 \quad （式5-2）$$

图5-2 总磷需要量和体重的回归关系

林映才等（2001）给4～9 kg超早期断奶仔猪分别饲喂有效磷0.26%、0.35%、0.45%、0.50%、0.55%和0.60%的6种饲粮，结果表明，随饲粮有效磷水平升高，仔猪平均日增重显著提高，料重比显著降低；仔猪脱脂后干股骨中灰分、钙、磷的百分含量显著提高，在有效磷水平为0.55%时达最佳；血清无机磷浓度极显著升高，在有效磷水平为0.50%时达到最高值。由此得出结论：为满足生长和骨骼发育，4～9 kg超早期断奶仔猪有效磷需要量为0.55%，饲粮中相应钙和总磷水平为0.90%和0.75%。蒋宗勇等（1999）研究8～20 kg仔猪的磷需要量，各组有效磷水平分别为0.11%、0.21%、0.26%、0.31%、0.36%和0.41%，随着有效磷水平的升高，仔猪平均日增重显著提高，而料重比有降低的趋势，到有效磷水平0.36%时达到最佳，采食量无明显变化；随着饲粮有效磷水平的提高，仔猪每千克体重脱脂干股骨重显著提高，有效磷水平达0.36%后趋于平稳，脱脂干股骨中灰分、钙、磷含量在0.36%有效磷水平达最高。林映才和蒋宗勇（2002）对研究生长肥猪的研究表明，0.33%的饲粮有效磷（总磷0.58%）和0.72%的钙可使20～50 kg生长猪获得最佳的生产性能和骨骼发育；0.19%的有效磷（总磷0.43%）和0.54%的钙可使50～90 kg育肥猪获得最佳的生产性能和较好的骨骼发育。苏月娟等（2012）给30～60 kg生长猪饲喂不同磷水平（0.38%、0.43%、0.48%、0.53%和0.58%）的饲粮发现，提高饲粮磷水平可以显著提高猪的日增重，当饲粮磷水平为0.53%时达最大值。随着磷水平的提高，日增重呈先升高后降低的趋势，与张永刚等（2007）和王凤来等（2001）研究结果一致。张永刚等（2006，2007）研究生长猪标准可消化磷需要量，标准消化磷水平设置为0.16%、0.20%、0.23%、0.26%和0.39%，饲粮总钙与标准可消化磷比为2∶1，结果发现，饲粮标准消化磷为0.34%时猪的生长性能最佳，相应的钙水平为0.68%，且血清生长激素、骨钙素和胰岛素浓度达到最低点，甲状旁腺素浓度达到最高点。该研究中，将饲粮标准可消化磷0.34%对应的有效磷值为0.26%～0.27%，总磷为0.56%～0.58%。

适宜的饲粮钙磷比对猪的生长发育很重要。NRC（1998）建议，谷物-豆粕型饲粮的钙磷比为（1～2.5）∶1，以有效磷为基础则为（2～3）∶1，育肥期不超过2.4∶1。NRC（2012）对钙磷比的推荐值为（1～1.25）∶1，较窄的钙磷比有较好的效果可以促进磷的有效利用。在含有植酸磷的饲粮中，钙磷比为（1～1.2）∶1有利于猪的生长和骨骼发育。林映才和蒋宗勇（2002）报道，生长猪的钙有效磷比为2.18∶1，育肥猪2.84∶1较好，生长期结果与蒋宗勇等（1999）在仔猪试验得出的适宜钙有效磷比2∶1接近，此时其饲粮钙有效磷比为1.25∶1。因钙源较磷源廉价，生产中低钙磷比一般不会发生，往往出现高钙磷比的问题。磷过多可与钙结合影响钙的吸收，而钙过多可与磷结合，形成不溶性磷酸盐，造成机体缺磷，都可引起疾病发生（孙会等，2013）。适宜的钙磷比对猪的生长和发育至关重要，过量的钙会引起磷的缺乏，如果饲粮钙处于临界水平就会影响猪的生长发育（胡骁飞，2005；李佳和吴东波，2007）。

林映才等（2000，2002）研究了饲粮不同钙水平（0.28%、0.54%、0.80%、0.90%、1.00%和1.10%）对4～9 kg超早期断奶仔猪的影响时结果发现，随饲粮钙水平的升高，仔猪平均日增重和采食量先提高后降低，料重比先降低后升高；仔猪脱脂干股骨中灰分、钙、磷的百分含量都先显著升高后降低；血清无机磷和钙浓度先略升高后略降低，血清碱性磷酸酶活性先显著降低后升高。综合上述指标，满足4～9 kg超早期断奶仔猪生长和骨骼发育的钙需要量为0.90%。冀红芹（2013）研究不同钙水平（0.30%、0.45%、0.60%、0.75%、0.90%和1.05%）对20～40 kg生长猪生长性能及骨骼的影响，结果表明：饲粮不同钙水平显著影响平均日增重和平均采食量，钙水平为0.60%时获得较好的生长性能，同时破骨细胞活性最低，血清中IGF-1和TGF-β

含量最低。姜海迪等（2012）研究不同钙源（碳酸钙和柠檬酸钙）和水平7～18 kg 断奶仔猪生长性能影响的结果表明，饲粮钙源与水平对仔猪的生长性能没有显著影响，且随着饲粮钙水平（X）的升高，仔猪的日增重（Y）呈二次曲线变化（回归方程见式5-3），在钙水平0.6%时日增重最优；仔猪对柠檬酸钙的利用率显著高于碳酸钙；随饲粮钙水平的升高，饲粮磷的消化率降低，排泄量增加。刘禹含（2013）对体重21.8 kg 猪饲喂不同钙水平（0.3%、0.45%、0.6%、0.75%、0.9%和1.05%）的饲粮结果发现，0.60%钙水平组平均日增重和采食量最高。王晓宇等（2012）的研究表明，30～60 kg 生长猪饲粮钙水平为0.55%时获得较好生长性能，在钙水平为0.60%时获得较好的骨骼发育和体内代谢需要。表5-2总结了一些钙需要量的试验结果。本书第二十二章的仔猪钙需要量推荐量是根据总磷需要量和钙磷比1.2∶1（蒋宗勇等，1998；林映才等，2002）计算得到的（3～8 kg，0.90%；8～25 kg，0.74%）。生长育肥猪钙需要量则根据钙有效磷比与体重（X）的回归方程见式5-4（图5-3）计算得到的（25～50 kg，0.63%；50～75 kg，0.59%；75～100 kg，0.56%；100 kg以上，0.54%）。

$$Y = -367.63\ X^2 + 504.94\ X + 240.92,\ R^2 = 0.847 \quad (式5-3)$$
$$Ca/AP = 0.907\ 5\ X^{0.259\ 7} \quad (式5-4)$$

表5-2 仔猪及生长育肥猪钙需要量研究

体重（kg）		生长性能（kg）		钙	磷（%）		比例		资料来源
始重	末重	ADG	ADFI		有效磷	总磷	钙有效磷比	钙磷比	
4.0	9.0	0.257	0.309	0.9	0.55	0.75	1.64	1.2	林映才等（2002）
7.8	21.6	0.556	0.871	0.68	0.36	0.58	1.89	1.17	蒋宗勇等（1998）
7.1	18.0	0.425	0.617	0.6	0.4	0.6	1.50	1.00	姜海迪（2012）
21.8	38.1	0.585	1.604	0.6	0.3	0.54	2.00	1.11	冀红芹（2013）
34.2	60.0	0.76	1.79	0.55	0.2	0.48	2.75	1.15	王晓宇（2012）

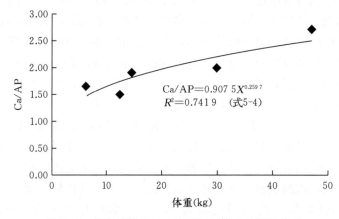

图5-3 钙有效磷比（Ca/AP）与体重的回归关系

在钙、磷营养研究中，血清碱性磷酸酶活性常作为重要的生化检测指标，其敏感程度仅次于骨骼灰分、骨骼钙磷或骨骼的机械性能。血清碱性磷酸酶活性随着饲粮钙水平的升高而降低，猪的血清碱性磷酸酶活性升高时，标志着骨骼矿化不足（王晓宇，2012）。血清碱性磷酸酶活性可随饲粮磷水平的升高而降低，在一定范围内趋于平稳后又开始升高（张永刚等，2006）。蒋宗勇等（1999）报道，当饲粮中有效磷水平从0.11%上升到0.26%，血清碱性磷酸酶活性极显著降低，在0.26%和0.36%组趋于平稳，当有效磷水平升高到0.41%时，又显著升高。

植物性饲料中的植酸磷一般占总磷的40%~60%，猪对植酸磷的利用率较低（旷昶等，2005）。为了满足磷的需要，养猪生产者往往向饲料中添加过量的无机磷。这样不仅造成了磷源的浪费，提高了饲料成本，同时还对环境产生影响。植酸是一种很强的络合剂，易与多种必需矿物质元素离子，如钙、镁、铁、锰、锌等离子络合，形成难溶性植酸-金属络合物，从而影响这些矿物质元素的吸收利用，使其生物学效价明显降低（闫俊浩等，2008）。植酸也可与蛋白质分子络合，使蛋白质溶解性降低。同时它还能和动物消化道中的消化酶结合，使其活性降低，最终降低蛋白质、淀粉及脂类等营养物质的消化和吸收。植酸酶通过催化、水解可将植酸磷分解为能被畜禽利用的无机磷和肌醇（芦春莲等，2010），从而提高饲料中磷的利用率（范苗等，2010），节约大量的无机磷资源，并减少畜禽粪便中磷的排泄量，降低磷对环境的污染（刘建高等，2007）。

研究表明，饲粮中添加适量的微生物植酸酶，可以显著提高猪的生长性能（张克英等，2003），磷的表观消化率显著提高（计成等，2003；闫俊浩等，2008，2009），粪中磷的排出量降低（梁福广等，2007）。大麦中总磷含量较高，裸大麦和皮大麦的总磷含量分别为0.39%和0.33%，在植酸磷较高的大麦型饲粮中添加植酸酶后，少量添加或不添加磷酸氢钙对生长猪的生长性能没有显著影响，但粪中磷的排泄量减少（黄少文等，2013）。

添加植酸酶降低了无机磷的添加水平，并可减少30%~60%的磷排泄（方桂友等，2012）。但很多因素会影响饲粮中植酸酶的作用。饲粮中磷水平、植酸酶的添加量（邓近平等，2007；窦勇等，2014）、钙磷比（李佳等，2006；魏凤仙等，2007）、钙含量都会影响植酸酶的作用。同时微生物植酸酶可以提高钙、铁、锌的利用率（窦勇等，2014，2015），并对蛋白质和氨基酸的消化有促进作用（张克英等，2001；Fan等2005；刘景等，2008）。制粒过程中的高温会影响植酸酶的活性（温刘发等，2009）。

饲粮中添加植酸酶后可以改善生长育肥猪日增重和料重比（刘建高等，2007；何欣等，2009；吴东等，2013），饲粮中的磷水平会直接影响植酸酶的效果，低磷饲粮添加植酸酶的效果要优于正常磷水平的添加效果。张克英等（2001）将仔猪饲粮中有效磷降低0.1%，仔猪日增重、采食量和饲料效率都有下降趋势，当每千克饲粮添加500 IU植酸酶后，生产性能得到明显改善，且磷沉积率提高13.1%，蛋白质的生物学价值提高16.0%。梁福广等（2007）把饲粮有效磷水平降低0.09个百分点（由0.24%降低至0.15%）后添加植酸酶，与正常磷水平饲粮相比生长性能没有显著差异。正常磷水平饲粮中添加植酸酶对猪的生长性能，以及磷、蛋白质和氨基酸消化率都没有显著影响，也不影响磷的沉积率（张克英等，2003）。随着饲粮磷水平的提高，添加植酸酶对猪生长性能的改善趋势会降低，饲粮中有效磷水平足够时，添加植酸酶无益。

饲粮中添加一定量的植酸酶可以替代部分无机磷。对于生长育肥猪，每千克饲粮添加750 IU植酸酶起到的作用与每千克饲粮中添加4 000~5 000 mg的磷酸氢钙的作用相当。韩延明等（1996）的试验表明，饲粮中添加植酸酶与添加无机磷对猪的生长起到相同的效果。邓近平等（2007）报道，每千克饲粮中添加500 IU、750 IU和1 000 IU的植酸酶，可以分别替代1 kg玉米豆粕饲粮中0.23 g、0.58 g和1.06 g的无机磷。梁福广等（2007）报道，每千克饲粮中添加500 IU植酸酶与0.9 g无机磷效果相当。但不同试验中植酸酶的效果不一致，可能与其饲粮中钙水平和钙磷比有关，饲粮中的钙磷比、钙水平也会直接影响植酸酶的作用效果。胡骁飞等（2005）研究表明，添加植酸酶时，饲粮磷水平降低的同时钙水平也应降低，且猪的生长性能在钙磷比1∶1时最好。植酸酶会提高钙的表观消化率，因此补充植酸酶的同时可能会使高钙磷比饲粮产生负面效果，而且高钙可能会通过竞争酶的活性位点影响植酸酶的效果。魏凤仙等（2007）发现，低磷饲粮添加植酸酶后，猪的生长性能随钙磷比的变化呈二次曲线变化，且钙磷比在1∶1时生长性能最好，与胡骁飞（2005）的结果一致。郭文文等（2015）在母猪试验中得出了同样的结论，低磷、低钙磷比饲粮中植酸酶对提高养分消化率效果更显著。随着植酸酶添加水平的提高，从植酸中释放的无机磷会增加，且这种递增是非线性的。

由于猪的饲粮组成和消化道结构比较复杂，目前的研究尚不能完全确定多少活性单位的植酸酶可替代无机磷的数量。本书第二十二章推荐的钙磷需要量没有考虑添加植酸酶的情况。

不同含磷矿物质生物学效价不同。因此对于猪来说，不同的磷源沉积率不同，磷酸二氢钙（磷酸一钙）的沉积率要大于磷酸氢钙（磷酸二钙），磷酸氢钙优于骨粉（刘显军，2001）。黄阿彬（2013）对比磷酸二氢钙和磷酸氢钙的效果发现，不同磷源对猪生长性能没有显著影响，但磷酸二氢钙组骨骼磷含量高于磷酸氢钙组。

二、钠和氯

钠（Na）和氯（Cl）在动物体内发挥着重要作用，水和饲料中的钠和氯很容易被胃肠道吸收。被吸收的钠和氯大部分存在于细胞外液中，极少部分钠存在于细胞内液，还有一部分钠存在于骨骼中作为贮备（黄春红和李淑红，2006）。动物长期缺乏食盐会逐渐丧失食欲，进而导致动物体重减轻，饲料转化效率降低，母猪繁殖力降低。猪饲粮中添加过高的食盐，或处于盐饥饿状态下摄入过量食盐都会导致食盐中毒。

通常认为，猪饲料中含有0.25%～0.5%的氯化钠即可满足其对钠和氯的需要。但不同的生理阶段略有差异。生长育肥猪玉米-豆粕型饲粮中添加0.2%～0.25%的食盐即可满足需要（NRC，1998，2012）。本书第二十二章中瘦肉型仔猪钠和氯的推荐量参考了我国《猪饲养标准》（NY/T 65—2004），生长育肥猪则参考了NRC（2012）的数据。

研究表明，食盐的添加水平会影响磷的消化率。Yin等（2008）在每千克饲粮中添加1 000～6 000 mg的食盐，发现4 100 mg和4 200 mg组食盐时的磷的表观消化率和真消化率最大。钠和氯对母猪极为重要，妊娠母猪和哺乳母猪饲粮氯化钠水平低于0.5%时，仔猪的初生重和断奶重都会降低。饲粮中供给足量的钠是确保母猪繁殖性能的重要因素之一，因为宫颈阴道黏液中钠浓度升高是正常妊娠所必需（黄春红和李淑红，2006）。

饲粮电解质平衡常数（dietary electrolyte balance，dEB）是饲粮中每 100 g 干物质所含的主要阳离子（Na^+、K^+、Ca^{2+}、Mg^{2+}）的毫摩尔数减去主要阴离子（Cl^-、SO_4^{2-}、H_2PO^{4-}、HPO^{2-}）的毫摩尔数得出的。但通常简化为 mEq（Na＋K－Cl）/100 g DM，即每 100 g 干物质中所含 Na^+、K^+ 与 Cl^- 的毫摩尔之差。钠和氯是维持机体电解质平衡和酸碱平衡的主要离子，生产中添加一定的电解质平衡剂有助于改善猪的生长性能（余斌等，2008；敖卓贵等，2013）。

国内对猪电解质平衡的研究较少。林映才（1996）的研究表明，5～10 kg 断奶仔猪饲粮适宜的电解质平衡值（dEB）为 225 mEq/kg（按饲粮计）；10～20 kg 仔猪为 300 mEq/kg（按饲粮计），且影响仔猪生产性能的主要是电解质平衡值，而不是电解质的绝对水平。郑黎等（2001）研究高温环境中不同 dEB（为 50 mEq/kg、150 mEq/kg、200 mEq/kg、250 mEq/kg、300 mEq/kg 和 400 mEq/kg）饲粮对生长猪的影响，结果表明，在低温和高温环境中，dEB 对猪的生长性能、腹泻率及血液中钠、钾离子浓度没有显著影响，但显著影响饮水量、血液碳酸氢根离子、碱储、pH、二氧化碳浓度和血清尿素氮，综合机体的酸碱平衡和氮代谢，得出生长猪饲粮 dEB 值以 300 mEq/kg（按饲粮计）为宜。

三、钾

钾（K）是维持猪体内电解质平衡和神经肌肉功能的重要元素，是猪体内第三丰富的矿物质元素，仅次于钙和磷。钾是钠泵的重要组成部分。钾、钠和氯共同参与机体的电解质平衡。目前国内没有猪对钾需要量的研究。通常谷物籽实类饲料钾含量为 0.3%～0.5%，饼粕类为 0.6%～0.8%。饲料中钾含量已能满足猪的生长需要，通常不用额外补给（许振英，1990）。本书第二十二章确定的瘦肉型仔猪钾需要量参考了我国《猪饲养标准》（NY/T 65—2004），瘦肉型生长育肥猪则主要参考 NRC（2012）中数据。

四、镁

镁（Mg）缺乏会导致动物生长受阻、过度兴奋、痉挛和肌肉抽搐（谷琳琳等，2012，2013a）。一般谷物-豆粕型饲粮中含 0.14%～0.18% 的镁，能够满足猪对镁的需要（Zang 等，2014）。镁的添加物主要有氧化镁、碳酸镁、硫酸镁、天冬氨酸镁等。本书第二十二章对镁的推荐需要量维持我国《猪饲养标准》（NY/T 65—2004）不变。

屠宰应激和运输应激往往导致肌肉糖原分解加强，乳酸含量迅速升高，从而使猪肉 pH 下降，滴水损失升高，导致 PSE 肉（Tang 等，2009；徐大节等，2010）。研究发现，高剂量镁可以减少应激导致的 PSE 肉发生。镁可以作为肌肉的松弛剂和镇静剂，减少屠宰时儿茶酚胺的分泌，降低糖原分解和酵解速度，提高肌肉 pH（任延铭等，2009）。屠宰前 5～7 d 添加高剂量镁可以缓解屠宰应激导致的肉质变化。李绍钦（2003）研究屠宰前 7 d 添加不同水平天冬氨酸镁（0.15%、0.25% 和 0.35%）对肉品质的影响，结果表明，血清和肌肉镁含量及猪肉的 pH 升高，肉色改善，滴水损失降低。Tang 等（2009）发现，屠宰前 5 d 饲粮添加天冬氨酸镁可改善肉品质，提高猪肉的持水力，改善肉色。刘显军（2008）选用氟烷基因杂合子大长猪，在屠宰前饲粮添加0.15%水平乙酸镁，同样可以改善肉品质。镁对于运输应激同样具有缓解作用。Tang等（2009）报道，饲粮添加天冬氨酸镁可以缓解运输应激导致的肉色变化，有改善猪肉嫩度的趋势，且镁对肉质的改善可能与提高 μ-钙蛋白酶的 mRNA 表达有关。任延铭等（2009）报道，育肥猪饲粮中添加硫酸镁、氯化镁、天冬氨酸镁都可以缓解运输应激和屠宰时导致的应激，且天冬氨酸镁效果要优于氯化镁和硫酸镁。添加0.1%天冬氨酸镁可降低肌肉中的乳酸含量，提高背最长肌的 pH，同时降低滴水损失。李绍钦（2003）认为，镁的添加剂量在0.26%～0.32%时，对猪肉品质的改善作用达到上限，添加更高水平的镁无进一步的作用，此时血清和肌肉中镁离子的含量分别为 0.90 mmol/L 和 241 mg/kg。但谷琳琳等（2012，2013b）发现，饲粮添加0.40%的镁可以提高肌肉色素含量，0.40%、0.60%的镁均可以提高肉色评分，且高剂量镁（0.60%和0.80%）可以显著提高肌肉的总抗氧化能力和过氧化氢酶活性，降低脂质过氧化物含量。

母猪妊娠后期和哺乳期饲粮添加硫酸镁可以提高仔猪血液中的镁含量。Hou 等（2014）报道，妊娠后期和哺乳期饲粮添加硫酸镁可缓解母猪便秘，提高血浆和乳中 IgA、IgG 的含量，对母猪繁殖性能没有影响，但导致初乳乳脂的降低。Zang 等（2014）在整个妊娠期和哺乳期饲粮中添加 0、0.015%、0.030% 和 0.045% 镁，研究初产母猪和 3 胎次妊娠母猪镁的合适添加量，结果表明，随着镁添加量提高，初产母猪和经产母猪断奶发情间隔都显著降低，对便秘也有一定缓解；初产母猪饲粮添加镁没有提高繁殖性能，但添加 0.015%～0.03% 的镁提高了经产母猪的繁殖性能，显著提高了窝产仔数、窝产活仔数、平均初生重和断奶重。

五、硫

硫（S）是一种必需的常量元素，机体硫主要存在于含硫氨基酸（胱氨酸、半胱氨酸和蛋氨酸）及含硫维生素（硫胺素和生物素）中。主要通过上述氨基酸和维生素体现硫的生理功能。硫也间接参与机体的营养物质代谢，完成各种含硫物质在体内的生理功能（计成，2008；汪善锋等，2013）。生产中一般不会缺硫，含硫氨基酸和含硫维生素及一些含硫化合物如牛磺酸、硫辛酸都可满足猪的生长需要。高硫饲粮会导致猪日增重和采食量下降，刺激肠黏膜，引起食糜流动加快，从而导致腹泻（孔祥峰，2012）。

第二节 微量元素

一、铬

铬（Cr）通过形成有机螯合物-葡萄糖耐受因子协助胰岛素参与碳水化合物代谢，影响糖、脂类和蛋白质代谢。

近年来，国内外学者对猪饲粮中补充铬元素进行了大量研究，大多数试验表明，补充铬可以改变体内物质代谢，改善畜禽的生产性能和胴体性状。但也有试验表现并不一致，可能与添加铬的形式或饲养环境有关。常用的铬源有无机铬（三氯化铬、硝酸铬等）和有机铬（酵母铬、烟酸铬、吡啶羧酸铬等），它们改善胴体品质的效果不一。近些年来，大量试验对比研究了有机铬和无机铬的使用效果，总体上，有机铬的效果优于无机铬，有机铬的吸收率显著高于无机铬。铬在动物体内吸收率很低，无机铬的吸收率在 1‰~3‰，有机铬的吸收率在 10% 左右（王敏奇等，2008）。

仔猪饲粮中添加铬有提高仔猪平均日增重和平均日采食量的趋势（闫祥洲和张兆红，2005；代建国等，2007；聂红岩，2008）。在高温环境下，添加 300 μg/kg 来自吡啶羧酸铬的铬，可以提高猪的平均日采食量和日增重，降低料重比（张敏红等，2000）。

生长育肥猪饲粮中添加铬可以改善胴体性状，提高瘦肉率和眼肌面积（马玉龙等，2000）。多数文献报道，每千克饲粮添加 200 μg 铬可以改善猪的胴体性状。但也有研究表明，添加铬对猪胴体性状和瘦肉率没有显著影响，可能与添加量、添加时间和环境条件相关。范先超等（2004）报道，在生长育肥猪每千克饲粮中补充 2 mg 的吡啶羧酸铬，其生长性能、饲料转化率等都有明显提高，生长前期表现更为明显，同时提高了屠宰率，降低了背膘厚，提高了眼肌面积。Zhang 等（2011）报道，每千克饲粮添加 2 mg 铬可以改善猪的生长性能、胴体性状，同时提高蛋白质的沉积。许云贺等（2011）在每千克饲粮中添加 200 μg 铬，猪心型脂肪酸结合蛋白（H-FABP）的基因表达量、肌内脂肪（IMF）含量和大理石花纹增加，改善肉质。铬对胴体组成的影响可能与脂肪酸合成酶（FAS）的表达有关。黄其春等（2007）发现，铬的添加使胴体脂肪率平均背膘厚降低的同时，脂肪组织中脂肪酸合成酶（FAS）基因表达量降低 23.9%。Tian 等（2015）报道，每千克饲粮添加 100 μg、400 μg 和 800 μg 来自蛋氨酸铬的铬，降低了滴水损失，但同时提高了剪切力；100 μg 和 400 μg 铬组可以提高宰后 24 h 肉的 pH，添加不同水平的蛋氨酸铬没有显著改善生产性能和胴体品质，但是提高了肉品质。长期饲喂含铬 800 μg/kg 的饲粮，会影响胴体的脂肪酸组成，降低抗氧化能力。

母猪饲粮中添加铬可以改善繁殖性能，提高产仔数和仔猪的成活率（梁贤威等，2002；贾瑞莲和鲍宏云，2012；王志伟和曾凡玲，2013）。繁殖性能的提高可能是铬协助胰岛素作用于内分泌调节的结果。铬协调胰岛素作用于下丘脑促性腺激素释放激素，释放促黄体激素（luteinizing hormone，LH），后者作用于卵巢促进卵泡成熟排卵，从而提高母猪繁殖性能（钟国清，2000）。Wang 等（2013）的研究表明，每千克饲粮中添加 400 μg 的铬可以显著提高出生活仔数、断奶活仔数和断奶重，但对产仔数没有显著影响；血清和初乳中铬含量显著提高，血清中胰岛素、葡萄糖、尿素氮降低，但不影响乳中营养成分。总体来说，铬可以提高仔猪的成活率，但对于母猪产仔数的报道不一致。

吡啶羧酸铬、酵母铬、烟酸铬和蛋氨酸铬等有机铬产品均有较好的效果。吴文婕等（2008）在不同能量水平下每千克饲粮分别添加 0.2 mg（以铬计）的吡啶羧酸铬、烟酸铬和酵母铬，发现三种有机铬对胴体性状和肉品质没有显著影响，生长性能方面吡啶羧酸铬、烟酸铬好于酵母铬。梁龙华等（2015）研究了蛋氨酸铬、吡啶羧酸铬及酵母铬对育肥猪生长性能影响的结果表明，蛋氨酸铬组生长性能最佳。Li 等（2013）在生长育肥猪每千克饲粮中分别添加 0、0.3 mg、0.6 mg 和 0.9 mg（以铬计）的蛋氨酸铬，结果发现，添加蛋氨酸铬显著提高了日增重、肉色和剪切力，降低了肌间脂肪含量，同时增加了总的肌球蛋白含量和 mRNA 表达水平。

近年来,纳米技术的发展为铬的营养效应研究提供了新的思路,纳米粒子因其小尺寸、巨大的表面积效应而呈现出有异于常规粒子的生物学功能。王敏奇等（2008）在每千克玉米豆粕型饲粮中添加氯化铬、吡啶羧酸铬和纳米铬,铬添加量为 0.2 mg,结果发现纳米铬对猪生长性能和胴体组成的效果优于常规铬源。同时,纳米铬和吡啶羧酸铬提高了皮下脂肪组织激素敏感脂酶活性、血清总蛋白和游离脂肪酸水平,降低了血清葡萄糖和胰岛素水平（Wang 等,2004）；纳米铬还降低了尿素氮、甘油三酯和胆固醇含量,提高了血清高密度脂蛋白、胰岛素样生长因子-1（IGF-1）水平及脂肪酶活性（王敏奇等,2009）。纳米铬显著提高了全血、背最长肌、心脏、肝脏、肾脏、空肠和回肠中铬沉积量（Wang 等,2012）。

添加高水平铬可以影响猪的抗氧化能力和组织中铬的沉积量,但当添加量达 800 μg/kg 饲粮时,抗氧化能力减弱,不利于猪的生长发育。毕晋明等（2008）在生长育肥猪每千克饲粮中全程添加 0、200 μg、800 μg、1 600 μg 和 3 200 μg 的吡啶甲酸铬（以铬计）,结果表明,800 μg、1 600 μg 和 3 200 μg 组显著降低育肥猪血清中的超氧化物歧化酶（SOD）和肾脏中过氧化氢酶（CAT）的活性,但对其他指标无显著影响。李牧等（2011）报道,每千克饲粮中添加 200~800 μg 的吡啶羧酸铬（以铬计）可显著提高猪的平均日采食量,800 μg 组的采食量显著高于其他处理组；随铬添加量的提高,组织中的铬沉积率增加,当每千克饲粮中添加水平达 400 μg 时肝脏中铬的含量显著高于对照组,达 800 μg 时,肝脏、肾脏和肌肉中铬含量均显著高于对照组。Tian 等（2014）在每千克饲粮粮中添加 0、100 μg、200 μg、400 μg 和 800 μg 的蛋氨酸铬（以铬计）,发现 200 μg、400 μg 和 800 μg 组显著降低血清葡萄糖水平,生长激素和血清胰岛素样生长因子随添加量的提高线性降低；免疫球蛋白 IgA、IgM、IgG 水平线性增加；400 μg 组血清 SOD 和 T-AOC 水平显著提高；800 μg 组总抗氧化能力（T-AOC）降低,丙二醛（MDA）水平升高。综合来看,每千克饲粮长期添加不同水平的 200~400 μg 有机铬（以铬计）,不会影响猪的抗氧化机能,对机体不会产生不利影响。

二、钴

钴（Co）在体内主要的生物学功能是参与维生素 B_{12} 的合成,钴是维生素 B_{12} 的主要组成成分。饲粮中的钴在肠道微生物的作用下合成维生素 B_{12}。饲粮中含有微量的钴,通常不用额外添加。如果饲料中维生素 B_{12} 不足,肠道中的合成就尤为重要（齐加强和姜绍波,2008）。

三、铜

满足猪正常生理功能的铜需求量不大,初生仔猪每千克饲粮中添加 5~6 mg 的铜水平已经足够,生长后期的需要量要低于初生仔猪,不超过 5~6 mg。考虑到体重阶段,本书第二十二章对瘦肉型仔猪铜需要量参考了《猪饲养标准》（NY/T 65—2004）,瘦肉型生长育肥猪铜需要量参考了 NRC（2012）。妊娠期和哺乳期母猪的铜需要量研究较少，目前国内没有报道。铜缺乏会导致铁动员差，造血功能异常，角质化作用差，同时影响胶原蛋白和骨髓的形成（徐世文等，1998）。生物学效价高的铜盐有硫酸铜、碳酸铜和氯化铜。硫酸铜一直作为猪生产中主要的铜源。

大量研究表明，每千克饲粮中添加 100～250 mg 铜（以硫酸铜形式提供）可以促进仔猪的生长。程忠刚等（2004a，2004b）报道，每千克饲粮添加 250 mg 的铜（$CuSO_4$ 形式）显著提高平均日增重、平均日采食量，饲粮粗脂肪表观消化率、肠道中淀粉酶和脂肪酶活性、血清胃泌素和超氧化物歧化酶（SOD）活性显著提高。冷向军等（2001）报道，断奶后 2 周及 3 周内每千克饲粮添加 250 mg 铜（$CuSO_4$ 形式）可提高仔猪日增重和采食量、降低腹泻发生率，十二指肠脂肪酶活性和脂肪表观消化率提高，并有降低结肠大肠杆菌数量的趋势。梅绍锋等（2009）在仔猪饲粮中分别添加 250 mg/kg 饲粮的铜（$CuSO_4$ 形式）和高氧化锌，发现高铜提高仔猪平均日增重、降低料重比，改善 Ca 和 P 的消化率，增加肠道消化酶活性和肠绒毛高度，且高铜促生长效应优于高锌。王希春等（2004，2005）报道，高铜饲粮能显著提高断奶应激仔猪生产性能，降低断奶后腹泻率，提高 SOD 和血清铜蓝蛋白活性，并提高仔猪血清中甲状腺素 T3 和 T4 的水平。占秀安等（2004）报道，添加高铜提高饲粮粗脂肪表观消化率，增加十二指肠内容物中脂肪酶、淀粉酶的总活力以及背最长肌的重量。

不同体重和日龄的猪对高铜的反应不一致。早期断奶仔猪效果最好，随着猪日龄的增长，高铜的促生长作用明显减弱（刘强，2006；梁彦英，2011）。张苏江等（2002）报道，饲粮中添加高硫酸铜可以促进 20～60 kg 猪的生长，每千克饲粮中添加 200～250 mg 效果最佳，当猪的体重超过 60 kg 时，促生长作用减弱，甚至消失。高凤仙等（2007）研究发现，生长猪饲粮中添加高铜没有改善生长性能。袁施彬等（2005a）报道，20～100 kg 生长育肥猪每千克饲粮中分别添加 0、100 mg、200 mg、300 mg 和 400 mg 的铜（$CuSO_4$ 形式），生产性能与铜添加水平呈二次曲线变化规律，20～35 kg 和 35～80 kg 体重阶段的平均日增重分别在铜水平为每千克饲粮添加 223 mg 和 269 mg 最高，80～100 kg 的平均日增重在铜水平 147 mg 最高。

铜的促生长作用机理至今仍有争议。最初，人们认为铜能减少肠道有害菌群的数量，增加酵母等益生菌数量，并有一定的杀虫作用，其作用机理类似于抗生素。但随后的研究发现，高铜与抗生素的促生长机理明显不同。给断奶仔猪静脉注射组氨酸铜得到了和饲料中添加高剂量铜一样的促生长效果。仔猪饲粮中添加高铜可以提高脂肪的消化率（欧秀琼等，2004）和生长激素水平（许梓荣等，2000）。饲粮添加高剂量铜可通过影响下丘脑食欲调节基因的 mRNA 表达来提高猪的采食量（Li 等，2008；Zhu 等，2011）。祝丹（2009）报道，每千克饲粮添加 175 mg 和 250 mg 的铜（硫酸铜形式）显著提猪的高采食量，改善日增重和饲料转化率。高铜可提高胃底腺 Chrelin 的 mRNA 表达量和胃泌素的分泌（杨文艳等，2012；Yang 等，2012），提高下丘脑和中脑多巴胺的含量（杨文艳等，2011）。饲粮添加高水平的铜会导致铜在血液、肝脏和其他组织器官中的超量蓄积，不但影响生长性能而且会出现各种中毒症状（袁施彬等，2005b；王希春等，2006）。袁施彬等（2005b）发现，随着饲粮中铜水平增加，组织中的沉积量相应增加，呈二次曲线变化规律，根据回归方程可知，在 80 kg 屠宰时，为了保证肝脏铜含量不超过 10 mg/kg，每千克饲粮添加铜水平应不高于 129 mg；在 100 kg 屠宰时，为保证肝脏或肾脏中铜含量不超过 10 mg/kg，每千克饲粮添加铜水平不应高于 128 mg 或 90 mg。饲粮中高水平铜会损伤肝脏、肾脏等组织线粒体脊的正常结构（梁明振等，2004），引起细胞变性、炎性细胞浸润和毛细血管出血（袁施彬等，2005a），临床上表现为剩料、被毛粗乱、精神不振、不爱走动和嗜睡等症状（戚咸理和黄兴国，2002）。因此，当猪饲粮中添加铜的量超过动物机体耐受水平时，铜对猪的促生长作用不但消失，而且会降低增重和饲料利用率。同时，铜在体内蓄积过多会引起中毒，铜与铁、锌之间亦存在着复杂的颉颃作用。高原等（2002）发现，高铜显著降低了血清中锌的含量。王希春等（2006）报道，高铜饲粮能降低血清、肝脏和脾脏中铁的含量，对断奶仔猪铁的吸收、贮存呈颉颃作用，但对锌的利用无影响。

饲粮中高铜不但会升高组织中的铜含量而且会导致粪便中铜含量的升高，处理不当会直接污染土壤（王幼明和王小龙，2001）。为了更合理有效地使用铜，研究者们开展了大量寻找高效铜源的研究，以保证在促生长效果的前提下大幅度降低饲料中铜的添加量，从而减少动物产品中铜元素的蓄积和粪便中铜对环境的污染。碱式氯化铜作为一种新型铜源具有流动性好，不易吸湿结块等特点，同时还可以改善饲料的氧化稳定性（张政军等，2008）。在仔猪及生长育肥猪每千克饲粮中添加 150 mg 的碱式氯化铜，其增重效果与 200～250 mg/kg（按饲粮计）的硫酸铜效果相当（吕林等，2007；周立平和熊沙，2011；邓伏清等，2012）。近年来的研究表明，赖氨酸铜、酪蛋白铜、蛋氨酸铜、甘氨酸铜等有机铜与硫酸铜有同等的生物学效价（夏枚生，2000；李清宏等，2001，2004；吴新民等，2004；孙会等，2007；胡二永等，2012），也有一些试验报道，有机铜比硫酸铜有更好的促生长效果（李江涛，2010；张亚丽，2010；朱叶萌等，2011；周作红等，2012）。邢芳芳等（2008）和金成龙等（2015）报道，甘氨酸铜能替代同剂量的无机铜，且每千克饲粮添加 100 mg 的甘氨酸铜可以替代高剂量无机铜。余斌和傅伟龙（2002）报道，较低水平的赖氨酸铜可起到较高剂量硫酸铜的促生长作用。此外，低剂量的赖氨酸铜可以提高血清中 $IGF-1$ 水平和肝脏中 $IGF-1$ 的表达（余斌等，2007）。徐稳等（2010a）在母猪饲粮中添加蛋氨酸螯合铜替代 30% 的硫酸铜，对哺乳仔猪有显著的促生长效果，饲粮铜的消化率显著提高，母猪哺乳失重比对照组降低；有机铜与无机铜混用可增加仔猪的断奶体重，血清铜浓度随饲粮中有机铜的添加水平以及日龄的增加而升高。氨基酸螯合铜在肠道内可借助肽或氨基酸的吸收途径被吸收，易通过小肠绒毛刷状缘，有较高的生物学价值（余斌等，2002）。但是也有试验表明，其促生长作用与高剂量无机铜等效或低于高剂量无机铜。余德谦等（2004）报道，以赖氨酸铜为铜源，每千克饲粮添加 50 mg、100 mg 和 150 mg 的铜对生长猪没有显著影响，只有达 200 mg 才有改善作用。

四、碘

碘（I）是猪的必需微量元素，猪体内大部分碘存在于甲状腺中，主要以甲状腺激素的形式发挥其生理作用（孙金艳和单安山，2003）。玉米-豆粕型饲粮，碘含量很低需要额外添加才能满足生长需要。缺碘会导致生长受阻，甲状腺肿大，母猪严重的碘缺乏会导致仔猪出生被毛稀少（张玲清和田宗祥，2011）。仔猪及生长育肥猪碘的需要量维持《猪饲养标准》（NY/T 65—2004）不变。

我国属于严重缺碘国家之一，但关于碘的研究很少。程泽信等（2006）在断奶仔猪饲粮中添加碘，仔猪的平均日增重和饲料效率都有提高。奚刚等（2000）在妊娠母猪每千克饲粮中分别添加 0.15 mg、0.50 mg、1.00 mg 和 1.50 mg 的碘发现，0.15 mg 组足以防止母猪出现碘缺乏症，0.5 mg 组可以提高仔猪的出生重和产仔窝重，使母猪繁殖性能得到改善，但随着碘添加量的提高，仔猪肝脏、肾脏重量出现不同程度的降低，综合各种指标，母猪每千克饲粮碘的合适添加量为 0.4~0.5 mg。

五、铁

铁（Fe）是动物机体需要量较大的微量元素之一，是构成血红素、肌红蛋白、细胞色素等的组成部分，为机体内各种酶所必需。本书第二十二章对瘦肉型仔猪铁需要量参考了《猪饲养标准》（NY/T 65—2004），瘦肉型生长育肥猪铁需要量参考了 NRC（2012）。

新生仔猪生长发育快，从母体中带来的总铁量仅有 30~50 mg，而仔猪每天只能从母乳中获得 1~1.3 mg 的铁。如不及时给予人工补铁，可导致仔猪生长发育缓慢，抗病力降低，成活率下降。大量的研究表明，补充铁元素可以提高仔猪日增重，促进仔猪生长。适宜的铁添加量可以提高生长速度，改善饲料养分利用率。

杨明爽等（2002）研究表明，初生仔猪以 3 日龄进行第 1 次补铁为宜，可促进仔猪生长，降低白痢发病率，提高 35 日龄育成率，补铁剂量以每头 150 mg 为佳；2 次补铁，可以充分发挥仔猪的生长潜力。王尚荣等（2005）研究表明，硫酸亚铁对断奶仔猪具有明显的促生长作用，每头仔猪日增重比对照组多 40 g，对防治断奶仔猪的腹泻也具有明显作用。陈凤芹等（2008）在断奶仔猪每千克饲粮中添加 150 mg 的硫酸亚铁，提高了仔猪的生长性能，且甘氨酸亚铁效果优于硫酸亚铁。李伟等（2013）试验表明，在断奶仔猪每千克饲粮中本底铁为 145 mg 的基础上添加 150 mg 的硫酸亚铁，仔猪的平均日增重最高。

肠道炎症的发生常常导致仔猪腹泻和缺铁性贫血，所以对发生肠道炎症的仔猪补充铁非常重要。然而，增加饲料中铁的剂量后，常常出现仔猪腹泻症状加剧现象，这可能是由于过量的铁通过芬顿（Fenton）反应在消化道炎症部位产生氧自由基（ROS），诱发了胃肠道的氧化应激，从而造成肠道氧化损伤。目前，国内的研究主要集中在铁制剂的种类和补铁的方法，但是对补充过量的铁造成患肠炎仔猪的消化道损伤关注较少。Chen 等（2007）研究表明，在患有肠炎的断奶仔猪饲粮中添加高剂量的铁，加重了仔猪肠道黏膜的损伤，降低了肠道吸收和屏障功能，这可能与 ROS 减弱了抗氧化防御体系的功能有关。然而，低剂量补铁对缺铁和患肠炎的仔猪是有利的。

铁对仔猪的生长和发育起重要作用。最常用补铁剂是硫酸亚铁，经济实用，但动物对硫酸亚铁的利用率较低，在某些特定生理阶段用其补铁，存在较大的不良反应，新型补铁剂一直是研究的热点。无机态铁的吸收率低、配伍性差，而有机铁具有吸收率高、配伍性好、粪便中排泄量低等优点。李伟等（2012a，2012b）研究表明，仔猪饲粮中添加微量元素铁可以提高仔猪的生长性能，改善仔猪肠道形态结构，且添加有机铁的效果要好于无机铁。

氨基酸螯合物是机体吸收金属元素的主要形式，同时氨基酸又是动物体内合成蛋白质的必需物质，因而甘氨酸螯合铁具有较高的生物学价值，能有效地被仔猪吸收利用，转化为血红素，防止仔猪发生缺铁性贫血，增强食欲和机体免疫力，促进仔猪生长，降低仔猪发病。郭海涛等（2005a，2005b）在每千克基础饲粮中添加硫酸亚铁 100 mg/kg 的基础上再添加氨基酸螯合铁 30 mg/kg、60 mg/kg、90 mg/kg 和 120 mg/kg，结果表明，断奶仔猪的日增重分别提高了 7.28%、9.24%、14.29%和 6.44%，且均差异极显著，料重比分别降低了 5.31%、5.80%、7.73%和 4.35%，且没有显著改变血液的血红蛋白浓度、红细胞压积和红细胞数量；氨基酸螯合铁能够显著改善仔猪的皮毛感观，最佳的添加量是每千克饲粮添加 90~120 mg。但 Feng 等（2007）指出，甘氨酸螯合铁使机体血红蛋白含量、血液铁浓度、红细胞压缩体积及胸腺指数提高，甘氨酸螯合铁对 T 淋巴细胞增殖有影响，但是对采食量、料重比、血液免疫球蛋白浓度、B 淋巴细胞增殖无显著影响。吴忠良等（2003）用氨基酸螯合铁饲喂妊娠和哺乳母猪，发现甘氨酸螯合铁和蛋氨酸螯合铁在体内的吸收利用率远远大于硫酸亚铁，能有效地防止乳猪缺铁性贫血的发生，提高机体抵抗力和乳猪成活率，甘氨酸螯合铁的效果优于蛋氨酸螯合铁。

很多试验比较研究了蛋氨酸铁与硫酸亚铁，发现蛋氨酸铁是一种有效的补铁剂，其防贫血、促生长的效果优于硫酸亚铁（黄逸强等，2005）。田萍等（2005）发现，在饲料中添加 0.04%的蛋氨酸螯合铁能促进仔猪生长，提高饲料利用率，经济效益显著。

刘卫东等（2008）研究发现，在基础饲粮中添加 0.05%甘氨酸螯合铁后，提高了仔猪的平均日增重，降低了料重比、腹泻率，经济效益明显提高。胡培等（2011）发现，在每千克基础饲粮中添加 50 mg 甘氨酸铁有提高断奶仔猪生产性能的趋势，提高血清铁含量，降低粪铁含量。鲍宏云等（2012）研究发现，甘氨酸亚铁能显著改善皮毛感官指标，每千克饲粮添加 90 mg 甘氨酸亚铁的效果最优，平均日采食量提高 6.85%，平均日增重提高 28.13%，料重比降低 16.67%，腹泻率下降 61.84%。冯国强等（2012）研究表明，与硫酸亚铁相比，每千克饲粮添加 120 mg 甘氨酸亚铁能够较快改善仔猪缺铁状态，提高仔猪生产性能，增强仔猪免疫功能和抗氧化性能。马文强等（2008）研究表明，饲粮中添加甘氨酸铁可以影响仔猪机体抗氧化能力和血清生化指标，在一定程度上改善仔猪的生产性能。王勇等（2008）也得出结论，甘氨酸铁在一定程度上可以促进仔猪生长，改善血清生化指标，减少粪便微量元素含量，提高组织铁浓度，具有较好的生物学效价。Feng 等（2009）同样指出，补充甘氨酸螯合铁能够改善组织中铁储备和抗氧化酶活性，还能增加断奶仔猪肝脏和肾脏中锌的浓度。另外，与补充硫酸亚铁相比，补充甘氨酸螯合铁能够降低粪便中铁的浓度。

血红蛋白、血细胞比容、红细胞数量都是反映仔猪是否贫血的指标，血清铁基本上能够反映体内铁的储备情况及铁在血液中的运输情况，血清总铁结合力是评价铁代谢状况的指标，当动物发生贫血时血清总铁结合力升高。王明镇等（2007，2010）试验结果表明，在每千克基础饲粮中添加 100 mg 无机铁的基础上再添加氨基酸螯合铁有提高早期断奶仔猪生产性能的趋势，并可提高铁元素表观消化率、血红蛋白浓度、血清铁水平，每千克饲粮添加量以 100~120 mg 较为适宜。

近年来许多研究表明，用酵母为载体富集人及动物所必需的微量元素，能够提高动物机体对微量元素的吸收利用率，降低饲料中其他营养成分的损失。孙会等（2005）研究表明，每千克饲粮添加 60 mg 酵母铁对仔猪具有较好的促生长作用，而添加 150 mg 酵母铁对仔猪血液理化指标具有提高作用。潘道菊（2014）指出，每千克饲粮添加 60 mg 的酵母铁能提高仔猪的日增重。许祯莹等（2009）研究表明，酵母铁的补铁效果优于硫酸亚铁，尤其以每千克饲粮添加 120 mg 酵母铁的效果为最佳。

朱凤华等（2009）研究表明，壳聚糖铁能提高仔猪的生产性能，增强仔猪免疫功能。朱叶萌等（2011）研究表明，每千克饲粮添加 100 mg 壳聚糖铁可明显促进仔猪生长，显著升高血清铁相关酶活性，提高血清免疫球蛋白 IgA 水平。

动物体内微量元素的吸收需要一种载体分子以络合物形式把离子包被起来，形成一种中间代谢产物。氨基酸络合微量元素的使用还能避免饲粮中其他成分及肠道内容物与裸露的金属离子之间发生不利的生化反应，吸收也更稳定。曾丽莉等（2003）发现，在妊娠和泌乳母猪以及哺乳仔猪饲粮中添加氨基酸络合铁，在改善新生和哺乳仔猪铁营养状况方面的效果明显优于硫酸亚铁，但有机铁的改善效果尚不足以完全代替养猪生产中常用的铁注射。大量研究显示，在母猪妊娠期或泌乳期添加有机铁能提高新生仔猪铁储和母乳铁含量，从而改善仔猪铁营养状况。华卫东等（2006）研究表明，赖氨酸铁显著影响母乳铁含量。Wang 等（2014）研究表明，母猪补饲复合有机铁能极显著提高哺乳仔猪第 10 天的生长性能，与硫酸亚铁相比，有机铁可提高常乳铁含量，母猪补饲有机铁可增加仔猪在哺乳第 10 天和第 21 天总铁结合能力，提高哺乳仔猪第 21 天血红蛋白含量和血清铁含量。

氨基酸铁可明显提高生长育肥猪日增重和饲料利用率。鞠继光等（2001）在 40～75 kg 生长育肥猪每千克饲粮中添加 40 mg 羟基蛋氨酸铁代替等量相应的无机铁，使猪的日增重提高 8.3%，料重比降低 13.7%。孙铁虎等（2006）研究表明，每千克饲粮添加 160 mg 氨基酸络合铁可提高生长猪的生长性能和铁的表观消化率，改善皮肤红度和血液生化指标。Zhao 等（2013）研究表明，甘氨酸螯合铁可以改善断奶仔猪背最长肌肉色、肌肉总铁和亚铁血红素含量，提高背最长肌肌红蛋白基因的表达，肌红蛋白含量随甘氨酸螯合铁水平的增加呈线性增长。

补铁过量同样也会造成负面影响。王天有等（2006）研究表明，过剩的铁以铁血黄素的形式，广泛沉积于单核吞噬细胞系统的细胞和肝窦及脾窦的内皮细胞，当机体持续摄入过多的铁，超过了铁蛋白贮存量时，铁即以含铁血黄素的形式堆积于肝细胞中，造成肝细胞损伤。刘庆华等（2012）研究表明，铁过量或缺乏均会影响新生仔猪机体的免疫功能和抗氧化功能，对新生仔猪机体铁含量和肝脏中铁调素（hepcidin）mRNA 表达量有影响。

六、锰

锰（Mn）是猪的必需微量元素之一，在动物体内主要通过构成酶的必需组分和激活因子参与一系列生化反应（李清宏和罗绪刚，1998），如锰超氧化物歧化酶（Mn-SOD），饲粮中的锰含量会直接影响 MnSOD 活性（卜友泉等，2002）。猪缺锰的症状主要有：幼猪及生长猪生长迟缓，骨骼发育异常，母猪发情和排卵异常，胚胎被母体吸收或产出异常软弱仔猪。

猪对锰的需要量很低，NRC（1998）认为每千克饲粮添加2~4 mg。本书第二十二章瘦肉型仔猪锰需要量参考了《猪饲养标准》（NY/T 65—2004），瘦肉型生长育肥猪锰需要量参考了NRC（2012）。一般来说，繁殖对锰的需要量高于生长，妊娠和哺乳母猪的锰需要量为20 mg/kg（按饲粮计），每千克饲粮添加20 mg的锰与添加5 mg相比可以提高仔猪的出生重（武书庚，2008）。国内对猪锰需要量的研究较少。魏茂莲（2015）在断奶仔猪每千克饲粮中分别添加4 mg、20 mg、40 mg和80 mg锰（一水硫酸锰形式）的结果表明，饲粮中锰添加水平对断奶仔猪的平均日增重、平均日采食量、料重比和血清生化指标均无显著影响，但断奶仔猪跖骨中的锰、铁含量受饲粮锰添加水平的显著影响，并且跖骨中的铁含量随饲粮中锰水平的增加呈线性和二次曲线降低，每千克饲粮添加锰的水平高于4 mg时，跖骨中的铁含量降低；饲粮中锰添加水平显著影响粪中锰、铁含量，当锰添加水平达到80 g时，铁的表观消化率显著低于对照组，综合上述指标，作者认为断奶仔猪每千克饲粮中锰的添加量以4~20 mg为宜。

徐稳等（2010b）分别用螯合锰替代母猪饲粮中30%、100%的硫酸锰，发现螯合锰显著提高了仔猪的断奶存活率以及仔猪血清中锰含量，但100%替代硫酸锰降低了产仔数和产活仔数。

七、硒

硒（Se）是动物生长发育必需的微量元素之一，硒在体内同时具有无机态和有机态两种存在形式。硒具有抗氧化作用，是谷胱甘肽过氧化物酶（GSH-Px）的组成成分，GSH-Px是硒发挥抗氧化功能的主要形式。血浆、肝脏、肾脏和肌肉中GSH-Px活性与硒含量显著相关（王秀娜等，2010；周明等，2012）。硒与维生素E能够协同发挥抗氧化作用，但在体内二者不能相互替代。硒在保护细胞膜免受氧化损伤方面，与维生素E有协同作用（周献平和葛莉莉，2005；刘雯雯等，2010；戴晋军等，2011；谌俊等，2014；韩景河等，2014）。硒和维生素E可以共同缓解热应激和氧化鱼油导致的脂质过氧化，降低丙二醛含量，提高SOD和GSH-Px活性（赵洪进和郭定宗，2005；刘雯雯，2008；余冰等，2008）。除了作为GSH-Px不可缺少的组分，具有清除动物在细胞呼吸代谢中产生的过氧化物与羟自由基作用外，硒还是动物机体三碘甲状腺原氨酸（T3）合成关键酶-5′-脱碘酶的重要辅助因子和活化剂，机体缺乏硒时，T3的合成严重受阻，从而抑制动物生长（尹兆正等，2005；邱思锋，2012）。

每千克饲粮中添加0.2~0.3 mg硒即可满足猪的生长需要，如果添加有机硒可以适当降低添加水平（刘雯雯，2008）。本书第二十二章瘦肉型仔猪及生长育肥猪硒需要量参考了《猪饲养标准》（NY/T 65—2004）。硒能够改善肉品质和肉色，降低滴水损失，提高机体抗氧化水平（王惠康和刘建新，2005，2006；仲崇华等，2008）。张巧娥等（2003）研究了饲粮中不同硒水平（每千克饲粮0、0.15 mg、0.30 mg、0.45 mg和0.60 mg）对生长育肥猪生产性能的影响后表明，每千克饲粮添加0.30 mg硒时日增重最高，肌肉保水性、嫩度、肉色评分最为理想，从降低发病率的角度考虑，硒的添加量可适当提高。熊莉等（2004）研究每千克饲粮添加0.1 mg、0.2 mg、0.3 mg、0.4 mg、

0.5 mg 和 1.0 mg 的 6 个硒水平对断奶仔猪生长性能的影响发现，硒水平超过 0.3 mg/kg（按饲粮计）时，仔猪的生长性能随着硒水平的提高而下降。罗霄等（2015）在仔猪饲粮中添加 0.15 mg/kg、0.30 mg/kg 的酵母硒（以硒计），试验期为 4 周，发现添加酵母硒后仔猪的平均日增重和饲粮养分利用率有所提高，且腹泻率降低，其中 0.3 mg/kg 添加量的料重比最低，抗氧化性能最好，与张洁等（2015）研究结果一致。

硒可提高猪的抗氧化能力和免疫功能（Yu 等，2004）。袁施彬等（2008）报道，硒可提高 Diquat 诱导氧化应激仔猪的生长性能、抗氧化能力和免疫功能；每千克饲粮添加 0.6 mg 硒时，淋巴细胞转化率、活性玫瑰花环率和总玫瑰花环率升高，IgG、IgA 和 IgM 提高，猪瘟抗体滴度随着试验期的延长，几乎呈直线上升，同时可以抑制由氧化应激导致的炎性细胞因子升高。

目前用于饲料中的无机硒主要来源于亚硒酸钠，但亚硒酸钠利用率低，毒性大，而且具有潜在的亲氧化缺陷。近年来有机硒替代无机硒的研究成为热点。有机硒包括硒代蛋氨酸、硒代胱氨酸等。有机硒的生物利用率高于无机硒，易于被动物吸收利用，且毒性小（何宏超和李彪，2009）。尹兆正等（2005）研究了每千克饲粮添加 0.1 mg、0.15 mg、0.2 mg 和 0.25 mg 硒的蛋氨酸硒（以硒计）对生长猪生长性能、胴体性状和肉品质的影响，结果表明，每千克饲粮添加 0.15 mg 以上的蛋氨酸硒对生长猪生长性能的影响均显著优于无机硒对照组（0.15 mg/kg 饲粮的亚硒酸钠），随着蛋氨酸硒添加水平的提高，生长猪生长性能趋于降低，表明蛋氨酸硒也存在一定的剂量效应。占秀安和许梓荣（2004）报道，饲粮中添加硒代蛋氨酸可明显改善育肥猪宰后 16 h 的肉色，并显著降低 8～16 h 内鲜肉的滴水损失，总体效果优于添加亚硒酸钠，随着鲜肉外置时间的延长，这种优势愈趋明显。蒋宗勇等（2010a，2010b）研究了每千克饲粮添加 0、0.15 mg 和 0.30 mg 硒代蛋氨酸、0.30 mg 亚硒酸钠（以硒计）对 60～95 kg 杜长大猪的应用效果，结果表明，饲粮添加不同水平硒代蛋氨酸或亚硒酸钠均未改善育肥猪平均日增重、平均日采食量和料重比，但 0.15～0.30 mg 硒代蛋氨酸组对改善猪肉肉色有益，硒代蛋氨酸或亚硒酸钠提高了育肥猪背最长肌宰后 45 min GSH-Px 活性，降低羰基蛋白质和丙二醛含量。随着饲粮中硒水平的提高，猪血液和组织中沉积的硒也会提高（高建忠等，2006；黄玉邦等，2009；李俊刚，2010）。与亚硒酸钠相比，硒代蛋氨酸增加了硒在猪组织中的沉积，由血液进入组织的硒主要分布在肾脏、肝脏、胰脏和脾脏中，少量蓄积在肌肉、骨骼和脑中（占秀安和许梓荣，2004）。硒代蛋氨酸可与体蛋白质结合，使硒贮存在组织中，通过正常的代谢过程可逆地释放，无机硒只能在动物肝脏合成硒蛋白，如谷胱甘肽过氧化物酶家族（GSH-Pxs）、硒蛋白 P、硒蛋白 W 过程中发挥作用。

硒可以通过母猪胎盘和乳腺组织进行转移，仔猪可从母乳获得硒源，母猪饲粮中添加硒会提高乳中硒含量及仔猪血液组织中硒含量（林长光等，2013），有机硒的传递效率要高于无机硒。占秀安等（2009）报道，母猪饲粮中添加硒代蛋氨酸与添加相同硒水平的亚硒酸钠相比，仔猪断奶重、断奶窝重显著提高，泌乳力增强。与添加亚硒酸钠相比，妊娠期和哺乳期添加硒代蛋氨酸使母猪血清、初乳、常乳中硒含量显著升高，血清的总抗氧化能力、GSH-Px 活性也显著升高（Hu 等，2011）。硒代蛋氨酸改善繁殖性能的原因与提高母猪及仔猪抗氧化水平、生长激素水平及消化酶活性有关（李星，

2009；胡鹏等，2010；郄彦昭等，2010；Zhan 等，2011）。

酵母硒也是一种有机硒，由于生物发酵固有的复杂性，酵母硒的硒含量和化学稳定性不好控制，可能导致酵母硒未能发挥有效作用。仲崇华等（2008）报道，用酵母硒替代亚硒酸钠，随着替代比例的升高，有提高生长性能和免疫球蛋白水平的趋势，且酵母硒的表观消化率、表观代谢率和表观利用率分别较亚硒酸钠硒高 15%、77% 和 103%；用富硒酵母提供硒时，每千克饲粮添加 0.15～0.2 mg 硒（以硒计）可满足动物硒的需要。郑家靖（2006）报道，在母猪饲粮中，与添加亚硒酸钠相比，添加酵母硒可提高母猪窝产活仔数和仔猪初生重。贾建英（2007）报道，同每千克饲粮添加 0.3 mg 的亚硒酸钠相比，添加 0.5 mg 的酵母硒能够促进仔猪生长，显著提高 21 d 断奶重，同时仔猪血液中 IGF-1 水平显著提高。与王宇萍等（2013）研究结果一致，林长光等（2013）和林金玉等（2015）研究了不同来源和剂量亚硒酸钠硒、酵母硒、纳米硒在母猪饲粮中的使用效果，结果表明，每千克饲粮添加 0.3 mg 和 0.5 mg 硒水平的酵母硒、0.5 mg 和 0.7 mg 硒水平的纳米硒显著提高仔猪出生窝重，仔猪断奶重、窝增重、平均日增重显著高于亚硒酸钠组。在泌乳期母猪饲粮中添加亚硒酸钠、纳米硒和酵母硒，对于提高泌乳期母猪和哺乳仔猪血清 T3 浓度及免疫功能均能起到一定作用，但不同的硒源间效果差异大，纳米硒效果优于酵母硒和亚硒酸钠。

纳米硒尺寸为 20～60 nm，具有较高的生物活性、安全性、抗氧化性和较高的吸收率等特点。硒对动物的营养作用存在一个剂量范围，超过这一范围就会引起硒缺乏或硒中毒，称为硒的剂量效应曲线，纳米硒的最适剂量范围要宽于亚硒酸钠（张红梅等，2007）。夏枝生等（2006）给断奶仔猪每千克饲粮中添加 0.1 mg、0.2 mg、0.3 mg、0.4 mg、0.5 mg 和 1.0 mg 的纳米硒或亚硒酸钠，结果显示，添加浓度在 0.1～0.3 mg 时，不同硒源对仔猪生长性能、抗氧化能力、活性氧含量没有显著差异，当硒浓度在 0.4～1.0 mg 时，纳米硒组仔猪的生长性能、总抗氧化能力显著高于亚硒酸钠组，脂质过氧化物和活性氧含量显著低于亚硒酸钠组，证明了纳米硒的最适剂量范围要宽于亚硒酸钠。耿忠诚（2011）在仔猪饲粮中添加不同水平的亚硒酸钠、酵母硒、纳米硒，结果表明纳米硒的抗氧化效果要过优于酵母硒和亚硒酸钠，且每千克饲粮添加 0.5 mg 纳米硒效果最好。边连全等（2010）同样得出结果，纳米硒显著提高育肥猪肌肉中谷胱甘肽过氧化物酶的活性和总抗氧化能力，效果优于同等硒水平的亚硒酸钠组。

硒缺乏和过量都会导致 GSH-Px 的活性降低，缺硒会导致肌肉萎缩，肝脏坏死，桑葚心，高硒会引起硒中毒，导致蹄裂、肝脏变形坏死，并影响猪的免疫功能与电解质平衡（周惠萍等，2005；贺建忠等，2009a；Cao 等，2014）。高硒会导致血液、肝脏、肾中的硒含量显著增加，因硒大部分通过肝肾排出，会加重肝肾的负担（李兰东等，2006）。过高的饲粮硒对自由基的清除作用减弱，临床表现为食欲下降，被毛粗乱（贺建忠等，2009b）。

八、锌

锌（Zn）是动物体最重要的必需微量元素之一，不仅参与机体蛋白质的合成，还在脂肪、碳水化合物和维生素等营养物质的代谢中发挥重要作用。本书第二十二章瘦肉型仔猪锌需要量参考了《猪饲养标准》(NY/T 65—2004),瘦肉型生长育肥猪锌需要量参考了 NRC (2012)。

饲粮中补充更多的锌能提高妊娠母猪的繁殖性能。邹晓庭等(2002)在妊娠母猪每千克饲粮中添加 50 mg、75 mg、100 mg 和 125 mg 的硫酸锌(以锌计)后结果表明,100 mg 和 125 mg 组使窝产活仔数分别提高 1.0 头和 0.87 头,平均初生重分别提高 7.43% 和 9.46%,平均初生窝重分别提高 18.58% 和 19.28%,同时提高新生仔猪血清 T3、GH 和 IGF-1 水平,增加其血液和肝脏中锌含量,每千克饲粮添加 50 mg 锌足以防止锌缺乏症,添加 100~125 mg 的锌即可提高母猪繁殖性能。

仔猪饲粮使用高剂量锌仍是研究的热点。余冰等(2005)报道,仔猪每千克饲粮添加 125 mg 的锌全期增重效果最好,添加 129.5 mg 的锌的料重比最佳。药理剂量氧化锌对断奶仔猪具有提高生产性能、降低腹泻率的作用。彭建林等(2003)试验证实,在 35 日龄断奶仔猪每千克饲粮中加入 2 000 mg 的氧化锌(以锌计),日增重可提高 14.8%,饲料转化效率提高 7.5%,腹泻率降低 66.7%。许梓荣等(2001)试验表明,在断奶仔猪每千克饲粮中添加 3 000 mg 的氧化锌,仔猪采食量提高 21.24%,料重比下降 3.86%,腹泻率下降 93.89%。冷静等(2003a,2003b)饲喂不同锌水平的饲粮,同样发现高剂量锌能提高仔猪的增重、血清蛋白含量,改善仔猪免疫功能、抗氧化能力和抗应激能力,添加高剂量锌使仔猪肝脏、肾脏、趾骨、血清、毛发及粪便中的锌含量极显著上升。

药理剂量氧化锌具有促进舌黏膜味蕾细胞迅速再生的作用,进而调节仔猪食欲,增加采食量,提高饲料转化效率。王敏奇等(2003)发现,饲粮添加 3 000 mg/kg 的氧化锌,使饲粮粗蛋白质、粗脂肪的表观消化率分别提高了 11.35% 和 36.94%,胃、胰脏、小肠的相对重量增加,十二指肠内容物总蛋白质水解酶、胰蛋白酶、α-淀粉酶和脂肪酶活性提高。杨玫等(2010)研究表明,药理剂量氧化锌可明显降低结肠内容物挥发性盐基氮和氨氮含量,显著提高饲喂高蛋白饲粮仔猪的胰蛋白酶、胃蛋白酶活性和粗蛋白质表观消化率,对高蛋白质诱发的高腹泻率有极显著的抑制作用。

另外,药理剂量氧化锌可抑制肠道某些有害细菌的生长,如锌离子对大肠杆菌的呼吸链有抑制作用,进而对仔猪腹泻具有调节作用(许梓荣和王敏奇,2000;唐萍等,2006)。Yin 等(2009)发现,药理剂量氧化锌可以显著增加小肠黏膜绒毛高度,在 mRNA 和蛋白质水平上提高胰岛素样生长因子-1(IGF-1)及其受体的表达,促进仔猪肠道发育,缓解由于断奶应激造成的肠道损伤。饲粮中添加药理剂量氧化锌还可以缓解断奶对肠道通透性造成的影响,维持肠屏障的正常功能,调节肠上皮细胞紧密连接蛋白的表达(胡彩虹等,2009),但长期饲喂高锌饲粮会不同程度地破坏断奶仔猪肠黏膜的形态结构(王希春等,2010)。药理剂量氧化锌对仔猪的脂肪代谢也具有调节作用。王福等(2010)在每千克饲粮中添加 1 000 mg 和 3 000 mg 的锌可上调仔猪肝脏硬脂酰辅酶 A 去饱和酶-1(SCD-1)转录水平,促进饱和脂肪酸(C18:0)的去饱和化,增加甘油三酯和胆固醇合成,且高锌可通过促进瘦素和胰岛素的分泌,调节机体的脂肪代谢。汤继顺等(2006A)研究表明,饲粮添加高剂量锌,显著提高断奶仔猪血清生长激素(GH)、胰岛素(INS)、IGF-1 和三碘甲腺原氨酸(T3)水平,说明高锌饲粮能抑制仔猪断奶应激,调节仔猪促生长激素轴。

高锌虽能促进生长，但在早期断奶仔猪的饲料中添加高锌的时间以 2~3 周为宜，连续使用超过 4 周将会对仔猪的后期生长不利（杨怀兵等，2013）。王希春等（2010）研究表明，在断奶后 0~42 d，高锌组仔猪的平均体重和日增重都显著高于对照组。但在断奶后 42~70 d 继续使用高锌饲粮使锌在仔猪体内大量蓄积，平均日增重反而低于对照组。陈亮等（2008）试验表明，大剂量长期饲喂高剂量锌对断奶仔猪产生毒害作用，降低淋巴细胞转化率，血清免疫球蛋白 IgG、IgA 水平显著下降，抑制仔猪的免疫功能。方静等（2003）研究得出同样结论，锌中毒能极显著降低 T 淋巴细胞活性。长期饲喂高锌饲粮，锌元素沉积在肝脏中，造成蓄积中毒，3 周后血清谷草转氨酶和谷丙转氨酶水平显著升高，而血清白蛋白和血清总蛋白水平显著降低（何小佳等，2008）。

饲粮添加高水平的锌会导致锌排泄量增加，造成环境污染。近年来，对锌的来源、使用效果和生物学利用率开展了大量研究。一些结果表明，与氧化锌相比，碱式氯化锌在促进仔猪生长、抗腹泻的作用方面具有一定的优势。Zhang 等（2007）在断奶仔猪饲粮中添加不同锌水平的氧化锌和碱式氯化锌，发现每千克饲粮添加 1 500 mg 的碱式氯化锌对断奶仔猪的促生长效果与添加 2 250 mg 的氧化锌相当（以锌计）。刘婉盈等（2012）研究表明，有机锌的生物利用率高于无机锌，随着锌添加量的增加，组织锌的沉积也随之提高。徐宏波等（2009）在断奶仔猪每千克饲粮含 2 000 mg 氧化锌（以锌计）条件下，每千克饲粮中添加 40 mg 和 60 mg 的有机锌，提高了平均日增重和日采食量，降低了料重比，增强了仔猪抗腹泻能力。张纯等（2010）研究表明，有机锌与无机锌合用的饲喂效果优于单一使用，且最佳配合比例为 6∶4。

甘氨酸锌是甘氨酸与可溶性锌盐形成的螯合物，其相对分子质量小，具有吸收快、利用率高等优点（王玗䪖等，2013）。胡向东等（2007）研究表明，在饲粮添加甘氨酸锌可促进断奶仔猪采食，提高生长速度，改善饲料转化率，降低腹泻率和病死率，适宜添加水平为 100~150 mg/kg（以锌计）。王勇等（2010）认为，每千克饲粮添加 100 mg 的甘氨酸锌可改善免疫器官指数和血液免疫指标。景翠等（2011）发现，甘氨酸锌可促进铜锌吸收，提高血清铜锌水平，改善仔猪健康状态。母猪饲粮中添加甘氨酸锌能够缩短母猪发情间隔，提高哺乳母猪采食量，减少哺乳期体重损失，增加产仔数（鲍宏云等，2012）。

蛋氨酸锌是另一个研究较多的有机锌物质。王立新等（2003）在断奶仔猪每千克饲粮中添加 60 mg 的氧化锌和 60 mg 的蛋氨酸锌（以锌计）发现，添加蛋氨酸锌更利于断奶仔猪生长速度和饲料转化效率的提高。方俊等（2004）研究表明，每千克饲粮添加 350 mg 的蛋氨酸锌（以锌计）是仔猪断奶后 10 d 内的较适宜添加量。汤继顺等（2006b）研究发现，每千克饲粮添加 250 mg 来源于蛋氨酸锌的锌足以防止仔猪断奶应激综合征，加大添加量并不能增强其作用效果。每千克饲粮添加 300 mg 的蛋氨酸锌（以锌计）能显著提高断奶仔猪血清抗氧化酶活性和免疫功能（陈洪亮等，2000）。郭小权等（2010）的研究认为，每千克饲粮添加 300 mg 的蛋氨酸锌与添加 3 000 mg 氧化锌（以锌计）对断奶仔猪的饲喂效果相似。但低剂量的蛋氨酸锌是否一定能取代药理剂量氧化锌还需要更多研究，药理剂量氧化锌促进仔猪生长和抗腹泻的作用有其独特的机制。余冰等（2005）报道，蛋氨酸锌的生物学效价为硫酸锌的 121.5%，两种锌源配合使用有利于提高饲料转化效率和免疫机能。饲粮中添加蛋氨酸锌和甘氨酸锌替代无机锌可以在一定程度上提高生长育肥猪的生产性能（黄连莹等，2013）。鞠继光（2001）报道，在育肥猪每千克饲粮中添加 30 mg 的蛋氨酸锌代替相应的无机锌，40～75 kg 生长猪的日增重提高 8.3%，料重比降低 13.17%。

壳聚糖锌是壳聚糖与无机锌的螯合物，谢正军等（2010）、钊守梅等（2013）报道，从生长性能、蛋白质消化率、血清指标、消化酶活性等来看，100 mg/kg 的壳聚糖锌可达到高剂量氧化锌的促生长效果，对于解决目前高锌使用带来的环境污染问题具有积极意义。壳聚糖锌可能通过影响肠道黏膜信号通路，参与黏膜细胞免疫应答和炎症反应，从而减少黏膜炎症因子表达，缓解炎症反应，改善肠道黏膜免疫功能，提高仔猪生产性能（马原菲等，2014）。

酵母锌是利用酵母在生长过程中对锌元素的吸收和转化，使锌与酵母体内的蛋白质和多糖结合形成的。赵金香等（2009）在每千克饲粮中添加 200 mg 的酵母锌（以锌计）即可达到甚至超过高剂量氧化锌的促生长效果，酵母锌可提高仔猪的免疫功能。张忠等（2015）报道，在母猪饲粮中添加酵母锌可明显提高仔猪平均初生重和平均初生窝重，每千克饲粮添加 50 mg 的酵母锌对母猪的繁殖性能、体况，以及断奶发情间隔的改善效果最佳。

纳米氧化锌作为一种纳米材料，具有高效的生物学活性，且具有一定的吸附能力。方桂友等（2013）发现，每千克饲粮添加 500 mg 的纳米氧化锌对断奶仔猪的增重效果与添加 3 000 mg 氧化锌的效果相当，同时可以降低粪便中锌的含量。

第三节　微量元素的应用

一、有机微量元素及其生物利用率

有机微量元素是金属元素与蛋白质、小肽、氨基酸、有机酸等通过共价键或离子键结合形成的络合物或螯合物（邝声耀等，2003）。络合物是由作为中心离子的金属元素与配位体（离子或分子）通过配位键的结合形成的。一般的有机微量元素为盐类，也有不是盐类的有机微量元素，如微量元素硒取代蛋氨酸中的硫，成为硒代蛋氨酸（或称蛋氨酸硒），属于 α-氨基酸（冉学光，2009），严格来讲不是络合物。螯合物是由金属微量元素与 2 个或多个氨基酸通过较牢固的化学键形成的杂环（五环或六环）结构，这种两核络合物或多核络合物是特殊的络合物，称为螯合物（冯定远，2014）。通常简单络合物的稳定性较差，而环状结构使螯合物比具有相同配位原子的简单络合物更稳定。

一般认为动物对有机微量元素的利用率高于它相应的无机盐，一些研究者用不同方法研究有机微量元素的生物学利用率，得到的结果有较大差异。生物学利用率是指一种营养素被动物摄入后，可被肠道吸收并参与代谢过程或贮存在动物体内的部分与食入总量的比值，也称生物学效价（张显东等，2004）。微量元素生物利用率的评定受多种因素的影响，如有机配位体的不同、测定方法的不同，以及评价指标、饲粮类型和添加水平的不同都会对结果产生影响。评定微量元素的生物利用率需在动物生理条件下进行，低于或超量于营养需要均可能使动物产生应激状态，这两种情况均不适于利用率的评定（李素芬等，2000）。植酸会影响锌的生物学利用率，原因是植酸与锌形成难溶的复合物，降低了锌在消化道的溶解度，进而减少了锌的吸收，降低了锌的生物学利用率（于昱等，2007）。由于许多矿物质在动物体内有代谢协同或颉颃的互作关系，某些矿物元素在饲粮中的含量变化也会引起其互作性质变化。周明和李湘琼（1996）发现，饲粮高铜可显著降低铁、锌的生物学利用率，当饲粮铜水平提高时，血清铜含量显著提高，但同时铁、锌含量极显著地降低，表明猪对这两种微量元素的吸收量减少，且血液中血红蛋白浓度和血清碱性磷酸酶活性降低，这说明饲粮高铜不仅会影响猪对铁、锌的吸收，而且进一步地影响铁、锌的代谢。

目前测定微量元素生物利用率的方法有平衡试验法、放射性同位素法和斜率比法等。平衡试验法快速、简便，但结果受内源微量元素的影响较大。同位素标记法可以反映微量元素在体内的分布情况，理论上结果最理想，但对设备要求较高，饲料成本也高，所以应用不多。斜率比法是测定有机微量元素生物利用率最常用的方法，适用于各种元素生物学利用率的测定，但结果受饲粮组成、待测元素添加水平及评价指标等因素的影响（李素芬等，2001）。目前研究者多采用特定敏感组织中的矿物质元素积累来评定矿物质元素添加剂的生物学利用率。关于猪对有机微量元素的利用率，国内报道较少。

余冰等（2005）以血清锌含量、碱性磷酸酶（alkaline phosphatase，ALP）活性及14 d 白细胞（white blood cell，WBC）数量为指标，评定蛋氨酸锌的生物学利用率，结果表明，蛋氨酸锌相对硫酸锌的生物学效价分别为 124.4%、118.7%和 111.7%，平均为 118.3%。但若以其他指标来评定时，蛋氨酸锌的生物学效价并不高于硫酸锌。

关于有机硒的利用率，多数研究结果表明硒代蛋氨酸和酵母硒的效果要好于亚硒酸钠。蒋宗勇等（2010b）用斜率比法测定了硒代蛋氨酸对育肥猪的生物学利用率，假定亚硒酸钠生物学效价为 100%时，以血浆、肝脏、肌肉硒含量为判断指标时，硒代蛋氨酸相对亚硒酸钠的生物学效价分别为 245%、162%和 421%，表明硒代蛋氨酸在育肥猪体内的吸收和沉积率都高于亚硒酸钠，在肌肉中硒的沉积量效果最明显。硒代蛋氨酸在肌肉中沉积量高于血浆和肝脏，进一步证实硒代蛋氨酸一部分直接与体蛋白质结合，使硒贮存于肌肉组织中，另一部分在肝脏合成硒蛋白（刘伟龙等，2011；王永侠，2011）。仲崇华等（2008）给断奶仔猪饲喂每千克饲粮硒含量为 0.3 mg 的亚硒酸钠和酵母硒，亚硒酸钠的硒表观消化率、表观代谢率和表观利用率分别为 65.7%、39.57%和 26.1%，酵母硒则分别为 75.6%、70.1%和 53%。

田科雄等（2003）采用代谢试验的方法研究了铜、铁、锰、锌的蛋氨酸羟基类似物螯合物与其相应的硫酸盐生物学利用率，结果表明，蛋氨酸羟基螯合铜、铁、锌和锰相对于相应硫酸盐的生物学利用率分别为 191.47%、142.44%、191.74%和 147.30%。

多数研究结果都表明，有机微量元素的生物利用率高于其相应的无机微量元素，这与其结构与吸收机制有很大关系。在结构上无机盐类是阴离子和阳离子间的静电作用形成不稳定的离子键，易与其他物质发生化学反应，形成不溶性的化合物，从而影响微量元素的吸收利用。有机微量元素是以微量元素离子为中心离子，与氨基酸等以共价键和离子键结合形成独特的环状结构（李志鹏等，2009）。且有机微量元素毒性较小，粪便残留小，可缓解对环境的影响（孙晓光，2009）。目前没有关于有机微量元素吸收机制的统一认识。一种观点是金属氨基酸络合物和其蛋白盐利用肽和氨基酸的吸收机制被完整吸收，而并非小肠中普通金属的吸收机制（计峰等，2003）。另一种观点认为，有机微量元素到达吸收部位的量比无机形态的多，络合程度适宜的有机微量元素进入消化道后，可以防止金属元素在肠道变成不溶性化合物或被吸附在有碍元素吸收的不溶解胶体上，而直接到达小肠刷状缘，并在吸收位点处发生水解，其中的金属以离子形式进入肠上皮细胞并被吸收入血液，因此进入体内的微量元素量增加（罗绪刚和李素芬，2004）。

二、微量元素在育肥猪饲料中应用的研究进展

为减少微量元素过量排出造成的环境污染，降低养猪生产成本，一些研究人员探讨了育肥后期猪饲粮中不添加微量元素的问题。武英等（2004）分别在 75 kg 的生长育肥猪屠宰前 10 d、20 d 停止添加矿物质元素，结果发现停用组的平均日增重分别为 704 g 和 714 g，添加对照组为 739 g，但没有统计上的差异，对胴体性能也没有显著影响，屠宰前 20 d 停用矿物质微量元素对肉色、pH 等肉质指标有改善趋势，肝脏磷含量显著降低，肌肉铜含量显著降低。董国忠等（2007）对 79～110 kg 和 92～105 kg 育肥猪分别饲喂不添加维生素和微量元素的玉米豆粕型饲粮和玉米混合粕型饲粮，结果表明：在屠宰前 25～40 d 不添加维生素和微量元素对育肥猪的生长性能、胴体品质和肉品质没有显著影响，但粪中铜、铁、锰含量显著降低。呼红梅等（2009）认为，育肥后期骨骼中贮存的矿物质微量元素在饲粮中缺乏时可释放出来，同时饲料原料中的微量元素可以维持机体的代谢平衡。关于屠宰前停用微量元素的研究，国内报道较少，如果要在生产中大规模应用，需要对停用微量元素的效果和停用的时间进行更加深入的研究。

参考文献

敖卓贵, 卫恒习, 陈预明, 等, 2013. 电解质平衡剂在保育猪生产中的应用研究 [J]. 养猪 (2)：41-42.

鲍宏云, 许甲平, 邓志刚, 等, 2012a. 甘氨酸锌对母猪繁殖性能及哺乳仔猪生长性能的影响 [J]. 饲料广角 (11)：26-27.

鲍宏云, 许甲平, 邓志刚, 等, 2012b. 甘氨酸亚铁对断奶仔猪生长性能及皮毛指标的影响 [J]. 饲料广角 (7)：34-35.

毕晋明, 郑姗姗, 张敏红, 等, 2008. 日粮中添加不同浓度吡啶甲酸铬对生长育肥猪氧化作用的影响 [J]. 动物营养学报, 20 (5)：561-566.

边连全, 王瑞年, 张勇刚, 等, 2010. 日粮中添加不同硒源对生长育肥猪肉品质的影响 [J]. 沈阳农业大学学报, 41 (6)：690-694.

卜友泉, 罗绪刚, 李英文, 等, 2002. 动物锰营养中含锰超氧化物歧化酶研究进展 [J]. 动物营养学报, 14 (1)：1-7.

陈凤芹, 计峰, 程茂基, 等, 2008. 不同铁源对断奶仔猪生长性能、免疫功能及铁营养状况的影响 [J]. 中国畜牧兽医, 35 (7)：11-14.

陈洪亮, 李德发, 邢建军, 2000. 蛋氨酸内络合锌对断奶仔猪生产性能的影响 [J]. 饲料博览 (120)：29-31.

陈亮, 何小佳, 李莹, 等, 2008. 长期饲喂高锌日粮对断奶仔猪免疫机能的影响 [J]. 动物医学进展, 29 (7)：39-43.

陈婉如，郭庆，罗绪刚，等，2004. 氨基酸铁络合物对母猪繁殖性能与哺乳仔猪生长和皮肤颜色的影响 [J]. 动物营养学报, 16 (1): 30-35.

谌俊，韩景河，张晓峰，等，2014. 母猪饲粮中不同硒源和维生素E水平对其后代仔猪生长性能及抗氧化能力的影响 [C] //中国畜牧兽医学会动物营养学分会第七届中国饲料营养学术研讨会.

程泽信，殷裕斌，龚大春，2006. 饲料中添加碘对断奶仔猪生长发育的影响 [J]. 江西畜牧兽医杂志 (4): 9-10.

程忠刚，许梓荣，林映才，等，2004a. 高剂量铜对仔猪生长性能的影响及作用机理探讨 [J]. 四川农业大学学报, 22 (1): 58-61.

程忠刚，许梓荣，林映才，等，2004b. 高剂量铜对仔猪生长性能及血液生化指标的影响 [J]. 动物营养学报, 16 (4): 44-46.

代建国，党姗，金刚，等，2007. 补铬对断奶仔猪代谢、免疫功能和生产性能的影响 [J]. 畜牧与兽医, 39 (3): 16-19.

戴晋军，周小辉，谭斌，2011. 酵母硒和维生素E对育肥猪肉质的影响 [J]. 养猪 (1): 43-44.

邓伏清，廖阳华，王勇，等，2012. 不同铜源对生长育肥猪生产性能的影响 [J]. 饲料研究 (2): 42-44.

邓近平，姜洁凌，贺建华，等，2007. 生长猪植酸酶的磷当量研究 [J]. 动物营养学报, 19 (2): 166-171.

董国忠，李周权，赵建辉，等，2007. 饲粮类型和肥育后期不添加维生素和微量矿物元素对猪生长性能、胴体和肌肉品质、粪中矿物元素排泄的影响 [J]. 动物营养学报, 19 (1): 1-10.

窦勇，彭聚华，胡佩红，等，2014. 低氮、低磷日粮添加植酸酶对仔猪钙、磷及微量矿物元素代谢的影响 [J]. 广东饲料 (11): 29-31.

窦勇，彭聚华，胡佩红，等，2015. 低蛋白、低磷日粮中添加植酸酶对仔猪生产性能及矿物元素代谢的影响试验 [J]. 浙江畜牧兽医 (3): 5-7.

范苗，曹洪战，田树海，等，2010. 低磷日粮添加植酸酶、抗坏血酸和维生素D-3对育肥猪的影响 [J]. 湖北农业科学, 49 (4): 913-916.

范先超，陈波源，2004. 吡啶羧酸铬对生长育肥猪生产性能的影响 [J]. 湖北农业科学 (4): 114-115.

方桂友，董志岩，丘华玲，等，2012. 低蛋白低磷饲粮添加氨基酸和植酸酶对育肥猪粪氮磷排泄量的影响 [J]. 福建畜牧兽医, 34 (5): 8-10.

方桂友，张仁标，邱华玲，等，2013. 纳米氧化锌对断乳仔猪生长性能和粪锌排泄量的影响 [J]. 福建畜牧兽医 (6): 12-14.

方静，崔恒敏，彭西，2003. 锌中毒对雏鸭免疫系统结构及其功能影响的研究 [J]. 动物营养学报, 25 (1): 79-84.

方俊，王继承，卢向阳，等，2004. 蛋氨酸锌对仔猪生产性能的影响 [J]. 河南科技大学学报（农学版）, 24 (2): 44-46.

冯定远，2014. 多元螯合与多重螯合微量元素的理论及其在饲料业中的应用 [J]. 动物营养学报, 26 (10): 2956-2963.

冯国强，卓钊，冯杰，2012. 甘氨酸亚铁在缺铁仔猪模型内生物学效应研究及对肠道铁相关吸收蛋白的影响 [C] //中国畜牧兽医学会动物营养学分会第十一次全国动物营养学术研讨会论文集.

高凤仙，杨仁斌，何河，等，2007. 不同铜源及其水平对猪生产性能和血液生化指标的影响 [J]. 湖南农业大学学报（自然科学版）, 33 (5): 595-598.

高建忠，黄克和，秦顺义，2006. 不同硒源对仔猪组织硒沉积和抗氧化能力的影响 [J]. 南京农业大学学报，29（1）：85-88.

高原，刘国文，冯海华，等，2002. 高剂量铜对断乳仔猪血液激素和生长因子水平的影响 [J]. 中国兽医科技，32（5）：27-30.

耿忠诚，王秀娜，王燕，等，2011. 不同硒源对仔猪生产性能和抗氧化能力的影响 [J]. 黑龙江八一农垦大学学报，22（6）：31-35.

谷琳琳，姜海龙，秦贵信，2013a. 镁对母猪繁殖性能的影响及其可能机理 [J]. 饲料工业（5）：16-20.

谷琳琳，姜海龙，张海全，等，2012. 宰前短期添加镁对PIC育肥猪肉色和pH值的影响 [J]. 饲料工业（6）：42-45.

谷琳琳，姜海龙，张海全，等，2013b. 宰前添加镁对猪肉品质及其抗氧化机能的影响 [J]. 饲料工业（10）：15-19.

郭海涛，王之盛，周安国，2005a. 复合氨基酸铁对断奶猪生产性能的影响 [J]. 养猪（4）：6-8.

郭海涛，王之盛，周安国，2005b. 有机铁添加剂对断奶仔猪皮毛感观和血液指标的影响 [J]. 饲料广角（8）：20-22.

郭文文，杨维仁，郭宝林，等，2015. 不同磷水平和钙磷比饲粮添加植酸酶对妊娠母猪养分表观消化率的影响 [J]. 动物营养学报，27（3）：893-901.

郭小权，胡国良，曹华斌，等，2010. 不同形式和水平的锌对断奶仔猪抗氧化功能的影响 [J]. 黑龙江畜牧兽医（9）：64-65.

韩景河，谌俊，张晓峰，等，2014. 饲粮中不同硒源和维生素E水平对母猪繁殖性能和抗氧化能力的影响 [C] //中国畜牧兽医学会动物营养学分会第七届中国饲料营养学术研讨会.

韩延明，杨凤，周安国，等，1996. 微生物植酸酶或麦麸对断奶到肥育阶段猪的生产性能和骨骼发育的影响 [J]. 畜牧兽医学报，27（3）：207-211.

何宏超，李彪，2009. 不同硒源对生长育肥猪生产性能的影响 [J]. 饲料与畜牧（1）：62-63.

何小佳，陈亮，李莹，等，2008. 高锌日粮长期暴露对断奶仔猪生长性能和血清生化指标的影响 [J]. 中国畜牧兽医，35（9）：17-20.

何欣，马秋刚，梁福广，等，2009. 低蛋白日粮不同磷水平及添加植酸酶对生长猪生产性能及部分血清生化指标的影响 [J]. 北京农学院学报，24（4）：17-19.

贺建忠，郭定宗，杨世锦，等，2009a. 硒中毒对猪血液常规指标的影响 [J]. 饲料研究（8）：39-40.

贺建忠，郭定宗，杨世锦，等，2009b. 硒中毒猪体内自由基的变化及高铜的拮抗作用 [J]. 畜牧与兽医，41（5）：81-83.

呼红梅，武英，郭建凤，等，2009. 屠前停用矿物质添加剂对猪生长性能、胴体品质和粪中矿物质排泄量的影响 [J]. 家畜生态学报，30（4）：110-112.

胡彩虹，钱仲仓，刘海萍，等，2009. 高锌对早期断奶仔猪肠黏膜屏障和肠上皮细胞紧密连接蛋白表达的影响 [J]. 畜牧兽医学报，40（11）：1638-1644.

胡二永，2012. 甘氨酸铜对仔猪生长性能、养分消化率以及粪便微生物区系的影响 [D]. 扬州：扬州大学.

胡二永，宇正浩，孙国荣，等，2012. 硫酸铜和甘氨酸铜对断奶仔猪生长性能及粪铜含量的影响 [J]. 上海畜牧兽医通讯（2）：35-37.

胡培，程茂基，江涛，等，2011. 甘氨酸铁对断奶仔猪生长性能的影响 [J]. 饲料工业，32（13）：29-32.

胡鹏，占秀安，郏彦昭，等，2010. 母种猪饲粮添加 DL-硒代蛋氨酸对后代乳猪胰脏硒含量、抗氧化能力、消化酶活性以及 GSH - Px mRNA 表达的影响 [J]. 动物营养学报，22（5）：1361-1366.

胡向东，2007. 不同水平甘氨酸锌对断奶仔猪生长性能的影响 [J]. 饲料研究（9）：38-39，48.

胡骁飞，2005. 生长猪应用植酸酶日粮适宜钙磷比的研究 [D]. 郑州：河南农业大学.

胡骁飞，林东康，李春群，等，2005. 低磷日粮添加植酸酶对生长猪生产性能和血液指标的影响 [C] //酶制剂在饲料工业中的应用.

华卫东，徐子伟，刘建新，等，2006. 不同铁源对母猪乳铁含量和仔猪血液学参数的影响 [J]. 浙江农业学报，18（3）：137-140.

黄阿彬，2013. 不同磷源及水平对育肥猪生长性能和骨骼质量的影响 [D]. 雅安：四川农业大学.

黄春红，李淑红，2006. 食盐在畜禽日粮中的应用与添加 [J]. 湖南饲料（1）：27-29.

黄连莹，夏中生，蒋芳，等，2013. 饲粮不同锌源对生长育肥猪生产性能的影响 [J]. 畜牧与兽医，45（10）：47-50.

黄其春，陈小红，陈彤，2007. 吡啶羧酸铬对育肥猪皮下脂肪组织脂肪酸合成酶 mRNA 表达的影响 [J]. 龙岩学院学报，25（3）：71-73.

黄少文，张巍，魏金涛，等，2013. 不同磷酸氢钙水平大麦型饲粮对生长猪生长性能及粪磷排放的影响 [J]. 养猪（1）：55-56.

黄逸强，周长虹，唐明红，2005. 不同来源铁和锌对断奶仔猪生产性能的影响 [J]. 饲料博览（2）：46-48.

黄玉邦，周进勤，高建忠，2009. 有机硒对仔猪生长性能和抗氧化能力的影响 [J]. 安徽农业科学，37（34）：11687-16872.

计成，2008. 动物营养学 [M]. 北京：高等教育出版社.

计成，蔡青和，岳洪源，2003. 添加植酸酶对仔猪生长和营养物质回肠表观消化率的影响 [J]. 中国农业大学学报，8（1）：87-90.

计峰，罗绪刚，李素芬，等，2003. 动物有机微量元素吸收机制及吸收研究方法的进展 [J]. 动物营养学报，15（2）：1-5.

冀红芹，2013. 日粮不同钙水平对仔猪钙代谢及破骨细胞活性的影响 [D]. 长春：吉林农业大学.

贾建英，2007. 不同硒源对母猪后代、组织硒及血液生化指标的影响 [D]. 雅安：四川农业大学.

贾瑞莲，鲍宏云，2012. 蛋氨酸铬对母猪繁殖性能的影响 [J]. 饲料工业（16）：57-58.

姜海迪，王俊文，徐盛玉，等，2012. 不同钙源与水平对断奶仔猪生产性能及钙磷利用率的影响 [C] //中国畜牧兽医学会动物营养学分会第十一次全国动物营养学术研讨会论文集.

蒋宗勇，林映才，姜文联，等，1999. 仔猪有效磷需要量的研究 [J]. 动物营养学报，11（1）：44-50.

蒋宗勇，王燕，林映才，等，2010a. 硒代蛋氨酸对育肥猪生产性能和肉品质的影响 [J]. 动物营养学报，22（2）：293-300.

蒋宗勇，王燕，林映才，等，2010b. 硒代蛋氨酸对育肥猪血浆和组织硒含量及抗氧化能力的影响 [J]. 中国农业科学，43（10）：2147-2155.

金成龙，翟振亚，王丹，等，2015. 甘氨酸铜替代硫酸铜对断奶仔猪生长性能、血清生化参数和粪铜排放的影响 [J]. 广东农业科学，42（1）：100-104.

景翠，陈宝江，金东航，2011. 甘氨酸锌影响仔猪生长性能的试验 [J]. 饲料研究（7）：38-41.

鞠继光，2001. 微量元素有机螯合物对生长育肥猪生长性能的影响 [J]. 饲料博览（1）：43.

孔祥峰，2012. 猪完全能够耐受高水平的日粮硫 [J]. 国外畜牧学（猪与禽），32（7）：32-33.

旷昶，汪徽，何瑞国，2004. 猪饲料磷生物学价值的评定 [J]. 动物营养学报，17（3）：13-18.

邝声耀，2003. 有机微量元素的研究应用进展 [J]. 四川畜牧兽医，30（8）：27-28.

冷静，朱仁俊，马黎，2003a. 不同剂量微量元素锌剂对断奶仔猪生产性能的影响 [J]. 黑龙江畜牧兽医（11）：33-34.

冷静，朱仁俊，马黎，2003b. 锌添加水平对断奶仔猪不同组织中锌沉积的影响 [J]. 河南农业科学，32（11）：48-50.

冷向军，王康宁，2001. 高铜对早期断奶仔猪消化酶活性、营养物质消化率和肠道微生物的影响 [J]. 饲料研究（4）：28-29.

李佳，吴东波，2007. 添加植酸酶日粮不同磷水平和钙磷比对生长育肥猪血液生化指标和骨骼性能的影响 [J]. 畜禽业，11（4）：8-11.

李佳，解鹏，吴东波，等，2006. 日粮不同磷水平和钙磷比对生长育肥猪生产性能的影响 [J]. 兽药与饲料添加剂（4）：3-4.

李江涛，2010. 甘氨酸铜对断奶仔猪生产性能、相关血液生理生化指标的影响研究 [D]. 保定：河北农业大学.

李军平，2012. 添加乳清粉和添加高铜高锌日粮对断奶前后仔猪生产性能的影响 [J]. 中国猪业（9）：43-45.

李俊刚，2010. 亚硒酸钠和酵母硒在猪组织中的代谢及其代谢产物对人小细胞肺癌细胞增殖的影响 [D]. 雅安：四川农业大学.

李兰东，张国范，岳增华，等，2006. 猪肥育后期高硒日粮对胴体及各组织器官硒含量的影响 [J]. 饲料博览（5）：47-48.

李牧，周良娟，张丽英，等，2011. 吡啶甲酸铬对生长猪生产性能和组织中铬残留的影响 [J]. 中国饲料（15）：19-21.

李清宏，罗绪刚，1998. 锰对猪生理机能的影响 [J]. 中国饲料（10）：26-28.

李清宏，罗绪刚，刘彬，等，2001. 高剂量甘氨酸铜对断奶仔猪生产性能血液指标的影响 [J]. 饲料研究（1）：6-9.

李清宏，罗绪刚，刘彬，等，2004. 饲粮甘氨酸铜对断奶仔猪血液生理生化指标和组织铜含量的影响 [J]. 畜牧兽医学报，35（1）：23-27.

李绍钦，2003. 饲粮短期高剂量添加天冬氨酸镁、氯化钙对猪肉品质的影响 [D]. 雅安：四川农业大学.

李素芬，罗绪刚，刘彬，2000. 动物有机微量元素利用率研究进展 [J]. 中国畜牧杂志，36（5）：51-53.

李素芬，罗绪刚，刘彬，2001. 有机微量元素利用率的测定 [J]. 中国饲料（15）：26-27.

李伟，邓波，刘婉盈，等，2012a. 不同铁源对断奶仔猪肠道形态结构的影响 [C]. 中国畜牧兽医学会动物营养学分会第十一次全国动物营养学术研讨会论文集.

李伟，邓波，徐子伟，等，2012b. 不同铁源对断奶仔猪生长性能和血常规生理指标的影响 [C]. 中国畜牧兽医学会动物营养学分会第十一次全国动物营养学术研讨会论文集.

李伟，刘杰，刘婉盈，等，2013. 添加不同水平硫酸亚铁对断奶仔猪生长性能的影响 [J]. 浙江农业科学，1（2）：214-215.

李星，2009. 母种猪补充不同硒源对后代乳猪生长性能的影响及作用机理的探讨 [D]. 杭州：浙江大学.

李志鹏，孙瑶，李生，等，2009. 有机微量元素及其作用机理 [J]. 饲料博览（5）：34-36.

梁福广，何欣，马秋刚，等，2007. 低蛋白日粮不同磷水平及添加植酸酶对生长猪氮磷代谢的影响 [J]. 北京农学院学报，22 (1)：24-27.

梁龙华，何若钢，陈颙，等，2015. 蛋氨酸铬与其他有机铬对育肥猪生长性能影响的比较研究[J]. 饲料研究 (14)：45-47.

梁明振，谢梅冬，梁贤威，等，2004. 高铜饲粮对生长育肥猪肌肉和肝脏组织的影响 [J]. 家畜生态，25 (4)：40-43.

梁贤威，夏中生，陆呈委，等，2002. 有机铬对母猪繁殖性能及其仔猪生长的影响 [J]. 粮食与饲料工业 (11)：35-36.

梁彦英，2011. 高铜高锌日粮对仔猪的生产性能、代谢及微量元素沉积的影响 [D]. 南京：南京农业大学.

林金玉，林长光，詹桂兰，等，2015. 不同硒源对泌乳期母猪生产性能、甲状腺激素水平和免疫功能的影响 [J]. 华南农业大学学报，36 (1)：1-8.

林映才，蒋宗勇，吴世林，等，1996. 仔猪饲粮中电解质平衡的研究 [J]. 中国畜牧杂志，32 (2)：37-39.

林映才，蒋宗勇，余德谦，等，2001. 4~9 kg 超早期断奶仔猪有效磷需要量的研究 [J]. 动物营养学报，13 (1)：48.

林映才，蒋宗勇，余德谦，等，2002. 4~9 kg 超早期断奶仔猪钙需求参数研究 [J]. 养猪 (1)：11-13.

林映才，蒋宗勇，2002. 生长育肥猪有效磷需要量的研究 [J]. 养猪 (4)：1-7.

林长光，林金玉，林枣友，等，2013. 不同硒源对母猪泌乳期生产性能、血浆和乳中硒含量的影响 [J]. 中国畜牧杂志，49 (21)：48-52.

凌明亮，2001. 高锌日粮对断奶仔猪生长性能的影响 [J]. 皖西学院学报，17 (2)：78-80, 95.

刘建高，张永刚，吴信，等，2007. 降低生长育肥猪饲料中磷酸氢钙水平的研究 [J]. 家畜生态学报，28 (1)：36-40.

刘景，董志岩，方桂友，等，2008. 低蛋白低磷饲粮添加氨基酸和植酸酶对生长育肥猪生长性能的影响 [J]. 福建畜牧兽医 (1)：1-2.

刘强，2006. 日粮中不同铜水平对生长育肥猪影响的研究 [D]. 扬州：扬州大学.

刘庆华，杨建平，刘延贺，等，2012. 铁过量或缺乏对新生仔猪血清生化指标及肝脏 hepcidin mRNA 表达量的影响 [J]. 动物营养学报，24 (5)：845-851.

刘婉盈，邓波，徐子伟，2012. 不同锌源对生长育肥猪的生产性能和组织锌沉积的影响 [C] //中国畜牧兽医学会动物营养学分会第十一次全国动物营养学术研讨会论文集.

刘伟龙，占秀安，王永侠，等，2011. 肉种鸡补充硒代蛋氨酸对后代肉鸡肉质的影响及作用机理 [J]. 动物营养学报，23 (3)：417-425.

刘卫东，王雷，程璞，等，2008. 甘氨酸螯合铁对断奶仔猪生产性能的影响 [J]. 安徽农业科学，36 (3)：1048, 1096.

刘雯雯，2008. 饲粮添加有机硒和 VE 对育肥猪生产性能、肉质和抗氧化力的影响 [D]. 雅安：四川农业大学.

刘雯雯，陈代文，余冰，2010. 日粮添加氧化鱼油及硒和维生素 E 对育肥猪生产性能的影响 [J]. 中国畜牧杂志，46 (1)：34-39.

刘显军，2001. 生长猪饲料级磷酸盐中可消化磷的评定 [D]. 沈阳：沈阳农业大学.

刘显军，陈静，边连全，等，2009. 乙酸镁对氟烷基因杂合子育肥猪肌肉加工品质的影响 [J]. 畜牧与兽医，41 (11)：19-21.

刘禹含，2013. 不同钙水平日粮对仔猪各肠段钙主动吸收影响的比较研究 [D]. 长春：吉林农业大学.

芦春莲，陈楠，田树海，等，2010. 生长猪低磷日粮添加植酸酶和有机酸以及维生素D-3的研究[J]. 畜牧与兽医，42（8）：23-27.

罗霄，方俊，刘刚，等，2015. 日粮中添加酵母硒对断奶仔猪生长性能及抗氧化性能的影响[J]. 饲料工业（6）：6-10.

罗绪刚，李素芬，2004. 有机微量元素的利用率及其作用机理研究进展［A］. 动物营养研究进展论文集［C］//中国畜牧兽医学会动物营养学分会第九届学术研讨会. 重庆：中国畜牧兽医学会.

吕林，罗绪刚，萧作平，等，2007. 碱式氯化铜对断奶仔猪的促生长效应研究［J］. 中国饲料（2）：30-31.

马文强，冯杰，2008. 甘氨酸铁对断奶仔猪血清氧化酶活力及生化指标的影响［J］. 饲料工业，29（22）：28-30.

马玉龙，田斌，赵宏斌，等，2000. 羧酸吡啶铬对肥育猪胴体组成及肉质的影响［J］. 饲料工业，21（10）：13-14.

马原菲，吕梦圆，岳晓静，等，2014. 壳聚糖锌对断奶仔猪肠道黏膜免疫功能的影响［C］//中国畜牧兽医学会动物营养学分会第七届中国饲料营养学术研讨会.

梅绍锋，余冰，鞠翠芳，等，2009. 高锌和高铜对断奶仔猪生产性能、消化生理和盲肠微生物数量的影响［J］. 动物营养学报，21（6）：903-909.

聂红岩，2008. 酵母铬对仔猪生产性能及生理生化指标的影响［J］. 饲料研究（11）：35-37.

欧秀琼，童晓莉，钟正泽，等，2004. 猪饲料中添加高剂量铜、锌对粗脂肪及粗蛋白质消化率的影响［J］. 畜禽业（7）：10-11.

潘道菊，2004. 日粮中不同铁和铜水平对仔猪生长发育的影响［J］. 畜牧与饲料科学，35（6）：29-31.

彭建林，叶彩芳，2003. 高剂量氧化锌在断奶仔猪日粮中的应用试验［J］. 上海畜牧兽医通讯（1）：31.

戚咸理，黄兴国，2002. 高铜对猪健康及生产力影响的研究［J］. 畜禽业（10）：18-19.

齐加强，姜绍波，2008. 简述猪在生长中矿物质的需要［J］. 畜牧兽医科技信息（3）：56-57.

郄彦昭，占秀安，李星，等，2010. 母猪日粮添加硒代蛋氨酸对后代乳猪生长的影响［J］. 中国粮油学报，25（7）：78-81，103.

邱思锋，2012. 酵母硒对商品猪生产性能、胴体性状、肉质的影响［D］. 福州：福建农林大学.

冉学光，2010. 硒代蛋氨酸及其席夫碱金属配合物的合成与应用研究［D］. 广州：华南理工大学.

任延铭，杨海容，王安，2009. 镁对肥猪运输和屠宰应激及肉品质的影响［J］. 动物营养学报，21（1）：19-24.

单玉萍，单安山，2011. 氨基酸铜在猪生产中的研究与应用［J］. 中国畜牧兽医，38（4）：20-22.

沈绍新，2009. 羽毛粉铜和锰螯合物对断奶仔猪生长性能及免疫功能的影响［D］. 福州：福建农林大学.

苏月娟，孙会，王晓宇，等，2012. 30～60 kg生长猪磷需要量研究［J］. 动物营养学报，24（8）：1414-1420.

孙会，封伟杰，张永发，等，2007. 酵母铜对仔猪生长性能及抗氧化作用的影响［J］. 中国畜牧杂志，43（15）：33-35.

孙会，冀红芹，邹磊，等，2013. 猪钙营养需要量研究进展［J］. 饲料工业，34（13）：1-6.

孙会，赵金香，矫继峰，等，2005. 酵母铁对仔猪生长发育及血液理化指标的影响［J］. 畜禽业（9）：16-19.

孙金艳，单安山，2003. 微量元素碘在畜牧生产上的应用［J］. 饲料博览（9）：7-8.

孙铁虎，朴香淑，龚利敏，等，2006. 氨基酸络合铁对生长猪生长性能及有关指标的影响 [J]. 动物营养学报，18（1）：12-18.

孙晓光，2009. 日粮添加螯合铜、铁、锰和锌对生长育肥猪增重、胴体特性和矿物元素消化率的影响 [D]. 南京：南京农业大学.

汤继顺，王希春，唐萍，等，2006a. 高锌日粮对断奶应激仔猪血清激素水平的影响 [J]. 安徽农业大学学报，33（2）：170-174.

汤继顺，吴金节，王希春，等，2006b. 锌源和锌水平对断奶应激仔猪血清激素水平的影响 [J]. 中国农业科学，39（6）：1241-1247.

唐萍，汤继顺，王希春，等，2006. 高锌日粮对断奶应激仔猪生长性能和抗氧化酶活性的影响[J]. 安徽农业大学学报，33（2）：175-179.

田科雄，高凤仙，贺建华，等，2003. 有机微量元素的生物学利用率研究 [J]. 湖南农业大学学报（自然科学版），29（2）：147-149.

田萍，2005. 蛋氨酸螯合铁对断奶仔猪生产性能的影响 [J]. 家畜生态学报，26（2）：33-35.

汪善锋，周光宏，高峰，等，2013. α-硫辛酸对育肥猪胴体性状与肉品质的影响 [J]. 家畜生态学报，34（4）：45-48.

王凤来，张曼夫，陈清明，等，2001. 日粮磷和钙磷比例对小型猪（香猪）血清、肠、骨碱性磷酸酶及血清钙磷的影响 [J]. 动物营养学报，13（1）：36-42.

王福，钱利纯，崔华伟，等，2010. 高锌对仔猪肝脏脂肪代谢的影响 [J]. 动物营养学报，22（5）：1200-1206.

王惠康，刘建新，2005. 蛋氨酸硒对育肥猪生产性能的影响 [J]. 饲料广角（13）：28-30.

王惠康，刘建新，2006. 蛋氨酸硒对育肥猪生长能性、胴体组成和肉质的影响 [J]. 饲料研究（3）：1-3.

王立新，王治华，卢文超，等，2003. 不同锌形式对仔猪生产性能及血液生化指标的影响 [J]. 畜牧与兽医，35（1）：21-22.

王敏奇，2004. 纳米粒径化处理三价铬对杜长大育肥猪胴体组成、肉质和组织铬沉积的影响及其机理研究 [D]. 杭州：浙江大学.

王敏奇，许晓玲，雷剑，等，2008. 日粮中添加不同形式三价铬对育肥猪组织铬沉积的影响 [J]. 动物营养学报，20（5）：554-560.

王敏奇，许晓玲，雷剑，等，2009. 不同形式三价铬对育肥猪胴体组成和脂肪代谢的影响 [J]. 畜牧兽医学报，40（1）：59-65.

王敏奇，许梓荣，2003. 饲粮中添加高剂量无机锌对断奶仔猪消化性能的影响 [J]. 中国畜牧杂志，39（1）：14-15.

王明镇，刘孟洲，2007. 氨基酸螯合铁对早期断奶仔猪生产性能的影响 [J]. 中国畜牧兽医（10）：14-15.

王明镇，刘孟洲，2010. 氨基酸螯合铁对早期断奶仔猪血液指标的影响 [J]. 黑龙江畜牧兽医，34（10）：80-81.

王尚荣，2005. 硫酸亚铁合剂对断奶仔猪抗病及生长效果的影响 [J]. 当代畜牧（3）：21-23.

王天有，钟华，赵恒章，等，2006. 断奶仔猪铁过负荷的组织病理学观察 [J]. 安徽农业科学，34（18）：4620-4621.

王希春，吴金节，陈亮，等，2010. 高锌日粮对断奶仔猪肠道黏膜免疫及黏膜上皮形态的影响[J]. 中国兽医学报，30（10）：1371-1376.

王希春，吴金节，李义刚，等，2004. 高铜日粮对早期断奶应激仔猪生长性能和抗氧化酶活性的

影响 [J]. 安徽农业大学学报, 31 (4): 412-416.

王希春, 吴金节, 李义刚, 等, 2005. 高铜对断奶仔猪生长性能及血清激素水平的影响 [J]. 动物医学进展, 26 (8): 63-67.

王希春, 吴金节, 李义刚, 等, 2006. 高铜日粮对断奶仔猪血清及组织中铜、铁、锌沉积的影响 [J]. 南京农业大学学报, 29 (1): 72-76.

王晓宇, 2012. 30~60 kg生长猪钙需要量研究 [D]. 长春: 吉林农业大学.

王晓宇, 孙会, 苏月娟, 等, 2012. 30~60 kg生长猪钙需要量研究 [J]. 动物营养学报, 24 (7): 1216-1223.

王秀娜, 耿忠诚, 王燕, 等, 2010. 饲粮硒来源及添加水平对仔猪组织中细胞内谷胱甘肽过氧化物酶基因mRNA表达的影响 [J]. 动物营养学报, 22 (6): 1630-1635.

王永侠, 2011. 硒代蛋氨酸对肉鸡的生物学效应及其分子机理研究 [D]. 杭州: 浙江大学.

王勇, 马文强, 冯杰, 2008. 甘氨酸铁对断奶仔猪生长、组织沉积、粪便残留及血清生化指标的影响 [C] //中国畜牧兽医学会动物营养学分会第十次学术研讨会论文集.

王勇, 钮海华, 马文强, 等, 2010. 甘氨酸锌对断奶仔猪生长性能、免疫指标及肠道形态的影响 [J]. 动物营养学报, 22 (1): 176-180.

王幼明, 王小龙, 2001. 高铜的应用对畜禽的慢性中毒作用及对环境生态的影响 [J]. 中国兽医杂志, 37 (6): 36-38.

王宇萍, 杨鹏标, 2013. 酵母硒, 无机硒对不同品种母猪繁殖性能, 仔猪组织中硒沉积影响的研究 [J]. 中国畜牧兽医, 40 (12): 161-164.

王玶犨, 赵薇娜, 喻兵权, 等, 2013. 甘氨酸锌在断奶仔猪生产中的应用 [J]. 猪业科学 (4): 76.

王志伟, 曾凡玲, 2013. 微量元素铬在猪营养中的作用 [J]. 畜禽业 (5): 45-46.

魏凤仙, 白献晓, 李绍钰, 等, 2007. 低磷加植酸酶日粮不同钙磷比对生长猪生产性能和血清学指标的影响 [J]. 华北农学报, 22 (5): 47-50.

魏茂莲, 杨维仁, 张桂国, 等, 2015. 锰添加水平对断奶仔猪血清生化指标, 跖骨锰、铁含量和锰、铁表观消化率的影响 [J]. 动物营养学报, 27 (2): 551-558.

温刘发, 王强, 张良慧, 等, 2009. 耐热植酸酶在低钙磷饲粮中添加对仔猪和生长猪的饲用效果研究 [J]. 中国饲料 (1): 36-38, 42.

吴东, 钱坤, 陈丽园, 等, 2013. 不同磷水平饲粮添加植酸酶对猪生长性能及磷和钙代谢影响的研究 [J]. 养猪 (6): 9-11.

吴文婕, 边连全, 王昕陟, 2008. 不同能量水平下三种有机铬对生长肥育猪生长性能及胴体品质的影响 [J]. 饲料工业, 29 (23): 30-32.

吴新民, 冯杰, 许梓荣, 2005. 酪蛋白铜对仔猪生长及血清铜蓝蛋白和SOD活性的影响 [J]. 中国畜牧杂志, 41 (5): 285-288.

吴忠良, 韩慕俊, 王金义, 等, 2003. 母猪产仔前后补加不同铁制剂对仔猪生产性能的影响 [J]. 当代畜牧 (7): 38-39.

武书庚, 2008. 猪营养中的微量元素 [J]. 中国畜牧杂志, 44 (20): 46-51.

武英, 林松, 呼红梅, 等, 2004. 屠前停用矿物质元素对猪生长性能及肉质影响的研究 [C] //中国畜牧兽医学会学术年会暨第五届全国畜牧兽医青年科技工作者学术研讨会论文集 (上册), 中国畜牧兽医学会.

奚刚, 许梓荣, 钱利纯, 2000. 日粮中碘水平对妊娠母猪繁殖性能的影响 [J]. 浙江大学学报 (农业与生命科学版), 26 (2): 50-53.

夏枚生，2000. 不同化学形式铜对仔猪生长的影响及其作用机理探讨 [J]. 浙江农业学报，12 (5)：16-20.

夏枚生，胡彩虹，王旭晖，等，2006. 纳米硒对仔猪生长和抗氧化的影响 [J]. 中国畜牧杂志，42 (3)：28-30.

谢正军，朱叶萌，杜美丹，等，2010. 壳聚糖锌对断奶仔猪生长性能、血清激素和生化指标的影响 [J]. 动物营养学报，22 (5)：1355-1360.

邢芳芳，燕富永，孔祥峰，等，2008. 甘氨酸铜、蛋氨酸铜替代硫酸铜对仔猪血清生化指标的影响 [J]. 江苏农业学报，24 (3)：378-380.

熊莉，胡彩虹，夏枚生，等，2004. 不同硒添加剂对仔猪生长肝脱碘酶Ⅰ活性和血清甲状腺激素水平的影响 [J]. 中国兽医科技，34 (10)：29-33.

徐大节，赵凤荣，马爱平，等，2010. 吡啶羧酸铬和天冬氨酸镁对猪肉品质的影响 [J]. 中国畜牧兽医，37 (6)：217-220.

徐宏波，程茂基，吕林，等，2009. 饲粮添加有机锌对断奶仔猪饲喂效果的研究 [J]. 黑龙江畜牧兽医 (5)：31-33.

徐世文，林洪金，石发庆，等，1998. 铜缺乏与家畜疾病 [J]. 黑龙江畜牧兽医 (4)：40-41.

徐稳，2009. 蛋白质螯合铜、铁、锰对母猪繁殖性能与仔猪生长性能影响的研究 [D]. 南京：南京农业大学.

徐稳，董其国，王改琴，等，2010a. 蛋白质螯合铜对母猪繁殖力、仔猪生长性能及血清微量元素水平的影响 [J]. 浙江农业学报，22 (4)：469-473.

徐稳，董其国，王改琴，等，2010b. 螯合有机锰对母猪繁殖力、仔猪生长性能及血清微量元素水平的影响 [J]. 江苏农业科学 (5)：283-285.

许云贺，苏玉虹，张莉力，等，2011. 能量水平与铬营养对猪肉质脂肪性状的影响 [J]. 中国兽医杂志，47 (1)：27-29.

许祯莹，陈代文，余冰，2009. 断奶仔猪缺铁模型的建立及酵母铁对断奶仔猪生长及血液生化指标的影响 [J]. 动物营养学报，21 (6)：897-902.

许振英，1990. 猪对常量无机元素的需要 [J]. 养猪 (4)：41-46.

许梓荣，王敏奇，2000. 氧化锌和蛋白锌对仔猪生长性能和饲料养分消化的影响 [J]. 动物营养学报，12 (4)：46.

许梓荣，王敏奇，2001. 高剂量锌促进猪生长的机理探讨 [J]. 畜牧兽医学报，32 (1)：11-17.

许梓荣，周勃，王敏奇，等，2000. 长期饲喂高铜饲粮对猪生长的影响及其机理探讨 [J]. 浙江农业学报，12 (2)：4-9.

闫俊浩，黄海滨，禚梅，等，2008. 植酸酶和磷酸氢钙对生长猪生长性能和养分消化率的影响[J]. 养猪 (4)：1-4.

闫俊浩，黄海滨，禚梅，等，2009. 植酸酶和磷酸氢钙对育肥猪生长性能和养分消化率的影响[J]. 畜牧与兽医，41 (4)：33-36.

闫祥洲，张兆红，2005. 有机铬对断奶仔猪生长性能和免疫功能的影响 [J]. 河南农业科学，34 (7)：90-94.

杨怀兵，李辉，黄建国，等，2013. 高锌在断奶仔猪日粮中的应用效果研究概述 [J]. 中国畜牧兽医，40 (12)：220-223.

杨玫，周安国，王之盛，2010. 不同蛋白和锌水平对早期断奶仔猪结肠蛋白质腐败产物和腹泻的影响 [J]. 中国兽医学报，30 (2)：258-261.

杨明爽，曾文权，翁士源，等，2002. 不同补铁方法对仔猪生长发育的影响试验 [J]. 畜牧与兽医，

34（7）：18-19.

杨文艳，杨连玉，高云航，等，2011. 高铜日粮对生长猪中脑和下丘脑中儿茶酚胺类含量的影响［J］. 中国兽医科学（12）：1271-1275.

杨文艳，杨文杰，高云航，等，2012. 高铜日粮对生长猪胃底腺 Ghrelin 分泌的影响［J］. 畜牧与兽医，44（2）：18-21.

尹兆正，钱利纯，李肖梁，等，2005. 蛋氨酸硒对生长猪生长性能、胴体特性和肉质的影响［J］. 中国畜牧杂志，41（9）：35-37.

于昱，吕林，张亿一，等，2007. 影响动物肠道锌吸收因素的研究进展［J］. 动物营养学报，19（1）：459-464.

余斌，代建国，张福权，等，2008. 电解质平衡在养猪生产中的应用及其对肉质的影响［J］. 安徽农业科学，36（1）：21，205-206.

余斌，傅伟龙，2002. 赖氨酸铜对仔猪生产性能及十二指肠、胰脏脂肪酶活性的影响［J］. 华南农业大学学报，23（3）：63-66.

余斌，傅伟龙，刘平祥，2007. 赖氨酸铜对仔猪血清 IGF-Ⅰ、肝细胞膜 GHR 水平及肝脏、肌肉基因表达的影响［J］. 华南农业大学学报，28（4）：77-81.

余斌，傅伟龙，汪嘉燮，2002. 赖氨酸铜对仔猪养分利用率的影响［J］. 养猪（3）：3-4.

余冰，陈代文，张克英，2005. 不同锌源对仔猪生产性能和免疫机能的影响［C］. 第一届中国养猪生产和疾病控制技术大会——2005 中国畜牧兽医学会学术年会.

余德谦，林映才，周桂莲，等，2004. 赖氨酸铜水平对生长猪生产性能和血液指标的影响［J］. 中国饲料（4）：15-17.

袁施彬，2003. 生长育肥猪日粮铜添加水平与生产性能和组织铜残留量动态关系的研究［D］. 雅安：四川农业大学.

袁施彬，陈代文，苏振刚，等，2005a. 生长肥育猪日粮铜添加水平与生产性能动态关系的研究［J］. 四川农业大学学报（1）：85-89.

袁施彬，陈代文，苏振刚，等，2005b. 生长肥育猪日粮铜添加水平与组织铜残留量动态关系初探［J］. 动物营养学报，17（4）：21-25，35.

袁施彬，余冰，陈代文，2008. 硒添加水平对氧化应激仔猪生产性能和免疫功能影响的研究［J］. 畜牧兽医学报，39（5）：677-681.

岳双明，周安国，王之盛，等，2009. 日粮锌与蛋白质互作对断奶仔猪生产性能以及部分血液生化指标的影响［J］. 动物营养学报，21（3）：279-287.

曾丽莉，陈婉如，罗绪刚，等，2003. 氨基酸铁络合物对新生和哺乳仔猪铁营养状况的影响［J］. 畜牧兽医学报，34（1）：1-8.

占秀安，李星，赵茹茜，等，2009. 日粮添加硒代蛋氨酸对母猪生产性能、血清及乳中硒含量和抗氧化指标的影响［J］. 动物营养学报，21（6）：910-915.

占秀安，许梓荣，2004. 不同硒源对育肥猪鲜肉肉色和滴水损失的影响［J］. 畜牧兽医学报，35（5）：505-509.

占秀安，许梓荣，奚刚，2004. 高剂量铜对仔猪生长及消化和胴体组成的影响［J］. 浙江大学学报（农业与生命科学版），30（1）：96-99.

张彩英，曹华斌，胡国良，等，2010. 日粮锌源和添加水平对断奶仔猪组织锌及粪便排泄锌含量的影响［J］. 饲料工业（22）：1-4.

张纯，邝声耀，唐凌，2010. 不同比例有机锌与无机锌对断奶仔猪生长性能的影响［J］. 中国畜牧兽医，37（1）：22-24.

张红梅, 夏枚生, 胡彩虹, 2007. 纳米硒对断奶仔猪肝脏谷胱甘肽过氧化物酶和脱碘酶Ⅰ活性的影响 [J]. 生物医学工程学杂志, 24 (1): 153-156.

张洁, 梁兴龙, 杨晋青, 等, 2015. 有机酵母硒对断奶仔猪生产性能的影响 [J]. 山西农业科学, 43 (7): 885-887.

张克英, 陈代文, 陈文, 等, 2003. 仔猪饲粮添加植酸酶对养分利用率的影响 [J]. 四川畜牧兽医, 30 (sl): 39-42.

张克英, 陈代文, 余冰, 等, 2001. 饲粮中添加植酸酶对断奶仔猪生长性能及蛋白质、氨基酸和磷利用率的影响 [J]. 动物营养学报, 13 (3): 19-24.

张玲清, 田宗祥, 2011. 碘在猪饲粮中的应用 [J]. 畜牧兽医杂志, 30 (3): 47-48, 52.

张敏红, 张卫红, 杜荣, 等, 2000. 补铬对高温环境下猪的铬代谢、生理生化反应和生产性能的影响 [J]. 畜牧兽医学报, 30 (1): 2-9.

张巧娥, 杨库, 崔慰贤, 等, 2003. 不同硒水平对生长育肥猪生产性能的影响 [J]. 黑龙江畜牧兽医 (8): 6-9.

张苏江, 白万胜, 张光圣, 等, 2002. 日粮铜水平对猪生长性能影响的研究 [J]. 塔里木农垦大学学报, 14 (3): 5-9.

张显东, 单安山, 2004. 不同锌源生物学效价的研究进展 [J]. 饲料博览 (10): 30-32.

张亚丽, 2010. 壳聚糖铜的制备及其对断奶仔猪生产性能的影响 [D]. 延吉: 延边大学.

张永刚, 李铁军, 黄瑞林, 等, 2006. 生长猪真可消化磷需要量的研究 [J]. 中国科学院研究生院学报, 23 (4): 500-508.

张永刚, 李铁军, 吴信, 等, 2007. 日粮真可消化磷水平对生长猪生产性能和血清激素水平的影响 [J]. 广西农业生物科学, 26 (2): 144-149.

张振斌, 蒋宗勇, 林映才, 等, 2001. 我国猪矿物元素营养研究进展 (综述) [J]. 养猪 (2): 2-7.

张忠, 杨昭远, 李显, 等, 2015. 不同锌源对母猪繁殖能力、体况及断奶发情间隔的影响 [J]. 贵州畜牧兽医, 39 (3): 9-11.

张政军, 吕林, 罗绪刚, 等, 2008. 碱式氯化铜对平养肉鸡生长性能、饲粮中维生素E和植酸酶稳定性的影响 [J]. 动物营养学报, 30 (5): 470-474.

钊守梅, 李云涛, 谢正军, 等, 2013. 壳聚糖锌对断奶仔猪养分表观消化率和消化酶活性的影响 [J]. 中国畜牧杂志, 49 (9): 46-49.

赵洪进, 郭定宗, 2005. 硒和维生素E在热应激猪自由基代谢中的作用 [J]. 中国兽医学报, 25 (1): 78-80.

赵金香, 孙会, 2009. 酵母锌对断奶仔猪免疫功能及酶活性的影响 [J]. 饲料研究 (5): 38-41.

郑家靖, 2006. 饲用酵母、硒酵母对母猪繁殖性能及仔猪生产性能的影响 [D]. 雅安: 四川农业大学.

郑黎, 蒋宗勇, 余德谦, 等, 2001. 高温环境中饲粮电解质平衡值对生长猪生产性能及血液指标的影响 [J]. 动物营养学报, 13 (2): 10-14, 42.

钟国清, 2000. 微量元素铬对猪的营养研究进展 [J]. 畜牧兽医杂志, 19 (1): 16-20.

仲崇华, 王康宁, 姚鹃, 等, 2008. 不同硒源对断奶仔猪生产性能、免疫指标及硒利用率的影响 [J]. 饲料工业 (5): 20-24.

周惠萍, 郭定宗, 杨世锦, 等, 2005. 硒中毒对猪红细胞免疫功能的影响 [J]. 中国畜牧兽医, 32 (6): 8-10.

周立平, 熊莎, 2011. 饲料中添加不同剂量碱式氯化铜对生长育肥猪饲料养分消化率的影响 [J]. 湖南饲料 (3): 40-42.

周明，李湘琼，1996. 日粮铜水平对铁、锌生物效价影响的研究 [J]. 安徽农业大学学报，23 (2)：137-140.

周明，叶良宏，李晓东，等，2012. 酵母硒配合维生素 E 在生长育肥猪中应用效果的研究 [J]. 养猪 (1)：53-56.

周献平，葛莉莉，2005. 不同硒源与维生素 E 组合对猪生产性能和胴体品质的影响 [J]. 养猪 (4)：44-45.

周作红，刘小兰，温小杨，2012. 不同形式的高铜对不同生长阶段猪生产性能的影响 [J]. 江西农业大学学报，34 (3)：537-540.

朱凤华，王吉才，朱连勤，等，2009. 壳聚糖铁对仔猪生长性能及免疫功能的影响 [J]. 畜牧与兽医，41 (8)：29-32.

朱叶萌，谢正军，李云涛，等，2011. 壳聚糖铜对断奶仔猪生产性能、肠道菌群及黏膜形态的影响 [J]. 中国农业科学，44 (2)：387-394.

朱叶萌，谢正军，张亚丽，等，2011. 壳聚糖亚铁对仔猪生长性能和血清相关生化指标的影响 [J]. 中国畜牧杂志，47 (9)：35-39.

祝丹，2009. 铜对断奶仔猪采食量的影响及其机理研究 [D]. 雅安：四川农业大学.

邹晓庭，钱利纯，2002. 日粮中锌水平对妊娠母猪繁殖性能的影响 [J]. 中国兽医学报，22 (4)：378-380.

邹永平，张海霞，王成，2001. 高锌、抗生素对断奶后仔猪促生长防腹泻效果比较 [J]. 当代畜牧 (1)：31.

Cao J, Guo F, Zhang L, et al, 2014. Effects of dietary selenomethionine supplementation on growth performance, antioxidant status, plasma selenium concentration, and immune function in weaning pigs [J]. Journal of Animal Science and Biotechnology, 6 (1)：97-103.

Chen Q, Le G, Shi Y, et al, 2007. Effect of iron supplementation on intestinal structure, function and antioxidation enzyme activity of the piglets in experimental colitis [J]. Journal of Agricultural University of Hebei, 2：93-96.

Fan M Z, Li T J, Yin Y L, et al, 2005. Effect of phytase supplementation with two levels of phosphorus diets on ileal and faecal digestibilities of nutrients and phosphorus, calcium, nitrogen and energy balances in growing pigs [J]. Animal Science, 81 (1)：67-75.

Feng J, Ma W Q, Xu Z R, et al, 2007. Effects of iron glycine chelate on growth, haematological and immunological characteristics in weanling pigs [J]. Animal feed Science and Technology, 134 (3)：261-272.

Feng J, Ma W Q, Xu Z R, et al, 2009. The effect of iron glycine chelate on tissue mineral levels, fecal mineral concentration, and liver antioxidant enzyme activity in weanling pigs [J]. Animal feed Science and Technology, 150 (1)：106-113.

Hou W X, Cheng S Y, Liu S T, et al, 2014. Dietary supplementation of Magnesium sulfate during late gestation and lactation affects the milk composition and immunoglobulin levels in sows [J]. Asian-Australasian Journal of Animal Sciences, 27 (10)：1469-1477.

Hu H, Wang M, Zhan X A, et al, 2011. Effect of different selenium sources on productive performance, serum and milk Se concentrations, and antioxidant status of sows [J]. Biological Trace Element Research, 142 (3)：471-480.

Li J, Yan L, Zheng X, et al, 2008. Effect of high dietary copper on weight gain and neuropeptide Y level in the hypothalamus of pigs [J]. Journal of Trace Elements in Medicine and Biology, 22 (1)：33-38.

Li Y S, Zhu N H, Niu P P, et al, 2013. Effects of dietary chromium methionine on growth performance, carcass composition, meat colour and expression of the colour-related gene myoglobin of growing-finishing pigs [J]. Asian-Australasian Journal of Animal Sciences, 26 (7): 1021-1029.

NRC, 1998. Nutritional requirements of pigs [S]. 10th ed. Washington, DC: National Academic Press.

NRC, 2012. Nutrient requirements of swine [S]. Washington, DC: National Academic Press.

Tan G Y, Zheng S S, Zhang M H, et al, 2008. Study of oxidative damage in growing-finishing pigs with continuous excess dietary chromium picolinate intake [J]. Biological Trace Element Research, 126 (1/2/3): 129-140.

Tang R, Yu B, Zhang K, et al, 2009. Effects of supplemental magnesium aspartate and short-duration transportation on postmortem meat quality and gene expression of mu-calpain and calpastatin of finishing pigs [J]. Livestock Science, 121 (1): 50-55.

Tian Y Y, Gong, L M, Xue J X, et al, 2015. Effects of graded levels of chromium methionine on performance, carcass traits, meat quality, fatty acid profiles of fat, tissue chromium concentrations, and antioxidant status in growing-finishing pigs [J]. Biological Trace Element Research, 168 (1): 110-121.

Tian Y Y, Zhang L Y, Dong B, et al, 2014. Effects of chromium methionine supplementation on growth performance, serum metabolites, endocrine parameters, antioxidant status, and immune traits in growing pigs [J]. Biological Trace Element Research, 162 (1/2/3): 134-141.

Wang J, Li D, Che L, et al, 2014. Influence of organic iron complex on sow reproductive performance and iron status of nursing pigs [J]. Livestock Science, 160: 89-96.

Wang L, Shi Z, Jia Z, et al, 2013. The effects of dietary supplementation with chromium picolinate throughout gestation on productive performance, Cr concentration, serum parameters, and colostrum composition in sows [J]. Biological Trace Element Research, 154 (1): 55-61.

Wang M Q, Li H, He Y D, et al, 2012. Efficacy of dietary chromium (III) supplementation on tissue chromium deposition in finishing pigs [J]. Biological Trace Element Research, 148 (3): 316-321.

Wang M Q, Xu Z R, 2004. Effect of chromium nanoparticle on growth performance, carcass characteristics, pork quality and tissue chromium in finishing pigs [J]. Asian Australasian Journal of Animal Sciences, 17 (8): 1118-1122.

Yang W, Wang J, Zhu X, et al, 2012. High lever dietary copper promote ghrelin gene expression in the fundic gland of growing pigs [J]. Biological Trace Element Research, 150 (1/2/3): 154-157.

Yin J, Li X, Li D, et al, 2009. Dietary supplementation with zinc oxide stimulates ghrelin secretion from the stomach of young pigs [J]. The Journal of Nutritional Biochemistry, 20 (10): 783-790.

Yin Y, Huang C, Wu X, et al, 2008. Nutrient digestibility response to graded dietary levels of Sodium chloride in weanling pigs [J]. Journal of the Science of Food and Agriculture, 88 (6): 940-944.

Yu I, Ju C, Lin J, et al, 2004. Effects of probiotics and selenium combination on the immune and blood cholesterol concentration of pigs [J]. Journal of Animal and Feed Sciences, 13 (4): 625-634.

Zang J, Chen J, Tian J, et al, 2014. Effects of magnesium on the performance of sows and their piglets [J]. Journal of Animal Science and Biotechnology, 5 (1): 39.

Zhan X, Qie Y, Wang M, et al, 2011. Selenomethionine: an effective selenium source for sow to improve Se distribution, antioxidant status, and growth performance of pig offspring [J]. Biological Trace Element Research, 142 (3): 481-491.

Zhang B, Guo Y, 2007. Beneficial effects of tetrabasic zinc chloride for weanling piglets and the bioavailability of zinc in tetrabasic form relative to ZnO [J]. Animal Feed Science and Technology, 135 (1): 75-85.

Zhang H, Dong B, Zhang M H, et al, 2011. Effect of chromium picolinate supplementation on growth performance and meat characteristics of swine [J]. Biological Trace Element Research, 141 (1/2/3): 159-169.

Zhu D, Yu B, Ju C, et al, 2011. Effect of high dietary copper on the expression of hypothalamic appetite regulators in weanling pigs [J]. Journal of Animal and Feed Sciences, 20: 60-70.

Zhuo Z, Fang S, Yue M, et al, 2013. Iron glycine chelate on meat color, iron status and myoglobin gene regulation of *M. longissimus* dorsi in weaning pigs [J]. International Journal of Agriculture & Biology, 15 (5): 983-987.

第六章 维　生　素

维生素是一类动物代谢所必需的低分子有机化合物，需要量少，但对维持猪的健康、正常生长和繁殖具有重要作用。其以辅酶和辅基的形式广泛参与体内多种代谢，从而保证机体组织细胞结构与功能的正常。维生素除了营养作用以外，还与机体的免疫力、抗应激能力和猪肉产品质量密切相关。维生素缺乏将导致机体代谢紊乱，产生一系列缺乏症，进而影响动物健康和生产性能，严重时甚至可导致动物死亡。本章主要讨论了脂溶性和水溶性维生素的营养生理功能、猪的需要量和影响因素。

第一节　脂溶性维生素

一、维生素 A

（一）维生素 A 的功能

维生素 A 是含有 β-白芷酮环的不饱和一元醇，有视黄醇、视黄醛和视黄酸等衍生物，其中以反式视黄醇效价最高。维生素 A 存在于动物组织和产品中，植物中不含维生素 A，只含有维生素 A 的前体物，后者需经肠道或肝脏的作用才能形成视黄醇（NRC，2012）。

目前普遍认为，维生素 A 具有维持动物正常视力、上皮结构的完整等生物学功能，并在基因转录、繁殖、胚胎生长、骨代谢、造血以及免疫等方面发挥着重要作用（Combs，1999）。陈金永（2010）发现，高水平维生素 A 可以促进仔猪口腔黏膜、呼吸道黏膜和小肠黏膜等组织中猪 β-防御素基因的表达，且 MEK-ERK 通路是维生素 A 诱导 β-防御素-1 和 β-防御素-3 基因表达的信号转导通路之一，NF-κB 通路是维生素 A 诱导 β-防御素-2 基因表达的信号通路之一。

（二）维生素 A 的需要量及影响因素

评定指标不同，得出的维生素需要量差别很大。早期研究报道，在猪出生后的前 8 周，因评判指标不同，每千克饲粮需要添加 75～605 μg 的视黄醇乙酸酯。林映才等（2003）报道，每千克饲粮添加 2 200 IU 的维生素 A 可满足 4～9 kg 早期断奶仔猪的生长需要。相对于体增重，以脑脊髓液压、肝脏贮存和血浆中维生素 A 水平作为维生素

A 需要的评判指标更为敏感。以日增重为指标，生长育肥猪每千克饲粮中维生素 A 需要量为 35~130 μg，以肝脏贮存和脑脊髓液压为评判指标时，维生素 A 需要量则为 344~930 μg。林映才等（2002）研究发现，以育肥猪肝脏中维生素 A 含量为指标，每千克基础饲粮中添加 10 000 IU 的维生素 A 可满足生长猪的需要，而根据生产性能等其他指标，添加 1 300 IU 即可。当仔猪遭受大剂量蓝耳病弱毒苗应激时，满足适宜生长性能的维生素 A 需要量显著增加（陈金永，2010）。

在母猪上的研究表明，采食不添加维生素 A 饲粮的成熟母猪能正常完成 3 个胎次的妊娠，在第 4 次妊娠时才会出现缺乏症。给青年母猪喂含足够维生素 A 的饲粮直到 9 月龄，随后饲喂不含维生素 A 的饲粮，母猪能完成两轮繁殖而不出现维生素 A 缺乏症。早期研究认为，妊娠和泌乳期间，每日摄入 2 100 IU 的维生素 A 足以维持母猪血清和肝脏维生素 A 的正常水平。Lindemann 等（2008）对不同遗传背景的母猪进行的研究表明，在断奶和配种时给第 1 胎次和第 2 胎次的青年母猪肌内注射 250 000 IU 或 500 000 IU 的维生素 A，其窝产仔数和断奶仔猪数直线增加，对 3~6 胎次的母猪来说，采用此方法则无益。

维生素 A 缺乏，会导致猪体增重下降、运动失调、后躯麻痹、失明、脑脊髓液压升高、血浆维生素 A 水平下降和肝脏维生素 A 贮存量减少等多种症状。朱浩妮（2010）研究发现，饲粮维生素 A 缺乏导致仔猪空肠黏膜等组织 Toll 样受体 2、3、7 和 9 基因表达上调，诱导肠道炎症反应。由于维生素 A 具有生理蓄积性，过量摄入维生素 A 会导致猪被毛粗糙、鳞状皮肤、应激性过度、对触摸敏感、蹄周围裂纹处出血、血尿、血粪、腿失控并伴随不能站立以及周期性震颤等中毒症状。给小猪每千克饲粮添加 605 000 μg、484 000 μg、363 000 μg 或 242 000 μg 的视黄醇棕榈酸酯，结果发现，在饲喂后的第 16、17.5、32 和 43 天分别出现维生素 A 中毒症状，但给猪连续 8 周饲喂每千克添加 121 000 μg 视黄醇棕榈酸酯的饲粮未表现中毒症状。NRC（1987）确定的生长猪与种猪每千克饲粮维生素 A 的安全上限分别为 20 000 IU 和 40 000 IU。

不同形式的维生素 A 稳定性不同，如维生素 A 棕榈酸酯比维生素 A 醇稳定。预混料和饲料原料中的水分对维生素 A 的稳定性有不良反应（Baker，1995）。水会引起维生素 A 微粒胶囊软化，并使氧气易于渗透到胶囊中。因此，高湿度和游离氯化胆碱（吸湿性强）的存在都会加速维生素 A 的破坏。暴露于潮湿空气中，预混料中的微量元素也会加剧维生素 A 的损失。为最大限度保持维生素 A 的活性，预混料应尽可能防潮，且 pH 应高于 5。

二、维生素 D

（一）维生素 D 的功能

维生素 D 有麦角钙化醇（维生素 D_2）和胆钙化醇（维生素 D_3）两种活性形式。经紫外光作用，来自植物的麦角固醇和来自动物的 7-脱氢胆固醇分别转化为维生素 D_2 和维生素 D_3。在肝细胞微粒体和线粒体中，维生素 D_3 经 25-羟化酶作用，生成 25-OH-D_3，后者在肾小管细胞的线粒体中经 1-α-羟化酶的作用，进一步转变为维生素的真正活性形式 1, 25-$(OH)_2$-D_3。Jones（2012）研究发现，肾外组织如小肠等也可分泌 1-α-

羟化酶。1,25-(OH)$_2$-D$_3$ 是维生素 D 发挥生理功能的主要形式，主要通过与维生素 D 受体结合来实现。

维生素 D 的基本功能是调节钙、磷代谢，维持机体钙、磷稳态，促进牙齿和骨骼的生长与钙化。维生素 D 及其代谢产物作用于小肠黏膜细胞，促进钙结合蛋白的形成，维生素 D 的代谢产物在保障钙、镁和磷的吸收中具有重要作用。在维生素 D 代谢物、甲状旁腺素和降钙素的共同作用下才能维持体内钙和磷的平衡，保持骨骼的正常生长发育，防止钙缺乏症。维生素 D 也与动物繁殖性能、肠黏膜细胞的分化、机体的免疫功能以及抑制体内病毒感染有关。廖波（2011）报道，饲粮添加 25-OH-D$_3$ 可促进断奶仔猪肠道黏膜 T 淋巴细胞分化，提高辅助性 T 细胞介导的免疫反应，抑制细胞毒性 T 细胞参与的免疫应答和 Th1 型辅助细胞参与的促炎症反应，促进 Th2 型辅助细胞参与的抗炎症反应，提高断奶仔猪抵抗肠道疾病的能力。维生素 D 还可以通过 RIG-I 信号途径调节内质网应激及诱导自噬溶酶体降解来缓减仔猪轮状病毒感染（赵叶，2013；梁小芳，2014）。

（二）维生素 D 的需要量及影响因素

研究发现，饲喂酪蛋白-葡萄糖饲粮的仔猪每千克饲粮需要 100 IU 的维生素 D$_2$，若饲喂分离大豆蛋白质的话，需要量则会增加。在 LPS 免疫应激条件下，每千克饲粮添加 880～2 200 IU 的 25-OH-D$_3$ 和 2 200 IU 的维生素 D$_3$ 可不同程度改善应激仔猪的日增重、采食量和饲料转化率（廖波，2011）。前人研究建议，生长猪每千克饲粮维生素 D 的最低需要量为 200 IU。

Lauridsen 等（2010）分别给母猪每千克饲粮中添加 200 IU、800 IU、1 400 IU 和 2 000 IU 的维生素 D$_3$ 和 25-OH-D$_3$，结果显示，饲喂不同浓度的维生素 D 对母猪的繁殖性能几乎无影响，但与低剂量组（200 IU 和 800 IU）相比，补饲高剂量维生素 D 组（1 400 和 2 000 IU 组）的母猪产死胎的数量明显降低。给初产母猪在妊娠前 28 d 饲喂不同水平的维生素 D$_3$ 或 25-OH-D$_3$ 发现，饲喂维生素 D$_3$ 组的最终骨骼强度和灰分含量均高于饲喂同一水平的 25-OH-D$_3$ 组，且这种差异在添加量为 800 IU 时最为明显，作者推荐繁殖母猪每千克饲粮的维生素 D 需要量为 1 400 IU（Lauridsen 等，2010）。

维生素 D 缺乏会引起钙和磷的吸收和代谢紊乱，导致骨骼钙化不全。幼龄仔猪维生素 D 缺乏会导致佝偻病，而成年猪则引起骨骼矿物质含量减少（骨软化）。严重缺乏维生素 D 时，表现钙和镁缺乏症状，包括痉挛。给猪饲喂维生素 D 缺乏饲粮，需要 4～6 个月才表现出缺乏症。但是，连续 4 周给断奶仔猪每日饲喂 6 250 μg 的维生素 D$_3$，会导致仔猪维生素 D 中毒，主要表现为采食量下降、生长速度减慢，以及肝脏、桡骨和尺骨的重量降低，导致动脉、心脏、肾脏和肺钙化。给 20～25 kg 猪每日饲喂 11 825 μg 的维生素 D$_3$，4 d 后猪死亡。对包括猪在内的许多种动物来说，维生素 D$_3$ 的毒性高于维生素 D$_2$（NRC，1987）。现在认为，长期饲喂超过 60 d，生长猪每千克饲粮的维生素 D$_3$ 最大安全水平是 2 200 IU；短期条件下（少于 60 d），则最高可耐受 33 000 IU（NRC，1987）。

维生素 D 产品有维生素 D$_2$ 和维生素 D$_3$ 的干燥粉剂、维生素 D$_3$ 微粒等。HyD® 是一种新型维生素 D 产品，学名 25-羟基维生素 D$_3$。因其多了一个亲水性的羟基，所以吸收机制与脂溶性维生素 D_3 不同，不受脂肪、胆汁、肠道炎症或损伤、原料中高铜高铁等氧化性因素的影响，一旦被吸收能以既有的活性形式被动物利用。

三、维生素 E

（一）维生素 E 的功能

维生素 E 又称生育酚，是一组化学结构近似的酚类化合物。自然界中存在 α、β、γ 和 δ 生育酚，以及 α、β、γ 和 δ 生育三烯酚 8 种维生素 E 形式。

研究表明，饲粮添加高水平维生素 E 可提高免疫反应（Wuryastuti 等，1993）。Mavromatis 等（1999）发现，母猪饲粮额外添加维生素 E，使母猪在分娩时的血清 IgG 浓度以及出生后 24 h 和 28 日龄的仔猪血清 IgG 水平提高，且同时添加维生素 E 和注射硒的母猪血清 IgG 的浓度增加更多。另外，维生素 E 还具有生物抗氧化、解毒、维持细胞膜的稳定、参与细胞内呼吸作用、参与多不饱和脂肪酸的代谢和调节 DNA 合成等多种生物活性作用（罗小林，2009）。在育肥猪饲粮特别是含大量不饱和脂肪酸或氧化油脂的饲粮中添加维生素 E，可以缓解氧化油脂对骨骼肌肌纤维结构的破坏，抑制机体及猪肉贮存氧化，改善猪肉贮存品质，延长货架期（刘雯雯，2008；何雅林，2012）。

（二）维生素 E 的需要量及影响因素

研究发现，每千克玉米-豆粕型饲粮含有 5 mg 的维生素 E 和 0.04 的硒不能满足生长育肥猪的需要，会出现缺乏症和死亡；在含 5～8 mg 维生素 E 和 0.04～0.06 mg 硒的每千克饲粮中添加 22 mg 的维生素 E，可降低猪只死亡。在硒足够的情况下，每千克饲粮添加 10～15 mg 的维生素 E 可以有效防止缺乏症和死亡，并维持正常的生产性能。

胎儿通过母猪胎盘获得的维生素 E 量很小，初生仔猪必须依赖初乳和常乳以满足其对维生素 E 的每日需要（Pinelli-Saavedra 和 Scaife，2005）。母猪初乳和常乳中维生素 E 的含量取决于母猪饲粮中维生素 E 的水平（Mahan，1991）。多数研究表明，每千克饲粮添加 5～7 mg 的维生素 E 和 0.1 mg 的无机硒可防止维生素 E 缺乏症，并可维持正常的繁殖性能。但是为了维持组织中维生素 E 水平，每千克饲粮需要添加 22 mg 的维生素 E 和 0.1 mg 的无机硒。另外，为了获得最大窝产仔数和免疫能力，妊娠和泌乳母猪每千克饲粮需要添加 44～60 mg 的维生素 E（Wuryastuti 等，1993；Mahan，1991，1994）。

饲料中维生素 E 的主要来源是绿色植物及种子中的生育酚。氧化作用可迅速破坏天然维生素 E，而热、湿、酸败脂肪和微量元素均可加速其氧化。因此，很难预测饲料中活性维生素 E 的数量。当维生素 E 缺乏时，会导致大量病理变化，包括骨骼肌和心肌变性、退化性血栓性血管受损、胃角化不全、胃溃疡、贫血、肝脏坏死、脂肪组织黄染和猝死等。另外，维生素 E 可能也与母猪乳腺炎、子宫炎、无乳综合征有关。维生素 E 是所有维生素中毒性最小的一种维生素，目前尚未证实其对猪的毒性作用。给生长猪每千克饲粮添加高达 550 mg 维生素 E，未出现毒性反应（Bonnette 等，1990）。

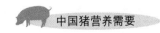

四、维生素 K

(一) 维生素 K 的功能

维生素 K 有 K_1、K_2 和 K_3 3 种活性形式。叶绿醌（维生素 K_1）存在于植物中，甲基萘醌（维生素 K_2）由微生物发酵形成，甲萘醌（维生素 K_3）是合成的。

维生素 K 为合成凝血酶原以及凝血因子所必需，而凝血酶原及凝血因子为正常凝血所必需，它们在肝脏中合成，以无生物学活性的前体形式存在。通过维生素 K 的作用，将这些前体转化为有生物学活性的化合物。维生素 K 缺乏使凝血酶原含量降低，凝血时间延长，并且可能会导致内出血和死亡（Hall 等，1991）。

(二) 维生素 K 的需要量及影响因素

给 1~2 日龄仔猪饲喂含有抑制肠道微生物合成维生素 K 的磺胺噻唑和土霉素两种药物的液态纯合饲粮，结果发现，仔猪对甲萘醌磷酸钠需要量为 5 μg/kg（按体重计）。每千克含 1.1 mg 二甲基嘧啶醇亚硫酸甲萘醌（MPB）的饲粮可消除抗凝新戊酰对断奶仔猪的影响。由于动物的食粪习性，粪便中由细菌合成的维生素 K 可通过动物食粪被吸收，这可减少或完全免除饲粮添加维生素 K 的必要性。

一些研究表明，饲粮中存在抗凝血香豆素可增加维生素 K 的需要量。过量的钙也可增加猪对维生素 K 的需要量（Hall 等，1991）。即使短期采食维生素 K 缺乏的饲粮，肝脏贮存的维生素 K 也将很快被耗竭。水分、氯化胆碱、微量元素和碱性条件会破坏预混合饲料和饲粮中添加的水溶性甲萘醌的稳定性。Coelho（1991）研究表明，含有胆碱的维生素微量元素预混料贮存 3 个月，亚硫酸氢钠甲萘醌复合物和 MPB 的生物活性降低 80%，而不含胆碱的相同预混料贮存同样的时间，则活性损失要少得多。

动物对大剂量的维生素 K_3 复合物有很好的耐受性。给猪饲喂每千克含有 110 mg MPB 的饲粮，未发现中毒症状。动物对 1 000 倍于营养需要量的甲萘醌有很好的耐受力（NRC，1987；Oduho 等，1993）。

第二节　水溶性维生素

一、生物素

(一) 生物素的功能

生物素是参与一碳单位转移和二氧化碳固定功能的几种酶，如乙酰辅酶 A 羧化酶、丙酮酸羧化酶、丙酰辅酶 A 羧化酶和 β-甲基丁烯酰辅酶 A 羧化酶的辅助因子，其以辅酶形式广泛参与糖类、脂肪和蛋白质代谢，如丙酮酸的脱羧、氨基酸的脱氨基、嘌呤和非必需氨基酸的合成等。当饲料中糖类摄入不足时，生物素可通过激活糖异生，进而在维持血糖稳定中发挥重要作用。血浆生物素浓度和血浆丙酮酸羧化酶活性可作为评价猪生物素营养状况的指标。此外，生物素还与机体免疫功能、溶菌酶活化和皮脂腺的功能有关。陈宏（2008）报道，生物素可以提高仔猪细胞免疫强度、免疫球蛋白及细胞因子水平，有利于修复圆环病毒损伤的淋巴组织。

（二）生物素的需要量及影响因素

生物素有多种异构体，但只有 D-生物素具有活性。大多数常用饲料原料生物素含量充足，但不同原料间生物素的生物学效价差异很大。饲料原料中生物素主要以蛋白质组成成分——ε-N-生物素酰-L-赖氨酸（生物细胞素）的形式存在，其相对于晶体 D-生物素的生物学效价差异很大，并取决于其所组成的蛋白质的消化率。猪所需要的生物素相当一部分来源于肠道微生物合成。

一般来说，给使用多种饲料原料的断奶仔猪或生长育肥猪饲粮中补充生物素，不能改善其生长性能。给 2～28 日龄仔猪饲喂过滤脱脂奶粉（每千克含 10 μg 的生物素，相当于猪乳中生物素含量的 15%）饲粮，其增重和饲料转化效率与饲喂每千克添加 50 μg 生物素的饲粮的同窝仔猪无差异。同样，21～28 日龄断奶仔猪或生长育肥猪每千克饲粮添加 110～880 μg 的生物素，其增重速度和饲料转化效率也未见改善。但是，Partridge 和 McDonald（1990）生长猪或 28 日龄断奶仔猪的小麦-大麦-豆粕型饲粮中添加生物素，发现猪的饲料转化效率得到改善。近年的研究表明，给感染猪圆环病毒的 28 日龄断奶仔猪饲喂每千克补充 0.2～0.5 mg 生物素的饲粮，可显著改善仔猪的免疫功能，进而改善感染仔猪的生产性能（陈宏，2008）。

在母猪上的研究表明，补充生物素可使母猪蹄部的硬度和致密度、承压强度、皮肤和被毛条件明显改善，蹄裂和脚垫损伤减少。Lewis 等（1991）报道，在妊娠和泌乳母猪每千克玉米-豆粕型饲粮中添加 0.33 mg 生物素可增加断奶仔猪头数，但母猪蹄部健康未见改善。但 Watkins 等（1991）对妊娠和泌乳母猪开展的大规模生物素评估试验发现，每千克饲粮中添加 0.44 mg 的生物素，母猪繁殖性能、仔猪发育和母猪蹄部健康等指标没有变化。另外，还有一些研究者应用各种谷物饲粮进行的研究也得出了不一致的结果。由于不同试验间的结果缺乏一致性，以及生物素添加范围大（每千克饲粮的添加量为 0.1～0.55 mg），因此难以给出母猪特定的生物素需要量。

猪生物素缺乏的症状包括过度脱毛、皮肤溃烂和皮炎、眼液渗出、口腔黏膜炎症、蹄横裂及脚垫裂缝和出血等。饲喂含磺胺类药物的纯合饲粮可导致猪出现生物素缺乏症，这可能是由于磺胺药减少了肠道生物素的合成。而在纯合饲粮中加入大量鸡蛋清粉会加重猪生物素缺乏症状，这主要源于生鸡蛋清中含有抗生物素蛋白，可与肠道中的生物素形成复合物，使生物素不能被猪利用。

二、胆碱

（一）胆碱的功能

在猪饲粮中，胆碱通常以氯化胆碱的形式添加，氯化胆碱中含有 74.6% 的胆碱活性（Emmert 等，1996）。胆碱为一些机体生化反应所必需，参与卵磷脂的合成，其在细胞膜的构成、脂肪酸转运和肝脏脂肪酸代谢过程中发挥着重要作用。胆碱作为神经递质乙酰胆碱的主要成分，对神经冲动的传递起着重要作用。作为体内重要的甲基供体，胆碱参与高半胱氨酸向蛋氨酸的转甲基作用，这一过程是通过胆碱的氧化产物——甜菜碱实现的，这表明胆碱与蛋氨酸、甜菜碱具有一定的协同作用。当胆碱严重缺乏时，磷脂和乙酰胆碱的合成优先于胆碱提供甲基的功能。也有研究表明，等摩尔甜菜碱与胆碱在满足供甲基功能上有相同的功效。

（二）胆碱的需要量及影响因素

大多数常用饲料原料的胆碱含量充足，且猪可通过三步反应将磷脂酰乙醇胺甲基化合成胆碱，该过程涉及 S-腺苷甲硫氨酸转甲基。因此，含有过量蛋氨酸的猪饲粮无须再添加胆碱。猪体内合成胆碱的量和速度与饲料中含硫氨基酸、甜菜碱、叶酸、维生素B_{12}和脂肪水平有关。

天然饲料如绿色植物、酵母、谷实幼芽、豆科植物籽实、油料作物籽实以及饼粕都是丰富的胆碱来源，然而其胆碱含量随原料产地、气候（年份）、品种、施肥情况以及加工方法等不同而变异很大。设计配方时要根据原料的来源情况具体考虑，而不能随便以某一文献数据为依据进行计算。与此同时，天然饲料原料中的胆碱大多与其他有机分子稳固结合，在胃肠道中只能部分被吸收，余下部分被大肠微生物分解成没有任何营养价值的三甲胺。因此，不同原料所含胆碱的可利用性存在一定的差异。豆粕中胆碱的生物利用率大约相当于氯化胆碱中胆碱的 65%～83%（Emmert 和 Baker，1997）。化学分析和用雏鸡进行的生物学利用率评定结果表明，每千克去皮豆粕中含有 2 218 mg 总胆碱和 1 855 mg 可利用胆碱，花生粕中胆碱的生物学利用率（71%）低于豆粕（83%），而双低菜籽粕中胆碱的生物学利用率仅为 24%（Emmert 和 Baker，1997）。在饲料原料和未加工的油脂中，部分胆碱以磷脂结合型胆碱形式存在，其具有很好的利用率（Emmert 等，1996），但油脂精炼过程中的脱胶处理基本会造成磷脂结合型胆碱的完全流失。

在妊娠母猪的每千克谷物-豆粕型饲粮中添加 434～880 mg 的胆碱，可增加窝产活仔数和断奶仔猪数。在一个长期的繁殖试验中，在玉米-豆粕型饲粮中添加胆碱能提高母猪受胎率。有研究发现，妊娠青年母猪饲粮中添加胆碱后，仔猪初生重提高，但仔猪后肢外张的发病率未降低。给含 8%～10% 脂肪或油的泌乳母猪饲粮中添加胆碱，泌乳性能未见改善。

猪胆碱缺乏的症状包括增重缓慢、被毛粗糙、红细胞计数减少、红细胞比容和血红蛋白浓度降低、血浆碱性磷酸酶活性增加、四肢外张、步履蹒跚不稳等，并伴有肝脏和肾脏脂肪浸润，严重缺乏时，肾小球因脂肪的大量浸润而堵塞。

据报道，在由 30% 不含维生素的酪蛋白、37% 葡萄糖、26.6% 猪油、2% 磺胺苯二甲硫组成的含 0.8% 蛋氨酸的新生仔猪饲粮中添加 260 mg/kg 胆碱，可预防胆碱缺乏症。给 2 日龄仔猪每千克固态饲料中添加 1 000 mg 的胆碱，增重和饲料转化效率最佳，并能有效预防肝脏和肾脏的脂肪浸润。在每千克含 1 000 mg 胆碱的饲粮中添加 0.8% 的 DL-蛋氨酸，未能改善同等条件试验猪的生产性能。给 5 kg 体重仔猪饲喂含 0、0.11% 和 0.22% DL-蛋氨酸的低蛋白质（CP 12%）饲粮发现，每千克饲粮添加 1 646 mg 的胆碱有改善 0 和 0.11% 组仔猪的增重和饲料转化效率的趋势，但对 0.22% 组仔猪生长性能无影响。有研究报道，采食含 0.31% 蛋氨酸和 0.33% 胱氨酸半纯合饲粮的 6～14 kg

仔猪对胆碱的最低需要量为每千克饲粮添加 330 mg。

当每千克饲粮中胆碱添加量达 2 000 mg 时，仔猪、生长猪和育肥猪日增重降低。以生长育肥猪为研究对象的试验表明，当每千克饲粮氯化胆碱添加水平低于 3.2 g 时，对猪的生产性能和健康无不良影响，但当添加量达到 6.4 g 时，猪的生产性能降低，相关的血液理化指标受到影响。

三、叶酸

（一）叶酸的功能

叶酸是包括了具有叶酸活性的一组化合物。叶酸的化学结构由蝶啶环、对氨基苯甲酸（P-aminobenzoic acid，PABA）和谷氨酸组成。动物细胞不能合成 PABA，也不能使谷氨酸与蝶酸结合。叶酸在一碳单位转移中必不可少，参与嘌呤、嘧啶、胆碱的合成。因此，叶酸缺乏会引起一碳化合物代谢紊乱，包括甲基、丝氨酸、嘌呤和嘧啶的合成，并参与由丝氨酸向甘氨酸、高半胱氨酸向蛋氨酸的转化。叶酸也为维持免疫系统功能正常所必需，且具有抑制病毒复制的功能。

（二）叶酸的需要量及影响因素

大多数常用饲料原料的叶酸含量充足，且猪肠道微生物也可合成一定量的叶酸。饲料中叶酸主要以多谷氨酸共价结合物的形式存在，在进入动物肠道后，形成单谷氨酰形式的叶酸而被吸收进入肠细胞。大部分经刷状缘吸收的叶酸会被还原为四氢叶酸，接着被甲基化为 N_5-甲基四氢叶酸。叶酸对热不稳定，尤其是当饲粮中含有像葡萄糖或乳糖一类的还原糖时更不稳定。

除 Matte 等（1992）的研究外，其他研究结果都表明，猪常用饲料原料提供的叶酸，再加上肠道微生物合成的叶酸足以满足猪对叶酸的需要。但近年来的研究有新的发现。杨光波（2010）的研究表明，在由玉米、大豆、豆粕、鱼粉和血浆蛋白粉组成的基础饲粮中添加 2.5 mg/kg 的叶酸，显著提高仔猪的生长性能。刘静波（2013）和姚英（2012）以 14 日龄或 21 日龄断奶的宫内发育迟缓仔猪和正常仔猪为研究对象，给其饲喂每千克添加 0、5 mg、10 mg 叶酸的饲粮，结果表明，5 mg 或 10 mg 组可以显著改善宫内发育迟缓仔猪的生产性能。高庆（2010）在猪圆环病毒 2 和脂多糖攻毒仔猪的每千克饲粮中添加 0、0.3 mg、3 mg、6 mg、9 mg 和 15 mg 的叶酸，结果表明，以生产性能和机体免疫功能为判定指标时，正常状态下，仔猪在断奶后 0~7 d、8~24 d、25~31 d 和 32~45 d 适宜的叶酸摄入量分别为 1.4~1.5 mg/d、2.9~3.0 mg/d、3.6~4.3 mg/d 和 0.44~0.55 mg/d；在脂多糖攻毒应激期（0~7 d）及其后续恢复过程中（8~14 d 和 15~21 d），仔猪适宜的叶酸摄入量分别为 7.2 mg/d、6.7~7.2 mg/d 和 4.0~4.5 mg/d；而在仔猪感染猪圆环病毒 2 时，其对叶酸的需要量则应适度降低。

在每千克玉米-豆粕型妊娠母猪饲粮中添加 200 mg 的叶酸不会增加窝产活仔数和断奶仔猪数。给断奶至妊娠 60 d 期间的母猪肌肉注射叶酸，每次 15 mg，共注射 10 次，结果发现，窝产仔数显著增加。在随后的研究中，Matte 等（1992）观察到妊娠母猪每千克饲粮添加 5 mg 或 15 mg 的叶酸，窝增重提高，但给泌乳母猪饲粮添加叶酸，仔猪生产性能未见改善。也有报道表明，在每千克玉米-豆粕型母猪饲粮中添加 1 mg 的叶酸，窝产仔数增加，但没有增加断奶仔猪数。在每千克含有 0.62 mg 叶酸的母猪饲粮中再添加 4.3 mg 的叶酸，可使其血清中叶酸含量保持与断奶至配种后 56 d 期间间隔注射叶酸（每头一次 15 mg，共注射 10 次）的母猪一样高水平。Harper 等（1994）以 393 头经产母猪为对象的研究表明，在母猪配种前、妊娠和泌乳期间的每千克标准玉米-豆粕型饲粮中添加 1 mg、2 mg 和 4 mg 的叶酸并未显著改善母猪繁殖性能。刘静波（2010）的研究表明，妊娠母猪每千克饲粮中添加 10 mg 和 30 mg 叶酸也未显著改善母猪繁殖性能，但显著缓解了宫内发育迟缓对仔猪生长发育的负面影响。

叶酸缺乏会导致猪增重缓慢、被毛褪色、巨红细胞性或正常红细胞性贫血、血液中白细胞和血小板数量减少、红细胞比容降低及骨髓增生。猪采食了含磺胺类药物或叶酸颉颃物的合成饲粮可出现叶酸缺乏症状。磺胺类药物导致这样的结果可能与其抑制肠道细菌对叶酸的合成有关。但也有研究也表明，给饲喂含 2%磺胺苯二甲硫饲粮的 4 日龄仔猪补充叶酸，未能改善其生产性能。

四、烟酸

（一）烟酸的功能

烟酸（或称尼克酸）是辅酶烟酰胺腺嘌呤二核苷酸（NAD）和烟酰胺腺嘌呤二核苷酸磷酸（NADP）的组成成分，而这两种辅酶是碳水化合物、蛋白质和脂类代谢所必需的，尤其是在机体能量代谢中起重要作用。因此，烟酸不足可破坏糖的酵解、柠檬酸循环、呼吸链及脂肪酸的合成。烟酸还参与细胞的氧化，并有扩张末梢血管、保持皮肤和消化器官正常功能的作用。另外，NAD 和 NADP 也参与视紫红质的合成。

（二）烟酸的需要量及影响因素

烟酸在自然界中分布广泛。在猪体内，色氨酸可转化成烟酸，因此，饲粮中过量色氨酸向烟酸的代谢性转化使烟酸需要量的确定复杂化。饲粮中每 50 mg 过量的色氨酸可产生 1 mg 的烟酸。此外，不同饲料原料中所含烟酸的生物学效价差异很大，使得烟酸需要量的确定进一步复杂化，如黄玉米、燕麦、小麦和高粱中的烟酸是以结合状态存在的，这种形式的烟酸大部分不能被仔猪利用。但豆粕中的烟酸可被猪有效利用。游离烟酸和游离烟酰胺是具有烟酸活性的商业化产品，相对于烟酸，烟酰胺在雏鸡上的生物学效价为 124%（Oduho 和 Baker，1993），在大鼠上则为 109%。

当饲粮色氨酸含量适宜时，1～8 kg 的仔猪和 10～50 kg 的生长猪对有效烟酸的需要量分别为每千克饲粮添加 20 mg 和 10～15 mg。生长育肥猪饲粮通常需要强化烟酸，但有试验表明，45 kg 猪玉米-豆粕型饲粮中添加烟酸，其生产性能并未改善，上述两个研究所用饲粮色氨酸含量的计算值均超过了猪对色氨酸的需要量。Real 等（2002）的研究表明，给育肥猪饲喂每千克含 0、13 mg、28 mg、55 mg、110 mg 和 550 mg 烟酸的饲粮，随烟酸添加量提高，猪的饲料利用效率、背最长肌的肉色评分和 pH_{24h} 均明显改善，肌肉滴水损失减少；每千克饲粮含 13 mg 是改善饲料利用效率所需要的最适烟酸添加量，而要考虑到改善胴体和猪肉品质则需要更高水平的添加量。

目前，对怀孕和哺乳母猪烟酸需要量的研究较少。Ivers 等（1993）用不添加烟酸的粗蛋白质水平为 12.80% 的玉米-豆粕-燕麦型饲粮饲喂母猪，连续 5 个胎次（共产仔 240 窝），发现该饲粮提供的烟酸足以满足母猪妊娠和哺乳期的需要。Mosnier 等（2009）发现，在泌乳早期，母猪对烟酸和维生素 B_6 的需要会暂时降低；分娩后 1 周血浆中色氨酸和烟酸的浓度下降，而犬尿氨酸（色氨酸转化为烟酸的中间产物）浓度增加；到泌乳的第 2 和 3 周，血浆色氨酸和犬尿氨酸浓度恢复到产前的水平，而在整个泌乳期内烟酸的浓度提高；维生素 B_6（参与烟酸转化与利用的维生素）水平在分娩后一周也逐步增加，随后一直保持较高水平。目前仍需进一步研究确定在产仔的第 1 周母猪是否需要补充烟酸，以及在色氨酸刚能满足需要的情况下，烟酸是否会影响蛋白质的利用效率。

烟酸缺乏的症状包括增重减缓、厌食、呕吐、皮肤干燥、皮炎、被毛粗糙、脱毛、腹泻、黏膜溃疡、溃疡性胃炎、盲肠及结肠炎症和坏死以及正常红细胞性贫血等，且烟酸缺乏时，血液红细胞 NAD 活性与尿液中 N-甲基-烟酰胺和 N'-甲基-2-吡啶酮-5-羧基酰胺的排泄量减少。铁是色氨酸合成烟酸单核苷酸途径中两种酶的辅助因子，缺铁可能也会损害猪体内色氨酸作为烟酸前体的效率（Oduho 等，1994）。

五、泛酸

（一）泛酸的功能

泛酸由泛解酸和 β-丙氨酸经酰胺键连接而形成。泛酸是动物机体内辅酶 A 和酰基载体蛋白的组成成分。辅酶 A 在碳水化合物、脂肪和氨基酸代谢过程的诸多乙酰化反应中起重要作用，而酰基载体蛋白在脂肪酸碳链合成中具有类似于辅酶 A 的作用。泛酸还与皮肤和黏膜的正常生理功能、毛色、疾病抵抗力等也有密切关系，且可提高肾上腺皮质的功能。

（二）泛酸的需要量及影响因素

大多数常用饲料原料的泛酸含量充足，猪肠道微生物也可合成少量泛酸，且只有 D-泛酸异构体才有生物学活性。大麦、小麦和高粱中泛酸的生物学效价低，玉米和豆粕中泛酸的生物学效价较高。饲料原料中的泛酸大多以辅酶 A、酰基辅酶 A 合成酶和酰基载体蛋白的形式存在。合成的泛酸一般是以泛酸钙的形式添加到种猪的饲粮中，泛酸钙比泛酸更稳定。D-泛酸钙的泛酸活性为 92%，泛酸钙的消旋混合物只有 46%。DL-泛酸钙与氯化钙的复合物也可利用，但其泛酸活性只有 32%。

采食纯合饲粮的 2～10 kg 仔猪对泛酸的需要量为每千克饲粮 15.0 mg；5～50 kg 猪对泛酸的需要量估计为每千克饲粮 4.0～9.0 mg；20～90 kg 猪对泛酸的需要量估计为每千克饲粮 6.0～10.5 mg。Groesbeck 等（2007）研究表明，玉米-豆粕型饲粮中的泛酸含量可能足以满足 25～120 kg 猪的需要。有报道认为，当每千克饲粮泛酸水平低于 5.9 mg 时，母猪的繁殖性能差。据估测，母猪达到最佳繁殖性能对泛酸的需要量为每千克饲粮 12.0～12.5 mg。

泛酸缺乏的症状包括生长缓慢、厌食、腹泻、皮肤干燥、被毛粗糙、脱毛、免疫反应降低以及后肢运动异常，即所谓的鹅步症。对泛酸缺乏的猪进行尸检，发现肠黏膜水肿与坏死，黏膜下层结缔组织浸润增多，神经髓脂质损失及背根神经节细胞退化。

六、核黄素（维生素 B_2）

（一）核黄素的功能

核黄素由一个二甲基异咯嗪和一个核醇结合而成，为橙黄色的结晶，微溶于水，在中性或酸性溶液中加热稳定，但蓝色光或紫外光以及其他可见光可使之迅速破坏。饲料中的核黄素大多以黄素腺嘌呤二核苷酸（flavin adenine dinucleotide，FAD）和黄素单核苷酸（flavin mononucleotide，FMN）的形式存在，在肠道随蛋白质的消化被释放出来，经磷酸酶水解成游离的核黄素，进入小肠黏膜细胞后再次被磷酸化，生成 FMN。在门脉系统与血浆白蛋白结合，在肝脏转化为 FAD 或黄素蛋白质。当机体缺乏核黄素时，肠道对核黄素的吸收能力提高。动物缺乏贮备核黄素的能力。在体内，FMN 和 FAD 以辅基的形式与特定的酶蛋白结合形成多种黄素蛋白酶。这些酶与碳水化合物、脂肪和蛋白质的代谢密切相关。

（二）核黄素的需要量及影响因素

核黄素可由植物、酵母菌、真菌和其他微生物合成，但动物本身不能合成。绿色的叶子，尤其是苜蓿，核黄素的含量较为丰富，鱼粉和饼粕类次之。酵母、乳清和酿酒残液以及动物的肝脏含核黄素很多。谷物及其副产物中核黄素含量少。玉米-豆粕型饲粮易产生核黄素缺乏症。合成的核黄素类似物 D-半乳糖黄素是核黄素的露面颉颃物，可以引起核黄素的缺乏症。另外，D-阿拉伯糖黄素、二氢核黄素、异核黄素，以及二乙基核黄素都属于核黄素的颉颃物。

采食纯合饲粮的 2~20 kg 仔猪对核黄素的需要量估计为每千克饲粮 2~3 mg。采食纯合饲粮的生长猪对核黄素需要量估计为每千克饲粮 1.1~2.9 mg，而采食常规饲粮时则每千克饲粮需要 1.8~3.1 mg。

核黄素缺乏会导致青年母猪不发情和繁殖失败。根据产仔性能和红细胞谷胱甘肽还原酶（FAD 依赖酶）的活性估测，妊娠母猪对有效核黄素的需要量大约为 6.5 mg/d。但是，Pettigrew 等（1996）观察到，从配种到妊娠 21 d，60 mg/d 的核黄素比 10 mg/d 的核黄素提高了母猪产仔数。有研究者建议，依据红细胞谷胱甘肽还原酶的活性和产仔性能，哺乳母猪对核黄素的需要量大约为 16 mg/d。

幼龄生长猪核黄素缺乏的症状包括生长缓慢、白内障、步态僵硬、脂溢性皮炎、呕吐和脱毛等；严重缺乏时，血液中性粒细胞增多、免疫反应降低、肝脏和肾脏组织褪色、脂肪肝、卵泡萎缩、卵细胞退化、坐骨和臂神经髓磷脂退化。

七、硫胺素（维生素 B_1）

（一）硫胺素的功能

硫胺素由一分子嘧啶和一分子噻唑通过一个甲基桥结合而成，含有硫和氨基，故称硫胺素。能溶于70%的乙醇和水，受热、遇碱迅速被破坏。

硫胺素主要在十二指肠吸收，在肝脏经ATP作用被磷酸化而转变成活性辅酶焦磷酸硫胺素（羧辅酶）。硫胺素在细胞中的功能是作为辅酶（羧辅酶）参与α-酮酸的脱羧而进入糖代谢和三羧酸循环。当硫胺素缺乏时，由于血液和组织中丙酸和乳酸的积累而表现出缺乏症状。硫胺素的主要功能是参与碳水化合物代谢，需要量也与碳水化合物的摄入量有关。硫胺素也可能是神经介质和细胞膜的组成成分，参与脂肪酸、胆固醇和神经介质乙酰胆碱的合成，影响神经节细胞膜中钠离子的转移，降低磷酸戊糖途径中转酮酶的活性，进而影响神经系统的能量代谢和脂肪酸的合成。

（二）硫胺素的需要量及影响因素

2～10 kg猪对硫胺素的需要量为每千克饲粮1.5 mg，而3周龄断奶至40 kg猪大约需要1.0 mg（Miller等，1995）。当饲粮脂肪水平增加至28%时，会增加硫胺素缺乏猪的存活时间，提示用较高水平的脂肪替代碳水化合物作为饲粮能量来源可降低硫胺素的需要量。30～90 kg猪每千克饲粮硫胺素水平增加至1.1 mg时，猪体重增加，但是硫胺素添加量为0.85 mg时，采食量达到最大。将硫胺素焦磷酸盐加到体外制剂中，通过测定红细胞转酮酶的活性来评价生长育肥猪硫胺素营养状况，结果表明，用这一指标估测的硫胺素需要量是获得最大增重需要量的4倍；当环境温度由20 ℃提高至35 ℃时，用这个指标测定的硫胺素需要量也随之增加。这种变化可能与采食量的下降有关。目前，尚无关于妊娠和哺乳母猪硫胺素需要量的文献报道。

酵母是硫胺素最丰富的来源。谷物中硫胺素的含量也较多。胚芽和种皮是硫胺素主要存在的部位。瘦肉、肝脏、肾脏和蛋等产品也是硫胺素的丰富来源。成熟的干草含量低，加工处理后比新鲜时少。带叶片的多少、绿色状况以及蛋白质含量多少都影响硫胺素的含量。优质绿色干草硫胺素含量丰富。饲料在干燥气候下加工贮存硫胺素损失较少，湿热（烹饪）条件下硫胺素大量损失。用二氧化硫处理饲料原料会使硫胺素失活。

硫胺素缺乏的猪表现为食欲减退、增重减少、体温和心率降低，偶尔表现呕吐；心脏肥大松弛、心肌退化及心脏衰竭而猝死，还会导致动物血浆丙酮酸盐浓度升高。大多数猪饲粮中常用的谷物籽实的硫胺素含量丰富。因此，饲喂各类猪的谷物-油籽粕型饲粮含有足够的硫胺素，一般不需要额外添加。

八、维生素 B_6

（一）维生素 B_6 的功能

饲料原料中的维生素 B_6 包括吡哆醇、吡哆醛、吡多胺和磷酸吡哆醛多种形式。磷酸吡哆醛是许多氨基酸代谢的酶系统，包括转氨酶、脱羧酶、脱氢酶、合成酶和消旋酶的重要辅助因子。维生素 B_6 在中枢神经系统的功能中起关键作用，它参与为神经递质和神经抑制剂的合成所需的氨基酸衍生物的脱羧作用（NRC，2012）。

（二）维生素 B_6 的需要量及影响因素

维生素 B_6 的各种形式对热、酸和碱稳定，但遇光，尤其是在中性或碱性溶液中易被破坏。强氧化剂很容易使吡哆醛变成无生物学活性的 4-吡哆酸。维生素 B_6 的颉颃物有羟基嘧啶、脱氧吡哆醇和异烟肼。维生素 B_6 广泛分布于饲料中，酵母、肝脏、肌肉、乳清、谷物及其副产物和蔬菜都是维生素 B_6 的丰富来源。由于来源广而丰富，生产中没有明显的维生素 B_6 缺乏症。

有学者建议，2~10 kg 仔猪每千克饲粮需要 1.0~2.0 mg 的维生素 B_6。而较近的研究表明，采食常规饲粮和半纯合饲粮的仔猪在断奶早期对维生素 B_6 的需要量接近每千克饲粮 7 mg（Woodworth 等，2000；Zhang 等，2009）。

在妊娠第 2 个月到哺乳 35 d，给青年和成年母猪饲喂含总吡哆醇 1 mg/kg 或者 10 mg/kg 的饲粮，结果不同处理组母猪繁殖或哺乳性能无差异。有研究表明，在妊娠青年母猪玉米-豆粕型饲粮中添加每千克 1.0 mg 的吡哆醇，窝产仔数和断奶仔猪数增加。在另一项研究中发现，每天采食 0.45 mg 或 2.1 mg 维生素 B_6 的性成熟青年母猪，其红细胞谷草转氨酶活性系数比采食过量维生素 B_6（83 mg/d）的青年母猪高。维生素 B_6 缺乏的青年母猪，其肌肉谷草转氨酶总活性降低，表明青年母猪对维生素 B_6 的每日需要量可能大于 2.1 mg。增加维生素 B_6 添加量有缩短母猪从断奶到发情间隔及促进氮代谢的趋势。但由于试验用维生素 B_6 添加量范围较宽，因而很难确定其需要量。

维生素 B_6 缺乏降低食欲和生长速度。严重缺乏导致眼周围渗出液体、抽搐、共济失调、昏迷和死亡。维生素 B_6 缺乏猪的血液血红蛋白、红细胞及淋巴细胞数量降低，血清铁和 γ 球蛋白水平上升。维生素 B_6 缺乏的典型症状是感觉神经元的外周髓磷脂和轴突退化、小红细胞低色素性贫血以及肝脏脂肪浸润等。一般来说，由于饲料原料中有生物学活性的维生素 B_6 水平能满足猪的需要，谷物-豆粕饲粮不需要添加维生素 B_6。

九、维生素 B_{12}

（一）维生素 B_{12} 的功能

维生素 B_{12} 是唯一含有金属元素钴的维生素，故又称钴胺素。它有多种生物活性形式，呈暗红色结晶，易吸湿，可被氧化剂、还原剂、醛类、抗坏血酸和二价铁盐等破坏。

维生素 B_{12} 作为辅酶，参与由甲酸盐、甘氨酸或丝氨酸衍生而来的活性甲基的从头合成，以及这些甲基转移到同型胱氨酸合成蛋氨酸的反应。维生素 B_{12} 在尿嘧啶甲基化形成胸腺嘧啶的过程中也很重要，胸腺嘧啶再转化为胸腺嘧啶脱氧核苷，后者用于 DNA 的合成。因此，维生素 B_{12} 的两个重要功能是促进红细胞的形成和维持神经系统的完整。

（二）维生素 B_{12} 的需要量及影响因素

外界环境和肠道中的微生物能合成维生素 B_{12}，加之猪有食粪的习性，使得维生素 B_{12} 供给量足以满足其需要。

结合维生素 B_{12} 的受体位于回肠。在吸收前，钴胺素与通常称作"内因子"的糖蛋白结合。内因子来源于胃黏膜壁细胞。维生素 B_{12} 在体内能有效地贮存。因此，过量摄入并贮存于组织（主要是肝脏）中的维生素 B_{12}，能使采食维生素 B_{12} 缺乏饲粮的猪推迟多月才出现缺乏症（Combs，1999）。

对于采食合成乳饲粮的 1.5～20 kg 仔猪，维生素 B_{12} 需要量为每千克饲粮含 15～20 μg。体重 10～45 kg 猪对维生素 B_{12} 的需要量为每千克饲粮含 8.8～11.0 μg。以达到最低血浆高半胱氨酸浓度作为判定维生素 B_{12} 需要量的指标，每千克饲粮中添加 30～35 μg 可能较为合适（House 和 Fletcher，2003）。

前人研究发现，在每千克饲粮中添加 11～1 100 μg 的维生素 B_{12}，改善了母猪的繁殖性能。然而，也有研究发现，在每千克母猪全植物性饲粮中添加（110～1 100 μg）或不添加维生素 B_{12}，直到第 3 胎和第 4 胎，产仔数、断奶仔猪数、初生重和断奶重均未降低。Simard 等（2007）在妊娠母猪每千克饲粮中添加 5 个水平（0、20 μg、100 μg、200 μg 或 400 μg）的维生素 B_{12}，研究其对血浆维生素 B_{12} 和高半胱氨酸（依赖维生素 B_{12} 的再甲基化途径中一种有害的中间代谢产物）的影响，用折线回归模型分析表明，血浆维生素 B_{12} 浓度达到最大时的每千克饲粮维生素 B_{12} 浓度是 164 μg，血浆高半胱氨酸浓度最低时每千克饲粮中维生素 B_{12} 浓度约为 93 μg。维生素 B_{12} 似乎对窝产仔数有积极作用，但是研究者认为维生素 B_{12} 在这些浓度下的作用还需要通过增加动物数量并经过多胎次的生产性能试验验证。由于试验中添加水平变化幅度大，试验次数少，故难以确定妊娠母猪和哺乳母猪的维生素 B_{12} 需要量，但估计为每千克饲粮含 15 μg。

维生素 B_{12} 缺乏的猪表现体增重降低、食欲丧失、皮肤和被毛粗糙、烦躁、过敏及后腿共济失调。缺乏维生素 B_{12} 猪血液样品表现正常红细胞性贫血、嗜中性白细胞数增加、淋巴细胞数减少。维生素 B_{12} 和叶酸缺乏导致巨红细胞性贫血和骨髓增生，这两种症状与人的恶性贫血相似。由于叶酸盐代谢需要维生素 B_{12}，所以叶酸缺乏症通常伴有维生素 B_{12} 缺乏。叶酸或维生素 B_{12} 中任何一个缺乏，都会妨碍胸腺嘧啶合成过程中甲基的正常转移。

十、维生素 C

（一）维生素 C 的功能

维生素 C 是一种含有 6 个碳原子的酸性多羟基化合物，因能防治坏血病故又称为抗坏血酸。它是一种无色的结晶粉末，加热很容易被破坏。

维生素 C 参与芳香族氨基酸的氧化、去甲肾上腺素和肉碱的合成以及细胞铁蛋白铁还原以转移到体液中。抗坏血酸也为脯氨酸和赖氨酸羟化所必需，脯氨酸和赖氨酸是胶原的组成成分，胶原为软骨和骨骼生长所必需。维生素 C 促进骨基质和牙齿牙质的形成。维生素 C 缺乏时，全身有出血斑。

（二）维生素 C 的需要量及影响因素

在某些情况下，猪不能快速合成足够的维生素 C 以满足其需要。在 29 ℃ 的环境温度下饲养的猪比在 18 ℃ 下饲养的猪血浆抗坏血酸浓度低。但给饲养在 19 ℃ 或 27 ℃ 环境下的猪补充维生素 C，增重和饲料转化效率均未有改善。能量摄入量与血清抗坏血酸水平显著相关。动物在摄入低能量时对添加维生素 C 的反应比摄入中等或高水平能量时大。相比哺乳仔猪，1 日龄或 40 日龄禁食仔猪的肝脏维生素 C 浓度和总量更低。

Mahan 等（1994）报道，饲粮中添加维生素 C 改善了 3~4 周龄断奶仔猪的增重。注射或饲粮中添加维生素 C，能促进起始体重为 24 kg 试验猪体增重的增加。其他研究者发现，给哺乳仔猪、3~4 周龄断奶仔猪和生长育肥猪补充维生素 C，未能改善其生产性能。Mahan 等（1994）在生长育肥猪玉米-豆粕型饲粮中添加维生素 C，未发现有益作用。Bhar 等（2003）报道，添加维生素 C（50 mg/d）对伤后猪的伤口愈合、抗体反应及生长反应有积极作用。

在预产前 5 d 开始每天给妊娠母猪饲喂 1 g 维生素 C，结果其初生仔猪脐带出血迅速停止，而将水溶性维生素 K 制剂加入水中让母猪饮用，却未能防止初生仔猪的脐带出血问题。补喂抗坏血酸母猪所产仔猪 3 周龄体重显著高于对照母猪所产仔猪。而有研究从妊娠后期开始在母猪饲粮中添加抗坏血酸 1.0~10.0 g/d，结果仔猪成活率和生长速度并未得到改善。当限制采食量动物处于应激条件下，或许短暂需要额外添加维生素 C。然而，猪的适宜维生素 C 需要量尚不确定。

参考文献

陈宏，2008. 生物素对断奶仔猪生产性能及免疫功能影响的研究［D］. 雅安：四川农业大学.

陈金永，2010. 猪 β-防御素基因表达特点及维生素 A 的调节作用［D］. 雅安：四川农业大学.

高庆，2010. 饲粮添加叶酸对断奶仔猪生产性能和免疫功能的影响研究［D］. 雅安：四川农业大学.

何雅林，2012. 含亚麻籽油的日粮中添加 VE 和 β-胡萝卜素对猪肉品质的影响［D］. 雅安：四川农业大学.

梁小芳，2014. 维生素 D_3 通过自噬和内质网应激途径调控猪肠道轮状病毒感染研究［D］. 雅安：四川农业大学.

廖波，2011. 25-OH-D_3 对免疫应激断奶仔猪的生产性能、肠道免疫功能和机体免疫应答的影响［D］. 雅安：四川农业大学.

林映才，蒋宗勇，刘炎和，等，2003. 维生素 A 水平对早期断奶仔猪生长性能和免疫功能的影响［J］. 中国畜牧杂志，39（6）：14-16.

林映才，蒋宗勇，杨晓建，等，2002. 维生素 A 水平对生长猪生产性能，肝脏维生素 A 含量和血清免疫参数的影响［J］. 动物营养学报，14（3）：45-50.

刘静波，2013. 宫内发育迟缓仔猪代谢和生产缺陷及其营养调控效应［D］. 雅安：四川农业大学.

刘静波，2010. 叶酸对母猪繁殖性能、宫内发育迟缓仔猪肝脏基因表达和蛋白质组学影响研究［D］. 雅安：四川农业大学.

刘雯雯，2008. 饲粮添加有机硒和 VE 对育肥猪生产性能、肉质和抗氧化力的影响［D］. 雅安：四川农业大学.

罗小林，2009. 维生素 E 对病毒感染妊娠雌鼠繁殖性能及免疫功能的保护效应［D］. 雅安：四川农业大学.

杨光波，2010. 饲粮添加叶酸对断奶仔猪生长性能、血清指标以及肝脏叶酸代谢基因表达的影响［D］. 雅安：四川农业大学.

姚英，2012. 叶酸对早期断奶宫内发育迟缓仔猪生长性能及肝脏结构和代谢功能的影响［D］. 雅安：四川农业大学.

赵叶，2013. 不同猪种抗病毒相关模式识别受体基因表达差异及维生素 D 的抗病毒作用与机制 [D]. 雅安：四川农业大学.

朱浩妮，2010. 不同品种仔猪 TLRs 表达规律及 VA 对仔猪 TLRs 表达量影响的研究 [D]. 雅安：四川农业大学.

Bhar R, Maiti S K, Goswami T K, et al, 2003. Effect of dietary vitamin C and zinc supplementation on wound healing, immune response and growth performance in swine [J]. Indian Journal of Animal Sciences, 73 (6): 674-677.

Bonnette E D, Kornegay E T, Lindemann M D, et al, 1990. Humoral and cell-mediated immune response and performance of weaned pigs fed four supplemental vitamin E levels and housed at two nursery temperatures [J]. Journal of Animal Science, 68 (5): 1337-1345.

Coelho M B, 1991. Vitamin stability [J]. Feed Management, 42 (10): 24-33.

Combs G F, 1999. The Vitamins, Fundamental Aspects in Nutrition and Health [M]. 2nd Ed. CA: Academic Press.

Emmert J L, Baker D H, 1997. A chick bioassay approach for determining the bioavailable choline concentration in normal and overheated soybean meal, canola meal and peanut meal [J]. Journal of Nutrition, 127 (5): 745-752.

Emmert J L, Garrow T A, Baker D H, 1996. Development of an experimental diet for determining bioavailable choline concentration and its application in studies with soybean lecithin [J]. Journal of Animal Science, 74 (11): 2738-2744.

Groesbeck C N, Goodband R D, Tokach M D, et al, 2007. Effects of pantothenic acid on growth performance and carcass characteristics of growing-finishing pigs fed diets with or without ractopamine hydrochloride [J]. Journal of Animal Science, 85 (10): 2492-2497.

Hall D D, Cromwell G L, Stahly T S, 1991. Effects of dietary calcium, phosphorus, calcium: phosphorus ratio and vitamin K on performance, bone strength and blood clotting status of pigs [J]. Journal of Animal Science, 69 (2): 646-655.

Harper A F, Lindemann M D, Chiba L I, et al, 1994. An assessment of dietary folic acid levels during gestation and lactation on reproductive and lactational performance of sows: a cooperative study [J]. Journal of Animal Science, 72 (9): 2338-2344.

House J D, Fletcher C M T, 2003. Response of early weaned piglets to graded levels of dietary cobalamin [J]. Canadian Journal of Animal Science, 83 (2): 247-255.

Ivers D J, Rodhouse S L, Ellersieck M R, et al, 1993. Effect of supplemental niacin on sow reproduction and sow and litter performance [J]. Journal of Animal Science, 71 (3): 651-655.

Knights T E N, Grandhi R R, Baidoo S K, 1998. Interactive effects of selection for lower backfat and dietary pyridoxine levels on reproduction, and nutrient metabolism during the gestation period in Yorkshire and Hampshire sows [J]. Canadian Journal of Animal Science, 78 (2): 167-173.

Lauridsen C, Halekoh U, Larsen T, et al, 2010. Reproductive performance and bone status markers of gilts and lactating sows supplemented with two different forms of vitamin D [J]. Journal of Animal Science, 88 (1): 202-213.

Lewis A J, Cromwell G L, Pettigrew J E, 1991. Effects of supplemental biotin during gestation and lactation on reproductive performance of sows: a cooperative study [J]. Journal of Animal Science, 69 (1): 207-214.

Lindemann M D, Brendemuhl J H, Chiba L I, et al, 2008. A regional evaluation of injections of high levels of vitamin A on reproductive performance of sows [J]. Journal of Animal Science, 86 (2): 333-338.

Mahan D C, 1991. Assessment of the influence of dietary vitamin E on sows and offspring in three parities: reproductive performance, tissue tocopherol, and effects on progeny [J]. Journal of Animal Science, 69 (7): 2904-2917.

Mahan D C, 1994. Effects of dietary vitamin E on sow reproductive performance over a five-parity period [J]. Journal of animal science, 72 (11): 2870-2879.

Mahan D C, Lepine A J, Dabrowski K, 1994. Efficacy of magnesium-L-ascorbyl-2-phosphate as a vitamin C source for weanling and growing-finishing swine [J]. Journal of Animal Science, 72 (9): 2354-2361.

Matte J J, Girard C L, Brisson G J, 1992. The role of folic acid in the nutrition of gestating and lactating primiparous sows [J]. Livestock Production Science, 32 (2): 131-148.

Mavromatis J, Koptopoulos G, Kyriakis S C, et al, 1999. Effects of alpha-tocopherol and selenium on pregnant sows and their piglets' immunity and performance [J]. Journal of Veterinary Medicine Series A-Physiology Pathology Clinical Medicine, 46 (9): 545-553.

Mosnier E, Matte J, Etienne M, et al, 2009. Tryptophan metabolism and related B vitamins in the multiparous sow fed ad libitum after farrowing [J]. Archives of Animal Nutrition, volume 63 (6): 467-478.

NRC, 1987. Vitamin tolerance of animals [S]. Washington DC: National Academy Press.

NRC, 2012. Nutrient requirements of swine [S]. 11 th ed. Washington, DC: National Academy Press.

Oduho G W, Baker D H, 1993. Quantitative efficacy of niacin sources for chicks: nicotinic acid, nicotinamide, NAD and tryptophan [J]. Journal of Nutrition, 123 (12): 2201-2206.

Oduho G W, Chung T K, Baker D H, 1993. Menadione nicotinamide bisulfite is a bioactive source of vitamin K and niacin activity for chicks [J]. Journal of Nutrition, 123 (4): 737-743.

Oduho G W, Han Y, Baker D H, 1994. Iron deficiency reduces the efficacy of tryptophan as a niacin precursor for chicks [J]. Journal of Nutrition, 124: 444-450.

Partridge I G, McDonald M S, 1990. A note on the response of growing pigs to supplemental biotin [J]. Animal Production, 50 (01): 195-197.

Pettigrew J E, el-Kandelgy S M, Johnston L J, et al, 1996. Riboflavin nutrition of sows [J]. Journal of Animal Science, 74 (9): 2226-2230.

Pinelli-Saavedraa A, Scaifeb J R, 2005. Pre- and postnatal transfer of vitamins E and C to piglets in sows supplemented with vitamin E and vitamin C [J]. Livestock Production Science, 97 (2): 231-240.

Real D E, Nelssen J L, Unruh J A, et al, 2002. Effects of increasing dietary niacin on growth performance and meat quality in finishing pigs reared in two different environments [J]. Journal of Animal Science, 80 (12): 3203-3210.

Simard F, Guay F, Girard C L, et al, 2007. Effects of concentrations of cyanocobalamin in the gestation diet on some criteria of vitamin B metabolism in first-parity sows [J]. Journal of Animal Science, 85 (12): 3294-3302.

Watkins K L, Southern L L, Miller J E, 1991. Effect of dietary biotin supplementation on sow reproductive performance and soundness and pig growth and mortality [J]. Journal of Animal Science, 69 (1): 201-206.

Woodworth J C, Goodband R D, Nelssen J L, et al, 2000. Added dietary pyridoxine, but not thiamin, improves weanling pig growth performance [J]. Journal of Animal Science, 78 (1): 88-93.

Wuryastuti H, Stowe H D, Bull R W, et al, 1993. Effects of vitamin E and selenium on immune responses of peripheral blood, colostrum, and milk leukocytes of sows [J]. Journal of Animal Science, 71 (9): 2464-2472.

Zhang Z, Kebreab E, Jing M, et al, 2009. Impairments in pyridoxine-dependent sulphur amino acid metabolism are highly sensitive to the degree of vitamin B_6 deficiency and repletion in the pig [J]. Animal, 3 (6): 826-837.

第七章 水

水是机体一种重要的营养素。在养猪生产中,水的供给通常情况下很充足,导致关于猪对水需要量的研究寥寥无几。随着养猪业高度现代化和集约化的发展,可利用水资源限制以及废水处理和利用等方面的问题越来越严峻,迫切需要开展猪对水的需要量以及水对猪维持健康的生理作用的研究(Deutsch 等,2010)。国内基本未见有关水在猪上的生理作用及猪对水的需要量研究报道。本章的讨论主要基于国外的相关报道,且国外新的文献报道也很少。

第一节 水的营养代谢

一、水的生理功能

水参与完成众多对生命活动起重要作用的生理过程。水对于动物机体来说,具有重要的生物功能,主要包括以下几个方面。

(一)机体细胞的组成功能

水是动物机体的重要组成部分,对稳定生物大分子构象具有重要作用,新生仔猪体组织中水的含量大约占到82%,随着年龄的增长,动物体内含水量逐渐下降,到成年时期,出栏肥猪体内水分含量下降到48%~53%(de Lange 等,2001)。水在动物体内大多以结合态形式存在,稳定生物大分子的构象,有利于其发挥特异的生物学活性,同时还可以维持组织器官的特定形态和弹性。动物机体没有水分的支撑,将彻底失去原有的形态,生命形态也将不存在。

(二)营养和介质功能

水既是营养物质,同时也是代谢废物的运输介质和化学反应的介质。水负责动物机体内各种营养物质的消化、吸收、运输和排泄,是营养物质及信号传导物质在各组织器官转运的介质。

(三)参与化学反应功能

水参与动物机体内所有的合成、分解、氧化、还原、聚合、降解及络合等生物过程，三大营养物质蛋白质、脂肪及碳水化合物在体内的分解及合成代谢都需要水的参与。

(四) 体温调节功能

水是动物机体体温调节的必需物质，具有高比热、高传导系数、高蒸发热等特点，使其成为散发体内多余热量的理想物质，对维持动物机体体温在一个正常生理范围具有重要作用。

(五) 润滑剂功能

水是动物口腔、胃肠道、胸腔、腹腔等部位的润滑剂，防止这些器官或组织因摩擦造成的机械损伤。

二、水的摄入与排泄途径

(一) 水的摄入

猪机体水的来源主要有三种：饮水、饲料原料及机体代谢产生的水。

1. 饮水　猪通过直接饮水来满足机体对水的需要，是其获取水源的主要途径。每日饮水量受到年龄、饲粮组成、生产水平、环境温度等的影响。过量饮水对猪生产性能无不良影响。

2. 饲料原料中的水　饲料原料水含量差异较大。青绿饲料含水量可达70%～75%，而风干饲料原料含水量在10%～15%，不同地域饲料原料含水量差异较大。

3. 代谢水　指来自碳水化合物、蛋白质和脂肪分解产生的代谢水。

(二) 水的排泄

猪体内水分主要通过粪尿、呼吸、皮肤蒸发等形式排泄。

猪粪中含有一定的水分，新鲜猪粪含水量高达80%（Brooks和Carpenter，1993）。经粪便排泄的水量很大程度上受饲粮结构的影响，饲粮中不易消化物质含量越多，粪便中水含量越多。饲粮粗蛋白质含量越高，猪粪中含水量越低，粗纤维含量越高，猪粪中含水量越高。猪发生腹泻时，粪便中水的排泄量也增加（Thulin和Brumm，1991）。

猪尿中含水量占95%，是猪水排泄的主要途径，占总排泄量的一半。猪的排尿量受到水总摄入量、饲粮结构、活动量及环境温度的影响。水总摄入量越多，排尿量越多。饲粮中蛋白质及矿物质元素含量越高，经尿排泄的水量也越大。环境温度越高，活动量越大，总排尿量越少。由于猪的汗腺不发达，因此通过皮肤蒸发排泄的水很少。在适宜的环境温度范围内，猪每天通过皮肤蒸发排泄的水为$12\sim16\ g/m^2$，相对湿度对猪皮肤蒸发排泄的水分没有影响。

在适宜环境温度下，20 kg和60 kg体重的猪通过呼吸排泄的水分别为0.29 L/d和0.58 L/d。通过呼吸排泄的水分受到环境温度和相对湿度的影响，环境温度越高，随呼吸排泄的水分越多，环境相对湿度越高，随呼吸排泄的水分越低（NRC，2012）。

第二节 水的需要

一、猪对水的需要量

猪对水的需要量受到许多因素的调节,包括饲粮组成、猪的生理状况和环境因素等(NRC,1981,2012;Mroz等,1995)。水的需要量一般采用水的消耗量来衡量。

(一)哺乳仔猪水的需要量及其影响因素

哺乳仔猪对水的需要绝大部分由乳汁提供,少部分通过饮水来满足。新生仔猪大约在出生后的 1~2 d 开始饮水。哺乳仔猪日饮水量个体变异极大,与哺乳仔猪的健康状况、母乳摄入量、饮水器的类型、猪舍的温度等有关。哺乳仔猪腹泻时饮水量明显降低,猪舍温度越高饮水量越高。饮水槽或者饮水杯比乳头式饮水器的饮水量明显要多(Phillips 和 Fraser,1990,1991)。哺乳仔猪额外饮水可显著减少断奶前死亡率。此外,哺乳仔猪额外饮水还可刺激其采食教槽料。

(二)断奶仔猪水的需要量及其影响因素

断奶仔猪对水的需要量随着日龄的增加逐渐增加。断奶初期对水的需要较断奶后 2 周或 3 w 要低。断奶初期由于断奶应激较大,仔猪的饮水量与采食量相关性不明显(McLeese等,1992)。断奶后 2~3 周,断奶应激消除后,仔猪的饮水量与生长速度和采食量呈现较好的正相关关系(McLeese等,1992)。水流速度对断奶仔猪生长性能的影响甚微,但水流速度增加,水的浪费相应增加,因而可明显增加用水量。饮水器的类型也会对断奶仔猪的饮水量产生影响。乳头式饮水器向上翘与向下倾斜相比,饮水量会增加,但日增重和饲料转化效率不及后者。而采用滴水式饮水器与非滴水式饮水器相比,没有明显的改善效果(Ogunbameru等,1991)。

(三)生长育肥猪水的需要量及其影响因素

生长育肥猪对水的需要量受体重、采食量、饲粮组成、环境温度和湿度、猪的健康状况以及应激等因素的影响,通常情况下,生长育肥猪的饮水量与其体重和采食量呈正相关。自由采食和饮水时,生长育肥猪的饮水量为每千克饲料 2.5~2.6 kg,而限饲时,其饮水量为每千克饲料 3.7 kg,自由采食比限饲情况下的饮水量要低,可能是限饲时生长育肥猪会通过增加饮水量来达到饱腹感。水流速度对生长育肥猪的生长性能没有显著影响,但高水流速度可以增加其饮水量。比如,与 300 mL/min 的水流速度相比,在 900 mL/min 的水流速度下,生长育肥猪的饮水量增加 1 倍。当环境温度在 7~22 ℃ 范围内变化时,生长育肥猪的饮水量变异很小。当环境温度超过 30 ℃ 时,生长育肥猪的饮水量增加 25% 以上。水温对生长育肥猪的饮水量也有影响。当猪舍环境温度为 22 ℃ 时,45~90 kg 体重的猪对 11 ℃ 和 30 ℃ 水的饮水量分别为 3.3 L/d 和 4.0 L/d,而当猪舍环境温度在 35 ℃ 和 24 ℃ 交替变化(每 12 h 变化一次)时,其对 11 ℃ 和 30 ℃ 水的饮水量分别是 10.5 L/d 和 6.6 L/d。饲粮中的食盐浓度也会影响生长育肥猪的饮水量，食盐浓度增加会相应增加饮水量。

（四）妊娠母猪水的需要量及其影响因素

妊娠母猪通常限饲，其饮水量比不限饲时增加。妊娠母猪饲粮的纤维水平越高，其饮水量也会提高（NRC，2012）。妊娠母猪的饮水量随着干物质采食量的增加而增加。妊娠后期的饮水量相比妊娠前期及配种期要高，大约为 20 L/d，整个妊娠期的平均日饮水量为 10~13.5 L/d。妊娠母猪患膀胱炎等泌尿系统疾病时，其饮水量会降低。

（五）哺乳母猪水的需要量及其影响因素

哺乳母猪通常建议自由饮水，这是由于哺乳母猪需要大量饮水来满足每天分泌乳汁及排泄而造成的水的流失，其饮水量范围为 12~40 L/d（Peng 等，2007）。哺乳母猪的饮水量与饲粮中食盐的浓度有关（Seynaeve 等，1996）。水流速度对哺乳母猪饮水量的影响不显著，比如 2 L/min 与 0.6 L/min 的水流速度相比，哺乳母猪的饮水量没有明显改变（Phillips 等，1990）。当哺乳母猪处于热应激时，水的温度对饮水量影响很大。与给予 22 ℃的水相比，给予 10 ℃或 15 ℃的水可以明显增加哺乳母猪的饮水量和采食量，降低直肠温度和呼吸频率，缓解哺乳母猪热应激，同时还可显著提高哺乳仔猪的窝断奶重和日增重（Jeon 等，2006）。

（六）公猪水的需要量及其影响因素

公猪一般推荐自由饮水。关于公猪水需要量的研究较少，因此没有具体的数据可以参考。

二、水的质量对猪的影响

水的质量是影响猪饮水量及健康状况的重要因素之一，高质量的饮水可提高猪的饮水量及采食量，改善猪的生长性能。水的质量通常由水中总可溶固形物、硫酸盐、硝酸盐、亚硝酸盐和有毒矿物质元素、病原菌、水的硬度、工业废弃物等的含量来衡量。

（一）水中总可溶性固形物对猪健康及生长性能的影响

水中总可溶性固形物（total dissolved solids，TDS）指水中总的可溶性无机物含量，主要以钙镁钠的碳酸盐、氯盐或硫酸盐形式存在。水中含量最多的盐是钠盐，其次是以碳酸盐、重碳酸盐、氯化物、硫酸盐形式存在的钙盐和镁盐。硫酸盐比氯化物危害更大，氯化镁比氯化钙和氯化钠危害更大，这种有害作用主要是会提高渗透压，导致粪便含水量增加或腹泻。TDS 含量小于 1 000 mg/L 的水通常认为是水质安全的水，对猪的健康及生长性能无影响。而 TDS 含量大于 7 000 mg/L 时，则认为水质不安全，会影响妊娠母猪、哺乳母猪及热应激猪的健康，不宜饮用（NRC，2012）。研究表明，断奶仔猪饮水中 TDS 含量达 6 000 mg/L 时，不影响日增重和饲料转化效率，但饮水量会增加，并伴有轻度腹泻。表7-1列出了饮水中TDS含量与猪只健康状况的关系。

表7-1 水中总可溶性固形物对猪健康的影响

总可溶性固形物（mg/L）	猪的健康状况
≤1 000	猪的健康不受影响
1 000~2 999	猪可能轻度腹泻
3 000~4 999	猪可能暂时性拒绝饮水
5 000~6 999	种猪不能饮用
≥7 000	种猪和处于热应激的猪不能饮用

猪对硫酸盐的耐受性不高，当水中硫酸盐浓度不超过2 650 mg/L时，对猪的生长性能及健康无影响（Maenz等，1994；Patience等，2004）；但是当水中硫酸盐浓度超过7 000 mg/L时，会导致猪腹泻（Anderson等，1994）。当水中硫酸盐含量达1 900 mg/L时，会有明显的臭鸡蛋气味，但不影响猪的生长性能，表明水的气味不能作为衡量水质的指标。

饮水中都含有硝酸盐及亚硝酸盐。猪对硝酸盐耐受性比亚硝酸盐高。研究表明，硝酸盐产生毒害作用的必要条件是转变为亚硝酸盐，当水中硝酸盐含量超过300 mg/L时，转变的亚硝酸盐的含量可能会对猪的健康造成不良影响。猪饮水中硝态氮和亚硝态氮的最大允许推荐值是100 mg/L，亚硝态氮的最大允许推荐值是10 mg/L（NRC，1974）。

猪饮水中其他离子的最大允许推荐值如下：砷，0.5 mg/L；镉，0.02 mg/L；铬，1.0 mg/L；铅、汞、氟化物分别为0.1 mg/L、0.003 mg/L、2.0 mg/L。

（二）水中的病原菌对猪健康及生长性能的影响

水中含有各种各样的微生物，包括细菌和病毒。细菌主要包括沙门氏菌属、钩状螺旋体属、大肠杆菌属（Fraser等，1993）。除此之外，水中可能还有致病性原生动物以及肠道蠕虫的虫卵等（Fraser等，1993）。水中微生物种类和浓度决定了其对猪的危害程度。病原微生物可能在低于5 000个/mL就会对猪产生危害，而非病原微生物可能在大大高于此浓度时对猪的健康仍然没有危害。

（三）水的硬度对猪健康及生长性能的影响

水的硬度主要是由多价金属离子如钙离子和镁离子造成的。多价金属离子浓度小于60 mg/L的水被认为是软水，多价阳离子浓度为120~180 mg/L时被认为是硬水，而多价阳离子浓度大于180 mg/L则是极硬水。通常情况下，水的硬度对猪的生产性能及健康影响不大。极硬水能为妊娠母猪提供钙需要量的29%。但是由于硬度太大会导致输水系统中水垢增加，造成输水系统障碍。因此，需要对水质较硬的水进行软化处理，通常采用离子交换装置，可用钠离子替代水中的钙离子和镁离子（NRC，2012）。

参考文献

Anderson J S, Anderson D M, Murphy J M, 1994. The effect of water quality on nutrient availability for grower/finisher pigs [J]. Canadian Journal of Animal Science, 74: 141-148.

Brooks P H, Carpenter J L, 1993. The water requirement of growing/finishing pigs: theoretical and practical considerations [M]//Cole D J, Haresign W, Gamsworthv P C, ed. Recent developments in pig nutrition. Louehboroueh. UK: Nottineham University Press.

Deutsch L, Falkenmark M, Gordon L, et al, 2010. Water–mediated ecological consequences of intensification and expansion of livestock production [M]//Stein H, Mooney H A, Schneider F, et al ed. Livestock in a changing landscape, Volume I: Drivers, Conseguences, and Responses. Washington DC: Island Press.

Fraser D, Patience J F, Phillips P A, et al, 1993. Water for piglets and lactating sows: quantity, quality and quandaries [M]//Cole D J, Haresign W, Gamsworthy P C, ed. Recent developments in pig nutrition. Loughborough, UK: Nottingham University Press.

Jeon J H, Yeon S C, Choi Y H, et al, 2006. Effects of chilled drinking water on the performance of lactating sows and their litters during high ambient temperatures under farm conditions [J]. Livestock Science, 105: 86-93.

Maenz D D, Patience J F, Wolynetz M S, 1994. The influence of the mineral level in drinking water and thermal environment on the performance and intestinal fluid flux of newly-weaned pigs [J]. Journal of Animal Science, 72: 300-308.

McLeese J M, Tremblay M L, Patience J F, et al, 1992. Water intake patterns in the weanling pig: Effect of water quality, antibiotics and probiotics [J]. Animal Production, 54: 135-142.

Mroz Z A, Jongbloed W A W, Lenis N P, et al, 1995. Water in pig nutrition: Physiology, allowances and environmental implications [J]. Nutrition Research Reviews, 8: 137-164.

NRC, 2012. Water requirements. in agriculture and natural resources [S]. Washirgton, DC: National Academy Press.

Ogunbameru B O, Komegay E T, Wood C M, 1991. A comparison of drip and non-drip nipple waterers used by weanling pigs [J]. Canadian Journal of Arsimal Science, 71: 581-583.

Patience J F, Beaulieu A D. Gillis D A, 2004. The impact of ground water high in sulfates on the growth performance, nutrient utilization, and tissue mineral levels of pigs housed under commercial conditions [J]. Journal of Swine Health and Production, 12: 228-236.

Peng J J, Somes S A, Rozeboom D W, 2007. Effect of system of feeding and watering on performance of lactating sows [J]. Journal of Animal Science, 85: 853-860.

Phillips P A, Fraser D, 1990. Water bowl size for newborn pigs [J]. Applied Engineering in Agriculture, 6: 79-81.

Phillips P A, Fraser D, 1991. Discovery of selected water dispensers by newborn pigs [J]. Canadian Journal of Animal Science, 71: 233-236.

Phillips P A, Fraser D, Thompson B K, 1990. The influence of water nipple flow rate and position and room temperature on sow water intake and spillage [J]. Applied Engineering in Agriculture, 6: 75-78.

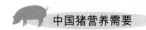

Seynaeve M, de Wilde R, Jaussens G, et al, 1996. The influence of dietary salt level on water consumption, farrowing, and reproductive performance of lactating sows [J]. Journal of Animal Science, 74: 1047-1055.

Thulin A H, Brumm M C, 1991. Water: The forgotten nutrient [M]//Miller E R, Ullrey D E, Lewis A J, (eds). Swine Nutrition. Stoneham, MA: Butterworth-I'einemann.

第八章 营养与繁殖

种猪繁殖性能低下一直是制约我国养猪生产的关键因素。与国外先进水平相比，我国种猪的生产性能至少低30%。母猪繁殖力的体现包括后备母猪的成功培育、妊娠和哺乳母乳的健康高效生产。种猪生产过程中，后备母猪是维持种猪群正常生产所必需，适宜的营养与饲养技术影响到后备母猪适时情期启动、良好的卵泡发育和适宜初配体况，这些因素不仅影响配种进程，对于早期胚胎存活、产仔数及母猪终生繁殖性能都具有重要作用。妊娠母猪是养猪生产的关键环节，妊娠早期的饲养目标是确保母猪胚胎存活数最大化，妊娠中期保证母体具有适宜的体贮，而妊娠后期则需要维持胎儿和乳腺的良好发育。因此，妊娠期营养是以胚胎存活数最大化及胎儿正常生长发育为目标，维持母猪适宜体况、良好的乳腺发育和健康状况。对于泌乳母猪而言，需要更多的营养来满足机体自身维持和产奶需要。然而，由于受采食量的限制，母猪动员体组织供机体需要的程度增加，降低了母猪泌乳性能，延长了断奶发情间隔。因此，泌乳母猪需要合理的营养与饲养管理，以达到改善母猪泌乳性能、体况和断奶至发情间隔的饲养目标。母猪繁殖力的充分发挥需要种公猪的有效配合，重视和加强种公猪的营养与饲养管理，使其保持适宜膘情、健壮体质、旺盛的性欲和良好的精液品质显得尤为重要。本章就上述问题展开系统的讨论。

第一节 能量与繁殖

一、能量对后备母猪的影响

后备母猪的培育是保证种猪群维持生产所必需。我国养猪生产中后备母猪不发情或发情推迟的比例达20%～30%，后备母猪年更新率更高达40%～50%，问题严峻。优秀后备母猪的培育是养猪生产中面临的极大挑战。由于培育目的不同，后备母猪的营养需要与生长育肥猪存在很大差异。后备母猪在培育前期需要有足够的矿物质元素供给，保证其骨骼的健康发育，培育后期则需要在保证合理体贮备的同时，控制能量摄入避免长得过肥影响后期繁殖成绩，从而为后备母猪良好的卵泡发育和适时的初情启动打下基础。

（一）后备母猪能量需要的组成

后备母猪摄入的能量首先满足其维持需要，其余部分用于体蛋白质、体脂肪的沉积以及应对环境温度变化导致的维持需要变化。

1. 维持　维持代谢能需要量（ME_m）包括维持机体所有功能和适度活动所需的能量，通常以代谢体重（aBW^b）为基础表示，但至今对方程中的幂值（b）仍存在争议，目前多以 $BW^{0.75}$ 为基础来表示 ME_m（ARC，1981；NRC，1998）。也有人认为以 $BW^{0.42\sim0.75}$ 表示更为合适（Noblet 等，1994，1999）。NRC（2012）在预测生长育肥猪 ME_m 时，幂值取 0.60。

NRC（1998）对生长猪的 ME_m 需要建议为 443.7 kJ/kg $BW^{0.75}$，而 NRC（2012）将生长猪 ME_m 需要调整为 824.6 kJ/kg $BW^{0.6}$。目前鲜有针对后备母猪维持需要的相关数据支持，本书第二十二章采用了 824.6 kJ/kg $BW^{0.6}$ 来估测后备母猪的 ME_m 需要。

2. 体温调节　上述维持能量消耗主要适用于适宜温度环境下的后备母猪。而实际生产中受季节变化及我国大跨度的经纬度影响，常存在低于下限临界温度（LCT）或高于上限临界温度（UCT）的情况，这些异常温度环境影响猪的产热/损失和代谢能采食量（MEI）。LCT 和 UCT 间是等温区，在这种温度下猪的产热量相对稳定，环境温度高于 UCT，则后备猪采食量降低。猪的有效环境温度每高于 UCT 1 ℃，消化能采食量下降 1.7%，低于 LCT 后备母猪采食量增加（NRC，1998）。比 LCT（18~20 ℃）下限每低 1 ℃，每千克代谢体重（$W^{0.75}$）产热量增加 15.5~18.8 kJ（Close 和 Poorman，1993），用于维持体温的能量需要增加量约为维持需要的 4%。同时，猪的采食量对环境温度的反应还受到猪和环境互作的影响（如温度、风速、栏舍材料和饲养密度）。

此外，体重（Noblet 等，2001；Meisinger，2010）和 MEI（Whittemore 等，2001）会影响 LCT 和 UCT。猪的采食量从维持增加到 3 倍维持时，60 kg 以上猪的 LCT 降低 6~10 ℃（Holmes 和 Close，1997）。

3. 活动量　生理活动影响机体产热，但目前没有相关资料研究后备母猪活动量对产热的影响。生长猪上的研究发现，运动使猪的产热明显增加（Close and Poorman，1993）。因此，通过改善后备母猪福利减少其不正常活动（如刻板行为），可减少不必要的能量支出。猪每采食 1 kg 饲料需要消耗 100.5~146.5 kJ 的 ME（Noblet 等，1993）。

4. 生长　生长为母猪后备阶段的主要能量消耗。生长的结果表现为蛋白质和脂肪的沉积，因而生长所需的能量可剖分为蛋白质沉积和脂肪沉积需要，代谢能用于沉积蛋白质（k_p）和脂肪（k_f）的效率分别为 0.36~0.57 和 0.57~0.81。取均值表示则蛋白质沉积所需 ME 为 44.35 kJ/g，脂肪沉积所需 ME 为 52.3 kJ/g（NRC，2012）。

k_p 和 k_f 值受饲粮组成和生长模式的影响。k_p 值主要受合成蛋白质的底物组成和蛋白质的沉积量及其速率的影响（Whittemore 等，2001），而 k_f 的整体效率则取决于沉积脂肪的组成、脂肪组织的周转和脂肪前体物质的组成（Birkett 和 de Lange，2001；Whittemore 等，2001）。

5. 繁殖系统发育 后备母猪的繁殖系统发育起源于胚胎期，妊娠 18 d 即可观察到胎猪的生殖嵴。瘦肉型猪种的胎儿早在妊娠 50 d 左右便形成了原始卵泡，90 d 左右原始卵泡转化为初级卵泡（Xu 等，2015），而出生后 60 d 卵巢基本无变化，75 d 后卵巢表面才开始有卵泡突出（窦状卵泡）（Miyano 等，1990），在初情期前卵巢生理活动才显得开始活跃。后备母猪的子宫发育同样起源于胚胎期，生后随着后备母猪体重的增加子宫重量有一定增加，而迅速生长则发生在受孕胚胎着床之后。目前鲜有资料研究后备母猪繁殖系统发育所需的能值，通常情况下，根据育肥猪的能量需要组成方式计算后备母猪的能量需要。

（二）后备母猪能量供给与饲养实践

1. 能量水平

（1）能量水平对后备母猪初情期启动的影响　母猪的情期启动只有在营养充足、机体处于合成代谢时才能发生和维持。在营养不足的条件下，机体会优先保证生存的需要而使繁殖活动受到抑制（Zhou 等，2014）。提高后备母猪饲粮能量水平，可以提高血液中瘦素浓度，增强下丘脑弓状核（ARC）区域瘦素信号，使后备母猪的初情日龄提前；而能量负平衡导致后备母猪发情推迟甚至乏情（Zhou 等，2014）。与自由采食相比，后备母猪限饲延长母猪初情日龄，降低发情比例（Miller 等，2011）。限饲严重时导致后备母猪不发情，且不发情母猪血清前列腺素（PG）和雌二醇（E_2）浓度显著降低（Xu 等，2015）。

吴德等（2014）认为，母猪组织和器官发育到一定阈值后才能启动情期。周平等（2009）发现，背膘厚和体脂含量与母猪发情率之间存在极显著正相关关系。但 Tummaruk 等（2008）报道，后备母猪背膘厚和初情日龄间相关关系不显著，但通过对 18 头大白猪和 57 头长白猪的统计发现，后备母猪背膘厚在 11.0～12.0 mm 的平均初情日龄最早，这与 Tummaruk 等（2007）的研究结果类似。虽然后备母猪初情时背膘厚度有一定差异，但一致的研究结果是，后备母猪只有达到一定的体贮备才能进行初情启动。由此可见，只有提供充足的能量，保证后备母猪机体的正常生长发育，才能促进其初情启动的顺利完成。

（2）能量水平对后备母猪卵巢发育的影响　卵巢的基本功能是支持卵母细胞和卵泡发育。卵泡是卵巢的功能单位，猪卵泡发育始于胚胎期，至成熟排卵将经历一个复杂的生理过程，并受内分泌、旁分泌和基因等多种因素的调控。能量是介导卵巢发育的关键因子，对母猪的排卵率、卵泡大小和卵母细胞质量都有重要的影响。

研究发现，血浆葡萄糖、甘油三酯浓度高时，其在卵泡液中的浓度也会提高（Sutton-Mcdowall 等，2014）。而血浆葡萄糖浓度的升高，可刺激卵泡生长，增加卵泡数量，并提高卵泡液中相关生殖激素的水平；甘油三酯浓度的升高可促进后备母猪的排卵（Zhou 等，2010；Brogan 等，2011）。王延忠（2008）研究发现，随着饲粮能量水平升高，后备母猪的大卵泡数增多，卵丘扩散程度和卵母细胞体外成熟的比例最高。饲粮能量严重不足导致卵泡发育受阻，并使卵母细胞分裂能力下降（Wettere 等，2011）。饲粮能量水平的提高可促进后备母猪血液中胰岛素样生长因子-1（IGF-1）和促黄体生成素（LH）的分泌，增加大卵泡数和卵泡液中 IGF-1和雌二醇的浓度（周东胜等，2009）。卵泡发育主要受促性腺激素的调节，特别是 LH 对排卵前卵泡的发育起决定性作用。卵巢和卵泡均有 IGF-1 受体表达，IGF-1能直接作用于卵巢，影响卵泡发育。适度的能量限饲不影响体内卵泡发育和卵母细胞的成熟（Swinbourne 等，2014）。因此，保证适当的能量供应，有利于促进后备母猪卵巢发育及卵泡和卵母细胞成熟。

长期的饲养实践表明，为配种前的母猪提供较高能量水平（维持能量需要基础上提高 30%～100%）的饲粮可以促进排卵，即生产上所说的"催情补饲"或"短期优饲"。催情补饲的效果与母猪的体况直接相关，一般在配种前 10～14 d 比较合适。催情补饲对体况不佳、排卵率低的母猪效果明显，对产仔数高、泌乳力强和哺乳期失重大的母猪也同样明显。

2. 能量来源 淀粉和油脂是饲料中能量的主要来源。研究表明，以脂肪为能量来源的后备母猪初情日龄早于淀粉能量来源，而淀粉和油脂对卵泡数目无影响，但以淀粉为能量来源时提高了卵母细胞成熟比例，对后期胚胎发育有重要作用（王延忠等，2008；周平等，2009；石晓琳等，2013；周东胜，2013）。然而也有不一致的报道，有研究发现油脂为能量来源时显著增加后备母猪卵泡数，提高排卵率（Zhou 等，2010）。这可能是因为一方面饲粮添加脂肪和淀粉相比，代谢过程中产热较低，有利于提高脂肪向体脂的转化效率，增加体脂贮备；另一方面饲粮中增加脂肪提高了血液中甘油三酯、胆固醇的浓度，而胆固醇是体内卵巢合成雌激素的前体物，从而有利于 E_2 的分泌和后备母猪的初情启动（周东胜等，2009）。Almeida 等（2014）也发现，淀粉和豆油对发情期小母猪血液胰岛素的调控作用不同，在发情期的黄体后期和小卵泡阶段以淀粉作为主要能量来源可以改善后备母猪的繁殖效率。然而具体的调节机制还有待进一步研究。

纤维除了作为能量来源外，在母猪上还有着特殊的营养生理作用。石晓琳（2013）、周东胜（2013）给 LY 后备母猪饲喂额外添加 0.8% 的亚麻籽胶或果胶（前期 35 g/d，后期 30 g/d）的饲粮，结果发现，纤维组后备母猪初情体重低于对照组，发情率高于对照组，且发情时间较对照组更为集中；母猪 100 kg 时血液中 kisspeptin 浓度高于对照组；纤维组初配前（第三发情期）血清和卵泡液 E_2 浓度低于对照组，而纤维组子宫体长度、卵巢大卵泡数、黄体数、卵泡液重量和卵泡液中瘦素（leptin）浓度高于对照组，同时纤维处理组上调了下丘脑 KISS1/GPR54 系统相关基因表达，进而改善了后备母猪初情期启动和卵泡发育。

综上，能量对后备母猪的初情启动以及卵巢和卵泡的发育具有重要影响，表 8-1 对相关文献进行了总结。针对不同的生产情况，在调整好饲粮能量水平的同时，选取适宜能量来源保证饲粮中脂肪与淀粉的比例为 1∶4，且添加适量纤维，可以更有效挖掘后备母猪的繁殖潜力。

第八章 营养与繁殖

表 8-1 能量水平及来源对后备母猪初情启动以及卵巢和卵泡发育的影响

能量来源、水平	饲喂量	初始体重、日龄	初情体重、日龄	发情比例（%）	大卵泡数比例（>4 mm）及卵母细胞成熟比例（%）	资料来源
油脂：55~100 kg：1.8；100 kg 至发情，2.1	55~100 kg，基础+270 g/d；100 kg 至发情，基础+340 g/d	55 kg；104 d	对照：191.3 d；高能：179 d	180 d：13 和 47；190 d：47 和 73；210 d：93 和 87	—	Zhou 等（2014）
牛油，AL，自由采食；Res，断奶至 123 d 自由采食，123~235 d，采食 75% AL	自由采食，限饲	断奶	AL：174.5 d；Res：177.5 d	98 和 91	—	Miller 等（2011）
营养限饲	对照：2.86 kg/d；限饲：1 kg/d	122.40 kg，124.05 kg；第二情期	—	发情紊乱	—	Xu 等（2015）
脂肪、淀粉；60~80 kg，2.8，3.2，3.6 倍维持需要；80 kg 至初配前，2.45，2.8，3.15 倍维持需要	—	59 kg；147 d	水平：208 d，217.5 d，206.6 d；来源：217.5 d，205.5 d	水平：77.8，93.2，100；来源：217.5，205.5	—	周平等（2009）
脂肪、淀粉；87.5%，100%，112.5% NRC	—	59 kg；147 d	淀粉：202.4 d，193.4 d，204.2 d；油脂：193.4 d，203.4 d，194.6 d	—	淀粉：19.6，21.4，25.9；油脂：18.6，20.7，25.6；淀粉：67.51，74.96，83.65；油脂：60.48，66.59，76.92	王延忠等（2008）；Zhou 等（2010）
脂肪、淀粉；50~80 kg：2.2；80 kg 至初情，2.5	—	不同体重 55 kg：70 kg；淀粉：132 d，150 d；脂肪：37 d，154 d	淀粉：120.03 kg，121.07 kg；236 d，233 d；脂肪：126.36 kg，130.35 kg；224 d，225 d	—	—	石晓琳等（2013）

（三）后备母猪能量需要预测模型

由于培育目的不同，后备母猪在培育后期能量需要与生长育肥猪存在很大差异，因而有必要针对后备母猪建立专门的能量需要模型。但从目前的研究来看，后备母猪能量需要的资料非常有限，难于根据现有资料形成后备母猪能量需要的模型。结合现有资料推荐后备母猪全阶段生长速度不低于 550 g/d，不超过 850 g/d；首次配种体重 135～170 kg，日龄 220～270 d，背膘厚度 12～18 mm，体况评分 3～3.5（Farmer，2015）。

本书第二十二章中的瘦肉型后备母猪能量需要计算方法参考生长育肥猪。为保证后备母猪后期适宜的配种体况，建议后备母猪 75 kg 后开始限饲，以避免后期生长过快、过肥影响繁殖性能。

二、能量对妊娠母猪的影响

（一）妊娠母猪能量需要组成

1. 维持 妊娠母猪摄入的能量超过 75% 用于维持，在气候条件恶劣或母猪体重较大时，摄入能量用于维持的比例甚至超过 90%（Noblet 等，1990），而用于妊娠本身（子宫、胎盘、胎儿和乳腺生长）的能量需要则不超过母猪 ME_m 摄入量的 10%（Noblet 等，1997）。

维持能量需要通常用代谢体重为基础的数学方程（aBW^b）来表示。但方程中的幂值迄今仍有许多争论。过去多用 $BW^{0.75}$ 为基础来表示 ME_m（ARC，1981；NRC，1998）。然而，也有许多研究者认为应采用不同的幂值，如 0.54～0.75、0.60（Milgen 等，1998；Noblet 等，1999）。NRC（2012）在预测生长育肥猪和妊娠母猪 ME_m 时，幂值分别取 0.60 和 0.75。

NRC（1998）和 Dourmad 等（2008）对妊娠母猪的 ME_m 分别建议为 443.5 kJ/kg $BW^{0.75}$ 和 439.3 kJ/kg $BW^{0.75}$，NRC（2012）则将妊娠母猪 ME_m 调低为 418.4 kJ/kg $BW^{0.75}$，但未说明调整原因。由于缺乏更多的研究数据支持，本书仍将妊娠母猪 ME_m 建议为 439.3 kJ/kg $BW^{0.75}$。

近年来，也有一些研究者开始着手重新评估现代高产妊娠母猪的 ME_m。Samuel 等（2007）研究指出，现代瘦肉型高产母猪的 ME_m 为 506.3 kJ/kg $BW^{0.75}$，这一研究结果比 NRC（2012）推荐值高出 14%。作者推断，ME_m 需要的这种差异部分是由于现代母猪瘦肉重量和蛋白质周转增加所致。

2. 体温调节 单栏饲养妊娠母猪的下限临界温度（LCT）为 20～23 ℃，最适温度为 20 ℃（NRC，1998）。妊娠母猪 LCT 相对较高的主要原因是妊娠期能量摄入量（饲喂量）较低。当气候条件不良（如存在贼风或采用水泥漏缝地板）或母猪极度消瘦时，LCT 更高，垫料、增加饲喂量或群养会降低妊娠母猪的 LCT。例如，与单栏饲养相比，群养母猪的 LCT 降低 6 ℃。当环境温度低于 LCT 时，能量摄入增加有助于母猪增加产热、维持体温。当环境温度低于 20 ℃时，每低 1 ℃，妊娠母猪 ME 需要量增加 18.8 kJ/kg $BW^{0.75}$（NRC，1998）。由于妊娠母猪一般采取限制饲喂，通常无须考虑环境温度高于 LCT 时对 ME_m 或 ME 摄入量的影响。然而,需要指出的是,我国幅员辽阔,经纬度跨度大,环境温度变化对妊娠母猪 ME_m 的影响不容忽视,在生产实践中应当引起重视,根据环境温度变化适当调整妊娠母猪饲喂量,以满足其能量需要。

3. 活动量 生理活动同样影响机体产热。与相对安静时相比,运动可使猪的产热明显增加。母猪每站立 100 min,ME 需要增加 27.2 kJ/$BW^{0.75}$ (Noblet 等,1993)。

4. 母体增重 妊娠期母体增重主要发生在妊娠前期和中期。在 NRC(1998)妊娠母猪模型中,母体增重通过妊娠期体增重与孕体增重之间的差值来计算,在 114 d 妊娠期内每个胎儿对应的孕体产物增重为 2.28 kg。母体增重又可进一步划分为瘦肉组织增重和体脂肪增重。每 1 g 体蛋白质和体脂肪沉积分别需要 44.4 kJ 和 52.3 kJ 的 ME。NRC(2012)妊娠母猪模型则将母体蛋白质沉积划分为时间依赖性蛋白质沉积和能量摄入依赖性蛋白质沉积两个部分,体脂肪沉积通过妊娠期体增重与母体蛋白质沉积和孕体重量之间的差值来计算,也可以根据母体空腹体重和 P2 点背膘厚通过动态模拟模型来预测。

20 世纪 80 年代,营养学家建议 3~4 胎以前的母猪每次妊娠的母体净增重应为 25 kg,相当于妊娠期体增重 45 kg。但是,遗传选育的不断进步使得现代高产母猪体型更大,产仔数更多,仔猪初生重也有所提高,因此妊娠期的体增重也应随之增加。Close 和 Cole(2000)指出,现代高产母猪第 1 次妊娠时净增重应为 40~50 kg,相当于体增重 60~70 kg。最近的研究表明,现代大白和长白母猪最佳首配体重均为 131~170 kg,而适宜的首配日龄则分别为 231~270 d 和 231~260 d(Vidović 等,2011),首配体重在 138~170 kg 间变化时,母猪窝产仔数的差异非常小(Gadd,2015)。因此,考虑到尽可能减少后备母猪饲养总成本和增加其利用年限以及我国实际生产情况,本书第二十三章推荐的瘦肉型妊娠母猪营养需要量将首配体重设定为 135 kg,第 1、2、3 胎和 4 胎及其以上母猪妊娠期体增重分别设定为 63 kg、60 kg、55 kg 和 45 kg,窝总产仔数分别设定为 11 头、12 头、13 头和 13 头。

需要指出的是,后备母猪适宜的首配体重应结合品种和遗传潜力来确定。一般而言,随着母猪选育强度的增加和遗传潜力的提高,母猪的首配体重也应适当提高。例如,在良好的管理、环境和营养条件下,荷兰托佩克 TN70 母猪窝总产仔数和窝活产仔数的潜力可分别超过 16 头和 15 头,远高于目前国内母猪产仔数平均水平,其建议首配体重也相应提高至 150~160 kg(www.topigsnorsvin.com)。

5. 孕体生长 子宫组织(胎儿、胎盘、羊水和空子宫)的能量沉积取决于妊娠阶段和窝产仔数。在妊娠期的前 1/3 时间里,能量沉积的速度相对较慢,且主要沉积于胎盘、羊水和空子宫本身;此后能量沉积速度开始加快,胎儿的能量沉积逐渐占据主导地位(Noblet 等,1997)。

在 114 d 的妊娠期内,每个胎儿及其对应孕体产物(胎盘、羊水)每天需要 149.8 kJ ME(NRC,1998)。NRC(2012)则用指数方程来描述孕体的生长及其能量含量。对于一头产仔数为 12 头的母猪,沉积到胎儿的能量约为 63.6 MJ/头母猪,或者 5.44 MJ/头仔猪。子宫组织能量沉积的数量比较容易准确测定,而 ME 用于孕体生长的能量利用效率则难以测定,一般推荐该值为 0.5(NRC,2012)。

(二) 妊娠母猪能量供给与饲养实践

妊娠母猪能量需要或饲喂量受配种体重、妊娠期预期体增重以及其他一些管理或环境因素的影响（NRC，1998）。

关于妊娠母猪饲喂阶段的划分，目前国际上尚未形成统一标准。NRC（1998）推荐在整个妊娠期采取均衡饲喂，这一建议主要是基于一项早期的研究结果，该研究认为，妊娠期总饲喂量是一项比饲喂模式更为重要的母猪繁殖性能控制指标。然而，近年来的研究表明，母猪妊娠前、后期的养分需要存在显著差异（McMillan 等，2003；Srichana，2006；Moehn 等，2008；Kim 等，2009），整个妊娠期均衡饲喂的做法正受到越来越多的质疑。NRC（2012）对此进行了修正，将妊娠期划分为妊娠前中期（0～89 d）和妊娠后期（90 d 至分娩），并推荐实行分阶段饲喂。目前，在各国妊娠母猪饲养实践中，部分养殖场将妊娠期分为妊娠早期（1～28 d）、妊娠中期（29～84 d）和妊娠后期（85 d 至分娩）三个阶段。

1. 妊娠早期（1～28 d） 母猪配种时，精子和卵子在输卵管中结合，3～4 d 后受精卵进入子宫，6～8 d 时发育为囊胚，囊胚在 12～13 d 时开始合成雌激素，与母体间建立联系。胚胎定殖则发生在妊娠 14～20 d（Tauson，2012）。胚胎定殖是渐进性的，在这一过程中，胚胎在子宫内的位置逐渐固定，并与母体间建立起物质和功能上的联系。由于涉及胚胎定殖，妊娠早期是胚胎存活的关键时期。因此，这一时期的饲养目标是最大限度地提高胚胎存活率，确保窝产仔数。

一些较早的研究认为，妊娠早期增加饲喂量降低了胚胎存活率（Jindal 等，1996，1997），但更多的研究认为妊娠早期饲喂量对胚胎存活率无影响（Ashworth 等，1999；Quesnel 等，2010；Hoving 等，2012；Athorn 等，2013a），甚至可提高胚胎存活率（Athorn 等，2011，2013b；Condous 等，2013）。

较早在猪和绵羊上的研究认为，营养水平可能是通过改变肝脏的代谢清除率来影响外周孕酮水平，进而影响妊娠早期胚胎存活率的。然而近年来有研究发现，供应子宫的孕酮除了来自外周血之外，还存在着卵巢通过反向转运和淋巴途径向子宫直接供应孕酮这一途径（Krzymowski 等，1990；Athorn 等，2011）。由于这种局部的孕酮供应是直接的，因而不受肝脏代谢的影响。配种后增加饲喂量降低外周血孕酮水平（Prime 和 Symonds，1993；Jindal 等，1996），但同时使卵巢孕酮分泌以及直接向子宫供应的增加（Athorn 等，2013c）。外周血孕酮（分泌与清除过程同时存在）与卵巢局部供应二者之间的净效率，决定了子宫最终所能获得的孕酮水平，进而影响早期胚胎存活。

表 8-2 总结了妊娠早期增加饲喂量或能量摄入对胚胎存活率和窝产仔数影响的研究资料。总体来看，近年来的众多研究更倾向于妊娠早期适当增加饲喂量并不影响胚胎存活率和下一胎窝产仔数。但从实践的角度看，没有必要刻意增加初产母猪妊娠早期饲喂量。一般来说，供给妊娠早期母猪维持能量需要的 1～1.2 倍便可满足其能量需要。但是，对于上一个泌乳期体重损失较大的经产母猪，则应在妊娠早期适当增加饲喂量，以促使其尽快恢复体贮。

表 8-2 妊娠早期增加饲喂量或能量摄入对胚胎存活率和窝产仔数的影响

胎次	试验处理开始时间	采样时间 (d)	饲喂量 (kg)		胚胎存活率 (%)			资料来源
			低	高	低	高	显著性	
经产	配种后 2 d	25	1.8	3.6	76	78		Kirkwood 等（1990）
初产	配种后 1 d	30	1.25	2.5	83	85		Dyck 等（1991）
初产	配种开始	9～11	1.5	+1 kg 淀粉	76	79		Cassar 等（1994）
初产	配种开始	25	1.5	+1 kg 淀粉	81	74		
初产	配种后 1～10 d	25	1.25	2.5	88	87		Dyck 和 Kennedy（1995）
初产	配种后 1 d	25～31	1.9	2.6	86	67	$P<0.05$	Jindal 等（1996）
初产	配种后 1 d	3～5	1.7	2.3	87	74	$P<0.05$	Jindal 等（1997）
初产	配种后 1 d	11～12	1.7	2.3	80	72	$P=0.14$	
初产	配种后 1 d	12	1.15	3.5	86	83		Ashworth 等（1999）
初产	配种后 1 d	5～12	2.5	4.0	74	78		Soede 等（1999）
初产	配种后 1～7 d	27	2.0	4.0	87	84		Quesnel 等（2010）
初产	配种后开始	35	1.4	2.8	65	73	$P<0.05$	Athorn 等（2011）
经产	配种后 3～32 d	35	2.5	3.25	72	73		Hoving 等（2012）
初产	配种后开始	10	1.5	2.8	77	92	$P<0.05$	Athorn 等（2013b）
初产	配种后 0～26 d	35	1.5	2.8	80	77		Athorn 等（2013a）
初产	配种后开始	25	1.4	2.1	78	88	$P<0.05$	Condous 等（2013）
			总产仔数（头）					
经产	配种后 3～32 d		2.5	3.25	13.2	15.2	$P<0.05$	Hoving 等（2011）
			1.6	3.2	11.5	11.2		Langendijk 等（2011）
			2.0	3.0	12.1	12.2		Athorn 等（2011）
			2.3	4.6	17.5	17.5		Sorensen 等（2013）

2. 妊娠中期（29～84 d） 胎儿肌纤维和母猪乳腺主要在妊娠中期发育。在这一时期，初产母猪需要实现适度的自身生长，而经产母猪则需恢复体贮，故母猪的能量需要较妊娠早期高。因此，这一时期应适当增加母猪饲喂量或能量摄入，以满足母体生长、体况恢复、胎儿和乳腺发育的需要。能量摄入过低将降低仔猪初生重并导致母猪过早淘汰，但能量摄入过高或过度饲喂将导致母猪过肥，同样影响其繁殖寿命。

胎儿的初级肌纤维从妊娠 35 d 开始发育，持续到妊娠 55 d，此后次级肌纤维开始发育，至妊娠 90～95 d 时胎儿肌纤维的数量基本确定（Foxcroft 等，2006）。由于初级肌纤维的发育不易受到环境因素和母体营养的影响（Gatford 等，2003），近年来许多研究者试图通过在妊娠中期即次级肌纤维发育期（50～90 d）增加母猪饲喂量来提高仔猪初生重进而改善其生后生长性能，然而多数研究未能获得预期的改善效果（Musser 等，2006；Cerisuelo 等，2008；McNamara 等，2011；Amdi 等，2014；Thingnes 等，2015）。

妊娠母猪乳腺组织和 DNA 的沉积主要发生在妊娠期后 1/3 时间里（Sorensen 等，2002）。母猪妊娠 112 d 的乳腺重量较妊娠 45 d 显著增加，且乳腺组织的加速沉积主要发生在妊娠 75 d 以后（Ji 等，2006）。妊娠 75~90 d 为乳腺发育关键期，如果在这一时期母猪 ME 摄入过高（43.9 MJ/d 和 24.1 MJ/d），将减少乳腺实质的重量和 DNA 数量，可能降低下一个泌乳期的产奶量（Weldon 等，1991）。

由于妊娠中期胎儿损失的发生概率相对较小，实践中一般在这一时期根据母猪的体况适当调整饲喂量，以保证分娩时的适宜体况，这对于在上一个泌乳期体重损失较大的母猪尤为必要。母猪体况一般用体况评分或 P2 点背膘厚来衡量。分娩时母猪理想的体况评分为 3 分（NSNG，2010）。目前，对于分娩时最佳 P2 点背膘厚究竟是 16~18 mm 还是 18~20 mm 还存在争议，但比较一致的看法是，分娩时母猪 P2 点背膘厚大于 24 mm 或小于 15 mm 都将降低其繁殖性能，生产实践中应尽量避免这两种情形的发生。

近年来，仅凭体况评分来决定妊娠母猪饲喂量的做法正在受到越来越多的质疑。首先，研究发现体况评分与 P2 点背膘厚的相关性很小。例如，对于体况评分同为 3 分的母猪，其 P2 点背膘厚在 8~31 mm 之内变动（Young 等，2001）。其次，体况评分会受到猪群整体体况的影响，对于同一头母猪，不同的评分者可能会给出不同的评分结果。再次，高强度的遗传选育使得现代高产母猪的体型和体组成（体蛋白质和体脂肪比例）发生了很大的变化，对于那些高瘦肉型母猪，往往存在目测体况较好但实际背膘厚很低的现象（即"看起来不瘦但背膘很薄"），这进一步降低了体况评分的准确性。更为重要的是，妊娠母猪摄入能量的 75%~90% 用于维持，然而在根据体况评分确定饲喂量时，并未将母猪体重这一重要因素考虑在内，从而可能出现同一体况评分而体重差异很大的两头妊娠母猪均给予相同饲喂量的情况，这显然是不科学的。近年来，美国发展了一种基于体重和背膘厚变化的妊娠母猪饲喂技术，使得妊娠母猪的饲喂较单纯依靠体况评分更为精准（Young 和 Aherne，2005）。

3. **妊娠后期**（85 d 至分娩） 在妊娠后期，胎儿和母猪乳腺发育速度加快。与妊娠 70 d 前相比，妊娠 70 d 后胎儿重和胎儿平均蛋白质沉积速度分别增加 5 倍和 19 倍，妊娠 90 d 以后胎儿的生长尤为迅速（McPherson 等，2004）。与妊娠 60 d 相比，妊娠第 75 天和 112 天的乳腺湿重分别增加 5%（1.6 kg 和 1.5 kg）和 180%（4.2 kg 和 1.5 kg）；单个乳腺在妊娠 75 d 后的平均蛋白质沉积速度较之前增加 135 倍（1.05 g/d 和 0.08 g/d）（Ji 等，2006）。虽然妊娠后期母体增重速度远低于妊娠前期和中期，但仍然存在不同程度的增重。因此，与妊娠前期和中期相比，妊娠后期母猪对能量和氨基酸的需要均有不同程度的增加。

妊娠母猪 ME 摄入量超过 25.1 MJ/d 时，随着能量摄入量的增加母体增重相应提高，但产仔数一般不受影响（NRC，1998）。随着饲喂量或能量摄入量增加，仔猪初生重逐渐增加，但当 ME 摄入量超过 25.1 MJ/d 时，仔猪初生重的增加幅度很小（NRC，1998），这可能与胎儿生长在养分分配中的优先顺序有关。当能量供应或其他养分供应不足时，母体将动员体组织以满足胎儿和其他繁殖组织所需（Theil 等，2012）。实际上，只有在母猪能量和蛋白质摄入受到严重限制时，孕体生长才会受到影响。当能量摄入不能满足维持、孕体生长和母体蛋白质沉积所需时，母体将动员脂肪（NRC，2012）。近年来，随着遗传选育和养猪生产的发展，母猪产仔数和仔猪初生重均有不同程度的提高，妊娠期获得胎儿最大生长的 ME 摄入量应提高至 27.2 MJ/d，但必须根据母猪胎次（体重）、产仔数、平均初生重及泌乳期天数等因素进行校正（NRC，2012）。

NSNG（2010）则指出，当妊娠母猪 ME 摄入量在 25.1～41.8 MJ/d 时，仔猪初生重的变化幅度很小，饲喂水平对胎儿体组成的影响也很小。

鉴于仔猪初生重对其存活和以后健康生长的重要性，妊娠后期增加能量摄入或饲喂量对仔猪初生重的影响引起了人们越来越多的关注。有研究发现，妊娠 90 d 至分娩每天增加 1.36 kg 的饲喂量提高了仔猪初生重。有研究结果同样发现，妊娠后期增加饲喂量提高了初产母猪的仔猪初生重，但并未在经产母猪上观察到类似效果。但也有许多研究显示，妊娠后期增加饲喂量或能量摄入并未改善仔猪初生重（Miller 等，2000；van der Peet-Schwering 等，2004；King 等，2006；Laws 等，2007；Lawlor 等，2007；Heo 等，2008）。Gonçalves 等（2015）用 1 102 头初产和经产母猪在商业条件下进行的研究发现，增加能量摄入提高了仔猪的平均初生重，但改善幅度仅为胎次因素的 1/3（30 g 和 90 g）。表 8-3 总结了妊娠后期增加饲喂量或能量摄入量对仔猪初生重影响的研究结果。总体来说，妊娠后期增加能量摄入或饲喂量通常不能提高仔猪初生重或提高的幅度有限。

表 8-3 妊娠后期增加饲喂量或能量摄入对仔猪初生重的影响

胎次	处理阶段	饲喂量（kg） 低	饲喂量（kg） 高	初生重	资料来源
混合	妊娠 100 d 至分娩	2.3	3.9	—	Miller 等（2000）
经产	妊娠 85 d 至分娩	3.4	+360 g/d 淀粉或 164 g/d 脂肪	—	van der Peet-Schwering 等（2004）
经产	妊娠 66～101 d	2.6	3.4	—	King 等（2006）
经产	妊娠 60 d 至分娩	3.0	3.3	—	Laws 等（2007）
经产	妊娠 80～112 d	DE 30.1 MJ/d	DE 45.2 MJ/d	—	Lawlor 等（2007）
初产	妊娠 80 d 至分娩	ME 41.0 MJ/d	ME 42.7 MJ/d	—	Heo 等（2008）
混合	妊娠 90 d 至分娩	NE 18.8 MJ/d	NE 28.2 MJ/d	+（活仔）	Gonçalves 等（2015）

注："+"表示提高（$P<0.05$）；"—"表示无影响（$P>0.05$）。

鉴于妊娠后期母猪体重增加，胎儿和乳腺发育加速，这一时期母猪的能量需要较前、中期有所增加。在生产实践中，往往会适当增加这一阶段妊娠母猪的饲喂量。但应当指出的是，妊娠后期增加母猪饲喂量的目的，不应简单地局限于试图改善仔猪初生重（实际上这种改善幅度是相当有限的），而更应着眼于满足妊娠后期母猪逐渐增加的能量需要，减少低初生重仔猪的比例，提高仔猪活力，保证母猪适宜分娩体况和利用年限。对于增加饲喂量的开始时间，美国和欧洲存在一定的差异。美国推荐从妊娠 90 d 开始增加饲喂量（NRC，2012），而欧洲则一般建议从妊娠 85 d 开始增加饲喂量（CVB，2008；GfE，2008）。前者更多考虑的是避开妊娠母猪乳腺发育关键期（75～90 d），而后者则更多地从胎儿发育规律的角度考虑（胎儿从妊娠 70 d 开始快速生长）。在我国的妊娠母猪饲养实践中，妊娠后期饲喂量增加的开始时间并不统一，大多数养殖者习惯从妊娠 85 d 开始，也有一部分养殖者尤其是一些管理条件较好的规模场则在 90～95 d 才开始增加饲喂量。考虑到国内多数养殖者的习惯和猪场生产节律（一般以周为单位），本书仍推荐从妊娠 85 d 开始增加妊娠母猪饲喂量，但由于此时尚处于乳腺发育关键期，应避免大幅提高饲喂量或能量摄入，以确保乳腺发育。

在妊娠期的任何一个阶段，过度饲喂都是应当避免的，否则将导致泌乳期母猪采食量下降和体重损失增加（NRC，1998），这种效应可能是通过增加母猪妊娠后期的胰岛素抵抗而产生的（Wendon 等，1994；Xue 等，1997）。有研究还发现，妊娠母猪胰岛素抵抗增加还可能提高新生仔猪死亡率（Kemp 等，1996）。

近年来，纤维在妊娠母猪饲粮中的应用正引起越来越多的关注。在现代养猪体系中，妊娠母猪利用饲粮纤维的能力最强。由于纤维的能量含量较低，使得妊娠母猪可以摄入相对大量的含纤维饲粮而不至于显著增加其能量摄入量，从而控制其体增重（Noblet 和 Shi，1993）。在限制饲喂的情况下，饲粮纤维可增强妊娠母猪饱感（de Leeuw 等，2008）、缓解妊娠母猪便秘（NSNG，2010）、减少母猪刻板行为（Romonet 等，2000；de Leeuw 等，2008）和攻击行为（van Putten 和 van de Burgwal，1990；Whittaker 等，1999）、使猪群更为安静（de Leeuw 等，2008），从而改善母猪福利。提高饲粮纤维水平可增加妊娠母猪泌乳期采食量（van der Peet-Schwering 等，2003；Quesnel 等，2009），这种效应可能是通过增加母猪胃肠道容积或缓解泌乳母猪胰岛素抵抗（Serena 等，2009）来实现的。此外，饲粮纤维可缩短母猪产程（Bilkei，1990）、改善后肠健康和微生物区系（Haenen 等，2013a，2013b）。有关饲粮纤维对妊娠母猪繁殖性能的研究很多，但结论不尽一致。总体来说，在等能的条件下，饲粮纤维不会对妊娠母猪繁殖性能产生明显的有利或不良影响。但需要指出的是，饲粮纤维对妊娠母猪的作用效应取决于许多因素，如纤维本身（纤维来源、添加水平、理化特性）、环境条件（单饲与群养、传统环境与丰容环境、饲喂策略）和母猪个体因素（胎次、体重、品种等）（Meunier-Salaün 和 Bolhuis，2015）。饲粮纤维对妊娠母猪的有益作用似乎主要是通过饲粮中的可溶性纤维（如甜菜渣）来实现的（Hansen，2012）。然而，高纤维饲粮增加母猪排粪量（Philippe 等，2008），增加环境污染压力，这在妊娠母猪饲粮实践中应当予以注意。

在妊娠母猪饲粮的能量水平上，美国与欧洲差异较大。在美国，原料资源丰富，能量原料（如玉米、DDGS、豆油）的价格一般比较低廉，妊娠母猪饲粮能量设计水平普遍较高（ME 13.8 MJ/kg），粗纤维水平较低（2%～4%）；而大多欧洲国家国土面积有限，人均资源拥有量较少，因而其成本、动物福利和环保的意识相对较强。以法国、荷兰和丹麦这三个养猪业较为发达的欧盟国家为例，其妊娠母猪饲粮的 ME 一般为 12.1～12.6 MJ/kg（Theil，2015），饲粮粗纤维水平相对较高（6%～8%）。在荷兰，许多母猪在妊娠后期还会接受一种"福利饲粮"，其 CF 高达 14%，NSP 含量达 34%（CVB，2008）。与美国和欧洲相比，我国的实际情况更接近欧盟，地少、人多，部分原料资源严重依赖进口，且能量饲料价格较高，高能妊娠母猪饲粮经济性较差。因此，综合饲料成本、母猪性能、动物福利和环境压力这几个因素，本书将国内妊娠母猪饲粮 ME 设定为 12.3 MJ/kg（相当于 DE 12.8 MJ/kg），CF 水平建议保持在 6%～8%。在纤维来源上，应选择可溶性纤维含量较高的纤维原料。

（三）妊娠母猪能量需要预测模型

1. 代谢能需要 本书推荐模型参考 GfE（2008）建立。妊娠母猪代谢能需要由维持代谢能需要、母体增重代谢能需要、孕体生长代谢能需要和乳腺生长代谢能需要四部分组成。如前所述，妊娠母猪每日维持需要为 439.3 kJ/kg $BW^{0.75}$。每千克母体增重（不包括乳腺）的平均能量含量为 12.0 MJ（GfE，2008）。在妊娠前期、中期，孕体（胎儿、子宫、胎盘、羊水等）每日的能量沉积约为 1.0 MJ；而在妊娠后期，孕体每日的能量沉积则在 2.0～2.5 MJ（Beyer 等，1994；Noblet 等，1997），本模型中按 2.5 MJ 计算。每头仔猪对应的孕体（胎儿、子宫、胎盘、羊水等）重量为 2 kg（GfE，2008）。乳腺主要在妊娠后期发育，参考 Beyer 等（1994）的研究，妊娠后期（85 d 至分娩）乳腺每日的能量沉积为 1.0 MJ。饲粮代谢能用于母体增重、孕体生长和乳腺生长的利用效率分别为 0.7、0.5 和 0.5（GfE，2008）。

2. 摄入代谢能的分配 妊娠母猪摄入的代谢能优先用于满足机体维持、孕体生长、乳腺发育和母体蛋白质沉积的需要。如果摄入的代谢能高于妊娠母猪维持、孕体生长、乳腺发育和母体蛋白质沉积需要，超出的部分将用于母体脂肪沉积。相反，如果摄入的代谢能不足以满足机体维持、孕体生长、乳腺发育和母体蛋白质沉积的需要，母体将动员脂肪以满足机体所需，动员体能量的利用效率为 0.8。

三、能量对泌乳母猪的影响

（一）泌乳母猪能量需要组成

1. 维持 有研究表明泌乳母猪的维持代谢能（ME_m）要比妊娠母猪高 5%～10%。Noblet 等（1990）和 Dourmad 等（2008）推荐泌乳母猪的每日 ME_m 需要为 460.2 kJ/kg $BW^{0.75}$。目前还没有证据表明初产母猪和经产母猪的 ME_m 存在差异。本书推荐泌乳模型的 ME_m 值为 460.2 kJ/kg $BW^{0.75}$。ME_m 需要量占泌乳母猪总代谢需要量的 20%～30%。

2. 体温调节 当温度高于上限临界温度（UCT，22 ℃），在 22～25 ℃时，温度每升高 1 ℃每日代谢能摄入量将会降低 1.6%；当温度高于 25 ℃时，温度每升高 1 ℃每日代谢能摄入量将会降低 3.67%。例如，当室温达到 28 ℃时，泌乳母猪每日代谢能摄入量会比最适温度条件下下降 15.81%，此时应根据能量需要上调饲粮能量浓度或采取措施降低环境温度。通常情况下，产房多采取保温措施，因此泌乳母猪不存在温度低于下限临界温度（LCT）的情况。下面对泌乳母猪代谢需要量的析因法模型推导和推荐能量需要量将假设泌乳母猪处于最适温度范围，应用时应根据实际温度进行调整。

3. 活动量 泌乳母猪的活动量产生主要为站立和摄食，母猪每站立 100 min 增加的产热为 27.2 kJ/kg $BW^{0.75}$（Noblet 等，1993），母猪每消费 1 kg 饲料需消耗 100.4～146.3 kJ 的代谢能。

4. 泌乳 泌乳的能量需要量取决于泌乳量和乳的能量含量。泌乳量的测定可以采用体重差法（weigh-suckle-weigh，WSW）和重水法（deuterium oxide，D_2O）测定（Theil 等，2002），同时也可采用公式法预测。Noblet 等的预测泌乳量方程（式 8-1）较为常用且容易计算。但母猪泌乳量是一个动态过程，且随着带仔数和窝增重的增加会使泌乳高峰期提前而影响泌乳量。因此，Hansen 等（2012）采用 wood 模型动态预测母猪泌乳量，且考虑了带仔数和窝增重因素与泌乳量的关系使之更符合实际，但该方法计算较复杂，需要的基本参数较多。乳中能量含量可以直接测定也可以用公式计算（式

8-2)（Hansen 等，2012）。因此，平均每日乳的能量产量可用平均每日产奶量乘以奶能含量计算。为方便计算，本书泌乳母猪平均奶能产量参考 NRC（2012）计算方法（具体公式见模型描述部分）。泌乳母猪泌乳能量需要量部分或全部由饲粮中的能量提供，饲粮中的代谢能用于产奶的效率为 0.67～0.72。

21 d 时母猪平均泌乳量（g/d）＝2.5（±0.26）×仔猪平均日增重（g）+80.2（±7.8）×初始体重（kg）+7　　　　　　（式 8-1）

奶能含量（MJ/kg）＝0.389×乳脂含量＋0.239×乳蛋白质含量＋0.165×乳糖含量

（式 8-2）

5. 体重变化　泌乳母猪能量需要由维持需要和产奶需要两部分组成。当能量摄入低于维持与产奶能量需要总和时，泌乳母猪出现体损失，反之则表现增重。当饲粮能量水平和仔猪平均日增重不变时，采食量的不足导致体损失增加。同时，当饲粮能量水平不变，仔猪平均日增重增加使产奶能量需求增加，而此时采食量的不足也会使体损失增加。因此，保证泌乳母猪较高的采食量才能满足泌乳需求。过多的体损失会降低哺乳仔猪生长性能和延长断奶至发情间隔（Sulabo 等，2010），并影响下一个繁殖周期的生产性能（Vinsky 等，2006），并会使下一胎利用母体能量去维持泌乳效率的降低（Pedersen 等，2016）。出现体损失在高产泌乳母猪中是正常现象，且大部分乳脂都来源于母体脂肪分解，因此适当的体损失有利于增加乳脂含量满足仔猪能量需要。体损失能量用于产奶的效率为 0.84～0.89（NRC，1998）。

（二）泌乳母猪能量供给与饲养实践

1. 泌乳生理与能量需要　泌乳期的乳腺仍在持续发育（Kim 等，1999a）。产仔数的增加迫使每头仔猪初乳摄入量减少（Devillers 等，2007），增加了新生期仔猪的死亡率。对于整个泌乳期而言，产仔数的增加还会使泌乳高峰期提前从而影响哺乳仔猪后续的营养供给（Hansen 等，2012）。良好发育的乳腺能提供更多的乳汁并提高后代的存活率和断奶体重（Vanklompenberg 等，2013；Theil 等，2014），断奶体重的增加也会促进后续的生长性能进而缩短上市时间（Mahan 和 Lepine，1991）。母猪泌乳期能量摄入量对乳腺发育的影响相对于其他营养物质更大，最大化的保证能量摄入量及相应的其他营养物质摄入才能实现最佳的乳腺发育与产奶量（Kim 等，1999b）。

2. 能量水平与饲喂方式　当饲粮中添加油脂提高能量时，会降低泌乳母猪的采食量但会增加每日能量摄入量，减少体损失，增加乳脂含量同时提高窝断奶重（Pettigrew 和 Moser，1991），也会提高母猪后续的生产性能（Rosero，2012；Rosero 等，2012）。泌乳期的日采食量从 7.8 kg 提升到 8.6 kg 时可以增加泌乳量和窝增重（Matzat 等，1990）。而泌乳期较大程度采食量的降低（26%～52%）会增加体损失、减少泌乳量及降低仔猪断奶增重并可能会影响下一胎的繁殖性能（Sulabo 等，2010；Bettio 等，2016）。泌乳期采食量一定程度的降低（15%）不会影响仔猪生产性能但会增加母猪体损失（Gessner 等，2015）。因此，母体动员能缓冲因能量摄入量不够导致的泌乳问题。但体损失供能的缓冲能力有限，且过多的体损失会影响母猪随后的繁殖性能。由此，为了最大化满足泌乳母猪能量与其他营养物质的摄入，Pedersen 等（2016）根据维持代谢和产奶需要，将泌乳母猪饲料配成满足维持需要的基础料和泌乳补充料，根据每头泌乳母猪每天的营养需要个性化饲喂。相对于丹麦传统饲喂方式（饲喂一种泌乳饲粮，1~3 d 为 3.3 kg/d，4~10 d 每天增加 0.5 kg，11~20 d 每天增加 0.2 kg，20 d 达到最大采食量 9 kg/d 直到断奶）而言，这种方法具有更佳的生产性能，但因试验重复数较少，其效果有待进一步验证。

使用本书泌乳母猪能量需要模型预测 210 kg，带仔数 12 头，仔猪平均日增重为 220 g/d，泌乳天数为 21 d 的泌乳母猪的代谢能需要量为 96.6 MJ/d。当饲粮代谢能浓度为 13.8 MJ/kg，采食量为 6.5 kg 时，每日代谢能摄入量为 89.7 MJ/d，此时由于能量摄入不足母猪将会动用自身体贮备供能造成体损失。若此时提高采食量或饲粮能量浓度将减少体损失。

3. 能量来源 由于泌乳母猪能量需要量较高，在有限的采食量情况下，满足其能量需要往往会在饲粮中添加油脂。Lauridsen 和 Danielsen（2004）在大麦-小麦型饲粮中分别添加 8% 的动物油、菜籽油、鱼油、椰子油、棕榈油、葵花籽油以提高饲粮能量浓度，结果表明，各种类型油脂的添加均能增加母猪采食量和改变乳中脂肪酸组成，且动物油、椰子油、棕榈油、葵花籽油的添加都可以提高断奶窝增重。Rosero（2012）和 Rosero 等（2012）在泌乳母猪饲粮中分别添加不同剂量的精炼白脂和动植物混合油，结果发现，油脂的添加能改善母猪体况，但精炼白脂效果更好，且两种油脂的添加都能提高下一胎的受胎率和分娩率。因此，饲粮油脂的添加提高泌乳母猪能量摄入量，改善母猪繁殖性能的原因可能与油脂供给的脂肪酸类型有关（Hansen 等，2012）。亚油酸与亚麻酸是猪的必需脂肪酸，提高饲粮亚油酸和亚麻酸的含量可促进母猪断奶后发情和随后胎次的生产性能（Rosero 等，2016a）。为最大限度促进母猪生产性能，应同时最少摄入 10 g/d 的 α-亚麻酸和 125 g/d 的亚油酸（Rosero 等，2016b）。母猪泌乳期处于较高的氧化应激专状态（Berchieri-Ronchi 等，2011），n-3 不饱和脂肪酸能缓解氧化应激与乳腺炎（Lin 等，2013）。母猪饲粮中添加鱼油能提高仔猪的免疫能力和母猪下一胎的生产性能（Leonard 等，2010；Smits 等，2011）。因此，从繁殖质量和健康两方面考虑，应在泌乳母猪饲粮中添加适量的油脂，有条件的情况下可考虑适当添加富含 n-3 不饱和脂肪酸的油脂。

不同类型的淀粉在猪回肠末端的消化率有差异，但全消化道消化率一般都超过 99%（Stein 和 Bohlke，2007）。在低采食量情况下，淀粉和脂肪作为能量来源对泌乳母猪的生产性能差异不明显，但在高采食量情况下，淀粉比脂肪造成的能量负平衡要低，但脂肪能提高乳脂和乳中能量含量（Brand 等，2000）。Thingnes 等（2013）在泌乳母猪饲粮中添加 20% 的豌豆淀粉并使豌豆淀粉组与对照组等能，结果表明，豌豆淀粉的添加能促进泌乳母猪采食，降低体损失，但会延长头胎母猪断奶至发情间隔，且不会改善哺乳仔猪的生产性能。Quiniou 等（2008）给泌乳母猪饲喂玉米淀粉组（11.3%）和大豆油组（5%）日粮，结果发现，玉米淀粉组能提高平均窝增重，但母猪断奶至发情间隔延长。因此，淀粉含量和类型会影响泌乳母猪的生产性能。在不考虑断奶至发情间隔条件下，为降低高产泌乳母猪的体损失和能量负平衡，淀粉比脂肪作为能量来源可能更好。

DDGS 的 DE 和 ME 与玉米接近，磷的消化率较高，淀粉含量较低，脂肪与纤维的含量较高。研究表明，泌乳母猪饲粮中 DDGS 最高添加量可到 30%（Stein 和 Shurson，

2009；Song 等，2010），但实际应用时应根据 DDGS 品质和价格综合考量其使用量。

4. 综合法计算泌乳母猪能量需要量　参考国内已发表数据（赵世明等，2001；王自恒，2002；高天增等，2004；黄庆，2005；朱良印，2005；陈建荣，2007；钱瑛，2007；刘钢，2009；刘海波，2009；张金枝，2009；张铭，2009；张文娟，2009；杜敏清，2010；王二红，2010；王勇，2010；江雪梅，2011；晋超，2011；钟铭，2011；Xue 等，2012；杨慧等，2012；王海峰等，2013；李德生，2013；李豪，2013；孙海清，2013；楚青惠，2014；董志岩等，2014；骆光波，2014；王功赢，2014；辛小召，2014；敖江涛，2015；龙广，2015；Meng 等，2015；申勇，2015）和部分原始数据，得到泌乳母猪代谢能需要量的综合法计算公式（式 8-3）。以这些数据为基础计算出的泌乳母猪每日代谢能需要量的实质是代谢能摄入量。例如，当分娩体重为 210 kg，平均窝增重为 2.64 kg/d，平均体损失为 0.27 kg，计算泌乳母猪的代谢能需要量为 85.2 MJ/d，而用析因法计算出的代谢能需要量为 96.6 MJ/d，预计的代谢能摄入量为 89.7 MJ/d。因为析因法计算中泌乳母猪每日代谢能需要量由维持和泌乳两部分组成，体损失提供的能量不包含在需要量计算中。大多数实际情况下，环境、管理、生理等因素都会使泌乳母猪能量摄入量不能满足其能量需求，必须由体损失供能。综合法的计算考虑了体损失供能，所以能量需要量比析因法低，因此，综合法求得的能量需要量更接近于预计的能量摄入量（85.2 MJ/d 和 89.7 MJ/d）。

$$\text{泌乳母猪代谢能需要量 (kJ/d)} = [110 \times \text{分娩体重 (kg)}^{0.75} + 5\,738 \times \text{平均窝增重 (kg/d)} - 3\,152.5 \times \text{平均体损失 (kg/d)}] \times 4.184 \quad (\text{式 8-3})$$

（三）泌乳母猪能量需要预测模型

1. 代谢能需要　泌乳母猪代谢能需要由维持代谢能需要（式 8-4）和产奶代谢能需要（式 8-5）两部分组成。每日奶中能量产出根据母猪带仔数、泌乳期仔猪平均窝增重来预测（式 8-6）（NRC，2012）。代谢能用于产奶的效率为 70%（GfE，2008；NRC，2012）。每日代谢能摄入量由模型使用者设定或根据饲粮代谢能浓度和泌乳期母猪平均采食量来计算。

$$\text{维持代谢能需要 (kJ/d)} = 460 \times \text{体重 (kg)}^{0.75} \quad (\text{式 8-4})$$
$$\text{产奶代谢能需要 (kJ/d)} = \text{平均奶能产出量 (kJ/d)} / 0.70 \quad (\text{式 8-5})$$
$$\text{平均奶能产出量 (kJ/d)} = 20.6 \times \text{平均窝增重 (g/d)} - 376.6 \times \text{带仔数} \quad (\text{式 8-6})$$

2. 摄入代谢能的分配　泌乳母猪摄入的代谢能优先用于维持和产奶。如果代谢能摄入量高于泌乳母猪维持和产奶的需要，超出部分的能量将用于母体增重（包括体蛋白和体脂肪的沉积）。体增重中体蛋白质和体脂肪的比例分别为 15% 和 30%（Berk 和 Schulz，2001；Haude，2003；Danfær 和 Strathe，2012）。每增重 1 g 体蛋白质和体脂肪分别需要 44.4 kJ 和 52.3 kJ 的代谢能（NRC，2012）。但在大多数情况下，现代高产泌乳母猪摄入的代谢能不足以满足其维持和产奶需要，此时母猪体脂肪和体蛋白质将发生动员以满足机体所需，母体出现失重。母猪泌乳期体动员的能量含量为 15.1~25.1 MJ/kg（GfE，2008），平均为 20.1 MJ/kg。体动员的能量用于产奶的效率为 87%（NRC，2012），代谢能用于产奶的效率为 70%。因此，每发生 1 kg 体动员将释放 25.1 MJ 代谢能供机体所用。

四、能量对种公猪的影响

（一）种公猪能量需要组成

公猪每天的能量需要可根据下列需要的总和进行计算：维持需要、增重需要、精液生成需要、与繁殖活动有关的附加需要、环境温度变化产热的需要。

1. 维持和生长 目前由于对种公猪的能量研究资料缺乏，其维持能量需要仍然基于成年母猪进行推算。

正常生长条件下，公猪 5～8 个月，体重 80～120 kg 时达到性成熟。公猪 2 月龄时，精原细胞首先出现，精母细胞和精子分别在 3 月龄和 5 月龄时出现。不同公猪达到性成熟的年龄各不相同，公猪饲养是以其自然的生长速度达到性成熟，而不是刺激它们性早熟。有关种公猪的适宜生长速度一直存在争议：一方面，为使种公猪交配时避免其本身和母猪受伤，体重需要较轻，另一方面，营养严重缺乏也会影响其繁殖性能。有学者建议，150～250 kg 体重公猪的适宜增重为 400 g/d，250～400 kg 体重公猪的适宜增重为 200 g/d。目前，饲喂商业饲粮的基本上都超出适宜增重（Aherne，1995），这样可能会增加精子产量，但是降低了使用寿命。如果按照体况评分控制种公猪的适宜增重，目前认为体况评分为 3 分比较好（Levis，1997）。

2. 交配活动 交配活动所需要的能量随公猪体重和其利用强度的增加而增加，但准确计算这种额外的能量消耗很困难。有研究者认为当公猪爬跨假台猪时，采精时产生的热量为 18.0 kJ DE/BW$^{0.75}$。

3. 精液的产生 精子的产生一般需要 25～34 d，精子细胞通过附睾还需要 10～14 d 的时间。精液产生的能量需要与公猪交配或利用次数相关。

4. 气候环境的变化 当公猪饲养在密度低、条件差、畜舍环境温度低于其最低临界温度时，为保证公猪体况，必须提高饲养水平。有研究发现，在无风和地板隔热良好的条件下，一头体重为 250 kg 的公猪仅摄取维持能量需要时，其最低临界温度约为 20 ℃。体重每增加 60 kg、ME 摄入增加 80 kJ/(BW$^{0.75}$·d)，临界温度下降 1 ℃。Kemp 等（1996）已证实，当环境温度每低于临界温度 1 ℃时，蛋白质沉积减少 10 g/d，脂肪沉积减少约 20 g/d。当环境温度低于 20 ℃，每降低 1 ℃，其每天的采食量调节为 0.08 kg/d（Tokach 等，1996）。除温度外，其他因素如气流、地板类型等也影响热交换。

（二）种公猪能量需要与饲养实践

种公猪一般在 21～25 d 断奶，饲喂到 90～110 d 进行性能测试，测试一般持续 10 周，到 160～180 日龄。此时公猪的体重达到 110～130 kg。性能测试期间自由采食，大白公猪日增重为 1 000～1 100 g/d（Schulze 等，2002，2003）。从此以后，采用限制饲喂的方式进行饲养，以维持良好体况。在 7～9 月龄时，转入采精站，其间的日增重为 600～700 g/d，大白公猪此时体重为 140～180 kg。由于目前关于公猪能量摄入量的文献资料缺乏，为了防止脂肪沉积过量，通常采用饲粮能量摄入量进行控制，饲粮能量代谢能水平为 12.6 MJ/kg。

脂肪酸尤其是不饱和脂肪酸是精子细胞的重要组成，通过营养的措施可以改变精子质膜的脂肪酸组成。白小龙等（2011）研究发现，用1.2%亚麻油替代种公猪饲粮中1.2%的大豆油，并同时添加200 mg/kg肉碱，公猪射精持续时间延长63 s，精液量增加22%，精子密度和活力显著提高。供给30 g/kg金枪鱼油可使活精子数、运动精子数和具有完整精子顶体的精子数显著增加，但精液中的精子浓度差异不显著（Rooke等，2001）。Mitre等（2004）在种公猪饲粮中添加40 g/d的鲨鱼油（含12.38 g n-3 PUFA），发现精子成活率显著高于对照组。在不同品种公猪饲粮中添加鱼油，结果显示对精子的形态和质膜有明显作用，但公猪的射精量、精子密度无显著变化（Yeste等，2011）。分别供给公猪不同来源的油脂发现，鱼油中PUFA能显著影响成年公猪睾丸中EPA与DHA的比例和脂肪酸组成，并影响类固醇激素的合成（Casdtellno等，2011）。在12月龄种公猪饲粮中添加250 g/d的鱼油及抗氧化剂的混合物后，发现PUFA持续性的融入精子细胞膜中，显著影响精子质膜的伸缩性等功能，从而影响鞭毛运动（Strzeek等，2004）。但在精液中加入过量的n-6 PUFA，可引发脂类过氧化的级联反应及DNA的破坏。

由于多不饱和脂肪酸（poly unsaturated fat acids，PUFAs）主要分为n-6和n-3系列多不饱和脂肪酸，二者都以不同的形式影响动物的繁殖性能。在饲粮中添加3%富含n-3 PUFAs的鱼油，精液中的精子浓度显著升高，且精子中的二十二碳六烯酸含量显著升高（Maldjian等，2005；Estienne等，2008）。给15 kg的L×LY公猪饲喂含不同比例n-6/n-3 PUFA的饲粮，发现不同比例的n-3/n-6 PUFA饲粮对各处理组公猪的全期体增重、采食量、性欲无显著影响，但可影响公猪成年时睾丸体积指数、射精总数、有效射精总数和精液密度（程栩和林燕，2015）。Liu等（2015）发现，当公猪饲粮中n-6与n-3脂肪酸比值为6.6，维生素E含量为400 mg/kg时，可改善公猪精子活力。由此表明，适宜的n-6/n-3PUFAs饲粮更能有效促进后备公猪睾丸发育和副性腺的功能，通过改变激素的合成与分泌，以及提高抗氧化能力，进而提高精液品质。表8-4总结了增加能量摄入量或添加脂肪对种公猪精液质量影响的研究资料，总体看来，在饲粮中添加不同剂量的PUFA对公猪精子数量和密度等的影响并不一致，虽有提高的报道，但重复性不够好，不少人认为这可能与PUFA添加的比例或者种类有关，需要做进一步的研究。

表8-4 增加能量摄入或添加脂肪对公猪精液质量的影响

品种	能量或饲喂量	起始年龄或体重	试验结果	资料来源
长白	(24.3±1.8)MJ/d， +60 g/d大豆油 +45 g/d大豆油 +15 g/d鱼油 +60 g/d鱼油	—	精液中的DHA和总n-3PUFAs明显小于另外两个处理组 在第8周，精浆中的SOD和TAC量显著高于另外两个处理组 精子中的SOD含量低于+60 g/d大豆油组，但MAD含量比其高	Liu等（2015）
L×LY	n-6/n-3 20.07:1 1:1 1:17.96	(15±1.4)kg	饲粮中多不饱和脂肪酸n-6/n-3的比值为1:1时，能促进后备公猪睾丸及副性腺的发育，改善公猪精液品质	程栩等（2015）

(续)

品　种	能量或饲喂量	起始年龄或体重	试验结果	资料来源
波兰大白	12 MJ/d+250 g 补充剂（含多不饱和脂肪酸和抗氧化剂）24 周	—	增加有完整质膜精子的百分率和顶体膜的渗透阻力，补充饲喂 8 周后丙二醛含量和精清、精子中超氧化物歧化酶活性升高	Strzezek 等（2004）
大白	12.97 MJ/kg 13.81 MJ/kg	1～3 年	DE 对采精量、精子密度、精子总数、精子畸形率和精子成活率无显著影响	黄健等（2008）
大白×长白	ME 25.5 MJ/d ME 32.2 MJ/d	1 年	高能量摄入组的公猪体增重，睾丸体积大于低能量摄入组，高能量摄入组的射精量有比低能组少的趋势	Louis 等（1994）
大白、长白	+3%鱼油 +0.3 kg 玉米	1～5 年	降低猪精子的冷冻损伤	Maldjian 等（2005）
大白×长白	+0.3 kg 含 31%的 ω-3 脂肪酸	482.5 kg	增加精子数量和公猪射精时间	Estienne 等（2008）
挪威长白	基础饲粮 基础饲粮+75 mL 鱼肝油	1～2 年	补充鱼肝油影响公猪精液的脂肪酸组成	Paulenz 等（1995）
大白×皮特兰	+40 g/(d·头) 鲨鱼油	2～3 年	提高精子活力，增强繁殖力	Romain Mitre 等（2004）
杜洛克×大白×皮特兰	12～14 MJ/d +0.3 kg/d 鱼油或玉米	(163.4±4.1)kg	提高精子质量	Yeste 等（2011）

（三）公猪能量需要预测模型

Colse 和 Roberts（1991）总结了大量资料，在公猪的体重（BW，kg）和维持需要（ME 或 DE，MJ/d）间确立了一个关系式，如下：

青年公猪维持代谢能需要 (kJ/kg)=415 $BW^{0.75}$　　　（式 8-7）

成年公猪维持代谢能需要 (kJ/kg)=763 $BW^{0.665}$　　　（式 8-8）

Close 等（2000）分设体重为 100 kg、150 kg、200 kg、250 kg 和 300 kg 的公猪，每天适宜的生长速度分别为 0.5 kg、0.4 kg、0.3 kg、0.2 kg 和 0.1 kg，根据每千克增重含蛋白质 160 g、脂肪 250 g，每千克蛋白质和脂肪的能值分别是 23.8 MJ 和 39.7 MJ，相应的 ME 效率为 0.54 和 0.74（ARC，1981），进而根据每日增重建立了一个关系式，推算能量需要：

蛋白质沉积所需要的消化能 (MJ/d)=(蛋白质沉积×0.023 8)/(0.54×1.04)

（式 8-9）

脂肪沉积所需要的消化能 (MJ/d)=(脂肪沉积×0.039 7)/(0.74×1.04)

（式 8-10）

Verstegen 和 Grooten（1990）估测，当公猪爬跨假台猪，采集其精液时产生的热量为 18 kJ/(BW$^{0.75}$·d)。

交配活动所需要的消化能（MJ/d）＝0.018 $BW^{0.75}$×1.04　　（式 8-11）

精液中能量和蛋白质含量分别是 1.04 MJ/kg 和 37 g/kg，每次公猪射精量为 250 mL，因而每次射精含 0.26 MJ 的代谢能。代谢能利用效率估计为 0.6，则每天产生精液所需要能量为 0.43 MJ DE（NRC，2012），进而估计精液产生所需要的消化能。

精液产生所需要的消化能（MJ/d）＝0.26/0.6×1.04　　（式 8-12）

公猪最低临界温度为 20 ℃，当环境温度（T）低于这个值，将增加热量的损失 16 kJ/(BW$^{0.75}$·d)。

体温维持所增加的消化能（MJ/d）＝(20－T)×$BW^{0.75}$×0.016　　（式 8-13）

第二节　氨基酸与繁殖

一、氨基酸对后备母猪的影响

（一）后备母猪氨基酸需要组成

后备母猪育成过程中主要体现为体组织的沉积。繁殖系统的发育起源于胚胎期，出生后至初情前卵巢几乎处于静息状态，而出生后子宫发育在重量上的变化不是特别大。后备母猪对氨基酸的需要主要体现在自身的维持需要和生长所需的蛋白质沉积需要。

1. 维持　后备母猪的维持需要包括：①与采食量相关的基础内源性消化道损失；②体表氮损失；③最低和必然氨基酸分解代谢损失。与采食量相关的基础性内源消化道损失包括来源于脱落的消化道黏膜上皮细胞和胃肠道分泌胆汁及消化酶等含氮物质，也包括部分体内蛋白质分解代谢经尿素循环进入消化道的氮。体表氮损失是指动物在基础氮代谢条件下经皮肤表面损失的氮，主要包括皮肤表皮细胞和毛发衰老脱落损失的氮以及体内蛋白质分解代谢的尾产物经皮肤汗腺排泄部分。最低和必然氨基酸分解代谢损失则指动物在维持状态下，必要的最低生理限度的体蛋白质净分解代谢。

根据维持机体主要功能性氨基酸之间的最佳比值和估测的氨基酸利用率，在得知赖氨酸的基础上可以计算出其他必需氨基酸和总氮的需要量。

回肠末端收集的基础内源赖氨酸损失为 0.417 g/kg 干物质饲料采食量（Moughan 等，1999，若饲料干物质含量为 88%，大肠损失占回肠末端回收的胃肠道损失量的 10%（Moughan 等，1999），则与采食量相关的基础内源性消化道损失（g/d）＝采食量（kg）×（0.417×1 000）×0.88×1.1（式 A）。表皮赖氨酸损失则以代谢体重（kg）的函数形式表示，估测为 4.5 mg/kg BW$^{0.75}$（式 B）。

为了确定以上两种生理功能对 SID 赖氨酸的需要量，对最低和必然赖氨酸分解代谢损失进行了评估。通过对单个饲养猪只（30～70 kg）严格控制的连续屠宰试验得出赖氨酸的最低和必然氨基酸分解代谢损失占到 SID 赖氨酸摄入量的 25%，即 SID 赖氨酸用于支持基础胃肠道损失和表皮赖氨酸损失的利用效率为 75%（Bikker 等，1994；Moehn 等，2000）。此外后备母猪最大蛋白质沉积量（Pd）每增加 1 g，最低和必然赖氨酸分解代谢损失与典型均值相比降低 0.2%（Moehn 等，2004）。由此，NRC（2012）推测胃肠道加表皮赖氨酸损失的 SID 赖氨酸需要量如下：

SID 赖氨酸需要量（g/d）=（式 A+式 B）/[0.75+0.002×(Pd 的最大值－147.7)]

（式 8-14）

2. 蛋白质沉积 后备母猪培育过程中，蛋白质的沉积表现为猪只体重的增加，沉积的蛋白质主要在猪的各个器官，也包括繁殖器官。目前缺乏繁殖器官增重所需氨基酸的研究资料，后备母猪繁殖系统蛋白质的沉积与机体蛋白质沉积过程中对氨基酸的需要量姑且认为一致。对蛋白质沉积过程中氨基酸的需要量同样首先确定赖氨酸的需要量，再根据不同体重阶段蛋白质沉积氨基酸模式和氨基酸的利用率计算出其他氨基酸和总氮的需要量。

后备母猪采食超过维持需要的赖氨酸用于体蛋白质沉积。以 8~146 kg 体重范围的生长猪为对象，通过多点屠宰，确立了每沉积 100 g 体蛋白质所需赖氨酸的量为 7.1 g，沉积蛋白质的氨基酸组成和以赖氨酸为基础的各氨基酸之间的比例为：以赖氨酸为 100.0，其他氨基酸为蛋氨酸 27.9、蛋氨酸＋半胱氨酸 41.8、苏氨酸 53.1、色氨酸 12.8、异亮氨酸 50.8、亮氨酸 100.0、缬氨酸 66.2、精氨酸 90.2、组氨酸 45.2、苯丙氨酸 52.2 和苯丙氨酸＋酪氨酸 89.9（Batterham 等，1990；Kyriazakis 和 Emmans，1993；Bikker 等，1994；Mahan 和 Shields，1998）。

SID 赖氨酸摄入量的边际利用效率随着后备母猪的体增重增加而下降，后备猪 20 kg 体重时的利用效率为 68.2%，而在 120 kg 体重时的利用效率为 56.8%，其他体重下的利用效率则可根据该效率系数与体重间的线性关系进行推导。根据前面提到的蛋白质沉积中赖氨酸的需要量和 SID 赖氨酸的利用效率，对于最大蛋白质沉积为 147.7 g/d 的猪，20 kg 和 120 kg 体重时每沉积 100 g 体蛋白质所需 SID 赖氨酸的量则为 10.4 g 和 12.5 g。由于后备母猪生长后期（75 kg 以后）一般采取限饲的措施控制其体蛋白质沉积，因而 SID 赖氨酸的计算与生长猪存在一定的差异。

（二）后备母猪氨基酸供给与饲养实践

蛋白质作为生命活动的物质基础，在后备母猪生长发育、情期启动和卵巢发育中扮演着重要角色，然而，关于后备母猪体蛋白质沉积量或者沉积速度与繁殖性能关系之间的研究仍然有限（表 8-5）。后备母猪蛋白质摄入过多、过少或氨基酸不均衡都会影响其繁殖性能。蛋白质的极度限饲和必需氨基酸的严重失衡不仅导致后备母猪生长性能严重受限，还导致初情启动延迟，排卵率减少，甚至乏情，补充足够的主要限制性合成氨基酸（赖氨酸、蛋氨酸、色氨酸、苏氨酸、缬氨酸、组氨酸），其生长性能会得到很大的改善。在满足后备母猪能量需求的条件下，适度的蛋白质限饲对生长性能、卵巢发育、初情启动、排卵率和胚胎死亡率没有显著影响，甚至一定程度的蛋白质限饲并补充足够的合成氨基酸可以达到相似的生长效果（Figuero 等，2003；Farmer 等，2004；

Mejia-Guadarrama 等，2004；Vidica 等，2011；Calder 等，2015）。

表 8-5 后备母猪蛋白质或赖氨酸需要量与其生长性能及繁殖性能的关系

品种	蛋白质或赖氨酸水平	饲粮能量（MJ/kg）	起止体重（kg）	平均日增重（g）	初情日龄（d）	卵巢重（g）	排卵率（%）	资料来源
LY	0.73%SID Lys	13.64 ME	90～186.8	—	193.9	—	18.2	Calderon（2015）
	0.85%SID Lys	13.64 ME	90～192.8	—	192.9	—	18.0	
PLY	5.4%CP	13.60 DE	—	—	—	20.8	16.1	Mejia-Guadarrama（2004）
	11.3%CP	13.31 DE	—	—	—	20.5	16.7	
	16.6%CP	13.39 DE	—	—	—	21.3	17.8	
HLY	18.72% CP	13.53 ME	56.6～160.4	930	176.2	—	—	Farmer（2004）
	14.43% CP	13.53 ME	56～158.2	940	176.5	—	—	
LY	0.94% T-Lys	13.60 DE	18.99～41.78	569.7	—	—	—	董志岩（2015）
LY	0.92% T-Lys	13.60 DE	40.3～70.2	787.4	—	—	—	方桂友（2015）
荣昌猪	0.43% APLys	12.97 DE	35.99～57.92	520	—	—	—	汪超（2010）

（三）后备母猪氨基酸需要预测模型

为保证母猪的繁殖成绩，后备母猪 75 kg 后开始限饲，因而氨基酸需要量与生长育肥猪存在差异，有必要针对后备母猪建立专门的氨基酸需要模型。但目前缺乏后备母猪繁殖器官增重的氨基酸需要量和限饲阶段氨基酸需要量的研究资料，未形成后备母猪氨基酸需要模型。本书第二十二章的瘦肉型后备母猪需要量表格中赖氨酸需要量计算方法参考生长育肥猪，其他氨基酸根据与赖氨酸的比值进行计算，赖氨酸与其他氨基酸之间的需要量比率参考 NRC（1998）和 NRC（2012）。

二、氨基酸对妊娠母猪的影响

（一）妊娠母猪氨基酸需要组成

1. 维持需要 维持氨基酸和氮需要量主要取决于以下三个因素：内源性肠道的氨基酸损失、皮肤和毛氨基酸损失、最低氨基酸分解代谢损失（Moughan，1999）。内源性肠道氨基酸损失量与饲料干物质的摄入量有关。Moughan（1999）推算，大肠对总的肠道基础氨基酸损失的贡献值接近于回肠基础内源性损失的 10%，总的肠道内源性损失被认为是基础内源性损失的 110%。而有关妊娠母猪肠道氨基酸损失组成模型的数据报道较少，因此本书也参照 NRC（2012）中妊娠阶段肠道损失氨基酸组成的相关数据（表 8-6），并设定妊娠母猪肠道赖氨酸损失量为 0.522 g/kg 干物质摄入量（Stein 等，1999）。皮肤和毛的氨基酸损失也占据了维持氨基酸需要量的一部分，作为 $BW^{0.75}$ 的函数，也是通过表 8-6 的氨基酸损失值和代谢体重（$BW^{0.75}$，kg）计算而来的。而维持氨基酸的需要量可通过总的物理损失除以氨基酸的利用效率计算而得到。Moughan（1999）认为，各种机体功能氨基酸的利用效率不高是因为最低和必然的氨基酸分解代谢的存在，以及动物间生长潜力的差异（Pomar 等，2003）。目前，除了赖氨酸和苏氨酸外，在妊娠母猪上还没有用于氨基酸存留的回肠标准可消化氨基酸利用率的直接估测资料，并且我们还不知道不同氨基酸、不同妊娠阶段的氨基酸利用效率是否存在差异。为了建立模型，假定用于蛋白质存留的氨基酸利用效率在所有的蛋白质库和不同的妊娠时间都是相同的。NRC（2012）认为，妊娠母猪用于维持和蛋白质沉积的赖氨酸的最大利用效率分别为 0.75 和 0.49。目前还没有可靠资料用来估测其他氨基酸的最低和必然分解代谢比例，进而估测用于维持需要和蛋白质沉积的氨基酸的利用效率。

表 8-6 肠道和皮毛中损失的蛋白质的氨基酸组成

氨基酸	肠道损失		皮毛损失	
	g/100 g 赖氨酸	g/kg 干物质摄入量	g/100 g 赖氨酸	mg/kg $BW^{0.75}$
精氨酸	116.4	0.608	0	0
组氨酸	48.7	0.254	27.9	1.26
异亮氨酸	91.9	0.480	55.8	2.51
亮氨酸	125.9	0.657	116.3	5.23
赖氨酸	100	0.522	100	4.5
蛋氨酸	27.3	0.143	23.3	1.05
蛋氨酸＋胱氨酸	78.1	0.408	127.9	5.76
苯丙氨酸	82.2	0.429	67.4	3.03
苯丙氨酸＋酪氨酸	150.4	0.785	109.3	4.92
苏氨酸	145.1	0.757	74.4	3.35
色氨酸	31.8	0.166	20.9	0.94
缬氨酸	129.8	0.678	83.7	3.77

资料来源：NRC（2012）。

2. 蛋白质沉积 妊娠母猪氨基酸的需要包括母体需要和胎儿需要两个部分。在本书中，结合 NRC（2012）考虑了 6 个蛋白质库的蛋白质存留及其氨基酸模型：胎儿、胎盘和羊水、子宫、乳腺组织、时间依赖性的母体蛋白质沉积和能量摄入依赖性的母体蛋白质沉积。

在蛋白质库中，胎儿粗蛋白质含量是利用 Gompertz 方程，依据 Mcpheron 等（2004）及车龙等（2015）关于母猪妊娠期不同妊娠天数的研究结果拟合而来。乳腺组织粗蛋白质含量的数据是利用 Gompertz 方程，依据 Ji 等（2006）及 Farmer（2015）关于母猪妊娠期不同日龄的研究结果拟合而来。胎盘粗蛋白质含量是依据 NRC（2012）米氏方程而来，根据 McPherson 等（2004）的研究结果统计得出。子宫的粗蛋白质含量是依据 Knighe 和 Noblet 关于母猪妊娠期不同日龄的结果统计而来。母体蛋白质库中蛋白质存留量是依据 NRC（2012）的结果而来。Dourmad 等（1998）报道，在妊娠的不同阶段，随时间和能量摄入变化，母猪体蛋白质库中蛋白质存留量的变化可以根据整个机体不同妊娠阶段的氮存留量估计得到。假设在整个妊娠期，高于维持能量需要之上的能量摄入量和随能量摄入导致的母猪体蛋白质沉积之间始终保持着固定的线性关系，那么整个机体的氮存留量就与能量摄入量或者生殖系统发育无关，并主要贡献为随妊娠时间变化的蛋白质沉积。妊娠母猪 6 个蛋白质库的氨基酸组成参考 NRC（2012），见表 8 - 7。

表 8 - 7　妊娠母猪 6 个蛋白质库的氨基酸组成

氨基酸	母体	胎儿	子宫	胎盘+羊水	乳腺
赖氨酸（g/100 g CP）	6.74	4.99	6.92	6.39	6.55
氨基酸（g/100 g 赖氨酸）					
精氨酸	105	113	103	101	84
组氨酸	47	36	35	42	35
异亮氨酸	54	50	52	52	24
亮氨酸	101	118	116	122	123
赖氨酸	100	100	100	100	100
蛋氨酸	29	32	25	25	23
蛋氨酸+胱氨酸	45	54	50	50	51
苯丙氨酸	55	60	63	68	63
苯丙氨酸+酪氨酸	97	102	—	—	—
苏氨酸	55	56	61	66	80
色氨酸	13	19	15	19	24
缬氨酸	69	73	75	83	88

资料来源：NRC（2012）。

（二）妊娠母猪氨基酸供给与饲养实践

母猪在妊娠期经历了重要的生理变化，包括早期胚胎着床、中期胎儿骨骼肌发育和自身乳腺生长、后期胎儿加速生长并为分娩和泌乳做准备。研究表明，胎儿体蛋白质沉积和氨基酸需要在妊娠前期（0～70 d）和后期（71～114 d）发生显著性变化，在妊娠后期达到最大化，妊娠后期胎儿重、胎儿蛋白质含量及乳腺蛋白质含量分别比前期增加了 5 倍、18 倍及 27 倍（Wu 等，1999；McPherson 等，2004；Ji 等，2006）。由于妊娠后期胎儿体重和蛋白质含量的急剧增加，其氨基酸需要量相比妊娠前期也大幅提高。赖氨酸是母猪玉米-豆粕型饲粮的第一限制性氨基酸，赖氨酸摄入量与母猪繁殖力密切相关。初产母猪饲粮中的赖氨酸不足，必须额外添加才能满足乳腺发育的要求。评定妊娠母猪赖氨酸需要的方法包括氮平衡法（Dourmand，2002；Scrichana，2006）、指示氨基酸氧化法（Samuel 等，2012）及动物生产性能测定法（Zhang 等，2011；Shi 等，2016）。其中，氮平衡法主要以氮平衡为依据及母体内最大化氮沉积为原则，动物生产性能法主要以窝产仔数及仔猪初生体重为计量效应指标，而指示氨基酸氧化法主要以苯丙氨基酸氧化速率为效应指标。不同测定方法之间存在一定差异，但妊娠后期（91 d 至分娩）赖氨酸评定需要量均显著高于妊娠前期（1～90 d）。初产母猪妊娠 1～90 d 和 91 d 至分娩的赖氨酸需要量范围分别为 15～18 g/d 和 20～24 g/d；而经产母猪妊娠期前期和后期赖氨酸需要量范围分别为 13～15 g/d 和 19～20 g/d，具体文献总结见表 8 - 8。其中，动物生产性能试验要求重复数 $n \geqslant 30$，氮平衡和氨基酸指示氧化法重复数 $n \geqslant 7$。

表 8-8 妊娠母猪赖氨酸需要量及相关生长性能参数

胎次	重复数	体重 (kg) 起始	体重 (kg) 结束	窝平均产仔数 (头)	初生体重 (kg)	ADFI (kg)	饲粮 ME 浓度 (MJ/kg)	饲粮总赖氨酸 (%)	总赖氨酸摄入量 (g/d)	氮沉积 (g/d)	资料来源
>1	8	247 (G 20~41)		12.8	1.45	2.75	13.81	0.56	15.4	14.70	Dourmad (2002)
1	12	159.6 (G 40~50)		—	—	2.04	13.81	0.74	15.01	24.76	
1	12	176.7 (G 70~80)		—	—	2.04	13.81	0.74	15.01	27.51	Scrichana (2006)
1	12	173.1 (G 70~80)		—	—	2.04	13.81	0.74	15.01	24.63	
1	12	175.7 (G 90~100)		—	—	2.72	13.81	0.74	20.14	32.85	
2	7	158~203		17.7	1.30	2.32	13.89	0.41	9.4 (G 24~45)	—	Sammuel (2012)
3	7	199.4~242.4		12.3	1.36	2.51	13.89	0.69	17.4 (G 86~110)	—	
1	35	158.2		—	—	2.0	13.06	0.56	11.2	—	Ji (2005)
>1	50	224.8 (G 30)	271 (G 110)	9.63	1.46	2.2 (G 30~80) 3.0 (G 80~110)	12.64	0.65	14.3 (G 30~80) 19.5 (G 80~110)	—	Zhang (2011)
1	30	150.2 (G 1)	222 (G 110)	11.40	1.32	2.2 (G 1~80) 3.0 (G 80~114)	12.72	0.81	17.8 (G 1~80) 24.3 (G 80~114)	—	Shi 等 (2016)

注:"—"表示没有测定;G 表示妊娠期。

除赖氨酸以外，母体对含硫氨基酸（蛋氨酸）、苏氨酸及色氨酸在妊娠后期需要量也显著高于妊娠前期。Levesque 等（2011）基于指示氨基酸氧化法的研究表明，二胎母猪妊娠早期（35～53 d）和后期（92～110 d）苏氨酸需要量分别为 7.0 g/d 和 13.6 g/d，经产母猪妊娠早期（25～55 d）和后期（81～111 d）苏氨酸需要量分别为 5.0 g/d 和 12.3 g/d。Franco 等（2014）研究表明，二胎母猪妊娠前期（35～53 d）和后期（92～111 d）色氨酸需要量分别为 1.7 g/d 和 2.6 g/d。Franco 等（2013）报道，四胎母猪妊娠前期（39～61 d）和后期（89～109 d）异亮氨酸需要量分别为 3.6 g/d 和 9.7 g/d。

猪在妊娠期间会损失掉 40%～50% 的胚胎和胎儿，甚至表现出严重的宫内发育迟缓，通过营养调节增加胎盘的生长和功能是提高胚胎形成及胎儿生存和发育的有效手段（Bazer 等，2009）。研究发现妊娠母猪羊水和尿囊液中精氨酸的含量异常丰富，推断精氨酸可能对于胎盘和胎儿的发育具有重要意义（Kim 等，2005）。近年的研究发现，精氨酸及精氨酸族氨基酸和代谢产物（氧化亚氮、多胺等）在胎盘的生长发育中起着重要的作用（Wu 等，2006；Wu，2009；Wu 和 Meininger，2009）。母体营养物质的充分转运可促进胚胎或胎儿的存活、生长和发育。研究发现妊娠前半期，母体尿囊液中精氨酸、鸟氨酸、瓜氨酸和谷氨酰胺浓度明显上升（Wu 等，1996）。Li 等（2014）研究表明，妊娠早期（14～25 d）饲粮中添加 0.4% 或 0.8% 精氨酸可以提高胚胎或胎儿存活率。Wu 等（1999）通过研究母猪怀孕阶段第 40～110 天胎儿氨基酸组成与沉积规律发现，伴随怀孕阶段的持续，胎儿体内氮以及氨基酸的沉积快速增加，其中精氨酸是主要的氮载体。在妊娠后期，子宫吸收的精氨酸几乎全部用于沉积，该发现表明精氨酸可能是胎儿后期生长过程中的限制性氨基酸。Mateo 等（2007）发现，在妊娠第 30～114 天初产母猪饲粮中添加 1.0% 的 L-精氨酸盐酸盐，窝产活仔数和仔猪初生窝重分别增加 2% 和 24%。饲粮中精氨酸/赖氨酸的比值为 2.64 时，不会影响肠道对赖氨酸和组氨酸的吸收（Mateo 等，2007）。需要注意的是，在配制饲粮的时候，精氨酸/赖氨酸的比值超过 3∶1 时会导致氨基酸的颉颃（Mateo 等，2008；Wu，2009）。在经产母猪上的研究同样表明，饲粮中添加 1% 的 L-精氨酸盐酸盐对提高母猪的繁殖性能最佳（江雪梅等，2011；杨慧等，2012）。Li 等（2015）研究表明，妊娠早期（1～30 d）饲粮中添加 1.3% 精氨酸盐酸盐可以提高初产和经产母猪的繁殖性能。

精氨酸可能与其他功能性氨基酸存在相互作用，从而改善母猪的繁殖性能。谷氨酰胺作为功能性氨基酸的一种，初产母猪的子宫对谷氨酰胺的摄取远远大于其他氨基酸（Wu 等，1999），谷氨酰胺在子宫液（Gao 等，2009）和胎儿（Wu 等，1995）中的含量很丰富。因此，谷氨酰胺可能在胎儿营养和生长中发挥重要作用。Wu 等（2010）认为，精氨酸和谷氨酸可以通过激活 mTOR 信号通路，刺激多胺的生成，从而促进基因的表达和蛋白质的合成。在妊娠 30～114 d 饲粮中添加 1.0% 的 L-精氨酸，母猪血浆中谷氨酰胺会降低（Mateo 等，2007）；而 Wu 等（2010）研究发现，在妊娠母猪玉米豆粕型饲粮中添加 0.6% 的谷氨酰胺和 0.4% 的精氨酸，可以防止母猪血浆中谷氨酰胺的降低，同时显著降低了血浆中氨和尿素含量，提高了氨基酸利用率。综上所述，功能性氨基酸在提高母猪繁殖性能中能起到重要作用。

（三）妊娠母猪氨基酸需要预测模型

NRC（2012）关于妊娠母猪氨基酸的营养需要考虑了胎儿、胎盘（包括相连绒毛尿囊液）、子宫、乳腺组织以及能量摄入量和时间依赖性的母猪体蛋白质沉积等六个蛋白质存留库及其氨基酸模型。本书对妊娠母猪赖氨酸需要的建议，结合 2012 年以后文献数据对现有六库模型中胎儿蛋白质库和乳腺蛋白质库进行了优化。

1. 胎儿蛋白质库 胎儿蛋白质含量用自然对数值来评估，并用时间（t，妊娠天数）和预期窝产仔数的函数表示。依据 Mcpheron 等（2004）及车龙等（2015）的数据，利用 Gompertz 方程拟合出母猪妊娠期不同日龄胎儿粗蛋白质含量，其模型方程为：

$$Y = \exp\left[10 - 13.2727 \times \exp(-0.014 \times t) + 0.0207 \times 产仔数\right] \quad (式 8-15)$$

2. 胎盘及羊水蛋白质库 胎盘和羊水中蛋白质含量是依据 NRC（2012）米氏方程而来，用时间和预期窝产仔数的函数来表示。其模型方程为：

$$Y = [38.54 \times (t/54.969)^{7.5036}] / [1 + (t/54.969)^{7.5036}] \quad (式 8-16)$$

3. 子宫蛋白质库 子宫蛋白质含量用自然对数值来评估，用妊娠天数的函数来表示。根据 NRC（2012），采用 Knighe 和 Noblet 关于母猪妊娠期不同日龄的结果统计而来。其模型方程为：

$$Y = \exp[6.6361 - 2.4132 \times \exp(-0.0101 \times t)] \quad (式 8-17)$$

4. 乳腺蛋白质库 乳腺组织中蛋白质含量用自然对数值来估测，用妊娠天数的函数来表示。依据 Ji 等（2006）和 Farmer（2015）的数据，利用 Gompertz 方程拟合出母猪妊娠期不同日龄乳腺组织的蛋白含量，其模型方程为：

$$Y = \exp\{11.1512 - 9.3657 \times \exp[-0.0086 \times (t - 29.18)]\} \quad (式 8-18)$$

5. 时间依赖性蛋白质沉积库 母猪妊娠期时间依赖性蛋白质沉积库数据是依据 NRC（2012）米氏方程而来，时间依赖性母体蛋白质沉积仅仅发生在妊娠 56 d 以前，56 d 以后的蛋白质沉积强制设定为 0，其模型方程为：

$$Y = \{[1522.48 \times (56-t)/36]^{2.2}\} / \{1 + [(56-t)/36]^{2.2}\} \quad (式 8-19)$$

6. 依赖能量摄入蛋白质沉积库 母猪妊娠期自身蛋白质沉积取决于胎次、妊娠阶段及超过维持需要的能量摄入（Dourmad，2008）。当超过维持需要的能量摄入一致时，妊娠后期的蛋白质沉积高于妊娠前期（Petigrew，1997）。本书依赖能量摄入蛋白质沉积库是结合四川农业大学关于母猪能量摄入对体重变化影响研究结果及 NRC（2012）模型而来，其模型方程为：

$$Y = a \times (摄入代谢能 - 妊娠第 1 天维持代谢能，kJ/d) \times 校正值 \quad (式 8-20)$$

三、氨基酸对泌乳母猪的影响

（一）泌乳母猪氨基酸需要组成

1. 维持 维持氨基酸和氮需要被定义为：所有必需氨基酸和含氮化合物氮的消耗被用于实现氨基酸和氮平衡，这里特别强调持续性的补偿由于蛋白质周转和采食引起的内源粪尿的排出引起的氨基酸和氮损失（GfE，2008）。NRC（1998）推荐泌乳母猪每日 TID 赖氨酸的维持需要量为 36 mg/kg $BW^{0.75}$。Ball 等（2008）、Samuel 等（2010）采用指示氨基酸氧化法测得非妊娠母猪每日赖氨酸维持需要量为 49 mg/kg $BW^{0.75}$（即 2.6 g/d，200 kg 体重），该值与 GfE（2008）和 Pettigrew（1993）的值接近，当饲粮中的赖氨酸含量接近估计的需要量时测得的热产生（heat production，HP）与呼吸熵（respiratory quotient，RQ）最低。Moughan 和 Kyriazakis（1999）将维持氨基酸和氮需要量主要分为内源性肠道的氨基酸损失、皮毛氨基酸损失和最低的氨基酸分解代谢损失（主要包括基本的体蛋白质更新、用于必需含氮化合物不可逆的合成以及尿素氮排放）。基础内源性肠道损失氨基酸中，总的基础内源性肠道损失被认为是前肠基础内源性损失的 110%（大肠占 10%）（Moughan 和 Kyriazakis，1999），且基础内源性肠道损失只与干物质采食量有关。Stein 等（1999）测得泌乳母猪每千克干物质采食的基础内源性肠道赖氨酸损失量为 0.292 g。皮毛损失氨基酸与体重有关，每日皮毛赖氨酸损失量为 4.5 mg/kg $BW^{0.75}$。根据 Moughan 和 Kyriazakis（1999）的分类方法计算出维持的赖氨酸需要量与 Ball 等（2008）的计算值接近，且每日维持的 SID 赖氨酸需要量约占总 SID 赖氨酸需要量的 6%。因此，NRC（1998）低估了泌乳母猪维持的赖氨酸需要量。

2. 泌乳 泌乳的氨基酸需要量主要来自日粮中的氨基酸，当饲粮氨基酸不足时则需动员体蛋白质的氨基酸补充。乳中氨基酸产量可以由产奶量乘以奶中氨基酸含量计算得出，或可以参考 NRC（2012）计算出平均每日奶氮产量再乘以 6.38（乳中粗蛋白质含量为氮含量的 6.38 倍），得到的乳中每 100 g 乳粗蛋白质赖氨酸含量为 7.01 g。由此，根据乳中赖氨酸含量和产奶量或奶氮产量则可计算出奶中赖氨酸产出量。

3. 体重变化 当泌乳母猪氨基酸摄入量成为产奶的限制因素时，母体将会分解体蛋白质满足产奶的氨基酸需求。母体蛋白质损失占体损失的 9.9% 到 10.1%（平均取 10%）（NRC，2012）。此时，氨基酸摄入量越少，所需的体蛋白质用于泌乳的氨基酸就越多。当泌乳母猪氨基酸摄入量超过维持和泌乳需要时，多余的氨基酸将用于体蛋白质沉积。

（二）泌乳母猪氨基酸供给与饲养实践

1. 粗蛋白质和氨基酸与泌乳生理 泌乳量与乳腺发育和乳腺上皮细胞代谢活动相关。增殖细胞中的葡萄糖代谢活动十分高，但增殖过程构成子代细胞质量最需要的是氨基酸，且乳腺上皮细胞处于增殖或非增殖状态都会利用大量的氨基酸去合成生物量（Lemons 等，2010；Hosios 等，2016）。乳腺会分解大量的支链氨基酸和精氨酸去合成谷氨酰胺、谷氨酸、丙氨酸、天冬氨酸、天冬酰胺、脯氨酸和多胺（Rezaei 等，2016）。增殖细胞中电子传递链的必需功能就是合成天冬氨酸（Birsoy 等，2015；Sullivan 等，2015）。因此，氨基酸对乳腺发育具有重要作用。NRC（1998）推荐泌乳母猪饲粮的粗蛋白质需要量为 16.3%～19.2%。Manjarin 等（2012）研究表明，当泌乳母猪饲粮粗蛋白质从 17.5% 降低到 13.5% 并添加合成氨基酸时，不会影响哺乳仔猪平均日增重以及乳腺氨基酸转运和乳蛋白质合成，但会增加乳腺对赖氨酸和精氨酸的转运效率。泌乳母猪饲粮粗蛋白质含量的提高可以促进乳腺对氨基酸的摄取，但当饲粮粗蛋白质含量超过 18.2% 时反而不利于氨基酸的摄取（Guan 等，2004）。因此，推荐泌乳母猪饲粮粗蛋白质需要量为16.3%~18.2%。

2. 粗蛋白质和氨基酸水平与比例 大多数情况下赖氨酸为泌乳母猪的第一限制性氨基酸。胎次将会影响泌乳母猪赖氨酸需要量，且赖氨酸摄入量会影响几个繁殖周期的繁殖性能。Yang等（2000）的研究认为，1~3胎泌乳母猪的SID赖氨酸需要量分别为44 g/d、55 g/d和56 g/d。Kim等（1999b）研究表明，最大化母猪乳腺发育需要的总赖氨酸为55 g/d。Cooper等（2001）结合试验认为，当仔猪平均日增重为220 g/d左右时，哺乳母猪总赖氨酸需要量超过58 g/d时对生产性能没有促进作用。而NRC（2012）推荐的SID赖氨酸需要量为42.2~52.6 g/d。GfE（2008）推荐盲肠前端可消化赖氨酸为33.6~56.2 g/d。本书结合文献数据与析因法结果推荐中国泌乳母猪SID赖氨酸需要量为35.8~52.6 g/d，总赖氨酸需要量为41.2~60.3 g/d。

在体损失增加的情况下，苏氨酸的限制性顺序会提前（Kim等，2001）。Cooper等（2001）认为，泌乳母猪0.53%的饲粮总苏氨酸窝增重最大，0.54%的总苏氨酸血浆尿素氮的产生最少，各胎次（1，2，3+）母猪体动员最小时的总苏氨酸需要量分别为37 g/d、40 g/d和38 g/d，各胎次（1，2，3+）仔猪生长性能最大时的总苏氨酸需要量分别为36 g/d、39 g/d和38 g/d，这就等价于每千克窝增重约需14.3 g的总苏氨酸。此值与NRC（2012）32.7~40.6 g/d的推荐值接近，也与本书推荐值29.2~42.8 g/d接近。对于苏氨酸与赖氨酸的比例，NRC（2012）推荐SID苏氨酸与SID赖氨酸的比例为0.63，GfE（2008）推荐盲肠前端可消化苏氨酸与赖氨酸的比例为0.650。本书推荐SID苏氨酸与赖氨酸的比例为0.63。

泌乳母猪由于分娩和体损失使其处于较强的氧化应激状态，蛋氨酸能生成半胱氨酸参与谷胱甘肽的合成，进而起着抗氧化作用。NRC（2012）推荐泌乳母猪SID蛋氨酸每日需要量为11.3~14 g/d，GfE（2008）推荐盲肠前端可消化蛋氨酸每日需要量为10~16.7 g/d。这与本书推荐的SID蛋氨酸需要量9.3~13.6 g/d相符合。在考虑蛋氨酸的特殊生理功能时，在含有0.3%总蛋氨酸的泌乳母猪饲粮中分别添加0.134% DL-蛋氨酸和0.152%的蛋氨酸羟基类似物，有利于母猪奶的合成与哺乳仔猪生长和肠道发育，且蛋氨酸羟基类似物效果更好并有利于泌乳早期的能量平衡（Li等，2014；Zhang等，2015；Zhong等，2016）。对于蛋氨酸与赖氨酸的比例，NRC（2012）推荐蛋氨酸与SID赖氨酸的比例为0.26，GfE（2008）推荐盲肠前端可消化蛋氨酸与赖氨酸的比例为0.30。本书推荐SID蛋氨酸与赖氨酸的比例为0.26。

色氨酸可在体内转化为5-羟色胺进而调节采食量。Paulicks等（2006）通过生长指标和生理指标推荐多胎泌乳母猪最适表观可消化色氨酸需要量为0.19%，过高的色氨酸采食不利于生产性能最大化（Pampuch等，2006a，2006b）。因此，色氨酸与泌乳母猪生产性能存在二次关系，并不是越高越好。NRC（2012）推荐泌乳母猪SID色氨酸需要量为7.9~10.2 g/d，GfE（2008）推荐盲肠前端可消化色氨酸需要量为6.0~11.0 g/d。根据中国实际情况本书推荐SID色氨酸需要量为6.8~10 g/d，与上述值接近。Fan等（2016）研究表明，头胎母猪体损失最小的SID色氨酸与赖氨酸比例为0.25，哺乳仔猪死亡率最少的SID色氨酸与赖氨酸比例为0.18~0.22；多胎母猪仔猪死亡率最低的SID色氨酸与赖氨酸比例为0.26。而NRC（2012）推荐SID色氨酸与赖氨酸比例为0.19，GfE（2008）推荐盲肠前端可消化色氨酸与赖氨酸比例为0.20。从经济性与生产性能两方面考虑，本书推荐泌乳母猪 SID 色氨酸与赖氨酸比例为 0.19。

乳腺细胞会分解大量的支链氨基合成其他营养物质或供能。Craig 等（2016）研究表明，高产母猪低缬氨酸饲粮（总缬氨酸与赖氨酸比 0.68）与高缬氨酸饲粮（总缬氨酸与赖氨酸比 1.10）相比，对后代生产性能没有影响，但高缬氨酸会增加乳脂率并使断奶体况变差。Strathe 等（2016）研究表明，总缬氨酸与赖氨酸比超过 0.84 时，对生产性能没有促进作用。GfE（2008）推荐盲肠前端可消化缬氨酸与赖氨酸比为 0.70。但 NRC（2012）推荐 SID 缬氨酸与赖氨酸比为 0.85。Mosser 等（2000）研究表明，当总赖氨酸含量为 0.9% 时，总缬氨酸从 0.8% 增加到 1.2% 可提高母猪背膘损失、窝增重和断奶窝重。Gaines 等（2006）研究表明，饲粮总缬氨酸与赖氨酸比超过 0.86 不会对母体体重变化和仔猪生长率有进一步的改善作用，但饲粮总缬氨酸与赖氨酸比低于 0.73 会降低窝增重。因此，泌乳母猪缬氨酸与赖氨酸的适宜比值存在争议。本书为推荐 SID 缬氨酸与赖氨酸的比值为 0.85，使用者可依据实际情况与文献酌情取值。

母猪采食量和产奶量会影响其体成分，从而影响各氨基酸的与赖氨酸的比例。因此，泌乳母猪理想氨基酸模式是动态的，且氨基酸的限制顺序在生产性能发生变化时也将改变。例如，当泌乳母猪体损失为 0 时，理想的总赖氨酸：总苏氨酸：总缬氨酸为 100：59：77；当泌乳母猪体损失为 33~45 kg 时，理想的总赖氨酸：总苏氨酸：总缬氨酸=100：69：78；当体损失为 25 kg、泌乳期为 21 d 时，理想的苏氨酸与赖氨酸比例不超过 0.63（Kim 等，2009）。

3. 综合法测定泌乳母猪 SID 赖氨酸需要量 参考国内已发表数据（张文娟，2009；杜敏清，2010；蓝荣庚，2010；Xue 等，2012；董志岩等，2014），得到泌乳母猪 SID 赖氨酸需要量公式（式 8-21）。由于公式未引入体损失变量，导致计算值与实际需要量存在偏差。相对于综合法的计算结果，析因法的结果将更符合标准条件下的实际需要量，因此，推荐用户使用析因法计算泌乳母猪 SID 赖氨酸需要量。

泌乳母猪 SID 赖氨酸需要量 (g/d)=0.019 9×平均窝增重 (g/d)+2.802 6

（式 8-21）

（三）泌乳母猪氨基酸需要预测模型

由于国内缺乏泌乳母猪氨基酸需要的析因研究，因此对泌乳母猪氨基酸需要的估测主要参考 NRC（2012）。

泌乳母猪赖氨酸需要由维持赖氨酸需要和产奶赖氨酸需要两部分组成。维持需要中，基础内源性肠道赖氨酸损失与泌乳母猪的干物质采食量有关（式 8-22），皮毛赖氨酸损失与代谢体重有关（式 8-23），产奶赖氨酸需要则由每日奶氮产出量、奶蛋白质中氮的含量以及奶蛋白质中赖氨酸的含量来预测（式 8-24）。每日奶氮产出量由泌乳期仔猪平均窝增重和母猪带仔数来预测（式 8-25）。SID 赖氨酸用于泌乳母猪维持和产奶的利用效率分别为 75% 和 67%。

基础内源性肠道赖氨酸损失 (g/d)=干物质采食量 (kg)×0.292×1.1

（式 8-22）

皮毛赖氨酸损失 (g/d)=0.004 5×BW (kg)$^{0.75}$ （式 8-23）

用于产奶的赖氨酸需要（g/d）＝每日奶氮产出量×6.38×0.070 1

(式 8 - 24)

每日奶氮产出量（g）＝0.025 7×平均窝增重（g/d）＋0.42×带仔数

(式 8 - 25)

如果摄入赖氨酸超过泌乳母猪维持和产奶的需要，超出部分将用于母体增重（体蛋白质沉积）。体蛋白质沉积中赖氨酸的比例为 7.1%。SID 赖氨酸用于体蛋白质沉积的利用效率为 67%。但在大多数情况下，现代高产泌乳母猪摄入的赖氨酸不足以满足其维持和产奶的需要，此时将动员母体蛋白质以满足机体所需。体动员中体蛋白质的比例假定为 10%，体蛋白质中赖氨酸的比例为 6.74%，赖氨酸用于产奶的利用效率为 87%。

其他必需氨基酸与 SID 赖氨酸之间的比例关系参考 NRC（2012）。

四、氨基酸对种公猪的影响

（一）种公猪氨基酸需要组成

生长发育期的后备公猪，饲养至 120 kg 的大白公猪，其蛋白质需要量为 18%，盲肠前可消化赖氨酸需要量为 0.65～0.70 g/MJ ME（Williams 等，1994；O'Connell 等，2006）。在后期的生长过程中，由于其日增重通常控制在 500～600 g/d，饲粮蛋白质水平在 100～120 kg 体重阶段可降至 17%，随后可进一步降低，盲肠前可消化赖氨酸需要量为 0.50 g/MJ ME（GRE，2008）。

（二）种公猪氨基酸供给与饲养实践

目前为止，还没有试验对种公猪生长和发育所需要的蛋白质和氨基酸进行研究，大多数的试验是研究精液的特性和繁殖性能（表 8 - 9）。蛋白质摄入不足，可降低精子浓度和精子产量、性欲及精子体积（Louis 等，1994a）。当饲粮蛋白质水平从 15.4%增加到 18.4%时，精液产量不再增加。含 10.6%粗蛋白质和 0.44%的赖氨酸的玉米-豆粕型饲粮不能满足种公猪的需要（Louis 等，1994b），但含 15.3%粗蛋白质和 0.83%赖氨酸的饲粮，或者每日摄入 360 g 的蛋白质和 18.1 g 的总赖氨酸可维持种公猪良好的性欲和精液品质。当饲粮蛋白质水平由 14.5%提高到 22.2%，其精子产量和质量不再增加，因此 Kemp 等（1996）认为，不影响公猪生产性能的最低营养水平为 12.5 MJ/kg 的代谢能、14.5%的 CP，0.68%和 0.44%的含硫氨基酸。由于成年公猪通常是限制采食量，因此认为每天氨基酸的摄入量比饲粮中氨基酸浓度更重要。

早期的研究表明，性成熟的公猪可能对含硫氨基酸的需要量高。也有研究显示，饲粮添加蛋氨酸和赖氨酸对公猪没有影响。大量增加赖氨酸对性欲及精子数量和质量没有影响（12.56 MJ ME/kg，18 g/d 和 31 g/d 赖氨酸）。相反，Wilson（2000）发现，增加能量和赖氨酸（14 g/d 和 20 g/d），可改善公猪的精子产量，公猪对赖氨酸的需要可能存在一个敏感的阈值。Allee（2001）认为，随着年龄的变化，苏氨酸与赖氨酸的比值可能需要增加。不仅氨基酸的水平影响公猪繁殖成绩，氨基酸的模式也可能对公猪精液品质造成影响。研究资料显示，对于 13%粗蛋白质水平的成年种公猪饲粮，赖氨酸∶苏氨酸∶色氨酸∶精氨酸为100∶76∶40∶120时，可提高12周以后公猪的精子顶体完整率、有效精子数目和总精子数目（Ren和Lin，2015）。在相同的氨基酸模式下，氨基酸水平提高150%时，公猪的精液品质和精液产量增加（Dong和Lin等，2016）。

表8-9 蛋白质或氨基酸供给对公猪精液质量的影响

品种	蛋白质或赖氨酸水平	饲粮能量（MJ/kg）	起始年龄或月龄	增重/睾丸重（g）	FSH激素（nIU/mL）	精液体积（mL）	精子产量（×10⁹个）	资料来源
汉普×大白	10% CP	12.1 ME	10周至365日龄	687	454			Althen等（1974）
	15% CP	12.1 ME		678	762			
	20% CP	12.1 ME		674	1 649			
长白×大白	7% CP	14.3 ME	1年	658		110/周		Louis等（1994）
	16% CP	14.3 ME	1年	777		116/周		
长白×大白	15.30% CP	14.2 ME	1年	753		131/周		Louis等（1994）
	19.60% CP	14.1 ME	1年	720		110/周		
	10.60% CP	14.2 ME		665		115/周		
大白×长白	12% CP	11.7 ME	9个月			91.18	10.39	Machebe等（2014）
	14% CP	11.7 ME				135.44	12.92	
	16% CP	11.7 ME				123.90	16.22	
	18% CP	11.7 ME				122.30	12.98	
大白	13%、15%、17% CP	13.0 DE	成年			226.87	53.51	黄健等（2008）
		13.8 DE				246.95	58.23	
	13%	13.0/13.8 DE				232.37	50.20	
	15%	13.0/13.8 DE				259.94	59.65	
	17%	13.0/13.8 DE				218.76	57.77	
大白	0.64%lys	13.6 DE	1.5年					Dong和Lin（2016）
	0.96%				+	+	+	
长白×大白	17% CP 13%+AA1 13%+AA2 13%+AA3	13.3 DE	9个月		+	+	+	Ren和Lin等（2015）

注：AA1、AA2和AA3表示Lys∶Thr∶Trp∶Arg分别为100∶50∶20∶71、100∶76∶38∶71和100∶76∶38∶120。

（三）种公猪氨基酸需要预测模型

由于国内对种公猪氨基酸需要量的研究极少，无参考数据。本书关于种公猪对氨基酸需要量的确定是基于NRC（2012）模型和GFC（2008）模型得到。

第三节 矿物质与繁殖

一、常量元素对繁殖的影响

(一) 钙和磷

1. 钙磷营养需要 母猪的生产与生长育肥猪不同,是一个连续的生产过程。良好的骨骼矿化程度和密度关系母猪一生的繁殖性能,因而钙、磷的含量及比例对母猪健康有着重要的意义。母猪钙磷缺乏或者比例不合理会降低骨骼硬度,引起病理性骨折,继而诱发腿病(Boyd 等,1998),增加母猪的淘汰率。后备母猪营养影响母猪终身繁殖性能,适当提高后备母猪饲粮钙磷水平可提高骨骼中灰分、钙、磷的含量及骨骼强度和骨密度(Varley 等,2010)。增加后备母猪矿物质贮备是预防母猪在泌乳期发生大量体动员而发生腿病或瘫痪的有效方法(Engblom 等,2011)。大量研究表明,后备母猪饲粮钙磷水平要比生长育肥猪高 0.1 个百分点(Combs 等,1991),才能更好地满足母猪骨骼最大矿化以及充足的钙磷贮备。妊娠期母猪除了维持自身骨骼健康发育外,还需要大量的钙磷通过血液或乳汁传递给胎儿和仔猪。Mahan 和 Newton(1995)研究表明,母猪繁殖 3 胎以后体内矿物质含量较相似日龄但未经历过生产的母猪显著下降,提示妊娠母猪保持充足钙磷摄入的重要性。妊娠母猪对钙磷的需要量随胎儿体重的增加而增加,妊娠 45 d 以前几乎没有钙磷沉积;妊娠 45~80 d,钙磷沉积逐渐增加,但变化不明显;而妊娠 80 d 至分娩钙磷沉积显著增加,其沉积量约占整个妊娠期钙磷沉积的 2/3(Mahan 和 Newton,1995;Mahan 等,2009)。如果饲粮中钙磷含量不能满足需要,将会动用母体组织矿物质。遗传改良已经使母猪的产仔数得到了较大提高,为满足后代仔猪的生长需要,高泌乳量加剧了母猪对钙磷的需求,表现出母乳中矿物质元素的含量显著增加,且这种变化主要是在泌乳 7 d 以后(Mahan,1995)。养猪生产者可通过增加钙磷的日饲喂量使骨骼强度最大化,但不一定能使骨骼结构正常(Eeckhout 等,1995),这说明钙磷的实际摄入量并不是决定骨骼发育好坏的唯一因素,还应注意钙磷的比值和来源(Hall 等,1991;Malde 等,2010;姜海迪 等,2012)。当饲粮磷水平为 0.58%,钙磷比为 1.2∶1 时,骨骼钙磷含量达到最大值,骨骼质量较好,但钙磷含量过高并不利于骨骼钙磷的沉积(黄阿彬,2013)。同时,饲喂过多钙磷会增加钙磷排放污染环境(Szogi 等,2014)。研究表明,生长育肥猪饲粮中 65%~70%的磷通过粪、尿排泄到环境中,断奶仔猪略低,但也达到 50%~55%,母猪磷排泄量高达 80%(Jondreville 和 Dourmad,2005)。

2. 影响钙磷吸收的因素 饲料中钙磷的利用受到多种因素的影响,包括钙磷在饲料中的存在形式、来源以及饲料添加剂的影响。钙是体内含量最高的矿物质,生产中常用的天然饲料原料含钙量极低,植物性饲料原料钙含量在 0.01%~0.69%(Rostagno 等,2011;NRC,2012;Rojas 等,2013),动物性饲料原料钙含量比植物性原料钙含量高,为 0.05%~10.94%(NRC,2012),主要包括血液制品、鱼粉、肉粉、肉骨粉、脱脂奶粉等,其中肉骨粉的钙含量最高,血粉中钙含量最低。向饲料中补充的无机钙包括碳酸钙、磷酸钙、文石、石膏、石灰石和牡蛎壳粉等，其中碳酸钙、磷酸钙和石粉的使用最为广泛。若以碳酸钙的生物利用率为标准，文石、石灰石、石膏和大理石粉中钙的相对生物利用率较高（93%～102%），而白云石质灰岩相对生物利用率则较低（51%～78%）。

植物性饲料原料中的磷多以植酸磷和植酸钙镁磷的形式存在（Angel 等，2002），难以被动物利用。小麦因自身含有植酸酶（Pointillart 等，1991），其磷利用率较高，接近 50%（Cromwell，1992）。玉米所含磷中植酸磷占 50%～80%，其利用率较低，不足 15%，低植酸磷玉米磷的相对利用率则高达 77%（Cromwell 等，1998b）。大部分动物来源的磷比植物来源磷的利用率高，这些磷主要是以无机磷的形式存在（Coffey 和 Cromwell，1993）。肉骨粉中磷的生物利用率报道不一致，Cromwell 等（1992）认为，肉骨粉中磷的利用率为 67%，但 Traylor（2005）的研究表明，肉骨粉中磷的利用率高达 90%。许多研究者认为，磷的生物利用效率跟饲料加工方式有关。无机磷原料中磷的利用率也是有差别的，目前已公认磷酸铵、磷酸钙和磷酸钠中的磷利用率较高（Cromwell，1992），但也受到加工方式的影响（Cromwell，1992；Coffey 等，1994b；Kornegay 和 Radcliffe，1997），同时结合水的数量也影响磷的利用率（Eeckhout 和 de Paepe，1997）。

研究表明，有多种方法可提高饲料中的钙磷利用率，包括添加植酸酶、改变钙磷比例、添加维生素 D 及改善饲料加工工艺。其中，添加植酸酶是提高饲料中磷利用率最主要的方法（Nasi，1990；Simons 等，1990；Jongbloed 等，1992；Pallauf 等，1992a，1992b；Lei 等，1993b；Cromwell 等，1995；蔡青和等，2004；李成良等，2007；Jongbloed 等，2013；梁陈冲等，2013；Jiang 等，2014），该方法可降低饲粮中无机磷的添加量，减少磷排放（郭文文等，2015）。此外，植酸酶的添加还可提高钙（Pallauf 等，1992b；Lei 等，1993b；Young 等，1993；Mroz 等，1994）、铁（Stahl 等，1999）、锌（Lei 等，1993a；Pallauf 等，1994；Revy 等，2004）的利用率，对饲粮蛋白质的消化也有促进作用（Ketaren 等，1993；Mroz 等，1994；Kemme 等，1995；Biehl 和 Baker，1996）。钙磷比例也是影响磷利用率的重要因素。对于谷物-豆粕型饲粮，NRC（2012）对总钙/总磷推荐比例为（1～1.25）∶1。过量的钙磷对猪的生产性能有不利影响（Hall 等，1991；王凤来等，2001），而且过量的钙不仅降低磷的利用率，还可能因钙与植酸盐形成不溶复合物而增加锌的需要量（Oberleas 和 Harl，1996）。维生素 D 在促进肠道钙磷吸收、保证骨骼正常矿化过程中至关重要。大量研究表明，增加饲粮中维生素 D 的含量可提高钙磷的生物利用率（Flohr 等，2014；Tabatabaei 等，2014；Weber 等，2014）。饲料在高温制粒时，制粒温度超过 60 ℃，植酸酶会因失活而降低钙磷消化率（Jongbloed 和 Kemme，1990；Nunes，1993）。

3. 钙磷需要量的评估方法 国内关于钙磷需要量评定方法报道均集中于生长猪（周桂莲等，2002；张艳玲，2004；方热军等，2005；张铁鹰等，2008）。因此，本书采用 NRC（2012）的模型并参考国内生产水平计算母猪全消化道标准可消化（STTD）磷和总钙的需要量。该模型基本原理在前人的研究中已有详细描述（Jongbloed 等，

1999，2003；Jondreville 和 Dourmad，2005；GfE，2008）。模型通过析因法估测，考虑六大因素：①母体磷沉积（Jongbloed 等，1999，2003）；②孕体磷沉积（胎儿＋胎盘＋羊水）（Jongbloed 等，1999；Jondreville 和 Dourmad，2005）；③乳汁中磷的排出（Jondreville 和 Dourmad，2005）；④基础内源性肠道磷损失（190 mg/kg 干物质）（Stein 等，2006；Widmer 等，2007；Almeida 和 Stein，2010）；⑤最低尿磷损失（7 mg/kg，按体重计）（Jondreville 和 Dourmad，2005）；⑥STTD 磷用于磷沉积的边际效率（0.77）（Pomar 等，2003），而钙的需要量则根据后备母猪、妊娠母猪和泌乳母猪对 STTD 磷和总钙需要量之间各自特定的比率计算。

另一方面，根据前人的研究报道（Coffey 等，1994b；Eeckhout 等，1995；O'Quinn 等，1997；Ekpe 等，2002；Hastad 等，2004；Pettey 等，2006；Ruan 等，2007；Hinson 等，2009），母体总磷和总氮之间可建立线性关系（NRC，2012），根据线性关系，可以用来评估妊娠母猪骨骼中磷的沉积，也可以评估母猪哺乳期间在蛋白质负平衡时体内磷的动员量。同理，乳汁中排出的磷可根据乳汁中排出的氮来预测。

总结相关文献，乳汁中磷和氮的比例约为 0.196∶1（Miller 等，1994；Park 等，1994；Farmer 等，1996；Seynaeve 等，1996；Jurgens 等，1997；Giesemann 等，1998；Tilton 等，1999；Lyberg 等，2007；Peters 和 Mahan，2008；Leonard 等，2010；Peters 等，2010）。

4. 后备母猪钙和磷需要量评估方法 后备母猪磷的需要量评估方法与生长育肥猪类似，主要考虑磷沉积量、基础内源性肠道磷损失、最低尿磷损失、STTD 磷用于磷沉积的边际效率和最佳生长性能时的磷需要量占机体最大磷沉积需要量的比例。其中机体的磷沉积量参考 Jongbloed 等（1999）、Jondreville 和 Dourmad（2005）的研究结果，根据机体磷含量与体蛋白质的线性关系计算；基础内源性肠道磷损失参考 Almeida 和 Stein 等（2010）的研究结果，按照每摄入 1 kg 饲料干物质损失 190 mg 计算；最低尿磷损失参考 Jondreville 和 Dourmad（2005）的研究，按照每千克体重损失 7 mg 计算；磷沉积的边际效率参考 Pomar 等（2003）的研究，按照 0.77 计算。NRC（2012）认为，猪在最佳生产性能时，磷的需要量是机体最大磷沉积需要量的 0.85，因此 STTD 磷的需要量如下：

$$\text{STTD 磷需要量（g/d）} = 0.85 \times (\text{机体的磷最大沉积量}/0.77 + 0.19 \times \text{饲料干物质摄入量} + 0.007 \times BW) \quad \text{（式 8-26）}$$

钙的需要量根据固定的总钙与 STTD 磷的比例的 2.15 倍计算（NRC，2012）。为了使后备母猪骨骼最大程度矿化，骨骼强度和灰质含量达到最大化，推荐 75 kg 以前后备母猪钙磷饲喂量参考生长育肥猪的需要量，75 kg 以后后备母猪钙磷水平比生长育肥猪提高 0.1 个百分点。

5. 妊娠母猪钙和磷需要量评估方法 妊娠母猪磷的需要量评估方法中，主要考虑母体自身磷沉积、孕体（胎盘＋胎儿＋羊水）磷沉积、基础内源性肠道磷损失、最低尿磷损失和 STTD 磷用于磷沉积的边际效率。其中，基础内源性肠道磷损失参考 Almeida 和 Stein 等（2010）的研究，按照每摄入 1 kg 饲料干物质损失 190 mg 计算；最低尿磷损失参考 Jondreville 和 Dourmad（2005）的研究，按照每千克体重损失 7 mg 计算；磷沉积的边际效率参考 Pomar 等（2003）的研究，按照 0.77 计算；母体自身磷沉积量基于 Jongbloed 等（1999）的研究，根据母体蛋白质沉积量和胎次依赖性骨组织中磷的日沉积量计算得到，其中 0.009 6 根据母体蛋白质含量计算（Jongbloed 等，1999）；胎次依赖性骨组织磷日沉积量参照 Jongbloed 等（1999）的研究（第 1、2、3 和 4 胎及以上沉积量分别为 2.0 g/d、1.6 g/d、1.2 g/d 和 0.8 g/d）。

母体自身磷沉积量（g/d）＝0.009 6×母体蛋白质沉积量＋胎次依赖性骨组织磷日沉积量

(式 8-27)

胎儿、胎盘和羊水中磷的含量，结合国内外仔猪初生重和产仔数数据进行调整。

胎儿磷含量（g）＝exp $\{4.591-6.389\times\exp[-0.023\ 98\times(t-45)]+(0.089\ 7\times1\ s)\}$

(式 8-28)

胎盘磷含量（g）＝0.009 6×胎盘及羊水中蛋白质含量（g）　(式 8-29)

钙的需要量根据固定的总钙与 STTD 磷比例的 2.3 倍计算（NRC，2012）。

6. 泌乳母猪钙和磷需要量评估方法　由于国内缺乏泌乳母猪 STTD 磷的析因研究，因此本书对泌乳母猪 STTD 磷需要的估测主要参考 NRC（2012）。

泌乳母猪 STTD 磷需要由维持磷需要（基础内源性胃肠道磷损失＋最低尿磷损失）和产奶磷需要两部分组成。基础内源性胃肠道磷损失与泌乳母猪的干物质采食量有关（式 8-30）；最低尿磷损失与代谢体重有关（式 8-31），产奶磷需要则由每日奶氮产出量和奶氮中磷的比例（固定为 0.196）来预测（式 8-32）；奶氮产出量的计算见式 8-25。STTD 磷用于泌乳母猪维持和产奶的利用效率均为 77%。假定母体每动员 1 g 体蛋白质将从体贮中释放出 9.6 mg 磷供机体所用。

基础内源性胃肠道磷损失（g/d）＝干物质采食量（kg）×0.19

(式 8-30)

最低尿磷损失（g/d）＝0.007×BW（kg）$^{0.75}$　(式 8-31)

用于产奶的磷需要（g/d）＝每日奶氮产出量×0.196　(式 8-32)

总磷、总钙与 STTD 磷的比例关系参考 NRC（2012）。

在国内饲养实践中，有效磷的使用较为普遍。根据农业农村部饲料工业中心的研究结果，在应用本书饲料养分与营养价值表时，可认为 STTD 磷与有效磷等值。

7. 种公猪钙和磷的需要量　公猪健康状况与其繁殖性能密切相关，肢蹄疾病将致公猪性欲缺乏、无能力爬跨母猪或假猪台。骨骼的重量、大小、厚度、强度及灰分含量随着年龄的增加而增加，但增加的幅度会减小，表明随年龄的增长，公猪所需要的钙、磷量在减少。公猪骨骼粗重，转动惯量比母猪高。

钙和磷不仅对公猪的生长，而且对骨质增强和体格健壮都至关重要。通常认为，生长阶段的公猪骨骼发育所需要的钙、磷水平高于其最佳生长所需要的水平。饲粮中钙、磷含量分别为 9.3 g/kg 和 7.5 g/kg 时，公猪骨骼发育最佳，而生长仅分别为 5.5 g/kg 和 4.5 g/kg。

目前认为，种公猪饲粮中适宜的平均钙磷水平分别为 0.85%～0.9% 和 0.7%～

0.8%，过高的钙、磷供给是不宜的（Crenshaw，2003），使用过多的钙和磷强化骨骼可能会增加与软骨损伤相关的肢蹄疾病问题，而采用添加植酸酶等方式可能是一种更好的选择，但是目前还没有相关的研究报道。

（二）其他常量元素（钠、氯、镁、钾、硫）

1. 各生理活动净需要量 GfE（2008）总结各种生理活动对常量元素的净需要量。主要内容为：每千克增重需要 0.3 g 镁、1.1 g 钠、1.7 g 钾、1.4 g 氯；每千克干物质采食量损失 350 mg 钠、700 mg 钾、500 mg 氯；妊娠后期每天需要 0.2 g 镁、2.0 g 钠、1.0 g 钾、2.0 g 氯；每千克乳中含有 0.2 g 镁、0.8 g 钠、1.0 g 钾、0.8 g 氯；钠、钾、氯的总利用率（沉积量/摄入量）为 90%。

2. 推荐饲粮含量 由于研究资料有限，种猪对钠、氯、镁、钾需要量尚未严格确定。但现有的研究表明，饲粮添加 0.3% 的氯化钠（含 0.12% 钠）不足以满足妊娠母猪的需求；将非头胎母猪妊娠和泌乳阶段的氯化钠添加量从 0.50% 降至 0.25% 时，仔猪初生重和断奶重均降低。NRC（2012）建议妊娠和泌乳期饲粮中分别添加 0.4% 和 0.5% 的氯化钠比较适宜。给妊娠母猪分别饲喂 0.04% 和 0.09% 镁的半纯合饲粮，并在随后的泌乳阶段饲喂 0.015% 和 0.065% 镁的饲粮，母猪生产性能无显著差异，但饲喂低水平镁的母猪在泌乳阶段会出现镁的负平衡。参考 GfE（2008）和 NRC（2012），本书推荐妊娠母猪钠、氯、镁、钾每日需要量分别为 3.42 g、2.74 g、1.37 g 和 4.56 g；泌乳母猪钠、氯、镁、钾每日需要量分别为 11.60 g、9.28 g、3.48 g 和 11.60 g。

3. 电解质平衡 钠、钾和氯是影响动物电解质平衡和酸碱平衡的主要离子。饲粮电解质平衡（dE）通常以钠+钾-氯的毫当量表示（mEq）。但 Patience 和 Wolynetz（1990）建议，钙、镁、硫和磷离子也应包括在内。当以钠+钾-氯的毫当量表示时，简单的玉米-豆粕型泌乳饲粮的电解质平衡量为 185 mEq/kg。Dove 和 Haydon（1994）比较 dE 为 130 mEq/kg 和 250 mEq/kg 的玉米豆粕饲粮发现，两个处理间的生产性能没有差异。但 Derouchey 等（2003）用盐酸、氯化钙和碳酸氢钠将玉米-豆粕型饲粮 dE 调节为 0、100 mEq/kg、200 mEq/kg、350 mEq/kg 和 500 mEq/kg 发现，更低的 dE 有利于提高哺乳仔猪存活率，降低尿液中细菌数，但对本胎次其他生产性能和下一胎次活产仔数没有影响，过低的 dE（−100 mEq/kg、−200 mEq/kg）显著降低采食量。Roux 等（2008）研究表明，将泌乳母猪饲粮 dE 从 140 mEq/kg 降低到 56 mEq/kg，可以改善下一胎次的活产仔数。因此，较低的泌乳母猪饲粮 dE 有利于其生产性能的发挥。

二、微量元素对繁殖的影响

（一）铁

铁是红细胞中血红蛋白的组成部分，缺铁的第一症状就是出现与血液有关的疾病。铁蛋白、血铁黄素和转铁蛋白等是体内主要的贮铁库。肌肉中的铁以肌红蛋白形式存在，血清中的铁以运铁蛋白形式存在，胎盘中的铁以子宫运铁蛋白形式存在，乳中的铁则以乳铁蛋白形式存在。

铁能够通过胎盘转运给仔猪一直备受关注，但至今未能给出有益结论。给妊娠后期母猪补饲高水平铁没有明显增加铁从胎盘转运给胎儿，同时在妊娠期经非肠道途径给予母猪右旋糖酐铁也得到类似结果。NRC（1998）认为，与红细胞生成和其他与铁相关的代谢活动要求给哺乳仔猪每天提供7~16 mg的铁。哺乳仔猪机体铁贮备量为40~50 mg，不能满足分娩后7~10 d对铁的需求（Peters和Mahan，2008）。哺乳仔猪铁的缺乏导致生理性贫血，更易受大肠杆菌感染导致腹泻甚至死亡（Ashemead，1993）。早期的研究认为，通过饲喂或注射使母猪获得高水平的铁足以防止后代缺铁性贫血。但许多研究表明，妊娠和哺乳母猪饲粮中添加各种形式的高水平铁，包括硫酸铁和铁螯合物，都不能使乳中铁含量提升到可以防止仔猪铁缺乏的程度，但哺乳仔猪通过采食饲喂高铁母猪的粪便可防止缺铁。因此，现在普遍采用给新生仔猪注射铁剂的办法来防止仔猪贫血。

近年来的研究表明，有机铁的生物利用率高于无机铁盐（Henry和Miller，1995；Pineda和Ashmead，2001）。有机铁可以提高动物对铁的吸收和贮存。给妊娠母猪饲喂有机铁可以提高仔猪初生重和断奶重，减少死胎数和产后仔猪死亡率，改善仔猪铁的贮存（Close，1998，1999）。Darneley等（1993）总结了近8年的生产性试验结果，认为繁殖母猪饲喂氨基酸螯合铁，可提高初产母猪的繁殖性能、改善母猪体况、降低经产母猪淘汰率和仔猪死亡率。有机铁可以增加铁从胎盘转移给胎儿的数量。Peters等（2010）研究表明，母猪饲喂有机铁可提高母乳中微量元素的产出，增加微量元素在仔猪体内的沉积。董冬华等（2012）报道，母猪饲粮中添加不同水平的甘氨酸铁或硫酸亚铁，可不同程度改善母猪铁营养状况及抗氧化性能。然而添加有机铁对猪繁殖性能的报道也不尽一致。Wang等（2014）报道，给母猪妊娠后期（84~114 d）和泌乳期（21 d）饲粮中添加有机铁复合物，使铁在妊娠期和哺乳期饲粮中达到186 mg/kg和192 mg/kg，结果表明，添加有机铁对于母猪和哺乳仔猪的铁水平有轻微的正效应，但没有改善母猪的繁殖性能和后代的生长性能。Zhao等（2015）研究表明，与不饲喂螯合铁但给哺乳仔猪注射右旋糖酐铁相比，妊娠86 d的母猪饲喂铁螯合物对母猪和仔猪的生长性能无显著影响，但注射右旋糖酐铁可以提高仔猪血液中铁含量、白细胞、红细胞和血红蛋白浓度。

有关公猪铁需要量的研究目前还未见报道。Wise等（2003）用免疫组化分析发现，睾丸间质细胞是睾丸内铁蛋白的主要贮存场所。对于不同品种的种公猪来说，小睾丸（100 g）中铁和铁蛋白的浓度高于大睾丸（300~400 g），随着睾丸重量增加铁和铁蛋白的浓度逐渐下降；进一步分析发现，睾丸铁浓度增加，其每天精子产量以及总的精子产量均显著下降。对梅山猪公猪的研究证实，由于梅山猪公猪睾丸中铁离子浓度增加，每天精子产量显著下降，这可能是受到FSH调节所致。

（二）铜

铜是机体合成血红蛋白所必需，是血红蛋白的组成成分。铜还合成与激活正常代谢所必需的一些氧化酶类。母猪缺铜可使受精率受到影响。在母猪妊娠期间，铜主要用来满足胎儿生长发育的需求。与铁的情况不同,铜可有效地通过胎盘转运到到胎儿。在妊娠期和哺乳期,铜需要量方面的确切资料很少。给母猪饲喂 60 mg/kg（按饲粮计）的铜,可以提高仔猪初生重和断奶重。研究发现,妊娠期母猪饲喂 2 mg/kg（按饲粮计）的铜比饲喂 9.5 mg/kg（按饲粮计）铜的血浆铜蓝蛋白低,产死胎数多。通过平衡试验估计,妊娠母猪对铜的需要量约为 6 mg/kg（按饲粮计）。Yen 等（2005）在哺乳母猪饲粮中以蛋白质-铜化合物形式额外补充 14 mg/d（按饲粮计）的铜,可提高断奶后 7 d 的配种率。Cornwell 等（1993）给母猪连续 6 个繁殖周期添加高铜（常规饲粮含 9 mg/kg 铜的前提下,额外补充 250 mg/kg 铜）,结果发现与对照组相比,高铜组初产母猪产仔率下降,但高铜组母猪的淘汰率也下降,第 2、3、4 胎产前 6 d 体重增加,窝产仔数增加。高铜组仔猪初生重和断奶重分别比对照组提高 9% 和 6%。采食高铜饲粮的母猪断奶至发情间隔缩短。另外研究还表明,母猪饲喂高铜可以提高哺乳仔猪的体增重。但更多的研究表明,在妊娠后期和哺乳期饲粮中添加高铜,对哺乳仔猪体重无影响（Thacker 等,1991；Dove,1993）。可见,不同研究者研究结果有很大差异,这种结果除了与饲粮背景有关外,还与母猪体内铜的贮备有很大关系。

（三）锌

精子的生成,卵母细胞的成熟、受精和胚胎发育都需要足够多可利用的锌（Kim 等,2010；Bernhardt 等,2012；Que 等,2014；Tian 等,2014）。排卵期卵母细胞的成熟和排卵对锌的缺乏十分敏感（Tian 和 Diaz,2012,2013；Tian 等,2014）。缺锌可使母猪子宫衰退,并影响乳的合成,导致发情周期紊乱（Fehse 等,2000）。母猪妊娠最后 4 周,饲喂低锌水平的饲粮（含锌 13 mg/kg）,会延长母猪分娩时间。缺锌也会阻碍公猪的睾丸发育,耗竭生精上皮细胞,改变睾丸滋养细胞形态,并影响仔猪胸腺发育（Cigankova 等,2008）。从怀孕第 26 天开始,给妊娠母猪饲喂缺锌饲粮,引起母猪分娩延迟,仔猪成活率降低。连续 2 胎给母猪饲喂含锌 5 000 mg/kg 的饲粮（以氧化锌的形式提供）,发现窝产仔数和仔猪断奶重均降低,母猪软骨炎的发病率明显增加。

用平衡试验测得妊娠母猪锌需要量为 25 mg/kg（按饲粮计）。连续 5 胎饲喂含锌 33 mg/kg 与 83 mg/kg 的饲粮后母猪的繁殖性能（窝产仔数、断奶仔猪数、仔猪初生重和断奶重）差异不显著,但低锌组仔猪日增重较高锌组差。Payne 等（2006）研究表明,在以硫酸锌形式提供 100 mg/kg 锌的基础饲粮额外添加 100 mg/kg 的有机锌,增加了仔猪初生窝重和断奶重。

各种锌盐中锌的生物学效价不同,且受饲料原料类型的影响（Miller,1991）。在实际生产中,锌在饲粮中的添加量接近欧洲法律规定的最大值（150 mg/kg）（van Riet 等,2016）。锌的添加量超过动物的需要量（100 mg/kg,NRC,2012）将给环境带来污染。添加有机锌可以提高锌的利用率,减少锌的添加量。Hoover 等（1997）研究表明,在母猪饲粮中添加一定量的蛋氨酸锌,可提高初产母猪和经产母猪的断奶仔猪成活率,降低死胎率。吴宁等（2011）研究表明,母猪饲粮中添加有机锌能提高仔猪初生重及断奶重,改善仔猪的断奶存活率。Payne 等（2006）也得到类似的结果。

研究显示，锌对精子生成确实有作用，因为锌的缺乏会使睾丸间质细胞发育受阻，对促黄体素的反应降低，进而降低睾丸类固醇的生成。García-Contrerasa 等（2011）研究发现，给公猪饲喂含蛋氨酸 200 mg/kg 的饲粮，可显著增加精子中 DNA 片段，且 DNA 片段与饲粮中锌浓度呈显著正相关，因此认为公猪饲粮中锌超过 200 mg/kg 会对精子产生不利影响。梁明振等（2003）给种公猪饲粮中添加 45 mg/kg、65 mg/kg、85 mg/kg、105 mg/kg、125 mg/kg（按饲粮计）的锌，结果发现，饲粮锌水平对采精量、精子密度、精子成活率、精子畸形率、精浆促黄体素浓度等均无显著影响，当锌水平超过 85 mg/kg（按饲粮计）时，精子成活率下降、畸形率增加。种公猪饲粮中常用的锌水平为 70～150 mg/kg。有机锌对精子运动评分、精液体积和形态没有影响（Althouse 等，2000）。使用有机锌可能有助于减少肢蹄疾病的发生。Close 和 Cole（2003）对种公猪饲粮中锌的建议值为 100 mg/kg。

（四）锰

母猪饲粮缺锰可导致性周期失调，妊娠期延长，严重缺锰的母猪死胎率增加（周桂莲等，2004）。利用放射性锰研究发现，母猪体内的锰易于穿过胎盘转运给胎儿。因此，母猪锰的营养状况可影响初生仔猪体内锰的状况。NRC（1988）根据一些试验研究，将母猪饲粮中锰需要量确定为 10 mg/kg，但是 NRC（1998）则认为这个值偏低。根据锰的沉积，估计妊娠母猪饲粮锰的需要量为 25 mg/kg。在锰含量为 10 mg/kg 的玉米-豆粕型饲粮中添加 84 mg/kg 的锰，母猪总初生窝重显著增加。Christianson 等（1990）报道，饲喂 10 mg/kg（按饲粮计）或 20 mg/kg（按饲粮计）的锰比饲喂 5 mg/kg（按饲粮计）锰的母猪所产仔猪初生重大，且饲喂 20 mg/kg（按饲粮计）锰也有助于母猪再发情。NRC（1998）和 GfE（2008）推荐的繁殖母猪锰需要量为 20 mg/kg（按饲粮计），最新 NRC（2012）将繁殖母猪锰需要量推荐值提高到 25 mg/kg（按饲粮计），由于没有最新的研究报道，本书将锰的推荐量取其平均值确定为 23 mg/kg（按饲粮计）。

（五）硒

硒是谷胱甘肽过氧化物酶的组成成分，和维生素 E 一起在机体抗氧化中发挥重要作用。母猪体内硒营养状态影响其繁殖性能，以及哺乳和断奶仔猪体内硒的营养状况（Ramiszdeng 等，1993）。研究表明，给初产母猪饲喂硒含量仅 0.018 mg/kg 的饲粮，母猪体重损失增大，死胎率增加。Kim 等（2001）研究了饲粮硒水平对 25 kg 体重至完成第一个繁殖周期的小母猪的影响，结果表明，当饲粮硒水平大于 7 mg/kg 可观察到明显的硒中毒效应。由此可见，饲粮硒水平过高，会使母猪繁殖机能受损，产生中毒效应。但 Poulsen 等（2010）给妊娠期和泌乳期母猪饲喂含硒 16 mg/kg 的饲粮，没有对母猪受胎率和窝产仔数产生不利影响，但仔猪断奶重显著下降。

缺硒引起的主要生理变化是谷胱甘肽过氧化物酶（SOD）活性降低，因此 SOD 水平是反映母猪体内硒营养状态的可靠指标（Kim 等，2001）。大量研究表明，母猪体内的硒可以通过胎盘和乳腺组织进入胚胎和乳汁（Mahan 等，1996）。提高母猪饲粮硒水平，可间接改善仔猪硒营养，防止仔猪缺硒症的发生。仔猪在出生和断奶时机体硒的水平受到母猪体内硒的贮备量、饲粮硒的水平及饲粮硒来源三者的影响（Mahan，2000；Mahan 和 Peters，2004）。已有研究表明，在饲粮中添加有机硒能够提高母猪及其后代机体中硒的含量（Maha 和 Kim，1996；Ma 等，2014）。Yoon 等（2006）发现，母猪妊娠期和哺乳期饲粮中无论是添加 0.3 mg/kg 的酵母硒还是无机硒，均降低了窝产死胎数，但只有饲喂酵母硒的处理组母猪所产仔猪有较高的血清硒浓度。与无机硒相比，有机硒能更大程度地提高初乳和常乳中硒浓度。Fortier 等（2012）研究证实，酵母硒比无机硒能更好地将子宫内的硒转运给胚胎。Gelderman 等（2013）研究表明，母体摄入不同来源的硒不会对母猪和哺乳仔猪的免疫球蛋白含量造成影响。

根据已有的研究结果，一些国家在猪饲养标准中给出了繁殖母猪硒的推荐水平。GfE（2008）和 NRC（2012）确定妊娠和泌乳母猪硒的推荐量均为 0.15 mg/kg。因此，本书饲粮中硒的推荐量仍确定为 0.15 mg/kg。

对雄性动物的研究已发现（表 8-10），动物体内的代谢过程产生过多的自由基是导致动物不育的主要因素。公猪长时间处于硒缺乏状态，会导致精子浓度和活力下降，不成熟的精子生成增加。Marin-Guzman 等（1997）证实了在公猪饲粮中添加硒对公猪繁殖性能的重要性。硒是公猪睾丸支持细胞发育及睾丸形成所必需的营养素（Marin-Guzman 等，2000）。与生长猪和育肥猪相似，在公猪饲粮中添加 0.3 mg/kg 的硒是适宜的。研究发现，当饲粮中添加 0.3 mg/kg 和 0.5 mg/kg 亚硒酸钠时，其对精子活力没有影响，但 0.3 mg/kg 组精子直线运动和曲线运动的百分比以及精子中 ATP 含量显著高于 0.5 mg/kg 组（Martins 等，2015）。

表 8-10　饲粮硒含量和来源对公猪精液质量的影响

品　种	饲粮硒含量（mg/kg）	营养来源	起始年龄	精子数量（个/mL）	射精量（mL）	资料来源
长白×大白×杜洛克	0.5	亚硒酸钠	28 日龄	＋精子数量		Marin-Guzman 等（2000）
长白×大白×杜洛克	＋5	亚硒酸钠	断奶	＋精子数量		Marin-Guzman 等（2000）
皮特兰	0.4	亚硒酸钠	21.8 月龄	435×10⁶	176±63	López 等（2010）
	0.4	硒酵母		477×10⁶	156±69	
杜洛克公猪	0.3/0.6	有机硒	1～3 年	＋精子抗氧化能力		Horky 等（2012）
	0.3/0.6	无机硒		0.3 mg/kg 精子数量下降		
汉普夏×杜洛克×皮特兰	0.3	钠亚硒酸盐	20.9 日龄	无影响	无影响	Lovercam 等（2013）
	0.3	硒酵母				
大白×长白×杜洛克	0.098			367.3×10⁶	206.3±43.1	Petrujkie 等（2014）
	0.389	亚硒酸钠	2.5 年	369.1×10⁶	240.0±99.4	
	0.387	硒酵母		411.9×10⁶	212.5±49.2	

不仅硒水平影响公猪繁殖成绩，不同硒源对公猪精液品质也有影响。给 78 日龄公猪饲喂低硒饲粮发现，试验组每 14 d 注射 1 次 Na_2SeO_3（0.33 mg/kg，按体重计），对照组每 14 d 注射 1 次同剂量生理盐水，230 日龄开始采精，发现注射硒制剂的公猪精液精子数比对照组高，但精子活力没有显著变化。Mahan（1998）研究发现，供给公猪强化硒饲粮，其正常精子率为 62%，而低硒饲粮组的正常精子率仅为 25%。Jacyno 等（2005）用不同形式硒（亚硒酸钠和酵母硒）+维生素 E 饲粮饲喂 70 日龄的公猪，到 180 日龄时开始采精，结果发现，硒的添加形式和水平对精液体积没有显著影响，饲粮含硒 0.2 mg/kg 的酵母硒组的精子密度、总数及渗透阻力（ORT）显著高于含硒 0.2 mg/kg 的 Na_2SeO_3 组。但 Lovercamp 等（2013）研究显示，给公猪从断奶到成年供给相同水平的硒（0.3 mg/kg，按饲粮计），硒来源对公猪精子体积、浓度及精子活力没有影响。Fernandez 等（2008）认为，在 0~0.5 mg/kg（按饲粮计）的硒添加范围内，随着饲粮中硒浓度的增加，精子活力和精子密度也随之提高。Kolodziej 等（2005）发现，饲粮含硒 0.5 mg/kg 的 Na_2SeO_3 组公猪的精液品质较好，精浆中天冬氨酸转氨酶（AspAT）的活性最低，说明硒对保证精子细胞膜的完整性有着重要作用。

（六）碘

碘在机体内的主要功能是合成甲状腺素。甲状腺素可调节基础代谢，影响动物的生长发育和繁殖机能。严重缺碘可导致猪生长停滞、昏睡和甲状腺肿。关于繁殖母猪饲粮碘需要量的研究很少。研究发现，饲粮中添加 0.35 mg/kg 的碘可防止母猪缺碘。奚刚等（2000）研究发现，饲粮添加 0.14 mg/kg 的碘足以防止母猪缺碘，但从繁殖性能看，饲粮中补充更多的碘确能提高妊娠母猪的产仔数，特别是初生重和产仔窝重，其中以添加 0.5 mg/kg 碘最为理想。研究表明，在哺乳期和妊娠期最后 30 d，饲粮添加 1 500~2 500 mg/kg 的碘对母猪无害。

第四节　维生素与繁殖

一、脂溶性维生素对繁殖的影响

（一）维生素 A

维生素 A 为卵泡的成熟、黄体和子宫上皮细胞的正常功能、子宫内环境的维持、胚胎发育等生理过程所必需。维生素 A 可刺激三级卵泡合成雌激素和黄体合成孕酮（Nune 等，1995）。Coffey 等（1993）给母猪肌内注射 50 000 IU 维生素 A，母猪窝产活仔数明显提高，死胎率明显降低。刘光芒（2006）研究发现，维生素 A 通过提高小鼠视黄醇结合蛋白和子宫总分泌蛋白的含量进而提高胚胎存活率。研究还发现维生素 A 的水平与 Hox 基因表达量有关，维生素 A 缺乏会抑制 $Hox\,d3$ 基因的表达，进而引起胚胎相应的器官发育畸形。

由于母猪可利用体内贮备的维生素 A，所以其需要量很难确定。维生素 A 肝储充足的母猪，连续三胎饲喂不添加维生素 A 的饲粮后，母猪繁殖性能维持正常，到第 4 次妊娠才出现维生素 A 缺乏症。给青年母猪饲喂含充足维生素 A 的饲粮到 9 月龄，随后饲喂不含维生素 A 的饲粮，母猪能够完成两次繁殖而不出现维生素 A 缺乏症。Whaley 等（1997）报道，高能饲粮条件下，给第三情期前的后备母猪注射 100 000 IU 的维生素 A，第三情期配种，配种后 11 d 或 12 d 屠宰母猪，发现维生素 A 不影响黄体数目，但可能通过改善胚胎整齐度提高胚胎的存活。Whaley 等（2000）进一步研究发现，后备母猪第三情期前 7 d 注射 100 000 IU 的维生素 A，可刺激减数分裂较早恢复，改变排卵前卵母细胞的发育，从而获得更多均一、成熟的卵母细胞以及早期胚胎。Lindemann 等（2008）在 5 个试验站对 182 头母猪及 443 窝小猪进行试验，在断奶和配种时给 1 和 2 胎次的小母猪肌内注射 250 000 IU 或 500 000 IU 的高剂量维生素 A，均可显著增加窝产仔数和断奶仔猪数。Alberto 等（2011）给 1 胎和 2 胎小母猪肌内注射 500 000 IU 的维生素 A，发现窝产仔数没有增加，但缩短了母猪断奶至有效发情的时间间隔，减少母猪的空怀天数，改善了猪场经济效益。维生素 A 以上效应的机理目前还不清楚，推测维生素 A 或 β-胡萝卜素可能在卵母细胞成熟、排卵、受精、胚胎的早期存活及其发育方面起着积极作用，从而提高母猪的繁殖性能。

（二）维生素 D

Ruda 等（1994）在妊娠 30 d 和泌乳 21 d 时给母猪肌内注射维生素 D_3，发现母猪受胎率、窝产仔数和断奶成活率显著增加。人类及啮齿类动物的研究表明，维生素 D 通过调节钙结合蛋白 $D9k$ 基因及 $HOXA10$ 基因表达影响胚胎附植，从而影响雌性产仔性能。研究表明，断奶开始饲喂维生素 D 缺乏饲粮的雌性大鼠比饲喂维生素 D 充足饲粮的大鼠配种率降低和产仔率降低约 50%，总体繁殖力降低约 75%，窝产仔数降低 30%。为满足妊娠期和泌乳期胎儿和哺乳需要，母猪对钙需要量急剧增加，这种高钙需求导致钙从骨骼中动员，很容易导致母猪骨骼脆弱，引起跛腿甚至骨折，造成母猪的淘汰。妊娠期维生素 D 缺乏对胎儿骨骼发育也会产生不利影响。维生素 D 可以通过调节钙、磷平衡间接影响骨骼代谢，也可直接作用于成骨细胞影响骨骼的降解。

研究表明，给分娩前的母猪肠外注射维生素 D_3，可分别通过母乳和胎盘转运给仔猪补充钙化醇及其二羟代谢物。Flohr 等（2014）研究发现，给妊娠母猪饲喂不同水平的维生素 D_3（1 500 IU/kg、3 000 IU/kg 和 6 000 IU/kg）饲粮，母猪血清中 25-羟基维生素 D_3［25(OH)D_3］、乳中维生素 D_3 随着饲粮维生素 D_3 水平的增加而增加，但母猪的生产性能和新生仔猪骨钙化不受饲粮维生素 D_3 水平的影响。该研究表明，超过 1 500 IU/kg 的饲粮维生素 D_3 水平对母猪没有表现有益的效果；25(OH)D_3 作为维生素 D_3 的替代产品，愈来愈多地用于猪饲粮中。Coffey 等（2012）从配种前 46 d 开始给 PIC 后备母猪饲喂不同来源的维生素 D 至妊娠 90 d，对照组饲粮添加 2 500 IU/kg 的维生素 D_3，处理组饲粮添加 500 IU/kg 维生素 D_3 和 50 μg/kg 的 25(OH)D_3，结果发现，25(OH)D_3 较维生素 D_3 提高了母体和胎儿的维生素 D 水平和受胎率，且在不影响胎儿体重的情况下提高了窝产仔数。周辉（2015）研究发现，母猪妊娠全期饲粮添加 50 μg/kg 的 25(OH)D_3 提高了活产仔数和新生仔猪血液维生素 D 含量，对新生仔猪骨骼钙化及质量有改善作用，并上调了后代肌肉维生素 D 受体及生肌因子的表达量，促进后代肌纤维数量的增加和肌肉发育。Lauridsen 等（2010）给母猪饲喂添加 200 IU/kg、800 IU/kg、1 400 IU/kg 和 2 000 IU/kg 的维生素 D_3 饲粮，发现不同水平的维生素 D 对母猪繁殖性能没有显著影响，但是补饲 1 400 和 2 000 IU/kg 的高剂量维生素 D 的母猪死胎数量减少。Lauridsen 等（2010）推荐繁殖母猪饲粮的维生素 D 需要量为 1 400 IU/kg。

（三）维生素 E

维生素 E 与繁殖机能密切相关，能促进促甲状腺素（TH）和促肾上腺皮质激素（ACTH）及促性腺激素的产生，增强卵巢机能，使卵泡增加黄体细胞。维生素 E 还是一种有效的脂溶性抗氧化剂，它能给脂类的自由基提供一个氢，与游离的电子发生作用，从而抑制多种不饱和脂肪酸的氧化。当母猪缺乏维生素 E 时，卵巢机能下降，性周期异常，不能受精，胚胎发育异常或出现死胎。母猪饲粮中补充维生素 E，不仅能提高受胎率，减少胎儿死亡，增加窝产仔数，而且能增强仔猪的抗应激能力，减少断奶前仔猪死亡，缩短母猪断奶至发情间隔。给母猪饲粮中补充 0.1 mg/kg 硒与 50 IU/kg 的维生素 E，可降低乳腺炎-子宫炎-无乳综合征（MMA）发病率。但是由于胎盘屏障，母体的维生素 E 不能很好地转运至胎儿，使初生仔猪血清中维生素 E 含量很低。因此，哺乳仔猪主要通过母乳获得维生素 E（Pinelli-Saavedraa 和 Scaifeb，2005）。母乳中维生素 E 的含量取决于母猪饲粮中维生素 E 的水平（Mahan，1991）。由此可见，必须保证哺乳母猪饲粮中含有充足的维生素 E，才能满足初生仔猪对维生素 E 的需要量。

关于繁殖母猪维生素 E 的需要量研究较多（Piatkowski 等，1979；Mahan，1991，1994）。多数研究表明，母猪饲粮中添加 5~7 mg/kg 维生素 E 和 0.1 mg/kg 无机硒，可防止出现维生素 E 缺乏症，并可维持正常的繁殖性能。但是，为了维持组织中维生素 E 水平，有必要添加 0.1 mg/kg 的无机硒和 22 mg/kg 的维生素 E。最新研究表明，母猪饲粮中添加有机硒（0.3 mg/kg），其血浆、乳的抗氧化能力和断奶仔猪数与无机硒组相比显著提高，而母猪的抗氧化能力和繁殖性能却不受维生素 E 水平（30 IU/kg 与 90 IU/kg）、硒来源和维生素 E 交互作用的影响；同时在考察其对后代影响的研究中发现，母猪饲粮添加有机硒，其新生和 21 d 断奶仔猪的硒水平和抗氧化能力显著高于无机硒组，且不受硒来源和维生素 E 交互作用的影响（Chen 等，2016a，2016b）。为了获得最大窝产仔数、提高仔猪免疫力，妊娠母猪和泌乳母猪饲粮有必要含有 44~60 mg/kg 的维生素 E（Mahan，1991，1994；Wuryastuti 等，1993）。当维生素 E 缺乏时，可引起睾丸退化，进而降低生殖细胞，减少精子生成。饲粮中添加维生素 E 降低了动物应激敏感性的状态。降低种公猪的应激敏感性对其繁殖能力尤为重要，因此给应激特别敏感的种公猪饲粮中添加抗氧化剂是有益的。事实上，研究也证实饲粮中供给硒和维生素 E 可改善公猪精液质量（Marin-Guzman 等，1997）。维生素 E 可聚集在精子和睾丸组织中，但不是在公猪的精浆中。Brzezinska-Slebodzinska 等（1995）发现，维生素 E 可改善精子浓度，可能与其抗氧化功能相关。

(四)维生素 K

维生素 K（甲萘醌）是合成凝血酶原及凝血因子Ⅶ、Ⅸ和Ⅹ所必需。研究表明，妊娠期缺乏维生素 K 将会导致母体和胎儿内出血，尤其是胎儿。出血的原因是由于凝血酶原含量降低、凝血时间延长（Shils，2006）。母体供给维生素 K 可以改善凝血酶原和部分促凝血酶原激酶活性，减少胎儿内出血的发病率和严重程度。饲粮中添加 2 mg/kg 的甲萘醌可以预防猪在农场条件下的出血现象。目前国内外关于母猪对维生素 K 需要量的研究报道较少，NRC（2012）推荐繁殖母猪维生素 K 的需要量为 0.50 mg/kg。

二、B 族维生素对繁殖的影响

(一)硫胺素和泛酸

目前，尚无关于妊娠和哺乳母猪硫胺素需要量的文献报道。由于谷物、糠麸中硫胺素含量较高，且可全部被利用，因而一般不存在硫胺素的不足。

同样，关于泛酸对母猪繁殖性能的报道也相对较少。试验表明，当饲粮中泛酸水平低于 5.9 mg/kg 时，猪的繁殖性能差。然而另有研究表明，该泛酸水平下，猪的繁殖性能正常。据估测，母猪达到最佳繁殖性能对泛酸的需要量为 12.0~12.5 mg/kg（按饲粮计）。

(二)核黄素

核黄素对母猪繁殖性能的影响主要表现在影响母猪的受胎率。核黄素缺乏将导致母猪不发情和繁殖失败。妊娠早期食入较多核黄素可明显增加核黄素向胚胎的转移，改善受胎率和胚胎存活率。研究表明，在配种后 4~7 d 内饲喂 100 mg/d 的核黄素提高了活胚胎数和百分率。Tilton（1991）研究证实，给妊娠早期母猪补充 90~100 mg/kg（按饲粮计）的核黄素提高了母猪受胎率。根据产仔性能和红细胞谷胱甘肽还原酶（FAD 依赖酶）的活性估测，妊娠母猪对有效核黄素的需要量约为 6.5 mg/d。但是 Pettigrew 等（1996）观察到，在妊娠期头 21 d，每天摄入 60 mg 核黄素的妊娠母猪产仔率比每天摄入 10 mg 核黄素的母猪高。基于红细胞谷胱甘肽还原酶的活性和产仔性能指标推荐，哺乳母猪核黄素的需要量约为 16 mg/d。

(三)烟酸

有关妊娠和泌乳母猪烟酸需要量的研究报道较少。Daniel 等（1993）研究认为，在妊娠期及哺乳期每千克饲粮中补充 33 mg 烟酸，对母猪繁殖性能没有影响，而 Bolduan（1993）发现，尽管日粮添加烟酸对母猪繁殖性能及仔猪生长性能没有影响，但乳腺炎-子宫炎-无乳综合征发病率降低 30%。Ivers 等（1993）用不添加烟酸（饲粮本身含有约 23 mg/kg 的烟酸）的玉米-豆粕-燕麦日粮连续饲喂 67 头母猪超过 5 个胎次（共产仔 240 窝），发现该饲粮提供的烟酸足以满足妊娠期和哺乳期的需要。Mosnier 等（2009）发现，泌乳早期母猪血浆烟酸和维生素 B_6 的水平会暂时低于最佳需求量；分娩后 1 周内血浆中色氨酸和烟酸的浓度下降，而犬尿氨酸（色氨酸转化为烟酸的中间产物）浓度增加；泌乳的第 2 周和第 3 周，血浆色氨酸和犬尿氨酸浓度恢复到产前的水平，而在整个泌乳期内烟酸的浓度提高；维生素 B_6（参与烟酸转化与利用的维生素）水平在分娩后一周也逐步增加，随后一直保持较高水平。目前仍需进一步研究确定在产仔的第 1 周母猪是否需要烟酸，以及在色氨酸刚能满足需要的情况下，烟酸是否会影响蛋白质的利用效率。

（四）维生素 B_6

目前对于母猪维生素 B_6 需要量的研究结果很不一致。据报道，从妊娠第 2 个月至哺乳 35 d 期间给青年母猪和成年母猪饲喂含总吡哆醇 1.0 mg/kg 或 10.0 mg/kg 的饲粮，各处理间的繁殖性能或哺乳性能无差异。因此，该研究认为饲粮中 1.0 mg/kg 的维生素 B_6 足以满足需要。研究表明，在妊娠青年母猪玉米-豆粕型饲粮中添加 1.0 mg/kg 的吡哆醇，窝产仔数和断奶仔猪数增加。Kights 等（1998）研究发现，饲粮中添加 16 mg/kg 的吡哆醇可以提高断奶后母猪血浆吡哆醇水平和妊娠期母猪表观氮沉积率，缩短断奶-发情间隔。Dalto 等（2015）研究发现，富硒酵母与维生素 B_6 联合使用促进了后备母猪排卵时 LH 的分泌，而排卵前后对照组、亚硒酸钠组、富硒酵母组、亚硒酸钠组与维生素 B_6 联合使用组的 LH 浓度无差异；该研究还发现，富硒酵母与维生素 B_6 联合使用有提高后备母猪排卵率的趋势。另有研究表明，添加维生素 B_6 的饲粮比维生素 B_6 缺乏饲粮更能促进动物下丘脑 LH 的分泌（Bender，2003）。从目前的研究看来，硒与维生素 B_6 在激素调控排卵过程中发挥了重要作用。

（五）生物素

研究表明，采食添加生物素饲粮的母猪，蹄部的硬度和致密度、承压强度、皮肤和被毛条件明显改善，蹄裂和脚垫损伤减少，但也有研究未观察到上述指标的改善。而对于生物素提高母猪繁殖性能的报道也不尽一致，可能是由于试验动物数量有限，也可能是由于试验动物自身繁殖水平比较低下所致。Lewis 等（1991）报道，在妊娠和泌乳母猪每千克玉米-豆粕型饲粮中添加 330 μg 生物素，可以增加断奶仔猪成活数、21 日龄成活率及窝重，但并不能改善蹄的质量。Watkins 等（1991）在妊娠和泌乳母猪饲粮中添加 440 μg/kg 的生物素，对母猪繁殖性能、仔猪发育和母猪蹄部健康等指标没有明显影响。也有研究报道表明，生物素可缩短发情间隔，提高第 1 胎以后胎次的窝产仔数，促进妊娠期子宫扩张和胎盘形成，增加子宫角长度和胎盘表面积，能更好地为胎儿提供营养，促进胎儿的充分发育（Antipatis，2004）。据研究报道，在妊娠和泌乳饲粮中添加 440 μg/kg 的生物素，可以提高受胎率、缩短断奶-发情间隔、改善母猪的繁殖性能。由于不同试验间的结果缺乏一致性，以及生物素添加水平范围大（0.1～0.55 mg/kg，以饲粮计），因此目前难以给出母猪对生物素的确切需要量。

（六）叶酸

叶酸参与动物体内的一碳单位代谢，对 DNA、RNA 和蛋白质的合成及 DNA 的甲基化具有促进作用（Oommen 等，2005）。同时叶酸对胚胎存活和提高母猪繁殖性能有重要作用。妊娠前期，猪胚胎细胞内 RNA 浓度与胚胎存活率高度相关。在母猪怀孕第 45 天，胎盘重、胎儿长度与净重、胎儿蛋白质含量、胚胎 RNA 含量及 RNA 与 DNA 的比值随叶酸添加而明显增加，可见母体叶酸对胚胎组织发育有重要影响（Harper 等，1992，1996）。同时，叶酸可增加子宫前列腺素 E2（PGE2）的分泌，降低胚胎细胞中雌二醇的合成量，从而有利于提高胚胎成活率，改善母猪的繁殖性能（Guay 等，2004）。

Matte 等（1992）研究发现，给妊娠母猪每千克饲粮添加 5 mg 或 15 mg 叶酸，窝增重提高，但泌乳母猪饲粮添加叶酸，仔猪生产性能未见改善。据报道，玉米-豆粕型母猪饲粮中每千克添加 1 mg 叶酸，增加了窝产仔数。研究发现，母猪饲粮中每千克添加 4.3 mg 叶酸，可使其血清中叶酸含量与再配种后 56 d 间隔注射叶酸 [15 mg/（头·次），共注射 10 次] 的母猪等高。Thaler 等在妊娠和泌乳饲粮中每千克添加 0、1.65 mg 和 6.62 mg 叶酸，结果表明，每千克饲粮中添加 1.65 mg 叶酸可以提高仔猪的成活率。钱瑛（2007）报道，与不添加组相比，泌乳母猪饲粮中添加 12.5 mg/kg、50 mg/kg 和 100 mg/kg 叶酸均提高了母猪的泌乳量，降低了料乳比，改善了乳品质和仔猪的生长性能，并且获得最大泌乳量的饲粮叶酸添加水平为 60 mg/kg。刘静波（2010）在妊娠母猪每千克饲粮中添加 0、10 mg 和 30 mg 叶酸发现，高剂量叶酸显著提高母猪和新生仔猪血清叶酸水平，但对母猪繁殖性能无显著影响，并且高剂量叶酸在一定程度上可以缓解宫内发育迟缓对新生仔猪发育的负面影响。但 Harper 等（1994）在母猪妊娠和泌乳期每千克饲粮中添加 1 mg、2 mg 和 4 mg 叶酸，母猪繁殖性能未见提高。

（七）维生素 B_{12}

研究表明，母体妊娠期低浓度的血浆维生素 B_{12} 会增加早期复发性流产和脊柱分裂的风险（Reznikoff-Etievant 等，2002；Groenen 等，2004）。分娩时母体与胎儿的血浆维生素 B_{12} 之间存在着相当大的相关关系，即妊娠期母体的维生素 B_{12} 影响着新生期胎儿的维生素 B_{12} 水平（Bjorke 等，2001）。母乳中维生素 B_{12} 的缺乏将导致胎儿长期维生素 B_{12} 摄入的不足。Guay 等（2002a）研究表明，初产母猪血液维生素 B_{12} 的含量是经产母猪的 25%～35%，其原因可能与维生素 B_{12} 的竞争性利用相关。由于妊娠早期大量的维生素 B_{12} 转移至子宫，使得妊娠早期需要更多的维生素 B_{12}（Guay 等，2002b）。早期的研究表明，每千克饲粮中添加 11～1 100 μg 的维生素 B_{12} 可提高母猪的繁殖性能。Simard 等（2007）在妊娠母猪每千克饲粮中添加 5 个水平（0、20 μg、100 μg、200 μg 或 400 μg）的维生素 B_{12}，研究其对血浆维生素 B_{12} 和高半胱氨酸（依赖维生素 B_{12} 的再甲基化途径中一种有害的中间代谢产物）的影响，结果发现，血浆维生素 B_{12} 浓度达到最大时的饲粮中维生素 B_{12} 含量为 164 μg/kg，血浆高半胱氨酸浓度最低时每千克饲粮中维生素 B_{12} 的含量约为 93 μg。由于试验中维生素 B_{12} 添加水平变化幅度大，试验次数少，故难以确定妊娠和哺乳母猪的维生素 B_{12} 需要量。一般认为，增加维生素 B_{12} 添加量有益无害，其每千克饲粮添加量通常为 15 μg 左右。

（八）胆碱

动物所需胆碱除来自饲料外，在体内也能用游离甲基合成，甲基可来源于蛋氨酸

（当其超过蛋白质合成需要时）和其他甲基供体。因此，哺乳母猪胆碱的需要量也难以确定。饲喂胆碱缺乏的饲粮将使母体自身贮备的胆碱消耗殆尽，进而导致肝脏、肾脏功能障碍和出血、生长迟缓、骨骼发育畸形等症状（Zeisel 等，2000，2013）。泌乳期胆碱的需要量也会因产奶显著增加（Zeisel 等，2000）。日粮中提供较高剂量的胆碱将提高负责胎盘血管生成的信号转导，改变基因甲基化和胎盘促肾上腺皮质激素释放激素的表达（Jiang 等，2012）。母体摄入胆碱不足会降低母体和胎儿的抗应激能力（Zeisel 等，2013）。

在妊娠青年母猪和成年母猪的每千克谷物-豆粕型饲粮中添加 434～880 mg 的胆碱，可增加窝产活仔数和窝断奶仔猪数。研究也表明，玉米-豆粕型饲粮添加胆碱能提高母猪受胎率。通过 4 个试验发现，妊娠青年母猪饲粮添加胆碱可提高仔猪初生重，但没有降低仔猪后肢外张的发病率。泌乳期间，在含 8%～10% 脂肪或油的饲粮中添加胆碱，母猪的泌乳性能未见改善。

三、维生素 C 对繁殖的影响

维生素 C 具有较强的抗应激作用，可以通过缓解应激，改善母猪繁殖性能、增强其抗应激能力。猪能利用 D-葡萄糖和其他化合物合成维生素 C，因此维生素 C 对哺乳母猪并非必需。但在某些条件下，猪合成维生素 C 的速度减慢，不能满足机体的代谢需要，如在高温条件或母猪分娩前后经受环境、生理应激时，应补加维生素 C，有利于仔猪增重（Kornegay 等，1986）。在妊娠期任何阶段若停止饲喂维生素 C 24～38 d，将出现胎儿水肿、皮下和骨膜下出血，且骨骼钙化显著降低。因此，维生素 C 对于维持卵巢的正常功能十分重要，对于三级卵泡的成熟和黄体功能尤其重要。

在预产期前 5 d 开始每天给妊娠母猪饲喂 1 g 维生素 C，其初生仔猪脐带出血迅速停止。补喂抗坏血酸母猪所产仔猪 3 周龄体重显著高于对照组。从妊娠后期开始给母猪饲喂 1.0～10.0 g/d 的抗坏血酸发现，仔猪成活率和生长速度并未得到改善。由于胎盘转移维生素 C 的效率随着母体血清维生素 C 含量的升高而降低，因此仔猪从母体获得维生素 C 的主要途径是乳汁而不是胎盘。Hidiroglou 和 Batra（1995）研究证实，仔猪血浆维生素 C 与母乳维生素 C 的含量呈正相关。然而，由于有关维生素 C 添加发挥有益作用的条件尚未很好确定，而且具有短暂需要的特点，因此，未能给出猪维生素 C 需要量的估测值。目前有关维生素 C 对种公猪繁殖的影响报道不一致。热应激时添加抗坏血酸可改善种公猪受精率。饲喂 300 mg/kg 的维生素 C 可改善公猪的精液产量和质量，在炎热条件下尤其如此（Liu 等，1990；Kuo 和 Wung，1990）。但也有发现，饲粮添加维生素 C 对公猪繁殖成绩没有改善作用。也有研究发现，每千克饲粮添加 700 mg 维生素 C 可改善种公猪的运动评分。相反的报道发现，每千克饲粮添加 780 mg 的维生素 C 对所有关节及可见的肢蹄坚固没有产生任何影响。

表 8-11 总结了有关母猪维生素需要量的研究文献。

表 8-11 母猪的维生素需要量研究文献

营养	饲粮含量	营养来源	阶段	品种与胎次	配种体重 (kg)	分娩体重 (kg)	活产仔数	初生体重 (kg)	断奶窝重 (kg)	资料来源
维生素 D	2 000 IU/kg	维生素 D_3	妊娠 0~108 d	长白×大白，经产	225	—	12.4	—	—	Lauridsen 等（2009）
维生素 D	1 400 IU/kg	25-OH-D_3	妊娠 0~108 d	长白×大白，经产	228	—	12.3	—	—	Lauridsen 等（2009）
维生素 D	1 500 IU/kg	维生素 D_3	妊娠至断奶	PIC	193.1	221.9	13.0	1.31	59.47	Flohr 等（2014）
维生素 D	50 μg/kg VD_3 + 50 μg/kg 25-OH-D_3	VD_3, 25-OH-D_3	妊娠至断奶	长白×大白，初产	141.85	199.61	11	1.27	54.66	周桦（2015）
维生素 E	66 IU/kg	维生素 E	妊娠至断奶	(约克夏×汉普夏)×杜洛克，初产	133.4	165.1	10.0	1.41	53.00	Mahan（1991）
维生素 E	44 IU/kg	维生素 E	妊娠至断奶	长白×大白，初产	168.0	197.7	11.66	1.63	58.9	Mahan（1994）
维生素 E	60 IU/kg	DL-α-生育酚醋酸酯，D-α-生育酚醋酸酯	妊娠至断奶	长白×大白，初产	171	218	10.43	1.47	60.3	Mahan（2000）
生物素	330 μg/kg	生物素	妊娠至断奶	长白×大白，混合胎次	160.2	199.8	10.53	1.44	55.53	Lewis（1991）
生物素	0	生物素	妊娠至断奶	—	—	—	11.41	1.58	38.21	Watkins（1991）
叶酸	15 mg/kg	叶酸	妊娠至断奶	长白×大白，初产母猪	131.4	—	10.9	1.38	—	Matte（1992）
叶酸	0	叶酸	妊娠至断奶	混合胎次	—	—	10.03	1.51	45.63	Harper 等（1994）
叶酸	30 mg/kg	叶酸	妊娠至断奶	长白×大白，初产母猪	—	—	10.5	1.37	—	刘静波（2010）
烟酸	0	烟酸	妊娠至断奶	长白×大白，经产母猪	204	—	10.5	1.55	62.00	Ivers 等（1993）

第五节 非营养性添加剂与繁殖

一、酸化剂对繁殖的影响

饲粮酸化剂包括有机酸、无机酸和酸盐。饲粮酸化剂的研究主要集中在断奶仔猪上，关于母猪的研究报道较少。有研究报道指出，在妊娠和泌乳饲粮中添加丁酸盐可提高母猪泌乳期采食量，改善乳成分，进而改善哺乳仔猪生长性能（王二红，2010），但也有不一致的报道。在妊娠和泌乳饲粮中添加二甲酸钾（Overland 等，2009）、苯甲酸（Kluge 等，2010）、柠檬酸（Liu 等，2014）对母猪和仔猪生产性能没有影响，但提高了母猪对饲粮干物质、蛋白质、脂肪和纤维的消化率。母猪饲粮添加酸化剂可降低尿液pH（Kluge 等，2010），增强母猪和仔猪体液免疫能力（Liu 等，2014；向兴，2015；Devi等，2016），增加母猪妊娠期背膘沉积（Overland 等，2009）。目前关于酸化剂对母猪作用的研究报道较少，凭现在的研究资料还得不到可靠的结论，尚需进一步研究证实。

二、微生态制剂对繁殖的影响

微生态制剂又称为益生菌，通常指按照适宜剂量直接饲喂给动物时对宿主健康有益的微生物（Kenny 等，2011）。常用益生菌主要包括芽孢杆菌、产乳酸杆菌和酵母三类（NRC，2012）。芽孢杆菌是能形成芽孢的革兰氏阳性细菌。研究发现，妊娠和（或）泌乳母猪饲粮中添加蜡样芽孢杆菌（Alexopoulos 等，2001）、地衣芽孢杆菌（Alexopoulos 等，2004）、枯草芽孢杆菌（Alexopoulos 等，2004；Baker 等，2013；Kritas 等，2015）和 Toyoi 芽孢杆菌（Taras 等，2005；Stamati 等，2006）可降低母猪泌乳期体重损失、增加母猪乳脂含量、增加断奶仔猪数和断奶重。

许多直接饲喂的微生态制剂产品都含有产乳酸细菌，产乳酸细菌主要包括乳酸杆菌、双歧杆菌和肠球菌。有研究指出，在母猪泌乳期饲粮中添加屎肠球菌可以减少哺乳仔猪的腹泻率和死亡率（Taras 等，2006）。从出生到断奶期间给仔猪口服屎肠球菌可以减少腹泻的发生，并提高仔猪日增重（Zeyner 和 Boldt，2006）。

酵母菌是单细胞真核微生物，酵母产品主要包括酵母培养物、活性干酵母、酵母细胞壁多糖和酵母微量元素等。母猪饲粮中添加酵母细胞培养物可增加母猪产仔数（Bass 等，2012），提高仔猪断奶窝重和窝增重（Kim 等，2008，2010；Shen 等，2011），但也有不一致的研究报道（Veumt 等，1995；Jurgens 等，1997）。另有研究发现，饲粮中添加活性干酵母对母猪产仔数、断奶窝重和窝增重没有影响，但是增加了母猪乳中免疫球蛋白的浓度（Jurgens 等，1997；Jang 等，2013；Zanello 等，2013），而在母猪妊娠和泌乳饲粮中添加酵母细胞壁，能减少母猪产死胎数和低初生体重仔猪发生率（骆光波等，2014）。

微生态制剂试验效果不一致，可能与微生态制剂的菌株种类、培养条件，以及菌株添加形式、添加时间和添加量的不同有关。

三、肉碱对繁殖的影响

肉碱是机体将长链脂肪酸跨膜转运到线粒体进行 β 氧化的必需物质。猪和其他哺乳动物可以通过赖氨酸合成肉碱,但也有证据表明,妊娠和泌乳母猪体内合成的肉碱不能满足其最佳繁殖性能的需求(Eder,2005),因此可以在猪的饲粮中添加一定量的L-肉碱来改善母猪的繁殖性能。饲粮中添加肉碱可以改善母猪妊娠体况(Musser 等,1999),增加母猪活产仔数(Musser 等,1999;Ramanau 等,2002;Eder,2009)。母猪妊娠和泌乳期间,肉碱可以通过胎盘进入胎儿体内或分泌到乳汁中(Ramanau 等,2004;Xi 等,2008),从而促进胎儿的生长发育并增加仔猪的初生重及断奶重(Musser 等,1999;Ramanau 等,2002;Ramanau 等,2004;Ramanau等,2008)。表 8-12 总结了有关肉碱改善母猪繁殖性能的文献资料,总体看来,母猪妊娠期的适宜肉碱供给量为 50~125 mg/d,泌乳期母猪肉碱的适宜供给量为 250 mg/d。

表 8-12 肉碱对母猪繁殖性能的影响

添加水平	阶 段	品种、胎次	活产仔数	死胎数	初生个体重	断奶个体重	资料来源
100 mg/d	G5~112 d	PIC,混合胎次	+		+		Musser 等(1999)
50 mg/kg	泌乳期	PIC,混合胎次				+	Musser 等(1999)
50 mg/kg	G108 d 至 L21 d	PIC,混合胎次			−		Musser 等(1999)
50 mg/kg	泌乳期	PIC,混合胎次				+	Musser 等(1999)
G:125 mg/d L:250 mg/d	妊娠至泌乳期	混合胎次			+	+	Eder 等(2001)
G:125 mg/d L:250 mg/d	妊娠至泌乳期	混合胎次,连续三胎			+	+	Ramanau 等(2002)
G:125 mg/d L:250 mg/d	妊娠至泌乳期	长白×大白后备母猪,连续两胎	+			+	Ramanau 等(2004)
100 mg/d	G0~57 d	PIC,四胎	+(胚胎)				Waylan 等(2005)
G:125 mg/d L:250 mg/d	妊娠至泌乳期	后备母猪			−		Birkenfeld 等(2005)
50 mg/d	G0~110 d				+		Musser 等(2007)
G:90 mg/d L:250 mg/d	妊娠至泌乳期	长白×大白混合	+				Real 等(2008)
25 mg/kg	妊娠至泌乳期	长白×大白混合胎次	+				Ramanau 等(2008)

注:添加水平以每千克饲料计;G 指妊娠期,L 指泌乳期。

研究表明,附睾近端的肉碱浓度为每毫克蛋白质 24.0 nmol,远端为每毫克蛋白质 442.9 nmol(Pruneda 等,2007)。肉碱可能在哺乳动物精子成熟和代谢中发挥重要作用(Yakushiji 等,2006)。给种公猪饲喂 230 mg/d 或 500 mg/d 的 L-肉碱,可增加精液量和精子浓度。商业条件下的研究发现,供给种公猪 L-肉碱可增加精子总数。

Kozink 等（2004）研究表明，供给肉碱不影响正常采精频率下青年种公猪或成年种公猪的精液质量，但可提高高强度采精下的精子体外保存活力。Jacyno 等（2007）发现，给皮特兰公猪饲喂 500 mg/d 的肉碱，可改善精液品质，总的精液体积和精子数量分别增加 11% 和 11.5%，但不影响精子浓度和活力。不同品种的公猪对肉碱的反应不一样，给皮特兰、杜洛克和大白公猪分别饲喂 625 mg/d 的 L-肉碱发现，肉碱的供给对上述品种公猪的精液体积、精子浓度、活力和渗透压抗性均无影响，但改善了皮特兰公猪的精子形态，减少了不成熟精子的百分比，而杜洛克和大白公猪无此反应（Yeste 等，2009）。饲粮同时添加 L-肉碱和亚麻油，可通过增强种公猪性欲、精子中 DHA 含量，以及精液抗氧化性能，从而提高种公猪的精液产量、精子活力和精子密度（白小龙等，2011）。

四、甜菜碱对繁殖的影响

甜菜碱是甘氨酸三甲基的衍生物，广泛存在于动植物中。甜菜碱作为甲基供体，可部分替代蛋氨酸和胆碱，进而改善母猪繁殖性能。给分娩前 5 d 至泌乳期间的母猪饲粮添加 1.92 g/kg 的甜菜碱，初产时断奶窝重显著高于对照组，发情间隔显著降低，并显著增加下一胎的活产仔猪数与断奶仔猪数（Username 和 Postings，2011）。夏季母猪妊娠期间保证每头每天 7.6~9.0 g 的甜菜碱，能提高母猪繁殖寿命，增加窝产仔猪数（van Wettere 等，2012）。初产母猪妊娠 3 d 至分娩后 21 d 添加甜菜碱增加断奶仔猪数、断奶窝重、断奶后 7 d 内发情间隔和发情率，并且添加量不同影响程度也有差异（张幸彦等，2015）。

五、寡糖对繁殖的影响

寡糖又称益生元，包括易发酵和不可消化的寡糖，如果寡糖、壳寡糖、甘露寡糖、β-葡聚糖、半乳寡糖和反式半乳寡糖等。研究发现，妊娠母猪饲粮中添加壳寡糖能增加母猪产活仔数和仔猪初生重（Cheng 等，2015），提高仔猪泌乳期生长性能（Xie 等，2015）。妊娠母猪饲粮中添加甘露寡糖显著提高仔猪初生窝重和断奶窝重，降低仔猪断奶前死亡率（O'Quinn 等，2001；Funderburke，2002；Czech 等，2010；Landeau 和 Dividich，2013）。

六、植物提取物和中草药对繁殖的影响

植物提取物是以植物为原料，根据用途需要经过提取分离获得的一种或多种有效成分，所含化学成分复杂。Allan 等（2005）研究发现，母猪妊娠后期和泌乳期饲粮中添加牛至提取物可显著增加母猪分娩率、窝产活仔数及泌乳期采食量，降低母猪的淘汰率和窝产死胎数。钟铭（2011）研究表明，在妊娠 90 d 到断奶的初产母猪饲粮中添加 0.04% 的混合植物提取物（柑橘、洋葱、芹菜、大蒜、胡椒、亚麻籽、薄荷、藏茴香等植物提取物）能增加母猪泌乳期采食量、初乳乳脂含量、仔猪断奶窝重和增重。Matysiak 等（2012）研究表明，在妊娠 90 d 至泌乳 28 d 的母猪饲粮中按 100 ng/kg 添加混合植物提取物（5.4%香芹、3.2%肉桂和 2.2%辣椒油树脂）能显著降低泌乳期背膘损失和仔猪死亡率，增加仔猪平均日增重与断奶重。但也有不一致的报道，Wang 等（2008）和 Farmer 等（2016）在泌乳期饲粮中分别添加 0.04%的混合植物提取物（主要有大蒜、胡椒、辣椒、亚麻籽、薄荷、藏茴香）和水飞蓟提取物，结果发现对母猪泌乳期背膘损失、断奶重及断奶成活率均无显著影响。植物提取物的种类、添加量和添加时间都可能影响试验效果，目前缺乏来自大规模生产试验和严密控制的试验数据，因此植物提取物对母猪繁殖性能的确切影响还有待进一步研究证实。

近年来，也有植物提取物在种公猪上使用的报道。Frydrychová 等（2010）研究发现，中草药提取物（东革阿里、刺蒺藜）可增强种公猪性欲、提高精子浓度。在种公猪饲粮中添加 250 mg/kg、500 mg/kg 和 750 mg/kg 止痢草油的研究表明，添加 500 mg/kg 止痢草油可提高精液抗氧化酶活力、抑制精子脂质过氧化，从而提高公猪的精子活力，作用效果优于 100 mg/kg（按饲粮计）的维生素 E（段润甲和彭健，2012）。严迪华等（2012）的研究发现，给成年大白种公猪饲喂含菟丝子、淫羊藿、五味子等组成的不同剂量的中草药复方制剂，可提高公猪的采精量、采精持续时间、精子密度，以及血清中促卵泡激素（FSH）、促黄体生成素（LH）和睾酮含量，说明饲粮中添加一定剂量中草药复方制剂可显著提高种公猪的精液品质。

七、N-氨甲酰谷氨酸对繁殖的影响

N-氨甲酰谷氨酸（N-carbamyl glutamate，NCG）可促进内源性精氨酸的合成，具有强大的促进精氨酸家族氨基酸合成的功能。杨平和江雪梅等（2012）研究表明，妊娠和哺乳期饲粮添加 0.05%的 NCG，可改善母猪产仔性能和泌乳力及乳成分。朱宇旌等（2015）研究发现，饲粮中添加 0.05%～0.1%的 NCG，可显著提高公猪采精量，降低精子畸形率和射精反应时间。另一些研究表明，饲粮中添加 NCG 可显著延长射精持续时间，调节种公猪血清激素分泌水平，提升性欲，提高精浆蛋白质含量和抗氧化能力。

➡ 参考文献

敖江涛，2015. 日粮添加止痢草油对母猪繁殖性能的影响［D］. 武汉：华中农业大学.
蔡青和，计成，岳洪源，2004. 玉米豆粕型日粮中添加植酸酶对断奶仔猪生产性能、养分消化率及血清生化指标的影响［J］. 动物营养学报，16：15-21.
车龙，2015. 能量水平对大约克和梅山初产母猪胚胎存活及发育的影响［D］. 雅安：四川农业大学.
陈建荣，2007. 不同营养水平日粮中添加半乳甘露寡糖对哺乳母猪生产性能及免疫机能的影响［D］. 长沙：湖南农业大学.
楚青惠，2014. 不同剂量乳酸菌对母猪和仔猪生产性能、血清生化指标以及粪便微生物的影响［D］. 泰安：山东农业大学.

董冬华，张桂国，杨维仁，等，2014. 不同铁源及水平对妊娠母猪铁营养状况和抗氧化性能的影响 [J]. 动物营养学报，26（5），1180-1188.

董志岩，刘亚轩，刘景，等，2014. 饲粮赖氨酸水平对泌乳母猪生产性能、血清指标和乳成分的影响 [J]. 动物营养学报，26，605-613.

杜敏清，2010. 不同氨基酸水平对泌乳母猪生产成绩、血液指标及乳汁氨基酸浓度的影响 [D]. 雅安：四川农业大学.

方热军，王康宁，范明哲，等，2005. 不同方法测定生长猪内源磷排泄量及磷真消化率的比较研究 [J]. 畜牧兽医学报，36：137-143.

高天增，王凤来，李德发，等，2004. 日粮赖氨酸与粗蛋白质比例对哺乳母猪繁殖性能的影响 [J]. 中国畜牧杂志，40：7-10.

黄庆，2005. 日粮中添加大豆油脂对母猪生产性能影响的研究 [D]. 长沙：湖南农业大学.

郭文文，杨维仁，郭宝林，等，2015. 不同磷水平和钙磷比饲粮添加植酸酶对妊娠母猪养分表观消化率的影响 [J]. 动物营养学报，27：893-901.

姜海迪，2012. 不同钙源与水平对断奶仔猪生产性能及钙磷利用率的影响 [C]. 中国畜牧兽医学会动物营养学分会全国动物营养学术研讨会.

江雪梅，2011. 饲粮添加L-精氨酸或N-氨甲酰谷氨酸对母猪繁殖性能及血液参数的影响 [D]. 雅安：四川农业大学.

晋超，2011. 饲粮添加不同类型油脂对经产母猪生产性能和乳成分的影响 [D]. 雅安：四川农业大学.

蓝荣庚，2010. 颗粒饲料粗蛋白质水平对夏季二元杂哺乳母猪生产性能的影响 [J]. 广东饲料，19：19-21.

李成良，周安国，王之盛，2007. 酸梅粉和柠檬酸对植酸酶改善生长猪钙、磷消化率的影响 [J]. 动物营养学报，19：737-741.

李德生. 饲粮添加大豆异黄酮和王不留行对初产母猪生产性能与抗氧化能力的影响 [D]. 雅安：四川农业大学.

李豪，2013. 饲粮蛋氨酸来源和水平对哺乳-断奶仔猪生长及肠道发育的影响 [D]. 雅安：四川农业大学.

梁陈冲，陈宝江，于会民，等，2013. 不同来源植酸酶对猪生长性能、营养物质表观消化率及肠道微生物区系的影响 [J]. 动物营养学报，25：2705-2712.

刘钢，2009. 低蛋白质氨基酸平衡饲粮对哺乳母猪生产性能及养分利用的影响 [D]. 重庆：西南大学.

刘海波，2009. 泌乳期赖氨酸和蛋白质的摄入量对经产母猪再繁殖性能的影响 [D]. 武汉：华中农业大学.

刘静波，2010. 叶酸对母猪繁殖性能，宫内发育迟缓仔猪肝脏基因表达和蛋白质组学影响研究 [D]. 雅安：四川农业大学.

龙广，2015. 妊娠和泌乳日粮中添加布拉迪酵母菌对母猪及仔猪性能的影响 [D]. 武汉：华中农业大学.

骆光波，2014. 酵母衍生物对母猪和断奶仔猪生产性能和免疫功能的影响 [D]. 雅安：四川农业大学.

申勇，2015. 鱼油和橄榄油对母猪及后代生产性能、氧化应激和炎症因子的影响 [D]. 雅安：四川农业大学.

孙海清，2013. 母猪妊娠日粮中可溶性纤维调控泌乳期采食量的机制及改善母猪繁殖性能的作用 [D]. 武汉：华中农业大学.

王二红, 2010. 日粮添加丁酸钾对经产母猪繁殖性能、血液生化指标和乳成分的影响 [D]. 雅安: 四川农业大学.

王二红, 吴德, 方正锋, 等, 2010. 饲粮中添加丁酸钾对泌乳母猪繁殖性能、血液生化指标和乳成分的影响 [J]. 动物营养学报, 22 (5): 1367-1373.

王凤来, 张曼夫, 2001. 日粮磷和钙磷比例对小型猪（香猪）血清、肠、骨碱性磷酸酶及血清钙磷的影响 [J]. 动物营养学报, 13: 36-42.

王功赢, 2014. 八角对母猪及哺乳仔猪生产性能、抗氧化能力和血清生化指标的影响 [D]. 泰安: 山东农业大学.

王海峰, 方心灵, 朱晓彤, 等, 2013. 母猪饲粮中添加山梨酸对泌乳母猪和哺乳仔猪生产性能与血清生化指标的影响 [J]. 动物营养学报, 25: 118-125.

王勇, 2010. 缬氨酸对高产哺乳母猪生产性能、免疫机能及氮利用率的影响研究 [D]. 杭州: 浙江大学.

王自恒, 2002. 母猪能量需要量的研究 [D]. 杨凌: 西北农林科技大学.

向兴, 2015. 饲粮中添加酸化剂对母猪繁殖性能、乳成分及免疫指标的影响 [D]. 雅安: 四川农业大学.

辛小召, 2014. 湿态发酵豆粕及发酵浓缩料研制及对泌乳母猪生产性能、血液生化指标、粪便微生物菌群的影响 [D]. 郑州: 河南农业大学.

杨慧, 林登峰, 林伯全, 等, 2012. 饲粮添加不同水平L-精氨酸对泌乳母猪生产性能、血清氨基酸浓度和免疫生化指标的影响 [J]. 动物营养学报, 24: 2103-2109.

杨立彬, 李德发, 谯仕彦, 等, 2000. 哺乳母猪钙磷营养研究进展 [J]. 中国畜牧兽医, 27: 5-9.

杨鹏, 2013. 妊娠期营养水平对初产母猪繁殖性能、营养代谢和乳成分的影响 [D]. 雅安: 四川农业大学.

张金枝, 2009. 日粮能量结构对母猪繁殖和泌乳性能的影响研究 [D]. 杭州: 浙江大学.

张铭, 2009. γ-氨基丁酸对哺乳母猪生产性能及血清生化指标的影响研究 [D]. 长沙: 湖南农业大学.

张铁鹰, 张艳玲, 闫素梅, 等, 2008. 用线性回归法测定生长猪内源钙、磷排泄量和豆粕钙、磷真消化率的研究 [J]. 畜牧兽医学报, 39 (12): 1-7.

张文娟, 2009. 不同季节哺乳母猪日粮蛋白质水平对生产性能及氮排泄的影响 [D]. 雅安: 四川农业大学.

张艳玲, 汪儆, 闫素梅, 等, 2004. 用线形回归分析法测定小母猪内源钙、磷排泄量和豆粕钙、磷真消化率的研究 [C]. 中国畜牧兽医学会动物营养学分会学术研讨会.

赵世明, 高振川, 姜云侠, 等, 2001. 泌乳母猪饲粮适宜赖氨酸水平的初步研究 [J]. 畜牧兽医学报, 32: 206-212.

钟铭, 2011. 饲粮添加植物提取物对初产母猪繁殖性能的影响 [D]. 雅安: 四川农业大学.

周桂莲, 林映才, 蒋守群, 等, 2002. 评定母猪钙磷营养需要的指标 [J]. 中国畜牧兽医, 29 (5): 3-7.

朱良印, 2005. 比较研究初产母猪泌乳期日粮不同蛋白质水平添加赖氨酸和蔗糖对哺育性能的影响 [D]. 雅安: 四川农业大学.

Alexopoulos C, Georgoulakis I E, Tzivara A, et al, 2004. Field evaluation of the efficacy of a probiotic containing *Bacillus licheniformis* and *Bacillus subtilis* spores, on the health status and performance of sows and their litters [J]. Journal of Animal Physiology and Animal Nutrition, 88 (11/12): 381-392.

Alexopoulos C, Karagiannidis A, Kritas S K, et al, 2001. Field evaluation of a bioregulator containing live Bacillus cereus spores on health status and performance of sows and their litters [J]. Journal of Veterinary Medicine A, Physiology, Pathology, Clinical Medicine, 48 (3): 137-145.

Allan P, Bilkei G, 2005. Oregano improves reproductive performance of sows [J]. Theriogenology, 63: 716-721.

Almeida F N, Stein H H, 2010. Performance and phosphorus balance of pigs fed diets formulated on the basis of values for standardized total tract digestibility of phosphorus [J]. Journal of Animal Science, 88: 2968-2977.

Amdi C, Giblin L, Ryan T, et al, 2014. Maternal backfat depth in gestating sows has a greater influence on offspring growth and carcass lean yield than maternal feed allocation during gestation [J]. Animal, 8 (2): 236-244.

Angel R, Tamim N. M, 2002. Phytic acid chemistry: influence on phytin-phosphorus availability and phytase efficacy [J]. Journal of Applied Poultry Research, 11: 471-480.

Ashworth C J, Beattie L, Antipatis C, 1999. Effects of pre- and post-mating nutritional status on hepatic function, progesterone concentration, uterine protein secretion and embryo survival in Meishan pigs [J]. Reproduction, Fertility and Development, 11 (1): 67-73.

Athorn R Z, Stott P, Bouwman E G, et al, 2011a. Direct ovarian-uterine transfer of progesterone increases embryo survival in gilts [J]. Reproduction, Fertility and Development, 23 (7): 921-928.

Athorn R Z, Stott P, Bouwman E G, et al, 2013a. Effect of feeding level on luteal function and progesterone concentration in the vena cava during early pregnancy in gilts [J]. Reproduction, Fertility and Development, 25 (3): 531-538.

Athorn R Z, Stott P, Bouwman E G, et al, 2013b. Feeding level and dietary energy source have no effect on embryo survival in gilts, despite changes in systemic progesterone levels [J]. Animal Production Science, 53 (1): 30-37.

Athorn R Z, Sawyer K S, Collins C L, et al, 2013c. High growth rates during early pregnancy positively affect farrowing rate in parity one and two sows [M]//Pluske J R and Pluske J M (eds.) Manipulating pig production XIV. Australasian Pig Science Association, Melbourne, Australia.

Baker A A, Davis E, Spencer J D, et al, 2013. The effect of a Bacillus based direct-fed microbial supplemented to sows on the gastrointestinal microbiota of their neonatal piglets [J]. Journal of Animal Science.

Ball R O, Samuel R S, Moehn S, 2008. Nutrient requirements of prolific sows [J]. Advances in Pork Production: Proceedings of the Banff Pork Seminar.

Berchieri-Ronchi C B, Kim S W, Zhao Y, et al, 2011. Oxidative stress status of highly prolific sows during gestation and lactation [J]. Animal, 5: 1774-1779.

Bettio S D, Maiorka A, Barrilli L N E, et al, 2016. Impact of feed restriction on the performance of highly prolific lactating sows and its effect on the subsequent lactation [J]. Animal, 10: 1-7.

Biehl R R, Baker D H, 1996. Efficacy of supplemental 1 α-hydroxycholecalciferol and microbial phytase for young pigs fed phosphorus- or amino acid-deficient corn-soybean meal diets [J]. Journal of Animal Science, 74: 2960-2966.

Birsoy K, Wang T, Chen W W, et al, 2015. An essential role of the mitochondrial electron transport chain in cell proliferation is to enable aspartate synthesis [J]. Cell, 162: 540-551.

Brand H V D, Heetkamp M J W, Soede N M, et al, 2000. Energy balance of lactating primiparous sows as affected by feeding level and dietary energy source [J]. Journal of Animal Science, 78: 1520-1528.

Cao J, Chavez E R, 1995. The effects of low dietary copper intake during pregnancy on physiological fluids and reproductive performance of first-litter gilts [J]. Journal of Trace Elements in Medicine & Biology, 9 (1): 18-27.

Cassar G, Chapeau C, King G J, 1994. Effects of increased dietary energy after mating on developmental uniformity and survival of porcine conceptuses [J]. Journal of Animal Science, 72 (5): 1320-1324.

Cerisuelo A, Baucells M D, Gasa J, et al, 2009. Increased sow nutrition during midgestation affects muscle fiber development and meat quality, with no consequences on growth performance [J]. Journal of Animal Science, 87 (2): 729-739.

Cerisuelo A, Sala R, Coma J, et al, 2006. Effect of maternal feed intake during mid-gestation on pig performance and meat quality at slaughter [J]. Archiv Fur Tierzucht-Archives of Animal Breeding, 49 (1): 57.

Cerisuelo A, Sala R, Gasa J, et al, 2008. Effects of extra feeding during mid-pregnancy on gilts productive and reproductive performance [J]. Spanish Journal of Agricultural Research, 6 (2): 219-229.

Coffey R D, Cromwell G L, 1993. Evaluation of the biological availability of phosphorus in various feed ingredients for growing pigs [J]. Journal of Animal Science, 71: 66.

Coffey R D, Mooney K W, Cromwell G L, et al, 1994. Biological availability of phosphorus in defluorinated phosphates with different phosphorus solubilities in neutral ammonium citrate for chicks and pigs [J]. Journal of Animal Science, 72: 2653-2660.

Combs N R, Kornegay E T, Lindemann M D, et al, 1991a. Calcium and phosphorus requirement of swine from weaning to market weight: I. Development of response curves for performance [J]. Journal of Animal Science, 69: 673-681.

Combs N R, Kornegay E T, Lindemann M D, et al, 1991b. Evaluation of a bone biopsy technique for determining the calcium and phosphorus status of swine from weaning to market weight [J]. Journal of Animal Science, 69: 664-672.

Condous P C, Kirkwood R N, van Wettere W H E J, 2013. Post mating but not pre mating dietary restriction decreases embryo survival of group housed gilts [M]//Pluske J R, Pluske J M, ed. Manipulating pig production XIV. Australasian Pig Science Association, Melbourne, Australia.

Cooper D R, Patience J F, Zijlstra R T, et al, 2001. Effect of nutrient intake in lactation on sow performance: determining the threonine requirement of the high-producing lactating sow [J]. Journal of Animal Science, 79: 2378-2387.

Craig A, Henry W, Magowan E, 2016. Effect of phase feeding and valine-to-lysine ratio during lactation on sow and piglet performance [J]. Journal of Animal Science, 94 (9): 3835-3843.

Cromwell G L, Coffey R D, Parker G R, et al, 1995. Efficacy of a recombinant-derived phytase in improving the bioavailability of phosphorus in corn-soybean meal diets for pigs [J]. Journal of Animal Science, 73: 2000-2008.

Cromwell G L, Monegue H J, Stahly T S, 1993. Long-term effects of feeding a high copper diet to sows during gestation and lactation [J]. Journal of Animal Science, 71 (11), 2996-3002.

Cromwell G L, Stahly T S, Coffey R D, et al, 1993. Efficacy of phytase in improving the bioavailability of phosphorus in soybean meal and corn-soybean meal diets for pigs [J]. Journal of Animal Science, 71: 1831-1840.

Devi S M, Lee K Y, Kim I H, 2016. Analysis of the effect of dietary protected organic acid blend on lactating sows and their piglets [J]. Revista Brasileira de Zootecnia, 45 (2): 39-47.

Devillers N, Farmer C, le Dividich J, et al, 2007. Variability of colostrum yield and colostrum intake in pigs [J]. Animal, 1: 1033-1041.

Dourmad J Y, Etienne M, 2002. Dietary lysine and threonine requirements of the pregnant sow estimated by nitrogen balance [J]. Journal of Animal Science, 80 (8): 2144-2150.

Dourmad J Y, Étienne M, Valancogne A, et al, 2008. InraPorc: a model and decision support tool for the nutrition of sows [J]. Animal Feed Science and Technology, 143 (1): 372-386.

Dourmand J Y, Jondreville C, 2005. Phosphorus in pig nutrition [J]. Productions Animales-Paris-Institut National de la Recherche Agronomique, 18: 183-192.

Dyck G W, 1991. The effect of postulating diet intake on embryonic and fetal survival, and litter size in gilts [J]. Canadian Journal of Animal Science, 71 (3): 675-681.

Dyck G W, Kennedy A D, 1995. The effect of level of diet intake after mating on the serum concentration of thyroxine, triiodothyronine, growth hormone, insulin and glucose, and embryonic survival in the gilt [J]. Canadian Journal of Animal Science, 75 (3): 315-325.

Eeckhout W, de Paepe M, 1997. The digestibility of three calcium phosphates for pigs as measured by difference and by slope-ratio assay [J]. Journal of Animal Physiology and Animal Nutrition, 77: 53-60.

Eeckhout W, Paepe M D, Warnants N, et al, 1995. An estimation of the minimal P requirements for growing-finishing pigs, as influenced by the Ca level of the diet [J]. Animal Feed Science & Technology, 52: 29-40.

Ekpe E D, Zijlstra R T, Patience J F, 2002. Digestible phosphorus requirement of grower pigs [J]. Canadian Journal of Animal Science, 82: 541-549.

Emmert J L, Garrow T A, Baker D H, 1996. Development of an experimental diet for determining bioavailable choline concentration and its application in studies with soybean lecithin [J]. Journal of Animal Science, 74 (11): 2738-2744.

Engblom S, 2011. La nuova regolamentazione del lavoro a termine in Svezia: una ipotesi di liberalizzazione? [J]. Food Chemistry, 127: 147-152.

Fan Z Y, Yang X J, Kim J, 2016. Effects of dietary tryptophan: lysine ratio on the reproductive performance of primiparous and multiparous lactating sows [J]. Animal Reproduction Science, 170: 128-134.

Farmer C, 2015. The gestating and lactating sow [M]. Wageningen: Wageningen Academic Publishers.

Farmer C, Lapointe J, Cormier I, 2016. Providing the plant extract silymarin to lactating sows: effects on litter performance and oxidative stress in sows [J]. Animal: an International Journal of Animal Bioscience, 11 (3): 405-410.

Farmer C, Robert S, Matte J J, 1996. Lactation performance of sows fed a bulky diet during gestation and receiving growth hormone-releasing factor during lactation [J]. Journal of Animal Science, 74: 1298-1306.

Flohr J R, Tokach M D, Dritz S S, et al, 2014. An evaluation of the effects of added vitamin D in maternal diets on sow and pig performance [J]. Journal of Animal Science, 92 (2): 594-603.

Foxcroft G R, Dixon W T, Novak S, et al, 2006. The biological basis for prenatal programming of postnatal performance in pigs [J]. Journal of Animal Science, 84 (13): 105-112.

Franco D J, Josephson J K, Moehn S, et al, 2013. Isoleucine requirement of pregnant sows [J]. Journal of Animal Science, 91 (8): 3859-3866.

Franco D J, Josephson J K, Moehn S, et al, 2014. Tryptophan requirement of pregnant sows. Journal of Animal Science, 92 (10): 4457-4465.

Gaines A M, Boyd R D, Johnston M E, et al, 2006. The dietary valine requirement for prolific lactating sows does not exceed the National Research Council Estimate [J]. Journal of Animal Science, 84, 1415-1421.

Gatford K L, Ekert J E, Blackmore K, et al, 2003. Variable maternal nutrition and growth hormone treatment in the second quarter of pregnancy in pigs alter semitendinosus muscle in adolescent progeny [J]. British Journal of Nutrition, 90 (2): 283-293.

GfE (Society of Nutrition Physiology), 2008. Energy and nutrient requirements of livestock, No. 11: Recommendations for the supply of energy and nutrients to pigs [M]. Committee for Requirement Standards of the GfE. Frankfurt am Main, Germany: DLG-Verlag.

Giesemann M A, Lewis A J, Miller P S, et al, 1998. Effects of the reproductive cycle and age on calcium and phosphorus metabolism and bone integrity of sows [J]. Journal of Animal Science, 76: 796-807.

Guan X, Pettigrew J E, Ku P K, et al, 2004. Dietary protein concentration affects plasma arteriovenous difference of amino acids across the porcine mammary gland [J]. Journal of Animal Science, 82: 2953-2963.

Hall D, Cromwell G, Stahly T, 1991. Effects of dietary calcium, phosphorus, calcium: phosphorus ratio and vitamin K on performance, bone strength and blood clotting status of pigs [J]. Journal of Animal Science, 69 (2): 646-655.

Hansen A V, Strathe A B, Kebreab E, et al, 2012. Predicting milk yield and composition in lactating sows: a Bayesian approach [J]. Journal of Animal Science, 90, 2285-2298.

Hanusovsky O, Biro D, Galik B, et al, 2014. Changes in the average concentration of minerals in the colostrum of sows during the first 48 hours after parturition [J]. Research in Pig Breeding (Czech Republic), 8: 32-35.

Harper A, Lindemann M, Chiba L, et al, 1994. An assessment of dietary folic acid levels during gestation and lactation on reproductive and lactational performance of sows: a cooperative study. S-145 Committee on Nutritional Systems for Swine to Increase Reproductive Efficiency [J]. Journal of Animal Science, 72 (9): 2338-2344.

Hastad C W, Dritz S S, Tokach M D, et al, 2004. Phosphorus requirements of growing-finishing pigs reared in a commercial environment [J]. Journal of Animal Science, 82: 2945-2952.

Heo S, Yang Y X, Jin Z, et al, 2008. Effects of dietary energy and lysine intake during late gestation and lactation on blood metabolites, hormones, milk compositions and reproductive performance in primiparous sows [J]. Canadian Journal of Animal Science, 88 (2): 247-255.

Hinson R B, Schinckel A P, Radcliffe J S, et al, 2009. Effect of feeding reduced crude protein and phosphorus diets on weaning-finishing pig growth performance, carcass characteristics and bone characteristics [J]. Journal of Animal Science, 87: 1502-1517.

Horký P, 2014. Influence of increased dietary selenium on glutathione peroxidase activity and glutathione concentration in erythrocytes of lactating sows [J]. Annals of Animal Science, 14 (4): 869-882.

Hosios A M, Hecht V C, Danai L V, et al, 2016. Amino acids rather than glucose account for the majority of cell mass in proliferating mammalian Cells [J]. Developmental Cell, 36: 540-549.

Hou W X, Cheng S Y, Liu S T, et al, 2014. Dietary supplementation of magnesium sulfate during late gestation and lactation affects the milk composition and immunoglobulin levels in sows [J]. Spinal Cord, 27 (10), 1469-1477.

Hoving L L, Soede N M, Feitsma H, et al, 2012. Embryo survival, progesterone profiles and metabolic responses to an increased feeding level during second gestation in sows [J]. Theriogenology, 77 (8): 1557-1569.

Hoving L L, Soede N M, van der Peet-Schwering C M C, et al, 2011. An increased feed intake during early pregnancy improves sow body weight recovery and increases litter size in young sows [J]. Journal of Animal Science, 89 (11): 3542-3550.

Huijuan H, Min W, Xiuan Z, et al, 2011. Effect of different selenium sources on productive performance, serum and milk se concentrations, and antioxidant status of sows [J]. Biological Trace Element Research, 142 (3), 471-480.

Ilsley S E, Miller H M, Greathead H M R, et al, 2003. Plant extracts as supplements for lactating sows: effects on piglet performance, sow food intake and diet digestibility [J]. Animal Science, 77 (02): 247-254.

Ivers D J, Rodhouse S L, Ellersieck M R, et al. Effect of supplemental niacin on sow reproduction and sow and litter performance [J]. Journal of Animal Science, 1993, 71 (3): 651-655.

Ji F, Hurley W L, Kim S W, 2006. Characterization of mammary gland development in pregnant gilts. Journal of Animal Science, 84 (3): 579-587.

Ji F, Wu G, Blanton J R, et al, 2005. Changes in weight and composition in various tissues of pregnant gilts and their nutritional implications [J]. Journal of Animal Science, 83 (2): 366-375.

Jiang X, Luo F H, Qu M R, et al, 2013. Effect of non-phytate phosphorus levels and phytase sources on the growth performance, serum biochemical and tibial parameters of broiler chickens [J]. Italian Journal of Animal Science, 12: 375-378.

Jindal R, Cosgrove J R, Aherne F X, et al, 1996. Effect of nutrition on embryonal mortality in gilts: association with progesterone [J]. Journal of Animal Science, 74 (3): 620-624.

Jindal R, Cosgrove J R, Foxcroft G R, 1997. Progesterone mediates nutritionally induced effects on embryonic survival in gilts [J]. Journal of Animal Science, 75 (4): 1063-1070.

Johnston L J, Pettigrew J E, Rust J W, 1993. Response of maternal-line sows to dietary protein concentration during lactation [J]. Journal of Animal Science, 71 (8): 2151-2156.

Jongbloed A W, Diepen J T M V, Binnendijk G P, et al, 2013. Efficacy of Optiphos™ phytase on mineral digestibility in diets for breeding sows: effect during pregnancy an lactation [J]. Journal of Livestock Science, 4: 7-16.

Jongbloed A W, Kemme P A, 1990. Effect of pelleting mixed feeds on phytase activity and the apparent absorbability of phosphorus and calcium in pigs [J]. Animal Feed Science and Technology, 28: 233-242.

Jongbloed A W, Mroz Z, Kemme P A, 1992. The effect of supplementary *Aspergillus niger* phytase in diets for pigs on concentration and apparent digestibility of dry matter, total phosphorus, and phytic acid in different sections of the alimentary tract [J]. Journal of Animal Science, 70: 1159-1168.

Jurgens M H, Rikabi R A, Zimmerman D R, 1997. The effect of dietary active dry yeast supplement on performance of sows during gestation-lactation and their pigs [J]. Journal of Animal Science, 75: 593-597.

Kemp B, Soede N M, Vesseur P C, et al, 1996. Glucose tolerance of pregnant sows is related to postnatal pig mortality [J]. Journal of Animal Science, 74 (4): 879-885.

Ketaren P P, Batterham E S, Dettmann E B, et al, 1993. Phosphorus studies in pigs. 3. Effect of phytase supplementation on the digestibility and availability of phosphorus in soy-bean meal for grower pigs [J]. British Journal of Nutrition, 70: 289-311.

Kim S W, Baker D H, Easter R A, 2001. Dynamic ideal protein and limiting amino acids for lactating sows: the impact of amino acid mobilization [J]. Journal of Animal Science, 79: 2356-2366.

Kim S W, Hurley W L, Han I K, 1999a. Changes in tissue composition associated with mammary gland growth during lactation in sows [J]. Journal of Animal Science, 77: 2510-2516.

Kim S W, Hurley W L, Han I K, 1999b. Effect of nutrient intake on mammary gland growth in lactating sows [J]. Journal of Animal Science, 77: 3304-3315.

Kim S W, Hurley W L, Wu G, et al, 2009. Ideal amino acid balance for sows during gestation and lactation [J]. Journal of Animal Science, 87: 123-132.

King R H, Eason P J, Smits R J, et al, 2006. The response of sows to increased nutrient intake during mid to late gestation [J]. Crop and Pasture Science, 57 (1): 33-39.

Kirkwood R N, Baidoo S K, Aherne F X, 1990. The influence of feeding level during lactation and gestation on the endocrine status and reproductive performance of second parity sows [J]. Canadian Journal of Animal Science, 70 (4): 1119-1126.

Kluge H, Broz J, Eder K, 2010. Effects of dietary benzoic acid on urinary pH and nutrient digestibility in lactating sows [J]. Livestock Science, 134 (1): 119-121.

Knights T, Grandhi R, Baidoo S, 1998. Interactive effects of selection for lower backfat and dietary pyridoxine levels on reproduction, and nutrient metabolism during the gestation period in Yorkshire and Hampshire sows [J]. Canadian Journal of Animal Science, 78 (2): 167-173.

Kornegay E T, Wang Z, Wood C M, et al, 1997. Lindemann. Supplemental chromium picolinate influences nitrogen balance, dry matter digestibility, and carcass traits in growing-finishing pigs [J]. Journal of Animal Science, 75: 1319-1323.

Kritas S K, Marubashi T, Filioussis G, et al, 2015. Reproductive performance of sows was improved by administration of a sporing bacillary probiotic (C-3102) [J]. Journal of Animal Science, 93 (1): 405-413.

Langendijk P, Athorn R Z, Stott P, 2011. Feeding level and dietary fibre content during early pregnancy in gilts and pregnancy rate and litter size [M]//van Barneveld, R J, ed. Manipulatingpig production. Proceedings of the Australasian Pig Science Association, Adelaide, Australia, 162.

Lauridsen C, Danielsen V, 2004. Lactational dietary fat levels and sources influence milk composition and performance of sows and their progeny [J]. Livestock Production Science, 91: 95-105.

Lauridsen C, Halekoh U, Larsen T, et al, 2010. Reproductive performance and bone status markers of gilts and lactating sows supplemented with two different forms of vitamin D [J]. Journal of Animal Acience, 88 (1): 202-213.

Lawlor P G, Lynch P B, Oconnell M K, et al, 2007. The influence of over feeding sows during gestation on reproductive performance and pig growth to slaughter [J]. Archiv Fur Tierzucht - Archives of Animal Breeding, 50 (1): 82.

Laws J, Laws A, Lean I J, et al, 2007. Growth and development of offspring following supplementation of sow diets with oil during early to mid gestation [J]. Animal: An International Journal of Animal Bioscience, 1 (10): 1482.

Lei X G, Ku P K, Miller E R, et al, 1993. Supplementing corn-soybean meal diets with microbial phytase linearly improves phytate phosphorus utilization by weanling pigs [J]. Journal of Animal Science, 71: 3359-3367.

Lemons J M, Feng X J, Bennett B D, et al, 2010. Quiescent fibroblasts exhibit high metabolic activity [J]. Plos Biology, 8: e1000514.

Leonard S G, Sweeney T, Bahar B, et al, 2010. Effect of maternal fish oil and seaweed extract supplementation on colostrum and milk composition, humoral immune response, and performance of suckled piglets [J]. Journal of Animal Science, 88: 2988-2997.

Levesque C L, Moehn S, Pencharz P B, et al, 2011. The threonine requirement of sows increases in late gestation [J]. Journal of Animal Science, 89 (1): 93-102.

Lewis A, Cromwell G, Pettigrew J, 1991. Effects of supplemental biotin during gestation and lactation on reproductive performance of sows: a cooperative study [J]. Journal of Animal Science, 69 (1): 207-214.

Li H, Wan H, Mercier Y, et al, 2014. Changes in plasma amino acid profiles, growth performance and intestinal antioxidant capacity of piglets following increased consumption of methionine as its hydroxy analogue [J]. British Journal of Nutrition, 112: 1-13.

Li Y, Stahl C H, 2014. Dietary calcium deficiency and excess both impact bone development and mesenchymal stem cell lineage priming in neonatal piglets [J]. The Journal of Nutrition, 144: 1935-1942.

Lin S, Jia H, Fang X, et al, 2013. Mammary inflammation around parturition appeared to be attenuated by consumption of fish oil rich in n-3 polyunsaturated fatty acids [J]. Lipids in Health and Disease, 12: 1-13.

Lindemann M, Brendemuhl J, Chiba L, et al, 2008. A regional evaluation of injections of high levels of vitamin A on reproductive performance of sows [J]. Journal of Animal Science, 86 (2): 333-338.

Lindemann M D, Carter S D, Chiba L I, et al, 2004. A regional evaluation of chromium tripicolinate supplementation of diets fed to reproducing sows [J]. Zhonghua Yi Xue Za Zhi, 82 (10), 2972-2977.

Lindemann M D, Wood C M, Harper A F, et al, 1995. Dietary chromium picolinate additions improve gain: feed and carcass characteristics in growing-finishing pigs and increase litter size in reproducing sows [J]. Journal of Animal Science, 73 (2): 457-465.

Liu S T, Hou W X, Cheng S Y, et al, 2014. Effects of dietary citric acid on performance, digestibility of calcium and phosphorus, milk composition and immunoglobulin in sows during late gestation and lactation [J]. Animal Feed Science and Technology, 191: 67-75.

Lyberg K, Andersson H K, Simonsson A, et al, 2007. Influence of different phosphorus levels and phytase supplementation in gestation diets on sow performance [J]. Journal of Animal Physiology and Animal Nutrition (Berlin), 91: 304-311.

Mahan D, 1991. Assessment of the influence of dietary vitamin E on sows and offspring in three parities: reproductive performance, tissue tocopherol, and effects on progeny [J]. Journal of Animal Science, 69 (7): 2904-2917.

Mahan D, 1994. Effects of dietary vitamin E on sow reproductive performance over a five-parity period [J]. Journal of Animal Science, 72 (11): 2870-2879.

Mahan D, Lepine A, 1991. Effect of pig weaning weight and associated nursery feeding programs on subsequent performance to 105 kilograms body weight [J]. Journal of Animal Science, 69: 1370-1378.

Mahan D C, Kim Y Y, 1996. Effect of inorganic or organic selenium at two dietary levels on reproductive performance and tissue selenium concentrations in first-parity gilts and their progeny [J]. Journal of Animal Science, 74 (11), 2711-2718.

Mahan D C, Newton E A, 1995. Effect of initial breeding weight on macro- and micromineral composition over a three-parity period using a high-producing sow genotype [J]. Journal of Animal Science, 73: 151-158.

Mahan D C, Watts M R, St-Pierre N, 2009. Macro- and micromineral composition of fetal pigs and their accretion rates during fetal development [J]. Journal of Animal Science, 87: 2823-2832.

Manjarin R, Zamora V, Wu G, et al, 2012. Effect of amino acids supply in reduced crude protein diets on performance, efficiency of mammary uptake, and transporter gene expression in lactating sows [J]. Journal of Animal Science, 90: 3088-3100.

Matte J J, Girard C L, Brisson G J, 1992. The role of folic acid in the nutrition of gestating and lactating primiparous sows [J]. Livestock Production Science, 32 (2): 131-148.

Matysiak B, Jacyno E, Kawęcka M, et al, 2012. The effect of plant extracts fed before farrowing and during lactation on sow and piglet performance [J]. South African Journal of Animal Science, 42 (1): 15-21.

McNamara L B, Giblin L, Markham T, et al, 2011. Nutritional intervention during gestation alters growth, body composition and gene expression patterns in skeletal muscle of pig offspring [J]. Animal, 5 (8): 1195.

McPherson R L, Ji F, Wu G, et al, 2004. Growth and compositional changes of fetal tissues in pigs [J]. Journal of Animal Science, 82 (9): 2534-2540.

Fortier M E, Audet I, Giguère A, et al, 2012. Effect of dietary organic and inorganic selenium on antioxidant status, embryo development, and reproductive performance in hyperovulatory first-parity gilt [J]. Journal of Animal Science, 90 (1): 231-240.

Meisinger D J, 2010. National swine nutrition guide [M]. US Pork Cent. Excell, Des Moines, IA.

Meng S, Zang J, Li Z, et al, 2015. Estimation of the optimal standardized ileal digestible lysine requirement for primiparous lactating sows fed diets supplemented with crystalline amino acids [J]. Animal Science Journal, 86 (10): 891-896.

Miller M B, Hartsock T G, Erez B, et al, 1994. Effect of dietary calcium concentrations during gestation and lactation in the sow on milk composition and litter growth [J]. Journal of Animal Science, 72: 1315–1319.

Miller H M, Foxcroft G R, Aherne F X, 2000. Increasing food intake in late gestation improved sow condition throughout lactation but did not affect piglet viability or growth rate [J]. Animal Science, 71 (1): 141–148.

Mosnier E, Matte J J, Etienne M, et al, 2009. Tryptophan metabolism and related B vitamins in the multiparous sow fed ad libitum after farrowing [J]. Archives of Animal Nutrition, 63 (6): 467–478.

Mroz Z, Jongbloed A W, Kemme P A, 1994. Apparent digestibility and retention of nutrients bound to phytate complexes as influenced by microbial phytase and feeding regimen in pigs [J]. Journal of Animal Science, 72: 126–132.

Mosser S A, Tokach M D, Dritz S S, et al, 2000. The effects of branched-chain amino acids on sow and litter performance [J]. Journal of Animal Science, 78: 658–667.

Musser R E, Davis D L, Tokach M D, et al, 2006. Effects of high feed intake during early gestation on sow performance and offspring growth and carcass characteristics [J]. Animal Feed Science and Technology, 127 (3): 187–199.

Nasi, M, 1990. Microbial phytase supplementation for improving availability of plant phosphorus in the diet of the growing pig [J]. Journal of Agricultural Science Finland, 62: 435–443.

Noblet J, Dourmad J Y, Etienne M, 1990. Energy utilization in pregnant and lactating sows: modeling of energy requirements [J]. Journal of Animal Science, 68 (2): 562–572.

Noblet J, Dourmad J Y, Etienne M, et al, 1997. Energy metabolism in pregnant sows and newborn pigs [J]. Journal of Animal Science, 75 (10): 2708–2714.

Noblet J, Fortune H, Shi X S, et al, 1994. Prediction of net energy value of feeds for growing pigs [J]. Journal of Animal Science, 72 (2): 344–354.

Noblet J, Karege C, Dubois S, et al, 1999. Metabolic utilization of energy and maintenance requirements in growing pigs: effects of sex and genotype [J]. Journal of Animal Science, 77 (5): 1208–1216.

Noblet J, Shi X S, Dubois S, 1993. Energy cost of standing activity in sows [J]. Livestock Production Science, 34 (1): 127–136.

NRC 1998. Nutrient requirements of swine [S]. 10 th ed. Washington, DC National Academy Press.

NRC 2012. Nutrient requirements of swine [S]. 11 th ed. Washington, DC National Academy Press.

O' Quinn P R, Knabe D A, Gregg E J, 1997. Digestible phosphorus needs of terminal-cross growing-finishing pigs [J]. Journal of Animal Science, 75: 1308–1318.

Øverland M, Bikker P, Fledderus J, 2009. Potassium diformate in the diet of reproducing sows: effect on performance of sows and litters [J]. Livestock Science, 122 (2): 241–247.

Pallauf J, Rimbach G, Pippig S, et al, 1994b. Effect of phytase supplementation to a phytate-rich diet based on wheat, barley and soya on the bioavailability of dietary phosphorus, calcium, magnesium, zinc and protein in piglets [J]. Agribiological Research—Zeitschrift fur Agrarbiologie Agrikulturchemie Okologie, 47: 39–48.

Pallauf V J, Hohler D, Rimbach G, et al, 1992. Effect of microbial phytase supplementation to a maize-soy-diet on the apparent absorption of phosphorus and calcium in piglets [J]. Journal of

Animal Physiology and Animal Nutrition, 67: 30-40.

Pampuch F G, Paulicks B R, Roth-Maier D A, 2006a. Studies on the tryptophan requirement of lactating sows. Part 2: Estimation of the tryptophan requirement by physiological criteria [J]. Journal of Animal Physiology and Animal Nutrition, 90: 482-486.

Pampuch F G, Paulicks B R, Roth-Maier D A, 2006b. Studies on the tryptophan requirement of lactating sows. Part 1: Estimation of the tryptophan requirement by performance [J]. Journal of Animal Physiology and Animal Nutrition, 90: 474-481.

Park Y W, Kandeh M, Chin K B, et al, 1994. Concentrations of inorganic elements in milk of sows selected for high and low serum cholesterol [J]. Journal of Animal Science, 72: 1399-1402.

Pedersen T F, Bruun T S, Feyera T, et al, 2016. A two-diet feeding regime for lactating sows reduced nutrient deficiency in early lactation and improved milk yield [J]. Livestock Science, 191: 165-173.

Peters J C, Mahan D C, 2008. Effects of dietary organic and inorganic trace mineral levels on sow reproductive performances and daily mineral intakes over six parities [J]. Journal of Animal Science, 86: 2247-2260.

Peters J C, Mahan D C, Wiseman T G, et al, 2010. Effect of dietary organic and inorganic micromineral source and level on sow body liver, colostrum, mature milk and progeny mineral compositions over six parities [J]. Journal of Animal Science, 88: 626-637.

Pettey L A, Cromwell G L, Lindemann M D, 2006. Estimation of endogenous phosphorus loss in growing and finishing pigs fed semipurified diets [J]. Journal of Animal Science, 84: 618-626.

Pettigrew J, el-Kandelgy S, Johnston L, et al, 1996. Riboflavin nutrition of sows [J]. Journal of Animal Science, 74 (9): 2226-2230.

Pettigrew J E, Yang H, 1997. Protein nutrition of gestating sows [J]. Journal of Animal Science, 75 (10): 2723.

Pinelli-Saavedra A, Scaife J, 2005. Pre- and postnatal transfer of vitamins E and C to piglets in sows supplemented with vitamin E and vitamin C [J]. Livestock Production Science, 97 (2): 231-240.

Pointillart A, 1991. Enhancement of phosphorus utilization in growing pigs fed phytate-rich diets by using rye bran [J]. Journal of Animal Science, 69: 1109-1115.

Pomar C, Kyriazakis I, Emmans G C, et al, 2003. Modeling stochasticity: dealing with populations rather than individual pigs [J]. Journal of Animal Science, 81: 178-186.

Quesnel H, Boulot S, Serriere S, et al, 2010. Post-insemination level of feeding does not influence embryonic survival and growth in highly prolific gilts [J]. Animal Reproduction Science, 120 (1): 120-124.

Quiniou N, Richard S, Mourot J, et al, 2008. Effect of dietary fat or starch supply during gestation and/or lactation on the performance of sows, piglets' survival and on the performance of progeny after weaning [J]. Animal, 2: 1633-1644.

Ramisz A, Balicka-Laurans A, Ramisz G, 1993. The influence of selenium on production, reproduction and health in pigs [J]. Advances in Agricultural Sciences, (2): 67-74.

Revy P S, Jondreville C, Dourmad J Y, 2004. Effect of zinc supplemented as either an organic or an inorganic source and of microbial phytase on zinc and other minerals utilisation by weanling pigs [J]. Animal Feed Science and Technology, 116: 93-112.

Rezaei R, Wu Z, Hou Y, et al, 2016. Amino acids and mammary gland development: nutritional implications for milk production and neonatal growth [J]. Journal of Animal Science & Biotechnology, 7: 1-22.

Rhéaume J A, Chavez E R, 1990. Trace mineral metabolism in non-gravid, gestating and lactating gilts fed two dietary levels of manganese [J]. Journal of Trace Elements & Electrolytes in Health & Disease, 3 (4): 231-242.

Riet M M J V, Millet S, Bos E J, et al, 2016. No indications that zinc and protein source affect zn bioavailability in sows during late gestation fed adequate dietary zn concentrations [J]. Animal Feed Science and Technology, 213: 118-127.

Rosero D S, 2012. Response by the modern lactating sow and progeny to source and level of supplemental dietary fat during high ambient temperatures [J]. Journal of Animal Science, 90: 2609-2619.

Rosero D S, Boyd R D, Mcculley M, et al, 2016a. Essential fatty acid supplementation during lactation is required to maximize the subsequent reproductive performance of the modern sow [J]. Animal Reproduction Science, 168: 151-163.

Rosero D S, Boyd R D, Odle J, et al, 2016b. Optimizing dietary lipid use to improve essential fatty acid status and reproductive performance of the modern lactating sow: a review [J]. Journal of Animal Science & Biotechnology, 7: 1-18.

Rosero D S, van H E, Odle J, et al, 2012. Sow and litter response to supplemental dietary fat in lactation diets during high ambient temperatures [J]. Journal of Animal Science, 90: 550-559.

Ruan Z, Zhang Y G, Yin Y L, et al, 2007. Dietary requirement of true digestible phosphorus and total calcium for growing pigs [J]. Asian-Australasian Journal of Animal Sciences, 20: 1236-1242.

Samuel R S, Moehn S, Pencharz P B, et al, 2012. Dietary lysine requirement of sows increases in late gestation [J]. Journal of Animal Science, 90 (13): 4896-4904.

Samuel R S, Moehn S, Wykes L J, et al, 2007. Feeding frequency alters protein and energy metabolism of sows fed 1 x and 2 x the energy requirement for maintenance [J]. Publication-European Association for Animal Production, 124: 501.

Seynaeve M, de Wilde R, Janssens G, et al, 1996. The influence of dietary salt level on water consumption, farrowing, and reproductive performance of lactating sows [J]. Journal of Animal Science, 74: 1047-1055.

Simard F, Guay F, Girard C, et al, 2007. Effects of concentrations of cyanocobalamin in the gestation diet on some criteria of vitamin B metabolism in first-parity sows [J]. Journal of Animal Science, 85 (12): 3294-3302.

Simons P C M, Versteegh H A J, Jongbloed A W, et al, 1990. Improvement of phosphorus availability by microbial phytase in broilers and pigs [J]. British Journal of Nutrition, 64: 525-540.

Smits R J, Luxford B G, Mitchell M, et al, 2011. Sow litter size is increased in the subsequent parity when lactating sows are fed diets containing n-3 fatty acids from fish oil [J]. Journal of Animal Science, 89: 2731-2738.

Soede N M, van der Lende T, Hazeleger W, 1999. Uterine luminal proteins and estrogens in gilts on a normal nutritional plane during the estrous cycle and on a normal or high nutritional plane during early pregnancy [J]. Theriogenology, 52 (4): 743-756.

Song M, Baidoo S K, Shurson G C, et al, 2010. Dietary effects of distillers dried grains with solubles on performance and milk composition of lactating sows [J]. Journal of Animal Science, 88: 3313-3319.

Spencer T E, 2013. Early pregnancy: concepts, challenges, and potential solutions [J]. Animal frontiers, 3 (4): 48-55.

Stahl C H, Han Y M, Roneker K R, et al, 1999. Phytase improves iron bioavailability for hemoglobin synthesis in young pigs [J]. Journal of Animal Science, 77: 2135-2142.

Stamati S, Alexopoulos C, Siochu A, et al, 2006. Probiosis in sows by administration of Bacillus toyoi spores during late pregnancy and lactation: effect on their health status/performance and on litter characteristics [J]. International Journal of Probiotics and Prebiotics, 1 (1): 33.

Stein H, Trottier N, Bellaver C, et al, 1999. The effect of feeding level and physiological status on total flow and amino acid composition of endogenous protein at the distal ileum in swine [J]. Journal of Animal Science, 77: 1180-1187.

Stein H H, Boersma M G, Pedersen C, 2006. Apparent and true total tract digestibility of phosphorus in field peas (*Pisum sativum* l.) by growing pigs [J]. Canadian Journal of Animal Science, 86: 523-525.

Stein H H, Bohlke R A, 2007. The effects of thermal treatment of field peas (*Pisum sativum* L.) on nutrient and energy digestibility by growing pigs [J]. Journal of Animal Science, 85: 1424-1431.

Stein H H, Shurson G C, 2009. BOARD-INVITED REVIEW: the use and application of distillers dried grains with solubles in swine diets [J]. Journal of Animal Science, 87: 1292-1303.

Strathe A V, Bruun T S, Zerrahn J E, et al, 2016. The effect of increasing the dietary valine-to-lysine ratio on sow metabolism, milk production, and litter growth [J]. Journal of Animal Science, 94 (1): 155-164.

Sulabo R C, Jacela J Y, Tokach M D, et al, 2010. Effects of lactation feed intake and creep feeding on sow and piglet performance [J]. Journal of Animal Science, 88: 3145-3153.

Sullivan L B, Gui D Y, Hosios A M, et al, 2015. Supporting aspartate biosynthesis is an essential function of respiration in proliferating cells [J]. Cell, 162: 552-563.

Tabatabaei N, Rodd C J, Kremer R, et al, 2014. High vitamin D status before conception, but not during pregnancy, is inversely associated with maternal gestational diabetes mellitus in guinea pigs [J]. Journal of Nutrition, 144: 1994-2001.

Taras D, Vahjen W, Macha M, et al, 2005. Response of performance characteristics and fecal consistency to long-lasting dietary supplementation with the probiotic strain Bacillus cereus var. toyoi to sows and piglets [J]. Archives of Animal Nutrition, 59 (6): 405-417.

Taras D, Vahjen W, Macha M, et al, 2006. Performance, diarrhea incidence, and occurrence of Escherichia coli virulence genes during long-term administration of a probiotic Enterococcus faecium strain to sows and piglets [J]. Journal of Animal Science, 84 (3): 608-617.

Thacker P A, 1991. Effect of high levels of copper or dichlorvos during late gestation and lactation on sow productivity [J]. Canadian Journal of Animal Science, 71 (1): 227-232.

Theil P K, Lauridsen C, Quesnel H, 2014. Neonatal piglet survival: impact of sow nutrition around parturition on fetal glycogen deposition and production and composition of colostrum and transient milk [J]. Animal, 8: 1021-1030.

Theil P K, Nielsen T T, Kristensen N B, et al, 2002. Estimation of milk production in lactating sows by determination of deuterated water turnover in three piglets per litter [J]. Acta Agriculturae Scandinavica Section A-Animal Science, 52: 221-232.

Thingnes S L, Gaustad A H, Kjos N P, et al, 2013. Pea starch meal as a substitute for cereal grain in diets for lactating sows: the effect on sow and litter performance [J]. Livestock Science, 157: 210-217.

Thingnes S L, Hallenstvedt E, Sandberg E, et al, 2015. The effect of different dietary energy levels during rearing and mid-gestation on gilt performance and culling rate [J]. Livestock Science, 172: 33-42.

Tilton S L, Miller P S, Lewis A J, et al, 1999. Addition of fat to the diets of lactating sows: I. Effects on milk production and composition and carcass composition of the litter at weaning [J]. Journal of Animal Science, 77: 2491-2500.

Trawńska B, 2013. Effect of the addition of magnesium salt to a feed mixture on intestinal microflora, health, and production of sows [J]. Bulletin of the Veterinary Institute in Pulawy, 57 (1): 69-72.

Tsungyu A H, Joseph L B, Allen S M, et al, 2014. Dietary nano-chromium tripicolinate increases feed intake and decreases plasma cortisol in finisher gilts during summer [J]. Tropical Animal Health & Production, 46 (8): 1483-1489.

van der Peet-Schwering C M C, Kemp B, Binnendijk G P, et al, 2004. Effects of additional starch or fat in late-gestating high nonstarch polysaccharide diets on litter performance and glucose tolerance in sows [J]. Journal of Animal Science, 82 (10): 2964-2971.

van Klompenberg M, Manjarin R, Trott J, et al, 2013. Late gestational hyperprolactinemia accelerates mammary epithelial cell differentiation that leads to increased milk yield [J]. Journal of Animal Science, 91: 1102-1111.

van Milgen J, Bernier J F, Lecozler Y, et al, 1998. Major determinants of fasting heat production and energetic cost of activity in growing pigs of different body weight and breed/castration combination [J]. British Journal of Nutrition, 79 (6): 509-517.

van Riet M M J, Millet S, Bos E J, et al, 2016. No indications that zinc and protein source affect Zn bioavailability in sows during late gestation fed adequate dietary Zn concentrations [J]. Animal Feed Science and Technology, 6: 118-127.

Varley P F, Callan J J, O'Doherty J V, 2010. Effect of crude protein and phosphorus level in a phytase supplemented grower finisher pig diet on phosphorus and calcium metabolism [J]. Livestock Science, 134: 94-96.

Wang J, Li D, Che L, et al, 2014. Influence of organic iron complex on sow reproductive performance and iron status of nursing pigs [J]. Livestock Science, 160 (2): 89-96.

Vinsky M, Novak S, Dixon W, et al, 2006. Nutritional restriction in lactating primiparous sows selectively affects female embryo survival and overall litter development [J]. Reproduction Fertility and Development, 18: 347-355.

Wang L, Shi Z, Jia Z, et al, 2013. The effects of dietary supplementation with chromium picolinate throughout gestation on productive performance, cr concentration, serum parameters, and colostrum composition in sows [J]. Biological Trace Element Research, 154 (1): 55-61.

Wang Q, Kim H J, Cho J H, et al, 2008. Effects of phytogenic substances on growth performance digestibility of nutrients, faecal noxious gas content, blood and milk characteristics and reproduction in sows and litter Performance [J]. Journal of Animal and Feed Science, 17: 50-60.

Watkins K, Southern L, Miller J, 1991. Effect of dietary biotin supplementation on sow reproductive performance and soundness and pig growth and mortality [J]. Journal of Animal Science, 69 (1): 201-206.

Weber G M, Witschi A K, Wenk C, et al, 2014. Triennial growth symposium—effects of dietary 25-hydroxycholecalciferol and cholecalciferol on blood vitamin D and mineral status, bone turnover, milk composition, and reproductive performance of sows [J]. Journal of Animal Science, 92: 899-909.

Weldon W C, Lewis A J, Louis G F, et al, 1994. Postpartum hypophagia in primiparous sows: II. Effects of feeding level during gestation and exogenous insulin on lactation feed intake, glucose tolerance, and epinephrine-stimulated release of nonesterified fatty acids and glucose [J]. Journal of Animal Science, 72 (2): 395-403.

Weldon W C, Thulin A J, MacDougald O A, et al, 1991. Effects of increased dietary energy and protein during late gestation on mammary development in gilts [J]. Journal of Animal Science, 69 (1): 194-200.

Widmer M R, McGinnis L M, Stein H H, 2007. Energy, phosphorus, and amino acid digestibility of high-protein distillers dried grains and corn germ fed to growing pigs [J]. Journal of Animal Science, 85: 2994-3003.

Wu G, Ott T L, Knabe D A, et al, 1999. Amino acid composition of the fetal pig [J]. The Journal of Nutrition, 129 (5): 1031-1038.

Xue J L, Koketsu Y, Dial G D, et al, 1997. Glucose tolerance, luteinizing hormone release, and reproductive performance of first-litter sows fed two levels of energy during gestation [J]. Journal of Animal Science, 75 (7): 1845-1852.

Xue L, Piao X, Li D, et al, 2012. The effect of the ratio of standardized ileal digestible lysine to metabolizable energy on growth performance, blood metabolites and hormones of lactating sows [J]. Journal of Animal Science and Biotechnolog, 3: 143-154.

Yang H, Pettigrew J E, Johnston L J, et al, 2000. Lactational and subsequent reproductive responses of lactating sows to dietary lysine (protein) concentration [J]. Journal of Animal Science, 78: 348-357.

Young L G, Leunissen M, Atkinson J L, 1993. Addition of microbial phytase to diets of young pigs [J]. Journal of Animal Science, 71: 2147-2151.

Zacharias B, Ott H, Drochner W, 2003. The influence of dietary microbial phytase and copper on copper status in growing pigs [J]. Animal Feed Science and Technology, 106: 139-148

Zang J, Chen J, Tian J, et al, 2014. Effects of magnesium on the performance of sows and their piglets [J]. Journal of Animal Science & Biotechnology, 5 (1): 1-8.

Zhang R F, Hu Q, Li P F, et al, 2011. Effects of lysine intake during middle to late gestation (day 30 to 110) on reproductive performance, colostrum composition, blood metabolites and hormones of multiparous sows [J]. Asian-Australasian Journal of Animal Sciences, 24 (8): 1142-1147.

Zhang X, Li H, Liu G, et al, 2015. Differences in plasma metabolomics between sows fed DL-methionine and its hydroxy analogue reveal a strong association of milk composition and neonatal growth with maternal methionine nutrition [J]. British Journal of Nutrition, 113: 585-595.

Zhao P, Upadhaya S D, Li J, et al, 2015. Comparison effects of dietary iron dextran and bacterial-iron supplementation on growth performance, fecal microbial flora, and blood profiles in sows and their litters [J]. Animal Science Journal, 86 (11): 937-942.

Zhong H, Li H, Liu G, et al, 2016. Increased maternal consumption of methionine as its hydroxyl analog promoted neonatal intestinal growth without compromising maternal energy homeostasis [J]. Journal of Animal Science & Biotechnology, 7: 46.

Zeyner A, Boldt E, 2006. Effects of a probiotic Enterococcus faecium strain supplemented from birth to weaning on diarrhoea patterns and performance of piglets [J]. Journal of Animal Physiology and Animal Nutrition, 90 (1/2): 25-31.

第九章 营养与减排

近年来,随着我国养猪业由传统的散养模式向集约化、规模化和工厂化的迅速转变,养猪生产效率大幅提高,但随之而来的环境污染问题也很严峻。2013年第一次全国污染源普查数据表明,畜禽养殖业化学需氧量(COD)、总氮、总磷的排放量分别为1 268万t、106万t和16万t,分别占全国总排放量的41.9%、21.7%和37.7%,分别占农业源排放量的96%、38%、65%。其中,养猪业的COD排放703万t,占畜禽养殖业COD排放的55.4%。营养技术是减少养猪业排放的重要措施。来源于饲料营养的排放主要有:①为获得最大生产性能而配制的过量养分;②为促进生长、减少疾病发生而添加的高剂量铜、锌和抗生素促生长剂;③缺乏饲料原料中可消化和可利用养分的精确数据;④同一生长阶段猪营养需要量的差距。研究解决上述问题的饲料利用和营养调节,实现猪饲料的精准配制,是近年来和今后相当长时期猪营养和饲料科学研究的热点。

第一节 营养与碳排放

碳是含有能量的饲料原料中最基本的元素,但人们关注比较多的是干物质、能量、脂肪或者碳水化合物的利用情况,很少关注碳的消化利用情况(NRC,2012)。因此,关于饲粮营养与碳排放关系的研究资料比较少。Kerr等(2006)研究发现,猪粪中碳的含量大约为0.9%,意味着从饲料中获取的6.5%的碳被排放在粪中。通过配制能量与氨基酸平衡以及氨基酸之间平衡的饲粮,可提高猪对能量、脂肪、蛋白质和碳水化合物的消化吸收,减少粪中碳和温室气体碳排放。

饲料的利用效率是猪粪中碳排放量的决定性因素,也决定了潜在温室气体的排放总量。提高饲料利用效率所有措施都可减少养猪业的碳排放。

猪饲粮中的碳水化合物主要包括淀粉和纤维。饲粮纤维主要在猪的后肠段被微生物发酵利用,生成挥发性脂肪酸,不被利用的饲粮纤维随粪便排出体外。由于饲粮纤维的消化率比较低,而且饲粮中高纤维含量会影响其他营养物质,如能量和氨基酸的消化吸收(Wilfart等,2007)。增加饲粮纤维会导致总粪的排放量增加,进而增加粪中碳的排放量(Kerr等,2006)。Jarret等(2011)研究发现,在50 kg生长猪饲粮中添加

DDGS、甜菜渣和菜籽粕等纤维含量比较高的饲料原料，猪粪的排泄量增加100%，粪中碳的排泄量增加68%。饲粮纤维水平的增加使流入到大肠中可发酵的能量底物和氮水平增加，后肠微生物会利用更多来自机体代谢的氨来合成菌体蛋白质，使得更多的尿氮转移进入粪氮排出体外，van Thi等（2009）研究表明，对生长育肥猪而言，粪中碳氮比例随饲粮纤维水平的增加有升高的趋势。

第二节 营养与氮排放

猪对饲粮中氮的利用效率远远低于100%，为30%~60%（Otto等，2003；van Kempen等，2003）。一头采食粗蛋白质含量为16%的45 kg体重的猪，每天排放22.8 g的氮，相当于44%的豆粕0.32 kg（鲁宁，2010），未被利用的氮，大约1/3从粪中排出，2/3从尿中排出。不仅浪费了有限的蛋白质资源，还造成严重的环境污染。传统的饲粮配制过程中，如果仅仅通过调整饲粮蛋白质水平来满足机体对氨基酸的需要，会导致大量的必需氨基酸和非必需氨基酸的过剩。使用工业氨基酸和理想蛋白质氨基酸模式配制低蛋白质饲粮，减少氮的摄入量，是减少养猪业氮排放的主要技术途径。Kerr（2003）通过对猪代谢33个试验数据的总结发现，饲粮中的粗蛋白质水平每降低1个百分点，氮的排放量降低8%，且与猪的体重无关。

一、能氮平衡、能量赖氨酸比对氮排放的影响

饲粮中能量、蛋白质和氨基酸的含量及它们之间的比例，影响猪对摄入机体内氮的利用效率，进而影响氮排放。Yi等（2010）、Zhang等（2011）给25~50 kg和50~90 kg的生长育肥猪分别饲喂粗蛋白质含量为14%和11.5%的低蛋白质饲粮，其获得最佳生产性能和胴体品质的净能需要量分别为9.87 MJ/kg和10.13 MJ/kg，最佳赖氨酸净能比分别为1.12 g/MJ和0.84 g/MJ，此时，氮排放量显著降低。邓敦等（2006）研究了不同粗蛋白质水平的（16.1%、14.3%、13.3%、12.4%和11.7%）饲粮对育肥猪氮和能量平衡的影响，结果表明，育肥猪粗蛋白质水平从16.1%降低至13.3%，粪氮和尿氮的水平显著降低，而不影响其生产性能。Lynch等（2007）研究发现，给育肥猪饲喂粗蛋白质水平为20%和14%的饲粮，低蛋白质饲粮组可显著降低粪氮、尿氮和总氮的排放量。当饲粮粗蛋白质水平从20%降至15%时可显著降低育肥猪总氮和氨气的排放量（Lynch等，2008）。

能量和蛋白质或氨基酸的比例显著影响猪的蛋白质沉积。猪从饲粮中获取的能量，一部分用于维持需要，另外一部分用于蛋白质和脂肪的沉积。研究表明，当饲粮所提供的氨基酸能够满足机体最大蛋白质沉积需要时，能量的摄入量是影响蛋白质沉积的主要因素，当机体摄入的能量无法满足最大蛋白质沉积时，机体吸收的多余氨基酸通过转氨基作用以尿氮的形式排出体外，从而增加了氮的排放（van Milgen等，2008）。

二、氨基酸平衡对氮排放的影响

当饲粮中氨基酸组成和比例与猪所需的氨基酸组成和比例一致时，猪对饲粮氨基酸的利用效率最高。理想氨基酸模式就是在此基础上建立起来的，而猪的低氮排放氨基酸平衡饲粮是基于理想氨基酸模式，将饲粮的粗蛋白质水平相对传统的饲养标准降低2～4个百分点，通过添加合成氨基酸满足猪对饲粮中氨基酸比例和数量的需要，并且不降低猪生长性能，但可以显著降低氮排放（易学武，2009）。关于通过氨基酸平衡饲粮来减少氮排放的研究报道很多。对仔猪而言，岳隆耀和谯仕彦（2007）研究表明，饲粮粗蛋白水平降低4个百分点，补充赖氨酸、蛋氨酸、苏氨酸和色氨酸来平衡饲粮中必需氨基酸，可显著降低断奶仔猪的粪氮和尿氮排放量，并可显著提高氮的沉积效率。贾久满等（2007）研究表明，降低仔猪和生长猪的饲粮蛋白质水平，添加合成赖氨酸、苏氨酸和蛋氨酸，可显著降低仔猪和生长猪的粪氮排放。对于育肥猪而言，Portejoie等（2004）研究发现，将饲粮粗蛋白质水平从20%分别降至16%和12%，补充所有的必需氨基酸来满足育肥猪的需要量，粪中氨氮含量从4.32 g/kg分别降至3.13 g/kg和1.92 g/kg，饲粮粗蛋白质水平从20%降至12%，氨氮的排放量降低63%。对哺乳母猪而言，刘钢等（2010）研究发现，将饲粮的粗蛋白质水平从18%降低到14%，同时补充赖氨酸、蛋氨酸、苏氨酸和色氨酸来平衡必需氨基酸，总氮的排泄量从42 g/d降至33 g/d，但是降低饲粮的粗蛋白质水平使母猪体重损失显著增加。

王旭（2006）、王微微（2008）、鲁宁（2010）、朱立鑫（2010）、楚丽翠（2012）、刘绪同（2016）、周相超（2016）分别研究了仔猪、生长育肥猪低蛋白质饲粮中标准回肠可消化赖氨酸、苏氨酸、缬氨酸、亮氨酸和异亮氨酸的需要量。岳隆耀（2010）、张桂杰（2011）、谢春元（2013）、任曼（2014）、马文峰（2016）、张世海（2016）分别研究了仔猪（7～20 kg）、生长猪（25～50 kg）、育肥前期（60～90 kg）和育肥后期（90～120 kg）低蛋白质饲粮中适宜的回肠标准可消化苏氨酸、含硫氨基酸、色氨酸和缬氨酸与标准回肠可消化赖氨酸的比例，建立了仔猪和生长育肥猪低蛋白质饲粮限制性氨基酸理想模式。

三、蛋白质源组合对氮排放的影响

饲粮中的大多数蛋白质没有被完全消化，氨基酸也没有被完全吸收，而且并非所有被吸收的氨基酸都用于机体代谢或蛋白质合成。饲粮中氨基酸含量和比例与生物学可利用的含量和比例有一定的差别。例如，一些来自奶制品蛋白质中的氨基酸几乎全部能被动物机体利用，而其他植物籽实类蛋白质中的氨基酸利用率就要低很多（Adeola，2009）。不同饲料原料的蛋白质消化率及氨基酸的组成和比例差别很大，影响机体对蛋白质源饲料原料的消化和吸收，造成氮排放量的差别。比如，菜籽饼粕的粗蛋白质含量比豆粕低3～9个百分点，粗纤维含量较高，是豆粕的2倍，且含有硫苷、单宁、植酸、芥子碱等多种抗营养物质。单宁主要分布于菜籽皮壳中，含量为每100 g菜籽壳中含14～2 131 mg，单宁与蛋白酶结合，会降低饲料蛋白质的消化率（Amarowicz等，2000）。因

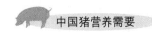

此，使用菜籽粕做蛋白质饲料原料时，可通过物理化学方法降低菜籽粕的抗营养因子，采用遗传改良的双低菜籽粕，使用多种原料的组合以及添加合成氨基酸的方法，来提高菜籽粕的蛋白质消化率和氨基酸利用率，减少氮的排放。

已如上述，使用工业氨基酸降低饲粮蛋白质含量是减少养猪业氮排放最为有效的技术途径。研究表明，使用大量合成氨基酸时，能量代谢和蛋白质氨基酸代谢的同步性，氨基酸和碳水化合物消化的终产物葡萄糖进入血液的速度应保持一致，才能使氮沉积的效率最大化，进而最大程度减少氮排放（Zhang 等，2013）。

第三节 营养与有害气体排放

畜牧生产过程产生的温室气体（二氧化碳、甲烷和一氧化二氮等）排放量占全球总排放量的 18%（Steinfeld 等，2006），养猪业是畜牧业中贡献温室气体排放量的第二大产业，约占畜牧总排放量的 13%（MacLeod 等，2013）。同时，养猪生产过程中还产生一些其他的养殖臭气，如氨气和硫化氢等，影响人们的生活质量。一个年产 10.8 万头育肥猪的猪场，每小时可向大气排放 150 kg 氨和 14.5 kg 硫化氢（邓远帆等，2015）。大量研究表明，利用营养调控的手段可显著减少养猪生产过程温室气体和臭气的排放。

一、营养与氨气排放

养猪过程中产生的氨气主要源于尿液中的尿素氮，也有小部分形成于肠道或排出后的粪便。降低饲粮蛋白质含量，减少氮的摄入是减少养猪业氨气产生的主要营养措施。提高饲粮纤维水平、使用一些功能性添加剂等也可减少氨气的排放。

（一）能氮平衡、粗蛋白质水平与氨气排放

饲粮的能氮平衡、粗蛋白质水平不仅影响粪氮和尿氮的排泄量，同时也间接影响氨气的排放量。当饲粮能量摄入量成为机体蛋白质沉积的限制性因素，机体吸收的过量氨基酸会脱氨基产生尿素氮排出体外，尿素氮在粪中微生物产生的脲酶作用下，产生大量氨气（贾华清，2007），因此饲粮能氮不平衡，会导致尿素氮的排泄量增加，进而导致氨气的产量增加。

应用理想氨基酸模式和合成氨基酸配制饲粮，可实现饲粮粗蛋白质水平显著下降，在不影响猪生长性能和胴体品质的条件下，可显著降低粪氮、尿氮和氨气的排放（鲁宁，2010）。Kendall 等（1998）向生长猪饲粮中添加合成赖氨酸、苏氨酸与蛋氨酸使蛋白质水平从 16.7% 降至 12.2%，发现猪舍内的氨气浓度降低 49.4%。Kirr（2003）对猪 33 个代谢试验数据的总结发现，饲粮蛋白质每降低 1 个百分点，猪舍氨气浓度可减少 13%，如果将 NRC（1998）推荐的饲粮粗蛋白质水平降低 4~5 个百分点，猪舍氨气浓度可减少 60%。Hansen 等（2014）研究发现，将育肥猪饲粮粗蛋白质水平由 15.9% 降至 13.6%，补充赖氨酸、蛋氨酸、苏氨酸、色氨酸和缬氨酸，猪舍内每头猪每天的氨气排放量由 7.8 g 降至 6.0 g，在 44 d 的试验期内，低蛋白质处理组平均每头猪总的氨气排放量比高蛋白组降低了 23%。Hayes 等（2004）研究发现，给育肥猪饲喂 22%、19%、16%和 13%共 4 个粗蛋白质水平的氨基酸平衡饲粮，猪舍内每头猪每天的氨气排放量分别为 8.27 g、5.89 g、3.89 g 和 3.11 g。饲粮粗蛋白质的水平是影响粪中氨气排放的主要因素，Le 等（2009）研究表明，育肥猪饲粮的粗蛋白质水平由 15%降至 12%，可显著降低育肥猪粪中氨气的排放量。

（二）碳水化合物的组成与氨气排放

饲粮中的碳水化合物主要包括淀粉和纤维。淀粉基本上在猪的小肠被消化吸收，很少进入后肠。饲粮纤维是指那些来源于植物、不能被动物内源酶消化的非淀粉多糖和木质素。饲粮纤维在猪的后肠被微生物发酵产生短链脂肪酸，作为肠道内微生物代谢的能量来源，维持微生物区系的稳态，进而保证正常的消化功能（汪勇等，2007）。饲粮纤维的组成复杂，纤维发酵的速度不同，发酵区段也不同。提高饲粮纤维水平，可促进肠道微生物发酵，肠道内未被消化的饲粮蛋白质和内源性的蛋白质会被用来合成菌体蛋白质，并促使部分尿素从血液中转移到大肠，这样尿氮排放量减少，粪中微生物蛋白排出增加，从而实现氨气的减排（朱丽媛等，2015）。同时，饲粮纤维在微生物的作用下产生挥发性脂肪酸，可以降低食糜 pH，进而降低粪尿 pH，能有效减少氨气的释放（朱海生，2007）。

有关饲粮纤维来源和能量饲料来源对猪氨气排放影响的研究很多。Canh 等（1998）研究不同的碳水化合物（椰子压榨物、大豆皮和甜菜渣）替代玉米淀粉对生长猪氨气排放量的影响，结果表明，与玉米淀粉组相比，椰子压榨物、大豆皮和甜菜渣均可显著降低粪污中 pH 和氨气的排放量，减少的程度随饲粮碳水化合物用量的提高显著降低。Hansen 等（2007）研究了甜菜渣、大豆皮和果胶残留物对生长猪粪污氨气排放量的影响，结果发现，甜菜渣和果胶残留物显著提高了粪中挥发性脂肪酸含量，显著降低粪的 pH，但是不同处理组对粪污中氨气排放的影响差异不显著，饲粮纤维源对粪污氨气排放的影响还有待进一步的研究。

二、营养与温室气体排放

我国是全球最大的猪肉生产国和消费国，养猪生产的温室气体排放量高于其他国家。据统计，2012 年我国生猪养殖温室气体排放量二氧化碳等值达到了 1.2 亿 t，比 2001 年增长了 26.3%（陶红军等，2015）。

猪舍的二氧化碳排放来自猪呼吸作用和粪便释放。在猪的呼吸过程中二氧化碳的产生和呼吸熵（呼吸过程中产生的二氧化碳与消耗的氧气之间的比值）有关。有研究表明，生长猪、仔猪和母猪的呼吸熵分别为 1.1、1.0 和 0.9（Moehn 等，2004；Pedersen 等，2008；Atakora 等，2011）。二氧化碳的来源之一是猪自身的产热，产热过程主要与猪的维持、生产以及体温调节有关。妊娠母猪、哺乳母猪、断奶仔猪和育肥猪每头每天产生的二氧化碳量分别为 2.23 kg、3.68 kg、0.88 kg 和 1.70 kg（Pedersen 等，2002）。一头体重为 70 kg 的育肥猪，每天呼吸作用所产生的二氧化碳量为 1.55 kg（Philippe 等，2015）。猪舍的另外一些二氧化碳来自粪便释放。有研究表明，粪便释放的二氧化碳量只占猪呼吸产生二氧化碳量的4%～5%（Dong等，2007），但另一些研究表明，粪便中释放的二氧化碳量占呼吸产生二氧化碳量的10%～30%（Philippe等，2007a，2007b；Pedersen等，2008）。尽管粪中释放的二氧化碳量比较少，但是在计算总的二氧化碳产量时也需要考虑。

猪舍内的甲烷主要来自有机物在猪胃肠道微生物的厌氧发酵及粪便发酵。肠道甲烷的产量主要取决于饲粮的纤维水平和肠道发酵能力。增加饲粮纤维水平会增加甲烷的产生，而后肠的发酵能力主要取决于猪的生长阶段，育肥猪的甲烷产生能力比仔猪强（le Goff等，2002）。研究表明，猪肠道微生物发酵产生的甲烷量与可消化的残渣（总可消化有机物与可消化蛋白质、脂肪、淀粉和糖之差）之间的关系如下：育肥猪肠道甲烷产量＝0.012×可消化残渣（R^2＝0.77）；母猪肠道甲烷产量＝0.021×可消化残渣（R^2＝0.90）（Philippe和Nicks，2015）。例如，如果每日采食300 g可消化残渣，育肥猪可产生3.6 g甲烷，母猪可产生6.4 g甲烷。而甲烷的产生意味着能量的损失，每产生1 g甲烷大约损失56.65 kJ的能量。Vermorel等（2008）研究表明，每头断奶仔猪、生长育肥猪和母猪每天的肠道甲烷产量分别为0.8 g、2.4 g和8.2 g。粪便释放的甲烷主要来自微生物的后续发酵作用，最初非特定性的细菌将容易降解的粪便中营养基质转化成挥发性脂肪酸、二氧化碳和氢气，该过程会提高粪便温度，然后甲烷产生菌在适宜温度条件下把乙酸、二氧化碳和氢气转化成甲烷（Philippe和Nicks，2015）。影响粪中甲烷产生量的因素包括氧气含量、温度、粪中可降解有机物和水分含量、氧化还原电位、pH及碳氮比例（Moller等，2004；Amon等，2006；Kebreab等，2006）。

猪舍内一氧化二氮主要来源于粪便，粪便微生物把氨转化成氮气的过程中，不完全的硝化和反硝化作用产生一氧化二氮。所谓硝化反应，是自养菌在需氧的偏酸性条件下把氨转化成硝酸盐（Kebreab等，2006），一氧化二氮是缺氧条件下消化反应的副产物。而反硝化作用是硝酸盐还原成氮气的过程。

二氧化碳、甲烷和一氧化二氮三者之间是相互关联的。降低饲粮粗蛋白水平可以显著降低氮排放和氨气的产生，也会减少一氧化二氮的排放，因为氨气是合成一氧化二氮的前体物质（Misselbrook等，1998）。但一些研究表明，将猪饲粮粗蛋白质水平降低15%～20%，对一氧化二氮产生没有影响（Clark等，2005；Le等，2009；Osada等，2011）。一般来讲，降低饲粮粗蛋白质水平也会减少二氧化碳和甲烷的产量，但一些研究发现降低饲粮粗蛋白质水平对二氧化碳和甲烷的产生无显著影响（Atakora等，2003，2005，2011；Philippe等，2006；Le等，2009；Osada等，2011）。

饲粮的纤维水平影响养猪生产过程中温室气体的排放。富含粗纤维的饲粮增加猪胃肠道发酵和粪便的甲烷产生量，肠道内发酵产生的甲烷随饲粮粗纤维水平的增加而呈线性增加（Philippe和Nicks，2015），肠道内发酵产生甲烷的能力受纤维的来源、溶解性及可发酵性的影响（Philippe等，2008）。le Goff等（2002）研究发现，给切除卵巢的成年母猪分别饲喂不同纤维来源（玉米麸和小麦麸）但粗纤维含量相似的饲粮，玉米麸饲粮甲烷的产量[7.6 g/(d·头)]要高于小麦麸饲粮甲烷的产量[5.1 g/(d·头)]。实际上，玉米麸、甜菜渣和马铃薯渣等可溶性纤维饲料原料比小麦麸、豌豆皮等不可溶性纤维饲料原料的消化率和发酵能力强（Jorgensen，2007）。Jarret等（2012）研究表明，给育肥猪分别饲喂低纤维含量的对照组饲粮（NDF含量为11%）和含20%DDGS的高纤维饲粮（NDF 含量为 14%），高纤维饲粮甲烷的产量相比低纤维饲粮提高了 76%。饲粮纤维水平对二氧化碳排放量的影响在不同研究结果之间存在差异。Schrama 等（1998）研究表明，给育肥猪分别饲喂含有 0、5%、10%和 15%的甜菜渣饲粮，随着可发酵纤维甜菜渣比例的提高，猪的活动产热减少、总二氧化碳的排放量减少。但 Philippe 等（2009）研究发现，给猪饲喂高可发酵纤维的甜菜渣饲粮（NSP 含量为 48%），相比对照组饲粮（NSP 含量为 26%）二氧化碳的排放量增加了 24%。饲粮纤维水平对一氧化二氮排放影响比较小（Clark 等，2005；Philippe 等，2009）。

三、营养与挥发性脂肪酸排放

挥发性脂肪酸（VFA）来源于碳水化合物的分解和含氮化合物的脱氨。碳水化合物，主要是饲粮纤维，在猪的后肠经微生物发酵不完全氧化成略带臭味和酸味的挥发性有机酸，主要是乙酸、丙酸和丁酸等短链脂肪酸，还含有少量的戊酸、己酸和庚酸，这些有机酸一部分经过吸收，代谢供能；一部分经过再发酵产生二氧化碳和甲烷；还有一部分由机体排出体外，挥发至空气中，引起臭味。含氮化合物的脱氨也在无氧条件下发生，参与发酵代谢的微生物主要有拟杆菌、真杆菌属、梭菌属以及消化链球菌属等。与纤维的发酵相比，微生物发酵含氮化合物产生更多的长链或支链挥发性脂肪酸（邓远帆和廖新俤，2015）。肠道微生物以饲粮纤维和含氮化合物作为发酵基质分解产生的挥发性脂肪酸，其种类和数量都有很大的差别。因此，可通过测定某种挥发性脂肪酸的含量或者几种挥发性脂肪酸之间的比例来推测肠道内微生物的发酵类型。比如，戊酸主要是由肠道微生物发酵含氮化合物经过脱氨基作用产生，戊酸的含量越多表明越多的含氮化合物在猪的后肠被微生物发酵获能（Le 等，2005）。挥发性脂肪酸是肠道菌群的主要代谢产物，但其中的 66%～99%都能被大肠吸收，为宿主供能。

通过营养手段调控挥发性脂肪酸排放的措施主要是使用低氮氨基酸平衡饲粮。Nyachoti 等（2006）研究表明，对断奶仔猪而言，饲粮粗蛋白质水平由 23%降至 17%，同时补充合成氨基酸，可显著降低回肠后段挥发性脂肪酸的含量。另有研究表明，对生长猪而言，低蛋白质氨基酸平衡日量中添加纤维饲料原料大豆皮，一方面可显著减少氨氮的排放，另一方面使得粪污中挥发性脂肪酸的含量增加（Shriver 等，2003）。李梦云等（2015）研究表明，在基础饲粮中添加 0.3%的果寡糖，可显著提高妊娠母猪粪便中挥发性脂肪酸的含量，降低 pH，调节肠道微生物菌群。霍文颖等（2013）研究了玉米-豆粕型饲粮和小麦-豆粕型饲粮添加非淀粉多糖酶（NSP）对断奶仔猪肠道挥发性脂肪酸的影响，结果表明，两种饲粮中添加 NSP，都不同程度地降低盲肠挥发性脂肪酸含量。

第四节 矿物质元素营养与排泄

猪需要从饲粮中获取矿物质微量元素用于维持和生长发育。由于微量元素吸收和代谢的复杂性，使得微量元素尤其是饲料原料中微量元素生物利用率评定方法变得复杂和困难。某些微量元素的化合物，主要是高剂量硫酸铜和药理剂量氧化锌，具有促进特定生理阶段猪的生长和控制仔猪腹泻的作用，实际生产中微量元素过量添加，使得微量元素的排泄增加，从而越来越引起社会公众的关注。

一、钙、磷、硫和钾的吸收与排泄

钙吸收的主要部位是十二指肠和空肠，吸收方式分为主动转运和被动转运。钙的吸收受多种因素的影响，主要包括饲粮钙的形式和溶解度、猪的体重、肠道的酸性环境、饲粮钙磷比例以及其他营养物质的含量等。植物性原料中植酸磷的含量影响钙的利用率，比如谷物类、苜蓿和干草等植酸磷含量高的饲料原料，其钙的利用率相对较低。猪的不同体重阶段也影响钙的吸收利用，随体重增加，猪对钙的利用率有升高的趋势（Fernandez，1995）。维生素D对钙的代谢起着重要的调节作用（Lauridsen等，2010），但是维生素D过高会引起骨骼动员过多的钙。钙磷比例也影响钙的吸收利用（Hanni等，2005），适宜的钙磷比例可以提高钙磷的吸收利用（Qian等，1996；Liu等，1998），猪饲粮中适宜的钙与总磷的比例为（1～1.25）：1。饲粮中添加植酸酶可以提高钙的利用率（Lei等，1993；Young等，1993；Mroz等，1994；Pallauf等，1994）。除此之外，不同的加工方式也影响钙的利用。

猪对磷吸收部位主要在小肠，吸收方式包括主动转运和被动扩散。影响饲粮中磷吸收利用的因素，主要包括饲粮磷的来源，饲粮中的钙磷的比例和维生素D水平，以及是否添加植酸酶等。猪对来自无机矿物质元素磷的生物学利用率比较高，对植物性饲料中磷的生物学利用率较低。谷物型饲料原料中60%～75%的磷以植酸磷的形式存在（Angel等，2002），而猪对植酸磷的利用率非常低，对玉米中磷的生物学利用率不足15%，小麦中磷的生物学利用率也仅有50%。添加植酸酶是提高猪对植酸磷生物学利用率、减少无机磷使用和磷排放最有效的措施。猪饲粮中添加植酸酶的研究报道很多。Guggenbuhl等（2007）研究了不同来源的植酸酶对生长猪磷和钙利用的影响，结果表明，大肠杆菌来源的植酸酶、黑曲霉来源和 P. lycii 来源的植酸酶都可显著提高生长猪对磷的吸收利用。植酸酶提高猪对植酸磷的生物学利用率受饲粮钙水平的影响，当饲粮钙水平分别为0.4%、0.6%和0.8%时，采食添加植酸酶饲粮的生长猪对植酸磷的生物学利用率分别提高42%、55%和57%（Poulsen等，2010）。

通常认为，猪从饲粮中获取的一些含硫化合物能够满足机体对硫的需要量。饲粮中额外添加无机硫对猪的生长性能无益。机体摄入过量的硫元素，会增加硫化氢的产生，影响胃肠道的健康和功能（Kerr等，2008）。Kerr等（2011）研究表明，将饲粮无机硫水平由0.21%提高至1.21%，仔猪生长性能线性降低，饲粮高水平的硫改变了炎性因子和肠道微生物菌群。猪对摄入饲粮总硫的沉积率大概为65%（Shurson等，1998），没有被吸收利用的硫随粪便排出体外，对环境造成污染。

钾在猪体内是钙和磷之后含量最丰富的第三大矿物质元素。钾在维持机体电解质平衡、钠钾泵转运通道以及神经肌肉功能方面发挥重要作用。饲粮钾与钠和氯元素的平衡影响猪的生产性能，将纯合饲粮中氯水平由0.03%提高至0.60%，饲粮添加0.1%的钾显著降低仔猪的生长性能，而当将饲粮钾水平由0.1%提高至1.1%时，仔猪的生长性能得到改善，但钾、钠、氯的排泄均增加（Golz等，1990）。

二、无机和有机来源微量元素的利用效率与排泄

（一）铁

猪对不同来源铁的生物学利用率有很大差异。在无机铁盐中，猪对硫酸亚铁的生物学利用率比较高，如果以硫酸亚铁中铁对猪的生物学效价为100%，碳酸亚铁的生物学效价则为15%～80%，氯化铁的生物学效价为40%～100%，而溶解度比较低的氧化铁，生物学效价基本为0。对于有机铁，目前研究报道比较多的是蛋氨酸螯合铁和甘氨酸螯合铁。Kegley等（2002）研究表明，给出生后3 d的新生仔猪分别灌服同等摩尔量铁（200 mg）的蛋氨酸铁和硫酸亚铁，蛋氨酸铁的生物学效价相当于硫酸亚铁的180%。Feng等（2007，2009）在仔猪饲粮中分别添加不同剂量的甘氨酸铁（甘氨酸铁在不同的饲粮处理中提供的铁分别为30 mg/kg、60 mg/kg、90 mg/kg和120 mg/kg）和硫酸亚铁（硫酸亚铁在饲粮中提供的铁为120 mg/kg），发现不同剂量的甘氨酸铁处理组和硫酸亚铁处理组仔猪的生长性能无显著差异，但是甘氨酸铁处理组可显著降低仔猪粪中铁的排泄。

（二）铜

猪对铜的需要量很少，不同体重阶段的猪对铜的需要量为5～6 mg/kg（按饲粮计）。猪对不同来源铜的生物利用率有很大差异，对植物性饲料中铜吸收率仅为5%～10%（计成等，2014）。在无机铜盐中，生物学效价较高的有硫酸铜、碳酸铜和碱式氯化铜（Cromwell等，1998）。猪对有机来源铜的生物学利用率，不同的研究报道不一致。一些研究表明，赖氨酸铜的生物学效价与硫酸铜等价（Coffey等，1994；Apgar等，1995），但Zhou等（1994）研究表明，赖氨酸铜对断奶仔猪的促生长效果要高于硫酸铜。Veum等（2004）比较了蛋白铜和硫酸铜对断奶仔猪生长性能和铜的生物学利用率的影响，结果发现，与饲粮中含250 mg/kg来源于硫酸铜的铜相比，饲粮含50 mg/kg和100 mg/kg来源于蛋白铜的铜对猪的促生长效果影响没有差异，但可显著增加铜的吸收和沉积，铜的排泄量分别减少77%和61%。

自1955年英国人Braude报道在猪的饲粮中添加高剂量硫酸铜（250 mg/kg的铜，每吨饲料添加1 kg五水硫酸铜）能够改善猪的生长速度、提高饲料转化率以来，迄今为止开展了数百个试验研究高剂量铜对猪的使用效果：①饲粮中添加120～250 mg/kg的铜，可提高仔猪、生长猪的生长速度4%～9%，饲料转化率3%～7%，而对育肥猪、母猪效果很小；②硫酸铜和碱式氯化铜有效，环境条件越差，使用效果越好。

对高剂量铜促进猪生长的机制目前尚不完全清楚，普遍认为有下述四点：①抗菌作用。铜为重金属，对蛋白质有较强的凝固作用。硫酸铜为强酸弱碱盐，可以降低胃液pH，改善肠道内环境，抑制胃肠道内病原菌繁殖。铜与抗生素有协同促生长效应。②提高酶的活性，促进蛋白质、脂肪和半纤维素的消化。③增加垂体生长激素的表达，刺激下丘脑生长激素释放激素的产生。④影响动物机体脂质代谢，提高脂肪的消化率。

饲料添加高剂量铜会造成铜在肝脏的蓄积和大量的铜从粪中排出。研究表明，饲料中不添加铜时，猪肝脏中铜含量为7.3 mg/kg 粪中铜的含量为56.7 mg/kg；添加

125 mg/kg和250 mg/kg的铜（硫酸铜），肝脏中铜含量分别为14.4 mg/kg和166.4 mg/kg，分别增加近1倍和22倍；粪中铜含量分别为851 mg/kg和1 727 mg/kg，分别增加14倍和29倍。Monteiro等（2010）研究了粪便中铜对环境的影响，结果发现，在一些土壤类型中长期（50年）使用仔猪粪便对土壤生物存在潜在风险。

近年来，饲粮添加高剂量铜引发的细菌耐药性风险受到关注。目前的研究表明，长期接触高浓度重金属的部分微生物会进化出一套耐受重金属的基因系统。Hou等（2014）对分离自健康猪结肠的罗伊氏乳杆菌I5007的全基因测序表明，该菌株携带有耐受锌、镉、碲、砷及铜等重金属的基因。饲料添加125 mg/kg和250 mg/kg的铜（硫酸铜），一些革兰阳性菌对铜和红霉素存在耐受性的共选择。Krishna等（2012）分析被重金属污染土壤样品，从分离的46株细菌有36株菌对多种重金属和抗生素表现耐受性。Tomova等（2015）分析了从南极收集的沉积物和土壤样品，在67%的沉积物和92%的土壤样品分离物中检测到了多种抗生素耐药性，且大多数菌株都耐受铜。

（三）锌

各生理状态的猪对锌的需要量为50～150 mg/kg（按饲粮计）。农业农村部饲料工业中心对200多个配合饲料的测定结果表明，猪饲料中锌的背景值为20～35 mg/kg。猪对植物性饲料中锌的吸收率为15%～30%。猪对各种锌盐的生物学利用率各不相同，且受饲粮原料类型的影响。硫酸锌、碳酸锌、硫化锌中锌的利用率非常高。如果以硫酸锌对猪的生物学效价为100%的话，氧化锌的锌生物学效价在50%～80%。有机复合物中的锌与硫酸锌中的锌的生物学效价近乎相同。Revy等（2004）研究发现，与同等剂量的硫酸锌相比，蛋氨酸锌对断奶仔猪锌的沉积率、骨骼和血浆中锌的含量以及血浆中碱性磷酸酶的含量无显著差异。但是，另有研究发现，与同等剂量的硫酸锌相比，复合氨基酸络合锌可显著增加育肥猪血红蛋白、血清免疫球蛋白G的含量，并显著降低粪中锌的含量（詹康等，2014）。Buff等（2005）比较研究了不同剂量的多糖锌（饲粮中锌含量分别为150 mg/kg、300 mg/kg和450 mg/kg）与药理剂量氧化锌（锌含量2 000 mg/kg）对仔猪生长性能和锌沉积率的影响，结果表明，采食锌含量为300 mg/kg的多糖锌与2 000 mg/kg的氧化锌，仔猪的生长性能无显著差异，但采食多糖锌饲粮猪粪中锌含量减少了76%。

自20世纪80年代发现药理剂量氧化锌具有很强的防治断奶仔猪腹泻和促进其生长的作用以来，饲粮中2 000～3 000 mg/kg来自氧化锌的锌在全世界的养猪业种得到广泛使用。药理剂量的氧化锌（含锌2000 mg/kg）可通过促进饥饿激素（ghrelin）的分泌来刺激断奶仔猪采食，提高仔猪的生长性能（Yin等，2009）。另有研究表明，药理剂量氧化锌（锌含量2 500 mg/kg）可有效防治致病性大肠杆菌攻毒仔猪的断奶腹泻（Heo等，2010）。近年来的一些研究表明，饲粮锌含量为1 500～2 000 mg/kg的碱式氯化锌与锌含量为2 000 mg/kg以上的氧化锌效果相当。

药理剂量氧化锌防治仔猪腹泻和促生长作用机制目前仍不完全清楚，可能的作用机制包括：抑制肠道有害微生物生长；增加肠道屏障功能，提高断奶应激造成的肠上皮细胞损伤的修复能力；调节IGF-1等激素的分泌。

药理剂量氧化锌被猪吸收很少，其促生长和控制腹泻作用与锌的生物学利用率关系不大，采食的高剂量锌绝大部分从粪便中排出。与高剂量铜的问题一样，采食药理剂量氧化锌或其他来源的锌会造成锌在肝脏和肾脏的蓄积。

三、减少矿物质元素排泄的营养措施

减少常量元素排泄，尤其是钙和磷排泄的营养措施主要包括：①准确估测不同体重和生理阶段的猪对常量矿物质池元素的需要量；②饲粮中钙与磷的比例要适宜，钙磷比例不仅会影响钙磷本身的消化率，也会影响到钙和磷的沉积（Selle 等，2009），通常情况下，猪饲粮中的钙与总磷比例为（1~1.25）：1，其全肠道可消化率的比例在 2.15：1 左右比较适宜；③饲粮中维生素 D 的适宜含量对促进机体对钙和磷的利用很重要；④饲粮中添加植酸酶，可有效促进植酸磷中磷的释放，显著提高机体对植酸磷的利用效率，减少磷的排泄（Selle 等，2008）。

减少微量元素排放，正确认识高剂量铜和药理剂量氧化锌对猪的促生长、抗腹泻作用，在适当的生理阶段正确使用高剂量铜和药理剂量氧化锌是当前养猪业微量元素减排的主要任务。进一步研究饲料原料中微量元素的生物利用率，获得准确的数据，按照猪营养需要推荐量合理添加微量矿物质元素是微量元素排放的重要技术措施。使用溶解性和利用率高的硫酸盐矿物质元素作为微量矿物质元素来源，合理使用有机微量矿物质元素也是减少微量元素排放的有效手段。

参考文献

楚丽翠，2012. 低蛋白饲粮添加亮氨酸对成年大鼠和育肥猪生长性能及蛋白质周转的影响 [D]. 北京：中国农业大学.

邓敦，李铁军，黄瑞林，等，2006. 不同蛋白质水平对育肥猪氮排放量和生产性能的影响 [J]. 华北农学报，21（1）：166-171.

邓远帆，廖新俤，2015. 营养途径调控动物肠道微生物与臭气减排研究进展 [J]. 家畜生态学报，36（3）：1-9.

霍文颖，郑立，王志祥，2013. 不同饲粮添加 NSP 酶对断奶仔猪食糜黏度、挥发性脂肪酸及肠道形态的影响 [J]. 中国畜牧杂志，49（7）：49-52.

贾华清，2007. 畜禽粪便的除臭技术研究进展 [J]. 安徽农学通报，13（5）：49-51.

贾久满，李成会，朱莲英，2007. 低蛋白氨基酸平衡饲粮对猪生产性能和粪氮排放的影响 [J]. 黑龙江畜牧兽医（2）：41-42.

李梦云，朱宽佑，刘延贺，等，2015. 饲粮中添加果寡糖对初产母猪生产性能、血清指标及粪便 pH、微生物菌群数量和挥发性脂肪酸含量的影响 [J]. 动物营养学报，27（2）：510-516.

刘钢，董国忠，郝静，2010. 低蛋白质氨基酸平衡饲粮对哺乳母猪生产性能及氮利用的影响 [J]. 中国畜牧杂志，46（11）：31-35.

鲁宁，2010. 低蛋白饲粮下生长猪标准回肠可消化赖氨酸需要量的研究 [D]. 北京：中国农业大学.

鲁宁，张桂杰，谯仕彦，2010. 猪低蛋白质低氮排放饲粮研究进展 [J]. 猪业科学，27（5）：42-47.

刘续同, 2016. 生长育肥猪低氮饲粮标准回肠可消化缬氨酸与赖氨酸适宜比例及对采食量调控的研究 [D]. 北京：中国农业大学.

马文峰, 2015. 猪育肥后期低氮饲粮限制性氨基酸平衡模式的研究 [D]. 北京：中国农业大学.

任曼, 2015. 支链氨基酸对断奶仔猪肠道黏膜免疫的调节 [D]. 北京：中国农业大学.

陶红军, 吴秋萍, 2015. 我国猪肉产业发展及温室气体排放量估算 [J]. 中国猪业 (10)：34-40.

汪勇, 马秋枝, 刘强, 2007. 饲粮纤维对单胃动物营养作用的研究进展 [J]. 兽药与饲料添加剂, 12 (1)：22-25.

王微微, 2008. 饲粮苏氨酸影响断奶仔猪小肠黏膜屏障的研究 [D]. 北京：中国农业大学.

王旭, 2006. 苏氨酸影响断奶仔猪肠黏膜蛋白质周转和免疫功能的研究 [D]. 北京：中国农业大学.

谢春元, 2013. 育肥猪低氮排放日粮标准回肠可消化苏氨酸、含硫氨基酸和色氨酸与赖氨酸适宜比例的研究 [D]. 北京：中国农业大学.

易学武, 2009. 生长育肥猪低蛋白日粮净能需要量的研究 [D]. 北京：中国农业大学.

岳隆耀, 2010. 低蛋白平衡氨基酸日粮对断奶仔猪肠道功能的影响 [D]. 北京：中国农业大学.

岳隆耀, 谯仕彦, 2007. 低蛋白补充合成氨基酸日粮对仔猪氮排泄的影响 [J]. 饲料与畜牧 (3)：10-12.

詹康, 占今舜, 赵国琦, 等, 2014. 复合氨基酸络合铁、锌对育肥猪铁、锌吸收代谢的影响 [J]. 动物营养学报 (8)：2320-2326.

张桂杰, 2011. 生长猪色氨酸、苏氨酸及含硫氨基酸与赖氨酸最佳比例的研究 [D]. 中国农业大学.

张清华, 2008. 饲料中高铜对生态环境的影响及对策 [J]. 饲料研究 (10)：33-34.

张世海, 2016. 智联氨基酸调节仔猪肠道和肌肉氨基酸及葡萄糖转运载体的机制研究 [D]. 北京：中国农业大学.

周相超, 2016. 生长育肥猪低氮日粮标准回肠可消化异亮氨酸与赖氨酸适宜比例的研究 [D]. 北京：中国农业大学.

朱海生, 2007. 生长育肥猪氨气排放及模型的研究 [D]. 北京：中国农业科学院.

朱立鑫, 2010. 低蛋白日粮下育肥猪标准回肠可消化赖氨酸需要量研究 [D]. 北京：中国农业大学.

朱丽媛, 卢庆萍, 张宏福, 等, 2015. 猪舍中氨气的产生、危害和减排措施 [J]. 动物营养学报 (8)：2328-2334.

Adeola O, 2009. Bioavailability of threonine and tryptophan in peanut meal for starter pigs using slope-ratio assay [J]. Animal, 3 (5)：677-684.

Amarowicz R, Naczk M, Shahidi F, 2000. Antioxidant activity of crude tannins of canola and rapeseed hulls [J]. Journal of the American Oil Chemists Society, 77 (9)：957-961.

Amon B, Kryvoruchko V, Amon T, et al, 2006. Methane, nitrous oxide and ammonia emissions during storage and after application of dairy cattle slurry and influence of slurry treatment [J]. Agriculture Ecosystems & Environment, 112 (2/3)：153-162.

Angel R, Tamim N M, Applegate T J, et al, 2002. Phytic acid chemistry：influence on phytin-phosphorus availability and phytase efficacy [J]. The Journal of Applied Poultry Research, 11 (4)：471-480.

Apgar G A, Kornegay E T, Lindemann M D, et al, 1995. Evaluation of copper sulfate and a copper lysine complex as growth promoters for weanling swine [J]. Journal of Animal Science, 73 (9)：2640-2646.

Atakora J K A, Moehn S, Ball R O, 2011. Enteric methane produced by finisher pigs is affected by dietary crude protein content of barley grain based, but not by corn based, diets [J]. Animal Feed Science and Technology, 166-167: 412-421.

Atakora J K A, Moehn S, Sands J S, et al, 2011. Effects of dietary crude protein and phytase-xylanase supplementation of wheat grain based diets on energy metabolism and enteric methane in growing finishing pigs [J]. Animal Feed Science and Technology, 166-167: 422-429.

Biagi G, Cipollini I, Paulicks B R, et al, 2010. Effect of tannins on growth performance and intestinal ecosystem in weaned piglets [J]. Archives of Animal Nutrition, 64 (2): 121-135.

Buff C E, Bollinger D W, Ellersieck M R, et al, 2005. Comparison of growth performance and zinc absorption, retention, and excretion in weanling pigs fed diets supplemented with zinc-polysaccharide or zinc oxide [J]. Journal of Animal Science, 83 (10): 2380-2386.

Canh T T, Sutton A L, Aarnink A J, et al, 1998. Dietary carbohydrates alter the fecal composition and pH and the ammonia emission from slurry of growing pigs [J]. Journal of Animal Science, 76 (7): 1887-1895.

Clark O G, Moehn S, Edeogu I, et al, 2005. Manipulation of dietary protein and nonstarch polysaccharide to control swine manure emissions [J]. Journal of Environmental Quality, 34 (5): 1461-1466.

Coffey R D, Cromwell G L, Monegue H J, 1994. Efficacy of a copper-lysine complex as a growth promotant for weanling pigs [J]. Journal of Animal Science, 72 (11): 2880-2886.

Cromwell G L, Lindemann M D, Monegue H J, et al, 1998. Tribasic copper chloride and copper sulfate as copper sources for weanling pigs [J]. Journal of Animal Science, 76 (1): 118-123.

Dong H, Zhu Z, Shang B, et al, 2007. Greenhouse gas emissions from swine barns of various production stages in suburban Beijing, China [J]. Atmospheric Environment, 41 (11): 2391-2399.

Eriksen J, Adamsen A P S, Nørgaard J V, et al, 2010. Emissions of sulfur-containing odorants, ammonia, and methane from pig slurry: effects of dietary methionine and benzoic acid [J]. Journal of Environmental Quality, 39 (3): 1097-1107.

Feng J, Ma W Q, Xu Z R, et al, 2007. Effects of iron glycine chelate on growth, haematological and immunological characteristics in weanling pigs [J]. Animal Feed Science and Technology, 134 (3/4): 261-272.

Feng J, Ma W Q, Xu Z R, et al, 2009. The effect of iron glycine chelate on tissue mineral levels, fecal mineral concentration, and liver antioxidant enzyme activity in weanling pigs [J]. Animal Feed Science and Technology, 150 (1/2): 106-113.

Fernandez J A, 1995. Calcium and phosphorus-metabolism in growing pigs. 1. Absorption and balance studies [J]. Livestock Production Science, 41 (3): 233-241.

Golz D I, Crenshaw T D, 1990. Interrelationships of dietary sodium, potassium and chloride on growth in young swine [J]. Journal of Animal Science, 68 (9): 2736-2747.

Guggenbuhl P, Quintana A P, Nunes C S, 2007. Comparative effects of three phytases on phosphorus and calcium digestibility in the growing pig [J]. Livestock Science, 109 (1/2/3): 258-260.

Halas D, Hansen C F, Hampson D J, et al, 2010. Effects of benzoic acid and inulin on ammonia-nitrogen excretion, plasma urea levels, and the pH in faeces and urine of weaner pigs [J]. Livestock Science, 134 (1): 243-245.

Hanni S M, Tokach M D, Goodband R D, et al, 2005. Effects of increasing calcium – to – phosphorus ratio in diets containing phytase on finishing pig growth performance [J]. The Professional Animal Scientist, 21 (1): 59 – 65.

Hansen M J, Chwalibog A, Tauson A, 2007. Influence of different fibre sources in diets for growing pigs on chemical composition of faeces and slurry and ammonia emission from slurry [J]. Animal Feed Science and Technology, 134 (3/4): 326 – 336.

Hansen M J, Nørgaard J V, Adamsen A P S, et al, 2014. Effect of reduced crude protein on ammonia, methane, and chemical odorants emitted from pig houses [J]. Livestock Science, 169: 118 – 124.

Hayes E T, Leek A, Curran T P, et al, 2004. The influence of diet crude protein level on odour and ammonia emissions from finishing pig houses [J]. Bioresource Technology, 91 (3): 309 – 315.

Heo J M, Kim J C, Hansen C F, et al, 2010. Effects of dietary protein level and zinc oxide supplementation on the incidence of post – weaning diarrhoea in weaner pigs challenged with an enterotoxigenic strain of Escherichia coli [J]. Livestock Science, 133 (1/2/3): 210 – 213.

Jarret G, Cerisuelo A, Peu P, et al, 2012. Impact of pig diets with different fibre contents on the composition of excreta and their gaseous emissions and anaerobic digestion [J]. Agriculture Ecosystems & Environment, 160: 51 – 58.

Jarret G, Martinez J, Dourmad J Y, 2011. Effect of biofuel co – products in pig diets on the excretory patterns of N and C and on the subsequent ammonia and methane emissions from pig effluent [J]. Animal, 5 (4): 622 – 631.

Jorgensen H, 2007. Methane emission by growing pigs and adult sows as influenced by fermentation [J]. Livestock Science, 109 (1/2/3): 216 – 219.

Kebreab E, Clark K, Wagner – Riddle C, et al, 2006. Methane and nitrous oxide emissions from Canadian animal agriculture: A review [J]. Canadian Journal of Animal Science, 86 (2): 135 – 158.

Kegley E B, Spears J W, Flowers W L, et al, 2002. Iron methionine as a source of iron for the neonatal pig [J]. Nutrition Research, 22: 1209 – 1217.

Kendall D C, Lemenager K M, Richert B T, et al, 1998. Effects of intact protein diets versus reduced crude protein diets supplemented with synthetic amino acids on pig performance and ammonia levels in swine buildings [J]. Journal of Animal Science, 76 (1): 173.

Kerr B J, Weber T E, Ziemer C J, et al, 2011. Effect of dietary inorganic sulfur level on growth performance, fecal composition, and measures of inflammation and sulfate – reducing bacteria in the intestine of growing pigs [J]. Journal of Animal Science, 89 (2): 426 – 437.

Kerr B J, Ziemer C J, Trabue S L, et al, 2006. Manure composition of swine as affected by dietary protein and cellulose concentrations [J]. Journal of Animal Science, 84 (6): 1584 – 1592.

Kerr B J, Ziemer C J, Weber T E, et al, 2008. Comparative sulfur analysis using thermal combustion or inductively coupled plasma methodology and mineral composition of common livestock feedstuffs [J]. Journal of Animal Science, 86 (9): 2377 – 2384.

Lauridsen C, Halekoh U, Larsen T, et al, 2010. Reproductive performance and bone status markers of gilts and lactating sows supplemented with two different forms of vitamin D [J]. Journal of Animal Science, 88 (1): 202 – 213.

le Goff G, Dubois S, van Milgen J, et al, 2002. Influence of dietary fibre level on digestive and metabolic utilisation of energy in growing and finishing pigs [J]. Animal Research, 51 (3): 245 – 259.

le Goff G, le Groumellec L, van Milgen J, et al, 2002. Digestibility and metabolic utilisation of dietary energy in adult sows: influence of addition and origin of dietary fibre [J]. British Journal of Nutrition, 87 (4): 325-335.

Le P D, Aarnink A, Ogink N, et al, 2005. Odour from animal production facilities: its relationship to diet [J]. Nutrition Research Reviews, 18 (1): 3-30.

Le P D, Aarnink A J A, Jongbloed A W, 2009. Odour and ammonia emission from pig manure as affected by dietary crude protein level [J]. Livestock Science, 121 (2/3): 267-274.

Lei X G, Ku P K, Miller E R, et al, 1993. Supplementing corn-soybean meal diets with microbial phytase linearly improves phytate phosphorus utilization by weanling pigs [J]. Journal of Animal Science, 71 (12): 3359-3367.

Liu J, Bollinger D W, Ledoux D R, et al, 1998. Lowering the dietary calcium to total phosphorus ratio increases phosphorus utilization in low-phosphorus corn-soybean meal diets supplemented with microbial phytase for growing-finishing pigs [J]. Journal Animal Science, 76 (3): 808-813.

Lynch M B, O'Shea C J, Sweeney T, et al, 2008. Effect of crude protein concentration and sugar-beet pulp on nutrient digestibility, nitrogen excretion, intestinal fermentation and manure ammonia and odour emissions from finisher pigs [J]. Animal, 2 (3): 425-434.

Lynch M B, Sweeney T, Callan J J, et al, 2007. The effect of dietary crude protein concentration and inulin supplementation on nitrogen excretion and intestinal microflora from finisher pigs [J]. Livestock Science, 109 (1/2/3): 204-207.

Misselbrook T H, Chadwick D R, Pain B F, et al, 1998. Dietary manipulation as a means of decreasing N losses and methane emissions and improving herbage N uptake following application of pig slurry to grassland [J]. Journal of Agricultural Science, 130 (2): 183-191.

Moehn S, Bertolo R F, Pencharz P B, et al, 2004. Pattern of carbon dioxide production and retention is similar in adult pigs when fed hourly, but not when fed a single meal [J]. BMC Physiology, 4 (1): 11.

Moller H B, Sommer S G, Ahring B K, 2004. Biological degradation and greenhouse gas emissions during pre-storage of liquid animal manure [J]. Journal of Environmental Quality, 33 (1): 27-36.

Mroz Z, Jongbloed A W, Kemme P A, 1994. Apparent digestibility and retention of nutrients bound to phytate complexes as influenced by microbial phytase and feeding regimen in pigs [J]. Journal of Animal Science, 72 (1): 126-132.

Nyachoti C M, Omogbenigun F O, Rademacher M, et al, 2006. Performance responses and indicators of gastrointestinal health in early-weaned pigs fed low-protein amino acid-supplemented diets [J]. Journal of Animal Science, 84 (1): 125-134.

Osada T, Takada R, Shinzato I, 2011. Potential reduction of greenhouse gas emission from swine manure by using a low-protein diet supplemented with synthetic amino acids [J]. Animal Feed Science and Technology, 166-167: 562-574.

Oshea C J, Sweeney T, Lynch M B, et al, 2010. Effect of β-glucans contained in barley- and oat-based diets and exogenous enzyme supplementation on gastrointestinal fermentation of finisher pigs and subsequent manure odor and ammonia emissions [J]. Journal of Animal Science, 88 (4): 1411-1420.

Otto E R, Yokoyama M, Hengemuehle S, et al, 2003. Ammonia, volatile fatty acids, phenolics, and odor offensiveness in manure from growing pigs fed diets reduced in protein concentration [J]. Journal of Animal Science, 81 (7): 1754-1763.

Pallauf J, Rimbach G, Pippig S, et al, 1994. Dietary effect of phytogenic phytase and an addition of microbial phytase to a diet based on field beans, wheat, peas and barley on the utilization of phosphorus, calcium, magnesium, zinc and protein in piglets [J]. Zeitschrift für Ernährungswissenschaft, 33 (2): 128-135.

Pedersen S, Blanes-Vidal V, Joergensen H, et al, 2008. Carbon dioxide production in animal houses: a literature review [J]. Agricultural Engineering International, 10: 8.

Philippe F, Laitat M, Canart B, et al, 2006. Effects of a reduction of diet crude protein content on gaseous emissions from deep - litter pens for fattening pigs [J]. Animal Research, 55 (5): 397-407.

Philippe F A, Laitat M, Canart B, et al, 2007. Comparison of ammonia and greenhouse gas emissions during the fattening of pigs, kept either on fully slatted floor or on deep litter [J]. Livestock Science, 111 (1/2): 144-152.

Philippe F X, Canart B, Laitat M, et al. Gaseous emissions from group - housed gestating sows kept on deep litter and offered an ad libitum high-fibre diet [J]. Agriculture Ecosystems & Environment, 2009, 132 (1/2): 66-73.

Philippe F X, Laitat M, Canart B, et al, 2007. Gaseous emissions during the fattening of pigs kept either on fully slatted floors or on straw flow [J]. Animal, 1 (10): 1515-1523.

Philippe F X, Laitat M, Wavreille J, et al, 2011. Ammonia and greenhouse gas emission from group - housed gestating sows depends on floor type [J]. Agriculture Ecosystems & Environment, 140 (3/4): 498-505.

Philippe F X, Nicks B, 2015. Review on greenhouse gas emissions from pig houses: production of carbon dioxide, methane and nitrous oxide by animals and manure [J]. Agriculture Ecosystems & Environment, 199: 10-25.

Philippe F X, Remience V, Dourmad J Y, et al, 2008. Food fibers in gestating sows: effects on nutrition, behaviour, performances and waste in the environment [J]. Productions Animal, 21 (3): 277-290.

Portejoie S, Dourmad J, Martinez J, et al, 2004. Effect of lowering dietary crude protein on nitrogen excretion, manure composition and ammonia emission from fattening pigs [J]. Livestock Production Science, 91 (1): 45-55.

Poulsen H D, Carlson D, Norgaard J V, et al, 2010. Phosphorus digestibility is highly influenced by phytase but slightly by calcium in growing pigs [J]. Livestock Science, 134 (1/2/3): 100-102.

Qian H, Kornegay E T, Conner D J, 1996. Adverse effects of wide calcium: phosphorus ratios on supplemental phytase efficacy for weanling pigs fed two dietary phosphorus levels [J]. Journal Animal Science, 74 (6): 1288-1297.

Revy P S, Jondreville C, Dourmad J Y, et al, 2004. Effect of zinc supplemented as either an organic or an inorganic source and of microbial phytase on zinc and other minerals utilisation by weanling pigs [J]. Animal Feed Science and Technology, 116 (1/2): 93-112.

Schrama J W, Bosch M W, Verstegen M, et al, 1998. The energetic value of nonstarch polysaccharides in relation to physical activity in group - housed, growing pigs [J]. Journal of Animal Science, 76 (12): 3016-3023.

Selle P H, Cowieson A J, Ravindran V, 2009. Consequences of calcium interactions with phytate and phytase for poultry and pigs [J]. Livestock Science, 124 (1/2/3): 126 – 141.

Selle P H, Ravindran V, 2008. Phytate – degrading enzymes in pig nutrition [J]. Livestock Science, 113 (2/3): 99 – 122.

Shriver J A, Carter S D, Sutton A L, et al, 2003. Effects of adding fiber sources to reduced – crude protein, amino acid – supplemented diets on nitrogen excretion, growth performance, and carcass traits of finishing pigs [J]. Journal of Animal Science, 81 (2): 492 – 502.

van Kempen T, Baker D H, van Heugten E, 2003. Nitrogen losses in metabolism trials [J]. Journal of Animal Science, 81 (10): 2649 – 2650.

van Milgen J, Valancogne A, Dubois S, et al, 2008. InraPorc: a model and decision support tool for the nutrition of growing pigs [J]. Animal Feed Science and Technology, 143 (1/2/3/4): 387 – 405.

van Thi K V, Prapaspongsa T, Poulsen H D, et al, 2009. Prediction of manure nitrogen and carbon output from grower – finisher pigs [J]. Animal Feed Science and Technology, 151 (1/2): 97 – 110.

Vermorel M, Jouany J P, Eugène M, et al, 2008. Evaluation quantitative des émissions de méthane entérique par les animaux d' élevage en 2007 en France [J]. INRA Prod. Anim, 21 (5): 403 – 418.

Veum T L, Carlson M S, Wu C W, et al, 2004. Copper proteinate in weanling pig diets for enhancing growth performance and reducing fecal copper excretion compared with copper sulfate [J]. Journal of Animal Science, 82 (4): 1062 – 1070.

Wang Y, Cho J H, Chen Y J, et al, 2009. The effect of probiotic BioPlus 2B ® on growth performance, dry matter and nitrogen digestibility and slurry noxious gas emission in growing pigs [J]. Livestock Science, 120 (1): 35 – 42.

Wilfart A, Montagne L, Simmins P H, et al, 2007. Sites of nutrient digestion in growing pigs: Effect of dietary fiber [J]. Journal of Animal Science, 85 (4): 976 – 983.

Wu Y X, Zhang S R, Yang Q, et al, 2010. Influence of dietary net energy content on performance of growing pigs fed low crude protein diets supplemented with crystalline amino cids [J]. Journal of Swine Health Production, 18: 294 – 300.

Yin J, Li X, Li D, et al, 2009. Dietary supplementation with zinc oxide stimulates ghrelin secretion from the stomach of young pigs [J]. The Journal of Nutritional Biochemistry, 20 (10): 783 – 790.

Young L G, Leunissen M, Atkinson J L, 1993. Addition of microbial phytase to diets of young pigs [J]. Journal of Animal Science, 71 (8): 2147 – 2150.

Zhang G J, Yi X W, Chu L C, et al, 2011. Effects of dietary net energy density and standardized ileal digestible lysine: net energy ratio on the performance and carcass characteristic of growing – finishing pigs fed low crude protein supplemented with crystalline amino acids diets [J]. Agricultural Science of China, 10: 101 – 105.

Zhang S H, Qiao S Y, Ren M, et al, 2013. Supplementation with branched – chain amino acidsto a low – protein diet regulates intestinal expressionof amino acid and peptide transporters in weanling pigs [J]. Amino Acids, 45: 1191 – 1205.

Zhou W, Kornegay E T, Vanlaar H, et al, 1994. The role of feed consumption and feed – efficiency in copper – stimulated growth [J]. Journal of Animal Science, 72 (9): 2385 – 2394.

第十章 营 养 与 健 康

营养物质是一切生命活动的物质基础,既影响动物生产潜力的发挥和生产效率,也在很大程度上决定了动物的健康状况。现代营养学和医学研究表明,合理营养可保障免疫系统健康发育和免疫功能的发挥、促进受损细胞和组织的修复、缓解各种应激对机体健康的不良影响、干预病原微生物的致病过程和结果。抗病营养(disease‑resistant nutrition)就是研究动物营养与健康之间关系的交叉领域。通过研究,揭示动物健康的营养调控规律与机制,提高动物对应激和疾病的抵抗力,降低发病率,减少药物用量,实现高效安全生产。本章综述了猪的营养与免疫、营养与应激、营养与疾病、营养与霉菌毒素的互作规律及其机制,提出了猪抗病营养需求参数。

第一节 营养与免疫

一、氨基酸与免疫

氨基酸是构成机体免疫系统的基本结构物质之一,不仅参与免疫器官的发育、免疫细胞的增殖分化,还影响细胞因子的产生和免疫应答的调节。氨基酸缺乏会导致免疫器官萎缩和免疫细胞功能障碍。合理补充氨基酸对调节动物机体的免疫功能具有积极作用。

(一)苏氨酸

苏氨酸是维持畜禽生长的必需氨基酸之一,是免疫球蛋白的重要组成成分。苏氨酸对机体免疫的影响主要体现在体液免疫,苏氨酸缺乏会抑制免疫球蛋白产生,下调B淋巴细胞功能(Li等,2007)。仔猪出生后,从母乳中摄取大量免疫球蛋白、免疫活性物质等,从而获得免疫保护,阻止外界病原对机体产生危害。

断奶仔猪饲粮中苏氨酸缺乏或过量,均可导致肠道黏膜萎缩,增加肠上皮细胞凋亡,降低黏液蛋白分泌量,从而削弱黏膜免疫屏障功能(Wang等,2007)。合理增加肠道苏氨酸供应量可增加黏液蛋白合成,促进断奶后肠黏膜功能修复(Faure等,2006;Law等,2007)。

(二) 色氨酸

色氨酸是血浆和组织中浓度较低的一种必需氨基酸，也是动物体内唯一与血清白蛋白结合的氨基酸。色氨酸被动物体分解后，产生中间代谢产物，生成自由基清除剂和抗氧化物质，参与机体的体液免疫反应。色氨酸在动物体内主要有两种分解代谢途径：一是通过吲哚胺2,3-双加氧酶途径产生犬尿酸；二是经四氢生物蝶呤依赖性色氨酸羟化酶途径分解。色氨酸对免疫功能的调节与以上两种途径及产生的代谢产物密切相关（Platten等，2005）。色氨酸代谢产物可通过时间依赖性的细胞毒性作用抑制淋巴细胞增殖，主要是抑制活化的T细胞，其次是B细胞和自然杀伤细胞（Terness等，2002）。色氨酸缺乏将影响T细胞表面受体的表达，进而影响T细胞的免疫功能（Fallarino等，2006）。

饲粮中色氨酸缺乏或不足会降低动物机体的营养水平和免疫功能，增加动物对疾病的易感性、发病率和死亡率（Wu等，2009）。猪经诱导产生肺炎后，血浆中色氨酸含量相对健康猪降低，而色氨酸是肺炎猪体内唯一受到影响的氨基酸，说明动物在患炎症或疾病时会提高对色氨酸的需要量（Melchior等，2003）。

(三) 含硫氨基酸

常见的含硫氨基酸包括蛋氨酸（甲硫氨酸）、半胱氨酸、胱氨酸三种，均具有重要的免疫调节功能。含硫氨基酸对淋巴细胞的保护作用可通过其自身及其代谢产物实现。蛋氨酸在免疫应答产生的免疫活性蛋白质中含量较高，可转变为同型半胱氨酸和胱氨酸，前者主要参与谷胱甘肽合成，形成辅酶，间接参与胞内氧自由基的解毒反应，后者浓度增加可促进T细胞、单核细胞与内皮细胞的黏附（Koga等，2002）。因此，蛋氨酸是极为重要的一种必需氨基酸，其外源补充尤为重要（Koga等，2002）。蛋氨酸在淋巴细胞转甲基过程中被消耗后，其代谢产物谷胱甘肽可通过激活与细胞增殖有关的转录因子和阻止氧化激活NF-κB途径，达到抗炎症效果（Grimble，2006）。N-乙酰半胱氨酸作为天然存在的L-半胱氨酸乙酰化的衍生物，能有效缓解脂多糖刺激对血液常规指标、血浆生化指标和血浆激素水平的负影响，促进肠黏膜生长与修复，同时改善肠道屏障功能（侯永清等，2014）。

新生仔猪饲粮中缺乏含硫氨基酸可使血浆中蛋氨酸、半胱氨酸和同型半胱氨酸、牛磺酸、总红细胞谷胱甘肽含量降低46%～85%；小肠重量、蛋白质和DNA含量降低。仔猪小肠（尤其是空肠）绒毛萎缩，杯状细胞数量减少，Ki-67阳性增殖隐窝细胞减少均与组织谷胱甘肽浓度降低有关。饲粮含硫氨基酸缺乏会上调肠道蛋氨酸循环活性，并抑制新生仔猪肠上皮细胞生长（Bauchart-Thevret等，2009）。在泌乳母猪和断奶仔猪饲粮中添加DL-蛋氨酸和DL-2-羟基-4-甲硫基丁酸（含量为25%总含硫氨基酸）均可提高血浆牛磺酸水平，仔猪空肠中氧化型谷胱甘肽含量、氧化型和还原性谷胱甘肽比值均被提高，谷胱甘肽过氧化物酶活性、空肠绒毛高度和杯状细胞数量明显增加（Li等，2014）。

(四) 精氨酸

精氨酸在大部分成年哺乳动物机体中可被合成，但其合成量不足以满足机体需要，当动物体处于饥饿、应激和快速生长状态下，机体对精氨酸需求量增加。因此，精氨酸通常被认为是条件性必需氨基酸（Ban 等，2004）。精氨酸可参与组织细胞中蛋白质、尿素、一氧化氮、谷氨酰胺和嘧啶等合成，并影响胰岛素、生长激素和胰岛素样生长因子等多种内分泌激素的释放，并通过调节分子多胺和一氧化氮实现对机体免疫功能的调节（Li 等，2007）。饲粮中添加 1%精氨酸，可显著增加生长猪血清中单核细胞数量和百分比、淋巴细胞百分比和增殖活性及 IgG 和白细胞介素-2（interleukin-2，IL-2）水平。提示适宜浓度的精氨酸可通过调节白细胞数以及免疫球蛋白和细胞因子水平增强生长猪的细胞和体液免疫，促进成年动物的免疫功能（柏美娟等，2009）。

（五）谷氨酰胺

谷氨酰胺在动物体内可由缬氨酸、谷氨酸、异亮氨酸合成。谷氨酰胺是血液循环和动物体内游离氨基酸池中含量最丰富的氨基酸，它是目前公认的具有特殊作用的免疫营养素之一。谷氨酰胺可促进淋巴细胞和巨噬细胞的有丝分裂和分化增殖，增加肿瘤坏死因子（TNF）、白细胞介素-1（IL-1）等细胞因子的产生和磷脂 mRNA 的合成，调节胞内酶代谢，促进热休克蛋白表达。同时，谷氨酰胺也是巨噬细胞的重要能量来源，其高利用率对维持和调节巨噬细胞的免疫功能尤为重要（Windle，2006）。血浆谷氨酰胺浓度的稳定有利于改善单核巨噬细胞功能，调节机体免疫紊乱（Oehler 等，2003）。在炎症创伤等条件下，肠黏膜上皮细胞内的谷氨酰胺很快耗竭，易导致肠道通透性增加，使免疫功能受损（Bevins 等，2011）。因此，谷氨酰胺对于肠道的保护作用主要表现为维持肠道屏障结构及功能（Nose 等，2010；Wang 等，2015）。

（六）其他氨基酸

其他氨基酸，如支链氨基酸，也会影响动物的免疫功能。支链氨基酸包括缬氨酸、亮氨酸和异亮氨酸，除作为机体重要的营养补充剂外，还能刺激单核细胞增殖，调节细胞因子分泌，促进 Th1 型免疫反应（Bassit 等，2002）。支链氨基酸比例失衡会导致免疫损伤。缬氨酸缺乏可导致树突状细胞分化和成熟异常（Kakazu 等，2007）。支链氨基酸尤其是异亮氨酸，可诱导肠上皮细胞中 β-防御素的表达（Mao 等，2013），并可通过 Sirtl/ERK/90RSK 信号通路促进猪肠上皮细胞防御素表达，提高肠道免疫防御功能，抵御有害微生物入侵（任曼，2014）。亮氨酸对仔猪免疫功能的影响可能存在剂量效应。饲粮中添加 1.12%亮氨酸对仔猪免疫功能无不良影响，但亮氨酸含量为 1.56%时则对仔猪免疫功能有负面影响（Gatnau 等，1995）。

二、必需脂肪酸与免疫

必需脂肪酸（EFA）主要包括 ω-3 脂肪酸和 ω-6 脂肪酸。ω-3 脂肪酸包括亚麻酸（LNA）、二十碳五烯酸（EPA）和二十二碳六烯酸（DHA），ω-6 脂肪酸包括亚油酸、共轭亚油酸（CLA）和花生四烯酸（ARA）。研究表明，EFA 具有调节细胞吞噬、细胞因子产生和白细胞迁移的作用，也干预巨噬细胞的抗体表达（Pompeia 等，2000）。饲粮中的 EFA 是二十烷类的前体。衍生于花生四烯酸的二十烷类中的前列腺素 E2 具有免疫抑制作用。脂肪酸可作为第二信使、信号转导调节剂或转录因子。长链多不饱和脂肪酸和它们的代谢产物能激活过氧化物酶体增殖物激活受体（PPARs），参与调节免疫和炎症反应（郭金枝等，2012）。

CLA是目前发现的与动物机体免疫功能关系最为密切的一类必需脂肪酸，可影响细胞与体液免疫功能。CLA对机体细胞免疫的影响主要通过调节淋巴细胞数量来实现。断奶仔猪饲粮中添加0.5%和1.0%的CLA可提高血清T淋巴细胞亚群$CD3^+$和$CD8^+$的数量，以及淋巴细胞转化率（邹书通等，2006）。CLA可降低早期断奶仔猪因肠炎引起的肠道黏膜损伤，维持细胞因子（干扰素-γ和IL-10等）和淋巴细胞亚群（$CD4^+$和$CD8^+$等）与健康猪相似的水平，增强过氧化物酶体增殖物激活受体-γ（PPAR-γ）mRNA的表达，从而缓解仔猪生长性能的下降（Hontecillas等，2002）。断奶仔猪饲粮中添加1.0%、2.0%的CLA均可显著提高断奶仔猪IgM水平、T淋巴细胞转化率、$CD4^+$及$CD4^+/CD8^+$比例（王菊花等，2006）。但有研究表明，仔猪饲粮中添加CLA后42 d才出现$CD8^+$的大幅提高，因此这种免疫力的增强不能保护仔猪在0～42 d内遭受病原的攻击（Bassaganya等，2001）。

CLA能通过增加抗体合成促进体液免疫。饲粮添加0.5%和1% CLA均可提高断奶仔猪血清中IgG、IgA和IgM的含量（Corino等，2002）。怀孕后期和哺乳期母猪饲粮中添加0.5% CLA，其后代无论是否补饲CLA，血清中IgG和溶菌酶活性均提高，提示母乳中CLA可直接提高仔猪免疫力（Bontempo等，2004），同时CLA也可增强早期断奶仔猪的淋巴细胞转化率和抗卵清蛋白抗体水平（赖长华等，2005）。

CLA能通过对细胞因子的调控实现对机体免疫功能的影响，并具有结构特异性。n-3PUFA可结合到单核细胞膜上，在较长的时间内影响单核细胞分泌致炎因子；n-6PUFA则只抑制IL-6的分泌。CLA能降低IL-2的生成量，且CLA对细胞因子的调节作用与饲料中的n-6/n-3脂肪酸的含量（7.3∶1或1.8∶1）有关。在早期断奶仔猪饲粮中添加CLA，可有效提高血清急性炎症反应物α-酰基甘油蛋白（α-1-AGP）水平（Bassaganya等，2001）。CLA可降低由脂多糖（LPS）刺激诱导的血浆IL-6、TNF-α和α-1-AGP含量的升高（赖长华等，2005）。

三、碳水化合物与免疫

（一）寡糖

寡糖是由2～10个单糖通过糖苷键连接的小聚合体，内源消化酶对大部分寡糖消化率较差，其消化吸收主要发生在后肠。寡糖可以与外源抗原如病毒、毒素等的表面特异性结合，作为免疫佐剂增强对肠黏膜的免疫刺激，提高肠道免疫能力（Sharon，1993）。多数寡糖均可促进机体肠道内益生菌繁殖，黏附外源性病原菌，调节机体免疫功能。

甘露寡糖是应用最广泛的寡糖之一，其与病原菌在肠壁上的受体结构非常相似，并与病原菌细胞膜表面的类丁质结构有很强的结合力，可竞争性地与病原菌结合，使病原菌无法结合到肠黏膜上，从而失去致病能力。饲粮中添加0.1%、0.2%和0.3%的半乳甘露寡糖（含20%半乳糖和15%甘露糖）可使断奶仔猪血液中IgA和IgM水平线性增加，0.3%半乳甘露寡糖可改善由林可霉素导致的仔猪回肠和结肠菌群多样性的减少

（Wang 等，2010）。饲粮添加 0.3%甘露寡糖可降低仔猪腹泻频率，提高血液中 CD3 淋巴细胞和 IgG 含量，以及血清 SOD、PSH-PX 活性，降低盲肠和结肠内容物大肠杆菌浓度，同时提高盲肠乳酸杆菌和双歧杆菌浓度（岳文斌等，2002）。但也有研究发现，断奶仔猪饲粮中添加 0.1%甘露寡糖可降低仔猪腹泻率，但对外周血中 IgG、白细胞和淋巴细胞数量无影响（Zhao 等，2012）。

果寡糖可调节动物肠道菌群平衡，促进有益微生物的生长。果寡糖可提高仔猪肠道中双歧杆菌数量，且在停止添加果寡糖后一段时间双歧杆菌数量维持在较高水平（Bird 等，2009）。新生仔猪（48 h 内）灌服浓度为 10 g/L 的短链果寡糖可增加回肠黏膜重量和回肠蛋白质含量，提高肠绒毛高度，促进肠上皮细胞增殖（Barnes 等，2012）。怀孕和泌乳母猪饲粮中添加短链果寡糖（10 g/d）可促进其 21 日龄仔猪肠道淋巴集结中 IFNγ 和 IgA 的分泌，且与辅助性 T 淋巴细胞 $CD4^+$ 和 $CD25^+$、$CD4α^+$ T 细胞活性的增强有关（le Bourgot 等，2014）。

壳寡糖可通过促进机体抗体形成，增殖肠道益生菌，清除自由基等途径调节机体免疫功能。饲粮中添加 3 mg/kg 壳寡糖可减少断奶仔猪肠道中大肠杆菌数量，壳寡糖与 δ-氨基乙酰丙酸联用可提高仔猪血清中 IgG 含量（Wang 等，2010）。妊娠后期母猪饲粮中添加 300 mg/kg 壳寡糖可提高母猪血液中总超氧化物歧化酶活性，提高新生仔猪血液中谷胱甘肽过氧化物酶和过氧化氢酶活性，以及仔猪回肠过氧化氢酶 CAT 和空肠谷胱甘肽过氧化物酶 4（GPx4）的相对表达量（龙次民等，2015），显著缓解环磷酰胺免疫抑制 3 h 后单核细胞数及 48 h 后 TNF-α 含量的降低（张玲等，2013）。妊娠母猪饲粮中添加壳寡糖能改善胎儿胎盘先天性免疫反应（骆光波等，2014），母猪和仔猪饲粮中同时添加壳寡糖对仔猪生产性能及免疫力的改善效果最好（田刚等，2012）。

其他寡糖如饲粮添加 0.2%和 0.3%的纤维寡糖可提高生长猪结肠中双歧杆菌和乳酸杆菌数量，增加结肠上皮细胞跨膜电阻，降低肠上皮对荧光素异硫氰酸酯-葡聚糖的通透性，从而改善结肠黏膜屏障功能（徐露蓉等，2013）。

（二）多糖

多糖又称多聚糖，是由 10 个以上的单糖通过糖苷键聚合而成的天然高分子化合物。多糖具有促进动物免疫力、抗菌、抗病毒、抗炎等多种生物学功能。多糖来源广泛、种类多，可通过促进抗体合成、调节细胞因子水平、提高机体抗氧化能力来影响机体免疫功能。

饲粮添加银耳多糖可提高生长猪淋巴细胞转化率和血清 IL-2 浓度（文敏等，2010）。断奶仔猪饲粮中添加 0.04%、0.08%、0.12%和 0.16%的熟地黄多糖均能降低血清丙二醛含量，提高谷胱甘肽过氧化物酶和超氧化物歧化酶活性，且存在剂量效应。0.04%熟地黄多糖可降低仔猪血清乳酸含量，0.12%熟地黄多糖可提高血清白蛋白和总蛋白含量，0.16%熟地黄多糖可提高血清溶菌酶活性，综合各类指标，奶仔猪饲粮中添加 0.12%的熟地黄多糖效果最好（杨兵等，2012）。饲粮添加 0.1%酵母细胞壁和 1.9%铝硅酸盐复合物，可提高生长猪血清中谷胱甘肽过氧化物酶活性及补体 3、IgM、IgA、IgG 水平（张勇等，2012）。牛膝多糖能激活单核细胞，增强其吞噬作用和胞内溶酶体含量，诱导其表达 TNF-a 和 IL-6（宁勇等，2005）。

四、微量元素与免疫

(一) 锌

锌是胸腺嘧啶核苷激酶、DNA 聚合酶、RNA 聚合酶和超氧化物歧化酶的重要组成成分，与巨噬细胞膜 ATP 酶、吞噬细胞中 NADPH 氧化酶等的活性有关。锌能显著影响胸腺、淋巴细胞中 T 细胞的发育以及白细胞对病原微生物的吞食和杀灭作用。

缺锌抑制淋巴细胞增殖，降低淋巴细胞对丝裂原和特异性抗原的反应，改变 B 细胞功能，减少抗体产生。锌还可增强 NK 细胞活性和胸腺细胞对 IL-1 增殖作用的反应。缺锌可诱发猪胃肠炎发生、消化不良、有害菌滋生、毒素分泌增加，降低饲粮养分利用，临床上表现为腹泻、食欲下降、采食量降低，同时影响血清中的锌、碱性磷酸酶和白蛋白的水平。

高剂量氧化锌可减少仔猪断奶后腹泻，提高生长速度。教槽料添加 3 000 mg/kg 的氧化锌，持续 14 d，可降低仔猪断奶后腹泻率，并提高体增重（陈亮，2008）。玉米-豆粕型饲粮中添加 2 000～4 000 mg/kg 碳酸锌来源的锌，可导致生长猪出现锌中毒，表现为嗜睡、关节炎、腋下出血、胃炎和死亡（唐萍，2006），但给生长猪饲喂 2 000～4 000 mg/kg 氧化锌来源的锌不会出现中毒症状。可见，锌的毒性取决于锌的来源、饲粮锌的水平及饲喂持续时间。猪对饲粮锌的最大耐受量为 1 000 mg/kg，氮氧化锌可以更高水平并持续数周。锌过量可导致猪胸腺、骨髓及脾脏的 T、B 淋巴细胞内 DNA、RNA 和蛋白质含量下降，降低细胞增殖力，使外周血粒细胞、腹腔巨噬细胞吞噬能力下降（李柯锦，2012）。

(二) 铜

铜作为猪体内一系列酶的辅基（如超氧化物歧化酶、细胞色素 C 氧化酶和血浆铜蓝蛋白），在调节机体免疫功能方面起重要作用。这些酶组成机体的防御系统，增加细胞抗炎症和抗氧化能力。铜对机体细胞免疫、体液免疫、抗感染及抗肿瘤等都有不同程度的影响。缺铜影响动物免疫器官发育、免疫功能受损，具体表现为胸腺萎缩、免疫细胞活性降低及对丝裂原应答反应降低、抗体合成受损和抗体效价降低。

生长猪饲喂 100～250 mg/kg（按饲粮计）的来自硫酸铜的铜可促进生长，其作用不依赖于其他抗菌促生长剂，且有加性效应。饲粮高铜的促生长作用一直被认为与其抗菌作用有关，但抗菌作用并非高剂量硫酸铜促生长作用的全部机制。给仔猪隔天静脉注射组氨酸铜，持续 18 d，可提高仔猪的体增重（梅绍峰，2009）。饲粮含 175～250 mg/kg 的铜可影响下丘脑食欲调节基因的 mRNA 表达丰度。饲粮含 250 mg/kg 的铜可刺激断奶仔猪脂肪酶和磷脂酶 A 的活性，从而提高饲粮脂肪的消化率（王继华，2013）。猪饲粮铜的最大安全量为 250 mg/kg。

(三) 铁

铁是体内多种酶类和血红蛋白的构成成分，铁缺乏或过量都会引起免疫系统的损伤。在细菌或病毒感染初期，血清铁含量下降，而当猪机体恢复健康时，血清铁含量迅

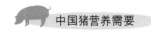

速回升。

铁对体液免疫的影响不明显,严重缺铁不影响血浆 IgG 水平。铁缺乏明显影响细胞免疫功能,细胞免疫和淋巴细胞转化受损,巨噬细胞游走抑制因子减少。缺铁可干扰含铁酶的作用,使吞噬细胞活性受损。缺铁性贫血使外周淋巴细胞对各种致分裂原或抗原的反应下降。妊娠期和哺乳期缺铁可导致新生仔猪较长时间的体液免疫受损,缺铁易促使中性粒细胞杀菌能力下降。

铁过量会抑制白细胞杀菌活性,降低运铁蛋白和乳铁蛋白的抑菌作用,增加感染的发生率和严重性(Thom 等,2012)。3~10 日龄仔猪口服硫酸亚铁来源的铁,中毒剂量大约为 600 mg/kg(按体重计)(张丽琛,2013)。

(四)硒

硒对机体免疫功能有重要影响,但其作用机理尚需深入研究。目前提出可能机制有:硒的免疫效应与硒对自由基的清除效应有关。硒通过调节细胞中琉基化合物的存在方式(如使其以还原态琉基存在或以二硫键存在)来调节免疫细胞的增殖和分化,影响免疫应答水平;通过激活淋巴细胞的一些酶体系而增强淋巴细胞的抑癌能力;硒可刺激机体产生抗体,提高血清杀菌活性,增强机体合成 IgG、IgM 等抗体的能力。

缺硒可对免疫细胞的膜结构产生影响,导致氧化损伤,使与膜相关的免疫功能下降,猪体内抗体水平降低,体液免疫受限制,血清中 IgG、IgM 和 IgA 的含量降低。添加外源硒能提高动物的体液免疫力,通常有机硒的效果好于无机硒。缺硒动物的 T 淋巴细胞和 NK 细胞在体外杀伤癌细胞的能力下降,补硒有助于淋巴细胞的杀伤功能恢复。饲粮添加硒可增强淋巴细胞表面酸性磷酸酶(ACP)和碱性磷酸酶(AKP)活性,促进淋巴细胞自身代谢、吞噬、吞饮、转化能力及蛋白质和核酸的合成。

猪饲粮中硒和维生素 E 对免疫系统的作用具有加和效应(史清河,2009)。生长猪饲粮添加低于 5 mg/kg 来源于亚硒酸钠、硒酸钠、蛋氨酸硒或含硒玉米的硒都不会产生毒性反应,但高于 5 mg/kg 会引起中毒,且亚硒酸钠比酵母硒产生的中毒症状更快更严重(张江,2015)。猪饲粮硒的最大安全剂量为 5 mg/kg。

(五)其他微量元素

一定剂量的锰会刺激免疫器官的细胞增殖,从而增强细胞免疫功能。锰还增加体内干扰素(INF)的产生,从而增强巨噬细胞的吞噬能力。低剂量锰是淋巴细胞增殖过程中的必需元素。高剂量锰可与钙发生竞争,抑制细胞增殖。研究发现,锰可以选择性影响 T 细胞增殖反应,而对 B 细胞增殖反应影响不大。猪饲粮锰的最大安全剂量为 400 mg/kg。

铬具有抗应激和提高免疫力的作用。应激可增加血清皮质醇含量,铬可抵抗皮质醇(酮)对免疫的抑制作用。饲粮补充铬,可减少动物因应激而导致与细胞分裂和分泌有关的微量元素锌、铁、铜、锰的损失。铬缺乏主要发生在应激机体贮备耗竭的动物,因应激导致葡萄糖代谢增加,铬动员也增加,被动员的铬不能重新被利用而从尿中排出。

锗能增强 B 淋巴细胞产生抗体的能力,活化 NK 细胞和巨噬细胞,对刺激外周血产生 IL-2 也有一定的提升作用。

五、维生素与免疫

(一) 维生素 A

维生素 A 作为"抗感染维生素",发挥重要的免疫调节作用。维生素 A 对动物的抗感染能力、细胞因子及相关基因表达水平的影响十分明显。维生素 A 参与细胞免疫过程,能增强 T 细胞的抗原特异性反应、细胞免疫信号传导和抗原识别能力。维生素 A 可以起到有丝分裂原作用,刺激 IL-2 和干扰素的分泌,诱导淋巴细胞增殖。维生素 A 可促进巨噬细胞处理抗原,或直接作用于 B 细胞参与抗体的合成。此外,生理浓度的维生素 A 能有效促进 T 细胞增殖。不同形式的维生素 A 产生免疫效应的途径不同。视黄醇通过 B 淋巴细胞的介导来增加免疫球蛋白的合成;视黄酸可介导 T 淋巴细胞产生淋巴因子并促进免疫球蛋白的合成;胡萝卜素则通过增强脾细胞增殖反应和巨噬细胞产生细胞毒因子,以及抑制肿瘤细胞转移来促进免疫功能。维生素 A 可降低自由基、单线态氧等反应活性,从而调节免疫功能。维生素 A 还可诱导猪防御素基因 pBD-1、pBD-3 表达(陈金永,2010)。

维生素 A 缺乏可导致 NK 细胞功能下降,削弱巨噬细胞的吞噬和杀菌作用;还可改变对 T 细胞依赖的抗原抗体反应,抑制 IgA、IgG 和 IgE 的反应,但可增强 IgG 对病毒性感染的反应。以生产性能为指标,仔猪(4~9 kg)饲粮维生素 A 的最适添加量为 2 200 IU/kg,生长猪(22~50 kg)饲粮维生素 A 的最适添加量为 1 300 IU/kg;以免疫功能为指标,仔猪(4~9 kg)饲粮维生素 A 的适宜添加量为 5 500~11 000 IU/kg。

小猪饲粮中添加视黄醇棕榈酸酯 605 mg/kg、484 mg/kg、363 mg/kg 或 242 mg/kg,发现分别在饲喂后 16 d、17.5 d、32 d 和 43 d 出现维生素 A 中毒症状(Anastasia 等,2013)。但给猪连续 8 周饲喂含 121 mg/kg 视黄醇棕榈酸酯的饲粮,并未出现中毒症状。生长猪与种猪维生素 A 的安全上限水平分别是 20 000 IU/kg(按饲粮计)和 40 000 IU/kg(按饲粮计)。

(二) 维生素 D

维生素 D 对免疫系统的影响主要由细胞内特异性 1,25-$(OH)_2D_3$ 受体(VDR)所调控。由于淋巴细胞和单核细胞是 1,25-$(OH)_2D_3$ 的靶细胞,维生素 D 可调节两类细胞的增殖与分化以及由免疫器官向外周血的转移。此外,维生素 D 通过调节 IL-1、IL-2、IL-3、γ-干扰素(IFN-γ)、肿瘤坏死因子-α 及免疫球蛋白修饰免疫反应。其免疫机制在于:维生素 D_3 通过激活相应 Toll 样受体,诱导关键酶 1α 羟化酶(Cyp27B1)基因表达,形成 1,25-$(OH)_2D_3$,再激活维生素 D 受体,进而调节免疫功能。维生素 D 还具有一定的抗病毒功能,其机制与调节猪体内 RIG-Ⅰ、IPS-1 和 TLR3 的表达有关,且 RIG-Ⅰ信号途径是其实现抗病毒作用的信号转导通路之一(赵叶,2013)。

当血液中 1,25-$(OH)_2D_3$ 水平很高或很低时,都会出现免疫抑制,但不同浓度下引起免疫抑制的机制不同。当血液中维生素 D 浓度很高时,通过刺激产生 TGFβ-1 和 IL-4,可抑制炎性 T 细胞的活性。当血液中维生素 D 浓度很低时,一方面引起低血钙，影响依赖于钙的免疫抑制效果；另一方面，通过抑制表达 VDR 的 T 细胞增殖，导致 $CD4^+/CD8^+$ 下降（Konowalchuk 等，2013）。研究表明，$1,25-(OH)_2D_3$ 可以提高仔猪对植物凝集素（PHA）刺激的免疫应答反应（Engedal 等，2011）。为了促进生长猪免疫应答反应，饲粮维生素 D 的含量应不低于 200 IU/kg。繁殖母猪饲粮的维生素 D 推荐添加量为 1 400IU/kg。

断奶仔猪连续 4 周每日口服 6 250 μg 的维生素 D_3 可导致维生素 D 中毒。维生素 D_3 毒性高于维生素 D_2。长期饲喂超过 60 d，生长猪的维生素 D_3 最大安全剂量为 2 200 IU/kg（按饲粮计）；短期饲喂少于 60 d，最高可耐受剂量为 33 000 IU/kg（按饲粮计）（王继华等，2013）。

（三）维生素 C

维生素 C 对抑制细胞内外的自由基反应，维持免疫系统结构和功能的完整性有重要作用。白细胞中维生素 C 含量大约是血清中的 150 倍。维生素 C 能刺激猪体内白细胞的产生，促进抗体的合成，提高机体对多种传染病的抵抗力。嗜中性白细胞和单核细胞中维生素 C 含量均很高。维生素 C 能增强嗜中性白细胞的趋化特性。维生素 C 可限制肾上腺类固醇激素生成过多，从而促进免疫。猪免疫接种时，在饲料中添加适量维生素 C，有利于提高免疫效果。猪患病后的恢复期，在饲料中添加 0.02% 的维生素 C，能改善猪的营养代谢，增强抗病力。

维生素 C 缺乏会抑制细胞免疫反应和杀菌力，但不影响抗体产量。限制采食量处于应激条件下的动物，需要在饲粮中添加维生素 C。然而，由于有关维生素 C 添加发挥有益作用的条件尚未很好确定，而且具有短暂需要的特点，因此，目前还未能给出猪维生素 C 需要量的估测值。

（四）其他维生素

维生素 E 作为细胞内抗氧化剂，不仅能稳定多不饱和脂肪酸以及合成与分解代谢的中间产物不被氧化破坏，而且影响花生四烯酸的代谢和前列腺素（PGE）的功能。维生素 E 通过抑制前列腺素-2 和皮质酮的生物合成促进体液、细胞免疫和细胞吞噬作用以及提高 IL-2 含量来增强机体的整体免疫机能。当机体缺乏维生素 E 时，脂质过氧化反应产生的自由基可导致细胞膜流动性发生改变，造成淋巴细胞膜受体分布发生变化，进而影响淋巴细胞对抗原的识别与结合能力。维生素 E 对免疫的促进作用具有显著的剂量效应关系，但关于维生素 E 促进猪免疫应答的最佳添加量还没有定论。一般认为，在饲粮中添加推荐量 2~10 倍的维生素 E 可显著增加试验条件和生产条件下动物体内的体液免疫和细胞免疫应答以及吞噬细胞的功能及抗病能力。饲粮中添加高水平维生素 E 可提高猪免疫反应，且维生素 C、谷氨酰胺和硒具有协同效应。然而使用低于 NRC（2012）推荐的最低维生素 E 剂量却同样可以使猪达到最佳免疫应答状态。不同类型的维生素 E 对猪的免疫应答作用不同。饲粮中添加 136 IU/kg 的合成型维生素 E（DL-α-生育酚）可增加母猪妊娠期间的免疫应答，但在仔猪饲粮中添加天然维生素 E（D-α-生育酚）并未发现仔猪血清中免疫球蛋白水平发生变化（Amazan 等，2014）。目前尚未证实维生素 E 对猪的毒性。给生长猪饲喂含 550 mg/kg 维生素 E 的饲粮，未出现毒性反应。从有限的数据中可知猪对维生素 E 的最大耐受量为 1 000~2 000 IU/kg（按饲粮计）。

叶酸与机体免疫系统的发育和机能的发挥密切相关。猪体内的叶酸水平会影响免疫细胞的增殖和凋亡，也会影响免疫分子的表达，从而对机体抗病力发挥重要作用。叶酸严重缺乏时，胸腺重量和胸腺细胞数量迅速降低，总淋巴细胞数量以及抑制性 T 细胞比例和数量也降低，辅助性 T 细胞比例大受影响，脾脏 T 细胞比例略有降低而且功能发生变化，总淋巴细胞比例略有降低。叶酸中等程度缺乏，胸腺 T 细胞比例和数量略有降低，脾淋巴细胞对 T 细胞丝裂原［如植物血细胞凝集素和刀豆球蛋白 A （ConA）］的反应性发生变化。目前的生产中，通常在仔猪饲粮中补充 1~6 mg/kg 的叶酸，远高于 NRC 的推荐量。而断奶仔猪饲粮中叶酸的适宜添加量仍有争议。断奶前仔猪机体的叶酸水平受乳源的影响，并随断奶而显著下降。提高断奶前后仔猪饲粮的叶酸供给量会影响其免疫功能，这对提高仔猪抗病力和生产性能有积极意义。药理剂量的叶酸能够被仔猪吸收入血，并改变细胞叶酸含量，提示在断奶仔猪饲粮中添加高剂量叶酸对促进仔猪免疫机能有意义。

维生素 B_6 可在一定程度上阻断 Ca^{2+}，抑制细胞凋亡；维生素 B_6 的辅酶形式 5′-磷酸吡多醛（PLP）可以显著降低胞内外糖皮质激素受体复合物的热稳定性；维生素 B_6 的类似物 B6PR 具有抗氧化、保护细胞、激活免疫调节系统、抑制细胞氧化损伤和凋亡等。维生素 B_6 缺乏会导致核酸合成减少，进而影响淋巴细胞的增殖分化；维生素 B_6 缺乏时，淋巴细胞的成熟、增殖及细胞活性均受到抑制，胸腺萎缩，淋巴细胞分化成熟机能改变，迟发型超敏反应强度减弱，抗体的生成也间接受到损伤。

核黄素在体内以黄素单核苷酸（辅酶 FMN）和黄素腺嘌呤二核苷酸（FAD）形式参与氧化还原反应，可以刺激免疫器官发育和异嗜性白细胞产生，增强抗感染能力和抗体生成。核黄素缺乏时，机体黏膜完整性受损，屏障作用破坏，黏液分泌减少，抵抗微生物侵袭能力降低，谷胱甘肽还原酶活性降低，生物膜中不饱和脂肪酸发生氧化。

生物素可提高细胞免疫强度、免疫球蛋白及细胞因子水平，有利于圆环病毒-2（PCV-2）引起的淋巴组织损伤的修复。生物素通过在基因水平影响 IL-2 和 IFN-γ，进而影响它们在各免疫器官中的翻译和合成，并通过 IL-2 和 IFN-γ 基因表达的合成产物来实现对动物机体的免疫调节。无 PCV-2 感染情况下，断奶仔猪玉米-豆粕型饲粮中添加生物素 0.20 mg/kg 即可满足免疫功能和正常生长的需要，但在 PCV-2 感染或免疫抑制时，仔猪对生物素的需要量增加（Kim 等，2012）。玉米-豆粕型饲粮中添加 0.30 mg/kg 的生物素能较好提高仔猪部分免疫功能，促进 IL-2 和 IFN-γ 在脾脏和腹股沟淋巴的翻译和合成，增强仔猪免疫调节功能（陈宏，2008）。

第二节　营养与肠道健康

肠道不仅在营养物质的消化和吸收中发挥着重要作用，而且是机体的重要免疫屏障。肠道健康决定着动物的整体健康，肠道结构的完整性和功能的正常发挥均需要通过获取各种营养物质来维持。因此，营养与肠道健康关系十分密切。

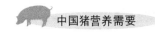

一、营养对断奶仔猪肠道全基因表达谱的影响

孙云子（2009）利用基因芯片技术研究表明，断奶仔猪饲喂全植物蛋白质饲粮与用乳源蛋白质替代 30%总蛋白质的饲粮，肠道基因表达谱存在显著差异，添加乳源蛋白质可提高细胞内钙离子浓度、增强对营养刺激的反应、正向调节平滑肌收缩及外皮细胞的生长等生物学过程，PPAR 信号通路、氨基糖代谢、T 细胞受体信号通路及脂肪代谢等通路存在明显差异，表明乳蛋白质有利于肠道功能和健康。

二、宫内发育迟缓与新生期营养

宫内发育迟缓（IUGR）显著抑制哺乳动物消化道的生长发育。从形态学上研究发现，IUGR 显著降低仔猪小肠重，并促进隐窝细胞增殖。从酶学上研究表明，IUGR 猪乳糖酶、麦芽糖酶、蔗糖酶活性降低。车炼强等（2009）采用全肠营养（TEN）和肠外营养（TPN）两种方式分别供给 IUGR 仔猪和正常体重（NBW）仔猪养分，发现 TEN 的 IUGR 仔猪消化道生长发育与 NBW 仔猪无显著差异，甚至有较好的适应肠内营养现象。相比于仅 TEN 喂养 2 d 的仔猪，TPN 介入后所有仔猪微生物黏附增加且有向绒毛深处及隐窝嵌入的趋势，坏死性肠炎（NEC）发生率明显升高。而不同的营养成分对仔猪消化道发育也有显著的影响。研究显示，无论初生体重高低（即 NBW 或 IUGR），与配方乳饲喂相比，初乳可显著提高仔猪肠黏膜重比例（+20%）、绒毛高度（+40%～46%）和消化酶（氨基肽酶 A、氨基肽酶 N、二肽酰肽酶 IV 和麦芽糖酶）活性，肠黏膜微生物黏附局限于肠黏膜表面。说明初乳较配方乳更能促进仔猪消化道发育，增强消化道消化酶的活性，阻止病原微生物黏附，降低 NEC 发生率。

此外，饲粮含 0.6%精氨酸具有改善 IUGR 仔猪生长性能、小肠和黏膜重量、空肠和回肠绒毛高度，上调仔猪小肠黏膜中磷酸化 Akt 和 mTOR 表达量，降低半胱天冬酶-3 活性的作用（Wang 等，2012）。在母猪饲粮中添加 1%精氨酸，能提高 7 日龄及 21 日龄 IUGR 仔猪小肠黏膜上皮肥大细胞和杯状细胞的数量，从而改善 IUGR 仔猪肠道免疫机能（寇涛等，2014）。

三、饲粮养分与肠道健康

大量研究已证实，不同饲粮蛋白质水平影响仔猪肠道健康和生产性能，相同蛋白质水平的不同蛋白质源也会影响仔猪的生产性能和健康（van Heugten 等，1994）。研究表明，不同蛋白质来源对前肠段（十二指肠、空肠、回肠）食糜的总细菌数量无影响，但影响仔猪大肠微生物菌群结构和食糜中乙酸、丙酸、丁酸比例。饲喂酪蛋白饲粮的结肠乙酸、丙酸含量最高，大豆分离蛋白组的盲肠和结肠的丙酸含量又高于玉米醇溶蛋白质组。酪蛋白显著增加后肠段（盲肠和结肠）食糜的总细菌和乳酸杆菌数量，并增加乳酸杆菌数占细菌总数的比值，大豆分离蛋白组盲肠和结肠食糜的乳酸杆菌数和乳酸杆菌数占细菌总数的比值又高于玉米醇溶蛋白质组（亓宏伟，2011）。

不同来源淀粉由于直链与支链的结构差异，在小肠的消化率明显不同，进入大肠的数量和结构也存在差异，从而影响肠道微生物结构和代谢。研究表明，豌豆淀粉饲粮显著影响后肠段（盲肠和结肠）食糜的总细菌数，增加双歧杆菌、乳酸杆菌、芽孢杆菌的数量及其占总细菌的比例；显著降低食糜中大肠杆菌的数量。木薯淀粉饲粮则与豌豆淀粉饲粮作用相反。与之相比较，玉米淀粉饲粮和小麦淀粉饲粮对仔猪肠道微生物数量影响较小且差异不显著。差异的原因与淀粉结构有关，豌豆淀粉中直链淀粉比例最高，木薯淀粉中直链淀粉比例最低，而玉米淀粉和小麦淀粉的比例居中且差异不明显（相振田，2011）。

纤维水平及其来源明显影响猪肠道屏障功能。一系列的研究表明，饲粮适宜水平纤维能改变猪生产性能和肠道健康，且不同纤维来源对不同生产阶段的影响具有差异性；仔猪阶段，小麦麸纤维和豌豆纤维通过改善肠道黏膜屏障功能的相关基因以及肠道屏障因子，进而改善肠道健康；育肥阶段，豌豆纤维可以通过改变肠道转录组相关的基因表达，改善肠道健康；作为小麦麸主要的多聚糖组成成分，阿拉伯木聚糖对小麦麸促进肠道黏膜屏障功能的作用要强于纤维素（陈洪等，2012；尹佳等，2012）。

脂肪的促生长作用与其改善消化生理功能、调节肠道微生态环境有关，脂肪来源不同其影响也不同。仔猪上的研究结果证明椰子油的使用效果优于大豆油和鱼油（刘忠臣，2011）。

四、非营养性添加剂与肠道健康

研究表明，大部分添加剂的功效均与改善肠道健康有关。低聚糖、酸化剂和酶制剂均可增加肠道乳酸杆菌的数量，抑制大肠杆菌的繁殖，从而改变肠道菌群的结构。0.5%的乳酸宝能替代 10 mg/kg 的黄霉素并显著降低仔猪的腹泻指数。饲粮中添加 5 mg/kg 或 20 mg/kg 剂量的恩拉霉素能显著提高仔猪生产性能，抑制乳酸杆菌和大肠杆菌的繁殖，降低细菌总数，高剂量（80 mg/kg，按饲粮计）的恩拉霉素则显著降低仔猪生产性能。饲粮中添加 0.3%的丁酸钠可提高断奶仔猪前两周的生产性能，减缓断奶应激和轮状病毒引起的应激，其机理在于改善仔猪肠道发育和微生物菌群结构，调控机体的细胞免疫和体液免疫，增强机体对疾病的抵抗能力。高剂量的铜（175 mg/kg、250 mg/kg，按饲粮计）具有促进仔猪生长、降低断奶仔猪腹泻的作用，研究表明其主要是通过增加小肠绒毛高度、降低小肠隐窝深度、提高仔猪对养分的消化率、增加挥发性脂肪酸的含量、抑制肠道微生物（包括有害微生物和有益微生物）的繁殖，并降低盲肠微生物的多样性（陈洪，2009）。

五、饲料加工调制与肠道健康

饲料加工处理的方式及饲喂的方法不同，对仔猪生产性能和健康影响不同。与普通豆粕相比，酶解豆粕显著降低了断奶仔猪腹泻指数和胃内容物的 pH，并提高仔猪对粗蛋白质、能量的消化和利用率（何中山，2004）。与饲喂粉料相比，颗粒料可明显增加仔猪日增重和日均采食量、肝脏的相对重量、小肠胰蛋白酶活性和小肠绒毛高度。与固态料相比，液态料显著增加仔猪断奶后 14 d 平均日采食量（280 g 与 360 g）和日增重（146 g 与 196 g）、饲粮中蛋白质的消化率和小肠绒毛高度，并降低仔猪腹泻率（唐仁勇，2004）。

第三节 营养与应激

一、营养与热应激

(一) 热应激对营养代谢的影响

热应激导致饲料采食量降低、营养摄入不足，可以作为解释生长猪生产性能降低的主要原因，但是热应激的直接效应可能是改变了组织合成的层次结构（余进，2010）。热应激对蛋白质沉积有直接的负面效应，而且影响蛋白质沉积和脂肪沉积的能量分配（Victoria 等，2015）。猪饲养在高温条件下肌肉量降低，脂肪组织增加（Lidan 等，2015）。长期热应激导致猪脂肪沉积增强，且呈现出外层脂肪向内层脂肪转移的趋势，以降低外层脂肪的隔热性，从而适应高温环境。高温抑制猪背脂、肾周脂肪和肝脏中脂肪酸的从头合成，增强脂肪组织对血浆脂蛋白的摄取和利用，促进猪脂肪的沉积；可能抑制骨骼肌脂肪酸氧化供能，使血浆游离脂肪酸（FFA）浓度升高，有利于 FFA 在肝脏中重新合成为甘油三酯（TG），以极低密度脂蛋白（VLDL）的形式运送到脂肪组织，在脂蛋白酯酶（LPL）的作用下被脂肪组织摄取（吴鑫等，2015）。高温可能通过降低猪血清中甲状腺激素、生长激素、胰岛素、瘦素和 TNF-α 等的浓度，调控脂肪代谢（纪少丽等，2011）。

热应激可以通过调控营养代谢过程影响猪肉品质。一是会加速糖原酵解、乳酸蓄积、pH 降低，产生 PSE 肉（Pearce 等，2014）。二是当 pH 下降到蛋白质等电点（5.3）时，维持肌原纤维结构的电荷斥力最小，肌肉系水力降低（卢庆萍等，2010）。热应激过程中产生大量自由基，发生脂质过氧化，肾上腺皮质分泌醛固酮增加，影响机体水盐代谢，破坏无机离子平衡，影响肉的咸味（Morales 等，2014）。三是热应激引起猪体内多不饱和脂肪酸在 Fe^{2+} 的催化下发生过氧化反应，产生异味，降低肉的食用价值（冯跃进等，2013）。

(二) 缓解热应激的营养需要特点

提高饲粮营养浓度可缓解热应激。提高营养浓度并不能增加饲料采食量，但能使营养摄入量更高。当 NE/ME 的比值升高时，产热将减少。因此，提高 NE/ME 比值可防止高温环境下饲料采食量减少。

减少饲粮中粗蛋白质和粗纤维含量并提高淀粉和脂肪的含量，可提高饲粮中 NE/ME 的比值，并减少饲料消化过程中的产热。消化蛋白质产生的热量比消化淀粉和脂肪多。高温环境下，如果降低饲粮中粗蛋白质含量可减少消化产热，防止饲料采食量的下降。尤其在育肥阶段后期，降低饲粮蛋白质含量是确保提高猪采食量的好方法。88～

114 kg 育肥猪在 27～35 ℃条件下饲养，当饲粮脂肪含量为 3.6%，将粗蛋白质含量由 13.6%降低到 11.3%时，采食量由 2.14 kg/d 增加到 2.29 kg/d（Campos 等，2014）。当粗蛋白质含量提高时，脂肪含量增加到 10%，猪的生长性能提高 5%（李凯年，2013）。但当粗蛋白质含量降低时，额外添加脂肪并没有效果，因为此时饲粮氨基酸已不能满足猪生长需要。

增加饲粮中的电解质平衡值可防止猪消耗能量来维持最佳的酸碱平衡。在生长育肥猪（20～105 kg）阶段，环境平均最高温度为 34 ℃，饲粮中电解质平衡值从 25 mEq/kg 增加到 250 mEq/kg 时，猪的生长性能呈线性变化（Pearce 等，2012）。将泌乳母猪饲粮的电解质平衡值由 130 mEq/kg 增加到 250 mEq/kg，母猪采食量和仔猪断奶重小幅改善（雷建学，2013）。高电解质平衡值饲粮条件下，骨中钙的动员减少，导致初期泌乳母猪生产性能下降，因此泌乳初期电解质平衡值不应增加太多。怀孕母猪和泌乳母猪饲粮中的电解质平衡值需相差 80 mEq/kg，以促进钙的动员。电解质平衡值可在泌乳后 5～7 d 提高（Sanz-Fernez 等，2014）。

维生素 C 有助于解毒、维持较高采食量和机体正常新陈代谢，能有效抑制猪体温上升，减轻热应激对机体的损伤。在炎热夏天增加种公猪维生素 C 饲喂量，有助于降低热应激对精子质量和受精率的不良影响（施振旦等，2011）。夏季断奶仔猪饲粮补充 200 mg/kg 的维生素 C，采食量增加 18.1%，日增重提高 125 g，饲料转化率提高 10.49%。在热应激育肥猪饲料中添加稳定型维生素 C 500 mg/kg，第 4 周时猪体温和呼吸频率显著低于对照组，饲粮干物质、总能、氮和粗脂肪消化率显著增加（杨烨等，2004；Yue 等，2014）。维生素 E 可调节猪体内物质代谢，增强免疫功能，提高抗应激能力。30 ℃条件下，在泌乳母猪饲粮中添加 220 IU/kg 的维生素 E，显著提高饲料效率，提高抗绵羊红细胞抗体滴度（张永泰，2012）。在饲粮中添加 200 IU/kg 的维生素 E，可有效降低热应激时的体温和呼吸频率。在饲粮中同时添加 50 mg/kg 的维生素 C 和 200 mg/kg 的维生素 E，明显改善持续高温期生长育肥猪的生长性能、内分泌功能、血清生化指标和电解质平衡（王胜林等，2002）。硒和维生素 E 可减少热应激猪体内自由基数量，缓解热应激时的自由基损伤，提高猪抗热应激能力（史清河，2009）。

急性热暴露增加机体铬的丢失，因此急性短期高温时猪对铬的需要量增加。给高温环境下的猪饲粮中补加 300 μg/kg 的吡啶羧酸铬，猪采食量增加 10.2%，日增重提高 38.1%，料重比下降 20.5%，同时改善了铬代谢（张敏红等，2000）。向母猪饲粮中添加 0.3 mg/kg 的有机铬，可缓解高温应激，降低母猪卵巢机能减退，提高受胎率。向母猪饲粮中添加有机硒和维生素 E，可提高哺乳母猪采食量和泌乳力，促进仔猪生成的抗热应激效果。

饲粮添加中草药和植物提取物可以通过提高猪的免疫力和促进猪的血液循环，维持内分泌系统的稳定，缓解高温对生长猪的不良影响（Taranu 等，2012）。饲料中添加酸化剂可调节酸碱平衡，缓解热应激造成的不良反应。在热应激育肥猪饲粮中分别添加 10 mg/kg 的大豆黄素和 400 mg/kg 的牛磺酸，能降低热应激时猪体内皮质醇水平，提高免疫力（王胜林等，2002）。由于热应激对猪的影响是多方面的，单一抗应激物质作用有限，因此研发复合抗应激产品是今后发展的重要趋势。

二、营养与免疫应激

饲养环境中存在的各种病原和非病原因素可诱导动物产生免疫应激。免疫应激降低饲粮养分利用率,引起动物生产性能的降低。免疫应激与营养关系密切:一方面,免疫应激影响动物机体对养分的代谢;另一方面,动物摄入的营养物质影响机体免疫系统的发育和功能。

(一)免疫应激对营养代谢的影响

免疫应激显著降低猪的生长性能,引起机体对蛋白质、氨基酸、脂肪、碳水化合物、矿物质元素、维生素等营养物质代谢发生改变(李建文,2002;吕继蓉,2002;吴春燕,2002;Melchior等,2004;车炼强等,2009;孙国军,2009;刘玉兰等,2010;赖翔,2012;Rakhshandeh等,2012;Deng等,2014)。研究这些代谢变化对于进一步采用营养干预方式缓解免疫应激,改善动物生产性能有重要意义。

炎症和免疫应答伴随着机体蛋白质和氨基酸的代谢变化。细菌脂多糖(Lipopolysaccharide,LPS)诱导的免疫应激显著增加急性期蛋白质合成(Rakhshandeh等,2012),肝脏净蛋白质合成增加(Bruins等,2000),机体净蛋白质合成降低,降低蛋白质的利用率(Chen等,2008)。采用静脉注射完全弗氏佐剂的方法诱导仔猪免疫应激,显著降低仔猪采食量,增加血浆触珠蛋白质浓度(Melchior等,2004),显著增加血清急性期蛋白质含量(Hoek等,2015)。采用稳定同位素N-甘氨酸示踪技术和双库模型分析法研究发现,LPS诱导的仔猪免疫应激降低了整体氮流通量、蛋白质合成量、氨基酸利用率、蛋白质沉积效率和能量利用效率,加快整体蛋白质周转,增加蛋白质降解。采用同位素标记肠内灌注LPS诱导免疫应激,应激后第1天,肝脏净蛋白质合成增加。LPS应激导致机体蛋白质沉积下降,可能是由于肝脏蛋白质和多肽合成增加(例如急性期蛋白质、谷胱甘肽)(Litvak等,2013);同时,骨骼肌蛋白质分解成氨基酸用于肝脏蛋白质和多肽的合成(Colditz,2004)。进一步研究表明,LPS免疫应激通过激活下丘脑-垂体-肾上腺轴和抑制生长轴GH、IGF-1的释放而抑制机体骨骼肌合成,诱发应激蛋白质合成(刘玉兰等,2004,2010)。

LPS诱导的免疫应激显著降低了仔猪血浆色氨酸、谷氨酰胺、脯氨酸、甘氨酸、酪氨酸、鸟氨酸和总氨基酸的浓度,显著增加了血浆组氨酸的浓度。这些氨基酸的浓度变化并不依赖于仔猪采食的时间。而另外一些血浆氨基酸水平只在仔猪采食状态下降低,如丝氨酸、精氨酸、丙氨酸和天冬氨酸(Melchior等,2004)。LPS应激后第1天和第4天,门静脉回流内脏组织排出的氨基酸增加(Bruins等,2000),导致生长猪对蛋氨酸、胱氨酸的需要量增加(Litvak等,2012)。伪狂犬病弱毒苗攻毒诱导免疫应激显著提高断奶仔猪血清游离苏氨酸及尿素氮的含量(赖翔等,2012)。

免疫应激显著增加机体体温,从而影响机体能量代谢。免疫应激增加机体静息能量消耗,增加动物的能量需要。静脉注射完全弗氏佐剂诱导慢性肺炎使仔猪产生免疫应激,显著增加仔猪体温(Melchior等,2004)。LPS诱导的免疫应激显著降低了仔猪肝脏三磷酸腺苷(ATP)、二磷酸腺苷(ADP)的水平,显著增加了一磷酸腺苷(AMP)

的水平（杨震国等，2012）。

免疫应激引起动物矿物质元素和维生素代谢发生改变。免疫应激增加仔猪对锌的需要量，研究表明，给仔猪注射大肠杆菌脂多糖（200 μg/kg，按体重计），在免疫应激后第1周，随饲粮锌水平增加，仔猪日增重、淋巴细胞转化率有增加趋势（孙国君，2009）。铬、镁、硒等参与动物体内糖、脂肪、蛋白质的代谢，特别是铬和硒在降低畜禽应激、提高免疫力方面作用显著。

此外，免疫应激对营养代谢的影响受很多因素的影响，主要的因素有免疫应激的水平、免疫应激时动物饲粮的蛋白质水平以及动物的品种、日龄等。研究发现，饲粮蛋白质水平与仔猪免疫应激急性期应答反应水平相关，限制饲粮蛋白质供给降低急性期应答反应。免疫应激降低采食高蛋白质饲粮猪的氮存留，增加其尿氮排放量，但是对采食低蛋白质饲粮猪的影响不显著（Hoek等，2015）。免疫应激水平不同，对仔猪生产性能和养分代谢的影响程度也不同。与高水平的慢性免疫应激相比，低水平的慢性免疫应激有增加断奶仔猪采食量、体重、蛋白质沉积和饲料转化率的趋势。剩余采食量（实际采食量与根据维持和生长预测的理论采食量之差）低的猪，即饲料利用效率高的猪在应激后的第1天养分代谢变化更剧烈，但时间短、恢复快；剩余采食量高的猪对免疫应激反应相对较弱，养分代谢调节的改变持续时间更长。

（二）缓解免疫应激的营养需要特点

免疫反应是动物抗病的根本机制。营养可以影响猪免疫系统发育和免疫功能，蛋白质、氨基酸、维生素、微量元素等均可影响免疫细胞功能，从而调控机体的特异抗病力和一般抗病力。因此，合理的营养方案可以增强猪的免疫力和对疾病的一般抵抗力。

在免疫应激期适当降低饲粮蛋白质水平，能减轻机体代谢负荷，有利于动物健康。仔猪在慢性免疫应激状态下机体氮的沉积能力下降，达到最大生产性能时蛋白质的需求量降低（Williams等，1997；Opapeju等，2010）。10~12 kg仔猪在免疫应激期对饲粮蛋白质的需要量为17%，应激结束后的恢复期为23%（吕继蓉，2002）。免疫应激条件下，仔猪对氨基酸的需要量发生改变。免疫应激影响仔猪理想氨基酸平衡模式，以可消化氨基酸为基础的4种限制性氨基酸的平衡比例在正常条件下为DLys 100、DMet 30、DTrp 21、DThr 61；应激条件下为DLys 100、DMet 27、DTrp 29、DThr 59。为了获得更好的体增重和体蛋白质沉积，低水平的免疫激活比高水平的免疫激活需要更多的赖氨酸（Williams等，1997）。

饲粮中添加血浆蛋白粉、鱼油可以缓解免疫应激。仔猪饲喂含6%喷雾干燥血浆蛋白粉的饲粮能显著缓解大肠杆菌K88诱导的免疫应激导致的生长抑制，降低免疫应激引起的炎症反应（Bosi等，2004；Corl等，2007），降低轮状病毒感染的新生仔猪的腹泻率。与玉米油相比，饲粮中添加鱼油能显著降低LPS引起的仔猪炎症因子表达（Liu等，2003），增强肠道结构完整性，改善仔猪生长性能（Liu等，2012）。饲粮中添加2%共轭亚油酸阻止了因注射LPS引起的仔猪血浆IL-6、TNF-α和α-乙酰糖蛋白含量升高，降低仔猪血浆IL-1β和皮质醇的含量，从而缓解仔猪免疫应激（赖长华等，2005）。

外源补充精氨酸或促进精氨酸的内源合成能够缓解免疫应激。LPS诱导的免疫应激条件下，补充精氨酸（0.5%或1.0%）能通过活化PPARγ降低仔猪炎症反应，改善肠道功能，从而缓解其引起的仔猪生长抑制（Liu等，2008，2009；孟国权等，2010）；沙门菌SC500诱导的免疫应激条件下，饲粮补充精氨酸（0.5%或1.0%）能降低急性期蛋白质的合成量，并通过活化TLR4-Myd88信号途径缓解其引起的仔猪生长抑制（陈渝等，2011；Chen等，2012）。饲粮补充0.5%精氨酸能缓解环磷酰胺引起的仔猪免疫抑制，改善仔猪生长性能（Han等，2009），补充1.0%精氨酸能缓解仔猪采食含高剂量呕吐毒素（6 mg/kg）饲粮造成的生长抑制（Wu等，2015）。在内毒素攻击期和攻击后补充精氨酸（静脉注射方式）降低了生长猪整体蛋白质周转，显著增加了后肢蛋白质的合成和降解速率，显著降低了肝脏蛋白质合成和降解的速率（Bruins等，2002；Tan等，2010）。饲粮补充1.0%的精氨酸显著改善感染猪繁殖与呼吸综合征病毒的母猪的繁殖性能和免疫功能（杨平等，2011）。N-氨甲酰谷氨酸（NCG）可以促进内源精氨酸的合成，提高仔猪血浆精氨酸的含量。饲粮补充50 mg/kg的N-氨甲酰谷氨酸（NCG）可以缓解大肠杆菌K88引起的新生仔猪免疫应激，降低腹泻（Zhang等，2013）；0.1%的NCG显著改善感染猪繁殖与呼吸综合征病毒的母猪的繁殖性能和免疫功能，其作用与饲粮添加1%的精氨酸相当（杨平等，2011）。

饲粮补充天冬氨酸、谷氨酰胺、蛋氨酸、苏氨酸、色氨酸等氨基酸能缓解猪的免疫应激。LPS诱导的免疫应激条件下，补充0.5%天冬氨酸能缓解其引起的仔猪生长抑制，补充0.5%、1.0%的天冬氨酸能显著降低免疫应激引起的炎症因子的表达，减弱其对仔猪肠道的损伤（Pi等，2014；Wang等，2015）。饲粮补充1.2%的谷氨酰胺能缓解仔猪因LPS应激引起的免疫器官发育受阻（陈静等，2010）。免疫应激状态下，生长猪对蛋氨酸的需要提高（Litvak等，2013）。饲粮添加苏氨酸（0.15%、0.27%）能在一定程度上减缓伪狂犬病毒诱导的免疫应激带来的断奶仔猪生长性能下降和肠道损伤（赖翔等，2012）。饲粮补充1.0%的α-酮戊二酸能活化LPS应激仔猪肠道mTOR信号，缓解免疫应激造成的肠道黏膜损伤（Hou等，2010）。大肠杆菌攻毒前后的生长猪对饲粮含硫氨基酸最适需要量分别为（0.57±0.03）g/d和（0.59±0.02）g/d。当生长猪处于LPS诱导的免疫应激状态时，用于体蛋白质沉积的色氨酸需要量增加约7%（de Ridder等，2012）。断奶仔猪饲粮中添加高水平色氨酸（与赖氨酸的比值为0.22）可部分缓解因大肠杆菌F_4攻毒造成的菌群紊乱（Capozzalo等，2012，2015）。提高饲粮磷、锌水平，补充酵母硒、25-OH-D_3等矿物质元素、维生素能缓解免疫应激。补充磷能有效提高免疫应激仔猪日增重，增强细胞免疫应答，降低体液免疫应答。饲粮添加酵母硒（0.3%）可显著缓解LPS诱导仔猪日增重的降低，降低LPS诱导的仔猪血清IL-1β和IL-6浓度，促进IGF-1、IgG和IgM的产生，进而促进免疫应激仔猪的生长（黎文彬，2009）。免疫应激增加仔猪对锌的需要量。仔猪注射LPS免疫应激后第1周，随饲粮锌水平增加，仔猪日增重、淋巴细胞转化率有增加趋势（孙国君，2009）。饲粮补充25-OH-D_3（2 200 IU/kg）提高轮状病毒攻毒断奶仔猪血清及肠内容物轮状病毒抗体水平，提高断奶仔猪抗病力（廖波等，2011）。

一些饲料添加剂，如壳寡糖、山药多糖、丁酸钠、刺五加等可缓解仔猪免疫应激。添加壳寡糖可有效缓解LPS或环磷酰胺诱导的生长抑制。饲粮添加壳寡糖调节LPS应激仔猪血清激素水平（Chen等，2009）；下调LPS应激对仔猪免疫功能的过度活化，缓解环磷酰胺引起的免疫抑制，维持机体的稳态、改善免疫功能（张玲，2013）。山药多糖可显著提高呼吸繁殖综合征灭活苗免疫仔猪外周血中 CD3$^+$ 和 CD8$^+$ 细胞的数量（张红英等，2010）。饲粮添加 0.3% 丁酸钠能缓解轮状病毒引起的断奶仔猪免疫应激，调控机体的细胞和体液免疫，改善仔猪生长性能（王纯刚等，2009）。饲粮中补充 800 mg/kg 的刺五加多糖降低 LPS 应激仔猪血浆 α-酸性糖蛋白、前列腺素 E2 的含量，显著提高血浆 IL-2 的含量，缓解免疫应激仔猪的生长抑制（韩杰等，2013）。

三、营养与氧化应激

氧化应激是指机体在遭受各种有害刺激时，体内高活性分子如活性氧族（ROS）和活性氮族（RNS）产生过多，氧化程度超出氧化物的清除率，氧化系统和抗氧化系统失衡，从而导致细胞和组织损伤（Sohal，1990）。在现代畜牧生产中，许多因素会导致动物遭遇氧化应激，导致生产性能降低，甚至继发感染各种疾病，从而影响了养猪业的经济效益。生产上引起动物产生氧化应激的因素主要有妊娠、仔猪断奶应激，饲粮中的某些矿物质元素缺乏，饲料脂肪等养分被氧化，饲料原料中除草剂的残留，霉菌毒素的污染，环境中的高温、高湿、辐射、病原微生物及某些化学制剂等，以及大量药物和疫苗的使用等因素都可诱导动物产生氧化应激。氧化应激与营养关系密切：一方面，氧化应激影响动物机体对养分的代谢；另一方面，动物摄入的营养物质可以调控机体氧化-还原系统的稳态。

（一）氧化应激对营养代谢的影响

在氧化应激状态下，大量的自由基在细胞内蓄积，造成生物膜的破坏，影响细胞的完整性和活力，影响免疫功能及酶的活性，导致采食量、养分消化率及生产性能下降或发生应激综合征。氧化应激显著降低仔猪生长性能（袁施彬等，2007；李丽娟等，2007；徐静等，2009；Zheng 等，2010；李永义等，2011；Lü 等，2012；Zheng 等，2013），以及仔猪对粗蛋白质、能量、干物质、脂肪等的表观消化率和表观利用率（袁施彬等，2007）。

氧化应激改变仔猪氨基酸代谢。采用 diquat 诱导构建仔猪氧化应激模型，发现氧化应激降低仔猪血浆赖氨酸、蛋氨酸、苏氨酸、色氨酸、精氨酸、谷氨酸的浓度，进一步的研究发现氧化应激显著影响仔猪精氨酸和色氨酸的代谢。氧化应激提高仔猪空肠阳离子氨基酸转运载体-1（CAT-1）的 mRNA 水平，增加精氨酸内源合成关键酶鸟氨酸转移酶（OAT）的活性，促进精氨酸的内源合成，但是降低血清精氨酸和瓜氨酸的浓度；氧化应激通过增加血清犬尿氨酸和 5-羟色胺含量，增加肝脏色氨酸 2,3-加氧合酶 mRNA 的表达以及活性，从而增加断奶仔猪色氨酸的分解代谢（吕美等，2010）。

氧化应激改变机体能量代谢。研究认为氧化应激通过影响葡萄糖转运蛋白 GLUT-4 的表达及转位，增加 GLUT-1 的表达，直接或间接影响胰岛素信号通路，并通过核因子 NF-κB 途径，引起胰岛素诱导的低密度微粒体（LDM）中胰岛素受体底物-1（IRS-1）磷酸化水平下降，导致细胞质和 LDM 中磷脂酰肌醇-3 激酶（PI3K）转位障碍，最终引起 GLUT-4 向浆膜转位异常，降低葡萄糖摄取（Grattagliano 等，2008）。

（二）缓解氧化应激的营养需要特点

氧化应激导致动物生产性能下降，使机体养分代谢方向发生改变。额外补充某些营养物质或非营养性添加剂有助于缓解氧化应激。研究发现饲粮补充精氨酸、N-氨甲酰谷氨酸（NCG，又称精氨酸生素）、色氨酸、硒、维生素 E、茶多酚、原花青素、大豆异黄酮等能缓解氧化应激对猪生长性能的抑制。

饲粮中添加菜籽油改变生长猪肝脏脂肪酸组成，降低肝脏脂肪氧化率（Lauridsen 等，1999）。饲粮补充精氨酸、色氨酸能缓解仔猪氧化应激诱导的采食量下降，增加氧化应激下机体的抗氧化能力，改善血液循环中的氨基酸水平（Zheng 等，2010）。在氧化应激条件下，补充色氨酸增加血浆、下丘脑游离色氨酸、色氨酸与大分子中性氨基酸比值及下丘脑 5-羟色胺浓度（Lü 等，2012）。在氧化应激条件下，仔猪对精氨酸、色氨酸的需求量增加。饲粮补充精氨酸（0.8%、1.6%）可通过维持空肠组织结构、调控精氨酸的代谢、维持精氨酸内源稳定性，增加精氨酸的有效性，从而增加氧化应激仔猪的血浆胰岛素水平和 IGF-1 的水平、降低血浆皮质醇的浓度来调控内分泌，通过促进蛋白质合成、降低炎症因子 TNF-α 的表达等综合途径缓解仔猪氧化应激（郑萍，2010）。饲粮添加 0.08% 的 N-氨甲酰谷氨酸（NCG）或 0.6% 的精氨酸均可促进断奶仔猪生长性能的提高，缓解断奶引起的氧化应激（高运苓等，2010）。与精氨酸相比，NCG 能更有效地降低改善断奶仔猪的抗氧化系统功能，从而更好地缓解氧化应激及其所造成的肠黏膜损伤。提高饲粮色氨酸水平（0.3%、0.45%）增强仔猪抗氧化应激能力，降低血浆丙二醛和尿素氮浓度，增加十二指肠绒毛高度、降低绒毛宽度和隐窝深度，增加绒毛高度与隐窝深度比值（吕美，2009）。饲粮补充 5 mg/kg 的色氨酸能降低转群造成的仔猪断奶唾液皮质醇的浓度，改善应激时的神经内分泌应答，增强胃肠道的稳态（Koopmans 等，2006）。

饲粮添加 0.6 mg/kg 的硒可提高敌草快诱导氧化应激仔猪血清中 IgG、IgM 和 IgA 的含量（袁施彬等，2008），说明饲粮添加硒可以提高氧化应激仔猪的免疫能力，促进仔猪生长。硒可能通过降低氧自由基（ROS）的量影响下丘脑-垂体-甲状腺轴和免疫细胞，调节 T3、T4 和 TSH 的分泌及细胞因子 IL-1β 和 IL-6 的生成，减弱 ROS 的第二信使作用，引起 NF-κB 活性下降，发挥其抗氧化应激功能。与亚硒酸钠比较，酵母硒能增加生长猪肌肉中硒含量（Mahan 等，1996）。高于动物需要水平的维生素 E 能有效降低脂质过氧化，改善猪肉品质（Buckley 等，1995）。饲粮补充维生素 E（50 mg/kg）能有效缓解敌草快诱导的仔猪氧化应激，改善应激仔猪血清谷胱甘肽过氧化物酶（GSH-px）活性和抗氧化能力，显著降低血清丙二醛的含量（赵娇等，2013）。

此外，一些添加剂有提高机体抗氧化应激能力、缓解机体氧化应激的作用。饲粮补充茶多酚（500 mg/kg、1 000 mg/kg）能缓解敌草快诱导的仔猪氧化应激，可通过降低肝脏、脾脏和淋巴结中 NF-κB、Jun 和 Fos 的表达，来缓解氧化应激对仔猪免疫功能和组织结构的损伤，改善其生产性能、提高其免疫功能（Deng 等，2010；李永义等，2011）。葡萄籽原花青素（GSPs）是葡萄籽中含量丰富的一种具有抗氧化能力的天然物质，饲粮添加 GSPs（100 mg/kg）能够减缓敌草快诱导的仔猪肝脏氧化损伤，缓解机体氧化应激，改善应激仔猪生长性能（赵娇等，2013），饲粮添加大豆异黄酮（15 mg/kg）

可改善哺乳母猪抗氧化技能，提高泌乳性能，改善哺乳仔猪生长性能（陈丰等，2010）。

第四节 营养与疾病

一、疾病对营养代谢的影响

疾病的本质是代谢紊乱，而疾病的发生发展都能够改变营养代谢，同时营养也能影响疾病的发生过程。目前相关研究主要集中于猪繁殖与呼吸综合征病毒（PRRSV）和轮状病毒对猪营养代谢的影响。

猪繁殖与呼吸综合征（PRRS）又名蓝耳病，是猪的重要传染性疾病。该病以母猪流产和各年龄段猪呼吸困难最为典型（Plagemann 等，2003）。研究表明，经 PRRSV 感染过的猪相对于对照组的猪，其生产性能都会显著下降（Escobar 等，2004；Schweer 等，2015）。有研究表明，在感染 PRRSV 的第 1 周，猪体内蛋白质分泌减少高达 60%，Schweer 等（2015）的试验结果表明，在试验第 42 天，蛋白质分泌减少 24%，之后的 38 d 减少 5%，从 80 d 全期试验来看，蛋白质分泌减少 10%，PRRSV 感染的猪体内脂肪分泌减少 20%。所以受 PRRSV 感染的猪更消瘦，胴体重更轻，这与其他研究结果一致（Williams 等，1997；Rakhshandeh 等，2012；Schweer 等，2014）。PRRSV 感染降低了试验猪第 21 天氮、干物质和总能的表观消化率及整个肠道的消化能力（Schweer 等，2015），并增加了氧化亚氮（NO）、硫化氢（H_2S）和二氧化碳（CO_2）等气体的排放（Li 等，2015）。虽然采食量下降，但是试验第 21 天的血糖保持正常，这可能是动员了骨骼肌中的氨基酸（AA）进入糖异生途径和能量产生的缘故（Schweer 等，2015）。此外，这些 AA 可能也用于免疫细胞和免疫因子的蛋白质合成（Schweer 等，2015）。

轮状病毒（RV）是仔猪病原性腹泻的主要致病因子之一。仔猪对 RV 极为易感，RV 感染初生仔猪死亡率可达 100%，是引起断奶仔猪腹泻的重要原因（任文华等，2005）。该病毒通过一个未知机制入侵机体，外壳丢失后，激活病毒体转录酶和病毒大分子合成。细胞质中的病毒蛋白质和非编码 RNA（RNAs）称为病毒质，病毒在此复制和修饰。细胞内可能由轮状病毒无结构蛋白质 4（NSP4）造成钙从内质网释放。细胞内钙浓度增加触发许多细胞内过程，包括微绒毛细胞骨架中断，降低绒毛顶端表面二糖酶表达、抑制钠溶质转移系统和细胞坏死。NSP4 在细胞溶解前通过钙依赖性、非经典分泌途径释放。以上结果降低上皮细胞的吸收能力，钠溶质转运蛋白的活性和上皮细胞表面消化酶的表达导致腹泻和营养吸收不良，致使碳水化合物、脂肪、蛋白质都不能消化吸收而进入结肠。未消化的食物具有渗透性和结肠不能吸收的水分，导致渗透性腹泻。RV 也会对体内蛋白质代谢造成影响，但具体机制还不清楚（毛湘冰等，2015）。

二、缓解疾病危害的营养需要特点

（一）猪圆环病毒

Ren 等（2012）的试验结果表明，饲粮添加 0.5% 精氨酸、0.5% 谷氨酰胺能提高圆环病毒-2（PCV-2）感染仔猪的抗氧化能力和免疫功能，从而减少 PCV-2 对断奶仔猪的负面影响。饲粮中加入 0.2 mg/kg 生物素、0.3 mg/kg 叶酸或 0.2 mg/kg 甘露寡糖，都能有效提高 PCV-2 感染断奶仔猪的生产性能和免疫功能（陈宏，2008；高庆，2011）。在感染 PCV-2 猪饲粮中分阶段添加不同浓度莱克多巴胺（RAC）能有效提高猪日增重、瘦肉率、生长性能和胴体品质（Hinson 等，2013）。

（二）猪繁殖与呼吸综合征病毒

在断奶仔猪饲粮中添加 17.5% 和 29% 豆粕，发现豆粕含量与 PRRSV 感染阻止免疫应答能力和生长性能呈线性关系，可能是由于豆粕中含有天然大豆异黄酮，有抗病毒作用（Pinelli-Saavedra 等，2015；Rochell 等，2015）。饲粮中添加 1% 精氨酸或 0.1% N-氨甲酰谷氨酸（NCG）能提高母猪对饲粮氨基酸的利用率，增强母猪免疫功能，降低死胎率和弱仔率，进而提高窝产活仔数和窝重；妊娠后期饲粮中添加精氨酸或 NCG 均能提高母猪繁殖性能（杨平等，2011）。在断奶仔猪饲粮中添加 10 mg/kg 辣椒油树脂、10 mg/kg 大蒜植物和 10 mg/kg 姜黄油树脂提取物，可提高感染 PPRSV 猪只的免疫能力（Liu 等，2013）。

（三）猪伪狂犬病病毒

增加伪狂犬病病毒（PRV）感染仔猪饲粮中的苏氨酸含量，可减少血清 IFN-γ 浓度，增加不同组织 TLR3、TLR7 和 TLR9 mRNA 相对丰度，提高免疫功能，调节 T 辅助细胞因子分泌（Mao 等，2014）。同时，饲粮添加苏氨酸，能缓解 PRV 感染导致的肠道形态学病变（Bing 等，2014）。

（四）猪轮状病毒

在轮状病毒（RV）感染的断奶仔猪饲粮中添加 1% L-赖氨酸，可通过 mTOR 通路调节从而缓解空肠黏液蛋白的减少速度，增加杯状细胞的数目来减少感染导致的负面影响（Mao 等，2015）。饲粮中添加鼠李糖可通过提高空肠黏膜屏障功能和调节肠道微生物，维持机体正常氧化还原平衡，减轻 RV 引起的腹泻（刘芳宁，2010；汤俊等，2014；毛湘冰等，2015；Mao 等，2016）。用 4 g/L 人工乳低聚糖、0.4 g/L 益生元和长链低聚果糖混合物饲喂新生仔猪，可减少仔猪腹泻的持续时间，部分原因是其通过调节结肠菌群和 RV 感染的免疫应答起作用（Li 等，2014），同时人工乳低聚糖能抑制 RV 的增殖，减少 NSP4 mRNA 的表达（Hester 等，2012）。

第五节　营养与霉菌毒素

一、霉菌毒素毒性及其机制

霉菌毒素具有致癌性、基因毒性、皮肤毒性、致畸性、肾毒性及肝脏毒性。霉菌毒素中毒不仅取决于毒素的物理和化学性质，而且还与毒素的摄入量、持续摄入的时间、动物的种类、性别、年龄、品种，以及生理状态、营养水平、环境因素（包括环境卫生、空气质量、温度、湿度、饲养密度）和饲料中不同霉菌毒素之间的互作有关（易中华等，2008；Devreese 等，2013）。表 10-1 列出了主要霉菌毒素的毒性作用及我国饲料卫生标准的限量值。

（一）黄曲霉毒素

猪黄曲霉毒素中毒的临床症状主要为精神沉郁、食欲不振、黄疸、腹痛、呕吐、下痢、被毛粗乱、贫血、饲料转化率下降、生长发育迟缓等。仔猪对黄曲霉毒素更敏感，中毒的仔猪常呈急性发作，数天内死亡。由于黄曲霉毒素能损害猪的免疫系统，使猪群出现免疫抑制而易受病原体的危害（陈健雄，2006）。

黄曲霉毒素 B_1（AFB_1）为间接致癌物（Diaz 等，2010），经饲料摄入的 AFB_1 约 50% 被十二指肠吸收，主要聚集在肝脏，其次为肾脏，也有少量游离于肠系膜静脉。未被吸收部分随粪便排到体外，被吸收的 AFB_1 在肝脏或其他组织的微粒体经 CYP450s 代谢成黄曲霉毒素 P_1（AFP_1）、黄曲霉毒素 M_1（AFM_1）、黄曲霉毒素 Q_1（AFQ_1）及环氧化物 AFBO。在肝脏中，CYP450s 激活 AFP_1、AFM_1，形成 8,9-环氧化物，后者与核酸或具有遗传特性的蛋白质形成络合物，与谷胱甘肽共轭结合转变为二氢二醇，或与血清蛋白质或其他大分子结合，进入动物血液和尿液中（Akiyama 等，2003）。同时，CYP450s 系统中一些酶参与 AFB_1、AFQ_1 及 AFB_1-8,9-环氧化物的代谢，经羟化作用形成葡萄糖苷酸和硫酸脑苷酸，经环氧化作用与核酸和蛋白质结合形成 DNA 加合物，产生基因毒性，引起碱基损伤、碱基缺失、DNA 单链或双链断裂、DNA 氧化损伤、姐妹染色体交换频率增加、碱基错配等一系列遗传性损伤，最终产生致癌作用（Denissenko 等，1999；Matsumoto 等，2006）。另外，AFB_1 代谢产生的活性氧可引起额外的肝脏毒性。

（二）玉米赤霉烯酮

猪对玉米赤霉烯酮（ZEN）最为敏感。母猪中毒症状为阴户红肿，阴道或直肠垂脱，阴道黏膜充血、肿胀，严重时阴道外翻，阴道黏膜因感染而发生坏死，子宫肥大，卵巢萎缩，生育力下降，乳腺肿大，产仔数减少，流产，消瘦，拒配等，后期母猪卵巢萎缩，乳腺间质水肿；公猪表现为乳腺肿大，包皮水肿，睾丸萎缩，精子畸形等（杨良存，2011）。

ZEN 是非甾体类和类雌激素样真菌毒素，能像雌激素一样与雌激素受体（ER）结合（Tiemann 等，2007）。雌激素混合物在细胞内外扩散，但是与 ER 保持高度的特异性结合。一旦 ER 与雌激素相结合后构象就会发生改变，与靶细胞的染色质和转录因子相互作用（Kuiper 等，1998）。尽管雌激素和受体的亲和力高于 ZEN，但 ZEN 对核受体复合物的保留时间长于雌激素，当 ZEN 过多就会导致雌激素负荷，产生一系列中毒表现，尤其对猪的繁殖性能影响较大。二相酶代谢与这些羟化反应同时进行，在尿苷葡萄糖醛酸转移酶（UDPGT）的作用下，玉米赤霉烯酮及其代谢产物与葡萄糖醛酸形成加合物，通过糖脂化作用增加了亲水性，经肾脏排泄。另外，肝肠循环延长了其在动物体内的残留时间（Biehl 等，1993）。

表 10-1 主要霉菌毒素的毒性作用限量标准

种 类	结 构	毒理作用	限量标准
黄曲霉毒素 B_1 (aflatoxin B_1, AFB_1)		强致癌性和强免疫抑制性；为A类致癌物	仔猪配合饲料及浓缩饲料 ≤ 10 μg/kg；生长育肥猪、种猪配合饲料及浓缩饲料 ≤ 20 μg/kg
玉米赤霉烯酮 (zearalenone, ZEN)		生殖毒性和致畸作用，导致猪等家畜不孕或流产，家禽产蛋量下降；猪最为易感	配合饲料、玉米 ≤ 500 μg/kg
伏马毒素 B_1 (fumonisin B_1, FB_1)		细胞毒性，致癌物质；导致马白脑软化症和神经性中毒，猪肺水肿综合征，危害灵长类肝脏和肾脏，诱发人类食道癌	无

(续)

种 类	结 构	毒理作用	限量标准
呕吐毒素 (deoxynivalenol, DON)	(结构图)	蛋白质合成抑制剂，影响人畜免疫系统及胃肠道；猪最为易感，引起呕吐和厌食	猪配合饲料≤1 mg/kg
T-2毒素 (T-2 toxin, T-2)	(结构图)	抑制细胞内蛋白质和DNA合成，未成年动物更敏感，表现为厌食、呕吐、生长停滞、胃肠、繁殖和神经机能障碍、免疫机能降低等	猪配合饲料≤1 mg/kg
赭曲霉毒素 (ochratoxin A, OTA)	(结构图)	特异性肾毒性，危害动物肾脏和肝脏；免疫系统致毒性；致畸、致突变和致癌作用；OTA为2B类致癌物	配合饲料，玉米≤100 μg/kg

(三) 伏马毒素

伏马毒素又称为烟曲霉毒素，最典型的中毒病变为胸膜积水和肺水肿，并伴有胰脏和肝脏的损伤。饲粮含 1~10 mg/kg 和 10~40 mg/kg 烟曲霉毒素 B_1 不影响断奶仔猪增重和采食量，无相关临床症状，但 10 mg/kg 的烟曲霉毒素 B_1 可导致仔猪轻度肺水肿，20 mg/kg 的烟曲霉毒素 B_1 可导致部分仔猪中等或重度的肺水肿，40 mg/kg 的烟曲霉毒素 B_1 可导致所有仔猪重度肺水肿，证明长期接触较高浓度烟曲霉毒素 B_1 对猪机体具有慢性毒性，且这种慢性伤害具有剂量依赖性（曹冬梅等，2010）。

(四) 单端孢霉烯族毒素类（呕吐毒素和 T-2 毒素）

呕吐毒素中毒的临床症状表现为饲料采食量下降，猪只拒食、呕吐、腹泻、皮肤炎症、血尿等。繁殖母猪表现为产仔数减少、产弱仔、流产等繁殖障碍。病变主要可见消化道炎症和内脏出血等。T-2 毒素主要导致皮肤刺激和破坏皮肤的完整性、淋巴器官严重损伤、消化系统炎症、腹泻、休克、心血管系统衰竭，甚至出现死亡，长期饲喂导致采食量减少、拒食及呕吐（李决等，2004）。

(五) 赭曲霉素

猪赭曲霉毒素（OTA）中毒的症状为腹泻、厌食和脱水，生长受阻，免疫抑制，钙磷代谢障碍。病变主要为肾脏、肾小管（主要是近曲小管）扩张，上皮细胞坏死，多尿和血浆尿素氮升高（徐运杰，2012）。肠道淋巴结坏死，抗体水平降低。OTA 通过多种方式干扰细胞正常生理功能的方式产生毒害作用（Minervini 等，2008）。

二、缓解霉菌毒素中毒的营养需要特点

在含有 6 mg/kg 呕吐毒素（DON）的断奶仔猪饲粮中分别添加 1.0%精氨酸、1.0%谷氨酰胺、0.5%精氨酸和 0.5%谷氨酰胺，能缓解 DON 引起的氧化应激，对断奶仔猪有明显的保护作用（Wu 等，2013）。饲粮中添加 2%的谷氨酸对生长猪和断奶仔猪肠道均有明显的保护作用，有效缓解霉菌毒素导致的负面影响（Duan 等，2014；Yin 等，2014）。饲粮中添加 0.2%营养性复合添加剂（酵母硒 0.15 m/kg、维生素 E 30 mg/kg、维生素 C 100 mg/kg、糖萜素 30 mg/kg、酵母细胞壁 50 mg/kg、黄芪多糖 50 mg/kg、谷氨酰胺 20 mg/kg 和丁酸钠 200 g/kg）可在一定程度上缓解霉变玉米饲粮对仔猪空肠结构的损伤和脂质过氧化（高亿清等，2015）。饲粮添加 0.4%抗菌肽可改善肠道形态，促进肠上皮细胞增殖和蛋白质合成，缓解 DON 引起的肠道损伤（Xiao 等，2013）。

饲粮中添加吸附剂是常用的缓解霉菌毒素危害的方法。常用的霉菌毒素吸附剂有活性炭、硅铝酸盐类、酵母细胞壁及酯化葡甘露聚糖等。猪的饲粮中添加 0.1%~0.2% 霉菌毒素吸附剂能降低猪血清丙二醛（MDA）含量，提高 SOD 活性及总抗氧化能力（王留等，2013）。断奶仔猪饲粮中添加 5 g/kg 或者 10 g/kg 的蒙脱石能缓解 ZEA 造成的不利影响（Jiang 等，2010a，2010b）。断奶仔猪霉变玉米饲粮中添加 0.25%的蒙脱石对 AFB_1 造成的肝脏损伤具有一定缓解作用（李建功等，2015）。饲粮添加 0.1%的

改良葡甘露聚糖能降低盲肠和盲肠内容物中与 T-2 毒素相关的鼠伤寒沙门氏菌的数量（Verbrugghe 等，2012）。实际生产中通常使用复方霉菌毒素吸附剂，同时添加免疫增强剂和抗氧化剂以达到更好的效果。饲粮添加 0.5～1.0 mg/kg 的黏土吸附剂能改善断奶小母猪生长性能、养分吸收能力和生殖器官发育。给含 50 μg/kg 的黄曲霉毒素和 1 100 μg/kg DON 的后备母猪饲粮中添加 2 mg/kg 黏土吸附剂、1.5 mg/kg 黏土和干酵母添加剂、1.1 mg/kg 黏土和干酵母培养添加剂组合，可缓解霉变饲粮对后备母猪造成的免疫应激和肝脏损伤（Weaver 等，2013）。

第六节 抗病营养需求参数

猪在应激条件下，如摄入霉菌毒素污染的饲料，氧化应激、免疫应激和疾病感染，体内营养物质的代谢发生改变，营养需求量也发生改变。根据四川农业大学研究结果，提出了不同条件下确保猪健康的部分营养物质的需求参数（表 10-2、表 10-3），供设计抗病营养饲料配方时参考。

表 10-2 猪抗病营养需求参数

营养素	应用对象	需求参数	应用条件	应用效果
生物素	断奶仔猪	0.20 mg/kg	无圆环病毒-2（PVC-2）感染	维持正常免疫和生长，并提高饲料转化率
		0.30 mg/kg	PCV-2 感染或免疫抑制	进一步增强免疫力
叶酸	断奶仔猪	0.15 mg/kg	无 PCV-2 感染	改善免疫机能、提高生产性能
		0.30 mg/kg	PCV-2 感染或免疫抑制	促进免疫调节作用的发挥
25-(OH)-D$_3$	断奶仔猪	50 μg/kg	正常或轮状病毒感染	提高肠道黏膜免疫功能、降低腹泻率
锌	断奶仔猪	30 mg/kg	正常条件	获得最佳的生产性能
		100～120 mg/kg	免疫应激	获得最佳的生产性能
氧化锌	断奶仔猪	3 000 mg/kg	高蛋白质（23%）饲粮	改善肠道菌群结构，降低腹泻率
硒	断奶仔猪	0.2 mg/kg	正常条件	获得最佳生产性能和免疫力
		0.30 mg/kg	酵母硒、额外添加	提高体液中综合抗体的水平，降低仔猪腹泻率，提高硒的利用率和仔猪增重速度
		0.40 mg/kg	氧化应激	提高氧化应激猪细胞免疫和体液免疫能力

(续)

营养素	应用对象	需求参数	应用条件	应用效果
硒	母猪	0.50 mg/kg	酵母硒,经产母猪的妊娠后期和哺乳期	提高母乳和仔猪机体中硒的水平,提高断奶窝重和断奶均重
蛋白质	断奶仔猪	17% 20% 23%	高免疫应激状态 正常状态 免疫应激后的恢复期	有效缓解免疫应激 获得最佳的生产性能 促进应激后的补偿生长
Dlys:Dmet:DTrp:DThr	断奶仔猪	100:30:21:61 100:27:29:59	高免疫应激状态 正常状态	获得最佳氮沉积 获得最佳氮沉积
Trp	断奶仔猪	0.3%	氧化应激	提高仔猪抗氧化应激的能力
Arg Arg/Lys	断奶仔猪	2.79% 1.76	氧化应激	提高氧化应激断奶仔猪的平均日采食量(ADFI)和平均日增重(ADG)
Arg	断奶仔猪	0.5%/1.0%	疫苗注射	显著缓解因疫苗注射引起的断奶仔猪肠道 TLR4 和 TLR5 基因的过度表达、血清 IL-6 含量的升高,可缓解免疫应激对仔猪的损伤
茶多酚	断奶仔猪	500 mg/kg, 1 000 mg/kg	氧化应激	可改善氧化应激仔猪生产性能,提高机体的抗氧化功能
丁酸钠	断奶仔猪	0.3%	正常或轮状病毒感染	能显著提高仔猪 ADG 和 ADFI,降低轮状病毒攻击组仔猪的腹泻率
Arg	G30~90 d	1%	感染 PRRSV 的母猪	提高产仔数和窝产仔重,具有降低弱仔率、死胎率的趋势
N-氨甲酰谷氨酸(NCG)	G30 d 至分娩	0.1%	感染 PRRSV 的母猪	提高产仔数和窝产仔重,具有降低弱仔率、死胎率的趋势
Lys:Thr:Trp	生长猪	100:64:18 100:80:26	不接种疫苗 接种猪繁殖与呼吸综合征(PRRS)疫苗	维持正常免疫和生长 有效缓解免疫应激引起的采食量下降,提高日增重,降低料重比

注:需求参数以饲粮计,G 指妊娠期。

表10-3 母猪抗病营养需求参数

指标		后备期		妊娠期		泌乳期	
		20～60 kg	60 kg至初配	0～90 d	90 d至分娩	夏季	冬季
常规养分（%）	DE (MJ/kg)	14.23	13.38	12.97	13.81	14.43	14.22
	粗蛋白质	18	16.5	13.5	15.5	18.5	16.5
	粗纤维	2.5	3.5	4.5	3	3	3
	钙	0.9	1	1	1	1	1
	磷	0.7	0.8	0.8	0.8	0.8	0.8
	赖氨酸	0.9	0.8	0.65	0.85	1.2	1.1
矿物质 (mg/kg)	铜	10	10	10	10	60	60
	铁	120	120	120	120	120	120
	锰	40	40	40	40	40	40
	锌	120	120	120	120	120	120
	碘	0.4	0.4	0.4	0.4	0.4	0.4
	硒	0.3	0.3	0.3	0.3	0.3	0.3
	铬	0.2	0.2	0.2	0.2	0.2	0.2
与繁殖相关重要维生素	维生素A (IU/kg)	10 000	10 000	10 000	10 000	10 000	10 000
	维生素E (IU/kg)	75	75	75	75	75	75
	维生素C (mg/kg)	200	200	200	200	200	200
	叶酸 (mg/kg)	5	5	5	5	10	10
	生物素 (mg/kg)	1	1	1	1	1	1

注：需求参数按饲粮计。

参考文献

柏美娟，孔祥峰，印遇龙，等，2009. 日粮添加精氨酸对育肥猪免疫功能的调节作用 [J]. 扬州大学学报（农业与生命科学版），30（3）：45-49.

曹冬梅，孙安权，2010. 如何正确认识伏马毒素的危害 [J]. 饲料广角（18）：17-19.

车炼强，2009. 宫内发育迟缓和营养对新生仔猪消化道生长发育及坏死性肠炎发生机理的研究 [D]. 雅安：四川农业大学.

车炼强，张克英，丁雪梅，等，2009. 免疫应激对仔猪肠道发育及胰高血糖素样肽-2分泌的影响 [J]. 畜牧兽医学报，40（5）：676-682.

陈丰，蒋宗勇，林映才，等，2010. 大豆异黄酮对哺乳母猪生产性能及抗氧化性能的影响 [J]. 饲料博览（8）：1-5.

陈宏，2008. 生物素对断奶仔猪生产性能及免疫功能影响的研究 [D]. 雅安：四川农业大学.

陈洪，2009. 日粮中添加恩拉霉素对断奶仔猪生产性能、肠道微生物区系及代谢产物的影响 [D]. 雅安：四川农业大学.

陈洪，毛湘冰，尹佳，等，2012. 不同纤维源对断奶仔猪生长性能和养分消化率的影响 [C]. 中国畜牧兽医学会动物营养学分会第十一次全国动物营养学术研讨会论文集.

陈健雄，2006. 霉菌毒素对猪的危害及防制措施 [J]. 养猪 (1)：49-52.

陈金永，2010. 猪 β-防御素基因表达特点及维生素 A 的调节作用 [D]. 雅安：四川农业大学.

陈静，刘显军，张飞，等，2010. 谷氨酰胺对免疫应激仔猪免疫器官指数的影响 [J]. 中国兽医杂志，46 (9)：3-5.

陈亮，2008. 高锌日粮长期暴露对断奶仔猪影响的免疫病理学研究 [D]. 合肥：安徽农业大学.

陈渝，陈代文，毛湘冰，等，2011. 精氨酸对免疫应激仔猪肠道组织 Toll 样受体基因表达的影响 [J]. 动物营养学报，23 (9)：1527-1535.

冯跃进，顾宪红，2013. 热应激对猪肉品质的影响及其机制的研究进展 [J]. 中国畜牧兽医，2：96-99.

高庆，2011. 饲粮添加叶酸对断奶仔猪生产性能和免疫功能的影响研究 [D]. 雅安：四川农业大学.

高亿清，陈代文，田刚，等，2015. 营养性复合添加剂缓解霉变玉米饲粮对仔猪空肠黏膜结构的损伤 [J]. 动物营养学报，27 (6)：1813-1822.

高运苓，吴信，周锡红，等，2010. 精氨酸和精氨酸生素对断奶仔猪氧化应激的影响 [J]. 农业现代化研究，31 (4)：484-487.

郭金枝，李藏兰，2012. 多不饱和脂肪酸在养猪生产中应用的研究进展 [J]. 中国畜牧杂志，48 (11)：76-78.

韩杰，边连全，张一然，等，2013. 刺五加多糖对脂多糖免疫应激断奶仔猪生长性能和血液生理生化指标的影响 [J]. 动物营养学报，25 (5)：1054-1061.

何中山，2004. 豆粕酶解参数及酶解豆粕饲用效果的研究 [D]. 雅安：四川农业大学.

侯永清，王蕾，易丹，2014. N-乙酰半胱氨酸对猪肠道功能的保护作用 [J]. 动物营养学报，26 (10)：3064-3070.

纪少丽，马学会，李爱花，2011. 减少猪热应激的营养策略与管理措施 [J]. 中国畜牧杂志，16：62-64.

寇涛，吕佳琪，李伟，等，2014. 母猪饲粮中添加精氨酸对仔猪肠道免疫细胞数量的影响 [J]. 动物营养学报，26 (8)：2077-2084.

赖长华，尹靖东，李德发，等，2005. 共轭亚油酸对免疫应激仔猪生长抑制的缓解作用 [J]. 中国畜牧杂志，41 (2)：6-9.

赖翔，毛湘冰，余冰，等，2012. 饲粮添加苏氨酸对伪狂犬病毒诱导的免疫应激仔猪生长性能和肠道健康的影响 [J]. 动物营养学报，24 (9)：1647-1655.

雷建学，2013. 猪的热应激及其营养调控综述 [J]. 饲料与畜牧 (8)：23-26.

黎文彬，2009. 酵母硒对脂多糖 (LPS) 诱导的免疫应激早期断奶仔猪的影响 [D]. 雅安：四川农业大学.

李建功，陈代文，余冰，等，2015. 黄曲霉毒素 B_1 及其吸附剂对断奶仔猪生长性能和空肠消化酶活性的影响 [J]. 动物营养学报，27 (11)：3501-3508.

李建文，2002. 免疫应激 10 kg 仔猪可消化赖、蛋、色、苏氨酸平衡模式的影响 [D]. 雅安：四川农业大学.

李决，孙鸣，2004. 畜禽霉菌毒素中毒的临床症状及治疗 [J]. 中国饲料 (10)：35-37.

李凯年，2013. 热应激和营养水平对生长猪代谢的影响 [J]. 中国动物保健，15 (5)：87-88.

李柯锦，2012. 外源锌刺激对不同细胞生长及其相关基因表达的影响 [D]. 南京：南京大学.

李丽娟, 陈代文, 余冰, 等, 2007. 氧化应激对断奶仔猪肌体氧化还原状态的影响 [J]. 动物营养学报, 19 (3): 199-203.

李永义, 段绪东, 赵娇, 等, 2011. 茶多酚对氧化应激仔猪生长性能和免疫功能的影响 [J]. 动物保健, 47 (15): 53-57.

廖波, 张克英, 丁雪梅, 等, 2011. 饲粮添加 25-羟基维生素 D_3 对轮状病毒攻毒和未攻毒断奶仔猪血清和肠内容物抗体和细胞因子水平的影响 [J]. 动物营养学报, 23 (1): 34-42.

刘芳宁, 2010. 益生菌对轮状病毒感染和腹泻的保护机制 [J]. 杨凌: 西北农林科技大学.

刘玉兰, 郭广伦, 吴志锋, 等, 2010. 牛膝多糖对脂多糖免疫应激仔猪血液生化指标和白细胞分类计数的影响 [J]. 中国饲料 (2): 35-38.

刘玉兰, 李德发, 龚利敏, 等, 2004. 免疫应激对断奶仔猪免疫和神经内分泌激素的影响 [J]. 中国畜牧杂志, 40 (4): 4-6.

刘忠臣, 2011. 不同来源脂肪对仔猪的营养效应及对 E.coli 攻毒的保护作用研究 [D]. 雅安: 四川农业大学.

龙次民, 谢春艳, 吴信, 等, 2015. 妊娠后期母猪饲粮中添加壳寡糖对新生仔猪抗氧化能力的影响 [J]. 动物营养学报, 27: 1207-1213.

卢庆萍, 张宏福, 刘圈炜, 等, 2010. 持续高温对生长猪肌纤维特性及肉质性状的影响 [C]. 低碳经济与高效养殖——第六次全国饲料营养学术研讨会暨动物营养学分会成立三十周年大会.

吕继蓉, 2002. 免疫应激对仔猪生产性能和蛋白质需求规律的影响 [D]. 雅安: 四川农业大学.

吕美, 2009. 氧化应激对仔猪色氨酸代谢和需求特点的影响及机制研究 [D]. 雅安: 四川农业大学.

吕美, 余冰, 郑萍, 等, 2010. 氧化应激对断奶仔猪色氨酸分解代谢的影响 [J]. 畜牧兽医学报, 41 (7): 823-828.

骆光波, 苏国旗, 胡亮, 等, 2014. 饲粮中添加壳寡糖对妊娠母猪繁殖性能和免疫指标的影响 [J]. 中国畜牧兽医学会动物营养学分会第七届中国饲料营养学术研讨会论文集.

毛湘冰, 王爱娜, 汤俊, 等, 2015. 饲粮添加鼠李糖乳酸杆菌 GG 缓解轮状病毒感染对断奶仔猪血清尿素氮含量和免疫功能的影响 [J]. 动物营养学报, 27 (10): 3118-3124.

梅绍峰, 2009. 高铜对断奶仔猪的促生长和微生物效应的研究 [D]. 雅安: 四川农业大学.

孟国权, 刘玉兰, 车政权, 等, 2010. L-精氨酸对脂多糖诱导的断奶仔猪肠道黏膜屏障损伤的缓解作用 [J]. 动物营养学报, 22 (3): 647-652.

宁勇, 姚彩萍, 王宇学, 等, 2005. 牛膝多糖对外周血单核细胞的激活作用 [J]. 华中科技大学学报: 医学版, 34 (4): 413-415.

亓宏伟, 2011. 不同来源蛋白对断奶仔猪肠道微生态环境及肠道健康的影响 [D]. 雅安: 四川农业大学.

任曼, 2014. 支链氨基酸调控仔猪肠道防御素表达和免疫屏障功能的研究 [D]. 北京: 中国农业大学.

任文华, 崔志洪, 2005. 猪轮状病毒概述 [J]. 畜牧兽医杂志, 24 (5): 21-25.

施振旦, 李明, 刘丽, 等, 2011. 免疫抑制素和卵泡抑制素阻止夏季热应激导致的猪精液品质下降的研究 [J]. 中国农业科学, 7: 1488-1494.

史清河, 2009. 硒与维生素 E 的互作 [J]. 饲料研究 (3): 39-40.

孙国君, 2009. 锌对仔猪及小肠上皮细胞免疫功能的调节作用 [D]. 雅安: 四川农业大学.

孙云子, 2009. 哺乳期及断奶后饲喂不同日粮仔猪小肠发育全基因组表达谱研究 [D]. 雅安: 四川农业大学.

汤俊，王爱娜，陈代文，等，2015. 饲粮中添加鼠李糖乳酸杆菌 GG 缓解轮状病毒感染诱导仔猪氧化应激的研究 [J]. 动物营养学报，27（6）：1787-1793.

唐萍，2006. 锌源和锌水平对断奶应激仔猪免疫机能的影响 [D]. 合肥：安徽农业大学.

唐仁勇，2004. 饲料不同形态、状态对早期断奶仔猪生产性能及消化生理的影响 [D]. 雅安：四川农业大学.

田刚，段绪东，陈代文，等，2012. 壳寡糖 COSⅡ对母猪繁殖性能及仔猪生产性能和血清免疫相关标识的影响 [J]. 中国畜牧兽医学会动物营养学分会第十一次全国动物营养学术研讨会论文集.

王纯刚，2009. 鱼粉与丁酸钠对断奶仔猪生长、肠道发育和胰高血糖素样肽-2 的影响 [D]. 雅安：四川农业大学.

王纯刚，张克英，丁雪梅，2009. 丁酸钠对轮状病毒攻毒和未攻毒断奶仔猪生长性能和肠道发育的影响 [J]. 动物营养学报，21（5）：711-718.

王继华，刘伯，2013. 育肥猪饲料配方设计技术 [M]. 北京：科学技术文献出版社.

王菊花，薛秀恒，2006. 共轭亚油酸对断奶仔猪生产性能及免疫的影响 [J]. 中国饲料（2）：22-27.

王留，赵耀光，2013. 霉菌毒素降解剂对育肥猪生长性能和抗氧化功能的影响 [J]. 饲料与畜牧：新饲料（2）：39-41.

王胜林，林映才，郑黎，等，2002. 抗热应激剂对育肥猪生产性能和代谢的影响 [J]. 动物营养学报，4：18-23.

文敏，贾刚，李霞，等，2010. 银耳多糖对生长育肥猪生产性能，免疫功能及肉质的影响 [J]. 动物营养学报，22（6）：1644-1649.

吴春燕，2002. 免疫应激对断奶仔猪整体蛋白质周转代谢的影响 [D]. 雅安：四川农业大学.

吴鑫，冯京海，张敏红，等，2015. 持续高温对育肥猪不同部位脂肪代谢的影响 [J]. 中国农业科学，5：952-958.

相振田，2011. 饲粮不同来源淀粉对断奶仔猪肠道功能和健康的影响及机理研究 [D]. 雅安：四川农业大学.

徐静，2009. 猪氧化应激模型构建以及茶多酚的抗应激效应的研究 [D]. 雅安：四川农业大学.

徐露蓉，栾兆双，胡彩虹，等，2013. 饲粮中添加纤维寡糖对生长猪生长性能，结肠菌群和肠黏膜通透性的影响 [J]. 动物营养学报，25（6）：1293-1298.

徐运杰，2012. 赭曲霉毒素 A 对猪生产的影响 [J]. 饲料工业（1）：32-33.

杨兵，夏先林，施晓丽，等，2012. 熟地黄多糖对断奶仔猪抗氧化性能和免疫性能的影响 [J]. 江苏农业学报，28（4）：787-791.

杨良存，2011. 猪玉米赤霉烯酮中毒综合防治 [J]. 中兽医医药杂志，13（6）：56-57.

杨平，吴德，车炼强，等，2011. 饲粮添 L-精氨酸或 N-氨甲酰谷氨酸对感染 PRRSV 妊娠母猪繁殖性能及免疫功能的影响 [J]. 动物营养学报，23（8）：1351-1360.

杨烨，冯玉兰，董志岩，等，2004. 高温期维生素 E 和 C 对育肥猪生长与代谢的影响 [J]. 福建畜牧兽医，4：3-5.

杨震国，张伟，侯永清，等，2012. N-乙酰半胱氨酸对脂多糖刺激仔猪免疫应激和能量状况的影响 [J]. 畜牧兽医学报，43（4）：564-571.

易中华，张建云，2008. 霉菌毒素的毒害作用及其互作效应 [J]. 饲料工业，29（9）：60-64.

尹佳，毛湘冰，余冰，等，2012. 饲粮纤维源对育肥猪生长性能、胴体组成和肉品质的影响 [J]. 动物营养学报，24（8）：1421-1428.

余进, 2010. 猪和大鼠小肠黏膜热应激损伤修复机制的研究 [D]. 北京: 北京农学院.

袁施彬, 陈代文, 余冰, 等, 2007. 氧化应激对断奶仔猪生产性能和养分利用率的影响 [J]. 中国饲料 (8): 19-22.

袁施彬, 余冰, 陈代文, 2008. 硒添加水平对氧化应激仔猪生产性能和免疫功能影响的研究 [J]. 畜牧兽医学报, 39 (5): 677-681.

岳文斌, 车向荣, 臧建军, 等, 2002. 甘露寡糖对断奶仔猪肠道主要菌群和免疫机能的影响 [J]. 山西农业大学学报 (自然科学版), 22 (2): 97-101.

张红英, 王学兵, 崔保安, 等, 2010. 山药多糖对 PRRSV 灭活苗免疫猪抗体和 T 细胞亚群的影响 [J]. 华北农学报, 25 (2): 236-238.

张江, 2015. 有机微量元素对家畜免疫、健康、生产和繁殖的影响 [J]. 国外畜牧学——猪与禽, 35 (2): 73-74.

张丽琛, 2013. 铁 [J]. 营养学报, 35 (2): 124-127.

张玲, 陈代文, 杨继文, 等, 2013. 壳寡糖对环磷酰胺应激仔猪生产性能和免疫功能的影响 [J]. 中国畜牧杂志, 49 (17): 58-62.

张敏红, 张卫红, 杜荣, 等, 2000. 补铬对高温环境下猪的铬代谢、生理生化反应和生产性能的影响 [J]. 畜牧兽医学报 (1): 2-9.

张勇, 郑丽莉, 朱宇旌, 等, 2012. 酵母细胞壁多糖与铝硅酸盐复合物对猪生长性能, 免疫指标及养分消化率的影响 [J]. 动物营养学报, 24 (9): 1799-1804.

张永泰, 2012. 减轻热应激对猪群影响的饲养管理对策 [J]. 养猪 (4): 33-36.

赵娇, 周招洪, 梁小芳, 等, 2013. 葡萄籽原花青素及维生素 E 对氧化应激仔猪生长性能、血清氧化还原状态和肝脏氧化损伤的影响 [J]. 中国农业科学, 46 (19): 4157-4164.

赵叶, 2013. 不同猪种抗病毒相关模式识别受体基因表达差异及维生素 D 的抗病毒作用与机制 [D]. 雅安: 四川农业大学.

郑萍, 2010. 氧化应激对仔猪精氨酸代谢和需求特点的影响及机制研究 [D]. 雅安: 四川农业大学.

邹书通, 蒋宗勇, 林映才, 等, 2006. 共轭亚油酸对 14 日龄断奶仔猪部分免疫指标的影响 [J]. 动物营养学报, 18 (1): 6-11.

Akiyama T E, Gonzalez F J, 2003. Regulation of P450genes by liver-enriched transcription factors and nuclear receptors [J]. BiochimicaetBiophysicaActa (BBA) - General Subjects, 1619 (3): 223-234.

Amazan D, Cordero G, Lopez-Bote C J, et al, 2014. Effects of oral micellized natural vitamin E (D-α-tocopherol) v. synthetic vitamin E (DL-α-tocopherol) in feed on α-tocopherol levels, stereoisomer distribution, oxidative stress and the immune response in piglets [J]. Animal, 8 (3): 410-419.

Anastasia N, Vlasova, Kuldeep S, Chattha S K, et al, 2013. Prenatally acquired vitamin a deficiency alters innate immune responses to human rotavirus in a gnotobiotic pig model [J]. Journal Immunol, 190 (9): 4742-4753.

Ban H, Shigemitsu K, Yamatsuji T, et al, 2004. Arginine and leucine regulate p70 S6kinase and 4E-BP1 in intestinal epithelial cells [J]. International Journal of Molecular Medicine, 13 (4): 537-543.

Barnes J L, Hartmann B, Holst J J, et al, 2012. Intestinal adaptation is stimulated by partial enteral nutrition supplemented with the prebiotic short-chain fructooligosaccharide in a neonatal intestinal failure piglet model [J]. Journal of Parenteral and Enteral Nutrition, 36 (5): 524-537.

Bassaganya J, Hontecillas R, Bregendahl K, et al, 2001. Effects of dietary conjugated linoleic acid in nursery pigs of dirty and clean environments on growth, empty body composition, and immune competence [J]. Journal of Animal Science, 79 (3): 714-721.

Bassit R A, Sawada L A, Bacurau R F P, et al, 2002. Branched-chain amino acid supplementation and the immune response of long-distance athletes [J]. Nutrition, 18 (5): 376-379.

Bauchart-Thevret C, Stoll B, Chacko S, et al, 2009. Sulfur amino acid deficiency upregulates intestinal methionine cycle activity and suppresses epithelial growth in neonatal pigs [J]. American Journal of Physiology-Endocrinology and Metabolism, 296 (6): 1239-1250.

Bevins C L, Salzman N H, 2011. Paneth cells, antimicrobial peptides and maintenance of intestinal homeostasis [J]. Nature Reviews Microbiology, 9 (5): 356-368.

Biehl M, Prelusky D, Koritz G, et al, 1993. Biliary excretion and enterohepatic cycling of zearalenone in immature pigs [J]. Toxicology and Applied Pharmacology, 121 (1): 152-159.

Bing L, Zhiqing H G H J H, Daiwen Z P Y J C, 2012. Effects of threonine supplementation on growth performance and intestinal health of weaner piglets challenged with *Pseudorabiesvirus* [J]. Chinese Journal of Animal Nutrition, 9: 5.

Bird A R, Vuaran M, Crittenden R, et al, 2009. Comparative effects of a high-amylose starch and a fructooligosaccharide on fecal bifidobacteria numbers and short-chain fatty acids in pigs fed Bifidobacteriumanimalis [J]. Digestive Diseases and Sciences, 54 (5): 947-954.

Bontempo V, Sciannimanico D, Pastorelli G, et al, 2004. Dietary conjugated linoleic acid positively affects immunologic variables in lactating sows and piglets [J]. Journal of Nutrition, 134 (5): 817-824.

Bosi P, Casini L, Finamore A, et al, 2004. Spray-dried plasma improves growth performance and reduces inflammatory status of weaned pigs challenged with enterotoxin genic K88 [J]. Journal of Animal Science, 82 (6): 1764-1772.

Bruins M J, Soeters P B, Deutz N E P, 2000. Endotoxemia affects organ protein metabolism differently during prolonged feeding in pigs [J]. Journal of Nutrition, 130 (12): 3003-3013.

Bruins M J, Soeters P B, Lamers W H, et al, 2002. L-arginine supplementation in pigs decreases liver protein turnover and increases hindquarter protein turnover both during and after endotoxemia [J]. The American Journal of Clinical Nutrition, 75 (6): 1031-1044.

Buckley D J, Morrissey P A, Gray J I, 1995. Influence of dietary vitamin E on the oxidative stability and quality of pig meat [J]. Journal of Animal Science, 73 (10): 3122-3130.

Campos P H R F, Labussiere E, Hernandez-Garcia J, et al, 2014. Effects of ambient temperature on energy and nitrogen utilization in lipopolysaccharide-challenged growing pigs [J]. Journal of Animal Science, 92 (11): 4909-4920.

Capozzalo M M, Kim J C, Htoo J K, et al, 2012. An increased ratio of dietary tryptophan to lysine improves feed efficiency and elevates plasma tryptophan and kynurenine in the absence of antimicrobials and regardless of infection with enterotoxigenic in weaned pigs [J]. Journal of Animal Science, 90 (4): 191-193.

Capozzalo M M, Kim J C, Htoo J K, et al, 2015. Effect of increasing the dietary tryptophan to lysine ratio on plasma levels of tryptophan, kynurenine and urea and on production traits in weaner pigs experimentally infected with an enterotoxigenic strain of *Escherichia coli* [J]. Archives of Animal Nutrition, 69 (1): 17-29.

Chen D W, Zhang K Y, Wu C Y, 2008. Influences of lipopolysaccharide-induced immune challenge on performance and whole-body protein turnover in weanling pigs [J]. Livestock Science, 113 (2): 291-295.

Chen Y, Chen D W, Tian G, et al, 2012. Dietary arginine supplementation alleviates immune challenge induced by *Salmonella entericaserovar* Choleraesuisbacterin potentially through the toll-like receptor 4-myeloid differentiation factor 88 signalling pathway in weaned piglets [J]. British Journal of Nutrition, 108 (6): 1069-1076.

Chen Y J, Kim I H, Cho J H, et al, 2009. Effects of chitooligosaccharide supplementation on growth performance, nutrient digestibility, blood characteristics and immune responses after lipopolysaccharide challenge in weanling pigs [J]. Livestock Science, 124 (1): 255-260.

Colditz I G, 2004. Some mechanisms regulating nutrient utilisation in livestock during immune activation: an overview. [J]. Australian Journal of Experimental Agriculture, 44 (5): 453-457.

Corino C, Bontempo V, Sciannimanico D, 2002. Effects of dietary conjugated linoleic acid on some aspecific immune parameters and acute phase protein in weaned piglets [J]. Candaian Journal of Animal Science, 82 (3): 115-117.

Corl B A, Harrell R J, Moon H K, et al, 2007. Effect of animal plasma proteins on intestinal damage and recovery of neonatal pigs infected with rotavirus [J]. Journal of Nutritional Biochemistry, 18 (12): 778-784.

Czakai K, Müller K, Mosesso P, et al, 2011. Perturbation of mitosis through inhibition of histone acetyltransferases: the key to ochratoxin a toxicity and carcinogenicity[J]. Toxicological Sciences, 122 (2): 317-329.

de Ridder K, Levesque C L, Htoo J K, et al, 2012. Immune system stimulation reduces the efficiency of tryptophan utilization for body protein deposition in growing pigs [J]. Journal of Animal Science, 90 (10): 3485-3491.

Deng H, Xu L, Tang Z R, et al, 2014. Effects of orally administered *Escherichia coli* Nissle 1917 on growth performance and jejunal mucosal membrane integrity, morphology, immune parameters and antioxidant capacity in early weaned piglets [J]. Animal Feed Science and Technology, 198: 286-294.

Deng Q L, Xu J, Yu B, et al, 2010. Effect of dietary tea polyphenols on growth performance and cell-mediated immune response of post-weaning piglets under oxidative stress [J]. Archives of Animal Nutrition, 64 (1): 12-21.

Denissenko M F, Cahill J, Koudriakova T B, et al, 1999. Quantitation and mapping of aflatoxin B1-induced DNA damage in genomic DNA using aflatoxin B1-8,9-epoxide and microsomal activation systems [J]. Mutation Research/Fundamental and Molecular Mechanisms of Mutagenesis, 425 (2): 205-211.

Devreese M, De Backer P, Croubels S, 2013. Overview of the most important mycotoxins for the pig and poultry husbandry [J]. Vlaams Diergeneeskundig Tijdschrift, 82: 171-180.

Diaz G, Murcia H, Cepeda S, 2010. Bioactivation of aflatoxin B1 by turkey liver microsomes: responsible cytochrome P450 enzymes [J]. British Poultry Science, 51 (6): 828-837.

Duan J, Yin J, Wu M, et al, 2014. Dietary glutamate supplementation ameliorates mycotoxin-induced abnormalities in the intestinal structure and expression of amino acid transporters in young pigs [J]. PloS One, 9 (11): e112357.

Engedal N, Litwack G, 2011. Vitamins and the immune sys-tem [M]. Netherlands: Elsevier.

Escobar J, van Alstine W G, Baker D H, et al, 2004. Decreased protein accretion in pigs with viral and bacterial pneumonia is associated with increased myostatin expression in muscle [J]. Journal of Nutrition, 134 (11): 3047-3053.

Fallarino F, Grohmann U, You S, et al, 2006. The combined effects of tryptophan starvation and tryptophan catabolites down-regulate T cell receptor zeta-chain and induce a regulatory phenotype in naive T cells [J]. Journal of Immunology, 176 (11): 6752-6761.

Faure M, Mettraux C, Moennoz D, et al, 2006. Specific amino acids increase mucin synthesis and microbiota in dextran sulfate sodium-treated rats [J]. Journal of Nutrition, 136 (6): 1558-1564.

Fry R S, Ashwell M S, Lloyd K E, et al, 2012. Amount and source of dietary copper affects small intestine morphology, duodenal lipid peroxidation, hepatic oxidative stress, and mRNA expression of hepatic copper regulatory proteins in weanling pigs [J]. Journal of Animal Science, 90 (9): 3112-3119.

Gatnau R, Zimmerman D R, Nissen S L, et al, 1995. Effects of excess dietary leucine and leucine-catabolites on growth and immune responses in weanling pigs [J]. Journal of Animal Science, 73 (1): 159-165.

Grattagliano I, Palmieri V O, Portincasa P, et al, 2008. Oxidative stress-induced risk factors associated with the metabolic syndrome: a unifying hypothesis [J]. Journal of Nutritional Biochemistry, 19 (8): 491.

Grimble R F, 2006. The effects of sulfur amino acid intake on immune function in humans [J]. Journal of Nutrition, 136 (6): 1660-1665.

Han J, Liu Y L, Fan W, et al, 2009. Dietary L-arginine supplementation alleviates immunosuppression induced by cyclophosphamide in weaned pigs [J]. Amino Acids, 37 (4): 643-651.

Hao Y, Feng Y, Yang P, et al, 2014. Nutritional and physiological responses of finishing pigs exposed to a permanent heat exposure during three weeks [J]. Archives of Animal Nutrition, 68 (4): 296-308.

Haschek W M, Gumprecht L A, Smith G, et al, 2001. Fumonisintoxicosis in swine: an overview of porcine pulmonary edema and current perspectives [J]. Environmental Health Perspectives, 109 (2): 251.

Hinson R, Allee G, Boler D, et al, 2013. The effects of dietary ractopamine on the performance and carcass characteristics of late-finishing market pigs with a previous history of porcine circovirus type 2 associated disease (PCVAD) [J]. The Professional Animal Scientist, 29 (2): 89-97.

Hoek K E, Sakkas P, Gerrits W J J, et al, 2015. Induced lung inflammation and dietary protein supply affect nitrogen retention and amino acid metabolism in growing pigs [J]. British Journal of Nutrition, 113 (3): 414-425.

Hou Y, Wang L, Ding B, et al, 2010. Dietary α-ketoglutarate supplementation ameliorates intestinal injury in lipopolysaccharide-challenged piglets [J]. Amino Acids, 39 (2): 555-564.

Jiang S, Yang Z, Yang W, et al, 2010a. Effects of feeding purified zearalenone contaminated diets with or without clay enterosorbent on growth, nutrient availability, and genital organs in post-weaning female pigs [J]. Asian-Australasian Journal of Animal Science, 23 (1): 74-81.

Jiang S, Yang Z, Yang W, et al, 2010b. Physiopathological effects of zearalenone in post-weaning female piglets with or without montmorillonite clay adsorbent [J]. Livestock Science, 131 (1): 130-136.

Kakazu E, Kanno N, Ueno Y, et al, 2007. Extracellular branched - chain amino acids, especially valine, regulate maturation and function of monocyte - derived dendritic cells [J]. Journal of Immunology, 179 (10): 7137 - 7146.

Kim, J C, Hansen C F, Mullan B P, et al, 2012. Nutrition and pathology of weaner pigs: Nutritional strategies to support barrier function in the gastrointestinal tract [J]. Animal Feed Science and Technology, 173: 3 - 16.

Koga T, Claycombe K, Meydani M, 2002. Homocysteine increases monocyte and T - cell adhesion to human aortic endothelial cells [J]. Atherosclerosis, 161 (2): 365 - 374.

Konowalchuk J D, Rieger A M, Kiemele M D, et al, 2013. Modulation of weanling pig cellular immunity in response to diet supplementation with 25 - hydroxyvitamin D3 [J]. Vet Immunol Immunop, 155: 57 - 66.

Koopmans S J, Guzik A C, 2006. Effects of supplemental L - tryptophan on serotonin, cortisol, intestinal integrity, and behavior in weanling piglets [J]. Journal of Animal Science, 84 (4): 963.

Kuiper G G, Lemmen J G, Carlsson B, et al, 1998. Interaction of estrogenic chemicals and phytoestrogens with estrogen receptor β [J]. Endocrinology, 139 (10): 4252 - 4263.

Lauridsen C H, Jsgaard S, Srensen M T, 1999. Influence of dietary rapeseed oil, vitamin E, and copper on the performance and the antioxidative and oxidative status of pigs [J]. Journal of Animal Science, 77 (4): 906 - 916.

Law G K, Bertolo R F, Adjiri - Awere A, et al, 2007. Adequate oral threonine is critical for mucin production and gut function in neonatal piglets [J]. American Journal of Physiology - Gastrointestinal and Liver Physiology, 292 (5): 1293 - 1301.

le Bourgot C, Ferret - Bernard S, le Normand L, et al, 2014. Maternal short - chain fructooligosaccharide supplementation influences intestinal immune system maturation in piglets [J]. PLoS One, 9 (9): e107508.

Li M, Monaco M H, Wang M, et al, 2014. Human milk oligosaccharides shorten rotavirus - induced diarrhea and modulate piglet mucosal immunity and colonic microbiota [J]. ISME Journal, 8 (8): 1609 - 1620.

Li M, Seelenbinder K, Ponder M, et al, 2015. Effects of porcine reproductive and respiratory syndrome virus on pig growth, diet utilization efficiency, and gas release from stored manure [J]. Journal of Animal Science, 93 (9): 4424 - 4435.

Li H, Wan H, Mercier Y, et al, 2014. Changes in plasma amino acid profiles, growth performance and intestinal antioxidant capacity of piglets following increased consumption of methionine as its hydroxyanalogue [J]. British Journal of Nutrition, 112 (6): 855 - 867.

Li P, Yin Y L, Li D, et al, 2007. Amino acids and immune function [J]. British Journal of Nutrition, 98 (2): 237 - 252.

Lidan Z, Ryan M, Zhenhe Z, et al, 2015. Effect of heat stress on pig skeletal muscle metabolism [J]. FASEB Journal, 29 (1): 755 - 757.

Litvak N, Htoo J K, de Lange C F M, 2013. Restricting sulfur amino acid intake in growing pigs challenged with lipopolysaccharides decreases plasma protein and albumin synthesis [J]. Canadian Journal of Animal Science, 93 (4): 505 - 515.

Litvak N, Rakhshandeh A, Htoo J K, et al, 2013. Immune system stimulation increases the optimal dietary methionine to methionine plus cysteine ratio in growing pigs [J]. Journal of Animal Science, 91 (9): 4188 - 4196.

Liu Y, Che T, Song M, et al, 2013. Dietary plant extracts improve immune responses and growth efficiency of pigs experimentally infected with porcine reproductive and respiratory syndrome virus [J]. Journal of Animal Science, 91 (12): 5668-5679.

Liu Y, Chen F, Odle J, et al, 2012. Fish oil enhances intestinal integrity and inhibits TLR4 and NOD2 signaling pathways in weaned pigs after LPS challenge [J]. Journal of Nutrition, 142 (11): 2017-2024.

Liu Y L, Han J, Huang J J, et al, 2009. Dietary L-arginine supplementation improves intestinal function in weaned pigs after an *Escherichia* coli lipopolysaccharide challenge [J]. Asian-Australasian Journal of Animal Science, 22 (12): 1667-1675.

Liu Y L, Huang J, Hou Y, et al, 2008. Dietary arginine supplementation alleviates intestinal mucosal disruption induced by *Escherichia* coli lipopolysaccharide in weaned pigs [J]. British Journal of Nutrition, 100 (3): 552-560.

Liu Y L, Li D F, Gong L M, et al, 2003. Effects of fish oil supplementation on the performance and the immunological, adrenal, and somatotropic responses of weaned pigs after an lipopolysaccharide challenge [J]. Journal of Animal Science, 81 (11): 2758-2765.

Lü M, Yu B, Mao X B, et al, 2012. Responses of growth performance and tryptophan metabolism to oxidative stress induced by diquat in weaned pigs [J]. Animal, 6 (6): 928-934.

Mahan D C, Parrett N A, 1996. Evaluating the efficacy of selenium-enriched yeast and sodium selenite on tissue selenium retention and serum glutathione peroxidase activity in grower and finisher swine [J]. Journal of Animal Science, 74 (12): 2967-2974.

Mally A, 2012. Ochratoxin A and mitotic disruption: mode of action analysis of renal tumor formation by ochratoxinA [J]. Toxicological Sciences, 127 (2): 315-330.

Mao X, Gü C, Hu H, et al, 2016. Dietary lactobacillus rhamnosus GG supplementation improves the mucosal barrier function in the intestine of weaned piglets challenged by porcine rotavirus [J]. PLoS One, 11 (1): e0146312.

Mao X, Liu M, Tang J, et al, 2015. Dietary leucine supplementation improves the mucin production in the jejunal mucosa of the weaned pigs challenged by porcine rotavirus [J]. PLoS One, 10 (9): e0137380.

Mao X, Lü M, Yu B, et al, 2014. The effect of dietary tryptophan levels on oxidative stress of liver induced by diquat in weaned piglets [J]. Journal of Animal Science and Biotechnology, 5 (1): 49.

Mao X, Qi S, Yu B, et al, 2013. Zn^{2+} and l-isoleucine induce the expressions of porcine β-defensins in IPEC-J2 cells [J]. Molecular Biology Reports, 40 (2): 1547-1552.

Matsumoto K-I, Suzuki A, Washimi H, et al, 2006. Electron paramagnetic resonance decay constant and oxidative stresses in liver microsomes of the selenium-deficient rat [J]. Journal of Nutritional Biochemistry, 17 (10): 677-681.

Melchior D, le Melchior N, Sève B, 2003. Effects of chronic lung inflammation on tryptophan metabolism in piglets' developments in tryptophan and serotonin metabolism [J]. Springer US, 359-362.

Melchior D, Sève B, Floc'h L, 2004. Chronic lung inflammation affects plasma amino acid concentrations in pigs [J]. Journal of Animal Science, 82 (4): 1091-1099.

Merrill Jr A H, Sullards M C, Wang E, et al, 2001. Sphingolipid metabolism: roles in signal transduction and disruption by fumonisins [J]. Environmental Health Perspectives, 109 (2): 283.

Minervini F, Dell'aquila M E, 2008. Zearalenone and reproductive function in farm animals [J]. International Journal of Molecular Sciences, 9 (12): 2570–2584.

Moon Y, Pestka J J, 2002. Vomitoxin–induced cyclooxygenase–2gene expression in macrophages mediated by activation of ERK and p38 but not JNK mitogen–activated protein kinases [J]. Toxicological Sciences, 69 (2): 373–382.

Morales A, Grageola F, García H, et al, 2014. Performance, serum amino acid concentrations and expression of selected genes in pair–fed growing pigs exposed to high ambient temperatures [J]. Journal of Animal Physiology and Animal Nutrition, 98 (5): 928–935.

Nose K, Yang H, Sun X, et al, 2010. Glutamine prevents total parenteral nutrition–associated changes to intraepithelial lymphocyte phenotype and function: a potential mechanism for the preservation of epithelial barrier function [J]. Journal of Interferon & Cytokine Research, 30 (2): 67–80.

Oehler R, Roth E, 2003. Regulative capacity of glutamine [J]. Current Opinion in Clinical Nutrition & Metabolic Care, 6 (3): 277–282.

Olsen M, Pettersson H, Kiessling K H, 2010. Reduction of zearalenone to zearalenol in female rat liver by 3α-hydroxysteroid dehydrogenase [J]. Basic and Clinical Pharmacology and Toxicology, 48 (2): 157–161.

Opapeju F O, Rademacher M, Payne R L, et al, 2010. Inflammation–associated responses in piglets induced with post–weaning colibacillosis are influenced by dietary protein level [J]. Livestock Science, 131 (1): 58–64.

Pearce S, Huff–Lonergan E, Lonergan S, et al, 2014. Heat stress and reduced feed intake alter the intestinal proteomic profile [J]. The FASEB Journal, (1): 246.1.

Pearce S C, Mani V, Boddicker R L, et al, 2012. Heat stress reduces barrier function and alters intestinal metabolism in growing pigs [J]. Journal of Animal Science, 90, (4): 257–259.

Pestka J J, 2007. Deoxynivalenol: toxicity, mechanisms and animal health risks [J]. Animal Feed Science and Technology, 137 (3): 283–298.

Pi D, Liu Y, Shi H, et al, 2014. Dietary supplementation of aspartate enhances intestinal integrity and energy status in weanling piglets after lipopolysaccharide challenge [J]. Journal of Nutritional Biochemistry, 25 (4): 456–462.

Pinelli–Saavedra A, Peralta–Quintana J, Sosa–Castañeda J, et al, 2015. Dietary conjugated linoleic acid and its effect on immune response in pigs infected with the porcine reproductive and respiratory syndrome virus [J]. Research in Veterinary Science, 98: 30–38.

Plagemann P G, 2003. Porcine reproductive and respiratory syndrome virus: origin hypothesis [J]. Emerging Infectious Diseases, 9 (8): 903–908.

Platten M, Ho P P, Youssef S, et al, 2005. Treatment of autoimmune neuroinflammation with a synthetic tryptophan metabolite [J]. Science, 310 (5749): 850–855.

Pompeia C, Lopes L R, Miyasaka C K, et al, 2000. Effect of fatty acids on leukocyte function [J]. Brazilian Journal of Medical and Biological Research, 33 (11): 1255–1268.

Rakhshandeh A, de Lange C, 2012. Evaluation of chronic immune system stimulation models in growing pigs [J]. Animal, 6 (2): 305–310.

Rakhshandeh A, Dekkers J C, Kerr B J, et al, 2012. Effect of immune system stimulation and divergent selection for residual feed intake on digestive capacity of the small intestine in growing pigs [J]. Journal of Animal Science, 90 (4): 233-235.

Ren W, Liu G, Li T, et al, 2012. Dietary supplementation with arginine and glutamine confers a positive effect in porcine circovirus - infected pig [J]. Journal of Food Agriculture and Environment, 10: 485-490.

Rochell S, Alexander L, Rocha G, et al, 2015. Effects of dietary soybean meal concentration on growth and immune response of pigs infected with porcine reproductive and respiratory syndrome virus [J]. Journal of Animal Science.

Schweer W P, 2014. PRRSv reduces feed efficiency and tissue accretion rates in grow - finisher pigs [C]. ADSA - ASAS Midwest Meeting.

Schweer W P, 2015. Impact of PRRS and PED viruses on grower pig performance and intestinal function [D]. Iowa: Iowa State University.

Sharon N, 1993. Lectin - carbohydrate complexes of plants and animals: an atomic view [J]. Trends in Biochemical Sciences, 18 (6): 221-226.

Sohal R S, Allen R G, 1990. Oxidative stress as a causal factor in differentiation and aging: a unifying hypothesis [J]. Experimantal Gerontology, 25 (6): 499-522.

Taranu I, Marin D E, Untea A, et al, 2012. Effect of dietary natural supplements on immune response and mineral bioavailability in piglets after weaning [J]. Czech Journal of Animal Science, 57: 332-343.

Terness P, Bauer T M, Röse L, et al, 2002. Inhibition of allogeneic T cell proliferation by indoleamine 2, 3 - dioxygenase - expressing dendritic cells mediation of suppression by tryptophan metabolites [J]. Journal of Experimental Medicine, 196 (4): 447-457.

Thom R E, Elmore M J, Williams A, et al, 2012. The expression of ferritin, lactoferrin, transferrin receptor and solute carrier family 11A1 in the host response to BCG - vaccination and Mycobacterium tuberculosis challenge [J]. Vaccine, 30: 3159-3168.

Tiemann U, Dänicke S, 2007. *In vivo* and *in vitro* effects of the mycotoxinszearalenone and deoxynivalenol on different non - reproductive and reproductive organs in female pigs: a review [J]. Food Additives and Contaminants, 24 (3): 306-314.

van Heugten E, Spears J W, Coffey M T, 1994. The effect of dietary protein on performance and immune response in weanling pigs subjected to an inflammatory challenge [J]. Journal of Animal Science, 72 (10): 2661-2669.

Verbrugghe E, Croubels S, Vandenbroucke V, et al, 2012. A modified glucomannanmycotoxin - adsorbing agent counteracts the reduced weight gain and diminishes cecal colonization of *Salmonella typhimurium* in T - 2 toxin exposed pigs [J]. Research in Veterinary Science, 93 (3): 1139-1141.

Victoria S F M, Johnson J S, Abuajamieh M, et al, 2015. Effects of heat stress on carbohydrate and lipid metabolism in growing pigs [J]. Physiological Reports, 3 (2): e12315.

Wang B, Wu G, Zhou Z, et al, 2015. Glutamine and intestinal barrier function [J]. Amino Acids, 47 (10): 2143-2154.

Wang R L, Hou Z P, Wang B, et al, 2010. Effects of feeding galactomannan oligosaccharides on growth performance, serum antibody levels and intestinal microbiota in newly - weaned pigs. Journal of Food [J]. Agriculture & Environment, 8 (3/4): 47-55.

Wang X, Liu Y, Li S, et al, 2015. Asparagine attenuates intestinal injury, improves energy status and inhibits AMP-activated protein kinase signalling pathways in weaned piglets challenged with *Escherichia coli* lipopolysaccharide. [J]. British Journal of Nutrition, 114 (4): 553-565.

Wang X, Qiao S, Yin Y, et al, 2007. A deficiency or excess of dietary threonine reduces protein synthesis in jejunum and skeletal muscle of young pigs [J]. Journal of Nutrition, 137 (6): 1442-1446.

Weaver A C, See M T, Hansen J A, et al, 2013. The use of feed additives to reduce the effects of aflatoxin and deoxynivalenol on pig growth, organ health and immune status during chronic exposure [J]. Toxins, 5 (7): 1261-1281.

Williams N, Stahly T, Zimmerman D, 1997. Effect of level of chronic immune system activation on the growth and dietary lysine needs of pigs fed from 6 to 112kg [J]. Journal of Animal Science, 75 (9): 2481-2496.

Williams N H, Stahly T S, Zimmerman D R, 1997. Effect of chronic immune system activation on the rate, efficiency, and composition of growth and lysine needs of pigs fed from 6 to 27kg [J]. Journal of Animal Science, 75 (9): 2463-2471.

Windle E M, 2006. Glutamine supplementation in critical illness: evidence, recommendations, and implications for clinical practice in burn care [J]. Journal of Burn Care & Research, 27 (6): 764-772.

Wu G, 2009. Amino acids: metabolism, functions, and nutrition [J]. Amino Acids, 37 (1): 1-17.

Wu L, Liao P, He L, et al, 2015. Dietary L-arginine supplementation protects weanling pigs from deoxynivalenol-induced toxicity [J]. Toxins, 7 (4): 1341-1354.

Wu L, Wang W, Yao K, et al, 2013. Effects of dietary arginine and glutamine on alleviating the impairment induced by deoxynivalenol stress and immune relevant cytokines in growing pigs [J]. PLoS One, 8 (7): e69502.

Xiao H, Tan B, Wu M, et al, 2013. Effects of composite antimicrobial peptides in weanling piglets challenged with deoxynivalenol: II. Intestinal morphology and function [J]. Journal of Animal Science, 91 (10): 4750-4756.

Yin J, Ren W, Duan J, et al, 2014. Dietary arginine supplementation enhances intestinal expression of SLC7A7 and SLC7A1 and ameliorates growth depression in mycotoxin-challenged pigs [J]. Amino Acids, 46 (4): 883-892.

Yoo H-S, Norred W P, Showker J, et al, 1996. Elevated sphingoid bases and complex sphingolipid depletion as contributing factors in fumonisin-induced cytotoxicity [J]. Toxicology and Applied Pharmacology, 138 (2): 211-218.

Zhang F, Zeng X, Yang F, et al, 2013. Dietary N-carbamylglutamate supplementation boosts intestinal mucosal immunity in *Escherichia coli* challenged piglets [J]. PLoS One, 8 (6): e66280.

Zhao P Y, Jung J H, Kim I H, 2012. Effect of mannan oligosaccharides and fructan on growth performance, nutrient digestibility, blood profile, and diarrhea score in weanling pigs [J]. Journal of Animal Science, 90 (3): 833-839.

Zhao Y, Yu B, Mao X, et al, 2014. Dietary vitamin D supplementation attenuates immune responses of pigs challenged with rotavirus potentially through the retinoic acid-inducible gene I signallingpathway [J]. British Journal of Nutrition, 112 (3): 381-389.

Zheng P, Yu B, He J, et al, 2013. Protective effects of dietary arginine supplementation against oxidative stress in weaned piglets [J]. British Journal of Nutrition, 109 (12): 2253–2260.

Zheng P, Yu B, Lü M, et al, 2010. Effects of oxidative stress induced by diquat on arginine metabolism of postweaningpigs [J]. Asian–Australasian Journal of Animal Science, 23 (1): 98–105.

第十一章 营养与肉品质

猪肉品质，传统上通常指鲜猪肉的肉色、pH、质地、肌内脂肪含量或大理石花纹评分、货架寿命及熟肉的风味。猪肉加工业者还将脂肪品质（颜色、硬度、脂肪酸组成）、肉的营养组成（如肉中维生素、微量元素含量）和肉的安全（有无致病菌、毒素和化学物质残留）纳入肉品质的定义中。随着动物福利的概念日益被重视，发达国家的消费者将猪的生长环境、伦理和动物福利纳入了肉品质的概念中（尹靖东译，2015）。

猪的品种和遗传背景、饲养环境与营养供给都影响着肉的品质。饲养管理可以在很大程度上影响猪肉的品质，特别是饲粮营养供给可以抵消遗传和品种方面带给猪肉品质的消极影响。因此，本章主要讨论营养供给如何影响肉的食用品质和加工品质（如肉的pH、肉色、肉质地坚实度、系水力等）。

第一节 营养因素对肌肉代谢与 PSE 肉发生率的影响

动物宰后肌肉的代谢从脂肪有氧代谢转为肌糖原的无氧代谢，随着无氧代谢终产物乳酸的积累，猪宰后 1 h 内，肌肉 pH 快速下降至 5.8 以下，并伴随肌肉的温度升高。有三种典型的劣质猪肉与猪宰后肌肉 pH 异常降低有关：①肉色苍白、质地松软、汁液渗出的猪肉，即 PSE 肉［亮度（L^*）>50，滴水损失≥6%］；②肉色发暗、质地坚硬如干柴般的猪肉，即 DFD 肉（L^*≤43，滴水损失<6%）；③肉色发红、质地松软、汁液渗出的猪肉，即 RSE 肉（43<L^*≤50，滴水损失<6%）。

影响猪肉品质的基因可能有很多，但目前只有氟烷敏感基因和酸肉基因获得了广泛的认可，这两个基因都通过影响胴体糖原酵解，继而影响屠宰后猪肉 pH 下降的速度与最终下降的程度，但这两个基因突变仅能解释部分肉质变差的原因。氟烷敏感基因的猪屠宰后肉中 pH 迅速下降，而猪肉温度仍维持在较高时，pH 的下降导致 PSE 肉的产生。酸肉基因的猪在宰后肉 pH 的下降速率是正常的，但下降的幅度大，从而形成 pH 低于正常值的酸肉。

尽管目前没有证据显示某种或几种营养素可以直接影响 PSE 肉的发生率，但相当多的研究却表明，适当的营养调控措施可以降低 PSE 肉的发生率。

一、宰前管理和营养调节与 PSE 肉的发生

宰前猪的应激、屠宰和宰后的管理水平和操作程序都影响 PSE 肉的发生率。宰前各种应激使得猪能量消耗增加，而通常宰前肌糖原贮备低又强化了宰前应激对体内糖原贮备耗尽的效应。宰前充分休息可减少 PSE 肉的发生。有报道认为，宰前休息 2.5 h 和 15 min 的 PSE 肉发生率分别为 1.3%和 18%。Fortin 等（2003）报道，屠宰前休息 3 h 可减少 27%的 PSE 肉发生率。调节宰前肌肉中糖原贮量可以显著改善鲜猪肉的肉色和系水力。

屠宰前禁食不仅有助于改善肉质，还可降低运输和待宰过程中猪的死亡率，减少因胃肠道被刺破导致的致病菌污染胴体的发生，减少需要抛弃或处理的废弃物（Murray 等，2001）。屠宰前禁食 16～24 h 可有效降低背最长肌中糖原浓度和肌肉亮度，生产出肉色更好的猪肉，提高肌肉初始（45 min）和最终（24 h）的 pH，并可显著改善鲜猪肉的系水力（Partanen 等，2007；Sterten 等，2009）。宰前禁食小于 16 h 对肌肉糖原贮存、尸僵过程 pH 下降和系水力则没有改善（Faucitano 等，2006）。

让猪宰前静休，并简单地让其饮用自来水就可以提高猪肉的初始和最终 pH，获得好品质的猪肉。早期研究发现，屠宰前短时间补饲含 25%～50%蔗糖的饲粮，可提高猪肌肉糖原含量和初始 pH。有研究报道，给育肥猪提供葡萄糖、果糖或蔗糖糖浆溶液均可提高肌肉糖原含量。Camp 等（2003）给猪饲喂含 0～15%蔗糖的饲粮，发现背最长肌的红度（a^*）和黄度（b^*）显著提高，但滴水损失随着饲粮蔗糖水平的提高而线性增加。

注：L^* 值用来表示肌肉的亮度，数值大表示肉的颜色苍白，品质差；a^* 值用来表示肌肉的红色度，数值越大说明肉的颜色越红，肉品质越好；b^* 值用来表示肌肉黄色度，数值越小表示肉品质越好。

二、降低宰后肌肉糖原含量的饲粮

Spencer 等（2005）报道，给高温环境（27～35 ℃）下饲养的猪饲喂高脂饲粮（添加 8%的脂肪），可通过降低肌糖原酵解潜力，提高肉色和 pH。饲喂高脂（17%～19%）、高蛋白质（19%～25%）和低可消化碳水化合物（<5%）的饲粮，可有效降低猪背最长肌总糖原含量（Rosenvold 等，2003；Bee 等，2006）。采食可降低肌糖原饲粮的猪，屠宰后 45 min 肌肉 pH 升高，滴水损失下降，但对肉色的作用不确定（Rosenvold 等，2001，2002；Bee 等，2006）。研究表明，给屠宰前 3 周的猪饲喂含低可消化碳水化合物、高蛋白质和（或）脂肪的饲粮，猪生长速度不受影响，但可降低屠宰后肌肉中糖原贮存量（由 26%降低到 11%），并可明显降低 L^* 值，但糖原贮存的降低并不能提升肌肉的最终 pH。相反，因为 μ-钙激活中性蛋白酶活性的降低和钙激活中性蛋白酶抑制因子（Calpastatin）活性的提高，降低了屠宰时的蛋白质周转，导致肌肉 Warner - Bratzler 剪切力值升高。

三、调节宰后胴体代谢的营养素

一般认为,宰前应激影响肌肉中的糖原贮存,最终影响猪肉品质。能减缓猪宰前及屠宰过程中的应激反应的营养素均能调节肌肉糖原的贮存。

(一) 色氨酸

色氨酸在脑中的代谢产物 5-羟色氨是一种调节哺乳动物好斗行为的抑制性神经递质。所以,提高饲粮中的色氨酸水平可以缓解猪的好斗行为(Warner 等,1998),同样也可以降低血液中皮质醇和乳酸的浓度(Guzik 等,2006)。Adeola 和 Ball(1992)研究表明,育肥猪饲粮中添加 0.5% 的 L-色氨酸降低了 PSE 肉的发生率。另外,Guzik 等(2006)研究表明,屠宰前 5 d,猪采食添加 0.5% L-色氨酸的饲粮可以获得更好的肉色评分和低的 L^* 值。但是也有报道认为饲粮中添加 L-色氨酸并不能改善猪肉品质(Panella-Riera 等,2008,2009)。

(二) 镁

镁是体内参与广泛代谢活动和酶作用途径的一种必需辅助因子,可以通过颉颃钙而降低神经肌肉的兴奋性。镁对猪肉品质影响的研究报道相对比较多。有报道指出,镁可降低来自屠宰前操作引起的急性应激反应,及在长距离转运后明显增加猪的安静程度,控制细胞内钙离子浓度、延迟动物死后维持高能磷酸的糖酵解的起始。2 周或 2 周以上的中长期(Otten 等,1992)和 1 周或 1 周以内的短期(D'Souza 等,1999)饲喂添加镁的饲粮,可有效减少猪宰前应激反应,降低 PSE 肉的发生率(D'Souza 等,1998,2000)。Otten 等(1992)报道,在饲粮中长期补充延胡索酸镁可提高肉质,提高肌肉起始 pH 和电导率值及减少 PSE 肉的发生。给宰前 5 d 的育肥猪每头每天饲喂 2.7 kg 基础饲粮(约为自由采食量的 95%),饲粮中添加 40 g/kg(按饲粮计)的天冬氨酸镁(含 8% 的镁,对照组与试验组饲粮镁含量分别为 1 300 mg/kg 和 2 300 mg/kg),结果表明,采食添加天冬氨酸镁饲粮的猪在屠宰时血液中去甲肾上腺素浓度下降,肌肉中乳酸含量降低,天冬氨酸镁提高了猪宰后肌肉 40 min 和 24 h 的 pH,降低了肌肉的滴水损失和 L^* 值。饲喂天冬氨酸镁的猪无 PSE 肉发生。李绍钦(2003)认为,在屠宰前 2 d 每头每天用天冬氨酸镁补充镁 1.6 g(即天冬氨酸镁 20 g)即可显著改善猪肉质量,降低 PSE 肉的发生。

即使宰前 1 周给猪饲喂补充镁的饲粮,也可以改善鲜猪肉的系水力,而且与镁的来源无关(Apple,2007)。短期补充天冬氨酸镁(40 g/d,屠宰前 5 d)可减少肌肉的滴水损失。李绍钦(2003)报道,屠宰前 7 d 饲粮补充天冬氨酸镁(1 500~3 500 mg/kg)显著提高了猪肉初始和最终 pH,显著改善肉色评分、降低滴水损失。当镁在饲粮中的添加量在 2 500~3 200 mg/kg 时,对 pH、滴水损失和肉色的改善作用达到最大。

不同镁化合物(天冬氨酸镁和硫酸镁)、不同剂量的镁 [1.6 g/(d·头) 和 3.2 g/(d·头)]、不同补饲时间(宰前 2 d 和 5 d)对猪肉品质影响的研究表明,饲喂补镁饲粮,猪屠宰后 24 h 的肌肉乳酸浓度降低、PSE 肉发生率降低;补饲天门冬氨酸镁的猪比补饲硫酸镁的猪所产生的 PSE 肉更少。而镁剂量、补饲时间对猪肉颜色和渗水率的影响没有显著差异。尽管饲粮中短期补充镁可以明显提高猪肉品质，但在实际生产中仍需要补充镁的特殊饲粮的配制、生产、配送等，需要额外的人力、物力和资金的支出，因此，对屠宰前猪进行饮水补镁更易实施。Frederick 等（2006）对屠宰前猪的饮水中补充 900 mg/L 的七水硫酸镁的研究发现，尽管镁补充的效果是变化的，但总体上看，屠宰前补充 2 d 的镁可能最有效，可降低半膜肌的滴水损失。

饲粮中补镁是一种相对廉价的提高肉质的方法，短期补充镁可提高猪肉系水力及肉色和最终 pH，降低 PSE 肉的发生率，但也有较多的研究表明，猪的遗传特性明显决定着镁补充对猪肉品质的影响，饲粮中补充镁仅对氟烷阳性猪的肉品质有改善作用，而对正常猪的肉品质的作用则不显著。

总之，尽管有大量的报道认为通过饲粮和饮水补充镁可提高猪肉品质，但遗传差异、屠宰前与应激相关的驱赶、转群、圈养恢复时间，都可能影响镁对肉品质的改善作用，将来的研究应集中在规范的条件下进行，这样才有可能获得镁对肉质影响的一致性结果。

（三）一水肌氨酸

肌氨酸（也称肌酸）是一种氨基酸衍生物，是肝脏、肾脏和胰腺中甘氨酸、精氨酸和蛋氨酸的代谢产物，主要产生于骨骼肌。肌酸一水合物（甲基胍基乙酸，CMH）是一个三肽，作为底物，它增加了细胞中磷酸肌酸生成 ATP 的生物效率，在肌肉中作为"能量贮存物质"。根据在人体上的研究结果，Berg 和 Allee（2001）推断猪饲粮中添加一水肌氨酸，可能会通过增加肌肉中磷酸肌酸的水平，节约肌肉中的糖原，减少 PSE 肉的发生率。据报道，近 65% 的肌酸以磷酸肌酸形式贮存在肌肉中。磷酸肌酸起维持细胞 ATP 动态平衡的作用。提高肌肉中磷酸肌酸的含量，如补充甲基胍基乙酸，将产生细胞内高渗透压，从而提高细胞容积和总的机体水含量，最终提高肌肉体积。通过补充甲基胍基乙酸来提高机体水含量和使流体进入细胞内空间的机制尚不清楚，然而这可能是增加鲜肉嫩度和减少失水率的一种重要机制。

但是一水肌氨酸改善猪肉质的作用并不一致。Young 等（2005）报道，屠宰前 5 d，饲粮中补充一水肌氨酸提高了背最长肌初始 pH，但其他的研究表明，屠宰前补充一水肌氨酸并没有改善背最长肌初始和最终 pH 或鲜猪肉的肉色（James 等，2002；Rosenvold 等，2007）。事实上，一些研究表明，补充一水肌氨酸升高了猪肉的亮度（L* 值升高），降低了猪肉的红度（a* 值降低），肉变得更黄（b* 值升高）（Stahl 等，2001；Young 等，2005）。另外有证据表明，育肥猪饲粮中补充肌氨酸能减少背最长肌的滴水损失（James 等，2002；Young 等，2005）。

Berg 和 Allee（2001）的研究发现，补充 5 d 的一水肌氨酸明显减少猪眼肌（背最长肌）的乳酸含量和总的糖原酵解潜力。Stahl 等（2007）屠宰前 5 d、10 d、15 d 给育肥阉公猪每天补饲一水肌氨酸 20 g/头，结果表明，屠宰前 5 d 补充一水肌氨酸可提高猪肉品质特性，如宰后 7 d 眼肌 Hunter L* 最低，肌内脂肪含量具有增加的趋势；但补充一水肌氨酸时间的延长（10 d 或 15 d）时，却似乎降低了鲜肉质量，表现为眼肌 Hunter L* 值升高、肉块失水率增加、宰后 7 d 的 Warner/Bratzler 剪切力值线性增加等。

以上的研究表明，饲喂一水肌氨酸来改善猪肉品质，还需要更多的证据支持。

（四）高剂量维生素及微量元素

1. 维生素 E 和硒 Kerth 等（2001）研究表明，对氟烷阳性（Nn）猪来说，育肥后期每千克饲粮中至少含 600IU 维生素 E 才能减少 PSE 肉发生率。Vernon 等（1998）报道，与对照组比，同时补充维生素 E 400 IU/kg、维生素 C 500 mg/kg 的饲粮 2 周，能降低阉公猪的滴水损失 6.6%，使小母猪肉色加深；与阉公猪比，补充维生素 E、同时补充维生素 E 和维生素 C 的小母猪猪肉烹煮损失都降低 2%。

给生长猪饲粮中添加 0.3 mg/kg 酵母硒形式的硒能减少 PSE 肉的发生，且猪肉味道较好。有报道指出，在生长猪饲粮中添加 0.1 mg/kg 的硒（以 Se-Plex50 形式），并同时添加一定量的维生素 E 和维生素 C，可降低猪背最长肌的滴水损失。

2. 维生素 D_3 有证据表明，给猪饲粮中补充超营养水平的维生素 D_3，会改善鲜猪肉的品质，包括提高肌肉的初始和最终 pH、客观肉色值和背最长肌红度值 a^*，降低亮度值 L^* 和滴水损失（Wilborn 等，2004；Lahucky 等，2007）。高水平维生素 D_3 提高猪肉品质的机制可能是通过 Ca 依赖磷酸酶途径（Calcineurin），优先对钙的持续的、低范围的升高作出反应。维生素 D_3 也能提高与慢缩肌纤维相关基因的表达，进而增加肌肉氧化性代谢，降低糖原酵解代谢，降低 pH 下降的速率和程度，从而可提高猪肉肉色和系水力。

Wiegand 等（2002）的研究表明，给育肥猪每天饲喂 500 000 IU 的维生素 D_3，可明显提高猪眼肌贮存 14 d 后的肉色值，但对嫩度无影响。研究发现，屠宰前 7 d 或 10 d 饲喂中到高水平的维生素 D_3，可提高主观肉色和肉的坚实度评分，同时降低 L^* 值。

Wilborn 等（2004）给屠宰前 44 d 的杜洛克×约克夏育肥猪每千克饲粮中添加 40 000 IU 和 80 000 IU 的维生素 D_3，结果表明，饲喂 80 000 IU/kg 饲粮组猪的背最长肌 pH 显著高于对照组，主观肉色评分增加，肉的坚实度、湿润度评分降低，但可能会抑制猪生长；饲喂 40 000 IU/kg 或 80 000 IU/kg 饲粮组猪宰后 24 h，背最长肌肉色明显深于对照组（较低的 L^* 值）。

3. 烟酸 有关烟酸对猪肉质的影响研究非常有限。BASF（1997）估计，育肥期饲粮中烟酸平均添加量应达到 23～35 mg/kg。NRC（2012）建议，育肥期猪需要每千克饲粮含 30 mg 左右的烟酸。在生长-育肥猪饲粮中添加 13 mg/kg、28 mg/kg、55 mg/kg、110 mg/kg 或 550 mg/kg 的烟酸，结果发现，饲喂添加烟酸的猪背最长肌 24 h pH 趋于提高。有报道认为，增加饲粮烟酸可提高主观肉色评分和最终 pH、降低胴体收缩、L^* 值和滴水损失率。

4. 锰 Apple 等（2007）研究认为，在生长-育肥猪饲粮中添加 320～350 mg/kg 的氨基酸态的锰，可提高肉品质，尤其是改善鲜肉的肉色和宰后 2 d 的烹煮损失，而不影响猪的生产性能及胴体组成。

综上所述，在加强猪的遗传选育工作及充分考虑屠宰前后应激对猪肉品质影响的同时，应充分考虑营养的作用。但如何有效地通过营养调控措施来防止 PSE 肉的产生及阐明相应的机理，还需要深入与大量的研究工作。

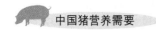

第二节　肌内脂肪的营养调控

肌内脂肪含量对于消费者感受熟猪肉良好的嫩度、风味和多汁性具有重要作用（Lonergan 等，2007）。2.5%～3.0%的肌内脂肪含量被认为是满足美国消费者对熟猪肉品质需求所必需的。据美国的资料报道，进口美国猪肉的大多数消费者更喜欢肌内脂肪含量至少 4%以上的猪肉（NPPC 大理石花纹评分 4）。我国关于肌内脂肪含量与肉的口感方面没有明确的量化关系，但估计良好的口感所需的肌内脂肪含量应该与此类似。过去 20 年瘦肉型品种猪的流行，肌内脂肪含量降低到了 1.0%左右（Gil 等，2008）。关于营养调控猪肌内脂肪含量的文献比较少，而且存在相反的观点。这可能主要与猪的肌内脂肪沉积潜力有关，在此将主要阐述基本达成共识的研究进展。

一、能量水平与来源对猪肌内脂肪的影响

（一）能量摄入

育肥猪即使严格限饲，也不会影响肌肉 pH（Cameron 等，1999；Lebret 等，2001）或鲜猪肉的品质（Cameron 等，1999；Sterten 等，2009）。按自由采食量的 75%～80%限饲的试验反复证实，肌内脂肪含量降低 8%～27%（Lebret 等，2001；Daza 等，2007）。有趣的是，降低育肥猪饲粮的能量浓度不改变肌内脂肪含量或其他鲜猪肉的品质（Lee 等，2002），也没有证据表明饲粮中谷物来源会影响大理石花纹的评分（Camp 等，2003；Carr 等，2005a；Sullivan 等，2007）。

（二）油脂来源

数十年以来，油脂是用来增加猪饲粮能量浓度的主要手段，但是饲粮中油脂的水平和（或）来源对猪肌内脂肪的作用并不确定。Miller 等（1990）报道，猪饲粮中添加 10%的葵花籽油或双低菜籽油，会降低背最长肌大理石花纹评分。Myer 等（1992）指出，随着饲粮中双低菜籽油添加水平的提高，大理石花纹评分线性下降。相反，Apple 等（2008b）观察到，背最长肌肌内脂肪含量随着饲粮中玉米油含量的增加而增加。给猪采食含 5%牛油的饲粮，背最长肌的肌内脂肪含量升高了大约 25%（Eggert 等，2007）。但是也有报道表明，饲粮中的油脂对猪肉大理石花纹评分（Eggel 等，2001；Apple 等，2008a）或肌内脂肪含量（Morel 等，2006）没有影响。

共轭亚油酸（CLA）是一组位置（C8、C10、C9、C11、C10、C10、C12 和 C13）和空间（cis/cis、cis/trans 和 trans/trans）的亚油酸的共轭异构体复合物。大多数合成的 CLA 包括 65%的 CLA 异构体，主要是 cis-9/trans-11 和 trans-10/cis-12 异构体。猪饲粮中添加 CLA，可增加背最长肌大理石花纹评分或肌内脂肪含量。Dugan 等（1999）报道，饲粮添加 CLA，大理石花纹评分提高了 11.3%；而且 Joo 等（2002）、Sun 等（2004）和 Martin 等（2008b）均报道，饲粮中添加 CLA，肌内脂肪含量增加

幅度最小为12%，最大为44%。Wiegand等（2001）的研究表明，饲粮添加0.75% CLA可以使氟烷敏感基因阴性猪、携带者和阳性猪的背最长肌的肌内脂肪含量分别升高17.8%、19.2%和16.6%。

二、蛋白质和氨基酸对肌内脂肪含量的影响

许多试验证实，提高饲粮粗蛋白质和（或）赖氨酸水平具有增加猪胴体瘦肉产量（Grandhi和Cliplef，1997）和猪肉水分含量的作用（Friesen等，1994；Goerl等，1995），但肌内脂肪含量降低（Goodhand等，1990，1993；Grandhi和Cliplef，1997）。事实上，Goerl等（1995）发现，饲粮粗蛋白质水平从10%提高到22%，背最长肌的肌内脂肪含量下降71.3%。饲粮赖氨酸水平从0.54%提高到1.04%（Frisen等，1994）或从0.8%提高到1.4%（Johnston等，1993），背最长肌的大理石花纹评分线性下降。

另外，降低饲粮粗蛋白质或赖氨酸水平是一个有效增加肌内脂肪含量的措施。当生长育肥猪采食粗蛋白质水平低的饲粮，肌内脂肪含量提高66.7%~136.8%（Blanchard等，1999；Cameron等，1999）。但是，猪长期采食蛋白质或赖氨酸缺乏的饲粮会对日增重和饲料转化率产生不良影响。有报道称，育肥阶段的最后5~6周饲喂低赖氨酸饲粮对猪生产性能没有不利影响，但却提高了背最长肌肌内脂肪含量，只是没达到其他研究报道的程度（Cisneros等，1996；Bidner等，2004）。

Cisneros等（1996）研究育肥猪饲粮中额外添加2.0%的亮氨酸的效果发现，补充亮氨酸提高了猪肉大理石评分（+29.8%）、背最长肌肌内脂肪含量（+25.7%）和半腱肌肌内脂肪含量（+18.4%），并且不影响猪的生长性能。Hyun等（2009）给猪饲喂含1.22%或3.22%亮氨酸的饲粮，显著改善了背最长肌大理石花纹评分（+21.9%）和肌内脂肪含量（+41.7%），但饲喂高亮氨酸饲粮猪育肥阶段的生长速度下降了11%。以上两个例子中，肌内脂肪含量升高直接归因于饲粮亮氨酸水平升高，还是因为添加高水平亮氨酸使得饲粮氨基酸不平衡间接导致的，尚需更多的研究。

三、维生素A对肌内脂肪的影响

维生素A的衍生物视黄酸参与脂肪细胞的分化和增殖调控，因此视黄酸缺乏可能会直接影响肌内脂肪细胞的增殖和肌内脂肪含量。D'Souza等（2003）证明，生长-育肥猪采食维生素A缺乏饲粮，肌内脂肪含量提高了54%，而Olivares等（2009）则指出，给猪饲喂含100 000IU维生素A的饲粮，对于肌内脂肪含量倾向高的基因型猪，其肌内脂肪含量确实有提高，但高瘦肉率猪的肌内脂肪含量则没有增加。有证据表明，维生素A缺乏或超量的饲粮具有增加肌内脂肪/大理石花纹评分的潜力，但是维生素A的添加量、对猪的不同饲喂阶段，以及与其他饲料原料和饲料添加剂的相互作用在很大程度上还不清楚。

第三节 脂肪品质的营养调控

猪肉和脂肪中脂肪酸来源有两个途径,一是从头合成,二是从饲粮中吸收的外源脂肪酸。例如,从头合成通常是利用从玉米和大麦中消化摄入的葡萄糖为底物,因此会增加体脂中的饱和脂肪酸(SFA)比例,而代价是降低从谷物油脂中吸收来的多不饱和脂肪酸(PUFA)的比例(Lampe 等,2006)。然而,正如前述,猪饲粮中通常要添加脂肪来增加饲粮的能量浓度和减少饲粮中的谷物,尤其是玉米的比例。

一、油脂来源对脂肪品质的影响

猪饲粮中油脂的品质取决于几个方面因素,包括碘值(IV,衡量油脂化学不饱和度的指标)、油脂的凝固点、熔点。高饱和度的脂肪源,如牛油、猪油的碘值为每 100 g 脂肪含 30~70 g I,凝固点为 45~50 ℃;相反,不饱和程度高的油,如大豆油、菜籽油、玉米油、葵花籽油、红花籽油的碘值每 100 g 脂肪含超过 100 g I,凝固点低于 30 ℃,熔点 20 ℃或更低。另外,猪对油脂的消化率随着饱和脂肪酸的比例下降而升高(Averette-Gatlin 等,2005)。猪机体脂肪的脂肪酸组成通常是饲粮油脂品质(如脂肪酸组成)的反映。猪采食添加牛油的饲粮,其脂肪倾向含低比例的多不饱和脂肪酸(PUFA)和低的碘值,而采食含植物油的饲粮,猪脂肪中的多不饱和脂肪酸组成将升高,代价是饱和脂肪酸(SFA)和单不饱和脂肪酸(MUFA)组成下降。

尽管食用 PUFA 有益健康,但猪体脂中 PUFA 比例升高会导致软脂肪的发生。据报道,猪体脂中 C18:2 n-6 脂肪酸含量高于 15%就被认为软脂肪,因此饲喂富含 C18:2 n-6 的多不饱和脂肪饲粮会导致软脂肪(Miller 等,1990;Myer 等,1992)和软五花肉(Apple 等,2007a,2008b)。软脂肪和软五花肉会引起胴体搬运、处理和切割困难,减少培根肉的产量,造成肉产品没有吸引力、货架期变短。研究表明,饲粮中脂肪的碘值从 80 降到 20,五花肉的厚度和硬度显著增加(Averette-Gatlin 等,2003),因此饲喂动物脂肪不会像饲喂植物油那样严重地降低体脂和五花肉的硬度(Engel 等,2001)。有趣的是,Shackelford 等(1990)的研究发现,与不添加脂肪的饲粮或添加牛脂肪饲粮的相比,给猪饲喂含葵花籽油、红花籽油、菜籽油的饲粮,其培根肉的松脆度、咀嚼性、含盐性、风味和整体接受度等感官评价得分更低。Teye 等(2006)观察到,采食含大豆油的饲粮,猪将产软培根肉和大量低品质的软培根肉切片。

越来越多的证据表明,通过调节饲粮脂肪来源和添加水平,特别是脂肪来源,在 14~35 d 就可以改变 50%~60%猪体脂的脂肪酸组成,但这种调节作用随着饲喂时间的延长而逐渐变小(Wiseman 和 Agunbiade,1998)。Apple 等(2009a,2009b)报道,给猪饲喂 5%大豆油在获得 17.4 kg 增重的第一个饲养阶段,其背最长肌、皮下脂肪和胴体混合样品的脂肪酸组成显著改变,猪体脂的碘值升高了近 12%。Anderson 等发现,猪皮下脂肪中的亚麻酸 C18:3 的半衰期接近 300 d,因此出于节省和提高效率的目的,给生长猪饲喂高水平的油脂,可能在屠宰时给猪脂品质造成不可挽回的损失。因而，从育肥后期猪饲粮中去掉所有脂肪或用牛油、氢化脂肪代替饲粮中不饱和油脂对猪脂肪品质会产生戏剧性效果的可行性尚存疑问（Apple 等，2009b）。

二、玉米干酒糟及其可溶物对脂肪品质的影响

为了降低对化石类燃料的依赖，美国等美洲国家在开发生物燃料方面做出了巨大的努力，在利用玉米生产乙醇方面取得了显著进步，产生了大量的玉米干酒糟及其可溶物（DDGS），并用来配制猪饲料。DDGS 的粗脂肪含量为 10%～15%（Rausch 和 Belyea，2006），而且其中不饱和脂肪酸比例高，因此，饲喂 DDGS 含量高的饲粮会提高猪皮下脂肪的 PUFA 含量和碘值（Xu 等，2008；White 等，2009）。鲜五花肉中 PUFA 的比例随着猪饲粮中 DDGS 的比例升高而线性升高（Whitney 等，2006；Xu 等，2008；White 等，2009），这会导致五花肉变软、易弯曲和不受欢迎（Whitney 等，2006；Weimer 等，2008；Widmer 等，2008）。Weimer 等（2008）报道，随着饲粮中 DDGS 使用比例的增加，肉脂分离率增加。Xu 等（2008）指出，随着饲粮中 DDGS 比例升高，虽然 DDGS 不改变熟培根肉的松脆度、风味和整体可接受度，但培根肉的脂肪和嫩度线性下降了。

三、共轭亚油酸对脂肪品质的影响

饲粮中添加 CLA 通常会增加猪体脂和肌肉中饱和脂肪酸（SFA）的比例，特别是棕榈酸（C16:0）和硬脂酸（C18:0）在猪体脂（Dugan 等，2003；Sun 等，2004）和肌肉（Eggert 等，2001；Sun 等，2004；Martin 等，2008b）中的比例。但也有研究发现，饲粮中添加 CLA，体脂和肌肉中 C18:1^{cis9} 和单不饱和脂肪酸（MUFA）的比例没有变化（Eggert 等，2001）或者升高了（Joo 等，2002）。虽然这些报道互相矛盾，但在 CLA 对 PUFA 组成上的作用上却基本一致。除了 Thiel-Cooper 等（2001）、Averette-Gatlin 等（2002）和 Martin 等（2009）报道猪饲粮中添加 CLA 提高了鲜背最长肌 C18:2 n-6 含量外，绝大多数研究表明，猪饲粮中添加 CLA 降低（Joo 等，2002；Sun 等，2004）或者不改变（Eggert 等，2001）猪瘦肉和脂肪中 PUFA 的比例。特别重要的是，SFA 含量升高和伴随的 PUFA 比例降低，造成碘值下降（Eggert 等，2001；Averette-Gatlin 等，2002；Larsen 等，2009）和质地更坚实的猪脂肪（Dugan 等，2003）和鲜五花肉（Eggert 等，2001；Larsen 等，2009）。

四、脂肪品质的其他营养调控措施

给猪饲喂低蛋白质、低赖氨酸饲粮，增加了鲜背最长肌 SFA、MUFA 的比例，降低了 PUFA 的比例（Wood 等，2004；Teye 等，2006a）和碘值（Grandhi 和 Cliplef，1997）。给猪饲喂高油玉米配合的饲粮会增加其体脂中亚油酸（C18:2n-6）和 PUFA 的比例（Rentfrow 等，2003），而给猪饲喂高亚油酸玉米（Della-Casa 等，2010）或高油酸高油玉米（Rentfrow 等，2003），则显著提高了鲜猪肉中亚油酸（C18:2n-6）

和油酸（C18：1cis）的浓度。另一方面，Skelley 等（1999）观察到，给猪饲喂小麦比饲喂玉米的脂肪更硬，但五花肉的坚实度似乎没有受到饲粮中谷物来源的影响（Carr 等，2005a）。

当猪采食量下降到自由采食量的 70%～85%时，猪脂肪和鲜五花肉的坚实度显著降低。猪脂肪和五花肉坚实度下降似乎是对限饲引起的猪脂肪和肌肉中 C18：1（cis-9）、各种 MUFA 和 C18：2n-6 的比例升高的响应（Wood 等，1996；Daza 等，2007）。Daza 等（2007）指出，生长猪阶段限饲会抑制脂肪生成酶类的活性，即使随后恢复了自由采食，但猪到了育肥阶段这些酶的活性依然低于正常水平。

有证据表明，每千克育肥猪饲粮添加 200 μg 来自吡啶羧酸铬的铬，降低了五花肉中 C18：2n-6 和 C18：3n-3 的比例和碘值，但是铬不改变五花肉的厚度和坚实度（Jackson 等，2009）。饲粮中添加高水平的铜很经济，常用作猪的促生长剂，饲粮高水平铜会提高猪脂肪中多不饱和脂肪酸的比例（Bosi 等，2000）。

肉碱是一种维生素类化合物，参与长链脂肪酸穿越线粒体内膜进入线粒体内进行 β-氧化的过程，因此，猪饲粮中添加 L-肉碱可以提高猪生长速度和胴体瘦肉率（Owen 等，2001；Chen 等，2008），但不影响鲜猪肉的品质（Apple 等，2008b）。Apple 等（2008c）报道，猪饲粮中添加 L-肉碱降低了背脂中 PUFA 的比例，升高了背最长肌中 MUFA 的比例，但不影响猪肉或脂肪的碘值。因此，推测 L-肉碱可能在 Δ^9 脱饱和酶的作用下，促进 C18：2n-6 去不饱和生成 C18：1（cis-9），导致多不饱和脂肪酸下降而单不饱和脂肪酸升高同时发生。

第四节　脂肪和肉色稳定性的营养调控

所有增加猪肉中 PUFA 含量的饲粮调整都会使猪肉脂肪更易氧化。事实上，猪饲粮中的双低菜籽油（Leskanich 等，1997）、鱼油（Leskanich 等，1997）、大豆油（Morel 等，2006）、亚麻籽油（Morel 等，2006）或高油玉米（Guo 等，2006），都会提高冷藏猪肉的组织硫代巴比妥酸反应物（TBARS）值，因此大量研究聚焦于饲粮中添加抗氧化剂，特别是维生素 E，或者补充矿物添加剂刺激内源的抗氧化酶系，来增强猪肉的抗氧化稳定性。

一、维生素 E 对脂肪和肉色稳定性的影响

维生素 E 能淬灭自由基链式反应，以此保护细胞膜的完整性。它可以阻止猪肉在冷藏和零售展示期间脂肪和肌红蛋白的氧化，所以在生长-育肥猪饲粮中添加超过营养需要量的维生素 E，被普遍认为是可以改善猪肉质的营养调控措施。

饲粮中添加 100～200 mg/kg 的 dl-α-生育酚乙酸盐可以有效延迟鲜肉（Monahan 等，1994；Boler 等，2009）和肉馅（Phillips 等，2001；Boler 等，2009）、烹饪前猪肉（Guo 等，2006）和熟猪肉（Coronado 等，2002）的脂质氧化。脂肪氧化与色素氧化呈正相关，早期研究表明，猪饲粮中添加 dl-α-生育酚乙酸盐也可以改善鲜猪肉的

肉色稳定性（Monahan 等，1994），但是大多数的研究没有观察到猪饲粮中添加 dl-α-生育酚乙酸盐（Phillips 等，2001；Guo 等，2006）或其天然存在的立体异构体 dl-α-生育酚乙酸盐（Boler 等，2009），对鲜猪肉的肉色或冷藏期间肉色稳定性有益处。

二、维生素 C 对脂肪和肉色稳定性的影响

猪通常可以在肝脏中利用 D-葡萄糖生成满足营养需要的维生素 C，但饲粮中补充维生素 C 对肉品质的影响目前并不是很确定。有报道称，给即将屠宰的猪皮下注射维生素 C 可以降低 PSE 胴体的发生率。但也有研究指出，不论是短期（Ohene-Adjei 等，2001；Pion 等，2004）还是长期补充维生素 C（Eichenberger 等，2004；Gebert 等，2006）都不影响猪肉肉色和系水力。没有证据表明，猪饲粮中补充维生素 C 会改善背最长肌脂质的氧化稳定性（Gebert 等，2006）。Ohene-Adjei 等（2001）和 Eichenberger 等（2004）甚至报道，给猪饲喂高水平维生素 C 的饲粮，升高了背最长肌在冷藏期间的硫代巴比妥酸（TBARS）值。饲粮中停止补充维生素 C，猪血液中维生素 C 水平会迅速降回到基线（Pion 等，2004）。因此，补充维生素 C 对脂肪和肉色的效果可能与维生素 C 的补充时间有密切联系，似乎后者是发挥维生素 C 改善脂肪和肉色作用的关键。

三、微量元素对脂肪和肉色稳定性的影响

锰和镁都是二价的金属离子，在一些生物功能中，金属离子转移时，二者可以互换，但锰是过氧化物歧化酶（SOD）激活所必需的，以阻断超氧自由基链式反应。因此饲粮中补充锰会降低鲜背最长肌的 TBARS 值（Apple 等，2005）。猪采食添加 350 mg/kg 锰的饲粮，背最长肌在 2~4 d 零售模拟展示中，肉色较对照组猪的肉色变化更小（Sawyer 等，2007）。猪饲粮中补充锰的其他好处还包括提高背最长肌 pH 和可见肉色评分，降低鲜猪肉背最长肌的 L^* 值（Apple 等，2005，2007c）。饲粮中补充锰对于改善猪肉脂肪和肉色很有希望，但还需要开展更多的试验，因为添加锰对猪肉适口性的影响还知之甚少，而且到目前为止，所有锰对猪肉质的研究都是由一个团队完成的。

第五节　熟猪肉口感的营养调节

一、谷物来源对熟肉口感的影响

饲喂小麦比饲喂高粱的猪肉的风味评分更高，而饲喂 33∶67 或 67∶33 的黄玉米和白玉米复合物猪的背最长肌的多汁性和风味评分要高于分别饲喂黄玉米、白玉米或大麦的猪（Lampe 等，2006）。据报道，与饲喂高粱饲粮相比，饲喂小麦饲粮猪的背最长肌 Warner-Bratzler 剪切力（WBSF）更低，嫩度评分更高。Robertson 等（1999）指出，

饲喂大麦的猪比饲喂玉米或大麦与黑小麦复合物的猪的肌肉嫩度的感官评价更好。但也有相反的报道，给猪饲喂黄玉米、白玉米、小麦、大麦或黑小麦（Carr 等，2005b；Lampe 等，2006；Sullivan 等，2007），肉的剪切力（WBSF）都没有差异；无论是受过培训的品尝人员（Carr 等，2005b；Sullivan 等，2007）还是消费者品尝小组（Jeremiah 等，1999），都没有觉察到生长猪饲粮、育肥猪饲粮或是生长-育肥猪饲粮中不同的谷物来源对猪肉的嫩度、多汁性、风味或整体可接受度有影响。

给猪饲喂双低菜籽油，会使猪肉带上异味或怪味，从而降低熟猪肉的整体可接受度（Miller 等，1990；Tikk 等，2007）。但是，饲粮油脂来源不影响肉的剪切力（Miller 等，1990；Engel 等，2001；Apple 等，2008a，2008b），也不影响猪肉的嫩度、多汁性或风味强度的感官评价（Miller 等，1990；Engel 等，2001；Tikk 等，2007）。给猪饲喂 DDGS（Whitney 等，2006，2008；Xu 等，2008）或含甘油的配合饲粮（Lammers 等，2008；Della-Casa 等，2009），都不影响熟猪肉的背最长肌的剪切力（WBSF）和风味评分。另外，饲粮中添加 CLA 不影响猪肉的剪切力（WBSF 值）（Dugan 等，1999）、风味评分（Dugan 等，1999，2003；Wiegand 等，2001；Larsen 等，2009）、风味品质（Averette-Gatlin 等，2006）或风味的挥发性成分组成（Martin 等，2008）。

二、粗蛋白质及赖氨酸对熟肉口感的影响

饲粮的蛋白质及赖氨酸水平升高会增加熟肉的剪切力，降低嫩度。当育肥猪饲粮中粗蛋白质水平从 10% 升高到 22%，背最长肌熟肉切块的剪切力（WBSF）升高了近 23%（Goerl 等，1995）。Goodband 等（1990，1993）报道，当育肥猪饲粮赖氨酸（Lys）水平从 0.6% 上升到 1.4% 时，背最长肌和半腱肌熟肉的剪切力（WBSF）线性升高。Apple 等（2004）报道，育肥期饲粮的赖氨酸与能量的比值从（406.3 mg/MJ）（0.56%～0.59% 赖氨酸）升高到（740.9 mg/MJ）（1.02%～1.08% 赖氨酸）时，肉的剪切力（WBSF）线性升高。Castell 等（1994）报道，随着饲粮 Lys 水平升高，猪肉风味评分下降。

三、能量水平对熟肉口感的影响

降低生长育肥猪的饲粮能量浓度不影响猪肉风味（Lee 等，2002），但是自由采食猪的背最长肌嫩度比 75%（Cameron 等，1999）、80%（Blanchard 等，1999）或 82%（Elis 等，1996）限饲猪的背最长肌嫩度评分更高，剪切力（WBSF 值）更低，尽管采食量并不影响总的和可溶性肌肉胶原蛋白（Wood 等，1996；Lebret 等，2001）和肌纤维断裂指数（一种评价宰后胴体肌肉蛋白质降解度的指数，Cameron 等，1999）。许多研究还表明，受训的品尝人员对自由采食的生长育肥猪的肉风味（Blanchard 等，1999；Cameron 等，1999）、风味喜好度、多汁性和整体可接受度（Elis 等，1996；Cameron 等，1999）的评价更高。

四、维生素 D_3 对熟肉口感的影响

一般认为,增加肌肉中钙的浓度会增加宰后细胞骨架蛋白的钙蛋白酶(Calpin)降解,改善熟肉的嫩度。通过维生素 D_3 的添加,使肌肉中钙含量增加,可提高钙激活中性蛋白酶活性,而该酶是细胞内蛋白酶,与肉的嫩度有关。但是育肥猪饲粮中补充维生素 D_3,血浆和肌肉中钙离子的浓度升高了 125%(Wiegand 等,2002;Lahucky 等,2007),但猪肉的 WBSF 值(Wiegand 等,2002;Swigert 等,2004;Wilborn 等,2004)、嫩度感官评分或者其他所有适口性指标(Swigert 等,2004;Wilborn 等,2004)都没有改变。

因此,饲喂高水平维生素 D_3 通过改变动物肌纤维类型和增加肌肉中钙含量来提高肉的嫩度,还需要更多的证据支持。

综上所述,随着消费者对肉品质的关注,养猪生产者越来越重视采用营养和饲粮调整的措施来改善猪肉品质,但由于肉品质涵盖众多性状,而且受养猪生产效率、饲料成本和环境等因素的制约,利用营养调节肉品质的复杂性十分突出。我们在利用营养和饲粮配制技术改善肉品质方面,需要深入认识所养猪群的遗传背景,一定要树立科学的观点,即只有健康的猪,而且只有给猪饲喂营养平衡的饲粮才可以生产出品质优良的猪肉。随着对猪肉生物学机制的解析,以及营养素及其互作在肌肉发育和生长中功能认识的深入,预期在不久的将来,动物营养学家将能更加有效地运用饲料营养手段调节猪肉品质。

参考文献

Adeola O, Ball R O, 1992. Hypothalamic neurotransmitter concentrations and meat quality in stressed pigs offered excess dietary tryptophan and tyrosine [J]. Journal of Animal Science, 70: 1888-1894.

Apple J K, 2007. Effects of nutritional modifications on the water-holding capacity of fresh pork: a review [J]. Journal of Animal Breeding and Genetics, 124 (1): 43-58.

Apple J K, Maxwell C V, Brown D C, et al, 2004. Effects of dietary lysine and energy density on performance and carcass characteristics of finishing pigs fed ractopamine [J]. Journal of Animal Science, 82: 3277-3287.

Apple J K, Maxwell C V, de Rodas B, et al, 2000. Effect of magnesium mica on performance and carcass quality of growing-finishing swine [J]. Journal of Animal Science, 78: 2135-2143.

Apple J K, Maxwell C V, Galloway D L, et al, 2009a. Interactive effects of dietary fat source and slaughter weight in growing-finishing swine: I. Growth performance and longissimus muscle fatty acid composition [J]. Journal of Animal Science, 87: 1407-1422.

Apple J K, Maxwell C V, Galloway D L, et al, 2009b. Interactive effects of dietary fat source and slaughter weight in growing-finishing swine: II. Fatty acid composition of subcutaneous fat [J]. Journal of Animal Science, 87: 1423-1440.

Apple J K, Maxwell C V, Kutz B R, et al, 2008a. Interactive effect of ractopamine and dietary fat source on pork quality characteristics of fresh pork chops during simulated retail display [J]. Journal of Animal Science, 86: 2711-2722.

Apple J K, Maxwell C V, Sawyer J T, et al, 2007a. Interactive effect of ractopamine and dietary fat source on quality characteristics of fresh pork bellies [J]. Journal of Animal Science, 85: 2682-2690.

Apple J K, Rincker P J, McKeith F K, et al, 2007b. Meta-analysis of ractopamine responses in finishing swine [J]. The Professional Animal Scientist, 23: 179-196.

Apple J K, Roberts W J, Maxwell C V, et al, 2005. Influence of dietary manganese source and supplementation level on pork quality during retail display [J]. Journal of Muscle Food, 16: 207-222.

Apple J K, Roberts W J, Maxwell C V, et al, 2007c. Influence of dietary inclusion level of manganese on pork quality during retail display [J]. Meat Science, 75: 640-647.

Apple J K, Sawyer J T, Maxwell C V, et al, 2008c. Effect of L-carnitine supplementation on the fatty acid composition of subcutaneous fat and LM from swine fed three levels of corn oil [J]. Journal of Animal Science, 86 (2): 38.

Averette-Gatlin L, See M T, Hansen J A, et al, 2003. Hydrogenated dietary fat improves pork quality of pigs from two lean genotypes [J]. Journal of Animal Science, 81: 1989-1997.

Averette-Gatlin L, See M T, Larick D K, et al, 2002. Conjugated linoleic acid in combination with supplemental dietary fat alters pork quality [J]. Journal of Nutrition, 132: 3105-3112.

Averette-Gatlin L, See M T, Larick D K, et al, 2006. Descriptive flavor analysis of bacon and pork loin from lean-genotype gilts fed conjugated linoleic acid and supplemental fat [J]. Journal of Animal Science, 84: 3381-3386.

Averette-Gatlin L, See M T, Odle J, 2005. Effects of chemical hydrogenation of supplemental fat on relative apparent lipid digestibility in finishing swine [J]. Journal of Animal Science, 83: 1890-1898.

Bee G, Biolley C, Guex G, et al, 2006. Effects of available dietary carbohydrate and preslaughter treatment on glycolytic potential, protein degradation, and quality traits of pig muscles [J]. Journal of Animal Science, 84: 191-203.

Bee G, Guex G, Herzog W, 2004. Free-range rearing of pigs during the winter: adaptations in muscle fiber characteristics and effects on adipose tissue composition and meat quality traits [J]. Journal of Animal Science, 82: 1206-1218.

Berg E P, Allee G L, 2001. Creatine monohydrate supplemented in swine finishing diets and fresh pork quality: I. A controlled laboratory experiment [J]. Journal of Animal Science, 79: 3075-3080.

Bidner B S, Ellis M, Witte D P, et al, 2004. Influence of dietary lysine level, pre-slaughter fasting, and rendement napole genotype on fresh pork quality [J]. Meat Science, 68: 53-60.

Blanchard P J, Ellis M, Warkup C C, 1999, The influence of rate of lean and fat tissue development on pork eating quality [J]. Journal of Animal Science, 68: 477-485.

Boler D D, Gabriel S R, Yang H, et al, 2009. Effect of different dietary levels of natural-source vitamin E in grow-finish pigs on pork quality and shelf life [J]. Meat Science, 83: 723-730.

Bosi P J, Cacciavillani J A, Casini L, et al, 2000. Effects of dietary high-oleic acid sunflower oil, copper and vitamin E levels on the fatty acid composition and the quality of dry cured Parma ham [J]. Meat Science, 54: 119-126.

Cameron N D, Penman J C, Fisken A C, et al, 1999. Genotype with nutrition interactions for carcass composition and meat quality in pig genotypes selected for components of efficient lean growth rate [J]. Animal Science, 69: 69-80.

Camp L K, Southern L L, Bidner T D, 2003. Effect of carbohydrate source on growth performance, carcass traits, and meat quality of growing-finishing pigs [J]. Journal of Animal Science, 81: 2488-2495.

Carr S N, Hamilton N D, Miller K D, et al, 2009. The effect of ractopamine hydrochloride (Paylean R) on lean carcass yields and pork quality characteristics of heavy pigs fednormal and amino acid fortified diets [J]. Meat Science, 81: 533-539.

Carr S N, Ivers D J, Anderson D B, et al, 2005a. The effects of ractopamine hydrochloride on lean carcass yields and pork quality characteristics [J]. Journal of Animal Science, 83: 2886-2893.

Carr S N, Rincker P J, Killefer J, et al, 2005b. Effects of different cereal grains and ractopamine hydrochloride on performance, carcass characteristics, and fat quality in late-finishing pigs [J]. Journal of Animal Science, 83: 223-230.

Castell A G, Cliplef R L, Poste-Flynn L M, et al, 1994. Performance, carcass and pork characteristics of castrates and gilts self-fed diets differing in protein content and lysine: energy ratio [J]. Canadian Journal of Animal Science, 74: 519-528.

Chen Y J, H. Kim I H, Cho J H, et al, 2008. Evaluation of dietary l-carnitine or garlic powder on growth performance, dry matter and nitrogen digestibilities, blood profiles and meat quality in finishing pigs [J]. Animal Feed Science and Technology, 141: 141-152.

Choi S C, Chae B J, Han I K, 2001. Impacts of dietary vitamins and trace minerals on growth and pork quality in finishing pigs [J]. Asian-Australasian Journal of Animal Science, 14: 1444-1449.

Cisneros F, Ellis M, Baker D H, et al, 1996. The influence of short-term feeding of amino acid-deficient deits and high dietary leucine levels on the intramuscular fat content of pig muscle [J]. Animal Science, 63: 317-322.

Coronado S A, Trout G R, Dunshea F R, et al, 2002. Effect of dietary vitamin E, fishmeal and wood and liquid smoke on the oxidative stability of bacon during 16 weeks' frozen storage [J]. Meat Science, 62: 51-60.

Daza A, Rey A I, Menoyo D, et al, 2007. Effect of level of feed restriction during growth and/or fattening on fatty acid composition and lipogenic enzyme activity in heavy pigs [J]. Animal Feed Science and Technology, 138: 61-74.

Della-Casa G, Bochicchio D, Faeti V, et al, 2009. Use of pure glycerol in fattening heavy pigs [J]. Meat Science, 81: 238-244.

Della-Casa G, Bochicchio D, Faeti V, et al, 2010. Performance and fat quality of heavy pigs fed maize differing in linoleic acid content [J]. Meat Science, 84: 152-158.

D'Souza D N, Pethick D W, Dunshea F R, et al, 2003. Nutritional manipulation increases intramuscular fat levels in the Longissimus muscle of female finisher pigs [J]. Australian Journal of Agricultural Research, 54: 745-749.

D'Souza D N, Warner R D, Leury B J, et al, 1998. The effect of dietary magnesium aspartate supplementation on pork quality [J]. Journal of Animal Science, 76: 104-109.

D'Souza D N, Warner R D, Leury B J, et al, 2000. The influence of dietary magnesium supplement type, and supplementation dose and duration, on pork quality and the incidence of PSE pork [J]. Australian Journal of Agricultural Research, 51: 185-189.

Dugan M E R, Aalhus J L, Jeremiah L E, et al, 1999. The effects of feeding conjugated linoleic acid on subsequent pork quality [J]. Canadian Journal of Animal Science, 79: 45–51.

Dugan M E R, Aalhus J L, Rolland D C, et al, 2003. Effects of feeding different levels of conjugated linoleic acid and total oil to pigs on subsequent pork quality and palatability [J]. Canadian Journal of Animal Science, 83: 713–720.

Eggert J M, Belury M A, Kempa–Steczko A, et al, 2001. Effects of conjugated linoleic acid on the belly firmness and fatty acid composition of genetically lean pigs [J]. Journal of Animal Science, 79: 2866–2872.

Eggert J M, Grant A L, Schinckel A P, 2007. Factors affecting fat distribution in pork carcasses [J]. The Professional Animal Scientist, 23: 42–53.

Eichenberger B, Pfirter H P, Wenk C, et al, 2004. Influence of dietary vitamin E and C supplementation on vitamin E and C content and thiobarbituric acid reactive substances (TBARS) in different tissues of growing pigs [J]. Archives of Animal Nutrition, 58: 195–208.

Ellis M, Webb A J, Avery P J, et al, 1996. The influence of terminal sire genotype, sex, slaughter weight, feeding regime and slaughter–house on growth performance and carcass and meat quality in pigs and on the organoleptic propertiesof fresh pork [J]. Animal Science, 62: 521–530.

Engel J J, Smith J W, Unruh J A, et al, 2001. Effects of choice white grease or poultry fat on growth performance, carcass leanness, and meat quality characteristics of growing–finishing pigs [J]. Journal of Animal Science, 79: 1491–1501.

Faucitano L, Saucier L, Correa J A, et al, 2006. Effect of feed texture, meal frequency and pre–slaughter fasting on carcass and meat quality, and urinary cortisol in pigs [J]. Meat Science, 74: 697–703.

Friesen K G, Nelssen J L, Goodband R D, et al, 1994. Influence of dietary lysine on growth and carcass composition of high–lean–growth gilts fed from 34to 72 kilograms [J]. Journal of Animal Science, 72: 1761–1770.

Gali an M, Poto A, Santaella M, et al, 2008. Effects of the rearing system on the quality traits of the carcass, meat and fat of the Chato Murciano pig [J]. Journal of Animal Science, 79: 487–497.

Gebert S, Eichenberger B, Pfirter H P, et al, 2006. Influence of different vitamin C levels on vitamin E and C content and oxidative stability in various tissues and stored m. longissimus dorsi of growing pigs [J]. Meat Science, 73: 362–367.

Gentry J G, McGlone J J, Miller M F, et al, 2002b. Diverse birth and rearing environment effects on pig growth and meat quality [J]. Journal of Animal Science, 80: 1707–1715.

Gentry J G, McGlone J J, Miller M F, et al, 2004. Environmental effects on pig performance, meat quality, and muscle characteristics [J]. Journal of Animal Science, 82: 209–217.

Gil M, Delday M I, Gispert M, et al, 2008. Relationships between biochemical characteristics and meat quality of *Longissimus thoracis* and *Semimembranosus* muscles in five porcine lines [J]. Meat Science, 80: 927–933.

Goerl K F, Eilert S J, Mandigo R W, et al, 1995. Pork characteristics as affected by two populations of swine and six crude protein levels [J]. Journal of Animal Science, 73: 3621–3626.

Goodband R D, Nelssen J L, Hines R H, et al, 1990. The effects of porcine somatotropin and dietary lysine on growth performance and carcass characteristics of finishing swine [J]. Journal of Animal Science, 68: 3261-3276.

Goodband R D, Nelssen J L, Hines R H, et al, 1993. Interrelationships between porcine somatotropin and dietary lysine on growth performance and carcass characteristics offinishing swine [J]. Journal of Animal Science, 71: 663-672.

Gorocica-Buenfil M A, Fluharty F L, Bohn T, et al, 2007. Effect of low vitamin A diets with high-moisture or dry corn on marbling and adipose tissue fatty acid composition of beef steers [J]. Journal of Animal Science, 85: 3355-3366.

Grandhi R R, Cliplef R L, 1997. Effects of selection for lower backfat, and increased levels of dietary amino acids to digestible energy on growth performance, carcass merit and meat quality in boars, gilts, and barrows [J]. Canadian Journal of Animal Science, 77: 487-496.

Guo Q, Richert B T, Burgess J R, et al, 2006. Effects of dietary vitamin E and fat supplementation on pork quality [J]. Journal of Animal Science, 84: 3089-3099.

Guzik A C, Matthews J O, Kerr B J, et al, 2006. Dietary tryptophan effects on plasma and salivary cortisol and meat quality in pigs [J]. Journal of Animal Science, 84: 2251-2259.

Hamman L L, Gentry J G, Ramsey C B, et al, 2002. The effect of vitamin-mineral nutritional modulation on pork quality of halothane carriers [J]. Journal of Muscle Food, 12: 37-51.

Han Y K, Thacker P A, 2006. Effect of l-carnitine, selenium-enriched yeast, jujube fruit and hwangto (red clay) supplementation on performance and carcass measurements of finishing pigs [J]. Asian-Australasian Journal of Animal Science, 19: 217-223.

Hansen L L, Claudi-Magnussen C, Jense S K, et al, 2006. Effect of organic pig production systems on performance and meat quality [J]. Meat Science, 74: 605-615.

Heyer A, Lebret B, 2007. Compensatory growth response in pigs: effects on growth performance, composition of weight gain at carcass and muscle levels, and meat quality [J]. Journal of Animal Science, 85: 769-778.

Hoffman L C, Styger E, Muller M, et al, 2003. The growth and carcass and meat characteristics of pigs raise din a free-range or conventional housing system [J]. South African Journal of Animal Science, 33: 166-175.

Högberg A, Pickova J, Babol J, et al, 2002. Muscle lipids, vitamins E and A, and lipid oxidation as affected by diet and RN genotype in female and castrated male Hampshire crossbred pigs [J]. Meat Science, 60: 411-420.

Högberg A, Pickova J, Dutta O C, et al, 2001. Effect of rearing system on muscle lipids of gilts and castrated male pigs [J]. Meat Science, 58: 223-229.

Jackson A R, Powell S, Johnston S L, et al, 2009. The effect ofchromium as chromium propionate on growth performance, carcass traits, meat quality, and the fatty acid profile of fat frompigs fed no supplemented dietary fat, choice white grease, or tallow [J]. Journal of Animal Science, 87: 4032-4041.

James B W, Goodband R D, Unruh J A, et al, 2002. Effect of creatine monohydrate on finishing pig growth performance, carcass characteristics and meat quality [J]. Animal Feed Science and Technology, 96: 135-145.

Jeremiah L E, Ball R O, Merrill J K, et al, 1994. Effects of feed treatment andgender on the flavour and texture profiles of cured and uncured pork cuts. I. Ractopamine treatment and dietary protein level [J]. Meat Science, 37: 1-20.

Jeremiah L E, Sather A P, Squires E J, 1999. Gender and diet influences on pork palatability and consumer acceptance. I. Flavor and texture profiles and consumer acceptance [J]. Journal of Muscle Food, 10: 305-316.

Johnston M E, Nelssen J L, Goodband R D, et al, 1993. The effects of porcinesomatotropin and dietary lysine on growth performance and carcass characteristics of finishing swine fed to 105 or 127 kilograms [J]. Journal of Animal Science, 71: 2986-2995.

Joo S T, Lee J I, Ha Y L, et al, 2002. Effects of dietary conjugated linoleic acid on fatty acid composition, lipidoxidation, color, and water-holding capacity of pork loin [J]. Journal of Animal Science, 80: 108-112.

Kristensen L, Therkildsen M, Aaslyng M D, et al, 2004. Compensatory growth improvesmeat tendernessin gilts but not in barrows [J]. Journal of Animal Science, 82: 3617-3624.

Kristensen L, Therkildsen M, Riis D, et al, 2002. Dietary-inductedchanges of muscle growth rate in pigs: effects on *in vivo* and postmortem muscle proteolysis and meat quality [J]. Journal of Animal Science, 80: 2862-2871.

Lahucky R, Bahelka I, Kuechenmeister U, et al, 2007. Effects of dietarysupplementation of vitamins D_3 and E on quality characteristics of pigs and longissimus muscle antioxidative capacity [J]. Meat Science, 77: 264-268.

Lammers P J, Kerr B J, Weber T E, et al, 2008. Growth performance, carcass characteristics, meat quality, and tissue histology of growing pigs fed crude glycerin-supplemented diets [J]. Journal of Animal Science, 86: 2962-2970.

Lampe J F, Mabry J W, Baas T, 2006. Comparison of grain sources for swine diets and their effect on meat and fat qualitytraits [J]. Journal of Animal Science, 84: 1022-1029.

Larsen S T, Wiegand B R, Parrish F C, et al, 2009. Dietary conjugated linoleic acid changes belly andbacon quality from pigs fed varied lipid sources [J]. Journal of Animal Science, 87: 285-295.

Lebret B, Juin H, Noble J, et al. The effects of two methods of increasing age at slaughter on carcassandmuscle traits and meat sensory quality in pigs [J]. Animal Science, 2001, 72: 87-94.

Lee C Y, Lee H P, Jeong J H, et al, 2002. Effects of restricted feeding, lowenergydiet, and implantation of trenbolone acetate plus estradiol on growth, carcass traits, and circulating concentrations ofinsulin-like growth factor (IGF)-I and IGF-binding protein-3 in finishing barrows [J]. Journal of Animal Science, 80: 84-93.

Leheska J D, Wulf D M, Clapper J A, et al, 2002. Effects of high-protein/low-carbohydrate swinediets during the final finishing phase on pork muscle quality [J]. Journal of Animal Science, 80: 137-142.

Leskanich C O, Matthews K R, Warkup C C, et al, 1997. The effect of dietary oil containing (n-3)fatty acids on the fatty acid, physiochemical, and organoleptic characteristics of pig meat and fat [J]. Journal of Animal Science, 75: 673-683.

Lonergan S M, Stalder K J, Huff-Lonergan E, et al, 2007. Influence oflipid content on pork sensory quality within pH classification [J]. Journal of Animal Science, 85: 1074-1079.

Mahan D C, Cline T R, Richert B, 1999. Effects of dietary levels of selenium－enriched yeast and sodium selenite sourcesfed to growing－finishing pigs on performance, tissue selenium, serum glutathione peroxidase activity, carcass characteristics, and loin quality [J]. Journal of Animal Science, 77: 2172－2179.

Martin D, Antequera T, Muriel E, et al, 2008a. Oxidative changes of fresh pork loin from pig, caused bydietary conjugated linoleic acid and monounsaturated fatty acids, during refrigerated storage [J]. Food Chemistry, 111: 730－737.

Martin D, Antequera T, Muriel E, et al, 2009. Quantitative changes in the fatty acid profile of lipid fractionsof fresh loin from pigs as affected by dietary conjugated linoleic acid and monounsaturated fatty acids during refrigeratedstorage [J]. Journal of Food Composition and Analysis, 22: 102－111.

Martin D, Muriel E, Gonzalez E, et al, 2008b. Effect of dietary conjugated linoleic acid and monounsaturatedfatty acids on productive, carcass and meat quality traits of pigs [J]. Livestock Science, 117: 155－164.

Mavromichalis I, Hancock J D, Kim I H, et al, 1999. Effectsof omitting vitamin and trace mineral premixes and (or) reducing inorganic phosphorus additions on growth performance, carcass characteristics, and muscle quality in finishing pigs [J]. Journal of Animal Science, 77: 2700－2708.

McGlone J J, 2000. Deletion of supplemental minerals and vitamins during the late finishing period does not affect pig weightand feed intake [J]. Journal of Animal Science, 78: 2797－2800.

Milan D, Jeon J T, Looft C, et al, 2000. A mutation in PRAKG3 associated with excess glycogen content in pig skeletal muscle [J]. Science, 288: 1248－1251.

Miller M F, Schackelford S D, Hayden K D, et al, 1990. Determination of the alteration in fatty acid profiles, sensory characteristics and carcass traits of swine fed elevated levels of monounsaturated fats in the diet [J]. Journal of Animal Science, 68: 1624－1631.

Mills S E, Liu C Y, Gu Y, et al, 1990. Effects of ractopamine on adipose tissue metabolism and insulin bindingin finishing hogs. Interaction with genotype and slaughter weight [J]. Domestic Animal Endocrinology, 7: 215－264.

Monahan F J, Asghar A, Gray J I, et al, 1994. Effect of oxidized dietary lipid and vitamin E onthe colour stability of pork chops [J]. Meat Science, 37: 205－215.

Morel P C H, McIntosh J C, Janz J A M, 2006. Alteration of the fatty acid profile of pork by dietary manipulation [J]. Asian－Australasian Journal of Animal Science, 19: 431－437.

Morrissey P A, Sheehy P J, Gaynor P, 1993. Vitamin E [J]. International Journal for Vitamin and Nutrition Research, 63: 260－264.

Mourot J, Aumaitre A, Mounier A, et al, 1994. Nutritional and physiological effects of dietary glycerolin the growing pigs. Consequences on fatty tissues and post mortem muscular parameters [J]. Livestock Production Science, 38: 237－244.

Murray A, Robertson W, Nattress F, et al, 2001. Effect of pre－slaughter overnight feed withdrawal on pig carcass andmuscle quality [J]. Canadian Journal of Animal Science, 81: 89－97.

Myer R O, Lamkey J W, Walker W R, et al, 1992. Performance and carcass characteristics of swine when fed diets containing canola oil and copper to alter the unsaturated: saturated ratio of pork fat [J]. Journal of Animal Science, 70: 1417－1423.

NRC, 1998. Nutrient requirements of swine [S]. 10th ed. Washing, DC: National Academies Press.

Ohene-Adjei S, Bertol T, Hyun Y, et al, 2001. The effect of dietary supplemental vitamin E and C on odors and color changes in irradiated pork [J]. Journal of Animal Science, 79 (1): 443.

Oka A, Maruo Y, Miki T, et al, 1998. Influence of vitamin A on the quality of beef from the Tajima strainof Japanese Black cattle [J]. Meat Science, 48: 159-167.

Oksbjerg N, Strudsholm K, Lindahl G, et al, 2005. Meat quality of fully or partly outdoor reared pigs in organicproduction [J]. Acta Agriculturae Scandinavica Section A - Animal Science, 55: 106-112.

Olivares A, Daza A, Rey A I, et al, 2009. Interactions between genotype, dietary fat saturation and vitamin Aconcentration on intramuscular fat content and fatty acid composition in pigs [J]. Meat Science, 82: 6-12.

Owen K Q, Jit H, Maxwell C V, et al, 2001. Dietaryl-carnitine suppresses mitochondrial branched-chain keto acid dehydrogenase activity and enhances protein accretion andcarcass characteristics of swine [J]. Journal of Animal Science, 79: 3104-3112.

Panella-Riera N, Dalmau A, F`abrega E, et al, 2008. Effect of supplementationwith $MgCO_3$ and l-tryptophan on the welfare and on carcass and meat quality of two halothane pig genotypes (NN and nn) [J]. Livestock Science, 115: 107-117.

Panella-Riera N, Velarde A, Dalmau A, et al, 2009. Effect of magnesiumsulfate and l-tryptophan and genotype on the feed intake, behaviour and meat quality of pigs [J]. Livestock Science, 124: 277-287.

Partanen K, Siljander-Rasi H, Honkavaara M, et al, 2007. Effects of finishing diet and pre-slaughter fasting timeon meat quality in crossbred pigs [J]. Agricultural Food Science, 16: 245-258.

Patience J F, Shand P, Pietrasik Z, et al, 2009. The effect of ractopaminesupplementation at 5 ppm of swine finishing diets on growth performance, carcass composition and ultimate pork quality [J]. Canadian Journal of Animal Science, 89: 53-66.

Peeters E, Driessen B, Geers R, 2006. Influence of supplemental magnesium, tryptophan, vitamin C, vitamin E, and herbson stress response and pork quality [J]. Journal of Animal Science, 84: 1827-1838.

Phillips A L, Faustman C, Lynch M P, et al, 2001. Effect of dietary α-tocopherolsupplementation on color and lipid stability in pork [J]. Meat Science, 58: 389-393.

Pion S J, van Heugten E, See M T, et al, 2004. Effects of vitamin C supplementation on plasma ascorbicacid and oxalate concentrations and mat quality in swine [J]. Journal of Animal Science, 82: 2004-2012.

Rausch K D, Belyea R L, 2006. The future of coproducts from corn processing [J]. Applied Biochemistry and Biotechnology, 128: 47-86.

Rentfrow G, Sauber T E, Allee G L, et al, 2003. The influence of diets containing either conventional corn, conventionalcorn with choice white grease, high oil corn, or high oil high oleic corn on belly/bacon quality [J]. Meat Science, 64: 459-466.

Rincker P J, Killefer J, Matzat P D, et al, 2009. The effect of ractopamine and intramuscular fatcontent on sensory attributes of pork from pigs of similar genetics [J]. Journal of Muscle Food, 20: 79-88.

Robertson W M, Jaikaran S, Jeremiah L E, et al, 1999. Meat quality and palatabilityattributes of pork from pigs fed corn, hulless barley or triticale based diets [J]. Advanced Pork Production, 10: 35.

Rosenvold K, Bertram H C, Young J F, 2007. Dietary creatine monohydrate has no effect on pork quality of danishcrossbred pigs [J]. Meat Science, 76: 160-164.

Rosenvold K, Ess'en-Gustavsson B, Andersen H J, 2003. Dietary manipulation of pro- and macroglycogen in porcineskeletal muscle [J]. Journal of Animal Science, 81: 130-134.

Rosenvold K, Lærke H N, Jensen S K, et al, 2001. Strategic finishing feeding asa tool in the control of pork quality [J]. Meat Science, 59: 397-406.

Rosenvold K, Lærke H N, Jensen S K, et al, 2002. Manipulation of criticalquality indicators and attributes in pork through vitamin E supplementation, muscle glycogen reducing finishing feeding andpre-slaughter stress [J]. Meat Science, 62: 485-496.

Sather A P, Jeremiah L E, Squires E J, 1999. Effects of castration on live performance, carcass yields, and meat quality of male pigs fed wheat or corn based diets [J]. Journal of Muscle Food, 10: 245-259.

Sawyer J T, Tittor A W, Apple J K, et al, 2007. Effects of supplementalmanganese on performance of growing-finishing pigs and pork quality during retail display [J]. Journal of Animal Science, 85: 1046-1053.

Schieck S J, Johnston L J, Shurson G C, et al, 2009. Evaluation of crude glycerol, a biodiesel co-product, in growingpig diets to support growth and improved pork quality [J]. Journal of Animal Science, 87 (3): 90.

Scramlin S M, Carr S N, Parks C W, et al, 2008. Effect ofractopamine level, gender, and duration of ractopamine on belly and bacon quality traits [J]. Meat Science, 80: 1218-1221.

Shackelford S D, Miller M F, Haydon K D, et al, 1990. Acceptability of bacon asinfluenced by the feeding of elevated levels of monounsaturated fats to growing-finishing swine [J]. Journal of Food Science, 55: 621-624.

Shelton J L, Southern L L, LeMieux F M, et al, 2004. Effects of microbial phytase, low calcium andphosphorus, and removing the dietary trace mineral premix on carcass traits, pork quality, plasma metabolites, and tissuemineral content in growing-finishing pigs [J]. Journal of Animal Science, 82: 2630-2639.

Stahl C A, Allee G L, Berg E P, 2001. Creatine monohydrate supplemented in swine finishing diets and fresh pork quality: II. Commercial applications [J]. Journal of Animal Science, 79: 3081-3086.

Sterten H, Frøystein T, Oksbjerg N, et al, 2009. Effect of fasting prior to slaughter ontechnological and sensory properties of the loin muscle (*M. longissimus* dorsi) of pigs [J]. Meat Science, 83: 351-357.

Sullivan Z M, Honeyman M S, Gibson L R, et al, 2007. Effect of triticale-based diets on pig performance and porkquality in deep-bedded hoop barns [J]. Meat Science, 76: 428-437.

Sun D, Zhu Z, Qiao S, et al, 2004. Effects of conjugated linoleic acid levels and feeding intervals on performance, carcass traits and fatty acid composition of finishing barrows [J]. Archives of Animal Nutrition, 58: 277-286.

Swanek S S, Morgan J B, Owens F N, et al, 1999. Vitamin D_3 supplementationof beef steers increases longissimus tenderness [J]. Journal of Animal Science, 77: 874-881.

Swigert K S, McKeith F K, Carr T C, et al, 2004. Effects of dietary D_3, vitamin E, and magnesium supplementation on pork quality [J]. Meat Science, 67: 81-86.

Teye G A, Sheard P R, Whittington F M, et al, 2006a. Influence of dietary oils and proteinlevel on pork quality. 1. Effects on muscle fatty acid composition, carcass, meat and eating quality [J]. Meat Science, 73: 157-165.

Teye G A, Wood J D, Whittington F M, et al, 2006b. Influence of dietary oils and protein level onpork quality. 2. Effects on properties of fat and processing characteristics of bacon and frankfurter-style sausages [J]. Meat Science, 73: 166-177.

Therkildsen M, Riis B, Karlsson A, et al, 2002. Compensatorygrowth response in pigs, muscle protein turn-over and meat texture: effects of restriction/realimentation period [J]. Animal Science, 75: 367-377.

Thiel-Cooper R L, Parrish F C, Sparks Jr J C, et al, 2001. Conjugated linoleic acid changes swineperformance and carcass composition [J]. Journal of Animal Science, 79: 1821-1828.

Tikk K, Tikk M, Aaslyng M D, et al, 2007. Significance of fat supplemented dietson pork quality—connections between specific fatty acids and sensory attributes of pork [J]. Meat Science, 77: 275-286.

Warner R D, Eldridge G A, Hofmeyr C D, et al, 1998. The effect of dietary tryptophan on pig behaviour and meatquality: preliminary results [J]. Animal Prodcution in Austtalia, 22: 325.

Watkins L E, Jones D J, Mowrey D H, et al, 1990. The effect of various levels of ractopamine hydrochloride on the performance and carcass characteristics of finishing swine [J]. Journal of Animal Science, 68: 3588-3595.

Webster M J, Goodband R D, Tokach M D, et al, 2007. Interactive effectsbetween ractopamine hydrochloride and dietary lysine on finishing pig growth performance, carcass characteristics, porkquality, and tissue accretion [J]. The Professional Animal Scientist, 23: 597-611.

Weimer D, Stevens J, Schinckel A, et al, 2008. Effects of feeding increasing levels of distillers dried grainswith solubles to grow-finish pigs on growth performance and carcass quality [J]. Journal of Animal Science, 86 (3): 85.

White H M, Richert B T, Radcliffe J S, et al, 2009. Feeding conjugated linoleic acid partially recovers carcass quality in pigs fed dried corn distillers grains with solubles [J]. Journal of Animal Science, 87: 157-166.

Whitney M H, Shurson G C, Johnston L J, et al, 2006. Growth performance and carcass characteristicsof grower-finisher pigs fed high-quality corn distillers dried grain with solubles originating from modern Midwestern ethanolplant [J]. Journal of Animal Science, 84: 3356-3363.

Widmer M R, McGinnis L M, Wulf D M, et al, 2008. Effects of feeding distillers dried grains with solubles, highproteindistillers grains, and corn germ to growing-finishing pigs on pig performance, carcass quality, and the palatability ofpork [J]. Journal of Animal Science, 86: 1819-1831.

Wiegand B R, Parrish F C, Swan Jr J E, et al, 2001. Conjugated linoleic acid improves feed efficiency, decreases subcutaneous fat, and improves certain aspects of meat quality in Stress-Genotype pigs [J]. Journal of Animal Science, 79: 2187-2195.

Wiegand B R, Sparks J C, Beitz D C, et al, 2002. Short-term feeding of vitamin D_3 improves color but does not change tenderness of pork-loin chops [J]. Journal of Animal Science, 80: 2116-2121.

Wilborn B S, Kerth C R, Owsley W F, et al, 2004. Improving pork quality by feeding supranutritional concentrations of vitamin D_3 [J]. Journal of Animal Science, 82: 218-224.

Wiseman J, Agunbiade J A, 1998. The influence of changes in dietary fat and oils on fatty acid profiles of carcass fat in finishing pigs [J]. Livestock Production Science, 54: 217-227.

Wolter B, Ellis M, McKeith F K, et al, 1999. Influence of dietary selenium source on growth performance, and carcass and meat quality characteristics in pigs [J]. Canadian Journal of Animal Science, 79: 119-121.

Wood J D, Brown S N, Nute G R, et al, 1996. Effects of breed, feed level and conditioning time on the tenderness of pork [J]. Meat Science, 44: 105-112.

Wood J D, Nute G R, Richardson R I, et al, 2004. Effects of breed, diet, and muscle on fat deposition and eating quality in pigs [J]. Meat Science, 67: 651-667.

Xiong Y L, Grower M J, Li C, et al, 2006. Effect of dietary ractopamine on tenderness and postmortem protein degradation of pork muscle [J]. Meat Science, 73: 600-604.

Xu G, Baidoo S K, Johnston J J, et al, 2008. Effects of adding increasing levels of corn dried distillers grains with solubles (DDGS) tocorn-soybean meal diets on pork fat quality of growing-finishing pigs [J]. Journal of Animal Science, 86 (3): 85.

Young J F, Bertram H C, Rosenvold K, et al, 2005. Dietary creatine monohydrate affects quality attributes of Duroc but not Landrace pork [J]. Meat Science, 70: 717-725.

Zhan X A, Wang M, Zhao R Q, et al, 2007. Effects of different selenium source on selenium distribution, loin quality and antioxidant status in finishing pigs [J]. Animal Feed Science and Technology, 132: 202-211.

第十二章
营养与环境的互作

营养、遗传和环境因素是影响猪生产性能的最主要的因素。在猪的生存和生产活动中，时刻与外界环境进行着物质和能量的交换，同时生产效率和产品质量也不断地受各种环境因子的制约。为了获得更高的生产效率和更优质的猪肉产品，同时也为了减少猪生存和生产活动中排泄物对环境的影响，需要加强对猪营养与环境之间相互作用的研究。总的来说，猪营养与环境的互作研究主要分为以下两方面：一是不同环境因子对猪饲粮营养物质消化、代谢及营养需要量的影响，明确为获得最高生产效率所需要的最适宜的环境因子组合，探索克服不利于猪生产的环境因子的营养调控措施；二是营养供给对周围环境所造成的影响，减少营养物质的浪费和对环境的污染。本章简要综述了影响猪营养与健康的常见环境因子及其对猪相关生理活动的影响，以及不同环境因子对猪营养物质消化、代谢及营养需要量的影响。关于猪营养与减排的关系见本书第九章。

第一节 常见环境因子

广义的猪的环境是指除遗传因素之外影响猪生存、生产和健康的所有因素的总和，包括猪的内环境和外环境。狭义的猪的环境是指存在于猪个体周围，直接作用于猪个体，影响猪生存、生产和健康的外界因素的总和，不仅包括自然环境，如气候条件、土壤、水、有害气体及微生物等，还包括人为的环境因素，如畜舍构造、饲养设施、管理方式、饲养员素质等。表12-1列举了猪的自然环境因子与人为环境因子种类。

表 12-1 猪的自然环境因子与人为环境因子

环境类别		环境因子
自然环境	物理环境	温度、湿度、气流、光照、空气离子、海拔高度、气压、声音等
	化学环境	O_2、CO_2、N_2、SO_2、CO、H_2S、NH_3、CH_4、气味、尘埃、工业污染物、化学药品等
	生物环境	病毒、细菌、寄生虫、饲料原料种类、饲料数量和质量、疫苗接种等
	水	水的数量、水的品质等
	土地	土壤的种类、地形、地貌等

(续)

环境类别		环境因子
人为环境	经济环境	经济政策、经济制度、经济水平、交通、电力、市场及通信等
	技术环境	技术水平、设备设施水平、管理水平、选育与利用等
	其他人为环境	社会习俗、民族习惯、劳动力素质、环境污染等

资料来源：安立龙（2004）。

一、温热环境

温热环境是指直接与猪体热调节有关的外界环境因子的总和，包括温度、相对湿度、空气流动、辐射及热传递等因素，它们共同作用于猪个体，使猪产生炎热、温暖、凉爽和寒冷及舒适与否的感觉，是影响猪健康与生产的极为重要的外界环境因子，同时也是研究最多的环境因子。本章重点综述温热环境对猪营养代谢的影响。

(一) 温度

空气温度是表示空气冷热程度的物理量，空气温度的变化是太阳到达地球表面的辐射强度、地面的状况及海拔高度综合作用的结果。猪舍内空气热量一部分来自舍外空气和太阳辐射经猪舍结构传递的热量，另一部分来自舍内猪的活动、人类的生产过程及机械运转产生的热量。

猪等热区是指猪借助物理调节就可以维持体温正常的环境温度范围。猪是恒温动物，汗腺不发达，并且猪的被毛和绝热层较少，因而其调节体温的能力较差，仔猪怕冷而成年猪怕热。当环境温度下降到某个温度时，猪通过物理调节不能完全满足维持体温恒定的需要，此时猪需要增加产热以适应温度的变化，此时的温度即为"下限临界温度"或"临界温度"。当气温升高到某个温度时，猪只开始通过化学热调节来减少产热，以维持体温恒定，此时的环境温度即为"上限临界温度"或者称为"过高温度"。表12-2为标准状况下猪的等热区范围。

表12-2 标准状况下猪的等热区计算范围

项目		食入代谢能		
		1M	2M	3M
		等热区范围（℃）		
仔猪、生长育肥猪 (kg)	2	31~33	29~32	29~31
	20	26~33	21~31	17~30
	60	24~32	20~30	16~29
	100	23~32	19~30	14~28
妊娠112 d母猪 (140 kg)	瘦	20~30	15~27	11~25
	肥	19~30	13~27	7~25

注：维持代谢能 ME$=0.42$ MJ/(kg$^{0.75}$ · d)。

在等热区内，猪用于维持的能量最少，用于生产的能量最多，因而饲料转化率最高，生产力也最高。当环境温度在临界温度继续下降时，猪散热量增加，机体在减少散热量的同时必须提高基础代谢来增加产热量以维持体温恒定。当温度低于一定程度，猪的散热量大于猪的产热量，此时就可能会出现冻伤冻死的现象。当气温在过高温度继续上升时，增加散热的物理调节不能维持体温恒定，必须降低代谢率来减少产热，以维持体温恒定。当温度进一步上升时，猪散热量低于猪的产热量，且猪体温升高，体内代谢进一步加强，有可能会出现体温过高死亡的现象。

（二）空气湿度

空气湿度是描述空气中水分含量或空气潮湿程度的物理量。空气水分含量越大，则湿度越大。猪舍空气中的水分主要来自猪体表和呼吸道蒸发的水汽（占70%～75%），通过通风换气带入的舍外空气中的水汽（占10%～15%），以及暴露的水面（粪尿沟或者地面积存的水）和潮湿地面蒸发的水汽（占10%～25%）（安立龙，2004；张保平等，2006）。湿度对猪生理和生产的影响作用不明显，只有与温度相结合才能发挥作用，高湿度会加重猪对高温或者低温的反应。但是当湿度高于80%时，会直接或者间接不利于猪的生产和健康。

（三）气流

空气从高气压地区向低气压地区水平流动，即为气流，被称为"风"。气流的主要作用是促进猪的非蒸发散热，需要与湿度、温度等共同作用才能影响猪的生长性能。在低温环境中，气流促进猪体的散热，使抗寒能力减弱，加剧了冷应激。在高温环境中，增加气流速度有助于猪体内热量的散发，使其感到凉快舒爽，对猪生产有利。但是当环境温度高于猪体表温度时候，猪从环境中获得热量，增加空气流量反而会增加热应激。表12-3为不同风速条件下对小猪辐射散热和对流散热的影响。

表12-3 风速对体重2 kg小猪辐射散热和对流散热的影响

风速（cm/s）	辐射散热占比（%）		对流散热占比（%）	
	20 ℃	30 ℃	20 ℃	30 ℃
5	50	59	50	41
34	25	37	75	63
82	14	29	86	71
158	8	27	92	73

注：数值为辐射散热量和对流散热量占非蒸发散热量的百分比。
资料来源：安立龙（2004）。

在温度、湿度和气体流量三个因子中，任何一个因子都会受到另外两个因子的共同作用，因此需要将三者综合起来共同考虑温热环境对猪生理功能和生产性能的影响。有效温度（ET）和温湿度指数（THI）为最常见的两种综合评定温热环境的指标：

ET也被称为"体感温度"或者"实感温度"，是综合反映温度、湿度和气流对家畜体热调节影响的指标：

$$ET_{猪} = 干球温度 \times 0.65 + 湿球温度 \times 0.35 \quad (式12-1)$$

温湿度指数是以温度和相对湿度相结合来评价环境炎热程度的一个指标，THI 的数值随着温度、相对湿度的增加而增加（蒲红州等，2015）。

$$THI=0.4(T_d+T_w)+15 \quad (式12-2)$$

或

$$THI=T_d-(0.55-0.55RH)(T_d-58) \quad (式12-3)$$

或

$$THI=0.55T_d+0.2T_{dp}+17.5 \quad (式12-4)$$

式中，T_d 为干球温度（单位为℃）；T_w 为湿球温度（单位为℃）；T_{dp} 为露点温度（单位为℃）；RH 为相对湿度（%）。

二、有害气体

猪舍外部空气环境一般比较稳定，但是猪舍内部的空气成分和数量却变化很大，有害气体浓度含量也较大。猪的代谢活动可以产生诸如 CO_2、CH_4 和少量的水汽，猪消化过程中可以产生少量的臭味气体，猪粪便和尿液中的糖类、蛋白质和脂肪在体外分解可以产生大量的 NH_3、胺、CH_4、H_2S、酰胺类及硫醇类物质。以上都是猪舍内有害气体的主要来源。在此主要介绍 NH_3、H_2S、CO 和 CO_2 等主要有害气体。

（一）氨（NH_3）

NH_3 是无色带有刺激性臭味的气体，主要是由猪舍内含氮有机物（粪、尿、饲料、垫草）分解产生。通常认为在猪分娩舍内氨气最高浓度不得超过 15 mg/m^3，其他猪舍不得超过 26 mg/m^3（张保平等，2006）。4 周龄的仔猪，无论是短期（12 h）还是长期暴露（19 d）于 35 mg/m^3 或更高浓度的 NH_3 环境中，都会显著提高动物外周血皮质醇水平，造成动物应激，尽管有研究也认为 20 mg/m^3 的 NH_3 并不会给猪带来呼吸系统疾病或生产性能下降的问题（Wathes 等，2004；Done 等，2005），但对于断奶后以及生长期的猪，暴露于 20 mg/m^3 的 NH_3 中 15 min 即可导致唾液皮质醇水平的下降，玩耍行为减少（O'Connor 等，2010），攻击行为显著增加（Parker 等，2010）。环境气体与猪生长性能和行为反应的相关分析发现，在湿热的富氨环境中，猪的生产性能和饲料转化率均下降，动物多表现为躺卧行为（Lim 等，2011）。

（二）硫化氢（H_2S）

H_2S 是一种无色、易挥发的恶臭气体，易溶于水，主要由猪舍中的含硫有机物分解而来。当猪采食富含蛋白质的饲料而消化不良时，肠道可排出大量的 H_2S。一般正常饲养环境下，猪舍的 H_2S 浓度不超过 5 mg/m^3（Heber 等，1997；张保平等，2006），当环境中 H_2S 达到 30 mg/m^3，则猪的食欲严重减退，更高浓度则易导致呼吸抑制、神经麻痹甚至死亡。即便是较低浓度的 H_2S，也会导致动物免疫功能下降，造成严重的生产损失。

（三）一氧化碳（CO）

CO 为无色、无味、无臭的气体，猪舍内一般不含有 CO，只有在封闭式的猪舍内生火取暖时，若空气流通过差，煤炭燃烧不充分，则可能产生 CO。妊娠后期母猪舍、仔猪舍、保育舍 CO 浓度不得超过 5 mg/m³，公猪舍、妊娠前期舍及生长舍不得超过 15 mg/m³，育肥舍不得高于 20 mg/m³（张保平等，2006）。

（四）二氧化碳（CO_2）

CO_2 为无色、无臭、略带酸味的气体。猪舍中的 CO_2 主要来自猪的呼吸，例如，一头体重 100 kg 的肥猪，每小时可呼出 CO_2 43 L。猪舍内 CO_2 含量不得高于 0.2%（张保平等，2006）。

三、光照和噪声

（一）光照

光照可分为自然光源和人工光源。自然光源即太阳光，太阳辐射是地球表面光和热的根本来源。人工光源根据用途可分为白炽灯和荧光灯、红外线灯、紫外线灯。白炽灯和荧光灯是主要的照明用灯，红外线灯通常作为热源，紫外线灯则分为短波紫外线灯和长波紫外线灯，通常采用短波紫外线灯对空气和物体外表进行消毒，用长波紫外线灯对猪进行照射以促进皮肤合成维生素 D_3，提高猪生产性能。

（二）噪声

噪声是所有不愉快声音的统称，猪舍内噪声的来源主要有三种：一是外界传入的噪声；二是猪舍内机械运转产生的噪声；三是猪自身和工作人员产生的噪声。

四、尘埃和微生物

1. 尘埃 猪舍内的尘埃除部分来源于大气外，主要还是来源于猪的生产活动。猪只的走动、猪舍的清扫、飞扬的饲料和垫草、猪脱落的皮屑等都可以使猪舍内的尘埃增加。

2. 微生物 猪舍内有机微粒含量高、紫外线弱、温度和湿度等条件都适宜微生物的繁衍，加之空气流动缓慢等原因，使得猪舍内微生物含量要远高于空气中微生物含量。有资料证明，猪舍内微生物含量可以为空气中含量的 50~100 倍（张保平等，2006）。

第二节　环境对猪生理活动的影响

一、环境对采食量的影响

（一）温热环境对猪采食量的影响

在适宜的环境条件下，采食量是限制动物生长的第一因素。而在不同的环境温度下，改变采食量是动物应对环境变化最有效的策略。猪是恒温动物，温度对猪采食量有极其显著的影响，此外还受到湿度、气流、猪栏制作材料、饲养密度等的影响。一般而言，环境温度低于等热区范围时，猪采食量增加，反之则采食量下降。

1. 温度 国内外学者都开展了大量的研究，探讨采食与温度之间的关系。有关学者提出了很多猪采食量与温度间关系的公式，较为代表性的列举如下：

① 在 12~31.5 ℃ 温度范围内，10~30 kg 体重阶段猪每头每天采食量为（Rinaldo 和 le Dividich，1991a）：

$$采食量（g）=1\,162+16.8T_a-0.82T_a^2（T_a\,为空气温度，下式同）$$

（式 12-5）

② 在 5~30 ℃ 温度范围内时，43~85 kg 体重阶段猪每头每天采食量为（Nienaber 和 Hahn，1983）：

$$采食量（g）=1\,521+10.6BW+55T_a-2.6T_a^2（BW\,为体重，下式同）$$

（式 12-6）

③ 在 12~29 ℃ 温度范围内时，30~90 kg 体重阶段猪每头每天采食量为（Nienaber 和 Hahn，1983）：

$$采食量（g）=-1\,264+117T_a-2.04T_a^2+73.6BW-0.26BW^2-0.95T_a\times BW$$

（式 12-7）

郭春华等（2004）的研究表明，高温对生长猪采食量的影响呈现二次函数关系，随环境温度的升高，生长猪的采食量显著下降，如图 12-1 所示。当温度由 23 ℃ 上升到 29 ℃ 时，每升高 1 ℃，猪的采食量减少 53 g/d，温度升高到 35 ℃ 时，采食量会进一步降低。

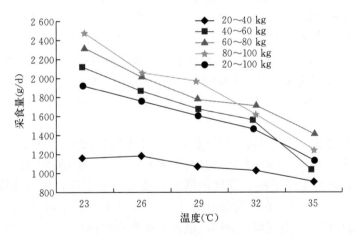

图 12-1　高温对不同体重生长猪采食量的影响
（资料来源：郭春华等，2004）

随着温度的降低，生长猪的采食量会明显增加。由如下研究结果（表 12-4）可得，当环境温度低于临界温度下限时，采食量会明显增加，采食量的增加量与猪的体重和低温的下限有关。平均来说，温度每下降 1 ℃，生长猪将增加采食量 25 g/d（14~39 g/d）。

相比较生长猪和育肥猪，环境温度对哺乳母猪和断奶仔猪采食量的影响更大。当环境温度从 18 ℃ 升高至 25 ℃ 时，哺乳母猪采食量减少 50%（林长光等，2003）。环境温度在 20 ℃ 以上时，每升高 1 ℃ 就会使哺乳母猪每天少吃 0.17 kg 饲料。在 17~21 ℃ 猪舍内饲养的母猪在 28 d 泌乳期内平均失重 6.7 kg，在 26~30 ℃ 下总体重下降 20.1 kg，

表 12-4 低温对生长猪采食量的影响

试验猪体重（kg）	试验温度（℃）	饲粮能量浓度（MJ/kg）	每降低1℃采食量增加（g/d）	每降低1℃摄入能量增加（kJ/d）	资料来源
25~60	比CT低2~6℃	12.55	25	314	Verstegen等（1982）
60~100	比CT低2~6℃	12.55	39	489	
8~30	12~28	13.34	14	187	Lefaucheu等（1991）
30~60	12~19	13.24	29	383	Quiniou等（2001）
60~90	12~19	13.24	22	288	
平均			25	328	

原因就是高温使母猪的采食量大幅度下降（张庚华等，1993）。对于断奶仔猪，在 3~4 周龄断奶之后的 1~4 周，环境温度仅仅比上限临界温度升高 2℃，采食量就会减少 25%（钟伟等，2003）。对于 20 kg 左右的仔猪，环境温度为 19~25℃时采食量最大，当温度继续升高时，仔猪采食量逐渐下降。在 33℃环境温度时，仔猪的采食量要比等热区降低 30%（Collin，2001a）。

另外，猪对昼夜温度有波动的高温应激反应要比持续高温的应激反应要小得多，因为猪可以在温度较低的时间里集中采食更多的饲料，而在温度较高时减少采食（Lopez等，1991）。Giles 等研究了昼夜变动高温（35~22℃）对 50~80 kg 生长猪采食量的影响，与适宜恒温（22℃）相比，每天减少采食 300 g。

总之，高温环境每升高 1℃平均要减少生长猪采食量 73 g/d，低温环境每降低 1℃平均要增加生长猪采食量 25 g/d（Katsumata 等，1996；Quiniou 等，2000；Collin 等，2001a；le Bellego 等，2002）。可见高温环境比低温环境对猪的影响更加明显。

2. 湿度 湿度对猪采食量的影响受温度的影响。一般来说，空气湿度增大，可以加剧高温或者低温对猪的不良影响；当湿度减少时，可以缓解高温或者低温对猪的不良影响。

在适宜的温度下，湿度对猪的生长发育和育肥无明显影响。例如，在温度适宜的环境中，相对湿度为 45%、70% 或 95% 时对体重为 30~100 kg 的猪的增重和饲料消耗没有显著差异。在高温条件下随着湿度的增加，猪采食量下降，如当环境温度在 24~25℃，湿度在 45%~90% 范围内每升高 10%，每日采食量下降 24 g（Massabie 等，1997）。在低温环境中，空气湿度增加，猪的生长和育肥速度下降。一般认为，当气温为 14~23℃时，相对湿度为 50%~80% 时猪育肥效果最好。

蒲红州（2015）综合研究了温度和湿度对生长育肥猪的影响。温度、相对湿度及其二者的互作，能显著影响生长育肥猪的单位体重采食量、采食次数，其中采食次数随温度升高呈现出先增加后降低的趋势。在 THI 小于 72.0 时，生长育肥猪单位体重采食量最高，当 THI 超过 84.0 以后，猪开始出现严重热应激，其单位体重采食量、采食次数、采食时间明显降低。

3. 气流 气流需要与温度和湿度共同作用才能影响猪的生长性能。气流速度对猪采食量也会产生重要影响，通常在适宜温度时，增加气流速度，动物采食量会有所增加，生长育肥速度则变化不大。例如，在 25℃下猪舍的换气量由 0.16 m³/(h·头) 增加至 0.4～0.5 m³/(h·头)，可使猪的采食量增加 160 g/d（Massabie 等，1997）。

（二）温热环境影响猪采食量的机制

温热环境对猪采食量影响的机制有多种情况，一是中枢神经系统的调节，温度通过中枢神经系统影响动物采食，如高温抑制动物的采食行为；二是中枢神经系统以外的调节，包括胃肠道的张力和渗透压反馈调节机制及肝胆调节系统；三是高温引起胃肠道蠕动速度下降，使饲粮通过消化道的时间延长，胃肠道食糜排空速度减慢，进而反馈性抑制采食量。

邹胜龙等（2000）研究表明，当外界环境温度升高到等热区的上限温度时，会使猪体内甲状腺激素分泌量大幅度下降，体内甲状腺激素含量变少，进而影响胃肠道蠕动，食糜通过胃肠道时间延长。食糜通过速度减缓，使胃肠道内充盈，通过胃肠壁上的胃伸张感受器传送到下丘脑控制采食中枢，最终传达出减少采食量的信号。

（三）有害气体对猪采食量的影响

猪舍内氨气浓度升高会造成慢性氨中毒，甚至是氨中毒。当猪舍内氨气浓度较高时，猪的体质会变弱，容易感染疾病，采食量也会明显下降，这种症状叫作"氨的半中毒"或者是"氨慢性中毒"。而当猪舍氨气浓度继续升高时，猪只便会出现明显的病理反应和临床症状，这种症状叫作"氨中毒"。

硫化氢浓度过高也会引起猪的中毒反应。当猪舍内部硫化氢浓度达到 20 mg/m³ 时，猪就会变得畏光、食欲减退，表现为采食量下降。而当猪舍内部硫化氢浓度进一步升高达到 50～200 mg/m³ 时，猪只便会产生剧烈的中毒反应。

CO_2 对猪的影响是通过氧气的作用来实现的，猪舍内 CO_2 浓度过高，则氧气浓度相对不足。当 CO_2 浓度过高时，会引起猪只出现慢性缺氧，表现为精神萎靡、采食量下降、增重缓慢等。

总之当有害气体浓度较低时，不会导致猪只出现明显的外观不良症状。但猪只长期处于含有低浓度有害气体的环境中，其体质会变差，抵抗力降低，发病率和死亡率升高，同时采食量和增重降低，引起慢性中毒。当猪只暴露在高浓度的有害气体环境中，则会有明显的中毒症状（安立龙，2004）。

（四）光照和噪声对猪采食量的影响

光照和噪声同样也是影响猪采食量的重要环境因子。

一般认为，光照时间对生长育肥猪的生长性能没有显著影响，而光照强度可以明显影响猪的育肥。有研究表明，在生长育肥期间间歇光照（14 h 明＋10 h 暗或者 10 h 明＋14 h 暗）对猪的生产性能没有影响。同样也有研究证实，生长育肥猪在 18 h 和 12 h 光照制度下，日增重和采食量无显著差异。但光照时间过长，猪机体内氧化活动加强，活动增多，能量消耗增加，脂肪沉积相对减少。育肥猪在 5 lx（8～10 h）与 40 lx 的自然光照相比，耗料量减少，但是猪的平均日增重有提高（田允波，1997）。让断奶初期仔猪每天分别接受两种光照制度：8 h 明＋16 h 暗，或者 23 h 明＋1 h 暗，明期和暗期的光照强度分别为 44 lx 和 1 lx，结果表明，从 8 h 增加到 23 h，仔猪的采食量增加

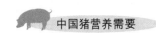

32.6%（日采食218 g与289 g），日增重提高49%（173 g与258 g）（袁森泉等，2003）。

猪对重复的噪声很快会适应，其食欲、增重、采食量和饲料转化率不会受到明显影响。突然的噪声会使猪受到惊吓而发生咬尾或狂奔，进而发生撞伤、跌伤或者损坏设备，影响猪的采食量，甚至还会使猪死亡率增加。在突然的噪声环境下，母猪受胎率下降，妊娠母猪流产、早产现象增多。有研究表明，猪舍内噪声经常在65 dB以上时，会使仔猪血液中的白细胞和胆固醇上升。

二、环境对内分泌的影响

（一）温热环境对猪内分泌的影响

猪热平衡调节受下丘脑体温调节中枢的控制。当环境温度发生变化时，存在于皮肤和内脏器官的温度感受体将信号传递给下丘脑体温调节中枢，进而控制内分泌激素（甲状腺素、去甲状腺素等）的分泌，使猪的生理代谢、形态和行为发生改变，维持体温的恒定。

1. 甲状腺素 一般认为，在持续高温的作用下，猪的甲状腺机能活动减弱（甲状腺滤泡缩小15.8%），甲状腺分泌功能受到抑制，导致血液甲状腺素含量下降，猪机体细胞代谢水平降低，产热量和生产性能都明显下降。有研究表明，在3 ℃低温时，群饲猪每单位代谢体重的甲状腺分泌率为24 ℃的10倍（Collin，2002）。一般情况下，高温环境中，甲状腺分泌减少，但在发情、排卵等重要的生理阶段，甲状腺机能提高。表12-5列举了环境温度对生长猪甲状腺分泌率的影响情况。

表12-5 环境温度和湿度与生长猪的甲状腺分泌率

温度（℃）	3	8	15	23	24
相对湿度（%）	70	70	70	50	90
T_4分泌率（%）	3.81	1.72	0.51	0.43	0.38

资料来源：Collin（2002）。

2. 肾上腺皮质激素 温度对肾上腺皮质活动也有很大的影响。5~17周龄小猪在低温环境中血浆中皮质醇和皮质酮的水平显著升高。在冷暴露环境中，二者先是逐渐升高，到第5周左右达到最高值，而后又逐渐下降。在高温环境或者长时间高温环境中，猪血浆中皮质激素的水平和周转率都是下降的。但是突然的热应激条件下猪只血浆中皮质激素的水平会有显著升高（Maloyan等，2002）。

3. 生殖激素 长期处于高温环境中的猪只，其血浆中雌激素、促性腺激素释放激素、促黄体生成素（LH）等含量会有显著的下降。但是突然暴露在高温环境下，血浆孕酮含量则会升高。在高温环境下，母猪受热应激的刺激，激活了下丘脑-垂体-肾上腺轴，促进垂体分泌促肾上腺皮质激素（ACTH）。ACTH分泌的增加，抑制了垂体前叶分泌促性腺激素（FSH）和LH，LH分泌减少的必然结果是卵泡发育受阻及抑制排卵，也会使雌激素的分泌下降，并抑制黄体生成和孕酮分泌，在生产中引起母猪各种繁殖障碍（Prunier等，1997；计成等，2011）。

4. 胰岛素及生长激素 Rinaldo和le Dividich（1991b）报道，31.5 ℃高温显著降低猪血

清胰岛素的浓度。张敏红等（1998）的研究则表明，在持续高温环境中，猪血浆胰岛素含量没有显著变化。有研究报道，暴露在高温环境中，猪血浆中生长激素的水平显著降低。

（二）光照和噪声对猪内分泌的影响

光照对猪的内分泌活动有着重要的影响，主要是通过刺激下丘脑的兴奋引起的。猪的眼睛感受到外界光线，引起视网膜的兴奋，并通过视神经将产生的兴奋传递到大脑皮层的视觉神经中枢，视觉神经中枢又将这一兴奋送达下丘脑，使其分泌促性腺激素释放激素（GnRH）、促甲状腺素释放激素、促肾上腺皮质激素释放激素、生长激素释放激素等。释放激素刺激垂体，使垂体分泌生长激素、促甲状腺素、促肾上腺皮质激素、促卵泡激素、促黄体素、催乳素等促激素，进一步作用于猪各腺体并对猪的生产性能、生理机能等产生一系列的影响。

短光照尤其是持续黑暗，能够抑制母猪的生殖系统的发育，使性成熟延迟。研究表明，这种影响主要是通过松果体起作用的，在视网膜感受到光刺激后，调节支配松果体神经的活性，这些神经可以控制松果体形成 5-羟-吲哚-邻甲基转移酶，此酶控制褪黑色素（MLT）的合成。MLT 主要是在黑暗环境下合成的，可以抑制垂体合成和释放促性腺激素，从而影响繁殖机能。平均体重为 39.5 kg 的约克夏母猪，在 24 h 黑暗环境、6 h 黑暗环境及自然光照条件下（9～10.8 h 光照）的初情期分别为 193.4 d（103.3 kg）、175.6 d（90.3 kg）和 177.1 d（94.8 kg）。

长期的噪声刺激，对猪的内分泌没有显著影响，但是突然的噪声对猪的神经和内分泌系统都会产生影响，如可以使垂体促甲状腺激素和促肾上腺皮质激素分泌增加，促性腺激素分泌减少，血糖含量增加，免疫力下降。猪只表现为血压升高，脉搏加快，焦躁不安，神经紧张等。

三、环境对繁殖性能的影响

（一）温热环境对猪繁殖性能的影响

1. 公猪精液品质 公猪最适宜的环境温度通常为 18～22 ℃。当长期处于较低环境温度时，公猪用于维持体温所需的能量增多，进一步影响公猪的体况，从而降低公猪的生理和免疫机能，导致公猪精液品质降低。环境温度过高时，对公猪精液品质的影响更加明显。高温应激可引起公猪附睾微环境变化、睾丸机能减退、精浆减少、精子活力下降和老化顶体增多（Rodriguez-Martinez 等，2008；McPherson 等，2014）。

2. 母猪卵泡发育 卵母细胞的质和量是影响母猪繁殖潜力和繁殖成功率的关键。温热环境常常会激发动物的应激反应，对母猪的卵巢功能产生影响。高温应激通过作用于中枢神经系统，抑制 GnRH 释放，导致促性腺激素分泌减少，同时降低腺垂体对 GnRH 的反应，进而影响排卵数和卵子的发育（von Borell 等，2007）。热应激也可以直接作用于卵巢，诱发母猪卵巢胰岛素抵抗，抑制卵泡的生长和成熟（Nteeba 等，2015）。另外，热应激通过作用于母猪其他组织器官，影响 LH 的释放，从而对卵巢产生间接作用，抑制排卵过程。

3. 胚胎发育 高温应激可引发妊娠母猪胚胎早期发育受阻，导致胚胎死亡率提高和产仔数降低。同时，也可能会引发胚胎发育后期生长抑制，造成初生窝重降低（Lewis等，2011；Bertoldo等，2012）。热应激条件下，母体胎盘葡萄糖转运能力显著下降（Limesand等，2004），并影响胎盘对其他营养物质、O_2、CO_2及代谢物的转运，导致仔猪初生重降低。还有研究表明，母猪妊娠期的应激会改变子代的代谢特征（Boddicker等，2014；Cruzen等，2015；Johnson等，2015a），并影响子代成年后对热应激的反应（Johnson等，2015a）。胚胎期受到热应激甚至还会使出生后动物的体核温度发生变化，并最终影响动物机体的生长发育和能量代谢（Johnson等，2015b）。

4. 母猪泌乳功能 夏季和初秋的高温极易导致母猪的繁殖障碍，也称季节性繁殖力减退（seasonal infertility）（Kraeling等，2015）。其中哺乳母猪对温热环境的反应尤其敏感，热应激时，哺乳母猪的体温和呼吸频率显著上升、采食量显著下降、哺乳期失重增加、乳产量下降、仔猪断奶重下降、断奶后母猪发情间隔（weaning to estrus intervals，WEI）延长（Williams等，2013）。乳产量的下降一方面来自热应激对乳腺代谢的直接影响（Silanikove等，2009），另一方面来自采食量下降引起的母猪能量负平衡的间接影响。WEI的延长可能源于母猪能量负平衡引起的胰岛素、IGF-1水平下降，影响了卵泡的发育。

（二）光照对猪繁殖性能的影响

光照对公猪、后备母猪、妊娠母猪和哺乳母猪均有一定的影响。补充充足的光照可促进性腺系统发育，使猪性成熟较早，有利于猪的发情、配种、妊娠等。短光照特别是持续黑暗，会抑制性腺系统发育，使猪性成熟延迟（Tast等，2005）。

1. 光照时间 在一定范围内延长光照可以使公猪的精液质量显著高于自然光照，而超过一定范围，精子总数和密度随着光照时间增加而降低，畸形精子则随着光照时间增加而增加（Sancho等，2006）。研究表明，自然光照条件下，公猪在夏季的精子生成量明显下降，性欲降低（Ciereszko等，2000）。

在配种前及妊娠期延长光照时间，能促进母猪雌二醇及孕酮的分泌，增强卵巢和子宫机能，有利于受胎和胚胎发育，提高受胎率，减少妊娠期胚胎死亡，增加产仔数。有研究报道，在8月至翌年1月的自然短光照时期，早晚补充光照（300 lx）达每日15 h，可使得母猪初情期提前20 d；延长光照时间可缩短母猪重新发情的天数并减少母猪哺乳期的体重损失。

给哺乳母猪增加光照强度和延长光照时间，能刺激催乳素的分泌，泌乳量显著增加，哺乳频率提高（Lachance等，2010）；有研究发现，在妊娠103 d到产后28 d断奶期间，采用16 h明+8 h暗和8 h明+16 h暗两种光照制度，在分娩后15 d测定泌乳量，长光照组显著增加。

2. 光照强度 光照强度对母猪繁殖性能也有明显影响。研究表明，饲养在黑暗和光线不足条件下的母猪，卵巢重量降低，受胎率明显下降。增加光照强度能提高产仔数、初生窝重及断乳窝重。但也有部分研究发现，光照强度的增加会抑制猪的繁殖性能。

（三）营养调控缓解环境对繁殖性能的负面影响

营养调控可缓解不利环境条件对猪繁殖性能的负面影响。目前这方面的研究还主要集中母猪高温若干应激方面。

1. 能量 高温环境条件下猪采食量减少，能量摄入减少，同时还需要更多的能量来加强散热。为维持猪正常的生理需要，应该给予猪较高能量浓度的饲粮，以弥补能量摄入的不足。但是过高的能量摄入，也有可能会对猪繁殖性能产生不利影响。

Louis 等（1994）的研究发现，在热应激条件下降低饲料蛋白质和氨基酸浓度导致种公猪性欲下降，当种公猪的能量摄取不足时，这种影响更加明显。而张莉（2009）研究表明，热应激时饲喂高营养水平饲粮（13.81 MJ/kg）的公猪精液量大，但精子活力、密度和有效精子数都不同程度地降低，精子畸形率增加。

有研究表明，在热应激妊娠母猪饲粮中添加 2%～3% 的脂肪，能够防止母猪营养状态下降，保证妊娠后期胎儿的发育，改善生产性能，维持最大的生长率。Christon 等（1999）给热应激泌乳母猪饲粮中添加脂肪，能提高仔猪增重，显著提高泌乳量，并且乳脂量也有提高的趋势。Farmer 等（2002）认为，添加低热增耗饲粮成分，如脂肪和淀粉可以缓解热应激给母猪食欲带来的负面影响，因而可以提高泌乳量和仔猪增重，并且母猪中乳脂量也有提高的趋势。

2. 蛋白质 饲粮粗蛋白质的热增耗较高，在满足猪维持生长需要的基础上，增加饲粮蛋白质水平会造成饲粮代谢能利用率下降，猪的体增热增加，在高温环境中反而会增加猪的热应激反应。

Johnston 等（1999）报道，在炎热季节将母猪饲粮粗蛋白质由 16.5% 降低到 13.7%，哺乳仔猪每日窝增重增加 60 g。Renaudeau 等（2001）在热应激条件下，将饲粮粗蛋白质水平由 17.6% 降低到 14.2%，并补充晶体氨基酸，可以提高泌乳母猪的采食量，减少体重损失，对仔猪的生长性能无影响。Frank 等（2003）在热应激条件下，通过降低泌乳母猪饲粮粗蛋白质水平而添加合成赖氨酸的方法，改善了仔猪的性能。Laspiur 等（2001）研究表明，将热应激母猪饲粮中精氨酸水平由 0.96% 提高到 1.73%（精氨酸与赖氨酸的比值由 1∶1 提高到 1.8∶1），降低了哺乳母猪的体重损失，提高了饲料利用率，但对母猪采食量和仔猪生长性能无显著影响。张铭等（2009）在热应激哺乳母猪饲粮中添加 300 mg/kg 的 γ-氨基丁酸，母猪采食量和泌乳量显著提高，乳质改善，体重损失减少，断奶-发情间隔缩短，仔猪增重与成活率显著提高。

3. 维生素 高温环境下饲料中某些维生素氧化变质，降低了生物利用率，同时猪体内合成的维生素减少，因此需要补充维生素以保证机体的正常繁殖功能。

在炎热天气下增加种公猪维生素 C 的饲喂量，有助于降低热应激对精子质量和受精率的影响。Bonnette 等（1990）研究表明，30 ℃ 条件下，在泌乳母猪饲粮中添加 220 IU/kg 的维生素 E，能显著提高饲料效率和绵羊红细胞抗体滴度。胡寿乐等（2006）在炎热的夏季，给哺乳母猪饲喂强化维生素饲料，可提高活仔数和健仔数，减少弱仔数，提高初生窝重，并促进仔猪的生长发育，提高母猪断奶后发情率。

4. 电解质及矿物质元素 环境温度变化可以引起猪机体内分泌腺体的活动的变化，进而引起猪体液及细胞内 pH、渗透压等变化。另外，高温情况下机体内的钾和碳酸盐的排出量增加，氯和钠排出量减少，对体内的矿物质元素的平衡产生不良影响。

童金水等（2010）在夏季公猪饲粮中添加电解质添加剂（主要成分为钠离子、钾离子和重碳酸根离子），发现公猪精浆总抗氧化能力升高，丙二醛含量显著降低，超氧化物歧化酶活力显著升高，公猪精浆中总蛋白质含量升高，白蛋白及免疫球蛋白含量增加。

Dove 等（1994）在炎热季节下将泌乳母猪饲粮的电解质平衡值由 130 mEq/kg 调节到 250 mEq/kg，提高了仔猪的生长性能。向母猪饲粮中添加有机硒，有提高哺乳母猪采食和泌乳力，促进仔猪生长的抗热应激效果（史清河，2009）。向母猪饲粮中添加有机铬 0.3 mg/kg，可缓解高温应激，降低母猪卵巢机能减退，提高母猪受胎率（张永泰，2012）。王春华等（2013）在妊娠母猪基础饲粮中每天添加 3 次中草药合剂，每次 5 g 或在中药添加剂组的基础上每千克饲料中再添加 200 μg 的有机铬，结果表明，中药添加剂组母猪的呼吸频率和体温比对照组分别降低 3.66 次/min 和 1.02 ℃；中药有机铬组母猪的呼吸频率和体温比对照组分别降低 5.60 次/min 和 1.26 ℃；中药添加剂组母猪产健仔数提高 18.29%，中药有机铬组母猪产健仔数提高 10.14%。

5. 其他抗应激产品 刘风华等（2003）在分娩后 18 d 的经产母猪饲粮中添加中药添加剂（黄芪、益母草、女贞子、陈皮、淫羊藿、生地、玄参等）发现，母猪返情率降低 20%，断乳至再发情的时间提前，产仔数提高。邱美珍等（2009）给热应激孕母猪饲粮提供 10 g/d 中药添加剂（含有青蒿、香薷、佩兰、薄荷和甘草，分 2 次添加）或 10 g/d 中药添加剂＋40 μg/kg 有机铬，饲喂 30 d，与对照组相比母猪的呼吸频率和体温比对照组分别降低 6.0% 和 0.52%、13.1% 和 0.78%；产健仔数分别提高 14.47% 和 7.89%，表明所选择的中草药方剂对母猪具有较好的抗热应激作用。

黄伟杰等（2012）在夏季哺乳母猪每吨全价饲粮中添加 150 g 诱食剂和 300 g 脂肪酶，同时用 4% 优能乳代替膨化大豆，头均日采食量提高 8.32%，母猪断奶后背膘损失降低 9.62%，仔猪在哺乳期增重提高 4.22%。乔家运等（2011）给夏季配种公猪每天饲喂 5 mL/头的纳米级营养素（含有维生素、氨基酸、微量元素、水解海藻蛋白等），可以显著提高种公猪的精液量和精子活力，降低畸形率。

第三节　温热环境对猪养分利用和需要量的影响

不同环境因素通过影响猪的采食、消化、代谢及产热来改变不同营养成分在机体内用于维持和生产的分配比例，从而影响饲料养分的利用效率。在本节重点介绍温热环境对猪养分利用的影响。

一、温热环境对养分利用的影响

温热环境是影响猪养分利用效率的最主要的环境因素。一般情况下环境温度升高，可提高猪的消化能力，环境温度下降，则降低猪的消化能力。有研究表明，高温可降低尿能和粪能的损失，使猪饲粮的代谢能增加。对妊娠母猪的研究发现，在环境温度 20 ℃时，妊娠母猪进食总能的代谢率为 77%，而在 12~14 ℃时代谢率降低为 74%。对于生长猪而言，冷环境中猪的尿氮排放量增加，导致表观消化能降低。

研究发现在 5~23 ℃的环境中，温度每升高 1 ℃，生长猪饲料总能及氮消化率分别增加 0.15% 和 0.24%（表 12-6）。同时也有许多研究表明，27～30 ℃的高温环境中，猪的饲料转化率并没有显著的变化（Massabie 等，1997）。表 12-6 为环境温度对猪饲料养分消化率的影响。

表 12-6　环境温度对猪饲料消化率的影响

饲料组分	低温（℃）	高温（℃）	每升高 1 ℃消化率的变化幅度（%）
干物质	6	20	0.24
能量	6	20	0.27
能量	9	23	0.12
氮	10	30	0.15
氮	6	20	0.48

（一）对能量利用的影响

衡量猪的能量利用，通常用能量代谢的总效率来表示。对猪个体而言，能量代谢的总效率是指产品能占摄入能的比例。温热环境对猪能量代谢总效率的影响是通过影响能量摄入量与产品沉积能量的比例来实现的。在不同温热环境下，猪的能量摄入总量及体内能量的分配均会发生变化，对应的能量利用效率也会发生变化。凡是可影响猪维持能量需要的因素均会影响动物对饲料能量的利用效率。表 12-7 列出了生长育肥猪在不同温热环境的生长速度和能量效率。

表 12-7　环境温度对 70～100 kg 猪采食量、增重、能量效率的影响

环境温度（℃）	能量进食量（DE，kJ/d）	增重（kg/d）	产品能（kJ）[a]	能量效率（%）[b]
0	64 337	0.54	12 512	19.4
5	47 714	0.53	12 280	25.7
10	44 417	0.80	18 536	41.7
15	39 974	0.79	18 304	45.8
20	40 861	0.85	19 695	48.2
25	33 372	0.72	16 682	50.1
30	28 045	0.45	10 427	37.1
35	19 159	0.31	7 183	37.4

注：a. 按 80 kg 猪每增重 1 g 含 23.17 kJ NE 计算。
b. 能量效率＝产品能÷食入 DE×100%。

在等热区，猪采食饲料中的能量用于维持的比重最少，用于生产的能量最多，因此在等热区猪的能量利用效率最高。

在寒冷条件下，环境温度低于下限临界温度，猪只处于冷应激状态。此时，体内合成代谢速率降低，同时热量散失过快，需要从摄入的总能中转移一部分用于维持体温，以保证猪体温的恒定，使得猪的能量利用率降低。另外，当环境温度低于临界温度一定

范围时，猪运动和采食活动所产生的热量（如活动产热、食后体增热）可以用于维持体温，并且此时猪采食量增加的幅度要高于产热量增加的幅度，因此会出现能量利用效率在一定低温条件下提高的现象，但是随着温度的进一步下降，能量利用效率就会降低。

当环境温度高于临界温度上限时，猪处于热应激区。多数研究指出，由于体温的升高，猪体内代谢速度会相应升高，用于生产的能量相应减少，但是在高温环境中猪用于维持的能量也会减少，最后的综合效果是能量利用效率下降，但是下降幅度不会太大（Quiniou等，2000b）。le Bellego等（2002）研究表明，在相同的能量摄入条件下，高温环境（30 ℃）的能量沉积比中温度环境（23 ℃）低0.4 MJ/d，相当于每日摄入能量的1.5%。Collin等（2001a）的报道则表明，在自由采食条件下，高温使能量利用效率降低，但是在相同的能量摄入下，33 ℃比23 ℃环境温度下能量沉积增加，即高温提高能量利用效率。Collin等（2001a）还认为，长期高温使猪的内脏器官减小，结果绝食产热量减少，提高了猪的能量利用率。但高温对产热的影响究竟如何，目前的研究结果还不一致。

（二）对蛋白质和氨基酸利用的影响

由于猪的采食量受环境温度的影响，因此，应该根据猪的采食量变化调整饲粮中蛋白质和氨基酸的浓度。通常，低温环境中猪的采食量会增加，因此需要适当降低饲粮中蛋白质的水平。同样，在高温环境中猪的采食量减少，应该增加猪饲粮中蛋白质的水平。但研究结果表明，在极端高温环境下，猪的生产性能会严重降低，此时增加饲粮中的蛋白质水平，会对猪只造成很大的负面效果。

猪摄入的能量首先用于维持体温，其次才是用于蛋白质沉积，大多数温热条件下，猪自由采食量可以满足各种营养物质的需要（郭春华，2005）。多数研究表明，温热环境可以显著影响猪的生产性能，但是对蛋白质和氨基酸的代谢、蛋白质用于蛋白质沉积的效率等无显著影响。Massbaie等（1996）的研究表明，环境温度从18 ℃升到30 ℃，13～20 kg仔猪的采食量逐渐降低，日增重在22 ℃时最高，之后随着温度的升高而降低，但是蛋白质沉积不受影响。le Bellego等（2002a）认为，在高温环境下，猪的最大蛋白质沉积潜力受到影响，体重为24～65 kg的猪在环境温度为23 ℃时，代谢能采食量（MEI）为31.2 MJ/d时，蛋白质沉积达到最大，为167 g/d；当环境温度为30 ℃，MEI为24.4 MJ/d时，蛋白质沉积达到最大，为143 g/d。即高温可以使猪的最大蛋白质沉积潜力减少，超过最大蛋白质沉积潜力后，多出的能量用于脂肪的沉积。

饲粮中氨基酸平衡对畜禽的影响受环境温度的制约：一方面，氨基酸不平衡饲粮在低温环境下对动物的影响可通过增加采食量得以弥补，而高温环境会降低采食量，此时氨基酸不平衡会对动物产生极为不良的影响；另一方面，超出机体需要的过高水平的蛋白质和氨基酸，由于热增耗作用，会加重动物的热负荷，并减少净能的摄入量，导致能量供给缺乏。喂给合成的赖氨酸代替天然的蛋白质对猪有利，因为赖氨酸可减少饲粮中的热增耗。热环境下，若以理想蛋白质为基础，增加饲粮赖氨酸的含量，其饲料转化率可得到改善。

(三) 对脂类物质利用的影响

环境温度对猪脂肪沉积的影响要比对蛋白质沉积的影响更加明显。研究表明，20~50 kg 生长猪在 1~30 ℃的环境温度中，蛋白质沉积不受影响，而高温和低温都使脂肪沉积降低。Massbaie 等（1996）的研究表明，环境温度从 18 ℃升到 30 ℃，13~20 kg 仔猪的脂肪沉积水平随着温度的升高和能量摄入的减少而显著降低。le Dividich 等（1998）则得出相反的结论，长期热应激导致猪的脂肪沉积增强，并且呈现出外层脂肪向内层脂肪转移的趋势，以降低外层脂肪的隔热性，从而适应高温环境。

环境温度对猪不同部位的脂肪沉积也有很大的差异（吴鑫，2014）。有研究发现，高温不影响育肥猪背膘的相对重量，但猪肾周围脂肪相对重量升高了 26.7%。Katsumate 等（1996）也发现，持续 30 ℃的高温使猪肩部皮下脂肪厚度降低 22.4%，腰部皮下脂肪厚度降低 21.9%，背膘厚度减少 18.9%，而内脏脂肪重有增加的趋势。

综上所述，环境温度会对生长猪蛋白质和脂肪沉积产生影响。相对而言，热应激所造成的危害大于冷应激。低温下，生长猪可以通过增加采食量来满足额外的维持体温的能量需要，当能量的摄入量受到限制时，首先是脂肪的沉积受到影响，而对蛋白质沉积的影响不大；高温时，猪的散热困难，采食量下降，脂肪沉积和蛋白质沉积都会减少，但对蛋白质的沉积影响更大。通过饲粮营养调整，饲喂低热增耗饲粮［如高能量饲粮、低蛋白质添加氨基酸和（或）脂肪饲粮等］，其作用并不明显，其结果主要是增加脂肪沉积，而对蛋白质沉积的改进效果目前还不确定。表 12-8 列出了环境温度对生长猪蛋白质和脂肪沉积的影响。

表 12-8 环境温度对蛋白质和脂肪沉积的影响

环境温度（℃）	18	22	26	30
能量摄入（MJ/d）	20.85	19.3	16.24	15.9
日增重（g）	755	774	721	652
蛋白质沉积（g/d）	118	119	117	116
脂肪沉积（g/d）	110	103	86	85

注：日粮中含 DE 15.0 MJ/kg，猪自由采食。
资料来源：Massabie 等（1996）。

(四) 对其他营养物质利用的影响

1. 电解质 当猪机体处于高温应激条件下，机体会呈现间歇性呼吸性碱中毒。大量的研究表明，在高温环境中，饲粮或饮水中添加电解质有助于维持血液的酸碱平衡，添加一些盐类物质或其他物质，可提高猪的抗热应激作用，如碳酸化水、NH_4Cl、KCl、$NaHCO_3$ 等。

2. 矿物质元素 热应激使猪尿液中 Mg、K、P、S 的排出量增加，粪中的 Mg 和 Cu 的排出量亦增加，而尿中 Cl 的排出量则显著减少。矿物质元素的变化与热应激的程度相关，随着应激程度的加重，尿中 Na、Ca、Mn 的排出量显著增加。有研究发现：在高温条件下，猪对 P 和 K 吸收减少，而尿中 K 排出量增加。

3. 维生素 维生素 C 与机体糖皮质激素的合成有关。在猪处于应激状态下时，肾上腺皮质大量合成和分泌糖皮质激素，维生素C可通过调节糖皮质激素合成过程中的关键酶影响其合成，从而降低了应激反应程度。研究表明，尽管维生素C可以在猪体内合成，但当机体处于应激状态时，机体对维生素C的需要量增加，需要由饲料补充。

二、温热环境对营养需要量的影响

温热环境对猪营养需要量的影响最为明显，同时环境对猪营养需要量的影响研究也主要集中在温热环境因子方面。

（一）对水需要量的影响

水是维持动物正常生长和健康的重要营养物质（详见第七章），环境温度可以明显影响动物的饮水量。在高温环境中，猪只需要通过皮肤蒸发和呼吸来降低体温，保持体温的恒定，加之水槽、饲料中水蒸发加快，日粮来源水减少，因此水的消耗增加。Vandenheede等（1991）研究表明，当环境温度由10℃升高到25℃时，猪通过皮肤和肺呼吸损失的水量每天增加2.2~4.2 L。

相对于猪个体间饮水量的差异，不同环境温度（7℃、9℃、12℃、20℃和22℃）条件下生长猪饮水量的差异比较小。而当处于高温环境（30℃和33℃）时，猪的饮水量增加25%~50%。在低温环境（在0℃以下）时，猪饮水量则开始随着外界温度的降低而显著降低（雷燕等，2011）。Fraser等（1993）研究了哺乳仔猪在不同温度条件下饮水量的差异，结果发现，哺乳仔猪处于28℃分娩舍环境下饮水量为20℃环境下饮水量的4倍。Straub等则观察到，体重为70~110 kg的后备公猪在环境温度25℃时的饮水量可以达到15 L/d，而当环境温度为15℃时的最大饮水量为10 L/d。

水温也会影响猪的饮水量。有研究发现，在17~23℃环境温度下，饮用30℃的温水能够显著增加断奶仔猪的饮水量（谭磊等，2009）。Jeon等（2006）的研究发现，在高温环境中泌乳母猪饮用低温水（10℃和15℃）时的饮水量要显著大于饮用高温水（20℃）的饮水量。

另外在相同环境温度下，猪对水需要量受空气湿度影响也很大，一般而言，湿度高，猪对水的需要量则会相应减少。

（二）对能量需要量的影响

目前已经建立了多种简单、准确预测猪能量需要的数学模型，但是由于猪能量代谢活动过程的复杂性、饲粮组成和原料来源的多样性，加之外界多种环境因子的综合作用，使猪能量评价体系仍然非常复杂（详见第一章）。此处仅就温热环境对能量的需要量的影响进行简单介绍。

高温环境和低温环境均可提高猪的能量需要量。在不同环境条件下，应该结合猪采食量的变化，调节饲粮能量浓度。在低温环境中，因为猪采食量会提高，能量浓度可略有提高。在高温环境中，猪采食量下降，应提高饲粮中能量浓度。高温环境中，可以通过添加脂肪提高能量浓度，这样可以减少猪体增热，防止猪生产性能下降。

大量研究试图通过猪的热散失量、生产水平及采食量估计猪在不同温热环境条件下的能量需要量。20 kg、20～60 kg 和 60～100 kg 的生长育肥猪，当环境温度在温度适中区以下每下降 1 ℃，每天分别需要增加 14 g、27 g 和 38 g 饲料（ME 12 kJ/g）以补偿热散失。对于母猪来说，当环境温度低于 18～20 ℃时，每降低 1 ℃，母猪维持能量需要增加 4%（杨凤，2009）。

ARC（1981）建议用下述公式估计猪在冷应激区的额外产热（E_H）：

$$E_H \text{ (kJ/d)} = (1.31BW + 95)(LCT - T_a) \quad \text{(式 12-8)}$$

式中，BW 为猪体重（kg），T_a 为环境温度（℃）。

利用 E_H 值、饲料能量利用率及饲料有效能值，便可计算猪每天需要的饲料量。

(三) 蛋白质和氨基酸

猪蛋白质和氨基酸需要量详见第二章。大多数的研究表明，温热环境不会影响动物对蛋白质、赖氨酸及蛋氨酸等的需要量，也不会影响赖氨酸和蛋氨酸的利用率。因为猪采食量随着外界环境温度的变化而相应变化，所以应根据采食量的变化调整饲粮中蛋白质、氨基酸的浓度。

在低温环境中，猪的采食量提高，饲料蛋白质水平可以保持不变。在高温环境中，猪的采食量下降，若提高饲料蛋白质水平，反而会增加热增耗，进而加重热应激。此时，应该平衡饲料氨基酸，按可消化氨基酸需要配制饲料来降低粗蛋白质水平，保证摄入足够的氨基酸，防止猪的生产性能下降。

在低温环境中（平均气温 7～9 ℃），饲料能量浓度 DE 为 14.23 MJ/kg 时，18～35 kg、35～60 kg 和 60～90 kg 生长猪的适宜能量蛋白质比分别为 94.85 MJ/g、101.63 MJ/g 和 109.41 MJ/g，饲粮粗蛋白质水平分别为 15%、14%和 13%。在高温环境中（平均气温 31 ℃），15～30 kg、30～60 kg 和 60～90 kg 生长猪饲粮的适宜能量浓度分别为 14.44 MJ/g、14.56 MJ/g 和 15.40 MJ/g，猪的平均日增重分别达到 571 g、603 g 和 740 g。

(四) 对微量元素和维生素需要量的影响

高温环境条件下，猪体内的钾、钠排出量增加，而钾的吸收减少，因此饲料中要相应地提高钾、钠的水平。另外高温条件下，适当提高饲粮中钙水平能提高猪的耐热性能，而添加碳酸氢钠则可缓解热应激带来的不良影响。

总之冷、热应激时，动物体内代谢加强，会造成某些矿物质元素排出量增加，从而增加矿物质需要量。矿物质及维生素需要量详见第五章和第六章。

参考文献

安立龙，2004. 家畜环境卫生学 [M]. 北京：高等教育出版社.
郭春华，2005. 环境温度对生长育肥猪蛋白质和能量代谢及利用影响模式研究 [D]. 雅安：四川农业大学.
郭春华，柴映青，王康宁，2004. 高温对不同体重生长猪采食量影响模式的研究 [J]. 养猪（4）：15-18.

郭春华，王康宁，2006. 环境温度对生长猪生产性能的影响 [J]. 动物营养学报，4：287-293.

胡寿乐，管武太，姚远，等，2006. 微量营养素对夏季母猪繁殖性能的影响 [J]. 饲料研究（10）：41-43.

黄伟杰，周学光，李林东，等，2012. 夏季哺乳母猪饲粮中添加诱食剂和脂肪酶提高生产性能的试验 [J]. 养猪（5）：28-29.

计成，白秀梅，2011. 精氨酸的抗热应激作用及在母猪上的应用 [J]. 饲料工业，32（12）：1-4.

雷燕，吕继蓉，张克英，2011. 不同阶段猪的饮水量特点及其主要影响因素 [J]. 饲料工业，32（4）：54-55.

李德发，2003. 猪的营养 [M]. 北京：中国农业科学技术出版社.

林长光，2003. 母猪能量需要和营养策略 [J]. 福建畜牧兽医，5：56-57.

刘凤华，王占贺，吴国娟，等，2003. 抗热应激中药添加剂对经产母猪繁殖性能的影响 [J]. 北京农学院学报，18（1）：29-32.

刘瑞生，2014. 营养调控措施缓解夏季猪热应激研究进展 [J]. 养猪（3）：11-16.

美国国家科学院科学研究委会员，2014. 猪营养需要 [M]. 11版. 印遇龙，阳成波，敖志刚，译. 北京：科学出版社.

蒲红州，陈磊，张利娟，等，2015. 湿热环境对自由采食生长育肥猪采食行为的影响 [J]. 动物营养学报，5：1370-1376.

乔家运，邓利军，向明，等，2011. 纳米级营养素对夏季公猪精液量和精液品质的影响 [J]. 养猪（4）：28-30.

邱美珍，朱吉，周望平，等，2009. 中药对怀孕母猪抗热应激的影响 [J]. 养猪（4）：55-56.

史清河，2009. 哺乳母猪热应激及其调控策略 [J]. 养猪（3）：11-13.

谭磊，2009. 冬季饮水温度和环境富集对断奶仔猪生产性能、营养素利用、福利及行为的影响 [D]. 重庆：西南大学.

田允波，1997. 光照对猪的影响 [J]. 甘肃畜牧兽医（4）：27-30.

童金水，2010. 夏季补充电解质提高公猪精浆品质 [J]. 江西畜牧兽医杂志（4）：9-11.

王春华，何宇喜，2013. 有机铬及中草药对妊娠母猪抗热应激性能影响 [J]. 饲料研究（4）：79-80.

吴鑫，冯京海，张敏红，2014. 环境高温对猪脂肪代谢的影响 [J]. 动物营养学报，3：585-590.

杨凤，2009. 动物营养学 [M]. 北京：中国农业出版社.

袁森泉，Ioannis Mavromichalis，2003. 光照对断奶仔猪早期饲料采食量的影响 [J]. 国外畜牧学（猪与禽），1：29-30.

张保平，赵秀萍，2006. 环境对猪生产性能的影响 [J]. 农业新技术（今日养猪业）（3）：16-18.

张庚华，1993. 环境温度和饲料采食量对母猪繁殖力的影响 [J]. 广东畜牧兽医科技（1）：52，55.

张莉，2009. 营养水平对热应激种公猪繁殖性能和血液生化指标的影响 [D]. 重庆：西南大学.

张敏红，张卫红，卢凌，等，1998. 急性短期高温对空腹状态下猪的铬代谢及生理生化反应的影响 [J]. 畜牧兽医学报，3：13-20.

张敏红，张卫红，张应龙，等，1998. 持续日变高温对猪的铬代谢及血液生化指标的影响 [J]. 畜牧兽医学报，2：17-25.

张铭，陈立祥，范志勇，等，2009. γ-氨基丁酸对热应激哺乳母猪生产性能的影响 [J]. 养猪（3）：9-10.

张永泰，2012. 减轻热应激对猪群影响的饲养管理对策 [J]. 养猪（4）：33-36.

张子仪，1997. 规模化养殖业及饲料工业中的生态文明建设问题 [J]. 饲料工业（9）：1-3.

钟伟，2003. 保育期仔猪的环境温度和采食量 [J]. 国外畜牧学（猪与禽），3：42-43.

邹胜龙，2000. 动物热应激机理及其研究进展 [J]. 饲料博览（7）：39-40.

Bertoldo M J, Holyoake P K, Evans G, et al, 2012. Seasonal variation in the ovarian function of sows [J]. Reproduction, Fertility and Development, 24 (6): 822-834.

Boddicker R L, Seibert J T, Johnson J S, et al, 2014. Gestational heat stress alters postnatal offspring body composition indices and metabolic parameters in pigs [J]. PLoS One, 9 (11): e110859.

Bonnette E D, Kornegay E T, Lindemann M D, et al, 1990. Humoral and cell-mediated immune response and performance of weaned pigs fed four supplemental vitamin E levels and housed at two nursery temperatures. [J]. Journal of Animal Science, 68 (5): 1337-1345.

Boisen S, Fernandez J A, Madsen A, 1991. Studies on ideal protein requirement of pigs from 20 to 95 kg live weight [C]//6. International Symposium on Protein Metabolism and Nutrition, Herning (Denmark).

Buraczewska L, Świech E, 2000. A note on absorption of crystalline threonine in pigs [J]. Journal of Animal and Feed Sciences, 9 (3): 489-492.

Christon R, Saminadin G, Lionet H, et al, 1999. Dietary fat and climate alter food intake, performance of lactating sows and their litters and fatty acid composition of milk [J]. Animal Science, 69 (2): 353-365.

Ciereszko A, Ottobre J S, Glogowski J, 2000. Effects of season and breed on sperm acrosin activity and semen quality of boars [J]. Animal Reproduction Science, 64 (1): 89-96.

Collin A, Vaz M J, le Dividich J, 2002. Effects of high temperature on body temperature and hormonal adjustments in piglets [J]. Reproduction Nutrition Development, 42 (1): 45-53.

Collin A, van Milgen J, Dubois S, et al, 2001a. Effect of high temperature and feeding level on energy utilization in piglets [J]. Journal of animal science, 79 (7): 1849-1857.

Collin A, van Milgen J, le Dividich J, 2001. Modelling the effect of high, constant temperature on food intake in young growing pigs [J]. Animal Science, 72: 519-527.

Cruzen S M, Boddicker R, Graves K L, et al, 2014. Carcass composition of market weight pigs subjected to heat stress in utero or during growth [J]. Animal Industry Report, 660 (1): 86.

Done S H, Chennells D J, Gresham A C J, et al, 2005. Clinical and pathological responses of weaned pigs to atmospheric ammonia and dust [J]. Veterinary Record, 157 (3): 71-80.

Dove C R, Haydon K D, 1994. The effect of various diet nutrient densities and electrolyte balances on sow and litter performance during two seasons of the year [J]. Journal of Animal Science, 72 (5): 1101-1106.

Farmer C, Prunier A, 2002. High ambient temperatures: how they affect sow lactation performance [J]. Pig News and Information, 23 (3): 95-102.

Frank J W, Carroll J A, Allee G L, et al, 2003. The effects of thermal environment and spray-dried plasma on the acute-phase response of pigs challenged with lipopolysaccharide [J]. Journal of Animal Science, 81 (5): 1166-1176.

Fraser N H C, Metcalfe N B, Thorpe J E, 1993. Temperature-dependent switch between diurnal and nocturnal foraging in salmon [J]. Proceedings of the Royal Society of London B: Biological Sciences, 252 (1334): 135-139.

Guingand N, Granier R, Massabie P, 1997. Characterization of air extracted from pig housing: effects of the presence of slurry and the ventilation rate [C]//Proceedings of the international symposium on ammonia and odour control from animal production facilities: 49-55.

Ingram D L, Mount L E, 2012. Man and animals in hot environments [M]. Springer Science & Business Media.

Jeon J H, Yeon S C, Choi Y H, et al, 2006. Effects of chilled drinking water on the performance of lactating sows and their litters during high ambient temperatures under farm conditions [J]. Livestock Science, 105 (1): 86-93.

Johnson J S, Abuajamieh M, Fernandez M V S, et al, 2015. The impact of in utero heat stress and nutrient restriction on progeny body composition [J]. Journal of Thermal Biology, 53: 143-150.

Johnson J S, Fernandez S, Seibert J T, et al, 2015. In utero heat stress increases postnatal core body temperature in pigs [J]. Journal of Animal Science, 93 (9): 4312-4322.

Johnston L J, Ellis M, Libal G W, et al, 1999. Effect of room temperature and dietary amino acid concentration on performance of lactating sows1 [J]. Journal of Animal Science, 77 (7): 1638-1644.

Katsumata M, Kaji Y, Saitoh M, 1996. Growth and carcass fatness responses of finishing pigs to dietary fat supplementation at a high ambient temperature [J]. Animal Science, 62 (3): 591-598.

Kouba M, Hermier D, le Dividich J, 2001. Influence of a high ambient temperature on lipid metabolism in the growing pig [J]. Journal of Animal Science, 79 (1): 81-87.

Lachance M P, Laforest J P, Devillers N, et al, 2010. Impact of an extended photoperiod in farrowing houses on the performance and behaviour of sows and their litters [J]. Canadian Journal of Animal Science, 90 (3): 311-319.

Laspiur J P, Trottier N L, 2001. Effect of dietary arginine supplementation and environmental temperature on sow lactation performance [J]. Livestock Production Science, 70 (1/2): 159-165.

le Bellego L, van Milgen J, Noblet J, 2002. Effect of high ambient temperature on protein and lipid deposition and energy utilization in growing pigs [J]. Animal Science, 75: 85-96.

le Dividich J, Noblet J, Herpin P, et al, 1998. Thermoregulation [M]//Wiseman J, Varley M A, Chadwick J P. ed. Progress in Pig Science. Nottingham, UK: Nottingham University: 229-263.

Lefaucheur L, le Dividich J, Mourot J, et al, 1991. Influence of environmental temperature on growth, muscle and adipose tissue metabolism, and meat quality in swine [J]. Journal of Animal Science, 69 (7): 2844-2854.

Lewis C R G, Bunter K L, 2011. Effects of seasonality and ambient temperature on genetic parameters for production and reproductive traits in pigs [J]. Animal Production Science, 51 (7): 615-626.

Lim C H, Han S H, Albright L D, et al, 2011. The correlation between thermal and noxious gas environments, pig productivity and behavioral responses of growing pigs [J]. International Journal of Environmental Research & Public Health, 8 (9): 3514-3527.

Limesand S W, Regnault T R H, Hay W W, 2004. Characterization of glucose transporter 8 (GLUT8) in the ovine placenta of normal and growth restricted fetuses [J]. Placenta, 25 (1): 70-77.

Lopez J, Jesse G W, Becker B A, et al, 1991. Effects of temperature on the performance of finishing swine: I. Effects of a hot, diurnal temperature on average daily gain, feed intake, and feed efficiency [J]. Journal of Animal Science, 69 (5): 1850-1855.

Louis G F, Lewis A J, Weldon W C, et al, 1994. The effect of protein intake on boar libido, semen characteristics, and plasma hormone concentrations [J]. Journal of Animal Science, 72 (8): 2051-2060.

Maloyan A, Horowitz M, 2002. β-adrenergic signaling and thyroid hormones affect HSP72 expression during heat acclimation [J]. Journal of Applied Physiology, 93 (1): 107-115.

Massabie P, Granier R, le Dividich J, 1996. Influence de la temperature ambiante sur les performances zootechniques du porch l'engrais alimente ad-libitum [J]. Journées de la Recherche Porcine en France, 28: 189-194.

Massabie P, Granier R, le Dividich J, 1997. Effects of environmental conditions on the performance of growing-finishing pigs [C]//Livestock Environment V: Proceedings of the Fifth International Symposium: 1010-1016.

McPherson F J, Nielsen S G, Chenoweth P J, 2014. Semen effects on insemination outcomes in sows [J]. Animal Reproduction Science, 151 (1): 28-33.

Nteeba J, Sanz-Fernandez M V, Rhoads R P, et al, 2015. Heat stress alters ovarian insulin mediated phosphatidylinositol-3kinase and steroidogenic signaling in gilt ovaries [J]. Biology of Reproduction: 92 (6): 148.

O'Connor E A, Parker M O, Mcleman M A, et al, 2010. The impact of chronic environmental stressors on growing pigs, *Sus scrofa* (Part 1): stress physiology, production and play behaviour [J]. Animal An International Journal of Animal Bioscience, 4 (11): 1899-1909.

Parker M O, O'Connor E A, Mcleman M A, et al, 2010. The impact of chronic environmental stressors on growing pigs, *Sus scrofa* (Part 2): social behaviour [J]. Animal An International Journal of Animal Bioscience, 4 (11): 1910-1921.

Prunier A, de Bragança M M, le Dividich J, 1997. Influence of high ambient temperature on performance of reproductive sows [J]. Livestock Production Science, 52 (2): 123-133.

Quiniou N, Dubois S, Noblet J, 2000. Voluntary feed intake and feeding behaviour of group-housed growing pigs are affected by ambient temperature and body weight [J]. Livestock Production Science, 63 (3): 245-253.

Quiniou N, Noblet J, van Milgen J, et al, 2001. Modelling heat production and energy balance in group-housed growing pigs exposed to low or high ambient temperatures [J]. British Journal of Nutrition, 85 (1): 97-106.

Renaudeau D, Noblet J, 2001. Effects of exposure to high ambient temperature and dietary protein level on sow milk production and performance of piglets [J]. Journal of Animal Science, 79 (6): 1540-1548.

Rinaldo D, le Dividich J, 1991a. Assessment of optimal temperature for performance and chemical body composition of growing pigs [J]. Livestock Production Science, 29 (1): 61-75.

Rinaldo D, le Dividich J, 1991b. Effects of warm exposure on adipose tissue and muscle metabolism in growing pigs [J]. Comparative Biochemistry and Physiology Part A: Physiology, 100 (4): 995-1002.

Rodriguez-Martinez H, Saravia F, Wallgren M, et al, 2008. Influence of seminal plasma on the kinematics of boar spermatozoa during freezing [J]. Theriogenology, 70 (8): 1242-1250.

Roth F X, Kirchgessner M, 1993. Influence of avilamycin and tylosin on retention and excretion of nitrogen in finishing pigs [J]. Journal of Animal Physiology and Animal Nutrition, 69: 245-250.

Sancho S, Rodriguez-Gil J E, Pinart E, et al, 2006. Effects of exposing boars to different artificial light regimens on semen plasma markers and *in vivo* fertilizing capacity [J]. Theriogenology, 65 (2): 317-331.

Selle P H, Cowieson A J, Ravindran V, 2009. Consequences of calcium interactions with phytate and phytase for poultry and pigs [J]. Livestock Science, 124 (1): 126-141.

Silanikove N, Shapiro F, Shinder D, 2009. Acute heat stress brings down milk secretion in dairy cows by up-regulating the activity of the milk-borne negative feedback regulatory system [J]. BMC Physiology, 9 (1): 1.

Tast A, Hälli O, Virolainen J V, et al, 2005. Investigation of a simplified artificial lighting programme to improve the fertility of sows in commercial piggeries [J]. Veterinary Record, 156 (156): 702-705.

Vandenheede M, Nicks B, 1991. Water requirements and drinking-water systems for pigs-something you can't ignore [C]//Annales de medecine veterinaire. University liege, sart tilman bat 43, B-4000 liege, Belgium: Annales de medecine veterinaire, 135 (2): 123-128.

von Borell E, Dobson H, Prunier A, 2007. Stress, behaviour and reproductive performance in female cattle and pigs [J]. Hormones and Behavior, 52 (1): 130-138.

Wathes C M, Tgm D, Teer N, et al, 2004. Production responses of weaned pigs after chronic exposure to airborne dust and ammonia [J]. Animal Science, 78 (1): 87-98.

Williams A M, Safranski T J, Spiers D E, et al, 2013. Effects of a controlled heat stress during late gestation, lactation, and after weaning on thermoregulation, metabolism, and reproduction of primiparous sows [J]. Journal of Animal Science, 91 (6): 2700-2714.

第十三章
营养代谢与肠道微生物

猪肠道中栖息着数量庞大复杂多样的微生物菌群,肠道微生物代谢产生丰富多样的代谢产物,构成了体内一个重要的代谢部位。肠道内正常的微生物菌群能够代谢摄入的以及内源性的大分子碳水化合物、蛋白质、脂肪酸等,同时与机体代谢互作产生各种代谢物质,如短链脂肪酸、氨基酸和小肽、多胺,以及胆酸盐、甲基供体等。而正是这些代谢产物对肠上皮组织乃至整个机体的物质代谢和免疫稳定发挥着重要的作用。由于肠道内微生物及其代谢产物与肠上皮组织存在广泛的互作机制,同时微生物对肠腔内的营养物质进行代谢,微生物菌群的改变常常伴随肠道内环境功能的改变,进而导致机体整体代谢稳态的变化。本章探讨了猪肠道微生物与营养物质代谢的关系,以及肠道微生物与肠上皮组织间的互作机制,力求阐述肠道微生物对猪营养需求的影响。

第一节 肠道微生物组成与功能

一、猪的肠道微生物组成

单胃动物包括人类在内,其消化道内存在多种类型的微生物,包括细菌、古菌、真菌、病毒和寄生虫等,这些微生物及其代谢产物在营养、免疫等方面对宿主的健康有重要的意义。消化道内细菌在数量上占绝对优势,且主要是厌氧细菌。研究人员多通过采用 16S rRNA 基因测序,对细菌进行种属鉴定。GenBank 里有超过 20 万种单胃动物细菌 16S rRNA 基因序列,能确定种属的细菌有 1 822 种,其中不可培养的有 1 689 种(Bäckhed 等,2005)。研究表明,整个消化道内均存在微生物,且不同肠段微生物组成存在差异。在胃和小肠内,主要以梭菌 IX 群、链球菌和乳杆菌等为优势菌群,每克消化道内容物内细菌的数量为 $10\sim 10^7$ 个;盲肠微生物多样性较高,以厚壁菌门中的梭菌 IV 群、梭菌 XIV 群和拟杆菌门为最优势菌群,每克内容物细菌数量为 $10^{12}\sim 10^{13}$ 个;自结肠到直肠,微生物的优势菌群仍为拟杆菌门和厚壁菌门(Ley 等,2006)。

肠道微生物菌群受到摄食(营养)、宿主日龄与遗传、环境因素等的影响,使其具有多样性和宿主特异性。饲粮碳水化合物可改变肠道细菌组成,如摄食菊粉增加普拉氏梭杆菌和双歧杆菌数量(Ramirez-Farias 等,2009),摄食抗性淀粉增加布氏瘤胃球菌和真细菌数量(Walker 等,2011)。饲粮蛋白质水平降 3 个百分点,育肥猪回肠、盲肠和结肠菌群丰度（ACE 和 Chao）和多样性（Shannon 和 Simpson）指数与对照组无显著差异，但主成分分析显示各肠段两组样品聚类于不同区域，表明蛋白质水平影响了肠段菌群组成；在属水平上，降低饲粮蛋白质水平后，猪回肠中乳酸杆菌属比例显著下降，假单胞菌属比例显著升高，而链球菌属比例也有上升趋势（Zhou 等，2015）。Bian 等（2016）利用不同品种猪交互寄养模型的研究表明，猪出生后 3 d，细菌群落相对简单，厚壁菌门在梅山猪和大白猪分别占 79% 和 65%；从出生到 14 日龄，品种和哺乳母猪均导致粪样细菌组成的分化增加；其后，固体饲料的使用和断奶事件对仔猪菌群早期发育占主导作用。

二、肠道微生物的生理功能

肠道微生物对宿主的各种生理功能均起着非常重要的作用。首先，肠道微生物是动物机体代谢的重要参与者，为宿主代谢过程提供底物、酶和能量。肠道微生物能消化和代谢木聚糖、抗性淀粉、纤维素等难以消化的营养素，代谢产生的短链脂肪酸可以为宿主提供能量，从而提高饲料的能量利用效率。研究表明，短链脂肪酸可为机体提供约 10% 的能量来源（Bergman，1990）。其次，肠道微生物菌群在维持肠道免疫稳态、调节 T 淋巴细胞平衡等方面具有重要作用。研究表明，无菌动物体内缺少免疫效应因子和 T 细胞，淋巴组织数量和规模减小，黏膜固有层淋巴结中树突细胞数量下降，sIgA 和抗菌肽含量下降，体内抗体水平很低（Xu 等，2012）。肠道菌群可同时刺激调节性 T 细胞（Tregs）和 Th17 细胞，通过二者的相反的炎症调节作用维持肠道稳态（Izcue 等，2008；Maloy 和 Kullberg，2008）。再次，最新的热点研究将肠道微生物与中枢神经系统、大脑联系在一起，宿主摄食、认知、焦虑行为等均与肠道菌群有关。小鼠在饲喂高脂饲粮同时添加一种 VSL#3 的益生菌，相比于未添加益生菌的小鼠，其日平均采食量与体重均显著降低（Yadav 等，2013）。肠道微生物还参与其他很多生理过程，如参与胆汁酸代谢，进而调节脂肪和葡萄糖代谢等。随着宏基因组学、宏转录组学等技术的发展，肠道微生物的功能逐渐会在基因层面得到进一步发掘。

第二节 小肠微生物与氮营养素代谢

一、小肠微生物与氨基酸首过代谢

（一）氨基酸首过代谢

首过代谢，又称首过效应、第一关卡效应，是指药物或者养分的浓度在到达血液循环系统之前显著降低的过程，其往往与肝脏和肠道有关（朱晶等，2012）。氨基酸的肠道首过代谢是指饲粮中的氨基酸在肠道中被肠壁细胞和微生物所截取，使得只有部分氨基酸能够进入门静脉排流组织（portal-drained viscera，PDV）。尽管 PDV 只占体重的 5%~7%，但其可以消耗 20%~35% 的能量（Burrin 等，1990）。传统营养学认为，饲粮和内源分泌的蛋白质进入小肠后，被来源于宿主和微生物的蛋白酶、肽酶消化，生成的小肽进一步在小肠上皮细胞内分解，产生寡肽和氨基酸。这些寡肽和氨基酸可以被刷状缘上的转运载体从肠腔转运至血液中（Bröer，2008）。然而，在仔猪上的研究发现，大量的饲粮氨基酸并不能够直接吸收入血供机体利用，其中有30%～60%的必需氨基酸被PDV截取（Stoll等，1998）。研究表明，猪小肠上皮细胞可以降解非必需氨基酸（Stoll等，1998）；对于必需氨基酸，支链氨基酸能够被猪小肠上皮细胞大量代谢，但是肠上皮细胞缺乏分解代谢其他必需氨基酸的酶，如苏氨酸脱氢酶、组氨酸脱羧酶和苯丙氨酸羟化酶等（Chen等，2007，2009）。因此，饲粮氨基酸在肠道首过代谢的过程中，小肠微生物可能起重要作用。

（二）肠道微生物对氨基酸首过代谢的影响

大量研究表明，肠道微生物参与蛋白质的代谢过程。通过比较体内氨基酸的表观消化率和体外肠细胞对氨基酸的代谢率，研究者发现微生物参与了许多必需氨基酸的肠道代谢。例如，体外分离的猪肠细胞几乎很少代谢赖氨酸（Chen等，2009）。然而，在仔猪中，赖氨酸的首过代谢高达35%，但其中只有18%的氨基酸用于肠道黏液蛋白的合成（Stoll等，1998）。赖氨酸在肠黏膜上的代谢远远高于其用于黏液蛋白的合成，且肠细胞几乎不能利用赖氨酸，因此，很有可能是肠腔中的微生物代谢了大部分的赖氨酸（Bergen和Wu，2009）。

同样的，对于其他必需氨基酸如蛋氨酸和苯丙氨酸，其在肠道内被部分降解，然后它们并不能被肠细胞利用，提示肠道微生物代谢了蛋氨酸和苯丙氨酸。仔猪门静脉中的蛋氨酸有48%来源于饲粮，表明大部分蛋氨酸在肠道中就被代谢了（Stoll等，1998）。这也意味着仔猪肠外蛋氨酸的需求大约是肠内的70%（Shoveller等，2003）。进一步研究发现，约20%的饲粮蛋氨酸被肠道微生物截取（Riedijk等，2007）。对苯丙氨酸的研究同样表明，其在仔猪的首过代谢后大量消失，约占35%；然而，其中只有18%用于合成黏液蛋白（Stoll等，1998）。

苏氨酸的首过代谢过程则与赖氨酸、蛋氨酸、苯丙氨酸不同。在全肠外营养中，苏氨酸的需求大约是肠内营养的45%（Bertolo等，1998）。分离的仔猪肠细胞没有苏氨酸代谢能力（Chen等，2009），成年猪中，经苏氨酸脱氢酶代谢的苏氨酸并不能解释PDV组织（胃、小肠、大肠、胰腺、脾脏）对饲粮苏氨酸的高利用率（le Floc'h和Seve，2005）。仔猪上，尽管在低蛋白质饲粮下PDV对苏氨酸的利用降低了，但其占饲粮苏氨酸的比例没有显著差异（约占总苏氨酸的85%）（Schaart等，2005）。肠道黏液的主要成分黏液蛋白中富含苏氨酸（Fogg等，1996）。PDV和肠黏膜对苏氨酸的高利用率主要是由于肠上皮对黏液蛋白的合成（Schaart等，2005），当然，这并不能排除微生物对苏氨酸的利用。

支链氨基酸（亮氨酸、异亮氨酸和缬氨酸）在肠道内的代谢也很有趣。仔猪饲粮中约32%的亮氨酸在首过代谢中被PDV利用，其中21%被用于肠道黏膜的合成（Stoll等，1998）。总的来说，大约44%的支链氨基酸会在新生仔猪首过代谢中消失（Elango等，2002）。体外试验表明，仔猪肠上皮细胞能大量代谢支链氨基酸（Chen等，2007），这些支链氨基酸被转氨生成支链酮酸，其中有15%～50%会被氧化（Chen，2009），提示，首过代谢的支链氨基酸可能更多是被肠上皮细胞利用。以上研究结果表明，肠道中必需和非必需氨基酸可以被肠道微生物所利用（杨宇翔等，2015）。然而，肠壁和微生物在氨基酸首过代谢中各自发挥的作用仍需要继续研究。

我国学者利用厌氧培养技术，研究了猪小肠微生物对游离氨基酸的代谢情况。研究表明，十二指肠、空肠和回肠微生物能大量代谢必需氨基酸（Dai 等，2010）。根据培养液中氨基酸的消失率，可将氨基酸分为三类：赖氨酸、苏氨酸、精氨酸、谷氨酸、亮氨酸属于高消失率组，24 h 的消失率在 90% 以上；异亮氨酸、缬氨酸和组氨酸属于中等消失率组，24 h 的消失率在 50%～80%；而脯氨酸、蛋氨酸、苯丙氨酸和色氨酸则属于低消失率组，24 h 消失率低于 35%。继代培养 30 代后，小肠微生物仍能大量代谢赖氨酸、苏氨酸、精氨酸和谷氨酸，24 h 消失率均在 50% 以上（Dai 等，2010）。而组氨酸、亮氨酸、异亮氨酸和缬氨酸的消失率显著下降，培养 30 代后的 24 h 消失率在 30% 左右。这些研究证实，微生物的确参与了氨基酸的肠道首过代谢。

Yang 等（2014）利用体外发酵技术研究肠壁松散连接细菌和肠壁紧密连接细菌对氨基酸的代谢，结果表明，肠壁紧密连接细菌对氨基酸主要表现出较强的合成能力，而肠壁松散连接细菌对氨基酸既存在合成也存在利用。空肠肠壁紧密连接细菌在体外发酵的前 12 h 均表现为对氨基酸的合成，合成率最高可达 40%，而回肠肠壁紧密连接细菌对氨基酸的合成作用主要集中在前 6 h，合成率在 0～20%。对于肠壁松散连接细菌，除了蛋氨酸、赖氨酸，空肠组在培养前 12 h 表现出较强的合成能力，在 12～24 h 以分解为主，24 h 以后，除谷氨酰胺、赖氨酸、谷氨酸和蛋氨酸，其余氨基酸均表现出净合成。这些研究结果表明，小肠细菌对氨基酸代谢的区室化不仅存在于不同肠段，还表现在小肠的不同层面上。小肠细菌对氨基酸的区室化代谢可能是由于肠壁与肠腔中可利用的底物不同造成的（Libao - Mercado 等，2009），不同的细菌组成也是造成氨基酸代谢区室化的重要原因。

二、小肠微生物对氮营养素的代谢去向

蛋白质被宿主和微生物来源的酶分解成小肽和氨基酸后，经氨基酸转运载体进入细菌细胞内。研究发现，钠依赖转运是氨基酸代谢菌内主要的氨基酸转运系统（Chen 和 Russell，1990）。氨基酸的转运还受胞内 pH 影响，pH 在 6.0～7.0 时氨基酸的转运能力达到最大，而在 pH 大于 7.0 时急剧降低。这些研究表明氨基酸的转运模式受到细菌细胞外环境的影响。

细菌内的氨基酸还可能来源于细菌的合成。Torrallardona 等（1996）给小鼠肠内注射 $^{15}NH_4Cl$，结果在血液中发现了 ^{15}N-赖氨酸。由于哺乳动物并不能通过转氨基作用合成赖氨酸，小鼠体内的 ^{15}N-赖氨酸只可能来自肠道微生物的合成（Torrallardona 等，1996）。进一步研究证实，微生物产生的赖氨酸中，大约 75% 是在小肠被吸收的（Metges 等，1999）。此外，微生物还可以通过水解尿素后合成氨基酸供机体利用。有研究表明，给人提供 ^{15}N 标记的尿素后，在血液中检测到了 ^{15}N-苏氨酸（Metges 等，1999）。这有可能是微生物水解尿素后合成了苏氨酸供宿主利用。最新研究发现，人肠道微生物组的核心功能基因中含有苏氨酸合成基因（Abubucker 等，2012），这也在一定程度上证实了肠道上皮与微生物之间氨基酸的交换是双向的（Davila 等，2013a）。作

为代谢途径之一，相当部分的饲粮氨基酸在首过肠道代谢中被肠细胞所降解。Dai 等（2010）对肠道食糜微生物的继代培养发现，猪小肠细菌可快速并大量利用赖氨酸、苏氨酸、精氨酸和谷氨酸。然而，这些被细菌利用的氨基酸的代谢去路并不清楚。有研究表明，用于小肠细菌蛋白质合成的缬氨酸有90%来自饲粮与宿主，新合成的可能只占少部分。这说明细菌从头合成的氨基酸对菌体蛋白质的贡献可能并不大。

目前对于氨基酸在小肠细菌中的代谢去路以及可能参与的代谢途径的研究还很缺乏。Dai 等（2012）利用同位素标记技术测定了在体外条件下，不同氨基酸在不同肠段的小肠细菌中的代谢去路，结果发现回肠肠腔细菌降解脯氨酸和亮氨酸产生 CO_2 的量很少，细菌对赖氨酸、苏氨酸和精氨酸的脱羧代谢只占相对氨基酸净利用的10%，而赖氨酸脱羧代谢占小肠混合细菌对赖氨酸净利用的15%。然而，在蛋白质合成方面，用于合成菌体蛋白质的氨基酸占相应氨基酸净利用比例较高的有亮氨酸（50%~70%）、苏氨酸、脯氨酸和蛋氨酸（25%）、赖氨酸和精氨酸（15%）及谷氨酰胺（10%）。结合猪小肠微生物对氨基酸净利用的数据，50%以上被细菌利用的氨基酸既没被氧化产生 CO_2，也没有用来合成菌体蛋白质，而是进入了其他代谢途径，这可能包括脱氨基、转氨基、发酵成短链脂肪酸以及史蒂克兰德氏反应（Metges 等，1999；Dai 等，2010）。

三、小肠微生物与肠黏膜细胞对氮营养素代谢的互作

由于肠道细菌和肠细胞很难在体外进行共培养，目前对于小肠微生物与肠道黏膜细胞在氮营养素上互作的研究比较困难。然而，结合小肠细胞和肠道微生物在体外对氨基酸的代谢研究，我们仍能推测小肠微生物与肠道细胞在氮营养素的代谢上存在着协同效应。

Yang 等（2014）通过体外培养不同区室的小肠微生物发现，肠腔微生物可以大量代谢几乎所有的必需氨基酸，而肠壁紧密连接微生物合成氨基酸的能力。与其对应的，肠腔微生物代谢氨基酸的同时产生了大量的氨，而肠壁微生物可以利用氨作为底物来合成氨基酸。这提示，肠腔游离微生物可能与肠细胞竞争代谢氨基酸，而肠壁紧密连接微生物与肠细胞可能存在共生关系，肠细胞分泌的内源性氨可能被肠壁紧密连接微生物利用合成氨基酸，而合成的氨基酸又被肠细胞吸收利用，缓解肠腔微生物与肠细胞对饲粮氨基酸的竞争。

此外，Yang 等（2014）通过微生物继代培养的研究发现，肠腔微生物、肠壁松散连接微生物、肠壁紧密连接微生物对支链氨基酸的代谢比其他必需氨基酸低，代谢率在10%以下。这提示微生物不能大量利用支链氨基酸，也可能是微生物生长只需少量的支链氨基酸就能满足需求。Stoll 等（1998）的研究发现，乳蛋白质饲喂的仔猪，饲粮中40%的亮氨酸、30%的异亮氨酸和40%的缬氨酸在首过代谢中被截取。既然肠腔或紧密连接微生物不能大量代谢支链氨基酸，那么首过代谢中被截取的支链氨基酸应是被肠细胞所分解利用。有意思的是，肠道黏膜细胞中有较高的支链氨基酸转氨酶活性，但缺乏其他必需氨基酸的转氨酶（Chen 等，2007，2009）。这些结果表明，肠道首过代谢的支链氨基酸更多是被肠黏膜细胞降解，而其他必需氨基酸的代谢可能是微生物的作用。这暗示着肠细菌和肠细胞可能在氨基酸的代谢上存在着协同的关系。

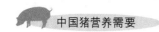

第三节 大肠微生物与碳水化合物和蛋白质的营养代谢

一、大肠微生物对碳水化合物利用的影响

盲肠和结肠是猪机体内粗纤维消化发酵的最主要部位。由于纤维类物质不被小肠消化，其进入大肠后主要由大肠微生物发酵。大肠中拥有数量庞大种类繁多的微生物，其中有大量的纤维降解细菌，如瘤胃球菌、普雷沃菌等。研究表明，摄入富含抗性淀粉的食物后，肠道中的厚壁菌门细菌，如瘤胃球菌、真杆菌属，可能在代谢碳水化合物中发挥主要作用（Walker 等，2011）。而对肠道内大量细菌的基因组进行分析发现，肠道菌群中某些拟杆菌门细菌基因组中含有较多编码糖苷水解酶和多糖裂解酶的基因，编码的酶类能促进多糖的降解（el Kaoutari 等，2013）。这些结果表明，大肠不同的微生物类群在碳水化合物代谢中可能承担不同的作用，但有待更深入研究。碳水化合物在盲肠和结肠内被微生物发酵产生大量短链脂肪酸（short chain fatty acids，SCFA），包括乙酸、丙酸、丁酸等。同时，SCFA 也是蛋白质降解和氨基酸发酵的主要产物。比如羧菌可以通过丙烯酸途径发酵丙氨酸产生丁酸，也可以在苏氨酸脱氢酶的作用下发酵苏氨酸产生丙酸。此外，甘氨酸也可以通过斯提柯兰氏反应产生乙酸等（Macfarlane 等，1992）。

大肠微生物发酵产生的短链脂肪酸对宿主有着重要的生理功能，如抗病原微生物及抗肿瘤，调节肠道菌群，改善肠道功能，维持体液和电解质平衡，给宿主尤其是结肠上皮提供能量等（Schwiertz 等，2010；Huang 等，2011；Vinolo 等，2011）。研究表明，短链脂肪酸可为机体提供 10%～15% 的能量，其中丁酸能够作为结肠上皮的能量来源，乙酸和丙酸则参与肝脏的能量代谢。此外，大量试验表明，饲粮中富含粗纤维可以刺激肠道黏膜的生长和功能，上皮细胞的这种营养效应是通过 SCFA 介导的。研究发现，饲粮中碳水化合物的来源影响猪肠道微生物组成。谭碧娥等（2007）研究了碳水化合物来源对断奶公猪肠道微生物的影响，发现盲肠食糜中玉米淀粉组的肠杆菌数量最高，其次为玉米豆粕组、蔗糖组、葡萄糖组和乳糖组，而结肠食糜中蔗糖组的肠杆菌数量最高，其次为玉米淀粉组、玉米豆粕组、乳糖组和葡萄糖组；饲粮中添加 6% 的乳糖可改善断奶猪的肠道微生物区系。

二、大肠微生物对蛋白质利用的影响

（一）微生物菌群对饲粮蛋白质的响应

饲粮中蛋白质来源和质量对其在肠道中的消化吸收部位影响很大，未消化蛋白质被肠道内微生物发酵。通常认为，给仔猪饲喂酪蛋白这样的易消化蛋白质，其几乎可以全部在前肠被消化吸收，从而降低进入大肠的蛋白质数量，减少后肠微生物对蛋白质的发酵（Morita 等，2004）。而植物蛋白质往往不能被宿主酶完全降解，造成大量的植物蛋白质在后肠被微生物发酵（Rist 等，2013）。与酪蛋白作为蛋白质源相比，豆粕不会影

响回肠双歧杆菌、乳酸杆菌和梭菌数量,但会显著增加这些微生物在粪便中的数量(Rist 等,2013)。蛋白质在后肠的发酵往往伴随着潜在病原菌的增加。给断奶仔猪饲喂不同来源的蛋白质,包括大豆蛋白质、乳蛋白质、鱼粉、肉蛋白质和棉粕,结果显示,植物蛋白质显著降低了粪便中潜在致病菌肠杆菌和葡萄球菌的数量。Wellock 等(2006)研究发现,相对于豆粕,饲喂乳蛋白质可以增加粪便中乳酸杆菌与肠杆菌的比例。但 Manzanilla 等(2009)研究发现,给断奶仔猪饲喂玉米鱼粉饲粮和玉米豆粕饲粮,空肠乳酸杆菌与肠细菌没有显著差异,乳酸菌与肠细菌的比例也没有影响。蛋白质量对微生物的发酵部位有着明显影响。Scott 等(2013)研究发现,热处理的花生粕很难被小肠中的宿主消化酶降解,因此有更多的蛋白质进入了后肠被微生物发酵。

相对于蛋白质来源和质量,蛋白质水平对后肠微生物的组成和蛋白质的发酵影响更大。断奶仔猪饲喂低蛋白质水平饲粮可以显著降低后肠的发酵,降低肠道内氨的水平(岳隆耀和谯仕彦,2007),降低血液中尿素氮和后肠内容物中短链脂肪酸的含量(Bikker 等,2006;Nyachoti 等,2006)。当饲粮蛋白质水平从 230 g/kg 降低至 130 g/kg 时,仔猪粪便中的大肠杆菌水平降低,乳酸杆菌、双歧杆菌增加(Wellock 等,2006)。相对于 225 g/kg 的饲粮蛋白质水平,仔猪饲喂 176 g/kg 饲粮蛋白质可以显著增加结肠食糜中罗斯氏菌(*Roseburia*)数量,后者可发酵碳水化合物产生丁酸,是潜在的有益菌(Opapeju 等,2009)。低蛋白质饲粮可以使后肠微生物组成偏向有益菌,能够更好地发酵碳水化合物。给猪饲喂 147 g/kg 和 200 g/kg 的豆粕后发现,200 g/kg 的蛋白质可以显著提高结肠中柔嫩梭菌(*Clostridium leptum*)的数量,而对总细菌、乳酸菌、肠细菌、拟杆菌数量没有显著影响(Pieper 等,2012)。尽管 Bikker 等(2007)也发现,饲粮中 220 g/kg 的豆粕较 150 g/kg 的豆粕对空肠和结肠的乳酸菌和肠杆菌没有显著影响,但空肠和结肠的氨水平显著上升了,说明蛋白质的发酵上升。Heo 等(2008)认为,一定程度内,饲粮蛋白质水平的变化会影响肠道内氨基酸的发酵及氨的浓度,但对肠道内微生物的影响可能不大,这提示肠道微生物对饲粮中的氮营养素有一定的适应性。

(二)微生物菌群的氮代谢产物

肠道蛋白质的水解产物,多肽和氨基酸都能够作为肠道微生物发酵的氮源。由于大肠微生物多样性高于小肠,蛋白质的发酵在大肠明显高于小肠。研究表明,仔猪盲肠、结肠生物胺的浓度显著高于空肠和回肠,表明大肠环境中蛋白质的脱氨基作用高于小肠。尽管小肠生物胺浓度较低,但仍能检测到,说明小肠存在较弱的氨基酸发酵。小肠内微生物更偏向于利用游离的氨基酸合成菌体蛋白质,或吸收氨基酸用于核酸或其他微生物组分的合成。肠道蛋白质的发酵产物主要有支链脂肪酸,生物胺,酚类,吲哚和硫化物等。

支链脂肪酸主要由微生物对支链氨基酸(缬氨酸、亮氨酸和异亮氨酸)进行脱氨基作用产生,其代谢产物分别为异丁酸、异戊酸和 2-甲基丁酸,参与这一过程主要细菌有拟杆菌属、丙酸菌属、链球菌属和梭菌属细菌。肠道内的支链脂肪酸浓度是蛋白质发酵程度的指示物质(Rist 等,2013)。

肠道微生物脱氨基作用可以产生氨,微生物的尿素酶对尿素的水解也能产生氨。它们代谢产生的氨能够通过肠道周围血管进入静脉血液，在肝脏内转化为尿素，减少氨在肠道的积累。游离的氨也能被细菌用于合成菌体蛋白质，因此肠道内的氨浓度是肠道上皮吸收和肠道微生物利用的平衡的结果（Rist 等，2013）。过量的氨对肠道上皮产生不利影响，对大鼠的研究表明，氨是潜在的致癌原，其能够增加黏膜损伤和结肠腺癌（Louis 等，2014）。

肠道生物胺主要由微生物对氨基酸的脱羧基作用产生，主要包括组胺、酪胺、色胺、尸胺、腐胺、亚精胺和精胺，组胺、酪胺、色胺、尸胺分别是组氨酸、酪氨酸、色氨酸、赖氨酸的代谢产物，腐胺、亚精胺和精胺可以由精氨酸代谢产生。参与氨基酸脱羧作用的细菌主要有拟杆菌属、梭菌属、双歧杆菌属、肠杆菌属、乳酸杆菌属和链球菌属的某些种属细菌等（Davila 等，2013b；Rist 等，2013）。高浓度的多胺具有潜在的上皮细胞毒性，能够引起细胞氧化应激和致癌风险增加（Louis 等，2014），研究发现高浓度的精胺和亚精胺能够引起腹泻。肠道黏膜的单胺和多胺氧化酶能够代谢胺类物质，降低其浓度，减少对上皮的损伤（Windey 等，2012）。

硫化物也是肠道蛋白质发酵的主要产物，含硫氨基酸或相关物质，如蛋氨酸、半胱氨酸、胱氨酸和牛磺酸能够被肠道微生物代谢，产生硫化物。这一过程主要由肠道内脱硫弧菌属细菌或者其他能够编码亚硫酸盐还原酶的细菌参与（Nakamura 等，2010）。研究发现，硫化物对结肠细胞具有细胞毒性，抑制细胞内的丁酸氧化，进而破坏结肠细胞屏障功能（Roediger 等，1997）。

肠道微生物对芳香族氨基酸的代谢产生酚和吲哚类物质，参与该过程的细菌主要有拟杆菌属、梭菌属、乳酸杆菌、消化链球菌属和双歧杆菌属细菌（Davila 等，2013b；Rist 等，2013）。酪氨酸经微生物发酵产生苯酚和对甲酚，色氨酸能被微生物代谢产生吲哚和粪臭素。酚类物质在远端结肠的浓度高于近端结肠，说明大肠末端微生物对氨基酸的发酵能力高于近端（Macfarlane 和 Macfarlane，1997；Davila 等，2013b）。

三、蛋白质和碳水化合物结构对大肠微生物的影响

饲粮蛋白质和碳水化合物水平影响肠道微生物组成和代谢。蛋白质水平的增加不利于肠道健康。早期研究发现，断奶仔猪饲粮蛋白质水平从 9.7% 提高至 31.4% 不改变肠道粗蛋白质的真消化率，然而增加大肠中蛋白质的浓度，导致微生物腐败作用增加和氨氮产生增加，可能对肠道健康产生不利影响（董国忠等，1997）。最近研究发现，饲粮蛋白质水平的增加可能通过改变仔猪肠道微生物影响肠道健康。Rist 等（2012）研究发现，和饲喂低蛋白质饲粮（每千克体重 30 g CP）相比，饲喂高蛋白质饲粮（每千克体重 60 g CP）显著增加断奶仔猪回肠食糜中乳酸杆菌属细菌数量，显著减少拟杆菌属和球形梭菌细菌数量。当饲粮蛋白质水平从每千克体重 85 g 增加至 335 g 后，断奶仔猪回肠食糜中乳酸杆菌属细菌数量显著增加，拟杆菌属细菌显著减少，粪样中拟杆菌属细菌数量显著增加（Rist 等，2014）。为了减少高蛋白质饲粮对猪肠道的损害，低蛋白质饲粮在养猪生产中得到广泛应用。研究表明，低蛋白质饲粮能够减少肠道蛋白质的发酵。最近研究表明，和采食高蛋白质饲粮（19.8% 或 20.1% CP）的断奶仔猪相比，低蛋白质饲粮（14.5% 或 14.8% CP）显著减少结肠食糜蛋白质发酵产物腐胺和亚精胺等

的含量，下调结肠上皮炎症因子 IL1β、IL10 的表达；在降低粗蛋白质水平并提高饲粮中可发酵碳水化合物后，显著增加具有产丁酸作用的球形羧菌的丰度，而减少对结肠上皮具有潜在毒性的物质如腐胺、亚精胺的产量（Pieper 等，2012）。此外，研究人员发现，哺乳仔猪饲粮中添加 4% 的植物蛋白质小肽可以显著降低盲肠和结肠食糜中大肠杆菌和沙门氏菌的数量，同时显著提高盲肠中乳酸杆菌的数量（周韶等，2008）。这些研究为改变饲粮蛋白质和碳水化合物结构，调节仔猪肠道健康提供了重要参考。因此，基于降低饲粮蛋白质水平的考虑，研究人员对生长猪的饲粮蛋白质水平减少 3 个百分点后，发现低蛋白质饲粮显著减少结肠食糜中链球菌属细菌的丰度，影响结肠食糜中参与苯丙氨酸代谢、三羧酸循环和丙酮酸代谢等过程，表明降低蛋白质水平对肠道有利（Zhou 等，2015）。

以啮齿动物和猫为模型的研究也发现，饲粮蛋白质和碳水化合物的组成改变肠道微生物区系。饲喂高蛋白质日粮 15 d 后，和正常蛋白质相比，大鼠盲肠和结肠食糜中厚壁菌门的球形梭菌、柔嫩梭菌和 *F. prausnitzii* 数量降低（Liu 等，2014）。后续研究发现，高蛋白质饲粮上调大鼠结肠上皮 *MUC*3 基因表达，下调细胞因子 IL-6 基因表达，表明肠道微生物的改变伴随肠道上皮免疫的改变（Lan 等，2015）。研究发现，对饲喂高脂肪的小鼠饲粮中补充乳清蛋白质，随着饲粮中蛋白质/碳水化合物比例的增加，粪样中乳酸菌属和脱硫弧菌属细菌显著增加，梭菌属、消化链球菌属、双歧杆菌属细菌减少（McAllan 等，2014）。Hooda 等（2013）研究了采食高蛋白质低碳水化合物饲粮的猫粪样中微生物区系的变化，发现饲喂高蛋白质后，巨型球菌属、双歧杆菌属、乳酸杆菌属菌群丰度显著减少，梭菌属、真杆菌属、梭杆菌属菌群丰度显著增加。这些结果表明，饲粮蛋白质和碳水化合物组成对肠道微生物组成具有重要影响。

第四节　肠道微生物与猪整体代谢

一、肠道微生物与营养代谢互作对猪生理功能的调节

肠道中栖息着数量庞大复杂多样的微生物菌群，肠道微生物代谢产生丰富多样的代谢产物，构成了体内一个重要的代谢部位，许多研究甚至将肠道微生物称为体内移动的器官。肠道微生物在宿主健康中发挥着重要作用，既影响营养物质消化吸收与能量供应，又调节宿主各项生理功能及疾病发生与发展。肠道内正常的微生物菌群能够代谢摄入的以及内源性的大分子蛋白质、脂肪酸和碳水化合物等，同时与宿主代谢互作产生各种代谢物质，包括短链脂肪酸（SCFA）、生物胺、胆酸盐及氨基酸等。而正是这些代谢产物对肠道上皮组织乃至整个机体的物质代谢和免疫稳定发挥着重要作用（Duca 和 Lam，2014）。同时，肠道细菌含有的病原体相关模式分子，如脂多糖、肽聚糖等，可以引起肠道上皮细胞的免疫应答。由于肠道微生物及其代谢产物与肠道上皮组织存在广泛的互作机制，同时微生物对肠道内的营养物质进行代谢，微生物菌群的改变常伴随肠道生理功能的改变，进而导致机体整体代谢稳态的变化。

肠道微生物组成的变化影响机体的免疫和代谢过程。与采食高蛋白饲粮相比，采食

低蛋白质饲粮仔猪结肠食糜中柔嫩梭菌群细菌丰度减少，同时下调结肠上皮炎症因子的基因表达（Pieper 等，2012）。该研究表明猪大肠微生物影响宿主的免疫应答过程。母猪饲粮中添加 34% 的抗性淀粉能够增加结肠产丁酸柔嫩梭菌（*Faecalibacterium prausnitzii*）、布氏瘤胃球菌（*Rumnicoccus bromii*）丰度，降低潜在致病菌大肠杆菌和假单胞菌属丰度，同时增加结肠 SCFA 浓度（Haenen 等，2013）。公猪饲粮中添加 34% 的抗性淀粉能够诱导近端结肠上皮组织三羧酸（TCA）循环和脂肪酸氧化过程的加强，但抑制细胞分化、固有免疫和适应性免疫应答，增加近端结肠产丁酸柔嫩梭菌和埃氏巨球形菌（*Megasphaera elsdenii*）丰度，降低潜在病原体钩端螺旋体属的丰度，同时，增加颈动脉血中乙酸、丙酸和丁酸浓度。这些结果表明，饲粮中添加抗性淀粉引起肠道微生物区系改变，微生物代谢产物相应发生变化，同时菌群的变化可能导致肠上皮组织的代谢和免疫应答改变（Haenen 等，2013）。8 日龄新生仔猪饲粮中添加抗生素（氨苄西林、庆大霉素和甲硝唑）10 d 后，结肠菌群多样性显著降低，益生性双歧杆菌数量受到抑制；同时，抗生素通过减少肝脏中尿素的合成，降低血液尿素氮浓度，并增加血液中苏氨酸浓度，促进苏氨酸周转，减少近端小肠和肝脏蛋白质合成速率，但不影响远端小肠、结肠的蛋白质合成（Puiman 等，2013）。该研究表明，猪肠道微生物在宿主氨基酸利用方面发挥不可忽视的作用，干预微生物能引起机体营养代谢和生理过程的变化。

二、肠道营养素感应与能量代谢稳态

饲粮进入动物肠道内消化分解产生的各类营养素，能够被肠道机体感应吸收和代谢，而动物肠道对营养素的感应主要依靠分布于肠道内分泌细胞（enteroendocrine cells，EECs）表面的各类营养素感应受体，如氨基酸感应受体、脂肪酸感应受体和葡萄糖感应受体等。这些感应受体通过特异性识别肠腔内的蛋白质、脂类和糖类等营养素，激活细胞下游信号通路，促进脑肠肽如胰高血糖素样肽-1（GLP-1）、酪酪肽（PYY）、胆囊收缩素（CCK）、葡萄糖依赖性胰岛素释放肽（GIP）等的分泌，进而通过内分泌、旁分泌或神经分泌途径调控机体对营养素的吸收与代谢（谭碧娥等，2013），维持机体能量代谢稳态（Psichas 等，2015a）。

（一）蛋白质感应

蛋白胨是肠道内蛋白质初步消化后的产物，能够被分布于肠道表面的各类蛋白胨感应受体所结合。目前，已报道的蛋白胨感应受体主要有小肽转运蛋白 1（PepT1）和溶血磷脂酸受体 5（LPAR5）等。其中，PepT1 广泛分布于小肠和结肠内分泌 L 细胞表面，可识别肠腔内的蛋白胨促进 GLP-1 的分泌，进而调控小鼠能量代谢平衡（Diakogiannaki 等，2013）。与 PepT1 功能类似，LPAR5 同样能够感应肠道中的蛋白胨，其主要分布于肠道内分泌 I 型细胞表面（Diakogiannaki 等，2013）。LPAR5 主要通过激活细胞下游细胞外信号调节蛋白激酶1/2（ERK1/2）和蛋白激酶 A（PKA）信号通路，促进 CCK 的分泌（Choi 等，2007）。肠道内分泌 L 细胞表面的钙敏感受体（CaSR）也可感应蛋白胨，其通过激活瞬时受体电位离子通道（tTRPC）和电压依赖性 Ca^{2+} 通道

(VDCC)，使胞内 Ca^{2+} 浓度上升，促进 GLP-1 的分泌（Pais 等，2015）。此外，研究报道蛋白胨能够同时激活小鼠 L 细胞 PepT1 和 CaSR 信号通路促进细胞分泌 GLP-1（Diakogiannaki 等，2013）。因此，PepT1 和 CaSR 受体间在蛋白胨感应方面存在协同机制，共同调节 EECs 脑肠肽的分泌，维持机体能量代谢稳态。

蛋白质在肠道中被消化成氨基酸后，可被分布于肠道表面的各类氨基酸感应受体所识别。GPCRs 是目前已知的主要的氨基酸化学感应受体，主要包括 T1Rs、CaSR、GPRC6a。CaSR 不仅能够结合蛋白胨（Pais 等，2015），还可感应 L-氨基酸，尤其对 L-芳香族氨基酸敏感（Psichas 等，2015a）。研究发现，大鼠小肠内分泌 L 细胞和 K 细胞可通过 CaSR 受体识别 L-氨基酸，调节 GLP-1、PYY 和 GIP 等脑肠肽的分泌，从而调控大鼠采食量和体增重（Mace 等，2012）。CaSR 主要通过激活磷脂酶 C（PLC）和三磷酸肌醇（P3）信号通路，引起内质网 Ca^{2+} 释放；同时，胞膜 TRPC 和 L 型 VDCC 被激活，引导胞外 Ca^{2+} 进入胞内；胞内 Ca^{2+} 浓度的升高，促进胞内 CCK 和 GLP-1 的胞吐作用（Zhou 和 Pestka，2015）。以上研究表明，L-氨基酸结合 CaSR 受体后，激活下游信号通路和离子通道，引起胞内 Ca^{2+} 浓度上升，进而调节脑肠肽分泌。

G 蛋白偶联受体 C 家族 6 组 a 亚型受体（GPRC6a）可识别肠腔内 L-精氨酸、L-赖氨酸和 L-鸟氨酸，与 CaSR 不同的是对 L-芳香族氨基酸不敏感，其在动物空肠和结肠中的表达量最高（Clemmensen 等，2014）。GPRC6a 受体通过识别感应 L-氨基酸，促进肠分泌细胞脑肠肽的表达和分泌。有研究发现，L-鸟氨酸可显著增加细胞 GLP-1 的表达，研究同时证实 GPRC6a 感应氨基酸需要 Ca^{2+} 的参与（Oya 等，2013）。此外，有研究表明，*GPRC6a* 受体能够介导机体能量代谢。在饲喂高脂饲粮下，与正常小鼠相比，*GPRC6a* 基因敲除小鼠采食量与体增重显著升高，同时伴随葡萄糖代谢紊乱（Clemmensen 等，2013）。然而最新研究发现，肠道 GPRC6a 受体并不介导高蛋白日粮饲喂小鼠的采食、饱感和体增重的调控（Kinsey-Jones 等，2015）。因此，肠道 GPRC6a 受体感应氨基酸介导机体能量代谢的机制还不明确，需要进一步的研究。

鲜味受体能够识别 L-脂肪族氨基酸，尤其对 L-谷氨酰胺和 L-天冬酰胺敏感，其主要分布于肠道内分泌 I 细胞、K 细胞和 L 细胞表面（Mace 等，2015）。目前 T1R1/T1R3 在肠道中感应氨基酸的机制还未明晰，而对胰腺 β 细胞中的氨基酸感应有较深入的研究。胰腺 β 细胞上的 T1R1/T1R3 受体结合 L-氨基酸后，可通过激活细胞下游 ERK1/2 和雷帕霉素靶蛋白复合体 1（mTORC1）信号通路，介导胰岛素的分泌，维持机体葡萄糖稳态（Wauson 等，2015）。

根据氨基酸感应受体在肠道中的分布和对氨基酸敏感性的差异，研究推测肠道氨基酸感应受体之间存在交互作用，协同识别感应肠道内各类氨基酸，共同维持机体能量代谢稳态（Psichas 等，2015a）。然而目前有关氨基酸感应受体协同机制的研究较少，深入了解肠道各类氨基酸感应机制，将有助于阐明肠道氨基酸代谢调控的机理。

(二) 脂类感应

来自饲粮的脂肪在肠道被水解产生中链和长链脂肪酸，这些脂肪酸可被 EECs 表面的游离脂肪酸受体 1（FFAR1）和 FFAR4 所识别（Psichas 等，2015a）。研究表明，激活 EECs 表面的 FFAR1 和 FFAR4，能够促进 GLP-1、PYY 和 GIP 等脑肠肽的分泌

(Iwasaki 等，2015)。肠道 L 细胞表面 FFAR1 和 FFAR4 主要通过 PLC 和 IP3 信号通路，引起内质网 Ca^{2+} 释放，同时经 VDCC 引导胞外 Ca^{2+} 进入胞内，促进 GLP-1 和 GIP 胞吐作用（Hauge 等，2015）。同时，FFAR4 还与机体的能量代谢调控有关。在高脂饲粮饲喂下，与正常小鼠相比，FFAR4 基因敲除小鼠体增重、肝脏脂肪含量显著增加，胰岛素敏感性和葡萄糖耐受性显著下降（Ichimura 等，2014）。有关小鼠 L 细胞对 FFAR1 和 FFAR4 互作机制的深入研究表明，肠道 L 细胞 FFAR1 和 FFAR4 受体间在脂肪酸感应方面存在颉颃效应（Tsukahara 等，2015）。该研究证实，FFAR1 和 FFAR4 在肠道长链脂肪酸感应方面发挥重要作用，共同维持肠道能量代谢平衡。

动物肠道中尤其是大肠还存在大量 SCFA，包括乙酸、丙酸和丁酸等，其主要由微生物发酵小肠不消化碳水化合物（如寡糖、抗性淀粉等）产生。SCFA 可被分布于小肠和结肠 EECs 表面的 FFAR2 和 FFAR3 所识别（Psichas 等，2015a）。FFAR2 和 FFAR3 结合 SCFA 的亲和力取决于 SCFA 碳链长度，其中 FFAR2 优先识别乙酸和丙酸，而 FFAR3 主要感应丙酸、丁酸，以及其他 SCFA（Efeyan 等，2015）。有研究表明，激活 EECs 表面 FFAR2 和 FFAR3 受体，可促进脑肠肽的分泌，引起小鼠采食量和体增重显著降低（Psichas 等，2015b）。此外，还有研究报道小鼠肠道 FFAR3 受体参与调控机体糖异生，维持小鼠葡萄糖稳态（de Vadder 等，2014）。

G 蛋白偶联受体 119（GPR119）作为另一类脂类感应受体，主要识别脂肪酸酰胺，如油酰乙醇胺（OEA）、2-单油酸甘油酯（2-OG）等，促进 GLP-1、PYY 和 GIP 等脑肠肽的分泌，其主要分布于胰腺 β 细胞、肠道内分泌 K 细胞和 L 细胞表面（Psichas 等，2015a）。研究发现，与正常小鼠相比较，由 OEA 和 2-OG 诱导 GPR119 基因敲除小鼠结肠 L 细胞引起的 GLP-1 分泌量显著下降。研究进一步证实，GPR119 受体感应脂类后主要通过激活环磷酸腺苷（cAMP）和 PKA 信号通路，促进 GLP-1 的胞吐作用（Moss 等，2015）。激活结肠 GPR119 受体还可显著改善肥胖小鼠葡萄糖耐受性，调控机体能量代谢（Patel 等，2014）。目前，已发现多种 GPR119 受体特异性激动剂能够显著降低动物摄食量和体增重（Psichas 等，2015a）。因此，GPR119 受体可作为 Ⅱ 型糖尿病、肥胖等代谢疾病的潜在治疗靶点，调节机体脂代谢和能量摄取。

（三）糖类感应

甜味受体 T1R2/T1R3，其主要分布于肠道内分泌 K 细胞和 L 细胞表面，可识别感应动物肠腔内多糖、单糖等糖类物质，促进 GLP-1、CCK 和 GIP 等脑肠肽的分泌（Psichas 等，2015a）。研究还发现，T1R2/T1R3 受体介导机体葡萄糖代谢。与正常小鼠相比，T1R3 基因敲除小鼠的胰岛素敏感性和葡萄糖耐受性均显著下降，引起葡萄糖稳态失调（Murovets 等，2015）。

肠道中的葡萄糖，还可被钠依赖性葡萄糖转运载体 1（SGLT1）和葡萄糖转运载体 2（GLUT2）所识别（Efeyan 等，2015）。动物小肠 SGLT1 和 GLUT2 结合葡萄糖后，可促进 PYY、GLP-1 和 GIP 等脑肠肽的分泌，介导机体葡萄糖稳态（Mace 等，2012）。SGLT1 和 GLUT2 主要通过抑制胞内 K^+ ATP 通道，同时激活 L 型 VDCC，引起胞内 K^+ 和 Ca^{2+} 浓度上升，使细胞去极化，从而促进 GLP-1 的分泌（Kuhre 等，2015）。此外，研究显示当肠道内葡萄糖浓度上升，T1R2/T1R3 还可通过 PLC-蛋白激酶 C 信号通路激活细胞 SGLT1 和 GLUT2 的表达，共同感应肠道内的葡萄糖，进一步促进葡萄糖转运，同时介导脑肠肽的分泌（Welcome 等，2015）。该研究证实，机体肠道葡萄糖感应受体 T1R2/T1R3、SGLT1 与 GLUT2 之间存在交互机制，协同介导肠道葡萄糖感应，维持机体葡萄糖稳态。

三、"微生物-肠-脑"轴与猪整体代谢

动物肠道感应肠腔中的营养素后，通过脑-肠轴作用于中枢神经系统，调节机体整体代谢及各项生理过程。脑-肠轴是由中枢神经系统、自主神经系统及肠神经系统共同构成的神经网络（Efeyan 等，2015）。该神经网络由大量神经纤维组成，这些神经纤维包括交感神经纤维和迷走神经纤维，广泛分布于动物肠道中。其中，迷走神经纤维占肠道神经纤维总量的 80%，可通过分布于纤维末端的特异性受体识别肠道中的脑肠肽（如 GLP-1、PYY 等）（Psichas 等，2015a）。脑肠肽激活受体后转化为神经信号，继而经迷走神经传递至中枢神经系统，使机体做出相应的应答反应，如食欲、摄食行为和能量代谢的改变等（Efeyan 等，2015）。

肠道微生物菌群可通过直接或间接的方式与肠道表面营养素感应受体发生互作，而后经脑-肠轴参与机体能量代谢调控、食欲及采食行为，形成微生物-肠-脑轴（朱伟云等，2014）。一方面，肠道微生物能够调控营养素感应受体和脑肠肽的表达，经脑-肠轴影响机体采食量和能量代谢（张志岐等，2013）。研究发现，与正常小鼠相比，无菌小鼠肠道中脂肪酸感应受体，如 FFAR2、FFAR3 和 FFAR4 蛋白质表达显著下降，同时伴随 CCK、PYY 和 GLP-1 等脑肠肽分泌量显著下降，采食量增加、能量利用率上升等（Duca 等，2012）。将肥胖大鼠肠道微生物定殖于无菌小鼠肠道后发现，无菌小鼠肠道营养素感应受体表达量和脑肠肽分泌量均显著下降，而采食量和体增重显著上升（Duca 和 Lam，2014）。另一方面，肠道微生物菌群还可通过结构和功能的改变调控机体肠道营养感应，参与机体营养吸收和能量代谢（Hwang 等，2015）。小鼠肠道微生物中益生性细菌双歧杆菌属（*Bifidobacterium*）和乳酸杆菌属（*Lactobacillus*）相对丰度的升高，可进一步促进 EECs 分泌的 GLP-1 和 PYY 升高，引起小鼠能量摄取、脂肪含量及体增重下降（Everard 和 Cani，2013）。另有研究报道，与正常大鼠相比，肥胖大鼠肠道微生物菌群中厚壁菌门（Firmicutes）与拟杆菌门（Bacteroidetes）的比率上升，其中梭菌 14a 菌属（*Clostridium clusters* XIVa）和梭菌 4 菌属（*Clostridium clusters* IV）相对丰度显著上升，引起小鼠摄食过盛、脂肪生成和体重增加等机体能量代谢紊乱（Duca 和 Lam，2014）。

此外，微生物代谢产物同样能够介导肠道营养感应，经脑-肠轴调控机体能量代谢平衡（Mayer 等，2015）。SCFA、生物胺、胆酸盐及氨基酸等微生物代谢产物均可被肠道营养素感应受体识别，从而调控脑肠肽的表达，同时调节营养素的感应转运，进而介导机体能量代谢以及各项生理功能等（Everard 和 Cani，2013）。其中，有关 SCFA 营养素感应的研究最为广泛。由小鼠结肠微生物产生的乙酸能够被肠道表面 FFAR2 受体识别，促进 GLP-1、PYY 等脑肠肽的表达，使小鼠食欲降低，能耗增加（Tolhurst 等，2012）。因此，该研究表明乙酸参与脑-肠轴调控机体能量代谢。另有研究发现，丙

酸可被小鼠结肠L细胞FFAR3受体特异性识别，促进L细胞分泌GLP-1和PYY，同时参与机体能量代谢（Psichas等，2015b）。丁酸除了为结肠上皮细胞提供能量之外，还能被肠道表面FFAR3受体识别，引起脑肠肽的分泌，经脑-肠轴改善机体胰岛素敏感性、增加能量消耗（Vidrine等，2014）。这些研究表明，肠道微生物的代谢产物参与了机体体内很多代谢和生理过程，因此它们影响着机体的整体代谢。研究动物肠道微生物菌群与机体脑-肠轴的互作机制，有助于理解肠道微生物对机体代谢调节的贡献。

第五节 肠道微生物与营养代谢紊乱

经过长期的进化过程，肠道微生物与宿主形成了相对稳定的共生体系（Bäckhed等，2005）。通常情况下，微生物和宿主机体之间能够形成一个相对稳态的代谢轴系统（微生物-脑-肠轴、微生物-肝-肠轴等），并在动物机体营养物质代谢和免疫稳态维持中起重要作用。动物肠道的优势菌主要来源于厚壁菌门（Firmicutes）、拟杆菌门（Bäcteroidetes）和放线菌门（Actinobacteria）（Gill等，2006；Arumugam等，2011）。在长期相对固定的饮食和饲喂模式下，人和动物肠道内的优势菌群是相对稳定的。微生物菌群可以利用宿主肠道的营养素，发酵产生代谢产物（SCFAs、生物胺、胆汁酸等），并与宿主机体形成宿主-微生物代谢轴。该代谢轴既能影响营养素吸收和能量代谢，又可调节宿主各项生理过程。当饮食结构发生改变时，往往会伴随着肠道菌群结构的变化，而后者的变化将会影响到宿主-微生物代谢轴的相对稳态，进而可能会引起机体的代谢紊乱，最终导致一些代谢性疾病，影响宿主的健康（杨利娜等，2014）。目前，肠道微生物与肥胖、糖尿病等代谢疾病存在相关性（Tremaroli和Bäckhed，2012）已受到广泛关注，而基于饮食结构能够影响肠道菌群，宿主的摄食类型已被公认为代谢失调的诱因之一（Turnbaugh等，2006）。因此，探究肠道微生物介导的三大营养物质（碳水化合物、蛋白质、脂类）代谢对宿主健康的影响，可为调节机体代谢紊乱提供理论指导。

一、肠道微生物介导的碳水化合物代谢对机体健康的影响

肠道菌群对碳水化合物的利用可能存在种间竞争或共生关系。Duncan等（2003）的研究指出，分离自人粪样的产丁酸菌罗斯氏菌属（*Roseburia*）的A2-183F菌株在纯培养条件下不能有效利用土豆淀粉、木聚糖等碳水化合物，而在与人粪样悬浮液共培养条件下，则可在多种碳水化合物中生长，由此推测，微生物降解复杂碳水化合物的过程不是独立进行的，而是彼此紧密配合形成了相互依赖的代谢网络（Duncan等，2003）。事实上，微生物能否有效利用特定碳水化合物与它们所携带的碳水化合物摄取及代谢基因相关，比如编码磷酸戊糖途径和产乳酸途径的相关酶的基因（Zoetendal等，2012）。拟杆菌属细菌能够产生一系列多糖水解酶，而另一些种属的细菌，如双歧杆菌属的*B. longum*却只能转运和利用单糖（Wexler，2007）。因此，当拟杆菌属细菌如多型拟杆菌（*Bacteroides thetaiotaomicron*）存在时，能够促进*B. longum*的生长。菌种间的

这种协作关系，对于肠道菌群平衡的维持有着重要意义，也是益生菌和益生素的研究中需要考虑的重要规律。此外，单糖磷酸转移酶系统（PTS）在小肠的链球菌中大量表达，提示链球菌主要利用简单碳水化合物（Zoetendal等，2012）；而编码多糖水解相关酶的多型拟杆菌则主要分布在大肠肠腔中（Xu等，2003），这反映不同肠段消化和吸收分工有所不同。由此可见，肠道菌群对碳水化合物的代谢活动，不仅促进了宿主对营养素的摄取和利用，而且对于肠道健康的维持有着重要意义。

肠道发酵产生的代谢产物是宿主每日能量需要的重要来源（Hooper等，2002）。曾有报道指出，为了满足无菌大鼠维持代谢所需的能量，需要为其额外补充30%的能量（Gilmore和Ferretti，2003）。碳水化合物发酵产生的SCFAs大部分经肠道上皮吸收，并在不同组织代谢（Bourquin等，1996），乙酸主要为肠上皮组织提供能量，丙酸则主要参与肝脏的糖代谢和脂代谢（Topping和Clifton，2001）。结肠细胞倾向于以丁酸作为能源物质，而不是葡萄糖或酮体，因此当肠道中乙酸成为主导能源物质时，能有效抑制结肠癌细胞的增殖（Fleming等，1991），补充适宜浓度的丁酸或添加产丁酸菌有利于肠道的稳态和健康。此外，SCFAs可作为配体激活游离脂肪酸受体（FFAR）（Nilsson等，2003），调节宿主的免疫功能。例如，乙酸和丙酸可激活人体中性粒细胞和单核细胞中的FFAR2，促进肠道中的抗炎反应（Nilsson等，2003）。FFAR2基因缺失小鼠感染肠炎后，由于此通路受阻导致炎症急剧恶化；而无菌小鼠由于肠道内几乎不释放SCFAs，同样表现出抗炎反应的失调（Maslowski等，2009）。由此可见，SCFAs参与调节宿主正常炎症反应，并通过多种途径促进肠道健康。

二、肠道微生物介导的蛋白质代谢对机体健康的影响

肠道微生物能够利用蛋白质、氨基酸、肽链及尿素和氨气等含氮物质作为氮源（Metges等，1999；Metges，2000；Bergen，2015）。未被小肠消化和吸收的食物蛋白质及内源蛋白质进入后肠，经结肠微生物降解，除了生成SCFAs、H_2和CO_2（Geypens等，1997；Hughes等，2000），经脱氨、脱羧等途径还会产生氨、酚类、吲哚类、胺类、硫化氢（H_2S）等物质，这些代谢产物会对机体健康产生不良影响。

结肠的氨不但能够缩短结肠细胞生命周期，而且会限制结肠黏液层细胞的增殖（Lin和Visek，1991）。氨基酸经微生物脱羧酶作用生成的胺类和酰胺类物质，经亚硝基化生成与结直肠疾病相关的亚硝基化合物（NOCs），同时NOCs含量与红肉（猪肉和牛肉）食入量高度相关（Bingham等，2002）。许多研究认为，H_2S是一种有毒产物，能够诱导机体DNA损伤，造成结肠细胞发生基因水平的病变，引发结肠癌等肠道疾病。但Carbonero等（2012）在试验中却发现，抑制健康小鼠体内H_2S的合成，会造成小肠和结肠黏膜损伤并引发炎症反应，而补充H_2S后能有效缓解结肠炎症（Carbonero等，2012）。Russell等（2013）发现，一些结肠中的优势菌能够利用三种芳香族氨基酸（缬氨酸、酪氨酸、苯丙氨酸），随着蛋白质摄入量的增加，粪中苯衍生物的含量也会相应增加，而这些苯化合物具有一定的抗炎和抑菌活性（Russell等，2013）。由此可见，虽然蛋白质的代谢产物具有一定的毒性，但是它们对于机体的相对稳态与健康又是必不可少的。然而，关于H_2S等肠道微生物介导的蛋白质代谢物质的具体代谢

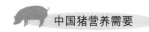

途径、调节作用等还不清楚。

三、肠道微生物介导的脂类代谢对机体健康的影响

肠道微生物能够通过多种途径调节宿主脂代谢，它们如同机体的附属代谢器官，与宿主进行着密切的物质、能量和信息交流。胆盐在脂类消化环节中扮演着重要角色，而肠道微生物能够对其进行修饰（Jiang 等，2010），影响其功能的发挥。首先，肠道细菌能释放胆盐水解酶作用于胆盐的酰胺键，反应生成甘氨酸或牛磺酸以及游离胆汁酸（Jiang 等，2010）；而且肠道细菌可催化游离胆酸的脱羟基反应。目前已有报道，梭菌属和双歧杆菌属细菌，以及拟杆菌、乳酸杆菌和肠球菌均能产生胆盐水解酶，但不同菌株产生的胆盐水解酶活性不同。例如，瑞士乳杆菌（*L. helveticus*）和发酵乳杆菌（*L. fermentum*）只能水解牛磺酸胆盐而不能水解甘氨酸胆盐（Jiang 等，2010），推测微生物胆盐水解酶能够识别类固醇类和氨基酸。另外，有报道显示添加具有胆盐水解酶活性的菌种能有效降低小鼠和狗血清胆固醇水平（Jiang 等，2010）；而胆盐水解产物牛磺酸胆盐能够抑制一定剂量的艰难梭菌（*C. difficile*）毒素 A 和毒素 B 裂解活性，有效避免结肠上皮细胞遭受毒素损伤（Darkoh 等，2013）。由此可见，胆盐水解酶活性不仅反映肠道细菌对胆酸环境的适应力，还能介导胆盐修饰影响宿主代谢及微生态平衡，体现出一定益生效果。

除了参与胆盐代谢影响脂类消化，微生物还能直接影响宿主脂肪代谢过程。Cani 等（2008）发现，将常规小鼠肠道菌群移植到无菌小鼠肠道后，小鼠从食物中摄取能量的能力增加，其体内脂沉积量增加 60%，此时采食量也有所增加，这可能是微生物促进了肠腔内单糖的吸收以及肝脏脂肪合成的结果（Bäckhed 等，2005）。Bäckhed 等（2004）进一步研究表明，无菌小鼠能够避免由高脂多糖食物引发的肥胖，因为其体内存在大量的饥饿诱导脂肪因子，而后者能够有效抑制甘油三酯在脂肪细胞内的沉积；相反，敲除饥饿诱导脂肪因子基因的无菌小鼠容易发生此类肥胖；同时，肠道上皮饥饿诱导脂肪因子的表达受到微生物的选择性抑制，正常小鼠不能有效避免此类肥胖的风险（Bäckhed 等，2007）。由此可见，肠道微生物既能干预宿主能量吸收和利用，又能调节宿主脂代谢相关基因，还参与到胆盐等脂代谢相关化合物的代谢中，通过多种途径干预宿主脂代谢。

在肠道营养物质的调节下，肠道菌群形成相对稳定的代谢网络，并与宿主建立起糖代谢、氮代谢以及能量代谢平衡，与宿主肥胖等代谢相关疾病的发生存在一定关联。深入解析肠道菌群与疾病的关系，或许能从庞大的肠道菌群中找出某些指示菌。由于肠道微生物的生长速度极快并能够快速响应机体环境的细微变化，标志性微生物的数量变化有望作为健康变化的监测信号，应用于疾病诊断和治疗。随着对肠道微生物影响肠道营养物质代谢规律的深入认识，有望通过调整食物结构或饲粮添加益生菌、益生素等方式来改变肠道菌群结构，从而维持肠道稳态甚至修复肠道损伤，同时也将成为研究代谢相关疾病的发病机制、寻找治疗方法和改善宿主健康的新思路和新途径。

参考文献

董国忠，周安国，杨凤，等，1997. 饲粮蛋白质水平对早期断奶仔猪氮代谢的影响 [J]. 动物营养学报，9（2）：19-24.

谭碧娥，何兴国，孔祥峰，等，2007. 不同碳水化合物对断奶仔公猪肠道微生物的影响 [J]. 动物营养学报，19（4）：316-320.

谭碧娥，印遇龙，2013. 胃肠营养化学感应及其生理效应 [J]. 动物营养学报，25（2）：231-241.

杨利娜，边高瑞，朱伟云，2014. 单胃动物肠道微生物菌群与肠道免疫功能的相互作用 [J]. 微生物学报，5：480-486.

杨宇翔，慕春龙，朱伟云，2015. 细菌在氨基酸首过肠道代谢中的作用 [J]. 动物营养学报，27：15-20.

岳隆耀，谯仕彦，2007. 低蛋白补充合成氨基酸日粮对仔猪氮排泄的影响 [J]. 饲料与畜牧：新饲料（3）：10-12.

朱晶，郭建军，林俊辉，等，2012. 肝脏和小肠对药物首过代谢模型的研究进展 [J]. 中国临床药理学与治疗学，17：944-940.

朱伟云，余凯凡，慕春龙，等，2014. 猪的肠道微生物与宿主营养代谢 [J]. 动物营养学报，26：3046-3051.

周韶，汪官保，杨在宾，2008. 植物蛋白小肽对哺乳仔猪血液生化指标和肠道微生物区系影响的研究 [J]. 动物营养学报，20（1）：40-45.

张志岐，束刚，江青艳，2013. 下丘脑对脂类的营养感应及其参与食欲调控的机制 [J]. 动物营养学报，25（7）：1395-1405.

Abubucker S, Segata N, Goll J, et al, 2012. Metabolic reconstruction for metagenomic data and its application to the human microbiome [J]. PLoS Computational Biology, 8：e1002358.

Arumugam M, Raes J, Pelletier E, et al, 2011. Enterotypes of the human gut microbiome [J]. Nature, 473：174-180.

Bäckhed F, Ding H, Wang T, 2004. The gut microbiota as an environmental factor that regulates fat storage [J]. Proceedings of the National Academy of Science of the United States of America, 101：15718-15723.

Bäckhed F, Ley R E, Sonnenburg J L, et al, 2005. Host-bacterial mutualism in the human intestine [J]. Science, 307：1915-1920.

Bäckhed F, Manchester J K, Semenkovich C F, et al, 2007. Mechanisms underlying the resistance to diet-induced obesity in germ-free mice [J]. Proceedings of the National Academy of Science of the United States of America, 104：979-984.

Bergen W G, 2015. Small-intestinal or colonic microbiota as a potential amino acid source in animals [J]. Amino Acids, 47：251-258.

Bergen W G, Wu G, 2009. Intestinal nitrogen recycling and utilization in health and disease [J]. Journal of Nutrition, 139：821.

Bergman E N, 1990. Energy contributions of volatile fatty acids from the gastrointestinal tract in various species [J]. Physiological Reviews, 70：567-590.

Bertolo R F P, Chen C Z L, Law G, et al, 1998. Threonine requirement of neonatal piglets receiving total parenteral nutrition is considerably lower than that of piglets receiving an identical diet intragastrically [J]. Journal of Nutrition, 128: 1752-1759.

Bian G, Ma S, Zhu Z, et al, 2016. Age, introduction of solid feed and weaning are more important determinants of gut bacterial succession in piglets than breed and nursing mother as revealed by a reciprocal cross-fostering model [J]. Environmental Microbiology, 18: 1566-1577.

Bikker P, Dirkzwager A, Fledderus J, et al, 2006. The effect of dietary protein and fermentable carbohydrates levels on growth performance and intestinal characteristics in newly weaned piglets [J]. Journal of Animal Science, 84: 3337-3345.

Bikker P, Dirkzwager A, Fledderus J, et al, 2007. Dietary protein and fermentable carbohydrates contents influence growth performance and intestinal characteristics in newly weaned pigs [J]. Livestock Science, 108: 194-197.

Bingham S A, Hughes R, Cross A J, 2002. Effect of white versus red meat on endogenous N-nitrosation in the human colon and further evidence of a dose response [J]. Journal of Nutrition, 132: 3522-3525.

Bourquin L D, Titgemeyer E C, Fahey G C, 1996. Fermentation of various dietary fiber sources by human fecal bacteria [J]. Nutrition Research, 16: 1119-1131.

Bröer S, 2008. Apical transporters for neutral amino acids: physiology and pathophysiology [J]. Physiology, 23: 95-103.

Burrin D, Ferrell C, Britton R, et al, 1990. Level of nutrition and visceral organ size and metabolic activity in sheep [J]. British Journal of Nutrition, 64: 439-448.

Cani P D, Delzenne N M, Amar J, et al, 2008. Role of gut microflora in the development of obesity and insulin resistance following high-fat diet feeding [J]. Pathologie Biologie, 56: 305-309.

Carbonero F, Benefiel A C, Alizadeh-Ghamsari A H, et al, 2012. Microbial pathways in colonic sulfur metabolism and links with health and disease [J]. Frontiers in Physiology, 3: 448.

Chen G, Russell J, 1990. Transport and deamination of amino acids by a gram-positive, monensin-sensitive ruminal bacterium [J]. Applied and Environmental Microbiology, 56: 2186-2192.

Chen L, Li P, Wang J, et al, 2009. Catabolism of nutritionally essential amino acids in developing porcine enterocytes [J]. Amino Acids, 37: 143-152.

Chen L, Yin Y L, Jobgen W S, et al, 2007. *In vitro* oxidation of essential amino acids by jejunal mucosal cells of growing pigs [J]. Livestock Science, 109: 19-23.

Choi S, Lee M, Shiu A L, et al, 2007. GPR93 activation by protein hydrolysate induces CCK transcription and secretion in STC-1 cells [J]. American Journal of Physiology: Gastrointestinal and Liver Physiology, 292: 1366-1375.

Clemmensen C, Smajilovic S, Madsen A N, et al, 2013. Increased susceptibility to diet-induced obesity in GPRC6A receptor knockout mice [J]. Journal of Endocrinology, 217: 151-160.

Clemmensen C, Smajilovic S, Wellendorph P, et al, 2014. The GPCR, class C, group 6, subtype A (GPRC6A) receptor: from cloning to physiological function [J]. British Journal of Pharmacology, 171: 1129-1141.

Dai Z L, Li X L, Xi, P B, et al, 2012. Metabolism of select amino acids in bacteria from the pig small intestine [J]. Amino Acids, 42: 1597-1608.

Dai Z L, Zhang J, Wu G Y, et al, 2010. Utilization of amino acids by bacteria from the pig small intestine [J]. Amino Acids, 39: 1201-1215.

Darkoh C, Brown E L, Kaplan H B, et al, 2013. Bile salt inhibition of host cell damage by Clostridium difficile toxins [J]. PLoS One, 8: e79631.

Davila A M, Blachier F, Gotteland M, et al, 2013a. Intestinal luminal nitrogen metabolism: role of the gut microbiota and consequences for the host [J]. Pharmacological Research, 68: 95-107.

Davila A M, Blachie F, Gotteland M, et al, 2013b. Intestinal luminal nitrogen metabolism: role of the gut microbiota and consequences for the host [J]. Pharmacological Research, 68: 95-107.

de Vadder F, Kovatcheva-Datchary P, Goncalves, D, et al, 2014. Microbiota-generated metabolites promote metabolic benefits via gut-brain neural circuits [J]. Cell, 156: 84-96.

Diakogiannaki E, Pais R, Tolhurst G, et al, 2013. Oligopeptides stimulate glucagon-like peptide-1 secretion in mice through proton-coupled uptake and the calcium-sensing receptor [J]. Diabetologia, 56: 2688-2696.

Duca F A, Lam T K, 2014. Gut microbiota, nutrient sensing and energy balance [J]. Diabetes Obesity & Metabolism, 16 (1): 68-76.

Duca F A, Swartz T D, Sakar Y, et al, 2012. Increased oral detection, but decreased intestinal signaling for fats in mice lacking gut microbiota [J]. PLoS One, 7: e39748.

Duncan S H, Scott K P, Ramsay A G, et al, 2003. Effects of alternative dietary substrates on competition between human colonic bacteria in an anaerobic fermentor system [J]. Applied & Environmental Microbiology, 69: 1136-1142.

Efeyan A, Comb W C, Sabatini D M, 2015. Nutrient-sensing mechanisms and pathways [J]. Nature, 517: 302-310.

el Kaoutari A, Armougom F, Gordon J I, et al, 2013. The abundance and variety of carbohydrate-active enzymes in the human gut microbiota [J]. Nature Reviews Microbiology, 11: 497-504.

Elango R, Pencharz P B, Ball R O, 2002. The branched-chain amino acid requirement of parenterally fed neonatal piglets is less than the enteral requirement [J]. Journal of Nutrition, 132: 3123-3129.

Everard A, Cani P D, 2013. Diabetes, obesity and gut microbiota [J]. Clinical Gastroenterology, 27: 73-83.

Fleming S E, Choi S Y, Fitch M D, 1991. Absorption of short-chain fatty acids from the rat cecum in vivo [J]. Journal of Nutrition, 121: 1787-1797.

Fogg F J, Hutton D A, Jumel K, et al, 1996. Characterization of pig colonic mucins [J]. Biochemistry Journal, 316 (Pt 3): 937-942.

Geypens B, Claus D, Evenepoel P, et al, 1997. Influence of dietary protein supplements on the formation of bacterial metabolites in the colon [J]. Gut, 41: 70-76.

Gill S R, Pop M, Deboy R T, et al, 2006. Metagenomic analysis of the human distal gut microbiome [J]. Science, 312: 1355-1359.

Gilmore M S, Ferretti J J, 2003. Microbiology: the thin line between gut commensal and pathogen [J]. Science, 299: 1999-2002.

Haenen D, Zhang J, da Silva C S, et al, 2013. A diet high in resistant starch modulates microbiota composition, SCFA concentrations, and gene expression in pig intestine [J]. Journal of Nutrition, 143: 274-283.

Hauge M, Vestmar M A, Husted A S, et al, 2015. GPR40 (FFAR1)- combined Gs and Gq signaling *in vitro* is associated with robust incretin secretagogue action *ex vivo* and *in vivo* [J]. Molecular Metabolism, 4: 3-14.

Heo J M, Kim J C, Hansen C F, et al, 2008. Effects of feeding low protein diets to piglets on plasma urea nitrogen, faecal ammonia nitrogen, the incidence of diarrhoea and performance after weaning [J]. Archives of Animal Nutrition, 62: 343-358.

Hooda S, Boler B M V, Kerr K R, et al, 2013. The gut microbiome of kittens is affected by dietary protein: carbohydrate ratio and associated with blood metabolite and hormone concentrations [J]. British Journal of Nutrition, 109: 1637-1646.

Hooper L V, Midtvedt T, Gordon J I, 2002. How host-microbial interactions shape the nutrient environment of the mammalian intestine [J]. Annual Review of Nutriton, 22: 283-307.

Huang C B, Alimova Y, Myers T M, et al, 2011. Short-and medium-chain fatty acids exhibit antimicrobial activity for oral microorganisms [J]. Archives of Oral Biology, 56: 650-654.

Hughes R, Magee E A, Bingham S, 2000. Protein degradation in the large intestine: relevance to colorectal cancer [J]. Current Issues in Intestinal Microbiology, 1: 51-58.

Hwang I, Par Y J, Kim Y R, et al, 2015. Alteration of gut microbiota by vancomycin and bacitracin improves insulin resistance via glucagon-like peptide 1 in diet-induced obesity [J]. FASEB Journal, 29: 2397-2411.

Ichimura A, Hara T, Hirasawa A, 2014. Regulation of energy homeostasis via GPR120 [J]. Frontiers in Endocrinology, 5: 111.

Iwasaki K, Harada N, Sasaki K, et al, 2015. Free fatty acid receptor GPR120 is highly expressed in enteroendocrine K cells of the upper small intestine and has a critical role in GIP secretion after fat ingestion [J]. Endocrinology, 156: 837-846.

Izcue A, Coombes J L, Powrie F, 2008. Regulatory lymphocytes and intestinal inflammation [J]. Annual Review of Immunology, 27: 313-338.

Jiang J K, Hang X M, Zhang, M, et al, 2010. Diversity of bile salt hydrolase activities in different lactobacilli toward human bile salts [J]. Annals of Microbiology, 60: 81-88.

Kinsey-Jones J S, Alamshah A, McGavigan A K, et al, 2015. GPRC6a is not required for the effects of a high-protein diet on body weight in mice [J]. Obesity, 23: 1194-1200.

Kuhre R E, Frost C R, Svendsen B, et al, 2015. Molecular mechanisms of glucose-stimulated GLP-1 secretion from perfused rat small intestine [J]. Diabetes, 64: 370-382.

Lan A, Andriamihaja M, Blouin J M, et al, 2015. High-protein diet differently modifies intestinal goblet cell characteristics and mucosal cytokine expression in ileum and colon [J]. Journal of Nutritional Biochemistry, 26: 91-98.

le Floc'h N, Seve B, 2005. Catabolism through the threonine dehydrogenase pathway does not account for the high first-pass extraction rate of dietary threonine by the portal drained viscera in pigs [J]. British Journal of Nutrition, 93: 447-456.

Ley R E, Peterson D A, Gordon J I, 2006. Ecological and evolutionary forces shaping microbial diversity in the human intestine [J]. Cell, 124: 837-848.

Libao-Mercado A J P, Zhu C L, Cant J P, et al, 2009. Dietary and endogenous amino acids are the main contributors to microbial protein in the upper gut of normally nourished pigs [J]. Journal of Nutrition, 139: 1088.

Licht T R, Hansen M, Poulsen M, et al, 2006. Dietary carbohydrate source influences molecular fingerprints of the rat faecal microbiota [J]. BMC Microbiology, 6: 98.

Lin H C, Visek W J, 1991. Colon mucosal cell damage by ammonia in rats [J]. Journal of Nutrition, 121: 887-893.

Liu X X, Blouin J M, Santacruz A, et al, 2014. High-protein diet modifies colonic microbiota and luminal environment but not colonocyte metabolism in the rat model: the increased luminal bulk connection [J]. American Journal Of Physiology-Gastrointestinal and Liver Physiology, 307: 459-470.

Louis P, Hold G L, Flint H J, 2014. The gut microbiota, bacterial metabolites and colorectal cancer [J]. Nature Reviews Microbiology, 12: 661-672.

Mace O J, Schindler M, Patel S, 2012. The regulation of K- and L- cell activity by GLUT2 and the calcium-sensing receptor CasR in rat small intestine [J]. Journal of Physiology, 590: 2917-2936.

Mace O J, Tehan B, Marshall F, 2015. Pharmacology and physiology of gastrointestinal enteroendocrine cells [J]. Pharmacology Research & Perspectives, 3: e00155.

Macfarlane G T, Gibson, G R, Beatty E, et al, 1992. Estimation of short-chain fatty-acid production from protein by human intestinal bacteria based on branched-chain fatty-acid measurements [J]. Fems Microbiology Ecology, 101: 81-88.

Macfarlane G T, Macfarlane S, 1997. Human colonic microbiota: ecology, physiology and metabolic potential of intestinal bacteria [J]. Scandinavian Journal of Gastroenterology, 32: 3-9.

Maloy K J, Kullberg M C, 2008. IL-23 and Th17 cytokines in intestinal homeostasis [J]. Mucosal Immunology, 1: 339-349.

Manzanilla E, Pérez J, Martín M, et al, 2009. Dietary protein modifies effect of plant extracts in the intestinal ecosystem of the pig at weaning [J]. Journal of Animal Science, 87: 2029-2037.

Maslowski K M, Vieira A T, Ng A, et al, 2009. Regulation of inflammatory responses by gut microbiota and chemoattractant receptor GPR43 [J]. Nature, 461: 1282-1286.

Mayer E A, Tillisch K, Gupta A, 2015. Gut/brain axis and the microbiota [J]. Journal of Clinical Investigation, 125: 926-938.

McAllan L, Skuse P, Cotter P D, et al, 2014. Protein quality and the protein to carbohydrate ratio within a high fat diet influences energy balance and the gut microbiota in C57BL/6J mice [J]. PLoS One, 9: e88904.

Metges C C, 2000. Contribution of microbial amino acids to amino acid homeostasis of the host [J]. Journal of Nutrition, 130: 1857-1864.

Metges C C, Petzke K J, el Khoury A E, et al, 1999. Incorporation of urea and ammonia nitrogen into ileal and fecal microbial proteins and plasma free amino acids in normal men and ileostomates [J]. American Journal of Clinical Nutrition, 70: 1046-1058.

Morita T, Kasaoka S, Kiriyama S, 2004. Physiological functions of resistant proteins: proteins and peptides regulating large bowel fermentation of indigestible polysaccharide [J]. J AOAC International, 87: 792-796. Moss C E, Glass L L, Diakogiannaki E, et al, 2016. Lipid derivatives activate GPR119 and trigger GLP-1 secretion in primary murine L-cells [J]. Peptides, 77: 16-20.

Murovets V O, Bachmanov A A, Zolotarev V A, 2015. Impaired glucose metabolism in mice lacking the tas1r3 taste receptor gene [J]. PLoS One, 10: e0130997.

Nakamura N, Lin H C, McSweeney C S, et al, 2010. Mechanisms of microbial hydrogen disposal in the human colon and implications for health and disease [J]. Annual Review of Food Science and Technology, 11: 363-395.

Nilsson N E, Kotarsky K, Owman C, et al, 2003. Identification of a free fatty acid receptor, FFA2R, expressed on leukocytes and activated by short-chain fatty acids [J]. Biochemical and Biophysical Research Communications, 303, 1047-1052.

Nyachoti C M, Omogbenigun F O, Rademacher M, et al, 2006. Performance responses and indicators of gastrointestinal health in early-weaned pigs fed low-protein amino acid-supplemented diets [J]. Journal Animal Science, 84: 125-134.

Opapeju F O, Krause D O, Payne R L, et al, 2009. Effect of dietary protein level on growth performance, indicators of enteric health, and gastrointestinal microbial ecology of weaned pigs induced with postweaning colibacillosis [J]. Journal Animal Science, 87: 2635-2643.

Oya M, Kitaguchi T, Pais R, et al, 2013. The G protein-coupled receptor family C group 6 subtype A (GPRC6A) receptor is involved in amino acid-induced glucagon-like peptide-1 secretion from GLUTag cells [J]. Journal of Biological Chemistry, 288: 4513-4521.

Pais R, Gribble F M, Reimann F, 2016. Signalling pathways involved in the detection of peptones by murine small intestinal enteroendocrine L-cells [J]. Peptides, 77: 9-15.

Patel S, Mace O J, Tough I R, et al, 2014. Gastrointestinal hormonal responses on GPR119 activation in lean and diseased rodent models of type 2 diabetes [J]. International Journal of Obesity, 38: 1365-1373.

Pieper R, Kröger S, Richter J F, et al, 2012. Fermentable fiber ameliorates fermentable protein-induced changes in microbial ecology, but not the mucosal response, in the colon of piglets [J]. Journal of Nutrition, 142: 661-667.

Psichas A, Reimann F, Gribble F M, 2015a. Gut chemosensing mechanisms [J]. Journal of Clinical Investigation, 125: 908-917.

Psichas A, Sleeth M L, Murphy K G, et al, 2015b. The short chain fatty acid propionate stimulates GLP-1 and PYY secretion via free fatty acid receptor 2 in rodents [J]. International Journal of Obesity, 39: 424-429.

Puiman P, Stoll B, Mølbak L, et al, 2013. Modulation of the gut microbiota with antibiotic treatment suppresses whole body urea production in neonatal pigs [J]. American Journal of Physiology-Gastrointestinal and Liver Physiology, 304: 300-310.

Ramirez-Farias C, Slezak K, Fuller Z, et al, 2009. Effect of inulin on the human gut microbiota: stimulation of *Bifidobacterium adolescentis* and *Faecalibacterium prausnitzii* [J]. British Journal of Nutrition, 101: 541-550.

Riedijk M A, Stoll B, Chacko S, et al, 2007. Methionine transmethylation and transsulfuration in the piglet gastrointestinal tract [J]. Proceedings of the National Academy of Sciences, 104: 3408-3413.

Rist V T S, Eklund M, Bauer E, et al, 2012. Effect of feeding level on the composition of the intestinal microbiota in weaned piglets [J]. Journal of Animal Science, 90: 19-21.

Rist V T S, Weiss E, Eklund M, et al, 2013. Impact of dietary protein on microbiota composition and activity in the gastrointestinal tract of piglets in relation to gut health: a review [J]. Animal,

7: 1067-1078.

Rist V T S, Weiss E, Sauer N, et al, 2014. Effect of dietary protein supply originating from soybean meal or casein on the intestinal microbiota of piglets [J]. Anaerobe, 25: 72-79.

Roediger W E W, Moore J, Babidge W, 1997. Colonic sulfide in pathogenesis and treatment of ulcerative colitis [J]. Digestive Diseases And Sciences, 42: 1571-1579.

Russell W R, Duncan S H, Scobbie L, et al, 2013. Major phenylpropanoid-derived metabolites in the human gut can arise from microbial fermentation of protein [J]. Molecular Nutrition & Food Research, 57: 523-535.

Schaart M W, Schierbeek H, van der Schoor S R, et al, 2005. Threonine utilization is high in the intestine of piglets [J]. Journal of Nutrition, 135: 765-770.

Schwiertz A, Taras D, Schafer K, et al, 2010. Microbiota and SCFA in lean and overweight healthy subjects [J]. Obesity, 18: 190-195.

Scott K P, Gratz S W, Sheridan P O, et al, 2013. The influence of diet on the gut microbiota [J]. Pharmacological Research, 69: 52-60.

Shoveller A K, Brunton J A, Pencharz P B, et al, 2003. The methionine requirement is lower in neonatal piglets fed parenterally than in those fed enterally [J]. Journal of Nutrition, 133: 1390-1397.

Stoll B, Henry J, Reeds P J, et al, 1998. Catabolism dominates the first-pass intestinal metabolism of dietary essential amino acids in milk protein-fed piglets [J]. Journal of Nutrition, 128: 606-614.

Topping D L, Clifton P M, 2001. Short-chain fatty acids and human colonic function: roles of resistant starch and nonstarch polysaccharides [J]. Physiological Reviews, 81: 1031-1064.

Torrallardona D, Harri C I, Coates M E, et al, 1996. Microbial amino acid synthesis and utilization in rats: incorporation of 5N from 5NH~4Cl into lysine in the tissues of germ-free and conventional rats [J]. British Journal of Nutrition, 76: 689-700.

Tremaroli V, Bäckhed F, 2012. Functional interactions between the gut microbiota and host metabolism [J]. Nature, 489: 242-249.

Tsukahara T, Watanabe K, Watanabe T, et al, 2015. Tumor necrosis factor alpha decreases glucagon-like peptide-2 expression by up-regulating G-protein-coupled receptor 120 in Crohn disease [J]. American Journal of Pathology, 185: 185-196.

Turnbaugh P J, Ley R E, Mahowald M A, et al, 2006. An obesity-associated gut microbiome with increased capacity for energy harvest [J]. Nature, 444: 1027-1031.

Vidrine K, Ye J, Martin R J, et al, 2014. Resistant starch from high amylose maize (HAM-RS2) and dietary butyrate reduce abdominal fat by a different apparent mechanism [J]. Obesity, 22: 344-348.

Vinolo M A R, Rodrigues H G, Nachbar R T, et al, 2011. Regulation of inflammation by short chain fatty acids [J]. Nutrients, 3: 858-876.

Walker A W, Ince J, Duncan S H, et al, 2011. Dominant and diet-responsive groups of bacteria within the human colonic microbiota [J]. The ISME Journal, 5: 220-230.

Wauson E M, Guerra M L, Dyachok J, et al, 2015. Differential regulation of ERK1/2 and mTORC1t through T1R1/T1R3 in MIN6 cells [J]. Molecular Endocrinology, 29: 1114-1122.

Wellock I, Fortomaris P, Houdijk J, et al, 2006. The effect of dietary protein supply on the performance and risk of post-weaning enteric disorders in newly weaned pigs [J]. Animal Science, 82: 327-335.

Wexler H M, 2007. Bacteroides: the good, the bad, and the nitty-gritty [J]. Clinical Microbiology Reviews, 20: 593-621.

Windey K, de Preter V, Verbeke K, 2012. Relevance of protein fermentation to gut health [J]. Molecular Nutrition & Food Research, 56: 184-196.

Xu J, Bjursell M K, Himrod J, et al, 2003. A genomic view of the human-Bacteroides thetaiotaomicron symbiosis [J]. Science, 299: 2074-2076.

Xu X, Xu P, Ma C, et al, 2012. Gut microbiota, host health, and polysaccharides [J]. Biotechnology Advances, 31: 318-337.

Yadav H, Lee J H, Lloyd J, et al, 2013. Beneficial metabolic effects of a probiotic via butyrate-induced GLP-1 hormone secretion [J]. Journal of Biological Chemistry, 288: 25088-25097.

Yang T X, Dai Z L, Zhu W Y, 2014. Important impacts of intestinal bacteria on utilization of dietary amino acids in pigs [J]. Amino Acids, 46: 2489-2501.

Zhou H R, Pestka J J, 2015. Deoxynivalenol (Vomitoxin)-induced cholecystokinin and glucagon-like peptide-1 release in the STC-1 enteroendocrine cell model is mediated by calcium-sensing receptor and transient receptor potential ankyrin-1 channel [J]. Toxicological Sciences, 145: 407-417.

Zhou L, Fang L, Yue S, et al, 2015. Effects of the dietary protein level on the microbial composition and metabolomic profile in the hindgut of the pig [J]. Anaerobe, 38: 61-69.

Zoetendal E G, Raes J, van den Boger B, et al, 2012. The human small intestinal microbiota is driven by rapid uptake and conversion of simple carbohydrates [J]. Isme Journal, 6: 1415-1426.

第十四章
脂肪型猪和肉脂型猪的营养需要

我国拥有丰富的脂肪型猪种遗传资源，《中国畜禽遗传资源志 猪志》（2011）中收录了76个各具特色的脂肪型猪品种，这些品种是世界动物资源开发和利用的宝贵财富。脂肪型猪有耐粗饲、抗逆性强、肉质优良、杂交利用效果明显等优良特性，也存在生长速度慢、胴体脂肪含量高和瘦肉率低等明显缺陷。与国外优秀猪种相比，我国脂肪型猪或脂肪型猪的营养需要研究及饲养标准的制定还相对比较落后，脂肪型猪的饲养主要采用当地传统的饲养模式，或是沿用外种猪的饲养标准。新中国建立后，杨凤教授对内江猪和荣昌猪的生长发育规律及其营养需要进行了系统研究，于1959年提出了《荣昌肉猪的饲养标准》。1987年，由许振英教授主持起草并经农业部发布了《中国肉脂型猪饲养标准》（NY/T 65—1987）。2004年笔者主持起草并经农业部颁布的《猪饲养标准》（NY/T 65—2004）中，又对肉脂型猪饲养标准进行了修订。两个标准中，同时考虑了我国脂肪型猪和外种猪杂交选育形成的品种（即所谓肉脂型猪）的营养需要。本章专门给出了脂肪型猪和肉脂型猪的营养需要，并重点综述了2000年以来我国脂肪型猪和肉脂型猪营养需要研究的最新进展，分析了其营养需要的特点，以求对本书给出的营养需要量尽量做出解释。

第一节 能量需要

能量是动物维持生长、繁殖、生产等生命活动的重要物质基础，也是影响动物生产性能最为重要的一个因素。猪的能量需要评价体系主要包括消化能（DE）、代谢能（ME）和净能（NE）三大体系。净能可真实地反映动物生命过程中的能量需要，与消化能和代谢能相比，更为准确，但目前净能在猪体内的分配方式尚不明朗。NRC（2012）认为，现在的能量机理模型还无法从净能体系的角度模拟出动物净能需要量，并提出了一个新指标，即有效代谢能。目前关于脂肪型猪和肉脂型猪能量需要的研究仍采用消化能或代谢能体系。笔者共检索到2000年以来脂肪型猪和肉脂型猪能量需要的研究文献24篇，其中脂肪型猪5篇，肉脂型猪19篇（表14-1）。

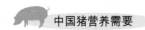

表 14-1 2000 年以来脂肪型猪和肉脂型猪能量需要研究结果汇总

品 种	生理阶段	消化能需要量	资料来源
仔猪			
50%野猪血缘的特种野猪	8～30 kg	13.17 MJ/kg	何若钢等（2009）
75%野猪血缘的特种野猪（公母各半）	13～23 kg	12.50 MJ/kg	黄伟杰等（2011）
生长育肥猪			
乌金猪	15～30 kg	13.55 MJ/kg	Zhang 等（2008a）
	30～60 kg	12.81 MJ/kg	
	60～100 kg	13.20 MJ/kg	
	30 kg	13.10 MJ/kg	Zhang 等（2008b）
	60 kg	13.08 MJ/kg	
	90 kg	13.11 MJ/kg	
圩猪	35～60 kg	13.54 MJ/kg	杨小婷（2013）
	60～80 kg	13.66 MJ/kg	
长白×荣昌猪	20～100 kg	13.06 MJ/kg	黄萍等（2005）
长白×荣昌猪（公母各半）	27～65 kg	14.50 MJ/kg	邹田德等（2012）
长白×清平猪	35～65 kg	13.40 MJ/kg	魏炜（2010）
	65～100 kg	13.18 MJ/kg	
长白×大约克×北京黑猪	20～35 kg	12.97 MJ/kg	杨立彬等（2002）
	35～60 kg	13.60 MJ/kg	
	60～90 kg	13.60 MJ/kg	
天津白猪（去势公猪、母猪各半）	20～90 kg	13.39 MJ/kg	赵宏志（2001）
三江白猪	25～40 kg	14.15 MJ/kg	黄大鹏等（2008）
	40～70 kg	13.85 MJ/kg	
	70～90 kg	13.47 MJ/kg	
鲁莱配套系	20～50 kg	12.99 MJ/kg	朱绍伟（2009）
	50～80 kg	12.99 MJ/kg	
母猪			
荣昌猪母猪	后备：35～55 kg	12.97 MJ/kg	汪超等（2010）
50%野猪血缘特种野母猪	后备：20～30 kg	13.00 MJ/kg	何若钢等（2011）
桂科母系猪	后备：20～40 kg	12.95 MJ/kg	张家富等（2013）
	潘天彪等（2010）	后备：40～70 kg	12.55 MJ/kg
宁乡猪	2～4 胎次：妊娠 1～80 d	19.23 MJ/d	董菲等（2010）
	妊娠 81 d 至分娩	26.53 MJ/d	
	哺乳期（35 d）	45.26 MJ/d	
乌金猪	妊娠前期	19.04 MJ/d	黄志秋等（2002）
	妊娠后期	24.10 MJ/d	
	哺乳期	39.67 MJ/d	
渝荣 1 号配套系	初产：妊娠 1～84 d	12.50 MJ/kg	钟正泽等（2009）
四川白猪 I 系	初产：妊娠 1～84 d	12.05 MJ/kg	刘忠敏等（2001）
	妊娠 85 d 至分娩	12.72 MJ/kg	

一、仔猪

2000 年以来肉脂型仔猪能量需要研究文献有 3 篇,其中能量需要模型研究 1 篇。何若钢等（2009）研究了含 50% 野猪血缘的特种野猪（8～30 kg）在舍饲条件下的能量需要量,饲粮消化能设置了 3 个水平（12.76 MJ/kg、13.17 MJ/kg 和 13.6 MJ/kg）,以生长性能和养分表观消化率为评价指标,得到 8～30 kg 含 50% 野猪血缘的特种野猪的饲粮消化能需要量为 13.17 MJ/kg。黄伟杰等（2011）研究得到 13～23 kg 含 75% 野猪血缘的特种野猪的饲粮消化能需要量为 12.50 MJ/kg。

江碧波等（2014）采用梯度饲养试验（线性回归法）和比较屠宰试验研究了湘村黑猪（桃源黑猪×杜洛克猪）阉公猪 10～20 kg 体重阶段的能量需要模型。结果表明：

① 比较屠宰试验测得 10～20 kg 湘村黑猪消化能、代谢能的维持需要量分别为每天 430.92 kJ/W$^{0.75}$ 和 406.01 kJ/W$^{0.75}$,总的代谢能需要量模型为：

$$ME\,(kJ/d)=406.01BW^{0.75}\,(kg)+12.99BW\,(g/d) \quad 或$$
$$DE\,(kJ/d)=430.92BW^{0.75}\,(kg)+13.79BW\,(g/d) \quad （式 14-1）$$

② 相对于比较屠宰法,线性回归法测定动物能量需要量的准确度相对偏低,估测模型为：

$$ME\,(kJ/d)=230.76BW^{0.75}\,(kg)+19.40BW\,(g/d) \quad 或$$
$$DE\,(kJ/d)=244.92BW^{0.75}\,(kg)+20.59BW\,(g/d) \quad （式 14-2）$$

由此可见,不同的研究方得到的试验结果不同。

二、生长育肥猪

2000 年以来脂肪型猪和肉脂型猪生长育肥阶段的能量需要研究文献共检索到 11 篇,其中脂肪型猪 3 篇（圩猪 1 篇、乌金猪 2 篇）,肉脂型猪能量需要模型研究 1 篇。从所检索到的文献资料来看,各试验结果差异较大,这与各试验所采用的脂肪型猪品种不同有关。不同品种脂肪型猪因其生长速度、瘦肉沉积率等的差异,在相同的体重阶段对能量的需求也不尽相同。杨小婷（2013）通过观测生长性能、肉质和血清生化指标,得到圩猪生长期（35～60 kg）饲粮粗蛋白质水平为 16% 时,消化水平以 13.54 MJ/kg 为宜；育肥期（60～80 kg）饲粮粗蛋白质水平为 14% 时,消化能水平以 13.66 MJ/kg 为宜。通过曲线模拟,乌金猪在 15～30 kg、30～60 kg 和 60～100 kg 体重阶段获得最佳生长性能的饲粮消化能适宜水平分别为 14.01 MJ/kg、13.15 MJ/kg 和 12.98 MJ/kg；以瘦肉率、背膘厚和眼肌面积为评价指标,饲粮能量适宜水平分别为 11.13 MJ/kg、11.36 MJ/kg 和 11.71 MJ/kg；综合考虑生长性能和胴体组成,饲粮能量适宜水平分别为 13.55 MJ/kg、12.81 MJ/kg 和 13.20 MJ/kg（Zhang 等,2008b）。不同饲粮能量水平对乌金猪肉质性状也有显著影响,以大理石纹评分、剪切力、滴水损失为评价指标,乌金猪在 30 kg、60 kg 和 100 kg 体重时的饲粮消化能适宜水平分别为 13.10 MJ/kg、13.08 MJ/kg 和 13.11 MJ/kg（Zhang 等,2008a）。可见,同一品种使用不同指标来评价，得到的相同生长阶段的能量需要量结果也不尽相同。

赵宏志（2001）以生长性能为评价指标，得到20～90 kg天津白猪的适宜饲粮消化能水平为13.39 MJ/kg。朱绍伟（2009）建议20～80 kg鲁莱配套系的饲粮消化能水平以12.99 MJ/kg为宜。黄萍等（2005）以生产性能和最大无脂瘦肉沉积量为评价指标，得到20～100 kg长白×荣昌猪杂交猪的饲粮消化能适宜水平为13.06 MJ/kg。邹田德等（2012）以获得最佳生长潜能和最优胴体品质来综合评价，发现生长阶段（27～65 kg）的长白×荣昌猪杂交猪所需的饲粮消化能水平为14.50 MJ/kg。杨立彬等（2002）利用超声波估测胴体无脂瘦肉重，间接得到瘦肉生长率，再结合其他参数综合得出，长白×大白×北京黑猪在20～35 kg、35～60 kg和60～90 kg体重阶段的饲粮消化能浓度分别为12.97 MJ/kg、13.60 MJ/kg和13.60 MJ/kg。黄大鹏等（2008）研究发现，三江白猪在25～40 kg、40～70 kg、70～90 kg阶段取得最佳生长性能的适宜消化能水平分别为14.15 MJ/kg、13.85 MJ/kg、13.47 MJ/kg。魏炜（2010）以日增重和胴体瘦肉率为衡量指标，得出鄂清配套系（长白×清平猪）在80～120日龄（35～65 kg）和120～170日龄（65～100 kg）的饲粮消化能水平分别为13.40 MJ/kg和13.18 MJ/kg。可见，不同品种脂肪型猪及其杂交的肉脂型猪的生长育肥阶段对饲粮能量水平的需求不同。

张慧君等（2011）研究了可乐×大约克生长肥猪的能量代谢和沉积规律及需要模型，结果表明，20～110 kg可乐×大约克生长育肥猪消化能转化为代谢能的效率为95.27%，维持代谢能需要量为468 kJ/$W^{0.75}$，20～60 kg和60～110 kg体重阶段每增重1 kg需要的代谢能分别为19.61 MJ和30.69 MJ，能量需要模型：

$$20～60 \text{ kg}体重阶段\ ME\ (MJ/d)=0.468W^{0.75}+19.61ADG$$

（式14-3）

$$60～110 \text{ kg}体重阶段\ ME\ (MJ/d)=0.468W^{0.75}+30.69ADG$$

（式14-4）

三、种猪

未检索到2000年以来关于脂肪型猪和肉脂型猪的种公猪能量需要研究资料。在母猪上共有10篇文献，其中脂肪型母猪（荣昌猪、乌金猪、宁乡猪）3篇，肉脂型母猪7篇。

汪超等（2010）以发情率为衡量指标，得到35～55 kg后备荣昌猪母猪适宜的饲粮消化能为12.97 MJ/kg。何若钢等（2011）研究了含50%野猪血缘的特种野母猪后备期（20～35 kg）适宜饲粮结构与能量水平，发现后备期特种野母猪适宜的饲粮结构为40%稻谷-玉米-豆粕型饲粮，消化能水平为13.00 MJ/kg。桂科母系猪后备期20～40 kg和40～70 kg体重阶段的适宜饲粮消化能水平分别为12.95 MJ/kg和12.55 MJ/kg（潘天彪等，2010；张家富等，2013）。虽然以上4个试验使用的脂肪型猪品种不同，且后备期的研究阶段也有一些差异，但这些试验得到的结果都要高于《猪饲养标准》（NY/T 65—2004）的地方后备母猪（肉脂型猪Ⅲ型）相同体重阶段的能量需要推荐量。刘占俊等（2011）对可乐×大约克后备母猪的能量代谢与沉积规律及需要量预测模型进行了研究，发现消化能转化为代谢能的效率为94.82%，每日维持代谢能需要为466.89 kJ/$W^{0.75}$；

20～50和50～100 kg体重阶段每增重1 kg的代谢能需要分别为18.80 MJ和28.21 MJ；能量需要模型为：

$$20～50 \text{ kg 体重阶段 } ME \text{ (MJ/d)} = 0.467W^{0.75} + 8.80ADG \quad \text{(式14-5)}$$

$$50～100 \text{ kg 体重阶段 } ME \text{ (MJ/d)} = 0.467W^{0.75} + 28.21ADG \quad \text{(式14-6)}$$

但该预测模型的准确性如何尚需要进一步验证，且其他脂肪型猪和肉脂型猪的后备母猪能量预测模型尚未见报道。

董菲等（2010）以控制采食量的方式设置标准组、低于标准组10%～15%和低于标准组20%～30%的高、中、低3个营养水平组，对宁乡母猪进行2～4胎次连续试验，发现宁乡母猪在妊娠前期（80 d前）、后期（80 d后）和哺乳期（35 d）适宜的每日消化能摄入量分别为19.23 MJ、26.53 MJ和45.26 MJ。黄志秋等（2002）试验发现，乌金猪在妊娠前期、后期、哺乳期的每日消化能适宜摄入量分别为19.04 MJ、24.10 MJ和39.67 MJ，同期比较都要低于《猪饲养标准》（NY/T 65—2004）的肉脂型母猪标准。

钟正泽等（2009）采取饱和D-最优回归设计，以初产母猪的窝重为衡量指标，发现渝荣1号配套系初产母猪妊娠前期（1～84 d）的饲粮消化能适宜水平为12.50 MJ/kg。刘忠敏等（2001）试验表明，平均妊娠体重约130 kg的四川白猪I系初产母猪冬季怀孕时，维持消化能需要为$0.46 \text{ MJ/kg BW}^{0.75}$，每1 kg妊娠增重需要消化能20.91 MJ；妊娠前期（1～84 d）每日消化能需要量为26.51 MJ、饲粮消化能水平为12.05 MJ/kg，后期（85 d至分娩）每日消化能需要量为32.31 MJ、饲粮消化能水平12.72 MJ/kg。母猪不同妊娠阶段对能量的需求不同，相同妊娠阶段不同胎次的母猪对能量的需要也不同。吴德（2003）研究发现，若考虑产仔数最佳时，1～3胎长白×梅山猪母猪的每日适宜消化能摄入量为：妊娠前期（1～30 d）16.3 MJ、中期（31～85 d）19.6 MJ、后期（86 d至分娩）28.60 MJ；若考虑活仔数和断奶仔猪数时，1～3胎长白×梅山猪母猪的每日适宜消化能摄入量为：妊娠前期20.9 MJ、中期22.30 MJ和后期38.00 MJ；经产四胎长白×梅山猪母猪的每日适宜消化能摄入量为：妊娠前期22.00 MJ、中期23.50 MJ和后期39.50 MJ。故选择妊娠母猪繁殖成绩的参数不同，其适宜营养需要量也不同。

第二节 蛋白质和氨基酸需要

除能量外，蛋白质和氨基酸营养需要也是脂肪型猪和肉脂型猪营养需要研究的重点。蛋白质是由氨基酸组成的，饲粮提供氨基酸的数量与比例决定了饲粮蛋白质的含量是否充足及其品质，所以新版NRC（2012）没给出猪蛋白质需要量的推荐值，而是列出了各种氨基酸和总氮需要量的推荐值。笔者共检索到2000年以来的脂肪型猪及肉脂型猪蛋白质需要研究文献有18篇（表14-2），其中仔猪2篇，生长育肥猪12篇，种猪4篇，下面将分别进行阐述。

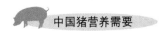

表 14-2 2000 年以来脂肪型猪和肉脂型猪粗蛋白质需要研究结果汇总

品 种	生理阶段	粗蛋白质需要	资料来源
仔猪			
50%野猪血缘的特种野猪	8～30 kg	16.00%	何若钢等（2009）
松辽黑猪	20～30 kg	17.70%	崔爽等（2010）
生长育肥猪			
纯种淮猪（公母各半）	20～35 kg	14.53%	朱建平等（2013）
	30～50 kg	13.10%	
	50～80 kg	13.04%	
圩猪	35～60 kg	14.00%	杨小婷（2013）
宁乡猪	60 kg	12.91%	汤文杰等（2008）
乌金猪	15～30 kg	14.98%	葛长荣等（2008a）
	30～60 kg	13.34%	
	60～100 kg	11.71%	
	30 kg	15.88%	葛长荣等（2008b）
	60 kg	14.13%	
	90 kg	11.42%	
天津白猪（去势公猪与母猪各半）	20～60 kg	16.00%	赵宏志等（2001）
	60～90 kg	13.00%	
家猪与当地野猪杂交后的二代猪	20～70 kg	18.00%	郭洪杞等（2007）
烟台黑猪	35～60 kg	12.45%	郭建凤等（2014）
	60～100 kg	11.95%	
三江白猪	25～40 kg	18.90%	黄大鹏等（2008）
	40～70 kg	17.43%	
	70～90 kg	15.43%	
湘村黑猪（桃源黑猪×杜洛克）	10～30 kg	17.18%	杨永生等（2013）
	30～60 kg	15.84%	
	60～100 kg	13.74%	
长白×大白×北京黑猪	20～35 kg	15.50%	杨立彬等（2002）
	35～60 kg	14.70%	
	60～90 kg	13.30%	
鲁莱配套系	20～50 kg	16.39%	朱绍伟（2009）
	50～80 kg	14.16%	

(续)

品　种	生理阶段	粗蛋白质需要	资料来源
母猪			
桂科母系猪	后备：20～40 kg	16.20%	张家富等（2013）
桂科母系猪	后备：40～70 kg	13.40%	肖正中（2010）
荣昌猪	经产：哺乳 0～21 d	15.20%	龙定彪等（2011）
宁乡猪	2～4 胎次：妊娠 1～80 d	199.56 g/d	董菲等（2010）
	妊娠 81 d 至分娩	241.54 g/d	
	哺乳期（35 d）	537.29 g/d	
乌金猪	妊娠前期	169.51 g/d	黄志秋等（2002）
	妊娠后期	244.10 g/d	
	哺乳期	346.80 g/d	

一、蛋白质需要

（一）仔猪

2000 年以来针对脂肪型仔猪蛋白质需要量的研究尚未见报道，而肉脂型仔猪的研究文献有 2 篇。何若钢等（2009）研究发现，8～30 kg 杜洛克×野猪杂交仔猪在舍饲条件下，饲粮粗蛋白质在 16% 的水平能获得较好的生长性能。崔爽等（2010）以生长性能、腹泻率和蛋白质消化率为评价指标，得到 80～107 日龄的松辽黑仔猪饲粮粗蛋白质水平以 17.7% 为宜。

（二）生长育肥猪

2000 年以来脂肪型猪和肉脂型猪生长育肥阶段蛋白质需要的研究文献共检索到 12 篇，其中脂肪型猪 5 篇（淮猪 1 篇、宁乡猪 1 篇、圩猪 1 篇、乌金猪 2 篇），肉脂型猪 7 篇。目前有关脂肪型生长育肥猪的蛋白质需要量，各研究结果报道不一，可能与猪的品种、评价指标等有关。同一体重阶段比较，脂肪型猪的蛋白质需要量通常比外种猪及肉脂型猪要低。朱建平等（2013）试验表明，饲粮粗蛋白质水平为 13% 即可满足 30～80 kg 淮猪的蛋白质需要。杨小婷（2013）发现，在饲粮消化能水平为 12.77 MJ/kg 时，35～60 kg 圩猪的适宜粗蛋白质水平为 14%。汤文杰等（2008）以养分消化率和氮代谢为评价指标，得到宁乡猪在育肥期的饲粮粗蛋白质适宜水平为 12.91%。葛长荣等（2008a）以无脂瘦肉增重为指标，通过拟合曲线确定乌金猪 15～30 kg、30～60 kg 和 60～100 kg 阶段最佳生长性能所需的饲粮粗蛋白质适宜水平分别为 15.95%、14.30% 和 11.81%；以瘦肉率、背膘厚、眼肌面积为评定指标，通过综合评定确定 30 kg、60 kg 和 100 kg 体重时最优胴体品质适宜的饲粮粗蛋白质水平分别为 16.47%、13.71% 和 10.72%；综合评定无脂瘦肉增重和胴体品质，15～30 kg、30～60 kg 和 60～100 kg

体重阶段乌金猪饲粮粗蛋白质适宜水平分别为 14.98%、13.34%和 11.71%。以大理石纹、剪切力和滴水损失等肉质指标进行评定，得到 30 kg、60 kg 和 100 kg 体重的最优肉品质需要的饲粮粗蛋白质水平分别为 15.88%、14.13%和 11.42%（葛长荣等，2008b）。

目前有关肉脂型生长育肥猪的蛋白质需要量，各试验结果也存在差异，可能与脂肪型猪种自身生长速度的不同或脂肪型猪种所占的血缘比例的不同有关。黄大鹏等（2008）研究发现，三江白猪在 25～40 kg、40～70 kg 和 70～90 kg 阶段获得最佳生长性能的适宜饲粮粗蛋白质水平分别为 18.90%、17.43%和 15.43%。杨永生等（2013）报道，湘村黑猪以生长性能为评价指标，10～30 kg、30～60 kg 和 60～90 kg 体重阶段的适宜饲粮粗蛋白质需要分别为 17.18%、15.84%和 13.74%。杨立彬等（2002）利用超声波估测胴体无脂瘦肉重，间接得到瘦肉生长率，再结合其他参数综合得出，长白×大白×北京黑猪在 20～35 kg、35～60 kg 和 60～90 kg 体重阶段，饲粮粗蛋白质分别以 15.50%、14.70%和 13.30%为宜。赵宏志等（2001）以生长性能指标来评价，建议 20～60 kg 和 60～90 kg 天津白猪的饲粮粗蛋白质适宜水平分别为 16%和 13%。郭洪杞等（2007）发现，铜仁市家猪与当地野猪杂交后的二代猪在 20～70 kg 体重阶段的饲粮粗蛋白质适宜水平为 18%。郭建凤等（2014）以生长性能、胴体性状、肉质性状等指标综合评定，得到 35～60 kg 和 60～100 kg 烟台黑猪对饲粮粗蛋白质的需要量分别为 12.45%和 11.95%。朱绍伟（2009）对鲁莱配套系的研究发现，在 20～50 kg 和 50～80 kg 体重阶段，以生长性能和肉品质来综合评价，其饲粮粗蛋白质适宜水平分别为 16.39%和 14.16%。

（三）种猪

关于 2000 年以来脂肪型猪和肉脂型猪的种猪蛋白质需要研究资料，未检索到种公猪的文献，仅有 5 篇与母猪有关的报道，其中地方母猪 3 篇（荣昌猪、乌金猪、宁乡猪各 1 篇），肉脂型母猪 2 篇。研究发现，桂科母系猪在后备期 20～40 kg 和 40～70 kg 体重阶段的饲粮粗蛋白质适宜水平分别为 16.20%和 13.40%（肖正中，2010；张家富等，2013）。董菲等（2010）试验报道，2～4 胎次宁乡母猪在妊娠 1～80 d、妊娠 81 d 至分娩、哺乳期（35 d）的粗蛋白质适宜摄入量分别为 199.56 g/d、241.54 g/d 和 537.29 g/d。乌金母猪在妊娠前期、后期和哺乳期的粗蛋白质适宜摄入量分别为 169.51 g/d、244.10 g/d 和 346.80 g/d（黄志秋等，2002）。经产荣昌猪泌乳母猪适宜的饲粮粗蛋白质水平为 15.2%（龙定彪等，2011）。

二、氨基酸需要

关于脂肪型猪和肉脂型猪的氨基酸需要研究，目前主要集中于赖氨酸。在检索到的 2000 年以来的 22 篇文献中，19 篇都为赖氨酸需要，3 篇为苏氨酸需要，且主要报道的是总氨基酸或可消化氨基酸的需要量（表 14-3）。本书给出的其他氨基酸营养需要量推荐值主要根据瘦肉型猪的理想氨基酸模式推算得到的，脂肪型猪及其肉脂型猪的氨基酸需要量研究估测的也是如此。

表 14-3 2000 年以来脂肪型猪和肉脂型猪氨基酸需要研究结果汇总

品 种	生理阶段	氨基酸需要（%）	资料来源
仔猪			
75%野猪血缘的特种野猪	10~20 kg	TLys 1.00	黄伟杰等（2011）
鲁莱配套系	8~20 kg	TLys 1.15	朱绍伟等（2009）
大白×长白×北京黑猪	8~20 kg	TLys 1.10~1.20	席鹏彬和郑春田（2003）
杜洛克×鲁烟白（公母各半）	10~20 kg	TLys 1.21 ADLys 1.00	聂昌林等（2013）
长白×荣昌猪	10~20 kg	TDLys 0.71 TLys 0.82	姚焰础等（2004）
鲁农Ⅱ号配套系	10~20 kg	DThr 0.59	翟强等（2011）
生长育肥猪			
烟台黑猪（公母各半）	15~30 kg	DLys 0.85	远德龙等（2015）
	15~30 kg	DLys 0.81 DThr 0.50	姜建阳等（2015）
	15~30 kg	DThr 0.53	孙朋朋等（2015）
湘村黑猪（桃源黑猪×杜洛克）	10~30 kg 30~60 kg 60~100 kg	TLys 0.90 TLys 0.79 TLys 0.68	杨永生等（2013）
鄂清配套系（长白×清平猪）	35~65 kg 65~100 kg	TLys 0.86 TLys 0.76	魏炜（2010）
长白×荣昌猪	20~50 kg 50~80 kg 80~100 kg	TDLys 0.61，Lys 0.70 TDLys 0.56，Lys 0.64 TDLys 0.41，Lys 0.47	杨飞云等（2002）
	25~60 kg	DLys 0.73	邹田德等（2012）
长白×大围子猪	20~38 kg 38~70 kg	TDLys 0.95 TDLys 0.92	黄瑞林等（2005）
长白×撒坝猪	20~60 kg 60~90 kg	ADLys 0.65，TDLys 0.68 ADLys 0.46，TDLys 0.48	张曦等（2005）
豫南黑猪（淮南猪×杜洛克）	30~60 kg 60~90 kg	DLys 0.64 DLys 0.84	常纪亮（2012）
三江白猪	25~40 kg 40~70 kg 70~90 kg	TLys 0.95 TLys 0.85 TLys 0.75	黄大鹏等（2008）
长白×大白×北京黑猪	20~35 kg 35~60 kg 60~90 kg	ADLys 0.77 ADLys 0.71 ADLys 0.61	杨立彬等（2002）

(续)

品　种	生理阶段	氨基酸需要（%）	资料来源
母猪			
荣昌猪	后备：35～55 kg	ADLys 0.43	汪超等（2010）
	经产：哺乳 0～21 d	DLys 0.80	龙定彪等（2011）
渝荣 1 号配套系	初产：妊娠 1～84 d	TDLys 0.69	钟正泽等（2009）

注：T，总；D，可消化；AD，表观可消化；TD，真可消化；Lys，赖氨酸；Thr，苏氨酸。

（一）仔猪

检索到 2000 年以来肉脂型仔猪的氨基酸需要研究文献 6 篇，其中赖氨酸需要 5 篇，苏氨酸需要 1 篇。朱绍伟等（2009）以生长性能和血液生化指标来综合评定，发现鲁莱配套系仔猪在 8～20 kg 体重阶段的饲粮总赖氨酸适宜水平为 1.15%，与席鹏彬和郑春田（2003）对同阶段大白×长白×北京黑猪的试验结果类似。聂昌林等（2013）研究也发现，杜×鲁烟白杂交断奶仔猪在 10～20 kg 体重阶段的饲粮总赖氨酸适宜水平为 1.21%，可消化赖氨酸适宜水平为 1.00%，且性别对可消化赖氨酸需要量无显著影响。然而，不同脂肪型猪种血缘的肉脂型仔猪对赖氨酸的需要量也不尽相同。黄伟杰等（2011）以生长性能和屠宰性能来综合评定，得到 75% 野猪血缘的特种野猪在 10～20 kg 体重阶段的饲粮总赖氨酸适宜水平为 1.00%。姚焰础等（2004）用全胴体法测定了 10～20 kg 长白×荣昌猪杂交猪的赖氨酸沉积量为 5.32 g/d，真可消化赖氨酸需要量为 6.46 g/d，总赖氨酸需要量为 7.47 g/d；按占风干饲粮百分比表示，饲粮真可消化赖氨酸浓度为 0.71%，总赖氨酸浓度为 0.82%。

翟强等（2011）以生长性能和血清生化指标为评价指标，发现 10～20 kg 鲁农Ⅱ号配套系仔猪可消化苏氨酸适宜水平为 0.59%。该数值低于 NRC（2012）的 11～25 kg 仔猪回肠表观可消化苏氨酸 0.67% 的推荐量。

（二）生长育肥猪

检索到 2000 年以来脂肪型猪及其肉脂型猪在生长育肥阶段的氨基酸营养需要研究文献 12 篇，其中脂肪型猪种烟台黑猪 3 篇，有关肉脂型猪 9 篇，其中赖氨酸需要 10 篇，苏氨酸需要 2 篇。

以生长性能、血清生化指标和血清游离氨基酸等指标进行综合评价，烟台黑猪在 15～30 kg 体重阶段的饲粮可消化赖氨酸和苏氨酸的适宜水平分别为 0.81%～0.85% 和 0.50%～0.53%（姜建阳等，2015；孙朋朋等，2015；远德龙等，2015）。

肉脂型猪在生长育肥阶段对赖氨酸的需要量受品种和生理阶段的影响。杨永生等（2013）采用 U8*（8⁵）均匀设计，得到湘村黑猪在 10～30 kg、30～60 kg 和 60～100 kg 体重阶段的饲粮总赖氨酸适宜水平分别为 0.90%、0.79% 和 0.68%。魏炜（2010）对鄂清配套系的研究发现，体重为 35～65 kg 和 65～100 kg 时其饲粮总赖氨酸适宜水平分别为 0.86% 和 0.76%。黄瑞林等（2005）试验发现，20～38 kg 和 38～70 kg 长白×大围子杂交猪的真可消化赖氨酸适宜水平分别为 0.95% 和 0.92%。张曦等（2005）采用实用饲粮研究了长白×撒坝杂交猪在生长期（20～60 kg）和育肥期（60～90 kg）的适宜赖氨酸需要量及基础饲粮中氨基酸消化率。结果表明，在生长期和育肥期饲粮中补充赖氨酸使总赖氨酸水平分别达到 0.75% 和 0.57% 时，猪对基础饲粮赖氨酸的表观回肠消化率和真消化率分别为：生长猪 80.7% 和 85.7%，育肥猪 75.4% 和 80.4%；综合饲养试验和赖氨酸消化率的结果，得到生长育肥猪表观和真可消化赖氨酸适宜水平依次为：生长猪 0.65% 和 0.68%，育肥猪 0.46% 和 0.48%。黄大鹏等（2008）的研究发现，三江白猪在 25～40 kg、40～70 kg 和 70～90 kg 体重阶段的饲粮总赖氨酸需要量分别为 0.95%、0.85% 和 0.75%。杨立彬等（2002）试验表明，长白×大白×北京黑猪在 20～35 kg、35～60 kg 和 60～90 kg 体重阶段的表观可消化赖氨酸需要量分别为 0.77%、0.71% 和 0.61%。此外，估测方法的不同也会影响肉脂型生长育肥猪对赖氨酸的需要量结果。杨飞云等（2002）采用析因法研究了 20～100 kg 长白×荣昌猪杂交猪体蛋白质沉积模型及氨基酸需要量的预测。结果表明，全期胴体无脂瘦肉生长指数为 227 g/d，

体蛋白质沉积模型 $Y (g/d) = 72.211 - 1.5275BW + 0.0648BW^2 - 0.0005BW^3$
$(R^2 = 0.955)$ （式 14 - 7）

真可消化赖氨酸需要模型 $Y (mg/d) = 8665.41 - 183.3BW + 7.7788BW^2 - 0.0612BW^3 + 36BW^{0.75}$ $(R^2 = 0.955)$

（式 14 - 8）

据此模型推算出 20～50 kg、50～80 kg 和 80～100 kg 体重阶段真可消化赖氨酸需要量分别为 9.67 g/d、13.63 g/d 和 11.61 g/d，总赖氨酸需要量为 11.12 g/d、15.76 g/d 和 13.42 g/d；按占风干饲粮的百分比表示，真可消化赖氨酸浓度分别为 0.61%、0.56% 和 0.41%，总赖氨酸浓度分别为 0.70%、0.64% 和 0.47%。而邹田德等（2012）采用饲养试验综合评定生长性能和胴体品质，得到长白×荣昌猪杂交猪在 25～60 kg 体重阶段的饲粮可消化赖氨酸适宜水平为 0.73%。

肉脂型生长育肥猪的赖氨酸需要量受饲粮纤维含量的影响。常纪亮（2012）研究发现，当饲粮粗纤维水平不同时，赖氨酸水平对 30～60 kg 豫南黑猪（淮南猪×杜洛克）生长性能的影响不同；饲粮粗纤维为 4.0% 时，赖氨酸水平以 0.64% 为宜；饲粮粗纤维 5.5% 时，赖氨酸水平为 0.64% 时的料重比最低，而日增重在赖氨酸水平 0.74% 时最高；饲粮粗纤维为 7.0% 时，日增重和料重比在赖氨酸水平 0.74% 时为宜。因此，猪对赖氨酸的需要量与饲粮粗纤维水平呈正相关。此外，该研究还得到饲粮粗纤维水平为 5.5% 时，60～90 kg 豫南黑猪可消化赖氨酸的适宜需要量为 0.84%。

检索到 2000 年以来肉脂型生长育肥猪饲粮理想氨基酸模式的研究文献 2 篇，而脂肪型猪的研究迄今尚未见报道。张曦等（2005）试验发现，长白×撒坝杂交猪饲粮赖氨酸：含硫氨基酸：苏氨酸：色氨酸模式为生长期（20～60 kg）100：60：65：18，育肥期（60～90 kg）100：65：71：21。张克英等（2001）采用 N 平衡试验研究了雅南猪和大长猪的理想氨基酸模式。结果发现，饲粮可消化氨基酸平衡模式因猪的品种不同而异，雅南猪赖氨酸：蛋氨酸+胱氨酸：苏氨酸：色氨酸模式为 100：78：76：21，与外种猪比，其需要更高比例的蛋氨酸+胱氨酸、苏氨酸和色氨酸。

（三）种猪

检索到 2000 年以来地方母猪氨基酸营养需要的研究文献有 3 篇。汪超等（2010）

试验发现，35~55 kg 后备荣昌猪母猪饲粮表观可消化赖氨酸的适宜水平为 0.43%。龙定彪等（2011）发现，荣昌猪泌乳母猪饲粮适宜的可消化赖氨酸水平为 0.80%。钟正泽等（2009）采取饱和 D-最优回归设计，推荐渝荣 1 号配套系初产母猪妊娠前期（1~84 d）的真可消化赖氨酸需要量为 0.69%。

第三节 粗 纤 维

饲粮纤维对猪的营养效应有正负两方面，表现为营养作用、非营养作用和抗营养作用，作用机理比较复杂。饲粮纤维的作用受饲粮养分组成及水平、饲粮纤维来源及水平和动物种类及生长阶段的影响很大，很难找到统一的规律。一般来说，我国脂肪型猪种都具有耐粗饲的特性，对粗纤维具有较强的降解消化能力，这已在体内外试验上得到证实（胥清富等，1999；王诚等，2011；孙金艳等，2012）。取荣昌猪盲肠内容物上清液进行体外培养，发现荣昌猪盲肠微生物有较强的消化粗纤维的能力（胥清富等，1999）。孙金艳等（2012）研究了不同粗纤维水平对野猪和家猪杂交猪 F_1 生产性能的影响，发现饲喂含 8.71%粗纤维的饲粮比饲喂含 4.53%粗纤维的饲粮，猪日增重还更高，说明野猪和家猪杂交猪 F_1 肠道对粗纤维有很强的消化利用能力。这可能与脂肪型猪种的特殊消化生理功能有关。宋青龙（2004）也发现，野猪对高纤维饲粮中的粗纤维、粗脂肪和粗灰分的消化率显著高于长白猪。进一步对纯种野猪与长白猪的消化系统与消化机能的比较试验发现，野猪的消化道主要器官（胃、小肠、大肠、肝脏和胰脏）的相对长度或相对重量均高于长白猪；且在胃、肠的微观结构中，与消化有关的胃底腺黏膜面积、胃底腺密度、空肠绒毛密度、空肠肠腺高度、结肠肠腺密度和高度、空肠绒毛柱状细胞、结肠肠腺杯状细胞和柱状细胞方面，野猪也要优于长白猪（宋青龙，2004）。迄今检索到的 2000 年以来脂肪型猪粗纤维营养需要研究的文献共有 11 篇（表 14-4）。

表 14-4 2000 年以来脂肪型猪和肉脂型猪粗纤维需要量研究结果汇总

品 种	生理阶段	粗纤维需要（%）	资料来源
仔猪			
杜洛克×长白×嘉兴猪	10~30 kg	CF 6.00	杨玉芬等（2003）
长白×施格猪	3.5~15 kg	CF 5.30	李雁冰等（2006）
生长育肥猪			
烟台黑猪	35~75 kg 75~95 kg	CF 10.00 CF 12.00	郭建凤等（2015）
淮猪	50~80 kg	CF 8.60	姜建兵等（2013） 戎婧（2012）
莱芜猪 大白×莱芜猪 大白×大白×莱芜猪	4 月龄阉猪	CF 6.00 NDF 28.00 ADF 8.06	王诚等（2011） 王彦平等（2011）

(续)

品　种	生理阶段	粗纤维需要（%）	资料来源
生长育肥猪			
圩猪	35～60 kg 60～80 kg	CF 5.80 CF 6.72	杨小婷（2013）
杜洛克×长白×嘉兴猪	30～90 kg	CF 6.00	杨玉芬等（2002）
母猪			
青海八眉二元猪	妊娠 1～30 d 妊娠 31～85 d	CF 11.02 CF 9.26	梁晓兵（2014）
松辽黑猪	妊娠期	CF 7.20	赵金波（2013）

一、仔猪

杨玉芬（2001）分别收集仔猪、生长猪和育肥猪的新鲜粪样作为菌源，对 9 种饲料原料的不溶性纤维进行发酵，测定 6 h、12 h 和 24 h 的发酵率。结果表明，每种纤维在 6 h 和 12 h 的发酵率相近，到 24 h 的发酵率显著升高；且仔猪在 6 h 和 12 h 对纤维的发酵率与生长猪和育肥猪相近，在 24 h 对纤维的发酵率高于生长猪和育肥猪，说明仔猪具有相当强的利用纤维的能力。同时，饲粮纤维对仔猪具有特殊的营养生理作用，仔猪饲粮中适当提高粗纤维含量对生长性能没有负面影响，且可以有效地防止仔猪腹泻，促进仔猪消化道发育和增强仔猪健康（杨玉芬等，2003；李雁冰等，2006）。将长白×施格杂交仔猪饲粮中粗纤维含量由 2.8% 提高到 5.3%，对日增重、日采食量和饲料转化率没有不利影响，且能有效地防止仔猪腹泻，显著提高断奶后 25 d 的增重（李雁冰等，2006）。杨玉芬等（2003）也发现，以甜菜渣和苜蓿草粉作为饲粮纤维的主要来源，将杜洛克×长白×嘉兴三元杂交仔猪饲粮中粗纤维含量由 3% 提高到 6%，对生长性能没有产生不利的影响，且有效地降低了腹泻率；但提高仔猪饲粮纤维含量，显著降低了干物质、能量和蛋白质的消化率，显著提高了中性洗涤纤维和酸性洗涤纤维的消化率。

二、生长育肥猪

王诚等（2011）、王彦平等（2011）采用全收集粪尿和回肠瘘管法研究了饲粮粗纤维水平（3%、6%、9% 和 12%）和不同杂交组合猪（莱芜猪：100% 莱芜猪血缘；大莱杂交猪：50% 莱芜猪血缘；大大莱杂交猪：25% 莱芜猪血缘；大约克：无莱芜猪血缘）对氮代谢和回肠后段营养物质表观消化率的影响。结果发现，饲粮粗纤维水平对 4 月龄不同品种及杂交猪采食量和粪氮排放影响显著，且不同品种和杂交猪对氮利用率不同；饲粮纤维水平对营养物质消化吸收具有正负两方面的效应，粗纤维含量在 3%～6% 范围内可促进营养物质吸收，超过 6% 则抑制营养物质的消化吸收，建议猪饲粮粗纤维的适宜水平为 6%，此时中性洗涤纤维含量为 28%，酸性洗涤纤维含量为 8.06%；此外，不同品种猪对饲粮粗纤维的消化率不同，中性洗涤纤维在小肠内可以有效分解，莱芜猪具有耐粗饲的品种特性。庞华静等（2012）以烟台黑猪和鲁农 2 号猪为研究对象，发现添加 10%的纤维性饲料对鲁农 2 号猪养分消化率和氮平衡的影响幅度大于烟台黑猪；而且，添加 10%地瓜蔓组显著降低两个品种猪养分消化率和氮平衡，而 10%大豆皮组则影响不显著。以上结果说明，不同品种猪对同一来源的纤维类物质的消化率存在差异，且同一品种对不同来源的纤维类物质的消化率也不同。

关于脂肪型猪和肉脂型猪粗纤维适宜需要量的研究，各试验报道不一，这可能与脂肪型猪种对粗纤维消化利用能力的不同有关。郭建凤等（2015）根据生长性能和肉品质指标综合评价得出，烟台黑猪在 35～75 kg 和 75～95 kg 体重阶段的饲粮粗纤维适宜水平分别为 10%和 12%。姜建兵等（2013）、戎婧（2012）综合考虑生长性能、屠宰性能和肉质指标，建议育肥期淮猪饲粮适宜的粗纤维水平为 8.6%。而杨小婷（2013）根据生长性能、血液生化指标和肉质指标综合评定，得到圩猪在 35～60 kg 和 60～80 kg 体重阶段的饲粮粗纤维以 5.80%和 6.72%为宜。王诚等（2011）以养分消化率和氮代谢为评价指标，发现莱芜猪及其不同杂交猪对饲粮粗纤维适宜水平为 6%，这与杨玉芬等（2002）对杜洛克×长白×嘉兴三元杂交猪的研究结果相同。

三、种猪

饲粮纤维对动物生产性能及健康状况有着不可忽视的作用，特别是对于母猪，饲粮纤维更为重要，适宜的纤维含量不仅降低了饲料成本，而且还能控制母猪的体况和膘情，提高母猪产仔数，防止滑胎以及流产等（余苗和高凤仙，2013）。赵金波（2013）以苜蓿草粉为纤维来源，通过饲喂高纤维含量（7.2%）的饲粮，研究饲粮纤维对松辽黑猪母猪繁殖性能的影响。结果发现，采食高纤维饲粮对妊娠期母猪繁殖体况影响不明显，但可明显提高仔猪总产仔数、哺乳期成活率和窝重，改善母猪养分代谢和激素水平。梁晓兵（2014）也发现，青海八眉二元母猪妊娠饲粮中添加适宜比例的燕麦青干草粉，对母猪的繁殖性能、血清生化及激素指标、行为和初生仔猪器官及肌纤维的发育，都有不同程度的改善，尤其以中纤维组效果最好，建议母猪饲粮中妊娠前期适宜的粗纤维水平为 11.02%（1.7 kg 精饲料＋0.6 kg 燕麦青干草粉），妊娠中期为 9.26%（2.1 kg 精饲料＋0.5 kg 燕麦青干草粉）。

母猪饲粮中适量添加纤维可起到改善健康和繁殖性能的作用，但在实际生产中应用还应注意以下几个方面：①当饲粮中纤维含量升高时，会使其他营养物质（如干物质、蛋白质以及能量）的消化率下降，而不同来源的饲粮纤维的影响效果不尽相同，因而在配制母猪饲粮时需要综合考虑各种变化因素；②母猪采食高纤维饲粮时，需提供更多的饲粮采食时间；③当母猪采食高纤维饲粮时，应满足其对能量的需求量；④由于动物采食纤维会导致体增热增加，在高温季节应减少纤维原料用量；⑤必须掌握各纤维原料的营养成分，以保证配方合理且采食量适宜；⑥确定不同来源纤维饲粮的适宜添加水平。

第四节 矿 物 质

检索到 1991 年以来脂肪型猪和肉脂型猪矿物质营养需要的研究文献共有 8 篇，涉及钙、磷、锌、铁、锰和硒（表 14-5），其中脂肪型猪（荣昌猪和内江猪）的文献仅有 2 篇。江山等（2015）研究发现，荣昌猪母猪在妊娠 60～110 d 的饲粮钙、磷适宜水平分别为 0.80% 和 0.65%，在妊娠 110 d 至泌乳 21 d 的饲粮钙和磷适宜水平分别为 0.82% 和 0.66%。曾其恒（2008）以获得最佳的骨骼生长与矿化来评价，发现含 50% 血源的野猪在 7～30 kg 阶段的饲粮磷需要量为 0.60%、钙磷比为 1.25:1。杨永生等（2013）试验发现，以生长性能为评价指标时，湘村黑猪（桃源黑猪×杜洛克猪）在 10～30 kg、30～60 kg 和 60～90 kg 体重阶段的饲粮磷需要量分别为 0.56%、0.52% 和 0.47%。麦麸含有活性较高的植酸酶，可改善植酸磷的利用，达到与添加微生物植酸酶和无机磷相似的效果。罗从彦等（2004）发现，含 15% 麦麸低磷植物性饲粮中以磷酸氢钙形式添加 0.10% 的无机磷，使其总磷水平达 0.47% 左右时，长白×雅南杂交猪（18～50 kg）的生长性能最佳；以生长性能为衡量指标，生长猪植物性饲粮中加入 15% 麦麸可以减少大约 0.16% 无机磷的添加。因此，含麦麸的植物性饲粮具有节约无机磷的作用。

表 14-5 1991 年以来脂肪型猪和肉脂型猪矿物质营养需要研究结果汇总

矿物质	品种	生理阶段	矿物质需要	资料来源
钙	荣昌猪母猪	妊娠 60～110 d	0.80%	江山等（2015）
		妊娠 110 d 至泌乳 21 d	0.82%	
	50%血源野猪	7～30 kg	0.75%	曾其恒（2008）
磷	荣昌猪母猪	妊娠 60～110 d	0.65%	江山等（2015）
		妊娠 110 d 至泌乳 21 d	0.66%	
	湘村黑猪	10～30 kg	0.56%	杨永生等（2013）
		30～60 kg	0.52%	
		60～90 kg	0.47%	
	50%血源野猪	7～30 kg	0.60%	曾其恒（2008）
	长白×雅南	18～50 kg	0.47%	罗从彦等（2004）
铁	50%血源野猪	8～35 kg	179 mg/kg	潘晓（2008）
锰	50%血源野猪	8～35 kg	50 mg/kg	潘晓（2008）
锌	约克夏×长白×通城猪	20～60 kg	60 mg/kg	艾地云和魏继文（1996）
		60～90 kg	50 mg/kg	
硒	杜洛克×内江猪 杜洛克×长白×内江猪	10～50 kg	0.32 mg/kg	王康宁等（1991）
	内江猪	10～50 kg	0.22 mg/kg	
	以上三种杂交猪	50～90 kg	0.12 mg/kg	
	大白×北京花猪	15～60 kg	0.45 mg/kg	张巧娥等（2003）

潘晓（2008）研究了含 50% 血源野猪在 8～35 kg 体重阶段的饲粮锰和铁的需要量，发现基础饲粮（含锰 19.14 mg/kg）中以硫酸锰形式添加的锰适宜量为 30 mg/kg，推算得到 50% 血源野猪对锰的需要量约 50 mg/kg；基础饲粮（含铁水平 38.73 mg/kg）

中以硫酸亚铁形式添加的铁适宜量为每千克 140 mg，推算得到 50% 血源野猪对铁的需要量约 179 mg/kg。这些数值都远远高于《猪饲养标准》（NY/T 65—2004）肉脂型生长育肥猪的锰和铁推荐量。艾地云和魏继文（1996）试验发现，约×长×通城猪三元杂交猪在生长期（20～60 kg）饲粮中的锌含量以 60 mg/kg 为宜、育肥期（60～90 kg）饲粮锌水平以 50 mg/kg 为宜，该数值与美国 NRC（2012）的推荐值类似，但比《猪饲养标准》（NY/T 65—2004）肉脂型猪 15～30 kg 体重阶段的推荐量（70～75 mg/kg）低，比肉脂型猪 30～60 kg（50～55 mg/kg）和 60～90 kg（40～45 mg/kg）体重阶段的推荐量高。

王康宁等（1991）研究了饲粮硒水平对内江猪及其杂交猪生长性能、血浆谷胱甘肽过氧化物酶活性（GSH-Px）和组织硒含量的影响。结果发现，每千克饲粮含 0.22 mg 硒组产生严重缺硒症，死亡率达 25%～42%，日增重和饲料转化效率显著低于补硒组；GSH-Px 活性和组织硒含量与饲粮硒水平呈显著正相关；以 GSH-Px 活性作为评价指标，推荐 10～50 kg 杜洛克×内江猪和杜洛克×长白×内江猪实用饲粮硒的适宜量为 0.32 mg/kg，内江猪为 0.22 mg/kg，以上三种杂交猪在 50～90 kg 的育肥期饲粮中硒的适宜量则为 0.12 mg/kg。然而，张巧娥等（2003）以猪瘟抗体水平和淋巴细胞转化率最高、仔猪发病率最低来评价，发现大白×北京花猪在 15～60 kg 体重阶段的实用饲粮硒的适宜量为 0.45 mg/kg。

参考文献

艾地云，魏继文，1996. 生长育肥猪锌需要量的研究 [J]. 饲料工业，17 (5)：16-19.
常纪亮，2012. 不同粗纤维和赖氨酸水平对豫南黑猪育肥效果研究 [D]. 郑州：河南农业大学.
崔爽，赵晓东，李娜，等，2010. 日粮蛋白质水平对松辽黑仔猪生长性能的影响 [J]. 吉林畜牧兽医，1：10-13.
董菲，朱吉，李述平，等，2010. 宁乡母猪营养需要研究 [J]. 养猪（2）：5-8.
葛长荣，赵素梅，张曦，等，2008a. 不同日粮蛋白质水平对乌金猪生长性能和胴体品质的影响 [J]. 畜牧兽医学报，39 (11)：1499-1509.
葛长荣，赵素梅，张曦，等，2008b. 不同日粮蛋白质水平对乌金猪肉品质的影响 [J]. 畜牧兽医学报，39 (12)：1692-1700.
郭洪杞，向素芬，王文强，等，2007. 不同饲粮含量对杂交野猪生长及胴体品质的影响 [J]. 畜牧与兽医，39 (8)：41-44.
郭建凤，刘雪萍，王彦平，等，2014. 不同粗蛋白质水平饲粮对烟台黑猪生长育肥性能及胴体肉品质的影响 [J]. 养猪（3）：41-44.
郭建凤，刘雪萍，王彦平，等，2015. 不同粗纤维水平饲粮对烟台黑猪育肥性能及胴体肉品质的影响 [J]. 养猪（2）：49-53.
国家畜禽遗传资源委员会，2011. 中国畜禽遗传资源志 猪志 [M]. 北京：中国农业出版社.
何若钢，齐俊勇，李秀宝，等，2009. 不同日粮能量和蛋白水平对特种野猪的表观消化率和生长性能的影响 [J]. 畜牧与兽医，41 (9)：5-9.
何若钢，言稳，刘丁健，等，2011. 特种野母猪适宜日粮结构与能量水平的研究 [J]. 饲料工业（21）：60-64.

第十四章　脂肪型猪和肉脂型猪的营养需要

黄大鹏，郑本艳，张金良，等，2008. 营养水平对不同生长阶段三江白猪生长性能的影响［J］. 动物营养学报，20（1）：85-91.

黄萍，杨飞云，周晓容，等，2005. 长×荣生长育肥猪能量需要量研究［J］. 饲料工业（13）：11-14.

黄瑞林，陈永丰，印遇龙，等，2005. 土杂猪对真可消化赖氨酸需要量的研究［J］. 广西农业生物科学，24（3）：241-245.

黄伟杰，何若钢，李秀宝，等，2011. 不同能量、赖氨酸水平对特种野猪生产性能和屠宰性能的影响［J］. 饲料工业（11）：50-52.

黄志秋，何学谦，吉牛拉热，等，2002. 不同营养水平对母猪繁殖性能的影响［J］. 中国畜牧杂志，38（2）：35-36.

江碧波，禹琪芳，姚爽，等，2014. 2种方法估计10～20kg湘村黑猪能量需要量［J］. 动物营养学报，8：2335-2341.

江山，黄金秀，肖融，2015. 荣昌猪母猪钙、磷适宜需要量研究与应用［J］. 畜禽业（1）：18-20.

姜建兵，戎婧，朱建平，等，2013. 日粮粗纤维水平对育肥淮猪猪肉常规化学组成及脂肪酸含量的影响［J］. 粮食与饲料工业（11）：55-58.

姜建阳，远德龙，朱绍伟，等，2015. 低蛋白日粮添加合成氨基酸对鲁莱生长猪氮平衡和氨基酸消化率的影响［J］. 中国畜牧杂志，19：29-33.

李雁冰，张敏，沈桃花，2006. 高纤维日粮对仔猪营养性腹泻及生产性能的影响［J］. 饲料工业（5）：28-30.

梁晓兵，2014. 日粮中添加燕麦青干草粉对青海八眉二元母猪繁殖性能的影响研究［D］. 西宁：青海大学.

刘占俊，杨正德，王嘉福，等，2011. 可乐×大约克后备母猪能量代谢与沉积规律［J］. 贵州农业科学，8：128-131.

刘忠敏，邹成义，周梅卿，2001. 四川白猪Ⅰ系初产妊娠母猪能量需要参数的探讨［J］. 四川畜牧兽医，6：19-20.

龙定彪，汪超，刘作华，等，2011. 荣昌猪哺乳母猪Dlys适宜水平的研究［J］. 饲料工业，17：30-32.

罗从彦，周安国，韩延明，2004. 麦麸饲粮添加无机磷对生长猪生产性能和养分消化率的影响［J］. 动物营养学报，16（3）：50-56.

聂昌林，姜建阳，韩先杰，等，2013. 杜洛克与鲁烟白杂交断奶仔猪对可消化赖氨酸的需要量［J］. 动物营养学报，7：1617-1623.

潘天彪，张家富，肖正中，等，2010. 不同能量、蛋白对桂科母系猪生长性能及血液生化指标的影响［J］. 黑龙江畜牧兽医（19）：71-72.

潘晓，2008. 特种野猪日粮硫酸锰、硫酸亚铁适宜添加量的研究［D］. 南宁：广西大学.

庞华静，宋春阳，倪良振，等，2012. 日粮纤维对烟台黑猪及其杂交配套系养分消化率和氮平衡的影响［J］. 中国饲料（10）：21-23，26.

戎婧，2012. 日粮纤维水平对育肥淮猪生产性能和肉品质的影响［D］. 扬州：扬州大学.

宋青龙，2004. 野猪与家猪消化系统及消化机能比较［D］. 长春：吉林农业大学.

孙金艳，彭福刚，李忠秋，等，2012. 不同粗纤维水平对野家杂交猪F_1生产性能的影响［J］. 黑龙江农业科学（10）：74-75.

孙朋朋，姜建阳，韩先杰，等，2015. 15～30kg烟台黑猪可消化苏氨酸需要量的研究［J］. 中国畜牧杂志，13：43-48.

汤文杰，孔祥峰，刘志强，等，2008. 日粮不同蛋白质水平对育肥宁乡猪养分消化率和氮能代谢的影响 [J]. 动物营养学报，20（4）：458-462.

汪超，龙定彪，刘雪芹，等，2010. 后备荣昌母猪适宜消化能和赖氨酸需要量研究 [J]. 中国畜牧杂志，21：33-37.

王诚，王文亭，李福昌，2011. 日粮粗纤维水平对莱芜猪及其杂交猪氮代谢及营养物质消化率的影响 [J]. 山东农业大学学报（自然科学版），42（3）：422-427.

王康宁，王兴佳，杨凤，1991. 饲粮硒水平对内江及其杂交猪生长、血浆谷胱甘肽过氧化物酶活性和组织硒含量的影响 [J]. 四川农业大学学报，4：485-494.

王彦平，王诚，张印，等，2011. 日粮粗纤维水平和猪品种对氮代谢的影响 [J]. 黑龙江畜牧兽医（11）：57-59.

魏炜，2010. 长白与新清平杂交商品猪适宜赖氨酸和消化能水平的研究 [D]. 武汉：华中农业大学.

吴德，2003. 营养水平对妊娠和非妊娠母猪生产成绩及蛋白质代谢的影响 [D]. 雅安：四川农业大学.

席鹏彬，郑春田，2003. 赖氨酸水平对仔猪生长表现、血清尿素氮及游离赖氨酸浓度的影响 [J]. 养猪，（5）：1-3.

肖正中，2010. 日粮不同能量蛋白水平对桂科母系后备母猪生产性能及激素变化的影响 [D]. 南宁：广西大学.

胥清富，孙镇平，杨建生，等，1999. 荣昌猪盲肠微生物消化粗纤维的体外试验研究 [J]. 扬州大学学报（自然科学版），2（3）：31-35.

杨飞云，2002. 长白×荣昌杂交猪体蛋白沉积模型及氨基酸需要量的预测 [D]. 雅安：四川农业大学.

杨立彬，李德发，谯仕彦，等，2002. 饲粮不同营养水平对20～90kg猪生长育肥性能及胴体品质的影响 [J]. 中国畜牧杂志，3：23-25.

杨小婷，2013. 饲粮蛋白、能量和纤维水平对圩猪生产性能、肉质和血清生化指标的影响 [D]. 合肥：安徽农业大学.

杨永生，谢红兵，刘丽莉，等，2013. 湘村黑猪各阶段营养需求参数研究 [J]. 畜牧兽医学报，44（9）：1400-1410.

杨玉芬，2001. 日粮纤维对于猪不同生长阶段消化生理和生产性能影响的研究 [D]. 呼和浩特：内蒙古农业大学.

杨玉芬，卢德勋，许梓荣，2003. 日粮纤维对仔猪生产性能和养分消化率影响的研究 [J]. 江西农业大学学报，25（2）：299-303.

杨玉芬，卢德勋，许梓荣，等，2002. 日粮纤维对育肥猪消化道发育和消化酶活性的影响 [J]. 江西农业大学学报（自然科学版），24（5）：578-582.

姚焰础，刘作华，宋代军，等，2004. 长×荣二元杂交仔猪的氨基酸需要量预测 [J]. 饲料工业（4）：14-18.

余苗，高凤仙，2013. 日粮纤维的营养生理作用及其对母猪的影响 [J]. 中国饲料，14：7-10.

远德龙，姜建阳，韩先杰，等，2015. 15～30kg烟台黑猪可消化赖氨酸需要量的研究 [J]. 中国畜牧杂志，51（7）：59-64.

曾其恒，2008. 不同磷水平与钙磷比例对特种野猪生产性能、胴体品质、血液指标的影响研究 [D]. 南宁：广西大学.

翟强，姜建阳，韩先杰，等，2011. 鲁农Ⅱ号配套系断奶仔猪可消化苏氨酸需要量的研究 [J]. 养猪（1）：25-26.

张慧君，杨正德，王嘉福，等，2011. 可乐×大约克生长育肥猪的能量代谢与沉积规律 [J]. 贵州农业科学 (9)：130-133.

张家富，肖正中，罗丽萍，等，2013. 不同营养水平对 20～40kg 桂科母系猪生长性能及血液生化指标的影响 [J]. 养猪 (3)：84-85.

张克英，陈代文，王建明，2001. 不同基因型生长育肥猪可消化赖、蛋+胱、苏、色氨酸平衡模式研究 [J]. 动物营养学报，13 (1)：31-35.

张巧娥，顾亚玲，杨库，等，2003. 不同硒水平对生长育肥猪血液生化指标的影响 [J]. 畜牧与兽医，35 (10)：16-19.

张曦，戴志明，陈克嶙，等，2005. 生长育肥猪可消化赖氨酸适宜需要量试验研究 [J]. 云南农业大学学报，20 (3)：405-409.

赵宏志，韩玉环，周双海，等，2001. 天津白猪生长育肥期饲粮适宜能量蛋白质水平的研究 [J]. 养猪 (3)：15-18.

赵金波，2013. 日粮纤维对妊娠期宋辽母猪繁殖性能影响机制的研究 [D]. 长春：吉林农业大学.

钟正泽，江山，肖融，等，2009. 初产母猪妊娠前期能量和赖氨酸的适宜需要量 [J]. 动物营养学报，5：625-633.

朱建平，2013. 淮猪生长育肥期日粮粗蛋白质需要量初步研究 [D]. 扬州：扬州大学.

朱绍伟，宋春阳，林宗强，等，2009. 鲁莱配套系断奶仔猪对赖氨酸需要量的研究 [J]. 饲料工业，30 (11)：7-9.

邹田德，毛湘冰，余冰，等，2012. 饲粮消化能和可消化赖氨酸水平对长荣杂交生长猪生长性能及胴体品质的影响 [J]. 动物营养学报，24 (12)：2498-2506.

NRC，2012. Nutrient requirements of swine [S]. 11th ed. Washington, DC：National Academy Press.

Zhang X, Zhao S, Ge C, et al, 2008a. Effects of dietary digestible energy levels on meat quality in Wujin pig [J]. Chinese Journal of Animal Nutrition，20 (4)：377-387.

Zhang X, Zhao S, Ge C, et al, 2008b. Effects of dietary energy levels on growth performance and carcass composition of Wujin pigs [J]. Chinese Journal of Animal Nutrition，20 (5)：489-500.

第十五章
猪饲料营养价值评定方法新进展

近20年来,随着饲料科学、动物机体代谢、营养转化机理等研究的不断深入,以及仪器、检测技术研究的不断创新与突破,人们对饲料内在特性的研究与评价更加精细,构建了更为系统的饲料营养价值评定体系。例如,饲料常规成分或概略养分的分析从过去的5大项拓展到现在的10多项,增加了中性洗涤纤维(NDF)、酸性洗涤纤维(ADF)、酸性洗涤木质素(ADL)、可溶性纤维(SF)、不溶性纤维(IF)、淀粉(ST)和游离糖(SU)等。其中,猪饲料有效养分的价值评定发展更加迅速,呈现出系统精细化的特点。主要体现为以下几个方面:①在猪用饲料的有效能值评价指标与评价方法上,不仅开展了猪饲料净能值的测定研究,而且通过化学成分法建立间接预测净能值的数学模型,以及通过近红外分析技术(NIR)估测饲料的有效能值等;②在饲料氨基酸生物学效价的评定方面,从20世纪90年代提出的氨基酸表观回肠消化率(AID)及真回肠消化率(TID)体系,逐步发展到世界同行普遍认同的标准回肠消化率(SID)体系,并且代表不同国家的研究机构或组织发布了一些常用猪饲料原料的SID数据,总体上数据的一致性较好;③在饲料中矿物质元素的效价评定方面,主要侧重于饲料中磷、钙,尤其是磷元素的生物学效价的评定。主要原因在所有矿物质元素中,磷、钙元素的需要量或添加量最大,而天然饲料中含有一定的钙和磷,利用不当,本底资源不仅得不到合理利用,还会造成环境污染,特别是磷的污染。因此,本章也对磷的利用率的评定方法进展做了介绍;④国内外已广泛利用NIR技术评价猪禽饲料营养价值(化学成分含量及有效养分)及饲料有害有毒成分。本章针对NIR技术进行了较为全面的总结,凸显了NIR技术已经或将成为一种快速、间接的饲料营养价值评定方法,具有广阔的发展前景。同时,本章还讨论了NRC(2012)饲料成分和营养价值数据的变化,以及本书所给出的89个饲料原料概略养分和营养价值数据的依据。

第一节 猪饲料营养价值评定研究进展

一、概略养分及碳水化合物评定进展

目前,概略养分的测定仍然沿用1864年提出的概略养分分析方案。随着粗纤维在母猪营养上研究的不断深入,NDF和ADF被更多地用作母猪纤维营养研究的指标(刘

慧芳，2006），我国这方面的研究还较少。

NRC（2012）配套的饲料营养成分表中，概略养分评价体系增加了酸乙醚浸出物（acid ether extract，AEE）指标，并提供了 30 种饲料的该指标的数值。目前有关该指标的具体含义或者萃取的物质与粗脂肪是什么关系尚不得而知，而从公布的数据分析发现，该指标与粗脂肪指标没有数量上的关联。AEE 含量丰富的饲料主要有喷雾干燥鸡蛋粉、玉米胚芽、鸡肉副产品、鸡肉粉及全脂大豆等。

NRC（1998）在饲料原料成分表中仅给出了 55 种饲料的 NDF 和 ADF 分析值，但在 NRC（2012）中，大幅度增加了碳水化合物（CHO）的评定指标，除 NDF 及 ADF 外，新增了乳糖、蔗糖、棉籽糖、水苏糖、毛蕊花糖及低聚糖 6 种糖，以及淀粉多糖（ST）、半纤维素（HC）、酸性洗涤木质素（ADL）、总膳食纤维（TDF）、不溶性膳食纤维（ISDF）及可溶性膳食纤维（SDF）等。尽管增加了多项 CHO 指标，但能给出的数据集中在 ST、NDF、ADF、ADL 及 TDF 等指标上。即便如此，就评定指标体系的系统性而言无疑向前迈进了一大步。图 15-1 给出了基于目前的 CHO 分析方法对饲粮中碳水化合物分类的指标体系，增强了对整个碳水化合物中不同组分之间关系的可视化理解。

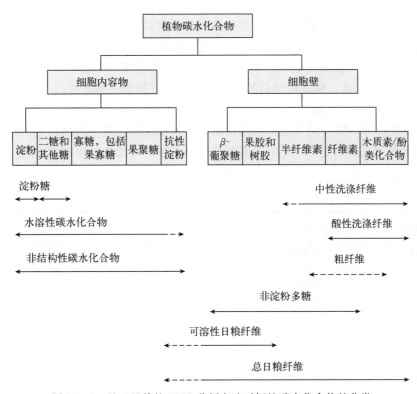

图 15-1 基于目前的 CHO 分析方法对饲粮碳水化合物的分类

在图 15-1 所示纤维性指标中，作为化学重量分析法的洗涤纤维分析法，将非淀粉多糖分为 NDF、ADF 及木质素。ADF 与木质素的含量之差为纤维素的含量，NDF 与 ADF 的含量之差就是半纤维素（HC）的含量。由于饲料中 NDF 和 ADF 的含量比较稳定，测定的可重复性好，因此，在反刍动物和单胃动物基于概略养分预测饲料能值的模型中，NDF 和 ADF 均被作为预测因子。但该方法不能回收可溶的膳食纤维成分如果胶、树胶和 β-葡聚糖，所以不能准确地估计饲料原料中纤维性成分的含量（NRC，2012）。

其次，总饲粮纤维也叫总膳食纤维（TDF），对其分析可以克服洗涤纤维法中的一些局限性，可以将所有的纤维成分进行定量分析，还将纤维分为可溶性膳食纤维及不溶性膳食纤维两部分（AOAC，2007）。但该成分分析方法主要局限性是结果的重现性差，目前在相关营养研究实验室尚未得到广泛应用（NRC，2012）。本书在饲料成分与营养价值表中也列出了部分饲料原料的 AEE、TDF、IDF 和 SDF。

二、有效能值评价进展

饲料根据动物能量利用的不同阶段体现不同的能量价值，包括消化能（DE）、代谢能（ME）和净能（NE），而净能体系提供的能量最接近于饲料真实能值，也更能准确地预测猪的生产性能（王康宁，2010）。

净能是最接近真实的动物维持和生产所需的能量，与动物的生长和生产紧密相关。与消化能和代谢能体系相比，猪的净能体系在预测生产性能、优化饲粮结构、降低生产成本甚至环境保护等方面优势明显。然而，目前饲料净能值数据的稀缺以及过于依赖预测模型等问题，突显了当前能量代谢基础研究非常薄弱的现实，使净能体系只能停留在理论层面而无法真正应用到生产实践中。因此，探索猪能量代谢规律、夯实净能理论基础以及改进饲料净能值测定技术，将是今后净能体系构建中需要关注的重点（熊本海等，2012）。尽管如此，猪常用饲料的净能评价依然取得了一些进展。

Sauvant 等（2004）指出，采用消化能或代谢能配制低蛋白质饲粮容易导致生长育肥猪胴体变肥的原因是，消化能体系或代谢能体系往往都高估了蛋白质类或纤维类饲料原料的能量利用率，如表 15-1 中的大豆粕和小麦麸；而低估了淀粉类或脂肪类饲料原料的能量利用率，如表 15-1 中的玉米和动物油。

表 15-1 生长猪饲料原料的相对消化能、代谢能和净能值

饲料原料	饲料类别	消化能	代谢能	净 能
动物油	脂肪类	2.43	2.52	3.00
玉米	淀粉类	1.03	1.05	1.12
小麦	淀粉类	1.01	1.02	1.06
大麦	淀粉类	0.94	0.94	0.96
参考饲粮	—	1	1	1
豌豆	蛋白质类	1.01	1.00	0.98
全脂大豆	蛋白质类	1.16	1.13	1.08
大豆粕	蛋白质类	1.07	1.02	0.82
菜籽粕	蛋白质类	0.84	0.81	0.64
小麦麸	纤维类	0.68	0.67	0.63

注：1. 饲料原料按营养成分简单划分为脂肪类、淀粉类、蛋白质类和纤维类。

2. 各原料在三个能量体系中的值，分别是其消化能值、代谢能值和净能值与相应体系的参考饲粮能值的比。三个能量体系中参考饲粮成分都是：小麦 67.4%，豆粕 16%，脂肪 2.5%，小麦麸 5%，豌豆 5%，矿物质和维生素 4% 以及氨基酸混合物 0.1%（含 50% 赖氨酸盐酸盐、25% 苏氨酸和 25% 蛋氨酸）。"—"指没法分类。

资料来源：Sauvant（2004）。

法国农业科学院（INRA）、法国动物生产协会（AFZ）等共同完成的《饲料成分及营养价值表》（2004）中，系统总结和提供了260种饲料原料的养分数据。其中，106种原料具有猪饲料能值与蛋白质数据。就能值而言，按生长猪及母猪分类提供了相应的DE、ME及NE数据，以及能量消化率、有机物消化率、氮消化率及粗脂肪消化率等数据。此外，还提供了通过饲料的常规成分或可消化概略养分预测饲料DE、ME及NE的预测模型，用以动态估测当饲料概略养分变化时如何引起对应能值数据的变化。

NRC（2012）发布的第十一版《猪营养需要》中的"饲料原料部分"涉及122种原料，提供了101种原料的净能值。相较于第十次修订版发布的饲料能值，第十一次修订版修正了大部分的能值数据。例如，最主要的能量原料普通黄玉米，第十版中饲喂状态下DE、ME及NE数据分别为14.75 MJ/kg、14.31 MJ/kg和10.02 MJ/kg，而第十一版修正为14.44 MJ/kg、14.20 MJ/kg和11.18 MJ/kg。新旧版本比较，DE和ME变化不大，但NE的值提升了11.6%，变化较为明显。由于通常配方中玉米的用量在60%以上，如果按净能体系及玉米的新版数据配制饲粮，将可明显降低饲粮成本。因此，在优化猪全价料配方时，要慎用主要能量饲料的能值数据。

潘晓花等（2015）以NRC第十一版《猪营养需要》中发布的122种饲料原料营养成分表为基础，将饲料中11种基础成分（其中6项常规成分包括干物质、粗蛋白质、粗纤维、粗脂肪、酸性醚提取物和粗灰分；5项碳水化合物组分包括淀粉、中性洗涤纤维、酸性洗涤纤维、半纤维素和酸性洗涤木质素）作为自变量，将饲料中的DE、ME及NE作为因变量，分别建立了不同性质饲料及自变量的不同组合与DE、ME及NE之间的回归方程，并以相关系数（R^2）及变异系数（coeffieient of variation, CV）作为评价回归模型的优劣。研究表明，有效能值与CP、ST及纤维类指标显著相关。将所有饲料作为研究对象时，饲料的DE、ME及NE与上述11种基础成分之间建立的普适性回归模型预测效果较差。当将14种玉米及其加工产品形成子集时，建立饲料基础成分与DE、ME及NE的关系方程分别有7套、7套和8套（$P<0.05$），且上述3组回归模型R^2分别为0.632 8~0.772 3、0.646 9~0.769 7和0.669 8~0.822 1，CV分别为6.61%~8.40%、6.91%~7.34%和6.22%~8.28%；当将13种大豆及其加工产品形成子集时，共建立饲料基础养分与DE、ME关系方程分别有4套和3套，回归模型R^2分别为0.904 3~0.926 5、0.897 6~0.901 8，CV分别为5.07%~5.70%、5.09%~5.96%；而NE与基础养分指标之间无法建立具有营养学意义的有效回归方程。对于同类饲料中具有相同自变量组合的DE及ME预测模型而言，两者之间的差异主要是粗蛋白质的系数上，且粗蛋白质对ME的正效应低于DE，这保证了模型预测的ME低于DE。同时选用上述适宜模型，补充了NRC第十一版成分表中第97号（去皮大豆粕，低寡糖，浸提）、101号（全脂大豆，高蛋白质）及102号（全脂大豆，低寡糖）饲料的DE值分别为15.57 MJ/kg、16.94 MJ/kg和16.85 MJ/kg，ME值分别为14.10 MJ/kg、15.72 MJ/kg和15.74 MJ/kg，完善了饲料成分表。

2000年以来我国发表的饲料原料有效能值的研究报道较少。农业农村部饲料工业中心利用体内法即呼吸测热装置，研究了饲料净能值。例如，刘德稳（2014）利用生长猪作为研究模型，研究获得了玉米、大豆粕、小麦麸、小麦、DDGS、菜籽粕和棉籽粕净能值，分别为13.45 MJ/kg、9.95 MJ/kg、7.78 MJ/kg、11.44 MJ/kg、10.21 MJ/kg、

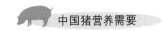

8.38 MJ/kg 和 7.32 MJ/kg DM，并以此为基础构建了饲料原料的 NE 预测方程：

$$NE=1.46+0.63GE-0.37ADF \quad (R^2=0.94,\ RSD=0.54)$$

(式 15 - 1)

$$NE=-10.19+0.97DE+0.08St+0.55ADF \quad (R^2=0.84,\ RSD=0.46)$$

(式 15 - 2)

尽管上述数据有待验证，但无疑开启了具有挑战性的基础研究工作。

第二节 猪饲料氨基酸生物利用率测定

以可消化氨基酸配制饲粮是近 20 年动物营养学的最大成就之一。有关氨基酸消化率测定方法的研究，已经从传统的粪分析法测定转向回肠末端法测定。粪分析法因受大肠微生物活动的影响，使得测定的氨基酸消化率不准确。其后的研究认为，测定氨基酸消化率用回肠末端方法比较准确。许多学者先后比较研究了回肠简单 T 型瘘管、回直肠吻合术（IRA）、回肠-回肠桥式瘘管、回肠-盲肠桥式瘘管、回盲肠后瓣膜瘘管（IPV）和可操作回盲瓣瘘管（SICV）等收集回肠食糜的技术，但仅有回肠简单 T 型瘘管技术和 IRA 得到较为广泛的应用（谯仕彦等，2002）。

我国学者在收集回肠食糜方法方面也开展了一定的工作。张宏福和张子仪（1993）研究了回直肠吻合猪的排泄规律对饲料氨基酸表观消化率测值的影响；钟华宜等（2000）在同一试验猪上同时施予回直肠吻合术和安装十二指肠瘘管，探索回直肠吻合术和活动尼龙袋技术（MNBT）结合，快速测定饲料氨基酸消化率。张群英和王康宁（1996）对 IRA 和 SICV 测定猪饲料氨基酸消化率进行了比较研究，结果发现，IRA 法与 SICV 法都可以很简单地全部收集到回肠食糜，不同的是，IRA 法手术较复杂，术后和体况的恢复较 SICV 缓慢些，但 SICV 瘘管猪的硅胶瘘管质量与形状设计还需进一步完善，以提高硅胶瘘管的使用寿命。

饲料蛋白质含量和适口性是影响氨基酸消化率测定结果的重要因素（Sauer 和 de Lange，1992）。围绕这一问题，国外学者进行了一些探索。例如，Fan 等（1995，2002）研究了用回归法测定蛋白质含量低和适口性差的饲料氨基酸消化率的可能性，并用回归分析技术研究了大麦样品用于饲喂生长育肥猪的回肠真氨基酸消化率及内源氨基酸排出量数据。但我国在这方面开展的工作很少。

2000 年以来，我国在体外法测定饲料养分消化率方面开展了大量工作。张子仪等在 20 世纪 80 年代用小肠消化液体外测定了饲料蛋白质和能量消化率，并研制了体外模拟小肠消化的仪器设备。黄瑞林等（1999）用透析管体外研究了饲料蛋白质消失率的适宜酶促反应条件。张永成和李德发（2001）、席鹏彬和李德发（2002）、郭亮和李德发（2000）用透析管法和回肠简单 T 型瘘管法分别比较测定了棉籽粕、菜籽粕和玉米干酒糟及其可溶物（DDGS）的氨基酸消化率，结果认为，透析管法和回肠简单 T 型瘘管法测定结果有显著差异。因此，测定饲料氨基酸利用率方法的统一是本领域一直探索的难题。

一、氨基酸回肠消化率的不同概念和内源氨基酸排泄量

氨基酸消化率是评定单胃动物饲料蛋白质营养价值的重要参数。饲料中氨基酸消化率的测定经历了粪表观消化率、表观回肠消化率（AID）、真回肠消化率（TID）等阶段，目前相对被国内外广泛认可的是氨基酸标准回肠消化率（SID）。有关饲料氨基酸效价的概念、缩写及英文定义见表15-2。

表15-2 饲料氨基酸回肠消化率定义公式

消化率名称	计算公式
表观回肠消化率（AID）	AID=[（氨基酸摄入量－回肠氨基酸流出量）/氨基酸摄入量]×100%
真回肠消化率（TID）	TID={[氨基酸摄入量－（回肠氨基酸流出量－总回肠内源氨基酸损失量）]/氨基酸摄入量}×100%
标准回肠消化率（SID）	SID={[氨基酸摄入量－（回肠氨基酸流出量－基础回肠内源氨基酸损失量）]/氨基酸摄入量}×100%
总回肠内源氨基酸损失量（total IAA end）	total IAA end=基础性回肠内源氨基酸损失量＋特异性回肠内源氨基酸损失量
回肠氨基酸流出量（ileal AA out flow）	ileal AA out flow=未消化的饲粮氨基酸＋总回肠内源氨基酸损失量

1. 氨基酸表观回肠消化率（AID） 全收粪法是 Kuiken 在 1948 年发明的，主要测定氨基酸食入与排出的差值。有研究证实，氨基酸注入大肠对猪蛋白质营养的改善作用较小，说明蛋白质在大肠中主要用于微生物发酵和菌体蛋白质的合成。而猪后肠微生物对饲料氨基酸消化率的测定值会产生较大程度的干扰，用回肠末端食糜收集法代替全收粪法测定的氨基酸表观消化率，避免了微生物的干扰。试验结果表明，生豆饼的回肠和粪表观氨基酸消化率之间差异可达50%，而热处理或加工过的豆饼的差异最大仅为15%，表明饲料的加工特性对氨基酸消化率的影响很大。但是，回肠末端氨基酸表观消化率测定技术（回肠末端瘘管技术、回直肠吻合术等）忽视了猪体内内源性氨基酸分泌量对消化率测定值的影响，不能准确评定饲料氨基酸消化率（李德发，2003）。而且，AID 存在的最大问题是单一饲料原料测得的值在混合饲粮中不一定具有可加性（Stein 等，2005），而在实际生产中配制饲粮又必须考虑可加性问题，单一饲料原料的 AID 值具有可加性对准确预测养猪生产系统中猪的生产性能极为重要。没有可加性主要原因就是测定的 AID 和饲粮氨基酸水平是非线性关系，如当改变无氮基础饲粮中被测饲料原料的使用水平时，AID 就不是可加的线性改变（Fan 等，1994）。另外，对于低蛋白质水平的饲料（谷类和淀粉质豆类），由于高蛋白质含量的饲料在消化物或排泄物中的内源性氨基酸的比例相对较高，其相对于高蛋白质水平饲料的 AID 值可能被低估（Ravindran，2005）。基于上述问题，后来提出了真回肠消化率（TID）的概念与测定方法。

2. 氨基酸真回肠消化率（TID）与氨基酸标准回肠消化率（SID） TID 是通过准

确评估内源性氨基酸排泄量而校正得出的。测定氨基酸内源排泄量的方法有无氮饲粮法、回归外延法、酶解酪蛋白/超滤法、^{15}N 同位素标记法、高精氨酸法等。从表 15-2 的公式中可以看出，TID 是回肠食糜中未被吸收的外源性氨基酸占猪摄入氨基酸总量的百分比，扣除了内源性氨基酸，所以比 AID 更科学。但是，总氨基酸内源损失量的测定比较困难，所以测定饲料原料的 TID 难度较大。另外，从回肠氨基酸流出量中减去的是总回肠内源氨基酸损失量，而不是基础内源氨基酸损失量，所以 TID 值就不能区分导致产生特异性内源氨基酸损失的饲料原料。因此，TID 不能预测在猪体内可用于蛋白质合成的氨基酸量。此外，TID 不能用于实际的饲粮配制，除非特异性内源氨基酸损失值能够测定且作为猪的氨基酸需要量的一部分。有鉴于此，其后发展提出了回肠氮校正氨基酸消化率，目前业内统一称为氨基酸标准回肠消化率，即 SID。

SID 间接考虑了与采食量密切相关的特异性内源氨基酸的分泌量，其不受氨基酸消化率测定方法的影响。由表 15-2 的公式可知，SID 的计算是从回肠氨基酸中扣除基础内源氨基酸损失量，不包含特异性内源氨基酸损失量，任何饲料原料特有的成分都被统计在内。因此，SID 值能够区分导致产生特异性内源氨基酸损失的饲料原料。SID 值在配合饲粮中具有可加性（Stein 等，2005），既反映了 TID，又反映了特定内源氨基酸损失值，最能反映饲料的可利用氨基酸水平。因此，在猪配合饲粮或分析氨基酸的需要量时，SID 更为准确，可以克服 AID 和 TID 的缺憾（前者没有可加性，后者需要清楚地描述特异性内源氨基酸损失）。但需要指出的是，SID 值会受基础内源氨基酸损失量的影响，因而也会受到饲料摄入量的影响。因此，应该在相同的环境条件下和在接近自由采食的状态下测定基础内源氨基酸损失值和 SID 值。另外，当将 SID 氨基酸值应用到饲料配方中时，基础内源氨基酸损失必须被作为动物氨基酸需求的一部分加以考虑。

二、回肠内源氨基酸流量的测定

内源氨基酸排泄量的准确测定是评定氨基酸真回肠消化率或标准消化率所必需的。最准确的测定内源氨基酸排泄量的方法是同位素稀释法（Sauer 和 de Lange，1992）。但该方法要求条件高，费用昂贵。如果动物长时间没有摄入氮元素，则用无氮饲粮测定基础内源损失是一种变异最小的方法。事实证明，当用相似成分组成（Stein 等，2000）的无氮饲粮测定基础内源损失时，其结果在不同实验室之间存在差异。因此，Sauvant 等（2004）提供了 3 家实验室对猪基础内源氨基酸损失的测定结果（g/kg DM），作为计算 SID 的基础数据。

张鹤亮等（2005）采用胍基化技术，大跨度多梯度研究了饲粮蛋白质水平对内源赖氨酸损失的影响规律以及含氮饲粮氨基酸平衡状态对内源回肠赖氨酸损失的影响。发现回肠内源赖氨酸损失与饲粮蛋白质水平呈 S 状曲线变化，即饲粮粗蛋白质在 0~5% 时，内源赖氨酸损失相近；饲粮蛋白质水平在 5%~10% 时，回肠内源赖氨酸流量显著增加；在 10%~25% 蛋白质水平范围内，内源赖氨酸流量却相对恒定。氨基酸平衡性对回肠内源氨基酸损失没有显著影响；氨基酸表观消化率、无氮饲粮法计算的标准真回肠消化率受饲粮蛋白质水平显著影响，而高精氨酸法测定的真回肠消化率不依赖于饲粮蛋白质水平。作者在其博士论文的研究中还发现，回归法估计的内源损失低于无氮饲粮法；回归法、无氮饲粮法低估了内源氨基酸损失，而高精氨酸法则是测定内源氨基酸损失比较好的方法；玉米醇溶蛋白质高精氨酸结合法与天然蛋白质同时灌注氨基酸法测定的猪回肠内源赖氨酸流量没有显著差异，并且操作简单可靠，是较好的测定猪回肠内源氨基酸损失的方法。

三、饲料氨基酸标准回肠消化率的评定进展

由于国际上同领域专家基本认同氨基酸的标准回肠消化率，国际上也获得了较多的氨基酸回肠标准效率数据。例如，INRA（2004）饲料成分和营养价值表中同时给出了54种猪饲料原料的 AID 及 SID 数据；德国德固赛（Degussa）公司于2015年发布的最新版的 AminoDat 5.0 数据库，整合了来自62个国家饲料原料的氨基酸含量数据及猪的 SID 氨基酸数据；中国饲料数据库情报网中心综合国内外的研究结果与最新研究数据，近5年来发布的猪饲料氨基酸消化率数据，也从过去的 AID 和 TID 数据调整为 SID 数据；NRC（2012）饲料成分表中，给出了大部分饲料原料中氨基酸的 AID 及 SID 参考值，但不少饲料的氨基酸 AID 及 SID 值所参考的样本数仅为1个，部分饲料原料虽提供了消化率数据但无样本数说明。这些意味着国际上对饲料 AID 及 SID 的评价尚不系统，收集的数据比较有限，今后需开展的氨基酸评价工作仍十分艰巨。表 15-3 给出了部分猪饲料的主要氨基酸的 SID，数据来源于 AminoDat 5.0 数据库和 INRA（2004）等。本书的饲料成分及营养价值表中列出了89个饲料原料中大部分原料的 SID。

表 15-3 部分猪饲料氨基酸标准回肠消化率（SID）

饲料原料	测定机构	样本数（个）	CP（%）	SID（%）				
				赖氨酸	蛋氨酸	含硫氨基酸 M+C	苏氨酸	色氨酸
玉米	Degussa	765	8.37	76	87	84	80	76
	INRA	2 634	8.1	80	91	90	83	80
豆粕	Degussa	773	46.29	89	90	86	86	87
	INRA	10 409	45.3	90	92	89	87	89
小麦	Degussa	415	12.35	84	90	89	86	88
	INRA	7 068	10.5	81	89	90	83	88
大麦	Degussa	251	10.79	76	82	81	80	77
	INRA	2 739	10.1	75	84	84	75	79
麸皮	Degussa	176	15.80	68	73	72	60	75
	INRA	5 542	14.8	68	76	74	65	76
棉籽粕	Degussa	144	42.24	70	80	79	76	82
	INRA	117	42.6	63	73	75	71	68
菜籽粕	Degussa	232	35.92	74	81	75	71	71
	INRA	2 820	33.7	75	87	84	75	80

注：Degussa 数据来自德固赛2015年更新的 AminoDat 5.0；INRA 数据来自法国农业科学院（2004）出版的饲料成分与营养价值表。

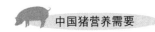

第三节 猪饲料磷、钙生物学效价评定

一、磷的效价评定指标及评定进展

近十几年来，猪饲料矿物质元素营养价值评定的研究热点主要集中在磷的吸收利用。已有研究表明，磷表观回肠消化率（AID）与传统的全消化道消化率（ATTD）无显著差异（Fan 等，2001；Bohlke 等，2005；Diger 和 Adeola，2006），因此，磷的消化率一般采用 ATTD。但是，内源磷的损失（EPL）仍会显著影响磷的 ATTD。因而，与饲料氨基酸的评价方法类似，当前磷消化率的评价采用全消化率标准消化率（STTD），即考虑基础内源磷的损失，对 ATTD 进行校正。显然，STTD 值都要高于 ATTD 值。

《猪营养需要》（NRC，2012）的成分表中包含了 87 种饲料的总磷以及 ATTD 和 STTD 数据。部分动物源性饲料如血浆、牛奶类等产品磷的消化率较高，但最常用的鱼粉磷的 STTD 只有 82%，鸡肉副产品中磷的 STTD 仅为 53%。植物性饲料如谷实类加工产品及块根块茎类饲料磷的消化率最低，如米糠的 ATTD 仅为 13%，而木薯粉的 ATTD 最低为 10%。说明植物饲料中植酸磷的利用率普遍偏低。

（一）植酸磷

在多数饲粮中，饲料原料提供总磷的 50% 以上。因此，饲料原料中磷的生物学效价非常重要。谷物和油料饼粕中相当部分的磷以植酸磷形式存在。猪和其他非反刍动物不能够利用这种形式的磷，因为它们消化道内缺乏从有机复合物中解离磷酸根的消化酶。植酸磷可以被反刍动物所利用，因为瘤胃中有微生物来源的植酸酶。表 15-4 列举了常见饲料原料的植酸磷含量，在谷物、谷物副产品和植物蛋白质原料中，超过一半以上的磷以植酸磷的形式存在。典型原料小麦麸中尽管总磷含量较高，但 70% 是以植酸磷的形式存在，影响动物吸收利用。饲料生产中常通过添加植酸酶裂解释放植酸磷，不仅能够提高总磷的利用率，而且可降低磷的排放量，其意义重大。

表 15-4 一些常见饲料原料中的植酸磷含量

饲料原料	样本数（个）	总磷（%）	植酸磷（%）
玉米	10	0.26	0.17（66）
高粱	11	0.31	0.21（68）
大麦	5	0.34	0.19（56）
小麦	2	0.30	0.20（67）
燕麦	9	0.34	0.19（56）
大豆粕	20	0.61	0.37（61）
棉籽粕	5	1.07	0.75（70）
芝麻粕	3	1.27	1.03（81）
小麦麸	4	1.37	0.96（70）

(续)

饲料原料	样本数（个）	总磷（%）	植酸磷（%）
次粉	1	0.47	0.35（74）
苜蓿粉	6	0.30	0

注：括号内数字为植酸磷占总磷的百分比。
资料来源：陈强译（2000）。

（二）常用饲料中磷的利用率

根据 Cromwell（1992）、Weremko 等（1997）报道，玉米中磷的生物学效价很低，为 9%～29%，平均 14%；高粱中磷的可利用率也很低，为 19%。这些数值比传统的接受值 30%～50%（总磷的 1/3）要低得多。相反，小麦和小黑麦（黑麦和小麦的杂交种）中磷的利用率分别为 50% 和 46%，比玉米和高粱要高得多。玉米和高粱中磷的利用率低，这与 20 世纪 70 年代国外其他学者报道的磷消化率试验结果一致。

大麦和燕麦磷的生物学效价介于玉米和小麦之间。小麦、小黑麦和大麦具有较高的磷可利用率，与种皮中自然存在的植酸酶有关。非常有趣的是，高水分玉米和高水分高粱中磷的可利用率比干玉米和干高粱的利用率高 3～4 倍，但对玉米和高粱进行蒸汽制粒不会改善磷的生物学效价。

谷物副产品中磷的生物学效价变异很大，由于小麦籽实种皮中含有植酸酶，小麦麸和次粉中磷的可利用率也较高。含有可溶物的酒糟中磷的生物学效价也很高，可能与谷物的发酵过程有关。玉米蛋白质饲料中磷的生物学效价较高，可能与分离淀粉过程中的浸泡有关。有研究表明，玉米麸中磷的可利用率与玉米本身相似。

我国常用饲料中磷的相对生物学效价见表 15-5。

表 15-5　我国常用饲料中磷的相对生物学效价[a,b]

饲料原料	相对生物学效价（%）	饲料原料	相对生物学效价（%）
玉米	9～29	菜籽粕	21
高湿玉米	42～58	棕榈籽粕	11
高粱	19～25	苜蓿草粉	100
高湿高粱	42～43	鱼粉	100
大麦	31	肉骨粉	93
燕麦	23～36	蒸骨粉	80～90
小麦	40～56	血粉	92
黑麦	46	乳清粉	76
小麦麸	35	磷酸氢钙	90
玉米面筋	59	磷酸二氢钙	100
大豆粕	25	磷酸三钙	45～60
去皮豆粕	36～39	脱氟磷灰石	20～30
大豆粉	18～25	软磷灰石	90
棉籽粕	6～42		

注：相对于磷酸二氢钠的生物学效价，磷酸二氢钠的生物学效价为 100，所有的数值都是以骨骼强度和骨骼灰分含量为指标，以斜率比法计算而得。
资料来源：数据总结于国内 2005 年以后近 10 年的研究报道。

脱皮后加工而成的大豆粕中磷的利用率降低（25%），而带皮的豆粕（44% CP）磷的利用率更高些（35%）。菜籽粕中磷的可利用率（21%）低于豆粕，而花生粕和葵花粕中磷的利用率都较低。棉籽粕的研究结果变异较大，可利用率为6%~42%。

脱水苜蓿粉中磷的利用率相当高，是因为苜蓿草粉不像其他高蛋白饼粕类饲料，它是由全部植株而不是种子生产的。也有报道认为苜蓿草粉中的磷均以非植酸磷的形式存在。

二、钙元素的生物利用率

对天然饲料原料中钙的利用率的研究很少。由于植酸的存在，谷物型饲粮、苜蓿、各种牧草和干草中钙的利用率相对较低（Soares，1995）。大部分饲料原料含钙低，这也是饲料原料中钙的利用研究很少的原因。方解石、石膏、贝壳粉、鱼骨粉、脱脂奶粉、文石及白垩粉等原料中的钙有很高的利用率（Pointillart等，2000；Malde等，2010），但白云石中可利用的钙只有50%~75%。颗粒大小（直径0.5 mm）对钙利用率的影响比较小。在家禽上的研究数据显示，磷酸氢钙、磷酸钙、脱氟磷酸盐、葡萄糖酸钙、硫酸钙和骨粉等原料中的钙具有很高的利用率，与碳酸钙相比，利用率达到90%~100%（Baker，1991；Soares，1995），但猪营养方面尚未见对上述原料钙利用率的比较研究。

第四节 近红外分析技术研究进展

近红外光谱分析技术（NIR）最早应用于谷物和种子水分含量的测定。随后，Norris等将NIR应用到饲草水分、粗蛋白质、ADF、NDF及干物质体外消失率的测定，并取得了良好的效果，各项指标定标决定系数RSQ_{cal}分别为0.98、0.99、0.96、0.96和0.95，证实了NIR在营养物质测定中的可行性。随着光学、计算机数据处理技术、化学计量学理论和方法的不断发展，NIR以其快速、无损、无污染、成本低及同时测定多种组分等优点，已被广泛地应用于动物饲料和人类食品营养成分含量的快速分析中（Givens等，1997）。NIR的研究在美国和欧洲的起步比较早，应用也比较成熟，一些国际或国家机构和组织，如国际谷物化学会（ICC）、国际标准化组织（ISO）、美国谷物化学家协会（AACC）及美国官方分析化学家协会（AOAC）等已经制定了近红外分析的使用通则和模型建立与维护通则，并建立了谷物（小麦）、面粉和大豆中的水分、粗蛋白质、粗脂肪等指标的近红外分析标准方法。我国从20世纪80年代初期引进NIR技术并开始将其应用于饲料行业的产品质量检验。"七五"期间，NIR研究被列入国家科技攻关计划，以中国农业科学院畜牧研究所为主，联合全国约20家科研院所共同研制了一些应用于饲料质量分析的定标软件，并取得了大量的科研成果。在此期间，我国畜牧行业的研究者们利用NIR初步测定了各种饲料原料和配合饲料的常规成分、微量成分及营养价值，并探讨了NIR的测试条件和标样的设计方法。

随着近红外技术研究的不断深入，为了满足其方法标准化的要求，我国于2003年发布了利用 NIR 快速测定饲料中水分、粗蛋白质、粗纤维、粗脂肪、赖氨酸及蛋氨酸含量的国家推荐标准（GB/T 18868—2002）。随后，2007 年我国又发布了利用 NIR 快速检测鱼粉和反刍动物精饲料补充料中肉骨粉的农业行业推荐标准（NY/T 1423—2007）。目前 NIR 在水分、粗蛋白质、粗脂肪及粗纤维等常规养分测定方面都取得了较好的效果，并已经被应用于饲料生产中。而氨基酸、可消化氨基酸、有效能、脂肪酸及特殊营养物质及饲料安全方面的近红外模型的建立是当前研究的热点，主要研究进展如下。

一、有效能的预测

目前，体外法测定有效能主要有两种方式：根据概略成分进行计算及酶法测定。但是这些方法依然要进行大量的试验测定，而近红外分析技术是最有潜力的快速测定有效能的工具。Aufrère 等（1996）使用 87 个猪饲料建立近红外定标模型，其总能、消化能和代谢能的 R_{cal}^2 分别为 0.85、0.87 和 0.86，定标标准误差（SEC）值分别为 0.24 MJ/kg、0.37 MJ/kg 和 0.38 MJ/kg，内部标准检验误差（SECV）分别为 0.25 MJ/kg、0.43 MJ/kg 和 0.43 MJ/kg。值得注意的是，受样品数量的限制，不少原料的猪有效能近红外预测结果并不令人满意：Garnsworthy 等（2000）使用 34 个小麦建立猪消化能近红外模型，其 R_{cal}^2 只有 0.17，R_{CV}^2 为 0.00。McCann 等（2006）使用 39 个大麦样品，建立了猪消化能的近红外预测模型，其 R_{cal}^2 和 R_{CV}^2 分别为 0.93 和 0.69，SEC 和 SECV 分别为 0.128 MJ/kg 和 0.279 MJ/kg。van Barneveld 等（1999）收集了来自 4 个实验室的，包含 157 个小麦、大麦、高粱、黑麦及玉米的混合谷物样本建立猪消化能近红外预测模型，虽然样品量增加了，但由于实验室间的差异，造成较低的定标效果（$R_{cal}^2 = 0.72$，$RPD_{CV} = 2.13$），必须进行实验室间检测结果的校正才能提高其预测效果。

近几年来，农业农村部饲料工业中心分别建立了玉米和小麦（李军涛，2014）、玉米 DDGS（周良娟，2011）及豆粕（王潇潇，2015）的猪有效能（消化能和代谢能）含量的 NIR 快速预测模型，并取得了比较满意的结果。

二、氨基酸和可消化氨基酸的预测

Fontaine 等（2001，2002）建立了谷物和动物性饲料原料必需氨基酸含量的近红外预测模型，取得了较好的定标效果，涉及饲料中常用的玉米、小麦、大麦、黑麦、麦麸、米糠、高粱、大豆、菜籽粕、葵籽粕、豌豆、鱼粉、肉粉及禽肉粉等共 14 种饲料原料。Wu 等（2002）建立了粉碎大米的氨基酸含量近红外预测模型，大部分氨基酸的 R_{cal}^2 为 0.848~0.975，蛋氨酸、胱氨酸和组氨酸定标效果较差，主要是因为这 3 种氨基酸在大米中含量较低的缘故。de la Haba 等（2006）建立了未粉碎动物蛋白质副产品的氨基酸含量近红外定标模型，胱氨酸、缬氨酸、酪氨酸及丝氨酸的 R_{cal}^2 在 0.80~0.90，其他氨基酸均达到 0.90 以上，由于样品集中包含了禽肉粉、猪肉粉、牛肉粉和肉骨粉，模型适应性更强。Kovalenko 等（2006a）比较了不同近红外仪器、不同的回归方法对整粒大豆氨基酸含量预测效果的影响。我国的研究者也陆续建立了花生饼（粕）、豆粕、玉米及鱼粉等原料的氨基酸含量近红外预测模型（丁丽敏等，2002；牛智有和韩鲁佳，2007）。除了饲料原料的氨基酸含量测定，也陆续建立了一些配合饲料的氨基酸含量定标模型（Alomar等，2006；González-Martín等，2006a）。值得指出的是，由于使用样品的氨基酸含量、样品数量、样品状态及检测准确性不同，因此其近红外预测效果在不同种类的饲料原料、不同研究者中存在差异。

近几年来，单胃动物营养的 NIR 已经向可消化养分方面发展。van Kempen 和 Bodin（1998）建立了肉骨粉、鱼粉、禽肉粉、豆粕和小麦的4种可消化氨基酸（家禽）的近红外定标模型，其中肉骨粉的可消化赖氨酸、蛋氨酸、含硫氨基酸和苏氨酸的 R_{cal}^2 分别为 0.88、0.81、0.72 和 0.86；鱼粉的4种可消化氨基酸的 R_{cal}^2 分别为 0.88、0.86、0.84 和 0.94；禽肉粉的4种可消化氨基酸的 R_{cal}^2 分别为 0.95、0.80、0.74 和 0.73；豆粕的4种可消化氨基酸的 R_{cal}^2 分别为 0.62、0.64、0.34 和 0.67；小麦的4种可消化氨基酸 R_{cal}^2 分别为 0.55、0.84、0.76 和 0.69。我国的研究者陆续研究建立了花生饼（粕）、玉米、豆粕、棉籽粕和菜籽粕中可消化氨基酸（家禽）的近红外定标模型：花生饼（粕）中8种可消化氨基酸定标模型，其定标相关系数 0.85 以上；豆粕中各种可消化氨基酸的 RSD_{val} 小于 7%，效果较好；棉籽粕中除胱氨酸和色氨酸、菜籽粕中除赖氨酸外，大部分氨基酸的 RSD_{val} 小于 7%；玉米因为氨基酸含量较低，建立的近红外模型效果不理想（丁丽敏等，1999；丁丽敏等，2000）。因为试验方法和样品数量的限制，目前所建立的模型只限于原料的家禽可消化氨基酸，在猪可消化氨基酸方面还处于空白，所建立的模型由于定标样品数量的限制，效果有待验证。

在氨基酸含量和可消化氨基酸近红外模型的建立过程中，研究者也对比了近红外预测效果和粗蛋白质预测效果。大部分研究者认为，使用近红外预测好于使用粗蛋白质（van Kempen 和 Bodin，1998；Fontaine 等，2001，2002；丁丽敏等，2002），但也有研究者认为，氨基酸的近红外光谱依赖于蛋白质的近红外光谱，其预测效果依赖于该氨基酸与粗蛋白质的相关性，与粗蛋白质相关较小的氨基酸的近红外预测效果较差（Kovalenko 等，2006a）。

三、脂肪酸的预测

Foster 等（2006）建立了饲草中月桂酸、肉豆蔻酸、棕榈酸、硬脂酸、棕榈一烯酸、油酸、亚麻油酸及 α-亚麻油酸的近红外模型，其 R_{cal}^2 为 0.93～0.99，R_{CV}^2 为 0.89～0.98，除月桂酸和棕榈酸外，$RPD_{CV} > 3.0$，说明使用近红外预测饲草中的脂肪酸含量是完全可行的。Calderon 等（2007）在饲草脂肪酸的近红外预测中也得到了相似的结果。Kovalenko 等（2006a）分别使用偏最小二乘法（PLS）、人工神经网络法（ANN）、支持向量机法（SVM）等定标方法建立了大豆中棕榈酸、硬脂酸、油酸、亚油酸及亚麻油酸的近红外模型。此外，还有一些研究探讨了近红外光谱在预测动物产品脂肪酸含量的可行性。

四、特殊营养物质的预测

NIR 近年来还用于特殊营养物质的测定方面，特别是在一些含量较低的营养物质上，也取得了良好的定标效果。González-Martín 等（2006a，2006b）使用光纤探头采集样品光谱信息，建立紫花苜蓿和饲料中 α-生育酚、(β+γ)-生育酚和 δ-生育酚的近红外预测模型，结果表明，每 100 g 紫花苜蓿中 α-生育酚和 (β+γ)-生育酚含量范围分别为 0.55~5.16 mg 和 0.07~0.48 mg，饲料中 α-生育酚、(β+γ)-生育酚和 δ-生育酚含量范围分别为 0.229~1.873 mg、0.064~1.146 mg 及 0.006~0.264 mg，在较低的含量下，依然取得了较好的定标效果。Sato 等（2008）测定整粒大豆和大豆粉中的总异黄酮含量，其 R^2_{val} 分别为 0.95 和 0.96，预测标准误差（SEP）分别为 38.88 mg/100 g 和 30.28 mg/100 g，且大豆粉中各种异黄酮也可以较好地预测。杨海峰等（2008）测定喷雾干燥植酸酶和吸附干燥植酸酶，其 R^2_{val} 分别为 0.949 和 0.936，SEP 分别为 127.8 U/g 和 102.8 U/g。

五、饲料安全风险评估

近年来为防止一些疾病在动物种内传播，特别是为了控制疯牛病的发生，世界各国对动物源成分都进行了严格的控制。使用 NIR 检测动物源性成分成为一种可靠、快速、经济的方法。de la Haba 等（2007）建立了 2 种近红外判别模式：区分牛羊源和非牛羊源的定性模式，区分禽、猪和牛羊源的定性模式，2 种模式都取得了 90% 左右的正确判断率。de la Haba 等（2009）建立了动物蛋白质副产品中禽副产品粉、猪肉粉、牛肉粉、反刍动物蛋白粉和非反刍动物蛋白粉的定量测定模型。牛智有和韩鲁佳（2008）建立了鸡饲料、猪饲料和牛饲料中肉骨粉含量的定标模型，其 R^2_{cal} 分别为 0.974 1、0.971 0 和 0.960 6，SECV 分别为 0.249%、0.274% 和 0.265%，可用于饲料中的肉骨粉的快速定量测定。石光涛等（2009）进行了鱼粉中掺杂豆粕的近红外定性和定量分析研究。此外，NIR 还用于产品组成检测，这些方法既可以确定样品组成，也可以用于掺假产品的识别。如配合饲料中豆粕（Li 等，2007）、小麦和葵花籽粕含量（Pérez-Martín 等，2006），鱼粉中掺杂豆粕及杂粕的定性、定量检测（石光涛等，2009）。NIR 不仅在饲料中常量有害成分控制上，在微量有毒有害成分的检测方面也取得了良好的效果。人们先后探讨了 NIR 在饲料中棉酚（Lordelo 等，2008）、黄曲霉毒素 B_1（Fernández-Ibañez 等，2009）等成分检测的可行性。

六、动物排泄物化学成分的预测

在测定可消化养分的代谢试验中，需要分析大量的试验样品，包括原料、粪及食糜。由于分析周期较长，制约了可消化养分数据的快速获得，并可能导致样品中某些组分如水分等发生变化，从而影响试验的准确性。Bastianelli 等（2010）探讨了 NIR 在家禽粪便中矿物质、总能、淀粉、总氮等成分分析中的可行性，作者使用相似饲料来源（小麦-豆粕-菜籽油基础饲粮）的家禽粪便建立定标模型，取得了理想的定标效果和预测效果。但当该定标方程用于不同来源的样品时预测效果较差，不同来源样品合并后，产生了与相同来源样品相似的定标效果。

参考文献

陈代文，2005. 动物营养与饲料科学 [M]. 北京：中国农业大学出版社.

陈亮，2013. 猪常用饲料能量和粗蛋白质消化率仿生评定方法的研究 [D]. 北京：中国农业科学院.

陈强译，2000. 饲料级无机磷酸盐和饲料原料中磷的生物学效价的评定 [J]. 饲料广角（16）：12-16.

丁丽敏，计成，杨彩霞，等，1999. 近红外光谱技术快速测定豆粕、玉米真可消化氨基酸含量的研究 [J]. 动物营养学报，17（3）：12-18.

丁丽敏，计成，杨彩霞，等，2000. 近红外光谱技术快速测定棉籽粕、菜籽粕真可利用氨基酸含量的研究 [J]. 动物营养学报，12（1）：21-25.

丁丽敏，计成，戎易，2002. 近红外（NIRS）和粗蛋白预测氨基酸含量的精度比较研究 [J]. 饲料工业，23（4）：16-18.

郭亮，李德发，2000. 玉米、玉米蛋白粉、菜籽粕和玉米干酒糟可溶物的猪消化能值测定 [J]. 饲料工业，21（10）：29-31.

黄瑞林，李铁军，谭支良，邢廷铣，1999. 透析管体外消化法测定饲料蛋白质消失率的适宜酶促反应条件研究 [J]. 动物营养学报，11（4）：51-58.

李德发，2003. 猪的营养 [M]. 北京：中国农业科学技术出版社.

李东卫，卢庆萍，张宏福，等，2013. 仿生消化法中消化酶与消化时间对评定生长猪常用植物性饲料磷体外消化率的影响 [J]. 动物营养学报，25（9）：2051-2058.

李军涛，2014. 近红外反射光谱快速评定玉米和小麦营养价值的研究 [D]. 北京：中国农业大学.

刘德稳，2014. 生长猪常用七种饲料原料净能预测方程 [D]. 北京：中国农业大学.

刘惠芳，周安国，2006. 母猪日粮纤维的营养研究进展 [J]. 动物营养学报，18：334-340.

陆婉珍，褚小立，2007. 近红外光谱（NUR）和过程分析技术 [P]. 现代科学仪器，4：13-17.

牛智有，2005. 鱼粉、精料补充料及其中肉骨粉含量的近红外漫反射光谱分析 [D]. 北京：中国农业大学.

牛智有，韩鲁佳，2007. 鱼粉中氨基酸近红外光谱定量分析 [J]. 农业机械学报，38（5）：114-117.

牛智有，韩鲁佳，2008. 饲料中肉骨粉含量的近红外反射光谱检测方法 [J]. 农业工程学报，24（4）：271-274.

潘晓花，杨亮，庞之洪，等，2015. 猪饲料有效能值预测模型的构建 [J]. 动物营养学报，27（5）：1450-1460.

谯仕彦，李德发，姜建阳，2002. 中国猪饲料营养价值评定研究进展 [J]. 畜牧与兽医，34（增刊）：118-130.

谯仕彦，王旭，王德辉，主译，2005. 饲料成分与营养价值表 [M]. 北京：中国农业大学出版社.

谯仕彦，郑春田，姜建阳，等，译，1998. 猪营养需要 [M]. 10版. 北京：中国农业大学出版社.

石光涛，韩鲁佳，杨增玲，2009. 鱼粉中掺杂豆粕的可见和近红外反射光谱分析研究 [J]. 光谱学与光谱分析，29（2）：362-366.

王康宁，2010. 猪禽饲料 NE 测定及其需要量研究. 饲料营养研究进展 [M]. 北京：中国农业科技出版社.

王潇潇,2015. 近红外反射光谱法快速评定豆粕营养价值和大豆制品抗营养因子的研究 [D]. 北京:中国农业大学.

席鹏彬,李德发,龚利敏,等,2003. 中国不同品种菜粕猪回肠氨基酸消化率的研究 [A]. 猪营养与饲料研究进展——第四届全国猪营养学术研讨会论文集 [C].

熊本海,易渺,2012. 猪的净能体系研究进展 [J]. 饲料工业,33(23):1-5.

杨海峰,赵志辉,秦玉昌,2007. 植酸酶酶活的近红外光谱快速检测研究 [J].7:36-38.

张鹤量,2005. 日粮蛋白质对猪回肠内源氨基酸流量的影响 [D]. 北京:中国农业大学.

张宏福,张子仪,1993. 回-直肠吻合猪的排泄规律对饲料氨基酸表观消化率测值的影响 [J]. 中国动物营养学报,5(1):7-14.

张群英,王康宁,1996. 用回-直肠吻合术测定猪饲料氨基酸消化率的研究 [J]. 四川农业大学学报,14:11-18.

赵雅欣,王红英,2005. 近红外光谱分析技术在饲料工业中的应用进展 [J]. 饲料工业,26(21):37-41.

钟华宜,印遇龙,黄瑞林,等,2000. 回直肠吻合猪十二指肠活动尼龙袋测定饲料回肠消化率初探 [J]. 动物营养学报,12(4):8-13.

庄晓峰,陈亮,张宏福,等,2012. 仿生法评定几种猪常用植物性饲料原料磷体外透析率 [J]. 动物营养学报,24(12):2436-2443.

周良娟,2011. 近红外反射光谱快速评定玉米 DDGS 营养价值的研究 [D]. 北京:中国农业大学.

AOAC,2007. Official methods of analysis of AOAC International [M]. 18th edition. Association of Official Analytical Chemists International,Gaithersburg,MD.

Aufrère J,Graviou D,Demarquilly C,et al,1996. Near infrared reflectance spectroscopy to predict energy value of compound feeds for swine and ruminants [J]. Animal Feed Science and Technology,62:77-90.

Alomar D,Hodgkinson S,Abarzúa D,et al,2006. Nutritional evaluation of commercial dry dog foods by near infrared reflectance spectroscopy [J]. Journal of Animal Physiology & Animal Nutrition,90:223-229.

Baker D H,1991. Bioavailability of minerals and vitamins [M]//Miller E R,Ullrey D E,Lewis A J (eds). Swine Nutrition. Boston:Butterworth-Heinemann:341-359.

Bastianelli D,Bonnal L,Juin H,et al,2010. Prediction of chemical composition of poultry excreta by near infrared spectroscopy [J]. Journal of Near Infrared Spectroscopy,18:69-77.

Bohlk R A,Thaler R C,Stein H H,2005. Calcium, phosphorus, and amino acid digestibity in low-phytate corn, normal corn, and soybean meal by growing pigs [J]. Journal of Animal Science,83:2396-2403.

Cromwell G L,1992. The biological availability of phosphorus in feedstuffs for pigs [J]. Pig News Information,13:75-78.

de la Haba M J,Garrido-Varo A,Guerrero-Ginel J E,et al,2006. Near-infrared reflectance spectroscopy for predicting amino acids content in intact processed animal proteins [J]. Journal of Agricultural and Food Chemistry,54:7703-7709.

de la Haba M J,Garrido-Varo A,Pérez-Marín D C,et al,2007. Near infrared analysis as a first-line screening technique for identifying animal species in rendered animal by-product meal [J]. Journal of Near Infrared Spectroscopy,15:237-245.

de la Haba M J, Garrido – Varo A, Pérez – Marín D C, et al, 2009. Near infrared spectroscopy calibrations for quantifying the animal species in processed animal proteins [J]. Journal of Near Infrared Spectroscopy, 17: 109 – 118.

Diger R N, Adeola O, 2006. Estimation of true phosphorus digestibility and endogenous phosphorus loss in growing pigs fed conventional and low – phytate soybean meal [J]. Journal of Animal Science, 84: 627 – 634.

Fan M Z, Archboid T, Sauer W C, et al, 2001. Novel methodology allows simulaneous measurement of ture phosphorus digestility and the gastrointestinal endogenous phosphorus outputs in studies with pigs [J]. Journal of Nutrition, 131: 2388 – 2396.

Fan M Z, Sauer W C, de Lange C F M, 1995. Amino acid digestibility in soybean meal, extruded soybean and full – fat canola for earlyweaned pigs [J]. Animal Feed Science and Technology, 52: 189 – 203.

Fan M Z, Sauer W C, Hardin R T, et al, 1994. Determination of apparent ileal amino acid digestibility in pigs: effect of dietary amino acid level [J]. Journal of Animal Science, 72: 2851 – 2859.

Fernández – Ibañez V, Soldado A, Martínez – Fernández A, et al, 2009. Application of near infrared spectroscopy for rapid detection of aflatoxin B1 in maize and barley as analytical quality assessment [J]. Food Chemistry, 113: 629 – 634.

Fontaine J, Hörr J, Schirmer B, 2001. Near – infrared reflectance spectroscopy enables the fast and accurate prediction of the essential amino acid contents in soy, rapeseed meal, sunflower meal, peas, fishmeal, meat meal products, and poultry meal [J]. Journal of Agricultural and Food Chemistry, 49: 57 – 66.

Fontaine J, Schirmer B, Hörr J, 2002. Near – infrared reflectance spectroscopy (NIRS) enables the fast and accurate prediction of essential amino acid contents. 2. Results for wheat, barley, corn, triticale, wheat bran/middlings, rice bran, and sorghum [J]. Journal of Agricultural and Food Chemistry, 50: 3902 – 3911.

Foster J G, Clapham W M, Fedders J M, 2006. Quantification of fatty acids in forages by near – infrared reflectance spectroscopy [J]. Journal of Agricultural and Food Chemistry, 54: 3186 – 3192.

Garnsworthy, P C, Wiseman J, Fegeros K, 2000. Prediction of chemical, nutritive and agronomic characteristics of wheat by near infrared spectroscopy [J]. Journal of Agricultural Science, 135: 409 – 417.

Givens D I, de Boever J L, Deaville E R, 1997. The principles, practices and some future applications of near infrared spectroscopy for predicting the nutritive value of foods for animals and humans [J]. Nutrition Research Reviews, 10: 83 – 114.

González – Martín I, Hernández – Hierro J M, Bustamant – Rangel M, et al, 2006a. Near – infrared spectroscopy (NIRS) reflectance technology for the determination of tocopherols in alfalfa [J]. Analytical & Bioanalytical Chemistry, 386: 1553 – 1558.

González – Martín I, Hernández – Hierro J M, Bustamant – Rangel M, et al, 2006b. Near infrared spectroscopy (NIRS) reflectance technology for determination of tocopherols in animal feeds [J]. Analytica Chimica Acta, 558: 132 – 136.

Kovalenko I V, Rippke G R, Hurburgh C R, 2006a. Measurement of soybean fatty acids by near – infrared spectroscopy: linear and nonlinear calibration methods [J]. Journal of the American Oil Chemists' Society, 83: 421 – 427.

Kovalenko I V, Rippke G R, Hurburgh C R, 2006b. Determination of amino acid composition of soybeans (*Glycine max*) by near-infrared spectroscopy [J]. Journal of Agricultural and Food Chemistry, 54: 3485-3491.

Li Y K, Shao X G, Cai W S, 2007. A consensus least squares support vector regression (LS-SVR) for analysis of near-infrared spectra of plant samples [J]. Talanta, 72: 217-222.

Lordelo M M, Shaaban S A, Dale N M, et al, 2008. Near infrared reflectance spectroscopy for the determination of free gossypol in cottonseed meal [J]. Journal of Applied Poultry Research, 17: 243-248.

Malde M K, Graff I E, Siljander-Rasi H, et al, 2010. Fish bones - A highly available calcium source for growing pigs [J]. Journal of Anamal Physiology and Animal Nutrition, 94: 66-76.

Pasquini C, 2003. Near infrared spectroscopy: fundamentals, practical aspects and analytical applications [J]. Journal of teh Brazilian Chemical Society, 14: 198-219.

Pérez-Marín D, Garrido-Varo A, Guerrero J E, 2006a. Remote near infrared instrument cloning and transfer of calibrations to predict ingredients percentages in intact compound feedstuffs [J]. Journal of Near Infrared Spectroscopy, 14: 81-91.

Pérez-Marín D, Garrido-Varo A, Guerrero J E, et al, 2006b. Use of artificial neural networks in near-infrared reflectance spectroscopy calibrations for predicting the inclusion percentages of wheat and sunflower meal in compound feedingstuffs [J]. Applied Spectroscopy, 60: 1062-1069.

Pointillart A, Coxam V, Seve B, et al, 2000. Availability of calcium from skim milk. calcium sulfate and calcium carbonate for bone mineralization in pigs [J]. Reproduction Nutrition Development, 4: 49-61.

Sato T, Eguchi K, Hatano T, et al, 2008. Use of near-infrared reflectance spectroscopy for the estimation of the isoflavone contents of soybean seeds [J]. Plant Production Science, 11: 481-486.

Sauer W C, de Lange K, 1992. Novel methods for deerimining protein and amino acid digestibility in feedstuffs [M]//Nissen S. ed. Morden Methods on Protein Nutrition and Metabolism. New York: Academic Press.

Sauvant D, Perez J M, Tran G, 2004. Tables of composition and nutritional value of feed materials: pigs, poultry, cattle, sheep, goats, rabbits, horses and fish [M]. Wageningen: Wageningen Academic Publishers.

Stein H H, Pedersen C, Wirt A R, et al, 2005. Additivity of values for apparent and standardized ileal digestibility of amino acids in mixed diets fed to growing pigs [J]. Journal of Animal Science, 83: 2387-2395.

Soares J H, 1995. Calcium bioavailability [M]//Ammerman C B, Baker D H, Lewis A J. ed. Bioavailability of Nutrients for Animals. New York: Academic Press.

van Barneveld R J, Nuttall J D, Flinn P C, et al, 1999. Near infrared reflectance measurement of the digestible energy content of cereals for growing pigs [J]. Journal of Near Infrared Spectroscopy, 7: 1-7.

van Kempen T, Bodin J C, 1998. Near-infrared reflectance spectroscopy (NIRS) appears to be superior to nitrogen-based regression as a rapid tool in predicting the poultry digestible amino acid content of commonly used feedstuffs [J]. Animal Feed Science and Technology, 76: 139-147.

Weremko D, Fandrejewski H, Zebrowsks T, et al, 1997. Bioavailbility of phosphorus in feeds of plant origin for pigs [J]. Asian - Australasian Journal of Animal Science, 10: 561-566.

Wu J G, Shi C H, Zhang X M, 2002. Estimating the amino acid composition in milled rice by near-infrared reflectance spectroscopy [J]. Field Crops Research, 75: 1-7.

第十六章 饲料抗营养因子与污染物

饲料中存在许多抗营养物质和污染物。抗营养物质是植物进化和生产过程中产生的。污染物则有很多种类，是饲料原料生产和饲料加工过程产生的。本章讨论主要饲料抗营养因子和污染物的产生、对猪的危害和防控措施。由于饲料抗营养因子很多，本章在抗营养因子的阐述方面以大豆抗营养因子为主体，对非淀粉多糖的讨论见本书第四章。

第一节 饲料抗营养因子

一、饲料中抗营养因子种类和性质

抗营养因子普遍存在于植物性饲料原料中，如大豆中的抗原蛋白、蛋白酶抑制因子，小麦中的非淀粉多糖，玉米中的植酸，高粱中的单宁，棉粕中的游离棉酚，菜粕中的硫葡萄糖苷、异硫氰酸酯等，这些抗营养因子作为一种"生物农药"，可保护植物免受微生物、昆虫及鸟类的侵害。植物中的抗营养因子对植物本身有利，但多数情况下对人和动物有害。通常一种植物含有多种抗营养因子，同一种抗营养因子也存在于多种植物中。这些抗营养因子通过干扰营养物质的消化吸收、破坏正常的新陈代谢和引起动物不良的生理反应等多种方式危害动物尤其是幼龄动物的生长和健康，从而在很大程度上降低了植物类饲料原料在动物体内的利用。按照抗营养作用方式的不同，通常将饲料抗营养因子分为以下六类：①抑制蛋白质消化和利用的因子，包括胰蛋白酶抑制因子、糜蛋白酶抑制因子、凝集素、酚类化合物、皂化物等；②对碳水化合物的消化有不良影响的因子，包括淀粉酶抑制剂、单宁、寡糖、胃胀气因子等；③降低矿物质元素利用的因子，如植酸、草酸、棉酚、硫葡萄糖苷等；④维生素颉颃物或引起动物维生素需要量增加的因子，包括抗维生素 A、维生素 D、维生素 E 和维生素 B_{12} 等抗维生素因子、双香豆素、硫胺素酶等；⑤刺激免疫系统的抗营养因子，如大豆球蛋白、伴大豆球蛋白等致过敏反应蛋白；⑥其他一些综合性抗营养因子，包括水溶性非淀粉多糖、致甲状腺肿因子、异黄酮和生氰糖苷等。其中胰蛋白酶抑制因子、糜蛋白酶抑制因子、凝集素、致甲状腺肿因子及抗维生素因子具有对热敏感的特性，称为热敏感抗营养因子；而皂苷、单宁、异黄酮、寡糖、致过敏反应蛋白及植酸等对热稳定，称为热稳定抗营养因子。

二、主要抗营养因子的危害及作用机理

(一) 蛋白酶抑制因子

蛋白酶抑制因子是饲料中的主要抗营养因子之一，是指能和蛋白酶的必需基因发生化学反应，从而抑制蛋白酶与底物结合，使蛋白酶的活力下降甚至丧失的一类物质。其主要存在于大豆、豌豆、蚕豆等豆类植物中，如生大豆中，蛋白酶抑制因子含量约为 30 mg/g。蛋白酶抑制因子主要包括胰蛋白酶抑制因子和胰凝乳酶抑制因子。根据其结构组成可分为包曼-伯克胰蛋白酶抑制因子和库尼兹胰蛋白酶抑制因子两类，两者的质量比约为 4∶1。包曼-伯克胰蛋白酶抑制因子能够对胰蛋白酶和胰凝乳蛋白酶起抑制作用，库尼兹胰蛋白酶抑制因子主要对胰蛋白酶有特异性的抑制。因此，库尼兹胰蛋白酶抑制因子含量的高低在很大程度上决定了其抗营养作用的强弱。动物饲喂试验表明，这类抗营养因子可显著降低仔猪、生长猪、肉鸡、生长蛋鸡的增重和饲料转化效率，使蛋鸡开产日龄推迟 1 周、产蛋率下降 5%、产蛋高峰期持续时间缩短，且与畜禽生产性能间存在数量依赖关系。以仔猪为例，当每千克基础饲粮中添加 2.4 g 的库尼兹胰蛋白酶抑制因子时，其生长速度比基础饲粮组下降 13%；当添加量增加到 7.2 g 时，生长速度下降 32%（Schulze 等，1993）。研究发现，大豆胰蛋白酶抑制因子主要在胃、十二指肠和空肠前段降解和吸收（谷春梅等，2013），且不同种属和不同生长阶段畜禽敏感性不同，幼龄畜禽要比生长和成年畜禽敏感得多，猪消化道对胰蛋白酶抑制因子的降解能力依次为育肥猪＞生长猪＞仔猪（Zhao 等，2008）。进一步研究表明，蛋白酶抑制因子通过抑制人和动物肠道内胰腺分泌的蛋白水解酶，如胰蛋白酶、糜蛋白酶和弹性蛋白酶等的活性，负反馈调节胰腺分泌功能，进而引起胰腺组织的代偿性增生和损伤，增加内源氮损失，最终引起胰腺增生和肥大、生长停滞等（Huisman 和 Jansman，1990）。

(二) 凝集素

凝集素是自然界广泛存在的一类能凝集细胞、多糖或糖复合物的非源于免疫反应的糖蛋白。人类对凝集素的认识已有 100 多年的历史，目前已发现 800 多种植物具有凝集活性，其中 600 多种属于豆科植物。凝集素也是饲料原料中主要抗营养因子之一，在成熟种子中的含量高达蛋白质总量的 10% 左右。饲粮中高含量的凝集素对动物生长有较强的抑制作用，这种抑制作用随动物种属、年龄和剂量等因素而异。一般来说，单胃动物、小鼠、大鼠和雏鸡对凝集素较为敏感，而凝集素对成年反刍动物的生长性能则没有显著影响（李振田等，2003）。研究发现，含大豆凝集素 1.5 mg/g 的饲料显著抑制大鼠细胞和体液免疫功能（Zang 等，2006）。饲喂含 0.1%～0.2% 大豆凝集素饲粮的仔猪，肠上皮结构严重被破坏，肠上皮细胞通透性和紧密连接蛋白表达量显著降低，养分利用率和生产性能显著下降（Zhao 等，2011）。大豆凝集素在进入胃肠道内后其糖蛋白结构能抵抗消化酶的降解作用，并与小肠黏膜上皮细胞结合导致微绒毛萎缩，随后在其受体的介导下内吞入肠上皮细胞后引起蛋白质合成加快，并促进腺窝细胞的分裂，进而严重影响小肠和相关组织的代谢，这种组织和生理变化过程可能是大豆凝集素造成生长抑制

的主要原因。大豆凝集素对内脏器官结构的影响也较显著。大豆凝集素可诱导肠神经内分泌细胞分泌胆囊收缩素（CCK），诱发多胺依赖的胰腺和小肠的增生，同时造成大鼠脾脏和肾脏的退化（臧建军等，2007），这为解释大豆凝集素抑制动物生长的机理增加了新的理论依据。

（三）抗原蛋白

大豆中的抗原蛋白主要包括大豆球蛋白（Glycinin）和 3 种伴大豆球蛋白（α - conglycinin、β - conglycinin 和 γ - conglycinin）。其中，Glycinin 和 β - conglycinin 是大豆中免疫原性最强的两种抗原蛋白，二者约占大豆总蛋白质的 70%。Glycinin 和 β - conglycinin 主要引起仔猪、犊牛等幼龄动物的过敏反应，导致生长性能和采食量显著下降，该反应的症状主要表现为腹泻。研究表明，仔猪发生过敏反应的程度与抗原蛋白的剂量相关，相对高剂量可导致更为严重的免疫反应。但其对育肥猪生长性能无显著不良影响。特异性结合的抗原蛋白主要分布在胃黏膜、小肠绒毛、隐窝和肠系膜淋巴结中，且免疫活性由胃到小肠逐渐下降，但 β - conglycinin 比 Glycinin 的下降速度慢得多，到回肠时，剩余 Glycinin 的活性为 5.5%，β - conglycinin 则为 21.4%（Wang 等，2009，2010）。抗原蛋白引起幼龄动物过敏反应的基本机制（图 16 - 1）为：幼龄动物采食含大豆蛋白质的饲粮后，大部分 Glycinin 和 β - conglycinin 被降解为肽和氨基酸，由于幼龄动物肠道发育不成熟，小部分 Glycinin 和 β - conglycinin 穿过小肠上皮细胞间或上皮细胞内的空隙完整地进入血液和淋巴，刺激肠道免疫组织，产生包括特异性抗原抗体反应和 T 淋巴细胞介导的迟发性过敏反应，前者引起 IgE 介导的小肠肥大细胞数量上升和组胺释放增加，引起上皮细胞通透性增加和黏膜水肿，进而破坏动物体液和细胞免疫平衡，引发过敏反应并降低生产性能，后者主要引起肠道形态变化，表现为小肠绒毛萎缩，隐窝细胞增生（Li 等，1990；Sun 等，2008），同时导致消化吸收障碍、生长受阻以及过敏性腹泻（Sun 等，2009）。

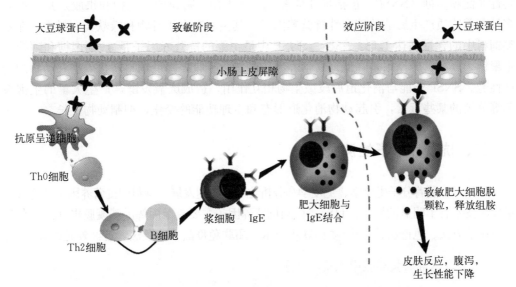

图 16 - 1　大豆球蛋白引起仔猪迟发型过敏反应的机制示意图

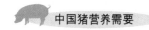

(四) 不良寡糖

大豆寡糖是大豆中一类低聚糖的总称，主要包括棉籽糖和水苏糖。近年来，人们对大豆寡糖进行了很多的研究，主要集中于大豆寡糖对养分利用率、肠道微生物区系和肠道代谢产物的影响。研究结果证实，大豆寡糖发挥抗营养作用或益生元作用存在明显的量效关系。例如饲粮中的大豆寡糖含量在1%以下时，可以促进断奶仔猪肠道有益微生物的增殖。但1%以上大豆寡糖对仔猪日增重有负效应，且主要发生在断奶后前2周，当饲粮大豆寡糖达到2%时，过量寡糖可引起后肠微生物过度发酵，刺激肠道蠕动和食糜的流通速度明显加快，饲粮能量、干物质、蛋白质、有机物、粗纤维和氨基酸的利用率显著降低，同时提高断奶仔猪的腹泻率（张丽英等，2001）。

(五) 其他抗营养因子

单宁（tannins），又名鞣酸或鞣质，主要存在于高粱和油菜籽中的一类分子量较大、结构复杂的多元酚类聚合物。它不仅降低动物的采食量，影响营养物质的消化率，而且还对动物胃肠道有一定的损伤作用。植酸，又名肌醇六磷酸，是植物体中有机磷的主要存在形式。它在种子发芽时，能逐渐被水解而利用，因此植酸对于植物种子具有很高的营养价值。但由于植酸本身的结构特点和它很强的螯合性，以植酸盐形式存在的磷不能被人和单胃动物利用，而且植酸还影响其他养分的利用。因此，对人类和单胃动物来说，植酸常常被视为抗营养因子。其抗营养作用主要表现为降低矿物质元素磷等的利用率，影响蛋白质的消化率和消化酶的活性，降低植物中磷和蛋白质的消化率。棉酚主要存在于棉类植物中，是一种多酚化合物。游离棉酚是主要的抗营养物质（结合棉酚没有毒性）。其主要抗营养作用在于，游离棉酚的活性醛基和羟基可以和蛋白质结合，降低蛋白质的利用率，同时对胃肠黏膜有刺激作用，引起胃肠表面黏膜发炎、出血，并能增加血管壁的通透性，使血浆、血细胞渗到外周组织，使受害组织发生血浆性浸润。水溶性非淀粉多糖（SNSP，包括半纤维素、β-葡聚糖、阿拉伯木聚糖和果胶）是一种对多种营养物质产生影响的综合性抗营养因子，其主要存在于谷物和糠麸类饲料中，在麦类饲料中的含量高达1.5%~8%。SNSP中最主要的抗营养因子是β-葡聚糖和阿拉伯木聚糖。其抗营养作用是降低饲料营养物质的消化吸收，降低饲料转化效率和动物的生产性能。SNSP还能与消化道后段微生物相互作用，造成厌氧发酵，产生大量的生孢梭菌等分泌的某些毒素，引起动物消化道形态和生理功能的变化，抑制动物生长。

三、抗营养因子检测技术

近年来，随着分子生物学、免疫学和分析化学的快速发展，饲料中抗营养因子的定性定量检测技术有了明显的提高。目前，检测抗营养因子主要有聚丙烯酰胺凝胶电泳法、免疫组织化学方法、色谱法、色谱-质谱联用技术、酶联免疫法、比色法、近红外光谱等方法。

(一) 聚丙烯酰胺凝胶电泳检测方法

长期以来，人们一直运用聚丙烯酰胺凝胶电泳（SDS-PAGE）方法来识别和鉴定蛋白质类大豆抗营养因子，主要是根据大豆抗原蛋白的特征条带染色后颜色的深浅来估算其含量，属于定性及半定量检测。例如，黄丽华等（2003）利用SDS-PAGE方法分析了我国122份大豆种子中Glycinin和β-conglycinin的含量及两者的比值，结果发现Glycinin在两种球蛋白中的含量为40.67%～72.07%，平均值为60.84%；β-conglycinin为27.93%～59.33%，平均值为39.16%，两者含量呈显著负相关。Ma等（2006）利用SDS-PAGE方法对706份中国大豆种质资源中Glycinin和β-conglycinin组分及其亚基相对含量进行了研究，结果表明，706份大豆种质资源中Glycinin和β-conglycinin及其亚基相对含量具有丰富的遗传变异。桑玉英等（2001）发展了常规SDS-PAGE-明胶电泳检测蛋白酶抑制剂的方法，电泳后处理时间缩短到3 h，在一定程度上提高了检测灵敏度。王利民等（2009）用SDS-PAGE方法定量检测体外模拟猪胃肠环境反应体系中剩余的凝集素，结果表明，凝集素在猪消化道内有一定程度的降解，同时与大豆凝集素的浓度和通过胃的时间密切相关。但是，SDS-PAGE方法定量不够精确，不利于生产企业对大豆及其加工产品质量的精确监控，以及饲料企业对该类产品的评价和选择。

（二）免疫组织化学检测方法

免疫组织化学方法是应用抗原和抗体特异性结合的原理，检测细胞内多肽和蛋白质等大分子物质的分布。利用免疫组织化学方法并结合图像分析系统，可对食品或饲料混合物中的目的抗原蛋白进行直接的定位、定性及定量。例如，鲍男（2007）成功利用免疫组化技术对仔猪各段小肠组织中的β-conglycinin和Glycinin进行了定位和定量分析。王利民等（2010）也用此方法研究大豆凝集素与猪小肠的不同部位黏膜特异性结合的程度，结果表明，整个小肠黏膜与凝集素都有特异性结合，光密度值由十二指肠到空肠中部呈下降趋势，从空肠后部到回肠开始上升，凝集素在小肠前部主要与绒毛的上半部分结合，而在小肠后部较均匀地分布于黏膜上皮、固有层和中央，猪小肠后部对凝集素的内吞作用较强。但此方法需要较长的分析时间，并且需要的设备也比较昂贵，因此限制了该技术推广和广泛的应用。

（三）色谱检测方法

近来，色谱和色谱质谱联用等高端仪器分析技术以其独有的准确性和灵敏性，逐渐应用于大豆蛋白质的分离纯化、定性和相对定量检测。例如，Mujoo等（2003）和María等（2007）分别建立了同步检测大豆中的β-conglycinin和Glycinin的高效液相色谱法；Shan等（2008）用梯度层析串联质谱的方法检测包括大豆胰蛋白酶抑制因子在内的6种大豆蛋白质。该方法能在50 min内分离检测出多种大豆蛋白质。此外，Lucía等（2010）建立了同步快速检测大豆中胰蛋白酶抑制因子和凝集素的高效液相色谱-串联质谱法。同时，周天骄等（2015）报道了利用离子色谱测定3种大豆寡糖的同步测定方法。高效液相色谱法也能测定饲料中的游离棉酚等抗营养因子（贺秀媛等，2008）。气相色谱法可以用来测定饲料中的寡糖、非淀粉多糖、异硫氰酸酯等（张丽英等，2004；张凤枰等，2014）。

(四)酶联免疫检测方法

酶联免疫(ELISA)方法的原理是抗原抗体的特异性结合反应,此法为高通量的定性和定量检测,特异性强,敏感度高,简单快速。邢春芳和葛向阳(2010)建立了竞争性ELISA方法检测豆粕中的胰蛋白酶抑制因子,检出限达到了2ng/mL。李振田等(2004)建立的间接抑制ELISA方法测定不同品种大豆及部分加工产品中大豆凝集素含量的结果表明,其检测限低于10 ng/mL。Ma等(2010)用纯化Glycinin免疫小鼠制备出单克隆抗体,建立的Glycinin竞争性ELISA方法检测限达到了0.3ng/mL。You等(2008)以β-conglycinin分子上的一段抗原表位肽为半抗原,成功制备了能够识别α与α′亚基的抗β-conglycinin单克隆抗体,该抗体表现出较强的特异性和亲和力,建立的竞争性ELISA方法的线性范围为2.0~11.5ng/mL,检测限为2.0ng/mL,Hei等(2012)用竞争性ELISA法测定了2009年和2010年共927个世界主要大豆核心种质的β-伴大豆球蛋白、大豆球蛋白、胰蛋白酶抑制因子和凝集素共4种主要大豆抗营养因子的含量,并比较了不同产地、不同年代和5种不同加工工艺大豆产品中4种主要抗营养因子的含量,为大豆品种的选育及不同加工工艺的大豆产品在畜禽饲料中的高效利用提供了基本参数。抗体技术为定量分析大豆蛋白质提供了一个有效工具,同时为指导大豆的正确加工以减少或消除蛋白质类大豆抗营养因子的免疫活性,提高大豆养分的利用效率奠定了基础。

(五)其他检测方法

近年来,近红外反射光谱分析和微流控芯片技术(Blazek和Caldwell,2009)等技术也用于寡糖和大豆抗原蛋白的检测。氢氧化钾、脲酶、免疫学和酶化学等多种分析方法被用于检测大豆中的胰蛋白酶抑制因子,其中氢氧化钾检测法和脲酶检测法都是间接检测胰蛋白酶抑制因子的含量。最经典的检测方法是Kakade酶化学方法,此方法是用反应中被抑制的胰蛋白酶的活性反映胰蛋白酶抑制因子的含量。利用大豆凝集素能与动物红细胞结合而凝集的特性对样品中的凝集素进行检测,是检测大豆凝集素的主要方法之一,运用此原理可估计出大豆凝集素的含量。此外,紫外-可见分光光度法也可以用来检查饲料中的单宁、植酸等抗营养物质。

四、抗营养因子钝化降解技术

物理和化学方法或者二者相结合的方法是钝化或降解饲料抗营养因子的常用方法,常用的物理学方法有蒸煮、膨化、焙烤和微波处理等,乙醇浸提则是常用的化学方法。近年来,生物学、转基因与育种筛选及营养缓释等方法也得到了广泛的研究和应用。

(一)膨化膨胀等物理方法钝化抗营养因子

物理方法如蒸煮、焙烤、常压湿热、高压湿热、膨化、膨胀等加工工艺能有效钝化饲料中的抗营养因子,其原理是通过加热使饲料中对热敏感的抗营养因子活性降低或消除。例如,胰蛋白酶抑制因子和凝集素对热不稳定,通过加热处理可以降低其活性。但

大豆中 β-conglycinin 和 Glycinin 具有热稳定性，直接加热并不能彻底破坏其抗原活性至无害水平。采用 100 ℃、蒸汽加热 30 min 的常压湿热钝化技术，可使大豆中胰蛋白酶抑制因子、凝集素活性分别下降 90% 和 95% 以上，蛋白质消化率提高 5～8 个百分点。烘烤能有效地消除大豆中 β-conglycinin 和 Glycinin 的抗原性，但是温度过高会降低蛋白质的品质。生大豆在 100 ℃ 分别烘烤 10 min 和 30 min，结果显示大豆中 β-conglycinin 的活性分别为烘烤前的 17% 和 5%，Glycinin 的活性分别为烘烤前的 6% 和 3%（Ouédraogo 等，1998）。采用 120 ℃、7.5 min、0.14 MPa 的高压湿热钝化技术，可使大豆中胰蛋白酶抑制因子活性降低 95% 以上，大豆球蛋白和 β-伴大豆球蛋白的免疫原性降低 60%～65%，蛋白质利用率提高 7～10 个百分点（孙鹏，2005）。采用孔径 10～15 cm、出口温度 105～115 ℃、物料含水量 8% 左右的膨胀技术参数处理豆粕，发现与普通豆粕相比，胰蛋白酶抑制因子活性降低 85%，断奶仔猪日增重提高 7.2%，氮利用率提高 6.1%（Qin 等，1996）。采用螺旋转速 450～550 r/min、大豆含水量 12.5%～13.5%、出口温度 140～150 ℃ 的干法挤压膨化技术参数处理全脂大豆，产品中胰蛋白酶抑制因子活性可降低 89%，蛋白质溶解度达 78%；饲粮中使用 10%～15% 的干法挤压膨化大豆，肉鸡和仔猪增重分别提高 2.3% 和 3.9%，氮利用率分别提高 4.5% 和 5.1%（谯仕彦等，1997a，1997b，1998，1999）。孔径 3～5 cm、进口温度 85～90 ℃、出口温度 120～130 ℃、物料停留时间 5～7 s 的大豆湿法挤压膨化技术参数，产品中胰蛋白酶抑制因子活性可降低 92%，凝集素完全失活，抗原蛋白活性降低 82%，蛋白质溶解度达 76%（Qiao 等，2001）。

（二）乙醇提取等化学方法失活大豆抗营养因子

化学处理方法是通过在某些化学物质在一定条件下进行反应，使抗营养因子活性降低或失活，从而达到钝化或失活目的，其原理是通过化学物质使蛋白质类抗营养因子分子结构改变而失去活性。1979 年，Kilshaw 和 Sissons 首次用 65～80 ℃ 的乙醇提取大豆产品，提取后的大豆产品中检测不出 β-conglycinin。用 65%～70% 的乙醇在 70～80 ℃ 下处理大豆后，大豆蛋白质的抗原活性明显降低。

（三）生物学方法降解大豆抗营养因子

生物学方法则通过添加适宜酶制剂（如植酸酶）或微生物发酵处理以分解大豆中的抗营养因子。目前，生物学方法的研究和应用越来越多。Song 等（2010）用混合菌种固态发酵的豆粕代替豆粕饲喂断奶仔猪，结果表明，新生仔猪的采食量和日增重都有所增加，腹泻率及腹泻程度降低，血清中的抗 β-conglycinin 抗体明显减少。Qiao 等（2010）选育出高效降解大豆抗营养因子的耐高温酿酒酵母、枯草芽孢杆菌 MA139 等农业农村部允许使用的安全菌株，采用独特的豆粕呼吸膜固态发酵产业化生产工艺，可将大豆胰蛋白酶抑制因子活性降低 95% 以上，大豆球蛋白和 β-伴大豆球蛋白的含量降低 90% 以上，寡糖含量下降 95% 以上。Chen 等（2007）针对幼龄动物对低抗营养性、高消化率大豆蛋白质的需求，采用诱变育种和分子定向进化技术，选育出 α-半乳糖苷酶和 β-甘露聚糖酶高产菌株，产业化生产酶活分别达 350 U/mL 和 10 000 U/mL，两种酶联合使用可降解 80% 以上的大豆寡糖，使含 25% 豆粕的肉鸡饲粮代谢能提高约 209 kJ/kg。

(四) 转基因与育种筛选去除抗营养因子技术

通过常规育种或基因工程技术培育少含或不含抗营养因子的植物品种，可从根本上消除植物饲料中的抗营养因子，大大降低加工成本，并可避免因加工处理不当造成的营养成分的损失。虽然育种方法周期长、投入多，培育完全不含任何抗营养因子的植物品种难度较大，但培育单一抗营养因子缺失类型的大豆已有成功的先例，如 Herman 等 (2003) 运用基因沉默技术去掉了大豆中可引起人过敏的 P34/Gly m Bd 30 k 大豆致敏蛋白，对植物本身没有负面影响，也不改变大豆种子的营养组成。此外，还有低胰蛋白酶抑制因子大豆、低凝集素大豆和低植酸大豆等品种。加拿大培育的双低油菜籽则是低抗营养因子植物品种培育的成功例子。随着植物育种技术的进一步发展，有望成功培育出低纤维含量的油菜籽、低游离棉酚的棉籽。

(五) 缓解饲料抗营养因子不良反应的营养学技术

增加饲料中碘和硫酸亚铁的含量可缓解游离棉酚对动物的不良反应，已被用于生产实践中。近 10 多年来，有不少的研究者探讨了缓解大豆抗原蛋白对动物的不良反应。有研究表明，添加致敏阻断剂可有效缓解大豆蛋白质的致敏作用。Sun 等 (2009) 以仔猪致敏试验模型研究发现，每天摄入 1.0 g 维生素 C 可有效缓解仔猪的过敏症状。Han 等 (2010) 以大鼠为实验动物模型研究发现，饲喂含有硫辛酸的饲粮能够缓解大豆引起的大鼠过敏症状。Song 等 (2011) 以断奶大鼠为动物模型，探讨葡萄籽花青素缓解断奶腹泻的效果及其可能的作用机理，结果显示葡萄籽花青素可以通过降低肠黏膜通透性，提高肠黏膜抗氧化能力，缓解断奶应激所致腹泻，具有潜在的减少断奶腹泻的应用前景。Hao 等 (2010) 发现，中草药能有效缓解大豆抗原蛋白引起的过敏反应，如连翘提取物可通过降低抗原特异性 IgE 水平、减少肥大细胞脱颗粒、抑制组胺的释放来缓解 β-conglycinin 诱导的仔猪过敏反应，而柴胡皂苷可抑制肥大细胞脱颗粒，并保护细胞膜的完整性。这些研究表明致敏阻断剂可以用作饲料添加剂来降低大豆抗原蛋白的抗营养作用。

第二节 饲料污染物

饲料污染物通常是饲料在贮存、运输、加工或生产过程中，由于加工或贮存方式不当而产生的一些外源性有毒有害物质。饲料污染物可发生于饲料生产的各个环节，是影响饲料卫生的重要因素。这些物质的毒性效应可表现为直接或间接影响内分泌、免疫、生殖、神经传递等生理机能，当动物采食并吸收一定数量后，即可发生机体的机能性或器质性病变，导致生产性能下降，出现某些特征性中毒症状，严重时可造成动物中毒死亡。

一、饲料中污染物种类和分布

饲料中的污染物种类繁多，分布广泛，主要分为以下几类：

1. 细菌　细菌是自然界中数量最多的生物，分布极为广泛，常见于土壤、水、动植物体表及各种含蛋白质饲料中。饲料中的细菌主要来自饲料生产、贮存、运输各环节的外界污染，根据其致病性而通常将其分为致病性细菌和非致病性细菌，致病菌主要包括大肠杆菌、沙门氏菌等。

2. 霉菌和霉菌毒素　它们是对饲料危害最大的生物性污染物。污染饲料的霉菌有30余种，主要有曲霉属、青霉属、镰刀霉属等，每一菌属都包括多种霉菌。霉菌毒素是能直接引起畜禽病理变化或生理变化的霉菌代谢产物。霉菌种类很多，但能产生霉菌毒素的只限于一部分产毒霉菌。目前已知的霉菌毒素有200余种。饲料中常见的霉菌毒素主要有黄曲霉毒素、赭曲霉毒素、T-2毒素、玉米赤霉烯酮、脱氧雪腐镰刀菌烯醇（即呕吐毒素）、杂色曲霉素10余种。

3. 有害元素　环境污染中常涉及的元素主要有汞、镉、铬、铜、锌、镍、钼、钴、砷。尽管铜、铁、锌、锰等是生命活动所必需的微量元素，但当浓度超过一定的限度时，就会对动植物机体造成损害，而污染饲料的重金属元素主要有砷、铅、汞、氟、镉、铬等。这些重金属元素往往在微量或常量接触的条件下，即可对动物机体产生明显的毒害作用，它们在进入环境或饲料后，不容易被分解，而是长期残留，并在动植物体内蓄积，引起动物中毒。

4. 农药残留　农药根据用途一般可分为7种类型，即杀虫剂、杀螨剂、杀菌剂、除草剂、杀线虫剂、植物生长调节剂、杀鼠剂。农药残留主要来源是在实施农药的过程中，一部分直接作用于植物作物上，一部分散落在土壤、空气、水等环境中，这些环境中残存的农药一部分又会被植物吸收造成农药残留。残留的农药可以通过饲料作物、水、土壤和空气到达畜禽体内。

5. 其他污染物　饲料中还存在有很多其他类型的污染物，如青绿饲料和鱼粉类饲料中的硝酸盐、亚硝酸盐类物质，以及在饲喂过程中非法添加的抗生素、激素或其他违禁药物，以及饲料生产、运输、贮存过程中可能接触到的工业或生活废弃物产生的二噁英、多环芳烃和多氯联苯等典型的持久性有机污染物。

二、饲料常见细菌的污染及控制

（一）常见细菌的危害

饲料，尤其是一些营养成分含量高的饲料（如肉骨粉），或含油含水分高的饲料（如植物油料加工的饼粕），或由含菌物生产的饲料（如发酵饲料等），在消毒不好等情况下，其中细菌含量会显著增加。当细菌达到一定的数量时，可引起饲料腐败变质，渗出物增加，发黏，产生特殊难闻的恶臭味，营养价值大幅度降低，进而降低动物的采食量，并增加了致病菌存在的可能性，引起动物机体的不良反应（李文立，2007）。致病性细菌主要通过畜禽的消化道感染，在畜禽中可引起多种综合征，包括家禽败血症、慢性呼吸道疾病和输卵管炎，仔猪水肿病，羔羊和犊牛痢疾，马和绵羊流产等（徐廷生等，2000）。另外，饲料受细菌污染后，一些病原菌可感染或定殖于动物体内，再经食物链传播给人类，引发人类食源性感染，危害人类的健康，又称食物中毒。与人类食物中毒关系较密切的主要是沙门氏菌和致病性大肠杆菌，蛋类、禽类肉制品和猪肉是人类感染沙门氏菌和致病性大肠杆菌的主要渠道（Torres等，2011）。

（二）常见细菌的检测方法

目前饲料中常见的细菌检测方法有平板计数法和预增菌法。平板计数法主要通过平板计数来计算样品中细菌数量是否超标。无菌称取一定量的待检样品，用生理盐水溶解，将试样稀释至适当的浓度，并用特定的培养基在（30±1）℃条件下培养（72±3）h，然后计算平板中长出的菌落数，再计算每克试样中细菌数量。在饲料安全检测中，对饲料中有害微生物的控制主要是沙门氏菌，而样品中可能存在少量的沙门氏菌但含有大量肠杆菌科的其他菌，因此选择性增菌是必需的，而且为了激活受伤的沙门氏菌，常通过细菌培养进行预增菌。增菌使沙门氏菌抗原浓度增加，更有利于检验结果的呈现。样品经过预增菌后，再经过选择性增菌，最后再用生物化学方法进行鉴定。

（三）常见细菌污染的预防

饲料细菌污染的防控措施主要包括：①原料的合理选用与贮存。首先，禁止使用被污染的原料，选择优质原料进行生产和加工；其次，贮存饲料原料的仓库应定期消毒，经常打扫，控制饲料厂的粉尘；最后，原料和成品应分开放置，防止交叉污染。②加强生产环节的管理与控制。动物性饲料原料应尽量干燥，严格控制含水量，如发酵血粉需干燥到含水在8%以下，且需严格密封包装。动物性饲料原料的生产多经高温处理，用高温干燥器或挤压蒸煮机等加热设备凝固蛋白质杀死细菌。用发酵法生产畜禽屠宰废弃物饲料必须掌握正确的发酵方法以保证产品的质量和消灭病原菌。③添加防腐剂。饲料中可添加防腐剂，消灭和抑制饲料中病菌的生长与繁殖。目前多数饲料厂使用丙酸及其盐类防腐剂，此类防腐剂对于需氧芽孢杆菌和沙门氏菌、大肠杆菌等革兰氏阴性菌的抑菌效果较显著。亦可选用苯甲酸、山梨酸及其盐类。鱼粉等动物性饲料还需添加适量抗氧化剂。

三、常见霉菌及霉菌毒素的污染及控制

（一）常见霉菌及霉菌毒素的污染现状和分布

霉菌在自然界中分布广泛，种类繁多，大多数霉菌都能引起粮食、饲料等多种物质的霉腐变质。霉菌毒素则是真菌或霉菌产生的对畜禽有毒有害的次级代谢产物，饲料从田间种植或微生物培养、收获贮存到加工处理、饲喂前的贮存，直至被动物食入为止，都有与霉菌接触的机会。一旦霉菌生长需要的环境温度、湿度、营养得到满足，它们就会繁殖。我国饲料霉菌污染十分普遍和严重，已逐渐引起人们的重视。不同谷物或豆科籽实所寄生的优势霉菌是不同的，而且有一定的规律性。一般粮食中以曲霉和青霉为主，黄曲霉及其所产生的毒素在玉米和花生中检出率较高，小麦则以镰刀菌及其产生的毒素污染为主，青霉及毒素易于大米中出现。在一定环境条件下，蛋白质、碳水化合物含量高的饲料如鱼粉、肉骨粉、豆饼、玉米等易于霉变，而粗纤维含量高的饲料如干草粉、玉米秸等则不易被霉菌侵蚀。

(二) 常见霉菌及霉菌毒素的危害

霉菌和霉菌毒素是对饲料危害最大的生物性污染物。据统计，全世界平均每年有10%的饲料由于霉变而损失。饲料霉变的损失来自两个方面：一是营养方面，被污染饲料的质量和适口性都会降低，其营养成分被霉菌消耗利用，从而使饲料的营养价值降低，动物采食量减少。二是病理方面，动物采食被霉菌毒素污染的饲料后，可引起畜禽的急、慢性中毒，导致机体免疫机能和抵抗力下降、易感性提高、饲料利用率降低、生产性能下降（谢晓鹏等，2013）。此外，霉菌毒素及其代谢产物还会残留到肉、蛋、奶等畜产品中，从而进入人类食物链导致人霉菌毒素中毒，危害人类健康。

(三) 常见霉菌及霉菌毒素的检测方法

常见霉菌及其毒素的检测方法主要有：①目测法。当出现畜禽拒食，饲料和谷物发热，有轻度异味，色泽变暗，饲料结块等迹象时，饲料可能已经发生霉变。因此，饲料结块是诊断饲料霉变的最简易实用的方法之一。②免疫学检验法。应用于检测霉菌毒素，主要分为酶联免疫吸附法（ELISA）和放射免疫分析法（RIA）。ELISA法由于快速、灵敏、可定量、无须贵重仪器设备，且对样品纯度要求不高等特性，特别适用于大批量样品的检测。RIA则具有方法简单，灵敏度高的特点，但由于RIA法的使用受到条件和设备的限制而不如ELISA法应用广泛。③薄层层析法（TLC）。是一种简便、快速、廉价、易于应用的方法，也是我国测定食品及饲料中霉菌毒素的国家标准方法之一。其原理是根据霉菌毒素在薄层板上层析展开、分离后，利用霉菌毒素的荧光性，根据荧光斑点的强弱与标准品比较测定其最低含量。目前已采用TLC法分离出黄曲霉毒素、杂色曲霉毒素、震颤素等毒素，但该法样品前处理烦琐，且提取和净化效果不够理想。④色谱法。一直是最重要的霉菌毒素的化学分析方法，被广泛应用于真菌毒素的测定，如气相色谱法主要用于脱氧雪腐镰刀菌烯醇（DON）的定量检测。有些霉菌毒素含有荧光特性的发色基团，如黄曲霉毒素、赭曲霉毒素、玉米赤霉烯酮，这些毒素主要用液相色谱的荧光检测器检测。近年来，液相色谱-串联质谱法已经用于多种霉菌毒素的定性和定量测定（王瑞国等，2015）。

(四) 常见霉菌及霉菌毒素污染的防控

为了防止饲料原料及饲料产品免受霉菌和霉菌毒素的污染，要从饲料防霉和霉菌毒素脱毒两个方面采取措施。饲料中防霉可以从多种途径进行，如培育抗真菌的作物品种（谢晓鹏等，2013）；采用适当的种植和收获技术；严格掌握饲料的水分、改善贮藏条件，防止饲料原料如玉米在生产前就霉变；控制好饲料的加工过程，特别是控制好饲料的水分及高温制粒后的降温过程；控制好饲料的贮藏和运输，防止饲料因潮湿、高温、包装损坏、昼夜温差太大、雨淋等因素而霉变；在饲料中加入足量的防霉剂是预防霉变的重要措施。

四、常见有毒有害元素的污染及控制

(一) 常见有毒有害元素的来源

饲料中有毒有害元素的来源主要包括：①工业废水、废气、废渣的排放。②粮食生产过程中造成的污染。农作物在生产过程中，由于化肥、农药的使用，或者利用工业废水或生活污水进行农作物灌溉等，从而使有毒有害元素被作物吸收从而造成污染。③饲料加工过程造成的污染。饲料在加工过程中所使用的金属机械、管道、贮存容器可能含有某些重金属元素，在饲料加工过程中由于机械摩擦、饲料酸度过大等原因造成金属元素混入饲料。④矿物质饲料或饲料添加剂的使用，矿物质饲料（如饲用磷酸盐类、饲用碳酸钙类）和饲料添加剂（特别是微量元素添加剂）的质地不纯，其中重金属元素杂质含量过高，也可使饲料受到污染。

(二) 常见有毒有害元素的危害

镉对动物的慢性毒作用主要是损害肾小管，使肾小管的重吸收功能发生障碍，可出现尿钙及尿磷增加，进一步导致动物机体骨质疏松症，且对雄性动物生殖系统有明显的毒害作用。同时，镉还具有遗传毒性，可引起染色体畸变和DNA损伤。铅污染饲料引起的慢性中毒可损害神经系统、造血系统和肾脏，表现为神经衰弱症候群及中毒性多发性神经炎，引起肾小管上皮细胞变性、坏死，对消化道黏膜有刺激作用，导致分泌与蠕动机能紊乱，便秘或便秘与腹泻交替出现。砷是动物必需的微量元素，又是剧毒物质。砷化物毒性强度依次为砷化氢＞三价砷＞五价砷＞有机砷。砷是一种细胞质毒物，阻碍细胞呼吸，造成细胞代谢障碍。砷对多种酶有抑制作用，从而引起神经系统、肝脏、肾脏等重要器官发生病变。饲粮添加高剂量铜可促进仔猪和生长猪的生长，断奶仔猪饲粮添加药理剂量的氧化锌则可促进仔猪生长、控制断奶后腹泻，这些已在矿物质一章中进行过详细的讨论。一般动物对铜和锌具有很强的耐受性。饲料中长时间使用该剂量铜和锌化合物，可导致铜和锌在肝脏、肾脏等组织中蓄积，危害机体健康。

(三) 常见有毒有害元素的检测方法

常见的有害元素的检测方法有：原子吸收光谱法、原子荧光光度法、电感耦合等离子体质谱（ICP-MS）、电感耦合等离子体-原子发射光谱法（ICP-AES），这些技术可以对有毒有害元素进行精确的定量分析（Wang等，2007；姚振兴等，2011；Liu等，2012）。高效液相色谱法也可以通过与有机试剂形成稳定的络合物而实现痕量金属离子的多元素同时测定。例如，卟啉类试剂具有灵敏度高，能和多种金属元素生成稳定的络合物，目前已广泛用作液相色谱测定金属离子的衍生试剂。此外酶抑制法具有快速、简便、对所分析的样品需要量少等优点，目前已经有多种酶用于重金属离子的测定，如脲酶、过氧化氢酶、磷酸酯酶、葡萄糖氧化酶等，其中脲酶因为其廉价易得，且稳定性、结果的可重现性也更好，而应用最广泛（吕彩云，2008）。

(四) 常见有毒有害元素污染的防控

主要有：①完善相关法律法规，严格控制工业"三废"的排放；②加强农用化学物质的管理，禁止使用含有毒重金属元素的农药、化肥等化学物质；③减少重金属向植物体内的迁移，在可能受到重金属污染的土壤中施加石灰、碳酸钙、磷酸盐等改良剂和具有促进还原作用的有机物质；④限制使用含铅、镉等有毒重金属元素的饲料加工工具、管道、容器和包装材料；⑤制订和完善饲料中有毒重金属元素的饲料卫生标准，加强对饲料的卫生监督检测工作。此外为了减少与防止饲料中有毒重金属元素对机体的危害，可根据不同有毒重金属元素对机体损害的特点，适当提高饲粮的蛋白质水平（特别是增加富含含硫氨基酸的优质蛋白质），大量补充维生素C及适量的维生素B_1、维生素B_2、维生素E等，减少有毒有害元素对机体的免疫损伤。

五、农药残留的污染及控制

(一) 农药的污染途径

饲用作物从污染的环境中吸收农药。作物从根部吸收或叶片代谢吸收空气中残留的药剂或使用被污染的水源灌溉作物，都会导致农作物农药残留量增大，污染饲料，最终通过畜产品危害人类健康（乌仁图雅和崔志强，2014）。动物源性饲料原料中的农药残留，如肉骨粉、鱼粉、水解羽毛粉等主要来源于动物自身。动物由于接触或食入含有农药的饲用作物或水源，最终导致一些不易降解的农药如有机氯类等农药转入家畜体内。

(二) 农药残留的危害

经口摄入的农药可被肠道吸收，除部分经过粪、尿排出体外，主要在肝脏、肾脏、脾脏及脑组织、脂肪组织中蓄积，造成畜禽急性、慢性中毒，甚至产生诱变、致畸、致癌作用。很多农药影响动物的生殖能力，引起性周期紊乱，胚胎在子宫内的发育发生障碍，导致家禽蛋重减轻、蛋壳变薄。有机氯类杀虫剂主要损害畜禽中枢神经系统、小脑、脑干和肝脏、肾脏、生殖系统。有机磷和有机氯类农药还是神经毒素，表现为中枢神经兴奋，骨骼肌震颤，呼吸困难等症状（边连全，2005；Aulakh等，2006）。近年来发现，某些有机磷类农药在哺乳动物体内使核酸烷基化，损伤DNA，从而具有潜在的致癌作用。有机汞还具有诱变作用，使动植物染色体断裂。

(三) 农药残留的常用检测方法

农药残留的测定根据试样及农药种类而有不同的方法。气相色谱法是目前最常用的农药残留检测方法，我国对饲料中六六六（HCH）与滴滴涕（DDT）测定的国家推荐性标准采用的就是气相色谱法（GB/T 13090—1999）。此法定量检测限（MLQ）为允许量的0.012 5~0.05。高效液相色谱法也常用于分离不适合于气相色谱检测的少数农药残留，主要用于分离少量高沸点和热不稳定的农药。此外，免疫分析法，如放射免疫分析（RIA）和酶免疫分析（EIA）等具有方便快捷、分析容量大、检测成本低、安全可靠等优点的方法则常应用于现场样品和大量样品中农药残留的快速筛选。

(四) 农药残留污染的防控

饲料农药残留污染的防控工作主要有：①加大监管力度，合理规范使用农药；②开发新型病虫害防治途径；③禁止使用淘汰的高毒、高残留农药品种，对残留在农作物表面的农药可通过曝晒、清洗等方法去污处理，以减少农药残留污染；④加强农药残留的监测，合理使用农药污染饲料等。

六、其他污染物的污染及控制

(一) 其他污染物的来源及危害

1. 硝酸及亚硝酸盐 硝酸盐及亚硝酸盐中毒往往是紧密联系在一起的，青绿饲料及树叶类饲料中都不同程度地含有硝酸盐，由于微生物的侵入，如果长时间堆放，某些亚硝酸盐还原菌将饲料中的硝酸盐转化为亚硝酸盐。动物采食这类饲料后会出现呼吸加快、心率增加、肌肉震颤、衰弱无力、皮肤及可视黏膜发绀等中毒症状，严重的可以导致昏厥甚至死亡。

2. 持久性有机污染物 多氯联苯、二噁英类化学污染物是化工产品的副产物，动物源性饲料生产及回收脂肪用于饲料生产等可能造成多氯联苯、二噁英类化学污染物的意外污染，这些污染物具有生殖毒性、内分泌毒性和抑制免疫功能的作用，还可引起视力模糊、肌肉、关节疼痛、恶心、呕吐等症状。二噁英和多氯联苯类物质具有生物蓄积作用，被食物链底端的生物吸收后，通过食物链逐级放大，最终到达处在食物链顶端的人体内，产生更强的毒害作用（宋春莲，2007）。

3. 兽药 兽药是影响我国饲料安全的重要因素，动物饲养过程中兽药使用不科学，或添加剂量超过标准，或配比不当，或没有遵守停药期，都是造成兽药残留的重要原因。这些药物残留会对动物和人类产生毒性反应，还会使细菌产生耐药性，导致病菌的交叉感染等。有些难以被动物机体代谢的药物还会随动物粪便进入环境，污染土壤和地下水，可能会导致药物残留恶性循环。

(二) 其他污染物的检测与防控

硝酸盐和亚硝酸盐中毒检验，最好采取胃和胃内容物、剩余饲料、血清、尿检查，通常用二苯胺法和格利斯法。高分辨质谱法是目前公认的、可准确测定环境及食品中二噁英和多氯联苯类物质的方法（GB/T 28643—2012）。饲料中的药物残留包括种类很多，主要分析方法包括免疫分析法、微生物学分析法、气相色谱法、液相色谱法以及气质联用或液质联用分析方法（Li 等，2016），其中色谱质谱技术是当今药物残留检测的主流方法。

要预防硝酸盐和亚硝酸盐的危害，青绿饲料最好生喂，随采随喂，不宜大量采集长期堆放。饲料中多氯联苯、二噁英的防控主要是通过控制饲料原料的卫生安全来进行。海洋生物能摄取和富集海水中的多氯联苯类物质，因此必须加强对饲料原料中鱼粉的检测，以确保饲料安全。降低兽药药残的最基本措施是合理控制使用药物添加剂（赵飞等，2010），表 16-1 列出了饲料卫生指标及检测方法，供读者参考使用。

表 16-1 饲料卫生指标及检测方法

序号	卫生指标	产品名称	允许量	检测方法	备 注
1	总砷 (mg/kg)	草粉、干糖蜜渣、棕榈仁饼粕	≤4	GB/T 13079—2006	
		海藻粉	≤40		
		鱼粉	≤10		
		其他水产加工产品饲料原料	≤15		
		肉粉、肉骨粉	≤10		
		天然矿物类饲料原料	≤10		
		其他饲料原料	≤2		
		畜、禽添加剂预混合饲料	≤10		以在配合饲料中1%添加量计
		畜、禽浓缩饲料	≤4		以在配合饲料中20%添加量计
		反刍动物精饲料补充料	≤4		
		鱼、虾、蟹配合饲料	≤10		
		海参、贝类配合饲料	≤10		
		其他配合饲料	≤2		
2	铅 (mg/kg)	酵母	≤5	GB/T 13080—2018	
		其他饲料原料	≤10		
		畜、禽添加剂预混合饲料	≤40		以在配合饲料中1%添加量计
		畜、禽浓缩饲料	≤10		以在配合饲料中20%添加量计
		反刍动物精饲料补充料	≤8		
		配合饲料	≤5		
3	氟 (mg/kg)	甲壳类动物及其副产品	≤3 000	GB/T 13083—2018	以在配合饲料中1%添加量计
		动物源性饲料原料	≤500		
		石粉（碳酸钙）	≤350		
		其他饲料原料	≤150		
		畜、禽添加剂预混合饲料	≤800		
		雏鸡配合饲料	≤250		
		产蛋鸡配合饲料	≤350		
		鸭配合饲料	≤200		

(续)

序号	卫生指标	产品名称	允许量	检测方法	备注
3	氟 (mg/kg)	牛、羊精饲料补充料	≤50		
		水产配合饲料	≤350		
		其他配合饲料	≤150		
4	铬（以 Cr 计）(mg/kg)	动物源性饲料原料	≤5	GB/T 13088—2016	
		配合饲料	≤5		
5	汞（以 Hg 计）(mg/kg)	水产加工产品饲料原料	≤0.5	GB/T 13081—2006	
		其他饲料原料	≤0.1		
		水产配合饲料	≤0.5		
		其他配合饲料	≤0.1		
6	镉 (mg/kg)	植物性饲料原料	≤1	GB/T 13082—1991	以在配合饲料中 1% 添加量计 畜、禽浓缩饲料按添加比例折算后，应不大于与相应畜、禽配合饲料的允许量
		水生软体动物及其副产品	≤75		
		其他动物源性饲料原料	≤2		
		矿物质饲料原料	≤2		
		畜禽添加剂预混合饲料	≤5		
		反刍动物精饲料补充料	≤0.5		
		虾、蟹配合饲料	≤2		
		水产配合饲料（除虾、蟹配合饲料外）	≤1		
		其他配合饲料	≤0.5		
7	黄曲霉毒素 B_1 (μg/kg)	玉米及玉米加工副产品、花生饼（粕）	≤50	GB/T 36858—2018	
		其他植物性饲料原料	≤30		
		仔猪、家禽幼雏浓缩饲料	≤10		
		其他浓缩饲料	≤20		
		犊牛、羔羊精料补充料	≤20		
		泌乳期反刍动物精饲料补充料	≤10		
		其他反刍动物精饲料补充料	≤30		
		仔猪、家禽幼雏配合饲料	≤10		
		肉用仔鸭后期、生长鸭、产蛋鸭配合饲料	≤15		
		其他配合饲料	≤20		
8	赭曲霉毒素 A (μg/kg)	植物性饲料原料	≤100	GB/T 19539—2004	
		配合饲料	≤100		

(续)

序号	卫生指标	产品名称	允许量	检测方法	备注
9	玉米赤霉烯酮（μg/kg）	玉米加工副产品	≤500	GB/T 19540—2004	
		其他植物性饲料原料	≤1 000		
		猪配合饲料	≤250		
		其他配合饲料	≤500		
10	脱氧雪腐镰刀菌烯醇（μg/kg）	植物性饲料原料	≤5 000	GB/T 8381.6—2005	
		犊牛、泌乳期反刍动物精饲料补充料	≤1 000		
		其他反刍动物精饲料补充料	≤3 000		
		猪配合饲料	≤1 000		
		其他配合饲料	≤3 000		
11	T-2毒素（μg/kg）	猪、禽配合饲料	≤500	GB/T 8381.4—2005	
12	伏马毒素（B_1+B_2）（μg/kg）	玉米和玉米加工副产品	≤60 000	NY/T 1970—2010	
		犊牛（<4月龄）、羔羊和小山羊精饲料补充料	≤20 000		
		其他精饲料补充料	≤50 000		
		家禽配合饲料	≤20 000		
		水产配合饲料	≤10 000		
		其他配合饲料	≤5 000		
13	氰化物（以HCN计）（mg/kg）	胡麻籽	≤250	GB/T 13084—2006	
		胡麻籽饼（粕）	≤350		
		木薯制品	≤100		
		其他饲料原料	≤50		
		雏鸡配合饲料	≤10		
		其他配合饲料	≤50		
14	亚硝酸盐（以$NaNO_2$计）（mg/kg）	玉米	≤10	GB/T 13085—2018	
		饼粕类、麦麸、次粉、米糠	≤20		
		草粉	≤25		
		动物源性饲料原料	≤30		
		猪、鸡、鸭浓缩饲料	≤20		
		牛（奶牛、肉牛）精饲料补充料	≤20		
		猪、鸡、鸭、水产配合饲料	≤15		
15	游离棉酚（mg/kg）	棉籽饼、粕及其制品	≤1 200	GB/T 13086—1991	
		其他饲料原料	≤20		
		猪（仔猪除外）、兔配合饲料	≤60		

(续)

序号	卫生指标	产品名称	允许量	检测方法	备注
15	游离棉酚 (mg/kg)	家禽（产蛋禽除外）、犊牛配合饲料	≤100	GB/T 13086—1991	
		牛、羊配合饲料	≤500		
		水产配合饲料	≤300		
		其他配合饲料	≤20		
16	异硫氰酸酯 (mg/kg)	菜籽饼、粕	≤4 000	GB/T 13087—2020	
		其他饲料原料	≤100		
		猪、家禽配合饲料（仔猪除外）	≤500		
		牛、羊配合饲料（幼年动物除外）	≤1 000		
		水产配合饲料	≤800		
		其他配合饲料	≤150		
17	噁唑烷硫酮 (mg/kg)	猪、产蛋禽配合饲料	≤500	GB/T 13089—1991	
		其他家禽配合饲料	≤1 000		
		水产配合饲料	≤800		
18	多氯联苯 (μg/kg)	食用动物育肥期动物源饲料（包括鱼粉和其他海产品副产品）、浓缩饲料、预混合饲料添加剂	≤40	GB/T 34270—2017	
		食用动物育肥期饲料（除浓缩饲料、预混合饲料）、水产配合饲料	≤10		
19	六六六 (HCH)	α-HCH (mg/kg) 油脂	≤0.2	油脂采用 GB/T 5009.19—2008，其他饲料原料和配合饲料采用 GB/T 13090—2006	
		其他饲料原料	≤0.02		
		配合饲料	≤0.02		
		β-HCH (mg/kg) 油脂	≤0.1		
		其他饲料原料	≤0.01		
		配合饲料	≤0.01		
		γ-HCH (mg/kg) 油脂	≤2.0		
		其他饲料原料	≤0.2		
		配合饲料	≤0.2		
20	滴滴涕（DDT）(mg/kg)	油脂	≤0.5	GB/T 5009.19—2008	
		其他饲料原料	≤0.05	GB/T 13090—2006	
		配合饲料	≤0.05		
21	六氯苯（HCB）(mg/kg)	油脂	≤0.2	GB/T 5009.19—2008	
		其他饲料原料	≤0.01	GB/T 34270—2017	
		配合饲料	≤0.01		

(续)

序号	卫生指标	产品名称	允许量	检测方法	备注
22	霉菌总数（CFU/g）	谷物籽实及其加工副产品	$<4\times10^4$	GB/T 13092—2006	
		植物性饼粕类饲料原料	$<2\times10^3$		
		动物源性饲料原料	$<5\times10^3$		
		畜禽配合饲料、浓缩饲料和精饲料补充料	$<2\times10^4$		
		水产配合饲料	$<3\times10^4$		
23	细菌总数（CFU/g）	犊牛代乳料	$<5\times10^4$	GB/T 13093—2006	
		动物源性饲料原料	$<2\times10^5$		
24	沙门氏菌（25 g中）	饲料	不得检出	GB/T 13091—2018	
25	二噁英类（ng/kg）	植物源性饲料原料、配合饲料	<0.75	GB/T 28643—2012	
		矿物油、预混料	<1.0		
		鱼油	<1.0		

注：1. 表中所列允许量，除特别注明外，均以干物质含量88%的饲料为基础计算。

2. 资料来源：GB 13078—2017，GB 13078.1—2006，GB 13078.2—2006，GB 13078.3—2007，GB 21693—2008，2002/32/EC of the European Parliament.

参考文献

鲍男，2007. 大豆抗原在仔猪小肠组织中分布规律的研究 [D]. 长春：吉林农业大学.

边连全，2005. 农药残留对饲料的污染及其对畜产品安全的危害 [J]. 饲料工业（9）：1-5.

谷春梅，韩玲玲，赵琳琳，等，2013. 大豆胰蛋白酶抑制因子对不同生长阶段小鼠体内自由基生成的影响 [J]. 畜牧兽医学报，44（9）：1425-1431.

贺秀媛，李玉峰，张君涛，等，2009. 棉籽饼粕饲料中游离棉酚含量测定方法的改进 [J]. 畜牧与兽医，3：51-53.

侯影，2006. 兽药和饲料添加剂的污染、危害及控制 [J]. 吉林畜牧兽医，27（3）：26-28.

黄丽华，麻浩，王显生，等，2003. 大豆种子贮藏蛋白11S和7S组分的研究 [J]. 中国油料作物学报，25（3）：20-23.

姜杰，张建清，蒋友胜，等，2004. 高分辨气相色谱高分辨质谱测定鱼体中的类二噁英多氯联苯 [J]. 中国卫生检验杂志，2：155-156.

李文立，2007. 饲料中的毒害物质及其消除 [C]. 中国林木渔业经济学会饲料经济专业委员会第四届学术交流会.

李振田，2003. 大豆凝集素的检测、纯化和对大鼠抗营养机理的研究 [D]. 北京：中国农业大学. 39-45.

李振田，谯仕彦，李德发，等，2004. 间接抑制酶联免疫吸附法测定大豆凝集素方法的建立 [J]. 中国畜牧杂志，40（8）：9-11.

谯仕彦，李德发，1997. 膨化全脂大豆对生长猪生产性能的影响 [J]. 中国饲料 (22)：19-20.

谯仕彦，李德发，曹宏，等，1999. 不同温度挤压膨化全脂大豆对生长猪氮平衡和日粮氨基酸及脂肪酸回肠末端表观消化率影响的研究 [J]. 动物营养学报，11 (3)：36-42.

谯仕彦，李德发，王凤来，等，1998. 不同温度挤压膨化全脂大豆对肉仔鸡生产性能和养分利用率的影响 [J]. 中国畜牧杂志，34 (4)：12-15.

谯仕彦，李德发，于会民，等，1997. 膨化加工对全脂大豆养分含量和抗营养因子的作用 [J]. 中国畜牧杂志，33 (6)：11-13.

桑玉英，胡金勇，曾英，2001. 常规聚丙烯酰胺凝胶电泳快速检测胰蛋白酶抑制剂的方法 [J]. 云南植物研究，23 (2)：236-238.

宋春莲，2007. 多氯联苯/二噁英类化学污染物的环境行为及对人体健康的危害 [J]. 佳木斯大学学报（自然科学版）(2)：207-209.

王利民，胡海霞，杨树宝，等，2010. 仔猪小肠黏膜特异性结合大豆凝集素的免疫组化研究 [J]. 中国畜牧杂志，46 (11)：53-55.

王利民，张亮亮，王彬，等，2009. 大豆凝集素在模拟猪胃肠环境中的稳定性研究 [J]. 吉林农业大学学报，31 (4)：430-433，437.

王瑞国，苏晓鸥，程芳芳，等，2015. 液相色谱-串联质谱法测定饲料原料中 26 种霉菌毒素 [J]. 分析化学，43 (2)，264-270.

王潇潇，李军涛，孙祥丽，等，2018. 近红外反射光谱快速测定大豆制品中寡糖含量的研究 [J]. 光谱学与光谱分析，38 (1)：58-61.

乌仁图雅，崔志强，2014. 农药残留对饲料的污染及控制措施 [J]. 畜牧与饲料科学 (4)：31-32.

谢晓鹏，易卫，庄智明，等，2013. 饲料中的霉菌毒素及其防制措施 [J]. 中国畜牧兽医 (5)：101-106.

邢春芳，葛向阳，2010. 豆粕中胰蛋白酶抑制剂间接竞争酶联免疫吸附检测方法的研究 [J]. 饲料工业，31 (10)：58-60.

姚振兴，辛晓东，司维，等，2011. 重金属检测方法的研究进展 [J]. 分析测试技术与仪器 (1)：29-35.

臧建军，朴香淑，汤树生，2007. 大豆凝集素对断奶大鼠内脏器官和体组成的影响 [J]. 中国畜牧杂志，43 (3)：29-31，47.

张凤枰，杜雪莉，赵艳，等，2014. 气相色谱法测定菜粕异硫氰酸酯不确定度评定 [J]. 中国粮油学报，29 (6)：112-117.

张丽英，谯仕彦，李德发，2004. 大豆及其产品中大豆寡糖气相色谱分析测定方法的研究 [J]. 动物营养学报，16 (1)：20-22.

赵飞，袁玉霞，丁中，等，2010. 兽药残留污染与控制 [J]. 畜牧与饲料科学，31 (4)：156-157.

周天骄，谯仕彦，马曦，等，2015. 大豆饲料中主要抗营养因子的分析与检测 [J]. 动物营养学报，27 (1)：221-229.

Anta L, Marina M L, García M C, 2010. Simultaneous and rapid determination of the anticarcinogenic proteins Bowman-Birk inhibitor and agglutinin in soybean crops by perfusion RP-HPLC [J]. Journal of Chromatography A, 1217: 7138-7143.

Aulakh R S, Gill J P S, Bedi J S, et al, 2006. Organochlorine pesticide residues in poultry feed, chicken muscle and eggs at a poultry farm in Punjab, India [J]. Journal of the Science of Food & Agriculture, 86 (5): 741-744.

Blazek V, Caldwell A R A, 2009. Comparison of SDS gel capillary electrophoresis with microfluidic lab-on-a-chip technology to quantify relative amounts of 7S and 11S proteins from 20 soybean cultivars [J]. International Journal of Food Science and Technology, 44: 2127-2134.

Chen X L, Cao Y H, Ding Y H, et al, 2007. Cloning, functional expression and characterization of Aspergillus sulphureus β-mannanase in Pichia pastoris [J]. Journal of Biotechnology, 128: 452-461.

Hao Y, Li D F, Piao X S, et al, 2010. Forsythia suspensa extract alleviates hypersensitivity induced by soybean beta-conglycinin in weaned piglets [J]. Journal of Ethnopharmacology, 128 (2): 412-418.

Hei W, Li Z, Ma X, et al, 2012. Determination of beta-conglycinin in soybean and soybean products using a sandwich enzyme-linked immunosorbent assay [J]. Analytica Chimica Acta, 734 (1): 62-68.

Herian A M, Taylor S L, Bush R K, 1993. Allergenic reactivity of various soybean products as determined by RAST inhibition [J]. Journal of Food Science, 58: 385-388.

Herman E M, Helm R, Jung R, et al, 2003. Genetic modification removes an immunodominant allergen from soybean [J]. Plant Physiology, 132: 36-43.

Huisman J, Jansman A J M, 1990. Dietary effects and some analytical aspects of antinutritional factors [M]//Huisman J. ed. Anti-nutritional effects of legume seeds in piglets, rats and chickens. Wageningen Pers, Wageningen, The Netherlands.

García C M, Heras J M, Marina M L, 2007. Simple and rapid characterization of soybean cultivars by perfusion reversed-phase HPLC: application to the estimation of the 11S and 7S globulin contents [J]. Journal of Separation Science, 30: 475-482.

Li T T, Cao J J, Li Z, et al, 2016. Broad screening and identification of β-agonists in feed and animal body fluid and tissues using ultra-high performance liquid chromatography-quadrupole-orbitrap high resolution mass spectrometry combined with spectra library search [J]. Food Chemistry, 192: 188-196.

Liu S J, Ping Q J, Ju L I, et al, 2012. Determination of the harmful elements in rice and rice flour noodles by inductively coupled plasma mass spectrometry [J]. Journal of Food Science & Biotechnology, 31 (7): 771-775.

Ma H, Wang X H, Liu C, et al, 2006. The content variation of 7S, 11S globulins and their subunits of seed storage protein of 706 Chinese soybean germplasm [J]. Soybean Science, 25: 11-17.

Ma X, Sun P, He P, et al, 2010. Development of monoclonal antibodies and a competitive ELISA detection method for glycinin, an allergen in soybean [J]. Food Chemistry, 121 (2): 546-551.

Mujoo R, Trinh D T, Ng P K W, 2003. Characterization of storage proteins in different soybean varieties and their relationship to tofu yield and texture [J]. Food Chemistry, 82: 265-273.

Ouédraogo C L, Lallès J P, Toullec R, et al, 1998. Roasted fullfat soybean as an ingredient of milk replacers for goat kids [J]. Small Ruminant Research, 28: 53-59.

Qiao J Y, Rao Z H, Dong B, et al, 2010. Expression of Bacillus subtilis MA139 β-mannanase in pichia pastoris and the enzyme characterization [J]. Applied Biochemistry & Biotechnology, 160: 1362-1370.

Qin G, Elst E T, 1996. Thermal processing of whole soya beans: Studies on the inactivation of antinutritional factors and effects on ileal digestibility in piglets [J]. Animal Feed Science & Technology, 57 (4): 313-324.

Schulze H, Huisman J, Verstegen M W A, et al, 1993. Physiological effects of isolated soya trypsin inhibitors (STI) on pigs [M]//van der Poel A F B, Huisman J, and Saini H S. ed. Recent Advances of Research in Antinutritional Factors in Legume Seeds. Wageningen Pers, Wageningen, the Netherlands.

Shan L, Hribar J A, Zhou X, et al, 2008. Gradient chromatofocusing - mass spectrometry: a new technique in protein analysis [J]. Journal of American Society for Mass Spectrometry, 19: 1132-1137.

Song P, Zhang R, Wang X, et al, 2011. Dietary grape - seed procyanidins decreased post - weaning diarrhea by modulating intestinal permeability and suppressing oxidative stress in rats [J]. Journal of Agricultural and Food Chemistry, 59 (11): 6227-6232.

Song Y S, Pérez V G, Pettigrew J E, et al, 2010. Fermentation of soybean meal and its inclusion in diets for newly weaned pigs reduced diarrhea and measures of immunoreactivity in the plasma [J]. Animal Feed Science and Technology, 159: 41-49.

Sun P, Li D F, Dong B, et al, 2009. Vitamin C: an immunomodulator that attenuates anaphylactic reactions to soybean glycinin hypersensitivity in a swine model [J]. Food Chemistry, 13: 914-918.

Sun P, Li D F, Li Z J, et al, 2008. Effects of glycinin on IgE - mediated increase of mast cellnumbers and histamine release in the small intestine [J]. Journal of Nutrition and Biochemistry, 19: 627-633.

Torres G J, Piquer F J, Algarra L, et al, 2011. The prevalence of Salmonella enterica in Spanish feed mills and potential feed - related risk factors for contamination [J]. Preventive Veterinary Medicine, 98 (2/3): 81-87.

Wang P L, Su X O, Gao S, et al, 2007. Study on the method of using ICP - MS to determine microelements in the animal feed [J]. Spectroscopy & Spectral Analysis, 27 (9): 1841-1844.

Wang T, Qin G X, Sun Z W, et al, 2010. Comparative study on the residual rate of immunoreactive soybean glycinin (11S) in the digestive tract of pigs of different ages [J]. Food and Agricultural Immunology, 21: 201-208.

Wang T, Qin G X, Zhao Y, et al, 2009. Comparative study on the stability of soybean (*Glycine max*) β- conglycinin *in vivo* [J]. Food and Alogricultural Immunology, 20 (4): 295-304.

You J M, Li D F, Qiao S Y, et al, 2008. Development of a monoclonal antibody - based competitive ELISA for detection of β- conglycinin, an allergen from soybean [J]. Food Chemistry, 106: 352-360.

Zang J J, Li D F, Wang J R, et al, 2006. Soya - bean agglutinin induced both direct and cholecystokinin - mediated pancreatic enzyme synthesis in rats [J]. Animal Science, 82 (5): 1-7.

Zhang L Y, Li D F, Qiao S Y, et al, 2001. The effect of soybean galactooligosaccharides on nutrient and energy digestibility and digesta transit time in weanling piglets [J]. Asian - Australasian Journal of Animal Science, 14 (11): 1598-1604.

Zhao Y, Qin G, Sun Z, et al, 2008. Disappearance of immunoreactive glycinin and β- conglycinin in the digestive tract of piglets [J]. Archives of Animal Nutrition, 62 (4): 322-330.

Zhao Y, Qin G X, Sun Z, 2011. Effect of soybean agglutinin on intestinal barrier permeability ang tight junction protein expression in weaned piglets [J]. Internation Journal of Molecular Sciences, 12: 8502-8512.

第十七章 饲料加工工艺技术

饲料加工是在配方设计精准的前提下,利用加工设备和相应的加工技术与方法,将各种饲料原料按一定的配比制成各种类型饲料产品的生产过程,是连接动物营养学科与饲养实践的桥梁。饲料在加工过程中会发生一系列物理、化学变化,从而影响饲料中各种营养成分的利用率以及动物的生产性能。饲料加工的目的有三:一是灭活、消除、削弱饲料抗营养因子的作用,降低或消除有毒有害物质的含量或活性;二是提高饲料养分消化率和利用率,包括切断原料中固有分子的联结,削弱化学键(揉搓、制粒、膨化、膨胀),增加比表面积(粉碎),加大消化液、内源酶、肠道微生物与营养成分的接触面积和程度(粉碎、调质、制粒、膨化、膨胀),保证饲料配方的真实性和实时性(混合、成型、不同养分的全价与同步到达);三是提高生产效率,降低加工成本。本章主要综述了 2000 年以来饲料加工工艺技术的新进展。

第一节 猪营养对饲料加工的需求

根据饲料加工技术应用的位点,可以分为体外预消化和体内助消化。前者利用工程技术,创造出体内不具备的条件,对大分子物质进行预先处理和降解。后者则包括传统的饲料加工工艺和技术,均是围绕有利于饲料中的养分在动物体内的消化、吸收和异化代谢进行的。

消化首先是将大分子营养物质逐步降解为可以吸收的小分子营养素(表 17-1)。

表 17-1 营养物质中间代谢产物及预消化产品

大分子物质	中间产物	终产物	代表性预消化产品
蛋白质	多肽、寡肽	小肽、氨基酸	发酵豆粕、酶解豆粕、酶解谷物蛋白
淀粉	糊化淀粉、糊精	葡萄糖	改性淀粉、糊化淀粉、糊精、寡糖
脂肪	乳化脂肪、酶解产物	脂肪酸、甘油	乳化脂肪、改性(溶水)脂肪、磷脂化脂肪、脂肪粉
饲粮纤维	聚合度降低的纤维素、半纤维素等	短链脂肪酸	寡糖

以此为理论基础，出现了一些预消化饲料产品，主要用于乳猪饲料和哺乳母猪饲料，以提高养分摄入量和生产性能。

一、淀粉糊化度

通过对淀粉悬浊液进行加热，使淀粉颗粒吸水膨胀，淀粉分子从有序的晶体相转化为无序的非晶体相，这一过程称为淀粉的糊化（gelatinization）。淀粉发生糊化现象时的温度称为糊化温度，它并不是一个固定值。不同的淀粉品种所需的糊化温度不同，玉米淀粉的糊化温度为62～72℃，小麦的糊化温度为58～64℃，大米的糊化温度为68～78℃（石彦忠和张浩东，2008）。淀粉的糊化过程可以分为三个阶段：一是可逆润胀阶段，即淀粉颗粒吸水阶段，这一阶段淀粉的晶体结构未发生改变，水分只进入无定型区，体积变化很小，干燥后可以恢复原来的性质；二是有形溶胀阶段，即水温达到糊化温度后，淀粉颗粒大量吸水，这一阶段水分进入结晶束，淀粉颗粒的体积迅速膨胀，晶体结构被破坏，为不可逆的膨胀；三是颗粒支解成离散分子阶段，这一阶段膨胀达到极限，淀粉颗粒开始支解，最终变成胶体体质，糊黏度也升到最高值。

生淀粉不溶于冷水，难被酶解。但淀粉糊化后形成的胶体糊，能被消化酶水解，糊化完全的淀粉能100％被消化；只有糊化后的淀粉才能成糊以供涂抹，因此淀粉的糊化是淀粉应用的前提。淀粉的糊化度（SGD）是以完全糊化的淀粉为100％计算出来的相对值。

无论哪种淀粉糊化方式，微观上最终都以微晶束破坏，淀粉分子发生水合和溶解为结果。但是糊化程度的测定，可以从葡萄糖产生量、糊化温度、糊化焓和黏度等多种参数进行判断。淀粉糊化作用的测定过程包括将淀粉乳浆加热和观察淀粉结构所发生的变化。

糊化过程中，淀粉的晶体结构被破坏。温度升高使分子振动的能量得到增加，以便拆散晶体结构的氢键；水分的作用是维持糊化状态，用水分子替代淀粉链条间的氢键。淀粉糊化特性与其利用特性紧密相关。通过体外研究发现，生淀粉消化速度慢的原因在于其通常含有很大的晶体区域。晶体结构中淀粉具有致密的双螺旋结构和氢键，该结构削弱了淀粉酶对淀粉的消化作用，因此淀粉颗粒的晶体区越大，消化越慢。同样，淀粉颗粒晶体度越大，越不容易被糊化，糊化温度就越高，糊化所需的能量就越大。因此，不同品种间淀粉的糊化温度存在差别，同一种淀粉在大小不同颗粒间也存在差别。小颗粒易糊化，糊化温度低；大颗粒难糊化，糊化温度高。对于A、B型淀粉来说，由于A型淀粉的颗粒大小及结晶程度都高于B型淀粉，因此，谷物类的A型淀粉也被定义为缓慢消化的淀粉。在常用的几种加工方法中，挤压膨化对淀粉糊化度提高的幅度最大，可达80％～100％；蒸汽压片其次，达60％～70％；爆裂则对淀粉糊化度只有轻微的提高，制粒对淀粉糊化度的影响较小，在20％左右。

二、脂肪乳化

胃肠道内是水溶性环境，消化酶也属于水溶性，而油脂属脂溶性原料。因此，油脂的消化不同于其他营养物质,需要经历乳化处理和酶水解过程。在酶水解过程中甘油三酯分子中位于外部的 sn-1 或 sn-3 位的脂肪酸被最先水解下来,剩下的是在 sn-2 位上含一个脂肪酸的甘油单酯。甘油单酯和胆汁酸盐可以跟游离脂肪酸或其他脂溶性物质形成微胶粒被肠细胞吸收。因此,出现了对脂肪进行乳化处理,乃至改变 sn-2 位点脂肪酸的体外脂肪预消化技术和产品。在饲料中额外添加乳化剂可以适当提高油脂的消化率,特别是对脂肪消化能力低的幼龄畜禽上使用效果更好。Price 等(2012)研究发现,乳化剂促进甘油三酯中大部分脂肪酸的消化率。对油脂进行均质加工或喷雾干燥处理,能够降低脂肪颗粒的大小,提高乳化效果,增加其与脂肪酶的接触面积,从而提高油脂消化率。Xing 等(2004)研究发现,经过喷雾干燥处理后的油脂能提高断奶仔猪的生长性能和饲料转化效率。猪对粉碎较细的饲料原料中油脂的消化率高(李全丰,2014)。这主要是由于较小的粉碎粒度使饲料原料中结合油脂从纤维组分或细胞壁中的释放率提高了的缘故。

三、蛋白质降解

发酵豆粕是体外对蛋白质进行预消化的一个典型案例,其工艺技术发展大概经历了三代变革,不同阶段各有特点(图 17-1)。豆粕经不同的发酵工艺发酵后,其产品的主要指标发生较大变化(表 17-2)。

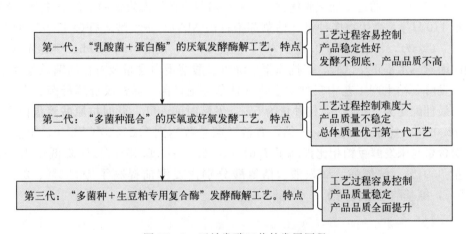

图 17-1 豆粕发酵工艺的发展历程

表 17-2 发酵豆粕二代工艺与三代工艺产品主要指标比较

处理	粗蛋白质(%)	胰蛋白酶抑制因子(TIU)	水解度(%)	抗原含量(%)	酸度(%)
原料	46.3	1 452	0.0	24.6	0.56
二代工艺	50.0	471	7.5	8.2	3.18
三代工艺	50.0	202	16.7	1.7	2.65

资料来源:胡婷(2010)。

在发酵过程中,蛋白酶使大豆蛋白质被分解成小分子蛋白质和肽类(图 17-2)。

发酵后分子质量在 43 ku 以上的大分子蛋白质大部分被分解,分子质量为 20.1～43 ku 的蛋白质几乎被全部分解,分子质量在 20.1 ku 以下的蛋白质则被完全降解。用隆丁法对发酵前后高、中、低分子质量分区测定结果表明,小分子蛋白质含量由 12.75% 增加到 48.68%,提高了 2.82 倍。

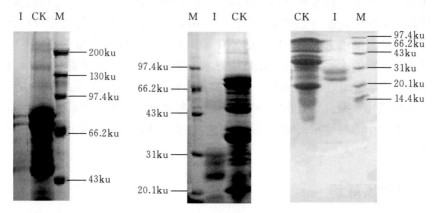

M:标准分子质量标记;CK:发酵前的大豆蛋白质;I:发酵后的大豆蛋白质

图 17-2 豆粕发酵前后 SDS-PAGG 电泳图谱
(资料来源:胡婷,2010)

胡婷(2010)通过正交试验优化了豆粕酶解复合菌固态发酵的工艺条件为:蛋白酶添加量 110 U/g,微生物接种量(枯草芽孢杆菌 MA139+发酵乳杆菌 I5007 和酿酒酵母)4%(v/w),料水比 1:0.6(w/v),温度 35 ℃,发酵时间 120 h。樊春光(2013)采用四因素三水平正交试验,以抗原蛋白降解、酸溶蛋白含量及有益活菌总数为指标,确定了发酵豆粕生产工艺中三种微生物(枯草芽孢杆菌、异常汉逊酵母菌、干酪乳杆菌)的最佳配比为 2:2:1,接种量为 5%,发酵时间 48 h,此时抗原酸溶蛋白含量提升到 12.02%,比原来增加 2.33 倍,有益活菌总数达到 8.2×10^8 CFU/g,粗蛋白质、钙、磷含量与未发酵豆粕相比提高了 7.61%、12.50%、6.45%,pH 降低到 4.85,乳酸含量 3.04%。胱氨酸、缬氨酸、精氨酸分别比发酵前提高了 19.22%、20.05%、19.65%,氨基酸总量提高了 9.89%。

第二节 饲料加工工艺对猪营养的影响

一、原料加工

(一) 贮存

贮存影响饲料原料的营养价值。首先,贮存期延长会导致许多原料中天然存在细菌、昆虫和霉菌的缓慢而持续的增殖,不仅消耗养分,还会产生一些毒素(如霉菌毒素),影响动物的生产性能。其次,在高温高湿条件下,美拉德反应也加快,进一步降低了营养价值。第三,会出现令人讨厌的气味,主要是脂肪酸败。谷物本身是活的生命

表 17-3 玉米品种和贮存时间对生长猪消化能和代谢能的影响（干物质基础）

项目	玉米品种[1]				SEM[2]	贮存时间（月）				SEM	P 值			
	LS1	LS2	LS3	LS4		0	3	10			品种	贮存时间	互作	线性	二次
晾干玉米															
重复数	18	18	18	18		24	24	24							
消化能（MJ/kg）	16.05^a	15.57^c	15.89^{ab}	15.73^{bc}	0.06	15.81	16.11	15.51	0.05	<0.01	<0.01	0.14	<0.01	<0.01
代谢能（MJ/kg）	15.60^a	15.15^c	15.52^{ab}	15.35^{bc}	0.07	15.57	15.80	14.85	0.06	<0.01	<0.01	0.11	<0.01	<0.01
烘干玉米[3]															
重复数	18	18	18	18		24	24	24							
消化能（MJ/kg）	16.50^a	16.21^b	16.29^b	16.42^{ab}	0.06	16.43	16.48	16.15	0.05	<0.01	<0.01	0.93	<0.01	<0.01
代谢能（MJ/kg）	16.04	15.82	15.89	15.96	0.08	16.12	16.13	15.53	0.07	0.26	<0.01	0.45	<0.01	<0.01

注：[1] LS1 是偏粉质玉米，LS2 是半粉半胶质玉米，LS3 是偏胶质玉米，LS4 是种植面积较广的品种；[2] SEM：平均标准误，以下同；[3] 流化床 120 ℃ 烘干。同行上标不同小写字母表示差异显著（$P<0.05$）。
资料来源：张磊，2016。

表 17-4 不同贮存时间和品种的小麦对育肥猪化学成分消化率的影响（%，干基基础）[1]

项目	贮存时间（月）				SEM	品种			SEM	P 值				
	3	6	9	12		众麦1	石麦15			贮存时间	品种	互作	线性	二次
重复数	12	12	12	12		24	24							
消化能（MJ/kg）	14.99	14.88	14.57	14.13	0.06	14.60	14.69		0.04	<0.01	0.12	0.29	<0.01	<0.01
代谢能（MJ/kg）	14.61	14.61	14.28	13.50	0.09	14.16	14.34		0.06	<0.01	0.06	0.70	<0.01	<0.01

注：[1] 线性和二次分析是对贮存时间进行的正交多项式比较。
资料来源：郭盼盼（2015）。

体，其自身的呼吸作用会导致其组分和化学性质的变化，引起营养价值改变。根据贮存时间的长短，贮存可分为三个阶段：①未后熟化。谷物收获后水分高，内源酶活力高，呼吸作用强，一些营养物质继续合成，非淀粉多糖含量较高，不易被消化；②后熟化。随着贮存时间延长，谷物中内源酶活力明显降低，营养物质趋于稳定；③陈化。随着贮存时间进一步的延长，谷物开始陈化作用，组织细胞老化，一些酮、醛等有害物质增加，蛋白质发生美拉德反应，营养价值降低。

郭盼盼（2015）和张磊（2016）分别针对同一批次的小麦和玉米，测定其在普通仓贮条件下对猪的营养价值（表17-3和表17-4）。随着贮存时间延长，小麦和玉米的猪代谢能呈现先升高后降低的趋势，与谷物在贮存期间发生的先熟化后陈化过程相对应，在收获后3个月左右，熟化完成。熟化后，贮存期每延长1个月，小麦和玉米的猪消化能分别降低95.5 kJ/kg和85.7 kJ/kg。

（二）粉碎

粉碎是饲料加工中没有争议的加工手段。适度粉碎有利于发挥饲料原料的营养价值，其中谷物粉碎粒度的研究较为系统。

为了探索适宜的粉碎粒度，郭广伦等（2011）研究发现，不同粉碎粒度的玉米或豆粕（1.5 mm、1.2 mm和0.8 mm孔径筛片）的蛋白质体外消化率（胃蛋白酶-胰蛋白酶体外消化法）无显著差异。且不同粉碎粒度的玉米或豆粕对仔猪日增重的影响无显著差异，但仔猪料重比随饲料粉碎粒度的减小而呈降低趋势；试验后期仔猪采食量随粉碎粒度降低而呈降低趋势。

李全丰（2014）用30头体重为53.1 kg的杜长大阉公猪（$n=6$），以玉米为唯一的能量来源，通过消化试验，研究了粉碎粒度分别为441 μm、543 μm、618 μm、659 μm和768 μm时玉米的消化能（表17-5）。图17-3显示了粉碎粒度与玉米消化能之间的一元线性关系，即

$$Y=-0.0016X+14.922 \ (R^2=0.92) \quad (式17-1)$$

式中，Y为玉米的消化能，X为粉碎粒度。也即400~800 μm内，玉米的粉碎粒度每增加100 μm，其消化能就会降低约0.16 MJ/kg。

表17-5 粉碎粒度对玉米消化能和营养物质消化率的影响

指标	颗粒度（μm）					SEM	P值
	441	543	618	659	768		
消化能（MJ/kg）	14.17[a]	14.15[a]	13.97[ab]	13.83[bc]	13.70[c]	0.07	0.01
营养物质全肠道消化率（%）							
能量	90.62[a]	90.10[a]	90.56[a]	88.44[b]	87.28[b]	0.41	0.01
脂肪	73.99[a]	56.94[b]	52.46[b]	41.07[c]	26.20[d]	2.54	0.01
蛋白质	84.57	85.57	86.36	84.6	82.48	0.94	0.01
酸性洗涤纤维	45.22[a]	50.31[ab]	54.93[a]	47.31[b]	43.93[b]	2.24	0.01
中性洗涤纤维	48.88[b]	52.84[ab]	57.70[a]	49.39[b]	47.55[b]	2.08	0.01

注：同行上标不同小写字母表示差异显著（$P<0.05$）。

资料来源：李全丰（2014）。

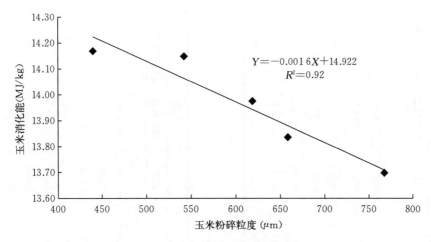

图 17-3　玉米粉碎粒度对猪消化能的影响
（资料来源：李全丰，2014）

朱滔（2011）用 36 头 10.22 kg 的去势公猪，研究了玉米和糙米粉碎粒度对仔猪饲粮养分消化率的影响（表 17-6），数据显示糙米饲粮的总能和中性洗涤纤维的消化率高于玉米，随着玉米和糙米粉碎粒度的降低，饲粮能量、干物质、中性洗涤纤维和酸性洗涤纤维的消化率显著升高。生长猪（36 头，体重 35.56 kg）试验显示，糙米替代玉米可显著提高生长猪对能量、干物质、粗蛋白质和 NDF 的消化率（分别提高 3.7%、4.0%、2.3%和 5.4%），粪氮排放减少 21.5%。随着玉米和糙米粉碎粒度从 800 μm 降低到 400 μm（表 17-7），饲粮干物质、能量和粗蛋白质的消化率分别提高 2.0%、3.1%和 3.5%，粪氮排放减少 25%。粉碎粒度从 800 μm 降低到 400 μm，玉米或糙米饲粮的消化能分别提高 122.5~130 kJ/kg。

朱滔（2011）用 48 头妊娠为 60 d 的大白母猪的消化试验显示，糙米替代玉米可显著提高妊娠母猪对能量（1.8%）和干物质（1.5%）的消化率，随着玉米和糙米粉碎粒度从 1 000 μm 降低到 400 μm（表 17-8），饲粮干物质、能量和粗蛋白质的消化率分别提高 3.0%、2.9%和 5.8%。朱滔（2011）用 48 头哺乳日龄为 10 d 的大白二胎母猪的消化试验研究结果表明，糙米替代玉米可显著提高哺乳母猪对能量、干物质、粗蛋白质、NDF 和 ADF 的消化率（分别提高 4.6%、4.3%、3.1%、9.0%和 7.1%）。随着玉米和糙米粉碎粒度从 1 000 μm 降低到 400 μm（表 17-9），对能量、干物质和粗蛋白质的消化率分别提高 2.8%、1.9%和 1.8%。尽管从养分消化率角度进行评价，粉碎粒度越细，获得的可消化养分含量越多。但是综合考虑种猪整个生命周期的健康需求，减少胃溃疡发生的概率，生产中对妊娠母猪多采用粗粉碎，通常用孔径 4 mm 筛片，获得的平均粒度在 1 000 μm 左右，对于哺乳母猪，考虑到养分供给不能满足其生理需求，而且该阶段的饲喂时间较短，可以适当降低粉碎粒度。

郭盼盼（2015）研究发现，随着小麦粉碎粒度从 862 μm 减小到 331 μm（表 17-10），小麦的 DE、ME 以及小麦中 CP、DM、ADF、EE、OM（有机物）和 GE 的表观全肠道消化率都显著增加。

任守国（2009）研究了不同粉碎粒度（750 μm、150 μm、30 μm 和 6 μm）的豆粕对杜长大三元杂交断奶仔猪（26~28 日龄，7.9 kg）生长性能和养分消化率的影响。结果表明，

表 17-6 糙米、玉米粉碎粒度对保育猪营养物质消化率的影响

粉碎粒度 (μm)	玉米 400	玉米 500	玉米 800	糙米 400	糙米 500	糙米 800	SEM	P值 谷物	P值 粉碎粒度	P值 谷物×粉碎粒度
饲粮总能 (MJ/kg)	16.06	16.00	15.93	16.10	16.12	16.16	0.14	0.03	<0.01	0.71
饲粮消化能 (MJ/kg)	14.33	14.38	13.81	14.67	14.52	14.17	1.48	0.17	<0.01	0.63
总能 (%)	89.23	89.91	86.69	91.13	90.09	87.66	1.23	0.22	<0.01	0.46
干物质 (%)	91.30	90.78	88.38	89.14	90.62	87.66	1.86	0.20	0.22	0.58
粗蛋白质 (%)	87.05	88.92	85.58	86.84	85.80	84.40	2.40	<0.01	0.02	<0.01
中性洗涤纤维 (%)	66.35	73.46	54.81	80.30	75.41	80.71	2.34	0.92	<0.01	0.03
酸性洗涤纤维 (%)	64.51	73.32	63.99	71.50	67.69	62.04	2.89	0.33	0.21	0.21
磷 (%)	55.86	66.36	60.06	55.69	56.49	61.76				

资料来源：朱渭（2011）。

表 17-7 玉米和糙米粉碎粒度对生长猪营养物质消化率的影响

粉碎粒度 (μm)	玉米 400	玉米 600	玉米 800	糙米 400	糙米 600	糙米 800	SEM	P值 谷物	P值 粉碎粒度	P值 谷物×粉碎粒度
饲粮总能 (MJ/kg)	16.20	16.07	16.14	16.17	16.23	16.19	0.10	<0.01	<0.01	0.75
饲粮消化能 (MJ/kg)	14.34	13.98	13.84	14.93	14.72	14.44	0.64	<0.01	<0.01	0.28
总能 (%)	88.88	86.64	85.75	92.17	90.86	89.14	0.66	<0.01	0.01	0.66
干物质 (%)	87.10	86.19	85.08	91.05	90.47	88.77	0.99	<0.01	<0.01	0.26
粗蛋白质 (%)	88.29	86.05	84.37	90.02	88.70	86.90	0.88	<0.01	0.02	0.09
中性洗涤纤维 (%)	66.55	60.46	54.41	70.29	65.51	61.71	1.34	<0.01	<0.01	0.63
酸性洗涤纤维 (%)	64.56	62.86	61.99	68.24	57.56	51.24	2.89	0.09	<0.01	0.21
磷 (%)	54.28	65.42	61.16	55.81	56.89	62.76	0.48	0.33	0.21	0.21
粪氮排放 (g/d)	6.09	7.31	8.05	4.71	5.72	6.40		<0.01	<0.01	0.29

资料来源：朱渭（2011）。

表17-8 玉米和糙米粉碎粒度对妊娠母猪营养物质消化率的影响

粉碎粒度（μm）	玉 米				糙 米				SEM	P值		
	400	600	800	1 000	400	600	800	1 000		谷物	粉碎粒度	谷物×粉碎粒度
干物质（%）	78.74	79.18	78.24	76.57	80.77	81.03	80.93	76.95	0.96	0.01	<0.01	0.68
总能（%）	79.81	79.65	78.79	78.58	82.12	82.07	81.56	77.16	1.00	0.01	<0.01	0.82
粗蛋白质（%）	81.18	82.07	80.43	77.14	81.33	80.75	79.39	73.71	1.51	0.11	<0.01	0.40
中性洗涤纤维（%）	37.18	40.35	40.84	39.85	34.97	44.85	41.82	33.95	3.84	0.79	0.88	0.69
酸性洗涤纤维（%）	37.20	41.91	37.81	36.98	31.06	40.02	42.01	37.47	2.00	0.53	<0.01	0.09

资料来源：朱渭（2011）。

表17-9 玉米和糙米粉碎粒度对哺乳母猪营养物质消化率的影响

粉碎粒度（μm）	玉 米				糙 米				SEM	P值		
	400	600	800	1 000	400	600	800	1 000		谷物	粉碎粒度	谷物×粉碎粒度
干物质（%）	87.43	82.69	84.02	83.57	88.02	89.04	89.60	88.20	0.66	0.02	0.01	0.69
总能（%）	89.98	84.83	85.93	85.50	91.44	91.42	91.34	90.31	0.86	<0.01	0.01	0.04
粗蛋白质（%）	88.30	84.97	86.56	86.62	90.35	89.79	90.19	88.47	0.78	<0.01	0.07	0.21
中性洗涤纤维（%）	75.49	57.39	61.93	58.24	67.16	75.92	72.03	73.99	4.25	<0.01	0.60	0.02
酸性洗涤纤维（%）	72.57	57.37	62.64	61.37	63.37	73.14	72.40	72.91	4.21	0.03	0.93	0.03

资料来源：朱渭（2011）。

表 17-10 小麦粉碎粒度和适应期对育肥猪小麦能值及化学成分全肠道消化率的影响（饲喂基础）

指标	粒度 (μm)			适应期 (d)			P 值		
	331	640	862	SEM	7	26	SEM	粒度	适应期	互作
消化能 (MJ/kg)	14.56[a]	14.37[b]	14.05[c]	0.06	14.35	14.30	0.05	<0.01	0.46	0.72
代谢能 (MJ/kg)	14.24[a]	14.10[a]	13.69[b]	0.07	14.02	14.00	0.06	<0.01	0.79	0.54
化学成分表观全肠道消化率 (%)										
总能	89.33[a]	88.64[a]	86.98[b]	0.39	88.48	88.15	0.32	<0.01	0.46	0.72
粗蛋白质	91.98[a]	91.26[a]	88.94[b]	0.40	90.79	90.66	0.33	<0.01	0.77	0.78
干物质	89.07[a]	88.68[a]	87.66[b]	0.36	88.69	88.26	0.29	<0.01	0.30	0.61
有机物	91.62[a]	91.39[a]	90.29[b]	0.30	91.17	91.03	0.24	0.02	0.70	0.55
中性洗涤纤维	63.85	63.96	67.53	1.16	65.79	64.44	0.95	0.05	0.31	0.82
粗脂肪	52.16[a]	40.64[b]	23.44[c]	2.37	38.58	38.91	1.94	<0.01	0.90	0.62
酸性洗涤纤维	28.29[a]	17.36[b]	16.55[b]	2.12	20.17	21.3	1.73	<0.01	0.65	0.38

注：同行上标不同小写字母表示差异显著（$P<0.05$）。
资料来源：郭盼盼（2015）。

使用粉碎粒度低于 30 μm 豆粕的饲粮提高了断奶仔猪日增重，明显提高采食量，降低饲料增重比，显著降低断奶仔猪的腹泻频率，提高断奶仔猪饲粮氮、磷表观消化率，改善能量消化率和有机物表观消化率，显著提高必需氨基酸的表观消化率。

粉碎可以破坏营养素之间的紧密联结，有效增加比表面积，将更多的养分暴露出来，从而增加饲料中的养分与消化酶和微生物的接触面积。综合粉碎能耗、营养物质的消化率、动物生产性能、猪胃形态学等因素，粉碎粒度以 700 μm 最佳。Hancock 和 Behnke（2001）认为，玉米或者高粱的粉碎粒度每降低 100 μm，饲料转化率可以提高 1.3%，相当于总能表观消化率提高 0.86%，大于等于 125.6 kJ 消化能（Healy 等，1994；Wondra 等，1995a，1995b）。将多种来源的 DDGS 粉碎粒度从 716 μm 降低到 344 μm（Mendoza 等，2010），或者单一来源的 DDGS 粉碎粒度从 818 μm 降低到 308 μm（Liu 等，2011），都能改善能量的消化率，相当于每降低 100 μm 的粉碎粒度，DDGS 消化能增加 188 kJ/kg。

高粱的适宜粉碎粒度受高粱的类型（Laurinen 等，2000）、质地（Healy 等，1991）、猪的饲喂方式（Choct 等，2004）和日龄（Ngoc 等，2011）等因素的影响。Guillou 和 Landeau（2000）综述了 23 篇文献，得出以下结论：高粱的粉碎粒度每增加 100 μm，能量消化率降低 0.6%，全消化道氮消化率降低 0.8%，饲料转化率降低 0.03%。但是如果粉碎粒度小于 400 μm（无论是粉料还是颗粒料），都会增加患胃溃疡的风险（Morel，2005）。

（三）膨化与膨胀

以高温、高压为特征的膨化和膨胀处理，多用于食品、宠物饲料和水产饲料的加工，在猪饲料生产中主要是原料的处理，典型的是膨化玉米和膨化大豆（谯仕彦和李德发，1997），多用于教槽料、保育料的生产。李丽等（2013）报道，在玉米的膨化加工过程中，膨化温度从 120 ℃升高到 145 ℃，玉米的糊化度从 90.5% 提高到 100%，玉米中阿拉伯木聚糖含量从 1.97% 降低到 1.74%。唐志高等（2009）在试验中分别饲喂以普通玉米、普通玉米＋膨化玉米（7～37 日龄阶段饲喂普通玉米饲粮，38～70 日龄饲喂膨化玉米饲粮）和膨化玉米为原料制成的饲粮，结果表明：断奶仔猪饲粮中使用膨化玉米能有效增加仔猪的采食量，并能显著提高断奶仔猪 60 日龄和 70 日龄的体重。章红兵等（2010）发现，饲粮中用膨化玉米代替普通玉米，可显著降低断奶仔猪腹泻率和腹泻指数，显著提高仔猪断奶后第 14 天十二指肠的绒毛高度，显著降低空肠中段的隐窝深度，显著增加十二指肠、空肠前段、空肠后段和回肠的黏膜厚度。田刚等（2008）报道，膨化全脂大豆、膨化豆粕、膨化去皮豆粕和大豆浓缩蛋白 4 种大豆蛋白质对 3 周龄仔猪断奶后第 1 周生产性能无明显影响，膨化豆粕饲粮蛋白质利用率显著高于膨化全脂大豆饲粮和膨化去皮豆粕饲粮，膨化豆粕能显著改善试验后期及全期仔猪生产性能，并且较其他大豆蛋白质饲料更有利于仔猪断奶早期的氮代谢和提高机体的免疫机能。唐春艳等（2007）将膨化双低菜籽应用于哺乳母猪饲料中，结果表明，添加比例以 10%～15% 为宜，最高不宜超过 20%；添加比例为 10% 时，除各项消化代谢指标均正常外，平均日采食量还显著增加。李俊波等（2009）研究了膨化处理（高、低糊化度）陈化早籼糙米添加外源酶（每千克饲粮添加 α-淀粉酶 2 500 U 和糖化酶 20 000 U）对生长猪养分表观消化率和食糜碳水化合物消化酶活性的影响。结果发现，膨化有提高猪饲粮淀粉表观回肠消化率的趋势，但未能显著改善饲粮能量、粗蛋白质和氨基酸的表观回肠消化率，适度膨化显著提高猪食糜中碳水化合物消化酶活性。

（四）蒸汽压片

蒸汽压片是先将谷物在蒸汽调制器中进行调制，然后将谷物输送到立式蒸汽调制器中，注入蒸汽，将温度升高到 95～100 ℃，并保持 30～60 min 后谷物水分含量达到 18%～20%，然后让经过蒸汽处理的谷物在两个预热的大波纹轧辊之间通过，压成片状。

蒸汽压片处理玉米的主要作用因素是水分、热量、作用时间及机械作用力。水分使玉米膨胀软化；加热可破坏淀粉颗粒间的氢键，促进凝胶化反应；足够的蒸汽调制时间是获得充分凝胶化过程的保证；轧辊的机械作用是一个压扁成型达到规定压片密度的过程，这一过程实现了淀粉颗粒的暴露和蛋白质空间结构的改变。只有当以上几个条件同时具备时，才能使谷物的营养价值发生明显改善。

丁健（2008）利用 X 射线衍射、酶解法、差示扫描量热法（DSC）研究了蒸汽压片技术对 4 种常用饲料谷物（玉米、小麦、大麦及高粱）淀粉的晶体结构、糊化度及糊化热力学特性的影响。结果表明，蒸汽压片处理降低了玉米的结晶强度，使小麦、大麦及高粱淀粉由 A-型结晶型转变为非晶型。酶解法测定结果显示，蒸汽压片显著提高了 4 种谷物淀粉的糊化度，玉米由 31.14% 提高到 74.21%，小麦由 44.85% 提高到 96.25%，大麦由 46.30% 提高到 98.10%，高粱由 21.13% 提高到 91.18%。DSC 测定的生玉米、生小麦、生大麦及生高粱的吸热焓（ΔH）分别为 3.88 J/g、3.41 J/g、3.31 J/g 和 5.49 J/g，经蒸汽压片处理后 4 种谷物均未出现吸热峰，ΔH 降为 0，表明蒸汽压片破坏谷物淀粉的晶体结构，显著提高了淀粉糊化度。乔富强（2014）研究蒸汽压片玉米、小麦和稻谷的适宜加工条件，结果表明，3 种蒸汽压片谷物的调制温度为 105 ℃，玉米、小麦和稻谷的调制时间分别为 60 min、45 min 和 45 min，压片厚度分别为 1.0 mm、1.2 mm 和 0.7 mm，样品容重为 320～350 g/L。蒸汽压片处理有效地提高了 3 种谷物的糊化度（酶解法测定），其中玉米、小麦和稻谷的糊化度分别提高了 55.3 个百分点（23.0% 和 78.3%）、55.2 个百分点（35.2% 和 90.4%）和 42.2 个百分点（50.9% 和 93.1%）。

二、配合饲料产品加工

（一）混合

混合是现代饲料加工的核心工序，混合均匀度变异系数（CV）是行业技术审核中对混合机和产品是否满足要求的主要指标。周国栋和齐德生（2002）的抽样调查发现，预混合饲料和浓缩饲料产品的混合均匀度较好地满足国家标准要求（表 17-11），而配合饲料则较差。采用不同的示踪剂获得的 CV 之间相关性较差（Clark，2006；苏兰利等，2007）。Clark（2006）发现，随着混合时间延长，CV 变小，与采用的示踪剂无关（表 17-12）。不同示踪剂获得的 CV 之间相关性较差，其中粗蛋白质的示踪性最差，而合成氨基酸效果最为一致，随着混合时间延长，CV 值大幅度降低（蛋氨酸和赖氨酸分别降低了 60.32% 和 55.97%）。苏兰利等（2007）用甲基紫法、氯离子选择电极法、钙测定法、磷测定法、氯化物测定法、粗蛋白质测定法同时测定生长猪浓缩饲料的 CV，结果依次为 4.60%、5.89%、7.89%、6.91%、9.61%、8.00%，表明磷测定法与甲基紫法、氯离子选择电极法的结果接近，钙测定法、粗蛋白质测定法、氯化物测定法测定的 CV 值大。另外垂直和水平运输造成的物料分级也会影响饲料产品的混合均匀度。Amornthewaphat（1998）将混合好的配合饲料经过一个 6.1 m 高，直径 15.2 cm 的管子"自由落体"滑到饲料槽中以后，发现玉米粉碎粒度依次为 400 μm、600 μm、800 μm 和 1 200 μm 的 4 种饲粮的 CV 由原来的 5.22%、7.56%、8.45% 和 7.01% 分别升高到 8.07%、8.92%、9.43% 和 12.13%，差异极显著。如何将饲料出厂时候的混合均匀度与料槽中饲料产品的混合均匀度统一起来，是一个值得研究的课题。

表 17-11 猪饲料产品在不同混合均匀度变异系数范围内的样品数分布

项 目	CV 范围（%）				
	≤3	≤5	≤7	≤10	>10
配合饲料（个）	—	2	4	5	8
预混合饲料（个）	2	3	2	—	—
浓缩饲料（个）	1	2	1	7	1

注："—"表示无数据。
资料来源：周国栋和齐德生（2002）。

表 17-12 示踪剂及混合时间对混合均匀度变异系数的影响（CV, %）

示踪剂	混合时间（min）		
	0.5	2.5	5.0
DL-蛋氨酸	23.86	14.56	9.47
赖氨酸盐酸盐	19.75	16.00	8.70
粗蛋白质	7.73	7.29	6.86
氯离子（氯化钠）	20.26	12.75	15.08
磷	13.72	6.46	6.27
锰	36.25	20.80	17.59
Microtracer™ Red #40（计数）	21.77	11.72	15.08
Microtracer™ Red #40（吸光度）	21.13	20.52	16.88
Microtracer™ RF-Blue Lake	32.49	20.09	18.64
Roxarsone（3-Nitro®）	30.42	25.15	25.54
Semduramicin（Aviax®）	27.40	16.11	11.23

资料来源：Clark（2006）。

仔猪与育肥猪对混合均匀度的耐受程度之间存在较大的差异（Traylor 等，1994）。随饲料混合均匀度的提高，仔猪的生产性能得到改善，以铬为示踪剂，当饲料的 CV 值从 106.5% 下降到 12.3% 时，仔猪日增重和饲料转化率分别提高 49.4% 和 19.2%（表 17-13），可见仔猪的生产性能随饲料混合时间的延长和混合质量的改善而提高。

表 17-13 饲料混合时间对混合均匀度和仔猪生产性能的影响

指标	混合时间（min）			
	0	0.5	2	4
混合均匀度变异系数（以铬为示踪剂，%）	106.5	28.4	16.1	12.3
日增重（g）	267	376	381	399
日采食量（g）	598	712	839	820
饲料/增重	2.24	1.89	1.85	1.81

注：120头断奶仔猪，初始体重5.49 kg，每个处理6个重复，每个重复5头仔猪。
资料来源：Traylor等（1994）。

而当饲料混合质量提高时，对育肥猪的生产性能影响并不大。以食盐为示踪剂，当饲料 CV 由53.8%下降至14.8%时，日增重和饲料转化率分别提高4.0%和5.3%，进一步延长混合时间，提高混合均匀度，生长育肥猪的生产性能并未得到改善（表17-14），育肥猪对饲料混合质量的敏感性远低于仔猪。

表 17-14 饲料混合时间对混合均匀度和育肥猪生产性能的影响

指标	混合时间（min）			
	0	0.5	2	4
混合均匀度变异系数（以食盐为示踪剂，%）	53.8	14.8	12.5	9.6
日增重（g）	776	807	793	784
日采食量（g）	2 940	2 900	2 880	2 880
饲料/增重	3.80	3.60	3.63	3.67

注：128头猪，初始体重56.3 kg，每个处理4个重复，每个重复8头仔猪。
资料来源：Traylor等（1994）。

Paulk等（2011）在每吨育肥猪饲粮中加入9 g莱克多巴胺分别混合0、30 s、120 s和360 s，饲粮 CV 逐渐降低，无论基础饲粮之前是否混合均匀，都对育肥猪的日增重、饲料转化率和屠宰性能（热胴体重、屠宰率、背膘厚度、眼肌面积、无脂瘦肉指数）没有影响。

（二）制粒

制粒可以概括为"把细微的饲料颗粒通过机械处理，加上水分、热量和压力，聚合起来"。制粒工艺包括蒸汽调质和挤压成型。在蒸汽调质过程中，高温蒸汽和饲料进行混合，旨在提升饲料的黏合效果，最终提升制粒产量及颗粒品质。在成型过程中，粉料被挤进模孔而成型。其间饲料成分产生一系列物理化学变化，改善饲料适口性，提高其消化吸收率，但同时也会降低一些热敏成分的活性，同时促进美拉德反应的进行。温度、湿度、压力和摩擦、时间等均可影响饲料营养成分的效价以及活性物质的功效。通常认为制粒可以提高饲粮的营养价值，Nemechek等（2012）对2005—2013年的16个饲养试验的荟萃分析表明，制粒可提高生长育肥猪日增重4.4%，饲料转化效率5.1%。

不过颗粒料的优势受其含粉率的影响（图17-4至图17-7），当保育料和育肥猪颗粒饲料的含粉率分别达到30%与50%的情况下，颗粒饲料提高饲料转化率的优势丧失，在数值上还不如粉料，原因可能是颗粒与粉末的养分含量不同，粉末中蛋白质含量低，而钙、磷等矿物质元素和微量元素含量高。在猪群中占优势地位的猪采食较多的颗粒饲料，而占劣势地位的猪不得不采食较多的粉末，分级情况下，氨基酸进入机体进行蛋白质合成的时间和空间上的不同步，最终造成饲料转化效率降低。

颗粒耐久系数（pellet durability index，PDI）常用来表征颗粒质量。传统上认为多种因素会影响PDI（图17-8）。

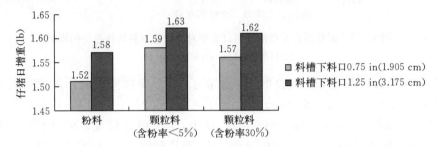

图17-4 饲料形态及料槽下料口宽度对仔猪日增重（lb*）的影响
（2个试验，210头和1 005头仔猪，饲粮中含20% DDGS）
（资料来源：Nemechek 等，2012）

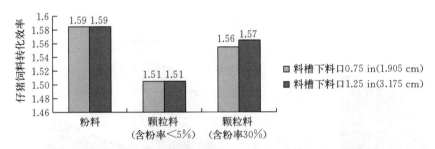

图17-5 饲料形态及料槽下料口宽度对仔猪饲料转化效率的影响
（资料来源：Nemechek 等，2012）

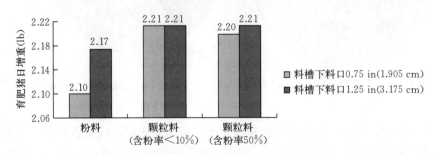

图17-6 饲料形态及料槽下料口宽度对育肥猪日增重（lb）的影响
（资料来源：Nemechek 等，2012）

---

* 1 lb=453.59 g。

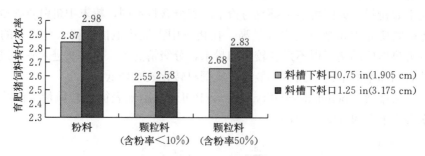

图 17-7　饲料形态及料槽下料口宽度对育肥猪饲料转化效率的影响
（资料来源：Nemechek 等，2012）

Fahrenholz（2012）用 114 个试验单元，建立了 12 个变量构成的预测 PDI 的回归方程，$PDI=53.90-0.04a-6.98b-1.12c-1.82d+0.27e+0.04f+1.78g+0.006ag-0.23bc+0.06be+0.15cg$（$R^2=0.92$）。其中，$a=$ 粉碎粒度，$b=$ 脂肪含量，$c=$ DDGS 含量，$d=$ 喂料速度，$e=$ 调质温度，$f=$ 调质时间，$g=$ 环膜长径比。预测值与实测值之间相差 1.1，相对偏差在 1% 以内。并且据此对影响 PDI 的因素进行了细化（图 17-9）。

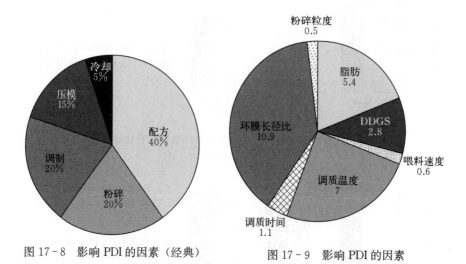

图 17-8　影响 PDI 的因素（经典）　　图 17-9　影响 PDI 的因素
　　　　　　　　　　　　　　　　　　（资料来源：Fahrenholz，2012）

胡冰（2012）指出，制粒机主轴转速和生产率与调质时间线性负相关，主轴桨叶与物料前进方向的角度在 45°和 90°的区域内，与调质时间呈线性正相关。当调质温度从 79 ℃升高到 85 ℃，ASAE 改进方法及运行 30 s 和 60 s 的 NHPT 耐久度分别增加了 7.69%、8.86% 和 11.83%；生产率、调质温度和主轴转速的提高会显著降低制粒效率；高温和低速调质可以增加物料调质水分量，提高物料中淀粉凝胶化的比例，提高颗粒质量。

第三节 饲料加工工艺进展

一、添加剂后处理新工艺

液体化技术是将药理学、营养学、免疫学和纳米技术有机融合起来，采用乳化剂结合高压下的调质，实现完全的油水互溶，水包油，油包水，将极难溶解的物质，制作成清亮、透明的溶液，可以改变某些营养素的吸收途径，提高其代谢和功效发挥。典型的例子是可以将吡啶甲酸铬制成水溶液。分子排列技术是利用分子生物学的手段，研究药物、营养素在分子水平上的药理和药物代谢。通过技术手段使药物聚合态转为分子态，充分表现药物、营养素的效果，其示意如图 17-10 所示。

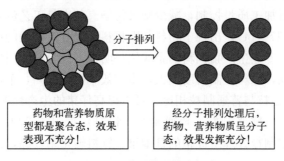

图 17-10 分子排列技术示意

微囊靶向技术是根据营养素吸收、作用的物理化学特性和消化道生理生化特点，选择合适的载体辅料对营养素进行微囊包被处理，让营养素在最佳吸收部位或作用部位释放，显著提高其稳定性和供给的精确性。

综合利用这些剂型改造技术，可以显著提高维生素的稳定性/抗逆性（以下均为待发表数据），在高温试验（在 60 ℃条件下放置 10 d）、高湿试验［在 25 ℃、相对湿度为 RH 90%±5% 的条件下（KNO_3 饱和溶液）放置 10 d］、光照试验（室温、照度为 4 500 lx±500 lx 的条件下放置 10 d）、加速试验（在 40 ℃±2 ℃、RH 为 75%±5% 的条件下进行 6 个月试验）、长期试验（在 25 ℃±2 ℃、RH 为 60%±10% 的条件下进行 12 个月试验）下，维生素 A 的保留率分别为 97.44%、99.54%、99.08%、90.92% 和 92.89%。而且可以实现过胃（表 17-15）且肠溶（表 17-16），实现靶向精确供应养分。

表 17-15 人工胃液条件下，新型制剂中维生素 A 和维生素 B_2 的释放含量和比例

取样时间（h）	0.5	1	2	4
维生素 A 释放含量（10^4 IU/kg）	—	23.18	98.68	138.02
维生素 A 释放比例（%）	0	0.44	1.88	2.64
维生素 B_2 释放含量（g/kg）	—	0.14	0.52	1.16
维生素 B_2 释放比例（%）	0	0.46	1.73	3.85

注："—"无数据。

表17-16 人工肠液条件下，新型制剂中维生素A和维生素B_2的释放含量和比例

取样时间（h）	0.5	1	2	4	8	12
维生素A释放含量（10^4 IU/kg）	316	1 572	2 488	3 288	4 220	4 712
维生素A释放比例（%）	6.04	30.02	47.52	62.80	80.60	89.99
维生素B_2释放含量（g/kg）	1.86	9.04	13.56	18.08	23.50	26.88
维生素B_2释放比例（%）	6.12	30.01	45.02	60.03	78.02	89.24

二、教槽料生产工艺

早期断奶的推广促进了教槽料的研发。除了筛选适宜的饲料原料以外，近年来教槽料的工艺发展有以下趋势：首先是重视产品的卫生质量，按照食品生产的标准进行，按照预混料的标准进行加工质量控制，减少交叉污染。其次是工艺流程与饲料配方协同发展（图17-11至图17-14），出现了粉料与颗粒料两个分工明确的产品系列。最后是专业化分工日趋明显，专业生产猪饲料的企业优势明显，甚至有专门生产教槽料、保育料的生产线和生产车间，原料控制力度加大，生产效率得到提高，单位生产成本降低。膨化/膨胀制粒与二次制粒与普通制粒相比，可以提高仔猪的生产性能。赵素梅等（2003）对比了不同加工工艺（膨胀制粒、普通制拉、粉料）对10～20 kg仔猪生产性能的影响，结果表明，膨胀制粒处理组仔猪的日增重、饲料转化率较高，但是与普通制粒处

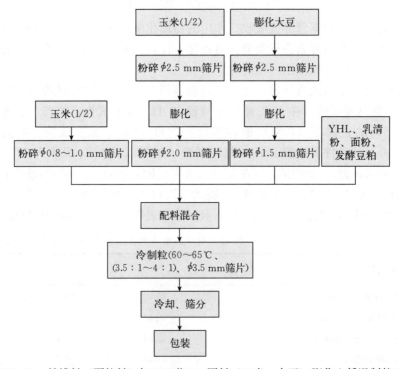

图17-11 教槽料（颗粒料）加工工艺1：原料（玉米、大豆）膨化＋低温制粒工艺

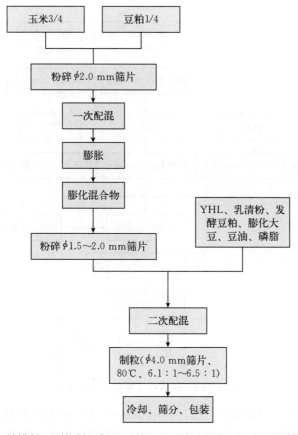

图 17-12 教槽料（颗粒料）加工工艺 2：原料（玉米、豆粕）膨胀＋制粒工艺

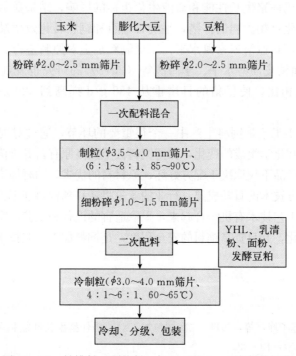

图 17-13 教槽料（颗粒料）加工工艺 3：二次制粒工艺

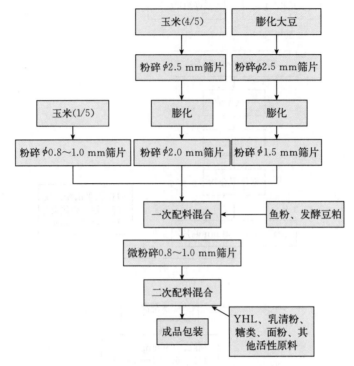

图 17-14 教槽料（粉料）加工工艺

理、粉料差异不显著。程志斌等（2011）用 360 头 21 日龄断奶仔猪，按制粒工艺（一次或两次）、原料预处理（玉米、豆粕、鱼粉是否膨化）不同，设计 2 因素 2 水平试验，研究二次制粒对断奶仔猪生长性能和血液生化指标的影响，结果显示：采食二次制粒工艺及膨化玉米、膨化豆粕原料的仔猪，平均日增重和饲料转化效率最佳；断奶第 14 天，膨化处理显著降低仔猪血清尿素氮水平；二次制粒加上对原料进行膨化处理，可以降低断奶第 14 天仔猪血清皮质醇水平。李海庆等（2013）的研究也发现，膨化结合二次制粒，与仅膨化处理相比，使仔猪的日增重从 488 g/d 提高到 520 g/d，饲料转化率从 1.49 提高到 1.42。

总之，饲料加工工艺是饲料生产中一个很重要的环节，通过对饲料原料形态和质地的改变，物理性状和化学组成的变化，保留饲料甚至提高原有营养价值，改善饲料的安全性。高品质的饲料产品不仅取决于配方好坏、原材料的优劣，同时加工工艺也起着非常重要的作用。随着配方技术的日益成熟，行业的竞争将转移到饲料加工工艺技术上。如何将猪营养与饲料加工工艺技术有机结合起来，采取适宜的设备和工艺，实现饲料中营养价值可利用程度的最大化，并且提高饲料的安全程度，是饲料加工工艺技术研究的永恒课题。

参考文献

程志斌，张红兵，苏子峰，等，2011. 二次制粒加工对断奶仔猪生长性能和血液生化指标的影响 [J]. 饲料工业 (15)：19-22.

丁健，2008. 蒸汽压片提高谷物淀粉营养价值的机制及添加瘤胃调控剂改善肉羊生长性能的效果 [D]. 北京：中国农业大学.

樊春光，2013. 复合微生物发酵豆粕的研制及对母猪生产性能影响的研究 [D]. 郑州：河南农业大学.

郭广伦，袁中彪，李俊波，等，2011. 不同粉碎粒度的饲料对断奶仔猪生长性能及蛋白质体外消化率的影响 [J]. 中国畜牧杂志（47）：49-51.

郭盼盼，2015. 小麦储存时间和粉碎粒度对育肥猪有效能与养分消化率的影响 [D]. 北京：中国农业大学.

胡冰，2012. 饲料加工工艺对颗粒饲料品质与动物生产性能影响的研究 [D]. 北京：中国农业大学.

胡婷，2010. 豆粕固态发酵条件及其对大鼠生长性能和氮代谢影响的研究 [D]. 北京：中国农业大学.

李海庆，赵元，何立荣，2013. 混合膨化与二次制粒工艺及其应用 [J]. 安徽农业科学（14）：6290-6291.

李俊波，吕武兴，舒剑成，等，2009. 膨化陈化早籼糙米添加外源酶对生长猪表观养分消化率及消化酶活性的影响 [J]. 中国畜牧杂志（1）：29-33.

李丽，孙杰，李军国，等，2013. 膨化加工对玉米糊化及抗营养因子消除的影响 [J]. 饲料工业（7）：20-23.

李全丰，2014. 中国玉米猪有效营养成分预测方程的构建 [D]. 北京：中国农业大学.

乔富强，2014. 玉米、小麦、稻谷蒸汽压片处理对其化学成分、瘤胃发酵和能量价值的影响 [D]. 北京：中国农业大学.

谯仕彦，李德发，1997. 膨化技术及其在饲料中的应用 [J]. 中国饲料（23）：12-14.

任守国，2009. 超微粉碎豆粕的理化营养特性研究 [D]. 雅安：四川农业大学.

苏兰利，李俊凡，王居强，2007. 几种测定配合饲料混合均匀度方法的比较 [J]. 黑龙江畜牧兽医（12）：50-51.

唐春艳，齐德生，张妮娅，等，2007. 膨化双低菜籽在哺乳母猪日粮中应用的研究 [J]. 动物营养学报，19（5）：549-558.

唐志高，禚梅，赵小刚，2009. 日粮中添加膨化玉米对仔猪生长性能的影响 [J]. 中国畜牧兽医，36（2）：39-41.

田刚，余冰，雷胡龙，等，2008. 不同大豆蛋白饲料对仔猪断奶早期的营养效应研究 [J]. 中国畜牧杂志，44（11）：21-25.

张磊，2016. 烘干温度和储存时间对玉米营养价值的影响 [D]. 北京：中国农业大学.

章红兵，李君荣，邵康为，2010. 膨化玉米对断奶仔猪肠黏膜形态和腹泻的影响 [J]. 中国粮油学报，25（1）：87-90.

赵素梅，戴志明，张曦，等，2003. 不同加工工艺对仔猪营养效应的影响 [J]. 黑龙江畜牧兽医（7）：10-13.

周国栋，齐德生，2002. 饲料产品混合均匀度状况分析 [J]. 广东饲料（1）：24.

朱滔，2011. 玉米和糙米的粉碎粒度对猪营养物质消化率及氮磷排放的影响 [D]. 北京：中国农业大学.

Amornthewaphat N, 1998. Effects of mixing process on diet characteristics and effects of feeder design and pellet quality on performance of growing finishing pigs [D]. Manhattan: Kansas State University.

Callan J J, Garry B P, O'Doherty J V, 2007. The effect of expander processing and screen size on nutrient digestibility, growth performance, selected faecal microbial populations and faecal volatile fatty acid concentrations in grower-finisher pigs [J]. Animal Feed Science and Technology, 134: 223-234.

Choct M, Selby E A D, Cadogan D J, et al, 2004. Effects of particle size, processing, and dry or liquid feeding on performance of piglets [J]. Australian Journal of Agricultural Research, 55: 237-245.

Clark P M, 2006. The effects of nutrient uniformity and modified feed processing on animal performance [D]. Manhattan: Kansas State University.

Fahrenholz A C, 2012. Evaluating factors affecting pellet durability and energy consumption in a pilot feed mill and comparing methods for evaluating pellet durability [D]. Manhattan: Kansas State University.

Guillou D, Landeau E, 2000. Feed particle size and pig nutrition [J]. Productions Animals, 13: 137-145.

Hancock J D, Behnke K C, 2001. Use of ingredient and diet processing technologies (grinding, mixing, pelleting and extruding) to produce quality feed for pigs [M]//Lewis A J, Southern L L. eds. Swine Nutrition. 2 nd ed. Boca Raton, FL: CRC Press: 469-497.

Healy B J, Hancock J D, Bramel-Cox P J, et al, 1991. Optimum particle size of corn and hard and soft sorghum grain for nursery pigs and broiler chicks. Kansas State University Swine Day 1991, Report of Progress 641, Kansas, USA: 66-72.

Healy B J, Hancock J D, Kennedy G A, et al, 1994. Optimum particle-size of corn and hard and soft sorghum for nursery pigs [J]. Journal of Animal Science, 72: 2227-2236.

Laurinen P, Siljander-Rasi H, Karhunen J, et al, 2000. Effects of different grinding methods and particle size of barley and wheat on pig performance and digestibility [J]. Animal Feed Science and Technology, 83: 1-16.

Morel P C H, 2005. Particle size influences the incidence of stomach ulcers but has no effect on performance in barley-based diets for pigs [M]//Manipulating Pig Production X. Proceedings of the Conference of the Australasian Pig Science Association, vol. 10, Werribee, Australia, 147.

Ngoc T T B, Len N T, Ogle B, et al, 2011. Influence of particle size and multi-enzyme supplementation of fibrous diets on total tract digestibility and performance of weaning (8-20kg) and growing (20-40kg) pigs [J]. Animal Feed Science and Technology, 169: 86-95.

Price K L, Lin X, van Heugten E, et al, 2013. Diet physical form, fatty acid chain length, and emulsification alter fat utilization and growth of newly weaned pigs [J]. Journal of Animal Science, 91: 783-792.

Richert B T, DeRouchey J M, 2010. Swine feed processing and manufacturing [M]//Meisinger D J. ed. National Swine Nutrition Guide. Ames, IA: U. S. Pork Center of Excellence: 245-250.

Traylor S L, Hancock J D, Behnke K C, et al, 1994. Uniformity of mixed diets affects growth performance in nursery and finishing pigs [J]. Journal of Animal Science, 72 (2): 59.

Valencia D G, Serrano M P, Lázaro R, et al, 2008. Influence of micronization (fine grinding) of soya bean meal and full fat soya bean on productive performance and digestive traits in young pigs [J]. Animal Feed Science and Technology, 147: 340-356.

Wondra K J, Hancock J D, Kennedy G A, et al, 1995a. Effects of reducing particle size of corn in lactation diets on energy and nitrogen metabolism in second-parity sows [J]. Journal of Animal Science, 73: 427-432.

Wondra K J, Hancock J D, Kennedy G A, et al, 1995b. Reducing particle size of corn in lactation diets from 1,200 to 400 micrometers improves sow and litter performance [J]. Journal of Animal Science, 73: 421-426.

Wondra K J, Hancock J D, Behnke K C, et al, 1995c. Effects of particle size and pelleting on growth performance, nutrient digestibility, and stomach morphology in finishing pigs [J]. Journal of Animal Science, 73: 757-763.

Wondra K J, Hancock J D, Behnke K C, et al, 1995d. Effects of mill type and particle size uniformity on growth performance, nutrient digestibility, and stomach morphology in finishing pigs [J]. Journal of Animal Science, 73: 2564-2573.

Xing J J, van Heugten E, Li D F, et al, 2004. Effects of emulsification, fat encapsulation, and pelleting on weanling pig performance and nutrient digestibility [J]. Journal of Animal Science, 82: 2601-2609.

第十八章
非营养性饲料添加剂

非营养性饲料添加剂是指加入饲料中用于改善饲料效率、保持饲料质量和品质、有利于动物健康和代谢的一类非营养性物质。非营养性添加剂主要包括药物饲料添加剂、酶制剂、微生物制剂、寡糖、酸度调节剂、调味和诱食物质、植物提取物、抗氧化剂等。本章综述了农业部《饲料添加剂品种目录（2013）》中除药物饲料添加剂外的一些非营养性饲料添加剂的研究进展，以抗生素促生长剂为主体的药物饲料添加剂及其替代产品将在本书第十九章综述，其中微生物制剂、寡糖和植物提取物在第十九章中也做了一些阐述，但侧重点不同，读者可根据情况取舍。

第一节 酶 制 剂

饲用酶制剂是一类以酶为主要功能因子，通过特定生产工艺加工而成的饲料添加剂。在猪饲料中酶制剂大致包括三方面的功能：补充内源消化酶、消除饲料抗营养因子或毒素、脱氧和杀菌。

一、补充内源消化酶

一些研究表明，在仔猪饲料中添加一些蛋白酶（Yin等，2001；O'Shea等，2014；姜建阳等，2015；李建沅等，2015）、脂肪酶（时本利等，2010）、淀粉酶（李建沅和姜建阳，2014）或由三种酶组成的复合酶制剂（李根来等，2010），能弥补特殊生理阶段猪内源性消化酶分泌的不足，改善相应养分的消化率。脂肪酶水解中链脂肪释放的脂肪酸能抑制消化道有害微生物的生长（Dierick等，2002），但添加脂肪酶可能加快饲料中原有脂肪的分解，影响饲料的贮藏稳定性及饲料风味（Dierick和Decuypere，2002）。

二、消除饲料抗营养因子或毒素

一些研究表明，在猪高纤维饲粮（如小麦麸、草粉）中添加纤维素酶能够提高饲粮营养物质的消化率（李德发等，2001；任继平等，2006；王荣蛟等，2013；远德龙等，2013）。在含非淀粉多糖高的猪饲粮（如小麦、大麦、小麦麸等）中添加木聚糖酶（乔楠，2006；Lindberg 等，2007；王利等，2012）、β-葡聚糖酶（郑黎等，1999；何维海等，2006；Kiarie 等，2012），可分解相应的抗营养因子，降低饲料的黏性，改善养分消化率。Passos 等（2015）报道，在玉米-豆粕型饲粮中添加木聚糖酶亦能提高生长育肥猪对营养物质的消化率。此外，在玉米-豆粕型饲粮中添加 α-半乳糖苷酶（Baucells 等，2000；冒高伟和冯定远，2005；蒋小丰等，2010；陈轶群等，2015）、β-甘露聚糖酶（Kim 等，2013；Mok 等，2013；齐珂珂等，2014；乔家运等，2014），有利于改善饲料效率和仔猪的生产性能。杨久仙等（2013）发现，在饲粮中添加角蛋白酶可以提高仔猪饲料转化效率和对氮的利用效率，从而提高断奶仔猪的日增重。

植物性饲料中 60%～80%的磷是以不被单胃动物利用或利用率极低的植酸磷形式存在的（姚斌和范云六，2000）。猪体内不能分泌植酸酶。国内外大量文献已经证实，在饲料中添加植酸酶可以有效分解存在于饲料中的植酸，释放无机磷，提高猪对植物性饲料中钙、磷的利用率，降低粪便中磷的排泄量，减少对环境的污染（闫俊浩，2008；董其国和王恬，2009；丁强等，2010；梁陈冲等，2013；Kahindi 等，2015）。同时因为解除了植酸的抗营养作用，所以植酸酶的添加可以提高猪对淀粉、脂肪和蛋白质等营养物质的利用率（Johnston 等，2004；董国忠等，2007；王志恒等，2015）。

黄曲霉毒素 B_1 可导致断奶仔猪生长性能下降，肝脏生理功能受损。在受黄曲霉毒素污染的饲粮中添加黄曲霉毒素 B_1 分解酶，可有效降低黄曲霉毒素 B_1 对断奶仔猪的危害，改善其生长性能，保护肝脏生理功能（于会民等，2013）。

三、脱氧和杀菌

葡萄糖氧化酶（glucose oxidase，GOD）是一种高活性需氧脱氢酶，能专一氧化葡萄糖成为葡萄糖酸和过氧化氢，同时消耗大量的氧，具有抑菌的作用（Biagi 等，2006）。在饲粮中添加葡萄糖氧化酶，可有效改善仔猪肠道健康和生长性能（殷骥和梅宁安，2012；黄忠阳等，2014；汤海鸥等，2014；张宏宇等，2014）。

溶菌酶（lysozyme）又称为胞壁质酶（muramidase）或 N-乙酰胞壁质聚糖水解酶（N-acetylmuramide glycanohydrlase），是一种能水解黏多糖的碱性酶（王飞，2002）。该酶能催化水解细胞壁中的 N-乙酰胞壁酸和 N-乙酰氨基葡糖之间的 β-1,4-糖苷键，使细胞壁不溶性黏多糖分解成可溶性糖肽，导致细胞壁破裂内容物逸出而使细菌溶解。溶菌酶可与带负电荷的病毒蛋白直接结合，与 DNA、RNA、脱辅基蛋白形成复盐，使病毒失活（王佳丽和丁鉴锋，2002）。溶菌酶可分解巨大芽孢杆菌、黄色八叠球菌等革兰氏阳性菌（荣晓花和凌沛学，1999）。在饲粮中添加溶菌酶可增加机体抗病力，改善仔猪的免疫功能，提高生产性能（王晓可等，2008；May 等，2012；Oliver 等，2014）。

酶制剂在饲料中的应用要考虑酶的真实有效性、针对适用性。酶制剂的使用也必须与饲粮的物理和化学特性结合起来，与动物营养的生物学基础结合起来，与饲料的加工

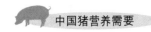

工艺结合起来（冯定远，2011）。

第二节　微生物制剂

人们常把应用于畜牧业生产上的益生菌称为微生物饲料添加剂（徐鹏等，2012）。益生菌是当摄入量足够时能对机体产生有益作用的活性微生物（FAO/WHO，2001）。猪饲料中应用的益生菌主要包括乳杆菌、双歧杆菌、芽孢杆菌和肠球菌等。这些微生物可改善宿主动物肠道内的微生物平衡。益生菌通过竞争性排斥和提高机体免疫力减少病原微生物在机体内的定殖（Chamber 和 Gong，2011）。益生菌抵抗病原微生物感染的机制包括产生有机酸、过氧化氢或抗菌物质，竞争营养素或结合位点，抗毒素作用以及刺激免疫系统等（罗慧等，2008；Marteau 等，2011）。

一、乳杆菌

乳杆菌，也称作乳酸杆菌，可以厌氧或兼性厌氧生长，是动物肠道中一类重要的优势菌群，具有显著的益生作用（李舒宁；2014；侯成立，2015）。Ohashi 等（2007）利用荧光定量 PCR 技术分析饲喂乳酸杆菌的断奶仔猪肠道菌群的分布，发现饲喂乳酸菌组仔猪肠道乳酸杆菌、双歧杆菌数量显著增加。一些试验报道，在仔猪饲料中添加嗜酸乳杆菌（Liong 等，2007；Park，2008；Qiao 等，2015）、干酪乳杆菌（刘伟学等，2012；曾娟娟等，2014）、德式乳杆菌（刘统，2012；黄其永等，2013）、植物乳杆菌（Mizumachi，2009；王发明，2010；索成，2011，2012）、罗伊氏乳杆菌（张董燕等，2011；杨凤娟等，2014）能改善仔猪的肠道健康，增强仔猪免疫力。

二、双歧杆菌

双歧杆菌为革兰氏阳性专性厌氧菌，是猪肠道定殖的主要有益菌。在断奶仔猪饲料中添加两歧双歧杆菌（郭彤等，2004；赵桂英等，2007）和动物双歧杆菌（刘宇等，2008）可增强仔猪免疫力，预防腹泻，提高饲料利用率及生长性能。但双歧杆菌的严格厌氧和抗逆能力差的特性，使其很难被制备成商业化的活性制剂。

三、芽孢杆菌

芽孢杆菌抗逆性强、耐高温高压、在不利环境条件下能够以孢子形式存在，在饲料制粒、贮存及胃酸环境中仍能保持较高的活性（Li 等，2007；Wang 等，2009）。在猪饲料中应用地衣芽孢杆菌（Alexopoulos，2004；刘晓琳等，2008；肖定福等，2008；郭丽华等，2013；黄沧海，2013）、枯草芽孢杆菌（周映华等，2012；王井亮，2012；邓军等，2012）、凝结芽孢杆菌（李建国 2004；黄海强，2014）、丁酸梭菌（邓斐月，2010）可以提高猪的生产性能、改善肠道菌群平衡、提高养分消化率。

四、肠球菌

益生肠球菌制剂是乳酸菌中的一种，在胃肠道微生物群体中属于共生益生菌。在饲料中添加粪肠球菌（侯璐，2010；魏清甜等，2014）和屎肠球菌（李素霞，2013；王永等，2013；Twardziok等，2013；陈振强，2014）能提高仔猪日增重、改善饲料养分利用率、防治仔猪腹泻、增强仔猪免疫性能，以及降低空肠大肠杆菌数量。

五、酵母菌

酵母菌是一类单细胞真核微生物的总称，其泛指能够发酵糖类的各种单细胞真菌，特征可能随着培养基成分和生长阶段的改变而发生变化（Hittinger，2013）。在猪饲料中应用的主要有酿酒酵母、毕赤酵母、假丝酵母属等。一些研究表明，在仔猪饲粮中添加活酵母可以改善仔猪肠道健康，促进生产性能（van Heugten等，2003；Bontempo等，2006）。Jang等（2013）报道，给妊娠和哺乳母猪补充活酵母能通过提高初乳中IgG含量而提高仔猪的免疫力。酵母培养物是酵母细胞、发酵后培养基和酵母细胞代谢产物的混合物。一些研究表明，在生长育肥猪饲粮中添加酵母培养物可以增强其体液免疫和细胞免疫机能，有利于猪的健康（田书会，2011），改善夏季生长育肥猪的胴体品质（田文生，2011）。然而也有一些研究认为，酵母培养物没有对猪的生长带来有益影响（Kornegay等，1995）。

微生物作为饲料添加剂在养猪生产中的应用效果不稳定，差异很大。生物活性是益生菌产生功效的基础，而其活性在饲料的加工、贮存和运输过程中受到氧气、温度、湿度、机械作用力和矿物质元素等多种不利因素的挑战，在被食入后也要面临胃中盐酸和胆汁酸使其失活的问题，这造成了益生菌制剂极易失活，导致功效降低。如何保护微生物顺利达到预期靶部位并发挥作用是当前研究的热点，目前多采用微胶囊化技术解决此类问题，但技术本身在理论和应用方面仍存在一定的不足，还需寻找和开发新型的壁材并优化包埋的工艺（黄卫强和张和平，2015）。

第三节 寡 糖

寡糖又称低聚糖，是指 2~10 个单糖通过糖苷键连接形成直链或支链的一类糖。寡糖不能被人和单胃动物自身分泌的酶分解（Orban等，1997）。一些研究认为，寡糖能选择性地促进有益菌的增殖（肖定福，2011），阻止病原菌定殖（皮宇等，2013），刺激免疫反应（李丽立等，2003）。一些试验研究表明，在仔猪饲料中添加低聚木糖（Moura等，2008）、低聚壳聚糖（唐敏等，2011；乔丽红等，2013）、半乳甘露寡糖（Tang等，2005；李彦品等，2015）、果寡糖（高峰等，2001；杭苏琴等，2014）、甘露寡糖（岳文斌等，2002）、低聚半乳糖（Mountzouris等，2006；郑珊等，2013）、壳寡糖（李俊良，2014；彭媛媛等，2014）对仔猪的生产性能和肠道健康具有有益作用。在母猪妊娠后期和泌乳期饲粮添加甘露寡糖可以改善哺乳仔猪的生长速度和免疫反应（Czech 等，2010；段绪东，2013）。陈建荣（2007）报道，在哺乳母猪饲粮中添加半乳甘露寡糖可以提高母猪泌乳量、乳蛋白质及乳中生长激素的含量和母猪机体免疫力，进而提高仔猪断奶重。郭小云等（2015）报道，低聚木糖能改善哺乳母猪的繁殖性能、减缓仔猪的应激反应和提高仔猪免疫力。妊娠后期及哺乳期母猪饲粮中添加壳寡糖显著提高了仔猪血糖含量，增强了仔猪肝脏的糖异生作用，提高了哺乳期仔猪利用非糖物质作为能量的能力，有利于新生仔猪的存活和后期仔猪的生长（Xie 等，2015）。母猪妊娠后期饲粮中添加 0.3%果寡糖，可提高饲粮粗蛋白质和粗脂肪的表观消化率、改善母猪和仔猪机体免疫功能，进而提高母猪和仔猪生产性能（李梦云等，2015）。

事实上，由于寡聚糖种类、来源、用量、用法以及猪的日龄、饲养环境不同，研究结果亦有较大差异（石宝明，2000）。寡糖属于非消化性糖类物质，具有较强的黏度、亲水性、表面活性及吸附性，不适宜的添加量会引起仔猪腹泻率的提高（李桂枝等，2008）。

第四节 酸度调节剂

酸度调节剂亦称 pH 调节剂，目前在猪饲料中主要包括酸化剂（有机酸、有机酸盐和复合酸化剂）和碳酸氢钠（小苏打）。

一、有机酸

在饲料中添加酸化剂可以降低饲粮 pH，使胃内 pH 下降，提高胃蛋白酶的活性或可以改善胃肠道微生物区系等（Mroz 等，2006）。众多试验研究表明，有机酸可以提高仔猪的生产性能和降低料重比，包括丙酸（Gabriele，2011；汪仕奎等，2012）、乳酸（刘国祥等，2010）、苯甲酸（PlitznEr 等，2006；Kathrin 等，2009；刁慧等，2013；高增兵等，2014；Gutzwiller 等，2014；陈佳力等，2015）、山梨酸（Luo，2014）、柠檬酸（李建平等，2010）。Partanen 和 Mroz（1999）用 Meta-分析统计有机酸化剂对断奶仔猪生长性能（平均日增重、平均日采食量和料重比）的影响，结果表明，许多酸化剂（如富马酸和柠檬酸）一般可以提高仔猪的生产性能和降低料重比，但是平均日增重变化范围比较大（-58～+106 g）。有机酸应用效果差异较大，主要与有机酸的类型、用量、饲粮组成和仔猪断奶日龄有关。在母猪妊娠后期和哺乳期饲粮中添加 1%柠檬酸，可以促进钙、磷和蛋白质的消化吸收，改善母猪和仔猪的免疫功能（Liu 等，2014）。母猪饲粮中添加山梨酸，可提高初乳中游离脂肪酸浓度和泌乳第 7 天母猪及仔猪血清中 IGF-1 浓度，改善仔猪的生产性能（王海峰等，2013）。

二、有机酸盐

一些试验研究证明，有机酸盐类，如甲酸钙（吴天星等，2002；黄建华等，2006）、双乙酸钠（王国良等，2008）、丁酸钠（Lu，2008；吴胜莲等，2010；徐振飞等，2011）、二甲酸钾（董坤等，2008；宇正浩，2013；Zhou等，2015）、柠檬酸钙（姜海迪，2012）等也可以提高断奶仔猪的饲料利用率，改善断奶仔猪的生长性能和健康水平，有效减少断奶仔猪肠道有害菌数量。二甲酸钾能增加母猪产后12日龄的乳脂含量，对妊娠母猪的背膘厚和仔猪的生产性能有正面效应（Øverland等，2009）。

三、复合酸化剂

复合酸化剂是将两种或以上的单一酸化剂按照一定的比例混合而成。单一的有机酸和无机酸均具有特定的优点和缺点，由于各自作用机制有所不同，目前市场上经常混合使用以期产生互补协同作用。大量试验研究也证实，复合酸化剂在改善动物生产性能方面的作用效果优于单一酸化剂（Kirchegessner，1990；Walsh等，2007；汪海峰，2011）。此外，一些学者提出经过包被处理后的酸化剂具有缓释效果，使其酸化作用可以延伸到仔猪肠道后段（回肠、盲肠和结肠）（宴家友，2009）。

四、碳酸氢钠

碳酸氢钠俗称小苏打。碳酸氢钠能中和胃酸，溶解黏液，降低消化液的黏度，并加强胃肠的收缩，起到健胃、抑酸和增进食欲的作用，对提高畜禽的抗应激能力具有积极作用（刘亚馥，2014）。碳酸氢钠可作为机体电解质调节物质，对维持动物体内的渗透压、酸碱平衡起重要作用。在育肥猪饲粮中添加碳酸氢钠，能使其增重加快，饲料转化率提高（孙秀丽等，1995；邱国美等，2011）。通过在饲粮中添加碳酸氢钠提高哺乳母猪饲粮电解质平衡值，可以改善饲料中粗蛋白质和粗脂肪的表观消化率（Cheng等，2015）。

第五节 调味和诱食物质

哺乳动物的菌状味蕾数量与味觉感受能力呈正相关（Miller等，1990）。猪的菌状味蕾数量（5 000个）大约是人的3倍（Kumar等，2004）。饲料作为一种刺激物，能刺激动物的多种感觉器官产生各种感官反应。因此，在猪的饲料中添加调味物质，具有改善饲料适口性、增强食欲、提高采食量、促进饲料消化利用的潜力。猪饲料中的调味物质主要包括香味、甜味和鲜味物质。

一、香味物质

猪的嗅觉非常灵敏，能辨别多种气味。据测定，猪对气体的识别能力比狗高1倍，比人高7～8倍（Halpern等，2003；Diego等，2004）。一些研究表明，猪嗜好奶酪味、果味和肉味。与猪母乳风味相同的乳味香味剂具有显著提高断奶仔猪采食次数、采食时间和采食速度的作用（吕继蓉，2011）。樊哲炎等（2001）研究指出，乳香型香味剂提高了仔猪采食量。香味剂的诱食效果与饲粮中添加的香味剂类型、饲粮基础底物、添加方式和添加量等因素有关（吕继蓉，2011）。此外，母猪饲粮中添加香味剂可使风味物质通过羊水和乳汁传递给子代，从而使子代得到母猪饲粮风味的印记训练，在哺乳和断奶仔猪饲粮中也添加同样的香味剂时，能促进它们尽快适应饲料，缓解断奶应激（曾凡坤，2010；张勇，2015）。在人工乳中加入带有母乳香气的香料可以提高仔猪对人工乳的嗜好（孙凌峰等，2004）。

二、甜味物质

蔗糖、果糖和乳糖等天然糖类是最早的饲用甜味剂。大量研究证明，猪喜食具有蔗糖甜味的饲料（Glaser 等，2000；Mavromichalis 等，2001；Bonacchi 等，2008；Val-Laillet 等，2012），但蔗糖作为甜味剂添加量大且成本较高。一些研究者证实，非碳水化合物类包括糖精（Sclafani 和 Ackroff，1994）、糖精钠（耿艳红等，2001）、新甲基橙、皮苷二氢查耳酮（Moran 等，2010；雷琳，2014）和山梨糖醇（Perina 等，2014）对猪具有一定的诱食作用。近年来发现，猪和人的甜味受体基因序列上存在差异，人对甜味物质感觉不能照搬到猪等动物上。Glaser 等（2000）研究发现，12 种对人很甜的人工或天然化合物对猪的效果存在很大差异；安赛蜜、阿力甜、甘素、糖精钠和三氯蔗糖 5 种化合物能够引发猪的偏好，索马甜、阿斯巴甜、甜蜜素、莫内林、NHDC、P-4000 和 Perillartine 7 种化合物不能引起猪的反应。断奶仔猪饲粮添加人工甜味剂可提高钠/葡萄糖共转运载体的表达，可提高肠道吸收葡萄糖的能力（Moran 等，2010）。

三、鲜味物质

与甜味相近，鲜味也能促进哺乳动物的自主采食行为。猪对鲜味高度敏感，其敏感性大约是甜味的 10 倍（陶莉，2013）。多种 L-氨基酸都可产生鲜味。饲料鲜味剂主要包括谷氨酸钠和鸟苷酸二钠。王本琢等（2002）报道，在饲料中添加 0.1% 的 L-谷氨酸钠，可使育肥猪采食量增加，日增重提高。周笑犁等（2014）报道，在猪生长期的基础饲粮中添加 30 g/kg 味精（主要成分为谷氨酸钠）有助于改善生长猪的胴体性状和组成。但也有一些研究未发现谷氨酸钠（陈罡，2013）和 5'-鸟苷酸二钠（杨玉芬等，2010）对仔猪采食量和生产性能有显著影响。

改善猪对饲料的适口性和采食量是使用调味和诱食物质的主要目的，不能以人对调味和诱食物质的感觉来评判其质量的好坏。调味和诱食物质在猪饲料中的应用需注意原料组成、饲料加工、猪的品种和生长阶段等因素（喻麟，2012）。

第六节 植物提取物

许多植物提取物如糖萜素（源自山茶籽饼）（马旭平等，2007；唐晓玲等，2007；

吴秋钰等，2008；刘让等，2012）、天然类固醇萨酒皂角苷（源自丝兰）（Min 等，2000；胥令辉等，2014）、苜蓿提取物（有效成分为苜蓿多糖、苜蓿黄酮、苜蓿皂苷）（徐向阳等，2005；Criste 等，2008）、杜仲叶提取物（有效成分为绿原酸、杜仲多糖、杜仲黄酮）（Wang 等，2012；李金宝等，2013；侯玉洁等，2014）、大豆黄酮（4,7-二羟基异黄酮）（Wang 等，2002；程忠刚等，2003；赵志辉等，2003；张响英等，2006；Yuan 等，2012）、紫苏籽提取物（有效成分为 α-亚油酸、亚麻酸、黄酮）（褚晓红等，2011；潘存霞，2012）、植物甾醇（源于大豆油/菜籽油，有效成分为 β-谷甾醇、菜油甾醇、豆甾醇）（贾代汉等，2005；扶国才等，2009；罗有文等，2009；李伟等，2010）已被应用于猪的饲料中，具有杀菌、增强免疫或调节内分泌的功能。牛至油是从牛至中提取的一种挥发性香精油。一些研究表明，在断奶仔猪饲粮中添加牛至油，可有效预防和治疗胃肠道的感染，可有效减少肠道细菌引起的腹泻，提高日增重和饲料利用率（曹建国等，2004）。Pellikaan 等（2010）试验表明，牛至油能改善早期断奶仔猪肠道微生物的发酵活性。

近年来，有关天然植物有效成分的研究不断深入，其提取工艺、技术不断提高，为实现达到"微量、高效"的应用原则奠定了基础（田允波和周家容，2008）。植物提取物作为饲料添加剂时，必须注意确定植物提取物中的有效成分及其含量，因为即便是相同的植物提取物，其活性组成、组分、浓度及比例差异较大（Namkung，2004；苏良科等，2013）。植物提取物有效活性成分的作用机理复杂，需要结合消化生理学、物质的代谢利用途径、免疫调节机理和激素的分泌调控等探讨调理猪体内平衡，改善肠道微循环和微生物区系，以及免疫反应和体内其他生理生化反应，以利提高植物提取物饲料添加剂的应用效果和开发前景。

第七节 抗氧化剂

为了防止饲料中脂肪和维生素的氧化，在含有高脂肪的饲料或含维生素的预混料中常加入抗氧化剂（蒋启国等，2011）。用于猪饲料的抗氧化剂，目前广泛应用的主要为乙氧基喹啉和二丁基羟基甲苯（BHT）（施凯和翁善钢，2012）。丁基羟基茴香醚和叔丁基对苯二酚也是很好的抗氧化剂，但由于价格较高，目前主要用于食品中（朱臻怡等，2013）。天然抗氧化剂（如 L-抗坏血酸、生育酚、没食子酸丙酯和茶多酚）也可作为饲料抗氧化剂，但目前在动物饲料中很少作为饲料保藏剂使用，主要考虑它们在动物体内的抗氧化或其他功效（吕双双和李书国，2013）。

抗氧化剂的作用机理可能有：自身通过还原反应，消耗氧气，从而保护了饲料中其他易氧化的成分；释放出氢离子将油脂在自动氧化过程中所产生的过氧化物破坏分解，使其不能形成醛或酮酸等产物；与产生的过氧化物（游离基）相结合，中断油脂氧化过程中的连锁反应；组织或减弱氧化酶活性，从而抑制氧化过程（黄池宝和罗宗铭，2001；魏金涛等，2007；蒋治国和黄铁军，2011；林传星和张晓鸣，2014）。

此外，抗氧化剂之间、抗氧化剂与增效剂之间以及抗氧化剂与螯合剂之间合理的配伍，能明显增强抗氧化作用，如柠檬酸、磷酸、抗坏血酸、EDTA 等化合物可以对抗氧化剂起到增效作用，它们或本身也是抗氧化剂，或因对金属离子螯合作用而减少了金属离子的氧化催化作用。因此复合抗氧化剂的应用也很广泛（赵洪亮和刘学江，1998；李侯根，1999；李刚，2008）。

参考文献

曹建国，潘正伟，陈正华，等，2004."牛至油"在仔猪饲料中的抗菌促生长效果［J］.上海畜牧兽医通讯（1）：24-25.

陈罡，2013.谷氨酸钠对哺乳仔猪蛋白质和脂肪代谢影响的研究［D］.长沙：湖南农业大学.

陈佳力，陈代文，余冰，等，2015.苯甲酸对断奶仔猪生长性能、器官指数和胃肠道内容物pH的影响［J］.动物营养学报，27（1）：1-8.

陈建荣，2007.不同营养水平日粮中添加半乳甘露寡糖对哺乳母猪生产性能及免疫机能的影响［D］.长沙：湖南农业大学.

陈轶群，杨雯，郭晓晶，等，2015.α-半乳糖苷酶对生长猪生长性能及营养物质体内外消化率的影响［J］.中国畜牧杂志，51（11）：38-43.

陈振强，2014.屎肠球菌在断奶仔猪日粮中的应用效果研究［D］.武汉：武汉轻工大学.

程忠刚，林映才，周桂莲，等，2003.大豆黄酮对仔猪生产性能及血液生化指标的影响［J］.河南科技大学学报，23（4）：44-48.

褚晓红，胡锦平，王志刚，等，2011.添加紫苏籽提取物的饲料对生长育肥猪的饲喂效果［J］.浙江农业学报，23（3）：514-516.

邓斐月，2010.丁酸梭菌与谷氨酰胺对断奶仔猪生长性能的影响及其机理研究［D］.杭州：浙江大学.

邓军，2012.枯草芽孢杆菌和猪源乳酸杆菌混合饲喂对新生仔猪先天免疫系统的影响［D］.南京：南京农业大学.

刁慧，郑萍，余冰，等，2013.苯甲酸对断奶仔猪生长性能、血清生化指标、养分消化率和空肠食糜消化酶活性的影响［J］.动物营养学报，25（4）：768-777.

丁强，杨培龙，黄火清，等，2010.植酸酶发展现状和研究趋势［J］.中国农业科技导报，12（3）：27-33.

董国忠，张蓊，王小晶，等，2007.植酸酶对生长育肥猪生长性能、营养素利用、胴体和肌肉品质影响的研究［J］.养猪（2）：1-4.

董坤，马永喜，乔家运，等，2008.二甲酸钾对仔猪生长性能和肠道微生物菌群的影响［J］.中国畜牧杂志，44（15）：21-24.

董其国，王恬，2009.植酸酶对生长育肥猪生产性能、饲料养分消化率及血液生化指标的影响［D］.南京：南京农业大学.

段绪东，2013.饲粮添加甘露寡糖对母猪繁殖性能、免疫功能及后代生长、免疫和肠道微生物的影响［D］.雅安：四川农业大学.

樊若炎，巩德球，2001.断乳仔猪日粮中应用不同调味剂的试验效果［J］.中国畜牧杂志，37（2）：34-35.

冯定远，2011.饲料酶制剂技术体系的研究与实践［M］.北京：中国农业大学出版社.

扶国才，罗有文，王恬，等，2009.植物甾醇对生长猪生产性能和胴体品质的影响［J］.畜牧与兽医，41（10）：45-47.

高峰，江芸，周光宏，2001. 果寡糖对断奶仔猪生长、代谢和免疫的影响 [J]. 畜牧与兽医，33 (6)：8-9.

高增兵，余冰，郑萍，等，2014. 苯甲酸对仔猪肠道微生物及代谢产物的影响 [J]. 动物营养学报，26 (4)：1044-1054.

耿艳红，王兆山，王长坤，等，2001. 糖精钠对断奶仔猪生长性能的影响 [J]. 兽药与饲料添加剂 (1)：1-5.

郭丽华，索成，刘海涛，2013. 地衣芽孢杆菌对妊娠及哺乳母猪生产性能及猪舍氨气浓度的影响 [J]. 安徽农业科学，41 (5)：1975-1977.

郭彤，许梓荣，2004. 两歧双歧杆菌体外抑制断奶仔猪肠道病原菌的研究及其机理探讨 [J]. 畜牧兽医学报，35 (6)：664-669.

郭小云，谢春艳，吴信，等，2015. 围产期母猪饲粮中添加低聚木糖和活性酵母对母猪繁殖性能和哺乳仔猪血清生化指标的影响 [J]. 动物营养学报，27 (3)：838-844.

杭苏琴，时祺，丁立人，等，2014. 果寡糖对断奶前仔猪胃肠道组织形态、消化酶、有机酸及乳酸杆菌菌群的影响 [J]. 草业学报，2 (23)：260-267.

何维海，蒋剑，李其江，等，2006. 高粗纤维水平日粮中添加含木聚糖酶、β-葡聚糖酶和蛋白酶的复合酶对生长猪生长性能的影响 [J]. 养殖与饲料 (4)：11-13.

侯成立，2015. 罗伊氏乳杆菌全基因组序列分析及其调节仔猪肠黏膜免疫功能的研究 [D]. 北京：中国农业大学.

侯璐，2010. 猪源粪肠球菌的特性及对仔猪生长性能和免疫力影响的研究 [D]. 呼和浩特：内蒙古农业大学.

侯玉洁，徐俊，李伟红，等，2014. 杜仲生理学功能及其在养猪生产中的应用 [J]. 养猪 (6)：17-20.

黄沧海，2013. 地衣芽孢杆菌对断奶仔猪生长性能腹泻和血液指标的影响 [J]. 中国饲料添加剂 (6)：22-25.

黄池宝，罗宗铭，2001. 食品抗氧化剂的种类及其作用机理 [J]. 广东工业大学学报，18 (3)：77-80.

黄海强，2014. 凝结芽孢杆菌制剂对仔猪生长性能的影响 [J]. 福建畜牧兽医，36 (6)：36-37.

黄建华，张水印，杨凤梅，2006. 甲酸钙对乳猪生产性能的影响 [J]. 南昌高专学报 (2)：101-102.

黄其永，2013. 德氏乳杆菌对哺乳仔猪消化器官及消化酶活性的影响研究 [D]. 长沙：湖南农业大学.

黄卫强，张和平，2015. 饲用微生态制剂替代抗生素的研究进展 [J]. 中国微生态学杂志，27 (4)：488-493.

黄忠阳，方金津，周涛，等，2014. 饲粮中添加葡萄糖氧化酶对断奶仔猪生长性能的影响 [J]. 养猪 (2)：31-32.

贾代汉，周岩民，王恬，2005. 植物甾醇对生长猪生产性能影响的研究初探 [J]. 饲料资源开发与利用 (6)：34-35.

姜海迪，2012. 钙源和水平对断奶 SD 大鼠及断奶仔猪生产性能和钙磷利用率的影响 [D]. 雅安：四川农业大学.

姜建阳，孙朋朋，于光辉，等，2015. 不同组型饲粮中添加复合蛋白酶对鲁烟白猪氨基酸回肠表观消化率的影响 [J]. 动物营养学报，27 (3)：863-869.

蒋启国，梁莹，崔炳群，等，2011. 抗氧化剂在饲料油脂中抗氧化的试验 [J]. 饲料研究 (5)：31-33.

蒋小丰, 2010. α-半乳糖苷酶在断奶仔猪玉米-豆粕型日粮中的应用研究 [D]. 长沙: 湖南农业大学.

蒋治国, 黄铁军, 2011. 饲料中抗氧化剂应用的研究进展 [J]. 广东饲料, 20 (10): 30-33.

雷琳, 黄宝华, 卢宇靖, 等, 2014. 新橙皮苷二氢查耳酮的调味应用及其生理活性研究进展 [J]. 中国调味品, 39 (12): 41-47.

李德发, 赵君梅, 宋国隆, 等, 2001. 纤维素酶对生长猪的生长效果试验 [J]. 畜牧与兽医, 33 (4): 18-19.

李刚, 2008. 饲料抗氧化剂的选择和应用 [J]. 畜牧与饲料科学 (3): 16-18.

李根来, 王潇, 林明新, 等, 2010. 玉米脱水酒精糟及其可溶物和复合酶制剂对生长育肥猪生产性能和氮、磷消化率的影响 [J]. 动物营养学报, 22 (3): 750-756.

李桂枝, 唐晓玲, 邱伟海, 2008. 寡聚糖对仔猪生产性能的影响 [J]. 养殖与饲料 (1): 45-47.

李侯根, 1999. 饲料抗氧化剂的发展动态 [J]. 中国饲料 (14): 18-19.

李建国, 2004. 凝结芽孢杆菌替代抗生素对猪生产性能的影响 [J]. 河南农业科学 (10): 72-74.

李建平, 单安山, 程宝晶, 2010. 五味子、柠檬酸对生长育肥猪抗氧化功能和肉品质的影响 [J]. 中国畜牧杂志, 46 (15): 31-34.

李建沅, 姜建阳, 2014. 玉米-小麦型日粮中复合淀粉酶的添加水平对鲁烟白猪养分消化率及氮平衡的影响 [J]. 饲料工业, 35 (20): 15-18.

李建沅, 冷学义, 宋春阳, 等, 2015. 蛋白酶对鲁烟白猪养分消化率及氮平衡的影响 [J]. 养猪 (3): 14-16.

李金宝, 曹爱智, 孙志亮, 等, 2013. 杜仲叶提取物替代抗生素对断奶仔猪生长性能的影响 [J]. 广东饲料, 22 (4): 28-29.

李俊良, 2014. 壳聚糖对断奶仔猪免疫功能的影响及其调节机制的研究 [D]. 呼和浩特: 内蒙古农业大学.

李丽立, 印遇龙, 张彬, 2003. 寡聚糖对仔猪的免疫作用 [J]. 农业现代化研究, 24 (4): 283-286.

李梦云, 焦显芹, 刘延贺, 等, 2015. 果寡糖对初产母猪生产性能和养分表观消化率及免疫功能的影响 [J]. 中国畜牧杂志, 51 (13): 57-60.

李舒宁, 2014. 猪源发酵乳杆菌的分离筛选、特性及应用研究 [D]. 兰州: 甘肃农业大学.

李素霞, 2013. 屎肠球菌益生特性及其对母猪繁殖性能和健康的影响 [D]. 北京: 中国农业科学院.

李伟, 钟翔, 华荣蓉, 等, 2010. 植物甾醇对断奶仔猪生产性能和血液生化指的影响 [J]. 家畜生态学报, 31 (2): 58-63.

李彦品, 杨海明, 王志跃, 等, 2015. 甘露寡聚糖的生理功能及其在畜禽生产中的应用 [J]. 中国饲料 (8): 15-18.

梁陈冲, 陈宝江, 于会民, 等, 2013. 不同来源植酸酶对猪生长性能、营养物质表观消化率及肠道微生物区系的影响 [J]. 动物营养学报, 25 (11): 2705-2712.

林传星, 张晓鸣, 2014. 饲料抗氧化剂的研究综述 [J]. 饲料与畜牧 (8): 47-49.

刘国祥, 王文庆, 申介健, 等, 2010. 乳酸在控制猪感染沙门菌中的研究 [J]. 饲料工业, 31 (15): 57-60.

刘让, 詹勇, 樊福好, 等, 2012. 糖萜素对母猪和仔猪健康作用的研究 [J]. 科技与实践, 48 (12): 59-63.

刘统, 2012. 德氏乳杆菌对哺乳仔猪胃肠道微生物多样性影响研究 [D]. 长沙: 湖南农业大学.

刘伟学，武文斌，朱爱军，2012. 干酪乳杆菌对断奶仔猪影响效果研究 [J]. 饲料与畜牧（1）：27-28.

刘晓琳，陈乐超，余新京，等，2008. 地衣芽孢杆菌对断奶仔猪生产性能的影响 [J]. 广东饲料，17（1）：27-28.

刘亚馥，2014. 小苏打在畜禽养殖中的应用 [J]. 畜牧与饲料科学，35（6）：31-32.

刘宇，2008. 猪用乳酸杆菌、双歧杆菌、纳豆芽孢杆菌复合活菌制剂的研制 [D]. 大庆：黑龙江八一农垦大学.

罗慧，杨勇，于洪意，2008. 益生素作用机理及其在现代畜牧生产中的应用 [J]. 中国畜牧兽医，35（3）：17-20.

罗有文，扶国才，周岩民，2009. 植物甾醇对生长猪生产性能和血脂的影响 [J]. 饲料工业，30（23）：25-27.

吕继蓉，2011. 饲料风味剂对猪采食量和采食行为的影响及机理研究 [D]. 雅安：四川农业大学.

吕双双，李书国，2013. 植物源天然食品抗氧化剂及其应用的研究 [J]. 粮油食品科技，21（6）：60-65.

马旭平，李凤学，吴占福，等，2007. 糖萜素在肉猪不同生长阶段对抗生素替代能力的研究 [J]. 养殖与饲料（7）：51-53.

冒高伟，冯定远，2005. α-半乳糖苷酶（速美肥SB）对饲喂玉米-豆粕型日粮生长猪生产性能的影响 [C]. 饲料安全与生物技术委员会大会暨全国酶制剂在饲料工业中应用学术与技术研讨会.

潘存霞，2012. 紫苏籽提取物对育肥猪生长性能的影响 [J]. 南方农业，6（10）：80-82.

彭媛媛，肖定福，2014. 壳聚糖对断奶仔猪的生物作用研究进展 [J]. 畜牧与饲料科学，35（3）：48-50.

皮宇，陈青，孙丽莎，等，2013. 低聚壳聚糖的生物学活性及其在畜禽生产中的应用 [J]. 饲料博览（12）：31-35.

齐珂珂，许美芳，胡向东，等，2014. β-甘露聚糖酶对断奶仔猪生产性能和免疫指标及肠道微生物菌群的影响 [J]. 中国畜牧杂志，50（1）：54-57.

乔家运，张蕊驿，李海花，等，2014. 复合非淀粉多糖酶对断奶仔猪生长性能和血清生化指标的影响 [J]. 畜牧与兽医，46（7）：80-3.

乔丽红，赵颖，倪红玉，等，2013. 低聚壳聚糖对断奶仔猪血清生化指标、抗氧化性能和粪便微生物的影响 [J]. 粮食饲料工业（3）：47-50.

乔楠，2006. 木聚糖酶提高生长育肥猪低能日粮养分消化率和有效能的效果研究 [D]. 武汉：华中农业大学.

邱国美，施小生，邱小荣，2011. 饲料中适量添加小苏打对畜禽生产性能的影响 [J]. 养殖与饲料（8）：46-47.

任继平，李德发，谯仕彦，等，2006. 鲁梅克斯K-1草粉和纤维素酶对生长猪生长性能及养分消化率的影响 [J]. 粮食与饲料工业（3）：36-3.

荣晓花，凌沛学，1999. 溶菌酶的研究进展 [J]. 中国生化药物杂志，6（20）：319-320.

施凯，翁善钢，2012. 改善适口性或延长保质期的饲料添加剂对养猪生产的影响 [J]. 中国猪业（12）：48-50.

石宝明，单安山，2000. 寡聚糖及其在猪饲料中的应用 [J]. 养猪（1）：2-6.

时本利，王剑英，付文友，等，2010. 微生物脂肪酶对断奶仔猪生产性能的影响 [J]. 饲料博览（3）：1-3.

苏良科，金立志，袁磊，等，2013. 植物提取物饲料添加剂在养猪生产和饲料中的应用研究 [J]. 浙江畜牧兽医（1）：12-16.

孙凌峰，陈红梅，叶文峰，2004. 一个不容忽视的领域——饲料香料香精 [J]. 香料香精化妆品 (5)：27-29.

孙秀丽，孙广东，1995. 生长猪饲粮中添加小苏打的效果试验 [J]. 现代化农业 (2)：23.

索成，2011. 植物乳杆菌 ZJ316 对断奶仔猪的益生作用 [D]. 杭州：浙江工商大学.

索成，尹业师，王小娜，等，2012. 植物乳杆菌对断奶仔猪生长性能及猪肉品质的影响 [J]. 中国食品学报，12 (7)：155-160.

汤海鸥，高秀华，李学军，等，2014. 葡萄糖氧化酶对仔猪生长性能、粪便菌群和血清指标的影响 [J]. 动物营养学报，26 (12)：3781-3786.

唐敏，吴国忠，郑宗林，2011. 低聚壳聚糖对断奶仔猪生产性能和血液生化指标的影响 [J]. 科技视野 (18)：26-28.

唐晓玲，刘小飞，文贵辉，等，2007. 糖萜素对仔猪免疫功能的影响研究 [J]. 中国畜牧兽医，34 (11)：16-19.

田书会，2011. 酵母培养物对夏季生长育肥猪肠道微生物发酵和区系及机体免疫功能的影响 [D]. 南京：南京农业大学.

田文生，2011. 酵母培养物对夏季生长育肥猪生产性能、抗氧化及内分泌相关指标和胴体品质的影响 [D]. 南京：南京农业大学.

田允波，周家容，2008. 天然植物饲料添加剂 [M]. 广州：中山大学出版社.

汪海峰，陈海霞，章文明，等，2011. 复合酸化剂对断奶仔猪生产性能和肠道微生物区系的影响 [J]. 中国畜牧杂志，47 (11)：49-52.

汪仕奎，蒋宗勇，林映才，等，2012. 丙酸对生长育肥猪生长性能、肉品质和免疫机能的影响研究 [C]. 中国畜牧兽医学会动物营养学分会第十一次全国动物营养学术研讨会论文集.

王本琢，孙胜元，寇永彪，2002. 调味剂在养猪生产中的应用 [J]. 动物科学与动物医学，19 (10)：61.

王发明，2010. 猪源植物乳杆菌和保育猪抗氧化能力和免疫影响的研究 [D]. 呼和浩特：内蒙古农业大学.

王飞，2002. 新型的绿色饲料添加剂——溶菌酶 [J]. 广东饲料，11 (6)：31-32.

王国良，孙永贵，黄大鹏，等，2008. 双乙酸钠对育肥猪生长性能及肌肉品质的影响 [J]. 黑龙江八一农垦大学学报，28 (1)：59-62.

王海峰，方心灵，朱晓彤，等，2013. 母猪饲粮中添加山梨酸对泌乳母猪和哺乳仔猪生产性能与血清生化指标的影响 [J]. 动物营养学报，25 (1)：118-125.

王佳丽，丁鉴锋，2002. 微生态制剂在畜禽饲料工业的应用及相关的作用机制 [J]. 饲料广角 (16)：22-23.

王井亮，2012. 乳酸杆菌与枯草芽孢杆菌抗逆性及其对猪和小猪益生作用的研究 [D]. 合肥：安徽农业大学.

王利，何军，余冰，等，2012. 小麦基础饲粮中添加木聚糖酶对生长猪生长性能、血清生化指标及肠道微生物菌群的影响 [J]. 动物营养学报，24 (10)：1920-1927.

王荣蛟，李美荃，梅文兰，等，2013. 饲粮中添加不同水平纤维素酶对生长猪生产性能的影响 [J]. 湖南饲料，3：22-24.

王晓可，王晓硕，王根彦，等，2008. 溶菌酶对断奶仔猪生产性能的影响 [J]. 饲料工业，29 (22)：31-33.

王永，杨维仁，张桂国，2013. 饲粮中添加屎肠球菌对断奶仔猪生长性能、肠道菌群和免疫功能的影响 [J]. 动物营养学报，25 (5)：1069-1076.

王志恒，杨维仁，郭宝林，等，2015. 不同无机磷水平日粮添加植酸酶对保育猪生长性能、血清生化指标及养分表观消化率的影响［J］. 畜牧兽医学报，46（10）：1891-1898.

魏金涛，齐德生，张妮娅，2007. 饲料抗氧化剂作用机理及其活性评价方法研究进展［J］. 饲料工业，28（2）：7-10.

魏清甜，李平华，汪涵，等，2014. 粪肠球菌替代抗生素对保育仔猪生长性能、腹泻率、体液免疫指标和肠道微生物数量的影响［J］. 南京农业大学学报，37（6）：143-148.

吴秋珏，李帅祥，黄定洲，等，2008. 糖萜素对断奶仔猪生产性能的影响［J］. 营养与日粮，235：18-21.

吴胜莲，周映华，何万兵，等，2010. 丁酸钠对断奶仔猪生产性能的影响［J］. 饲料工业，31（7）：43-44.

吴天星，王亚军，2002. 日粮中添加甲酸钙和酸性蛋白酶对断奶仔猪生产性能的影响［J］. 浙江农业学报，38（2）：23-25.

肖定福，2011. 壳聚糖对仔猪生长、肠道屏障和免疫的影响及其机理研究［D］. 长沙：湖南农业大学.

肖定福，胡雄贵，罗彬，等，2008. 地衣芽孢杆菌对仔猪生产性能和猪舍氨浓度的影响［J］. 家畜生态学报，29（5）：74-77.

胥令辉，2014. 不同水平丝兰提取物对仔猪生产性能的影响［J］. 资源与开发（1）：52-55.

徐鹏，董晓芳，佟建明，2012. 微生物饲料添加剂的主要功能及其研究进展［J］. 动物营养学报，24（8）：1397-1403.

徐向阳，王成章，杨雨鑫，等，2005. 苜蓿草粉对生长猪生产性能及血清指标的影响［J］. 华中农业大学学报，25（2）：164-169.

徐振飞，陈国顺，徐长辉，2011. 不同剂型丁酸钠对断奶仔猪生长性能和血清指标的影响［J］. 湖南农业科学（15）：162-164.

闫俊浩，黄海滨，禚梅，等，2008. 植酸酶和磷酸氢钙对生长猪生长性能和养分消化率的影响［J］. 养猪（4）：1-4.

晏家友，2009. 缓释复合酸化剂对断奶仔猪消化道酸度及肠道形态和功能的影响［D］. 雅安：四川农业大学.

杨凤娟，曾祥芳，谯仕彦，2014. 罗伊氏乳杆菌 I5007 对新生仔猪肠道形态、二糖酶活性和紧密连接蛋白表达的影响［J］. 中国农业科学，47（22）：4506-4515.

杨久仙，张荣飞，郭江鹏，等，2013. 角蛋白酶对断奶仔猪生长性能和营养物质消化率的影响［J］. 畜牧与兽医，45（9）：43-45.

杨玉芬，周世业，乔建国，2010. 外源 $5'$-腺苷酸二钠和 $5'$-鸟苷酸二钠对断奶仔猪生长性能及抗氧化能力的影响［J］. 福建农林大学学报，39（1）：63-66.

姚斌，范云六，2000. 植酸酶的分子生物学与基因工程［J］. 生物工程学报，16（1）：1-5.

殷骥，梅宁安，2012. 日粮中添加饲用葡萄糖氧化酶对肉仔猪生长性能的影响［J］. 当代畜牧（2）：35-36.

于会民，梁陈冲，陈宝江，等，2013. 黄曲霉毒素解毒酶制剂对饲喂黄曲霉毒素 B_1 饲粮的断奶仔猪生长性能及肝脏生化指标的影响［J］. 动物营养学报，25（4）：805-811.

喻麟，2012. 实用饲料调味剂学［M］. 北京：中国农业出版社.

远德龙，姜建阳，韩先杰，等，2013. 纤维素酶对杜×鲁烟白生长猪生产性能的影响［J］. 饲料工业，34（14）：17-20.

岳文斌，车向荣，臧建军，2002. 甘露寡糖对断奶仔猪肠道主要菌群和免疫机能的影响 [J]. 山西农业大学学报，22（2）：97-101.

张董燕，季海峰，王晶，等，2011. 猪源罗伊氏乳酸杆菌对断奶仔猪生长性能和血清指标的影响 [J]. 动物营养学报，23（9）：1553-1559.

张宏宇，程宗佳，陈轶群，等，2014. 葡萄糖氧化酶对断奶仔猪生长性能的影响 [J]. 饲料工业，(10)：14-16.

张响英，王根林，唐现文，等，2006. 大豆黄酮对仔公猪增重及血清激素水平的影响 [J]. 动物营养学报，18（1）：59-61.

张勇，2015. 出生前风味剂印记训练对断奶仔猪生长、健康及行为的影响 [J]. 饲料与畜牧（6）：66-68.

赵桂英，马黎，周斌，等，2007. 双歧杆菌对仔猪生长性能的影响 [J]. 饲料工业，28（1）：39-41.

赵洪亮，刘学江，1998. 饲料和预混料中的抗氧化剂 [J]. 饲料工业，19（5）：23-24.

赵志辉，徐应学，陆天水，等，2003. 大豆黄酮对2周龄仔猪增重及肝脏GH受体的影响 [J]. 上海交通大学学报，21（1）：40-43.

郑黎，余德谦，林映才，1999. 在玉米-大麦-豆粕型饲粮中添加β-葡聚糖酶对生长猪生产性能及营养物质表观消化率的影响 [J]. 广东畜牧兽医，24（4）：16-19.

郑珊，杜宏举，马玲，等，2013. 低聚半乳糖对小鼠免疫功能的影响 [J]. 首都公共卫生，7（4）：163-165.

曾凡坤，吕继蓉，喻麟，2010. 纯乳香型香味剂对断奶仔猪生产性能的影响 [C]. 中国畜牧科技论坛论文集. 北京：中国农业出版社.

曾娟娟，赵迪，王磊，等，2014. 干酪乳杆菌对脂多糖刺激仔猪抗氧化能力的影响 [C]. 中国畜牧兽医学会动物营养学分会第七届中国饲料营养学术研讨会论文集.

周笑犁，孔祥峰，范觉鑫，等，2014. 味精与高脂日粮对生长猪胴体性状与组成的影响 [J]. 食品工业科技（5）：330-337.

周映华，周小玲，吴胜莲，等，2012. 不同剂量枯草芽孢杆菌对断奶仔猪生产性能及腹泻的影响 [J]. 饲料博览（4）：29-31.

朱臻怡，冯民，熊华萱，等，2013. 食品中抗氧化剂的应用及其检测技术研究进展 [J]. 化学分析计量，22（5）：104-108.

字正浩，2013. 二甲酸钾对断奶仔猪生产性能和胃肠道细菌区系的影响 [D]. 南京：南京农业大学.

Alexopoulos C, Georgoulakis I E, Tzivara A, et al, 2004. Field evaluation of the efficacy of a probiotic containing Bacillus licheniformis and Bacillus subtilis spores, on the health status and performance of sows and their litters [J]. Journal of Animal Physiology and Animal Nutrition, 88: 381-392.

Baucells F, Perez J F, Morales J J, 2000. Effect of α-galactosidase supplementation of cereal-soyabean-pea diets on the productive performances, digestibility and lower gut fermentation in growing and finishing pigs [J]. Journal of Animal Science, 71: 157-164.

Biagi G, Piva A, Moschini M, et al, 2006. Effect of gluconic acid on piglet growth performance, intestinal microflora, and intestinal wall morphology [J]. Journal of Animal Science, 84（2）：370-378.

Bonacchi K B, Ackroff K, Sclafani A, 2008. Sucrose taste but not polycose taste conditions flavor preferences in rats [J]. Physiology & Behavior, 95: 235-244.

Bontempo V, di Giancamillo A, Savoini G, et al, 2006. Live yeast dietary supplementation acts upon intestinal morphofunctional aspects and growth in weanling piglets [J]. Animal Feed Science and Technology, 129: 224-236.

Chambers J R, Gong J, 2011. The intestinal microbiota and its modulation for Salmonella control in chickens [J]. Food Research International, 44 (10): 3149-3159.

Cheng S Y, Wang L, Chen X L, et al, 2015. Effects of dietary electrolyte balance on the performance, plasma biochemistry parameters and immunoglobulin of sows during late gestation and lactation [J]. Animal Feed Science and Technology, 200: 93-101.

Criste R D, Untea A, Paite T, 2008. Effect of the dietary alfalfa on iron balance in weaned piglets [J]. Archiva Zootechnica, 11 (2): 49-56.

Czech A, Grela E R, Mokrzycka A, et al, 2010. Efficacy of mannanoligosaccharides additive to sows diets on colostrum, blood immunoglobulin content and production parameters of piglets [J]. Polish Journal of Veterinary Sciences, 13 (3): 525-531.

Diego R, Julie A, Anthony M O, 2004. Emerging views on the distinct but related roles of the main and access or olfactory system sin responsiveness to chemosensory signals in mice [J]. Hormones and Behavior, 46: 247-256.

Dierick N A, Decuypere J A, 2002. Endogenous lipolysis in feedstuffs and compound feeds for pigs: effects of storage time and conditions and lipase and/or emulsifier addition [J]. Animal Feed Science and Technology, 102 (1/2/3/4): 53-70.

Dierick N A, Decuypere J A, Molly K, et al, 2002. The combined use of triacylglycerols containing medium-chain fatty acids (MCFAs) and exogenous lipolytic enzymes as an alternative for nutritional antibiotics in piglet nutrition I. *In vitro* screening of the release of MCFAs from selected fat sources by selected exogenous lipolytic enzymes under simulated pig gastric conditions and their effects on the gut flora of piglets [J]. Livestock Production Science, 75 (2): 129-142.

FAO, WHO, 2001. Report of a joint FAO/WHO expert consultation on evaluation of health and nutritional properties of probiotics in food including powder milk with live lactic acid bacteria [C]. Cordoba: Argentina.

Gabriele, 2011. Scientific opinion on the safety and efficacy of propionic acid, sodium propionate, calcium propionate and ammonium propionate for all animal species [J]. EFSA Journal, 9 (12): 2446.

Glaser D, Wanner M, Tinti J M, 2000. Gustatory responses of pig various natural and artificial compounds known to be sweet in man [J]. Food Chemistry, 68: 375-385.

Gutzwiller A, Schlegel P, Guggisberg D, 2014. Effects of benzoic acid and dietary calcium: phosphorus ratio on performance and mineral metabolism of weanling pigs [J]. Asian-Australasian Journal of Animal Sciences, 27 (4): 530-536.

Halpern M, Alino M M, 2003. Structure and function of the vomeronasal system: an update [J]. Progress in Neurobiology, 70: 245-318.

Hittinger C T, 2013. Saccharomyces diversity and evolution: a budding model genus [J]. Trends in Genetics, 29 (5): 309-317.

Jang Y D, Kang K W, Piao L G, et al, 2013. Effects of live yeast supplementation to gestation and lactation diets on reproductive performance, immunological parameters and milk composition in sows [J]. Livestock Science, 152: 167-173.

Johnston S L, Williams S B, Southern L I, et al, 2004. Effect of phytase addition and dietary calcium and phosphorus levels on plasma metabolites and ileal and total-tract nutrient digestibility in pigs [J]. Journal of Animal Science, 82 (3): 705-714.

Kahindi R K, Thacker P A, Nyachoti C M, 2015. Nutrient digestibility in diets containing low-phytate barley, low-phytate field pea and normal-phytate field pea, and the effects of microbial phytase on energy and nutrient digestibility in the low and normal-phytate field pea fed to pigs [J]. Animal Feed Science and Technology, 203: 79-87.

Kathrin B, 2009. Benzoic acid as feed additive in pig nutrition: effects of diet composition on performance, digestion and ecological aspects [D]. Zurich: The Eidgenössische Technische Hochschule.

Kiarie E, Owusu-Asiedu A, Péron A, et al, 2012. Efficacy of xylanase and β-glucanase blend in mixed grains and grainco-products-based diets for fattening pigs [J]. Livestock Science, 148: 129-133.

Kim J S, Ingale S L, Lee S H, et al, 2013. Effects of energy levels of diet and β-mannanase supplementation on growth performance, apparent total tract digestibility and blood metabolites in growing pigs [J]. Animal Feed Science and Technology, 186: 64-70.

Kirchgessner M, Roth F X, 1990. Nutritive effect of calcium formate in combination with free acids in the feeding of piglets [J]. Agribiological Research-Zeitschrift Fur Agrarbiologie Agrikulturchemie Okol, 43: 53-64.

Kornegay E T, Rhein-Welker D, Lindemann M D, et al, 1995. Performance and nutrient digestibility in weanling pigs as influenced by yeast culture additions to starter diets containing dried whey or one of two fiber sources [J]. Journal of Animal Science, 73, 1381-1389.

Kumar S, Bate L A, 2004. Scanning electron microscopy of the tongue papillae in the pig (*Sus scrofa*) [J]. Microscopy Research and Technique, 63 (5): 253-258.

Li K, Zheng T L, Tian Y, et al, 2007. Beneficial effects of *Bacillus licheniformis* on the intestinal microflora and immunity of the white shrimp, *Litopenaeus vannamei* [J]. Biotechnology Letters, 29 (4): 525-530.

Lindberg J E, Lyberg K, Sands J, 2007. Influence of phytase and xylanase supplementation of a wheat-based diet on ileal and total tract digestibility in growing pigs [J]. Livestock Science, 109: 268-270.

Liong M T, Dunshea F R, Shah N P, 2007. Effects of a synbiotic containing Lactobacillus acidophilus ATCC 4962 on plasma lipid profiles and morphology of erythrocytes in hypercholesterolaemic pigs on high- and low-fat diets [J]. British Journal of Nutrition, 98: 736-744.

Liu S T, Hou W X, Cheng S Y, et al, 2014. Effects of dietary citric acid on performance, digestibility of calcium and phosphorus, milk composition and immunoglobulin in sows during late gestation and lactation [J]. Animal Feed Science and Technology, 191: 67-75.

Lu J J, Zou X T, Wang Y M, 2008. Effects of sodium butyrate on the growth performance, intestinal microflora and morphology of weanling pigs [J]. Journal of Animal and Feed Sciences, 17, 568-578.

Luo Z F, Fang X L, Shu G, et al, 2014. Sorbic acid improves growth performance and regulates insulin-like growth factor system gene expression in swine [J]. Journal of Animal Science, 89 (8): 2356-2364.

Marteau P R, Vrese M, Cellier C J, et al, 2011. Protection from gastrointestinal diseases with the use of probiotics [J]. The American Journal of Clinical Nutrition, 73 (2): 430-436.

Mavromichalis I, Hancock J D, Hines R H, et al, 2001. Lactose, sucrose, and molasses in simple and complex diets for nursery pigs [J]. Animal Feed Science and Technology, 93: 127-135.

May K D, Wells J E, Maxwell C V, et al, 2012. Granulated lysozyme as an alternative to antibiotics improves growth performance and small intestinal morphology of 10-day-old pigs [J]. Journal of Animal Science, 90: 1118-1125.

Miller I J, Reedy F E, 1990. Variations in human taste bud density and taste intensity perception [J]. Physiology and Behavior, 47: 1213-1219.

Min T S, Kim J D, Hyun Y, et al, 2000. Effects of yucca extracts and protein levels on growth performance, nutrient utilization and carcass characteristics in finishing pigs [J]. Asian-Australasian Journal of Animal Sciences, 14 (4): 525-534.

Mizumachi K, Aoki R, Ohmori H, et al, 2009. Effect of fermented liquid diet prepared with Lactobacillus plantarum LQ80 on the immune response in weaning pigs [J]. Animal, 3 (5): 670-676.

Mok C H, Lee J H, Kim B G, 2013. Effects of exogenous phytase and β-mannanase on ileal and total tract digestibility of energy and nutrient in palm kernel expeller-containing diets fed to growing pigs [J]. Animal Feed Science and Technology, 186: 209-213.

Moran A W, Al-Rammahi M A, Arora D K, et al, 2010. Expression of Na1/glucose co-transporter 1 (SGLT1) is enhanced by supplementation of the diet of weaning piglets with artificial sweeteners [J]. British Journal of Nutrition, 104: 637-646.

Mountzouris K C, Xypoleas I, Kouseris I, et al, 2006. Nutrient digestibility, faecal physicochemical characteristics and bacterial glycolytic activity of growing pigs fed a dietsupplemented with oligofructose or trans-galactooligosaccharides [J]. Livestock Science (105): 168-175.

Moura P C, Cabanas S, Lourenc P, et al, 2008. *In vitro* fermentation of selected xylo-oligosaccharides by piglet intestinal microbiota [J]. Food Science and Technology, 41 (10): 1952-1961.

Namkung H, Li J, Gong M, et al, 2004. Impact of feeding blends of organic acids and herbal extracts on growth performance, gut microbiota and digestive function in newly weaned pigs [J]. Canadian Journal of Animal Science, 84 (4): 97-704.

Ohashi Y, Tokunaga M, Taketomo N, et al, 2007. Stimulation of indigenous lactobacilli by fermented milk prepared with *Probiotic bacterium*, *Lactobacillus delbrueckii* subsp. bulgaricus strain 2038, in the pigs [J]. Journal of Nutritional Science and Vitaminology, 53 (1): 82-86.

Oliver W T, Wells J E, Maxwell C V, 2014. Lysozyme as an alternative to antibiotics improves performance in nursery pigs during an indirect immune challenge [J]. Journal of Animal Science, 92: 4927-4934.

Orban J I, Patterson J A, Adeola O, et al, 1997. Growth performance and intestinal microbial populations of growing pigs fed containing sucrose thermal oligosaccharide caramel [J]. Journal of Animal Science, 75 (1): 170-175.

O'Shea C J, McAlpine P O, Solan P, et al, 2014. The effect of protease and xylanase enzymes on growth performance, nutrient digestibility, and manure odour in grower-finisher pigs [J]. Animal Feed Science and Technology, 189: 88-97.

Øverland M, Bikker P, Fledderus J, 2009. Potassium diformate in the diet of reproducing sows: Effect on performance of sows and litters [J]. Licestock Science, 122: 241-247.

Park Y H, Kim J G, Shin Y W, et al, 2008. Effects of Lactobacillus acidophilus 43121 and a mixture of *Lactobacillus* casei and *Bifidobacterium longum* on the serum cholesterol level and fecal sterol excretion in hypercholesterolemia - induced pigs [J]. Bioscience Biotechnology & Biochemistry, 72 (2): 595-600.

Partanen K H, Mroz Z, 1999. Organic acids for performance enhancement in pig diets [J]. Nutrition Research Reviews, 12 (1): 117.

Passos A A, Park I, Ferket P, et al, 2015. Effect of dietary supplementation of xylanase on apparent ileal digestibility of nutrients, viscosity of digest, and intestinal morphology of growing pigs fed corn and soybean meal based diet [J]. Animal Nutrition, 1: 19-23.

Pellikaan W F, Perez O, Kluess J, et al, 2010. Effect of carvacrol on fermentation characteristics in the ileum of piglets during the process of weaning [J]. Livestock Science, 133: 169-172.

Perina D P, Sbardella M, Andrade C D, et al, 2014. Effects of sorbitol or an antimicrobial agent on performance, diarrhea, feed digestibility, and organ weight of weanling pigs [J]. Livestock Science, 164: 144-148.

Plitzner Ch, Schedle K, Wagner V, et al, 2006. Influence of adding 0.5% or 1.0% of benzoic acid on growth performance and urinary parameters of fattening pigs [J]. Slovak Journal of Animal Science, 39: 69-73.

Qiao J Y, Li H H, Wang Z X, et al, 2015. Effects of *Lactobacillus acidophilus* dietary supplementation on the performance, intestinal barrier function, rectal microflora and serum immune function in weaned piglets challenged with *Escherichia* coli lipopolysaccharide [J]. Antonie van Leeuwenhoek, 107 (4): 883-891.

Sclafani A, Ackroff K, 1994. Glucose - and fructose - conditioned flavor preferences in rats: taste versus postingestive conditioning [J]. Physiology & Behavior, 56: 399-405.

Tang Z R, Yin Y L, Charles M, et al, 2005. Effect of dietary supplementation of chitosan and galacto - mannan - oligosaccharide on serum parameters and the insulin - like growth factor - I mRNA expression in early - weaned piglets [J]. Domestic Animal Endocrinology (28): 430-441.

Twardziok S O, Pieper R, Aschenbach J R, et al, 2013. Cross - talk between host, microbiome and probiotics: a systems biology approach for analyzing the effects of probiotic enterococcus faecium NCIMB 10415 in piglets [J]. Molecular Informatics, 33 (3): 171-182.

Val - Laillet D, Clouard C, Chataignier M, et al, 2012. Flavour preference acquired via a beverage - induced conditioning and its transposition to solid food: sucrose but not maltodextrin or saccharin induced significant flavour preferences in pigs [J]. Applied Animal Behaviour Science, 136: 26-36.

van Heugten E, Funderburke D W, Dorton K L, 2003. Growth performance, nutrient digestibility, and fecal microflora in weanling pigs fed live yeast [J]. Journal of Animal Science, 81: 1004-1012.

Walsh M C, Sholly D M, Hinson R B, et al, 2007. Effects of acid LAC and kem - gest acid blends on growth performance and microbial shedding in weanling pigs [J]. Journal of Animal Science, 85: 459-467.

Wang G L, Zhang X Y, Han Z Y, et al, 2002. Effects of daidzein on body weight gain, serum IGF-I level and cellular immune function in intact male piglets [J]. Asian-Australasian Journal of Animal Sciences, 15 (7): 1066-1070.

Wang M Q, Du Y J, Ye S S, et al, 2012. Effects of Duzhong (*Eucommia ulmoides* Oliv.) on growth performance and meat quality in broilerchicks [J]. Journal of Animal and Veterinary, 11 (9): 1385-1389.

Wiegand B R, Parrish F C, Swan J E, et al, 2001. Conjugated linoleic acid improves feed efficiency, decreases subcutaneous fat, and improves certain aspects of meat quality in stress-genotype pigs [J]. Journal of Animal Science, 79 (8): 2187-2195.

Xie C Y, Guo X Y, Long C M, et al, 2015. Supplementation of the sow diet with chitosanoligosaccharide during late gestation and lactation affects hepatic gluconeogenesis of suckling piglets [J]. Animal Reproduction Science, 159: 107-117.

Yin Y L, Baidoo S K, Jin L Z, et al, 2001. The effect of different carbohydrase and protease supplementation on apparent (ileal and overall) digestibility of nutrients of five hulless barley varieties in young pigs [J]. Livestock Production Science, 71: 109-120.

Yuan X X, Zhan B, Li L L, et al, 2012. Effects of soybean isoflavones on reproductive parameters in Chinese mini-pig boars [J]. Journal of Animal Science and Biotechnology, 3: 31.

Zhou Y L, Wei X H, Zi Z H, et al, 2015. Potassium diformate influences gene expression of GH/IGF-I axis and glucose homeostasis in weaning piglets [J]. Livestock Science, 172: 85-90.

第十九章
饲料抗生素促生长剂及替代技术

在低微浓度下，对特异微生物（包括细菌、真菌、立克次氏体、病毒、支原体、衣原体等）的生长有抑制作用的代谢产物或化学半合成法制造的相同的和类似的物质称为抗生素。1949年美国学者Stockstadt和Jukes偶然发现金霉菌发酵产物对仔鸡和猪有促生长作用，并于1950年第一次发表了结晶金霉素在猪饲养上的应用价值。同年抗生素促生长剂被美国官方承认，据统计1998年美国所生产的2.5万t抗生素中，40%以上都用于动物养殖生产。2013年，我国养殖业使用抗生素5.6万t，占抗生素总产量的52%，是世界上养殖业使用抗生素最多的国家。饲用抗生素包括抗生素促生长剂（antibiotic growth promoters，AGPs）和搅拌在饲料中用于治疗的抗生素。本章仅讨论抗生素促生长剂及替代技术。

第一节 饲料抗生素促生长剂的作用和问题

一、饲料抗生素促生长剂的作用及其机制

自20世纪40年代青霉素的发现和应用开始，抗生素在预防、控制和治疗人类和畜禽感染性疾病中发挥了无可比拟的作用。AGPs在提高饲料效率、促进动物生长方面表现了良好的功效。Zimmerman（1986）对239个独立试验数据的总结分析显示，生长育肥猪前期饲粮中添加AGPs可使生长速率和饲料转化效率平均分别提高15%和6%；生长育肥猪后期饲粮中添加AGPs可使生长速率和饲料转化效率平均分别提高4%和2%。抗生素对畜禽确切地促生长和改善饲料转化效率的效果使其在养殖业中广泛使用。Cromwell（2001）的调查发现，80%~90%的保育猪饲粮、70%~80%的生长猪饲粮、50%~60%的育肥猪饲粮和50%的母猪饲粮均添加AGPs以增强饲喂效果。根据Cromwell（2001）对美国FDA批准使用的猪用AGPs的应用及效果进行统计分析，结果表明，饲料添加AGPs可使断奶仔猪、生长猪和育肥猪的生长速率分别提高16.4%、10.6%和4.2%，饲料转化效率分别提高6.9%、4.5%和2.2%；同时，猪的发病率和死亡率减少50%。

关于AGPs作用机制的研究报道也很多。大量研究表明，AGPs是通过作用于动物胃肠道中微生物来发挥其促生长效果的。佟建明等（1998）报道，金霉素对肉仔鸡肠道

大肠杆菌、乳酸菌和双歧杆菌可以产生明显的抑制作用，但金霉素对不同细菌的抑制程度和持续时间不同，对双歧杆菌和乳酸菌的抑制作用较弱，持续时间较短；对大肠杆菌的抑制作用较强，持续时间也较长。姚浪群（2000）在研究安普霉素的持续饲喂效果时发现，安普霉素对仔猪具有促生长作用，同时，对肠道中大肠杆菌具有明显的抑制作用，但对乳酸菌和双歧杆菌抑制作用不明显，推测安普霉素的促生长作用与其抑制大肠杆菌有关。而最新的一篇报道也表明，抗生素的促生长作用与其降低肠道细菌产生的胆盐水解酶的作用有关，这种酶对宿主的脂肪分解和利用存在负面影响（Lin，2014）。一些研究表明，抗生素促生长剂还可能通过调节机体免疫来起到促生长作用。Roura 等（1992）在研究青霉素、链霉素和土霉素对肉仔鸡促生长机制的试验中发现，青霉素和链霉素可以明显降低血浆中白细胞介素-1（IL-1）的水平，显著改善肉仔鸡的增重和饲料转化效率，并提出抗生素促生长作用可能与其抑制免疫反应有关的看法。目前普遍认为，抗生素对养殖动物的促生长作用机制主要包括：①减少亚临床感染的发生率和严重程度；②减少微生物对营养物质的利用；③通过使肠壁变薄来提高营养物质的吸收；④减少革兰氏阳性菌产生抑制宿主生长的代谢产物的数量；⑤调节机体免疫反应。

二、应用饲料抗生素促生长剂存在的问题

有许多证据表明，AGPs 的不合理使用加剧了细菌对抗生素耐药性问题。AGPs 的长期不合理使用可能导致其在畜产品中的残留，进而产生畜产品安全问题。

（一）细菌耐药性问题

耐药性是指微生物在其生存和生长的环境中，当遭遇抑制其生长的抗生素达到一定水平时，或对抗生素敏感菌造成死亡威胁时，微生物仍能顽强生存的一种固有特性。该耐药特性可在动物与动物之间或动物与人类之间的接触中直接传播，也可通过食物链和饮水间接传播。随着贸易全球化，畜禽加工产品可从一个地区流向世界的任意一个地区，而这些对抗生素具有耐药性的菌群也将在全球范围内广泛传播。自 1957 年日本首次发现耐药性细菌以来，目前几乎各个国家均有细菌耐药性的报道，经常食用低剂量抗生素残留的食品会使细菌产生耐药性。虽然耐药因子的传递频率只有 10^{-6}，但由于细菌数量大，繁殖快，耐药性的扩散蔓延仍较为普遍，而且一种细菌可以产生多种耐药性。Kumarasamy 等（2010）报道了携带新德里 1 号金属酶（NDM-1）基因的细菌，该基因存在于细菌制粒上，能在细菌中广泛复制和转染，并能生成 β-内酰胺酶，后者可水解当前临床应用最广泛的抗生素。该文的发表使"超级耐药菌"问题引发全球关注。事实上，拥有 NDM-1 的"超级耐药菌"并不是第一次发现，它是继 MRSA 后引起国际关注的另一种耐药菌。据美国疾病预防与控制中心的数据，美国 2005 年因 MRSA 导致的死亡人数达到 18 650 例，超过艾滋病死亡人数。O'Neill（2015）预测，到 2050 年，全球因抗生素耐药性感染将导致 1 000 万人死亡，超过各种癌症的总和。中国农业大学沈建忠教授团队首次在屠宰生猪、零售猪肉和鸡肉以及住院病人粪便中同时分离到携带耐多黏菌素基因 MCR-1 的大肠杆菌，并在住院病人中发现携带 MCR-1 的肺炎克雷伯菌（Liu 等，2015）。众所周知，2015 年以前，硫酸黏杆菌素是应用最广泛

的 AGPs，这是 AGPs 的使用导致细菌耐药性并可直接传播的直接证据。

（二）猪肉中的药物残留问题

抗生素残留是指给动物使用抗生素药物后积蓄或贮存在动物细胞、组织或器官内的药物原形、代谢产物和药物杂质。我国不同地区猪肉的药物残留现象普遍，据调查，我国猪肉食品中青霉素含量普遍较高，日常检测中常检出超标的有四环素类抗生素、磺胺类、恩诺沙星等。顾玉芳和罗一龙（2012）采用纸片法检测了湖北某农贸市场市售猪肉中青霉素、金霉素的残留量，结果表明，猪肉青霉素残留阳性占 24%、金霉素残留阳性占 6%。造成猪肉中药物残留的原因主要有：①不遵守休药期规定；②不严格按照规定滥用抗生素；③为防止猪肉腐败在猪肉加工过程中使用抗生素；④屠宰前使用抗生素用来掩饰病畜禽临床症状；⑤违规使用未经批准的抗生素；⑥给猪饲喂抗生素制药残渣。

第二节　饲料抗生素促生长剂应用现状

一、世界各地对饲料抗生素促生长剂的态度和措施

（一）欧盟

20 世纪 80 年代以来，欧洲各国逐步出台了各种禁止使用抗生素类促生长剂（AGPs）的政策，但这些政策的出台既有政治因素也有科学因素。1986 年，瑞典在没有进行任何科学评估的情况下，全面禁止在畜禽饲料中使用 AGPs，并作为加入欧盟的谈判条件之一。1995 年，丹麦禁止在饲料中使用糖肽类抗生素阿伏霉素，其原因出于耐糖肽类肠球菌的产生及其可能造成的公共卫生问题。由于维吉尼亚霉素的结构与万古霉素类似，1998 年 1 月丹麦禁止使用维吉尼亚霉素作为促生长剂，从 2000 年 1 月起，丹麦政府规定抗生素只能用于兽医处方药。1997 年，欧盟委员会在所有成员国禁止使用阿伏霉素做饲料添加剂。阿伏霉素是万古霉素的类似物质，过多使用阿伏霉素有可能产生更多的耐万古霉素的菌株。1999 年，欧盟委员会出台的《科学指导委员会关于抗生素耐药性的意见》指出，必须及时采取行动降低抗生素的总体使用量。1999 年 7 月起，欧盟禁止杆菌肽锌、螺旋霉素、维吉尼亚霉素和泰乐菌素作为 AGPs 试验。2003年 9 月，欧盟发布欧盟议会和理事会条例（EC）No 1831/2003，2006 年其欧盟成员国全面停止使用 AGPs，包括离子载体类抗生素（表 19-1）。

表 19-1　欧盟禁用 AGPs 的发展历程

时　间	大事件
1986 年 1 月	瑞典全面禁用 AGPs
1995 年 1 月	丹麦禁用阿伏霉素
1995 年 1 月	丹麦养猪生产委员会（NCPP）和饲料企业自愿减少使用 AGPs

第十九章　饲料抗生素促生长剂及替代技术

（续）

时间	大事件
1998年1月	丹麦禁用维吉尼亚霉素
1998年3月	自愿协定不得将 AGPs 用于大于等于 35 kg 的生长猪
1998年10月	NCPP 宣布 2000 年 1 月开始全面禁止在断奶仔猪阶段使用 AGPs
1999年1月	欧盟禁止泰乐菌素、杆菌肽素、螺旋霉素和维吉尼亚霉素作为 AGPs 使用
1999年9月	欧盟禁止奥拉喹多和卡巴氧作为 AGPs 使用
2000年1月	欧盟自愿协定不得将 AGPs 用于小于等于 35 kg 的断奶猪
2006年1月	欧盟全面禁用 AGPs

（二）美国

欧盟 AGPs 禁令颁布后，世界各国和国际组织对此高度重视。经过一系列风险评估，美国禁止了恩诺沙星在鸡饲料中的添加，但仍然允许维吉尼亚霉素和泰乐菌素等 AGPs 剂在养殖动物中使用。2012 年 1 月，美国食品药品监督管理局（FDA）发布法令，禁止重要的医用药物头孢类抗生素在牛、猪、鸡和火鸡上使用，但兽医仍可将头孢菌素用于鸭和兔的治疗。随后 FDA 出台行业指南《审慎在食品动物中使用人医用重要的抗生素》。2013 年，FDA 颁布行业指南，要求制药公司自愿改变抗生素用作促进动物生长的标签，注明这些抗生素的药理作用。2017 年 1 月开始，美国停止所有抗生素作为养殖动物促生长剂使用。

（三）亚洲国家

大多数亚洲国家仍允许少数比较安全的抗生素作为养殖动物促生长剂使用。在日本、印度尼西亚等国家的饲料法规中，容许一些较为安全的抗生素（如杆菌肽锌、硫酸黏菌素等）在饲料中低剂量添加，且通常都会对其使用有规定，如要求动物屠宰前必须有休药期等。

为了确保兽药使用安全，我国制定了包括以下法规在内的兽药质量安全的标准：《兽药国家标准和专业标准中部分品种的停药期规定》（农业部公告第 278 号）、《食品动物禁用的兽药及其他化合物清单》（农业部公告第 193 号）、《禁止在饲料和动物饮水中使用的药物品种目录》（农业部公告第 176 号）、《动物性食品中兽药最高残留限量》（农业部公告第 235 号）、《饲料药物添加剂使用规范》（农业部公告第 168 号、第 220 号）等。未来将会有越来越多的 168 号公告中规定目前暂时允许使用的"药添字"产品被禁用，已经禁止使用某些抗生素或非抗生素类，如有机砷制剂、有机铬制剂、呋喃唑酮、氯霉素、喹乙醇、氨苯砷酸、洛克沙肼、金霉素、土霉素等；限制使用微量元素铜和锌；2016 年 7 月农业部公告第 2428 号发布，禁止硫酸黏菌素作为 AGPs 使用。2016 年 8 月国家卫生计生委、国家发展改革委、科技部、农业部等 14 部委联合发布了《遏制细菌耐药国家行动计划（2016—2020 年）》（国卫医发〔2016〕43 号），严格限制抗生素在养殖业上的使用。2018 年 4 月农业农村部发布《兽用抗菌药使用减量化行动试点工作方案（2018—2021 年)》，方案指出要力争通过 3 年时间，实施养殖环节兽用抗菌药使用减量化行动试点工作，药物饲料添加剂将于 2020 年全部退出。

总体上，各个国家和地区都认可 AGPs 使用可能存在风险，但在如何降低这种风险所采取的措施有所不同。

二、欧盟禁止使用饲料抗生素促生长剂后的状况

（一）对猪生产性能的影响

丹麦的国家养猪生产委员会（NCPP）在 1999 年禁用 AGPs，随后对断奶仔猪和生长育肥猪生产性能进行了监控。对于生长育肥猪，63%的猪群没有出现任何问题，26%的猪群生长速度出现暂时性的减慢，11%的猪群出现了较大的问题。禁用 AGPs 对断奶仔猪影响较大，生长速率显著下降，断奶后死亡率升高，平均日增重从 1995 年的 422 g 下降到 2001 年 415 g，同期死亡率从 2.7%增加到 3.5%，达到 30 kg 体重的日龄增加，断奶后腹泻和其他感染性疾病（如回肠炎）的发生率也增加。与此同时，仔猪对应激更加敏感，且转入生长育肥舍时体重不均匀（Monitoring，2003）。

（二）对疫病发生的影响

欧盟禁用 AGPs 对动物健康和动物福利产生较大负面影响。许多报告证实，禁令实施后的最初几年，许多细菌性疾病卷土重现（Drouin，1999；Lovland 等，2001；Jensen 等，2003），并且影响了动物福利。DANMP（2000）的报道指出，丹麦猪的发病率和死亡率增加了 600%，大部分是肠道疾病所致（Monitoring，2003），整个欧盟家禽的坏死性肠炎呈流行状态（Casewell 等，2003），发病率大大高于地区流行性水平（Kaldhusdal 等，2000）。

（三）对兽医处方药用量的影响

随着阿伏帕星、杆菌肽锌、螺旋霉素、泰乐菌素及维吉尼亚霉素被禁止用作 AGPs，欧盟动物用治疗性抗生素呈上升趋势，一度超过禁令前饲用抗生素的总量（Monitoring，2003）。法国、德国、新西兰和英国治疗用抗生素在 2000—2001 年分别增加了 51%、13%、14%和 14%。据丹麦耐药性监测数据显示，2010 年丹麦动物治疗用抗生素总量为 12.55 万 kg，比 2001 年的动物用抗生素总量（9.40 万 kg）增加了 33.5%，比 2005 年的抗生素总量（11.04 万 kg）增加了 13.7%（Monitoring，2003）。以每千克猪肉对应的动物日用药物剂量（animal daily doses，ADDs）来计算，丹麦养猪业所用治疗性抗生素的量也呈现显著上升趋势，从 2001 年的 10 ADD/kg 猪肉增长为 2009 年的 15 ADD/kg 猪肉（Monitoring，2003）。经过采取各种技术措施以及 AGPs 替代产品的研发，目前畜禽治疗用抗生素用量已得到很好控制。

（四）对养猪生产效率和成本的影响

欧盟国家禁用 AGPs 后的数年中，高密度养殖动物的细菌感染率上升，饲料成本增加，饲料转化率下降，猪上市时间延长。丹麦禁用 AGPs 初期，猪的生产性能下降，每头猪平均养殖成本增加 7.75 克朗（1.03 欧元），且不包括改善环境和圈舍条件增加的成本，不同养殖场养殖成本增加的程度差异很大（Taylo-Pickard，2006）。在养禽业

方面，禁用 AGPs 初期，每只鸡生产成本平均上升 5 美分（陈燕军，2006）。经过采取各种技术措施以及 AGPs 替代产品的研发，目前欧盟养猪生产效率和生产成本已恢复到禁用 AGPs 前的水平。

第三节 饲料抗生素促生长剂替代技术

一、有机酸

（一）单种有机酸

随着人们对幼龄动物肠道发育理解的逐渐深入，酸化剂的制备和使用已从最初的以降低饲料 pH 为目的，发展到目前以提高动物肠道健康水平和调节肠道微生态为目的。有抗菌作用的有机酸都是短链酸（C1~C7），它们或是简单的一元羧酸如甲酸、乙酸、丙酸和丁酸，或是带有一个羟基（通常在 α-碳原子上）的羧酸如乳酸、苹果酸、酒石酸和柠檬酸（孟俊英等，2012）。这些酸的部分盐类也有促进畜禽生长的作用。与抗生素相比，有机酸的功能主要是：①杀菌防腐作用，其抗菌活性是通过在肠腔中解离出的自由质子对细菌或真菌细胞的损害作用；②提高动物对饲料中蛋白质和能量的消化率。通过降低饲料酸结合值，直接或间接补充胃酸分泌不足，激活胃蛋白酶原及增强胃蛋白酶活性，增加胰酶分泌及矿物质吸收，延长食物在胃中的停留时间，从而提高干物质、蛋白质、部分氨基酸、矿物质等养分及能量的消化率；③调节肠道微生态环境；有机酸具有改变肠道微生物区系的作用，包括与酸化有关的其他作用，消化酶和微生物植酸酶活性的提高以及胰腺分泌的增加；还有证据表明，有机酸的存在可以促进胃肠黏膜的生长，降低前肠肠腔中消化物的 pH（杨加豹等，2012）。

短链有机酸对猪具有明显的促生长效果。有机酸种类繁多，难以选择及用量较大是制约其大量应用的主要因素。因此建立和完善有机酸抗菌效力的基础数据，筛选高效抗菌的有机酸组合，降低有机酸生产成本是解决这些问题的关键。

（二）复合型酸化剂

复合型酸化剂主要包含全酸复合型酸化剂和酸盐复合型酸化剂。全酸复合型酸化剂是以某种酸作为主要成分，再配合一种或几种其他酸以发挥协同作用的一类复合型酸化剂。酸盐复合型酸化剂是由有机酸和有机酸盐按照合理的科学配比复合成的饲料酸化剂。

全酸复合型酸化剂由多种酸复配而成，因此抑菌和调节微生物区系的作用更加广泛。与单一型的酸化剂相比，全酸复合型酸化剂用量更小，作用效果更显著，但这种复合酸化剂主要以酸的形式存在，缓冲能力低下，随着消化的进行，酸化剂浓度下降，胃内 pH 又恢复到原来较高的水平，易造成胃肠道中酸度不稳定。酸盐复合型酸化剂通过有机酸盐的形式把一部分有机酸暂时转化为有机酸盐。饲料在动物体内消化一段时间后，胃肠道酸化剂浓度相对下降，pH 上升，此时，饲料中的有机酸盐可以通过水解方式又转化成有机酸。因此，酸盐复合型酸化剂具有较高的缓冲能力，可长时间维持胃肠道内一个稳定的酸性消化环境（刘文辉，2013）。在断奶仔猪饲粮中添加以左旋乳酸、富马酸、丙酸、甲酸、柠檬酸等有机酸为主的复合酸，可达到与抗生素添加组（硫酸黏菌素 10 mg/kg＋恩拉霉素 10 mg/kg）相似的生长性能（韩庆功等，2016）。

二、寡糖

寡糖（oligosaccharide）又称寡聚糖、低聚糖，是由 2～10 个单糖经脱水缩合由糖苷键连接形成的具有直链或支链的低度聚合糖类。按生物学功能可分为普通寡糖和功能性寡糖两大类。蔗糖、麦芽糖、甘露寡糖等主要的糖苷键为 α-1,4-糖苷键，能被机体消化吸收，产生能量，称为普通寡糖。功能性寡糖含有 α-1,6-糖苷链、β-1,2-糖苷键，不能被人和单胃动物直接利用，但可提高人和动物的免疫能力、促进肠道有益菌的增殖等。目前研究较多的功能性寡糖主要有甘露寡糖（MOS）、果寡糖（FOS）、壳寡糖（COS）、异麦芽寡糖（IMOS）、木寡糖（XOS）、大豆寡糖（SBOS）、卡拉胶寡糖、褐藻寡糖、异麦芽酮糖、低聚龙胆糖、低聚乳果糖（LDL）、低聚焦糖（STOC）等（陈罡等，2012）。

寡糖具有低热、稳定、安全、无毒等良好的理化性能，能抑制肠道有害菌的繁殖和促进双歧杆菌的增殖，改善肠道黏膜结构，提高消化酶活性，促进矿物质吸收，调节脂肪代谢，还可作为免疫佐剂和外源抗原激活机体免疫系统（宾石玉等，2006）。在 7 日龄仔猪饲粮中分别添加 7.5 g/kg 的异麦芽寡糖、果寡糖、甘露寡糖和混合寡糖，饲喂 53 d 后发现，添加 7.5 g/kg 的甘露寡糖能显著提高 60 日龄仔猪的细胞免疫和体液免疫功能，对仔猪生产性能的促进效果最好，且腹泻率最低（李梅等，2010）。在日本和许多欧美国家，寡糖已被添加到食品和饲料中，用量不断增加。但目前国内外对其研究主要集中在 FOS、IMOS、MOS 和 COS，而对其他种类的研究相对较少。目前，对不同功能性寡糖的作用机制，以及在不同动物的不同生长阶段的适宜添加量，尚需多研究。

三、益生菌与微生物制剂

益生菌的概念经过了历史的变迁。20 世纪 80 年代将益生菌定义为活的、有益于宿主健康的微生物，90 年代定义为活的有益于宿主健康的微生物细胞或微生物细胞成分，包括益生菌（probiotics）和合生素（synbiotics）。联合国粮农组织/世界卫生组织（FAO/WHO，2012）将益生菌定义为活的微生物，当数量足够时，有益于宿主健康。按照 FAO/WHO 的定义，益生菌要发挥作用，第一必须是活的；第二必须有足够的数量。

按照目前的研究报道，益生菌具有下列作用：①调节肠道微生态平衡，稳定胃肠道屏障功能（Salminen 等，1996）；②干扰微生物繁殖能力及其对肠道黏膜的感染（Gill，2003）；③免疫调节效应（Salzman 等，2003）；④产生的酶能帮助营养物质的消化和吸收（Timmermin 等，2005）；⑤表达细菌素（Mazmanian 等，2008）。

目前世界各国批准的益生菌有下面四类：①乳酸菌类，主要有嗜酸乳杆菌、双歧杆菌和粪链球菌，这类菌都是厌氧菌，对维持肠道的微生态平衡有重要作用，但大部分乳酸菌耐热性差，存活率低，在生产加工运输中极易受不良环境的影响；②芽孢杆菌类，主要有枯草芽孢杆菌、地衣芽孢杆菌、凝结芽孢杆菌等，能产生芽孢，因而能耐盐耐碱耐干燥、耐高温及耐挤压，在酸性胃环境中均能保持稳定；③真菌类，主要有啤酒酵母、产朊假丝酵母、黑曲霉、米曲霉等，酵母菌经发酵后产生寡糖、肽类、有机酸、各种维生素、矿物质、氨基酸、消化酶，以及众多未知的具有生物活性的生长因子等代谢产物，这些代谢产物可提高幼龄动物免疫力及抗应激能力，改善饲料营养物质的消化率；④光合细菌类，光合细菌能产生丰富的氨基酸、叶酸、B族维生素及辅酶Q，因其是光能异养型水生微生物，更多的应用于水产动物和改善水体环境。

微生物制剂则是将益生菌经过各种工艺制备而成的商业产品。实际上，制作可商业化应用的微生物制剂是相当困难的。欧盟认为，饲料用微生物制剂必须具备下列特点：①无毒性、无致病性，在微生物学中有明确的分类，是靶动物的常住菌；②在靶部位生存、繁殖并具有代谢活性，包括：对胃液和胆汁有耐性，能长期在胃肠道定殖，能黏附在上皮细胞或黏液上，能竞争宿主微生物；③产生抑菌物质，对抗病原菌；④调节免疫反应；⑤至少有一种有足够科学依据的能改善宿主健康的指标；⑥遗传稳定，菌株适应性强，在加工、贮存和运输中稳定；⑦生存能力强，生长速度快；⑧能进行工业化生产。

目前，国内研究最多的是益生菌的饲喂效果及其作用机制。肖宏德等（2014）在断奶仔猪饲粮中添加屎肠球菌和枯草芽孢杆菌的复合菌剂，发现在促进生长方面，益生菌组稍低于抗生素组，但差异不显著，且饲喂益生菌的仔猪腹泻率与抗生素组比较有所降低。胡晓芬等（2014）在生长猪饲粮中分别添加林可霉素，含有枯草芽孢杆菌、地衣芽孢杆菌和粪肠球菌的复合微生态制剂，以及同时添加抗生素和微生态制剂，结果表明，单独添加抗生素、微生态制剂以及同时添加抗生素与微生态制剂都能提高饲料干物质消化率，且与对照组相比差异显著，抗生素结合益生菌使用能改善生长猪后肠微生物菌群结构，对饲料干物质消化率也有明显改善。中国农业大学谯仕彦教授团队在乳酸菌的分离、驯化、饲喂效果和作用机制方面开展了系列工作。黄沧海（2003）从健康断奶仔猪肠道黏膜分离出了4株在体外抗逆性较强的乳酸菌，并发现这4株乳酸杆菌可通过改善胃肠道菌群平衡来促进断奶前期仔猪生长，提高断奶猪对大肠杆菌攻毒的抵抗力。随后该团队围绕这4株菌开展了一系列的研究工作，通过蛋白质组学研究发现，其中的罗伊氏乳杆菌 I5007 可显著提高磷酸戊糖途径和肠黏膜上黏液蛋白降解相关酶的表达，这些关键酶的表达有利于其在肠道的生存、适应及黏附（Yang 等，2007）。进一步以 CaCo-2 细胞系和猪小肠黏膜为模型，以大肠杆菌 K88 和沙门氏菌两种致病菌作为参照，结果发现，罗伊氏乳杆菌 I5007 的黏附能力优于其他3株乳酸杆菌（Li 等，2008）。在断奶仔猪饲粮中添加活菌数分别为 3.2×10^6 CFU/g、5.8×10^7 CFU/g 和 2.9×10^8 CFU/g 饲料的 I5007 冻干制剂，结果发现，饲粮中添加 5.8×10^7 CFU/g 的 I5007 可显著提高断奶仔猪的生产性能和抗卵清白蛋白抗体的水平，改善胃肠道微生物菌群组成、肠道黏液蛋白 MUC2 和 MUC3 的表达及肠道黏膜免疫功能（Yu 等，2008）。通过对其发酵和干燥特性研究发现，保护剂和喷雾干燥参数直接影响喷雾干燥粉中 I5007 的存活率。例如，进风口温度为 170 ℃时，出风量对菌体存活率无影响；而出风温度由 76 ℃降至 70 ℃时，菌粉存活率由 8.80% 提高至 16.92%；在 20% 脱脂奶粉基础上增加 5% 的碳水化合物，提高了喷雾干燥菌粉存活率，其中以 20% 脱脂奶粉和 5% 乳糖作为保护剂效果最好，存活率达到 60.44%（Cai 等，2012）。同时，成功构建了 I5007 表达体系，并且确定 PldhL 为菌株 I5007 最高效的启动子，构建了重组过氧化氢酶的 I5007，其过氧化氢酶活性是野生型菌株的 20 倍，提高了菌株对过氧化氢和氧的耐性，有利于作为饲料添加剂使用（Zhang 等，2013）。此外，该团队还发现，罗伊氏乳杆菌 I5007 在体内外表现出清除自由基的能力，改善了机体的抗氧化防御系统，缓解氧化应激造成的氧化损伤，并提高生长育肥猪部分不饱和脂肪酸含量和抗氧化酶活性（Wang 等，2009）；还可通过提高仔猪结肠短链脂肪酸的含量来促进肠上皮细胞表达防御肽，改善肠道黏膜免疫功能，保证仔猪健康和生长；另外 I5007 刺激猪肠道先天性免疫防御肽表达的同时不会诱发炎症反应，并且可以通过抑制大肠杆菌 K88 定殖黏附和调节免疫因子的表达来抑制 K88 引起的炎症反应（Hou 等，2013）。早期灌服 I5007 可以影响新生仔猪肠道菌群结构及形成过程，提高肠道有益菌如乳酸菌和双歧杆菌属数量，降低肠道潜在致病菌肠杆菌及梭菌属数量并相应降低肠道 pH，增强肠道对炎症反应的抗性（Liu 等，2014）。进一步发现，I5007 显著改善了新生仔猪肠道发育，促进肠上皮细胞紧密连接蛋白的表达，从而提高仔猪肠黏膜机械屏障功能（Yang 等，2015）。与此同时，该团队完成了罗伊氏乳杆菌 I5007 的全基因组序列研究工作，结果表明，I5007 基因组由 1 条染色体和 6 个质粒组成，其中染色体基因组为环状，含 1 891 个编码序列，6 个 rRNA 操纵子和 69 个 tRNA 基因；具有完整的初级代谢途径，编码糖酵解途径的主要功能酶类、部分磷酸戊糖途径的酶类以及一些与脂肪酸、氨基酸和核酸代谢相关的酶类；基因组上存在与耐酸、耐胆盐、耐高铜、抗氧化应激以及黏附肠上皮细胞相关的基因；另外，I5007 还编码两个胞外多糖合成基因簇。比较基因组结果显示，I5007 染色体与已测序的罗伊氏乳杆菌 JCM 1112 和 DSM 20016 比较，I5007 基因组含有 330 个独有基因、一个特有的胞外多糖合成基因簇，以及一个成簇的、规律间隔的短回文重复序列（Hou 等，2014）。

到目前为止，大量研究探索了乳酸菌的益生作用机制，但许多试验都是在体外完成的，由于体内微生物组成复杂，使得益生菌作用机制的体内研究比较困难。因此，目前对益生菌和微生物制剂的研究主要侧重于作用效果，在益生菌的体内作用机制上尚需更加有深度的研究。另外，还需要更深入地提高乳酸菌抗逆性能的研究。

四、溶菌酶

溶菌酶是一种天然存在的酶，广泛存在于机体的分泌物如眼泪、唾液和牛奶中，以及卵清蛋白质中。顾名思义，溶菌酶具有溶解细菌的作用，主要通过破坏病原菌细胞壁，使细胞质外渗发挥其杀菌和抑菌的作用。天然溶菌酶具有较为广谱的杀菌或抑菌作用，对大肠杆菌和轮状病毒等都具有较强的抑制作用。进来的研究发现，天然溶菌酶同时具有增强吞噬细胞吞噬功能的作用，促进猪体内淋巴细胞的增长，从而增强仔猪机体免疫力（刁凤，2016）。天然溶菌酶生产价格昂贵。目前可商业化生产的溶菌酶的全称为溶金黄色葡萄球菌酶，是用蛋白质工程技术制备的，其特点是价格便宜，但仅对金黄色葡萄球菌有抑制或杀灭作用，因此在饲料中的使用效果与动物肠道潜在的感染细菌的种类有关。这是生产实践中溶菌酶使用效果不稳定的主要原因。李鑫等（2012）在断奶仔猪饲粮中分别添加不同剂量的溶菌酶和抗生素，探究溶菌酶对断奶仔猪生长性能和血液生化指标的影响。结果表明，仔猪生长性能差异不显著，但溶菌酶低剂量组、溶菌酶高剂量组和溶菌酶＋抗生素组、抗生素组与空白对照组相比腹泻率分别降低77.56％、74.91％、76.33％和55.21％，且差异显著。

五、抗菌肽

与益生菌相似，抗菌肽的定义经过了一些历史的变迁。目前最为全世界接受的定义是：抗菌肽是生物进化上最古老的抗微生物感染多肽，是从原核生物到人等各种生物先天性免疫系统的重要组成部分（Zasloff，2002），因此有人认为抗菌肽更确切的称谓应是免疫防御肽（Hancock 和 Sahl，2006）。抗菌肽区别于抗生素的主要特性为：①在核糖体合成，并经转录和翻译的蛋白质或糖蛋白；②广泛的抵抗病原微生物的作用，包括细菌、真菌和病毒；③多途径的抗微生物感染机制使微生物不易对其产生耐药性（Bradshaw，2003）。

大部分抗菌肽均具有抗革兰氏阳性细菌的功能，但不同抗菌肽的抗菌活性有较大差异，且抗菌谱也不同。最近研究表明，不同的抗菌肽之间甚至抗菌肽与传统的抗生素之间有协同和辅助作用，将抗菌肽和抗生素两者连用可以提高药物疗效，或者拓宽传统抗生素的抗菌谱（刘倚帆等，2010）。许多抗菌肽除了抗细菌之外还有抗真菌的功能，其中一个重要因素就是抗菌肽与质膜的相互作用（Iijima 等，1993）。目前已经发现的抗真菌肽有天蚕素类、果蝇抗菌肽、线肽素、贻贝素、蝎血素以及人工改造的各种抗菌肽等（杨阳等，2010）。研究证明，抗菌肽抗真菌能力与真菌的属、种和孢子的状态有关（马卫明，2004）。有些抗菌肽还可以有效地杀死寄生于人类或动物体内的寄生虫，如天蚕素类似物 shiva-1、蛙皮抗菌肽爪蛙素等可以杀死疟原虫（Boman 等，1989）。来自蛔虫体内的抗菌肽可以杀死利什曼原虫（仲维霞等，2011）。抗菌肽靶目标是寄生虫的质膜，从而间接引起细胞内部结构和细胞器改变，干扰细胞正常代谢（刘红珍，2007）。除此以外，一些研究表明，多种抗菌肽都具有抗病毒活性，这些病毒的共同特点是拥有膜结构，如艾滋病病毒、疱疹病毒和疱疹病毒型口炎病毒等（黎观红等，2011）。抗菌肽可能通过多种机制发挥抗病毒作用，包括与病毒的包膜相结合、抑制病毒的繁殖，或者干扰病毒的组装合成（赵洁等，2008）。可见抗菌肽不仅能抗细菌或真菌，而且还可以抗原虫和病毒。

最近几年，国内对抗菌肽在猪饲粮中的添加效果进行了许多研究。在动物饲粮中添加抗菌肽能够抑制病菌繁殖，改善动物肠道菌群结构，提高动物生产性能。Tang 等（2009）、侯振平等（2011）和潘行正等（2010）发现，在仔猪饲粮添加抗菌肽能够增加肠道益生菌数量，控制腹泻率，提高仔猪生长性能，从而提高成活率。中国农业大学谯仕彦教授团队、浙江大学汪以真教授团队、东北农业大学单安山教授团队在抗菌肽开发和应用方面开展了一系列的研究工作。每吨饲粮中添加 320 g 的天蚕素抗菌肽显著提高了断奶仔猪的生产性能和机体免疫性能（王阿荣等，2011；冯占雨等，2012；宋青龙等，2012）。进一步研究发现，抗生素和抗菌肽组均显著降低了大肠杆菌攻毒造成的断奶仔猪腹泻率的增加，减少了盲肠中大肠杆菌数量；同时，增加了乳酸杆菌数量；且抗菌肽组显著降低了回肠中的总好氧菌，增加了总厌氧菌数量，显著提高空肠黏膜中免疫球蛋白A和免疫球蛋白G的表达量（Wu等，2012）。Wang等（2014，2016）分别以金黄色葡萄球菌甲氧西林敏感菌株CVCC1 882和耐甲氧西林菌株金黄色葡萄球菌（MASA）ATCC43300感染的小鼠为动物模型，结果均发现抗菌肽Sublancin通过抗菌和调节免疫两个方面的作用，保护了小鼠肠道肠绒毛的完整性，降低了感染小鼠的死亡率，且通过电镜发现Sublancin主要是通过影响细菌菌体分裂进而发挥抗菌效果。进一步研究发现，抗菌肽Sublancin能够通过活化小鼠腹腔巨噬细胞，调控腹腔中细胞因子和趋化因子的表达，从而起到增强小鼠天然免疫功能和抗MRSA感染能力（Wang等，2018）。杨天任等（2018）比较了抗菌肽Sublancin与黄芪多糖对沙门氏菌攻毒小鼠免疫的调节作用，结果发现，Sublancin和黄芪多糖均显著降低了小鼠血清中炎性因子TNF-α和单核细胞趋化蛋白MCP-1的含量，对肠道内容物中沙门氏菌的数量有降低的趋势，且Sublancin显著降低了白介素IL-6的含量和提高了IL-10的含量，表明抗菌肽Sublancin和黄芪多糖对沙门氏菌攻毒小鼠免疫功能均有良好的调节作用，其中Sublancin的调节作用更为全面。张晓雅等（2018）研究了抗菌肽Sublancin对获得性免疫的作用后发现，Sublancin可以诱导卵清白蛋白免疫小鼠产生Th1和Th混合型免疫反应，增强其体液免疫和细胞免疫功能。Yu等（2017）研究发现，断奶仔猪每千克饲粮中添加2.0 mg的肠杆菌肽显著提高了仔猪的平均日增重、采食量，降低了仔猪的腹泻发生率，并显著降低了D-乳酸、二胺氧化酶、内毒素含量和粪便大肠杆菌数量，改善了仔猪的肠道健康，缓解了仔猪的炎症反应。进一步的体外试验发现，肠杆菌肽通过抑制MAPK和NF-κB通路的激活，抑制IL-6、IL-8和TNF-α等炎性因子的表达，进而预防大肠杆菌K88诱导的肠道损伤和炎症反应（Yu等，2018）。综上，多数抗菌肽具有直接抗菌、调节免疫和肠道微生物平衡的功能，这些独特的抗感染机制使其成为最有潜力的抗生素替代产品。

对不同种类抗菌肽的开发、作用特点和机制研究，以及不同抗菌肽安全性和有效性评价及其在胃肠道中的稳定性研究，是今后抗菌肽研究的重点。

六、噬菌体

噬菌体是一种原核生物的病毒，包括噬细菌体（bacteriophage）、噬蓝细菌体（cyanophage）和噬放线菌体（actinophage）等，它们广泛存在于自然界中，只要有原核生物活动的地方都会发现有其相对应的噬菌体存在（解明旭等，2016）。噬菌体进入宿主菌体内后，一般吸附在宿主菌的不同位置上进行识别，然后通过专一溶解基因编码的特异性蛋白质溶解宿主菌，进而对宿主菌产生危害（徐焰，2003）。据报道，噬菌体对病原菌大肠杆菌和沙门氏菌具有一定的预防作用（Huff等，2005；Johnson等，2008）。噬菌体的优势主要有：①噬菌体的特异性强，而且具有指数增殖能力和自我限制能力，噬菌体对非目的细菌不起作用，所以不会破坏机体内其他正常的生物菌群；②噬菌体具有很强的适应耐药细菌的能力，并且治疗的不良反应少，在应用上比抗生素方便，疗效更好；③噬菌体的研制速度比较快，在自然界中就可以筛选到治疗耐药菌的噬菌体，且可以长期保存和运输。在应用时噬菌体可以通过多种给药方式治疗细菌性疾病，如口服、注射和全身用药等，不仅可以单独用药，还可以和抗生素联合用药，作用效果更明显。

但噬菌体的下列特性使其在替代抗生素治疗中饱受争议：①噬菌体具有严格的宿主专一性，使用前需知道感染菌种类（Allen等，2013）；②噬菌体会引发机体免疫反应，导致治疗失败（Merril等，1996）；③噬菌体药代动力学特征复杂，给药方案和时机不易把握；④噬菌体时效性强，细菌感染早期使用效果好；⑤噬菌体在特定条件下会转变成溶原性噬菌体，有可能将自身携带的毒力因子转移给宿主菌（Brüssow等，2007）；⑥噬菌体使细菌特别是革兰氏阴性菌裂解，导致细菌毒素如内毒素大量释放；⑦细菌仍可通过突变获得对噬菌体的抗性，细菌对噬菌体和抗生素的突变率分别为10^{-7}和10^{-6}（Carlton，1999）；⑧噬菌体需要病原菌达到一定数量才能在肠道存活，比如噬菌体只能减少但不能完全消灭畜禽肠道内鼠伤寒沙门氏菌感染（Berchieri等，1991；Callaway等，2011）；⑨噬菌体的制备需在低温下进行（Burrowes等，2011）。尽管存在这些问题，但噬菌体作为一种特异性强、不良反应少、疗效好及对耐药性适应能力强的新型治病工具，仍具有广阔的应用前景（Pirnay等，2011）。

七、植物提取物和植物精油

植物提取物又称阳生素（phytobiotics），是从植物中提取，活性成分明确、可测定、含量稳定的饲料添加剂的统称（Hashemi等，2011；Abreu等，2012），其主要通过增强肠道上皮防御能力、调节微生态构成、调节免疫、抗氧化应激，以及刺激食欲、促进胃肠道蠕动和分泌、调节物质代谢等作用来改善动物健康。在养猪生产中，牛至、肉桂、墨西哥花椒、百里香和野茶树可以减少肠道病原微生物的数量（Manzanilla等，2004；Namkung等，2004；Zanchi等，2008）；大蒜提取物和大蒜素能够增加猪的体重（Borovan，2004；Tatara等，2008）；百里香、丁香、肉豆蔻、丁香酚和香芹酚能提高猪的生产性能（Oetting等，2006；Costa等，2007）。朱碧泉等（2011a，2011b）分别在仔猪和生长育肥猪饲粮中加入植物提取物（从柑橘类果实、洋葱、根芹菜、大蒜、胡椒、辣椒、亚麻子、薄荷、藏茴香等植物中提取），发现与对照组相比，生长性能差异不显著，但是肉品质显著提高。植物提取物虽然在一定条件下能改善动物生产性能和控制疾病，但还存在许多问题：首先，它们从未像抗生素那样进行系统、全面的毒理学研究和安全性评价，且因成分复杂，无法说明哪些成分有益或有害；其次，影响植物提取物功效的参数主要包括植物部分及其物理性质、植物的遗传变异、植物的年龄、使用剂量、提取方法、收获时间和与其他成分的相容性，由于受药材采收季节和地区影响，药材中有效成分含量差异大，难以进行准确的药效评定和质量控制（Yang等，2009）。总之，目前市场上的中草药饲料添加剂不符合"微量、高效"这一饲料添加剂的基本原则，难以实现产业化、标准化和参与国际竞争。

植物精油是植物体内的次生代谢物质，一般以植物的花、叶、枝、根、皮、树胶、全草和果实等为原料，通过蒸汽蒸馏、压榨等方法萃取出的植物挥发性油样芳香物质。美国的食品香料与萃取物制造者协会认定，天然植物精油为安全无公害物质。植物精油的化学组成十分复杂，且受收获时节、采摘部位、地域、品种等因素的影响，同一种精油的化学组成差异较大。目前发现，构成精油的化合物达 22 000 多种，但可以归纳为萜烯类衍生物、芳香族化合物、脂肪族化合物和含氮含硫类化合物四大类（姜文等，2016）。植物精油具有抗菌、促进动物采食、提高生产性能、抗氧化和增强机体免疫等生物功能，其对微生物杀菌抑菌的作用机理为：其活性组分破坏细胞膜脂和膜蛋白质，影响细胞膜的正常生物学功能。除此以外，植物精油还有诱食、促生长、抗氧化和提高母猪的繁殖性能等功能。张强等（2012）在生长猪饲粮中添加 0.01% 的植物精油发现，生长猪饲粮蛋白质、能量、总必需氨基酸和总氨基酸的回肠末端表观消化率提高。王改琴等（2014）的研究表明，复方植物精油能提高生长猪的采食量、日增重及饲料转化率。

八、发酵生物饲料与液体饲喂技术

液体饲料的发展分为即调即饲的液体饲料、自然发酵液体饲料和接种微生物液体发酵饲料三个阶段。现代意义上的液体饲料一般是以糖蜜或者水作载体，加入维生素、微量元素、脂肪等通过发酵或悬浮技术制备而成的一种液态饲料（叶宏涛等，2007）。随着电子化技术、信息技术和自动化控制技术的发展，液体饲料在规模化养猪中得到重视。国际上已经大面积推广应用液体饲料。液体饲料在欧洲的应用占整个养猪业的 30%~50%，泰国和菲律宾逐步开始使用，美国、日本、俄罗斯等国对液体饲料也开始重视，并逐步兴起（Choct 等，2004；Han 等，2006；王金全等，2009）。我国对新型液体饲料技术的研究和报道较少。发酵生物饲料可扩大饲料来源，降低饲养成本，可以使用食品工业副产品和下脚料（玉米浸泡液、鱼的水解产物、尿素溶液、乳清、马铃薯加工副产品等），这不仅减少了食品工业对环境的污染，也降低了饲料生产成本。发酵生物饲料还能改善猪的生产性能，液体饲料的形态跟母乳相似，能够有效减少断奶应激。对于生长育肥猪，研究发现，液体饲料可以显著提高生长猪的日增重和饲料转化率。日本的研究发现，液体饲料减少了猪上市的时间，达到相同体重（110 kg）时，试验干饲料所用时间为 154.7 d，液体饲料则只需 150.6 d，提高了 3%，且猪上市整齐度好（Kim 等，2001）。除此以外，饲喂液体饲料能显著提高哺乳母猪干物质采食量，降低仔猪死亡率，提高母猪生产性能。与粉状饲料相比，液体饲料不仅显著降低猪舍环境中的粉尘密度，从而减少猪群呼吸道疾病，同时也降低了随粉尘扩散的病原微生物数量，从而保障畜禽健康生长。此外，含量过高的灰尘，也会引起饲养员呼吸道疾病（Missotten 等，2009）。

尽管液体饲料的优势已经初见端倪，但仍存在一些问题。研究表明，断奶仔猪饲喂液体发酵饲料能够提高日增重和日采食量，但饲料转化率却有所降低，这与代谢研究结果相互矛盾，为此，饲料转化率是否与猪的采食行为、饲槽设计等因素有关还需要进一步研究。另外，微生物菌种的好坏将直接影响液体发酵饲料的发酵效果和饲喂效果。有研究表明，酵母菌发酵会导致饲料的适口性降低。近年来，研究人员致力于研究自然存在的乳酸菌是否比在发酵系统中接种特定的有益菌会更好。开发适宜的微生物菌种、微生物菌种与发酵原料的匹配是液体发酵饲料的关键技术。

发酵液体饲料应用存在的另一个问题是液体饲喂系统。液体饲喂系统主要包括：自动控制间、备料间、液体泵、分配阀门和喂料传感器。目前根据液体喂料系统在实际生产中应用的规模大小和加料方式不同，可以将其分为3种类型，即基础型、清洁型和大群型。每种类型的饲喂系统均可用于妊娠或分娩母猪以及育肥猪舍，并可辅以酸化系统、加药系统或者发酵系统，以利于对饲料的进一步加工和处理。液体饲喂系统投资成本受猪场规模影响差别很大。一般来说，如果自动化程度相同，液体饲喂系统与干料饲喂系统投资成本相当。但是由于液体饲喂系统可以利用液体的工业副产品，因此可以降低饲料成本。目前，液体饲喂系统正处于发展应用阶段，随着各种相关设备的改进，液体饲喂系统还会进一步优化，不仅在开发利用液体原料上大有作为，同时能改善环境，提高动物食品的安全性。当前，研究开发适合于我国养猪生产实际情况的液体饲喂系统的时机已经成熟。

总之，抗生素促生长剂（AGPs）在促进养殖业的发展中有过重要的历史贡献。抗生素使用不当导致的耐药菌的不断增加，以及新的抗菌药研发滞后，是世界上许多国家禁止其作为养殖动物促生长剂的主要原因。目前的研究表明，一些新的物质具有部分替代AGPs的功效，但与抗生素的研究和应用历史相比，这些物质的制备技术和应用研究还很短暂，需要广大研究者持续不断的努力。

参考文献

宾石玉，周安国，程培文，2006. 寡糖对动物免疫功能的作用 [J]. 中国兽医学报，26（3）：344-346.
陈罡，陈立祥，2012. 功能性寡糖及其在仔猪营养中的应用研究进展 [J]. 饲料博览（4）：18-22.
陈燕军，2006. 对欧盟禁用动物抗生素添加剂的再思考 [J]. 中国禽业导刊，23（21）：9-10.
刁凤，2016. 溶菌酶对仔猪腹泻的预防作用 [J]. 中国畜牧兽医文摘（1）：236.
冯占雨，何涛，谯仕彦，等，2012. 日粮中添加不同水平的天蚕素抗菌肽对仔猪生产性能和健康状况的影响 [J]. 饲料工业（1）：38-40.
韩庆功，崔艳红，李丹，等，2016. 复合酸化剂对断奶仔猪生长性能、抗体水平及粪便微生物的影响 [J]. 饲料工业（6）：13-17.
侯振平，印遇龙，王文杰，等，2011. 乳铁蛋白素 B 和天蚕素 P_1 对投喂大肠杆菌断奶仔猪生长及肠道微生物区系的影响 [J]. 动物营养学报，23（9）：1536-1544.
胡晓芬，李翀，陈莉，等，2014. 益生菌缓解抗生素对生长猪饲料干物质消化率及后肠微生物的影响 [J]. 养猪（6）：38-40.
黄沧海，2003. 仔猪复合益生乳酸杆菌制剂及其作用机理的研究 [D]. 北京：中国农业大学.
顾玉芳，罗一龙，2012. 猪场抗生素使用情况及市售猪肉抗生素残留调查 [J]. 长江大学学报（自然科学版），9（1）：19-20.
姜文，赵鑫，2016. 植物精油在养猪生产中的应用 [J]. 今日养猪业（3）：72-74.
解明旭，叶仕根，杨晓宇，2016. 噬菌体的研究进展 [J]. 黑龙江畜牧兽医（3）：77-80.
黎观红，洪智敏，贾永杰，等，2011. 抗菌肽的抗菌作用及其机制 [J]. 动物营养学报，23（4）：546-555.
李梅，刘文利，赵桂英，等，2010. 不同寡糖对仔猪免疫力和生产性能的影响研究 [J]. 安徽农业科学（28）：15655-15657.

李娜, 赵敏, 2010. 益生菌替代抗生素在动物中的应用 [J]. 黑龙江医药, 6: 15.
李鑫, 谭志坚, 符德文, 等, 2012. 溶菌酶对断奶仔猪生长性能和血液生化指标的影响 [J]. 养猪 (6): 9-12.
刘红珍, 2007. 兔肠源抗菌蛋白的分离纯化及其生物活性研究 [D]. 泰安: 山东农业大学.
刘文辉, 2013. 复合酸化剂对断奶仔猪生长性能, 抗氧化功能及内分泌功能等的影响 [D]. 福州: 福建农林大学.
刘倚帆, 徐良, 朱海燕, 等, 2010. 抗菌肽与抗生素对革兰氏阴性菌和革兰氏阳性菌的体外协同抗菌效果研究 [J]. 动物营养学报, 22 (5): 1457-1463.
马卫明, 2004. 猪小肠抗菌肽分离鉴定及其生物活性研究 [D]. 北京: 中国农业大学.
孟俊英, 贾骥, 罗长辉, 2012. 猪饲料中酸化剂替代抗生素的前景分析 [J]. 猪业科学, 29 (3): 58-59.
潘行正, 黄正明, 李永新, 2010. 抗菌肽制剂对母猪死亡率和仔猪成活率的影响 [J]. 现代农业科技 (12): 285-286.
宋青龙, 王洪彬, 张广民, 等, 2012. 日粮中添加天蚕素抗菌肽对仔猪健康及生产性能的影响 [J]. 中国畜牧杂志, 48 (13): 52-55.
佟建明, 高星, 萨仁娜, 1998. 金霉素对肉仔鸡生长及肠道微生物繁殖的影响 [J]. 中国饲料 (17): 10-11.
王阿荣, 敖长金, 宋青龙, 等, 2011. 日粮中添加天蚕素抗菌肽对断奶仔猪生产性能和血液生化指标的影响 [J]. 饲料工业, 32 (10): 21-24.
王改琴, 邬本成, 承宇飞, 等, 2014. 植物精油对生长猪生产性能和健康水平的影响 [J]. 家畜生态学报, 35 (8): 18-21.
王金全, 周岩华, 蔡辉益, 2009. 国际猪液体饲喂研究进展 [J]. 养猪 (4): 11-14.
肖宏德, 肖运才, 何熙贞, 等, 2014. 用益生菌制剂代替断奶仔猪日粮中抗生素的研究 [J]. 动物医学进展, 35 (3): 53-58.
徐焰, 2003. 噬菌体溶菌机制研究进展 [J]. 重庆医学, 32 (1): 106-108.
杨加豹, 陈瑾, 殷勤, 等, 2012. 短链有机酸及其盐替代抗生素对猪生产性能的影响研究 [J]. 四川畜牧兽医, 39 (1): 30-33.
杨天任, 王帅, 黄烁, 等, 2018. 抗菌肽 Sublancin 与黄芪多糖对小鼠免疫调节作用的比较研究 [J]. 动物营养学报, 30 (6): 1-9.
杨阳, 孙红瑜, 金光耀, 等, 2010. 抗菌肽的作用机理及应用前景 [J]. 中国林副特产 (1): 103-104.
姚浪群, 2000. 安普霉素对仔猪蛋白质营养、内分泌和低温应激影响的研究 [D]. 北京: 中国农业科学院.
叶宏涛, 刘国华, 2007. 液体饲料的应用研究进展 [J]. 饲料与畜牧 (12): 9.
张强, 朴香淑, 张宏宇, 等, 2012. 低能量日粮中添加植物精油对仔猪生长性能, 抗氧化活性及其免疫性能的影响 [C]. 中国畜牧兽医学会动物营养学分会第十一次全国动物营养学术研讨会论文集.
张晓雅, 杨青, 王帅, 等, 2018. 抗菌肽 Sublancin 增强小鼠获得性免疫的研究 [J]. 动物营养学报, 30 (1): 236-245.
赵洁, 孙燕, 李晶, 等, 2008. 动物抗菌肽的抗病毒活性 [J]. 医学分子生物学杂志, 5 (5): 466-469.
仲维霞, 屈金辉, 王洪法, 等, 2011. 蝇蛆抗菌肽酵母发酵产物对杜氏利什曼原虫杀伤力的研究 [J]. 国际医学寄生虫病杂志, 38 (3): 154-157.

朱碧泉，曹璐，车炼强，等，2011a. 植物提取物对断奶仔猪生产性能的影响 [J]. 饲料研究（8）：7-10.

朱碧泉，曹璐，车炼强，等，2011b. 植物提取物对育肥猪生长性能，胴体性状，猪肉品质及抗氧化能力的影响 [J]. 中国饲料 (14)：15-18.

Taylo - Pickard J A, 2006. 禁用抗生素促生长剂 (AGPs) 对畜禽的影响 [J]. 中国畜牧兽医，33 (2)：71-72.

Abreu A C, Mcbain A J, Simoes M, 2012. Plants as sources of new antimicrobials and resistance - modifying agents [J]. Natural Product Reports, 29 (9)：1007-1021.

Allen H K, Levine U Y, Looft T, et al, 2013. Treatment, promotion, commotion: antibiotic alternatives in food - producing animals [J]. Trends in Microbiology, 21 (3)：114-119.

Berchieri A, Lovell M A, Barrow P A, 1991. The activity in the chicken alimentary tract of bacteriophages lytic for Salmonella typhimurium [J]. Research in Microbiology, 142 (5)：541-549.

Boman H G, Wade D, Boman I A, et al, 1989. Antibacterial and antimalarial properties of peptides that are cecropin - melittin hybrids [J]. FEBS Letters, 259 (1)：103-106.

Borovan L, 2004. Plant alkaloids enhance performance of animals and improve the utilizability of amino acids [J]. Krmivarstvi, 6：36-37.

Brüssow H, Mcgrath S, Sinderen D V, 2007. Phage therapy: the Western perspective [M]. Norfolk, UK: Caister Acad Press.

Burrowes B, Harper D R, Anderson J, et al, 2011. Bacteriophage therapy: potential uses in the control of antibiotic - resistant pathogens [J]. Expert Review of Anti - Infective Therapy, 9 (9)：775-785.

Cai C J, Thaler B, Liu D W, et al, 2012. Optimization of spray - drying workflow as a method for preparing concentrated cultures of *Lactobacillus fermentum* I [J]. Journal of Animal and Veterinary Advances, 11：2769-2774.

Callaway T R, Edrington T S, Brabban A, et al, 2011. Evaluation of phage treatment as a strategy to reduce Salmonella populations in growing swine [J]. Foodborne Pathogens and Disease, 8 (2)：261-266.

Carlton R M, 1999. Phage therapy: past history and future prospects [J]. Archivum Immunologiae et Therapiae Experimentalis, 47：267-274.

Casewell M, Friis C, Marco E, et al, 2003. The European ban on growth - promoting antibiotics and emerging consequences for human and animal health [J]. Journal of Antimicrobial Chemotherapy, 52 (2)：159-161.

Chae B J, 2000. Impacts of wet feeding of diets on growth and carcass traits in pigs [J]. Journal of Applied Animal Research, 17 (1)：81-96.

Choct M, Selby E, Cadogan D J, et al, 2004. Effects of particle size, processing, and dry or liquid feeding on performance of piglets [J]. Crop and Pasture Science, 55 (2)：237-245.

Costa L B, Tse M L P, Miyada V S, 2007. Herbal extracts as alternatives to antimicrobial growth promoters for weanling pigs [J]. Revista Brasileira de Zootecnia, 36 (3)：589-595.

Drouin E, 1999. *Helicobacter pylori*: novel therapie [J]. Canadian journal of Gastroenterology, 13 (7)：581-583.

Han Y, Thacker P A, Yang J, 2006. Effects of the duration of liquid feeding on performance and nutrient digestibility in weaned pigs [J]. Asian - Australasian Journal of Animal Sciences, 19 (3)：396.

Hashemi S R, Davoodi H, 2011. Herbal plants and their derivatives as growth and health promoters in animal nutrition [J]. Veterinary Research Communications, 35 (3): 169-180.

Hou C L, Liu H, Zhang J, et al, 2015. Intestinal microbiota succession and immunomodulatory consequences after introduction of *Lactobacillus reuteri* I5007 in neonatal piglets [J]. PLoS One, 10: e0119505.

Hou C L, Wang Q W, Zeng X F, et al, 2014. Complete genome sequence of *Lactobacillus reuteri* I5007, a probiotic strain isolated from healthy piglet [J]. Journal of Biotechnology, 179: 63-64.

Huff W E, Huff G R, Rath N C, et al, 2005. Alternatives to antibiotics: utilization of bacteriophage to treat colibacillosis and prevent foodborne pathogens [J]. Poultry Science, 84: 655-659.

Iijima R, Kurata S, Natori S, 1993. Purification, characterization, and cDNA cloning of an antifungal protein from the hemolymph of Sarcophaga peregrina (flesh fly) larvae [J]. Journal of Biological Chemistry, 268 (16): 12055-12061.

Jensen G B, Hansen B M, Eilenberg J, et al, 2003. The hidden lifestyles of *Bacillus cereus* and relatives [J]. Environmental Microbiology, 5 (8): 631-640.

Kaldhusdal M, Løvland A, 2000. The economical impact of Clostridium perfringens is greater than anticipated [J]. World Poultry, 16 (8): 50-51.

Kim J H, Heo K N, Odle J, et al, 2001. Liquid diets accelerate the growth of early-weaned pigs and the effects are maintained to market weight [J]. Journal of Animal Science, 79 (2): 427-434.

Kumarasamy K K, Toleman M A, Walsh T R, et al, 2010. Emergence of a new antibiotic resistance mechanism in India, Pakistan, and the UK: a molecular, biological, and epidemiological study [J]. Lancet Infectious Diseases, 10 (9): 597-602.

Leonard B C, Affolter V K, Bevins C L, 2012. Antimicrobial peptides: agents of border protection for companion animals [J]. Veterinary Dermatology, 23 (3): 136-177.

Li X J, Yue L Y, Guan X F, et al, 2008. The adhesion of putative probiotic lactobacilli to cultured epithelial cells and porcine intestinal mucus [J]. Journal of Applied Microbiology, 104: 1082-1091.

Lin J, 2014. Antibiotic growth promoters enhance animal production by targeting intestinal bile salt hydrolase and its producers [J]. Frontiers in Microbiology, 5: 33.

Liu H, Zhang J, Zhang S H, et al, 2014. Oral administration of *Lactobacillus fermentum* I5007 favors intestinal development and alters the intestinal microbiota in formula-fed piglets [J]. Journal of Agricultural and Food Chemistry, 62: 860-866.

Lovland A, Kaldhusdal M, 2001. Severely impaired production performance in broiler flocks with high incidence of Clostridium perfringens-associated hepatitis [J]. Avian Pathology, 30 (1): 73-81.

Manzanilla E G, Perez J F, Martin M, et al, 2004. Effect of plant extracts and formic acid on the intestinal equilibrium of early-weaned pigs [J]. Journal of Animal Science, 82 (11): 3210-3218.

Merril C R, Biswas B, Carlton R, et al, 1996. Long-circulating bacteriophage as antibacterial agents [J]. Proceedings of the National Academy of Sciences, 93 (8): 3188-3192.

Missotten J, Goris J, Michiels J, et al, 2009. Screening of isolated lactic acid bacteria as potential beneficial strains for fermented liquid pig feed production [J]. Animal Feed Science and Technology, 150 (1): 122-138.

 第十九章 饲料抗生素促生长剂及替代技术

Namkung H, Li J, Gong M, et al, 2004. Impact of feeding blends of organic acids and herbal extracts on growth performance, gut microbiota and digestive function in newly weaned pigs [J]. Canadian Journal of Animal Science, 84 (4): 697-704.

Oetting L L, Utiyama C E, Giani P A, et al, 2006. Effects of herbal extracts and antimicrobials on apparent digestibility, performance, organs morphometry and intestinal histology of weanling pigs [J]. Revista Brasileira de Zootecnia, 35 (4): 1389-1397.

Pirnay J, de Vos D, Verbeken G, et al, 2011. The phage therapy paradigm: pret-a-porter or sur-mesure? [J]. Pharmaceutical Research, 28 (4): 934-937.

Roura E, Homedes J, Klasing K C, 1992. Prevention of immunologic stress contributes to the growth-permitting ability of dietary antibiotics in chicks [J]. Journal of Nutrition, 122: 2383-2390.

Tang Z, Yin Y, Zhang Y, et al, 2009. Effects of dietary supplementation with an expressed fusion peptide bovine lactoferricin-lactoferrampin on performance, immune function and intestinal mucosal morphology in piglets weaned at age 21d [J]. British Journal of Nutrition, 101 (7): 998.

Tatara M R, Sliwa E, Dudek K, et al, 2008. Aged garlic extract and allicin improve performance and gastrointestinal tract development of piglets reared in artificial sow [J]. Annals of Agricultural and Environmental Medcine, 15 (15): 63-69.

Wang A N, Yi X W, Yu H F, et al, 2009. Free radical scavenging activity of *Lactobacillus fermentum in vitro* and its antioxidative effect on growing-finishing pigs [J]. Journal of Applied Microbiology, 107: 1140-1148.

Wang Q W, Zeng X F, Wang S, et al, 2014. The bacteriocin sublancin attenuates intestinal injury in young mice infected with *Staphylococcus aureus* [J]. Anatomical Record, 297: 1454-1461.

Wang S, Huang S, Ye Q H, et al, 2018. Prevention of cyclophosphamide-induced immunosuppression in mice with the antimicrobial peptide sublancin [J]. Journal of Immunology Research: 4353580.

Wang S, Wang Q W, Zeng X F, Yet al, 2017. Use of the antimicrobial peptide sublancin with combined antibacterial and immunomodulatory activities to protect against methicillin-resistant *Staphylococcus aureus* infection in mice [J]. Journal of Agricultural and Food Chemistry, 65: 8595-8605.

Wu S D, Zhang F R, Huang Z M, et al, 2012. Effects of antimicrobial peptide cecropin AD on performance and intestinal health in weaned piglets challenged with *E. coli* [J]. Peptides, 35: 225-230.

Yang F, Wang J J, Li X J, et al, 2007. 2-DE and MS analysis of interactions between *Lactobacillus fermentum* I5007 and intestinal epithelial cells [J]. Electrophoresis, 28: 4330-4339.

Yang F J, Wang A N, Zeng X F, et al, 2015. *Lactobacillus reuteri* I5007 modulates tight junction protein expression in IPEC-J2 cells with LPS stimulation and in newborn piglets under normal conditions [J]. BMC Microbiology, 15: 32.

Yang Y, Iji P A, Choct M, 2009. Dietary modulation of gut microflora in broiler chickens: a review of the role of six kinds of alternatives to in-feed antibiotics [J]. World's Poultry Science Journal, 65 (1): 97-114.

Yu H T, Ding X L, Li N, et al, 2017. Dietary supplemented antimicrobial peptide microcin J25 improves the growth performance, apparent total tract digestibility, fecal microbiota, and intestinal barrier function of weaned pigs [J]. Journal of Animal Science, 95: 5064-5076.

Yu H T, Ding X L, Shang L J, et al, 2018. Protective ability of biogenic antimicrobial peptide Microcin J25 against enterotoxigenic *Escherichia coli* - induced intestinal epithelial dysfunction and inflammatory responses IPEC - J2 cells [J]. Fronters in Celluar and Infection, 8: 242.

Yu H F, Wang A N, LI X J, et al, 2008. Effect of viable *Lactobacillus fermentum* on the growth performance, nutrient digestibility and immunity of weaned pigs [J]. Journal of Animal Feed Science, 17: 61-69.

Zanchi R, Canzi E, Molteni L, et al, 2008. Effect of *Camellia sinensis* L. whole plant extract on piglet intestinal ecosystem [J]. Annals of Microbiology, 58 (1): 147-152.

Zhang J, Liu H, Wang Q W, et al, 2013. Expression of catalase in *Lactobacillus fermentum* and evaluation of its anti - oxidative properties in a dextran sodium sulfate induced mouse colitis model [J]. World Journal of Microbiology Biotechnology, 29: 2293-2301.

Zhu Y G, Johnson T A, Su J Q, et al, 2013. Diverse and abundant antibiotic resistance genes in Chinese swine farms [J]. PANS, 110 (9): 3435-3440.

第二十章
猪能量和氨基酸需要量估测模型

本章以我国 2000 年以来发表的文献数据为基础，参考 NRC（1998）、NRC（2012）的有关方法，研究建立瘦肉型、脂肪型和肉脂型生长肥育猪的能量和氨基酸需要量估测模型，第二十二章营养需要量列表中许多数据来自这些模型。瘦肉型种猪的能量和氨基酸需要量预测模型在本书第十章已有阐述，有关瘦肉型猪磷需要量估测模型请参见本书第五章。

第一节　瘦肉型猪能量和氨基酸需要量估测模型

本部分主要涉及以下几个方面：①数据来源；②瘦肉型生长育肥猪能量需要量估测模型；③瘦肉型生长育肥猪体蛋白质和体脂肪沉积估测模型；④瘦肉型生长育肥猪氨基酸需要量估测模型；⑤瘦肉型仔猪氨基酸需要量估测模型。

一、数据来源

共检索到 2000—2015 年公开发表的关于瘦肉型生长育肥猪的文献 550 篇。根据试验设计中具有清晰的分组、性别（公母各半）和体重阶段划分的标准，共选取可用文献 171 篇。其中，包括 17 篇能量需要量的研究文献、38 篇蛋白质和氨基酸需要量的研究文献、24 篇矿物质元素和维生素的研究文献、92 篇饲料添加剂和其他方面的研究文献。所选文献中涉及无脂瘦肉增重和体蛋白质沉积的共 61 篇。

所选文献的饲粮配方中能值和氨基酸的表示方法有较大差异。例如，对于能值，不同文献分别使用了消化能（DE）、代谢能（ME）或者净能（NE）。对于氨基酸，部分文献仅提供了饲粮总的赖氨酸（Lys）含量，而缺少标准回肠可消化赖氨酸（SID Lys）含量。为便于不同文献之间的比较和需要量估测模型的建立，我们依据农业农村部饲料工业中心（MAFIC）、《猪饲养标准》（NY/T 65—2004）和 NRC（2012）的饲料原料数据库，重新计算了所选文献的饲粮配方中 DE、ME、NE、Lys 和 SID Lys 的数值。其中，玉米、小麦、豆粕、麦麸、干酒糟及其可溶物（DDGS）、次粉、米糠、菜籽粕、棉籽粕、玉米蛋白粉、玉米胚芽粕和喷浆玉米皮的营养价值参考了 MAFIC 最新的饲料原料数据库中的数据；米糠饼、米糠粕、膨化大豆、大麦、玉米淀粉、鱼粉和油类原料

（菜籽油、椰子油、棉籽油、棕榈油和猪油）的营养价值参考了《猪饲养标准》（NY/T 65—2004）的数据；糖蜜的营养价值和大麦，以及鱼粉的 SID 系数参考了 NRC（2012）的数据。此外，考虑到所收集的数据、我国养猪生产中饲粮配制的实际情况，以及本书第二十二章营养需要量列表，将生长育肥猪的生长划分为四个体重阶段，分别为 25～50 kg、50～75 kg、75～100 kg 和 100 kg 以上阶段，以下分别阐述。

二、瘦肉型生长育肥猪的能量需要量估测模型

对于生长育肥猪，影响其能量摄入量的因素主要包括体重、环境温度、饲养密度和性别等，其中体重是最为重要的因素。参考 NRC（2012）的研究思路，可采用以下两种方法建立生长育肥猪的能量需要量估测模型：①直接法。即建立生长育肥猪代谢能摄入量与体重的回归方程，通过得到的参考曲线估测特定体重下所需的代谢能摄入量。②析因法。即将代谢能剖分为维持代谢能（MEm）和生长代谢能（MEg），建立每日生长代谢能与日增重（ADG）的回归方程，通过得到的参考曲线依据日增重估测代谢能需要量。

（一）直接法

为了建立生长育肥猪代谢能摄入量与体重的回归方程，我们按照遗传背景清楚、性别比例均为公母各半的原则，筛选到 104 篇相关文献数据，根据 Bridges 函数（Schinckel 等，2009）建立生长育肥猪代谢摄入量（ME intake）与体重（BW）的回归曲线，估测模型如式 20-1 所示；依据选取的数据，利用 SAS 非线性模型程序（NLIN）确定该方程式的参数，依此建立的生长育肥猪代谢能摄入量与体重的回归曲线如图 20-1 所示。

参考代谢能摄入量 $(MJ/d) = 53.27 \times \{1 - \exp[-\exp(-4.29) \times BW]\}$

（式 20-1）

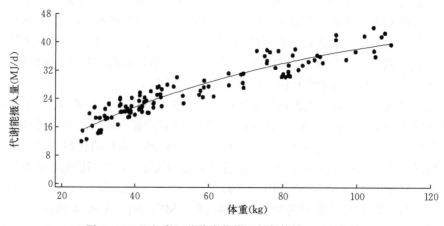

图 20-1　生长育肥猪代谢能摄入量与体重的回归曲线

此外，我们依据猪的平均体重另外选取了 20 篇文献中的数据对上述估测模型进行

验证。将通过式 20-1 计算得到的代谢能摄入量估测值与对应的试验实测值进行配对 T 检验，结果显示二者之间没有显著性差异。同时利用线性回归分析得到的代谢能摄入量估测值与实测值回归方程的斜率为 0.994 1，$R^2=0.982\,5$（图 20-2）。以上均说明式 20-1 能够较好地通过体重估测生长育肥猪的代谢能摄入量。

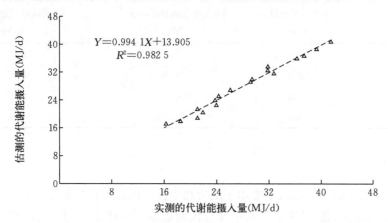

图 20-2　估测的代谢能摄入量与实测的代谢能摄入量的线性回归

NRC（2012）推荐的生长育肥猪代谢能摄入量的估测模型如式 20-2 所示。

参考代谢能摄入量（MJ/d）= $44.20 \times \{1-\exp[-\exp(-4.04) \times BW]\}$

（式 20-2）

依据生长育肥猪的不同体重阶段，以各阶段的平均体重为自变量，将式 20-1 和式 20-2 计算得到的参考代谢能摄入量进行了对比（图 20-3）。结果显示用式 20-1 估测得到的代谢能摄入量与 NRC（2012）估测模型计算得到的代谢能摄入量在各个体重阶段均非常接近。

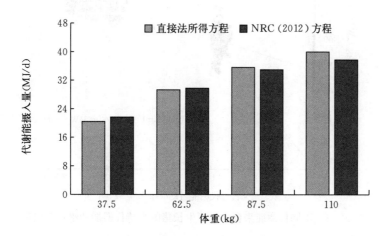

图 20-3　不同体重阶段根据式 20-1 计算所得的代谢能摄入量
与 NRC（2012）估测模型计算值的比较

注：计算时对 NRC（2012）方程进行了 5% 的饲料浪费矫正。

通过文献可以得到不同体重阶段生长育肥猪的平均日采食量数据，利用式 20-1 所示的估测模型计算所得的每日代谢能摄入量除以平均日采食量,即可得到不同体重阶段生长育肥猪所需的饲粮代谢能浓度,如表 20-1 所示。结果显示 4 个体重阶段饲粮的平均代谢能浓度为 13.76 MJ/kg,这与 NRC(2012)的推荐值(13.81 MJ/kg)比较接近。

表 20-1 利用直接法所得的估测模型计算得到的不同体重阶段的饲粮代谢能浓度

体重(kg)	平均日采食量 (g)	参考代谢能摄入量 (MJ/d)	所需饲粮代谢能浓度 (MJ/kg)
25~50	1 600	22.41	13.38
50~75	2 250	30.65	13.62
75~100	2 710	37.22	13.73
100~120	2 900	41.48	14.30

(二)析因法

生长育肥猪代谢能的摄入主要用于维持和生长,因此可将代谢能剖分为维持代谢能(MEm)和生长代谢能(MEg),其中维持代谢能主要与体重、饲养密度和环境临界温度有关。我们依据 MAFIC 采用间接测热法进行的相关研究数据(Li 等,2018),通过对 34 个试验饲粮数据的回归分析,我们得到生长猪的绝食产热量(FHP)为 771 kJ/(kg BW$^{0.6}$ · d),维持代谢能为 1 016 kJ/(kg BW$^{0.6}$ · d)(图 20-4)。该结果与 Noblet 等(1999)所得的维持代谢能 1 021 kJ/(kg BW$^{0.6}$ · d)十分接近,高于 NRC(2012)所列的维持代谢能 824.6 kJ/(kg BW$^{0.6}$ · d)。

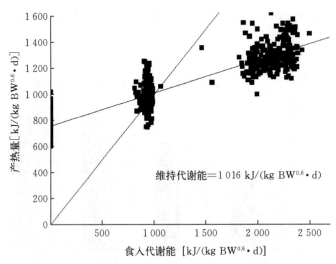

图 20-4 不同代谢能采食水平下生长猪的维持代谢能和绝食产热量

考虑到环境临界温度和饲养密度对代谢能的影响,可以根据以上测得的维持代谢能估测不同温度和饲养密度下需要摄入的总代谢能的数量。当环境温度(T)低于最低临界温度(LCT)时,NRC(2012)给出了根据标准维持代谢能(MEm)估测产热代谢能需要的公式为:

低于临界温度时产热代谢能需要量 $(kJ/d)=0.074\,25\times(LCT-T)\times MEm$

(式20-3)

当饲养密度（S）低于最低饲养密度时，Gonyou 等（2006）提出与最低饲养密度相比，饲养密度每减少 1%，总的代谢能摄入量减少 0.252%，据此得到的估测饲养密度变化时总代谢能需要量的公式为：

不同饲养密度下总代谢能的需要量

$(kJ/d)=$ 代谢能摄入量 $\times\{1-[1-S/(0.033\,6\times BW^{0.667})]\times 0.252\}$

(式20-4)

此外，依据文献数据通过回归分析（图20-5）可以得到依据平均日增重（ADG）估测生长代谢能的模型：

生长代谢能 $(kJ/d)=1\,517\times\exp(0.002\,93\times ADG)$ （式20-5）

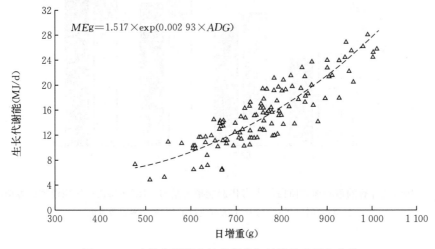

图20-5 生长育肥猪生长代谢能与日增重的回归曲线

析因法中，总代谢能等于生长代谢能和维持代谢能之和，因此应用式20-3、式20-4、式20-5，可以得到在考虑温度和饲养密度的条件下参考代谢能摄入量的估测模型：

参考代谢能摄入量 $(kJ/d)=\{1\,016\times BW^{0.6}\times[1+0.074\,25\times(LCT-T)]+1\,517\times\exp(0.002\,93\times ADG)\}\times\{1-[1-S/(0.033\,6\times BW^{0.667})]\times 0.252\}$ （式20-6）

利用析因法计算得到的总代谢能需要量，除以文献中得到的不同体重阶段生长育肥猪的平均日采食量数据，即可得到不同体重阶段生长育肥猪所需的饲粮代谢能浓度，如表20-2所示。

表20-2 利用析因法所得的估测模型计算得到的不同体重阶段的饲粮代谢能浓度

体重 (kg)	平均日采食量 (g)	平均日增重 (g)	维持代谢能 (MJ/d)	生长代谢能 (MJ/d)	参考代谢能摄入量 (MJ/d)	所需饲粮代谢能浓度 (MJ/kg)
25~50	1 600	750	8.95	13.66	22.61	14.13
50~75	2 250	880	12.16	19.99	32.15	14.29

(续)

体 重 (kg)	平均日采食量 (g)	平均日增重 (g)	维持代谢能 (MJ/d)	生长代谢能 (MJ/d)	参考代谢能摄入量 (MJ/d)	所需饲粮代谢能浓度 (MJ/kg)
75~100	2 710	900	14.88	21.20	36.08	13.31
100~120	2 900	860	17.07	18.85	35.92	12.38

据此估测的不同体重阶段生长育肥猪的参考代谢能摄入量与 NRC（2012）相比比较接近（图 20-6）。应用析因法所得的饲粮代谢能浓度在生长育肥前期略高于 NRC（2012）的推荐值，生长育肥后期略低于 NRC（2012）的推荐值。四个不同体重阶段的饲粮代谢能浓度的平均值为 13.53 MJ/kg，略低于 NRC（2012）的推荐值（13.81 MJ/kg）。

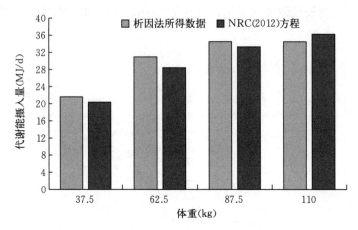

图 20-6　析因法计算的不同体重阶段的参考代谢能摄入量与 NRC（2012）估测模型计算值的比较
注：计算时对 NRC（2012）方程进行了 5%的饲料浪费矫正。

三、瘦肉型生长育肥猪的体蛋白质和体脂肪沉积估测模型

体蛋白质沉积（PD）速度是反应猪生长潜力的关键因素，决定体蛋白质沉积能力的因素包括猪的遗传潜力、能量摄入量、体重和饲养环境等。

NRC（1998）推荐的无脂瘦肉增重到蛋白质沉积的转化公式为：

$$无脂瘦肉增重 = 蛋白质沉积 \times 2.55 \quad (式 20-7)$$

NRC（1998，2012）所推荐的建立蛋白质沉积（PD）和体重（BW）的回归模型所用的方程式为：

$$PD \text{ (g/d)} = a + b \times BW + c \times BW^2 + d \times BW^3 \quad (式 20-8)$$

我们检索到 2000 年以来 61 篇关于无脂瘦肉增重和蛋白质沉积的文献，筛选到 31 篇相关文献中的数据，根据以上方程式利用回归分析建立生长育肥猪体蛋白质沉积的回归曲线（图 20-7），得到的蛋白质沉积估测模型为：

$$PD \text{ (g/d)} = 32.28 + 3.53 \times BW + 0.039 \times BW^2 + 0.000\,132 \times BW^3$$

$$(式 20-9)$$

根据式 20-9，当 BW 为 68.7 kg 时，猪的每日体蛋白质沉积达到最大值（PD_{max}）

为 132 g/d。

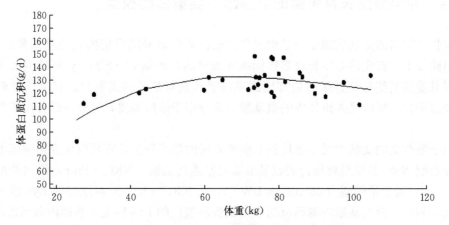

图 20-7 生长育肥猪每日体蛋白质沉积与体重的回归曲线

NRC（2012）推荐的小母猪的体蛋白质沉积估测模型为：

$$[PD,\text{gilts}(g/d)] = 137 \times (0.7066 + 0.013289 \times BW - 0.00013120 \times BW^2 + 2.8627 \times 10^{-7} \times BW^3) \quad (\text{式 }20-10)$$

根据式 20-10，当 BW 为 64.0 kg 时，小母猪每日体蛋白质沉积达到最大值 PD_{max} 为 150 g/d。

NRC（2012）推荐的阉公猪的体蛋白质沉积估测模型为：

$$[PD,\text{barrows}(g/d)] = 133 \times (0.7078 + 0.013764 \times BW - 0.00014211 \times BW^2 + 3.2698 \times 10^{-7} \times BW^3) \quad (\text{式 }20-11)$$

根据式 20-11，当 BW 为 61.5 kg 时，阉公猪每日体蛋白质沉积达到最大值 PD_{max} 为 145 g/d。

以上数据表明，我国猪的最大蛋白质沉积量与国外相比有一定差距。虽然我国不断从国外引种来改进猪的生长遗传潜力，但是引种退化问题、饲养环境和气候条件的差异，以及营养方面问题的综合作用造成了我国瘦肉型猪的最大蛋白质沉积量比国外的同种猪低。此外对比国外其他的生长育肥猪模型后可发现，InraPorc 给出的具有标准生长性能的生长育肥猪在 BW 为 70 kg，最大蛋白质沉积量达到 127 g/d（van Milgen 等，2008），这与式 20-9 所得模型的结果比较接近。

生长育肥猪的生长代谢能一部分用于沉积蛋白质，剩余部分用于沉积脂肪。因此依据蛋白质沉积估测模型可以得到脂肪沉积的估测模型。根据 NRC（1998）所推荐的比例，代谢能在生长育肥猪上用于蛋白质沉积和脂肪沉积的效率分别为 0.53 和 0.73，沉积 1 g 蛋白质和 1 g 脂肪分别需要 10.6 kcal 和 12.5 kcal 的代谢能。因此，脂肪沉积（LD）的估测模型如下：

$$LD(g/d) = [(\text{式 }20-1) - MEm - (\text{式 }20-9) \times 10.6]/12.5 \quad (\text{式 }20-12)$$

或者

$$LD(g/d) = [(\text{式 }20-5) - (\text{式 }20-9) \times 10.6]/12.5 \quad (\text{式 }20-13)$$

四、瘦肉型生长育肥猪的氨基酸需要量估测模型

生长育肥猪的氨基酸需要量是根据理想蛋白质的氨基酸平衡模式为基础来建立的。具体思路如下：首先建立生长育肥猪标准回肠可消化赖氨酸（SID Lys）的需要量，然后根据其他氨基酸与赖氨酸的适宜比例来确定其他氨基酸的需要量。对生长育肥猪而言，经过消化、吸收进入机体内的氨基酸一部分用于维持需要，另外一部分用于蛋白质沉积。

由于所收集的文献中关于维持氨基酸需要量的数据较少，不足以建立估测模型，我们直接参照 NRC 的模型对维持的氨基酸需要量进行估测。NRC（1998）给出的维持赖氨酸（Lys）需要量模型为 $36\ mg/kg\ BW^{0.75}$，而 NRC（2012）对维持的 Lys 需要进行了更细的划分，分为基础内源肠道的 Lys 损失和表皮的 Lys 损失。基础内源肠道的 Lys 损失主要与干物质的采食量有关（式 20-14），表皮的 Lys 损失与代谢体重相关（式 20-15）。上述两部分维持的需要相加除以 Lys 用于维持需要的效率，即可得到总的维持 SID Lys 需要（式 20-16）。依据 NRC（2012），SID Lys 用于维持的效率为 0.75，同时可根据生长育肥猪的最大蛋白质沉积量（132 g/d）对该效率进行校正，具体公式如下：

基础内源性肠道 Lys 需要量（g/d）＝日采食量×(0.417/1 000)×0.88×1.1

（式 20-14）

表皮 Lys 损失（g/d）＝$0.0045 \times BW^{0.75}$ （式 20-15）

维持 SID Lys 需要量（g/d）＝(式 20-14)+(式 20-15)/[0.75+0.002×(132-147.7)]

（式 20-16）

另外，用于蛋白质沉积的氨基酸需要量可根据蛋白质沉积曲线确定，因为每克蛋白质中含有 0.071 g Lys，所以沉积到蛋白质中总的 Lys 为：

用于蛋白质沉积的 Lys（g/d）＝式 20-9×0.071 （式 20-17）

根据式 20-17 计算用于蛋白质沉积的 SID Lys 需要时，需要确定 SID Lys 用于蛋白质沉积的效率。NRC（1998）给出的 SID Lys 用于蛋白质沉积的效率为 0.577，即每沉积 1 g 蛋白质需要 0.123 g SID Lys。而 NRC（2012）考虑得更细，给出的 SID Lys 用于蛋白质沉积的效率随着猪体重的增加导致边际效率递减。具体表现为：当体重为 20 kg 时，SID Lys 用于蛋白质沉积的效率为 0.683，每沉积 1 g 蛋白质需要 0.104 g SID Lys；当体重为 120 kg 时，SID Lys 用于蛋白质沉积的效率为 0.568，每沉积 1 g 蛋白质需要 0.125 g SID Lys。

我们筛选到 21 篇关于蛋白质沉积的文献，用来确定 SID Lys 用于蛋白质沉积的效率。根据文献中每日采食量和饲粮 SID Lys 的数据，计算得到生长育肥猪每日总的 SID Lys 摄入量，然后减去式 20-16 计算得到的维持 SID Lys 含量，即可得到用于蛋白质沉积的 SID Lys，从而建立用于蛋白质沉积的 SID Lys 与体蛋白质沉积的线性回归模型（图 20-8）。模型中回归方程的斜率为 0.119，表明每沉积 1 g 蛋白质需要 0.119 g SID Lys。因此计算得到的 SID Lys 用于蛋白质沉积的效率为 0.596，且蛋白质沉积的 SID Lys 需要量估测模型为：

蛋白质沉积的 SID Lys 需要量（g/d）=（式 20-17）/0.596

（式 20-18）

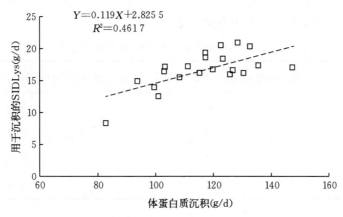

图 20-8　生长育肥猪体蛋白质沉积和用于沉积的 SID Lys 的回归方程

维持的 SID Lys 需要量与用于蛋白质沉积的 SID Lys 需要量相加即可得到生长育肥猪每日总的 SID Lys 需要量（式 20-19）。将每日总的 SID Lys 需要量除以每个阶段的平均日采食量，即可得到不同阶段饲粮 SID Lys 含量的推荐值，如表 20-3 所示。

总的 SID Lys 需要量（g/d）=（式 20-16）+（式 20-18）

（式 20-19）

表 20-3　不同体重阶段的生长育肥猪维持、蛋白质沉积和总的 SID Lys 需要量

体重阶段（kg）	维持 SID Lys 需要量（g/d）	蛋白质沉积的 SID Lys 需要量（g/d）	总 SID Lys 需要量（g/d）	饲粮 SID Lys 含量（%）
25~50	0.95	13.87	14.83	0.97
50~75	1.38	15.70	17.08	0.78
75~100	1.65	15.36	17.01	0.65
100 以上	1.92	14.42	16.34	0.52

通过式 20-19 计算得到的不同体重阶段的饲粮 SID 含量与 NRC（2012）相比，前期的推荐量与 NRC（2012）相当，后期则低于 NRC（2012）推荐量（表 20-4），这可能是因为此处所得的最大蛋白质沉积量比 NRC（2012）低的缘故。而此处所得不同体重阶段的饲粮 SID Lys 含量要高于 NRC（1998）的推荐量。

表 20-4　不同营养标准饲粮 SID Lys 含量推荐值

体重（kg）	本模型（%）	NRC（2012）（%）	NRC（1998）（%）
25~50	0.97	0.98	0.83（20~50）*
50~75	0.78	0.85	0.66（50~80）*
75~100	0.65	0.73	0.52（80~120）*
100 以上	0.52	0.61	

注：* 括号内数据为 NRC（1998）划分的体重阶段。

利用所检索到的 11 篇关于 Lys 需要量的文献中的数据，对式 20-19 估测所得的不同体重阶段的饲粮 SID Lys 含量进行了验证。利用这些数据对饲粮适宜 SID Lys 含量与 BW 的对数进行了回归分析（图 20-9），然后对本模型与回归方程所得的饲粮 SID Lys 含量进行比较，结果表明二者比较接近（表 20-5）。

表 20-5　模型所得饲粮 SID Lys 含量的验证

体重（kg）	模型计算所得的饲粮 SID Lys 含量（%）	回归公式所得饲粮 SID Lys 含量（%）
25～50	0.97	0.98
50～75	0.78	0.79
75～100	0.65	0.66
100 以上	0.52	0.57

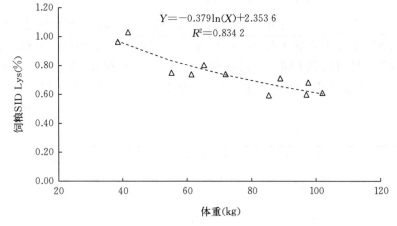

图 20-9　饲粮适宜的 SID Lys 含量与体重的回归关系

结合美国 NRC 标准、生产实际及模型验证结果，最终确定本书第二十二章瘦肉型生长育肥猪饲粮 SID Lys 含量（表 20-6），参照 MAFIC 理想蛋白质的氨基酸平衡模式可以确定其他必需氨基酸的适宜需要量。表 20-7 主要总结了 MAFIC 试验所得生长育肥猪在不同体重阶段的含硫氨基酸（SAA）、苏氨酸（Thr）、色氨酸（Trp）和缬氨酸（Val）与 Lys 的适宜比例，该比例与 NRC（2012）相比较接近。

表 20-6　最终确定的瘦肉型生长育肥猪饲粮 SID Lys 推荐量

体重阶段（kg）	模型计算所得的饲粮 SID Lys 含量（%）
25～50	0.97
50～75	0.81
75～100	0.70
100 以上	0.60

表20-7 MAFIC和NRC（2012）生长育肥猪理想氨基酸模式比较

指标	25~50 kg		50~75 kg		75~100 kg		100~130 kg	
	NRC（2012）	MAFIC	NRC（2012）	MAFIC	NRC（2012）	MAFIC	NRC（2012）	MAFIC
SID TSAA/Lys	0.56	0.57	0.56	0.58	0.58	0.57	0.59	0.59
SID Thr/Lys	0.60	0.62	0.61	0.63	0.63	0.64	0.66	0.64
SID Trp/Lys	0.17	0.18	0.18	0.17	0.18	0.17	0.18	0.17
SID Val/Lys	0.65	0.67	0.65	0.67	0.66	0.70	0.67	0.70

五、瘦肉型仔猪的氨基酸需要量估测模型

NRC（2012）的生长育肥猪氨基酸需要量是收集相关文献，通过建立每一个氨基酸最佳需要量与BW的回归公式计算而得。然而在仔猪方面，缺乏足够的文献建立起回归公式。本书根据仔猪最佳赖氨酸需要量与代谢能摄入量（MEi）的回归关系，再以各阶段能量摄入量计算出仔猪各生长阶段的赖氨酸需要量。其他氨基酸的需要量则以Chung和Bakers（1992）提出的仔猪氨基酸平衡模式计算得到。对于可以找到相关文献数据的部分氨基酸需要量，同时通过这些氨基酸与代谢能摄入量（MEi）的回归关系计算而得。赖氨酸和代谢能摄入量的回归关系建立的参考文献见表20-8。由表20-8得到的3~8 kg仔猪代谢能摄入量与赖氨酸摄入量（Lysi）最佳比值（MEi/Lysi）为$R=4.606$，8~25 kg仔猪代谢能摄入量与赖氨酸摄入量最佳比值为$R=4.169$。各阶段饲粮中赖氨酸的浓度可参照以下公式进行计算：

$$Lys = ME_i \times R / ADFI \times 100\% \qquad (式20-20)$$

表20-8 3~25 kg瘦肉型仔猪总赖氨酸需要量

体重阶段（kg）	平均体重（kg）	平均日增重（g）	平均日采食量（g）	饲粮总赖氨酸浓度（g/kg）	代谢能浓度（Mcal/kg）	Lys/ME	Lys/ME平均值	资料来源
3~8	5.89	197	307	15.1	3.278	4.606	4.606	林映才（2001）
8~25	10.83	367	647	14.0	3.280	4.268	4.169	海存秀（2012）
	9.77	328	393	13.4	3.292	4.070		王华朗（2009）

由此计算得到的3~8 kg仔猪赖氨酸需要量为1.58%，8~25 kg仔猪为1.38%，计算如下：

Lys（%，3~8 kg）：   Lys（%，8~25 kg）：
$Lys = 估测 ME \times 4.606$ $Lys = 估测 ME \times 4.169$
$Lys = 3.43 \times 4.606 = 15.8$ （g/kg）$= 1.58\%$ $Lys = 3.31 \times 4.169 = 13.8$ （g/kg）$= 1.38\%$

根据Chung和Bakers（1992）提出的仔猪氨基酸平衡模式计算得到的其他氨基酸的需要量见表20-9。

表 20-9　3～25 kg 仔猪其他氨基酸需要量

氨基酸	相对比例	3～8 kg 仔猪氨基酸需要量（%）	8～25 kg 仔猪氨基酸需要量（%）
赖氨酸	100	1.58	1.38
蛋氨酸＋胱氨酸	60	0.89	0.77
苏氨酸	65	0.98	0.85
色氨酸	18	0.27	0.23
异亮氨酸	60	0.82	0.72
亮氨酸	100	1.60	1.39
缬氨酸	68	1.03	0.89
精氨酸	42	0.70	0.61
组氨酸	32	0.54	0.47
苯丙氨酸＋酪氨酸	95	1.49	1.29

第二节　脂肪型和肉脂型生长育肥猪能量和氨基酸需要量估测模型

脂肪型猪和肉脂型猪具有与瘦肉型猪不同的生长发育规律，根据脂肪型猪和肉脂型猪的生理和营养需要特点，本章利用文献中的数据分别建立了各自不同的能量和氨基酸需要量估测模型，予以区别与应用。模型的构建本着密切结合生产实际的原则，以日增重（ADG）和体重（BW）为效应指标（自变量），具有较强的易用性、透明性、简易性。使用该模型可以精确地用数学方法表示影响生长育肥猪氨基酸需要量的生物学原理。由于可参考的研究文献较少，模型的建立较多考虑了实证经验因素，这样可使模型生成的氨基酸需要量的估测值与试验观测值尽可能保持一致。

一、数据来源

参与模型构建的数据来源于公开发表的关于我国脂肪型猪的文献 15 篇，肉脂型猪的文献 24 篇。其中，包括 6 篇研究脂肪型猪能量需要量的文献、11 篇研究肉脂型猪能量需要量的文献、9 篇研究脂肪型猪氨基酸需要量的文献、13 篇研究肉脂型猪氨基酸需要量的文献。脂肪型猪种包括：哈白猪、湘村黑猪、烟台黑猪、淮猪、宁乡猪、淮南黑猪、川藏黑猪、天津白猪、贵州香猪、荣昌猪、圩猪、乌金猪、陆川猪；肉脂型猪包括：可乐×大约克猪、长白×荣昌猪、长白×北京黑猪、长白×撒坝猪、长白×太湖猪、长白×大围子猪、杜洛克×长白×成华猪、渝荣 1 号。上述文献饲粮配方的营养成分数据根据农业部饲料工业中心（MAFIC）最新的饲料原料数据库进行了重新计算。根据脂肪型猪和肉脂型猪的生理特点和实际生产中饲粮配制的情况，按照所收集的文献数据，并参考《猪饲养标准》（NY/T 65—2004），我们分别将脂肪型猪和肉脂型猪划分成 5 个体重阶段，脂肪型猪：3~6 kg、6~15 kg、15~30 kg、30~50 kg 和 50~80 kg；肉脂型猪：3~8 kg、8~20 kg、20~35 kg、35~60 kg 和 60~100 kg。模型验证参考了以下地方品种资源国家标准和行业标准（共 13 个）：《猪饲养标准》（NY/T 65—2004），脂肪型猪国家标准 [《金华猪》（GB/T 2417—2008）、《内江猪》（GB 2418—2003）、《宁乡猪》（GB/T 2773—2008）、《荣昌猪》（GB/T 7223—2008）、《太湖猪》（GB 8130—2006）、《北京黑猪》（GB/T 8472—2008）、《上海白猪》（GB/T 8473—2008）、《三江白猪》（GB/T 8475—1987）、《湖北白猪》（GB/T 8476—2008）、《浙江中白猪》（GB/T 8477—2008）]，以及脂肪型猪行业标准 [《苏太猪》（NY 807—2004）、《香猪》（NY 808—2004）]。

二、脂肪型和肉脂型生长育肥猪的能量需要量估测模型

本模型参考 NRC（2012）的有关方法，通过析因法，将代谢能剖分为维持代谢能（MEm）和生长代谢能（MEg）两部分，根据不同思路构建了以下两个模型，并进行验证。

（一）模型一

根据以猪体重（BW）和日增重（ADG）为自变量，采用 NRC（1998）公式计算体蛋白质和体脂肪的日沉积量，从而计算生长需要的能量 ME_g；然后根据猪摄入 $ME-ME_g$，得到其维持需要量 ME_m，再根据猪的代谢体重计算维持需要的系数 a（取平均数），即 $ME_m=a\times BW^{0.75}$；最后根据 $ME_g=ME-ME_m$（平均系数）得到猪生长的能量需要，并与体重和日增重建立回归方程，即 $ME_g=b\times BW+c\times ADG$。猪能量需要估测模型为：

$$ME=a\times BW^{0.75}+b\times BW+c\times ADG \quad (式20-21)$$

（二）模型二

直接根据猪各生长阶段摄入能量（ME）、体重（BW）和日增重（ADG）建立回归方程，能量需要（kJ/d）模型为：

$$ME=a\times BW^{0.75}+b\times ADG \quad (式20-22)$$

体重 3~80 kg 脂肪型猪的能量需要（kJ/d）估测模型：

3~6 kg： $ME=764.25BW^{0.75}+8.96ADG$ （式20-23）

6~15 kg： $ME=789.05BW^{0.75}+13.55ADG$ （式20-24）

15~30 kg： $ME=874.77BW^{0.75}+15.33ADG$ （式20-25）

30~50 kg： $ME=874.77BW^{0.75}+16.56ADG$ （式20-26）

50~80 kg： $ME=886.79BW^{0.75}+18.57ADG$ （式20-27）

体重 3~100 kg 肉脂型猪的能量需要（kJ/d）估测模型：

3~8 kg： $ME=699.15BW^{0.75}+8.02ADG$ （式20-28）

8~20 kg： $ME=731.05BW^{0.75}+10.78ADG$ （式20-29）

20~35 kg： $ME=809.32BW^{0.75}+15.66ADG$ （式20-30）

35~100 kg： $ME=809.32BW^{0.75}+16.88ADG$ （式20-31）

三、脂肪型和肉脂型生长育肥猪的氨基酸需要量估测模型

氨基酸需要量估测模型参考 NRC（2012）的有关方法，首先通过建立生长育肥猪标准回肠可消化赖氨酸（SID Lys）需要量，然后根据其他氨基酸与赖氨酸的适宜比例来确定其余氨基酸的需要量。Lys 需要量为维持 Lys 需要量与生长 Lys 需要量之和。

（一）维持赖氨酸需要量

维持氨基酸需要量主要来源于内源性肠道的氨基酸损失（与饲料摄入有关）、皮肤和毛发氨基酸损失（与代谢体重有关，NRC，2012）。NRC（1998）将维持氨基酸需要表示为 $36BW^{0.75}$（mg/d）；NRC（2012）将维持氨基酸需要剖分为内源性肠道的氨基酸损失和皮毛氨基酸损失两部分。分泌到肠道、且不被重吸收的内源性氨基酸最低损失量与干物质摄入量有关。总的肠道基本内源性损失被认为是基本回肠内源性损失的 110%。通过试验证明，内源性回肠氨基酸损失均值为 417 mg/kg 干物质摄入量。皮肤和毛发的氨基酸损失可采用相对损失量 $4.5BW^{0.75}$（mg/d）来表示。因此，参照 NRC（2012），生长育肥猪标准回肠可消化赖氨酸（Lys）维持需要（mg/d）为：$1.1 \times 417 \times$ 干物质摄入量 $+4.5BW^{0.75}$。通过建立干物质摄入量（DMi，g/d）与生长育肥猪日增重（ADG，g）的回归关系，得到以 ADG 作为自变量的 DMi 的计算方程。

依据有关文献数据，得到脂肪型生长育肥猪 ADG（g）与 DMi（g/d）的回归方程：

$$DMi = 3.2782ADG + 77.798 \quad (n=54, R^2=0.67) \quad （式20-32）$$

依据有关文献数据，得到肉脂型生长育肥猪 ADG（g）与 DMi（g/d）的回归方程：

$$DMi = 2.3713ADG + 511.57 \quad (n=54, R^2=0.37) \quad （式20-33）$$

脂肪型生长育肥猪标准回肠可消化赖氨酸（Lys）维持需要量（mg/d）
$= [458.7 \times (3.2782ADG + 77.798)/1000 + 4.5BW^{0.75}] \times 10^{-3}$ （式20-34）

肉脂型猪标准回肠可消化赖氨酸（Lys）维持需要量（mg/d）
$= [458.7 \times (2.3713ADG + 511.57)/1000 + 4.5BW^{0.75}] \times 10^{-3}$ （式20-35）

（二）生长（增重）赖氨酸需要量

饲粮所提供的高于维持需要氨基酸可用于生长育肥猪机体的蛋白质沉积，直至猪的最大程度体蛋白质沉积能力。猪生长期体蛋白质的沉积和相应的蛋白质增加反映了机体蛋白质合成代谢和分解代谢之间的差异。通过分析不同体重阶段生长猪体增重蛋白质中氨基酸组成，建立生长猪体蛋白质和氨基酸之间的回归关系，NRC（2012）推导出生长育肥猪机体增重蛋白质的 Lys 含量（7.1 g Lys/100 g 机体蛋白质）、机体增重蛋白质的氨基酸组成，以及以赖氨酸为基础的各种氨基酸比例。其中，以赖氨酸为基础的各种氨基酸比例见表 20-7。杨正德（2009）研究报道了每 100 g 体蛋白质沉积需要 Lys 的量以及体沉积 Lys 与食入可消化 Lys 的转换系数，计算得到每沉积 1 g 体蛋白质需要食入可消化氨基酸为 0.09 g。

$$增重 Lys 需要 = 0.09 \times PD \quad (式 20-36)$$

式中，PD 为日蛋白质沉积量，PD（g/d）＝无脂胴体瘦肉生长率/2.55。无脂胴体瘦肉生长率＝$(BW_2 \times 瘦肉率_2 - BW_1 \times 瘦肉率_1)/\Delta T$，通过建立体重（$BW$）与瘦肉率的回归关系，得到：无脂胴体瘦肉生长率＝（用 BW 预测瘦肉率的回归方程）$\times (BW_2 - BW_1)/\Delta T$＝（用 BW 预测瘦肉率的回归方程）$\times ADG$。

以 BW 为自变量，建立脂肪型猪和肉脂型猪体重（BW）和瘦肉率之间的回归关系：

$$6 \sim 80\ kg\ 脂肪型猪瘦肉率 = [-7.271\ 1\ \ln(BW) + 75.67] \times 100\%$$
$$(式 20-37)$$

$$6 \sim 80\ kg\ 脂肪型猪生长的\ Lys\ 需要量（g/d）= 0.09 ADG \times [-7.271\ 1\ \ln(BW) + 75.67]/255 \quad (式 20-38)$$

$$8 \sim 100\ kg\ 肉脂型猪瘦肉率 = [-5.233\ 6\ \ln(BW) + 72.862] \times 100\%$$
$$(式 20-39)$$

$$8 \sim 100\ kg\ 肉脂型猪生长的\ Lys\ 需要量（g/d）= 0.09 ADG \times [-5.233\ 6\ \ln(BW) + 72.862]/255 \quad (式 20-40)$$

四、赖氨酸需要量估测模型的验证

(一) 与实测值验证

根据文献报道中不同体重阶段猪 Lys 需要量实测值与预测模型的估测值（计算值）进行对比（表 20-10、表 20-11），脂肪型猪 Lys 需要量估测均值较实测值偏小幅度为 4.1%，肉脂型猪 Lys 需要量估测均值较实测值偏小幅度为 4.7%。

表 20-10 脂肪型猪标准回肠可消化赖氨酸需要量实测值与估测值比较

品 种	体重阶段（kg）	实测值（g/d）	估测值（g/d）
荣昌猪	35～55	7.45	9.29
金华猪	15～35	9.69	7.73
金华猪	35～70	9.49	7.94
烟台黑猪	15～30	8.23	8.02
海南黑猪	35～60	9.99	9.88
豫南黑猪	30～60	9.31	8.48
豫南黑猪	60～90	9.41	8.82
关中黑猪	20～35	9.38	11.38
关中黑猪	50～70	11.25	10.09
关中黑猪	70～90	11.68	10.40
均值	15～90	9.59	9.20

表20-11 肉脂型猪回肠标准可消化 Lys 需要实测值与估测值比较

品　种	体重阶段（kg）	实测值（g/d）	估测值（g/d）
长白×撒坝猪	20～60	14.02	13.24
长白×撒坝猪	60～90	12.53	12.55
长白×大围子猪	20～38	13.86	10.78
长白×大围子猪	38～70	13.28	13.60
长白×荣昌猪	20～50	9.67	12.93
长白×荣昌猪	50～80	13.63	14.78
长白×荣昌猪	80～100	11.61	12.77
长白×北京黑猪	20～60	14.64	14.05
长白×北京黑猪	60～90	16.43	13.53
长白×太湖猪	30～60	14.03	12.13
长白×太湖猪	60～90	13.52	9.91
均值	20～100	13.38	12.75

（二）与脂肪型猪标准营养需要验证

以标准《金华猪》（GB/T 2417—2008）中 Lys 需要量为参照，即将金华猪 ADG 和 BW 代入预测模型，计算出金华猪真可消化 Lys 需要估测值（表 20 - 12）。由表中可见，生长前期较标准值低，但随着生长体重的增加，估测值逐渐逼近 GB/T 2417—2008 推荐的金华猪赖氨酸需要量。

表20-12 用模型估测的金华猪赖氨酸与国家标准推荐的赖氨酸需要量的比较

体重阶段	20～40 kg	40～60 kg	60～80 kg
金华猪标准（g/d）	10.54	9.98	7.24
估测值（g/d）	9.76	8.98	7.21

以《猪饲养标准》（NY/T 65—2004）中 Lys 需要量为参照，将饲养标准中 ADG 和 BW 代入预测模型，分别计算出脂肪型猪和肉脂型猪 Lys 需要量估测值（表 20 - 13）。

表20-13 中国猪回肠标准可消化 Lys 需要标准与估测值

体重阶段	20～35 kg	35～60 kg	60～90 kg
改良猪估测（g/d）	15.13	16.26	18.01
脂肪型猪估测（g/d）	12.06	12.67	13.74

按照本章表 20 - 3 和《猪饲养标准》（NY/T 65—2004）必需氨基酸（EAA）平衡模式，分别计算出脂肪型猪和地方杂交猪生长育肥各阶段其他氨基酸需要量，同时分别与《猪饲养标准》（NY/T 65—2004）中有关肉脂型猪的氨基酸需要量推荐值进行比较（表 20 - 14 和表 20 - 15）。

表 20-14 肉脂型猪氨基酸需要量与《猪饲养标准》（NY/T 65—2004）（肉脂型Ⅱ型）推荐量的比较

指　标		体重阶段（kg）					
		20～35		35～60		60～100	
		本标准	NY/T 65—2004	本标准	NY/T 65—2004	本标准	NY/T 65—2004
日增重（g）		490	450	585	550	765	650
日采食量（g）		1 270	1 300	1 850	1960	2 675	2 890
饲料/增重		2.59	2.9	3.16	3.55	3.50	4.45
饲粮消化能含量（kcal/kg）		3 400	2 930	3 300	2 930	3 215	2 930
粗蛋白质（%）		16.0	16.0	14.5	14.00	13.0	13.00
赖氨酸能量比（g/MJ）		0.65	0.65	0.53	0.53	0.47	0.46
体蛋白质沉积（g/d）		66		85		94	
氨基酸（%）	赖氨酸	0.80	0.8	0.63	0.65	0.55	0.56
	蛋氨酸	0.21		0.17		0.15	
	蛋氨酸＋胱氨酸	0.46	0.4	0.36	0.35	0.31	0.32
	苏氨酸	0.53	0.48	0.42	0.41	0.37	0.37
	色氨酸	0.15	0.12	0.12	0.11	0.10	0.10
	异亮氨酸	0.44	0.45	0.35	0.40	0.30	0.34
	亮氨酸	0.74		0.59		0.51	
	缬氨酸	0.54		0.43		0.37	
	精氨酸	0.28		0.22		0.19	
	组氨酸	0.25		0.20		0.17	
	苯丙氨酸	0.46		0.37		0.32	
	苯丙氨酸＋酪氨酸	0.73		0.58		0.50	

表 20-15 脂肪型猪氨基酸需要量与《猪饲养标准》（NY/T 65—2004）（肉脂型Ⅲ型）推荐量的比较

指　标	体重阶段（kg）					
	15～30		30～50		50～80	
	本标准	NY/T 65—2004	本标准	NY/T 65—2004	本标准	NY/T 65—2004
日增重（g）	370	400	430	500	545	590
日采食量（g）	1 105	1 280	1 625	1950	2 430	2 920
饲料/增重	2.99	3.2	3.78	3.9	4.46	4.95
饲粮消化能含量（kcal/kg）	3 320	2 800	3 220	2 800	3 115	2 800
粗蛋白质（%）	15.00	15.00	13.50	14.00	12.00	13.00
赖氨酸能量比（g/MJ）	0.56	0.67	0.44	0.5	0.37	0.43
体蛋白质沉积（g/d）	49		67		80	

(续)

指 标		体重阶段 (kg)					
		15~30		30~50		50~80	
		本标准	NY/T 65—2004	本标准	NY/T 65—2004	本标准	NY/T 65—2004
氨基酸 (%)	赖氨酸	0.67	0.78	0.50	0.59	0.40	0.50
	蛋氨酸	0.18		0.13		0.11	
	蛋氨酸+胱氨酸	0.39	0.4	0.29	0.31	0.23	0.28
	苏氨酸	0.45	0.46	0.34	0.38	0.27	0.33
	色氨酸	0.12	0.11	0.09	0.1	0.07	0.09
	异亮氨酸	0.37	0.44	0.28	0.36	0.22	0.31
	亮氨酸	0.63		0.47		0.38	
	缬氨酸	0.46		0.34		0.27	
	精氨酸	0.24		0.18		0.14	
	组氨酸	0.21		0.15		0.12	
	苯丙氨酸	0.39		0.29		0.23	
	苯丙氨酸+酪氨酸	0.62		0.46		0.37	

参考文献

蔡传江, 王立贤, 赵克斌, 等, 2010. 降低日粮赖氨酸净能比对育肥猪生产性能及肉品质的影响 [J]. 动物营养学报, 22 (4): 856-862.

陈爱民, 苏子峰, 张红兵, 等, 2011. 复合非淀粉多糖酶与植酸酶组合使用对生长猪生长性能和养分消化率的影响 [J]. 饲料博览 (11): 1-4.

陈伟, 林映才, 马现永, 等, 2014. 饲粮异黄酮添加水平对育肥猪抗氧化、生长及屠体性能的影响 [J]. 动物营养学报, 26 (2): 437-444.

陈志祯, 王华平, 毛光茂, 等, 2015. 添加多花黑麦草对生长育肥猪的增重及效益影响 [J]. 粮食与饲料工业 (10): 59-64.

邓波波, 霍永久, 赵国琦, 等, 2013. 复合氨基酸铁、锌络合物对育肥猪生产性能的影响 [J]. 江苏农业科学, 41 (8): 204-206.

邓伏清, 廖阳华, 王勇, 等, 2012. 不同铜源对生长育肥猪生产性能的影响 [J]. 饲料研究 (2): 42-44.

董殿元, 2012. 低蛋白质氨基酸平衡饲粮对生长猪生长性能和氮素减排的影响研究 [J]. 养猪 (4): 52-53.

董国忠, 李周权, 赵建辉, 等, 2007. 饲粮类型和育肥后期不添加维生素和微量矿物元素对猪生长性能、胴体和肌肉品质、粪中矿物元素排泄的影响 [J]. 动物营养学报, 19 (1): 1-10.

段启武, 薛建翔, 吴卉, 等, 2015. 蒙脱石对生长育肥猪生长性能和血清矿物元素含量及骨骼特征的影响 [J]. 中国畜牧杂志, 51 (5): 51-55.

樊哲炎，朱方武，2005."健长灵"对生长猪生长性能饲喂效果的初探［J］.养殖与饲料（11）：46-47.

范志勇，邓近平，刘国华，等，2007.γ-氨基丁酸对猪生产性能及激素水平影响［J］.动物营养学报，19（4）：350-356.

方桂友，邱华玲，董志岩，等，2014.有机微量元素对生长猪生长性能及微量元素排出量的影响［J］.福建畜牧兽医，36（6）：12-14.

封伟贤，廖志超，黄所含，等，2006.饲粮中添加植酸酶对猪生长性能和血清生化指标的影响［J］.饲料工业，27（18）：37-39.

冯杰，余东游，2001.甜菜碱对生长育肥猪生长性能的影响及其转甲基效应研究［J］.中国畜牧杂志，37（3）：8-10.

冯杰，许梓荣，2003.苏氨酸与赖氨酸不同比例对猪生长性能和胴体组成的影响［J］.浙江大学学报，29（6）：661-664.

甘麦邻，马维英，于青云，2015.不同能量水平对育肥猪生长性能、异常行为和疾病发生的影响［J］.现代畜牧兽医（10）：1-5.

甘维熊，贾刚，王康宁，2011.菜粕与棉粕的净能预测值及其对生长猪生产性能和氮利用的影响［J］.中国畜牧杂志，47（7）：42-45.

甘宗辉，李绍红，张亚琴，等，2015.中草药混合添加剂对生猪经济性状的影响［J］.猪业科学，32（2）：84-85.

高阳，周虚，于佳鑫，等，2014.非淀粉多糖酶对生长育肥猪生长性能、胴体性状和肉品质的影响［J］.中国兽医学报，34（5）：820-824.

巩德球，陆逶，傅萃，等，2012.半胱胺盐酸盐对育肥猪生产性能的影响［J］.饲料工业，33（19）：38-40.

海存秀，侯生珍，聂斌，2012.日粮中赖氨酸不同配比对断奶仔猪生长发育的影响［J］.饲料工业，33（15）：41-43.

韩新燕，许梓荣，邵明丽，等，2007.一水肌酸对育肥猪胴体组成及肌肉系水力的影响［J］.动物营养学报，19（4）：401-406.

何仁春，2004.南方高油玉米用作猪鸡饲料的营养价值评定的研究［D］.南宁：广西大学.

何欣，马秋刚，梁福广，等，2010.氨基酸平衡日粮中不同蛋白质水平对生长猪生长性能及血清生化指标的影响［J］.中国畜牧杂志，46（21）：65-68.

和绍禹，田允波，张静兴，等，2002.中草药添加剂对生长育肥猪生长性能的影响研究［J］.云南农业大学学报，17（1）：75-80.

贺国军，李驰，罗顺辉，2014.中草药微生态制剂对育肥猪生长性能的影响［J］.今日畜牧兽医（6）：34-35.

侯改凤，李瑞，刘明，等，2015.德氏乳杆菌对育肥猪生长性能、养分消化率、血清生化指标及肠道结构的影响［J］.动物营养学报，27（9）：2871-2877.

胡家澄，邹晓庭，赵文静，等，2009.γ-氨基丁酸对生长育肥猪生长性能、血清生化指标及HPA、HPT轴激素分泌的影响［J］.动物营养学报，21（2）：226-231.

胡永灵，叶世莉，罗佳捷，2015.微纳米中草药添加剂对育肥猪生产性能的影响［J］.家畜生态学报，36（5）：71-76.

怀文辉，王中才，王启发，2005.蜂花粉对生长育肥猪生长性能及肉质的影响［J］.现代农业科技（21）：64-65.

黄瑞林，陈永丰，印遇龙，等，2005. 土杂猪对真可消化赖氨酸需要量的研究［J］. 广西农业生物科学，24（3）：241-245.

黄少文，张巍，魏金涛，等，2013. 不同磷酸氢钙水平大麦型饲粮对生长猪生长性能及粪磷排放的影响［J］. 养猪（1）：55-56.

黄伟杰，温玉梅，卢文钦，等，2012. 添加高粱和谷物干酒精糟对生长猪生长性能的影响［J］. 养猪（2）：45-46.

黄兴国，刘文敏，黄璜，等，2008. 不同植酸酶对生长猪生产性能和养分利用的影响［J］. 湖南农业大学学报，34（1）：52-55.

贾金凤，2014. 不同能量水平对冬季生长猪生产性能和经济效益的影响［J］. 黑龙江畜牧兽医（15）：104-105.

姜卫星，袁文军，李伟，等，2011. 中草药添加剂对育肥猪生长性能和免疫功能的影响［J］. 中国畜牧兽医，38（5）：15-19.

蒋宗勇，王燕，林映才，等，2010. 硒代蛋氨酸对育肥猪生产性能和肉品质的影响［J］. 动物营养学报，22（2）：293-300.

金桩，冯定远，樊哲炎，等，2006a. 热带瘦肉型猪（25～50 kg阶段）能量和蛋白质需要量冷季试验［J］. 饲料工业，27（19）：35-37.

金桩，冯定远，樊哲炎，等，2006b. 热带瘦肉型猪（50～75 kg阶段）能量和蛋白质需要量冷季试验［J］. 饲料工业，27（23）：43-45.

兰芳菲，吴华东，何余涌，等，2015. 生态环保型日粮对生长猪生产性能及减排效果的影响［J］. 猪业科学，32（4）：44-46.

雷东凤，肖锦红，彭峰，等，2011. 半胱胺对生长育肥猪后期生长性能的影响［J］. 饲料与畜牧（12）：48-49.

李超，边连全，刘显军，等，2012. 几种微生态制剂对生长猪生产性能和血清生化指标影响的比较研究［J］. 黑龙江畜牧兽医（9）：66-68.

李根来，王潇，林明新，等，2010. 玉米脱水酒精糟及其可溶物和复合酶制剂对生长育肥猪生产性能和氮、磷消化率的影响［J］. 动物营养学报，22（3）：750-756.

李进杰，蒋明琴，2006. 平菇菌糠替代部分麸皮对育肥猪生长性能的影响试验［J］. 今日畜牧兽医（10）：4-5.

李敏，武进，张石蕊，等，2012. 微生物发酵饲料对育肥猪生长性能、胴体性能及肉质的影响［J］. 湖南饲料（2）：17-21.

李鹏飞，2012. 仔猪和生长育肥猪适宜标准回肠可消化赖氨酸与代谢能比例的研究［D］. 北京：中国农业大学.

李清定，彭立秋，王德昌，等，2011. 消效™微生物发酵饲料对生长猪生长性能和粪中微生物区系的影响［J］. 湖南饲料（3）：43-45.

李瑞，侯改凤，邹理洋，等，2013. 微生态制剂对生长猪生产性能、氮磷排放量及血清免疫指标的影响［J］. 家畜生态学报，34（6）：66-71.

李瑞，侯改凤，刘明，等，2015. 德氏乳杆菌对育肥猪生产性能、血脂指标及粪和组织中总胆固醇和总胆汁酸含量的影响［J］. 动物营养学报，27（1）：247-255.

李为嵘，2003. 华芬复合酶对猪生长性能的影响［J］. 湖北畜牧兽医（2）：13-15.

李显，俸祥仁，何莫斌，等，2015. 不同铜源对猪生长性能及经济效益的影响［J］. 安徽农业科学，43（27）：131-132，230.

李肖梁，余东游，钱娅，等，2006."十全大补"药渣对育肥猪生长、胴体特性和肉质的影响［J］. 浙江大学学报，32（4）：433-437.

李有贵，张雷，钟石，等，2012. 饲粮中添加桑叶对育肥猪生长性能、脂肪代谢和肉品质的影响［J］. 动物营养学报，24（9）：1805-1811.

梁陈冲，陈宝江，于会民，等，2013. 不同来源植酸酶对猪生长性能、营养物质表观消化率及肠道微生物区系的影响［J］. 动物营养学报，25（11）：2705-2712.

梁龙华，何若钢，陈颋，等，2015. 大蒜素对不同生长阶段杜长大育肥猪生长性能的影响［J］. 养殖（1）：7-8.

梁晓辉，2012. 中草药添加剂应用于生长猪的饲喂效果［J］. 养猪（5）：9-11.

林维雄，陈一萍，叶文盛，等，2012. 枯草芽孢杆菌对生长育肥猪生长性能的影响［J］. 福建畜牧兽医，34（4）：17-18.

林映才，蒋宗勇，肖静英，等，2001. 3.8～8kg 断奶仔猪可消化赖氨酸需要量的研究［J］. 动物营养学报，13（1）：14-18.

林裕胜，王晨燕，林智涛，等，2014. 菌毒糖浆对生长猪生长性能和腹泻率的影响［J］. 福建畜牧兽医，36（2）：14-15.

刘辉，季海峰，张董燕，2013. 饲粮添加短乳杆菌对生长猪生长性能和血清生化指标的影响［J］. 动物营养学报，25（1）：182-189.

刘建成，2004. 中药饲料添加剂在肉猪生产中的应用研究［D］. 福州：福建农林大学.

刘景，方桂友，董志岩，等，2012. 不同赖氨酸水平的低蛋白日粮对育肥猪生产性能、血清尿素氮及游离氨基酸水平的影响［J］. 福建畜牧兽医，34（5）：5-7.

刘瑞丽，李龙，陈小莲，等，2011. 复合益生菌发酵饲料对育肥猪消化与生产性能的影响［J］. 上海农业学报，27（3）：121-125.

刘雯雯，陈代文，余冰，2010. 日粮添加氧化鱼油及硒和维生素 E 对育肥猪生产性能的影响［J］. 中国畜牧杂志，46（1）：34-39.

刘自逵，黄兴国，刘文敏，等，2010. 不同植酸酶对生长育肥猪生产性能及养分利用的影响［J］. 中国畜牧兽医，37（2）：22-27.

卢昱屹，何若钢，梁龙华，等，2015. 不同水平蛋氨酸铬对生长猪生长性能、血清生化指标和激素水平的影响研究［J］. 饲料工业，36（14）：46-50.

鲁宁，2010. 低蛋白日粮下生长猪标准回肠可消化赖氨酸需要量的研究［D］. 北京：中国农业大学.

罗献梅，余冰，陈代文，2008. 营养水平对 DLY 杂交猪肉质性状及 H-FABP 基因表达的影响［J］. 中国畜牧杂志，44（19）：26-29.

吕刚，李改英，李新建，等，2015. 中草药添加剂对育肥猪生长性能的影响［J］. 现代农业科技（2）：267-268.

吕子君，姚东林，王超，等，2015. 螺旋藻添加剂对猪生长、腹泻率及肌肉营养的影响［J］. 江苏农业科学，43（7）：206-209.

马文锋，2015. 育肥猪后期低氮日粮限制性氨基酸平衡模式的研究［D］. 北京：中国农业大学.

毛倩，陈代文，余冰，等，2010. 复合益生素对生长育肥猪生产性能、盲肠菌群及代谢产物的影响［J］. 中国畜牧杂志，46（17）：34-39.

孟宪平，王军，2000. 喹乙醇在北方冬季时育肥猪生长性能的影响［J］. 饲料工业，21（3）：39.

潘存霞，2012. 紫苏籽提取物对育肥猪生长性能的影响［J］. 南方农业，6（10）：80-82.

潘飞，2005. 低聚木糖与产酶益生素合用对育肥猪生长性能的影响试验［J］. 浙江畜牧兽医（6）：3-4.

钱利纯, 2006. HMβ对育肥猪生长性能和胴体品质的影响 [J]. 饲料广角 (24)：29-30.

任善茂, 张牧, 陶勇, 等, 2002. 瘦肉型猪育肥后期不同饲喂方式对生长性能及胴体品质的影响 [J]. 上海畜牧兽医通讯 (5)：13-15.

商杨, 边连全, 刘显军, 等, 2013. 饲料香味剂对饲料抗氧化性、育肥猪生长性能和肉质影响 [J]. 饲料工业, 34 (2)：22-27.

宋保强, 陈家钊, 王银东, 等, 2006. 植酸磷水平对植酸酶使用效果的影响 [J]. 饲料工业, 27 (24)：18-20.

宋凯, 单安山, 李锋, 等, 2008. 液体发酵制备木聚糖酶及其对育肥猪生长性能与血液生化指标的影响 [J]. 东北农业大学学报, 39 (1)：90-94.

苏斌朝, 王连生, 王红, 等, 2012. 玉米干酒糟及其可溶物饲粮中添加共轭亚油酸或甜菜碱对育肥猪生长性能、血清生化指标及抗氧化功能的影响 [J]. 动物营养学报, 24 (9)：1737-1744.

苏月娟, 孙会, 王晓宇, 等, 2012. 30~60kg生长猪磷需要量研究 [J]. 动物营养学报, 24 (8)：1414-1420.

孙建广, 张石蕊, 谯仕彦, 等, 2010. 发酵乳酸杆菌对生长育肥猪生长性能和肉品质的影响 [J]. 动物营养学报, 22 (1)：132-138.

孙仁杰, 韩笑, 崔华伟, 等, 2014. 硫酸锌对生长猪摄食和生长的影响 [J]. 动物营养学报, 26 (7)：1925-1934.

孙铁虎, 朴香淑, 龚利敏, 等, 2006. 氨基酸络合铁对生长猪生长性能及有关指标的影响 [J]. 动物营养学报, 18 (1)：12-18.

陶新, 许梓荣, 汪以真. 2006. 不同氟水平对生长育肥猪毒性的研究 [J]. 中国兽医学报, 6 (1)：91-93.

田允波, 葛长荣, 高士争, 2003. 天然植物中草药对生长育肥猪生长性能胴体品质和肉质特性的影响 [J]. 黑龙江畜牧兽医 (3)：11-12.

万来金, 钟伟泽, 刘惠州, 等, 2002. Paylean对肉猪生长性能及胴体质量的影响 [J]. 广东饲料, 11 (1)：27-28.

汪善锋, 周光宏, 高峰, 等, 2013. α-硫辛酸对育肥猪生产性能和抗氧化功能的影响 [J]. 粮食与饲料工业 (7)：47-49.

王福勇, 2011. 饲粮能量、蛋白质水平对生长猪生产性能的影响 [J]. 草业与畜牧 (3)：4-8.

王改琴, 邬本成, 承宇飞, 等, 2014. 植物精油对生长猪生产性能和健康水平的影响 [J]. 家畜生态学报, 35 (8)：18-21.

王刚, 马现永, 谭永权, 2006. "壮能"饲料增效剂对猪生长性能及肉质的影响 [J]. 广东畜牧兽医科技, 31 (4)：22-24.

王红, 石宝明, 单安山, 等, 2012. 玉米脱水酒精糟及其可溶物和维生素E水平对育肥猪生长性能、胴体和肉品质的影响 [J]. 动物营养学报, 24 (2)：314-321.

王华朗, 朴香淑, 黄德仕, 等, 2009. 日粮消化能与可消化赖氨酸水平对断奶仔猪生产性能的影响 [J]. 饲料工业 (5)：11-13.

王建华, 戈新, 张宝珣, 等, 2011. 茶多酚复合添加剂对肉猪育肥性能、胴体性状和肌肉品质的影响 [J]. 畜牧与兽医, 43 (1)：46-48.

王利, 何军, 余冰, 等, 2012. 小麦基础饲粮中添加木聚糖酶对生长猪生长性能、血清生化指标及肠道微生物菌群的影响 [J]. 动物营养学报, 24 (10)：1920-1927.

王敏奇, 郑长峰, 浦琴华, 等, 2003. "饲壮灵"对生长育肥猪生长性能及胴体品质的影响 [J]. 中国饲料 (9)：15, 27.

王荣发，李敏，贺喜，等，2011. 低蛋白质饲粮条件下生长猪对色氨酸需要量的研究 [J]. 动物营养学报，23（10）：1669-1676.

王文杰，张若寒，李千军，等，2006. 非抗生素生长促进剂二甲酸钾对猪生长性能影响的研究[J]. 中国畜牧杂志，42（11）：59-61.

王晓宇，孙会，苏月娟，等，2012. 30~60kg生长猪钙需要量研究 [J]. 动物营养学报，24（7）：1216-1223.

王彦华，程宁宁，郑爱荣，等，2013. 苜蓿草粉和苜蓿皂苷对育肥猪生长性能和抗氧化性能的影响 [J]. 动物营养学报，25（12）：2981-2988.

王英伟，张敏，白金刚，2006. 水飞蓟复合饲料对猪生长性能及日粮养分消化率的影响 [J]. 饲料工业，27（1）：30-32.

王玉峰，聂兵，2014. 红曲米与山楂对生长育肥猪生长性能和饲料消化率的影响 [J]. 吉林畜牧兽医（1）：21-23.

王玉龙，费兆生，2014. 茶叶提取物对肉猪生产性能、肌肉品质及肌肉抗氧化指标的影响 [J]. 畜牧与兽医，46（12）：50-52.

王苑，陈宝江，于会民，等，2014. 不同复合酶制剂对生长猪生长性能与营养物质表观消化率的影响 [J]. 饲料工业，35（18）：15-20.

王占彬，杨再，董淑丽，等，2004. 植物制剂微粒粉对生长育肥猪生长性能的影响 [J]. 黑龙江畜牧兽医（7）：30-31.

王中华，黄修奇，2011. 甜菜碱对育肥猪生长性能、胴体品质和肉质的影响 [J]. 中国饲料（17）：18-19.

温贤将，曹珺，董冰，等，2013. 洛克沙胂对猪生产性能和血液指标的影响 [J]. 中国畜牧杂志，49（1）：22-26.

武进，张石蕊，贺喜，等，2013. 复合植物提取物对生长育肥猪生长性能的影响 [J]. 饲料工业，34（8）：12-15.

席鹏彬，郑春田，2003. 赖氨酸水平对仔猪生长表现、血清尿素氮及游离赖氨酸浓度的影响 [J]. 养猪（5）：1-3.

夏继桥，姜海龙，何忠梅，等，2013. 中草药替代抗生素对育肥猪生长性能和抗生素残留量的影响 [J]. 中国畜牧杂志，49（23）：68-70，90.

夏中生，黄所含，伍娜坚，等，2011. 半胱胺和酵母铬对生长育肥猪生产性能和胴体品质的影响 [J]. 畜牧与兽医，43（5）：16-20.

邢立东，王欢，李泽阳，等，2014. 免加铁源饲料添加剂饲粮对育肥猪的饲用效果 [J]. 西北农林科技大学学报，42（9）：22-26.

邢启银，2006. 不同能量水平饲粮对生长育肥猪生长性能的影响 [J]. 养猪（1）：27-28.

徐露蓉，栾兆双，胡彩虹，等，2013. 饲粮中添加纤维寡糖对生长猪生长性能、结肠菌群和肠黏膜通透性的影响 [J]. 动物营养学报，25（6）：1293-1298.

许道光，乔建国，杨玉芬，2015. 发酵豆粕对育肥猪生长性能、血清生化指标及粪便成分的影响 [J]. 养猪（5）：43-46.

许甲平，鲍宏云，邓志刚，等，2013. 蛋氨酸铬与稀土（镧、铈）壳糖胺螯合盐协同作用对育肥猪生长性能和肉品质的影响 [J]. 饲料工业，34（4）：55-57.

许梓荣，冯杰，邹晓庭，2001. 甲基氨基酸对育肥猪生长性能和生长激素相关指标的影响 [J]. 中国畜牧杂志，37（4）：8-10.

燕富永，张宇喆，杨峰，等，2007. 育肥猪可消化赖氨酸需要量研究［J］. 动物营养学报，19(6)：641-646.

杨彩梅，2005. 半胱胺、L-肉碱对育肥猪生长性能和胴体品质的影响［J］. 养猪（4）：17-19.

杨飞云，2002. 长白×荣昌杂交猪体蛋白沉积模型及氨基酸需要量的预测［D］. 雅安：四川农业大学.

杨峰，燕富永，张宇喆，等，2008. 可消化赖氨酸水平对生长育肥猪生长性能和血清生化指标的影响［J］. 华中农业大学学报，27（2）：258-262.

杨加豹，邹成义，刘进远，等，2012. 膨化全脂油菜籽粉对生长猪生产性能的影响［J］. 四川畜牧兽医（12）：24-26.

杨静，李同洲，曹洪战，等，2014. 不同水平饲用桑粉对育肥猪生长性能和肉质的影响［J］. 中国畜牧杂志，50（7）：52-56.

杨立彬，2001. 生长育肥猪生长模型及主要营养需要参数的研究［D］. 北京：中国农业大学.

杨强，张石蕊，贺喜，等，2008. 低蛋白质日粮不同能量水平对育肥猪生长性能和胴体性状的影响［J］. 动物营养学报，20（4）：371-376.

杨荣芳，郝生宏，王敏奇，等，2010. 纳米载铜蒙脱石对猪生产性能的影响［J］. 畜牧与兽医，42（5）：48-50.

杨雪，冷智贤，颜瑞，等，2015. 凹凸棒石黏土对生长育肥猪生产性能、金属含量及肉品质的影响［J］. 中国粮油学报，30（4）：96-101.

杨永生，谢红兵，刘丽莉，等，2013. 湘村黑猪各阶段营养需求参数研究［J］. 畜牧兽医学报，44（9）：1400-1410.

杨正德，罗国幸，戴燚，等，2011. 贵州香猪7～25kg生长阶段的氨基酸沉积规律与需要量的研究［J］. 动物营养学报，23（11）：2009-2015.

易孟霞，易学武，贺喜，等，2014. 标准回肠可消化缬氨酸水平对生长猪生长性能、血浆氨基酸和尿素氮含量的影响［J］. 动物营养学报，26（8）：2085-2092.

易学武，2009. 生长育肥猪低蛋白日粮净能需要量的研究［D］. 北京：中国农业大学.

尹慧红，张石蕊，孙建广，等，2008. 不同净能水平的低蛋白日粮对猪生长性能和养分消化率的影响［J］. 中国畜牧杂志，44（13）：25-28.

尹佳，毛湘冰，余冰，等，2012. 饲粮纤维源对育肥猪生长性能、胴体组成和肉品质的影响［J］. 动物营养学报，24（8）：1421-1428.

尹志明，王莉，孙春萍，等，2012. 氨基酸螯合物对生长猪生长性能和粪便中微量元素含量的影响［J］. 山东畜牧兽医，33（10）：12-13.

余东游，2001. 大麦型饲粮添加β-葡聚糖酶对猪生长性能的影响［J］. 黑龙江畜牧兽医（1）：19-20.

远德龙，姜建阳，韩先杰，等，2015. 15～30kg烟台黑猪可消化赖氨酸需要量的研究［J］. 中国畜牧杂志，51（7）：59-64.

詹康，李艳，包文斌，等，2014. 复合氨基酸络合铁-锌对育肥猪生产性能和部分血液生化指标的影响［J］. 畜牧兽医学报，45（5）：769-774.

占秀安，郗彦昭，周金伟，等，2011. 双低菜粕及添加复合酶制剂对生长猪生长性能及血清指标的影响［J］. 饲料工业，32（6）：11-15.

张桂杰，2011. 生长猪色氨酸、苏氨酸及含硫氨基酸与赖氨酸最佳比例的研究［D］. 北京：中国农业大学.

张海棠, 王元元, 王自良, 等, 2011. 益生素对生长猪生产性能和免疫功能的影响 [J]. 粮食与饲料工业 (7): 46-49.

张槐椿, 薛东风, 夏元庆, 等, 2006. 氨基酸蛋白粉替代鱼粉对生长育肥猪的影响 [J]. 饲料研究 (5): 37-39.

张穆, 2004. 天然植物有效成分对猪生长性能及胴体品质的影响研究 [D]. 北京: 中国农业大学.

张乃峰, 王杰, 崔凯, 等, 2015. 植物乳杆菌 GF103 对生长猪生长性能、营养物质消化率及粪便微生物数量的影响 [J]. 动物营养学报, 27 (6): 1853-1860.

张秋华, 杨在宾, 杨维仁, 等, 2014. 饲粮粗纤维水平对育肥猪生产性能和胴体性能及肉品质的影响 [J]. 中国畜牧杂志, 50 (9): 36-40.

张瑞文, 2014. 瘦肉型三元杂交生长育肥猪日粮蛋白质主要必需氨基酸配比试验 [J]. 安徽农业科学, 42 (29): 10165-10167.

张石蕊, 易学武, 罗先志, 等, 2005. 富钾矿物添加剂对猪生长性能及相关生化指标影响的研究 [J]. 饲料广角 (7): 44-47.

张堂田, 孟秀丽, 江涛, 等, 2011. CAA 和 NMDA 混合物对育肥猪生长性能和肉品质的影响 [J]. 广东饲料, 20 (7): 22-24.

张天阳, 楚青惠, 曾勇庆, 等, 2013. 饲喂不同剂量乳酸菌液对生长育肥猪生长性能及胴体性状的影响 [J]. 养猪 (5): 41-44.

张曦, 戴志明, 陈克嶙, 等, 2005. 生长育肥猪可消化赖氨酸适宜需要量试验研究 [J]. 云南农业大学学报, 20 (3): 405-409.

张晓驷, 李晓峰, 李军, 2002. "富安宝"(AB01) 对猪生长性能及采食状况的影响 [J]. 上海畜牧兽医通讯 (5): 19.

张秀江, 胡虹, 张永战, 等, 2015. 丁酸梭菌对仔猪和生长育肥猪生产性能的影响研究 [J]. 河南科学, 33 (10): 1745-1749.

张永刚, 2006. 生长猪真可消化磷需要量的研究 [J]. 中国科学院研究生院学报, 23 (4): 500-508.

张勇, 郑丽莉, 朱宇旌, 等, 2012. 酵母细胞壁多糖与铝硅酸盐复合物对猪生长性能、免疫指标及养分消化率的影响 [J]. 动物营养学报, 24 (9): 1799-1804.

赵珩伊, 余冰, 毛湘冰, 等, 2013. 水合硅铝酸钠钙对生长育肥猪生长性能、养分表观消化率及抗氧化能力的影响 [J]. 动物营养学报, 25 (3): 571-578.

赵静, 2015. 添加苜蓿草粉对育肥猪生产性能和肉品质的影响 [J]. 草业科学, 32 (5): 809-815.

赵叶, 陈代文, 余冰, 等, 2009. 赖氨酸发酵蛋白粉的营养价值评定及其在生长育肥猪上的应用效果研究 [J]. 动物营养学报, 21 (3): 363-370.

郑春田, 蒋宗勇, 林映才, 等, 2007. 铜的来源和水平对生长猪生长性能和粪铜排出量的影响 [J]. 中国畜牧杂志, 43 (13): 24-27.

中华人民共和国国家技术监督局, 2008. 金华猪国家标准: GB/T 2417—2008 [S]. 北京: 中国标准出版社.

中华人民共和国农业部, 2004. 猪饲养标准: NY/T 65—2004 [S]. 北京: 中国农业出版社.

周明, 张靖, 申书婷, 等, 2012. 姜黄素在育肥猪中应用效果的研究 [J]. 养猪 (1): 53-56.

周晓容, 刘作华, 杨飞云, 等, 2004. 杜×长×大生长育肥猪体蛋白沉积模型及氨基酸需要量预测的研究 [C]. 中国畜牧科技论坛论文集.

周颖, 顾林英, 呼慧娟, 等, 2014. 饲用黄酒糟对育肥猪生长性能、营养物质消化率及血清生化指标的影响 [J]. 中国饲料 (1): 17-20.

周映华, 胡新旭, 卞巧, 2015. 无抗发酵饲料对生长育肥猪生长性能、肠道菌群和养分表观消化率的影响 [J]. 动物营养学报, 27 (3): 870-877.

周招洪, 陈代文, 郑萍, 等, 2013. 饲粮能量和精氨酸水平对育肥猪生长性能、胴体性状和肉品质的影响 [J]. 中国畜牧杂志, 49 (15): 40-45.

朱建平, 胡琴, 刘春雪, 等, 2014. 低蛋白日粮对育肥猪生产性能和血清指标的影响 [J]. 粮食与饲料工业 (4): 51-53.

朱进龙, 臧建军, 曾祥芳, 等, 2014. 80 赖氨酸与 70 赖氨酸和 98 赖氨酸对生长育肥猪饲喂效果的比较研究 [J]. 中国畜牧杂志, 50 (21): 27-31.

朱可, 盛华明, 蔡菊, 2012. 不同有机微矿复合包对生长育肥猪生长性能的影响 [J]. 饲料研究 (11): 34-36.

朱立鑫, 2010. 低蛋白日粮下育肥猪标准回肠可消化赖氨酸需要量研究 [D]. 北京: 中国农业大学.

朱年华, 邓伏清, 廖阳华, 等, 2012. 添加不同配比有机微量元素对生长育肥猪生产性能的影响 [J]. 饲料研究 (10): 44-45.

朱元召, 葛金山, 胡忠泽, 等, 2012. 低蛋白质日粮预混料对猪生长和消化的影响 [J]. 饲料研究 (2): 1-3.

邹晓庭, 许梓荣, 汪以真, 2002. 甲基氨基酸对不同阶段肉猪生长性能的影响及机理探讨 [J]. 浙江大学学报, 28 (5): 551-555.

邹智恒, 王苑, 于会民, 等, 2015. 不同添加水平甘薯渣等比例替代玉米对生长猪生长性能和血清生理生化指标的影响 [J]. 饲料与畜牧 (2): 27-30.

Chung T K, Baker D H, 1992. Ideal amino acid pattern for 10-kilogram pigs [J]. Journal of Animal Science, 70: 3102-3111.

Fang Z F, Peng J, Tang T J, et al, 2007. Xylanase supplementation improved digestibility and performance of growing pigs fed Chinese double-low rapeseed meal inclusion diets: *in vitro* and *in vivo* studies [J]. Asian-Australasian Journal Animal Science, 20 (11): 1721-1728.

Gonyou H W, Brumm M C, Bush E, et al, 2006. Application of broken-line analyses to assess floor space requirements of nursery and grower-finisher pigs expressed on an allometric basis [J]. Journal of Animal Science, 84: 229-235.

Huang Q C, Xu Z R, Han X Y, et al, 2008. Effect of dietary betaine supplementation on lipogenic enzyme activities and fatty acid synthase mRNA expression in finishing pigs [J]. Animal Feed Science and Technology, 140: 365-375.

Huang Q C, Xu Z R, Han X Y, et al, 2009. Betaine suppresses carnitine palmitoyltransferase I in skeletal muscle but not in liver of finishing pigs [J]. Livest Science, 126: 130-135.

Li Y S, Zhu N H, Niu P P, et al, 2013. Effects of dietary chromium methionine on growth performance, carcass composition, meat colour and expression of the colour-related gene myoglobin of growing-finishing pigs [J]. Asian-Australasian Journal Animal Science, 26 (7): 1021-1029.

Li Z C, Liu H, Li Y K, et al, 2018. Methodologies on estimating the energy requirements for maintenance and determining the net energy contents of feed ingredients in swine: a review of recent work [J]. Journal of Animal Science and Biotechnology, 9: 39.

Liu G M, Wang Z S, Wu D, et al, 2009. Effects of dietary cysteamine supplementation on growth performance and whole-body protein turnover in finishing pigs [J]. Livest Science, 122: 86-89.

Liu X T, Ma W F, Zeng X F, et al, 2015. Estimation of the standardized ileal digestible valine to lysine ratio required for 25 to 120kilogram pigs fed low crude protein diets supplemented with crystalline amino acids [J]. Journal of Animal Science, 93 (10): 4761-4773.

Lü J N, Chen Y Q, Guo X J, et al, 2013. Effects of supplementation of β-mannanase in corn-soybean meal diets on performance and nutrient digestibility in growing pigs [J]. Asian-Australasian Journal Animal Science, 26 (4): 579-587.

Noblet J, Karege C, Dubois S, et al, 1999. Metabolic utilization of energy and maintenance requirement in growing pigs: effects of sex and genotype [J]. Journal of Animal Science, 77 (5): 1208-1216.

NRC, 1998. Nutrient Requirement of Swine [S]. 10th revised ed. Washington, DC: National Academy Press.

NRC, 2012. Nutrient Requirement of Swine [S]. 11th revised ed. Washington, DC: National Academy Press.

Ruan Z, Zhang Y G, Yin Y L, et al, 2007. Dietary requirement of true digestible phosphorus and total calcium for growing pigs [J]. Asian-Australasian Journal Animal Science, 20 (8): 1236-1242.

Schickel A P, Einstein M E, Jungst S, et al, 2009. Evaluation of different mixed model nonlinear functions to describe the feed intakes of pigs of different sire and dam lines [J]. Professional Animal Scientist, 25: 345-359.

van Milgen J, Valancogne A, Dubois S, et al, 2008. InraPorc: a model and decision support tool for the nutrition of growing pigs [J]. Animal Feed Science and Technology, 143: 387-405.

Wang H F, Ye J A, Li, C Y, et al, 2011. Effects of feeding whole crop rice combined with soybean oil on growth performance [J]. Livest Science, 136: 64-71.

Wang L S, Shi B M, Shan A S, et al, 2012. Effects of guanidinoacetic acid on growth performance, meat quality and antioxidation in growing-finishing pigs [J]. Journal of Animal and Veterinary Advances, 11 (5): 631-636.

第二十一章
未来发展

猪的营养是一门动态且快速发展的自然学科。猪营养需要最新信息的持续更新和完善，使得本领域基础数据库不断扎实。这些数据对于我国养猪业的可持续发展和饲料的精准配制非常重要。NRC（2012）在《猪营养需要》的第十五章中，分别从营养需要的评估方法、养分利用和饲料采食量、能量、氨基酸、矿物质、脂类、维生素、饲料原料组成对未来猪营养需要研究方向进行了阐述。在这里我们不再赘述。考虑到我国养猪生产未来发展的需求以及我国猪营养需要研究的现状，笔者认为在未来的数年中，我们应该本着"高效、减排、绿色、安全"的发展方向，在准确评价饲料原料有效养分评估、净能体系的建立与完善，不同生长阶段、不同生理状态的猪的营养需要研究，从饲料营养源头减排和改善肉品质的营养调控研究方面做更大的努力。

一、饲料原料有效营养成分评估

中国是个粮食资源缺乏的国家，每年从国外进口粮食近亿吨，制约了中国畜牧业的可持续发展。开源节流将在我国饲料产业和养猪业的可持续发展上发挥重要作用，开源就是要对我国存量饲料资源做准确评估，节流就是开发饲料资源和开展非常规饲料资源的有效利用。

正如本书总论中所言，饲料养分的利用受到多种因素的影响而产生一定的变异，单一的某个值或平均值无法准确代表饲料真正的营养成分，这就要求我们用动态化的思路来做出准确评估。这里所说的动态化主要包含两个方面，一个是横向的动态化：原料的产地、品种、当年环境（温湿度等）、贮存时间、加工工艺等都是动态化需要考虑的相关因素；另一个则是纵向的动态化：原料的营养成分的准确预测并不是几个或多个试验、一批或几批原料在几年内就可以确定的，这是一个长期的、艰苦的、甚至可以说是枯燥的工作，需要长时间大量的人力物力来进行的项目，需要不断地进行新的试验来补充新的数据从而完善相关预测方程。在饲料原料的开发与利用方面，主要有两方面的思路：首先，在常规原料方面，评定工作会做得更加细致。通过大量试验积累和补充原料对猪的有效养分的基础数据，然后建立相关动态预测模型，使得原料的营养价值评定工作更加精准；其次，原料评价的种类会越来越多，尤其是大宗型非粮饲料原料的有效营养评定。由于传统饲料原料的紧缺，用生物技术和现代饲料加工工艺技术开发新的非常规的饲料原料，打破我国玉米-豆粕型饲粮的模式，实施多元化配方是我们今后的主要任务。

在饲料原料养分组成和有效营养成分的评价方面，农业部饲料工业中心引入了内标系统，使得不同时空原料评价数据具有了可比性。此外，在近红外系统中也引入了内标样品，为近红外系统在不同时空使用条件下的校准提供了方便。

虽然净能的测定需要专门的呼吸测热装置，饲粮设计也比较复杂，理论研究基础也比较薄弱。但净能体系更能反映有效能的可加性和猪的生长性能，采用净能体系配制猪饲粮是今后的重要发展方向。在过去的几年中，农业部饲料工业中心饲料原料净能测定方面做了大量尝试，取得了一些进展，但还需全国同行的共同努力和广泛的国际合作。

在氨基酸消化率方面，目前世界上普遍采用回肠标准可消化氨基酸，以发展眼光来看，如果真消化率在饲粮配制和测定技术成熟的情况下，也可能再次作为主流指标被采用。

二、营养需要量的准确评估

在未来的研究中，营养需要量的评估不仅要考虑阶段细化，还要考虑生理状态动态化对需要量的影响。包括遗传背景变异、不同免疫或应激状态、猪舍内不同部位环境变异影响等。以种猪中的母猪饲养为例：母猪的性周期要经历初情、性成熟、发情、配种、妊娠、哺乳、断奶和再发情等多个复杂的生理阶段，并且一般需要经历数个繁殖周期，而评价母猪的营养需要由于成本、样本数量等限制，并不容易。母猪营养研究投入高、试验周期长、研究手段落后等都制约着科研人员的兴趣和参与度。在今后的母猪营养中，应加大基础研究设施的建设力度，更新研究方法，集中资源重点做好母猪繁殖力和健康水平的营养调控机制研究，母猪繁殖以及泌乳形成机制的研究，母体营养效应的隔代传递机制研究以及高效饲养管理机制研究等。

在仔猪营养研究方面，下阶段的研究重点应该包括：仔猪出生与断奶等敏感时期的消化与免疫功能调控，仔猪肠道消化力形成与改善机制，仔猪健康、绿色、非抗生素饲料开发等。

从这次猪营养需要量修订来看，能检索到的生长育肥猪营养需要量的研究文献太少，我国猪营养研究的大多数精力用在了仔猪上。我们不可否认仔猪的重要性，但生长育肥阶段是饲料消耗的主体，应对其给予较多的关注。

传统的猪营养需要量的评定方法主要包括饲养试验、氮平衡试验和析因法，采用的指标多为增重、饲料增重比等生产性能指标。每种方法都有一定的局限性，能够更快捷更准确的了解猪的营养状况显得尤为重要。所以，需要量评估的指标体系也要从生长性能向胴体品质、血浆代谢组、生长拐点等指标转变。通过研究动物血液、组织等的代谢中产物发现新的生物标记物，是研究营养需要的一个新的趋势和手段。

在一个特定猪群中，营养物质的需要量存在明显的个体差异，并随个体年龄和体重的增加而不断变化。传统的营养需要量的评定方法不适于评估群体中个体的营养需要量，需要建立一种新的方法以评估猪个体的营养需要量。

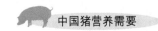

三、饲料营养源头减排和改善肉品质的营养调控

减少碳氮和矿物质元素排放、提高肉品质的营养调控是今后相当长时期猪营养需要量研究的重点任务。过去几年，我国在猪低氮饲粮的研究方面开展了大量工作，进一步研究低氮饲粮的能氮平衡、能量氨基酸平衡和氨基酸之间的相互平衡，是减少氮排放的主要方面。研究饲粮碳水化合物的组成、优化饲粮结构、提高饲养效率则是减少碳排放的主要方面。多年以来，我国对猪微量矿物质元素的营养需要量、饲料微量元素的利用研究非常少，加强微量矿物质元素的研究，是减少包括重金属在内的微量矿物质元素排放的主要方面。

随着我国城乡居民生活水平的提高，消费者对猪肉品质的要求不断提高。"十二五"以来，尽管我们在国家 973 计划项目的支持下，在猪肉品质形成机制与营养调控方面开展了不少的探索性工作，但仍需做进一步的深入研究。充分利用我国脂肪型猪的优质遗传资源，研究脂肪型猪的营养利用特征，是生产高品质猪肉的重要途径。

四、其他领域和重点

到目前为止，我国仍然是世界上饲料抗生素促生长剂应用最多的国家。抗生素过度使用造成的耐药性问题已成为全球最严峻的公共卫生问题之一。2016 年 8 月国家卫生计生委、科技部、农业部等 14 部委联合发布了《遏制细菌耐药国家行动计划（2016—2020 年）》，2018 年 1 月农业部发布了《全国遏制动物源细菌耐药行动计划》。近几年来，动物营养与饲料领域科研人员已在抗生素替代技术研究和产品开发方面开展了大量工作，在益生菌、植物提取物、抗菌肽等方面的研究不断深入，产品质量不断提升，尤其是在抗菌肽或免疫防御肽方面，新的抗感染多肽不断被发现，作用机制不断被挖掘，有效使用的表达系统不断被开发出来，这些都对抗菌肽的实际应用意义重大，为抗生素替代工作奠定了坚实的基础。下阶段，高效表达系统构建、作用机制研究、安全性和有效性评价是抗菌肽或免疫防御肽的研发重点。

饲料加工工艺技术研究一直是我国的弱项，加强饲料加工工艺与营养学的结合，研究加工过程的有效控制和智能化装置是非常重要的工作。

ized by CamScanner
第二十二章
营养需要量列表

本章列出了瘦肉型猪、脂肪型猪和肉脂型猪对能量、钙、磷、氨基酸、矿物质元素、维生素和脂肪酸的营养需要量。能量包括消化能、代谢能和净能。氨基酸包括所有必需氨基酸的标准回肠可消化、表观回肠可消化和总需要量。磷以总磷和有效磷表示。矿物质元素包括钠、氯、镁、钾 4 个常量元素和铜、铁、锰、锌、硒、碘 6 个微量元素。脂肪酸仍以亚油酸为代表。每个类型猪生长育肥阶段的日蛋白质沉积量也在相关表格中给出。

所有营养需要量都包括以占饲粮百分比表示的养分含量和每日需要量。

本章共有 48 个表格。其中瘦肉型猪 20 个表格，脂肪型猪 18 个表格，肉脂型猪 10 个表格。

表 22-1 至表 22-4 为瘦肉型仔猪和生长育肥猪营养需要量，表 22-5 至表 22-14 为瘦肉型母猪营养需要量，表 22-15 至表 22-20 为瘦肉型公猪营养需要量。

表 22-21 至表 22-24 为脂肪型仔猪和生长育肥猪营养需要量，表 22-25 至表 22-34 为脂肪型母猪营养需要量，表 22-35 至表 22-38 为脂肪型公猪营养需要量。

表 22-39 至表 22-42 为肉脂型仔猪和生长育肥猪营养需要量，表 22-43 至表 22-48 为肉脂型母猪营养需要量。

表中对猪生理阶段划分的理由、营养需要量数据的来源已在本书其他章节进行了解释与说明，在此不再赘述。我国地方猪品种很多，地方猪的改良猪也很多，不可能一一给出其营养需要，只能以瘦肉型、脂肪型和肉脂型加以概括。本书所指猪的类型定义如下：

瘦肉型猪（lean type pigs）：按照《瘦肉型猪胴体性状测定技术规范》（NY/T 825—2014）规定进行屠宰测定，胴体瘦肉率（宰前活重 95 kg 以上）至少达 55.0% 的猪只。

脂肪型猪（lard type pigs）：胴体瘦肉率低于 45% 的猪，包括大部分中国地方猪种及其杂种猪。

肉脂型猪（meat type pigs）：胴体瘦肉率介于瘦肉型和脂肪型之间的猪。

表 22-1 瘦肉型仔猪和生长育肥猪饲粮能量、钙、磷和氨基酸需要量
（自由采食，以 88% 干物质为计算基础）[1]

指　标	体重（kg）					
	3～8	8～25	25～50	50～75	75～100	100～120
日增重（g）	220	500	750	880	900	860
采食量（g/d）	290	835	1 600	2 250	2 710	2 900
饲料/增重	1.32	1.67	2.13	2.56	3.01	3.37
饲粮消化能（MJ/kg）[2]	14.95	14.43	14.20	14.12	14.02	13.81
饲粮代谢能（MJ/kg）[2]	14.35	13.85	13.65	13.55	13.46	13.27
饲粮净能（MJ/kg）[2]	10.91	10.53	10.37	10.30	10.21	10.09
粗蛋白质（%）	21.0	18.5	16.0	15.0	13.5	11.3
赖氨酸代谢能比（g/MJ）	1.10	0.99	0.75	0.68	0.59	0.52
体蛋白质沉积（g/d）	—	—	116	132	129	120
钙和磷（%）						
总钙	0.90	0.74	0.63	0.59	0.56	0.54
总磷	0.75	0.62	0.53	0.47	0.43	0.40
有效磷[3]	0.57	0.37	0.27	0.22	0.19	0.17
氨基酸（%）[4,5,6]						
标准回肠可消化基础						
赖氨酸	1.42	1.22	0.97	0.81	0.70	0.60
蛋氨酸	0.41	0.35	0.29	0.23	0.20	0.17
蛋氨酸+半胱氨酸	0.78	0.67	0.55	0.47	0.40	0.35
苏氨酸	0.84	0.72	0.60	0.51	0.45	0.38
色氨酸	0.24	0.21	0.17	0.14	0.12	0.10
异亮氨酸	0.72	0.63	0.50	0.43	0.37	0.32
亮氨酸	1.42	1.22	0.98	0.82	0.71	0.61
缬氨酸	0.89	0.77	0.65	0.54	0.49	0.42
精氨酸	0.64	0.55	0.45	0.37	0.32	0.28
组氨酸	0.48	0.41	0.33	0.28	0.24	0.20
苯丙氨酸	0.84	0.72	0.57	0.49	0.42	0.37
苯丙氨酸+酪氨酸	1.32	1.13	0.90	0.73	0.67	0.58
表观回肠可消化基础						
赖氨酸	1.38	1.16	0.89	0.76	0.65	0.55
蛋氨酸	0.40	0.33	0.27	0.22	0.19	0.16

（续）

指　标	体重（kg）					
	3～8	8～25	25～50	50～75	75～100	100～120
表观回肠可消化基础						
蛋氨酸+半胱氨酸	0.75	0.63	0.51	0.44	0.37	0.33
苏氨酸	0.77	0.65	0.55	0.48	0.42	0.35
色氨酸	0.23	0.20	0.16	0.13	0.11	0.09
异亮氨酸	0.70	0.58	0.46	0.40	0.35	0.30
亮氨酸	1.38	1.15	0.90	0.77	0.66	0.56
缬氨酸	0.85	0.71	0.60	0.51	0.46	0.39
精氨酸	0.61	0.50	0.41	0.35	0.30	0.25
组氨酸	0.47	0.39	0.30	0.27	0.22	0.19
苯丙氨酸	0.81	0.67	0.53	0.46	0.39	0.34
苯丙氨酸+酪氨酸	1.26	1.05	0.83	0.72	0.62	0.53
总氨基酸基础						
赖氨酸	1.58	1.38	1.03	0.92	0.79	0.68
蛋氨酸	0.46	0.40	0.31	0.27	0.23	0.20
蛋氨酸+半胱氨酸	0.89	0.77	0.59	0.53	0.45	0.40
苏氨酸	0.98	0.85	0.64	0.58	0.51	0.44
色氨酸	0.27	0.23	0.19	0.16	0.13	0.12
异亮氨酸	0.82	0.72	0.54	0.49	0.42	0.37
亮氨酸	1.60	1.39	1.04	0.93	0.80	0.70
缬氨酸	1.03	0.89	0.69	0.62	0.55	0.48
精氨酸	0.70	0.61	0.47	0.42	0.36	0.32
组氨酸	0.54	0.47	0.35	0.32	0.27	0.23
苯丙氨酸	0.93	0.81	0.61	0.55	0.47	0.42
苯丙氨酸+酪氨酸	1.49	1.29	0.96	0.87	0.75	0.66

注：[1] 公母为1∶1混养猪群。

[2] 玉米-豆粕型饲粮的能量含量。消化能与代谢能、代谢能与净能之间的转化系数分别为0.96和0.76。

[3] 有效磷被认为与全消化道标准可消化磷（STTD磷）等价。

[4] 3~25 kg猪的标准回肠可消化赖氨酸需要量是根据生长模型的估测值，其他氨基酸需要量是根据其与赖氨酸比例（理想蛋白质）的估测值；25 kg以上猪的标准回肠可消化赖氨酸需要量根据生长模型和统计的试验数据确定，其他氨基酸需要量是根据其与赖氨酸比例（理想蛋白质）的估测值。

[5] 表观回肠可消化赖氨酸需要量根据统计试验数据确定，其他氨基酸需要量是与赖氨酸比例（理想蛋白质）的估测值。

[6] 总赖氨酸需要量根据试验数据的总赖氨酸摄入量与代谢能摄入量比值，再根据代谢能摄入量得到总氨基酸摄入量和含量。

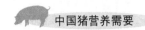

表 22-2 瘦肉型仔猪和生长育肥猪每日能量、钙、磷和氨基酸需要量
（自由采食，以 88% 干物质为计算基础）[1]

指　标	体重（kg）					
	3~8	8~25	25~50	50~75	75~100	100~120
日增重（g）	220	500	750	880	900	860
采食量（g/d）	290	835	1 600	2 250	2 710	2 900
饲料/增重	1.32	1.67	2.13	2.56	3.01	3.37
消化能摄入量（MJ/d）[2]	4.34	12.05	22.72	31.77	38.00	40.06
代谢能摄入量（MJ/d）[2]	4.16	11.56	21.84	30.49	36.47	38.48
净能摄入量（MJ/d）[2]	3.16	8.79	16.59	23.17	27.68	29.26
粗蛋白质（g/d）	61	154	256	338	366	328
赖氨酸代谢能比（g/MJ）	1.10	0.99	0.75	0.68	0.59	0.52
体蛋白质沉积（g/d）	—	—	116	132	129	120
钙和磷（g/d）						
总钙	2.61	6.18	9.64	13.28	15.18	15.66
总磷	2.18	5.18	8.11	10.58	11.65	11.60
有效磷[3]	1.65	3.09	4.13	4.95	5.15	4.93
氨基酸（g/d）[4,5,6]						
标准回肠可消化基础						
赖氨酸	4.1	10.2	14.8	18.2	19.0	17.4
蛋氨酸	1.2	3.0	4.5	5.3	5.5	5.0
蛋氨酸+半胱氨酸	2.3	5.6	8.5	10.6	10.8	10.3
苏氨酸	2.4	6.0	9.2	11.5	12.1	11.1
色氨酸	0.7	1.8	2.7	3.1	3.2	3.0
异亮氨酸	2.1	5.2	7.7	9.7	10.1	9.4
亮氨酸	4.1	10.2	15.0	18.4	19.2	17.7
缬氨酸	2.6	6.4	9.9	12.2	13.3	12.2
精氨酸	1.9	4.6	6.8	8.4	8.7	8.0
组氨酸	1.4	3.5	5.0	6.4	6.4	5.9
苯丙氨酸	2.4	6.0	8.8	10.9	11.4	10.6
苯丙氨酸+酪氨酸	3.8	9.5	13.8	17.1	18.0	16.7
表观回肠可消化基础						
赖氨酸	4.0	9.7	13.6	17.2	17.7	16.0
蛋氨酸	1.2	2.8	4.1	5.0	5.1	4.6
蛋氨酸+半胱氨酸	2.2	5.3	7.8	10.0	10.1	9.4
苏氨酸	2.2	5.4	8.4	10.8	11.3	10.2
色氨酸	0.6	1.6	2.5	2.9	3.0	2.7
异亮氨酸	2.0	4.8	7.1	9.1	9.4	8.6

（续）

指　标	体重（kg）					
	3～8	8～25	25～50	50～75	75～100	100～120
表观回肠可消化基础						
亮氨酸	4.0	9.6	13.8	17.4	17.9	16.3
缬氨酸	2.5	5.9	9.1	11.5	12.4	11.2
精氨酸	1.8	4.2	6.3	7.9	8.1	7.4
组氨酸	1.4	3.3	4.6	6.0	6.0	5.4
苯丙氨酸	2.3	5.6	8.0	10.3	10.6	9.7
苯丙氨酸＋酪氨酸	3.7	8.8	12.7	16.2	16.8	15.3
总氨基酸基础						
赖氨酸	4.6	11.5	15.8	20.7	21.4	19.9
蛋氨酸	1.3	3.3	4.7	6.0	6.2	5.8
蛋氨酸＋半胱氨酸	2.6	6.4	9.0	12.0	12.2	11.7
苏氨酸	2.8	7.1	9.8	13.1	13.7	12.7
色氨酸	0.8	1.9	2.8	3.5	3.6	3.4
异亮氨酸	2.4	6.0	8.2	11.0	11.4	10.7
亮氨酸	4.6	11.6	15.9	20.9	21.7	20.3
缬氨酸	3.0	7.5	10.6	13.9	15.0	13.9
精氨酸	2.0	5.1	7.2	9.5	9.9	9.1
组氨酸	1.6	3.9	5.4	7.3	7.3	6.8
苯丙氨酸	2.7	6.8	9.3	12.4	12.9	12.1
苯丙氨酸＋酪氨酸	4.3	10.8	14.6	19.5	20.4	19.1

注：此表备注内容同表 22-1。

表 22-3　瘦肉型仔猪和生长育肥猪饲粮矿物质、维生素和脂肪酸需要量
（自由采食，以 88% 干物质为计算基础）[1]

指　标	体重（kg）					
	3～8	8～25	25～50	50～75	75～100	100～120
日增重（g）	220	500	750	880	900	860
采食量（g/d）	290	835	1 600	2 250	2 710	2 900
饲料/增重	1.32	1.67	2.13	2.56	3.01	3.37
饲粮消化能（MJ/kg）[2]	14.95	14.43	14.20	14.12	14.02	13.81
饲粮代谢能（MJ/kg）[2]	14.35	13.85	13.65	13.55	13.46	13.27
饲粮净能（MJ/kg）[2]	10.91	10.53	10.37	10.30	10.21	10.09
粗蛋白质（%）	21.0	18.5	16.0	15.0	13.5	11.3
赖氨酸代谢能比（g/MJ）	1.10	0.99	0.75	0.68	0.59	0.52
体蛋白质沉积（g/d）	—	—	116	132	129	120

(续)

指　标	体重（kg）					
	3～8	8～25	25～50	50～75	75～100	100～120
矿物质元素[3]						
钾（%）	0.30	0.26	0.24	0.21	0.18	0.17
钠（%）	0.25	0.15	0.12	0.10	0.10	0.10
氯（%）	0.25	0.15	0.12	0.10	0.10	0.10
镁（%）	0.04	0.04	0.04	0.04	0.04	0.04
铁（mg/kg）	100	90	70	60	50	40
铜（mg/kg）	6.00	6.00	4.50	4.00	3.50	3.00
锰（mg/kg）	4.00	4.00	3.00	2.00	2.00	2.00
锌（mg/kg）	100	90	70	60	50	50
碘（mg/kg）	0.14	0.14	0.14	0.14	0.14	0.14
硒（mg/kg）	0.30	0.30	0.30	0.25	0.25	0.20
维生素和脂肪酸[4]						
维生素 A（IU/kg）	2 550	2 050	1 550	1 450	1 350	1 350
维生素 D_3（IU/kg）	250	220	190	170	160	160
维生素 E（IU/kg）	22	20	18	16	14	14
维生素 K（mg/kg）	0.60	0.60	0.50	0.50	0.50	0.50
硫胺素（mg/kg）	2.00	1.80	1.60	1.50	1.50	1.50
核黄素（mg/kg）	5.00	4.00	3.00	2.50	2.00	2.00
烟酸（mg/kg）	25.00	20.00	15.00	12.00	10.00	10.00
泛酸（mg/kg）	16.00	13.00	10.00	9.00	8.00	8.00
吡哆醇（mg/kg）	2.50	2.00	1.50	1.20	1.00	1.00
生物素（mg/kg）	0.10	0.09	0.08	0.08	0.07	0.07
叶酸（mg/kg）	0.50	0.45	0.40	0.35	0.30	0.30
维生素 B_{12}（μg/kg）	25.00	20.00	15.00	10.00	6.00	6.00
胆碱（g/kg）	0.60	0.55	0.50	0.45	0.40	0.40
亚油酸（%）	0.15	0.12	0.10	0.10	0.10	0.10

注：[1] 公母为 1∶1 混养猪群。

[2] 玉米-豆粕型饲粮的能量含量。消化能与代谢能、代谢能与净能之间的转化系数分别为 0.96 和 0.76。

[3] 矿物质需要量包括饲料原料中提供的矿物质量。

[4] 维生素需要量包括饲料原料中提供的维生素量。

表 22-4 瘦肉型仔猪和生长育肥猪每日矿物质、维生素和脂肪酸需要量
（自由采食，以 88% 干物质为计算基础）[1]

指标	体重（kg）					
	3~8	8~25	25~50	50~75	75~100	100~120
日增重（g）	220	500	750	880	900	860
采食量（g/d）	290	835	1 600	2 250	2 710	2 900
饲料/增重	1.32	1.67	2.13	2.56	3.01	3.37
消化能摄入量（MJ/d）[2]	4.34	12.05	22.72	31.77	38.00	40.06
代谢能摄入量（MJ/d）[2]	4.16	11.56	21.84	30.49	36.47	38.48
净能摄入量（MJ/d）[2]	3.16	8.79	16.59	23.17	27.68	29.26
粗蛋白质（g/d）	61	154	256	338	366	328
赖氨酸代谢比（g/MJ）	1.10	0.99	0.75	0.68	0.59	0.52
体蛋白质沉积（g/d）	—	—	116	132	129	120
矿物质元素[3]						
钾（g/d）	0.87	2.17	3.67	4.73	4.88	4.93
钠（g/d）	0.73	1.25	1.84	2.25	2.71	2.90
氯（g/d）	0.73	1.25	1.84	2.25	2.71	2.90
镁（g/d）	0.12	0.33	0.61	0.90	1.08	1.16
铁（mg/d）	29	75	107	135	136	116
铜（mg/d）	1.74	5.01	6.89	9.00	9.49	8.70
锰（mg/d）	1.16	3.34	4.59	4.50	5.42	5.80
锌（mg/d）	29	75	107	135	136	145
碘（mg/d）	0.04	0.12	0.21	0.32	0.38	0.41
硒（mg/d）	0.09	0.25	0.46	0.56	0.68	0.58
维生素和脂肪酸[4]						
维生素 A（IU/d）	740	1 712	2 372	3 263	3 659	3 915
维生素 D_3（IU/d）	73	184	291	383	434	464
维生素 E（IU/d）	6	17	28	36	38	41
维生素 K（mg/d）	0.17	0.50	0.77	1.13	1.36	1.45
硫胺素（mg/d）	0.58	1.50	2.45	3.38	4.07	4.35
核黄素（mg/d）	1.45	3.34	4.59	5.63	5.42	5.80
烟酸（mg/d）	7.25	16.70	22.95	27.00	27.10	29.00
泛酸（mg/d）	4.64	10.86	15.30	20.25	21.68	23.20
吡哆醇（mg/d）	0.73	1.67	2.30	2.70	2.71	2.90
生物素（mg/d）	0.03	0.08	0.12	0.18	0.19	0.20
叶酸（mg/d）	0.15	0.38	0.61	0.79	0.81	0.87
维生素 B_{12}（μg/d）	7.25	16.70	22.95	22.50	16.26	17.40
胆碱（g/d）	0.17	0.46	0.77	1.01	1.08	1.16
亚油酸（g/d）	0.44	1.00	1.53	2.25	2.71	2.90

注：此表备注内容同表 22-3。

表 22-5 瘦肉型妊娠母猪饲粮能量、钙、磷和氨基酸需要量（以 88% 干物质为计算基础）

胎次（配种时体重，kg)[1]	1 (135)		2 (160)		3 (180)		4+ (200)	
孕期体增重（kg)[1]	63		60		55		45	
窝产仔数（头)[1]	11		12		13		13	
妊娠天数（d)[1]	<90	>90	<90	>90	<90	>90	<90	>90
采食量（g/d)[2]	2 135	2 580	2 240	2 670	2 270	2 690	2 260	2 650
饲粮消化能（MJ/kg)[3]	13.93	14.37	13.93	14.37	13.93	14.37	13.93	14.37
饲粮代谢能（MJ/kg)[3]	13.39	13.81	13.39	13.81	13.39	13.81	13.39	13.81
饲粮净能（MJ/kg)[3]	10.18	10.50	10.18	10.50	10.18	10.50	10.18	10.50
日增重（g）	533	607	500	600	457	554	380	435
粗蛋白质（%）	13.1	16.0	11.6	14.0	10.8	12.9	9.6	11.4
钙和磷（%）								
总钙	0.63	0.78	0.61	0.72	0.53	0.68	0.52	0.68
总磷	0.51	0.59	0.50	0.54	0.44	0.52	0.45	0.52
有效磷[4]	0.28	0.34	0.27	0.31	0.23	0.29	0.22	0.30
氨基酸（%）								
标准回肠可消化基础								
赖氨酸	0.55	0.74	0.45	0.63	0.40	0.55	0.32	0.43
蛋氨酸	0.16	0.21	0.12	0.18	0.11	0.16	0.09	0.12
蛋氨酸+半胱氨酸	0.36	0.48	0.30	0.41	0.28	0.37	0.23	0.31
苏氨酸	0.39	0.51	0.34	0.44	0.31	0.40	0.27	0.34
色氨酸	0.10	0.14	0.08	0.12	0.08	0.11	0.07	0.09
异亮氨酸	0.32	0.39	0.26	0.33	0.24	0.28	0.19	0.22
亮氨酸	0.50	0.70	0.41	0.59	0.38	0.53	0.30	0.42
缬氨酸	0.39	0.53	0.33	0.44	0.30	0.40	0.25	0.33
精氨酸	0.30	0.40	0.24	0.33	0.21	0.29	0.17	0.22
组氨酸	0.19	0.24	0.15	0.20	0.14	0.17	0.11	0.13
苯丙氨酸	0.31	0.41	0.26	0.35	0.23	0.31	0.19	0.25
苯丙氨酸+酪氨酸	0.53	0.71	0.44	0.60	0.40	0.53	0.32	0.43
表观回肠可消化基础								
赖氨酸	0.52	0.71	0.41	0.59	0.37	0.51	0.29	0.40
蛋氨酸	0.15	0.20	0.11	0.17	0.10	0.15	0.08	0.11
蛋氨酸+半胱氨酸	0.34	0.46	0.28	0.39	0.26	0.35	0.21	0.29
苏氨酸	0.34	0.46	0.29	0.39	0.27	0.35	0.22	0.29
色氨酸	0.08	0.13	0.07	0.11	0.06	0.10	0.05	0.08
异亮氨酸	0.29	0.36	0.24	0.30	0.21	0.26	0.17	0.21
亮氨酸	0.45	0.64	0.37	0.55	0.32	0.48	0.26	0.38
缬氨酸	0.35	0.47	0.29	0.40	0.26	0.35	0.21	0.29
精氨酸	0.24	0.34	0.19	0.29	0.16	0.24	0.12	0.19
组氨酸	0.18	0.23	0.14	0.19	0.12	0.16	0.10	0.12

(续)

胎次（配种时体重，kg）[1]	1 (135)		2 (160)		3 (180)		4+ (200)	
孕期体增重（kg）[1]	63		60		55		45	
窝产仔数[1]	11		12		13		13	
妊娠天数[1]	<90	>90	<90	>90	<90	>90	<90	>90
表观回肠可消化基础								
苯丙氨酸	0.28	0.38	0.23	0.32	0.21	0.28	0.16	0.22
苯丙氨酸＋酪氨酸	0.49	0.66	0.40	0.56	0.36	0.49	0.29	0.39
总氨基酸基础								
赖氨酸	0.65	0.86	0.53	0.73	0.49	0.64	0.39	0.51
蛋氨酸	0.19	0.25	0.15	0.21	0.14	0.19	0.11	0.15
蛋氨酸＋半胱氨酸	0.43	0.58	0.37	0.50	0.35	0.46	0.29	0.37
苏氨酸	0.49	0.62	0.42	0.55	0.40	0.50	0.34	0.41
色氨酸	0.12	0.16	0.10	0.14	0.10	0.13	0.08	0.11
异亮氨酸	0.38	0.46	0.32	0.39	0.29	0.34	0.24	0.27
亮氨酸	0.58	0.80	0.48	0.68	0.44	0.61	0.36	0.50
缬氨酸	0.48	0.62	0.40	0.54	0.37	0.48	0.31	0.39
精氨酸	0.34	0.45	0.28	0.38	0.25	0.33	0.20	0.27
组氨酸	0.23	0.29	0.19	0.24	0.17	0.21	0.14	0.17
苯丙氨酸	0.36	0.47	0.30	0.41	0.27	0.36	0.23	0.29
苯丙氨酸＋酪氨酸	0.65	0.85	0.54	0.72	0.50	0.64	0.41	0.52

注：[1] 母猪预期孕期体增重和预期窝产仔数是根据综合行业数据及文献报道确定的，妊娠阶段划分参照国内外最新研究进展结合国内规模猪场饲养实践设定，仔猪期平均初生重为1.35 kg。

[2] 实际应用时，建议考虑5%饲料浪费。

[3] 玉米-豆粕型饲粮的能量含量。消化能与代谢能、代谢能与净能之间的转化系数分别为0.96和0.76。最佳饲粮能量水平随着当地饲料原料的利用率和当地饲料成本不同而变化。当使用替代原料时，建议基于净能水平设计饲粮配方，调整营养需要量确保营养素含量与净能比率保持不变。

[4] 有效磷被认为与全消化道标准可消化磷（STTD磷）等价。

表22-6 瘦肉型妊娠母猪每日能量、钙、磷和氨基酸需要量（以88%干物质为计算基础）

胎次（配种时体重，kg）[1]	1 (135)		2 (160)		3 (180)		4+ (200)	
孕期体增重（kg）[1]	63		60		55		45	
窝产仔数（头）[1]	11		12		13		13	
妊娠天数（d）[1]	<90	>90	<90	>90	<90	>90	<90	>90
采食量（g/d）[2]	2 135	2 580	2 240	2 670	2 270	2 690	2 260	2 650
消化能摄入量（MJ/d）[3]	29.76	37.07	31.21	38.37	31.65	38.66	31.48	38.08
代谢能摄入量（MJ/d）[3]	28.58	35.62	29.97	36.86	30.39	37.13	30.26	36.59
净能摄入量（MJ/d）[3]	21.74	27.09	22.78	28.03	23.09	28.24	22.99	27.82
日增重（g）	533	607	500	600	457	554	380	435
粗蛋白质（g/d）	271	413	252	374	238	347	210	302
钙和磷（g/d）								
总钙	13.05	20.08	13.23	19.20	11.66	18.18	11.32	17.94
总磷	10.49	15.13	10.78	14.40	9.67	13.94	9.84	13.75
有效磷[4]	5.82	8.83	5.79	8.33	4.99	7.76	4.84	7.89

(续)

胎次（配种时体重，kg）[1]	1 (135)		2 (160)		3 (180)		4+ (200)	
孕期体增重（kg）[1]	63		60		55		45	
窝产仔数（头）[1]	11		12		13		13	
妊娠天数（d）[1]	<90	>90	<90	>90	<90	>90	<90	>90
氨基酸（g/d）								
标准回肠可消化基础								
赖氨酸	11.4	19.1	9.8	16.8	8.8	14.8	7.0	11.4
蛋氨酸	3.3	5.5	2.7	4.7	2.4	4.2	2.0	3.2
蛋氨酸+半胱氨酸	7.4	12.5	6.4	11.0	6.2	10.0	5.0	8.2
苏氨酸	8.1	13.3	7.3	11.9	6.9	10.9	5.9	8.9
色氨酸	2.0	3.6	1.8	3.3	1.7	3.1	1.5	2.5
异亮氨酸	6.6	10.0	5.5	8.8	5.2	7.5	4.2	5.9
亮氨酸	10.3	18.0	8.9	15.7	8.3	14.2	6.6	11.1
缬氨酸	8.1	13.6	7.1	11.9	6.7	10.9	5.5	8.7
精氨酸	6.1	10.2	5.1	8.8	4.5	7.8	3.7	5.9
组氨酸	3.9	6.1	3.3	5.2	3.1	4.5	2.4	3.5
苯丙氨酸	6.3	10.5	5.5	9.4	5.0	8.4	4.2	6.7
苯丙氨酸+酪氨酸	10.9	18.3	9.5	16.0	8.8	14.2	7.0	11.4
表观回肠可消化基础								
赖氨酸	10.7	18.3	8.9	15.7	8.1	13.7	6.4	10.7
蛋氨酸	3.1	5.3	2.4	4.4	2.1	3.9	1.8	3.0
蛋氨酸+半胱氨酸	7.0	11.9	6.0	10.5	5.7	9.5	4.6	7.7
苏氨酸	7.0	11.9	6.2	10.5	5.9	9.5	4.8	7.7
色氨酸	1.8	3.3	1.6	3.0	1.4	2.8	1.1	2.2
异亮氨酸	5.9	9.4	5.1	8.0	4.5	7.0	3.7	5.4
亮氨酸	9.4	16.6	8.0	14.6	7.1	12.8	5.7	10.2
缬氨酸	7.2	12.2	6.2	10.8	5.7	9.5	4.6	7.7
精氨酸	5.0	8.9	4.2	7.7	3.6	6.4	2.6	5.0
组氨酸	3.7	5.8	3.1	5.0	2.6	4.2	2.2	3.2
苯丙氨酸	5.7	9.7	4.9	8.5	4.5	7.5	3.5	5.9
苯丙氨酸+酪氨酸	10.1	17.2	8.7	14.9	7.8	13.1	6.4	10.4
总氨基酸基础								
赖氨酸	13.4	22.1	11.5	19.6	10.7	17.3	8.5	13.6
蛋氨酸	3.9	6.4	3.3	5.5	3.1	5.0	2.4	4.0
蛋氨酸+半胱氨酸	9.0	14.9	8.0	13.2	7.6	12.3	6.4	9.9
苏氨酸	10.1	16.0	9.1	14.6	8.8	13.4	7.4	10.9
色氨酸	2.4	4.2	2.2	3.9	2.1	3.6	1.8	3.0
异亮氨酸	7.9	11.9	6.9	10.5	6.4	9.2	5.3	7.2
亮氨酸	12.0	20.8	10.4	18.2	9.8	16.5	7.9	13.1
缬氨酸	9.9	16.0	8.7	14.3	8.1	12.8	6.8	10.4
精氨酸	7.0	11.6	6.0	10.2	5.5	8.9	4.4	7.2
组氨酸	4.8	7.5	4.2	6.3	3.8	5.6	3.1	4.5
苯丙氨酸	7.4	12.2	6.4	11.0	5.9	9.8	5.0	7.7
苯丙氨酸+酪氨酸	13.4	21.9	11.8	19.3	10.9	17.3	9.0	13.9

注：此表备注内容同表22-5。

表 22-7　瘦肉型泌乳母猪饲粮能量、钙、磷和氨基酸需要量（以 88% 干物质为计算基础）

胎次	1			2			3+		
产后体重（kg）	170	170	170	190	190	190	210	210	210
窝产仔数（头）	10	10	10	11	11	11	12	12	12
泌乳天数（d）[1]	21	21	21	21	21	21	21	21	21
仔猪平均日增重（g）	180	220	260	180	220	260	180	220	260
采食量（g/d）[2]	4 710	4 710	4 710	5 660	5 660	5 660	6 130	6 130	6 130
饲粮消化能（MJ/kg）[3]	15.27	15.27	15.27	15.27	15.27	15.27	15.27	15.27	15.27
饲粮代谢能（MJ/kg）[3]	14.64	14.64	14.64	14.64	14.64	14.64	14.64	14.64	14.64
饲粮净能（MJ/kg）[3]	11.13	11.13	11.13	11.13	11.13	11.13	11.13	11.13	11.13
母猪体重变化（kg）[4]	−0.2	−11.3	−22.3	6.6	−4.9	−15.8	6.9	−5.7	−17.5
粗蛋白质（%）	16.5	17.0	18.0	17.0	17.0	18.0	17.0	17.0	18.0
钙和磷（%）									
总钙	0.65	0.74	0.84	0.62	0.70	0.78	0.63	0.70	0.79
总磷	0.57	0.65	0.73	0.54	0.61	0.68	0.54	0.61	0.68
有效磷[5]	0.33	0.37	0.42	0.31	0.35	0.39	0.31	0.35	0.39
氨基酸（%）									
标准回肠可消化基础									
赖氨酸	0.76	0.82	0.87	0.79	0.80	0.85	0.79	0.80	0.85
蛋氨酸	0.20	0.21	0.23	0.20	0.21	0.22	0.20	0.21	0.22
蛋氨酸＋半胱氨酸	0.40	0.43	0.46	0.42	0.42	0.45	0.42	0.42	0.45
苏氨酸	0.48	0.51	0.55	0.50	0.50	0.53	0.50	0.50	0.54
色氨酸	0.14	0.15	0.17	0.15	0.15	0.16	0.15	0.15	0.16
异亮氨酸	0.45	0.48	0.52	0.46	0.47	0.50	0.46	0.47	0.50
亮氨酸	0.86	0.92	0.99	0.89	0.90	0.96	0.89	0.90	0.96
缬氨酸	0.64	0.69	0.74	0.67	0.68	0.72	0.67	0.68	0.73
精氨酸	0.42	0.45	0.48	0.43	0.44	0.47	0.43	0.44	0.47
组氨酸	0.30	0.33	0.35	0.31	0.32	0.34	0.32	0.32	0.34
苯丙氨酸	0.41	0.44	0.47	0.42	0.43	0.46	0.43	0.43	0.46
苯丙氨酸＋酪氨酸	0.85	0.91	0.98	0.88	0.89	0.95	0.88	0.89	0.96
表观回肠可消化基础									
赖氨酸	0.72	0.77	0.83	0.75	0.76	0.81	0.75	0.76	0.81
蛋氨酸	0.19	0.20	0.22	0.19	0.20	0.21	0.19	0.20	0.21
蛋氨酸＋半胱氨酸	0.38	0.41	0.44	0.40	0.40	0.43	0.40	0.40	0.43
苏氨酸	0.43	0.46	0.50	0.45	0.45	0.48	0.45	0.45	0.49
色氨酸	0.14	0.15	0.16	0.14	0.14	0.15	0.14	0.14	0.15

（续）

胎次	1			2			3+		
产后体重（kg）	170	170	170	190	190	190	210	210	210
窝产仔数（头）	10	10	10	11	11	11	12	12	12
泌乳天数（d）[1]	21	21	21	21	21	21	21	21	21
仔猪平均日增重（g）	180	220	260	180	220	260	180	220	260
采食量（g/d）[2]	4 710	4 710	4 710	5 660	5 660	5 660	6 130	6 130	6 130
表观回肠可消化基础									
异亮氨酸	0.40	0.43	0.46	0.41	0.42	0.44	0.41	0.42	0.45
亮氨酸	0.81	0.88	0.94	0.84	0.85	0.91	0.85	0.86	0.92
缬氨酸	0.57	0.61	0.66	0.59	0.60	0.64	0.59	0.60	0.64
精氨酸	0.37	0.40	0.43	0.39	0.39	0.42	0.39	0.39	0.42
组氨酸	0.28	0.30	0.32	0.29	0.29	0.31	0.29	0.30	0.32
苯丙氨酸	0.39	0.42	0.45	0.40	0.41	0.44	0.40	0.41	0.44
苯丙氨酸＋酪氨酸	0.81	0.87	0.93	0.84	0.85	0.90	0.84	0.85	0.91
总氨基酸基础									
赖氨酸	0.87	0.94	1.01	0.90	0.91	0.98	0.91	0.92	0.98
蛋氨酸	0.25	0.27	0.29	0.26	0.27	0.28	0.26	0.27	0.28
蛋氨酸＋半胱氨酸	0.51	0.54	0.58	0.52	0.53	0.57	0.53	0.53	0.57
苏氨酸	0.62	0.67	0.71	0.64	0.65	0.69	0.64	0.65	0.70
色氨酸	0.17	0.19	0.20	0.18	0.18	0.20	0.18	0.18	0.20
异亮氨酸	0.52	0.56	0.60	0.54	0.55	0.59	0.54	0.55	0.59
亮氨酸	1.05	1.13	1.21	1.08	1.10	1.17	1.09	1.10	1.18
缬氨酸	0.80	0.86	0.93	0.83	0.84	0.90	0.83	0.84	0.90
精氨酸	0.48	0.52	0.55	0.50	0.50	0.54	0.50	0.50	0.54
组氨酸	0.37	0.40	0.43	0.39	0.39	0.42	0.39	0.39	0.42
苯丙氨酸	0.51	0.54	0.58	0.52	0.53	0.57	0.53	0.53	0.57
苯丙氨酸＋酪氨酸	1.06	1.14	1.23	1.10	1.12	1.19	1.11	1.12	1.20

注：[1] 根据对养殖户的调研综合所得。

[2] 结合国内饲养实际，第1、2胎和第3胎及其以后胎次母猪泌乳期采食量分别预计为4 710、5 660和6 130 g/d，采食量发生变化时可根据每日能量需要量折算饲粮能量浓度；实际应用时，建议考虑5%饲料浪费。

[3] 玉米-豆粕型饲粮的能量含量。消化能与代谢能、代谢能与净能之间的转化系数分别为0.96和0.76。最佳饲粮能量水平随着当地饲料原料的利用率和当地原料成本不同而变化。当使用替代原料时，建议基于净能水平设计饲粮配方，调整营养需要量确保营养素含量与净能比率保持不变。

[4] 母猪体重变化=（代谢能摄入量－代谢能需要量）/单位体动员或增重所提供或所需的能量，详见模型描述部分。

[5] 有效磷被认为与全消化道标准可消化磷（STTD磷）等价。

表 22-8 瘦肉型泌乳母猪每日能量、钙、磷和氨基酸需要量（以 88% 干物质为计算基础）

胎次	1			2			3+		
产后体重（kg）	170	170	170	190	190	190	210	210	210
窝产仔数（头）	10	10	10	11	11	11	12	12	12
泌乳天数（d）[1]	21	21	21	21	21	21	21	21	21
仔猪平均日增重（g）	180	220	260	180	220	260	180	220	260
采食量（g/d）[2]	4 710	4 710	4 710	5 660	5 660	5 660	6 130	6 130	6 130
代谢能摄入量（MJ/d）[3]	69.04	69.04	69.04	82.84	82.84	82.84	89.75	89.75	89.75
消化能摄入量（MJ/d）[3]	71.13	71.13	71.13	85.35	85.35	85.35	92.47	92.47	92.47
净能摄入量（MJ/d）[3]	52.51	52.51	52.51	63.01	63.01	63.01	68.28	68.28	68.28
母猪体重变化（kg）[4]	−0.2	−11.3	−22.3	6.6	−4.9	−15.8	6.9	−5.7	−17.5
粗蛋白质（g/d）	777	801	848	962	962	1 019	1 042	1 042	1 103
钙和磷（g/d）									
总钙	30.80	35.00	39.40	35.20	39.40	44.20	38.40	43.00	48.20
总磷	26.80	30.45	34.28	30.62	34.28	38.45	33.41	37.41	41.93
有效磷[5]	15.40	17.50	19.70	17.60	19.70	22.10	19.20	21.50	24.10
氨基酸（g/d）									
标准回肠可消化基础									
赖氨酸	35.7	38.4	41.2	44.5	45.0	48.0	48.3	48.9	52.3
蛋氨酸	9.3	10.0	10.7	11.6	11.7	12.5	12.6	12.7	13.6
蛋氨酸+半胱氨酸	18.9	20.4	21.8	23.6	23.9	25.4	25.6	25.9	27.7
苏氨酸	22.5	24.2	26.0	28.0	28.4	30.2	30.4	30.8	32.9
色氨酸	6.8	7.3	7.8	8.5	8.6	9.1	9.2	9.3	9.9
异亮氨酸	21.1	22.7	24.3	26.3	26.6	28.3	28.5	28.9	30.9
亮氨酸	40.3	43.4	46.6	50.3	50.9	54.2	54.6	55.3	59.1
缬氨酸	30.3	32.6	35.0	37.8	38.3	40.8	41.1	41.6	44.5
精氨酸	19.6	21.1	22.7	24.5	24.8	26.4	26.6	26.9	28.8
组氨酸	14.3	15.4	16.5	17.8	18.0	19.2	19.3	19.6	20.9
苯丙氨酸	19.3	20.7	22.2	24.0	24.3	25.9	26.1	26.4	28.2
苯丙氨酸+酪氨酸	40.0	43.0	46.1	49.8	50.4	53.8	54.1	54.8	58.6
表观回肠可消化基础									
赖氨酸	33.9	36.5	39.1	42.3	42.8	45.6	45.9	46.5	49.7
蛋氨酸	8.8	9.5	10.2	11.0	11.1	11.9	11.9	12.1	12.9
蛋氨酸+半胱氨酸	18.0	19.3	20.7	22.4	22.7	24.2	24.3	24.6	26.3
苏氨酸	20.3	21.9	23.5	25.4	25.7	27.4	27.5	27.9	29.8
色氨酸	6.4	6.9	7.4	8.0	8.1	8.7	8.7	8.8	9.4
异亮氨酸	18.7	20.1	21.5	23.3	23.5	25.1	25.2	25.6	27.3
亮氨酸	38.3	41.2	44.2	47.8	48.3	51.5	51.9	52.5	56.1

(续)

胎次	1			2			3+		
产后体重（kg）	170	170	170	190	190	190	210	210	210
窝产仔数（头）	10	10	10	11	11	11	12	12	12
泌乳天数（d）[1]	21	21	21	21	21	21	21	21	21
仔猪平均日增重（g）	180	220	260	180	220	260	180	220	260
采食量（g/d）[2]	4 710	4 710	4 710	5 660	5 660	5 660	6 130	6 130	6 130
表观回肠可消化基础									
缬氨酸	26.8	28.8	30.9	33.4	33.8	36.0	36.2	36.7	39.3
精氨酸	17.6	19.0	20.4	22.0	22.2	23.7	23.9	24.2	25.8
组氨酸	13.2	14.2	15.3	16.5	16.7	17.8	17.9	18.1	19.4
苯丙氨酸	18.3	19.7	21.1	22.8	23.1	24.6	24.8	25.1	26.8
苯丙氨酸＋酪氨酸	38.0	40.9	43.8	47.3	47.9	51.1	51.4	52.0	55.6
总氨基酸基础									
赖氨酸	41.1	44.2	47.4	51.2	51.8	55.2	55.5	56.2	60.1
蛋氨酸	11.9	12.8	13.7	14.8	15.0	16.0	16.1	16.3	17.4
蛋氨酸＋半胱氨酸	23.8	25.6	27.5	29.7	30.0	32.0	32.2	32.6	34.9
苏氨酸	29.1	31.4	33.6	36.3	36.7	39.2	39.4	39.9	42.7
色氨酸	8.2	8.8	9.5	10.2	10.4	11.0	11.1	11.2	12.0
异亮氨酸	24.6	26.5	28.4	30.7	31.1	33.1	33.3	33.7	36.1
亮氨酸	49.3	53.0	56.9	61.4	62.1	66.2	66.7	67.5	72.2
缬氨酸	37.8	40.6	43.6	47.1	47.6	50.8	51.1	51.7	55.3
精氨酸	22.6	24.3	26.1	28.1	28.5	30.4	30.5	30.9	33.1
组氨酸	17.7	19.0	20.4	22.0	22.3	23.7	23.9	24.2	25.9
苯丙氨酸	23.8	25.6	27.5	29.7	30.0	32.0	32.2	32.6	34.9
苯丙氨酸＋酪氨酸	50.1	53.9	57.8	62.4	63.1	67.3	67.8	68.6	73.4

注：此表备注内容同表22-7。

表22-9 瘦肉型妊娠和泌乳母猪饲粮矿物质、维生素和脂肪酸需要量
（以88%干物质为计算基础）

指　标	妊娠母猪	泌乳母猪
采食量（g/d）[1]	2 435	5 500
饲粮消化能（MJ/d）[2]	14.15	15.27
饲粮代谢能（MJ/d）[2]	13.60	14.64
饲粮净能（MJ/d）[2]	10.34	11.13

(续)

指　标	妊娠母猪	泌乳母猪
矿物质元素[3]		
钾（%）	0.20	0.20
钠（%）	0.23	0.30
氯（%）	0.18	0.24
镁（%）	0.06	0.06
铁（mg/kg）	80	80
铜（mg/kg）	5.00	5.00
锰（mg/kg）	23.00	23.00
锌（mg/kg）	45	50
碘（mg/kg）	0.37	0.37
硒（mg/kg）	0.15	0.15
维生素和脂肪酸[3]		
维生素 A（IU/kg）	4 000	2 150
维生素 D_3（IU/kg）	800	800
维生素 E（IU/kg）	44	44
维生素 K（mg/kg）	0.30	0.30
硫胺素（mg/kg）	1.35	1.35
核黄素（mg/kg）	3.98	3.98
烟酸（mg/kg）	11.00	11.00
泛酸（mg/kg）	13.00	13.00
吡哆醇（mg/kg）	1.25	1.25
生物素（mg/kg）	0.21	0.21
叶酸（mg/kg）	1.37	1.37
维生素 B_{12}（μg/kg）	16.00	16.00
胆碱（g/kg）	1.23	1.10
亚油酸（%）	0.10	0.10

注：[1] 实际应用时，建议考虑5%饲料浪费。

[2] 玉米-豆粕型饲粮的能量含量。消化能与代谢能、代谢能与净能之间的转化系数分别为0.96和0.76。最佳饲粮能量水平随着当地饲料原料的利用率和当地饲料成本不同而变化。当使用替代原料时，建议基于净能水平设计饲粮配方，调整营养需要量确保营养素含量与净能比率保持不变。

[3] 矿物质元素、维生素和脂肪酸需要量参照GfE（2008）和NRC（2012）饲养标准取平均值而计算得出。矿物质和维生素需要量包括饲料原料中提供的矿物质和维生素量。

表 22-10 瘦肉型妊娠和泌乳母猪每日矿物质、维生素和脂肪酸需要量
（以 88% 干物质为计算基础）

指　标	妊娠母猪	泌乳母猪
采食量 （g/d）[1]	2 435	5 500
消化能摄入量 （MJ/d）[2]	34.45	84.00
代谢能摄入量 （MJ/d）[2]	33.12	80.54
净能摄入量 （MJ/d）[2]	25.18	61.21
矿物质元素[3]		
钾 （g/d）	4.87	11.00
钠 （g/d）	5.60	16.50
氯 （g/d）	4.38	13.20
镁 （g/d）	1.46	3.30
铁 （mg/d）	195	440
铜 （mg/d）	12.18	27.50
锰 （mg/d）	56.01	126.50
锌 （mg/d）	110	275
碘 （mg/d）	0.90	2.04
硒 （mg/d）	0.37	0.83
维生素和脂肪酸[3]		
维生素 A （IU/d）	9 740	11 825
维生素 D_3 （IU/d）	1 948	4 400
维生素 E （IU/d）	107	242
维生素 K （mg/d）	0.73	1.65
硫胺素 （mg/d）	3.29	7.43
核黄素 （mg/d）	9.69	21.89
烟酸 （mg/d）	26.79	60.50
泛酸 （mg/d）	31.66	71.50
吡哆醇 （mg/d）	3.04	6.88
生物素 （mg/d）	0.51	1.16
叶酸 （mg/d）	3.34	7.54
维生素 B_{12} （μg/d）	38.96	88.00
胆碱 （g/d）	3.00	6.05
亚油酸 （g/d）	2.44	5.50

注：此表备注内容同表 22-9。

表 22-11 瘦肉型后备母猪饲粮能量、钙、磷和氨基酸需要量（以 88% 干物质为计算基础）

指　　标	体重（kg）		
	50～75	75～100	100 至配种
采食量（g/d）	1 950	2 180	2 350
饲粮消化能（MJ/kg）[1]	14.30	14.02	13.81
饲粮代谢能（MJ/kg）[1]	13.73	13.46	13.27
饲粮净能（MJ/kg）[1]	10.42	10.21	10.09
日增重（g）	695	725	700
粗蛋白质（%）	16.0	15.0	13.0
钙和磷（%）			
总钙	0.75	0.70	0.70
总磷	0.69	0.65	0.65
有效磷[2]	0.40	0.35	0.35
氨基酸（%）			
标准回肠可消化基础			
赖氨酸	0.84	0.74	0.62
蛋氨酸	0.24	0.22	0.19
蛋氨酸＋半胱氨酸	0.50	0.45	0.39
苏氨酸	0.54	0.48	0.42
色氨酸	0.13	0.12	0.10
异亮氨酸	0.46	0.41	0.34
亮氨酸	0.85	0.75	0.63
缬氨酸	0.54	0.48	0.41
精氨酸	0.53	0.47	0.39
组氨酸	0.32	0.28	0.24
苯丙氨酸	0.47	0.42	0.35
苯丙氨酸＋酪氨酸	0.78	0.68	0.57
表观回肠可消化基础			
赖氨酸	0.81	0.71	0.59
蛋氨酸	0.23	0.20	0.17
蛋氨酸＋半胱氨酸	0.47	0.41	0.34
苏氨酸	0.48	0.42	0.35
色氨酸	0.13	0.11	0.09
异亮氨酸	0.43	0.38	0.32
亮氨酸	0.82	0.72	0.60
缬氨酸	0.54	0.48	0.40
精氨酸	0.51	0.45	0.37
组氨酸	0.31	0.27	0.23

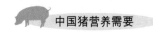

(续)

指　标	体重（kg）		
	50～75	75～100	100至配种
表观回肠可消化基础			
苯丙氨酸	0.46	0.40	0.33
苯丙氨酸＋酪氨酸	0.75	0.66	0.55
总氨基酸基础			
赖氨酸	1.00	0.90	0.75
蛋氨酸	0.29	0.26	0.21
蛋氨酸＋半胱氨酸	0.58	0.52	0.43
苏氨酸	0.59	0.53	0.44
色氨酸	0.16	0.14	0.12
异亮氨酸	0.54	0.48	0.40
亮氨酸	1.01	0.91	0.76
缬氨酸	0.67	0.60	0.50
精氨酸	0.63	0.57	0.47
组氨酸	0.39	0.35	0.29
苯丙氨酸	0.57	0.51	0.42
苯丙氨酸＋酪氨酸	0.93	0.83	0.69

注：[1] 玉米-豆粕型饲粮的能量含量。消化能与代谢能、代谢能与净能之间的转化系数分别为0.96和0.76。最佳饲粮能量水平随着当地饲料原料的利用率和当地饲料成本不同而变化。当使用替代原料时，建议基于净能水平设计饲粮配方，调整营养需要量确保营养素含量与净能比率保持不变。为保证后备母猪后期适宜体况，75 kg开始限饲，以避免后期生长过快、过肥影响繁殖性能。

[2] 有效磷被认为与全消化道标准可消化磷（STTD磷）等价。

表22-12　瘦肉型后备母猪每日能量、钙、磷和氨基酸需要量（以88％干物质为计算基础）

指　标	体重（kg）		
	50～75	75～100	100至配种
采食量（g/d）	1 950	2 180	2 350
消化能摄入量（MJ/d）[1]	27.89	30.56	32.45
代谢能摄入量（MJ/d）[1]	26.77	29.34	31.18
净能摄入量（MJ/d）[1]	20.32	22.26	23.70
日增重（g）	695	725	700
粗蛋白质（g/d）	312	327	306
钙和磷（g/d）			
总钙	14.63	15.26	16.45
总磷	13.46	14.17	15.28
有效磷[2]	7.80	7.63	8.23
氨基酸（g/d）			
标准回肠可消化基础			
赖氨酸	16.4	16.1	14.6
蛋氨酸	4.7	4.8	4.5

(续)

指　标	体重（kg）		
	50～75	75～100	100 至配种
标准回肠可消化基础			
蛋氨酸＋半胱氨酸	9.8	9.8	9.2
苏氨酸	10.5	10.5	9.9
色氨酸	2.5	2.6	2.4
异亮氨酸	9.0	8.9	8.0
亮氨酸	16.6	16.4	14.8
缬氨酸	10.5	10.5	9.6
精氨酸	10.3	10.2	9.2
组氨酸	6.2	6.1	5.6
苯丙氨酸	9.2	9.2	8.2
苯丙氨酸＋酪氨酸	15.2	14.8	13.4
表观回肠可消化基础			
赖氨酸	15.8	15.5	13.9
蛋氨酸	4.5	4.4	4.0
蛋氨酸＋半胱氨酸	9.2	8.9	8.0
苏氨酸	9.4	9.2	8.2
色氨酸	2.5	2.4	2.1
异亮氨酸	8.4	8.3	7.5
亮氨酸	16.0	15.7	14.1
缬氨酸	10.5	10.5	9.4
精氨酸	9.9	9.8	8.7
组氨酸	6.0	5.9	5.4
苯丙氨酸	9.0	8.7	7.8
苯丙氨酸＋酪氨酸	14.6	14.4	12.9
总氨基酸基础			
赖氨酸	19.5	19.6	17.6
蛋氨酸	5.7	5.7	4.9
蛋氨酸＋半胱氨酸	11.3	11.3	10.1
苏氨酸	11.5	11.6	10.3
色氨酸	3.1	3.1	2.8
异亮氨酸	10.5	10.5	9.4
亮氨酸	19.7	19.8	17.9
缬氨酸	13.1	13.1	11.8
精氨酸	12.3	12.4	11.0
组氨酸	7.6	7.6	6.8
苯丙氨酸	11.1	11.1	9.9
苯丙氨酸＋酪氨酸	18.1	18.1	16.2

注：此表备注内容同表 22-11。

表 22-13 瘦肉型后备母猪饲粮矿物质、维生素和脂肪酸需要量（以 88% 干物质为计算基础）

指　标	体重（kg）		
	50～75	75～100	100 至配种
采食量（g/d）	1 950	2 180	2 350
饲粮消化能（MJ/kg）[1]	14.30	14.02	13.81
饲粮代谢能（MJ/kg）[1]	13.73	13.46	13.27
饲粮净能（MJ/kg）[1]	10.42	10.21	10.09
日增重（g）	695	725	700
粗蛋白质（%）	16.0	15.0	13.0
矿物质元素[2]			
钾（%）	0.19	0.19	0.19
钠（%）	0.20	0.20	0.20
氯（%）	0.16	0.16	0.16
镁（%）	0.04	0.04	0.04
铁（mg/kg）	100	100	100
铜（mg/kg）	5.00	5.00	5.00
锰（mg/kg）	20.00	20.00	20.00
锌（mg/kg）	50	50	50
碘（mg/kg）	0.24	0.24	0.24
硒（mg/kg）	0.24	0.24	0.24
维生素和脂肪酸[2]			
维生素 A（IU/kg）	5 000	5 000	5 000
维生素 D_3（IU/kg）	900	900	900
维生素 E（IU/kg）	40	40	40
维生素 K（mg/kg）	2.50	2.50	2.50
硫胺素（mg/kg）	1.50	1.50	1.50
核黄素（mg/kg）	6.40	6.40	6.40
烟酸（mg/kg）	22.00	22.00	22.00
泛酸（mg/kg）	20.00	20.00	20.00
吡哆醇（mg/kg）	2.50	2.50	2.50
生物素（mg/kg）	0.36	0.36	0.36
叶酸（mg/kg）	2.00	2.00	2.00
维生素 B_{12}（μg/kg）	25.00	25.00	25.00
胆碱（g/kg）	0.50	0.50	0.50
亚油酸（%）	0.20	0.20	0.20

注：[1] 玉米-豆粕型饲粮的能量含量。消化能与代谢能、代谢能与净能之间的转化系数分别为 0.96 和 0.76。最佳饲粮能量水平随着当地饲料原料的利用率和当地饲料成本不同而变化。当使用替代原料时，建议基于净能水平设计饲粮配方，调整营养需要量确保营养素含量与净能比率保持不变。为保证后备母猪后期适宜体况，75 kg 开始限饲，以避免后期生长过快、过肥影响繁殖性能。

[2] 矿物质和维生素需要量包括饲料原料中提供的矿物质和维生素量。

表22-14 瘦肉型后备母猪每日矿物质、维生素和脂肪酸需要量（以88%干物质为计算基础）

指　标	体重（kg）		
	50～75	75～100	100至配种
采食量（g/d）	1 950	2 180	2 350
消化能摄入量（MJ/d）[1]	27.89	30.56	32.45
代谢能摄入量（MJ/d）[1]	26.77	29.34	31.18
净能摄入量（MJ/d）[1]	20.32	22.26	23.70
日增重（g）	695	725	700
粗蛋白质（g/d）	312	327	306
矿物质元素[2]			
钾（g/d）	3.71	4.14	4.47
钠（g/d）	3.90	4.36	4.70
氯（g/d）	3.12	3.48	3.76
镁（g/d）	0.78	0.87	0.94
铁（mg/d）	195	218	235
铜（mg/d）	9.75	10.90	11.75
锰（mg/d）	39.00	43.60	47.00
锌（mg/d）	98	109	118
碘（mg/d）	0.47	0.52	0.56
硒（mg/d）	0.47	0.52	0.56
维生素和脂肪酸[2]			
维生素A（IU/d）	9 750	10 900	11 750
维生素D_3（IU/d）	1 755	1 962	2 115
维生素E（IU/d）	77	87	94
维生素K（mg/d）	4.88	5.45	5.88
硫胺素（mg/d）	2.93	3.27	3.53
核黄素（mg/d）	12.48	13.95	15.04
烟酸（mg/d）	42.90	47.96	51.70
泛酸（mg/d）	39.00	43.60	47.00
吡哆醇（mg/d）	4.88	5.45	5.88
生物素（mg/d）	0.70	0.78	0.85
叶酸（mg/d）	3.90	4.36	4.70
维生素B_{12}（μg/d）	48.75	54.50	58.75
胆碱（g/d）	0.98	1.09	1.18
亚油酸（g/d）	3.90	4.36	4.70

注：此表备注内容同表22-13。

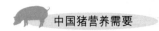

表 22-15 瘦肉型后备公猪饲粮能量、钙、磷和氨基酸需要量（以 88%干物质为计算基础）[1]

指　标	体重（kg）		
	50～75	75～100	100～130
采食量（g/d）	2 100	2 370	2 560
饲粮消化能（MJ/kg）[2]	14.31	14.31	14.31
饲粮代谢能（MJ/kg）[2]	13.76	13.76	13.76
饲粮净能（MJ/kg）[2]	10.59	10.59	10.59
日增重（g）	850	920	900
粗蛋白质（%）	17.0	16.0	15.0
钙和磷（%）			
总钙	0.75	0.75	0.75
总磷	0.60	0.60	0.60
有效磷[3]	0.21	0.21	0.21
氨基酸（%）			
标准回肠可消化基础			
赖氨酸	0.82	0.80	0.75
蛋氨酸	0.24	0.24	0.22
蛋氨酸＋半胱氨酸	0.55	0.55	0.51
苏氨酸	0.49	0.49	0.46
色氨酸	0.14	0.14	0.13
异亮氨酸	0.42	0.42	0.39
亮氨酸	0.81	0.81	0.76
缬氨酸	0.53	0.53	0.49
精氨酸	0.36	0.36	0.34
组氨酸	0.27	0.27	0.26
苯丙氨酸	0.48	0.48	0.45
苯丙氨酸＋酪氨酸	0.76	0.76	0.71
表观回肠可消化基础			
赖氨酸	0.79	0.77	0.72
蛋氨酸	0.23	0.23	0.21
蛋氨酸＋半胱氨酸	0.52	0.52	0.48
苏氨酸	0.44	0.44	0.41
色氨酸	0.12	0.12	0.12
异亮氨酸	0.39	0.39	0.37
亮氨酸	0.76	0.77	0.71
缬氨酸	0.48	0.48	0.45
精氨酸	0.33	0.33	0.31
组氨酸	0.25	0.26	0.24

（续）

指　　标	体重（kg）		
	50～75	75～100	100～130
表观回肠可消化基础			
苯丙氨酸	0.45	0.46	0.43
苯丙氨酸＋酪氨酸	0.71	0.72	0.67
总氨基酸基础			
赖氨酸	0.92	0.90	0.84
蛋氨酸	0.26	0.26	0.25
蛋氨酸＋半胱氨酸	0.64	0.65	0.60
苏氨酸	0.60	0.60	0.56
色氨酸	0.15	0.16	0.14
异亮氨酸	0.49	0.49	0.46
亮氨酸	0.93	0.93	0.87
缬氨酸	0.62	0.62	0.58
精氨酸	0.42	0.42	0.39
组氨酸	0.32	0.32	0.30
苯丙氨酸	0.56	0.56	0.52
苯丙氨酸＋酪氨酸	0.89	0.89	0.84

注：[1] 需要量参考 NRC（2012）和 GfE（2008）饲养标准及 Close 和 Cole（2003）等数据和预测模型综合计算得出。

[2] 玉米-豆粕型饲粮的能量含量。消化能与代谢能、代谢能与净能之间的转化系数分别为 0.96 和 0.76。最佳饲粮能量水平随着当地饲料原料的利用率和当地饲料成本不同而变化。当使用替代原料时，建议基于净能水平设计饲粮配方，调整营养需要量确保营养素含量与净能比率保持不变。

[3] 有效磷被认为与全消化道标准可消化磷（STTD 磷）等价。

表 22-16　瘦肉型后备公猪每日能量、钙、磷和氨基酸需要量（以 88% 干物质为计算基础）[1]

指　　标	体重（kg）		
	50～75	75～100	100～130
采食量（g/d）	2 100	2 370	2 560
消化能摄入量（MJ/d）[2]	30.05	33.91	36.63
代谢能摄入量（MJ/d）[2]	28.91	32.62	35.24
净能摄入量（MJ/d）[2]	22.23	25.08	27.10
日增重（g）	850	920	900
粗蛋白质（g/d）	357	379	384
钙和磷（g/d）			
总钙	15.85	17.89	19.32
总磷	12.68	14.31	15.46
有效磷[3]	4.45	5.02	5.42

（续）

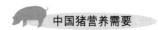

指 标	体重（kg）		
	50～75	75～100	100～130
氨基酸（g/d）			
标准回肠可消化基础			
赖氨酸	17.30	19.04	19.20
蛋氨酸	4.97	5.62	5.67
蛋氨酸＋半胱氨酸	11.45	12.96	13.07
苏氨酸	10.32	11.68	11.78
色氨酸	2.87	3.25	3.28
异亮氨酸	8.79	9.95	10.03
亮氨酸	17.01	19.25	19.41
缬氨酸	11.08	12.55	12.66
精氨酸	7.64	8.65	8.72
组氨酸	5.73	6.49	6.54
苯丙氨酸	10.13	11.47	11.57
苯丙氨酸＋酪氨酸	15.86	17.96	18.11
表观回肠可消化基础			
赖氨酸	16.50	18.16	18.31
蛋氨酸	4.77	5.40	5.44
蛋氨酸＋半胱氨酸	10.87	12.30	12.40
苏氨酸	9.25	10.47	10.56
色氨酸	2.58	2.93	2.95
异亮氨酸	8.21	9.29	9.37
亮氨酸	16.04	18.15	18.30
缬氨酸	10.10	11.44	11.54
精氨酸	6.87	7.77	7.84
组氨酸	5.35	6.06	6.11
苯丙氨酸	9.55	10.81	10.90
苯丙氨酸＋酪氨酸	14.98	16.97	17.11
总氨基酸基础			
赖氨酸	19.30	21.24	21.42
蛋氨酸	5.54	6.27	6.32
蛋氨酸＋半胱氨酸	13.51	15.29	15.42
苏氨酸	12.61	14.27	14.39
色氨酸	3.25	3.68	3.71
异亮氨酸	10.32	11.68	11.78
亮氨酸	19.49	22.06	22.24
缬氨酸	12.99	14.72	14.84
精氨酸	8.79	9.95	10.04
组氨酸	6.69	7.58	7.64
苯丙氨酸	11.66	13.20	13.31
苯丙氨酸＋酪氨酸	18.73	21.21	21.38

注：此表备注内容同表 22 - 15。

表 22-17 瘦肉型成年种用公猪饲粮能量、钙、磷和氨基酸需要量（以 88% 干物质为计算基础）[1]

指　标	体重（kg）	
	130～170	170～300
采食量（g/d）	2 350	2 650
消化能摄入量（MJ/kg）[2]	14.31	14.31
代谢能摄入量（MJ/kg）[2]	13.76	13.76
净能摄入量（MJ/kg）[2]	10.59	10.59
日增重（g）	400	200
粗蛋白质（%）	15.0	15.0
钙和磷（%）		
总钙	0.75	0.75
总磷	0.60	0.60
有效磷[3]	0.21	0.21
氨基酸（%）		
标准回肠可消化基础		
赖氨酸	0.57	0.50
蛋氨酸	0.09	0.08
蛋氨酸+半胱氨酸	0.28	0.25
苏氨酸	0.25	0.22
色氨酸	0.22	0.20
异亮氨酸	0.35	0.31
亮氨酸	0.37	0.32
缬氨酸	0.30	0.26
精氨酸	0.22	0.19
组氨酸	0.17	0.15
苯丙氨酸	0.40	0.35
苯丙氨酸+酪氨酸	0.65	0.57
表观回肠可消化基础		
赖氨酸	0.53	0.46
蛋氨酸	0.08	0.07
蛋氨酸+半胱氨酸	0.26	0.23
苏氨酸	0.19	0.17
色氨酸	0.21	0.19
异亮氨酸	0.33	0.29
亮氨酸	0.32	0.28
缬氨酸	0.26	0.23
精氨酸	0.18	0.16

（续）

指 标	体重（kg）	
	130～170	170～300
表观回肠可消化基础		
组氨酸	0.15	0.13
苯丙氨酸	0.37	0.33
苯丙氨酸＋酪氨酸	0.60	0.53
总氨基酸基础		
赖氨酸	0.68	0.59
蛋氨酸	0.12	0.11
蛋氨酸＋半胱氨酸	0.35	0.31
苏氨酸	0.32	0.28
色氨酸	0.26	0.23
异亮氨酸	0.42	0.37
亮氨酸	0.44	0.38
缬氨酸	0.38	0.33
精氨酸	0.28	0.24
组氨酸	0.20	0.18
苯丙氨酸	0.47	0.41
苯丙氨酸＋酪氨酸	0.78	0.69

注：[1] 需要量参考 NRC（2012）和 GfE（2008）饲养标准及 Close 和 Cole（2003）等数据和预测模型综合计算得出。

[2] 玉米-豆粕型饲粮的能量含量。消化能与代谢能、代谢能与净能之间的转化系数分别为 0.96 和 0.76。最佳饲粮能量水平随着当地饲料原料的利用率和当地饲料成本不同而变化。当使用替代原料时，建议基于净能水平设计饲粮配方，调整营养需要量确保营养素含量与净能比率保持不变。

[3] 有效磷被认为与全消化道标准可消化磷（STTD 磷）等价。

表 22-18　瘦肉型成年种用公猪每日能量、钙、磷和氨基酸需要量（以 88% 干物质为计算基础）[1]

指　标	体重（kg）	
	130～170	170～300
采食量（g/d）	2 350	2 650
消化能摄入量（MJ/d）[2]	33.63	37.92
代谢能摄入量（MJ/d）[2]	32.35	36.48
净能摄入量（MJ/d）[2]	24.88	28.05
日增重（g）	400	200
粗蛋白质（g/d）	353	398
钙和磷（g/d）		
总钙	17.63	19.88
总磷	14.10	15.90
有效磷[3]	5.00	5.57

（续）

指　标	体重（kg）	
	130～170	170～300
氨基酸（g/d）		
标准回肠可消化基础		
赖氨酸	13.40	13.25
蛋氨酸	2.12	2.12
蛋氨酸+半胱氨酸	6.58	6.63
苏氨酸	5.88	5.83
色氨酸	5.17	5.30
异亮氨酸	8.23	8.22
亮氨酸	8.70	8.48
缬氨酸	7.05	6.89
精氨酸	5.17	5.04
组氨酸	4.00	3.98
苯丙氨酸	9.40	9.28
苯丙氨酸+酪氨酸	15.28	15.11
表观回肠可消化基础		
赖氨酸	12.46	12.19
蛋氨酸	1.88	1.86
蛋氨酸+半胱氨酸	6.11	6.10
苏氨酸	4.47	4.51
色氨酸	4.94	5.04
异亮氨酸	7.76	7.69
亮氨酸	7.52	7.42
缬氨酸	6.11	6.10
精氨酸	4.23	4.24
组氨酸	3.53	3.45
苯丙氨酸	8.70	8.75
苯丙氨酸+酪氨酸	14.10	14.05
总氨基酸基础		
赖氨酸	15.98	15.64
蛋氨酸	2.82	2.92
蛋氨酸+半胱氨酸	8.23	8.22
苏氨酸	7.52	7.42
色氨酸	6.11	6.10
异亮氨酸	9.87	9.81
亮氨酸	10.34	10.07
缬氨酸	8.93	8.75
精氨酸	6.58	6.36
组氨酸	4.70	4.77
苯丙氨酸	11.05	10.87
苯丙氨酸+酪氨酸	18.33	18.29

注：此表备注内容同表22-17。

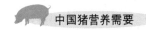

表 22-19 瘦肉型成年种用公猪饲粮矿物质、维生素和脂肪酸的
需要量（以 88%干物质为计算基础）[1]

体重（kg）	130～300
采食量（g/d）	2 540
饲粮消化能（MJ/kg）[2]	14.31
饲粮代谢能（MJ/kg）[2]	13.76
饲粮净能（MJ/kg）[2]	10.59
矿物质元素[3]	
钾（%）	0.20
钠（%）	0.15
氯（%）	0.12
镁（%）	0.04
铁（mg/kg）	80
铜（mg/kg）	5.00
锰（mg/kg）	20.00
锌（mg/kg）	50
碘（mg/kg）	0.14
硒（mg/kg）	0.30
维生素和脂肪酸[3]	
维生素 A（IU/kg）	4 000
维生素 D_3（IU/kg）	800
维生素 E（IU/kg）	80
维生素 K（mg/kg）	0.50
硫胺素（mg/kg）	0.90
核黄素（mg/kg）	3.80
烟酸（mg/kg）	10.00
泛酸（mg/kg）	12.00
吡哆醇（mg/kg）	1.20
生物素（mg/kg）	0.20
叶酸（mg/kg）	1.30
维生素（μg/kg）	16.00
胆碱（g/kg）	1.30
亚油酸（%）	0.10

注：[1] 需要量参考 NRC（2012）和 GfE（2008）饲养标准及 Close 和 Cole（2003）等数据和预测模型综合计算得出。

[2] 玉米-豆粕型饲粮的能量含量。消化能与代谢能、代谢能与净能之间的转化系数分别为 0.96 和 0.76。最佳饲粮能量水平随着当地饲料原料的利用率和当地饲料成本不同而变化。当使用替代原料时，建议基于净能水平设计饲粮配方，调整营养需要量确保营养素含量与净能比率保持不变。

[3] 矿物质和维生素需要量包括饲料原料中提供的矿物质和维生素量。

表 22-20 瘦肉型成年种用公猪每日矿物质、维生素和脂肪酸的
需要量（以 88%干物质为计算基础）[1]

体重（kg）	130～300
采食量（g/d）	2 540
消化能摄入量（MJ/d）[2]	36.35
代谢能摄入量（MJ/d）[2]	34.96
净能摄入量（MJ/d）[2]	26.89
矿物质元素[3]	
钾（g/d）	5.08
钠（g/d）	3.81
氯（g/d）	3.05
镁（g/d）	1.02
铁（mg/d）	203
铜（mg/d）	12.70
锰（mg/d）	50.80
锌（mg/d）	127
碘（mg/d）	0.36
硒（mg/d）	0.76
维生素和脂肪酸[3]	
维生素 A（IU/d）	10 160
维生素 D_3（IU/d）	2 032
维生素 E（IU/d）	203
维生素 K（mg/d）	1.19
硫胺素（mg/d）	2.38
核黄素（mg/d）	9.52
烟酸（mg/d）	25.40
泛酸（mg/d）	30.48
吡哆醇（mg/d）	3.05
生物素（mg/d）	0.51
叶酸（mg/d）	3.30
维生素 B_{12}（μg/d）	40.64
胆碱（g/d）	3.30
亚油酸（g/d）	2.54

注：此表备注内容同表 22-19。

表 22-21 脂肪型仔猪和生长育肥猪饲粮能量、钙、磷和氨基酸需要量
（自由采食，以 88% 干物质为计算基础）

指标	体重（kg）				
	3~6	6~15	15~30	30~50	50~80
日增重（g）	215	285	370	430	545
采食量（g/d）	310	620	1 105	1 625	2 430
饲料/增重	1.44	2.18	2.99	3.78	4.46
饲粮消化能（MJ/kg）[1]	14.43	14.23	13.89	13.47	13.03
饲粮代谢能（MJ/kg）[1]	13.86	13.66	13.34	12.93	12.51
饲粮净能（MJ/kg）[1]	10.53	10.38	10.13	9.83	9.51
粗蛋白质（%）	18.5	16.5	15.0	13.5	12.0
赖氨酸代谢能比（g/MJ）	0.94	0.81	0.56	0.44	0.37
体蛋白质沉积（g/d）	10	25	49	67	80
钙和磷（%）					
总钙	0.85	0.7	0.60	0.52	0.48
总磷	0.75	0.6	0.50	0.42	0.38
有效磷[2]	0.55	0.35	0.25	0.18	0.16
氨基酸（%）[3]					
标准回肠可消化基础					
赖氨酸	1.17	0.99	0.67	0.50	0.40
蛋氨酸	0.32	0.27	0.18	0.13	0.11
蛋氨酸+半胱氨酸	0.67	0.57	0.39	0.29	0.23
苏氨酸	0.79	0.67	0.45	0.34	0.27
色氨酸	0.21	0.18	0.12	0.09	0.07
异亮氨酸	0.65	0.55	0.37	0.28	0.22
亮氨酸	1.09	0.92	0.63	0.47	0.38
缬氨酸	0.80	0.68	0.46	0.34	0.27
精氨酸	0.41	0.35	0.24	0.18	0.14
组氨酸	0.36	0.31	0.21	0.15	0.12
苯丙氨酸	0.68	0.57	0.39	0.29	0.23
苯丙氨酸+酪氨酸	1.08	0.91	0.62	0.46	0.37
表观回肠可消化基础					
赖氨酸	1.09	0.91	0.61	0.45	0.35
蛋氨酸	0.29	0.25	0.16	0.12	0.09
蛋氨酸+半胱氨酸	0.63	0.52	0.35	0.26	0.20
苏氨酸	0.73	0.61	0.41	0.30	0.23
色氨酸	0.20	0.17	0.11	0.08	0.06
异亮氨酸	0.60	0.50	0.33	0.25	0.19

(续)

指　标	体重（kg）				
	3～6	6～15	15～30	30～50	50～80
表观回肠可消化基础					
亮氨酸	1.02	0.85	0.56	0.42	0.33
缬氨酸	0.74	0.62	0.41	0.30	0.24
精氨酸	0.38	0.32	0.21	0.16	0.12
组氨酸	0.34	0.28	0.19	0.14	0.11
苯丙氨酸	0.63	0.53	0.35	0.26	0.20
苯丙氨酸＋酪氨酸	1.01	0.84	0.56	0.41	0.32
总氨基酸基础					
赖氨酸	1.31	1.10	0.75	0.57	0.46
蛋氨酸	0.35	0.30	0.20	0.15	0.12
蛋氨酸＋半胱氨酸	0.75	0.63	0.43	0.33	0.26
苏氨酸	0.88	0.74	0.50	0.38	0.31
色氨酸	0.24	0.20	0.14	0.10	0.08
异亮氨酸	0.72	0.61	0.41	0.31	0.25
亮氨酸	1.22	1.03	0.70	0.53	0.43
缬氨酸	0.89	0.75	0.51	0.39	0.31
精氨酸	0.46	0.39	0.26	0.20	0.16
组氨酸	0.40	0.34	0.23	0.18	0.14
苯丙氨酸	0.75	0.64	0.43	0.33	0.26
苯丙氨酸＋酪氨酸	0.93	0.77	0.51	0.38	0.30

注：[1] 玉米-豆粕型饲粮的能量含量。消化能与代谢能、代谢能与净能之间的转化系数分别为0.96和0.76。
[2] 有效磷被认为与全消化道标准可消化磷（STTD磷）等价。
[3] 标准回肠可消化赖氨酸需要量根据生长模型估算确定；表观回肠可消化氨基酸需要量根据统计试验数据确定；总氨基酸需要量根据试验和经验数据的总赖氨酸摄入量与代谢能摄入量比值，再根据代谢能摄入量估测模型，得到总赖氨酸摄入量和含量。其他氨基酸需要量是根据其与赖氨酸的比例（理想蛋白质）的估测值。

表22-22　脂肪型仔猪和生长育肥猪每日能量、钙、磷和氨基酸需要量
（自由采食，以88％干物质为计算基础）

指　标	体重（kg）				
	3～6	6～15	15～30	30～50	50～80
日增重（g）	215	285	370	430	545
采食量（g/d）	310	620	1 105	1 625	2 430
饲料/增重	1.44	2.18	2.99	3.78	4.46
消化能摄入量（MJ/d）[1]	4.46	8.79	15.32	21.91	31.64
代谢能摄入量（MJ/d）[1]	4.28	8.44	14.71	21.03	30.38
净能摄入量（MJ/d）[1]	3.25	6.41	11.18	15.98	23.09
粗蛋白质（g/d）	57	102	165	220	291
赖氨酸代谢比（g/MJ）	0.94	0.81	0.56	0.44	0.37
体蛋白质沉积（g/d）	10	25	49	67	80
钙和磷（g/d）					
总钙	2.64	4.34	6.63	8.45	11.66

(续)

指　标	体重（kg）				
	3～6	6～15	15～30	30～50	50～80
总磷	2.33	3.72	5.53	6.83	9.23
有效磷[2]	1.71	2.17	2.76	2.93	3.89
氨基酸（g/d）[3]					
标准回肠可消化基础					
赖氨酸	3.6	6.1	7.4	8.1	9.8
蛋氨酸	1.0	1.6	2.0	2.2	2.6
蛋氨酸＋半胱氨酸	2.1	3.5	4.3	4.7	5.6
苏氨酸	2.4	4.1	5.0	5.5	6.6
色氨酸	0.7	1.1	1.4	1.5	1.8
异亮氨酸	2.0	3.4	4.1	4.5	5.4
亮氨酸	3.4	5.7	6.9	7.6	9.1
缬氨酸	2.5	4.2	5.1	5.5	6.7
精氨酸	1.3	2.2	2.6	2.9	3.4
组氨酸	1.1	1.9	2.3	2.5	3.0
苯丙氨酸	2.1	3.5	4.3	4.7	5.6
苯丙氨酸＋酪氨酸	3.3	5.6	6.8	7.5	9.0
表观回肠可消化基础					
赖氨酸	3.4	5.6	6.7	7.2	8.5
蛋氨酸	0.9	1.5	1.8	1.9	2.3
蛋氨酸＋半胱氨酸	1.9	3.2	3.8	4.2	4.9
苏氨酸	2.3	3.8	4.5	4.9	5.7
色氨酸	0.6	1.0	1.2	1.3	1.5
异亮氨酸	1.9	3.1	3.7	4.0	4.7
亮氨酸	3.1	5.3	6.2	6.8	7.9
缬氨酸	1.7	2.8	3.4	3.8	4.5
精氨酸	1.2	2.0	2.4	2.6	3.0
组氨酸	1.0	1.7	2.1	2.2	2.6
苯丙氨酸	2.0	3.3	3.9	4.2	4.9
苯丙氨酸＋酪氨酸	3.1	5.2	6.2	6.7	7.8
总氨基酸基础					
赖氨酸	4.0	6.8	8.2	9.3	11.1
蛋氨酸	1.1	1.8	2.2	2.5	3.0
蛋氨酸＋半胱氨酸	2.3	3.9	4.7	5.3	6.4
苏氨酸	2.7	4.6	5.5	6.2	7.4
色氨酸	0.7	1.2	1.5	1.7	2.0
异亮氨酸	2.2	3.7	4.5	5.1	6.1
亮氨酸	3.8	6.3	7.7	8.6	10.3
缬氨酸	2.7	4.6	5.6	6.3	7.6
精氨酸	1.4	2.4	2.9	3.3	3.9
组氨酸	1.2	2.1	2.5	2.9	3.4
苯丙氨酸	2.3	3.9	4.8	5.3	6.4
苯丙氨酸＋酪氨酸	3.7	6.3	7.6	8.5	10.2

注：此表备注内容同表22-21。

表 22-23 脂肪型仔猪和生长育肥猪饲粮矿物质、维生素和脂肪酸需要量
（自由采食，以88%干物质为计算基础）

指　标	体重（kg）				
	3～6	6～15	15～30	30～50	50～80
日增重（g）	215	285	370	430	545
采食量（g/d）	310	620	1 105	1 625	2 430
饲料/增重	1.44	2.18	2.99	3.78	4.46
饲粮消化能（MJ/kg）[1]	14.43	14.23	13.89	13.47	13.03
饲粮代谢能（MJ/kg）[1]	13.86	13.66	13.34	12.93	12.51
饲粮净能（MJ/kg）[1]	10.53	10.38	10.13	9.83	9.51
粗蛋白质（%）	18.5	16.5	15.0	13.5	12.0
赖氨酸代谢能比（g/MJ）	0.94	0.81	0.56	0.44	0.37
体蛋白质沉积（g/d）	10	25	49	67	80
矿物质元素[2]					
钾（%）	0.35	0.30	0.24	0.20	0.20
钠（%）	0.20	0.18	0.14	0.10	0.10
氯（%）	0.20	0.18	0.14	0.10	0.10
镁（%）	0.05	0.05	0.05	0.05	0.05
铁（mg/kg）	100	90	70	60	50
铜（mg/kg）	6.50	6.00	4.50	4.00	3.50
锰（mg/kg）	5.00	4.00	4.00	3.00	3.00
锌（mg/kg）	105	95	75	65	55
碘（mg/kg）	0.20	0.15	0.15	0.15	0.15
硒（mg/kg）	0.30	0.30	0.25	0.25	0.25
维生素和脂肪酸[2]					
维生素A（IU/kg）	2 500	2 000	1 700	1 500	1 350
维生素D_3（IU/kg）	250	220	200	180	160
维生素E（IU/kg）	20	20	15	15	15
维生素K（mg/kg）	0.60	0.60	0.50	0.50	0.50
硫胺素（mg/kg）	2.00	2.00	1.50	1.50	1.50
核黄素（mg/kg）	5.00	4.00	3.00	2.50	2.50
烟酸（mg/kg）	25.00	20.00	15.00	12.00	9.00
泛酸（mg/kg）	15.00	12.00	10.00	9.00	8.00
吡哆醇（mg/kg）	2.50	2.00	1.50	1.00	1.00
生物素（mg/kg）	0.10	0.10	0.08	0.08	0.08
叶酸（mg/kg）	0.50	0.40	0.40	0.30	0.30
维生素B_{12}（μg/kg）	25.00	20.00	15.00	10.00	6.00
胆碱（g/kg）	0.60	0.55	0.50	0.45	0.40
亚油酸（%）	0.15	0.10	0.10	0.10	0.10

注：[1] 玉米-豆粕型饲粮的能量含量。消化能与代谢能、代谢能与净能之间的转化系数分别为0.96和0.76。
[2] 矿物质和维生素需要量包括饲料原料中提供的矿物质和维生素量。

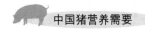

表22-24 脂肪型仔猪和生长育肥猪每日矿物质、维生素和脂肪酸需要量
（自由采食，以88%干物质为计算基础）

指　标	体重（kg）				
	3～6	6～15	15～30	30～50	50～80
日增重（g）	215	285	370	430	545
采食量（g/d）	310	620	1 105	1 625	2 430
饲料/增重	1.44	2.18	2.99	3.78	4.46
消化能摄入量（MJ/d）[1]	4.46	8.79	15.32	21.91	31.64
代谢能摄入量（MJ/d）[1]	4.28	8.44	14.71	21.03	30.38
净能摄入量（MJ/d）[1]	3.25	6.41	11.18	15.98	23.09
粗蛋白质（g/d）	57	102	165	220	291
赖氨酸代谢能比（g/MJ）	0.94	0.81	0.56	0.44	0.37
体蛋白质沉积（g/d）	10	25	49	67	80
矿物质元素[2]					
钾（g/d）	1.09	1.86	2.65	3.25	4.86
钠（g/d）	0.62	1.12	1.55	1.63	2.43
氯（g/d）	0.62	1.12	1.55	1.63	2.43
镁（g/d）	0.16	0.31	0.55	0.81	1.22
铁（mg/d）	31	56	77	98	122
铜（mg/d）	2.02	3.72	4.97	6.50	8.51
锰（mg/d）	1.55	2.48	4.42	4.88	7.29
锌（mg/d）	33	59	83	106	134
碘（mg/d）	0.06	0.09	0.17	0.24	0.36
硒（mg/d）	0.09	0.19	0.28	0.41	0.61
维生素和脂肪酸[2]					
维生素 A（IU/d）	775	1 240	1 879	2 438	3 281
维生素 D_3（IU/d）	78	136	221	293	389
维生素 E（IU/d）	6	12	17	24	36
维生素 K（mg/d）	0.19	0.37	0.55	0.81	1.22
硫胺素（mg/d）	0.62	1.24	1.66	2.44	3.65
核黄素（mg/d）	1.55	2.48	3.32	4.06	6.08
烟酸（mg/d）	7.75	12.40	16.58	19.50	21.87
泛酸（mg/d）	4.65	7.44	11.05	14.63	19.44
吡哆醇（mg/d）	0.78	1.24	1.66	1.63	2.43
生物素（mg/d）	0.03	0.06	0.09	0.13	0.19
叶酸（mg/d）	0.16	0.31	0.44	0.49	0.73
维生素 B_{12}（μg/d）	7.75	12.40	16.58	16.25	14.58
胆碱（g/d）	0.19	0.34	0.55	0.73	0.97
亚油酸（g/d）	0.47	0.62	1.11	1.63	2.43

注：此表备注内容同表22-23。

表 22-25 脂肪型妊娠母猪饲粮能量、钙、磷和氨基酸需要量（以 88% 干物质为计算基础）

胎次	1		2+	
窝产仔数（头）	10		12	
妊娠天数（d）	<90	>90	<90	>90
采食量（g/d）[1]	1 500	1 930	1 640	2 050
饲粮消化能（MJ/kg）[2]	12.97	12.97	12.97	12.97
饲粮代谢能（MJ/kg）[2]	12.45	12.45	12.45	12.45
饲粮净能（MJ/kg）[2]	9.46	9.46	9.46	9.46
粗蛋白质（%）	11.5	14.0	10.0	11.5
赖氨酸代谢能比（g/MJ）	0.41	0.56	0.29	0.39
钙和磷（%）				
总钙	0.52	0.65	0.43	0.56
总磷	0.42	0.49	0.36	0.43
有效磷[3]	0.23	0.28	0.18	0.24
氨基酸（%）				
标准回肠可消化基础				
赖氨酸	0.44	0.61	0.31	0.43
蛋氨酸	0.13	0.17	0.08	0.12
蛋氨酸＋半胱氨酸	0.29	0.40	0.21	0.29
苏氨酸	0.31	0.43	0.23	0.32
色氨酸	0.07	0.12	0.06	0.09
异亮氨酸	0.25	0.32	0.17	0.22
亮氨酸	0.40	0.57	0.29	0.41
缬氨酸	0.31	0.44	0.23	0.32
精氨酸	0.23	0.33	0.16	0.22
组氨酸	0.15	0.19	0.10	0.13
苯丙氨酸	0.24	0.34	0.18	0.25
苯丙氨酸＋酪氨酸	0.42	0.58	0.30	0.42
表观回肠可消化基础				
赖氨酸	0.42	0.58	0.30	0.41
蛋氨酸	0.12	0.16	0.08	0.12
蛋氨酸＋半胱氨酸	0.27	0.38	0.21	0.28
苏氨酸	0.30	0.41	0.23	0.31
色氨酸	0.07	0.11	0.06	0.08
异亮氨酸	0.23	0.30	0.16	0.21
亮氨酸	0.37	0.53	0.27	0.39
缬氨酸	0.28	0.39	0.21	0.29
精氨酸	0.20	0.28	0.14	0.20

(续)

胎次	1		2+	
窝产仔数（头）	10		12	
妊娠天数（d）	＜90	＞90	＜90	＞90
表观回肠可消化基础				
组氨酸	0.15	0.18	0.10	0.13
苯丙氨酸	0.23	0.31	0.17	0.23
苯丙氨酸＋酪氨酸	0.39	0.54	0.29	0.40
总氨基酸基础				
赖氨酸	0.51	0.70	0.36	0.49
蛋氨酸	0.15	0.20	0.10	0.14
蛋氨酸＋半胱氨酸	0.35	0.47	0.26	0.35
苏氨酸	0.38	0.50	0.29	0.38
色氨酸	0.09	0.13	0.07	0.10
异亮氨酸	0.30	0.38	0.21	0.26
亮氨酸	0.47	0.66	0.33	0.47
缬氨酸	0.38	0.50	0.27	0.37
精氨酸	0.27	0.37	0.19	0.26
组氨酸	0.19	0.23	0.12	0.16
苯丙氨酸	0.29	0.39	0.20	0.28
苯丙氨酸＋酪氨酸	0.51	0.69	0.37	0.49

注：[1] 实际应用时，建议考虑5%饲料浪费。

[2] 玉米-豆粕型饲粮的能量含量。消化能与代谢能、代谢能与净能之间的转化系数分别为0.96和0.76。

[3] 有效磷被认为与全消化道标准可消化磷（STTD磷）等价。

表22-26 脂肪型妊娠母猪每日能量、钙、磷和氨基酸需要量（以88%干物质为计算基础）

胎次	1		2+	
窝产仔数（头）	10		12	
妊娠天数（d）	＜90	＞90	＜90	＞90
采食量（g/d）[1]	1 500	1 930	1 640	2 050
消化能摄入量（MJ/d）[2]	19.46	25.03	21.27	26.59
代谢能摄入量（MJ/d）[2]	18.68	24.03	20.42	25.52
净能摄入量（MJ/d）[2]	14.19	18.26	15.52	19.40
粗蛋白质（g/d）	173	270	164	236
赖氨酸代谢能比（g/MJ）	0.41	0.56	0.29	0.39
钙和磷（g/d）				
总钙	7.80	12.55	7.05	11.48
总磷	6.30	9.46	5.90	8.82
有效磷[3]	3.45	5.40	2.95	4.92

(续)

胎次	1		2+	
窝产仔数（头）	10		12	
妊娠天数（d）	＜90	＞90	＜90	＞90
氨基酸（g/d）				
标准回肠可消化基础				
赖氨酸	6.6	11.8	5.1	8.8
蛋氨酸	1.9	3.3	1.4	2.5
蛋氨酸＋半胱氨酸	4.3	7.7	3.5	6.0
苏氨酸	4.7	8.3	3.8	6.5
色氨酸	1.1	2.3	1.0	1.8
异亮氨酸	3.8	6.2	2.8	4.5
亮氨酸	5.9	11.1	4.8	8.4
缬氨酸	4.7	8.4	3.7	6.5
精氨酸	3.5	6.3	2.6	4.6
组氨酸	2.3	3.7	1.7	2.7
苯丙氨酸	3.6	6.5	2.9	5.0
苯丙氨酸＋酪氨酸	6.3	11.2	5.0	8.5
表观回肠可消化基础				
赖氨酸	6.3	11.2	4.9	8.4
蛋氨酸	1.8	3.1	1.4	2.4
蛋氨酸＋半胱氨酸	4.1	7.3	3.4	5.8
苏氨酸	4.5	7.8	3.7	6.3
色氨酸	1.1	2.1	0.9	1.7
异亮氨酸	3.4	5.8	2.7	4.4
亮氨酸	5.6	10.1	4.5	8.0
缬氨酸	4.2	7.5	3.5	5.9
精氨酸	3.0	5.4	2.3	4.0
组氨酸	2.2	3.5	1.6	2.6
苯丙氨酸	3.4	5.9	2.8	4.6
苯丙氨酸＋酪氨酸	5.9	10.5	4.8	8.2
总氨基酸基础				
赖氨酸	7.7	13.5	5.9	10.0
蛋氨酸	2.3	3.8	1.7	2.9
蛋氨酸＋半胱氨酸	5.2	9.0	4.2	7.1
苏氨酸	5.8	9.7	4.7	7.7
色氨酸	1.3	2.6	1.2	2.1
异亮氨酸	4.6	7.3	3.4	5.4
亮氨酸	7.0	12.6	5.5	9.6
缬氨酸	5.6	9.7	4.4	7.6
精氨酸	4.0	7.1	3.1	5.3
组氨酸	2.8	4.5	2.0	3.2
苯丙氨酸	4.3	7.4	3.3	5.6
苯丙氨酸＋酪氨酸	7.7	13.3	6.0	10.0

注：[1] 实际应用时，建议考虑5%饲料浪费。

[2] 玉米-豆粕型饲粮的能量含量。消化能与代谢能、代谢能与净能之间的转化系数分别为0.96和0.76。

[3] 有效磷被认为与全消化道标准可消化磷（STTD磷）等价。

表 22-27 脂肪型泌乳母猪饲粮能量、钙、磷和氨基酸需要量（以 88％干物质为计算基础）

胎次	1	2+
窝产仔数（头）	9	11
泌乳天数（d）[1]	35	35
采食量（g/d）[2]	2 850	3 300
饲粮消化能（MJ/kg）[3]	14.02	14.02
饲粮代谢能（MJ/kg）[3]	13.46	13.46
饲粮净能（MJ/kg）[3]	10.23	10.23
粗蛋白质（％）	15.0	15.5
赖氨酸代谢能比（g/MJ）	0.57	0.56
钙和磷（％）		
总钙	0.66	0.63
总磷	0.57	0.55
有效磷[4]	0.33	0.31
氨基酸（％）		
标准回肠可消化基础		
赖氨酸	0.67	0.65
蛋氨酸	0.18	0.17
蛋氨酸＋半胱氨酸	0.36	0.34
苏氨酸	0.42	0.41
色氨酸	0.13	0.13
异亮氨酸	0.40	0.38
亮氨酸	0.76	0.73
缬氨酸	0.57	0.55
精氨酸	0.37	0.36
组氨酸	0.27	0.26
苯丙氨酸	0.36	0.35
苯丙氨酸＋酪氨酸	0.75	0.73
表观回肠可消化基础		
赖氨酸	0.64	0.62
蛋氨酸	0.17	0.16
蛋氨酸＋半胱氨酸	0.34	0.33
苏氨酸	0.38	0.37
色氨酸	0.12	0.12
异亮氨酸	0.35	0.34
亮氨酸	0.72	0.70
缬氨酸	0.51	0.49
精氨酸	0.33	0.32

（续）

胎次	1	2+
窝产仔数（头）	9	11
泌乳天数（d）[1]	35	35
表观回肠可消化基础		
组氨酸	0.25	0.25
苯丙氨酸	0.35	0.34
苯丙氨酸＋酪氨酸	0.72	0.69
总氨基酸基础		
赖氨酸	0.77	0.75
蛋氨酸	0.23	0.22
蛋氨酸＋半胱氨酸	0.45	0.43
苏氨酸	0.55	0.53
色氨酸	0.15	0.15
异亮氨酸	0.46	0.45
亮氨酸	0.93	0.90
缬氨酸	0.71	0.69
精氨酸	0.42	0.41
组氨酸	0.33	0.32
苯丙氨酸	0.45	0.43
苯丙氨酸＋酪氨酸	0.94	0.91

注：[1] 根据对养殖户的调研综合所得。
[2] 实际应用时，建议考虑5%饲料浪费。
[3] 玉米-豆粕型饲粮的能量含量。消化能与代谢能、代谢能与净能之间的转化系数分别为0.96和0.76。
[4] 有效磷被认为与全消化道标准可消化磷（STTD 磷）等价。

表 22-28 脂肪型泌乳母猪每日能量、钙、磷和氨基酸需要量（以88%干物质为计算基础）

胎次	1	2+
窝产仔数（头）	9	11
泌乳天数（d）[1]	35	35
采食量（g/d）[2]	2 850	3 300
消化能摄入量（MJ/d）[3]	39.96	46.27
代谢能摄入量（MJ/d）[3]	38.36	44.42
净能摄入量（MJ/d）[3]	29.15	33.76
粗蛋白质（g/d）	428	512
赖氨酸代谢能比（g/MJ）	0.57	0.56
钙和磷（g/d）		
总钙	18.81	20.79
总磷	16.25	18.15
有效磷[4]	9.41	10.23

(续)

胎次	1	2+
窝产仔数（头）	9	11
泌乳天数（d)[1]	35	35
氨基酸（g/d）		
标准回肠可消化基础		
赖氨酸	19.1	21.5
蛋氨酸	5.0	5.6
蛋氨酸＋半胱氨酸	10.1	11.4
苏氨酸	12.0	13.5
色氨酸	3.7	4.2
异亮氨酸	11.3	12.7
亮氨酸	21.6	24.2
缬氨酸	16.2	18.2
精氨酸	10.4	11.7
组氨酸	7.7	8.6
苯丙氨酸	10.4	11.6
苯丙氨酸＋酪氨酸	21.3	23.9
表观回肠可消化基础		
赖氨酸	18.2	20.5
蛋氨酸	4.7	5.3
蛋氨酸＋半胱氨酸	9.7	10.9
苏氨酸	10.9	12.3
色氨酸	3.5	3.9
异亮氨酸	9.9	11.2
亮氨酸	20.6	23.2
缬氨酸	14.4	16.2
精氨酸	9.4	10.6
组氨酸	7.2	8.1
苯丙氨酸	9.9	11.1
苯丙氨酸＋酪氨酸	20.4	22.9
总氨基酸基础		
赖氨酸	21.9	24.8
蛋氨酸	6.4	7.3
蛋氨酸＋半胱氨酸	12.7	14.3
苏氨酸	15.6	17.6
色氨酸	4.4	4.9
异亮氨酸	13.1	14.8
亮氨酸	26.4	29.8
缬氨酸	20.3	22.9
精氨酸	12.0	13.6
组氨酸	9.4	10.6
苯丙氨酸	12.7	14.3
苯丙氨酸＋酪氨酸	26.7	30.1

注：此表备注内容同表 22-27。

表 22-29 脂肪型妊娠和泌乳母猪饲粮矿物质、维生素和脂肪酸需要量
（以 88% 干物质为计算基础）

指　标	妊娠母猪	泌乳母猪
采食量（g/d）[1]	1 680	3 075
饲粮消化能（MJ/kg）[2]	12.97	14.02
饲粮代谢能（MJ/kg）[2]	12.45	13.46
饲粮净能（MJ/kg）[2]	9.46	10.23
矿物质元素[3]		
钾（%）	0.16	0.18
钠（%）	0.12	0.16
氯（%）	0.10	0.14
镁（%）	0.04	0.04
铁（mg/kg）	70	70
铜（mg/kg）	5.00	5.00
锰（mg/kg）	20.00	22.00
锌（mg/kg）	50	50
碘（mg/kg）	0.25	0.25
硒（mg/kg）	0.20	0.20
维生素和脂肪酸[3]		
维生素 A（IU/kg）	3 600	1 900
维生素 D_3（IU/kg）	450	450
维生素 E（IU/kg）	25	32
维生素 K（mg/kg）	0.30	0.30
硫胺素（mg/kg）	1.00	1.00
核黄素（mg/kg）	3.50	3.50
烟酸（mg/kg）	9.00	9.00
泛酸（mg/kg）	11.00	11.00
吡哆醇（mg/kg）	1.10	1.10
生物素（mg/kg）	0.19	0.19
叶酸（mg/kg）	1.20	1.20
维生素 B_{12}（μg/kg）	14.00	14.00
胆碱（g/kg）	1.15	1.00
亚油酸（%）	0.10	0.10

注：[1] 实际应用时，建议考虑 5% 饲料浪费。

[2] 玉米-豆粕型饲粮的能量含量。消化能与代谢能、代谢能与净能之间的转化系数分别为 0.96 和 0.76。

[3] 矿物质和维生素需要量包括饲料原料中提供的矿物质和维生素量。

表 22-30 脂肪型妊娠和泌乳母猪每日矿物质、维生素和脂肪酸需要量
（以 88% 干物质为计算基础）

指　标	妊娠母猪	泌乳母猪
日采食量 (g)[1]	1 680	3 075
消化能摄入量 (MJ/kg)[2]	21.79	43.11
代谢能摄入量 (MJ/kg)[2]	20.92	41.39
净能摄入量 (MJ/kg)[2]	15.90	31.45
矿物质元素[3]		
钾 (g/d)	2.69	5.54
钠 (g/d)	2.02	4.92
氯 (g/d)	1.68	4.31
镁 (g/d)	0.67	1.23
铁 (mg/d)	118	215
铜 (mg/d)	8.40	15.38
锰 (mg/d)	33.60	67.65
锌 (mg/d)	84	154
碘 (mg/d)	0.42	0.77
硒 (mg/d)	0.34	0.62
维生素和脂肪酸[3]		
维生素 A (IU/d)	6 048	5 843
维生素 D_3 (IU/d)	756	1 384
维生素 E (IU/d)	42	98
维生素 K (mg/d)	0.50	0.92
硫胺素 (mg/d)	1.68	3.08
核黄素 (mg/d)	5.88	10.76
烟酸 (mg/d)	15.12	27.68
泛酸 (mg/d)	18.48	33.83
吡哆醇 (mg/d)	1.85	3.38
生物素 (mg/d)	0.32	0.58
叶酸 (mg/d)	2.02	3.69
维生素 B_{12} (μg/d)	23.52	43.05
胆碱 (g/d)	1.93	3.08
亚油酸 (g/d)	1.68	3.08

注：此表备注内容同表 22-29。

表 22-31 脂肪型后备母猪饲粮能量、钙、磷和氨基酸需要量（以 88%干物质为计算基础）

指　　标	体重（kg）	
	20～50	50 以上
日增重（g）	350	430
采食量（g/d）	1 300	1 850
饲料/增重	3.71	4.30
饲粮消化能（MJ/kg）[1]	13.60	12.97
饲粮代谢能（MJ/kg）[1]	13.05	12.45
饲粮净能（MJ/kg）[1]	9.92	9.46
粗蛋白质（%）	14.0	12.0
赖氨酸代谢能比（g/MJ）	0.49	0.41
钙和磷（%）		
总钙	0.55	0.50
总磷	0.44	0.40
有效磷[2]	0.20	0.17
氨基酸（%）		
标准回肠可消化基础		
赖氨酸	0.56	0.44
蛋氨酸	0.15	0.12
蛋氨酸＋半胱氨酸	0.33	0.25
苏氨酸	0.38	0.30
色氨酸	0.10	0.08
异亮氨酸	0.31	0.24
亮氨酸	0.53	0.42
缬氨酸	0.38	0.30
精氨酸	0.20	0.15
组氨酸	0.17	0.13
苯丙氨酸	0.33	0.25
苯丙氨酸＋酪氨酸	0.52	0.41
表观回肠可消化基础		
赖氨酸	0.51	0.39
蛋氨酸	0.13	0.10
蛋氨酸＋半胱氨酸	0.29	0.22
苏氨酸	0.34	0.26
色氨酸	0.09	0.07
异亮氨酸	0.28	0.21
亮氨酸	0.47	0.37
缬氨酸	0.34	0.27
精氨酸	0.18	0.13

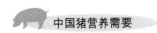

(续)

指　标	体重（kg）	
	20～50	50 以上
氨基酸（%）		
表观回肠可消化基础		
组氨酸	0.16	0.12
苯丙氨酸	0.29	0.22
苯丙氨酸＋酪氨酸	0.47	0.36
总氨基酸基础		
赖氨酸	0.64	0.51
蛋氨酸	0.17	0.13
蛋氨酸＋半胱氨酸	0.37	0.29
苏氨酸	0.43	0.34
色氨酸	0.12	0.09
异亮氨酸	0.35	0.28
亮氨酸	0.60	0.48
缬氨酸	0.44	0.34
精氨酸	0.22	0.18
组氨酸	0.20	0.16
苯丙氨酸	0.37	0.29
苯丙氨酸＋酪氨酸	0.58	0.47

注：[1] 玉米-豆粕型饲粮的能量含量。消化能与代谢能、代谢能与净能之间的转化系数分别为 0.96 和 0.76。
[2] 有效磷被认为与全消化道标准可消化磷（STTD 磷）等价。

表 22-32　脂肪型后备母猪每日能量、钙、磷和氨基酸需要量（以 88% 干物质为计算基础）

指　标	体重（kg）	
	20～50	50 以上
日增重（g）	350	430
采食量（g/d）	1 300	1 850
饲料/增重	3.71	4.30
消化能摄入量（MJ/d）[1]	17.68	23.99
代谢能摄入量（MJ/d）[1]	16.97	23.03
净能摄入量（MJ/d）[1]	12.90	17.51
粗蛋白质（g/d）	182	222
赖氨酸代谢能比（g/MJ）	0.49	0.41
钙和磷（g/d）		
总钙	7.15	9.25
总磷	5.72	7.40
有效磷[2]	2.60	3.15
氨基酸（g/d）		
标准回肠可消化基础		
赖氨酸	7.3	8.1
蛋氨酸	1.9	2.2
蛋氨酸＋半胱氨酸	4.2	4.7

（续）

指　　标	体重（kg）	
	20～50	50 以上
标准回肠可消化基础		
苏氨酸	4.9	5.5
色氨酸	1.3	1.4
异亮氨酸	4.0	4.5
亮氨酸	6.8	7.7
缬氨酸	5.0	5.5
精氨酸	2.6	2.8
组氨酸	2.2	2.4
苯丙氨酸	4.2	4.7
苯丙氨酸＋酪氨酸	6.7	7.5
表观回肠可消化基础		
赖氨酸	6.6	7.2
蛋氨酸	1.8	1.9
蛋氨酸＋半胱氨酸	3.8	4.1
苏氨酸	4.4	4.7
色氨酸	1.2	1.2
异亮氨酸	3.6	3.9
亮氨酸	6.1	6.8
缬氨酸	4.4	4.9
精氨酸	2.3	2.5
组氨酸	2.1	2.3
苯丙氨酸	3.8	4.1
苯丙氨酸＋酪氨酸	6.1	6.6
总氨基酸基础		
赖氨酸	8.3	9.4
蛋氨酸	2.2	2.5
蛋氨酸＋半胱氨酸	4.8	5.3
苏氨酸	5.5	6.4
色氨酸	1.5	1.6
异亮氨酸	4.5	5.1
亮氨酸	7.8	8.8
缬氨酸	5.7	6.4
精氨酸	2.9	3.3
组氨酸	2.6	2.9
苯丙氨酸	4.8	5.3
苯丙氨酸＋酪氨酸	7.6	8.7

注：[1] 玉米-豆粕型饲粮的能量含量。消化能与代谢能、代谢能与净能之间的转化系数分别为 0.96 和 0.76。
[2] 有效磷被认为与全消化道标准可消化磷（STTD 磷）等价。

表 22-33 脂肪型后备母猪饲粮矿物质、维生素和脂肪酸需要量（以88%干物质为计算基础）

指 标	体重（kg）	
	20～50	50 以上
日增重（g）	350	430
采食量（g/d）	1 300	1 850
饲料/增重	3.71	4.30
饲粮消化能（MJ/kg）[1]	13.60	12.97
饲粮代谢能（MJ/kg）[1]	13.05	12.45
饲粮净能（MJ/kg）[1]	9.92	9.46
粗蛋白质（%）	14.0	12.0
赖氨酸代谢能比（g/MJ）	0.49	0.41
矿物质元素[2]		
钾（%）	0.19	0.19
钠（%）	0.13	0.13
氯（%）	0.12	0.12
镁（%）	0.04	0.04
铁（mg/kg）	70	60
铜（mg/kg）	5.00	5.00
锰（mg/kg）	10.00	10.00
锌（mg/kg）	50	50
碘（mg/kg）	0.20	0.20
硒（mg/kg）	0.20	0.20
维生素和脂肪酸[2]		
维生素 A（IU/kg）	1 700	1 700
维生素 D_3（IU/kg）	200	200
维生素 E（IU/kg）	15	15
维生素 K（mg/kg）	0.30	0.30
硫胺素（mg/kg）	1.00	1.00
核黄素（mg/kg）	3.00	3.00
烟酸（mg/kg）	15.00	15.00
泛酸（mg/kg）	10.00	10.00
吡哆醇（mg/kg）	1.50	1.50
生物素（mg/kg）	0.08	0.08
叶酸（mg/kg）	0.40	0.40
维生素 B_{12}（μg/kg）	15.00	15.00
胆碱（g/kg）	0.50	0.50
亚油酸（%）	0.10	0.10

注：[1] 玉米-豆粕型饲粮的能量含量。消化能与代谢能、代谢能与净能之间的转化系数分别为0.96和0.76。
[2] 矿物质和维生素需要量包括饲料原料中提供的矿物质和维生素量。

表 22-34　脂肪型后备母猪每日矿物质、维生素和脂肪酸需要量（以 88% 干物质为计算基础）

指　标	体重（kg）	
	20～50	50 以上
日增重（g）	350	430
采食量（g/d）	1 300	1 850
饲料/增重	3.71	4.30
消化能摄入量（MJ/d）[1]	17.68	23.99
代谢能摄入量（MJ/d）[1]	16.97	23.03
净能摄入量（MJ/d）[1]	12.90	17.51
粗蛋白质（g/d）	182	222
赖氨酸代谢能比（g/MJ）	0.49	0.41
矿物质元素[2]		
钾（g/d）	2.47	3.52
钠（g/d）	1.69	2.41
氯（g/d）	1.56	2.22
镁（g/d）	0.52	0.74
铁（mg/d）	91	130
铜（mg/d）	6.50	9.25
锰（mg/d）	13.00	18.50
锌（mg/d）	65	92
碘（mg/d）	0.26	0.37
硒（mg/d）	0.26	0.37
维生素和脂肪酸[2]		
维生素 A（IU/d）	2 210	3 145
维生素 D_3（IU/d）	260	370
维生素 E（IU/d）	20	28
维生素 K（mg/d）	0.39	0.56
硫胺素（mg/d）	1.30	1.85
核黄素（mg/d）	3.90	5.55
烟酸（mg/d）	19.50	27.75
泛酸（mg/d）	13.00	18.50
吡哆醇（mg/d）	1.95	2.78
生物素（mg/d）	0.10	0.15
叶酸（mg/d）	0.52	0.74
维生素 B_{12}（μg/d）	19.50	27.75
胆碱（g/d）	0.65	0.93
亚油酸（g/d）	1.30	1.85

注：[1] 玉米-豆粕型饲粮的能量含量。消化能与代谢能、代谢能与净能之间的转化系数分别为 0.96 和 0.76。
[2] 矿物质和维生素需要量包括饲料原料中提供的矿物质和维生素量。

表 22-35 脂肪型种用公猪饲粮能量、钙、磷和氨基酸需要量（以 88%干物质为计算基础）

指 标	后备公猪[1]	成年公猪
日增重（g）	450	150
采食量（g/d）	1 950	2 100
饲粮消化能（MJ/kg）[2]	12.97	12.97
饲粮代谢能（MJ/kg）[2]	12.45	12.45
饲粮净能（MJ/kg）[2]	9.46	9.46
粗蛋白质（%）	14.0	14.0
赖氨酸代谢能比（g/MJ）	0.47	0.38
钙和磷（%）		
总钙	0.55	0.55
总磷	0.44	0.44
有效磷[3]	0.20	0.20
氨基酸（%）		
标准回肠可消化基础		
赖氨酸	0.51	0.41
蛋氨酸	0.14	0.11
蛋氨酸+半胱氨酸	0.29	0.24
苏氨酸	0.34	0.28
色氨酸	0.09	0.07
异亮氨酸	0.28	0.23
亮氨酸	0.48	0.39
缬氨酸	0.34	0.28
精氨酸	0.18	0.14
组氨酸	0.15	0.12
苯丙氨酸	0.29	0.24
苯丙氨酸+酪氨酸	0.47	0.38
表观回肠可消化基础		
赖氨酸	0.45	0.36
蛋氨酸	0.12	0.09
蛋氨酸+半胱氨酸	0.26	0.21
苏氨酸	0.30	0.24
色氨酸	0.08	0.06
异亮氨酸	0.24	0.20
亮氨酸	0.42	0.34
缬氨酸	0.31	0.25
精氨酸	0.15	0.12

（续）

指 标	后备公猪[1]	成年公猪
表观回肠可消化基础		
组氨酸	0.14	0.11
苯丙氨酸	0.26	0.21
苯丙氨酸+酪氨酸	0.41	0.33
总氨基酸基础		
赖氨酸	0.59	0.47
蛋氨酸	0.15	0.12
蛋氨酸+半胱氨酸	0.33	0.27
苏氨酸	0.40	0.32
色氨酸	0.10	0.08
异亮氨酸	0.32	0.26
亮氨酸	0.55	0.44
缬氨酸	0.40	0.32
精氨酸	0.21	0.16
组氨酸	0.18	0.14
苯丙氨酸	0.33	0.27
苯丙氨酸+酪氨酸	0.54	0.43

注：[1] 体重≥50 kg 的后备公猪，体重＜50 kg 的后备公猪参考脂肪型生长育肥猪的饲养标准。
[2] 玉米-豆粕型饲粮的能量含量。消化能与代谢能、代谢能与净能之间的转化系数分别为 0.96 和 0.76。
[3] 有效磷被认为与全消化道标准可消化磷（STTD 磷）等价。

表 22-36　脂肪型种用公猪每日能量、钙、磷和氨基酸需要量（以 88% 干物质为计算基础）

指 标	后备公猪[1]	成年公猪
日增重（g）	450	150
采食量（g/d）	1 950	2 100
消化能摄入量（MJ/d）[2]	25.29	27.24
代谢能摄入量（MJ/d）[2]	24.28	26.15
净能摄入量（MJ/d）[2]	18.45	19.87
粗蛋白质（g/d）	273	294
赖氨酸代谢能比（g/MJ）	0.47	0.38
钙和磷（g/d）		
总钙	10.73	11.55
总磷	8.58	9.24
有效磷[3]	3.90	4.20
氨基酸（g/d）		
标准回肠可消化基础		
赖氨酸	9.9	8.6

(续)

指　标	后备公猪[1]	成年公猪
氨基酸（g/d）		
标准回肠可消化基础		
蛋氨酸	2.7	2.4
蛋氨酸＋半胱氨酸	5.7	5.0
苏氨酸	6.7	5.8
色氨酸	1.7	1.5
异亮氨酸	5.5	4.7
亮氨酸	9.4	8.2
缬氨酸	6.7	5.8
精氨酸	3.5	3.0
组氨酸	3.0	2.6
苯丙氨酸	5.7	5.0
苯丙氨酸＋酪氨酸	9.2	8.0
表观回肠可消化基础		
赖氨酸	8.8	7.6
蛋氨酸	2.3	1.9
蛋氨酸＋半胱氨酸	5.0	4.3
苏氨酸	5.8	5.0
色氨酸	1.5	1.3
异亮氨酸	4.8	4.1
亮氨酸	8.3	7.1
缬氨酸	6.0	5.2
精氨酸	3.0	2.6
组氨酸	2.8	2.4
苯丙氨酸	5.0	4.3
苯丙氨酸＋酪氨酸	8.0	6.9
总氨基酸基础		
赖氨酸	11.5	9.9
蛋氨酸	3.0	2.6
蛋氨酸＋半胱氨酸	6.5	5.6
苏氨酸	7.8	6.7
色氨酸	2.0	1.7
异亮氨酸	6.3	5.4
亮氨酸	10.8	9.2
缬氨酸	7.8	6.7
精氨酸	4.0	3.4
组氨酸	3.5	3.0
苯丙氨酸	6.5	5.6
苯丙氨酸＋酪氨酸	10.6	9.1

注：[1] 体重≥50 kg 的后备公猪，体重＜50 kg 的后备公猪参考脂肪型生长育肥猪的饲养标准。
[2] 玉米-豆粕型饲粮的能量含量。消化能与代谢能、代谢能与净能之间的转化系数分别为 0.96 和 0.76。
[3] 有效磷被认为与全消化道标准可消化磷（STTD 磷）等价。

表 22-37 脂肪型种用公猪饲粮矿物质、维生素和脂肪酸需要量（以 88% 干物质为计算基础）

指　标	后备公猪[1]	成年公猪
日增重（g）	450	150
采食量（g/d）	1 950	2 100
饲粮消化能（MJ/kg）[2]	12.97	12.97
饲粮代谢能（MJ/kg）[2]	12.45	12.45
饲粮净能（MJ/kg）[2]	9.46	9.46
粗蛋白质（%）	14.0	14.0
赖氨酸代谢能比（g/MJ）	0.47	0.38
矿物质元素[3]		
钾（%）	0.19	0.19
钠（%）	0.13	0.13
氯（%）	0.12	0.12
镁（%）	0.04	0.04
铁（mg/kg）	70	70
铜（mg/kg）	5.00	5.00
锰（mg/kg）	15.00	15.00
锌（mg/kg）	50	50
碘（mg/kg）	0.20	0.20
硒（mg/kg）	0.30	0.30
维生素和脂肪酸[3]		
维生素 A（IU/kg）	1 700	2 000
维生素 D_3（IU/kg）	200	200
维生素 E（IU/kg）	15	30
维生素 K（mg/kg）	0.30	0.30
硫胺素（mg/kg）	1.00	1.00
核黄素（mg/kg）	3.00	2.50
烟酸（mg/kg）	15.00	12.00
泛酸（mg/kg）	10.00	10.00
吡哆醇（mg/kg）	1.50	1.00
生物素（mg/kg）	0.08	0.08
叶酸（mg/kg）	0.30	0.30
维生素 B_{12}（μg/kg）	15.00	12.00
胆碱（g/kg）	0.50	0.60
亚油酸（%）	0.10	0.10

注：[1] 体重≥50 kg 的后备公猪，体重＜50 kg 的后备公猪参考脂肪型生长育肥猪的饲养标准。
[2] 玉米-豆粕型饲粮的能量含量。消化能与代谢能、代谢能与净能之间的转化系数分别为 0.96 和 0.76。
[3] 矿物质和维生素需要量包括饲料原料中提供的矿物质和维生素量。

表 22-38 脂肪型公猪每日矿物质、维生素和脂肪酸需要量（以 88% 干物质为计算基础）

指　标	后备公猪[1]	成年公猪
日增重（g）	450	150
采食量（g/d）	1 950	2 100
消化能摄入量（MJ/d）[2]	25.29	27.24
代谢能摄入量（MJ/d）[2]	24.28	26.15
净能摄入量（MJ/d）[2]	18.45	19.87
粗蛋白质（g/d）	273	294
赖氨酸代谢能比（g/MJ）	0.47	0.38
矿物质元素[3]		
钾（g/d）	3.71	3.99
钠（g/d）	2.54	2.73
氯（g/d）	2.34	2.52
镁（g/d）	0.78	0.84
铁（mg/d）	137	147
铜（mg/d）	9.75	10.50
锰（mg/d）	29.25	31.50
锌（mg/d）	98	105
碘（mg/d）	0.39	0.42
硒（mg/d）	0.59	0.63
维生素和脂肪酸[3]		
维生素 A（IU/d）	3 315	4 200
维生素 D_3（IU/d）	390	420
维生素 E（IU/d）	29	63
维生素 K（mg/d）	0.59	0.63
硫胺素（mg/d）	1.95	2.10
核黄素（mg/d）	5.85	5.25
烟酸（mg/d）	29.25	25.20
泛酸（mg/d）	19.50	21.00
吡哆醇（mg/d）	2.93	2.10
生物素（mg/d）	0.16	0.17
叶酸（mg/d）	0.59	0.63
维生素 B_{12}（μg/d）	29.25	25.20
胆碱（g/d）	0.98	2.10
亚油酸（g/d）	1.95	2.10

注：[1] 体重 ≥ 50 kg 的后备公猪，体重 < 50 kg 的后备公猪参考脂肪型生长育肥猪的饲养标准。
[2] 玉米-豆粕型饲粮的能量含量。消化能与代谢能、代谢能与净能之间的转化系数分别为 0.96 和 0.76。
[3] 矿物质和维生素需要量包括饲料原料中提供的矿物质和维生素量。

表 22-39 肉脂型仔猪和生长育肥猪饲粮能量、钙、磷和氨基酸需要量
（自由采食，以 88% 干物质为计算基础）

指　标	体重（kg）				
	3～8	8～20	20～35	35～60	60～100
日增重（g）	215	350	490	585	765
采食量（g/d）	300	650	1 270	1 850	2 675
饲料/增重	1.40	1.86	2.59	3.16	3.50
饲粮消化能（MJ/kg）[1]	14.77	14.54	14.23	13.81	13.45
饲粮代谢能（MJ/kg）[1]	14.18	13.96	13.66	13.25	12.91
饲粮净能（MJ/kg）[1]	10.78	10.61	10.38	10.07	9.81
粗蛋白质（%）	19.5	18.0	16.0	14.5	13.0
赖氨酸代谢能比（g/MJ）	1.02	0.93	0.65	0.53	0.47
体蛋白质沉积（g/d）	13	39	66	85	94
钙和磷（%）					
总钙	0.85	0.70	0.60	0.55	0.50
总磷	0.75	0.60	0.50	0.45	0.40
有效磷[2]	0.55	0.35	0.25	0.20	0.18
氨基酸（%）[3]					
标准回肠可消化基础					
赖氨酸	1.30	1.17	0.80	0.63	0.55
蛋氨酸	0.35	0.31	0.21	0.17	0.15
蛋氨酸+半胱氨酸	0.74	0.67	0.46	0.36	0.31
苏氨酸	0.87	0.79	0.53	0.42	0.37
色氨酸	0.24	0.21	0.15	0.12	0.10
异亮氨酸	0.71	0.64	0.44	0.35	0.30
亮氨酸	1.21	1.09	0.74	0.59	0.51
缬氨酸	0.88	0.80	0.54	0.43	0.37
精氨酸	0.46	0.41	0.28	0.22	0.19
组氨酸	0.40	0.36	0.25	0.20	0.17
苯丙氨酸	0.75	0.68	0.46	0.37	0.32
苯丙氨酸+酪氨酸	1.20	1.08	0.73	0.58	0.50
表观回肠可消化基础					
赖氨酸	1.21	1.08	0.72	0.56	0.48
蛋氨酸	0.32	0.29	0.19	0.15	0.13
蛋氨酸+半胱氨酸	0.69	0.62	0.41	0.32	0.27
苏氨酸	0.81	0.72	0.48	0.38	0.32
色氨酸	0.22	0.20	0.13	0.10	0.09
异亮氨酸	0.66	0.59	0.39	0.31	0.26

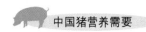

(续)

指　标	体重（kg）				
	3~8	8~20	20~35	35~60	60~100
表观回肠可消化基础					
亮氨酸	1.12	1.00	0.67	0.52	0.44
缬氨酸	0.82	0.73	0.49	0.38	0.32
精氨酸	0.42	0.38	0.25	0.20	0.17
组氨酸	0.37	0.33	0.22	0.17	0.15
苯丙氨酸	0.70	0.62	0.41	0.33	0.28
苯丙氨酸+酪氨酸	1.10	0.99	0.68	0.54	0.46
总氨基酸基础					
赖氨酸	1.44	1.30	0.89	0.70	0.61
蛋氨酸	0.39	0.35	0.24	0.19	0.16
蛋氨酸+半胱氨酸	0.83	0.75	0.51	0.40	0.35
苏氨酸	0.97	0.87	0.59	0.47	0.41
色氨酸	0.26	0.24	0.16	0.13	0.11
异亮氨酸	0.79	0.72	0.49	0.39	0.33
亮氨酸	1.34	1.21	0.83	0.65	0.57
缬氨酸	0.98	0.89	0.60	0.48	0.41
精氨酸	0.51	0.46	0.31	0.25	0.21
组氨酸	0.45	0.40	0.27	0.22	0.19
苯丙氨酸	0.83	0.75	0.51	0.41	0.35
苯丙氨酸+酪氨酸	1.01	0.91	0.62	0.49	0.43

注：[1] 玉米-豆粕型饲粮的能量含量。消化能与代谢能、代谢能与净能之间的转化系数分别为0.96和0.76。
[2] 有效磷被认为与全消化道标准可消化磷（STTD磷）等价。
[3] 标准回肠可消化赖氨酸需要量根据生长模型估算得到；表观回肠可消化氨基酸需要量根据统计试验数据得到；总氨基酸需要量根据试验和经验数据的总赖氨酸摄入量与代谢能摄入量比值，再根据代谢能摄入量估测模型，得到总赖氨酸摄入量和含量。其他氨基酸需要量是根据其与赖氨酸的比例（理想蛋白质）的估测值。

表22-40　肉脂型仔猪和生长育肥猪每日能量、钙、磷和氨基酸需要量
（自由采食，以88%干物质为计算基础）

指　标	体重（kg）				
	3~8	8~20	20~35	35~60	60~100
日增重（g）	215	350	490	585	765
采食量（g/d）	300	650	1 270	1 850	2 675
饲料/增重	1.40	1.86	2.59	3.16	3.50
消化能摄入量（MJ/d）[1]	4.42	9.45	18.08	25.54	35.96
代谢能摄入量（MJ/d）[1]	4.24	9.07	17.36	24.51	34.51
净能摄入量（MJ/d）[1]	3.22	6.89	13.19	18.63	26.23
粗蛋白质（g/d）	58	117	203	268	347

（续）

指　　标	体重（kg）				
	3～8	8～20	20～35	35～60	60～100
赖氨酸代谢能比（g/MJ）	1.02	0.93	0.65	0.53	0.47
体蛋白质沉积（g/d）	13	39	66	85	94
钙和磷（g/d）					
总钙	2.55	4.55	7.62	10.18	13.38
总磷	2.25	3.90	6.35	8.33	10.70
有效磷[2]	1.65	2.28	3.18	3.70	4.82
氨基酸（g/d）[3]					
标准回肠可消化基础					
赖氨酸	3.9	7.6	10.1	11.7	14.6
蛋氨酸	1.0	2.0	2.7	3.1	3.9
蛋氨酸+半胱氨酸	2.2	4.4	5.8	6.7	8.4
苏氨酸	2.6	5.1	6.8	7.9	9.8
色氨酸	0.7	1.4	1.8	2.1	2.7
异亮氨酸	2.1	4.2	5.6	6.4	8.1
亮氨酸	3.6	7.1	9.4	10.9	13.6
缬氨酸	2.6	5.2	6.9	8.0	10.0
精氨酸	1.4	2.7	3.6	4.1	5.2
组氨酸	1.2	2.4	3.1	3.6	4.5
苯丙氨酸	2.2	4.4	5.9	6.8	8.5
苯丙氨酸+酪氨酸	3.6	7.0	9.3	10.8	13.5
表观回肠可消化基础					
赖氨酸	3.6	7.0	9.1	10.4	12.7
蛋氨酸	1.0	1.9	2.5	2.8	3.4
蛋氨酸+半胱氨酸	2.1	4.0	5.2	6.0	7.3
苏氨酸	2.4	4.7	6.1	7.0	8.5
色氨酸	0.7	1.3	1.7	1.9	2.3
异亮氨酸	2.0	3.9	5.0	5.7	7.0
亮氨酸	3.4	6.5	8.5	9.7	11.9
缬氨酸	2.5	4.8	6.2	7.1	8.7
精氨酸	1.3	2.5	3.2	3.7	4.5
组氨酸	1.1	2.2	2.8	3.2	3.9
苯丙氨酸	2.1	4.0	5.3	6.0	7.4
苯丙氨酸+酪氨酸	3.3	6.4	8.4	9.6	11.7
总氨基酸基础					
赖氨酸	4.3	8.5	11.3	13.0	16.3
蛋氨酸	1.2	2.3	3.0	3.5	4.4
蛋氨酸+半胱氨酸	2.5	4.9	6.5	7.5	9.3

(续)

指 标	体重（kg）				
	3～8	8～20	20～35	35～60	60～100
总氨基酸基础					
苏氨酸	2.9	5.7	7.6	8.7	10.9
色氨酸	0.8	1.5	2.0	2.4	3.0
异亮氨酸	2.4	4.7	6.2	7.2	8.9
亮氨酸	4.0	7.9	10.5	12.1	15.2
缬氨酸	2.9	5.8	7.7	8.9	11.1
精氨酸	1.5	3.0	4.0	4.6	5.7
组氨酸	1.3	2.6	3.5	4.0	5.0
苯丙氨酸	2.5	4.9	6.5	7.5	9.4
苯丙氨酸+酪氨酸	4.0	7.8	10.4	12.0	15.0

注：[1] 玉米-豆粕型饲粮的能量含量。消化能与代谢能、代谢能与净能之间的转化系数分别为 0.96 和 0.76。
[2] 有效磷被认为与全消化道标准可消化磷（STTD 磷）等价。
[3] 标准回肠可消化赖氨酸需要量根据生长模型估算得到；表观回肠可消化氨基酸需要量根据统计试验数据得到；总氨基酸需要量根据试验和经验数据的总赖氨酸摄入量与代谢能摄入量比值，再根据代谢能摄入量估测模型，得到总赖氨酸摄入量和含量。其他氨基酸需要量是根据其与赖氨酸的比例（理想蛋白质）的估测值。

表 22-41 肉脂型仔猪和生长育肥猪饲粮矿物质、维生素和脂肪酸需要量
（自由采食，以 88% 干物质为计算基础）

指 标	体重（kg）				
	3～8	8～20	20～35	35～60	60～100
日增重（g）	215	350	490	585	765
采食量（g/d）	300	650	1 270	1 850	2 675
饲料/增重	1.40	1.86	2.59	3.16	3.50
饲粮消化能（MJ/kg）[1]	14.77	14.54	14.23	13.81	13.45
饲粮代谢能（MJ/kg）[1]	14.18	13.96	13.66	13.25	12.91
饲粮净能（MJ/kg）[1]	10.78	10.61	10.38	10.07	9.81
粗蛋白质（%）	19.5	18.0	16.0	14.5	13.0
赖氨酸代谢能比（g/MJ）	1.02	0.93	0.65	0.53	0.47
体蛋白质沉积（g/d）	13	39	66	85	94
矿物质元素[2]					
钾（%）	0.35	0.30	0.24	0.20	0.20
钠（%）	0.20	0.18	0.14	0.10	0.10
氯（%）	0.20	0.18	0.14	0.10	0.10
镁（%）	0.05	0.05	0.05	0.05	0.05
铁（mg/kg）	100	90	70	60	50
铜（mg/kg）	6.50	6.00	4.50	4.00	3.50
锰（mg/kg）	5.00	4.00	4.00	3.00	3.00
锌（mg/kg）	105	95	75	65	55

(续)

指 标	体重（kg）				
	3～8	8～20	20～35	35～60	60～100
矿物质元素[2]					
碘（mg/kg）	0.20	0.15	0.15	0.15	0.15
硒（mg/kg）	0.30	0.30	0.25	0.25	0.25
维生素和脂肪酸[2]					
维生素 A（IU/kg）	2 500	2 000	1 700	1 500	1 350
维生素 D_3（IU/kg）	250	220	200	180	160
维生素 E（IU/kg）	20	20	15	15	15
维生素 K（mg/kg）	0.60	0.60	0.50	0.50	0.50
硫胺素（mg/kg）	2.00	2.00	1.50	1.50	1.50
核黄素（mg/kg）	5.00	4.00	3.00	2.50	2.50
烟酸（mg/kg）	25.00	20.00	15.00	12.00	9.00
泛酸（mg/kg）	15.00	12.00	10.00	9.00	8.00
吡哆醇（mg/kg）	2.50	2.00	1.50	1.00	1.00
生物素（mg/kg）	0.10	0.10	0.08	0.08	0.08
叶酸（mg/kg）	0.50	0.50	0.40	0.30	0.30
维生素 B_{12}（μg/kg）	25.00	20.00	15.00	10.00	6.00
胆碱（g/kg）	0.60	0.55	0.50	0.45	0.40
亚油酸（%）	0.15	0.10	0.10	0.10	0.10

注：[1] 玉米-豆粕型饲粮的能量含量。消化能与代谢能、代谢能与净能之间的转化系数分别为 0.96 和 0.76。
[2] 矿物质和维生素需要量包括饲料原料中提供的矿物质和维生素量。

表 22-42 肉脂型仔猪和生长育肥猪每日矿物质、维生素和脂肪酸需要量
（自由采食，以 88% 干物质为计算基础）

指 标	体重（kg）				
	3～8	8～20	20～35	35～60	60～100
日增重（g）	215	350	490	585	765
采食量（g/d）	300	650	1 270	1 850	2 675
饲料/增重	1.40	1.86	2.59	3.16	3.50
消化能摄入量（MJ/d）[1]	4.42	9.45	18.08	25.54	35.96
代谢能摄入量（MJ/d）[1]	4.24	9.07	17.36	24.51	34.51
净能摄入量（MJ/d）[1]	3.22	6.89	13.19	18.63	26.23
粗蛋白质（g/d）	58	117	203	268	347
赖氨酸代谢能比（g/MJ）	1.02	0.93	0.65	0.53	0.47
体蛋白质沉积（g/d）	13	39	66	85	94
矿物质元素[2]					
钾（g/d）	1.05	1.95	3.05	3.70	5.35
钠（g/d）	0.60	1.17	1.78	1.85	2.68
氯（g/d）	0.60	1.17	1.78	1.85	2.68

(续)

指标	体重（kg）				
	3～8	8～20	20～35	35～60	60～100
矿物质元素[2]					
镁（g/d）	0.15	0.33	0.64	0.93	1.34
铁（mg/d）	30	59	89	111	134
铜（mg/d）	1.95	3.90	5.72	7.40	9.36
锰（mg/d）	1.50	2.60	5.08	5.55	8.02
锌（mg/d）	32	62	95	120	147
碘（mg/d）	0.06	0.10	0.19	0.28	0.40
硒（mg/d）	0.09	0.20	0.32	0.46	0.67
维生素和脂肪酸[2]					
维生素A（IU/d）	750	1 300	2 159	2 775	3 611
维生素D_3（IU/d）	75	143	254	333	428
维生素E（IU/d）	6	13	19	28	40
维生素K（mg/d）	0.18	0.39	0.64	0.93	1.34
硫胺素（mg/d）	0.60	1.30	1.91	2.78	4.01
核黄素（mg/d）	1.50	2.60	3.81	4.63	6.69
烟酸（mg/d）	7.50	13.00	19.05	22.20	24.08
泛酸（mg/d）	4.50	7.80	12.70	16.65	21.40
吡哆醇（mg/d）	0.75	1.30	1.91	1.85	2.68
生物素（mg/d）	0.03	0.07	0.10	0.15	0.21
叶酸（mg/d）	0.15	0.33	0.51	0.55	0.80
维生素B_{12}（μg/d）	7.50	13.00	19.05	18.50	16.05
胆碱（g/d）	0.18	0.36	0.64	0.83	1.07
亚油酸（g/d）	0.45	0.65	1.27	1.85	2.68

注：[1] 玉米-豆粕型饲粮的能量含量。消化能与代谢能、代谢能与净能之间的转化系数分别为 0.96 和 0.76。
[2] 矿物质和维生素需要量包括饲料原料中提供的矿物质和维生素量。

表 22-43 肉脂型妊娠母猪饲粮能量、钙、磷和氨基酸需要量（以88%干物质为计算基础）

胎次	1		2+	
窝产仔数（头）	11		12.5	
妊娠天数（d）	<90	>90	<90	>90
采食量（g/d）[1]	1 810	2 350	1 950	2 470
饲粮消化能（MJ/kg）[2]	13.39	13.39	13.39	13.39
饲粮代谢能（MJ/kg）[2]	12.85	12.85	12.85	12.85
饲粮净能（MJ/kg）[2]	9.77	9.77	9.77	9.77
粗蛋白质（%）	12.0	14.5	10.5	12.0
赖氨酸代谢能比（g/MJ）	0.41	0.57	0.30	0.40
钙和磷（%）				
总钙	0.54	0.67	0.45	0.58
总磷	0.43	0.51	0.38	0.45
有效磷[3]	0.24	0.29	0.20	0.25

（续）

胎次	1		2+	
窝产仔数（头）	11		12.5	
妊娠天数（d）	＜90	＞90	＜90	＞90
氨基酸（%）				
标准回肠可消化基础				
赖氨酸	0.46	0.63	0.33	0.45
蛋氨酸	0.13	0.18	0.09	0.13
蛋氨酸＋半胱氨酸	0.30	0.41	0.23	0.31
苏氨酸	0.33	0.44	0.25	0.33
色氨酸	0.08	0.12	0.06	0.09
异亮氨酸	0.26	0.33	0.18	0.23
亮氨酸	0.41	0.59	0.31	0.43
缬氨酸	0.33	0.45	0.24	0.33
精氨酸	0.24	0.34	0.17	0.23
组氨酸	0.16	0.20	0.11	0.14
苯丙氨酸	0.25	0.35	0.19	0.26
苯丙氨酸＋酪氨酸	0.44	0.60	0.32	0.44
表观回肠可消化基础				
赖氨酸	0.44	0.60	0.31	0.43
蛋氨酸	0.12	0.17	0.09	0.12
蛋氨酸＋半胱氨酸	0.29	0.39	0.22	0.30
苏氨酸	0.32	0.42	0.24	0.32
色氨酸	0.08	0.11	0.06	0.09
异亮氨酸	0.24	0.31	0.17	0.22
亮氨酸	0.39	0.54	0.28	0.41
缬氨酸	0.30	0.40	0.22	0.30
精氨酸	0.21	0.29	0.14	0.21
组氨酸	0.15	0.19	0.10	0.14
苯丙氨酸	0.24	0.32	0.17	0.24
苯丙氨酸＋酪氨酸	0.41	0.56	0.30	0.42
总氨基酸基础				
赖氨酸	0.53	0.73	0.38	0.52
蛋氨酸	0.16	0.21	0.11	0.15
蛋氨酸＋半胱氨酸	0.36	0.49	0.27	0.37
苏氨酸	0.40	0.52	0.30	0.40
色氨酸	0.09	0.14	0.08	0.11
异亮氨酸	0.32	0.39	0.22	0.28
亮氨酸	0.48	0.68	0.35	0.50
缬氨酸	0.39	0.52	0.28	0.39
精氨酸	0.28	0.38	0.20	0.27
组氨酸	0.20	0.24	0.13	0.17
苯丙氨酸	0.30	0.40	0.21	0.29
苯丙氨酸＋酪氨酸	0.53	0.72	0.39	0.52

注：[1] 实际应用时，建议考虑5%饲料浪费。

[2] 玉米-豆粕型饲粮的能量含量。消化能与代谢能、代谢能与净能之间的转化系数分别为0.96和0.76。

[3] 有效磷被认为与全消化道标准可消化磷（STTD磷）等价。

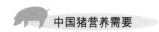

表 22-44 肉脂型妊娠母猪每日能量、钙、磷和氨基酸需要量（以 88% 干物质为计算基础）

胎次	1		2+	
窝产仔数（头）	11		12.5	
妊娠天数（d）	＜90	＞90	＜90	＞90
采食量（g/d）1	1 810	2 350	1 950	2 470
消化能摄入量（MJ/d）2	24.24	31.47	26.11	33.07
代谢能摄入量（MJ/d）2	23.27	30.21	25.07	31.75
净能摄入量（MJ/d）2	17.68	22.96	19.05	24.13
粗蛋白质（g/d）	217	341	205	296
赖氨酸代谢能比（g/MJ）	0.41	0.57	0.30	0.40
钙和磷（g/d）				
总钙	9.77	15.75	8.78	14.33
总磷	7.78	11.99	7.41	11.12
有效磷3	4.34	6.82	3.90	6.18
氨基酸（g/d）				
标准回肠可消化基础				
赖氨酸	8.3	14.8	6.4	11.1
蛋氨酸	2.4	4.2	1.7	3.2
蛋氨酸＋半胱氨酸	5.4	9.7	4.4	7.6
苏氨酸	5.9	10.4	4.9	8.2
色氨酸	1.4	2.9	1.2	2.2
异亮氨酸	4.8	7.7	3.6	5.7
亮氨酸	7.5	13.9	6.0	10.6
缬氨酸	5.9	10.6	4.7	8.2
精氨酸	4.4	8.0	3.3	5.8
组氨酸	2.9	4.6	2.1	3.4
苯丙氨酸	4.6	8.2	3.7	6.4
苯丙氨酸＋酪氨酸	8.0	14.1	6.3	10.8
表观回肠可消化基础				
赖氨酸	8.0	14.1	6.0	10.6
蛋氨酸	2.3	4.0	1.7	3.0
蛋氨酸＋半胱氨酸	5.2	9.3	4.2	7.4
苏氨酸	5.7	9.9	4.6	8.0
色氨酸	1.4	2.6	1.2	2.2
异亮氨酸	4.3	7.3	3.3	5.5
亮氨酸	7.1	12.8	5.5	10.2
缬氨酸	5.4	9.5	4.3	7.4
精氨酸	3.8	6.8	2.8	5.1
组氨酸	2.8	4.4	2.0	3.3

（续）

胎次	1		2+	
窝产仔数（头）	11		12.5	
妊娠天数（d）	＜90	＞90	＜90	＞90
表观回肠可消化基础				
苯丙氨酸	4.3	7.5	3.4	5.8
苯丙氨酸＋酪氨酸	7.4	13.2	5.8	10.3
总氨基酸基础				
赖氨酸	9.6	17.2	7.4	12.8
蛋氨酸	2.9	4.8	2.1	3.7
蛋氨酸＋半胱氨酸	6.6	11.4	5.2	9.1
苏氨酸	7.2	12.3	5.9	9.9
色氨酸	1.7	3.3	1.5	2.7
异亮氨酸	5.7	9.2	4.3	6.9
亮氨酸	8.8	16.1	6.9	12.2
缬氨酸	7.1	12.3	5.6	9.7
精氨酸	5.0	9.0	3.9	6.8
组氨酸	3.5	5.7	2.6	4.1
苯丙氨酸	5.4	9.5	4.2	7.2
苯丙氨酸＋酪氨酸	9.6	16.9	7.5	12.8

注：[1] 实际应用时，建议考虑5％饲料浪费。
[2] 玉米-豆粕型饲粮的能量含量。消化能与代谢能、代谢能与净能之间的转化系数分别为0.96和0.76。
[3] 有效磷被认为与全消化道标准可消化磷（STTD磷）等价。

表22－45 肉脂型泌乳母猪饲粮能量、钙、磷和氨基酸需要量（以88％干物质为计算基础）

胎次	1	2+
窝产仔数（头）	10	11.5
泌乳天数（d）[1]	28	28
采食量（g/d）[2]	4 000	5 000
饲粮消化能（MJ/kg）[3]	14.23	14.23
饲粮代谢能（MJ/kg）[3]	13.66	13.66
饲粮净能（MJ/kg）[3]	10.38	10.38
粗蛋白质（％）	15.5	16.0
赖氨酸代谢能比（g/MJ）	0.59	0.57
钙和磷（％）		
总钙	0.68	0.65
总磷	0.59	0.56
有效磷[4]	0.34	0.32
氨基酸（％）		
标准回肠可消化基础		
赖氨酸	0.70	0.68
蛋氨酸	0.18	0.18
蛋氨酸＋半胱氨酸	0.37	0.36
苏氨酸	0.44	0.43
色氨酸	0.14	0.13

（续）

胎次	1	2+
窝产仔数（头）	10	11.5
泌乳天数（d）[1]	28	28
标准回肠可消化基础		
异亮氨酸	0.41	0.40
亮氨酸	0.79	0.77
缬氨酸	0.59	0.58
精氨酸	0.38	0.37
组氨酸	0.28	0.27
苯丙氨酸	0.38	0.37
苯丙氨酸＋酪氨酸	0.78	0.76
表观回肠可消化基础		
赖氨酸	0.67	0.65
蛋氨酸	0.17	0.17
蛋氨酸＋半胱氨酸	0.36	0.34
苏氨酸	0.40	0.39
色氨酸	0.13	0.12
异亮氨酸	0.37	0.36
亮氨酸	0.76	0.73
缬氨酸	0.53	0.51
精氨酸	0.35	0.34
组氨酸	0.27	0.26
苯丙氨酸	0.36	0.35
苯丙氨酸＋酪氨酸	0.75	0.73
总氨基酸基础		
赖氨酸	0.81	0.78
蛋氨酸	0.24	0.23
蛋氨酸＋半胱氨酸	0.47	0.45
苏氨酸	0.58	0.56
色氨酸	0.16	0.15
异亮氨酸	0.48	0.47
亮氨酸	0.97	0.94
缬氨酸	0.75	0.71
精氨酸	0.44	0.43
组氨酸	0.35	0.34
苯丙氨酸	0.47	0.45
苯丙氨酸＋酪氨酸	0.99	0.95

注：[1] 根据对养殖户的调研综合所得。

[2] 实际应用时，建议考虑5％饲料浪费。

[3] 玉米-豆粕型饲粮的能量含量。消化能与代谢能、代谢能与净能之间的转化系数分别为0.96和0.76。

[4] 有效磷被认为与全消化道标准可消化磷（STTD磷）等价。

表 22-46 肉脂型泌乳母猪每日能量、钙、磷和氨基酸需要量（以 88% 干物质为计算基础）

胎次	1	2+
窝产仔数（头）	10	11.5
泌乳天数（d）[1]	28	28
采食量（g/d）[2]	4 000	5 000
消化能摄入量（MJ/d）[3]	56.92	71.15
代谢能摄入量（MJ/d）[3]	54.64	68.30
净能摄入量（MJ/d）[3]	41.5	51.91
粗蛋白质（g/d）	620	800
赖氨酸代谢能比（g/MJ）	0.59	0.57
钙和磷（g/d）		
总钙	27.20	32.50
总磷	23.60	28.00
有效磷[4]	13.60	16.00
氨基酸（g/d）		
标准回肠可消化基础		
赖氨酸	28.0	34.0
蛋氨酸	7.4	8.9
蛋氨酸+半胱氨酸	14.8	18.0
苏氨酸	17.6	21.5
色氨酸	5.4	6.4
异亮氨酸	16.5	20.1
亮氨酸	31.6	38.4
缬氨酸	23.8	28.9
精氨酸	15.3	18.7
组氨酸	11.2	13.6
苯丙氨酸	15.2	18.4
苯丙氨酸+酪氨酸	31.3	38.1
表观回肠可消化基础		
赖氨酸	26.8	32.5
蛋氨酸	7.0	8.5
蛋氨酸+半胱氨酸	14.3	17.1
苏氨酸	16.1	19.4
色氨酸	5.1	6.2
异亮氨酸	14.6	17.8
亮氨酸	30.3	36.7
缬氨酸	21.2	25.7
精氨酸	13.9	16.9

(续)

胎次	1	2+
窝产仔数（头）	10	11.5
泌乳天数（d）[1]	28	28
表观回肠可消化基础		
组氨酸	10.6	12.8
苯丙氨酸	14.5	17.5
苯丙氨酸＋酪氨酸	30.0	36.3
总氨基酸基础		
赖氨酸	32.4	39.0
蛋氨酸	9.5	11.4
蛋氨酸＋半胱氨酸	18.8	22.7
苏氨酸	23.0	27.8
色氨酸	6.5	7.7
异亮氨酸	19.4	23.4
亮氨酸	39.0	46.9
缬氨酸	30.0	35.6
精氨酸	17.8	21.5
组氨酸	13.9	16.8
苯丙氨酸	18.8	22.7
苯丙氨酸＋酪氨酸	39.5	47.6

注：[1] 根据对养殖户的调研综合所得。
[2] 实际应用时，建议考虑5%饲料浪费。
[3] 玉米-豆粕型饲粮的能量含量。消化能与代谢能、代谢能与净能之间的转化系数分别为0.96和0.76。
[4] 有效磷被认为与全消化道标准可消化磷（STTD磷）等价。

表 22-47 肉脂型妊娠和泌乳母猪饲粮矿物质、维生素和脂肪酸需要量
（以88%干物质为计算基础）

指　标	妊娠母猪	泌乳母猪
采食量（g/d）[1]	2 020	4 500
饲粮消化能（MJ/kg）[2]	13.39	14.23
饲粮代谢能（MJ/kg）[2]	12.85	13.66
饲粮净能（MJ/kg）[2]	9.77	10.38
矿物质元素[3]		
钾（%）	0.18	0.18
钠（%）	0.14	0.18
氯（%）	0.11	0.15
镁（%）	0.05	0.05
铁（mg/kg）	75	75
铜（mg/kg）	5.00	5.00
锰（mg/kg）	22.00	22.00
锌（mg/kg）	50	50

(续)

指　标	妊娠母猪	泌乳母猪
矿物质元素[3]		
碘（mg/kg）	0.30	0.30
硒（mg/kg）	0.20	0.20
维生素和脂肪酸[3]		
维生素 A（IU/kg）	3 800	2 000
维生素 D_3（IU/kg）	480	480
维生素 E（IU/kg）	28	35
维生素 K（mg/kg）	0.30	0.30
硫胺素（mg/kg）	1.25	1.25
核黄素（mg/kg）	3.75	3.75
烟酸（mg/kg）	10.00	10.00
泛酸（mg/kg）	12.00	12.00
吡哆醇（mg/kg）	1.20	1.20
生物素（mg/kg）	0.20	0.20
叶酸（mg/kg）	1.30	1.30
维生素 B_{12}（μg/kg）	15.00	15.00
胆碱（g/kg）	1.20	1.00
亚油酸（％）	0.10	0.10

注：[1] 实际应用时，建议考虑5％饲料浪费。
[2] 玉米-豆粕型饲粮的能量含量。消化能与代谢能、代谢能与净能之间的转化系数分别为0.96和0.76。
[3] 矿物质和维生素需要量包括饲料原料中提供的矿物质和维生素量。

表 22-48　肉脂型妊娠和泌乳母猪每日矿物质、维生素和脂肪酸需要量
（以88％干物质为计算基础）

指　标	妊娠母猪	泌乳母猪
采食量（g/d）[1]	2 020	4 500
消化能摄入量（MJ/d）[2]	27.05	64.04
代谢能摄入量（MJ/d）[2]	25.97	61.47
净能摄入量（MJ/d）[2]	19.73	46.72
矿物质元素[3]		
钾（g/d）	3.64	8.10
钠（g/d）	2.83	8.10
氯（g/d）	2.22	6.75
镁（g/d）	1.01	2.25
铁（mg/d）	152	338
铜（mg/d）	10.10	22.50
锰（mg/d）	44.44	99.00

(续)

指　标	妊娠母猪	泌乳母猪
矿物质元素[3]		
锌 (mg/d)	101	225
碘 (mg/d)	0.61	1.35
硒 (mg/d)	0.40	0.90
维生素和脂肪酸[3]		
维生素 A (IU/d)	7 676	9 000
维生素 D_3 (IU/d)	970	2 160
维生素 E (IU/d)	57	158
维生素 K (mg/d)	0.61	1.35
硫胺素 (mg/d)	2.53	5.63
核黄素 (mg/d)	7.58	16.88
烟酸 (mg/d)	20.20	45.00
泛酸 (mg/d)	24.24	54.00
吡哆醇 (mg/d)	2.42	5.40
生物素 (mg/d)	0.40	0.90
叶酸 (mg/d)	2.63	5.85
维生素 B_{12} (μg/d)	30.30	67.50
胆碱 (g/d)	2.42	4.50
亚油酸 (g/d)	2.02	4.50

注：[1] 实际应用时，建议考虑5%饲料浪费。

[2] 玉米-豆粕型饲粮的能量含量。消化能与代谢能、代谢能与净能之间的转化系数分别为0.96和0.76。

[3] 矿物质和维生素需要量包括饲料原料中提供的矿物质和维生素量。

第二十三章
饲料组成与营养价值表

本章用 6 个表格列出了猪饲料原料的化学组成及营养价值。为了方便读者查阅，表 23-1 列出了 89 个猪常用饲料原料。表 23-2 列出了 89 个饲料原料的化学成分与营养价值，表中总氨基酸预测模型和生长猪有效能值预测模型以干物质为基础计算，其余均以原样为基础计算；有效能模型中有效能的单位表示为 MJ/kg，化学成分的单位为%。这 89 个饲料原料整体分为植物来源和动物来源两大块（动物源性饲料原料在后），按饲料原料/来源原料的拼音字母排序原则，相同来源的原料及其副产物放一起。其中每个原料都用了一张表格描述了该原料的概略养分与碳水化合物、矿物质微量元素、氨基酸、维生素和亚油酸含量，以及总能、消化能、代谢能、净能、氨基酸标准回肠消化率和表观回肠消化率，也列出了一些主要饲料原料的主要抗营养物质含量，以及总氨基酸、消化能、代谢能和净能的预测模型。

表 23-3 列出了 18 个猪饲粮常用油脂脂肪酸组成、特性与消化能、代谢能和净能值。

表 23-4 列出了 13 个氨基酸添加剂的粗蛋白质、氨基酸含量及其消化能、代谢能和净能值。

表 23-5 列出了 22 个常量矿物质饲料的矿物质元素含量，并描述了有些矿物质饲料中磷的生物学利用率。

表 23-6 列出了铁、铜、锰、锌、碘、硒、铬 7 类微量矿物质饲料的相对生物学利用率，其中铁元素 9 个、铜元素 11 个、锰元素 9 个、锌元素 10 个、碘元素 5 个、硒元素 4 个、铬元素 4 个。

表 23-7 列出了 28 个常用维生素饲料的来源及其单位换算关系。

在本书第二十二章的营养需要量列表中，磷的需要量是以总磷和有效磷两个指标表述的。在本章中，饲料磷含量是以标准全消化道可消化磷（standard total tract digestible phosphorus，STTD P）和全消化道表观可消化磷表示的。STTD P 是指饲料中已被吸收的磷，从消化道消失并经无磷饲粮法进行内源校正的部分，是通过全收粪法测定的。营养需要列表中的有效磷与饲料营养价值表中的 STTD P 是等同的。

近年来，碳水化合物的分析技术取得了新的进展，碳水化合物组分，尤其是纤维组分的营养生理功能受到了极大关注，这是我们在表 23-2 中列出了主要饲料原料的膳食纤维、可溶性膳食纤维、不溶性膳食纤维和总膳食纤维含量的原因。膳食纤维（dietary fiber，DF）指不能被猪内源酶消化但具有健康意义的、植物中天然存在或通过提取（或合成）的、聚合度 DP≥3 的碳水化合物聚合物，包括纤维素、半纤维素、果胶和其他单体成分等。可溶性膳食纤维（soluble dietary fiber，SDF）指能部分溶于水的膳食纤维部分，包括低聚糖和部分不能消化的多聚糖等。不溶性膳食纤维（insoluble dietary fiber，IDF）是指不能溶于水的膳食纤维，包括木质素、纤维素、部分半纤维素等。总膳食纤维（total dietary fiber，TDF）则是可溶性膳食纤维与不溶性膳食纤维之和。

表23-2中还列出了主要饲料原料的酸水解脂肪值。所谓酸水解脂肪值（acid-hydrolyzed ether extract，AEE）是指将经前处理的、分散且干燥的样品用盐酸水解后用无水乙醚或石油醚提取，回收溶剂后得到的残留物，包括游离态和结合态脂肪。

表23-1 猪常用饲料原料

序号	饲料原料	序号	饲料原料	序号	饲料原料
1	菜籽饼	31	啤酒酵母	61	玉米胚
2	菜籽粕	32	棉籽粕，CP<46%	62	玉米胚芽饼
3	大豆粕，43%≤CP<46%	33	棉籽粕，CP≥46%	63	玉米胚芽粕
4	大豆粕，CP≥46%	34	脱酚棉籽蛋白	64	玉米皮
5	大豆分离蛋白	35	木薯粉	65	柠檬酸渣
6	大豆浓缩蛋白	36	苜蓿草粉	66	膨化玉米
7	大豆皮	37	苹果渣	67	喷浆玉米胚芽粕
8	发酵大豆粕	38	甜菜糖蜜	68	喷浆玉米皮
9	膨化大豆	39	甜菜渣	69	芝麻粉
10	裸大麦	40	土豆蛋白	70	棕榈仁粕
11	皮大麦	41	向日葵饼	71	酪蛋白
12	去皮大麦	42	向日葵粕	72	肉粉
13	稻谷	43	小麦	73	肉骨粉
14	糙米	44	小麦麸皮	74	禽肉粉
15	大米蛋白	45	次粉	75	全鸡蛋粉
16	米糠粕	46	饲用小麦面粉	76	蛋清粉
17	全脂米糠，粗脂肪含量<15%	47	亚麻籽饼	77	全脂猪肠膜蛋白
18	全脂米糠，粗脂肪含量≥15%	48	燕麦	78	脱脂猪肠膜蛋白
19	碎米	49	去壳燕麦	79	乳清
20	番茄渣	50	椰子粕	80	低蛋白乳清粉
21	甘薯	51	玉米	81	乳糖
22	甘蔗糖蜜	52	玉米蛋白粉，CP<50%	82	水解羽毛粉
23	高粱，单宁含量<0.5%	53	玉米蛋白粉，50%≤CP<60%	83	脱脂奶粉
24	高粱，0.5%≤单宁含量<1.0%	54	玉米蛋白粉，CP≥60%	84	血粉
25	高粱，单宁含量≥1.0%	55	玉米淀粉渣	85	猪血浆蛋白粉
26	谷子	56	玉米干酒精糟	86	鱼粉，CP=53.5%
27	花生饼	57	玉米酒精糟及其可溶物	87	鱼粉，CP=60.2%
28	花生粕	58	玉米酒精糟及其可溶物，粗脂肪含量<6%	88	鱼粉，60%<CP≤65%
29	白酒糟	59	玉米酒精糟及其可溶物，6%≤粗脂肪含量<9%	89	鱼粉，CP>65%
30	啤酒糟	60	玉米酒精糟及其可溶物，粗脂肪含量≥9%		

表 23-2 猪常用饲料描述及营养价值

1. 菜籽饼 中国饲料号：5-10-0009			
概略养分及碳水化合物（%）		氨基酸（%）	
项目	含量	总氨基酸	氨基酸消化率
干物质	92.40	必需氨基酸	表观回肠消化率 / 标准回肠消化率
粗蛋白质	36.13	粗蛋白质　36.13	63　71
粗脂肪	9.19	赖氨酸　1.70	66　69
酸水解粗脂肪	9.98	蛋氨酸　0.85	88　89
粗灰分	6.72	苏氨酸　1.44	64　69
淀粉	—	色氨酸　0.41	76　80
粗纤维	16.73	异亮氨酸　1.33	74　77
中性洗涤纤维	39.50	亮氨酸　2.46	79　82
酸性洗涤纤维	23.74	缬氨酸　1.83	69　73
总膳食纤维	35.13	精氨酸　1.97	82　88
不溶性膳食纤维	23.50	组氨酸　0.92	80　84
可溶性膳食纤维	11.63	苯丙氨酸　1.28	79　83
非淀粉多糖	18.95	非必需氨基酸	
矿物质		丙氨酸　1.52	70　77
常量元素（%）		天冬氨酸　2.26	66　71
钙	0.68	半胱氨酸　0.83	68　72
总磷	0.99	谷氨酸　6.02	81　84
植酸磷	0.40	甘氨酸　1.70	52　73
钾	1.55	脯氨酸　2.04	17　68
钠	0.01	丝氨酸　1.39	66　72
氯	0.11	酪氨酸　0.68	77　79
镁	0.57	维生素（mg/kg）	总氨基酸预测模型，粗蛋白质为变量
硫	—	β-胡萝卜素　—	常数　系数
磷全消化道表观消化率（%）	47	维生素 E　8.54	赖氨酸　0.747　0.033
磷全消化道标准消化率（%）	56	硫胺素　1.68	蛋氨酸　−0.481　0.032
微量元素（mg/kg）		核黄素　1.55	苏氨酸　−0.498　0.053
铁	449	烟酸　74.54	色氨酸　0.013　0.013
铜	7.66	泛酸　6.12	异亮氨酸　0.331　0.028
锰	69.84	吡哆醇　3.00	亮氨酸　0.454　0.052
锌	65	生物素　—	缬氨酸　−1.353　0.082
碘		叶酸　0.63	精氨酸　0.187　0.048
硒	0.68	维生素 B_{12}　—	组氨酸　−0.178　0.030
		胆碱（%）　0.20	苯丙氨酸　0.281　0.024
		亚油酸（%）　2.53	其他成分含量
			芥酸（%）　1.20
有效能值（MJ/kg）			
生长阶段	生长猪	母猪	生长猪有效能值预测模型　R^2
总能	19.43	19.43	$DE=20.034-0.126 \times NDF$　0.50
消化能	13.34	13.61	$DE=7.672+0.680 \times EE$　0.48
代谢能	12.04	12.24	$ME=18.044-0.114 \times NDF$　0.73
净能	9.17	9.32	$ME=1.536-0.795 \times DE$　0.92

(续)

2. 菜籽粕　中国饲料号：5-10-0010

概略养分及碳水化合物（%）		氨基酸（%）			
项目	含量	总氨基酸		氨基酸消化率	
干物质	90.03	必需氨基酸		表观回肠消化率	标准回肠消化率
粗蛋白质	37.35	粗蛋白质	37.35	62	65
粗脂肪	1.57	赖氨酸	1.87	65	68
酸水解粗脂肪	2.02	蛋氨酸	0.76	77	80
粗灰分	7.96	苏氨酸	1.55	61	64
淀粉	—	色氨酸	0.44	61	65
粗纤维	12.74	异亮氨酸	1.31	68	71
中性洗涤纤维	32.14	亮氨酸	2.36	71	73
酸性洗涤纤维	20.48	缬氨酸	1.88	65	68
总膳食纤维	32.99	精氨酸	2.13	74	77
不溶性膳食纤维	24.38	组氨酸	0.96	74	77
可溶性膳食纤维	8.61	苯丙氨酸	1.35	70	73
非淀粉多糖	17.80	非必需氨基酸			
矿物质		丙氨酸	1.60	65	68
常量元素（%）		天冬氨酸	2.46	58	62
钙	0.75	半胱氨酸	0.99	60	64
总磷	0.87	谷氨酸	6.24	74	76
植酸磷	0.39	甘氨酸	1.90	51	56
钾	1.55	脯氨酸	2.09	46	55
钠	0.01	丝氨酸	1.48	61	64
氯	0.11	酪氨酸	0.78	69	71
镁	0.57	维生素（mg/kg）		总氨基酸预测模型，粗蛋白质为变量	
硫	—	β-胡萝卜素	—	常数	系数
磷全消化道表观消化率（%）	47.39	维生素 E	8.54	赖氨酸	0.747	0.033
磷全消化道标准消化率（%）	56.44	硫胺素	1.68	蛋氨酸	−0.481	0.032
微量元素（mg/kg）		核黄素	1.55	苏氨酸	−0.498	0.053
铁	449	烟酸	74.54	色氨酸	0.013	0.013
铜	7.66	泛酸	6.12	异亮氨酸	0.331	0.028
锰	69.84	吡哆醇	3.00	亮氨酸	0.454	0.052
锌	65	生物素	0.98	缬氨酸	−1.353	0.082
碘	—	叶酸	0.63	精氨酸	0.187	0.048
硒	0.68	维生素 B_{12}	—	组氨酸	−0.178	0.030
		胆碱（%）	0.20	苯丙氨酸	0.281	0.024
		亚油酸（%）	0.42	其他成分含量	
				芥酸（%）	1.08

有效能值（MJ/kg）（n=40）				
生长阶段	生长猪	母猪	生长猪有效能值预测模型	R^2
总能	17.33	17.33	$DE=8.253+0.110\times CP$	0.65
消化能	11.50	12.19	$DE=9.570+0.1\times CP-0.03\times NDF$	0.83
代谢能	10.43	11.06	$ME=0.319+0.894\times DE$	0.74
净能	7.57	8.02		

（续）

3. 大豆粕 43%≤CP<46%，中国饲料号：5-09-0001

概略养分及碳水化合物（%）		氨基酸（%）			
项目	含量	总氨基酸		氨基酸消化率	
干物质	89.49	必需氨基酸		表观回肠消化率	标准回肠消化率
粗蛋白质	43.82	粗蛋白质	43.82	80	84
粗脂肪	1.05	赖氨酸	2.95	87	89
酸水解粗脂肪	1.42	蛋氨酸	0.63	87	90
粗灰分	5.86	苏氨酸	1.82	84	86
淀粉	—	色氨酸	0.55	82	85
粗纤维	5.20	异亮氨酸	1.97	85	87
中性洗涤纤维	12.44	亮氨酸	3.43	85	87
酸性洗涤纤维	5.89	缬氨酸	2.17	82	85
总膳食纤维	18.48	精氨酸	3.34	93	95
不溶性膳食纤维	16.15	组氨酸	1.28	88	90
可溶性膳食纤维	2.33	苯丙氨酸	2.21	77	82
非淀粉多糖	14.69	非必需氨基酸			
矿物质		丙氨酸	2.06	80	84
常量元素（%）		天冬氨酸	5.20	84	86
钙	0.39	半胱氨酸	0.63	74	81
总磷	0.66	谷氨酸	7.50	84	86
植酸磷	0.18	甘氨酸	1.93	73	80
钾	2.43	脯氨酸	2.13	83	89
钠	0.03	丝氨酸	2.32	82	86
氯	—	酪氨酸	1.71	86	88
镁	0.32	维生素（mg/kg）		总氨基酸预测模型，粗蛋白质为变量	
硫	—	β-胡萝卜素	0.05	常数	系数
磷全消化道表观消化率（%）	41	维生素 E	1.26	赖氨酸	0	0.067
磷全消化道标准消化率（%）	47	硫胺素	9.75	蛋氨酸	0	0.014
微量元素（mg/kg）		核黄素	0.50	苏氨酸	0	0.042
铁	143	烟酸	65.53	色氨酸	0	0.012
铜	14.89	泛酸	4.20	异亮氨酸	0	0.078
锰	38.01	吡哆醇	6.80	亮氨酸	0	0.045
锌	49	生物素	0.33	缬氨酸	0	0.049
碘	0.18	叶酸	0.50	精氨酸	0	0.076
硒	0.18	维生素 B_{12}	—	组氨酸	0	0.029
		胆碱（%）	0.17	苯丙氨酸	0	0.051
		亚油酸（%）	0.17	其他成分含量		

有效能值（MJ/kg）（$n=14$）				
生长阶段	生长猪	母猪	生长猪有效能值预测模型	R^2
总能	17.43	17.43	$DE=18.591-0.225\times CF$	0.55
消化能	15.52	16.45	$DE=18.514-0.183\times ADF$	0.53
代谢能	14.99	15.66	$ME=2.621+0.812\times DE$	0.64
净能	9.64	10.06		

（续）

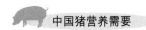

4. 大豆粕 CP≥46%，中国饲料号：5-09-0002

概略养分及碳水化合物（%）		氨基酸（%）			
项目	含量	总氨基酸		氨基酸消化率	
干物质	89.67	必需氨基酸		表观回肠消化率	标准回肠消化率
粗蛋白质	46.82	粗蛋白质	46.82	80	84
粗脂肪	0.67	赖氨酸	3.10	86	88
酸水解粗脂肪	1.19	蛋氨酸	0.60	88	90
粗灰分	5.99	苏氨酸	1.96	83	86
淀粉	—	色氨酸	0.57	82	86
粗纤维	4.32	异亮氨酸	2.14	85	88
中性洗涤纤维	12.27	亮氨酸	3.69	85	87
酸性洗涤纤维	5.24	缬氨酸	2.31	82	85
总膳食纤维	17.48	精氨酸	3.56	93	95
不溶性膳食纤维	15.27	组氨酸	1.39	88	89
可溶性膳食纤维	2.21	苯丙氨酸	2.45	77	82
非淀粉多糖	13.16	非必需氨基酸			
矿物质		丙氨酸	2.18	80	84
常量元素（%）		天冬氨酸	5.58	83	85
钙	0.39	半胱氨酸	0.63	77	83
总磷	0.67	谷氨酸	7.91	84	86
植酸磷	0.18	甘氨酸	2.02	71	78
钾	2.43	脯氨酸	2.30	84	91
钠	0.03	丝氨酸	2.45	82	86
氯	—	酪氨酸	1.78	85	88
镁	0.32	维生素（mg/kg）		总氨基酸预测模型，粗蛋白质为变量	
硫	—	β-胡萝卜素	0.05	常数	系数
磷全消化道表观消化率（%）	41	维生素E	1.26	赖氨酸	0	0.067
磷全消化道标准消化率（%）	47	硫胺素	9.75	蛋氨酸	0	0.014
微量元素（mg/kg）		核黄素	0.50	苏氨酸	0	0.042
铁	143	烟酸	65.53	色氨酸	0	0.012
铜	14.89	泛酸	4.20	异亮氨酸	0	0.078
锰	38.01	吡哆醇	6.80	亮氨酸	0	0.045
锌	49	生物素	0.33	缬氨酸	0	0.049
碘	0.18	叶酸	0.50	精氨酸	0	0.076
硒	0.18	维生素B_{12}	—	组氨酸	0	0.029
		胆碱（%）	0.17	苯丙氨酸	0	0.051
		亚油酸（%）	0.17	其他成分含量	
有效能值（MJ/kg）（$n=20$）					
生长阶段	生长猪	母猪	生长猪有效能值预测模型		R^2
总能	17.55	17.55	$DE=18.591-0.225×CF$		0.55
消化能	15.64	16.58	$DE=18.514-0.183×ADF$		0.53
代谢能	14.94	15.78	$ME=2.621+0.812×DE$		0.64
净能	9.60	10.14			

(续)

5. 大豆分离蛋白　中国饲料号：5-09-0006

概略养分及碳水化合物（%）		氨基酸（%）			
项目	含量	总氨基酸		氨基酸消化率	
干物质	93.71	必需氨基酸		表观回肠消化率	标准回肠消化率
粗蛋白质	84.78	粗蛋白质	84.78	84	89
粗脂肪	2.76	赖氨酸	5.19	90	91
酸水解粗脂肪	—	蛋氨酸	1.11	84	86
粗灰分	4.17	苏氨酸	3.09	79	83
淀粉	1.89	色氨酸	1.13	84	87
粗纤维	0.17	异亮氨酸	3.83	86	88
中性洗涤纤维	0.19	亮氨酸	6.76	88	89
酸性洗涤纤维	0.00	缬氨酸	4.02	83	86
总膳食纤维	—	精氨酸	6.14	93	94
不溶性膳食纤维	—	组氨酸	2.19	86	88
可溶性膳食纤维	—	苯丙氨酸	4.40	87	88
非淀粉多糖	—	非必需氨基酸			
矿物质		丙氨酸	3.54	86	90
常量元素（%）		天冬氨酸	9.64	90	92
钙	0.17	半胱氨酸	0.98	74	79
总磷	0.75	谷氨酸	16.00	93	94
植酸磷	—	甘氨酸	3.54	80	89
钾	0.16	脯氨酸	4.45	83	113
钠	1.14	丝氨酸	4.37	90	93
氯	0.02	酪氨酸	3.08	86	88
镁	0.05	维生素（mg/kg）		总氨基酸预测模型，粗蛋白质为变量	
硫	—	β-胡萝卜素	—	常数	系数
磷全消化道表观消化率（%）	39	维生素 E	—	赖氨酸	—
磷全消化道标准消化率（%）	48	硫胺素	0.30	蛋氨酸	—
微量元素（mg/kg）		核黄素	1.70	苏氨酸	—
铁	16	烟酸	6.00	色氨酸	—
铜	12.09	泛酸	4.20	异亮氨酸	—
锰	11.09	吡哆醇	5.40	亮氨酸	—
锌	40	生物素	0.30	缬氨酸	—
碘	—	叶酸	2.50	精氨酸	—
硒	0.14	维生素 B_{12}	0.00	组氨酸	—
		胆碱（%）	—	苯丙氨酸	—
		亚油酸（%）	—	其他成分含量	

有效能值（MJ/kg）				
生长阶段	生长猪	母猪	生长猪有效能值预测模型	R^2
总能	22.54	22.54	—	
消化能	17.36	17.36	—	
代谢能	14.95	14.95	—	
净能	9.15	9.15	—	

(续)

6. 大豆浓缩蛋白　中国饲料号：5-09-0005

概略养分及碳水化合物（%）		氨基酸（%）			
项目	含量	总氨基酸		氨基酸消化率	
干物质	92.64	必需氨基酸		表观回肠消化率	标准回肠消化率
粗蛋白质	65.20	粗蛋白质	65.20	85	89
粗脂肪	1.05	赖氨酸	4.09	89	91
酸水解粗脂肪	0.65	蛋氨酸	0.87	90	92
粗灰分	6.11	苏氨酸	2.52	82	86
淀粉	1.89	色氨酸	0.81	85	88
粗纤维	3.42	异亮氨酸	2.99	89	91
中性洗涤纤维	8.10	亮氨酸	5.16	89	91
酸性洗涤纤维	4.42	缬氨酸	3.14	87	90
总膳食纤维	18.87	精氨酸	4.75	93	95
不溶性膳食纤维	—	组氨酸	1.70	89	91
可溶性膳食纤维	—	苯丙氨酸	3.38	88	90
非淀粉多糖	—	非必需氨基酸			
矿物质		丙氨酸	2.82	85	89
常量元素（%）		天冬氨酸	7.58	86	88
钙	0.32	半胱氨酸	0.90	75	79
总磷	0.82	谷氨酸	12.02	90	91
植酸磷	—	甘氨酸	2.75	79	88
钾	—	脯氨酸	3.58	77	102
钠	—	丝氨酸	3.33	88	91
氯	—	酪氨酸	2.26	89	93
镁	—	维生素（mg/kg）		总氨基酸预测模型，粗蛋白质为变量	
硫	—	β-胡萝卜素	—	常数	系数
磷全消化道表观消化率（%）	39	维生素 E	—	赖氨酸	—
磷全消化道标准消化率（%）	48	硫胺素	—	蛋氨酸	—
微量元素（mg/kg）		核黄素	—	苏氨酸	—
铁	—	烟酸	—	色氨酸	—
铜	—	泛酸	—	异亮氨酸	—
锰	—	吡哆醇	—	亮氨酸	—
锌	—	生物素	—	缬氨酸	—
碘	—	叶酸	—	精氨酸	—
硒	—	维生素 B_{12}	—	组氨酸	—
		胆碱（%）	—	苯丙氨酸	—
		亚油酸（%）	—	其他成分含量	

有效能值（MJ/kg）				
生长阶段	生长猪	母猪	生长猪有效能值预测模型	R^2
总能	19.27	19.27	—	
消化能	17.82	17.82	—	
代谢能	15.97	15.97	—	
净能	9.94	9.94	—	

（续）

7. 大豆皮　中国饲料号：1-09-0001

概略养分及碳水化合物（%）		氨基酸（%）			
项目	含量	总氨基酸		氨基酸消化率	
干物质	90.44	必需氨基酸		表观回肠消化率	标准回肠消化率
粗蛋白质	11.70	粗蛋白质	11.70	44	62
粗脂肪	2.39	赖氨酸	0.59	56	60
酸水解粗脂肪	—	蛋氨酸	0.11	66	71
粗灰分	6.48	苏氨酸	0.35	53	61
淀粉	—	色氨酸	0.09	56	63
粗纤维	36.87	异亮氨酸	0.37	63	68
中性洗涤纤维	61.01	亮氨酸	0.61	65	70
酸性洗涤纤维	43.69	缬氨酸	0.43	55	61
总膳食纤维	54.92	精氨酸	0.47	79	84
不溶性膳食纤维	44.78	组氨酸	0.41	54	58
可溶性膳食纤维	10.14	苯丙氨酸	0.33	67	72
非淀粉多糖	57.91	非必需氨基酸			
矿物质		丙氨酸	0.41	51	56
常量元素（%）		天冬氨酸	0.90	65	69
钙	0.97	半胱氨酸	0.20	55	62
总磷	0.09	谷氨酸	1.08	71	74
植酸磷	0.08	甘氨酸	0.80	32	38
钾	—	脯氨酸	0.52	34	54
钠	—	丝氨酸	0.57	55	59
氯	—	酪氨酸	0.44	61	65
镁	—	维生素（mg/kg）		总氨基酸预测模型，粗蛋白质为变量	
硫	—	β-胡萝卜素	—	常数	系数
磷全消化道表观消化率（%）	29	维生素E	—	赖氨酸	—	—
磷全消化道标准消化率（%）	42	硫胺素	—	蛋氨酸	—	—
微量元素（mg/kg）		核黄素	—	苏氨酸		
铁	—	烟酸	—	色氨酸		
铜	—	泛酸	—	异亮氨酸		
锰	—	吡哆醇	—	亮氨酸		
锌	—	生物素	—	缬氨酸		
碘	—	叶酸	—	精氨酸		
硒	—	维生素B$_{12}$	—	组氨酸		
		胆碱（%）	—	苯丙氨酸		
		亚油酸（%）	—	其他成分含量		

有效能值（MJ/kg）（$n=2$）				
生长阶段	生长猪	母猪	生长猪有效能值预测模型	R^2
总能	16.70	16.70		
消化能	11.19	12.87		
代谢能	11.05	12.71		
净能	8.00	9.20		

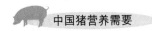

(续)

8. 发酵大豆粕 中国饲料号：5-09-0003

概略养分及碳水化合物（%）		氨基酸（%）			
项目	含量	总氨基酸		氨基酸消化率	
干物质	90.50	必需氨基酸		表观回肠消化率	标准回肠消化率
粗蛋白质	49.88	粗蛋白质	49.88	78	85
粗脂肪	1.51	赖氨酸	2.84	81	84
酸水解粗脂肪	—	蛋氨酸	0.67	88	91
粗灰分	6.84	苏氨酸	1.87	77	85
淀粉	—	色氨酸	0.41	81	86
粗纤维	4.66	异亮氨酸	2.14	86	89
中性洗涤纤维	15.62	亮氨酸	3.63	87	90
酸性洗涤纤维	6.32	缬氨酸	2.24	84	89
总膳食纤维	16.85	精氨酸	3.19	90	93
不溶性膳食纤维	13.92	组氨酸	1.29	88	90
可溶性膳食纤维	2.93	苯丙氨酸	2.38	86	90
非淀粉多糖	13.40	非必需氨基酸			
矿物质		丙氨酸	2.23	78	85
常量元素（%）		天冬氨酸	4.83	83	87
钙	0.29	半胱氨酸	0.68	78	87
总磷	0.80	谷氨酸	8.23	86	89
植酸磷	—	甘氨酸	2.02	65	79
钾	—	脯氨酸	2.59	59	78
钠	—	丝氨酸	2.47	81	87
氯	—	酪氨酸	1.61	83	90
镁	—	维生素（mg/kg）		总氨基酸预测模型，粗蛋白质为变量	
硫	—	β-胡萝卜素	—	常数	系数
磷全消化道表观消化率（%）	60	维生素 E	—	亮氨酸	0	0.070
磷全消化道标准消化率（%）	66	硫胺素	—	赖氨酸	0	0.060
微量元素（mg/kg）		核黄素	—	苏氨酸	0	0.040
铁	—	烟酸	—	色氨酸	0	0.010
铜	—	泛酸	—	异亮氨酸	0	0.040
锰	—	吡哆醇	—	蛋氨酸	0	0.010
锌	—	生物素	—	缬氨酸	0	0.040
碘	—	叶酸	—	精氨酸	0	0.060
硒	—	维生素 B_{12}	—	组氨酸	0	0.030
		胆碱（%）	—	苯丙氨酸	0	0.050
		亚油酸（%）	—	其他成分含量	
有效能值（MJ/kg）（$n=2$）					
生长阶段	生长猪	母猪	生长猪有效能值预测模型		R^2
总能	17.95	17.95			
消化能	15.46	16.39			
代谢能	14.95	15.59			
净能	9.61	10.03			

(续)

9. 膨化大豆　中国饲料号：5-09-0004

概略养分及碳水化合物（%）		氨基酸（%）			
项目	含量	总氨基酸		氨基酸消化率	
干物质	92.36	必需氨基酸		表观回肠消化率	标准回肠消化率
粗蛋白质	37.56	粗蛋白质	37.56	74	79
粗脂肪	20.18	赖氨酸	2.23	79	81
酸水解粗脂肪	15.03	蛋氨酸	0.55	75	80
粗灰分	4.89	苏氨酸	1.42	71	76
淀粉	1.89	色氨酸	0.49	79	82
粗纤维	4.07	异亮氨酸	1.60	75	78
中性洗涤纤维	10.00	亮氨酸	2.67	75	78
酸性洗涤纤维	6.17	缬氨酸	1.73	73	77
总膳食纤维	18.40	精氨酸	2.45	84	87
不溶性膳食纤维	15.12	组氨酸	0.88	78	81
可溶性膳食纤维	3.28	苯丙氨酸	1.74	77	79
非淀粉多糖	10.68	非必需氨基酸			
矿物质		丙氨酸	1.59	74	79
常量元素（%）		天冬氨酸	3.89	78	80
钙	0.31	半胱氨酸	0.59	70	76
总磷	0.53	谷氨酸	6.05	81	84
植酸磷	0.33	甘氨酸	1.52	69	81
钾	1.64	脯氨酸	1.65	70	100
钠	0.03	丝氨酸	1.67	75	79
氯	0.03	酪氨酸	1.20	77	81
镁	0.28	维生素（mg/kg）		总氨基酸预测模型，粗蛋白质为变量	
硫	0.30	β-胡萝卜素	1.90	常数	系数
磷全消化道表观消化率（%）	39	维生素 E	18.10	赖氨酸	—
磷全消化道标准消化率（%）	48	硫胺素	11.00	蛋氨酸	—
微量元素（mg/kg）		核黄素	11.00	苏氨酸	—
铁	80	烟酸	15.00	色氨酸	—
铜	16.00	泛酸	2.60	异亮氨酸	—
锰	30.00	吡哆醇	10.80	亮氨酸	—
锌	39	生物素	0.24	缬氨酸	—
碘	—	叶酸	3.60	精氨酸	—
硒	0.11	维生素 B_{12}	0.00	组氨酸	—
		胆碱（%）	0.23	苯丙氨酸	—
		亚油酸（%）	8.00	其他成分含量	

有效能值（MJ/kg）（$n=1$）				
生长阶段	生长猪	母猪	生长猪有效能值预测模型	R^2
总能	22.08	22.08		
消化能	17.54	19.05		
代谢能	16.48	17.89		
净能	12.02	13.58		

(续)

10. 裸大麦　中国饲料号：4-07-0003

概略养分及碳水化合物（%）		氨基酸（%）			
项目	含量	总氨基酸		氨基酸消化率	
干物质	89.58	必需氨基酸		表观回肠消化率	标准回肠消化率
粗蛋白质	12.77	粗蛋白质	12.77	63	69
粗脂肪	3.17	赖氨酸	0.51	56	65
酸水解粗脂肪	—	蛋氨酸	0.20	68	73
粗灰分	1.94	苏氨酸	0.37	56	70
淀粉	54.56	色氨酸	0.13	—	—
粗纤维	1.10	异亮氨酸	0.35	65	75
中性洗涤纤维	12.55	亮氨酸	0.74	68	75
酸性洗涤纤维	2.18	缬氨酸	0.55	66	75
总膳食纤维	—	精氨酸	0.68	68	77
不溶性膳食纤维	—	组氨酸	0.40	71	77
可溶性膳食纤维	—	苯丙氨酸	0.54	70	75
非淀粉多糖	—	非必需氨基酸			
矿物质		丙氨酸	0.58	54	66
常量元素（%）		天冬氨酸	0.64	58	70
钙	0.06	半胱氨酸	0.23	64	72
总磷	0.36	谷氨酸	3.61	77	80
植酸磷	0.26	甘氨酸	0.71	47	77
钾	0.44	脯氨酸	0.97	67	112
钠	0.02	丝氨酸	0.63	63	73
氯	0.10	酪氨酸	0.25	65	74
镁	0.12	维生素（mg/kg）		总氨基酸预测模型，粗蛋白质为变量	
硫	—	β-胡萝卜素	—	常数	系数
磷全消化道表观消化率（%）	31	维生素 E	6.00	赖氨酸	
磷全消化道标准消化率（%）	36	硫胺素	4.30	蛋氨酸	
微量元素（mg/kg）		核黄素	1.80	苏氨酸	
铁	56	烟酸	48.00	色氨酸	
铜	5.00	泛酸	6.80	异亮氨酸	
锰	16.00	吡哆醇	5.60	亮氨酸	
锌	27	生物素	0.07	缬氨酸	
碘	—	叶酸	0.62	精氨酸	
硒	—	维生素 B_{12}	0.00	组氨酸	
		胆碱（%）	—	苯丙氨酸	
		亚油酸（%）	—	其他成分含量	
有效能值（MJ/kg）					
生长阶段	生长猪	母猪	生长猪有效能值预测模型		R^2
总能	16.56	16.56			
消化能	13.66	14.03			
代谢能	13.30	13.49			
净能	10.31	10.36			

(续)

11. 皮大麦　中国饲料号：4-07-0001

概略养分及碳水化合物（%）		氨基酸（%）			
项目	含量	总氨基酸		氨基酸消化率	
干物质	88.73	必需氨基酸		表观回肠消化率	标准回肠消化率
粗蛋白质	11.41	粗蛋白质	11.41	57	77
粗脂肪	2.47	赖氨酸	0.46	72	82
酸水解粗脂肪	2.52	蛋氨酸	0.15	63	74
粗灰分	2.64	苏氨酸	0.43	69	80
淀粉	45.66	色氨酸	0.13	70	79
粗纤维	3.80	异亮氨酸	0.44	73	83
中性洗涤纤维	23.44	亮氨酸	0.93	77	86
酸性洗涤纤维	5.63	缬氨酸	0.66	67	79
总膳食纤维	20.23	精氨酸	0.62	74	82
不溶性膳食纤维	16.45	组氨酸	0.23	81	86
可溶性膳食纤维	3.78	苯丙氨酸	0.64	79	86
非淀粉多糖	—	非必需氨基酸			
矿物质		丙氨酸	0.58	56	77
常量元素（%）		天冬氨酸	0.75	66	78
钙	0.03	半胱氨酸	0.23	77	84
总磷	0.34	谷氨酸	2.78	82	86
植酸磷	0.22	甘氨酸	0.51	47	76
钾	0.56	脯氨酸	1.38	56	86
钠	0.02	丝氨酸	0.53	71	78
氯	0.15	酪氨酸	0.32	78	87
镁	0.14	维生素（mg/kg）		总氨基酸预测模型，粗蛋白质为变量	
硫	0.13	β-胡萝卜素	4.10	常数	系数
磷全消化道表观消化率（%）	39	维生素 E	20.00	赖氨酸 0.128	0.027
磷全消化道标准消化率（%）	45	硫胺素	4.50	蛋氨酸 0.045	0.009
微量元素（mg/kg）		核黄素	1.80	苏氨酸 0.055	0.030
铁	87	烟酸	55.00	色氨酸 0.050	0.007
铜	5.60	泛酸	8.00	异亮氨酸 −0.066	0.039
锰	17.50	吡哆醇	4.00	亮氨酸 −0.015	0.074
锌	24	生物素	0.15	缬氨酸 0.014	0.051
碘	0.09	叶酸	0.07	精氨酸 0.039	0.045
硒	0.06	维生素 B_{12}	0.00	组氨酸 −0.088	0.024
		胆碱（%）	0.99	苯丙氨酸 −0.185	0.063
		亚油酸（%）	0.83	其他成分含量	

有效能值（MJ/kg）（$n=19$）				
生长阶段	生长猪	母猪	生长猪有效能值预测模型	R^2
总能	16.49	16.49	$DE=16.22-0.25\times ADF$	0.73
消化能	13.01	13.36	$ME=15.90-0.24\times ADF$	0.76
代谢能	12.75	13.09		
净能	9.79	9.85		

(续)

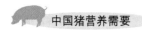

12. 去皮大麦 皮大麦脱壳产物，中国饲料号：4-07-0002

概略养分及碳水化合物（%）		氨基酸（%）			
项目	含量	总氨基酸		氨基酸消化率	
干物质	89.03	必需氨基酸		表观回肠消化率	标准回肠消化率
粗蛋白质	12.46	粗蛋白质	12.46	62	81
粗脂肪	2.27	赖氨酸	0.40	70	80
酸水解粗脂肪	—	蛋氨酸	0.18	58	73
粗灰分	1.91	苏氨酸	0.39	76	86
淀粉	52.63	色氨酸	0.16	71	81
粗纤维	—	异亮氨酸	0.44	78	86
中性洗涤纤维	17.04	亮氨酸	0.91	80	88
酸性洗涤纤维	3.00	缬氨酸	0.65	66	77
总膳食纤维	13.60	精氨酸	0.57	68	75
不溶性膳食纤维	8.42	组氨酸	0.22	80	85
可溶性膳食纤维	5.18	苯丙氨酸	0.64	80	87
非淀粉多糖	—	非必需氨基酸			
矿物质		丙氨酸	0.53	61	80
常量元素（%）		天冬氨酸	0.61	68	79
钙	0.03	半胱氨酸	0.25	82	89
总磷	0.34	谷氨酸	2.74	83	87
植酸磷	0.22	甘氨酸	0.46	43	70
钾	0.56	脯氨酸	1.44	51	90
钠	0.02	丝氨酸	0.49	74	81
氯	0.15	酪氨酸	0.27	80	89
镁	0.14	维生素（mg/kg）		总氨基酸预测模型，粗蛋白质为变量	
硫	0.13	β-胡萝卜素	4.10	常数	系数
磷全消化道表观消化率（%）	39	维生素 E	20.00	赖氨酸 0	0.030
磷全消化道标准消化率（%）	45	硫胺素	4.50	蛋氨酸 0	0.010
微量元素（mg/kg）		核黄素	1.80	苏氨酸 0	0.030
铁	87	烟酸	55.00	色氨酸 0	0.010
铜	5.60	泛酸	8.00	异亮氨酸 0	0.030
锰	17.50	吡哆醇	4.00	亮氨酸 0	0.070
锌	24	生物素	0.15	缬氨酸 0	0.050
碘	0.09	叶酸	0.07	精氨酸 0	0.040
硒	0.06	维生素 B_{12}	0.00	组氨酸 0	0.020
		胆碱（%）	0.99	苯丙氨酸 0	0.05
		亚油酸（%）	0.83	其他成分含量	
有效能值（MJ/kg）（$n=6$）					
生长阶段	生长猪	母猪	生长猪有效能值预测模型		R^2
总能	16.23	16.23			
消化能	13.90	14.27			
代谢能	13.66	14.02			
净能	10.42	10.76			

(续)

13. 稻谷　中国饲料号：4-07-0009

概略养分及碳水化合物（%）		氨基酸（%）			
项目	含量	总氨基酸		氨基酸消化率	
干物质	86.00	必需氨基酸		表观回肠消化率	标准回肠消化率
粗蛋白质	7.23	粗蛋白质	7.23		
粗脂肪	2.28	赖氨酸	0.27	75	76
酸水解粗脂肪	—	蛋氨酸	0.16	78	81
粗灰分	3.78	苏氨酸	0.24	69	70
淀粉	55.42	色氨酸	0.06	—	—
粗纤维	11.14	异亮氨酸	0.28	72	76
中性洗涤纤维	18.82	亮氨酸	0.55	79	83
酸性洗涤纤维	14.17	缬氨酸	0.56	76	79
总膳食纤维	—	精氨酸	0.52	86	88
不溶性膳食纤维	—	组氨酸	0.38	84	86
可溶性膳食纤维	—	苯丙氨酸	0.38	81	83
非淀粉多糖	—	非必需氨基酸			
矿物质		丙氨酸	0.44	74	75
常量元素（%）		天冬氨酸	0.63	78	80
钙	0.03	半胱氨酸	0.20	—	—
总磷	0.36	谷氨酸	1.13	83	84
植酸磷	0.19	甘氨酸	0.36	69	77
钾	0.34	脯氨酸	0.34	73	73
钠	0.04	丝氨酸	0.35	80	81
氯	0.07	酪氨酸	0.30	80	83
镁	0.07	维生素（mg/kg）		总氨基酸预测模型，粗蛋白质为变量	
硫	0.06	β-胡萝卜素	0.10	常数	系数
磷全消化道表观消化率（%）	29	维生素 E	16.00	赖氨酸	—	—
磷全消化道标准消化率（%）	33	硫胺素	3.10	蛋氨酸	—	—
微量元素（mg/kg）		核黄素	1.20	苏氨酸	—	—
铁	40	烟酸	34.00	色氨酸	—	—
铜	3.50	泛酸	3.70	异亮氨酸	—	—
锰	20.00	吡哆醇	28.00	亮氨酸	—	—
锌	8	生物素	0.08	缬氨酸	—	—
碘	—	叶酸	0.45	精氨酸	—	—
硒	0.04	维生素 B_{12}	—	组氨酸	—	—
		胆碱（%）	0.09	苯丙氨酸	—	—
		亚油酸（%）	0.28	其他成分含量	

有效能值（MJ/kg）				
生长阶段	生长猪	母猪	生长猪有效能值预测模型	R^2
总能	17.89	17.89		
消化能	11.25	11.94		
代谢能	10.63	11.47		
净能	8.10	8.81		

(续)

14. 糙米 中国饲料号：4-07-0010

概略养分及碳水化合物（%）		氨基酸（%）			
项目	含量	总氨基酸		氨基酸消化率	
干物质	87.00	必需氨基酸		表观回肠消化率	标准回肠消化率
粗蛋白质	8.80	粗蛋白质	8.80	80	94
粗脂肪	2.00	赖氨酸	0.31	73	77
酸水解粗脂肪	—	蛋氨酸	0.20	80	85
粗灰分	1.30	苏氨酸	0.32	68	76
淀粉	70.49	色氨酸	0.06	69	77
粗纤维	0.70	异亮氨酸	0.33	72	81
中性洗涤纤维	1.60	亮氨酸	0.65	75	83
酸性洗涤纤维	0.80	缬氨酸	0.43	73	78
总膳食纤维	—	精氨酸	0.64	83	89
不溶性膳食纤维	—	组氨酸	0.32	81	84
可溶性膳食纤维	—	苯丙氨酸	0.44	76	84
非淀粉多糖	—	非必需氨基酸			
矿物质		丙氨酸	0.52	75	89
常量元素（%）		天冬氨酸	0.83	81	93
钙	0.03	半胱氨酸	0.25	72	80
总磷	0.35	谷氨酸	1.48	88	95
植酸磷	0.20	甘氨酸	0.42	49	93
钾	0.34	脯氨酸	0.23	62	66
钠	0.04	丝氨酸	0.44	82	96
氯	0.06	酪氨酸	0.35	74	83
镁	0.14	维生素（mg/kg）		总氨基酸预测模型，粗蛋白质为变量	
硫	0.9	β-胡萝卜素	—	常数	系数
磷全消化道表观消化率（%）	29	维生素 E	13.50	赖氨酸	—	—
磷全消化道标准消化率（%）	33	硫胺素	2.80	蛋氨酸	—	—
微量元素（mg/kg）		核黄素	1.10	苏氨酸	—	—
铁	78	烟酸	30.00	色氨酸	—	—
铜	3.30	泛酸	11.00	异亮氨酸	—	—
锰	21.00	吡哆醇	0.04	亮氨酸	—	—
锌	10	生物素	0.08	缬氨酸	—	—
碘	—	叶酸	0.40	精氨酸	—	—
硒	0.07	维生素 B_{12}	0.00	组氨酸	—	—
		胆碱（%）	0.10	苯丙氨酸	—	—
		亚油酸（%）	0.25	其他成分含量	

有效能值（MJ/kg）				
生长阶段	生长猪	母猪	生长猪有效能值预测模型	R^2
总能	15.70	15.70		
消化能	14.39	14.43		
代谢能	13.57	14.09		
净能	11.21	11.27		

(续)

15. 大米蛋白质　中国饲料号：5-11-0011

概略养分及碳水化合物（%）		氨基酸（%）			
项目	含量	总氨基酸		氨基酸消化率	
干物质	91.33	必需氨基酸		表观回肠消化率	标准回肠消化率
粗蛋白质	62.52	粗蛋白质	62.52	—	—
粗脂肪	8.75	赖氨酸	2.24	—	—
酸水解粗脂肪	—	蛋氨酸	2.1	—	—
粗灰分	2.72	苏氨酸	2.16	—	—
淀粉	14.24	色氨酸	0.79	—	—
粗纤维	3.12	异亮氨酸	2.31	—	—
中性洗涤纤维	4.19	亮氨酸	4.46	—	—
酸性洗涤纤维	3.95	缬氨酸	3.02	—	—
总膳食纤维	—	精氨酸	4.63	—	—
不溶性膳食纤维	—	组氨酸	1.59	—	—
可溶性膳食纤维	—	苯丙氨酸	2.83	—	—
非淀粉多糖	—	非必需氨基酸			
矿物质		丙氨酸	3.27	—	—
常量元素（%）		天冬氨酸	5.02	—	—
钙	—	半胱氨酸	—	—	—
总磷	—	谷氨酸	10.52	—	—
植酸磷	—	甘氨酸	2.50	—	—
钾	—	脯氨酸	7.66	—	—
钠	—	丝氨酸	2.92	—	—
氯	—	酪氨酸	—	—	—
镁	—	维生素（mg/kg）		总氨基酸预测模型，粗蛋白质为变量	
硫	—	β-胡萝卜素	—	常数	系数
磷全消化道表观消化率（%）		维生素 E		赖氨酸	—	—
磷全消化道标准消化率（%）		硫胺素		蛋氨酸	—	—
微量元素（mg/kg）		核黄素		苏氨酸	—	—
铁	—	烟酸		色氨酸	—	—
铜	—	泛酸		异亮氨酸	—	—
锰	—	吡哆醇		亮氨酸	—	—
锌	—	生物素		缬氨酸	—	—
碘	—	叶酸		精氨酸	—	—
硒	—	维生素 B_{12}		组氨酸	—	—
		胆碱（%）		苯丙氨酸	—	—
		亚油酸（%）	—	其他成分含量	

有效能值（MJ/kg）（$n=11$）				
生长阶段	生长猪	母猪	生长猪有效能值预测模型	R^2
总能	21.35	21.35	$DE=22.17-0.51\times NDF$	0.50
消化能	18.13	18.49	$DE=18.58-0.49\times CF+0.31\times EE$	0.77
代谢能	16.44	16.77	$ME=21.42-0.74\times NDF$	0.52
净能	10.57	10.78		

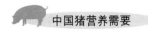

（续）

16. 米糠粕　中国饲料号：4-08-0004

概略养分及碳水化合物（%）		氨基酸（%）			
项目	含量	总氨基酸		氨基酸消化率	
干物质	89.12	必需氨基酸		表观回肠消化率	标准回肠消化率
粗蛋白质	14.99	粗蛋白质	14.99	—	—
粗脂肪	1.18	赖氨酸	0.59	63	73
酸水解粗脂肪	1.25	蛋氨酸	0.29	86	90
粗灰分	10.19	苏氨酸	0.53	67	77
淀粉	34.54	色氨酸	0.16	64	72
粗纤维	12.99	异亮氨酸	0.44	65	75
中性洗涤纤维	25.54	亮氨酸	0.89	68	76
酸性洗涤纤维	12.70	缬氨酸	0.72	68	78
总膳食纤维	25.34	精氨酸	0.93	81	85
不溶性膳食纤维	22.20	组氨酸	0.32	63	71
可溶性膳食纤维	3.14	苯丙氨酸	0.43	78	83
非淀粉多糖	—	非必需氨基酸			
矿物质		丙氨酸	0.81	67	78
常量元素（%）		天冬氨酸	1.21	71	80
钙	0.12	半胱氨酸	0.29	66	77
总磷	1.74	谷氨酸	1.75	73	81
植酸磷	1.50	甘氨酸	0.69	40	61
钾	1.11	脯氨酸	0.64	50	85
钠	0.02	丝氨酸	0.58	72	81
氯	0.10	酪氨酸	0.38	72	81
镁	0.81	维生素（mg/kg）		总氨基酸预测模型，粗蛋白质为变量	
硫	0.15	β-胡萝卜素	—	常数	系数
磷全消化道表观消化率（%）	25	维生素 E	—	赖氨酸	—	—
磷全消化道标准消化率（%）	28	硫胺素	—	蛋氨酸		
微量元素（mg/kg）		核黄素	—	苏氨酸		
铁	268	烟酸	—	色氨酸		
铜	14.00	泛酸	—	异亮氨酸		
锰	267.00	吡哆醇	—	亮氨酸		
锌	73	生物素	—	缬氨酸		
碘	0.32	叶酸	—	精氨酸		
硒	0.15	维生素 B_{12}	—	组氨酸		
		胆碱（%）	—	苯丙氨酸		
		亚油酸（%）	—	其他成分含量	

有效能值（MJ/kg）

生长阶段	生长猪	母猪	生长猪有效能值预测模型	R^2
总能	15.66	15.66		
消化能	9.84	10.92		
代谢能	9.22	10.23		
净能	6.82	7.57		

(续)

17. 全脂米糠　粗脂肪含量＜15％，中国饲料号：4-08-0003

概略养分及碳水化合物（%）		氨基酸（%）			
项目	含量	总氨基酸		氨基酸消化率	
干物质	88.88	必需氨基酸		表观回肠消化率	标准回肠消化率
粗蛋白质	13.54	粗蛋白质	13.54	67	75
粗脂肪	13.32	赖氨酸	0.60	74	80
酸水解粗脂肪	13.89	蛋氨酸	0.24	74	76
粗灰分	6.74	苏氨酸	0.46	67	74
淀粉	27.65	色氨酸	0.14	68	74
粗纤维	7.96	异亮氨酸	0.44	72	78
中性洗涤纤维	23.90	亮氨酸	0.89	73	78
酸性洗涤纤维	9.38	缬氨酸	0.67	75	79
总膳食纤维	—	精氨酸	0.66	89	92
不溶性膳食纤维	—	组氨酸	0.26	80	84
可溶性膳食纤维	—	苯丙氨酸	0.61	67	73
非淀粉多糖	—	非必需氨基酸			
矿物质		丙氨酸	0.58	71	77
常量元素（%）		天冬氨酸	1.08	71	75
钙	0.12	半胱氨酸	0.40	64	74
总磷	1.28	谷氨酸	1.52	78	83
植酸磷	1.24	甘氨酸	0.60	67	75
钾	1.73	脯氨酸	0.50	62	70
钠	0.07	丝氨酸	0.51	70	76
氯	0.07	酪氨酸	0.39	75	79
镁	0.90	维生素（mg/kg）		总氨基酸预测模型，粗蛋白质为变量	
硫		β-胡萝卜素	—	常数	系数
磷全消化道表观消化率（%）	13	维生素 E	60.00	赖氨酸	−0.795	0.095
磷全消化道标准消化率（%）	23	硫胺素	22.50	蛋氨酸	0	0.017
微量元素（mg/kg）		核黄素	2.50	苏氨酸	−0.188	0.047
铁	304	烟酸	293.00	色氨酸	−0.026	0.012
铜	7.10	泛酸	23.00	异亮氨酸	−0.008	0.034
锰	175.90	吡哆醇	14.00	亮氨酸	0.094	0.061
锌	50	生物素	0.42	缬氨酸	−0.089	0.055
碘	—	叶酸	2.20	精氨酸	0.487	0.016
硒	0.09	维生素 B_{12}	—	组氨酸	−0.301	0.040
		胆碱（%）	0.11	苯丙氨酸	−0.471	0.080
		亚油酸（%）	3.57	其他成分含量	

有效能值（MJ/kg）（$n=3$）				
生长阶段	生长猪	母猪	生长猪有效能值预测模型	R^2
总能	18.25	18.25	$DE=11.52+0.23\times EE$	0.56
消化能	14.09	15.13	$DE=16.85-0.1\times ADF$	0.45
代谢能	13.70	14.71	$ME=1.075+0.890\times DE$	0.90
净能	10.67	11.46	$ME=10.13+0.28\times EE$	0.42

(续)

18. 全脂米糠 粗脂肪含量≥15%, 中国饲料号: 4-08-0002

概略养分及碳水化合物（%）		氨基酸（%）			
项目	含量	总氨基酸		氨基酸消化率	
干物质	90.04	必需氨基酸		表观回肠消化率	标准回肠消化率
粗蛋白质	14.70	粗蛋白质	14.70	66	75
粗脂肪	17.70	赖氨酸	0.65	70	75
酸水解粗脂肪	18.20	蛋氨酸	0.25	77	80
粗灰分	7.39	苏氨酸	0.51	60	69
淀粉	26.06	色氨酸	0.16	63	71
粗纤维	8.02	异亮氨酸	0.49	68	74
中性洗涤纤维	23.69	亮氨酸	0.98	70	75
酸性洗涤纤维	8.26	缬氨酸	0.72	71	76
总膳食纤维	—	精氨酸	0.68	85	89
不溶性膳食纤维	—	组氨酸	0.30	77	81
可溶性膳食纤维	—	苯丙氨酸	0.74	64	71
非淀粉多糖	—	非必需氨基酸			
矿物质		丙氨酸	0.65	67	74
常量元素（%）		天冬氨酸	1.16	67	71
钙	0.13	半胱氨酸	0.42	65	76
总磷	1.62	谷氨酸	1.69	77	82
植酸磷	1.24	甘氨酸	0.69	59	69
钾	1.73	脯氨酸	0.58	56	65
钠	0.07	丝氨酸	0.56	65	71
氯	0.07	酪氨酸	0.50	78	83
镁	0.90	维生素（mg/kg）		总氨基酸预测模型，粗蛋白质为变量	
硫	—	β-胡萝卜素	—	常数	系数
磷全消化道表观消化率（%）	13	维生素 E	60.00	赖氨酸	−0.795	0.095
磷全消化道标准消化率（%）	23	硫胺素	22.50	蛋氨酸	0	0.017
微量元素（mg/kg）		核黄素	2.50	苏氨酸	−0.188	0.047
铁	304	烟酸	293.00	色氨酸	−0.026	0.012
铜	7.10	泛酸	23.00	异亮氨酸	−0.008	0.034
锰	175.90	吡哆醇	14.00	亮氨酸	0.094	0.061
锌	50	生物素	0.42	缬氨酸	−0.089	0.055
碘	—	叶酸	2.20	精氨酸	0.487	0.016
硒	0.09	维生素 B_{12}	—	组氨酸	−0.301	0.040
		胆碱（%）	0.11	苯丙氨酸	−0.471	0.080
		亚油酸（%）	3.57	其他成分含量	

有效能值（MJ/kg）($n=16$)				
生长阶段	生长猪	母猪	生长猪有效能值预测模型	R^2
总能	18.94	18.94	$DE=11.52+0.23\times EE$	0.56
消化能	14.34	15.40	$DE=16.85-0.1\times ADF$	0.45
代谢能	13.97	15.00	$ME=1.075+0.890\times DE$	0.90
净能	10.88	11.69	$ME=10.13+0.28\times EE$	0.42

(续)

19. 碎米　中国饲料号：4-07-0011

概略养分及碳水化合物（%）		氨基酸（%）			
项目	含量	总氨基酸		氨基酸消化率	
干物质	88.00	必需氨基酸		表观回肠消化率	标准回肠消化率
粗蛋白质	8.46	粗蛋白质	8.46	80	94
粗脂肪	1.80	赖氨酸	0.27	80	89
酸水解粗脂肪	—	蛋氨酸	0.19	85	87
粗灰分	1.39	苏氨酸	0.25	72	85
淀粉	72.68	色氨酸	0.05	63	77
粗纤维	1.39	异亮氨酸	0.28	73	81
中性洗涤纤维	1.45	亮氨酸	0.60	77	83
酸性洗涤纤维	0.86	缬氨酸	0.38	73	86
总膳食纤维	—	精氨酸	0.56	88	93
不溶性膳食纤维	—	组氨酸	0.23	80	85
可溶性膳食纤维	—	苯丙氨酸	0.39	75	80
非淀粉多糖	—	非必需氨基酸			
矿物质		丙氨酸	0.39	72	74
常量元素（%）		天冬氨酸	0.70	77	88
钙	0.06	半胱氨酸	0.22	63	77
总磷	0.35	谷氨酸	1.36	82	89
植酸磷	0.20	甘氨酸	0.33	73	77
钾	0.13	脯氨酸	0.19	73	86
钠	0.07	丝氨酸	0.39	74	92
氯	0.08	酪氨酸	0.27	67	84
镁	0.11	维生素（mg/kg）		总氨基酸预测模型，粗蛋白质为变量	
硫	0.09	β-胡萝卜素	—	常数	系数
磷全消化道表观消化率（%）	29	维生素 E	14.00	赖氨酸	—	—
磷全消化道标准消化率（%）	33	硫胺素	1.40	蛋氨酸	—	—
微量元素（mg/kg）		核黄素	28.00	苏氨酸		
铁	62	烟酸	30.00	色氨酸		
铜	8.80	泛酸	8.00	异亮氨酸		
锰	47.5	吡哆醇	28.00	亮氨酸		
锌	36	生物素	0.08	缬氨酸		
碘	0.02	叶酸	0.20	精氨酸		
硒	0.06	维生素 B_{12}	—	组氨酸		
		胆碱（%）	0.08	苯丙氨酸		
		亚油酸（%）	—	其他成分含量		
有效能值（MJ/kg）					
生长阶段	生长猪	母猪	生长猪有效能值预测模型		R^2
总能	15.58	15.58			
消化能	15.06	15.11			
代谢能	14.14	14.74			
净能	11.41	11.79			

(续)

20. 番茄渣 生产番茄酱所产生的副产物，中国饲料号：1-04-0001

概略养分及碳水化合物（%）		氨基酸（%）			
项目	含量	总氨基酸		氨基酸消化率	
干物质	88.53	必需氨基酸		表观回肠消化率	标准回肠消化率
粗蛋白质	16.87	粗蛋白质	16.87	—	—
粗脂肪	14.27	赖氨酸	1.03	—	—
酸水解粗脂肪	—	蛋氨酸	0.31	—	—
粗灰分	3.67	苏氨酸	0.60	—	—
淀粉	—	色氨酸	0.11	—	—
粗纤维	29.41	异亮氨酸	0.49	—	—
中性洗涤纤维	46.22	亮氨酸	1.09	—	—
酸性洗涤纤维	35.48	缬氨酸	0.66	—	—
总膳食纤维	46.71	精氨酸	1.22	—	—
不溶性膳食纤维	34.01	组氨酸	0.41	—	—
可溶性膳食纤维	12.70	苯丙氨酸	0.57	—	—
非淀粉多糖	24.63	非必需氨基酸			
矿物质		丙氨酸	0.59	—	—
常量元素（%）		天冬氨酸	1.47	—	—
钙	0.29	半胱氨酸	0.24	—	—
总磷	0.51	谷氨酸	2.86	—	—
植酸磷	—	甘氨酸	0.76	—	—
钾	0.72	脯氨酸	0.84	—	—
钠	0.03	丝氨酸	0.69	—	—
氯	—	酪氨酸	0.71	—	—
镁	0.20	维生素（mg/kg）		总氨基酸预测模型，粗蛋白质为变量	
硫	—	β-胡萝卜素	—	常数	系数
磷全消化道表观消化率（%）	—	维生素 E	—	赖氨酸	—	—
磷全消化道标准消化率（%）	—	硫胺素	—	蛋氨酸	—	—
微量元素（mg/kg）		核黄素	—	苏氨酸	—	—
铁	155	烟酸	—	色氨酸	—	—
铜	7.01	泛酸	—	异亮氨酸	—	—
锰	140.36	吡哆醇	—	亮氨酸	—	—
锌	30	生物素	—	缬氨酸	—	—
碘	—	叶酸	—	精氨酸	—	—
硒	—	维生素 B_{12}	—	组氨酸	—	—
		胆碱（%）	—	苯丙氨酸	—	—
		亚油酸（%）	—	其他成分含量	

有效能值（MJ/kg）（$n=1$）				
生长阶段	生长猪	母猪	生长猪有效能值预测模型	R^2
总能	20.88	20.88		
消化能	14.15	14.90		
代谢能	13.99	14.30		
净能	9.79	10.01		

(续)

21. 甘薯　中国饲料号：4-04-0002

概略养分及碳水化合物（%）		氨基酸（%）			
项目	含量	总氨基酸		氨基酸消化率	
干物质	87.00	必需氨基酸		表观回肠消化率	标准回肠消化率
粗蛋白质	4.14	粗蛋白质	4.14	75	81
粗脂肪	0.89	赖氨酸	0.17	72	76
酸水解粗脂肪	—	蛋氨酸	0.06	70	74
粗灰分	3.16	苏氨酸	0.18	79	87
淀粉	68.18	色氨酸	0.04	—	—
粗纤维	3.16	异亮氨酸	0.17	75	81
中性洗涤纤维	8.03	亮氨酸	0.25	77	83
酸性洗涤纤维	4.00	缬氨酸	0.23	76	82
总膳食纤维	—	精氨酸	0.19	72	77
不溶性膳食纤维	—	组氨酸	0.15	67	76
可溶性膳食纤维	—	苯丙氨酸	0.22	86	90
非淀粉多糖	—	非必需氨基酸			
矿物质		丙氨酸	0.24	76	82
常量元素（%）		天冬氨酸	0.63	72	76
钙	0.19	半胱氨酸	0.09	56	59
总磷	0.02	谷氨酸	0.50	83	86
植酸磷	—	甘氨酸	0.16	70	77
钾	0.36	脯氨酸	0.12	72	75
钠	0.16	丝氨酸	0.20	60	66
氯	—	酪氨酸	0.14	87	89
镁	—	维生素（mg/kg）		总氨基酸预测模型，粗蛋白质为变量	
硫	—	β-胡萝卜素	—	常数	系数
磷全消化道表观消化率（%）	—	维生素 E	—	赖氨酸	—	—
磷全消化道标准消化率（%）	—	硫胺素	—	蛋氨酸	—	—
微量元素（mg/kg）		核黄素	—	苏氨酸	—	—
铁	107	烟酸	—	色氨酸	—	—
铜	6.10	泛酸	—	异亮氨酸	—	—
锰	10.00	吡哆醇	—	亮氨酸	—	—
锌	9	生物素	—	缬氨酸	—	—
碘	—	叶酸	—	精氨酸	—	—
硒	0.07	维生素 B_{12}	—	组氨酸	—	—
		胆碱（%）	—	苯丙氨酸	—	—
		亚油酸（%）	—	其他成分含量		

有效能值（MJ/kg）（$n=20$）				
生长阶段	生长猪	母猪	生长猪有效能值预测模型	R^2
总能	15.50	15.50		
消化能	12.58	12.77		
代谢能	11.95	12.48		
净能	9.48	9.89		

（续）

22. 甘蔗糖蜜　中国饲料号：4-06-0002

概略养分及碳水化合物（%）		氨基酸（%）			
项目	含量	总氨基酸		氨基酸消化率	
干物质	74.10	必需氨基酸		表观回肠消化率	标准回肠消化率
粗蛋白质	4.80	粗蛋白质	4.80	77	—
粗脂肪	0.15	赖氨酸	0.02	—	86
酸水解粗脂肪	—	蛋氨酸	0.02	52	90
粗灰分	—	苏氨酸	0.05	—	86
淀粉	—	色氨酸	0.01	—	86
粗纤维	—	异亮氨酸	0.04	29	88
中性洗涤纤维	—	亮氨酸	0.06	25	89
酸性洗涤纤维	0.15	缬氨酸	0.11	51	87
总膳食纤维	—	精氨酸	0.02	—	92
不溶性膳食纤维	—	组氨酸	0.01	—	90
可溶性膳食纤维	—	苯丙氨酸	0.03	—	90
非淀粉多糖	—	非必需氨基酸			
矿物质		丙氨酸	0.20	72	95
常量元素（%）		天冬氨酸	0.89	88	95
钙	0.82	半胱氨酸	0.04	40	84
总磷	0.08	谷氨酸	0.41	69	95
植酸磷	0.01	甘氨酸	0.07	—	95
钾	—	脯氨酸	0.05	—	95
钠	—	丝氨酸	0.07	—	95
氯	—	酪氨酸	0.03	—	91
镁	—	维生素（mg/kg）		总氨基酸预测模型，粗蛋白质为变量	
硫	—	β-胡萝卜素	—	常数	系数
磷全消化道表观消化率（%）	50	维生素 E	—	赖氨酸	—	—
磷全消化道标准消化率（%）	63	硫胺素	—	蛋氨酸	—	—
微量元素（mg/kg）		核黄素	—	苏氨酸	—	—
铁	—	烟酸	—	色氨酸	—	—
铜	—	泛酸	—	异亮氨酸	—	—
锰	—	吡哆醇	—	亮氨酸	—	—
锌	—	生物素	—	缬氨酸	—	—
碘	—	叶酸	—	精氨酸	—	—
硒	—	维生素 B_{12}	—	组氨酸	—	—
		胆碱（%）	—	苯丙氨酸	—	—
		亚油酸	—	其他成分含量	
有效能值（MJ/kg）					
生长阶段	生长猪	母猪	生长猪有效能值预测模型		R^2
总能	17.67	17.67			
消化能	9.9	10.20			
代谢能	9.76	10.05			
净能	6.82	7.07			

(续)

23. 高粱 单宁含量<0.5%，中国饲料号：4-07-0012

概略养分及碳水化合物（%）		氨基酸（%）			
项目	含量	总氨基酸		氨基酸消化率	
干物质	87.91	必需氨基酸		表观回肠消化率	标准回肠消化率
粗蛋白质	9.27	粗蛋白质	9.27	63	77
粗脂肪	1.93	赖氨酸	0.22	40	67
酸水解粗脂肪	2.21	蛋氨酸	0.13	72	79
粗灰分	1.55	苏氨酸	0.30	54	76
淀粉	64.04	色氨酸	0.07	65	74
粗纤维	3.40	异亮氨酸	0.44	29	41
中性洗涤纤维	12.18	亮氨酸	1.33	94	96
酸性洗涤纤维	3.32	缬氨酸	0.54	88	94
总膳食纤维	—	精氨酸	0.31	52	81
不溶性膳食纤维	—	组氨酸	0.20	53	74
可溶性膳食纤维	—	苯丙氨酸	0.57	58	95
非淀粉多糖	—	非必需氨基酸			
矿物质		丙氨酸	0.86	78	86
常量元素（%）		天冬氨酸	0.63	64	64
钙	0.06	半胱氨酸	0.28	40	63
总磷	0.27	谷氨酸	2.27	79	85
植酸磷	0.18	甘氨酸	0.31	34	67
钾	0.35	脯氨酸	0.72	46	74
钠	0.01	丝氨酸	0.39	65	81
氯	0.09	酪氨酸	0.29	49	69
镁	0.15	维生素（mg/kg）		总氨基酸预测模型，粗蛋白质为变量	
硫	0.08	β-胡萝卜素	—	常数	系数
磷全消化道表观消化率（%）	30	维生素 E	5.00	赖氨酸	—	0.020
磷全消化道标准消化率（%）	40	硫胺素	3.00	蛋氨酸	—	0.010
微量元素（mg/kg）		核黄素	1.30	苏氨酸	—	0.030
铁	45	烟酸	41.00	色氨酸	—	—
铜	5.00	泛酸	12.40	异亮氨酸	—	0.050
锰	15.00	吡哆醇	5.20	亮氨酸	—	0.140
锌	15	生物素	0.26	缬氨酸	—	0.060
碘	—	叶酸	0.17	精氨酸	—	0.030
硒	0.20	维生素 B_{12}	0.00	组氨酸	—	0.020
		胆碱（%）	0.07	苯丙氨酸	—	0.060
		亚油酸（%）	1.13	其他成分含量	
				单宁（%）	0.07

有效能值（MJ/kg）（n=8）				
生长阶段	生长猪	母猪	生长猪有效能值预测模型	R^2
总能	16.22	16.22	$DE=16.502-1.23\times$单宁	0.89
消化能	14.47	14.73	$ME=0.97\times DE$	0.92
代谢能	14.18	14.30		
净能	11.19	11.29		

(续)

24. 高粱 0.5%≤单宁含量<1.0%，中国饲料号：4-07-0013

概略养分及碳水化合物（%）		氨基酸（%）			
项目	含量	总氨基酸		氨基酸消化率	
干物质	87.71	必需氨基酸		表观回肠消化率	标准回肠消化率
粗蛋白质	9.14	粗蛋白质	9.14	60	69
粗脂肪	2.45	赖氨酸	0.22	33	62
酸水解粗脂肪	2.65	蛋氨酸	0.14	72	79
粗灰分	1.50	苏氨酸	0.30	54	76
淀粉	61.76	色氨酸	0.07	65	74
粗纤维	3.44	异亮氨酸	0.43	28	45
中性洗涤纤维	12.67	亮氨酸	1.27	94	96
酸性洗涤纤维	4.13	缬氨酸	0.53	89	96
总膳食纤维	—	精氨酸	0.32	38	70
不溶性膳食纤维	—	组氨酸	0.19	43	66
可溶性膳食纤维	—	苯丙氨酸	0.53	67	99
非淀粉多糖	—	非必需氨基酸			
矿物质		丙氨酸	0.84	83	92
常量元素（%）		天冬氨酸	0.61	64	62
钙	0.05	半胱氨酸	0.21	35	59
总磷	0.26	谷氨酸	2.20	78	84
植酸磷	0.18	甘氨酸	0.30	34	67
钾	0.35	脯氨酸	0.67	46	74
钠	0.01	丝氨酸	0.36	64	80
氯	0.09	酪氨酸	0.30	50	70
镁	0.15	维生素（mg/kg）		总氨基酸预测模型，粗蛋白质为变量	
硫	0.08	β-胡萝卜素	—	常数	系数
磷全消化道表观消化率（%）	30	维生素 E	5.00	赖氨酸	—	0.020
磷全消化道标准消化率（%）	40	硫胺素	3.00	蛋氨酸	—	0.020
微量元素（mg/kg）		核黄素	1.30	苏氨酸	—	0.030
铁	45	烟酸	41.00	色氨酸	—	—
铜	5.00	泛酸	12.40	异亮氨酸	—	0.050
锰	15.00	吡哆醇	5.20	亮氨酸	—	0.140
锌	15	生物素	0.26	缬氨酸	—	0.060
碘	—	叶酸	0.17	精氨酸	—	0.040
硒	0.20	维生素 B_{12}	0.00	组氨酸	—	0.020
		胆碱（%）	0.07	苯丙氨酸	—	0.060
		亚油酸（%）	1.13	其他成分含量	
				单宁（%）	0.74
有效能值（MJ/kg）（$n=10$）					
生长阶段	生长猪	母猪	生长猪有效能值预测模型		R^2
总能	16.29	16.29	$DE=16.502-1.23×$单宁		0.89
消化能	13.53	13.77	$ME=0.97×DE$		0.92
代谢能	13.30	13.37			
净能	10.49	10.55			

（续）

25. 高粱 单宁含量≥1%，中国饲料号：4-07-0014

概略养分及碳水化合物（%）		氨基酸（%）			
项目	含量	总氨基酸		氨基酸消化率	
干物质	87.88	必需氨基酸		表观回肠消化率	标准回肠消化率
粗蛋白质	9.60	粗蛋白质	9.60	55	61
粗脂肪	2.38	赖氨酸	0.23	28	48
酸水解粗脂肪	2.45	蛋氨酸	0.16	72	79
粗灰分	1.89	苏氨酸	0.32	51	71
淀粉	59.41	色氨酸	0.07	65	74
粗纤维	3.67	异亮氨酸	0.48	26	33
中性洗涤纤维	13.07	亮氨酸	1.42	94	96
酸性洗涤纤维	4.37	缬氨酸	0.55	85	92
总膳食纤维	—	精氨酸	0.32	22	52
不溶性膳食纤维	—	组氨酸	0.21	36	57
可溶性膳食纤维	—	苯丙氨酸	0.55	55	78
非淀粉多糖	—	非必需氨基酸			
矿物质		丙氨酸	0.92	65	73
常量元素（%）		天冬氨酸	0.67	59	59
钙	0.07	半胱氨酸	0.14	30	63
总磷	0.25	谷氨酸	2.42	76	82
植酸磷	0.18	甘氨酸	0.31	34	67
钾	0.35	脯氨酸	0.74	46	74
钠	0.01	丝氨酸	0.40	61	76
氯	0.09	酪氨酸	0.35	50	66
镁	0.15	维生素（mg/kg）		总氨基酸预测模型，粗蛋白质为变量	
硫	0.08	β-胡萝卜素	—	常数	系数
磷全消化道表观消化率（%）	30	维生素 E	5.00	赖氨酸 0	0.020
磷全消化道标准消化率（%）	40	硫胺素	3.00	蛋氨酸 0	0.020
微量元素（mg/kg）		核黄素	1.30	苏氨酸 0	0.030
铁	45	烟酸	41.00	色氨酸 —	—
铜	5.00	泛酸	12.40	异亮氨酸 0	0.050
锰	15.00	吡哆醇	5.20	亮氨酸 0	0.150
锌	15	生物素	0.26	缬氨酸 0	0.060
碘	—	叶酸	0.17	精氨酸 0	0.030
硒	0.20	维生素 B_{12}	0.00	组氨酸 0	0.020
		胆碱（%）	0.07	苯丙氨酸 0	0.060
		亚油酸（%）	1.13	其他成分含量	
				单宁（%）	1.13
有效能值（MJ/kg）（n=12）					
生长阶段	生长猪	母猪	生长猪有效能值预测模型		R^2
总能	16.37	16.22	$DE = 16.502 - 1.23 \times 单宁$		0.89
消化能	13.12	13.35	$ME = 0.97 \times DE$		0.92
代谢能	12.86	12.96			
净能	10.15	10.23			

(续)

26. 谷子　又称粟，中国饲料号：4-07-0006

概略养分及碳水化合物（%）		氨基酸（%）			
项目	含量	总氨基酸		氨基酸消化率	
干物质	86.50	必需氨基酸		表观回肠消化率	标准回肠消化率
粗蛋白质	9.70	粗蛋白质	9.70	79	88
粗脂肪	2.30	赖氨酸	0.15	74	83
酸水解粗脂肪	—	蛋氨酸	0.25	72	75
粗灰分	2.70	苏氨酸	0.35	75	86
淀粉	63.20	色氨酸	0.17	84	97
粗纤维	6.80	异亮氨酸	0.36	83	89
中性洗涤纤维	15.20	亮氨酸	1.15	87	91
酸性洗涤纤维	13.30	缬氨酸	0.42	81	87
总膳食纤维	—	精氨酸	0.30	82	89
不溶性膳食纤维	—	组氨酸	0.20	85	90
可溶性膳食纤维	—	苯丙氨酸	0.49	85	91
非淀粉多糖	—	非必需氨基酸			
矿物质		丙氨酸	1.07	85	91
常量元素（%）		天冬氨酸	1.09	79	86
钙	0.12	半胱氨酸	0.20	82	88
总磷	0.30	谷氨酸	2.84	89	92
植酸磷	0.21	甘氨酸	0.42	55	84
钾	0.43	脯氨酸	0.80	81	95
钠	0.04	丝氨酸	0.64	81	90
氯	0.14	酪氨酸	0.26	81	86
镁	0.16	维生素（mg/kg）		总氨基酸预测模型，粗蛋白质为变量	
硫	0.14	β-胡萝卜素	1.20	常数	系数
磷全消化道表观消化率（%）	—	维生素E	36.30	赖氨酸	—
磷全消化道标准消化率（%）	—	硫胺素	6.60	蛋氨酸	—
微量元素（mg/kg）		核黄素	1.60	苏氨酸	—
铁	27	烟酸	53.00	色氨酸	—
铜	24.50	泛酸	7.40	异亮氨酸	—
锰	22.50	吡哆醇	5.80	亮氨酸	—
锌	16	生物素	0.16	缬氨酸	—
碘	—	叶酸	15.00	精氨酸	—
硒	0.08	维生素B_{12}	—	组氨酸	—
		胆碱（%）	0.79	苯丙氨酸	—
		亚油酸（%）	0.84	其他成分含量	

有效能值（MJ/kg）				
生长阶段	生长猪	母猪	生长猪有效能值预测模型	R^2
总能	18.71	18.71		
消化能	12.93	13.28		
代谢能	12.18	12.76		
净能	9.71	9.80		

(续)

27. 花生饼　中国饲料号：5-10-0007

概略养分及碳水化合物（%）		氨基酸（%）			
项目	含量	总氨基酸		氨基酸消化率	
干物质	92.00	必需氨基酸		表观回肠消化率	标准回肠消化率
粗蛋白质	44.23	粗蛋白质	44.23	79	87
粗脂肪	6.50	赖氨酸	1.55	73	76
酸水解粗脂肪	—	蛋氨酸	0.50	80	83
粗灰分	6.65	苏氨酸	1.16	70	74
淀粉	—	色氨酸	0.33	73	76
粗纤维	—	异亮氨酸	1.46	78	81
中性洗涤纤维	14.6	亮氨酸	2.65	79	81
酸性洗涤纤维	9.1	缬氨酸	1.75	75	78
总膳食纤维	—	精氨酸	5.20	93	93
不溶性膳食纤维	—	组氨酸	1.04	79	81
可溶性膳食纤维	—	苯丙氨酸	2.12	86	88
非淀粉多糖	—	非必需氨基酸			
矿物质		丙氨酸	2.29	76	76
常量元素（%）		天冬氨酸	5.62	89	89
钙	0.17	半胱氨酸	0.60	78	81
总磷	0.63	谷氨酸	9.54	90	90
植酸磷	—	甘氨酸	2.82	84	84
钾	1.20	脯氨酸	0.41	47	47
钠	0.06	丝氨酸	2.13	85	85
氯	0.03	酪氨酸	1.74	88	92
镁	0.33	维生素（mg/kg）		总氨基酸预测模型，粗蛋白质为变量	
硫	0.29	β-胡萝卜素	—	常数	系数
磷全消化道表观消化率（%）	—	维生素 E	2.70	赖氨酸	—	—
磷全消化道标准消化率（%）	—	硫胺素	7.10	蛋氨酸	—	—
微量元素（mg/kg）		核黄素	5.20	苏氨酸	—	—
铁	285	烟酸	166.00	色氨酸	—	—
铜	15.00	泛酸	47.0	异亮氨酸	—	—
锰	39.00	吡哆醇	7.40	亮氨酸	—	—
锌	47	生物素	0.35	缬氨酸	—	—
碘	—	叶酸	0.70	精氨酸	—	—
硒	0.28	维生素 B_{12}	0.00	组氨酸	—	—
		胆碱（%）	0.18	苯丙氨酸	—	—
		亚油酸（%）	—	其他成分含量	

有效能值（MJ/kg）

生长阶段	生长猪	母猪	生长猪有效能值预测模型	R^2
总能	20.53	20.53		
消化能	16.30	16.79		
代谢能	15.04	15.49		
净能	9.96	10.26		

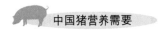

(续)

28. 花生粕 中国饲料号：5-10-0008

概略养分及碳水化合物（%）		氨基酸（%）			
项目	含量	总氨基酸		氨基酸消化率	
干物质	89.80	必需氨基酸		表观回肠消化率	标准回肠消化率
粗蛋白质	50.54	粗蛋白质	50.54	77	83
粗脂肪	0.82	赖氨酸	1.77	70	75
酸水解粗脂肪	0.94	蛋氨酸	0.54	84	88
粗灰分	6.33	苏氨酸	1.43	67	75
淀粉	—	色氨酸	0.52	72	79
粗纤维	6.62	异亮氨酸	1.75	77	85
中性洗涤纤维	19.95	亮氨酸	3.35	81	82
酸性洗涤纤维	7.37	缬氨酸	2.17	77	84
总膳食纤维	28.84	精氨酸	5.93	93	94
不溶性膳食纤维	22.27	组氨酸	1.31	79	82
可溶性膳食纤维	6.57	苯丙氨酸	2.60	68	77
非淀粉多糖	11.44	非必需氨基酸			
矿物质		丙氨酸	2.16	73	79
常量元素（%）		天冬氨酸	6.12	79	82
钙	0.24	半胱氨酸	0.62	76	87
总磷	0.75	谷氨酸	9.48	84	86
植酸磷	0.32	甘氨酸	3.16	63	69
钾	1.40	脯氨酸	2.30	75	80
钠	0.02	丝氨酸	2.52	77	80
氯	0.00	酪氨酸	1.60	78	83
镁	0.42	维生素（mg/kg）		总氨基酸预测模型，粗蛋白质为变量	
硫	—	β-胡萝卜素	0.00	常数	系数
磷全消化道表观消化率（%）	29.49	维生素 E	0.87	赖氨酸	0.914	0.015
磷全消化道标准消化率（%）	42.52	硫胺素	5.72	蛋氨酸	0.018	0.001
微量元素（mg/kg）		核黄素	1.65	苏氨酸	−0.163	0.049
铁	317	烟酸	72.46	色氨酸	0.038	0.009
铜	17.09	泛酸	17.02	异亮氨酸	0.292	0.026
锰	53.59	吡哆醇	5.68	亮氨酸	0.647	0.050
锌	65	生物素	0.00	缬氨酸	−0.012	0.038
碘	0.00	叶酸	2.86	精氨酸	0.514	0.098
硒	0.09	维生素 B_{12}	0.00	组氨酸	0.057	0.021
		胆碱（%）	0.15	苯丙氨酸	0.199	0.022
		亚油酸（%）	—	其他成分含量	

有效能值（MJ/kg）（$n=11$）				
生长阶段	生长猪	母猪	生长猪有效能值预测模型	R^2
总能	17.12	17.12	$DE=18.381-0.122 \times NDF$	0.50
消化能	14.06	14.44	$DE=2.866+0.225 \times CP$	0.48
代谢能	12.46	12.80	$DE=18.797-0.382 \times ADF$	0.34
净能	9.37	9.62	$ME=17.78-0.182 \times NDF$	0.39

(续)

29. 白酒糟 中国饲料号：4-11-0001

概略养分及碳水化合物（%）		氨基酸（%）			
项目	含量	总氨基酸		氨基酸消化率	
干物质	89.13	必需氨基酸		表观回肠消化率	标准回肠消化率
粗蛋白质	14.36	粗蛋白质	14.36	38	47
粗脂肪	3.10	赖氨酸	0.29	5	15
酸水解粗脂肪	—	蛋氨酸	0.41	51	70
粗灰分	15.42	苏氨酸	0.47	42	53
淀粉	—	色氨酸	0.13	32	37
粗纤维	17.69	异亮氨酸	0.61	39	48
中性洗涤纤维	50.60	亮氨酸	1.40	40	46
酸性洗涤纤维	43.38	缬氨酸	0.61	29	37
总膳食纤维	—	精氨酸	0.53	47	54
不溶性膳食纤维	—	组氨酸	0.30	50	57
可溶性膳食纤维	—	苯丙氨酸	0.83	46	52
非淀粉多糖	—	非必需氨基酸			
矿物质		丙氨酸	1.08	45	55
常量元素（%）		天冬氨酸	0.93	42	49
钙	0.27	半胱氨酸			
总磷	0.30	谷氨酸	2.97	51	56
植酸磷	—	甘氨酸	0.58	39	57
钾	—	脯氨酸	2.58	14	17
钠	—	丝氨酸	0.58	59	69
氯	—	酪氨酸	0.65	47	55
镁	—	维生素（mg/kg）		总氨基酸预测模型，粗蛋白质为变量	
硫	—	β-胡萝卜素	—	常数	系数
磷全消化道表观消化率（%）		维生素 E	—	赖氨酸	—	—
磷全消化道标准消化率（%）		硫胺素	—	蛋氨酸	—	—
微量元素（mg/kg）		核黄素	—	苏氨酸	—	—
铁	—	烟酸	—	色氨酸	—	—
铜	—	泛酸	—	异亮氨酸	—	—
锰	—	吡哆醇	—	亮氨酸	—	—
锌	—	生物素	—	缬氨酸	—	—
碘	—	叶酸	—	精氨酸	—	—
硒	—	维生素 B_{12}	—	组氨酸	—	—
		胆碱（%）	—	苯丙氨酸	—	—
		亚油酸（%）	—	其他成分含量		

有效能值（MJ/kg）（$n=10$）				
生长阶段	生长猪	母猪	生长猪有效能值预测模型	R^2
总能	16.65	16.65		
消化能	6.81	7.49		
代谢能	6.18	6.80		
净能	3.70	4.07		

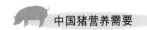

(续)

30. 啤酒糟　中国饲料号：5-11-0013

概略养分及碳水化合物（%）		氨基酸（%）			
项目	含量	总氨基酸		氨基酸消化率	
干物质	92.00	必需氨基酸		表观回肠消化率	标准回肠消化率
粗蛋白质	26.50	粗蛋白质	26.50	70	—
粗脂肪	4.72	赖氨酸	1.08	69	80
酸水解粗脂肪	7.30	蛋氨酸	0.45	74	87
粗灰分	3.90	苏氨酸	0.95	70	80
淀粉	5.30	色氨酸	0.26	73	81
粗纤维	15.11	异亮氨酸	1.02	81	87
中性洗涤纤维	48.70	亮氨酸	2.08	73	86
酸性洗涤纤维	20.14	缬氨酸	1.26	73	84
总膳食纤维	—	精氨酸	1.53	81	93
不溶性膳食纤维	—	组氨酸	0.53	70	83
可溶性膳食纤维	—	苯丙氨酸	1.22	81	90
非淀粉多糖	—	非必需氨基酸			
矿物质		丙氨酸	1.43	71	74
常量元素（%）		天冬氨酸	1.94	70	74
钙	0.21	半胱氨酸	0.49	67	76
总磷	0.58	谷氨酸	5.13	71	74
植酸磷	0.35	甘氨酸	1.10	66	74
钾	0.08	脯氨酸	2.36	69	74
钠	0.26	丝氨酸	1.20	68	74
氯	0.15	酪氨酸	0.88	91	93
镁	0.16	维生素（mg/kg）		总氨基酸预测模型，粗蛋白质为变量	
硫	0.31	β-胡萝卜素	0.20	常数	系数
磷全消化道表观消化率（%）	32	维生素 E	—	精氨酸	—
磷全消化道标准消化率（%）	39	硫胺素	0.60	赖氨酸	—
微量元素（mg/kg）		核黄素	1.40	苏氨酸	—
铁	250	烟酸	43.00	色氨酸	—
铜	21.00	泛酸	8.00	异亮氨酸	—
锰	38.00	吡哆醇	0.70	亮氨酸	—
锌	62	生物素	0.06	缬氨酸	—
碘	—	叶酸	7.10	精氨酸	—
硒	0.70	维生素 B_{12}	0.00	组氨酸	—
		胆碱（%）	0.17	苯丙氨酸	—
		亚油酸（%）	—	其他成分含量	
有效能值（MJ/kg）					
生长阶段	生长猪	母猪	生长猪有效能值预测模型		R^2
总能	20.1	20.10			
消化能	8.79	9.67			
代谢能	8.03	8.83			
净能	4.81	5.29			

(续)

31. 啤酒酵母 中国饲料号：8-16-0001

概略养分及碳水化合物（%）		氨基酸（%）			
项目	含量	总氨基酸		氨基酸消化率	
干物质	93.30	必需氨基酸		表观回肠消化率	标准回肠消化率
粗蛋白质	46.52	粗蛋白质	46.52	64	79
粗脂肪	2.05	赖氨酸	3.22	77	78
酸水解粗脂肪	7.88	蛋氨酸	0.72	72	73
粗灰分	6.97	苏氨酸	2.14	64	67
淀粉	4.20	色氨酸	0.53	68	69
粗纤维	—	异亮氨酸	2.19	73	75
中性洗涤纤维	4.00	亮氨酸	3.04	74	75
酸性洗涤纤维	3.00	缬氨酸	2.37	69	70
总膳食纤维	—	精氨酸	2.20	78	83
不溶性膳食纤维	—	组氨酸	1.02	77	79
可溶性膳食纤维	—	苯丙氨酸	1.80	72	72
非淀粉多糖	—	非必需氨基酸			
矿物质		丙氨酸	3.09	72	77
常量元素（%）		天冬氨酸	3.89	73	76
钙	0.16	半胱氨酸	0.44	51	60
总磷	1.40	谷氨酸	6.07	77	80
植酸磷	—	甘氨酸	1.98	51	77
钾	1.80	脯氨酸	3.05	20	98
钠	0.10	丝氨酸	2.00	64	68
氯	0.12	酪氨酸	1.37	70	73
镁	0.23	维生素（mg/kg）		总氨基酸预测模型，粗蛋白质为变量	
硫	0.40	β-胡萝卜素	—	常数	系数
磷全消化道表观消化率（%）	80	维生素E	10.00	赖氨酸	—	—
磷全消化道标准消化率（%）	85	硫胺素	91.80	蛋氨酸	—	—
微量元素（mg/kg）		核黄素	37.00	苏氨酸	—	—
铁	38	烟酸	488.00	色氨酸	—	—
铜	2.70	泛酸	109.00	异亮氨酸	—	—
锰	8.80	吡哆醇	42.80	亮氨酸	—	—
锌	77	生物素	0.63	缬氨酸	—	—
碘	—	叶酸	9.90	精氨酸	—	—
硒	1.00	维生素B_{12}	0.00	组氨酸	—	—
		胆碱（%）	0.40	苯丙氨酸	—	—
		亚油酸（%）	—	其他成分含量	

有效能值（MJ/kg）				
生长阶段	生长猪	母猪	生长猪有效能值预测模型	R^2
总能	18.48	18.48		
消化能	16.8	17.19		
代谢能	15.48	15.84		
净能	9.66	10.14		

(续)

32. 棉籽粕 CP<46%，中国饲料号：5-10-0005

概略养分及碳水化合物（%）		氨基酸（%）			
项目	含量	总氨基酸		氨基酸消化率	
		必需氨基酸		表观回肠消化率	标准回肠消化率
干物质	89.38				
粗蛋白质	41.81	粗蛋白质	41.81	70	77
粗脂肪	0.42	赖氨酸	1.70	61	66
酸水解粗脂肪	0.62	蛋氨酸	0.59	73	81
粗灰分	6.18	苏氨酸	1.29	60	70
淀粉	—	色氨酸	0.47	71	81
粗纤维	15.47	异亮氨酸	1.19	69	75
中性洗涤纤维	35.95	亮氨酸	2.32	73	78
酸性洗涤纤维	19.02	缬氨酸	1.73	67	74
总膳食纤维	44.74	精氨酸	4.39	88	91
不溶性膳食纤维	37.04	组氨酸	1.06	76	81
可溶性膳食纤维	7.70	苯丙氨酸	2.30	80	84
非淀粉多糖	21.88	非必需氨基酸			
矿物质		丙氨酸	1.51	61	71
常量元素（%）		天冬氨酸	3.55	74	80
钙	0.26	半胱氨酸	0.69	67	73
总磷	0.77	谷氨酸	7.74	82	86
植酸磷	0.36	甘氨酸	1.60	58	71
钾	1.55	脯氨酸	1.42	57	69
钠	0.02	丝氨酸	1.66	69	76
氯	—	酪氨酸	0.99	79	85
镁	0.63	维生素（mg/kg）		总氨基酸预测模型，粗蛋白质为变量	
硫	—	β-胡萝卜素	—	常数	系数
磷全消化道表观消化率（%）	37.81	维生素E	10.57	赖氨酸 0.128	0.040
磷全消化道标准消化率（%）	45.71	硫胺素	1.43	蛋氨酸 0.089	0.012
微量元素（mg/kg）		核黄素	2.39	苏氨酸 0.001	0.031
铁	154	烟酸	10.15	色氨酸 −0.038	0.043
铜	12.53	泛酸	6.65	异亮氨酸 −0.036	0.030
锰	79.02	吡哆醇	6.20	亮氨酸 −0.053	0.060
锌	47	生物素	—	缬氨酸 −0.028	0.038
碘	0.73	叶酸	1.34	精氨酸 −0.557	0.123
硒	0.69	维生素B_{12}	—	组氨酸 −0.053	0.028
		胆碱（%）	0.15	苯丙氨酸 0.490	0.050
		亚油酸（%）	—	其他成分含量	
				游离棉酚（mg/kg）	672

有效能值（MJ/kg）（$n=15$）				
生长阶段	生长猪	母猪	生长猪有效能值预测模型	R^2
总能	17.18	17.18	$DE=1.268+0.204\times CP$	0.87
消化能	9.42	9.87	$DE=15.115-0.258\times CF$	0.88
代谢能	8.83	9.25	$ME=14.117-0.253\times CF$	0.78
净能	6.44	6.75	$ME=1.028+0.191\times CP$	0.72

(续)

33. 棉籽粕 CP≥46%，中国饲料号：5-10-0004

概略养分及碳水化合物（%）		氨基酸（%）			
项目	含量	总氨基酸		氨基酸消化率	
干物质	90.51	必需氨基酸		表观回肠消化率	标准回肠消化率
粗蛋白质	50.95	粗蛋白质	50.95	72	79
粗脂肪	0.70	赖氨酸	2.10	58	63
酸水解粗脂肪	1.02	蛋氨酸	0.68	74	79
粗灰分	6.49	苏氨酸	1.52	61	70
淀粉	—	色氨酸	0.58	72	79
粗纤维	9.37	异亮氨酸	1.46	69	75
中性洗涤纤维	32.78	亮氨酸	2.87	75	80
酸性洗涤纤维	11.32	缬氨酸	2.13	68	73
总膳食纤维	36.66	精氨酸	5.65	90	92
不溶性膳食纤维	30.35	组氨酸	1.33	77	81
可溶性膳食纤维	6.31	苯丙氨酸	2.85	82	85
非淀粉多糖	17.93	非必需氨基酸			
矿物质		丙氨酸	1.85	62	70
常量元素（%）		天冬氨酸	4.41	75	79
钙	0.25	半胱氨酸	0.75	69	75
总磷	1.03	谷氨酸	9.17	84	86
植酸磷	0.36	甘氨酸	1.94	60	72
钾	1.55	脯氨酸	1.42	56	67
钠	0.02	丝氨酸	2.03	70	76
氯	—	酪氨酸	1.16	89	92
镁	0.63	维生素（mg/kg）		总氨基酸预测模型，粗蛋白质为变量	
硫	—	β-胡萝卜素	—	常数	系数
磷全消化道表观消化率（%）	37.81	维生素 E	10.57	赖氨酸	0.128	0.04
磷全消化道标准消化率（%）	45.71	硫胺素	1.43	蛋氨酸	0.089	0.012
微量元素（mg/kg）		核黄素	2.39	苏氨酸	0.001	0.031
铁	154	烟酸	10.15	色氨酸	−0.038	0.043
铜	12.53	泛酸	6.65	异亮氨酸	−0.036	0.030
锰	79.02	吡哆醇	6.20	亮氨酸	−0.053	0.060
锌	47	生物素	0.30	缬氨酸	−0.028	0.038
碘	0.73	叶酸	1.34	精氨酸	−0.557	0.123
硒	0.69	维生素 B_{12}	—	组氨酸	−0.053	0.028
		胆碱（%）	0.15	苯丙氨酸	0.490	0.050
		亚油酸（%）	—	其他成分含量	
				游离棉酚（mg/kg）	646

有效能值（MJ/kg）（n=20）				
生长阶段	生长猪	母猪	生长猪有效能值预测模型	R^2
总能	17.78	17.78	$DE=1.268+0.204×CP$	0.87
消化能	11.09	11.62	$DE=15.115−0.258×CF$	0.88
代谢能	10.31	10.80	$ME=14.117−0.253×CF$	0.78
净能	7.52	7.88	$ME=1.028+0.191×CP$	0.72

(续)

34. 脱酚棉籽蛋白 中国饲料号：5-11-0012

概略养分及碳水化合物（%）		氨基酸（%）			
项目	含量	总氨基酸		氨基酸消化率	
干物质	92.01	必需氨基酸		表观回肠消化率	标准回肠消化率
粗蛋白质	51.24	粗蛋白质	51.24	86	95
粗脂肪	2.75	赖氨酸	2.41	84	88
酸水解粗脂肪	3.39	蛋氨酸	0.64	85	88
粗灰分	6.34	苏氨酸	1.77	84	91
淀粉	—	色氨酸	0.65	87	93
粗纤维	7.38	异亮氨酸	1.55	86	89
中性洗涤纤维	18.19	亮氨酸	2.94	86	90
酸性洗涤纤维	9.39	缬氨酸	2.17	84	91
总膳食纤维	—	精氨酸	6.19	94	98
不溶性膳食纤维	—	组氨酸	1.62	91	94
可溶性膳食纤维	—	苯丙氨酸	2.74	91	93
非淀粉多糖	—	非必需氨基酸			
矿物质		丙氨酸	2.00	82	92
常量元素（%）		天冬氨酸	4.89	89	93
钙	—	半胱氨酸	0.80	87	93
总磷	—	谷氨酸	10.15	93	95
植酸磷	—	甘氨酸	2.11	80	98
钾	—	脯氨酸	2.19	71	99
钠	—	丝氨酸	2.39	88	94
氯	—	酪氨酸	1.39	89	93
镁	—	维生素（mg/kg）		总氨基酸预测模型，粗蛋白质为变量	
硫	—	β-胡萝卜素	—	常数	系数
磷全消化道表观消化率（%）	—	维生素 E	—	赖氨酸	—
磷全消化道标准消化率（%）	—	硫胺素	—	蛋氨酸	—
微量元素（mg/kg）		核黄素	—	苏氨酸	—
铁	—	烟酸	—	色氨酸	—
铜	—	泛酸	—	异亮氨酸	—
锰	—	吡哆醇	—	亮氨酸	—
锌	—	生物素	—	缬氨酸	—
碘	—	叶酸	—	精氨酸	—
硒	—	维生素 B_{12}	—	组氨酸	—
		胆碱（%）	—	苯丙氨酸	—
		亚油酸（%）	—	其他成分含量	
				游离棉酚（mg/kg）	360
有效能值（MJ/kg）（$n=2$）					
生长阶段	生长猪	母猪	生长猪有效能值预测模型		R^2
总能	17.94	17.94			
消化能	14.24	14.92			
代谢能	13.64	14.29			
净能	8.20	8.72			

（续）

35. 木薯粉 中国饲料号：4-04-0001

概略养分及碳水化合物（%）		氨基酸（%）			
项目	含量	总氨基酸		氨基酸消化率	
干物质	85.96	必需氨基酸		表观回肠消化率	标准回肠消化率
粗蛋白质	2.93	粗蛋白质	2.93	—	—
粗脂肪	0.61	赖氨酸	0.07	32	64
酸水解粗脂肪	—	蛋氨酸	0.02	56	82
粗灰分	2.60	苏氨酸	0.06	23	69
淀粉	62.34	色氨酸	0.06	—	—
粗纤维	2.52	异亮氨酸	0.04	—	29
中性洗涤纤维	9.47	亮氨酸	0.07	49	75
酸性洗涤纤维	4.86	缬氨酸	0.08	40	74
总膳食纤维	—	精氨酸	0.25	62	91
不溶性膳食纤维	—	组氨酸	0.11	55	76
可溶性膳食纤维	—	苯丙氨酸	0.05	41	62
非淀粉多糖	—	非必需氨基酸			
矿物质		丙氨酸	0.09	—	—
常量元素（%）		天冬氨酸	0.11		
钙	0.16	半胱氨酸	0.04	41	76
总磷	0.08	谷氨酸	0.49		
植酸磷	—	甘氨酸	0.05		
钾	0.49	脯氨酸	0.04		
钠	0.03	丝氨酸	0.06		
氯	0.07	酪氨酸	0.04	2	66
镁	0.11	维生素（mg/kg）		总氨基酸预测模型，粗蛋白质为变量	
硫	0.50	β-胡萝卜素	—	常数	系数
磷全消化道表观消化率（%）	10	维生素 E	0.20	赖氨酸	—	—
磷全消化道标准消化率（%）	24	硫胺素	1.60	蛋氨酸	—	—
微量元素（mg/kg）		核黄素	0.80	苏氨酸	—	—
铁	18	烟酸	3.00	色氨酸	—	—
铜	4.00	泛酸	0.30	异亮氨酸	—	—
锰	28.00	吡哆醇	0.70	亮氨酸	—	—
锌	10	生物素	0.05	缬氨酸	—	—
碘	—	叶酸	—	精氨酸	—	—
硒	0.10	维生素 B_{12}	—	组氨酸	—	—
		胆碱（%）	—	苯丙氨酸	—	—
		亚油酸（%）	—	其他成分含量	

有效能值（MJ/kg）（$n=5$）				
生长阶段	生长猪	母猪	生长猪有效能值预测模型	R^2
总能	14.71	14.71		
消化能	13.54	13.84		
代谢能	13.36	13.53		
净能	10.88	10.95		

(续)

36. 苜蓿草粉　中国饲料号：1-05-0001

概略养分及碳水化合物（%）		氨基酸（%）			
项目	含量	总氨基酸		氨基酸消化率	
		必需氨基酸		表观回肠消化率	标准回肠消化率
干物质	92.30	粗蛋白质	16.25	39	—
粗蛋白质	16.25	赖氨酸	0.74	50	56
粗脂肪	1.70	蛋氨酸	0.25	64	71
酸水解粗脂肪	1.70	苏氨酸	0.70	51	63
粗灰分	10.10	色氨酸	0.24	39	46
淀粉	3.40	异亮氨酸	0.68	59	68
粗纤维	27.57	亮氨酸	1.21	63	71
中性洗涤纤维	42.00	缬氨酸	0.86	55	64
酸性洗涤纤维	32.15	精氨酸	0.71	64	74
总膳食纤维	44.87	组氨酸	0.37	50	59
不溶性膳食纤维	35.85	苯丙氨酸	0.84	62	70
可溶性膳食纤维	9.02	非必需氨基酸			
非淀粉多糖	36.57	丙氨酸	0.87	53	59
矿物质		天冬氨酸	1.93	64	68
常量元素（%）		半胱氨酸	0.18	20	37
钙	1.14	谷氨酸	1.61	51	58
总磷	0.30	甘氨酸	0.81	41	51
植酸磷	—	脯氨酸	0.89	61	74
钾	2.30	丝氨酸	0.73	50	59
钠	0.09	酪氨酸	0.55	59	66
氯	0.47	维生素（mg/kg）		总氨基酸预测模型，粗蛋白质为变量	
镁	0.23	β-胡萝卜素	94.60	常数	系数
硫	0.29	维生素 E	49.80	赖氨酸	—	—
磷全消化道表观消化率（%）	50	硫胺素	3.40	蛋氨酸	—	—
磷全消化道标准消化率（%）	55	核黄素	13.60	苏氨酸	—	—
微量元素（mg/kg）		烟酸	38.00	色氨酸	—	—
铁	333	泛酸	29.00	异亮氨酸	—	—
铜	10.00	吡哆醇	6.50	亮氨酸	—	—
锰	32.00	生物素	0.54	缬氨酸	—	—
锌	24	叶酸	4.36	精氨酸	—	—
碘	—	维生素 B_{12}	0.00	组氨酸	—	—
硒	0.34	胆碱（%）	0.14	苯丙氨酸	—	—
		亚油酸（%）	—	其他成分含量	

有效能值（MJ/kg）（$n=1$）

生长阶段	生长猪	母猪	生长猪有效能值预测模型	R^2
总能	16.38	16.38		
消化能	6.09	7.20		
代谢能	5.83	6.90		
净能	4.13	4.89		

(续)

37. 苹果渣 中国饲料号：4-04-0003

概略养分及碳水化合物（%）		氨基酸（%）			
项目	含量	总氨基酸		氨基酸消化率	
干物质	86.96	必需氨基酸		表观回肠消化率	标准回肠消化率
粗蛋白质	6.64	粗蛋白质	6.64	—	—
粗脂肪	6.29	赖氨酸	0.35	—	—
酸水解粗脂肪	—	蛋氨酸	0.34	—	—
粗灰分	3.51	苏氨酸	0.20	—	—
淀粉	—	色氨酸	—	—	—
粗纤维	15.51	异亮氨酸	0.37	—	—
中性洗涤纤维	—	亮氨酸	0.51	—	—
酸性洗涤纤维	—	缬氨酸	0.36	—	—
总膳食纤维	—	精氨酸	0.05	—	—
不溶性膳食纤维	—	组氨酸	0.16	—	—
可溶性膳食纤维	—	苯丙氨酸	0.20	—	—
非淀粉多糖	—	非必需氨基酸			
矿物质		丙氨酸	0.19	—	—
常量元素（%）		天冬氨酸	0.65	—	—
钙	0.23	半胱氨酸	—	—	—
总磷	0.14	谷氨酸	0.92	—	—
植酸磷	—	甘氨酸	0.31	—	—
钾	0.99	脯氨酸	0.21	—	—
钠	0.02	丝氨酸	0.20	—	—
氯	—	酪氨酸	0.17	—	—
镁	0.09	维生素（mg/kg）		总氨基酸预测模型，粗蛋白质为变量	
硫	—	β-胡萝卜素	—	常数	系数
磷全消化道表观消化率（%）	—	维生素 E	—	精氨酸	
磷全消化道标准消化率（%）	—	硫胺素	—	赖氨酸	
微量元素（mg/kg）		核黄素	—	苏氨酸	
铁	196	烟酸	—	色氨酸	
铜	3.05	泛酸	—	异亮氨酸	
锰	20.31	吡哆醇	—	亮氨酸	
锌	15	生物素	—	缬氨酸	
碘	—	叶酸	—	精氨酸	
硒	—	维生素 B_{12}	—	组氨酸	
		胆碱（%）	—	苯丙氨酸	
		亚油酸（%）	—	其他成分含量	
有效能值（MJ/kg）					
生长阶段	生长猪	母猪	生长猪有效能值预测模型		R^2
总能	—	—			
消化能	—	—			
代谢能	—	—			
净能	—	—			

(续)

38. 甜菜糖蜜　中国饲料号：4-06-0003

概略养分及碳水化合物（%）		氨基酸（%）			
项目	含量	总氨基酸		氨基酸消化率	
干物质	72.20	必需氨基酸		表观回肠消化率	标准回肠消化率
粗蛋白质	10.00	粗蛋白质	10.00	86	—
粗脂肪	0.16	赖氨酸	0.10	37	86
酸水解粗脂肪	—	蛋氨酸	0.03	68	90
粗灰分	—	苏氨酸	0.08	32	86
淀粉	—	色氨酸	0.05	44	86
粗纤维	—	异亮氨酸	0.24	79	88
中性洗涤纤维	—	亮氨酸	0.24	74	89
酸性洗涤纤维	0.08	缬氨酸	0.15	59	87
总膳食纤维	—	精氨酸	0.06	—	92
不溶性膳食纤维	—	组氨酸	0.04	—	90
可溶性膳食纤维	—	苯丙氨酸	0.06	46	90
非淀粉多糖	—	非必需氨基酸			
矿物质		丙氨酸	0.23	79	95
常量元素（%）		天冬氨酸	0.62	84	95
钙	0.25	半胱氨酸	0.05	44	84
总磷	0.16	谷氨酸	4.75	92	95
植酸磷	—	甘氨酸	0.20	58	95
钾	—	脯氨酸	0.10	—	95
钠	—	丝氨酸	0.21	66	95
氯	—	酪氨酸	0.24	81	91
镁	—	维生素（mg/kg）		总氨基酸预测模型，粗蛋白质为变量	
硫	—	β-胡萝卜素	—	常数	系数
磷全消化道表观消化率（%）	50	维生素 E	—	赖氨酸	—
磷全消化道标准消化率（%）	63	硫胺素	—	蛋氨酸	—
微量元素（mg/kg）		核黄素	—	苏氨酸	—
铁	—	烟酸	—	色氨酸	—
铜	—	泛酸	—	异亮氨酸	—
锰	—	吡哆醇	—	亮氨酸	—
锌	—	生物素	—	缬氨酸	—
碘	—	叶酸	—	精氨酸	—
硒	—	维生素 B_{12}	—	组氨酸	—
	—	胆碱（%）	—	苯丙氨酸	—
		亚油酸（%）	—	其他成分含量	

有效能值（MJ/kg）				
生长阶段	生长猪	母猪	生长猪有效能值预测模型	R^2
总能	12.74	12.74		
消化能	9.90	10.20		
代谢能	9.62	9.91		
净能	6.60	6.79		

(续)

39. 甜菜渣　中国饲料号：4-04-0004

概略养分及碳水化合物（%）		氨基酸（%）			
项目	含量	总氨基酸		氨基酸消化率	
干物质	86.94	必需氨基酸		表观回肠消化率	标准回肠消化率
粗蛋白质	9.66	粗蛋白质	9.66	34	—
粗脂肪	0.57	赖氨酸	0.52	48	54
酸水解粗脂肪	—	蛋氨酸	0.07	52	61
粗灰分	2.47	苏氨酸	0.38	16	29
淀粉	—	色氨酸	0.10	36	47
粗纤维	—	异亮氨酸	0.31	41	55
中性洗涤纤维	37.73	亮氨酸	0.53	44	54
酸性洗涤纤维	21.16	缬氨酸	0.45	32	42
总膳食纤维	69.84	精氨酸	0.32	44	54
不溶性膳食纤维	42.25	组氨酸	0.23	46	56
可溶性膳食纤维	27.39	苯丙氨酸	0.30	38	49
非淀粉多糖	—	非必需氨基酸			
矿物质		丙氨酸	0.43	36	47
常量元素（%）		天冬氨酸	0.73	16	26
钙	0.81	半胱氨酸	0.06	31	46
总磷	0.15	谷氨酸	0.89	46	59
植酸磷	—	甘氨酸	0.38	24	46
钾	0.61	脯氨酸	0.41	21	46
钠	0.20	丝氨酸	0.44	20	34
氯	0.10	酪氨酸	0.40	46	52
镁	0.22	维生素（mg/kg）		总氨基酸预测模型，粗蛋白质为变量	
硫	0.31	β-胡萝卜素	10.60	常数	系数
磷全消化道表观消化率（%）	50	维生素E	13.20	赖氨酸	—	—
磷全消化道标准消化率（%）	63	硫胺素	0.40	蛋氨酸	—	—
微量元素（mg/kg）		核黄素	0.70	苏氨酸	—	—
铁	411	烟酸	18.00	色氨酸	—	—
铜	11.00	泛酸	1.30	异亮氨酸	—	—
锰	46.00	吡哆醇	1.90	亮氨酸	—	—
锌	12	生物素	—	缬氨酸	—	—
碘	—	叶酸	—	精氨酸	—	—
硒	0.09	维生素B_{12}	—	组氨酸	—	—
		胆碱（%）	0.17	苯丙氨酸	—	—
		亚油酸（%）		其他成分含量	

有效能值（MJ/kg）（n=1）				
生长阶段	生长猪	母猪	生长猪有效能值预测模型	R^2
总能	16.22	16.22		
消化能	12.63	14.26		
代谢能	12.22	13.80		
净能	8.65	9.77		

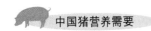

(续)

40. 土豆蛋白　中国饲料号：5-04-0001

概略养分及碳水化合物（%）		氨基酸（%）			
项目	含量	总氨基酸		氨基酸消化率	
干物质	93.39	必需氨基酸		表观回肠消化率	标准回肠消化率
粗蛋白质	79.80	粗蛋白质	79.80	85	87
粗脂肪	2.78	赖氨酸	6.18	88	88
酸水解粗脂肪	—	蛋氨酸	1.74	90	91
粗灰分	1.28	苏氨酸	4.61	84	85
淀粉	—	色氨酸	1.10	78	79
粗纤维	1.43	异亮氨酸	5.36	88	88
中性洗涤纤维	—	亮氨酸	4.18	87	87
酸性洗涤纤维	—	缬氨酸	8.14	89	89
总膳食纤维	—	精氨酸	4.14	91	92
不溶性膳食纤维	—	组氨酸	1.76	87	88
可溶性膳食纤维	—	苯丙氨酸	5.10	82	82
非淀粉多糖	—	非必需氨基酸			
矿物质		丙氨酸	4.02	86	87
常量元素（%）		天冬氨酸	9.99	84	85
钙	—	半胱氨酸	1.13	65	67
总磷	—	谷氨酸	8.65	86	87
植酸磷	—	甘氨酸	4.08	85	89
钾	—	脯氨酸	4.06	88	100
钠	—	丝氨酸	4.35	86	87
氯	—	酪氨酸	3.93	78	85
镁	—	维生素（mg/kg）		总氨基酸预测模型，粗蛋白质为变量	
硫	—	β-胡萝卜素	—	常数	系数
磷全消化道表观消化率（%）	—	维生素E	—	赖氨酸	—	—
磷全消化道标准消化率（%）	—	硫胺素	—	蛋氨酸	—	—
微量元素（mg/kg）		核黄素	—	苏氨酸	—	—
铁	128	烟酸	—	色氨酸	—	—
铜	38.50	泛酸	—	异亮氨酸	—	—
锰	0.10	吡哆醇	—	亮氨酸	—	—
锌	14	生物素	—	缬氨酸	—	—
碘	—	叶酸	—	精氨酸	—	—
硒	—	维生素B_{12}	—	组氨酸	—	—
		胆碱（%）	—	苯丙氨酸	—	—
		亚油酸（%）		其他成分含量	
有效能值（MJ/kg）					
生长阶段	生长猪	母猪	生长猪有效能值预测模型		R^2
总能	22.76	22.76			
消化能	17.32	17.44			
代谢能	15.05	15.16			
净能	8.88	9.06			

（续）

41. 向日葵饼　中国饲料号：1-10-0002

概略养分及碳水化合物（%）		氨基酸（%）			
项目	含量	总氨基酸		氨基酸消化率	
干物质	90.79	必需氨基酸		表观回肠消化率	标准回肠消化率
粗蛋白质	27.88	粗蛋白质	27.88	72	74
粗脂肪	10.23	赖氨酸	1.23	65	69
酸水解粗脂肪	10.97	蛋氨酸	0.60	62	68
粗灰分	6.06	苏氨酸	1.06	79	82
淀粉	—	色氨酸	0.32	65	71
粗纤维	30.43	异亮氨酸	1.11	68	72
中性洗涤纤维	46.88	亮氨酸	1.63	67	71
酸性洗涤纤维	27.57	缬氨酸	1.62	75	77
总膳食纤维	40.66	精氨酸	2.11	86	89
不溶性膳食纤维	35.01	组氨酸	0.75	75	78
可溶性膳食纤维	5.65	苯丙氨酸	1.16	75	77
非淀粉多糖	26.89	非必需氨基酸			
矿物质		丙氨酸	1.37	68	72
常量元素（%）		天冬氨酸	2.51	60	66
钙	0.28	半胱氨酸	0.44	70	73
总磷	0.83	谷氨酸	5.53	48	56
植酸磷	—	甘氨酸	1.73	56	63
钾	1.14	脯氨酸	1.04	60	65
钠	0.02	丝氨酸	1.23	62	72
氯	—	酪氨酸	0.53	64	76
镁	0.49	维生素（mg/kg）		总氨基酸预测模型，粗蛋白质为变量	
硫	—	β-胡萝卜素	—	常数	系数
磷全消化道表观消化率（%）	44	维生素 E	—	赖氨酸	0	0.750
磷全消化道标准消化率（%）	52	硫胺素	—	蛋氨酸	0	0.480
微量元素（mg/kg）		核黄素	—	苏氨酸	0	0.910
铁	461	烟酸	—	色氨酸	0	0.300
铜	25.25	泛酸	—	异亮氨酸	0	1.470
锰	31.83	吡哆醇	—	亮氨酸	0	1.470
锌	66	生物素	—	缬氨酸	0	5.080
碘	—	叶酸	—	精氨酸	0	0.080
硒	—	维生素 B_{12}	—	组氨酸	0	0.360
		胆碱（%）	—	苯丙氨酸	0	1.940
		亚油酸（%）	—	其他成分含量		

有效能值（MJ/kg）（n=1）

生长阶段	生长猪	母猪	生长猪有效能值预测模型	R^2
总能	19.42	19.42		
消化能	11.46	12.35		
代谢能	11.28	12.16		
净能	7.90	8.51		

(续)

42. 向日葵粕 中国饲料号：1-10-0001

概略养分及碳水化合物（%）		氨基酸（%）			
项目	含量	总氨基酸		氨基酸消化率	
干物质	91.56	必需氨基酸		表观回肠消化率	标准回肠消化率
粗蛋白质	30.96	粗蛋白质	30.96	76	78
粗脂肪	2.02	赖氨酸	1.37	74	78
酸水解粗脂肪	2.43	蛋氨酸	0.70	66	72
粗灰分	6.29	苏氨酸	1.15	81	83
淀粉	—	色氨酸	0.34	70	76
粗纤维	24.31	异亮氨酸	1.24	74	76
中性洗涤纤维	40.41	亮氨酸	1.94	71	75
酸性洗涤纤维	26.33	缬氨酸	1.61	83	86
总膳食纤维	35.05	精氨酸	2.43	87	89
不溶性膳食纤维	30.18	组氨酸	0.86	77	80
可溶性膳食纤维	4.87	苯丙氨酸	1.28	77	79
非淀粉多糖	23.18	非必需氨基酸			
矿物质		丙氨酸	1.49	69	73
常量元素（%）		天冬氨酸	2.78	66	72
钙		半胱氨酸	0.52	71	74
总磷	0.86	谷氨酸	6.30	56	64
植酸磷	0.66	甘氨酸	1.84	63	70
钾	1.27	脯氨酸	1.10	68	73
钠	0.04	丝氨酸	1.31	65	73
氯	0.04	酪氨酸	0.71	80	89
镁	0.75	维生素（mg/kg）		总氨基酸预测模型，粗蛋白质为变量	
硫	0.38	β-胡萝卜素	—	常数	系数
磷全消化道表观消化率（%）	44	维生素 E	9.10	赖氨酸	0.153	0.040
磷全消化道标准消化率（%）	52	硫胺素	3.50	蛋氨酸	−0.111	0.026
微量元素（mg/kg）		核黄素	3.60	苏氨酸	−0.086	0.040
铁	200	烟酸	220.00	色氨酸	−0.026	0.012
铜	25.00	泛酸	24.00	异亮氨酸	−0.143	0.044
锰	35.00	吡哆醇	13.70	亮氨酸	−0.102	0.065
锌	98	生物素	1.45	缬氨酸	−0.109	0.055
碘	—	叶酸	1.14	精氨酸	−0.218	0.085
硒	0.32	维生素 B_{12}	—	组氨酸	−0.191	0.033
		胆碱（%）	0.32	苯丙氨酸	−0.406	0.054
		亚油酸（%）	0.98	其他成分含量	

有效能值（MJ/kg）（$n=9$）				
生长阶段	生长猪	母猪	生长猪有效能值预测模型	R^2
总能	17.63	17.63	$DE=5.587+0.171\times CP$	0.65
消化能	10.41	11.22	$DE=14.423-0.115\times CF$	0.63
代谢能	9.95	10.73	$ME=4.654+0.184\times CP$	0.67
净能	6.69	7.22	$ME=16.322-0.13\times CF$	0.58

(续)

43. 小麦　中国饲料号：4-07-0015

概略养分及碳水化合物（%）		氨基酸（%）			
项目	含量	总氨基酸		氨基酸消化率	
干物质	89.71	必需氨基酸		表观回肠消化率	标准回肠消化率
粗蛋白质	13.23	粗蛋白质	13.23	87	95
粗脂肪	1.53	赖氨酸	0.37	83	88
酸水解粗脂肪	2.01	蛋氨酸	0.20	90	92
粗灰分	1.67	苏氨酸	0.37	92	95
淀粉	58.32	色氨酸	0.15	88	93
粗纤维	2.50	异亮氨酸	0.48	89	93
中性洗涤纤维	15.24	亮氨酸	0.88	91	94
酸性洗涤纤维	1.99	缬氨酸	0.63	86	91
总膳食纤维	11.36	精氨酸	0.61	91	94
不溶性膳食纤维	9.73	组氨酸	0.33	91	94
可溶性膳食纤维	1.63	苯丙氨酸	0.76	82	89
非淀粉多糖	7.98	非必需氨基酸			
矿物质		丙氨酸	0.48	83	89
常量元素（%）		天冬氨酸	0.64	84	90
钙	0.06	半胱氨酸	0.31	90	94
总磷	0.21	谷氨酸	4.37	96	97
植酸磷	0.18	甘氨酸	0.53	83	92
钾	0.42	脯氨酸	1.42	92	97
钠	0.00	丝氨酸	0.55	89	94
氯	0.07	酪氨酸	0.42	92	95
镁	0.21	维生素（mg/kg）		总氨基酸预测模型，粗蛋白质为变量	
硫	0.16	β-胡萝卜素	0.40	常数	系数
磷全消化道表观消化率（%）	48.31	维生素 E	7.26	赖氨酸	0.179	0.015
磷全消化道标准消化率（%）	54.17	硫胺素	0.99	蛋氨酸	0.066	0.010
微量元素（mg/kg）		核黄素	0.46	苏氨酸	0.175	0.043
铁	56	烟酸	23.35	色氨酸	0.031	0.010
铜	4.93	泛酸	3.75	异亮氨酸	0.100	0.028
锰	39.39	吡哆醇	3.51	亮氨酸	0.094	0.057
锌	28	生物素	0.11	缬氨酸	0.309	0.025
碘	—	叶酸	0.05	精氨酸	0.309	0.024
硒	39.39	维生素 B_{12}	—	组氨酸	0.081	0.018
		胆碱（%）	0.10	苯丙氨酸	0.098	0.020
		亚油酸（%）	0.59	其他成分含量		

有效能值（MJ/kg）（n=42）				
生长阶段	生长猪	母猪	生长猪有效能值预测模型	R^2
总能	16.46	16.46	$DE=15.352+0.094 \times CP$	0.78
消化能	14.90	15.23	$DE=19.029-0.176 \times NDF$	0.66
代谢能	14.40	14.62	$ME=15.051+0.072 \times CP$	0.36
净能	10.74	11.21	$ME=17.718-0.119 \times NDF$	0.63

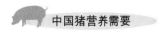

(续)

44. 小麦麸皮 中国饲料号：4-08-0005

概略养分及碳水化合物（%）		氨基酸（%）			
项目	含量	总氨基酸		氨基酸消化率	
干物质	89.57	必需氨基酸		表观回肠消化率	标准回肠消化率
粗蛋白质	17.17	粗蛋白质	17.17	64	72
粗脂肪	2.66	赖氨酸	0.71	73	80
酸水解粗脂肪	3.13	蛋氨酸	0.25	82	86
粗灰分	4.82	苏氨酸	0.54	57	63
淀粉	22.27	色氨酸	0.25	72	79
粗纤维	8.57	异亮氨酸	0.51	75	82
中性洗涤纤维	35.88	亮氨酸	1.07	79	86
酸性洗涤纤维	10.08	缬氨酸	0.82	62	68
总膳食纤维	39.98	精氨酸	1.08	84	88
不溶性膳食纤维	35.86	组氨酸	0.44	86	91
可溶性膳食纤维	4.12	苯丙氨酸	0.61	75	82
非淀粉多糖	28.33	非必需氨基酸			
矿物质		丙氨酸	0.78	67	74
常量元素（%）		天冬氨酸	1.14	67	76
钙	0.09	半胱氨酸	0.39	71	80
总磷	0.81	谷氨酸	3.23	84	88
植酸磷	0.52	甘氨酸	0.85	61	68
钾	2.29	脯氨酸	1.43	67	75
钠	1.81	丝氨酸	0.70	71	79
氯	0.07	酪氨酸	0.49	83	89
镁	1.56	维生素（mg/kg）		总氨基酸预测模型，粗蛋白质为变量	
硫		β-胡萝卜素	—	常数	系数
磷全消化道表观消化率（%）	48.31	维生素E	19.79	赖氨酸	−0.800	0.090
磷全消化道标准消化率（%）	54.17	硫胺素	2.52	蛋氨酸	0.090	0.010
微量元素（mg/kg）		核黄素	0.86	苏氨酸	−0.050	0.040
铁	122	烟酸	66.49	色氨酸		0.010
铜	11.91	泛酸	12.35	异亮氨酸	0.280	0.020
锰	103.14	吡哆醇	6.22	亮氨酸	0.530	0.040
锌	77	生物素	0.33	缬氨酸	−0.070	0.060
碘	3.76	叶酸	0.40	精氨酸	−1.220	0.140
硒	0.51	维生素B_{12}	—	组氨酸	−0.130	0.040
		胆碱（%）	0.09	苯丙氨酸	0.680	0.010
		亚油酸（%）	1.70	其他成分含量	

有效能值（MJ/kg）（$n=30$）				
生长阶段	生长猪	母猪	生长猪有效能值预测模型	R^2
总能	17.11	17.11	$DE=18.28-0.121\times NDF$	0.82
消化能	11.38	12.56	$DE=18.26-0.807\times Ash$	0.78
代谢能	11.03	12.18	$ME=17-0.097\times NDF$	0.77
净能	7.90	8.72	$ME=17.302-0.715\times Ash$	0.72

(续)

45. 次粉 中国饲料号：4-08-0006

概略养分及碳水化合物（%）		氨基酸（%）			
项目	含量	总氨基酸		氨基酸消化率	
干物质	88.56	必需氨基酸		表观回肠消化率	标准回肠消化率
粗蛋白质	14.59	粗蛋白质	14.59	87	92
粗脂肪	2.54	赖氨酸	0.56	77	87
酸水解粗脂肪	2.83	蛋氨酸	0.21	87	92
粗灰分	2.42	苏氨酸	0.50	71	87
淀粉	41.20	色氨酸	0.26	79	89
粗纤维	4.35	异亮氨酸	0.51	83	91
中性洗涤纤维	21.80	亮氨酸	1.06	86	93
酸性洗涤纤维	4.14	缬氨酸	0.72	82	90
总膳食纤维	15.15	精氨酸	0.86	88	93
不溶性膳食纤维	13.59	组氨酸	0.39	85	93
可溶性膳食纤维	1.56	苯丙氨酸	0.72	87	93
非淀粉多糖	8.11	非必需氨基酸			
矿物质		丙氨酸	0.67	75	88
常量元素（%）		天冬氨酸	0.95	76	87
钙	0.06	半胱氨酸	0.39	78	88
总磷	0.44	谷氨酸	3.69	92	96
植酸磷	0.23	甘氨酸	0.71	62	98
钾	0.45	脯氨酸	1.31	75	95
钠	0.01	丝氨酸	0.67	79	90
氯	0.04	酪氨酸	0.42	85	91
镁	0.13	维生素（mg/kg）		总氨基酸预测模型，粗蛋白质为变量	
硫	—	β-胡萝卜素	—	常数	系数
磷全消化道表观消化率（%）	43.34	维生素 E	10.03	赖氨酸	−0.410	0.060
磷全消化道标准消化率（%）	52.31	硫胺素	3.99	蛋氨酸	0	0.020
微量元素（mg/kg）		核黄素	1.18	苏氨酸	0.070	0.030
铁	61	烟酸	3.24	色氨酸	0.060	0.010
铜	7.56	泛酸	5.68	异亮氨酸	0	0.040
锰	5.18	吡哆醇	3.63	亮氨酸	0	0.070
锌	30	生物素	0.24	缬氨酸	0	0.050
碘	1.00	叶酸	0.62	精氨酸	−0.620	0.090
硒	0.52	维生素 B_{12}	—	组氨酸	0.050	0.020
		胆碱（%）	0.08	苯丙氨酸	0	0.060
		亚油酸（%）	1.74	其他成分含量		

有效能值（MJ/kg）（n=12）				
生长阶段	生长猪	母猪	生长猪有效能值预测模型	R^2
总能	16.12	16.12	$DE=37.29-1.29×CP$	0.82
消化能	14.03	14.63	$DE=22.289-2.232×Ash$	0.77
代谢能	13.69	14.28	$ME=32.695-1.047×CP$	0.79
净能	10.13	10.57	$ME=21.469-2.206×Ash$	0.75

(续)

46. 饲用小麦面粉 中国饲料号：4-08-0007

概略养分及碳水化合物（%）		氨基酸（%）			
项目	含量	总氨基酸		氨基酸消化率	
干物质	87.99	必需氨基酸		表观回肠消化率	标准回肠消化率
粗蛋白质	12.90	粗蛋白质	12.90	82	94
粗脂肪	1.76	赖氨酸	0.43	77	94
酸水解粗脂肪	2.11	蛋氨酸	0.25	88	96
粗灰分	1.17	苏氨酸	0.47	71	93
淀粉	58.81	色氨酸	0.25	80	93
粗纤维	1.52	异亮氨酸	0.57	85	95
中性洗涤纤维	9.83	亮氨酸	1.11	87	90
酸性洗涤纤维	1.02	缬氨酸	0.71	83	93
总膳食纤维	6.83	精氨酸	0.74	88	95
不溶性膳食纤维	6.13	组氨酸	0.37	87	93
可溶性膳食纤维	0.70	苯丙氨酸	0.88	88	90
非淀粉多糖	3.66	非必需氨基酸			
矿物质		丙氨酸	0.56	75	93
常量元素（%）		天冬氨酸	0.78	77	92
钙	0.03	半胱氨酸	0.35	82	93
总磷	0.24	谷氨酸	4.41	94	98
植酸磷	0.13	甘氨酸	0.67	66	99
钾	0.45	脯氨酸	1.71	80	97
钠	0.01	丝氨酸	0.72	81	93
氯	0.04	酪氨酸	0.54	86	92
镁	0.13	维生素（mg/kg）		总氨基酸预测模型，粗蛋白质为变量	
硫	—	β-胡萝卜素	—	常数	系数
磷全消化道表观消化率（%）	43.34	维生素 E	10.03	赖氨酸	0	0.030
磷全消化道标准消化率（%）	52.31	硫胺素	3.99	蛋氨酸	0	0.020
微量元素（mg/kg）		核黄素	1.18	苏氨酸	0	0.030
铁	61	烟酸	3.24	色氨酸	—	—
铜	7.56	泛酸	5.68	异亮氨酸	0	0.040
锰	5.18	吡哆醇	3.63	亮氨酸	0	0.080
锌	30	生物素	—	缬氨酸	0	0.050
碘	1.00	叶酸	0.62	精氨酸	0	0.050
硒	0.52	维生素 B_{12}	—	组氨酸	0	0.030
		胆碱（%）	0.08	苯丙氨酸	0	0.060
		亚油酸（%）	1.70	其他成分含量		

有效能值（MJ/kg）（n=17）

生长阶段	生长猪	母猪	生长猪有效能值预测模型	R^2
总能	16.85	16.85	$DE=20.43-1.22 \times CF$	0.82
消化能	15.98	16.19	$DE=20.15-1.51 \times Ash$	0.79
代谢能	15.56	15.76	$ME=20.15-1.43 \times CF$	0.78
净能	12.01	12.17	$ME=20.45-2.09 \times Ash$	0.76

(续)

47. 亚麻籽饼　中国饲料号：5-10-0006

概略养分及碳水化合物（%）		氨基酸（%）			
项目	含量	总氨基酸		氨基酸消化率	
干物质	90.20	必需氨基酸		表观回肠消化率	标准回肠消化率
粗蛋白质	33.90	粗蛋白质	33.90	70	78
粗脂肪	7.02	赖氨酸	1.19	74	78
酸水解粗脂肪	—	蛋氨酸	0.77	89	91
粗灰分	5.45	苏氨酸	1.13	71	77
淀粉	—	色氨酸	0.51	81	85
粗纤维	9.88	异亮氨酸	1.33	82	85
中性洗涤纤维	35.96	亮氨酸	1.91	81	85
酸性洗涤纤维	16.18	缬氨酸	1.55	79	83
总膳食纤维	—	精氨酸	3.00	89	92
不溶性膳食纤维	—	组氨酸	0.67	77	82
可溶性膳食纤维	—	苯丙氨酸	1.49	83	87
非淀粉多糖	—	非必需氨基酸			
矿物质		丙氨酸	1.45	72	79
常量元素（%）		天冬氨酸	2.80	78	82
钙	0.37	半胱氨酸	0.59	71	79
总磷	1.50	谷氨酸	6.15	85	87
植酸磷	—	甘氨酸	1.84	61	72
钾	—	脯氨酸	1.45	64	75
钠	—	丝氨酸	1.39	75	80
氯	—	酪氨酸	0.72	75	82
镁	—	维生素（mg/kg）		总氨基酸预测模型，粗蛋白质为变量	
硫	—	β-胡萝卜素	—	常数	系数
磷全消化道表观消化率（%）		维生素 E	—	赖氨酸	—	—
磷全消化道标准消化率（%）		硫胺素	—	蛋氨酸	—	—
微量元素（mg/kg）		核黄素	—	苏氨酸		
铁		烟酸	—	色氨酸		
铜		泛酸	—	异亮氨酸		
锰		吡哆醇	—	亮氨酸		
锌		生物素	—	缬氨酸		
碘		叶酸	—	精氨酸		
硒		维生素 B_{12}	—	组氨酸		
		胆碱（%）	—	苯丙氨酸		
		亚油酸（%）	—	其他成分含量		

有效能值（MJ/kg）（$n=10$）				
生长阶段	生长猪	母猪	生长猪有效能值预测模型	R^2
总能	18.32	18.32		
消化能	13.13	13.68		
代谢能	12.26	12.77		
净能	7.97	8.47		

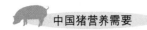

(续)

48. 燕麦 中国饲料号：4-07-0007

概略养分及碳水化合物（%）		氨基酸（%）			
项目	含量	总氨基酸		氨基酸消化率	
干物质	89.90	必需氨基酸		表观回肠消化率	标准回肠消化率
粗蛋白质	11.16	粗蛋白质	11.16	62	—
粗脂肪	5.42	赖氨酸	0.49	70	76
酸水解粗脂肪	4.20	蛋氨酸	0.18	79	83
粗灰分	2.64	苏氨酸	0.42	59	71
淀粉	39.06	色氨酸	0.14	59	75
粗纤维	—	异亮氨酸	0.41	73	81
中性洗涤纤维	25.30	亮氨酸	0.79	75	83
酸性洗涤纤维	13.73	缬氨酸	0.63	72	80
总膳食纤维	33.93	精氨酸	0.73	85	90
不溶性膳食纤维	—	组氨酸	0.24	81	85
可溶性膳食纤维	—	苯丙氨酸	0.52	81	84
非淀粉多糖	—	非必需氨基酸			
矿物质		丙氨酸	0.46	67	76
常量元素（%）		天冬氨酸	0.81	67	76
钙	0.03	半胱氨酸	0.36	69	75
总磷	0.19	谷氨酸	2.14	78	84
植酸磷	—	甘氨酸	0.48	61	77
钾	0.42	脯氨酸	0.54	68	86
钠	0.08	丝氨酸	0.47	69	81
氯	0.10	酪氨酸	0.41	76	82
镁	0.16	维生素（mg/kg）		总氨基酸预测模型，粗蛋白质为变量	
硫	0.21	β-胡萝卜素	3.70	常数	系数
磷全消化道表观消化率（%）	33	维生素 E	7.80	赖氨酸	—	—
磷全消化道标准消化率（%）	39	硫胺素	6.00	蛋氨酸	—	—
微量元素（mg/kg）		核黄素	1.70	苏氨酸	—	—
铁	85	烟酸	19.00	色氨酸	—	—
铜	6.00	泛酸	13.00	异亮氨酸	—	—
锰	43.00	吡哆醇	2.00	亮氨酸	—	—
锌	38	生物素	0.24	缬氨酸	—	—
碘	—	叶酸	0.30	精氨酸	—	—
硒	0.30	维生素 B_{12}	0.00	组氨酸	—	—
		胆碱（%）	0.10	苯丙氨酸	—	—
		亚油酸（%）	—	其他成分含量	
有效能值（MJ/kg）					
生长阶段	生长猪	母猪	生长猪有效能值预测模型		R^2
总能	17.87	17.87			
消化能	10.99	11.68			
代谢能	10.67	11.12			
净能	7.92	8.29			

(续)

49. 去壳燕麦　中国饲料号：4-07-0008

概略养分及碳水化合物（%）		氨基酸（%）			
项目	含量	总氨基酸		氨基酸消化率	
干物质	85.60	必需氨基酸		表观回肠消化率	标准回肠消化率
粗蛋白质	10.60	粗蛋白质	10.60	—	—
粗脂肪	2.50	赖氨酸	0.44	75	79
酸水解粗脂肪	—	蛋氨酸	0.19	83	85
粗灰分	2.10	苏氨酸	0.37	76	80
淀粉	52.60	色氨酸	0.13	78	82
粗纤维	4.00	异亮氨酸	0.40	80	83
中性洗涤纤维	11.60	亮氨酸	0.78	81	83
酸性洗涤纤维	4.60	缬氨酸	0.56	78	81
总膳食纤维	—	精氨酸	0.73	84	86
不溶性膳食纤维	—	组氨酸	0.23	80	83
可溶性膳食纤维	—	苯丙氨酸	0.54	81	83
非淀粉多糖	—	非必需氨基酸			
矿物质		丙氨酸	0.50	73	77
常量元素（%）		天冬氨酸	0.92	80	83
钙	0.09	半胱氨酸	0.34	83	85
总磷	0.29	谷氨酸	1.87	86	87
植酸磷	0.16	甘氨酸	0.53	85	80
钾	0.36	脯氨酸	0.66	—	—
钠	0.01	丝氨酸	0.52	82	85
氯	0.07	酪氨酸	0.38	81	85
镁	0.09	维生素（mg/kg）		总氨基酸预测模型，粗蛋白质为变量	
硫	0.13	β-胡萝卜素	3.70	常数	系数
磷全消化道表观消化率（%）	33	维生素 E	7.80	赖氨酸	—	—
磷全消化道标准消化率（%）	39	硫胺素	6.00	蛋氨酸	—	—
微量元素（mg/kg）		核黄素	1.70	苏氨酸	—	—
铁	85	烟酸	19.00	色氨酸	—	—
铜	3.00	泛酸	13.00	异亮氨酸	—	—
锰	32.00	吡哆醇	2.00	亮氨酸	—	—
锌	26	生物素	0.24	缬氨酸	—	—
碘	—	叶酸	0.30	精氨酸	—	—
硒	0.09	维生素 B_{12}	0.00	组氨酸	—	—
		胆碱（%）	0.10	苯丙氨酸	—	—
		亚油酸（%）	—	其他成分含量	

有效能值（MJ/kg）					
生长阶段	生长猪	母猪	生长猪有效能值预测模型		R^2
总能	16.10	16.10			
消化能	13.40	13.70			
代谢能	13.00	13.20			
净能	10.00	10.10			

(续)

50. 椰子粕　中国饲料号：5-10-0003

概略养分及碳水化合物（%）		氨基酸（%）			
项目	含量	总氨基酸		氨基酸消化率	
干物质	92.00	必需氨基酸		表观回肠消化率	标准回肠消化率
粗蛋白质	21.90	粗蛋白质	21.90	52	—
粗脂肪	3.00	赖氨酸	0.58	51	64
酸水解粗脂肪	—	蛋氨酸	0.35	67	77
粗灰分	—	苏氨酸	0.67	51	67
淀粉	2.60	色氨酸	0.19	63	69
粗纤维	—	异亮氨酸	0.75	64	72
中性洗涤纤维	51.30	亮氨酸	1.36	68	73
酸性洗涤纤维	25.50	缬氨酸	1.07	68	71
总膳食纤维	—	精氨酸	2.38	81	88
不溶性膳食纤维	—	组氨酸	0.39	63	70
可溶性膳食纤维	—	苯丙氨酸	0.84	71	75
非淀粉多糖	—	非必需氨基酸			
矿物质		丙氨酸	0.83	53	58
常量元素（%）		天冬氨酸	1.58	54	58
钙	0.13	半胱氨酸	0.29	54	65
总磷	0.58	谷氨酸	3.71	55	58
植酸磷	0.26	甘氨酸	0.83	49	58
钾	1.83	脯氨酸	0.69	44	58
钠	0.074	丝氨酸	0.85	51	58
氯	0.37	酪氨酸	0.58	53	72
镁	0.31	维生素（mg/kg）		总氨基酸预测模型，粗蛋白质为变量	
硫	0.31	β-胡萝卜素	—	常数	系数
磷全消化道表观消化率（%）	34	维生素 E	7.70	赖氨酸	—	—
磷全消化道标准消化率（%）	44	硫胺素	0.70	蛋氨酸	—	—
微量元素（mg/kg）		核黄素	3.50	苏氨酸	—	—
铁	486	烟酸	28.00	色氨酸	—	—
铜	25.00	泛酸	6.50	异亮氨酸	—	—
锰	69.00	吡哆醇	4.40	亮氨酸	—	—
锌	49	生物素	0.25	缬氨酸	—	—
碘	—	叶酸	0.30	精氨酸	—	—
硒	—	维生素 B_{12}	—	组氨酸	—	—
		胆碱（%）	0.11	苯丙氨酸	—	—
		亚油酸（%）	—	其他成分含量		

有效能值（MJ/kg）				
生长阶段	生长猪	母猪	生长猪有效能值预测模型	R^2
总能	17.57	—		
消化能	12.59	—		
代谢能	11.97	—		
净能	7.31	—		

(续)

51. 玉米　中国饲料号：4-07-0004

概略养分及碳水化合物（%）		氨基酸（%）			
项目	含量	总氨基酸		氨基酸消化率	
干物质	87.46	必需氨基酸		表观回肠消化率	标准回肠消化率
粗蛋白质	8.01	粗蛋白质	8.01	68	88
粗脂肪	3.35	赖氨酸	0.25	60	69
酸水解粗脂肪	3.50	蛋氨酸	0.18	80	90
粗灰分	1.19	苏氨酸	0.28	63	71
淀粉	61.19	色氨酸	0.06	60	63
粗纤维	2.56	异亮氨酸	0.25	71	77
中性洗涤纤维	11.31	亮氨酸	0.94	84	86
酸性洗涤纤维	2.41	缬氨酸	0.42	72	77
总膳食纤维	11.83	精氨酸	0.32	79	84
不溶性膳食纤维	10.34	组氨酸	0.22	76	85
可溶性膳食纤维	1.49	苯丙氨酸	0.32	80	85
非淀粉多糖	7.70	非必需氨基酸			
矿物质		丙氨酸	0.56	73	78
常量元素（%）		天冬氨酸	0.49	70	74
钙	0.02	半胱氨酸	0.20	71	81
总磷	0.22	谷氨酸	1.31	81	83
植酸磷	0.13	甘氨酸	0.29	50	69
钾	0.36	脯氨酸	0.92	71	74
钠	0.02	丝氨酸	0.36	73	79
氯	0.05	酪氨酸	0.18	85	92
镁	0.11	维生素（mg/kg）		总氨基酸预测模型，粗蛋白质为变量	
硫	1.10	β-胡萝卜素	1.52	常数	系数
磷全消化道表观消化率（%）	26	维生素 E	18.67	赖氨酸	−0.452	0.081
磷全消化道标准消化率（%）	34	硫胺素	0.61	蛋氨酸	0.068	0.130
微量元素（mg/kg）		核黄素	1.20	苏氨酸	−0.024	0.038
铁	32	烟酸	4.78	色氨酸	−0.074	0.015
铜	1.98	泛酸	4.18	异亮氨酸	0.094	0.200
锰	2.93	吡哆醇	3.12	亮氨酸	−0.547	0.190
锌	17	生物素	0.06	缬氨酸	−0.053	0.049
碘	0.18	叶酸	0.11	精氨酸	−0.607	0.106
硒	0.10	维生素 B_{12}	0.00	组氨酸	0.005	0.029
		胆碱（%）	0.62	苯丙氨酸	0.179	0.020
		亚油酸（%）	2.20	其他成分含量	

有效能值（MJ/kg）（$n=260$）				
生长阶段	生长猪	母猪	生长猪有效能值预测模型	R^2
总能	16.24	16.24	$DE=18.409-0.6×CF$	0.82
消化能	14.74	15.33	$DE=18.913-0.173×NDF$	0.87
代谢能	14.30	14.89	$ME=17.894-0.585×CF$	0.79
净能	11.58	11.85	$ME=18.15-0.15×NDF$	0.82

(续)

52. 玉米蛋白粉 CP<50%, 中国饲料号: 5-11-0009

概略养分及碳水化合物（%）		氨基酸（%）			
项目	含量	总氨基酸		氨基酸消化率	
干物质	91.33	必需氨基酸		表观回肠消化率	标准回肠消化率
粗蛋白质	46.02	粗蛋白质	46.02	83	88
粗脂肪	0.33	赖氨酸	0.65	77	84
酸水解粗脂肪	—	蛋氨酸	1.10	95	97
粗灰分	1.42	苏氨酸	1.40	80	87
淀粉	32.18	色氨酸	0.19	56	69
粗纤维	1.98	异亮氨酸	1.65	90	92
中性洗涤纤维	4.50	亮氨酸	7.26	95	96
酸性洗涤纤维	1.32	缬氨酸	1.90	87	91
总膳食纤维	5.88	精氨酸	1.23	82	88
不溶性膳食纤维	5.07	组氨酸	0.81	90	93
可溶性膳食纤维	0.81	苯丙氨酸	2.69	93	95
非淀粉多糖	4.41	非必需氨基酸			
矿物质		丙氨酸	3.62	91	93
常量元素（%）		天冬氨酸	2.45	84	89
钙	0.01	半胱氨酸	0.88	83	88
总磷	0.06	谷氨酸	8.62	93	95
植酸磷	0.06	甘氨酸	0.97	52	71
钾	0.06	脯氨酸	4.16	60	72
钠	0.01	丝氨酸	2.08	88	92
氯	0.13	酪氨酸	1.96	90	96
镁	0.02	维生素（mg/kg）		总氨基酸预测模型，粗蛋白质为变量	
硫	—	β-胡萝卜素	9.10	常数	系数
磷全消化道表观消化率（%）	37.00	维生素 E	8.00	赖氨酸	−0.270	0.020
磷全消化道标准消化率（%）	49.82	硫胺素	0.37	蛋氨酸	−0.260	0.030
微量元素（mg/kg）		核黄素	0.72	苏氨酸	0	0.030
铁	342	烟酸	10.46	色氨酸	−0.060	0.010
铜	10.87	泛酸	4.33	异亮氨酸	0.240	0.030
锰	4.27	吡哆醇	1.93	亮氨酸	1.810	0.120
锌	12	生物素	—	缬氨酸	0.140	0.040
碘	—	叶酸	0.02	精氨酸	−0.080	0.030
硒	0.84	维生素 B_{12}	—	组氨酸	−0.150	0.020
		胆碱（%）	0.06	苯丙氨酸	0.560	0.050
		亚油酸（%）	1.43	其他成分含量		

有效能值（MJ/kg）（$n=4$）

生长阶段	生长猪	母猪	生长猪有效能值预测模型	R^2
总能	19.62	19.62	$DE=16.24+0.058\times CP$	0.45
消化能	18.48	18.48	$ME=15.763+0.05\times CP$	0.43
代谢能	17.64	17.64	$ME=8.652+0.514\times DE$	0.85
净能	11.91	11.91		

(续)

53. 玉米蛋白粉 50%≤CP<60%，中国饲料号：5-11-0008

概略养分及碳水化合物（%）		氨基酸（%）			
项目	含量	总氨基酸		氨基酸消化率	
干物质	91.40	必需氨基酸		表观回肠消化率	标准回肠消化率
粗蛋白质	55.55	粗蛋白质	55.55	83	88
粗脂肪	0.86	赖氨酸	0.82	79	85
酸水解粗脂肪	—	蛋氨酸	1.32	93	94
粗灰分	1.80	苏氨酸	1.68	80	87
淀粉	20.51	色氨酸	0.23	57	69
粗纤维	2.87	异亮氨酸	1.92	89	92
中性洗涤纤维	5.89	亮氨酸	8.54	93	94
酸性洗涤纤维	2.29	缬氨酸	2.22	87	90
总膳食纤维	7.70	精氨酸	1.45	86	91
不溶性膳食纤维	6.63	组氨酸	0.97	89	92
可溶性膳食纤维	1.07	苯丙氨酸	3.14	92	94
非淀粉多糖	5.50	非必需氨基酸			
矿物质		丙氨酸	4.24	89	92
常量元素（%）		天冬氨酸	2.89	84	89
钙	0.02	半胱氨酸	1.07	83	87
总磷	0.09	谷氨酸	10.08	91	93
植酸磷	0.09	甘氨酸	1.14	60	77
钾	0.06	脯氨酸	4.69	71	80
钠	0.01	丝氨酸	2.50	87	91
氯	0.13	酪氨酸	2.41	90	94
镁	0.02	维生素（mg/kg）		总氨基酸预测模型，粗蛋白质为变量	
硫		β-胡萝卜素	9.10	常数	系数
磷全消化道表观消化率（%）	37.00	维生素 E	8.00	赖氨酸	−0.270	0.020
磷全消化道标准消化率（%）	49.82	硫胺素	0.37	蛋氨酸	−0.260	0.030
微量元素（mg/kg）		核黄素	0.72	苏氨酸	0	0.030
铁	342	烟酸	10.46	色氨酸	−0.060	0.010
铜	10.87	泛酸	4.33	异亮氨酸	0.240	0.030
锰	4.27	吡哆醇	1.93	亮氨酸	1.810	0.120
锌	12	生物素	—	缬氨酸	0.140	0.040
碘	—	叶酸	0.02	精氨酸	−0.080	0.030
硒	0.84	维生素 B_{12}	—	组氨酸	−0.150	0.020
		胆碱（%）	0.06	苯丙氨酸	0.560	0.050
		亚油酸（%）	1.43	其他成分含量		

有效能值（MJ/kg）（$n=10$）				
生长阶段	生长猪	母猪	生长猪有效能值预测模型	R^2
总能	20.51	20.51	$DE=16.24+0.058 \times CP$	0.45
消化能	18.92	19.68	$ME=15.963+0.057 \times CP$	0.43
代谢能	17.77	18.48	$ME=8.652+0.514 \times DE$	0.85
净能	11.86	14.23		

（续）

54. 玉米蛋白粉 CP≥60%，中国饲料号：5-11-0007

概略养分及碳水化合物（%）		氨基酸（%）			
项目	含量	总氨基酸		氨基酸消化率	
干物质	92.63	必需氨基酸		表观回肠消化率	标准回肠消化率
粗蛋白质	64.43	粗蛋白质	64.43	83	87
粗脂肪	2.68	赖氨酸	1.01	80	85
酸水解粗脂肪	—	蛋氨酸	1.62	91	92
粗灰分	1.97	苏氨酸	1.96	80	86
淀粉	15.72	色氨酸	0.29	67	75
粗纤维	2.91	异亮氨酸	2.22	88	90
中性洗涤纤维	6.13	亮氨酸	9.58	91	92
酸性洗涤纤维	2.89	缬氨酸	2.58	85	89
总膳食纤维	8.01	精氨酸	1.74	86	90
不溶性膳食纤维	6.90	组氨酸	1.17	88	90
可溶性膳食纤维	1.11	苯丙氨酸	3.56	90	92
非淀粉多糖	5.80	非必需氨基酸			
矿物质		丙氨酸	4.98	87	89
常量元素（%）		天冬氨酸	3.38	84	88
钙	0.01	半胱氨酸	1.37	83	87
总磷	0.07	谷氨酸	11.71	89	91
植酸磷	0.04	甘氨酸	1.44	63	78
钾	0.06	脯氨酸	5.34	72	81
钠	0.01	丝氨酸	2.92	86	90
氯	0.13	酪氨酸	2.72	89	93
镁	0.02	维生素（mg/kg）		总氨基酸预测模型，粗蛋白质为变量	
硫	—	β-胡萝卜素	9.10	常数	系数
磷全消化道表观消化率（%）	37.00	维生素E	8.00	赖氨酸	−0.270	0.020
磷全消化道标准消化率（%）	49.82	硫胺素	0.37	蛋氨酸	−0.260	0.030
微量元素（mg/kg）		核黄素	0.72	苏氨酸	0	0.030
铁	342	烟酸	10.46	色氨酸	−0.060	0.010
铜	10.87	泛酸	4.33	异亮氨酸	0.240	0.030
锰	12	吡哆醇	1.93	亮氨酸	1.810	0.120
锌	—	生物素	—	缬氨酸	0.140	0.040
碘	4.27	叶酸	0.02	精氨酸	−0.080	0.030
硒	0.84	维生素B_{12}	—	组氨酸	−0.150	0.020
		胆碱（%）	0.06	苯丙氨酸	0.560	0.050
		亚油酸（%）	1.43	其他成分含量		

有效能值（MJ/kg）（n=6）				
生长阶段	生长猪	母猪	生长猪有效能值预测模型	R^2
总能	21.61	21.61	$DE=16.24+0.058 \times CP$	0.45
消化能	19.69	19.69	$ME=15.963+0.057 \times CP$	0.43
代谢能	18.61	18.61	$ME=8.652+0.514 \times DE$	0.85
净能	12.07	12.07		

（续）

55. 玉米淀粉渣 玉米生产乳酸的副产品，中国饲料号：5-11-0010

概略养分及碳水化合物（%）		氨基酸（%）			
项目	含量	总氨基酸		氨基酸消化率	
干物质	90.99	必需氨基酸		表观回肠消化率	标准回肠消化率
粗蛋白质	27.67	粗蛋白质	27.67	67	81
粗脂肪	11.95	赖氨酸	0.99	79	85
酸水解粗脂肪	—	蛋氨酸	3.58	88	91
粗灰分	3.38	苏氨酸	1.04	69	80
淀粉	16.79	色氨酸	0.20	76	85
粗纤维	10.92	异亮氨酸	0.77	66	79
中性洗涤纤维	41.71	亮氨酸	0.63	60	75
酸性洗涤纤维	10.82	缬氨酸	1.46	78	85
总膳食纤维	—	精氨酸	1.21	74	86
不溶性膳食纤维	—	组氨酸	0.88	86	88
可溶性膳食纤维	—	苯丙氨酸	1.35	79	88
非淀粉多糖	—	非必需氨基酸			
矿物质		丙氨酸	2.03	75	84
常量元素（%）		天冬氨酸	1.68	89	91
钙	0.50	半胱氨酸	0.56	89	91
总磷	0.68	谷氨酸	5.22	84	89
植酸磷	—	甘氨酸	1.01	24	62
钾	—	脯氨酸	2.66	30	53
钠	—	丝氨酸	1.29	76	86
氯	—	酪氨酸	0.82	87	90
镁	—	维生素（mg/kg）		总氨基酸预测模型，粗蛋白质为变量	
硫	—	β-胡萝卜素	—	常数	系数
磷全消化道表观消化率（%）	—	维生素 E	—	赖氨酸	—	—
磷全消化道标准消化率（%）	—	硫胺素	—	蛋氨酸	—	—
微量元素（mg/kg）		核黄素	—	苏氨酸	—	—
铁	—	烟酸	—	色氨酸	—	—
铜	—	泛酸	—	异亮氨酸	—	—
锰	—	吡哆醇	—	亮氨酸	—	—
锌	—	生物素	—	缬氨酸	—	—
碘	—	叶酸	—	精氨酸	—	—
硒	—	维生素 B_{12}	—	组氨酸	—	—
		胆碱（%）	—	苯丙氨酸	—	—
		亚油酸（%）	—	其他成分含量		

有效能值（MJ/kg）				
生长阶段	生长猪	母猪	生长猪有效能值预测模型	R^2
总能	20.06	20.06		
消化能	15.42	16.19		
代谢能	15.01	15.76		
净能	10.66	11.19		

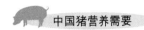

(续)

56. 玉米干酒精糟　中国饲料号：5-11-0002

概略养分及碳水化合物（%）		氨基酸（%）			
项目	含量	总氨基酸		氨基酸消化率	
干物质	90.82	必需氨基酸		表观回肠消化率	标准回肠消化率
粗蛋白质	28.89	粗蛋白质	28.89	67	76
粗脂肪	8.69	赖氨酸	0.87	73	78
酸水解粗脂肪	—	蛋氨酸	0.62	88	89
粗灰分	3.04	苏氨酸	1.13	71	78
淀粉	—	色氨酸	0.21	63	71
粗纤维	9.48	异亮氨酸	1.19	80	83
中性洗涤纤维	41.86	亮氨酸	4.03	84	86
酸性洗涤纤维	15.55	缬氨酸	1.56	78	81
总膳食纤维	43.90	精氨酸	1.22	75	83
不溶性膳食纤维	—	组氨酸	0.78	81	84
可溶性膳食纤维	—	苯丙氨酸	1.62	83	87
非淀粉多糖	—	非必需氨基酸			
矿物质		丙氨酸	2.33	78	82
常量元素（%）		天冬氨酸	1.94	69	74
钙	0.08	半胱氨酸	0.57	77	81
总磷	0.56	谷氨酸	5.14	85	87
植酸磷	—	甘氨酸	1.09	40	66
钾	0.17	脯氨酸	2.54	12	55
钠	0.09	丝氨酸	1.39	76	82
氯	0.08	酪氨酸	1.31		80
镁	0.25	维生素（mg/kg）		总氨基酸预测模型，粗蛋白质为变量	
硫	—	β-胡萝卜素	3.00	常数	系数
磷全消化道表观消化率（%）	63.60	维生素 E	12.90	赖氨酸	—	—
磷全消化道标准消化率（%）	69.69	硫胺素	1.70	蛋氨酸	—	—
微量元素（mg/kg）		核黄素	5.20	苏氨酸		
铁	220	烟酸	37.00	色氨酸		
铜	45.00	泛酸	11.70	异亮氨酸		
锰	22.00	吡哆醇	4.40	亮氨酸		
锌	55	生物素	0.49	缬氨酸		
碘	—	叶酸	0.90	精氨酸		
硒	0.40	维生素 B_{12}	0.00	组氨酸		
		胆碱（%）	0.12	苯丙氨酸		
		亚油酸（%）	—	其他成分含量		

有效能值（MJ/kg）				
生长阶段	生长猪	母猪	生长猪有效能值预测模型	R^2
总能	20.58	20.58		
消化能	14.04	15.66		
代谢能	13.21	14.40		
净能	8.82	9.75		

(续)

57. 玉米酒精糟及其可溶物　中国饲料号：5-11-0003

概略养分及碳水化合物（%）		氨基酸（%）			
项目	含量	总氨基酸		氨基酸消化率	
干物质	88.68	必需氨基酸		表观回肠消化率	标准回肠消化率
粗蛋白质	28.29	粗蛋白质	28.29	66	73
粗脂肪	7.87	赖氨酸	0.80	59	65
酸水解粗脂肪	8.46	蛋氨酸	0.49	82	84
粗灰分	4.84	苏氨酸	1.04	62	71
淀粉	10.09	色氨酸	0.16	55	62
粗纤维	6.39	异亮氨酸	0.97	76	79
中性洗涤纤维	32.75	亮氨酸	3.46	84	86
酸性洗涤纤维	10.18	缬氨酸	1.38	73	77
总膳食纤维	33.74	精氨酸	0.98	78	84
不溶性膳食纤维	29.58	组氨酸	0.76	72	76
可溶性膳食纤维	4.16	苯丙氨酸	1.37	82	85
非淀粉多糖	21.79	非必需氨基酸			
矿物质		丙氨酸	2.10	76	79
常量元素（%）		天冬氨酸	1.81	64	69
钙	0.08	半胱氨酸	0.42	67	77
总磷	0.69	谷氨酸	2.64	65	69
植酸磷	0.12	甘氨酸	1.02	51	70
钾	1.29	脯氨酸	2.38	68	85
钠	0.17	丝氨酸	3.65	90	92
氯	0.27	酪氨酸	0.80	82	87
镁	0.33	维生素（mg/kg）		总氨基酸预测模型，粗蛋白质为变量	
硫	0.70	β-胡萝卜素	2.16	常数	系数
磷全消化道表观消化率（%）	63.60	维生素 E	38.24	赖氨酸	−0.178	0.033
磷全消化道标准消化率（%）	69.69	硫胺素	2.14	蛋氨酸	0.012	0.017
微量元素（mg/kg）		核黄素	3.73	苏氨酸	0.022	0.037
铁	140	烟酸	21.23	色氨酸	−0.012	0.006
铜	7.69	泛酸	10.55	异亮氨酸	−0.211	0.041
锰	21.63	吡哆醇	0.64	亮氨酸	0.331	0.113
锌	65	生物素	0.54	缬氨酸	−0.019	0.049
碘	0.35	叶酸	0.88	精氨酸	−0.119	0.038
硒	0.40	维生素 B_{12}	—	组氨酸	−0.059	0.029
		胆碱（%）	0.04	苯丙氨酸	0.172	0.044
		亚油酸（%）	1.64	其他成分含量	

有效能值（MJ/kg）（n=36）				
生长阶段	生长猪	母猪	生长猪有效能值预测模型	R^2
总能	19.00	19.00	$DE = 21.306 − 0.161 × NDF$	0.58
消化能	13.67	15.84	$DE = 19.1302 − 0.127 × NDF + 0.108 × EE$	0.73
代谢能	13.12	15.21	$ME = 20.445 − 0.154 × NDF$	0.58
净能	9.30	10.78	$ME = 18.358 − 0.122 × NDF + 0.103 × EE$	0.73

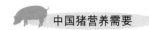

(续)

58. 玉米酒精糟及其可溶物 粗脂肪含量<6%，中国饲料号：5-11-0006

概略养分及碳水化合物（%）		氨基酸（%）			
项目	含量	总氨基酸		氨基酸消化率	
干物质	87.44	必需氨基酸		表观回肠消化率	标准回肠消化率
粗蛋白质	30.55	粗蛋白质	30.55	64	71
粗脂肪	3.94	赖氨酸	0.81	57	63
酸水解粗脂肪	4.24	蛋氨酸	0.49	81	83
粗灰分	4.37	苏氨酸	1.05	61	69
淀粉	9.57	色氨酸	0.16	52	60
粗纤维	6.59	异亮氨酸	0.98	74	77
中性洗涤纤维	34.16	亮氨酸	3.50	82	84
酸性洗涤纤维	10.39	缬氨酸	1.38	71	75
总膳食纤维	33.40	精氨酸	0.97	76	82
不溶性膳食纤维	29.00	组氨酸	0.76	69	73
可溶性膳食纤维	4.00	苯丙氨酸	1.39	81	84
非淀粉多糖	23.94	非必需氨基酸			
矿物质		丙氨酸	2.12	74	77
常量元素（%）		天冬氨酸	1.82	62	67
钙	0.06	半胱氨酸	0.42	66	75
总磷	0.64	谷氨酸	2.67	61	65
植酸磷	0.09	甘氨酸	1.02	48	67
钾	1.29	脯氨酸	2.40	64	80
钠	0.17	丝氨酸	3.69	90	92
氯	0.27	酪氨酸	0.81	81	85
镁	0.33	维生素（mg/kg）		总氨基酸预测模型，粗蛋白质为变量	
硫	0.70	β-胡萝卜素	2.16	常数	系数
磷全消化道表观消化率（%）	62.67	维生素 E	38.24	赖氨酸	−0.178	0.033
磷全消化道标准消化率（%）	68.76	硫胺素	2.14	蛋氨酸	0.012	0.017
微量元素（mg/kg）		核黄素	3.73	苏氨酸	0.022	0.037
铁	14	烟酸	21.23	色氨酸	−0.012	0.006
铜	7.69	泛酸	10.55	异亮氨酸	−0.211	0.041
锰	21.63	吡哆醇	0.64	亮氨酸	0.331	0.113
锌	65	生物素	0.54	缬氨酸	−0.019	0.049
碘	0.35	叶酸	0.88	精氨酸	−0.119	0.038
硒	0.40	维生素 B_{12}	—	组氨酸	−0.059	0.029
		胆碱（%）	0.04	苯丙氨酸	0.172	0.044
		亚油酸（%）		其他成分含量	

有效能值（MJ/kg）（$n=15$）				
生长阶段	生长猪	母猪	生长猪有效能值预测模型	R^2
总能	18.34	18.34	$DE=21.536-0.172\times NDF$	0.65
消化能	13.11	15.19	$DE=4.216+0.308\times CP$	0.52
代谢能	12.58	14.58	$ME=20.665-0.162\times NDF$	0.65
净能	8.83	10.23	$ME=4.004+0.296\times CP$	0.52

(续)

59. 玉米酒精糟及其可溶物 6%≤粗脂肪含量<9%，中国饲料号：5-11-0005

概略养分及碳水化合物（%）		氨基酸（%）			
项目	含量	总氨基酸		氨基酸消化率	
干物质	88.58	必需氨基酸		表观回肠消化率	标准回肠消化率
粗蛋白质	27.67	粗蛋白质	27.67	69	75
粗脂肪	8.16	赖氨酸	0.75	64	70
酸水解粗脂肪	8.28	蛋氨酸	0.47	84	86
粗灰分	4.71	苏氨酸	1.02	65	73
淀粉	10.77	色氨酸	0.14	57	65
粗纤维	5.84	异亮氨酸	0.95	78	81
中性洗涤纤维	29.48	亮氨酸	3.46	85	87
酸性洗涤纤维	9.46	缬氨酸	1.35	75	79
总膳食纤维	33.74	精氨酸	0.93	81	86
不溶性膳食纤维	30.16	组氨酸	0.72	75	78
可溶性膳食纤维	3.58	苯丙氨酸	1.37	84	86
非淀粉多糖	25.17	非必需氨基酸			
矿物质		丙氨酸	2.07	78	82
常量元素（%）		天冬氨酸	1.78	66	71
钙	0.10	半胱氨酸	0.40	70	78
总磷	0.55	谷氨酸	2.59	68	71
植酸磷	0.12	甘氨酸	1.01	54	73
钾	1.29	脯氨酸	2.33	74	89
钠	0.17	丝氨酸	3.61	92	93
氯	0.27	酪氨酸	0.83	83	87
镁	0.33	维生素（mg/kg）		总氨基酸预测模型，粗蛋白质为变量	
硫	0.70	β-胡萝卜素	2.16	常数	系数
磷全消化道表观消化率（%）	63.33	维生素E	38.24	赖氨酸	−0.178	0.033
磷全消化道标准消化率（%）	69.49	硫胺素	2.14	蛋氨酸	0.012	0.017
微量元素（mg/kg）		核黄素	3.73	苏氨酸	0.022	0.037
铁	140	烟酸	21.23	色氨酸	−0.012	0.006
铜	7.69	泛酸	10.55	异亮氨酸	−0.211	0.041
锰	21.63	吡哆醇	0.64	亮氨酸	0.331	0.113
锌	65	生物素	0.54	缬氨酸	−0.019	0.049
碘	0.35	叶酸	0.88	精氨酸	−0.119	0.038
硒	0.40	维生素B_{12}	—	组氨酸	−0.059	0.029
		胆碱（%）	0.04	苯丙氨酸	0.172	0.044
		亚油酸（%）	1.41	其他成分含量		

有效能值（MJ/kg）（n=8)				
生长阶段	生长猪	母猪	生长猪有效能值预测模型	R^2
总能	19.23	19.23	$DE=21.266-0.173\times NDF$	0.58
消化能	13.75	15.94	$DE=20.222-0.175\times NDF+0.122\times EE$	0.73
代谢能	13.20	15.30	$ME=21.697-0.186\times NDF$	0.58
净能	9.34	10.83	$ME=19.513-0.165\times NDF+0.114\times EE$	0.73

(续)

60. 玉米酒精糟及其可溶物　粗脂肪含量≥9%，中国饲料号：5-11-0004

概略养分及碳水化合物（%）		氨基酸（%）			
项目	含量	总氨基酸		氨基酸消化率	
干物质	88.75	必需氨基酸		表观回肠消化率	标准回肠消化率
粗蛋白质	27.15	粗蛋白质	27.15	69	76
粗脂肪	10.29	赖氨酸	0.76	63	69
酸水解粗脂肪	11.12	蛋氨酸	0.47	84	86
粗灰分	5.02	苏氨酸	1.01	65	73
淀粉	10.47	色氨酸	0.15	59	66
粗纤维	6.17	异亮氨酸	0.92	79	82
中性洗涤纤维	31.04	亮氨酸	3.32	87	89
酸性洗涤纤维	9.78	缬氨酸	1.33	75	80
总膳食纤维	32.07	精氨酸	0.94	80	86
不溶性膳食纤维	27.90	组氨酸	0.73	75	79
可溶性膳食纤维	4.17	苯丙氨酸	1.33	84	87
非淀粉多糖	24.83	非必需氨基酸			
矿物质		丙氨酸	2.01	78	83
常量元素（%）		天冬氨酸	1.76	66	72
钙	0.09	半胱氨酸	0.41	69	79
总磷	0.69	谷氨酸	2.57	71	76
植酸磷	0.07	甘氨酸	1.00	55	75
钾	1.29	脯氨酸	2.32	75	92
钠	0.17	丝氨酸	3.49	91	93
氯	0.27	酪氨酸	0.78	84	89
镁	0.33	维生素（mg/kg）		总氨基酸预测模型，粗蛋白质为变量	
硫	0.70	β-胡萝卜素	2.16	常数	系数
磷全消化道表观消化率（%）	64.79	维生素 E	38.24	赖氨酸	−0.178	0.033
磷全消化道标准消化率（%）	70.84	硫胺素	2.14	蛋氨酸	0.012	0.017
微量元素（mg/kg）		核黄素	3.73	苏氨酸	0.022	0.037
铁	140	烟酸	21.23	色氨酸	−0.012	0.006
铜	7.69	泛酸	10.55	异亮氨酸	−0.211	0.041
锰	21.63	吡哆醇	0.64	亮氨酸	0.331	0.113
锌	65	生物素	0.54	缬氨酸	−0.019	0.049
碘	0.35	叶酸	—	精氨酸	−0.119	0.038
硒	0.40	维生素 B_{12}	0.00	组氨酸	−0.059	0.029
		胆碱（%）	0.04	苯丙氨酸	0.172	0.044
		亚油酸（%）	2.15	其他成分含量	

有效能值（MJ/kg）（$n=12$）				
生长阶段	生长猪	母猪	生长猪有效能值预测模型	R^2
总能	19.50	19.50	$DE=21.167-0.736\times CF$	0.90
消化能	14.16	16.41	$DE=13.948+0.175\times EE$	0.52
代谢能	13.59	15.76	$ME=19.200-0.58\times CF$	0.60
净能	9.67	11.21	$ME=16.173-0.509\times CF+0.231\times EE$	0.77

(续)

61. 玉米胚 中国饲料号：4-07-0016

概略养分及碳水化合物（%）		氨基酸（%）			
项目	含量	总氨基酸		氨基酸消化率	
干物质	90.87	必需氨基酸		表观回肠消化率	标准回肠消化率
粗蛋白质	14.79	粗蛋白质	14.79	33	56
粗脂肪	19.74	赖氨酸	0.78	56	64
酸水解粗脂肪	17.60	蛋氨酸	0.26	67	72
粗灰分	5.54	苏氨酸	0.52	42	57
淀粉	23.51	色氨酸	0.10	50	63
粗纤维	—	异亮氨酸	0.43	51	61
中性洗涤纤维	18.27	亮氨酸	1.05	61	69
酸性洗涤纤维	6.67	缬氨酸	0.72	57	67
总膳食纤维	—	精氨酸	1.11	79	87
不溶性膳食纤维	—	组氨酸	0.42	65	72
可溶性膳食纤维	—	苯丙氨酸	0.57	57	66
非淀粉多糖	—	非必需氨基酸			
矿物质		丙氨酸	0.91	53	64
常量元素（%）		天冬氨酸	1.10	47	60
钙	0.02	半胱氨酸	0.32	58	66
总磷	1.27	谷氨酸	1.94	63	72
植酸磷	1.07	甘氨酸	0.77	14	76
钾	1.53	脯氨酸	0.95	34	84
钠	0.01	丝氨酸	0.59	48	65
氯	—	酪氨酸	0.41	51	61
镁	0.52	维生素（mg/kg）		总氨基酸预测模型，粗蛋白质为变量	
硫	0.17	β-胡萝卜素	—	常数	系数
磷全消化道表观消化率（%）	33	维生素 E	—	赖氨酸	—	—
磷全消化道标准消化率（%）	37	硫胺素	—	蛋氨酸	—	—
微量元素（mg/kg）		核黄素	—	苏氨酸	—	—
铁	97	烟酸	—	色氨酸	—	—
铜	5.30	泛酸	—	异亮氨酸	—	—
锰	22.30	吡哆醇	—	亮氨酸	—	—
锌	84	生物素	—	缬氨酸	—	—
碘	—	叶酸	—	精氨酸	—	—
硒	—	维生素 B_{12}	—	组氨酸	—	—
		胆碱（%）	—	苯丙氨酸	—	—
		亚油酸（%）	—	其他成分含量		

有效能值（MJ/kg）				
生长阶段	生长猪	母猪	生长猪有效能值预测模型	R^2
总能	20.58	20.58		
消化能	15.36	15.97		
代谢能	14.93	15.53		
净能	11.74	11.96		

(续)

62. 玉米胚芽饼　中国饲料号：5-10-0001

概略养分及碳水化合物（%）		氨基酸（%）			
项目	含量	总氨基酸		氨基酸消化率	
干物质	93.54	必需氨基酸		表观回肠消化率	标准回肠消化率
粗蛋白质	21.72	粗蛋白质	21.72	60	71
粗脂肪	7.13	赖氨酸	0.79	63	68
酸水解粗脂肪	7.52	蛋氨酸	0.4	72	75
粗灰分	2.78	苏氨酸	0.83	44	59
淀粉	12.99	色氨酸	0.16	12	30
粗纤维	14.11	异亮氨酸	0.71	58	67
中性洗涤纤维	45.48	亮氨酸	1.77	69	76
酸性洗涤纤维	13.20	缬氨酸	1.19	64	70
总膳食纤维	49.21	精氨酸	1.13	75	82
不溶性膳食纤维	39.61	组氨酸	0.67	72	78
可溶性膳食纤维	9.60	苯丙氨酸	0.96	67	75
非淀粉多糖	36.72	非必需氨基酸			
矿物质		丙氨酸	1.49	64	73
常量元素（%）		天冬氨酸	1.37	50	60
钙	0.16	半胱氨酸	0.40	44	66
总磷	0.68	谷氨酸	2.70	70	75
植酸磷	0.22	甘氨酸	1.09	35	66
钾	1.03	脯氨酸	1.22	63	90
钠	0.03	丝氨酸	0.91	55	67
氯	0.09	酪氨酸	0.41	62	76
镁	0.34	维生素（mg/kg）		总氨基酸预测模型，粗蛋白质为变量	
硫	—	β-胡萝卜素	0.35	常数	系数
磷全消化道表观消化率（%）	45.01	维生素 E	19.31	赖氨酸	—	—
磷全消化道标准消化率（%）	56.92	硫胺素	3.81	蛋氨酸	—	—
微量元素（mg/kg）		核黄素	3.95	苏氨酸	—	—
铁	166	烟酸	28.31	色氨酸	—	—
铜	5.22	泛酸	6.35	异亮氨酸	—	—
锰	14.42	吡哆醇	4.77	亮氨酸	—	—
锌	50	生物素	0.00	缬氨酸	—	—
碘	0.00	叶酸	0.82	精氨酸	—	—
硒	0.03	维生素 B_{12}	0.00	组氨酸	—	—
		胆碱（%）	0.09	苯丙氨酸	—	—
		亚油酸（%）	—	其他成分含量	

有效能值（MJ/kg）（$n=1$）				
生长阶段	生长猪	母猪	生长猪有效能值预测模型	R^2
总能	19.27	19.27		
消化能	11.86	12.33		
代谢能	10.86	11.74		
净能	8.36	9.04		

(续)

63. 玉米胚芽粕 中国饲料号：4-08-0001

概略养分及碳水化合物（%）		氨基酸（%）			
项目	含量	总氨基酸		氨基酸消化率	
干物质	91.74	必需氨基酸		表观回肠消化率	标准回肠消化率
粗蛋白质	18.93	粗蛋白质	18.93	41	64
粗脂肪	1.67	赖氨酸	0.87	57	66
酸水解粗脂肪	2.95	蛋氨酸	0.36	70	73
粗灰分	2.83	苏氨酸	0.82	36	63
淀粉	14.68	色氨酸	0.16	34	61
粗纤维	9.53	异亮氨酸	0.70	59	72
中性洗涤纤维	46.76	亮氨酸	1.79	72	81
酸性洗涤纤维	13.30	缬氨酸	1.18	64	75
总膳食纤维	47.61	精氨酸	1.12	77	87
不溶性膳食纤维	41.43	组氨酸	0.70	70	78
可溶性膳食纤维	6.18	苯丙氨酸	0.97	67	77
非淀粉多糖	31.53	非必需氨基酸			
矿物质		丙氨酸	1.49	56	70
常量元素（%）		天冬氨酸	1.37	43	61
钙	0.16	半胱氨酸	0.41	48	71
总磷	0.68	谷氨酸	2.78	61	71
植酸磷	0.22	甘氨酸	1.07	59	66
钾	1.03	脯氨酸	1.35	45	68
钠	0.03	丝氨酸	0.90	48	68
氯	0.09	酪氨酸	0.40	44	62
镁	0.34	维生素（mg/kg）		总氨基酸预测模型，粗蛋白质为变量	
硫	—	β-胡萝卜素	0.35	常数	系数
磷全消化道表观消化率（%）	45.01	维生素E	19.31	赖氨酸	0.35	0.028
磷全消化道标准消化率（%）	56.92	硫胺素	3.81	蛋氨酸	0.177	0.011
微量元素（mg/kg）		核黄素	3.95	苏氨酸	0.111	0.038
铁	166	烟酸	28.31	色氨酸	−0.001	0.009
铜	5.22	泛酸	6.35	异亮氨酸	0.039	0.035
锰	14.42	吡哆醇	4.77	亮氨酸	0.233	0.083
锌	50	生物素	0.00	缬氨酸	0.067	0.058
碘	0.00	叶酸	0.82	精氨酸	0.14	0.052
硒	0.03	维生素B_{12}	0.00	组氨酸	0.135	0.031
		胆碱（%）	0.09	苯丙氨酸	0.54	0.025
		亚油酸（%）	1.47	其他成分含量		

有效能值（MJ/kg）（n=12）

生长阶段	生长猪	母猪	生长猪有效能值预测模型	R^2
总能	17.77	17.77	$DE=7.646+0.240\times CP$	0.62
消化能	11.55	12.01	$DE=17.273-0.323\times ADF$	0.59
代谢能	11.01	11.45	$ME=7.822+0.203\times CP$	0.61
净能	7.93	8.24	$ME=16.075-0.281\times ADF$	0.55

(续)

64. 玉米皮　中国饲料号：4-07-0017

概略养分及碳水化合物（%）		氨基酸（%）			
项目	含量	总氨基酸		氨基酸消化率	
干物质	92.94	必需氨基酸		表观回肠消化率	标准回肠消化率
粗蛋白质	15.99	粗蛋白质	15.99	46	65
粗脂肪	4.38	赖氨酸	0.50	39	61
酸水解粗脂肪	4.82	蛋氨酸	0.24	62	79
粗灰分	3.84	苏氨酸	0.62	35	52
淀粉	7.20	色氨酸	0.07	56	77
粗纤维	15.31	异亮氨酸	0.46	55	70
中性洗涤纤维	49.17	亮氨酸	1.41	72	80
酸性洗涤纤维	14.17	缬氨酸	0.84	62	71
总膳食纤维	54.14	精氨酸	0.70	65	81
不溶性膳食纤维	48.14	组氨酸	0.57	70	78
可溶性膳食纤维	6.00	苯丙氨酸	0.53	54	69
非淀粉多糖	44.27	非必需氨基酸			
矿物质		丙氨酸	0.99	42	72
常量元素（%）		天冬氨酸	0.89	59	63
钙	0.15	半胱氨酸	0.40	64	71
总磷	0.50	谷氨酸	2.47	68	75
植酸磷	0.30	甘氨酸	0.72	48	55
钾	1.54	脯氨酸	1.54	69	89
钠	0.02	丝氨酸	0.65	67	73
氯	0.27	酪氨酸	0.33	67	73
镁	0.42	维生素（mg/kg）		总氨基酸预测模型，粗蛋白质为变量	
硫	0.79	β-胡萝卜素	0.49	常数	系数
磷全消化道表观消化率（%）	34.96	维生素 E	8.07	赖氨酸	−0.292　0.042
磷全消化道标准消化率（%）	42.92	硫胺素	5.01	蛋氨酸	−0.038　0.017
微量元素（mg/kg）		核黄素	0.95	苏氨酸	−0.054　0.040
铁	227	烟酸	33.16	色氨酸	0.056　0.001
铜	4.28	泛酸	8.13	异亮氨酸	−0.103　0.034
锰	22.87	吡哆醇	4.56	亮氨酸	−0.149　0.095
锌	63	生物素	0.00	缬氨酸	−0.196　0.059
碘	0.00	叶酸	1.05	精氨酸	−0.262　0.050
硒	0.04	维生素 B_{12}	0.00	组氨酸	−0.176　0.039
		胆碱（%）	0.14	苯丙氨酸	−0.085　0.036
		亚油酸（%）	1.43	其他成分含量	

有效能值（MJ/kg）（$n=5$）				
生长阶段	生长猪	母猪	生长猪有效能值预测模型	R^2
总能	17.90	17.90	$DE=16.671-0.117\times NDF$	0.65
消化能	9.64	11.09	$DE=7.462+0.184\times CP$	0.60
代谢能	8.86	10.19	$ME=14.004-0.08\times NDF$	0.58
净能	6.72	7.73	$ME=-1.561+1.063\times DE$	0.93

(续)

65. 柠檬酸渣 玉米生产柠檬酸的副产品，中国饲料号：5-11-0001

概略养分及碳水化合物（%）		氨基酸（%）		
项目	含量	总氨基酸	氨基酸消化率	
干物质	92.36	必需氨基酸	表观回肠消化率	标准回肠消化率
粗蛋白质	29.14	粗蛋白质	—	—
粗脂肪	11.39	赖氨酸	—	—
酸水解粗脂肪	—	蛋氨酸	—	—
粗灰分	3.26	苏氨酸	—	—
淀粉	—	色氨酸	—	—
粗纤维	—	异亮氨酸	—	—
中性洗涤纤维	47.49	亮氨酸	—	—
酸性洗涤纤维	12.68	缬氨酸	—	—
总膳食纤维	—	精氨酸	—	—
不溶性膳食纤维	—	组氨酸	—	—
可溶性膳食纤维	—	苯丙氨酸	—	—
非淀粉多糖	—	非必需氨基酸		
矿物质		丙氨酸	—	—
常量元素（%）		天冬氨酸	—	—
钙	0.16	半胱氨酸	—	—
总磷	0.59	谷氨酸	—	—
植酸磷	—	甘氨酸	—	—
钾	—	脯氨酸	—	—
钠	—	丝氨酸	—	—
氯	—	酪氨酸	—	—
镁	—	维生素（mg/kg）	总氨基酸预测模型，粗蛋白质为变量	
硫	—	β-胡萝卜素	常数	系数
磷全消化道表观消化率（%）	—	维生素 E	赖氨酸	—	—
磷全消化道标准消化率（%）	—	硫胺素	蛋氨酸	—	—
微量元素（mg/kg）		核黄素	苏氨酸	—	—
铁	—	烟酸	色氨酸	—	—
铜	—	泛酸	异亮氨酸	—	—
锰	—	吡哆醇	亮氨酸	—	—
锌	—	生物素	缬氨酸	—	—
碘	—	叶酸	精氨酸	—	—
硒	—	维生素 B_{12}	组氨酸	—	—
		胆碱（%）	苯丙氨酸	—	—
		亚油酸（%）	其他成分含量		

有效能值（MJ/kg）（$n=1$）				
生长阶段	生长猪	母猪	生长猪有效能值预测模型	R^2
总能	20.88	20.88		
消化能	15.33	16.10		
代谢能	14.57	15.30		
净能	10.34	10.86		

(续)

66. 膨化玉米　中国饲料号：4-07-0005

概略养分及碳水化合物（%）		氨基酸（%）			
项目	含量	总氨基酸		氨基酸消化率	
干物质	90.00	必需氨基酸		表观回肠消化率	标准回肠消化率
粗蛋白质	7.90	粗蛋白质	7.90	72	87
粗脂肪	1.69	赖氨酸	0.25	69	84
酸水解粗脂肪	3.61	蛋氨酸	0.17	85	93
粗灰分	1.22	苏氨酸	0.27	45	61
淀粉	60.02	色氨酸	0.06	66	69
粗纤维	1.80	异亮氨酸	0.32	64	78
中性洗涤纤维	8.31	亮氨酸	1.18	68	71
酸性洗涤纤维	1.59	缬氨酸	0.34	58	73
总膳食纤维	10.47	精氨酸	0.37	79	88
不溶性膳食纤维	9.73	组氨酸	0.25	70	81
可溶性膳食纤维	0.74	苯丙氨酸	0.38	66	75
非淀粉多糖	7.56	非必需氨基酸			
矿物质		丙氨酸	0.51	59	67
常量元素（%）		天冬氨酸	0.51	59	55
钙	0.02	半胱氨酸	0.21	70	77
总磷	0.22	谷氨酸	1.33	70	72
植酸磷	0.13	甘氨酸	0.33	35	48
钾	0.36	脯氨酸	0.89	73	80
钠	0.02	丝氨酸	0.30	63	77
氯	0.05	酪氨酸	0.35	70	82
镁	0.11	维生素（mg/kg）		总氨基酸预测模型，粗蛋白质为变量	
硫	1.10	β-胡萝卜素	1.52	常数	系数
磷全消化道表观消化率（%）	26	维生素E	18.67	赖氨酸	−0.452	0.081
磷全消化道标准消化率（%）	34	硫胺素	0.61	蛋氨酸	0.068	0.130
微量元素（mg/kg）		核黄素	1.20	苏氨酸	−0.024	0.038
铁	32	烟酸	4.78	色氨酸	−0.074	0.015
铜	1.98	泛酸	4.18	异亮氨酸	0.094	0.200
锰	2.93	吡哆醇	3.12	亮氨酸	−0.547	0.190
锌	17	生物素	0.00	缬氨酸	−0.053	0.049
碘	0.18	叶酸	0.11	精氨酸	−0.607	0.106
硒	0.10	维生素B_{12}	0.00	组氨酸	0.005	0.029
		胆碱（%）	0.62	苯丙氨酸	0.179	0.020
		亚油酸（%）	2.20	其他成分含量	

有效能值（MJ/kg）（n=2）				
生长阶段	生长猪	母猪	生长猪有效能值预测模型	R^2
总能	16.70	16.70	$DE=18.409-0.6 \times CF$	0.82
消化能	14.65	15.24	$DE=18.913-0.173 \times NDF$	0.87
代谢能	14.48	15.06	$ME=17.894-0.585 \times CF$	0.79
净能	11.73	12.20	$ME=18.15-0.15 \times NDF$	0.82

(续)

67. 喷浆玉米胚芽粕　中国饲料号：5-10-0002

概略养分及碳水化合物（%）		氨基酸（%）			
项目	含量	总氨基酸		氨基酸消化率	
干物质	91.24	必需氨基酸		表观回肠消化率	标准回肠消化率
粗蛋白质	27.90	粗蛋白质	27.90	60	71
粗脂肪	1.04	赖氨酸	0.85	64	70
酸水解粗脂肪	2.03	蛋氨酸	0.46	79	79
粗灰分	7.35	苏氨酸	1.02	59	70
淀粉	10.78	色氨酸	0.12	11	34
粗纤维	6.03	异亮氨酸	0.87	71	78
中性洗涤纤维	28.97	亮氨酸	2.40	81	85
酸性洗涤纤维	5.64	缬氨酸	1.51	77	81
总膳食纤维	33.86	精氨酸	1.09	75	83
不溶性膳食纤维	28.58	组氨酸	0.80	79	84
可溶性膳食纤维	5.28	苯丙氨酸	1.07	76	83
非淀粉多糖	22.43	非必需氨基酸			
矿物质		丙氨酸	2.31	79	84
常量元素（%）		天冬氨酸	1.56	61	69
钙	0.16	半胱氨酸	0.53	58	75
总磷	0.68	谷氨酸	3.53	75	79
植酸磷	0.22	甘氨酸	1.33	35	66
钾	1.03	脯氨酸	2.10	63	99
钠	0.03	丝氨酸	1.07	65	75
氯	0.09	酪氨酸	0.45	61	76
镁	0.34	维生素（mg/kg）		总氨基酸预测模型，粗蛋白质为变量	
硫		β-胡萝卜素	0.35	常数	系数
磷全消化道表观消化率（%）	45.01	维生素 E	19.31	赖氨酸	0.350	0.028
磷全消化道标准消化率（%）	56.92	硫胺素	3.81	蛋氨酸	0.177	0.011
微量元素（mg/kg）		核黄素	3.95	苏氨酸	0.111	0.038
铁	166	烟酸	28.31	色氨酸	−0.001	0.009
铜	5.22	泛酸	6.35	异亮氨酸	0.039	0.035
锰	14.42	吡哆醇	4.77	亮氨酸	0.233	0.083
锌	50	生物素	0.00	缬氨酸	0.067	0.058
碘	0.00	叶酸	0.82	精氨酸	0.140	0.052
硒	0.03	维生素 B_{12}	0.00	组氨酸	0.135	0.031
		胆碱（%）	0.09	苯丙氨酸	0.540	0.025
		亚油酸（%）	1.47	其他成分含量	

有效能值（MJ/kg）（$n=2$）				
生长阶段	生长猪	母猪	生长猪有效能值预测模型	R^2
总能	17.04	17.04		
消化能	12.27	12.86		
代谢能	11.68	12.24		
净能	8.41	8.81		

(续)

68. 喷浆玉米皮　中国饲料号：4-07-0018

概略养分及碳水化合物（%）		氨基酸（%）			
项目	含量	总氨基酸		氨基酸消化率	
干物质	91.83	必需氨基酸		表观回肠消化率	标准回肠消化率
粗蛋白质	20.51	粗蛋白质	20.51	53	64
粗脂肪	3.83	赖氨酸	0.59	44	54
酸水解粗脂肪	4.25	蛋氨酸	0.31	75	80
粗灰分	6.66	苏氨酸	0.77	46	57
淀粉	9.91	色氨酸	0.09	65	75
粗纤维	9.74	异亮氨酸	0.62	63	71
中性洗涤纤维	38.50	亮氨酸	1.86	77	81
酸性洗涤纤维	11.02	缬氨酸	1.05	71	72
总膳食纤维	38.91	精氨酸	0.78	67	76
不溶性膳食纤维	35.66	组氨酸	0.63	72	76
可溶性膳食纤维	3.25	苯丙氨酸	0.67	62	73
非淀粉多糖	31.82	非必需氨基酸			
矿物质		丙氨酸	1.50	50	78
常量元素（%）		天冬氨酸 Asp	1.13	62	66
钙	0.23	半胱氨酸	0.43	70	72
总磷	0.79	谷氨酸	3.09	22	75
植酸磷	0.35	甘氨酸	0.89	54	67
钾	1.54	脯氨酸	1.86	57	82
钠	0.02	丝氨酸	0.83	48	67
氯	0.27	酪氨酸	0.39	48	60
镁	0.42	维生素（mg/kg）		总氨基酸预测模型，粗蛋白质为变量	
硫	0.71	β-胡萝卜素	0.49	常数	系数
磷全消化道表观消化率（%）	34.96	维生素 E	8.07	赖氨酸	−0.292	0.042
磷全消化道标准消化率（%）	42.92	硫胺素	5.01	蛋氨酸	−0.038	0.017
微量元素（mg/kg）		核黄素	0.95	苏氨酸	−0.054	0.040
铁	227	烟酸	33.16	色氨酸	0.056	0.001
铜	4.28	泛酸	8.13	异亮氨酸	−0.103	0.034
锰	22.87	吡哆醇	4.56	亮氨酸	−0.149	0.095
锌	63	生物素	0.00	缬氨酸	−0.196	0.059
碘	0.00	叶酸	1.05	精氨酸	−0.262	0.050
硒	0.04	维生素 B$_{12}$	0.00	组氨酸	−0.176	0.039
		胆碱（%）	0.14	苯丙氨酸	−0.085	0.036
		亚油酸（%）	1.43	其他成分含量	

有效能值（MJ/kg）($n=10$)				
生长阶段	生长猪	母猪	生长猪有效能值预测模型	R^2
总能	17.23	17.23	$DE=16.671-0.117×NDF$	0.65
消化能	10.82	11.90	$DE=7.465+0.185×CP$	0.60
代谢能	9.97	10.97	$ME=14.004-0.08×NDF$	0.58
净能	7.83	8.61	$ME=-1.561+1.063×DE$	0.93

(续)

69. 苎麻粉　中国饲料号：4-06-0001

概略养分及碳水化合物（%）		氨基酸（%）			
项目	含量	总氨基酸		氨基酸消化率	
干物质	92.37	必需氨基酸		表观回肠消化率	标准回肠消化率
粗蛋白质	17.21	粗蛋白质	17.21	—	—
粗脂肪	6.96	赖氨酸	0.38	—	—
酸水解粗脂肪	—	蛋氨酸	0.31	—	—
粗灰分	3.96	苏氨酸	0.43	—	—
淀粉	6.52	色氨酸	0.33	—	—
粗纤维	15.99	异亮氨酸	0.44	—	—
中性洗涤纤维	57.30	亮氨酸	0.91	—	—
酸性洗涤纤维	32.27	缬氨酸	0.72	—	—
总膳食纤维	60.89	精氨酸	1.62	—	—
不溶性膳食纤维	57.57	组氨酸	0.22	—	—
可溶性膳食纤维	3.32	苯丙氨酸	0.59	—	—
非淀粉多糖	29.20	非必需氨基酸			
矿物质		丙氨酸	0.65	—	—
常量元素（%）		天冬氨酸	1.10	—	—
钙	0.34	半胱氨酸	—	—	—
总磷	0.60	谷氨酸	2.38	—	—
植酸磷	—	甘氨酸	0.65	—	—
钾	—	脯氨酸	0.54	—	—
钠	—	丝氨酸	0.55	—	—
氯	—	酪氨酸	0.31	—	—
镁	—	维生素（mg/kg）		总氨基酸预测模型，粗蛋白质为变量	
硫	—	β-胡萝卜素	—	常数	系数
磷全消化道表观消化率（%）	—	维生素 E	—	赖氨酸	—	—
磷全消化道标准消化率（%）	—	硫胺素	—	蛋氨酸	—	—
微量元素（mg/kg）		核黄素	—	苏氨酸	—	—
铁	—	烟酸	—	色氨酸	—	—
铜	—	泛酸	—	异亮氨酸	—	—
锰	—	吡哆醇	—	亮氨酸	—	—
锌	—	生物素	—	缬氨酸	—	—
碘	—	叶酸	—	精氨酸	—	—
硒	—	维生素 B_{12}	—	组氨酸	—	—
		胆碱（%）	—	苯丙氨酸	—	—
		亚油酸（%）	—	其他成分含量		
有效能值（MJ/kg）（$n=2$）					
生长阶段	生长猪	母猪	生长猪有效能值预测模型	R^2	
总能	18.86	18.86			
消化能	12.54	14.42			
代谢能	12.27	14.11			
净能	8.59	10.02			

(续)

70. 棕榈仁粕　中国饲料号：4-08-0008

概略养分及碳水化合物（%）		氨基酸（%）			
项目	含量	总氨基酸		氨基酸消化率	
干物质	91.51	必需氨基酸		表观回肠消化率	标准回肠消化率
粗蛋白质	15.01	粗蛋白质	15.01	48	60
粗脂肪	6.95	赖氨酸	0.90	36	46
酸水解粗脂肪	—	蛋氨酸	0.79	62	68
粗灰分	3.48	苏氨酸	1.07	50	60
淀粉	—	色氨酸	0.29	82	88
粗纤维	17.20	异亮氨酸	1.37	56	62
中性洗涤纤维	51.30	亮氨酸	2.15	61	66
酸性洗涤纤维	28.20	缬氨酸	1.81	61	67
总膳食纤维	—	精氨酸	3.12	76	81
不溶性膳食纤维	—	组氨酸	0.76	55	61
可溶性膳食纤维	—	苯丙氨酸	1.38	64	69
非淀粉多糖	50.10	非必需氨基酸			
矿物质		丙氨酸	1.41	51	61
常量元素（%）		天冬氨酸	2.76	47	53
钙	0.22	半胱氨酸	0.41	36	46
总磷	0.58	谷氨酸	5.19	64	68
植酸磷	0.31	甘氨酸	1.44	32	57
钾	—	脯氨酸	1.02	33	88
钠	—	丝氨酸	1.37	68	75
氯	—	酪氨酸	1.09	46	53
镁	—	维生素（mg/kg）		总氨基酸预测模型，粗蛋白质为变量	
硫	—	β-胡萝卜素	—	常数	系数
磷全消化道表观消化率（%）	49	维生素 E	—	赖氨酸	—	—
磷全消化道标准消化率（%）	58	硫胺素	—	蛋氨酸	—	—
微量元素（mg/kg）		核黄素	—	苏氨酸	—	—
铁	—	烟酸	—	色氨酸	—	—
铜	—	泛酸	—	异亮氨酸	—	—
锰	—	吡哆醇	—	亮氨酸	—	—
锌	—	生物素	—	缬氨酸	—	—
碘	—	叶酸	—	精氨酸	—	—
硒	—	维生素 B_{12}	—	组氨酸	—	—
		胆碱（%）	—	苯丙氨酸	—	—
		亚油酸（%）	—	其他成分含量		

有效能值（MJ/kg）（$n=1$）				
生长阶段	生长猪	母猪	生长猪有效能值预测模型	R^2
总能	17.40	17.40		
消化能	12.38	14.76		
代谢能	11.93	14.22		
净能	8.53	10.17		

（续）

71. 酪蛋白　中国饲料号：5-13-0012

概略养分及碳水化合物（%）		氨基酸（%）			
项目	含量	总氨基酸		氨基酸消化率	
干物质	91.72	必需氨基酸		表观回肠消化率	标准回肠消化率
粗蛋白质	88.95	粗蛋白质	88.95	87	94
粗脂肪	0.17	赖氨酸	6.87	95	97
酸水解粗脂肪	—	蛋氨酸	2.52	96	98
粗灰分	—	苏氨酸	3.77	86	93
淀粉	0.00	色氨酸	1.33	92	96
粗纤维	0.00	异亮氨酸	4.49	91	95
中性洗涤纤维	—	亮氨酸	8.24	94	97
酸性洗涤纤维	0.00	缬氨酸	5.81	92	96
总膳食纤维	—	精氨酸	3.13	88	95
不溶性膳食纤维	—	组氨酸	2.57	93	97
可溶性膳食纤维	—	苯丙氨酸	4.49	93	96
非淀粉多糖	—	非必需氨基酸			
矿物质		丙氨酸	2.58	83	92
常量元素（%）		天冬氨酸	5.93	88	94
钙	0.20	半胱氨酸	0.45	67	85
总磷	0.68	谷氨酸	18.06	93	96
植酸磷	—	甘氨酸	1.60	63	87
钾	0.01	脯氨酸	9.82	80	99
钠	0.01	丝氨酸	4.55	86	92
氯	0.04	酪氨酸	4.87	94	97
镁	0.01	维生素（mg/kg）		总氨基酸预测模型，粗蛋白质为变量	
硫	0.60	β-胡萝卜素	—	常数	系数
磷全消化道表观消化率（%）	87	维生素 E	—	赖氨酸	—
磷全消化道标准消化率（%）	98	硫胺素	0.40	蛋氨酸	
微量元素（mg/kg）		核黄素	1.50	苏氨酸	
铁	14	烟酸	1.00	色氨酸	
铜	4.00	泛酸	2.70	异亮氨酸	
锰	4.00	吡哆醇	0.40	亮氨酸	
锌	30	生物素	0.04	缬氨酸	
碘	—	叶酸	0.51	精氨酸	
硒	0.16	维生素 B_{12}	—	组氨酸	
		胆碱（%）	0.02	苯丙氨酸	
		亚油酸（%）	—	其他成分含量	
有效能值（MJ/kg）					
生长阶段	生长猪	母猪	生长猪有效能值预测模型		R^2
总能	23.72	23.72			
消化能	17.30	17.30			
代谢能	14.77	14.77			
净能	8.74	8.74			

(续)

72. 肉粉 中国饲料号：5-13-0010

概略养分及碳水化合物（%）		氨基酸（%）			
项目	含量	总氨基酸		氨基酸消化率	
干物质	96.12	必需氨基酸		表观回肠消化率	标准回肠消化率
粗蛋白质	56.40	粗蛋白质	56.40	73	76
粗脂肪	11.09	赖氨酸	3.20	76	78
酸水解粗脂肪	—	蛋氨酸	0.83	80	82
粗灰分	21.59	苏氨酸	1.89	71	74
淀粉	—	色氨酸	0.40	67	76
粗纤维	—	异亮氨酸	1.82	75	78
中性洗涤纤维	—	亮氨酸	3.70	75	77
酸性洗涤纤维	—	缬氨酸	2.61	74	76
总膳食纤维	—	精氨酸	3.65	83	84
不溶性膳食纤维	—	组氨酸	1.24	73	75
可溶性膳食纤维	—	苯丙氨酸	1.98	77	79
非淀粉多糖	—	非必需氨基酸			
矿物质		丙氨酸	3.82	78	80
常量元素（%）		天冬氨酸	4.28	68	71
钙	6.37	半胱氨酸	0.56	59	62
总磷	3.16	谷氨酸	7.03	75	77
植酸磷	—	甘氨酸	5.98	77	79
钾	0.57	脯氨酸	3.92	77	86
钠	0.80	丝氨酸	1.99	73	76
氯	0.97	酪氨酸	1.35	77	78
镁	0.35	维生素（mg/kg）		总氨基酸预测模型，粗蛋白质为变量	
硫	0.45	β-胡萝卜素	—	常数	系数
磷全消化道表观消化率（%）	—	维生素 E	1.20	赖氨酸	—
磷全消化道标准消化率（%）	—	硫胺素	0.60	蛋氨酸	—
微量元素（mg/kg）		核黄素	4.70	苏氨酸	—
铁	440	烟酸	57.00	色氨酸	—
铜	10.00	泛酸	5.00	异亮氨酸	—
锰	10.00	吡哆醇	2.40	亮氨酸	—
锌	94	生物素	0.08	缬氨酸	—
碘	—	叶酸	0.50	精氨酸	—
硒	0.37	维生素 B_{12}	0.08	组氨酸	—
		胆碱（%）	0.21	苯丙氨酸	—
		亚油酸（%）	0.80	其他成分含量	

有效能值（MJ/kg）				
生长阶段	生长猪	母猪	生长猪有效能值预测模型	R^2
总能	18.82	18.82		
消化能	14.44	14.44		
代谢能	12.84	12.84		
净能	8.41	8.41		

（续）

73. 肉骨粉 磷＞4%，中国饲料号：5-13-0011

概略养分及碳水化合物（%）		氨基酸（%）			
项目	含量	总氨基酸		氨基酸消化率	
干物质	95.16	必需氨基酸		表观回肠消化率	标准回肠消化率
粗蛋白质	50.05	粗蛋白质	50.05	68	72
粗脂肪	9.21	赖氨酸	2.59	70	73
酸水解粗脂肪	—	蛋氨酸	0.69	81	84
粗灰分	31.95	苏氨酸	1.63	64	69
淀粉	—	色氨酸	0.30	52	62
粗纤维	—	异亮氨酸	1.47	69	73
中性洗涤纤维	—	亮氨酸	3.06	72	76
酸性洗涤纤维	—	缬氨酸	2.19	72	76
总膳食纤维	—	精氨酸	3.53	80	83
不溶性膳食纤维	—	组氨酸	0.91	68	71
可溶性膳食纤维	—	苯丙氨酸	1.65	76	79
非淀粉多糖	—	非必需氨基酸			
矿物质		丙氨酸	3.87	76	79
常量元素（%）		天冬氨酸	3.74	61	65
钙	10.94	半胱氨酸	0.46	46	56
总磷	5.26	谷氨酸	6.09	71	75
植酸磷	—	甘氨酸	7.06	74	78
钾	0.65	脯氨酸	4.38	70	81
钠	0.63	丝氨酸	1.89	66	71
氯	0.69	酪氨酸	1.08	59	68
镁	0.41	维生素（mg/kg）		总氨基酸预测模型，粗蛋白质为变量	
硫	0.38	β-胡萝卜素	—	常数	系数
磷全消化道表观消化率（%）	68	维生素 E	1.60	赖氨酸	—
磷全消化道标准消化率（%）	70	硫胺素	0.40	蛋氨酸	—
微量元素（mg/kg）		核黄素	4.70	苏氨酸	—
铁	606	烟酸	49.00	色氨酸	—
铜	11.00	泛酸	4.10	异亮氨酸	—
锰	17.00	吡哆醇	4.60	亮氨酸	—
锌	96	生物素	0.08	缬氨酸	—
碘	—	叶酸	0.41	精氨酸	—
硒	0.31	维生素 B_{12}	0.09	组氨酸	—
		胆碱（%）	0.20	苯丙氨酸	—
		亚油酸（%）	0.72	其他成分含量	

有效能值（MJ/kg）				
生长阶段	生长猪	母猪	生长猪有效能值预测模型	R^2
总能	15.92	15.92		
消化能	13.82	13.82		
代谢能	12.40	12.40		
净能	8.20	8.20		

(续)

74. 禽肉粉　中国饲料号：5-13-0016

概略养分及碳水化合物（%）		氨基酸（%）			
项目	含量	总氨基酸		氨基酸消化率	
干物质	96.20	必需氨基酸		表观回肠消化率	标准回肠消化率
粗蛋白质	64.72	粗蛋白质	64.72	58	67
粗脂肪	—	赖氨酸	3.99	55	61
酸水解粗脂肪	14.40	蛋氨酸	1.15	72	75
粗灰分	12.06	苏氨酸	2.55	53	63
淀粉	—	色氨酸	0.62	62	70
粗纤维	—	异亮氨酸	2.50	59	66
中性洗涤纤维	—	亮氨酸	4.63	59	65
酸性洗涤纤维	—	缬氨酸	3.07	55	64
总膳食纤维	2.60	精氨酸	4.46	73	79
不溶性膳食纤维	—	组氨酸	1.69	56	63
可溶性膳食纤维	—	苯丙氨酸	2.64	57	65
非淀粉多糖	—	非必需氨基酸			
矿物质		丙氨酸	4.18	62	75
常量元素（%）		天冬氨酸	5.71	43	48
钙	2.82	半胱氨酸	0.87	43	55
总磷	1.94	谷氨酸	8.80	59	65
植酸磷	—	甘氨酸	5.79	57	67
钾	—	脯氨酸	4.23	54	76
钠	—	丝氨酸	3.67	64	71
氯	—	酪氨酸	1.84	58	66
镁	—	维生素（mg/kg）		总氨基酸预测模型，粗蛋白质为变量	
硫	—	β-胡萝卜素	—	常数	系数
磷全消化道表观消化率（%）	49	维生素 E	—	赖氨酸	—	—
磷全消化道标准消化率（%）	62	硫胺素	—	蛋氨酸	—	—
微量元素（mg/kg）		核黄素	—	苏氨酸	—	—
铁	230	烟酸	—	色氨酸	—	—
铜	35.70	泛酸	—	异亮氨酸	—	—
锰	5.20	吡哆醇	—	亮氨酸	—	—
锌	99	生物素	—	缬氨酸	—	—
碘	—	叶酸	—	精氨酸	—	—
硒	—	维生素 B_{12}	—	组氨酸	—	—
		胆碱（%）	—	苯丙氨酸	—	—
		亚油酸（%）	—	其他成分含量	
				挥发性盐基氮（mg/kg）	1 000

有效能值（MJ/kg）				
生长阶段	生长猪	母猪	生长猪有效能值预测模型	R^2
总能	20.53	20.53		
消化能	17.41	17.41		
代谢能	15.46	15.46		
净能	12.12	12.12		

(续)

75. 全鸡蛋粉　　中国饲料号：5-13-0003					
概略养分及碳水化合物（%）			氨基酸（%）		
项目	含量	总氨基酸		氨基酸消化率	
干物质	96.23	必需氨基酸		表观回肠消化率	标准回肠消化率
粗蛋白质	42.76	粗蛋白质	42.76	70	81
粗脂肪	34.26	赖氨酸	2.68	76	80
酸水解粗脂肪	35.80	蛋氨酸	0.87	66	67
粗灰分	3.40	苏氨酸	1.68	67	76
淀粉	—	色氨酸	0.51	65	73
粗纤维	—	异亮氨酸	1.94	73	77
中性洗涤纤维	—	亮氨酸	3.34	72	76
酸性洗涤纤维	—	缬氨酸	2.12	69	73
总膳食纤维	—	精氨酸	2.91	81	86
不溶性膳食纤维	—	组氨酸	0.95	74	79
可溶性膳食纤维	—	苯丙氨酸	2.15	70	92
非淀粉多糖	—	非必需氨基酸			
矿物质		丙氨酸	1.96	65	73
常量元素（%）		天冬氨酸	4.44	75.	79
钙	0.29	半胱氨酸	0.76	66	74
总磷	0.69	谷氨酸	6.40	77	81
植酸磷	—	甘氨酸	1.59	64	89
钾	—	脯氨酸	1.92	57	97
钠	—	丝氨酸	2.42	66	88
氯	—	酪氨酸	1.43	78	93
镁	—	维生素（mg/kg）		总氨基酸预测模型，粗蛋白质为变量	
硫	—	β-胡萝卜素	—	常数	系数
磷全消化道表观消化率（%）	50	维生素E	—	赖氨酸	—	—
磷全消化道标准消化率（%）	55	硫胺素	—	蛋氨酸	—	—
微量元素（mg/kg）		核黄素	—	苏氨酸	—	—
铁	61	烟酸	—	色氨酸	—	—
铜	1.80	泛酸	—	异亮氨酸	—	—
锰	—	吡哆醇	—	亮氨酸	—	—
锌	44	生物素	—	缬氨酸	—	—
碘	—	叶酸	—	精氨酸	—	—
硒	—	维生素B_{12}	—	组氨酸	—	—
		胆碱（%）	—	苯丙氨酸	—	—
		亚油酸（%）	—	其他成分含量		
有效能值（MJ/kg）（$n=1$）					
生长阶段	生长猪	母猪		生长猪有效能值预测模型	R^2
总能	27.41	27.41			
消化能	20.43	20.43			
代谢能	19.27	19.27			
净能	14.45	14.45			

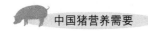

(续)

76. 蛋清粉 中国饲料号：5-13-0004

概略养分及碳水化合物（%）		氨基酸（%）			
项目	含量	总氨基酸		氨基酸消化率	
干物质	93.37	必需氨基酸		表观回肠消化率	标准回肠消化率
粗蛋白质	73.23	粗蛋白质	73.23	82	92
粗脂肪	7.45	赖氨酸	8.73	93	95
酸水解粗脂肪	7.70	蛋氨酸	0.92	84	87
粗灰分	4.80	苏氨酸	2.54	79	88
淀粉	—	色氨酸	0.74	75	83
粗纤维	—	异亮氨酸	3.10	87	90
中性洗涤纤维	—	亮氨酸	5.26	85	89
酸性洗涤纤维	—	缬氨酸	3.14	84	88
总膳食纤维	—	精氨酸	4.84	92	98
不溶性膳食纤维	—	组氨酸	1.66	88	93
可溶性膳食纤维	—	苯丙氨酸	3.47	86	92
非淀粉多糖	—	非必需氨基酸			
矿物质		丙氨酸	2.86	79	86
常量元素（%）		天冬氨酸	7.40	88	92
钙	0.12	半胱氨酸	0.94	76	86
总磷	0.67	谷氨酸	11.43	88	91
植酸磷	—	甘氨酸	2.66	72	95
钾	—	脯氨酸	3.35	59	96
钠	—	丝氨酸	3.51	82	88
氯	—	酪氨酸	2.42	91	93
镁	—	维生素（mg/kg）		总氨基酸预测模型，粗蛋白质为变量	
硫	—	β-胡萝卜素	—	常数	系数
磷全消化道表观消化率（%）	50	维生素 E	—	赖氨酸	—	—
磷全消化道标准消化率（%）	55	硫胺素	—	蛋氨酸	—	—
微量元素（mg/kg）		核黄素	—	苏氨酸	—	—
铁	—	烟酸	—	色氨酸	—	—
铜	—	泛酸	—	异亮氨酸	—	—
锰	—	吡哆醇	—	亮氨酸	—	—
锌	—	生物素	—	缬氨酸	—	—
碘	—	叶酸	—	精氨酸	—	—
硒	—	维生素 B_{12}	—	组氨酸	—	—
		胆碱（%）	—	苯丙氨酸	—	—
		亚油酸（%）	—	其他成分含量		
有效能值（MJ/kg）（$n=1$）					
生长阶段	生长猪	母猪	生长猪有效能值预测模型		R^2
总能	22.90	22.90			
消化能	17.02	17.02			
代谢能	16.00	16.00			
净能	11.20	11.20			

(续)

77. 全脂猪肠膜蛋白 用猪小肠制取肠衣后剩余的黏膜，经酶解、喷雾或滚筒干燥而成，中国饲料号：5-13-0015

概略养分及碳水化合物（%）		氨基酸（%）			
项目	含量	总氨基酸		氨基酸消化率	
干物质	98.17	必需氨基酸		表观回肠消化率	标准回肠消化率
粗蛋白质	48.53	粗蛋白质	48.53	88	93
粗脂肪	14.96	赖氨酸	3.60	94	99
酸水解粗脂肪	15.01	蛋氨酸	0.86	96	99
粗灰分	18.47	苏氨酸	2.27	92	93
淀粉	—	色氨酸	0.60	92	92
粗纤维	—	异亮氨酸	2.23	97	98
中性洗涤纤维	3.03	亮氨酸	4.10	95	98
酸性洗涤纤维	1.43	缬氨酸	2.61	95	93
总膳食纤维	—	精氨酸	2.74	95	97
不溶性膳食纤维	—	组氨酸	1.24	91	85
可溶性膳食纤维	—	苯丙氨酸	2.28	97	98
非淀粉多糖	—	非必需氨基酸			
矿物质		丙氨酸	2.79	95	97
常量元素（%）		天冬氨酸	5.03	94	99
钙	0.30	半胱氨酸	0.65	79	86
总磷	0.57	谷氨酸	7.64	95	99
植酸磷	—	甘氨酸	2.99	82	99
钾	—	脯氨酸	2.70	44	45
钠	—	丝氨酸	2.22	91	95
氯	—	酪氨酸	1.85	91	90
镁	—	维生素（mg/kg）		总氨基酸预测模型，粗蛋白质为变量	
硫	—	β-胡萝卜素	—	常数	系数
磷全消化道表观消化率（%）	—	维生素 E	—	赖氨酸	—	—
磷全消化道标准消化率（%）	—	硫胺素	—	蛋氨酸	—	—
微量元素（mg/kg）		核黄素	—	苏氨酸	—	—
铁	—	烟酸	—	色氨酸	—	—
铜	—	泛酸	—	异亮氨酸	—	—
锰	—	吡哆醇	—	亮氨酸	—	—
锌	—	生物素	—	缬氨酸	—	—
碘	—	叶酸	—	精氨酸	—	—
硒	—	维生素 B_{12}	—	组氨酸	—	—
		胆碱（%）	—	苯丙氨酸	—	—
		亚油酸（%）	—	其他成分含量		
				挥发性盐基氮（mg/kg）	50	

有效能值（MJ/kg）				
生长阶段	生长猪	母猪	生长猪有效能值预测模型	R^2
总能	22.69	22.69		
消化能	18.15	18.15		
代谢能	16.34	16.34		
净能	11.44	11.44		

(续)

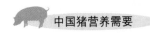

78. 脱脂猪肠膜蛋白 用猪小肠制取肠衣后剩余的黏膜，经酶解、脱脂、喷雾或滚筒干燥而成，中国饲料号：5-13-0014

概略养分及碳水化合物（%）		氨基酸（%）			
项目	含量	总氨基酸		氨基酸消化率	
干物质	94.48	必需氨基酸		表观回肠消化率	标准回肠消化率
粗蛋白质	52.06	粗蛋白质	52.06	80	84
粗脂肪	0.16	赖氨酸	3.45	89	93
酸水解粗脂肪	0.22	蛋氨酸	0.92	97	99
粗灰分	18.68	苏氨酸	2.27	81	82
淀粉	—	色氨酸	0.66	85	87
粗纤维	—	异亮氨酸	2.43	93	94
中性洗涤纤维	4.29	亮氨酸	4.64	91	96
酸性洗涤纤维	1.57	缬氨酸	2.91	84	86
总膳食纤维	—	精氨酸	3.45	93	95
不溶性膳食纤维	—	组氨酸	1.29	85	87
可溶性膳食纤维	—	苯丙氨酸	2.57	92	94
非淀粉多糖	—	非必需氨基酸			
矿物质		丙氨酸	2.85	90	92
常量元素（%）		天冬氨酸	5.03	79	95
钙	—	半胱氨酸	0.32	55	63
总磷	—	谷氨酸	7.03	88	96
植酸磷	—	甘氨酸	2.96	76	98
钾	—	脯氨酸	2.67	84	86
钠	—	丝氨酸	2.31	83	86
氯	—	酪氨酸	2.17	87	90
镁	—	维生素（mg/kg）		总氨基酸预测模型，粗蛋白质为变量	
硫	—	β-胡萝卜素	—	常数	系数
磷全消化道表观消化率（%）	—	维生素 E	—	赖氨酸	—
磷全消化道标准消化率（%）	—	硫胺素	—	蛋氨酸	—
微量元素（mg/kg）		核黄素	—	苏氨酸	—
铁	—	烟酸	—	色氨酸	—
铜	—	泛酸	—	异亮氨酸	—
锰	—	吡哆醇	—	亮氨酸	—
锌	—	生物素	—	缬氨酸	—
碘	—	叶酸	—	精氨酸	—
硒	—	维生素 B_{12}	—	组氨酸	—
		胆碱（%）	—	苯丙氨酸	—
		亚油酸（%）	—	其他成分含量	
				挥发性盐基氮（mg/kg）	100
有效能值（MJ/kg）					
生长阶段	生长猪	母猪	生长猪有效能值预测模型	R^2	
总能	15.17	15.17			
消化能	12.13	12.13			
代谢能	10.92	10.92			
净能	7.65	7.65			

(续)

79. 乳清粉 中国饲料号：4-13-0003

概略养分及碳水化合物（%）		氨基酸（%）			
项目	含量	总氨基酸		氨基酸消化率	
干物质	97.15	必需氨基酸		表观回肠消化率	标准回肠消化率
粗蛋白质	11.55	粗蛋白质	11.55	87	102
粗脂肪	0.83	赖氨酸	0.88	94	97
酸水解粗脂肪	—	蛋氨酸	0.17	95	98
粗灰分	8.00	苏氨酸	0.71	85	89
淀粉	—	色氨酸	0.20	78	97
粗纤维	0.08	异亮氨酸	0.64	94	96
中性洗涤纤维	—	亮氨酸	1.11	94	98
酸性洗涤纤维	0	缬氨酸	0.61	91	96
总膳食纤维	—	精氨酸	0.26	83	98
不溶性膳食纤维	—	组氨酸	0.21	90	96
可溶性膳食纤维	—	苯丙氨酸	0.35	78	90
非淀粉多糖	—	非必需氨基酸			
矿物质		丙氨酸	0.54	81	90
常量元素（%）		天冬氨酸	1.16	83	91
钙	0.62	半胱氨酸	0.26	86	93
总磷	0.69	谷氨酸	1.95	85	90
植酸磷	—	甘氨酸	0.20	55	99
钾	1.96	脯氨酸	0.66	74	100
钠	0.94	丝氨酸	0.54	78	85
氯	1.40	酪氨酸	0.27	86	97
镁	0.13	维生素（mg/kg）		总氨基酸预测模型，粗蛋白质为变量	
硫	0.72	β-胡萝卜素	—	常数	系数
磷全消化道表观消化率（%）	82	维生素 E	0.30	赖氨酸	—
磷全消化道标准消化率（%）	92	硫胺素	4.10	蛋氨酸	
微量元素（mg/kg）		核黄素	27.10	苏氨酸	
铁	57	烟酸	10.00	色氨酸	
铜	6.60	泛酸	47.00	异亮氨酸	
锰	3.00	吡哆醇	4.00	亮氨酸	
锌	10	生物素	0.27	缬氨酸	
碘	—	叶酸	0.85	精氨酸	
硒	0.12	维生素 B_{12}	0.02	组氨酸	
		胆碱（%）	0.18	苯丙氨酸	
		亚油酸（%）	—	其他成分含量	

有效能值（MJ/kg）				
生长阶段	生长猪	母猪	生长猪有效能值预测模型	R^2
总能	15.26	15.26		
消化能	14.62	14.62		
代谢能	14.29	14.29		
净能	11.31	11.31		

（续）

80. 低蛋白质乳清粉 乳糖含量85%，中国饲料号：4-13-0002

概略养分及碳水化合物（%）		氨基酸（%）			
项目	含量	总氨基酸	氨基酸消化率		
干物质	96.00	必需氨基酸	表观回肠消化率	标准回肠消化率	
粗蛋白质	3.50	粗蛋白质	—	—	
粗脂肪	0.20	赖氨酸	—	—	
酸水解粗脂肪	—	蛋氨酸	—	—	
粗灰分	—	苏氨酸	—	—	
淀粉	—	色氨酸	—	—	
粗纤维	—	异亮氨酸	—	—	
中性洗涤纤维	—	亮氨酸	—	—	
酸性洗涤纤维	0.00	缬氨酸	—	—	
总膳食纤维		精氨酸	—	—	
不溶性膳食纤维		组氨酸	—	—	
可溶性膳食纤维		苯丙氨酸	—	—	
非淀粉多糖	—	非必需氨基酸			
矿物质		丙氨酸	—	—	
常量元素（%）		天冬氨酸	—	—	
钙	—	半胱氨酸	—	—	
总磷	—	谷氨酸	—	—	
植酸磷	—	甘氨酸	—	—	
钾	—	脯氨酸	—	—	
钠	—	丝氨酸	—	—	
氯	—	酪氨酸	—	—	
镁	—	维生素（mg/kg）	总氨基酸预测模型，粗蛋白质为变量		
硫	—	β-胡萝卜素	—	常数	系数
磷全消化道表观消化率（%）		维生素E	—	赖氨酸	—	—
磷全消化道标准消化率（%）		硫胺素	—	蛋氨酸	—	—
微量元素（mg/kg）		核黄素	—	苏氨酸	—	—
铁	—	烟酸	—	色氨酸	—	—
铜	—	泛酸	—	异亮氨酸	—	—
锰	—	吡哆醇	—	亮氨酸	—	—
锌	—	生物素	—	缬氨酸	—	—
碘	—	叶酸	—	精氨酸	—	—
硒	—	维生素B_{12}	—	组氨酸	—	—
		胆碱（%）	—	苯丙氨酸	—	—
		亚油酸（%）	—	其他成分含量		

有效能值（MJ/kg）

生长阶段	生长猪	母猪	生长猪有效能值预测模型	R^2
总能	14.33	14.33		
消化能	13.29	13.29		
代谢能	13.19	13.19		
净能	10.79	10.79		

(续)

81. 乳糖 乳糖含量95%，中国饲料号：4-13-0001

概略养分及碳水化合物（%）		氨基酸（%）		
项目	含量	总氨基酸	氨基酸消化率	
干物质	95.00	必需氨基酸	表观回肠消化率	标准回肠消化率
粗蛋白质	0.00	粗蛋白质	—	—
粗脂肪	—	赖氨酸	—	—
酸水解粗脂肪	—	蛋氨酸	—	—
粗灰分	—	苏氨酸	—	—
淀粉	—	色氨酸	—	—
粗纤维	—	异亮氨酸	—	—
中性洗涤纤维	—	亮氨酸	—	—
酸性洗涤纤维	—	缬氨酸	—	—
总膳食纤维	—	精氨酸	—	—
不溶性膳食纤维	—	组氨酸	—	—
可溶性膳食纤维	—	苯丙氨酸	—	—
非淀粉多糖	—	非必需氨基酸		
矿物质		丙氨酸		
常量元素（%）		天冬氨酸		
钙	—	半胱氨酸		
总磷	—	谷氨酸		
植酸磷	—	甘氨酸		
钾	—	脯氨酸		
钠	—	丝氨酸		
氯	—	酪氨酸		
镁	—	维生素（mg/kg）	总氨基酸预测模型，粗蛋白质为变量	
硫	—	β-胡萝卜素	—	常数	系数
磷全消化道表观消化率（%）		维生素 E	赖氨酸	—	—
磷全消化道标准消化率（%）	—	硫胺素	蛋氨酸	—	—
微量元素（mg/kg）		核黄素	苏氨酸	—	—
铁	6	烟酸	色氨酸	—	—
铜	0.00	泛酸	异亮氨酸	—	—
锰	0.00	吡哆醇	亮氨酸	—	—
锌	0	生物素	缬氨酸	—	—
碘	—	叶酸	精氨酸	—	—
硒	—	维生素 B_{12}	组氨酸	—	—
		胆碱（%）	苯丙氨酸	—	—
		亚油酸（%）	—	其他成分含量	
有效能值（MJ/kg）					
生长阶段	生长猪	母猪	生长猪有效能值预测模型	R^2
总能	17.33	17.33		
消化能	14.75	14.75		
代谢能	14.75	14.75		
净能	12.23	12.23		

(续)

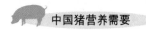

82. 水解羽毛粉　中国饲料号：5-13-0005

概略养分及碳水化合物（%）		氨基酸（%）			
项目	含量	总氨基酸		氨基酸消化率	
干物质	94.24	必需氨基酸		表观回肠消化率	标准回肠消化率
粗蛋白质	80.90	粗蛋白质	80.90	75	68
粗脂肪	5.97	赖氨酸	2.00	54	56
酸水解粗脂肪	—	蛋氨酸	0.59	65	73
粗灰分	5.08	苏氨酸	3.27	69	71
淀粉	0.00	色氨酸	0.60	60	63
粗纤维	0.32	异亮氨酸	3.63	75	76
中性洗涤纤维	—	亮氨酸	6.59	77	77
酸性洗涤纤维	0.00	缬氨酸	5.75	75	75
总膳食纤维	—	精氨酸	5.63	81	81
不溶性膳食纤维	—	组氨酸	0.82	54	56
可溶性膳食纤维	—	苯丙氨酸	3.95	78	79
非淀粉多糖	—	非必需氨基酸			
矿物质		丙氨酸	3.90	70	71
常量元素（%）		天冬氨酸	4.95	47	48
钙	0.41	半胱氨酸	4.32	71	73
总磷	0.28	谷氨酸	8.40	75	76
植酸磷	—	甘氨酸	7.08	78	80
钾	0.19	脯氨酸	10.16	86	87
钠	0.34	丝氨酸	8.18	76	77
氯	0.26	酪氨酸	2.12	73	79
镁	0.20	维生素（mg/kg）		总氨基酸预测模型，粗蛋白质为变量	
硫	1.39	β-胡萝卜素	—	常数	系数
磷全消化道表观消化率（%）	74	维生素 E	7.30	赖氨酸	—	—
磷全消化道标准消化率（%）	89	硫胺素	0.10	蛋氨酸	—	—
微量元素（mg/kg）		核黄素	2.10	苏氨酸	—	—
铁	76	烟酸	21.00	色氨酸	—	—
铜	10.00	泛酸	10.00	异亮氨酸	—	—
锰	10.00	吡哆醇	3.00	亮氨酸	—	—
锌	111	生物素	0.13	缬氨酸	—	—
碘	—	叶酸	0.20	精氨酸	—	—
硒	0.69	维生素 B_{12}	0.08	组氨酸	—	—
		胆碱（%）	0.09	苯丙氨酸	—	—
		亚油酸（%）		其他成分含量	

有效能值（MJ/kg）（$n=1$）				
生长阶段	生长猪	母猪	生长猪有效能值预测模型	R^2
总能	22.87	22.87		
消化能	14.23	14.23		
代谢能	11.92	11.92		
净能	7.28	7.28		

(续)

83. 脱脂奶粉 中饲料号：5-13-0013

概略养分及碳水化合物（%）		氨基酸（%）			
项目	含量	总氨基酸		氨基酸消化率	
干物质	94.60	必需氨基酸		表观回肠消化率	标准回肠消化率
粗蛋白质	36.77	粗蛋白质	36.77	86	90
粗脂肪	0.90	赖氨酸	2.42	92	94
酸水解粗脂肪	—	蛋氨酸	0.82	91	92
粗灰分	—	苏氨酸	1.44	88	92
淀粉	—	色氨酸	0.44	90	88
粗纤维	—	异亮氨酸	1.45	89	91
中性洗涤纤维	—	亮氨酸	3.02	92	94
酸性洗涤纤维	0.00	缬氨酸	1.85	89	92
总膳食纤维	—	精氨酸	1.17	90	95
不溶性膳食纤维	—	组氨酸	0.94	91	93
可溶性膳食纤维	—	苯丙氨酸	1.51	93	95
非淀粉多糖	—	非必需氨基酸			
矿物质		丙氨酸	1.19	85	90
常量元素（%）		天冬氨酸	2.67	88	91
钙	1.27	半胱氨酸	0.33	81	86
总磷	1.06	谷氨酸	7.05	89	90
植酸磷	—	甘氨酸	0.76	76	99
钾	1.60	脯氨酸	3.17	91	100
钠	0.48	丝氨酸	1.81	82	85
氯	1.00	酪氨酸	1.48	91	93
镁	0.12	维生素（mg/kg）		总氨基酸预测模型，粗蛋白质为变量	
硫	0.32	β-胡萝卜素	—	常数	系数
磷全消化道表观消化率（%）	91	维生素 E	4.10	赖氨酸	—	—
磷全消化道标准消化率（%）	98	硫胺素	3.70	蛋氨酸	—	—
微量元素（mg/kg）		核黄素	19.10	苏氨酸	—	—
铁	0	烟酸	12.00	色氨酸	—	—
铜	0.10	泛酸	36.40	异亮氨酸	—	—
锰	0.00	吡哆醇	4.10	亮氨酸	—	—
锌	4	生物素	0.25	缬氨酸	—	—
碘	—	叶酸	0.47	精氨酸	—	—
硒	0.12	维生素 B_{12}	0.04	组氨酸	—	—
		胆碱（%）	0.14	苯丙氨酸	—	—
		亚油酸（%）		其他成分含量	

有效能值（MJ/kg）				
生长阶段	生长猪	母猪	生长猪有效能值预测模型	R^2
总能	18.56	18.56		
消化能	16.65	16.65		
代谢能	15.61	15.61		
净能	11.28	11.28		

(续)

84. 血粉 中国饲料号：5-13-0001

概略养分及碳水化合物（%）		氨基酸（%）			
项目	含量	总氨基酸		氨基酸消化率	
干物质	92.23	必需氨基酸		表观回肠消化率	标准回肠消化率
粗蛋白质	88.65	粗蛋白质	88.65	87	89
粗脂肪	1.45	赖氨酸	8.60	93	93
酸水解粗脂肪	2.00	蛋氨酸	1.18	82	88
粗灰分	5.82	苏氨酸	4.36	86	87
淀粉	—	色氨酸	1.34	89	91
粗纤维	—	异亮氨酸	0.97	68	73
中性洗涤纤维	—	亮氨酸	11.45	85	93
酸性洗涤纤维	—	缬氨酸	7.96	91	92
总膳食纤维	—	精氨酸	3.83	91	92
不溶性膳食纤维	—	组氨酸	5.39	90	91
可溶性膳食纤维	—	苯丙氨酸	6.15	91	92
非淀粉多糖	—	非必需氨基酸			
矿物质		丙氨酸	7.29	89	90
常量元素（%）		天冬氨酸	7.78	87	88
钙	0.05	半胱氨酸	1.26	81	86
总磷	0.21	谷氨酸	7.18	86	87
植酸磷		甘氨酸	3.69	86	88
钾	0.15	脯氨酸	5.03	85	88
钠	0.63	丝氨酸	4.64	88	89
氯	0.63	酪氨酸	2.66	82	88
镁	0.11	维生素（mg/kg）		总氨基酸预测模型，粗蛋白质为变量	
硫	0.47	β-胡萝卜素	—	常数	系数
磷全消化道表观消化率（%）	67	维生素 E	1.00	赖氨酸	—
磷全消化道标准消化率（%）	88	硫胺素	0.40	蛋氨酸	—
微量元素（mg/kg）		核黄素	2.40	苏氨酸	—
铁	1 494	烟酸	31.00	色氨酸	—
铜	7.60	泛酸	2.00	异亮氨酸	—
锰	—	吡哆醇	4.40	亮氨酸	—
锌	49	生物素	0.03	缬氨酸	—
碘		叶酸	0.10	精氨酸	—
硒		维生素 B_{12}	0.04	组氨酸	—
		胆碱（%）	0.09	苯丙氨酸	—
		亚油酸（%）	—	其他成分含量	

有效能值（MJ/kg）				
生长阶段	生长猪	母猪	生长猪有效能值预测模型	R^2
总能	22.30	22.30		
消化能	18.31	18.31		
代谢能	15.79	15.79		
净能	9.54	9.54		

(续)

85. 猪血浆蛋白粉　中国饲料号：5-13-0002

概略养分及碳水化合物（%）		氨基酸（%）			
项目	含量	总氨基酸		氨基酸消化率	
干物质	91.97	必需氨基酸		表观回肠消化率	标准回肠消化率
粗蛋白质	77.84	粗蛋白质	77.84	76	81
粗脂肪	2.00	赖氨酸	6.90	85	87
酸水解粗脂肪	2.70	蛋氨酸	0.79	80	84
粗灰分	8.68	苏氨酸	4.47	77	80
淀粉	—	色氨酸	1.41	85	92
粗纤维	—	异亮氨酸	2.69	81	85
中性洗涤纤维	—	亮氨酸	7.39	84	87
酸性洗涤纤维	—	缬氨酸	5.12	79	82
总膳食纤维	—	精氨酸	4.39	88	91
不溶性膳食纤维	—	组氨酸	2.53	85	87
可溶性膳食纤维	—	苯丙氨酸	4.25	83	86
非淀粉多糖	—	非必需氨基酸			
矿物质		丙氨酸	4.01	81	85
常量元素（%）		天冬氨酸	7.39	83	86
钙	0.13	半胱氨酸	2.60	82	85
总磷	1.28	谷氨酸	10.92	85	87
植酸磷	—	甘氨酸	2.75	73	85
钾	0.02	脯氨酸	4.30	87	99
钠	2.76	丝氨酸	4.15	84	87
氯	1.19	酪氨酸	3.89	74	76
镁	0.03	维生素（mg/kg）		总氨基酸预测模型，粗蛋白质为变量	
硫	1.02	β-胡萝卜素	—	常数	系数
磷全消化道表观消化率（%）	92	维生素 E	—	赖氨酸	—	—
磷全消化道标准消化率（%）	98	硫胺素	—	蛋氨酸	—	—
微量元素（mg/kg）		核黄素	—	苏氨酸	—	—
铁	81	烟酸	—	色氨酸	—	—
铜	14.75	泛酸	—	异亮氨酸	—	—
锰	2.50	吡哆醇	—	亮氨酸	—	—
锌	13	生物素	—	缬氨酸	—	—
碘	—	叶酸	—	精氨酸	—	—
硒	1.60	维生素 B_{12}	—	组氨酸	—	—
		胆碱（%）	—	苯丙氨酸	—	—
		亚油酸（%）	—	其他成分含量		

有效能值（MJ/kg）（$n=1$）				
生长阶段	生长猪	母猪	生长猪有效能值预测模型	R^2
总能	19.80	19.80		
消化能	19.02	19.02		
代谢能	16.81	16.81		
净能	10.49	10.49		

(续)

86. 鱼粉 CP=53.5%，中国饲料号：5-13-0009

概略养分及碳水化合物（%）		氨基酸（%）			
项目	含量	总氨基酸		氨基酸消化率	
干物质	90.00	必需氨基酸		表观回肠消化率	标准回肠消化率
粗蛋白质	53.50	粗蛋白质	53.5	—	—
粗脂肪	10.00	赖氨酸	3.87	—	86
酸水解粗脂肪	—	蛋氨酸	1.39	—	85
粗灰分	20.80	苏氨酸	2.51	—	85
淀粉	—	色氨酸	0.6	—	88
粗纤维	0.80	异亮氨酸	2.3	—	86
中性洗涤纤维	—	亮氨酸	4.3	—	84
酸性洗涤纤维	—	缬氨酸	2.77	—	84
总膳食纤维	—	精氨酸	3.24	—	86
不溶性膳食纤维	—	组氨酸	1.29	—	82
可溶性膳食纤维	—	苯丙氨酸	2.22	—	86
非淀粉多糖	—	非必需氨基酸			
矿物质		丙氨酸	—	—	—
常量元素（%）		天冬氨酸	—	—	—
钙	5.88	半胱氨酸	—	—	—
总磷	3.20	谷氨酸	—	—	—
植酸磷	—	甘氨酸	—	—	—
钾	0.94	脯氨酸	—	—	—
钠	1.15	丝氨酸	—	—	—
氯	0.61	酪氨酸	—	—	—
镁	0.16	维生素（mg/kg）		总氨基酸预测模型，粗蛋白质为变量	
硫	0.71	β-胡萝卜素	—	常数	系数
磷全消化道表观消化率（%）	79	维生素 E	1.00	赖氨酸	—	—
磷全消化道标准消化率（%）	82	硫胺素	0.40	蛋氨酸	—	—
微量元素（mg/kg）		核黄素	1.60	苏氨酸	—	—
铁	292	烟酸	23.00	色氨酸	—	—
铜	8.00	泛酸	1.20	异亮氨酸	—	—
锰	9.70	吡哆醇	4.40	亮氨酸	—	—
锌	88	生物素	0.09	缬氨酸	—	—
碘	—	叶酸	0.11	精氨酸	—	—
硒	0.70	维生素 B_{12}	0.05	组氨酸	—	—
		胆碱（%）	0.08	苯丙氨酸	—	—
		亚油酸（%）	0.11	其他成分含量		

有效能值（MJ/kg）				
生长阶段	生长猪	母猪	生长猪有效能值预测模型	R^2
总能	—	—		
消化能	12.93	12.93		
代谢能	11.00	11.00		
净能	7.63	7.63		

(续)

87. 鱼粉 CP=60.2%,中国饲料号:5-13-0008

概略养分及碳水化合物(%)		氨基酸(%)			
项目	含量	总氨基酸		氨基酸消化率	
干物质	90.00	必需氨基酸		表观回肠消化率	标准回肠消化率
粗蛋白质	60.20	粗蛋白质	60.2	—	—
粗脂肪	4.90	赖氨酸	4.72	—	89
酸水解粗脂肪	—	蛋氨酸	1.64	—	89
粗灰分	12.80	苏氨酸	2.57	—	88
淀粉	—	色氨酸	0.7	—	86
粗纤维	0.50	异亮氨酸	2.68	—	90
中性洗涤纤维	—	亮氨酸	4.8	—	90
酸性洗涤纤维	—	缬氨酸	3.17	—	89
总膳食纤维	—	精氨酸	3.57	—	92
不溶性膳食纤维	—	组氨酸	1.71	—	87
可溶性膳食纤维	—	苯丙氨酸	2.35	—	87
非淀粉多糖	—	非必需氨基酸			
矿物质		丙氨酸	—		
常量元素(%)		天冬氨酸	—		
钙	4.04	半胱氨酸	—		
总磷	2.90	谷氨酸	—		
植酸磷	—	甘氨酸	—		
钾	1.10	脯氨酸	—		
钠	0.97	丝氨酸	—		
氯	0.61	酪氨酸	—		
镁	0.16	维生素(mg/kg)		总氨基酸预测模型,粗蛋白质为变量	
硫	0.71	β-胡萝卜素	—	常数	系数
磷全消化道表观消化率(%)	79	维生素E	5.60	赖氨酸	—	—
磷全消化道标准消化率(%)	82	硫胺素	0.40	蛋氨酸	—	—
微量元素(mg/kg)		核黄素	8.80	苏氨酸	—	—
铁	80	烟酸	65.00	色氨酸	—	—
铜	8.00	泛酸	8.80	异亮氨酸	—	—
锰	10.00	吡哆醇	4.00	亮氨酸	—	—
锌	80	生物素	0.20	缬氨酸	—	—
碘	—	叶酸	0.30	精氨酸	—	—
硒	1.94	维生素B_{12}	0.14	组氨酸	—	—
		胆碱(%)	0.30	苯丙氨酸	—	—
		亚油酸(%)	0.12	其他成分含量		
有效能值(MJ/kg)					
生长阶段	生长猪	母猪	生长猪有效能值预测模型	R^2	
总能	—	—			
消化能	12.55	12.55			
代谢能	10.54	10.54			
净能	7.40	7.40			

(续)

88. 鱼粉 60%＜CP≤65%，中国饲料号：5-13-0007

概略养分及碳水化合物（%）		氨基酸（%）			
项目	含量	总氨基酸		氨基酸消化率	
干物质	90.00	必需氨基酸		表观回肠消化率	标准回肠消化率
粗蛋白质	62.59	粗蛋白质	62.59	82	85
粗脂肪	9.03	赖氨酸	4.62	85	86
酸水解粗脂肪	—	蛋氨酸	1.69	86	87
粗灰分	12.30	苏氨酸	2.51	78	81
淀粉	—	色氨酸	0.55	73	76
粗纤维	—	异亮氨酸	2.57	82	83
中性洗涤纤维	—	亮氨酸	4.39	82	83
酸性洗涤纤维	—	缬氨酸	3.06	81	83
总膳食纤维	—	精氨酸	3.37	85	86
不溶性膳食纤维	—	组氨酸	1.44	82	84
可溶性膳食纤维	—	苯丙氨酸	2.35	80	82
非淀粉多糖	—	非必需氨基酸			
矿物质		丙氨酸	3.88	79	80
常量元素（%）		天冬氨酸	5.43	71	73
钙	3.96	半胱氨酸	0.49	62	64
总磷	3.05	谷氨酸	7.73	79	80
植酸磷	—	甘氨酸	3.93	71	75
钾	0.83	脯氨酸	2.44	65	86
钠	0.78	丝氨酸	2.29	72	75
氯	0.61	酪氨酸	1.70	73	74
镁	0.16	维生素（mg/kg）		总氨基酸预测模型，粗蛋白质为变量	
硫	0.71	β-胡萝卜素	—	常数	系数
磷全消化道表观消化率（%）	79	维生素 E	7.00	赖氨酸	0	0.070
磷全消化道标准消化率（%）	82	硫胺素	0.50	蛋氨酸	0	0.030
微量元素（mg/kg）		核黄素	4.90	苏氨酸	0	0.040
铁	181	烟酸	55.00	色氨酸	0	0.010
铜	6.00	泛酸	9.00	异亮氨酸	0	0.040
锰	12.00	吡哆醇	4.00	亮氨酸	0	0.070
锌	90	生物素	0.20	缬氨酸	0	0.050
碘	—	叶酸	0.30	精氨酸	0	0.050
硒	1.50	维生素 B_{12}	0.10	组氨酸	0	0.020
		胆碱（%）	0.30	苯丙氨酸	0	0.040
		亚油酸（%）	0.12	其他成分含量	
				挥发性盐基氮（mg/kg）	106

有效能值（MJ/kg）				
生长阶段	生长猪	母猪	生长猪有效能值预测模型	R^2
总能	18.14	18.14		
消化能	16.10	16.10		
代谢能	14.57	14.57		
净能	9.47	9.47		

（续）

89. 鱼粉 CP>65%，中国饲料号：5-13-0006

概略养分及碳水化合物（%）		氨基酸（%）			
项目	含量	总氨基酸		氨基酸消化率	
干物质	92.13	必需氨基酸		表观回肠消化率	标准回肠消化率
粗蛋白质	67.88	粗蛋白质	67.88	75	86
粗脂肪	9.92	赖氨酸	5.43	85	87
酸水解粗脂肪	—	蛋氨酸	1.87	86	90
粗灰分	12.30	苏氨酸	2.90	75	86
淀粉	—	色氨酸	0.69	81	87
粗纤维	—	异亮氨酸	2.94	79	88
中性洗涤纤维	—	亮氨酸	5.03	84	89
酸性洗涤纤维	—	缬氨酸	3.49	79	87
总膳食纤维	—	精氨酸	4.03	84	94
不溶性膳食纤维	—	组氨酸	1.82	80	85
可溶性膳食纤维	—	苯丙氨酸	2.71	80	90
非淀粉多糖	—	非必需氨基酸			
矿物质		丙氨酸	4.18	82	89
常量元素（%）		天冬氨酸	6.21	74	81
钙	3.81	半胱氨酸	0.54	72	78
总磷	2.83	谷氨酸	8.54	79	82
植酸磷	—	甘氨酸	4.07	74	84
钾	0.90	脯氨酸	2.63	44	99
钠	0.88	丝氨酸	2.70	77	83
氯	0.60	酪氨酸	2.06	79	88
镁	0.24	维生素（mg/kg）		总氨基酸预测模型，粗蛋白质为变量	
硫	0.71	β-胡萝卜素	—	常数	系数
磷全消化道表观消化率（%）	79	维生素E	5.00	赖氨酸 0	0.080
磷全消化道标准消化率（%）	82	硫胺素	0.30	蛋氨酸 0	0.030
微量元素（mg/kg）		核黄素	7.10	苏氨酸 0	0.040
铁	226	烟酸	100.00	色氨酸 0	0.010
铜	9.10	泛酸	15.00	异亮氨酸 0	0.040
锰	9.20	吡哆醇	4.00	亮氨酸 0	0.070
锌	99	生物素	0.23	缬氨酸 0	0.050
碘	—	叶酸	0.37	精氨酸 0	0.060
硒	2.70	维生素B$_{12}$	0.35	组氨酸 0	0.030
		胆碱（%）	0.44	苯丙氨酸 0	0.040
		亚油酸（%）	0.20	其他成分含量	
				挥发性盐基氮（mg/kg）	68

有效能值（MJ/kg）（n=3）

生长阶段	生长猪	母猪	生长猪有效能值预测模型	R^2
总能	19.77	19.77		
消化能	16.48	16.48		
代谢能	14.91	14.91		
净能	9.69	9.69		

"—"表示没有相关数据。

表 23-3 猪常用不同来源油脂的特性与能值

油脂类型	中国饲料号	脂肪酸组成（占总脂肪的比例，%）										总饱和脂肪酸	总不饱和脂肪酸	U：S	IV[1]	能值		
		≤C10	C12:0	C14:0	C16:0	C18:0	C18:1	C18:2	C18:3	C20:1	C20:5	>C20					消化能 (MJ/kg)[2]	代谢能 (MJ/kg)[2]	净能 (MJ/kg)[3]
牛油	4-17-0001	0	0.9	3.7	24.9	4.2	18.9	36.0	3.1	0.6	0	0	48.4	44.2	0.91	44	33.45	32.78	28.85
禽油	4-17-0002	0.2	0.1	0.8	23.0	8.1	39.6	21.9	1.7	0.5	0	0	32.7	66.7	2.04	80	36.04	35.14	30.92
猪油	4-17-0003	0.2	0.1	1.4	25.0	15.6	38.3	13.7	0.7	1.0	0	0	42.7	56.2	1.32	62	37.02	36.22	31.87
鱼油	4-17-0004	0.1	0.1	6.9	19.5	4.0	15.0	2.0	2.2	3.1	12.5	22.1	33.2	63.8	1.92	86	37.18	36.47	32.09
菜籽油	4-17-0005	0.2	0	0.2	9.9	1.9	45.2	26.2	4.2	2.6	0	7.1	13.6	86.1	6.32	103	35.17	34.46	30.32
椰子油	4-17-0006	6.5	46.8	18.6	9.7	3.1	7.1	1.8	0	0.1	0	0	90.9	9.0	0.10	9	34.63	33.94	29.87
玉米油	4-17-0007	0.1	0	0	12.7	1.9	31.4	51.9	0.7	0.3	0	0	15.4	84.5	5.49	119	36.70	35.99	31.67
棉籽油	4-17-0008	0.1	0	0.7	22.6	2.0	15.0	57.8	0.2	0.1	0	0.1	26.0	73.8	2.83	114	36.20	35.39	31.14
亚麻籽油	4-17-0009	0.2	0	0.1	5.2	3.7	28.9	16.3	43.1	0.8	0	0.8	9.7	90.1	9.33	167	38.59	37.92	33.37
大米油	4-17-0010	0.2	0	0.3	16.9	2.0	41.8	35.3	1.1	0.6	0	0	20.7	79.1	3.81	101	36.05	35.42	31.17
橄榄油	4-17-0011	0	0	0	11.3	2.0	71.3	9.8	0.8	0.3	0	0	13.79	83.36	6.05	85	36.61	35.99	31.57
棕榈油[4]	4-17-0012	0.2	0.1	0.9	46.2	5.1	37.2	9.1	0.4	0.1	0	0	53.0	46.9	0.89	49	34.05	33.24	29.25
棕榈仁油	4-17-0013	3.7	47.0	16.4	8.1	2.8	11.4	1.6	0	0	0	0	78.0	13.0	0.17	13	31.90	29.78	26.21
花生油	4-17-0014	0.1	0.1	0.1	10.9	3.4	42.9	34.8	0.1	1.1	0	0	53.0	79.1	3.81	98	34.64	34.00	29.92
芝麻油	4-17-0015	0	0	0	8.9	0.2	4.8	39.3	41.3	0.3	0	0	13.7	81.3	5.93	111	36.61	35.88	31.58
大豆油	4-17-0016	0.2	0.1	0.1	11.5	4.3	23.7	52.8	5.8	0.2	0	0	17.1	82.7	4.83	127	37.12	36.44	32.07
大豆磷脂	4-17-0017	0	0	0.1	12.0	2.9	10.6	40.2	5.1	0	0	0	15.0	56.3	3.75	97	36.40	35.68	31.39
向日葵油	4-17-0018	0.1	0	0.1	6.4	3.4	29.7	58.2	0.2	0.2	0	0	11.4	88.5	7.80	127	38.47	37.77	33.24

注：[1] 碘值，100 g 脂肪所吸收碘的克数。
[2] 大部分油脂消化能和代谢能值由猪消化试验获得，玉米豆粕为基础日粮，油脂替代基础日粮 10%。其中，牛油、橄榄油、棕榈仁油和芝麻油数据参考美国 NRC《猪营养需要》2012 版数据。
[3] 油脂净能数据按照代谢能乘以 0.88 计算所得。
[4] 棕榈油的熔点为 24 ℃。

表 23-4 不同来源氨基酸添加剂粗蛋白质、氨基酸含量及能值

氨基酸	来源	中国饲料号	粗蛋白质(%)	含量规格(%) 以氨基酸盐计	含量规格(%) 以氨基酸计	消化能(MJ/kg)	代谢能(MJ/kg)	净能(MJ/kg)
赖氨酸	L-赖氨酸盐酸盐	5-16-0001	95.4	≥98.5(以干基计)	≥78.8(以干基计)	20.06	18.25	14.14
	液体赖氨酸	5-16-0002	59.9	—	≥50.0	—	12.30	—
	液体赖氨酸	5-16-0003	—	—	≥60.0	—	—	—
	L-赖氨酸硫酸盐及其发酵副产物	5-16-0004	75.0	≥65.0(以干基计)	≥51.0(以干基计)	18.66	17.76	13.24
蛋氨酸	DL-蛋氨酸	5-16-0005	58.4	—	≥99.0	23.68	22.48	17.36
	蛋氨酸羟基类似物	5-16-0006	—	≥95.0(以干基计)	≥88.0(以蛋氨酸羟基类似物计)	20.97	19.86	15.35
	蛋氨酸羟基类似物钙盐	5-16-0007	—	—	≥84.0(以蛋氨酸羟基类似物计,干基)	—	—	—
	N-羟甲基蛋氨酸钙	5-16-0008	—	≥98.0	≥67.6(以蛋氨酸计)	—	—	—
	L-苏氨酸	5-16-0009	58.4	—	≥99.0	18.85	17.94	13.37
异亮氨酸	L-异亮氨酸	5-16-0010	65.4	—	≥98.0	26.99	25.65	19.79
苏氨酸	L-苏氨酸	5-16-0011	73.1	—	≥97.5(以干基计)	17.25	15.85	12.34
色氨酸	L-色氨酸	5-16-0012	85.3	—	≥98.0	27.58	25.88	20.06
缬氨酸	L-缬氨酸	5-16-0013	72.1	—	≥96.5	24.39	22.93	—

表 23-5　猪常量矿物质饲料中矿物元素的含量（%）

饲料名称	中国饲料号	化学式	钙	磷	磷利用率*	钠	氯	钾	镁	硫	铁	锰
碳酸钙，饲料级轻质	6-14-0001	$CaCO_3$	38.42	0.02	—	0.08	0.02	0.08	1.61	0.08	0.06	0.02
无水磷酸氢钙	6-14-0002	$CaHPO_4$	29.60	22.77	95~100	0.18	0.47	0.15	0.80	0.80	0.79	0.14
二水磷酸氢钙	6-14-0003	$CaHPO_4 \cdot 2H_2O$	23.29	18.00	95~100	—	—	—	—	—	—	—
一水磷酸二氢钙	6-14-0004	$Ca(H_2PO_4)_2 \cdot H_2O$	15.90	24.58	100	0.20	—	0.16	0.90	0.80	0.75	0.01
磷酸三钙（磷酸钙）	6-14-0005	$Ca_3(PO_4)_2$	38.76	20.0	—	—	—	—	—	—	—	—
石粉、石灰石、方解石等	6-14-0006	—	35.84	0.01	—	0.06	0.02	0.11	2.06	0.04	0.35	0.02
脱脂骨粉	6-14-0007	—	29.80	12.50	80~90	0.04	—	0.20	0.30	2.40	—	0.03
贝壳粉	6-14-0008	—	32~35	—	—	—	—	—	—	—	—	—
蛋壳粉	6-14-0009	—	30~40	0.1~0.4	—	—	—	—	—	—	—	—
磷酸氢铵	6-14-0010	$(NH_4)_2HPO_4$	0.35	23.48	100	0.20	—	0.16	0.75	1.50	0.41	0.01
磷酸二氢铵	6-14-0011	$(NH_4)H_2PO_4$	—	26.93	100	—	—	—	—	—	—	—
磷酸氢二钠	6-14-0012	Na_2HPO_4	0.09	21.82	100	31.04	—	—	—	—	—	—
磷酸二氢钠	6-14-0013	NaH_2PO_4	—	25.81	100	19.17	0.02	0.01	0.01	—	—	—
碳酸钠	6-14-0014	Na_2CO_3	—	—	—	43.30	—	0.01	—	—	—	—
碳酸氢钠	6-14-0015	$NaHCO_3$	0.01	—	—	27.00	—	—	—	—	—	—
氯化钠	6-14-0016	$NaCl$	0.30	—	—	39.50	59.00	—	0.005	0.20	0.01	—
六水氯化镁	6-14-0017	$MgCl_2 \cdot 6H_2O$	—	—	—	—	—	—	11.95	—	—	—
碳酸镁	6-14-0018	$MgCO_3 \cdot Mg(OH)_2$	0.02	—	—	—	—	0.02	34.00	0.10	1.06	0.01
氧化镁	6-14-0019	MgO	1.69	—	—	—	0.01	—	55.00	13.01	—	—
七水硫酸镁	6-14-0020	$MgSO_4 \cdot 7H_2O$	0.02	—	—	—	47.56	—	9.86	13.01	—	—
氯化钾	6-14-0021	KCl	0.05	—	—	1.00	47.56	52.44	0.23	0.32	0.06	0.001
硫酸钾	6-14-0022	K_2SO_4	0.15	—	—	0.09	1.50	44.87	0.60	18.40	0.07	0.001

注：* 生物学效价估计值通常以相当于磷酸氢钠或磷酸氢钙中的磷的生物学效价表示；"—"表示没有相关数据。

表 23-6　不同来源微量元素含量及其生物学利用率*

矿物质元素	来源	中国饲料号	化学式	矿物质元素含量（%）	相对生物利用率（%）
铜	五水硫酸铜	6-14-0023	$CuSO_4 \cdot 5H_2O$	25.2	100
	无水硫酸铜	6-14-0024	$CuSO_4$	39.9	100
	氨基酸螯合铜	6-14-0025	—	变化	122
	氨基酸络合铜	6-14-0026	—	变化	—
	醋酸铜	6-14-0027	$Cu(CH_3COO)_2$	32.1	—
	一水碱式碳酸铜	6-14-0028	$CuCO_3(OH)_2 \cdot H_2O$	50.0~55.0	60~100
	碱式氯化铜	6-14-0029	$Cu_2(OH)_3Cl$	58.0	100
	赖氨酸铜	6-14-0030	—	变化	90~124
	氧化铜	6-14-0031	CuO	75.0	0~10
	多糖络合铜	6-14-0032	—	变化	—
	蛋白铜盐	6-14-0033	—	变化	105~111
铁	一水硫酸亚铁	6-14-0034	$FeSO_4 \cdot H_2O$	30.0	100
	七水硫酸亚铁	6-14-0035	$FeSO_4 \cdot 7H_2O$	20.0	100
	碳酸铁	6-14-0036	$FeCO_3$	38.0	15~80
	三氧化二铁	6-14-0037	Fe_2O_3	69.9	0
	六水三氯化铁	6-14-0038	$FeCl_3 \cdot 6H_2O$	20.7	40~100
	氧化亚铁	6-14-0039	FeO	77.8	—
	氨基酸螯合铁	6-14-0040	—	变化	—
	氨基酸络合铁	6-14-0041	—	变化	—
	蛋白铁盐	6-14-0042	—	变化	—
碘	二氢碘酸乙二胺	6-14-0043	$C_2H_8N_2HI$	79.5	100
	碘酸钙	6-14-0044	$Ca(IO_3)_2$	63.5	100
	碘化钾	6-14-0045	KI	68.8	100
	碘酸钾	6-14-0046	KIO_3	59.3	—
	碘化铜	6-14-0047	CuI	66.6	100
锰	一水硫酸锰	6-14-0048	$MnSO_4 \cdot H_2O$	29.5	100
	氧化锰	6-14-0049	MnO	60.0	70
	二氧化锰	6-14-0050	MnO_2	63.1	35~95
	碳酸锰	6-14-0051	$MnCO_3$	46.4	30~100
	四水氯化锰	6-14-0052	$MnCl_2 \cdot 4H_2O$	27.5	100
	蛋氨酸锰	6-14-0053	—	变化	120~125
	蛋白锰盐	6-14-0054	—	变化	110
	氨基酸螯合锰	6-14-0055	—	变化	—
	氨基酸络合锰	6-14-0056	—	变化	—

（续）

矿物质元素	来源	中国饲料号	化学式	矿物质元素含量（%）	相对生物利用率（%）
硒	亚硒酸钠	6-14-0057	Na_2SeO_3	45.0	100
	十水硒酸钠	6-14-0058	$Na_2SeO_4 \cdot 10H_2O$	21.4	100
	蛋氨酸硒	6-14-0059	—	变化	102
	酵母硒	6-14-0060	—	变化	108
锌	一水硫酸锌	6-14-0061	$ZnSO_4 \cdot H_2O$	35.5	100
	氧化锌	6-14-0062	ZnO	72.0	50～80
	七水硫酸锌	6-14-0063	$ZnSO_4 \cdot 7H_2O$	22.3	100
	碳酸锌	6-14-0064	$ZnCO_3$	56.0	100
	氯化锌	6-14-0065	$ZnCl_2$	48.0	100
	一水碱式氯化锌	6-14-0066	$Zn_5Cl_2(OH)_8 \cdot H_2O$	58.0	—
	蛋氨酸锌	6-14-0067	—	变化	95～100
	蛋白锌盐	6-14-0068	—	变化	
	氨基酸螯合锌	6-14-0069	—	变化	
	氨基酸络合锌	6-14-0070	—	变化	
铬	吡啶甲酸铬	6-14-0071	$C_{18}H_{12}CrN_3O_6$	变化	100
	丙酸铬	6-14-0072	$Cr(CH_3CH_2COO)_3$	变化	13
	蛋氨酸铬	6-14-0073	—	变化	51
	酵母铬	6-14-0074	—	变化	23

注：* 研究中通常把常用矿物质的生物学可利用率设定为100%，然后通过机体沉积量来界定其他形式矿物质的利用率，每一类别第一个矿物质通常是用作标准来确定其他形式的可利用率；"—"表示没有相关数据。

表23-7 猪常用维生素饲料来源及其单位换算关系

维生素	中国饲料号	来源	单位换算关系
维生素A	7-15-0001	维生素A乙酸酯	1 IU=0.3 μg 视黄醇或者 0.344 μg 维生素A乙酸酯
	7-15-0002	维生素A棕榈酸酯	1 IU=0.55 μg 维生素A棕榈酸酯
	7-15-0003	维生素A丁酸酯	1 IU=0.36 μg 维生素A丁酸酯
维生素D	7-15-0004	维生素D_3（胆钙化醇）	1 IU=0.025 μg 胆钙化醇
维生素E	7-15-0005	DL-α-生育酚乙酸酯	1 mg=1 IU DL-α-生育酚乙酸酯
	7-15-0006	D-α-生育酚乙酸酯	1 mg=1.36 IU D-α-生育酚乙酸酯
	7-15-0007	DL-α-生育酚	1 mg=1.11 IU DL-α-生育酚
	7-15-0008	D-α-生育酚	1 mg=1.49 IU D-α-生育酚
维生素K_3	7-15-0009	亚硫酸氢钠甲萘醌	1 IU=0.0008 mg 甲萘氢醌
	7-15-0010	亚硫酸氢烟酰胺甲萘醌	
	7-15-0011	二甲基嘧啶醇亚硫酸甲萘醌	

（续）

维生素	中国饲料号	来源	单位换算关系
维生素A	7-15-0001	维生素A乙酸酯	1 IU=0.3 μg 视黄醇或者 0.344 μg 维生素A乙酸酯
	7-15-0002	维生素A棕榈酸酯	1 IU=0.55 μg 维生素A棕榈酸酯
	7-15-0003	维生素A丁酸酯	1 IU=0.36 μg 维生素A丁酸酯
维生素D	7-15-0004	维生素D_3（胆钙化醇）	1 IU=0.025 μg 胆钙化醇
维生素E	7-15-0005	DL-α-生育酚乙酸酯	1 mg=1 IU DL-α-生育酚乙酸酯
	7-15-0006	D-α-生育酚乙酸酯	1 mg=1.36 IU D-α-生育酚乙酸酯
	7-15-0007	DL-α-生育酚	1 mg=1.11 IU DL-α-生育酚
	7-15-0008	D-α-生育酚	1 mg=1.49 IU D-α-生育酚
维生素K_3	7-15-0009	亚硫酸氢钠甲萘醌	1 IU=0.000 8 mg 甲萘氢醌
	7-15-0010	亚硫酸氢烟酰胺甲萘醌	
	7-15-0011	二甲基嘧啶醇亚硫酸甲萘醌	

图书在版编目（CIP）数据

中国猪营养需要 / 李德发等著. —北京：中国农业出版社，2020.9
ISBN 978-7-109-26028-3

Ⅰ.①中… Ⅱ.①李… Ⅲ.①猪—家畜营养学 Ⅳ.①S828.5

中国版本图书馆 CIP 数据核字（2019）第 225185 号

ZHONGGUO ZHU YINGYANG XUYAO

中国农业出版社出版
地址：北京市朝阳区麦子店街 18 号楼
邮编：100125
责任编辑：黄向阳　周晓艳　王森鹤
版式设计：王　晨　责任校对：刘丽香
印刷：北京通州皇家印刷厂
版次：2020 年 9 月第 1 版
印次：2020 年 9 月北京第 1 次印刷
发行：新华书店北京发行所
开本：787mm×1092mm　1/16
印张：44.25
字数：1080 千字
定价：345.00 元

版权所有·侵权必究
凡购买本社图书，如有印装质量问题，我社负责调换。
服务电话：010-59195115　010-59194918